日本の野生植物
Wild Flowers of Japan

第 1 巻

ソテツ科〜カヤツリグサ科
CYCADACEAE〜CYPERACEAE

大橋広好　門田裕一　邑田 仁　米倉浩司　木原 浩
編

平凡社
HEIBONSHA

Wild Flowers of Japan, Revised Edition
vol. 1
CYCADACEAE～CYPERACEAE

Edited by
OHASHI Hiroyoshi, KADOTA Yuichi, MURATA Jin, YONEKURA Koji
(photograph) KIHARA Hiroshi

Published by
HEIBONSHA Limited, Publishers
3-29 Kanda Jimbocho, Chiyoda-ku, Tokyo 101-0051
Tel (+81-3)3230-6583 Fax(+81-3)3230-6590
Homepage http://www.heibonsha.co.jp/
Copyright © Heibonsha, 2015
All right reserved.

Publisher's note:
Wild Flowers of Japan documents the spermatophyte flora of Japan. It includes
ca. 5100 native Japanese species, along with photos taken in the wild, arranged in
five volumes according to the APGIII system for angiosperms, plus a general
index volume.

ISBN978-4-582-53531-0
Printed in Japan

Without limiting the rights under copyright reserved above, no part of this
publication may be reproduced, stored in or introduced into a retrieval system, or
transmitted, in any form or by any means (electronic, mechanical, photocopying,
recording, or otherwise), without the prior written permission of both the
copyright owner and the publisher of this book.

編

大橋広好 東北大学 名誉教授 理学博士

門田裕一 国立科学博物館 名誉研究員 理学博士

木原 浩 植物写真家

邑田 仁 東京大学大学院理学系研究科 教授 理学博士

米倉浩司 東北大学植物園 助教 博士(理学)

執筆 (50音順)

伊藤元己	東京大学大学院総合文化研究科 教授 理学博士
伊藤 優	中国科学院西双版納熱帯植物園 博士研究員 博士(理学)
遠藤泰彦	茨城大学理学部 教授 理学博士
大橋広好	
勝山輝男	神奈川県立生命の星・地球博物館 学芸部長
門田裕一	
國府方吾郎	国立科学博物館植物研究部 研究主幹 博士(理学)
志賀 隆	新潟大学教育学部 准教授 博士(理学)
菅原 敬	首都大学東京大学院理工学研究科 准教授 理学博士
髙橋 弘	岐阜大学名誉教授 理学博士
田中伸幸	国立科学博物館植物研究部 研究員 博士(理学)
田中法生	国立科学博物館植物研究部 研究主幹 博士(理学)
田村 実	京都大学大学院理学研究科 教授 理学博士
東馬哲雄	東京大学大学院理学系研究科 助教 博士(理学)
早坂英介	越前町立福井総合植物園 学芸員 博士(理学)
布施静香	京都大学大学院理学研究科 助教 博士(理学)
宮本旬子	鹿児島大学大学院理工学研究科 准教授 博士(理学)
宮本 太	東京農業大学農学部 教授 農学博士
邑田 仁	
遊川知久	国立科学博物館植物研究部 多様性解析・保全グループ長 博士(理学)
米倉浩司	

撮影 (50音順)

阿部篤志　五百川 裕
いがりまさし　池田 博
伊藤 優　猪股明美
梅沢 俊　槐 ちがや
大野順一　大橋広好
大森雄治　小野 真
柿嶋 聡　葛西英明
勝山輝男　木下 覺
木原 浩　木村 彰
久原泰雅　黒沢高秀
小出可能　齋藤政美
笹村和幸　澤上航一郎
志賀 隆　末次健司
菅原 敬　高橋英樹
田中伸幸　田中法生
田村 実　千葉悟志
東馬加奈　東馬哲雄
中澤 保　早坂英介
福田泰二　福原達人
布施静香　松井雅之
水野瑞夫　南谷忠志
宮本旬子　宮本 太
邑田 仁　邑田裕子
茂木 透　山田勝雅
山田達朗　鷲尾和行

描画 (50音順)

梅林正芳　川本光則　新倉書子

協力

特定非営利活動法人 小笠原野生生物研究会 安井隆弥
一般財団法人 沖縄美ら島財団
加藤英寿 首都大学東京大学院理工学研究科 助教 博士(理学)
一般財団法人 自然環境研究センター

装幀

鷲巣デザイン事務所　鷲巣 隆　桑水流理恵　木高あすよ

編集／西田裕一　大石範子　近藤 誠　秋田智恵巳　岩本卓也　河合佐知子

改訂新版のまえがき

『日本の野生植物 草本』全3巻(佐竹義輔・大井次三郎・北村四郎・亘理俊次・冨成忠夫編)は1981年から1982年に,『同 木本』全2巻(佐竹義輔・原寛・亘理俊次・冨成忠夫編)は1989年に平凡社から出版された。この当時日本に知られていた野生種子植物のほぼ全種が,分類学的な特徴を備えた生態写真で示されると共に,各科の属と種・種内分類群が体系的に記述されている。その後,日本の種子植物を網羅した植物誌・図鑑は出版されておらず,本書は標準的な日本種子植物誌として今日まで広く受け入れられている。

しかし,『草本』は刊行後33年,『木本』は26年が経過した。この間に生物の分類体系は大きく変わり,種子植物も新しく体系化された。所属する科が替わった属は多く,属の分類が変更されて学名が改められた種も多い。また,日本全国で多くの新植物が発見されたり,あるいは既存の属や種の内容が修正されるなど,研究の進展によって種々の変化が生まれた。このため,2013年春に平凡社の依頼を受けて,大橋・門田裕一・邑田仁・米倉浩司で『日本の野生植物』を改訂するための協議を始めた。改訂新版では草本と木本の区分を廃止して科の配列をAPG Ⅲ分類体系で統一し,日本の全種子植物をまとめた,現時点での最新の植物誌を目指し,内容を大幅に改訂・増補することとした。『草本』刊行時に付け加えた琉球と小笠原諸島の種類については十分に補充することとした。

改訂新版には202科が含まれる。イチョウ科,バショウ科,キリ科などふつうに見られる外来植物の科も少数ある。執筆は専門の植物群を含む科を中心として,49名で分担した。科や属の既知の内容には精粗の差があり,その解説の程度も異ならざるをえない。また分類群の扱いについて,佐竹義輔『木本』「まえがき」に「複雑多岐な植物界を分類しようとする努力は,執筆者の思想や経験に深くかかわるものであるから,たとえば,種を大きく考えるか細かく分けるかは,各執筆者の思考に委ねてあり,総体としての統一はあえてとらなかった。したがって,本書が拠っている分類が唯一のものでもなければ,これ以外のものが認められないということでもない」とした。本改訂新版も同じ考えを引き継いでいる。

旧版『日本の野生植物』で採用したMelchior改訂のEngler体系は,基本的に形と構造の相同の程度,さらに発生様式・染色体数・化学成分などの類似性を加えて組み立てられていた。一方,1990年代から核酸の塩

基配列を解析して現存する種の遺伝情報を調べ，種間の類縁関係を推定することが可能となった．その結果，現存の種子植物は裸子植物と被子植物に分類されることが再確認された．裸子植物ではスギ属がヒノキ科に含められてスギ科が消え，スギ科に含められることの多かったコウヤマキは独立したコウヤマキ科として復活した．被子植物では被子植物系統研究グループ The Angiosperm Phylogeny Group（APG）による新しい系統分類体系APG classificationが1998年に提案され，2003年にはAPG II，2009年にはAPG III分類体系まで改良され，ほぼ完成された体系として受け入れられている．日本ではAPG IIを基本とした分類体系は邑田・米倉『高等植物分類表』と大場秀章『植物分類表』に，APG III分類体系は戸部博・田村実『新しい植物分類学』I・II，邑田・米倉『日本維管束植物目録』および『維管束植物分類表』に紹介されている．旧版『日本の野生植物』と比較すると，APG IIIでは単子葉植物と双子葉植物の大別が消え，双子葉植物の離弁花類と合弁花類との区分もなくなった．科の配列が大幅に変わり，新設の科，消滅した科，あるいは内容が変更された科も少なくない．本改訂新版ではAPG III被子植物分類体系の系統樹をもとに，裸子植物を含む種子植物の分類体系を，本書で対象とする分類群を中心として科ランクで系統的に図示し，あわせて各巻の構成をも示した．

　1980年代に比べると，コンピュータとインターネットの普及によって分類学の研究環境は革新された．分類学上の膨大な知識・文献・資料の多くが欧米諸国を中心として各種のデータベースとして整備され，インターネットで公開されており，世界中の分類学研究者が容易に利用できるようになった．日本でも2003年以来，米倉浩司・梶田忠による日本の植物名検索システム「BG Plants 和名 - 学名インデックス」（YList）が公開され，学名の正名と異名の出典，引用文献および和名の検索に大きな便宜を与えている．また，植物の学名の基本図書である「国際植物命名規約」が1992年以来日本語版として出版されている．2014年現行の『国際藻類・菌類・植物命名規約』（メルボルン規約）日本語版（大橋広好・永益英敏・邑田仁編）に続いており，国際規約に適合した正しい学名の普及に貢献している．また，学名の著者名の省略形が国際的に統一されてきた．本改訂版では学名著者名は『国際藻類・菌類・植物命名規約』やYListなどに合わせて表記した．

　『草本』編では屋久島・種子島以北から北海道までの種が主に取り上げ

られた。当時の日本の種子植物は大井次三郎『日本植物誌』による約3700種と考えられていた。1989年の『木本』編になり，琉球と小笠原諸島の種類を含めて日本産種子植物は約4850種に増加した。1990年代以降は日本各地の生物調査や自治体のレッドデータブック作成がよりいっそう広がり，多くの新種や新分布が明らかにされた。例えば，2012-14年の3年間に国内の主な学術誌に発表された種子植物の新種は25種にのぼる。現在では日本産種子植物はおおよそ5100種と推定され，旧版『日本の野生植物』以後に約250種が増加したと推測される。本改訂新版では新たに増加した種類を検討して増補した。一方，人間の活動の影響を受けて野生生物種の絶滅あるいは絶滅危惧が1980年代から世界的に顕著となっている。日本でも環境省の「日本の絶滅のおそれのある野生生物　植物Ⅰ（維管束植物）」2015年によると，維管束植物約7000種のうち1779種，すなわち4種に1種が絶滅危惧であるという。本改訂新版でも旧版と同じく日本の全野生種子植物の現状を正確に記録し，後世に伝えることを責務と考えている。

　日本は面積の割には植物の種類が多く，固有種も多い。1784年に初めての日本植物誌 Thunberg *"Flora Japonica"* が出版され，1877年に東京大学植物学教室が開設されてからは日本人研究者による日本の植物相研究が続けられてきた。しかし，いまだに少なからぬ新種や新事実の発見があり，日本にどのような植物があるのか種子植物の全体でも未完成である。本書は現時点での最新の日本種子植物誌である。これを土台として日本の植物相研究を今後さらに発展させてほしい。本書が植物研究者のみならず，植物愛好家，園芸家，自然保護や環境問題に関わる方々などに役立つことを願っている。

　終わりに，『改訂新版 日本の野生植物』にご執筆下さった各位に心からお礼を申し上げたい。

2015年11月

編者を代表して　大橋広好

旧版〈草本〉のまえがき

　植物図鑑は国の植物学ひいては文化の水準を表わすものである。欧米の先進国はもとより，日本にも立派な図鑑があるのはいうまでもない。

　すぐれた図鑑の生命は，図の精確さと解説の適正さにあることは論を俟たない。従来の植物図鑑の図または画は，色彩を施したものもあるが，多くは単色で表現されていた。近年カラーフィルムの進歩に伴い，写真によるものが多くなってきた。しかし，植物のなかにはまだカラーの生態写真の発表されていない種が多い。

　植物を表わすのに，画によるか写真によるかは一長一短があって，簡単にどちらがよいとはきめかねる。画によれば，種類の形態的特徴を正確に示しながら理想像を描くことができる。写真によれば，植物の生態と環境を如実に写すことはできるが，種類の特徴を的確に表わすことは難しいのである。図鑑の目標が那辺にあるかによって，図の表現法がちがってくるが，理想的には，写真によって生態を表わし，部分図によって特徴を示すことであろう。しかし，これにはいろいろの支障があって，至難の仕事といってよい。一般に植物を理解する手段としては，現在ではやはりカラー写真によるのが最適と思われる。

　植物の解説については，正しくかつ確かなことが基本であるが，あまり簡単でも，詳しすぎてもいけない。的確であり，中庸を得たものでありたい。用いる植物用語も，特殊のものはなるべく避け，平易なものを選ぶようにする。また，図に対応する種類の解説だけでなく，科のなかの属，属のなかの種の類縁関係を解説するものがあったほうがよい。

　というようなことを思いながら，漠然と植物図鑑のあり方を頭に浮かべているとき，アメリカ合衆国を6地域に分けたカラー図鑑《Wild Flowers of the United States》が刊行された。これに刺激されて日本のカラー図鑑を思いついたのが，そもそもの発端である。

　日本の種子植物は約3,700種ある（大井次三郎の《日本植物誌》による）。これを対象とするにはあまりに多すぎるので，まず草本植物約2,800種をとりあげる。地域的に分冊とする仕様もあるが，かなり無理と思われるので，分類別（単子葉植物，離弁花植物，合弁花植物）の3分冊にするという基本線で有志数名が寄り合い，骨子をまとめ，企画立案書を作ったのが1971年末，幸い平凡社が引き受けてくれたのが1972年の春であった。

　執筆者は10名内外とし，専門の科およびそれに関連する科，または特に興味をもつ科を担当する。種の写真に対応する記載をつけるだけの形式はあきたらないので，科の記載のあとに属の検索，属には記載と種の検索を加える。種については現在認められているものを網羅し，種内の亜種，変種は疑問のものを除き付記する。品種は主要のものだけにとどめる。また地方誌や同好会誌などに掲載されているが普通に見られないものは省略する。扱う植物は，はじめ北海道から九州までの野生種を対象としたが，中途で沖縄諸島が返還されたのを機に，そこに産する種についても，小笠原諸島産のものとともに，つけ加えることにした。

　執筆者は，編者の佐竹義輔，大井次三郎，北村四郎のほか，関東在住の籾山泰一，北川政夫，山崎敬，大橋広好，山下貴司，関西在住の村田源，田村道夫，北陸在住の里見信生の11名を予定した。執筆者の多くは多忙であり，さらにそれぞれの個性や筆の遅速があるので進行は必ずしも順調とはいえなかった。そのうえ，1977年2月大井次三郎博士が病のため急逝されたことは，博士の存在が大きかっただけに残念至極であった。ただ，その担当の原稿が完成していたことはせめてものなぐさめであった。1977年の末には原稿の約80%が集まったが，その後執筆者の都合により特別の科について，他の執筆者が肩代りしたり，あらたに大場秀章，清水建美，渡辺清彦，新敏夫，

古澤潔夫の5名に応援を依頼し，当初の予定よりかなり遅れはしたが，ようやくにして完成にいたった。

　写真のほうは，編者の亘理俊次と冨成忠夫がすでに撮影していたフィルムをまず集め，その後梅沢俊，村川博實，木原浩，佐藤仁などが加わり，全国的に取材撮影をすることとなった。さらに，その間に各地で植物写真を撮影している方々から多大の協力を得たことはいうまでもない。

　撮影した植物はあとの確証のために標本にして持ち帰り，執筆担当者または専門の研究者に同定してもらうことを原則とした。特に，ルーペまたは低倍率の顕微鏡による同定を要する属については必ずこれを実行した。

　適切な解説に加えて，これほど全国的な規模で数多くの種類を収めた本書は，目で見る植物誌をめざす日本最初の企画ともいえるであろう。取材撮影にあたっては，局地的な分布を示す珍稀種を探しだし，イネ科やカヤツリグサ科などのように，従来，写真ではあまりとりあげられなかった種類や，アザミ属やヨモギ属のように種類が多くて区別の難しいものも，なるべく多数撮影するよう努めた。植物学，農学，園芸学その他植物に関係深い教育上の好参考書であり，一般植物愛好者にとって，植物に親しみ，植物の名をさぐり，より詳しい知識を求めるための案内書であり，また専門に植物分類学を志す学徒にとっても，分類学の現情を知り今後の研究に備える基礎資料として最適の書と信ずる。

　日本は面積の割合には植物の種類が豊富である。北東から南西に弧状にのびる列島は，標高3,000mをこえる高山から海岸へいたる複雑な環境が植物の生育に影響し，日本固有の種も多い。しかし，誇るべきこの植物相も現在けっして安泰ではない。国土開発の名のもとに，日々自然破壊が進行しつつある今日，日本の山野に生育する植物の生態を克明に記録し，後世に伝えることは目下の急務であると考える。

　企画以来10ヵ年かかって刊行にこぎつけた。道は遠かったが胸のつかえが一挙に下りた感じで喜びにたえない。執筆者諸氏に謝意を表する次第である。考えてみれば，このような分類学的仕事は歴史的研究成果の資料を基礎としてなされるものである。この意味においてわれわれの先師，先輩はもとより，そのまた昔の学者の業績に対して深い敬意を表わさなければならない。

　また写真の撮影に多くの労苦を惜しまれなかった写真家各位，ならびに取材に関して有形無形の協力と援助を賜った方々に厚く御礼を述べる。

　終りに，長い間この図鑑の刊行を見守ってくださった平凡社社長下中邦彦氏に心から感謝し，編集作業に専念した編集者諸氏の労をねぎらいたい。

1981年9月20日
編者

旧版〈木本〉のまえがき

　本書は，『日本の野生植物 草本』(全3巻)の姉妹編である。同書は1982年3月に完結したが，幸い大方の読者の好評を受けて版を重ねることができた。しかし，日本に野生する種子植物を対象とするカラー植物誌をめざした以上，『草本』だけでは片手落ちの感があるので，『木本』もという思いはその当時から強かった。

　もともと草本(草)と木本(木，樹木)の区別は植物学的に本質的なものではない。多年生で，茎の維管束内にある形成層の活動によって二次肥大生長を行ない，木部組織の発達をするものを木本という。厳密にいえば，コケモモやガンコウランのような高さ数cmにすぎないものでも木であり，形成層による二次生長を行なわないタケ類や

ヤシ類のようなものは木ではないのである。『日本の野生植物』では常識的にみて草のような形状をもつものを『草本』に，木のような形状をもつものをこの『木本』に収めたと理解されたい。

さて東京大学名誉教授原寛博士が編者の中心となって『木本』の企画が発足したのは，『草本』完結のほぼ3年後，1985年晩秋であった。主編者を引き受けるにあたって博士は，はじめ健康に多少の差し障りがあるとしてためらわれたが，のちに承諾され，発足後はまことに精力的に仕事を進められた。ところがほぼ1年後の86年9月24日，病の急変により突如として他界されてしまった。残された編者も平凡社も大いに困惑したが，故博士の方針に沿って事を運び，何とか続行が可能になった。

『草本』は企画から完結まで10年を要したが，本書は約4年で刊行にこぎつけた。これは草と比べて樹木の種類が少ないこと，『草本』の編集経験が基底にあったことも大きい。ただし，開花期の写真1点で足りた草と異なり，多くの顔をもつ木を表現するには，開花期や結実期はもちろん，樹形，樹皮など1種について少なくとも2－3点の写真を要するものが多く，全体として写真ページが多くなったのは必然の成りゆきであった。また，『草本』と大きく異なっているのは，沖縄・小笠原地域の植物の扱いである。『草本』は沖縄復帰以前に企画が発足したこともあり，同地域については触れるに止めたというような種類もある。本書ではできるかぎり，屋久島・種子島以北と同等に採りあげるよう努力した。ただし，標本や文献の不備，亜熱帯林での写真撮影の技術的な問題，またそれ以前にうっそうたる林の中からめざす植物を探しだすことの困難さなどから若干手薄な部分もあるかもしれない。しかし，大きく植生の異なる沖縄・小笠原の植物をも均等の視野に入れた本書は，目で見る日本植物誌としては日本最初の企てではないかと思う。取材撮影にあたって，似た種類が多く区別がむずかしい植物については撮影後標本を作り，執筆担当者の同定を経たのはもちろんである。

このような分類学的仕事は，研究の歴史的蓄積をふまえた上で，執筆者が最適と判定する結果の表現にほかならない。複雑多岐な植物界を分類しようとする努力は，執筆者の思想や経験に深くかかわるものであるから，たとえば，種を大きく考えるか細かく分けるかは，各執筆者の思考に委ねてあり，総体としての統一はあえてとらなかった。したがって，本書が拠っている分類が唯一のものでもなければ，これ以外のものが認められないということでもない。

温暖な気温と豊かな降水量は，山野に多くの樹木を育み，太古，日本の姿はどこも深い森林であったろう。木や森と私たちの生活との関係は長く深く，木材としての用途はいうに及ばず，食用や薬用，庭園樹，街路樹など園芸用，水源地その他の環境，さらには精神的な憩いの場として，その価値は現在また見直されつつある。本書がこのような気運の中，樹木に親しみ，理解し，研究しようとする方々の基本的な座右の書となることを願ってやまない。

終りに，執筆者，撮影者の苦心に深く感謝し，老齢の編者を補佐された山崎敬・大場秀章両博士のご苦労にお礼を申しあげる。あわせて企画立案に尽力されたにもかかわらず，その刊行を見ずして長逝された故原寛博士の霊に心から哀悼の意を表するものである。

1989年2月
編者を代表して　佐竹義輔

植物用語の図解

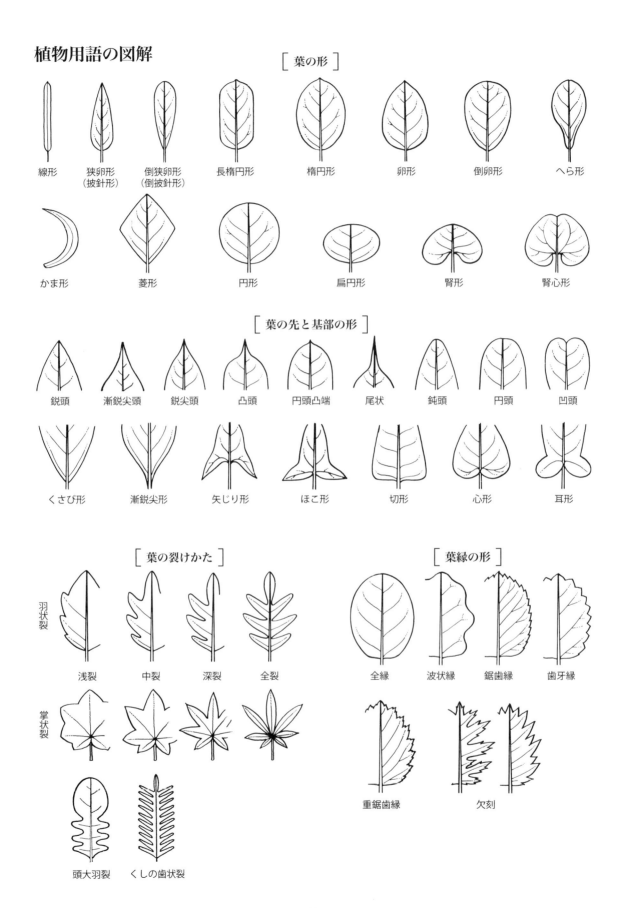

[複葉]

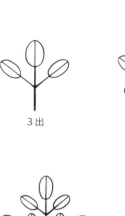 3出
 鳥足状
 掌状
 奇数羽状
 偶数羽状

 2回3出
 3回3出
 2回奇数羽状
 3回奇数羽状

[葉の各部の名称]

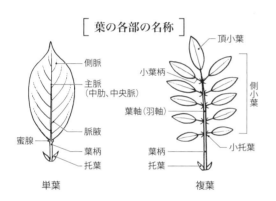

単葉 / 複葉

[葉脈]

 2叉脈
 平行脈
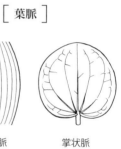 掌状脈
 羽状脈

[葉のつきかた]

 束生
 沿着（茎に流れる）
 つき抜き（貫生）
 茎を抱く（抱茎）
 楯状

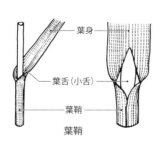 葉鞘
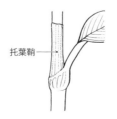
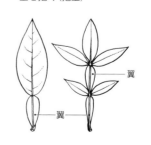 翼のある葉

[葉のつきかた（続き）]

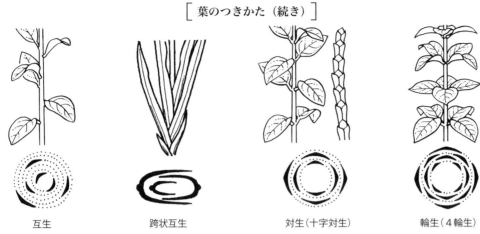

互生　　　跨状互生　　　対生（十字対生）　　　輪生（4輪生）

[枝]

[短枝と長枝]

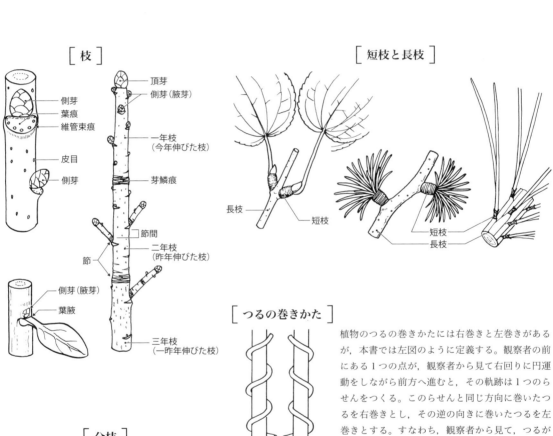

[分枝]

仮軸生長　　単軸生長

[つるの巻きかた]

右巻き　左巻き

植物のつるの巻きかたには右巻きと左巻きがあるが，本書では左図のように定義する。観察者の前にある1つの点が，観察者から見て右回りに円運動をしながら前方へ進むと，その軌跡は1つのらせんをつくる。このらせんと同じ方向に巻いたつるを右巻きとし，その逆の向きに巻いたつるを左巻きとする。すなわち，観察者から見て，つるが支柱を右上がりに巻いていれば右巻き，左上がりならば左巻きとする。この定義は動物学，理学，工学などにも共通するが，植物分類学書の中には国の内外を問わず，つるの先端の動きを上から見た時の回転方向によって巻きかたを表現するために，左図と逆の見解となり，混乱を生じている。なお，植物分類学の鼻祖であるリンネは，その著書《植物哲学》(1751)で右巻き，左巻きを左図のように定義し，また日本における植物用語辞典の古典ともいえる《植物学字彙》(大久保三郎ほか編 1901)なども同じである。

[花の基本構造]

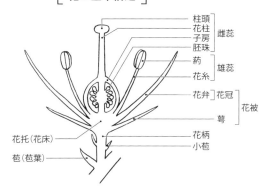

[花被片のたたまれかた]

敷石状
（すり合わせ状）

瓦重ね状
（覆瓦状）

片巻き状

[花の形]

無花被花

異花被花

単花被花

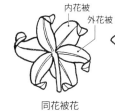
同花被花

副花冠

副萼

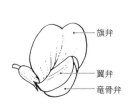
蝶形

鐘形

つぼ形

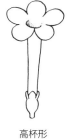
高杯形

漏斗形

筒形

車形（輻状）

唇形

仮面形

スミレ形

頭花

舌状花　筒状花

キク科の花

シラン
ラン形

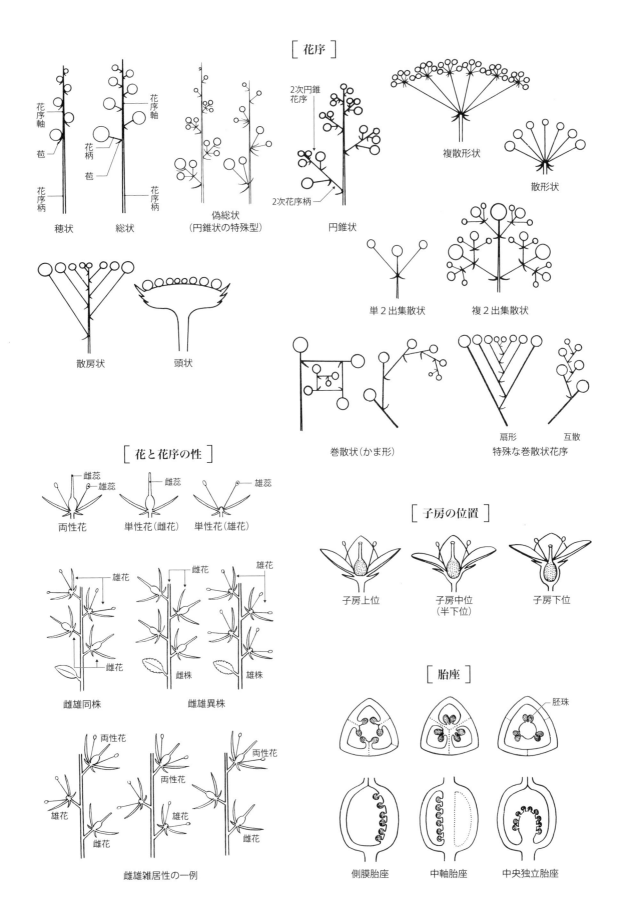

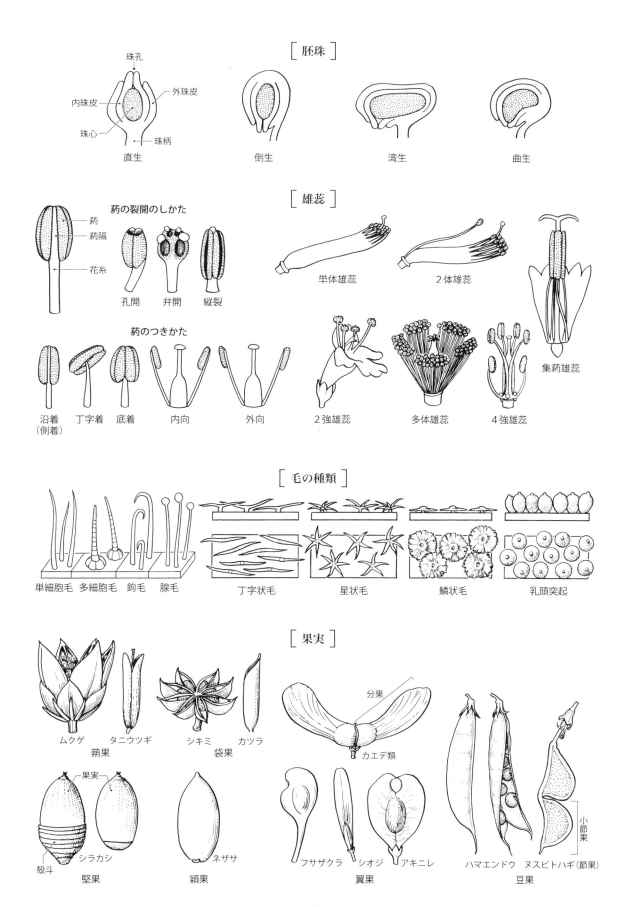

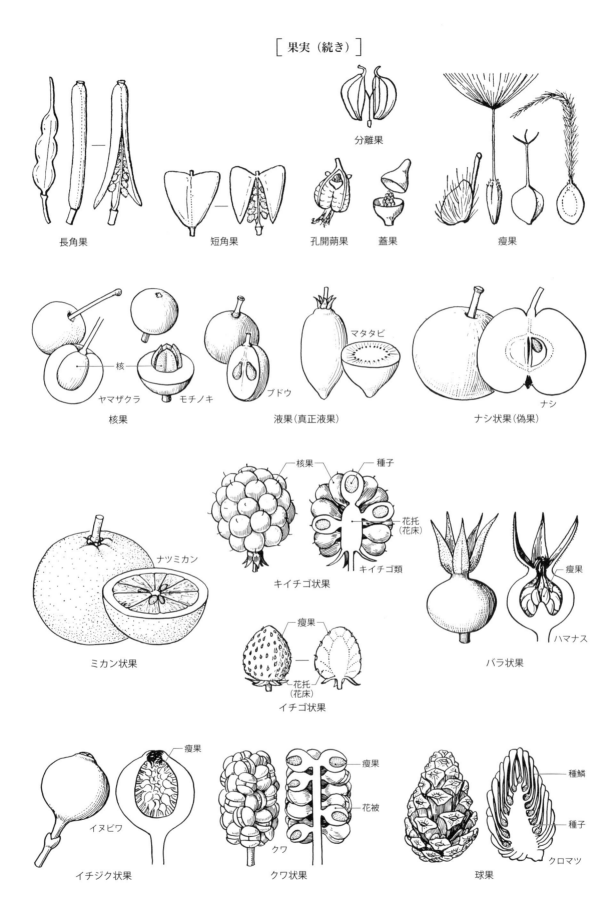

[蒴果の裂開のしかた]

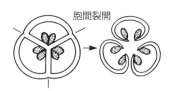
胞間裂開
心皮の合着した隔壁に沿って裂ける。

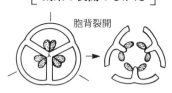
胞背裂開
心皮の背部の中央に沿って裂ける。

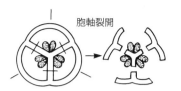
胞軸裂開
胞背裂開に似るが，隔膜も縦に裂け，種子をつけた軸が中央に残る。

〔単果〕
乾果 果皮が乾燥して薄いもの。
A **閉果** 熟しても裂けないもの。
1 **穎果** 果皮は種子と合着して分離しない（イネ科）。
2 **痩果** 果皮は種子と密着しているが，合着はしない（キク科，オミナエシ科，イラクサ科）。
3 **翼果** 発達した果翼（翅）をもつ果実。
4 **堅果** 果皮が木質で，種子からよく離れるもの。いわゆるドングリ類がこれである。
5 **胞果** 果皮はゆるく種子と離れている（アカザ科，ヒユ科）。
6 **節果** 豆果や長角果の一種だが裂開せず，1種子単位に横に切れる（ヌスビトハギ，クサネム）。
7 **分離果** 2室以上の子房からなり，熟すと室の数だけの分果に分かれる（セリ科，シソ科，ボンテンカ，キンゴジカ）。
B **裂開果** 熟すと一定の場所から裂けるもの。
8 **蒴果** 2心皮以上からなる果実で，心皮の数だけの果片に縦に裂けるもの（スミレ科，ラン科，フウロソウ科，カタバミ，ウマノスズクサ，ユリ）。
9 **袋果** 離生心皮で，腹部で縦裂する（トリカブト，オウレン，シャクヤク）。
10 **豆果** 1雄蕊，1心皮1室で，背部で縦裂する（マメ科の大部分）。
11 **角果** ふつう2心皮2室で，中央に膜壁を残して2果片に分かれるもの。長さが比較的長い長角果（アブラナ，イヌガラシ）と，短い短角果（ナズナ，グンバイナズナ）に分けられる。
12 **孔開蒴果** 蒴果の一種で，果実の一定の場所に孔が開くもの（キキョウ，ツリガネニンジン，ケシ）。
13 **蓋果** 蒴果の一種で，横方向に割れ目ができ，上部が蓋のように開くもの（オオバコ，ゴキヅル，ネナシカズラ，ルリハコベ）。
多肉果 中果皮に水分が多く，肉質，液質になるもの。みな閉果である。

14 **核果（石果）** 内果皮がかたい石質（核）となるもの（ゴゼンタチバナ）。
15 **液果（真正液果）** 内果皮が石質にならないもの（アカネ，コケモモ，イヌホオズキ，サルトリイバラ）。
16 **ナシ状果（リンゴ状果）** 多室の子房を包む花托の延長部（萼の基部とも考えられる）が発達して果実の主要部をなすもの。
17 **ミカン状果** 海綿状の中果皮をもち，膜質の内果皮に生えた毛に果汁を貯えるもの。

〔**集合果（1花性）**〕1個の花托上に数個〜多数の子房が成熟して，1個の果実のようになる偽果の総称。シキミ（袋果の集まり），サネカズラ（液果の集まり）など。次のものもこれに含まれる。
18 **キイチゴ状果** 花托が肥大し，その表面に多数の核果をつけるもの。
19 **イチゴ状果** 花床が肥大して液質になり，その表面に小型の痩果が多数つくもの（ヘビイチゴ）。
20 **バラ状果** つぼ状の花托が肥大し肉面に多数の痩果をつけるもの。

〔**複合果**〕1個の花序に密集してついた各花の子房がいっしょに成熟して1個の果実のようになる偽果の総称。ヤマボウシ（核果の集まり），タコノキ，マムシグサなど。次のものもこれに含まれる。
21 **イチジク状果** 花序の軸がつぼ状に肥厚したイチジク状花序（花嚢）の内側に多数の痩果がつくもの。
22 **クワ状果** 痩果が液質に肥大した花被に包まれ，多数が密集してキイチゴ状果にも似た果実になるもの。

なお，裸子植物の胚珠は子房に包まれず，種鱗の内側に裸出してつく。胚珠が子房に包まれる被子植物の果実とは性質が異なるが，この雌球花の成熟したものを球果（いわゆる，まつかさ，まつぼっくり）という。

※「植物用語の図解」は，旧版に新図版や新用語を加え作成した。

種子植物の系統関係図と全5巻の構成 (薄い文字の科は本書では取り上げていない)

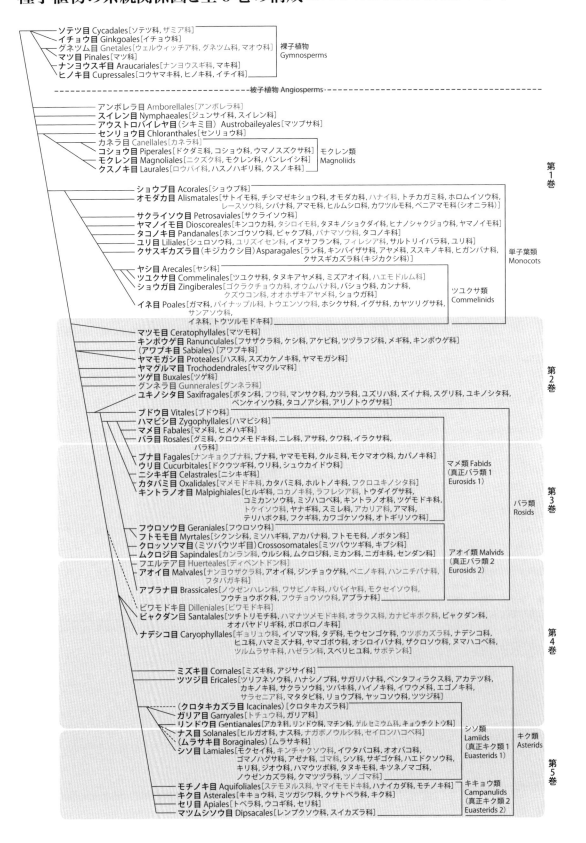

凡例

本文解説について

◉本書は日本に野生する種子植物を対象とする。外来の植物は，古くから野生化しているものはできるだけ収録した。栽培品種については原則としては採りあげていない。

◉科の配列は原則として，米倉浩司・梶田忠「BG Plants 和名−学名インデックス（YList）」(http://ylist.info)，邑田仁監修・米倉浩司著『日本維管束植物目録』（北隆館，2012）による。被子植物においては原則としてAPG III分類体系（2009）に基づく。

◉原稿は旧版（『日本の野生植物』草本 I・II・III，木本 I・II）の原稿の執筆者および著作権継承者の了解を得て，旧版の原稿を元に各科の担当の執筆者によって改訂を行った。その改訂の程度は各科の事情に合わせ，担当執筆者に一任した。科の最初のページの欄外に旧版の執筆者名を記した。

◉各科の中で，属の解説はアルファベット順，種の解説は原則として検索表の順とした。

◉本文項目名（種名）や解説文中の植物名のあとの「PL.○○」は，その植物の写真が掲載されている写真ページ（プレート）番号を示す。

◉分布の記載中，2つの地名を〜で結んだものは，北から南にかけてその間の地域を含むことを表わす。例えば，「北海道〜九州」は「北海道・本州・四国・九州」を意味する。

◉本文図版は旧版を踏襲したが，一部に改変を加えた。

検索表について

◉属の検索表について，【　】内の数字はその科内における解説の順番を示している。

◉種の検索表について，種名の前に付した数字は，その属内における解説の順番を示している。番号に「′」がついているものは，その番号の解説文中で言及している種を示す。

写真ページについて

◉写真の配列は，原則的に属・種の検索表の出現順とした。そのため本文解説の順番とは異なっている場合がある。

◉撮影地名は，県庁所在地と政令指定都市は県名を省いた。自然地名で表される場合はそれを使った。

◉写真には「→p.○○」で，その植物の解説のあるページを示した。

◉撮影地が植物園などの施設で，植栽であることが明らかな場合は，その旨を記していない。

◉一部の施設名については下記の通り省略表記とした。
大阪市大植物園（大阪市立大学大学院理学研究科附属植物園），京都植物園（京都府立植物園），京都大学植物園（京都大学大学院理学研究科植物園），種子島薬用植物園（独立行政法人医薬基盤研究所薬用植物資源研究センター種子島研究部），多摩森林科学園（森林総合研究所多摩森林科学園），筑波実験植物園（国立科学博物館筑波実験植物園），小石川植物園（東京大学大学院理学系研究科附属植物園〔本園〕），日光植物園（東京大学大学院理学系研究科附属植物園日光分園），東京農業大学植物園（東京農業大学農学部植物園），北大植物園（北海道大学北方生物圏フィールド科学センター植物園），八ヶ岳薬用植物園（シミック八ヶ岳薬用植物園）

◉〔　〕内は撮影者名。原則として姓のみを記しているが，同姓の撮影者がいる場合は氏名表記とした（ただし，〔山田〕は山田達朗を指す）。

第1巻 目次

科名	学名	著者	頁	図版
ソテツ科	CYCADACEAE	大橋広好	23	PL.1
イチョウ科	GINKGOACEAE	大橋広好	24	PL.2
マツ科	PINACEAE	大橋広好	25	PL.3-20
マキ科	PODOCARPACEAE	大橋広好	34	PL.20-21
コウヤマキ科	SCIADOPITYACEAE	大橋広好	36	PL.22
ヒノキ科	CUPRESSACEAE	大橋広好	37	PL.(21),23-31
イチイ科	TAXACEAE	大橋広好	42	PL.32-34
ジュンサイ科	CABOMBACEAE	伊藤元己	45	PL.35
スイレン科	NYMPHAEACEAE	志賀 隆	46	PL.35-37
マツブサ科	SCHISANDRACEAE	大橋広好	49	PL.38-39
センリョウ科	CHLORANTHACEAE	米倉浩司	52	PL.40-41
ドクダミ科	SAURURACEAE	大橋広好	54	PL.41
コショウ科	PIPERACEAE	米倉浩司	55	PL.42
ウマノスズクサ科	ARISTOLOCHIACEAE	菅原 敬・東馬哲雄	57	PL.43-52
モクレン科	MAGNOLIACEAE	大橋広好	71	PL.53-57
バンレイシ科	ANNONACEAE	大橋広好	75	PL.58
ハスノハギリ科	HERNANDIACEAE	大橋広好	76	PL.58-59
クスノキ科	LAURACEAE	米倉浩司	78	PL.59-71
ショウブ科	ACORACEAE	大橋広好・邑田 仁	89	PL.72
サトイモ科	ARACEAE	邑田 仁	91	PL.72-86
チシマゼキショウ科	TOFIELDIACEAE	田村 実	112	PL.86-87
オモダカ科	ALISMATACEAE	田中法生	115	PL.88-89
トチカガミ科	HYDROCHARITACEAE	田中法生	118	PL.90-93
ホロムイソウ科	SCHEUCHZERIACEAE	田中法生	126	PL.93
シバナ科	JUNCAGINACEAE	遠藤泰彦	127	PL.93
アマモ科	ZOSTERACEAE	田中法生	128	PL.94
ヒルムシロ科	POTAMOGETONACEAE	伊藤 優・田中法生	130	PL.95-96
カワツルモ科	RUPPIACEAE	伊藤 優	135	PL.96
ベニアマモ科	CYMODOCEACEAE	田中法生	137	PL.97

科名	学名	著者	頁	図版
サクライソウ科	PETROSAVIACEAE	大橋広好	139	PL.97
キンコウカ科	NARTHECIACEAE	田村　実	141	PL.97-98
タヌキノショクダイ科	THISMIACEAE	大橋広好	143	PL.99
ヒナノシャクジョウ科	BURMANNIACEAE	大橋広好	146	PL.99
ヤマノイモ科	DIOSCOREACEAE	早坂英介	148	PL.100-102
ホンゴウソウ科	TRIURIDACEAE	大橋広好・邑田　仁	151	PL.102-103
ビャクブ科	STEMONACEAE	門田裕一	153	PL.103
タコノキ科	PANDANACEAE	宮本旬子	155	PL.104-105
シュロソウ科	MELANTHIACEAE	髙橋　弘	158	PL.106-110
イヌサフラン科	COLCHICACEAE	田村　実	163	PL.110-111
サルトリイバラ科	SMILACACEAE	邑田　仁	165	PL.111-113
ユリ科	LILIACEAE	髙橋　弘・田村　実	168	PL.114-124
ラン科	ORCHIDACEAE	遊川知久	178	PL.125-164
キンバイザサ科	HYPOXIDACEAE	田中伸幸	232	PL.165
アヤメ科	IRIDACEAE	田中伸幸	233	PL.165-168
ススキノキ科	XANTHORRHOEACEAE	髙橋　弘	237	PL.168-169
ヒガンバナ科	AMARYLLIDACEAE	布施静香	240	PL.170-174
クサスギカズラ科	ASPARAGACEAE	田村　実	246	PL.175-186
ヤシ科	ARECACEAE	國府方吾郎	261	PL.187-189
ツユクサ科	COMMELINACEAE	田村　実・布施静香	265	PL.190-192
タヌキアヤメ科	PHILYDRACEAE	國府方吾郎	269	PL.192
ミズアオイ科	PONTEDERIACEAE	田中法生	270	PL.193
バショウ科	MUSACEAE	宮本旬子	272	PL.193
カンナ科	CANNACEAE	田中伸幸	273	PL.193
ショウガ科	ZINGIBERACEAE	田中伸幸	274	PL.194-195
ガマ科	TYPHACEAE	宮本　太	277	PL.196-198
ホシクサ科	ERIOCAULACEAE	宮本　太	280	PL.198-201
イグサ科	JUNCACEAE	宮本　太	287	PL.202-206
カヤツリグサ科	CYPERACEAE	勝山輝男・早坂英介	294	PL.207-272

ソテツ科　CYCADACEAE

大橋広好

常緑の高木または低木で，雌雄異株。外観はヤシ類に似ている。茎は太い柱状で，ときに二又分枝し，または半地下生で倒卵状の太い塊茎となる。髄と皮層がよく発達し，皮層に仮導管と粘液道があり，導管はない。葉は1－2回羽状複葉でらせん状に互生するが，茎頂に集まり輪生状を呈する。葉は数年で枯れるが，基部は残って茎をおおう。小葉は多数。雄花は球果状で多数の鱗片（小胞子葉）からなり，その下面に多数の葯をつける。雌花は多くは球果状で，シダ状の羽状大胞子葉からなり，その柄に直生胚珠が互生する。花粉は昆虫または昆虫と風によって運ばれ，胚珠に達し，花粉室で成長して花粉管内に2個の精子を生じ，その1個が卵細胞を受精させて種子となる。種子は核果状で，3層の種皮があり，子葉は2枚，子葉は種皮に包まれたままで地下発芽する。染色体数2n＝16，17，18，20，21，22，23，24，24－27，26。旧世界とオーストラリアの主として熱帯・亜熱帯にソテツ属約107種が知られている。

裸子植物は2011年には約1026種が現生し，ソテツ亜綱，イチョウ亜綱，グネツム亜綱およびマツ亜綱（球果類）に分けられた。日本にはソテツ亜綱1科1種とマツ亜綱4科約39種が自生する。ほかにもイチョウ亜綱1科1種をはじめグネツム亜綱のマオウ科Ephedraceae，グネツム科Gnetaceaeおよびマツ亜綱の外来裸子植物多数が見られる。現生のソテツ亜綱はソテツ科とザミア科Zamiaceae（9属約206種）とで構成される。ソテツ亜綱は現生種子植物のなかでもっとも古く分化した植物群と推定され，化石は古生代ペルム紀から発見されており，石炭紀のシダ種子植物類メデュロサ科Medullosaceaeに類縁があると考えられている。中生代三畳紀後半からジュラ紀にもっとも栄えた植物群で，同時代の維管束植物群とともに草食恐竜類の食料であったと推測されている。

【1】ソテツ属　Cycas L.

常緑の低木。茎は柱状で枯死した葉柄の基部におおわれ，ふつうは枝分かれせず，ときに二又分枝する。葉は1回羽状複葉で，茎頂に束生する。雄花は球果状で茎頂に単生し，多数の鱗片（小胞子葉）からなり，下面に多くの葯がある。雌花は茎頂に束生するシダを思わせる羽状の大胞子葉からなる。染色体基本数x＝11，染色体数2n＝22，24。東アフリカ，マダガスカル，インド，マレーシア，北西オーストラリア，ポリネシア，中国南部，日本に約100種。日本にはソテツ1種が自生する。

1. ソテツ　PL. 1
Cycas revoluta Thunb.

常緑低木で幹は柱状，高さ1.5－8m，径20－30cm，ふつうは直幹であるが，ときに多少分岐し，表面は枯死した葉柄の基部におおわれる。根に藍藻類を共生させて根粒をつくり，空中窒素を取り込んで固定する。葉は茎頂にらせん状について集まり，長さ100－150cm，幅20－30cm，1回羽状複葉，葉柄と裏面に淡褐色の綿毛を密生する。小葉は線形で多数が互生し，長さ8－20cm，幅5－8mmで先はとがり，全縁で，縁は裏面に多少反り，表面は深緑色で光沢があり，裏面は淡緑色で軟毛がある。中央脈は表面でくぼみ，裏面に隆起する。花は6－8月。雄花は円柱形の球果状で茎頂に直立し，長さ50－70cm，多数の鱗片（小胞子葉）からなる。鱗片はやや長方形で先は三角形，長さ約3cm，下面に花糸のない葯が多数密着する。花粉は楕円形で，広い発芽溝があり，気嚢はない。雌花は褐色毛を密生する大胞子葉からなり，大胞子葉は葉状で長さ約20cm，先は羽裂し，柄に2－8個の直生胚珠が互生する。沖縄県与那国島では，受粉は雄株から2m以内にあると風と昆虫によって雌株へ送粉され，それより遠く離れると昆虫によっておこなわれた（戸部博 2012《新しい植物分類学II》）。種子は10月に熟し，卵形で長さ約4cm，径3cm，種皮外層は赤朱色で光沢がある。九州（宮崎県以南）・琉球に自生し，中国南部（福建省）に分布する。暖地では神社，仏閣，公園，庭などに植えられる。種子は食べられ，漢方では薬用にする。琉球などでは救荒植物として春，茎の髄をくだいて水洗し，デンプンをとって食用にされたことがある。生葉は生花や花輪などに用いられる。自生地が少ないので，宮崎県・鹿児島県のソテツ自生地は国の天然記念物として保護されている。

ソテツの精子（精虫）は，帝国大学農科大学助教授池野成一郎によって《植物学雑誌》10巻（1896年11月発行）に初めて報告された。現鹿児島県立博物館に植えられているソテツ雌株から固定した精子を発見して記述したもので，詳細は欧文でドイツの学術誌に発表したとの短い報告であった。同年10月イチョウの精虫発見が《植物学雑誌》10巻（1896年10月発行）に詳しく発表されたことに続く裸子植物の精子発見であった。これによって，ソテツ科とイチョウ科の植物界における系統進化上の位置が定まったことは植物学上画期的な業績であった。

旧版の執筆は佐竹義輔。

イチョウ科　GINKGOACEAE

大橋広好

　落葉の高木で，長枝と短枝がある。長枝というのはふつうの枝であるが，短枝というのは，節間が極端に短縮して長さ2cm内外になったもので，基部に鱗片がある。葉は扇形の葉身と長い葉柄からなり，長枝ではらせん状に互生し，短枝では数個束生する。花は雌雄異株で短枝につく。風媒。雄花は短枝に束生し，多数の雄蕊が尾状花序状になり，雄蕊に2葯室がある。花粉は楕円形で，広い発芽溝があり，気嚢はない。雌花は短枝に数個つき，花柄の先が2岐，まれに3岐し，それに1個ずつ直生胚珠がつく。花粉が風に送られ胚珠につくと，花粉管内で発芽して2個の精子となり，そのうちの1個が卵細胞を受精させ，種子に発達する。この精子（精虫）は1896年帝国大学理科大学（現東京大学理学部）助手で画工であった平瀬作五郎によって小石川植物園（当時帝国大学植物園）内のイチョウ（雌株）から発見された。種子は一見，核果様で，球形～広楕円形，種皮外層は黄褐色の肉質になり，悪臭がある。種皮中層は白色で木質の殻となり，2－3稜があり，種皮内層は珠心を包む茶色の薄皮である。子葉は2－3枚。染色体数x=12，2n=24。

　現生の種はイチョウ属1種にすぎないが，中生代に分化した植物群でイチョウ類植物として独自の系統進化上の位置を占める。分類学上は裸子植物のイチョウ亜綱イチョウ目を代表する。イチョウ類の最初の化石は中生代三畳紀にオーストラリアで発見され，ジュラ紀にはアフガニスタン，中国，南アフリカなどからイチョウ属 Ginkgo，ユイマイア属 Yimaia，カルケニア属 Karkenia，バイエラ属 Baiera やカセキイチョウ属 Ginkgoites などが発見され，豊富な種があり，イチョウ類の全盛であった。イチョウ属はジュラ紀に現れ，白亜紀から新生代第三紀には地球上に広く分布していたが，第四紀初めから種数は減少し，中国に1種だけが残った。

【1】イチョウ属　Ginkgo L.

1. イチョウ　　　　　　　　　　　　　　　　　PL. 2
Ginkgo biloba L. var. **biloba**

　落葉の高木で，幹は大きいものでは高さ約45m，径約5mにもなる。樹皮は灰色～灰褐色で，ふぞろいに浅く縦裂する。よく分枝し，太い枝の下面からときに気根（俗に乳という）とよばれる枝を下ろす。葉は長枝ではらせん状に互生，短枝では束生し，葉身は扇形で，幅5－7cm，薄い革質で毛がなく，上縁は波状で中央部は浅くあるいは深く切れ込み，葉脈は二叉分岐して平行脈となり上縁に達する。葉身の基部はふつうくさび形で，長さ3－6cmの葉柄に延下する。秋，美しく黄葉して落ちる。雌雄異株で，花は4－5月。雄花は尾状花序状で長さ2cm内外，雌花は柄を含めて長さ2－3cm，花粉は東京では4－5月に飛散して雌花先端の胚珠につき，珠孔から入って珠心に寄生し，3－4か月後の9月第1週に花粉管内に精子を生み，精子は卵細胞に達して受精する。種子は10月に成熟し，長さ2－3cm。悪臭のある黄褐色肉質の種皮外層をとると，木質で白色の種皮中層に包まれたいわゆる〈ぎんなん（銀杏）〉が現れる。

　中国（浙江省西天目山，重慶特別市金仏山）に自生する。日本には野生がなく，仏教とともに渡来したといわれる。病虫害に強く，火熱によく耐え，長命であるため，街路樹，庭園や公園樹，各地の神社や寺院に植えられ，巨木となっているものが多く，国や地方自治体の天然記念物も多い。材は黄白色，質が均等で緻密，光沢があるので，碁盤，将棋盤，器具，彫刻，家具などに多く用いられる。種子の〈ぎんなん〉は食用として喜ばれる。薬用ともされ，若葉も薬用とされる。世界で街路樹や庭園にしばしば栽植されている。

　イチョウは古い起源の植物ながら多くの変異が見られ，**オハツキイチョウ** var. *epiphylla* Makino は葉の上縁に雌花がつき結実するもの，**シダレイチョウ** Ginkgo biloba 'Pendula' は枝が枝垂れるもの，**フイリイチョウ** G. biloba 'Variegata'; *G. biloba* var. *variegata* A. Henry は葉に黄色の縦斑が入るもの，**キレハイチョウ** G. biloba 'Laciniata' は葉が3－5裂または多数の裂片に裂けるもの，などがある。園芸品種も多く，イチョウの乳の盆栽もある。

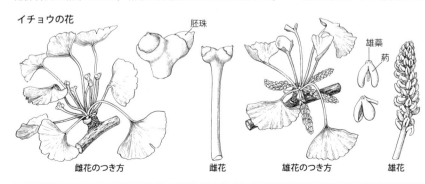

イチョウの花

胚珠　雄蕊　葯　雌花のつき方　雌花　雄花のつき方　雄花

旧版の執筆は佐竹義輔。

マツ科　PINACEAE

大橋広好

　常緑，まれに落葉の針葉をもつ高木または低木である。よく分枝し，長枝（ふつうの枝）だけをもつものと，長枝と短枝とをもつものとがある。短枝というのは小枝が極端に短縮したもので，ふつう長枝にらせん状に互生する。葉は針形または線形であるが，鱗片状のものもある。花は単性で雌雄同株，雄花は互生する多数の雄蕊からなり，葯室は2個，花粉に気嚢があるものとないものとある。雌花は多数の鱗片からなるが，内側の種鱗片（種鱗）に2個の倒生胚珠がつき，その外側に苞鱗片（苞鱗）がある。雌花は成熟すると木質の球果となり，種鱗は発達して内面に種子が2個でき，苞鱗は種鱗の外側に付属物のようにつき，ふつう種鱗より小型である。種子には翼があるか，またはない。子葉は多数（2−18枚）ある。
　マツ亜綱（球果類）は現生の裸子植物（約1026種）ではもっとも多数の種からなり，約70属615種が知られている。マツ目（マツ科），ナンヨウスギ目 Araucariales（ナンヨウスギ科 Araucariaceae，マキ科）およびヒノキ目（コウヤマキ科，ヒノキ科，イチイ科）で構成される。マツ目はマツ科だけを含み，世界に11属約225種があり，主として北半球の温帯から熱帯に分布し，スマトラ，フィリピン，ニカラグア，西インド諸島に達する。世界の森林を構成する重要な種を多数含む。日本には6属約23種が自生するほか，ヒマラヤ北西部からアフガニスタンに分布するヒマラヤスギ Cedrus deodara Loud. が各地で栽植される。林業樹種としては，マツ科植物はスギ，ヒノキに一歩を譲るが，重要な種類が多く，その材は多くの用途に用いられ，古代から人間とのかかわりが深い。

A．葉は鱗片葉と針形葉と2型ある。長枝には鱗片葉だけがあり，短枝には基部に鱗片葉が，頂部に針形葉が2−5個束生する
　　　　　　　　　　　　　　　　　　　　　　　　　　　　　　　　《マツ亜科 Subfam. Pinoideae》【4】マツ属 Pinus
A．葉は2型なく，針形葉で，らせん状または2列に並ぶ。
　B．葉に宿存性の葉沈があり，2年枝には葉沈が突起として残る。苞鱗は微小で，長さ3mm以下。花粉に気嚢がある
　　　　　　　　　　　　　　　　　　　　　　　　　　　　　《トウヒ亜科 Subfam. Piceoideae》【3】トウヒ属 Picea
　B．葉に葉沈があるかまたはなく，2年枝は表面なめらか。苞鱗はやや大型で，長さ6mm以上または（ツガ属では）約2mm。花粉に気嚢があるかまたはない。
　　　C．種鱗は基部が葉柄状に狭まり，宿存性または早落性。花粉に気嚢があるかまたはない ……《モミ亜科 Subfam. Abietoideae》
　　　　D．葉は無柄。葉枕はあまり発達しない。材に樹脂道がない。球果は直立し，成熟すると種鱗と苞鱗は果軸を残して脱落する。花粉に気嚢がある………………………………………………………………………………………………【1】モミ属 Abies
　　　　D．葉は有柄。葉枕はやや隆起する。葉の横断面では，樹脂道は周縁層の下側の葉肉中に1個ある。球果は下垂し，種鱗と苞鱗は宿存する。花粉に気嚢がない ……………………………………………………………………………【6】ツガ属 Tsuga
　　　C．種鱗は基部が広く，宿存性。花粉に気嚢がない　　　　　　　　　　《カラマツ亜科 Subfam. Laricoideae》
　　　　D．枝に長枝と短枝がある。葉は線形で，長枝では単生し，短枝では多数束生し，冬に落葉する。球果の苞鱗は全縁
　　【2】カラマツ属 Larix
　　　　D．枝は普通枝のみ。葉は多数束生することはない。常緑性。球果の苞鱗は3裂し，中央の裂片は先が尾状に伸びる
　　　【5】トガサワラ属 Pseudotsuga

【1】モミ属　Abies Mill.

　常緑の高木，葉は線形または線状披針形で，表面は緑色で溝があり，裏面に2条の気孔帯がある。横断面は扁平，樹脂道は2−4個あって，葉肉内にあるか裏面の下表皮に接する。花は雌雄同株。雄花は前年枝の葉腋に1個ずつつき，多数の雄蕊が長楕円状の穂になり，黄色または紅色の葯がある。葯室は2個で横裂し，気嚢がある花粉を出す。雌花も前年枝の葉腋につき，多数の雌鱗片からなる。球果は年内に熟し，卵形〜長円筒形で直立し，種子が成熟すれば，種鱗，苞鱗とともに，果軸を枝に残して脱落する。種子は卵形〜長楕円形で，上端に薄くて大きなくさび形の翼がある。子葉は4−10枚。染色体数2n=24, 48。世界に約40種あり，主として北半球に分布。日本に5種自生する。

A．若い枝に毛がない ……………………………………………………………………………………………… 1. ウラジロモミ
A．若い枝に，多少にかかわらず毛がある。
　B．種鱗の外面に褐色毛が多い。苞鱗は種鱗の合せ目から明らかに現れる ……………………………………… 2. トドマツ
　B．種鱗の外面はふつう無毛である。
　　　C．苞鱗は種鱗の合せ目から明らかに現れる ……………………………………………………………………… 3. モミ
　　　C．苞鱗は種鱗の合せ目から現れないか，ときに球果の下部ではわずかに現れることがある。
　　　　D．種鱗の外面全体は無毛で，苞鱗は種鱗の合せ目からふつう現れないが，球果の下部ではときに現れる……… 4. シラビソ

旧版の執筆は佐竹義輔。

Pinaceae

D. 種鱗の外面上部は無毛，下部に金褐色の毛がある．苞鱗は種鱗の合せ目からまったく現れない ………… 5. オオシラビソ

1. ウラジロモミ〔ダケモミ，ニッコウモミ〕　PL.13
Abies homolepis Siebold et Zucc.

常緑の高木．幹は高さ30－40m，径約1mになり，樹皮は灰色〜灰褐色で鱗片状にはがれる．若枝は黄褐色で毛がない．葉は線形でやや扁平，長さ10－25mm，幅2－3mm，先端は鈍形〜凹形，表面は濃緑色，裏面は幅広い白色の気孔帯が2条ある．横断面で，2個の樹脂道が葉肉内にあり，下表皮がよく発達する．雌雄同株，花は5－6月．雄花は前年枝の葉腋につき，有柄，楕円形で長さ1－3cm，多数の雄蕊がらせん状につき，黄褐色．雌花も前年枝に腋生して直立し，長円柱形で長さ5－6cm，紫赤色で多数の鱗片からなる．球果は同年の10月に熟し，直立して長楕円状円筒形，長さ7－12cm，径3－4cm，先が丸く，紫色をおびる．種鱗は扇形で長さ2.0－2.5cm，幅2.5－2.7cm，外面に褐色の短毛があり，基部はくさび形になる．苞鱗は種鱗の約半長で，上部はやや円形で先がとがり，基部はくさび形である．裂開前に苞鱗は種鱗との合せ目から外部に現れることはふつうない．種子は倒卵状くさび形で長さ約8mm，種子本体より少し長い翼がある．染色体数2n=24．本州（福島県三本槍岳（北限）〜中部地方・紀伊半島）・四国（南限愛媛県）の標高1000－2000mに産し，一般に上部はシラビソ，下部はモミに接する．材はモミに比して軽軟でやや劣るが，量産するので建築材，パルプ材に用いられる．

2. トドマツ〔アカトドマツ〕　PL.14
Abies sachalinensis (F. Schmidt) Mast. var. **sachalinensis**

常緑の高木．幹は高さ約25m，径約50cmになる．樹皮は灰白色でやや平滑，成木では縦裂して不規則な鱗片にはがれる．若枝に淡褐色の短毛が多い．葉は線形で長さ15－30mm，幅約1.5mm，先端は鈍形〜円形，またはやや凹形，裏面に幅狭い2条の気孔帯がある．有果葉の横断面では樹脂道は，中央脈と両端とのほぼ中間の葉肉内に1個ずつある．花は6月．雄花は前年枝の葉に腋生し，卵形で長さ約7mm．雌花も前年枝の葉に腋生し，円柱形で長さ2－3cm．球果は10月に成熟し，黒褐色，円柱形で長さ5－7cm，径2－2.5cm．種鱗は扇形で長さ約10mm，幅約15mm，外面に褐色の細毛が密生し，基部はくさび形．苞鱗は褐色で種鱗と同長またはやや長く，先は倒心形で中央脈の先端は尾状にとがり，種鱗の合せ目より突出してやや反曲する．種子は褐色，倒卵状くさび形で長さ約6mm，ほぼ同長の翼がある．染色体数2n=24．北海道・南千島，サハリン・カムチャツカ半島に分布する．エゾマツとともに北海道を代表する針葉樹で，材は本州のスギやマツ属と同じように広く利用される．**アオトドマツ** var. **mayriana** Miyabe et Kudô は，樹皮が老木でも平滑で，鱗片にはがれず，毬果の苞鱗は黄緑色で，種鱗の合せ目から長く突出して反曲する．アオトドマツに対してトドマツをアカトドマツとよぶこともあり，アカトドマツにはトドマツの変種ランクの学名 var. sachalinensis が相当する．

3. モミ　PL.15
Abies firma Siebold et Zucc.

常緑の高木で，幹は高さ35－40m，径1.5－1.8mになる．樹皮は灰色〜暗灰色で，鱗片状に浅くはがれる．若枝は淡黄緑色で短毛がある．葉は線形，長さ15－30mm，幅2－3mm，裏面に灰白色の気孔帯が2条あり，先は鋭形だが，若木のものは鋭く2裂する．断面は扁平で，樹脂道はふつう2個で葉肉内にあり，また葉肉内には繊維状の厚膜細胞が散在し，これは他種には見られない特徴である．花は5月．雄花は前年枝の葉に腋生し，多数の雄蕊が円筒状に集まる．雌花も前年枝の葉に腋生し，多数の雌鱗片からなる．球果は10月に成熟し，灰緑色〜灰褐緑色，円筒状で長さ9－13cm，径4－5cm，直立する．種鱗は半円状扇形で長さ20－25mm，幅25－35mm，外面は無毛で，基部はくさび形．苞鱗

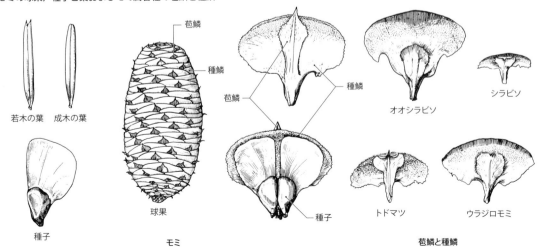

モミの球果，種子と葉およびモミ属各種の苞鱗と種鱗

は倒披針形で長さ20mm内外，先はとがり，種鱗の合せ目から長く突出するが反曲しない。種子は倒卵状くさび形で長さ約10mm，ほぼ同長の翼がある。染色体数2n=24, 48。本州（秋田県・岩手県以南）・四国・九州（屋久島まで）の山地に生え，ウラジロモミより低所に多い。材は淡黄白色で美しく，彫刻，建築，家具，造船などに用いられ，また太鼓の胴，桶などにも利用される。

4. シラビソ〔シラベ〕 PL.16–17
Abies veitchii Lindl. var. **veitchii**

常緑の高木，幹は高さ25m，径約80cmになる。樹皮は平滑で樹脂が多く，灰白色，老木では鱗片状にはがれるものもある。若枝は灰褐色で，褐色の短毛がある。葉は線形で長さ1.5–2.5cm，幅2mm内外，先は円いかまたはわずかにくぼみ，裏面に白色の気孔帯が2条ある。横断面は扁平で，樹脂道は2個，両端に近い葉肉内に1個ずつある。花は6月。球果は9–10月に熟し，円柱形で長さ4–6cm，幅1.5–2cm，暗青紫色をおびる。種鱗は扇形で長さ8mm内外，幅10–14mm，外面は無毛で，基部はくさび形になる。苞鱗はさじ形で種鱗とほぼ同長，先は凹形で中央脈が短く突出する。種子は倒卵状くさび形で黒褐色，長さ約6mm，翼は種子本体と同長か，少し短い。染色体数2n=24。本州（福島県吾妻山以南～中部地方および紀伊半島）・四国の亜高山帯に分布する。四国の石鎚山，剣山にあるものは，毬果が小型で丸みをおび，葉が短く先が太くなるので，**シコクシラベ** var. **reflexa** Koidz.; *A. sikokiana* Nakai; *A. veitchii* var. *sikokiana* (Nakai) Kusaka（PL.16）して変種とする説がある。

5. オオシラビソ〔アオモリトドマツ〕 PL.17
Abies mariesii Mast.

常緑の高木，幹は高さ25–30m，径80–90cmになる。樹皮は灰色で平滑，若枝に褐色の短毛がある。葉は線形，長さ1.5–2.0cm，幅約2.5mm，先に向かいやや幅広くなり，先端は凹形～円形となる。裏面に幅広い白色の気孔帯が2条ある。横断面は扁平で，樹脂道は2個，裏面の両端に近く，下表皮に接する。花は6月。球果は9月末に成熟し，卵状楕円形で長さ6–9cm，径3.5–4.5cm，黒紫色を呈する。種鱗は扇形で長さ15mm内外，幅20–25mm，外面上部の露出部は無毛であるが，下部には金褐色の毛が密生する。苞鱗はくさび形～さじ形，種鱗の約半長で先は円く，長さ8–9mm，種鱗の合せ目から現れることはない。種子は倒卵状くさび形で，長さ6–10mm，翼は種子本体よりやや長い。染色体数2n=24。本州（青森県八甲田山～中部地方，西限は福井県東部二ノ峰）の亜高山帯に生え，トウヒ，コメツガ，シラビソなどと混生する。

【2】カラマツ属　Larix Mill.

落葉の高木で，枝に長枝と短枝とある。葉は線形で，長枝ではらせん状に単生し，短枝では上端に束生する。葉の横断面は扁平で，樹脂道は中央の周縁層の両側に1個ずつあって，裏面の下表皮に接する。花は雌雄同株，雄花は球形または楕円形で，短枝につき，多数の雄蕊があり，葯室は2個ある。花粉に気嚢がない。雌花も短枝につき，球形～楕円形で，多数の雌鱗片からなる。球果は卵形～球形で，種鱗に2個の種子が熟す。苞鱗は種鱗より幅が狭く，これと同長またはやや長い。種子には翼があり，熟すと毬果を枝に残して落下する。子葉は6枚内外ある。染色体数2n=24。主として北半球の温帯から寒帯に約15種があり，日本にはカラマツ1種自生し，択捉島と色丹島にはグイマツが分布する。

1. カラマツ〔フジマツ，ラクヨウショウ〕 PL.19
Larix kaempferi (Lamb.) Carrière

落葉高木。幹は高さ約30m，径約1mにもなる。樹皮は暗灰色で，長い鱗片状にはがれて落ちる。若い長枝は灰緑色から褐色，無毛またはわずかに有毛で，葉をらせん状に単生する。短枝は長さ3–4mmで，基部に褐色の鱗片が多数ある。葉は線形で長さ2–3cm，幅1–2mm，短枝では20–30本束生する。花は4–5月。雄花は楕円形～長卵形で長さ約4mm，雄蕊は多数で互生し，縦裂する2葯室がある。雌花は短枝の端につき，卵形で紅紫色，長さ10mm内外，9–10月成熟すると黄褐色になる。球果は卵状球形，初め緑白色から熟して黄褐色，長さ2–3cmで直立する。種鱗は広卵形～円形で長さ10–13mm，幅9–12mm，背面に腺点があり，先は多少外曲する。苞鱗は長方形で長さ5–6mm，中央脈が突出し，種鱗より短いもの，やや長いものなどがある。種子は倒卵状くさび形で，長さ3–5mm，灰褐色，種子本体より長い翼がある。染色体数2n=24。本州中部山岳地帯から宮城県蔵王山系馬ノ神岳と石川県側白山に隔離分布し，日当りのよい亜高山に自生するが，各地に造林されることが多い。材は耐久性が強いので，建築材，造船材，土木材として用途が広い。フジマツは富士山に多いところからいわれ，ラクヨウショウ（落葉松）は秋に黄葉して落葉するため。

グイマツ（シコタンマツ）*L. gmelinii* (Rupr.) Kuzen.; *L. gmelinii* var. *japonica* (Regel) Pilg.（PL.19）は，北海道（栽培）・択捉島・色丹島にあり，サハリン・カムチャッカ半島に分布する。カラマツに比べて若い長枝に赤褐色毛がやや多く，球果の種鱗は背面（背軸側表面）が平滑で先端は外曲しない。染色体数2n=24, (24+0–1B, 36)。北海道ではグイマツを母樹としてカラマツの花粉をつけた人工雑種がつくられ，林業用樹種とされている。

Pinaceae

【3】トウヒ属　Picea A. Dietr.

常緑の高木で，長枝だけがあり，短枝はない。葉はらせん状に単生し，基部は葉枕に関節し，乾けば葉枕を残して脱落する。葉は線形または針形で，斜上または開出し，葉身は湾曲し，その横断面は扁平で向軸側表面にだけ気孔帯があるか，菱形あるいは四角形で4面に気孔帯がある。樹脂道はふつう2個で湾曲した葉身の外側にあって表皮に接する。花は雌雄同株。雄花は前年枝の上端につき，楕円形で，多数の雄蕊が尾状に集まり，黄色から紅色を呈し，雄蕊に2葯室があり，縦裂して気嚢のある花粉をだす。雌花も前年枝の上端につき，多数の雌鱗片からなる。球果は円柱形または楕円形，多くは下垂する。種鱗は円形〜菱状楕円形，苞鱗は小型である。種子は倒卵形で長い翼がある。染色体数 2n＝24。世界に約35種，主として北半球に分布し，日本に6種自生し，またヨーロッパ原産のドイツトウヒ P. abies (L.) Karst.（PL.9）も北海道で広く植林されている。

A．葉は横断面が扁平で，片面にだけ気孔帯がある。種鱗は卵状長楕円形 ………………………………………………… 1．エゾマツ
A．葉は横断面が菱形あるいは四角形で，ふつう4面に気孔帯がある。種鱗は倒広卵形または倒卵状菱形。
　B．樹皮は赤褐色，若枝も赤褐色で，赤褐色の細毛が密生する ……………………………………………………………… 2．アカエゾマツ
　B．樹皮は灰褐色または灰青色。若枝は淡褐色，褐色，黄褐色で，ときに赤褐色をおび，ふつうは無毛だが，まれに褐色の腺毛がある。
　　C．球果は小型で，長さ3－6cm，径1.5cm内外 ……………………………………………………………………… 3．ヒメバラモミ
　　C．球果は大型で，長さ5－12cm，径2.5－4.5cm。
　　　D．球果は卵状長楕円形で，径4.5cm内外。葉は太く，長さ15－20mm …………………………………………… 4．ハリモミ
　　　D．球果は円柱形で，径3cm内外。葉はやや細く，長さ6－18mm。
　　　　E．球果は鈍頭，種鱗は先が幅狭く突出する ………………………………………………………………………… 5．イラモミ
　　　　E．球果はやや鋭頭，種鱗は先が円く，突出しない ………………………………………………………………… 6．ヤツガタケトウヒ

1．エゾマツ　　　　　　　　　　　　　　　　　PL.8
　　Picea jezoensis (Siebold et Zucc.) Carrière var. jezoensis

常緑の高木，幹は高さ30－35m，径1m内外になる。樹皮は灰褐色で鱗片状の深い裂け目がある。冬芽は円錐形で先がとがり，光沢がある。若枝は淡黄褐色をおび，毛はなく，光沢があり，葉枕は長さ2mm前後で開出または斜上する。葉は線形で扁平，斜上し，葉身は上方（枝の先端側）にやや湾曲し，両面に中央脈が隆起し，長さ10－20mm，幅1.5－2mm，鋭頭または鈍頭，片面（形態学上の向軸側表面）に幅広い白色の気孔帯が2条ある。横断面で，樹脂道は2個あり，葉身の外面（形態学上の背軸側表面）の下表皮に接する。花は5－6月。雄花は前年枝の上端につき，楕円形で長さ1.5－2cm，多数の雄蕊がある。雌花も前年枝の上端につき，円筒形で長さ2cm内外，多数の雌鱗片からなり，紅紫色。球果はその年の9－10月に成熟，円筒形で下垂し，長さ4－8cm，径2－3cm，黄緑色を呈する。種鱗は卵状長楕円形で鈍頭または凹頭，長さ約10mm，やや薄く，上縁に微鋸歯がある。苞鱗は小型の長楕円形で先はとがり，種鱗よりはるかに短い。種子は倒卵形で長さ2－3mm，その約2倍長の翼がある。染色体数2n＝24。南千島（色丹島・国後島・択捉島）と北海道から隔離して岩手県早池峰山にも産し，サハリン・カムチャツカ半島・ウスリー・沿海州・朝鮮半島・中国（東北）に分布。材は建築・建具用のほかバイオリンの胴材など用途が広い。

　トウヒ var. hondoensis (Mayr) Rehder（PL.8）は，幹は高さ20－30m，径1－1.5mになる。樹皮は暗赤褐色で多少灰白色をおび，薄い小型の鱗片になってはがれる。冬芽は円錐形で先がとがらない。葉枕は低く，主軸に直

クロマツの球果，種鱗，種子と針形葉（横断面模式図）およびゴヨウマツの針形葉とマツ属数種の種子

28

角にならない。葉はやや短く，長さ7－10mm，幅約1.5mm。球果はエゾマツよりもやや小型で長さ3－6cm，種鱗は卵状楕円形，長さ10－12mm，苞鱗は長さ2－2.5mmある。染色体数2n=24，(24+0－1B)。本州(中部の亜高山帯および紀伊半島の大台ヶ原山・大峰山系)に産する。材はエゾマツと同じく，建築・建具・パルプ用などいろいろの用途に供される。

2. アカエゾマツ　　　　　　　　　　　　　　PL.9
Picea glehnii (F. Schmidt) Mast.

常緑の高木で，幹は高さ約40m，径1.5mになる。樹皮は赤褐色でふぞろいの薄い鱗片にはがれる。若枝に赤褐色の細毛が密生する。葉は針形で長さ6－12mm，幅1－1.5mm，暗緑色でやや湾曲し，先端は鈍形～鋭形，横断面は菱形で4面に白色の気孔帯がある。樹脂道は2個，左右寄りの裏面の下表皮に接する。花は6－7月。球果は，初めは紫紅色を呈するが，熟すと灰褐色になり，下垂し，円筒形で先は丸く，長さ4－8cm，径1.5－2.5cm。種鱗は広倒卵形から円状菱形で長さ12－15mm，幅10－12mm，先は全縁または微鋸歯縁で，基部はくさび形になる。苞鱗は小型で長さ約5mm。種子は狭倒卵形で長さ3mm内外，翼はその2－3倍長い。染色体数2n=24，(24+0－2B)。北海道・本州(岩手県早池峰山)，南千島・サハリンに分布する。材はエゾマツやトウヒと同様に，建築・器具・楽器用になり，またパルプにされる。

3. ヒメバラモミ　　　　　　　　　　　　　　PL.10
Picea maximowiczii Regel ex Carrière var. **maximowiczii**

常緑の高木で，幹は高さ約40m，径120cmになる。樹皮は灰色～灰褐色で，ふぞろいの厚い鱗片にはがれる。若枝は黄褐色～赤褐色で毛はない。葉は線形で長さ6－13mm，幅約1.5mm，先はややとがり，横断面は4角形～菱形，樹脂道は2個，裏面の左右寄りの下表皮に接し，4面に白色の気孔帯がある。花は5－6月。球果は10月に熟し，無柄で下垂し，楕円状円筒形で，長さ2.5－4.5cm，径1.3－1.5cm，先は丸く，黄褐色で光沢がある。種鱗は倒広卵形で長さ12mm内外，幅約10mm。苞鱗はごく小型，狭長楕円形で，種鱗の基部につく。種子は黒褐色で倒卵状長楕円形，長さ2.5－3mm，翼は種子本体の約2倍長い。染色体数n=12。本州中部(秩父，八ヶ岳，南アルプス仙丈ヶ岳およびその周辺の石灰岩地)の亜高山帯に生え，ほかには知られていない。環境省レッドリスト2012で絶滅危惧Ⅱ類(VU)とされる。

アズサバラモミ var. **senanensis** Hayashi (PL.10)はヒメバラモミよりも葉が長く12－18mm，球果は大きくて長さ7－9cm，径2.2－3.2cmとなる。長野県川上村下梓山や戸台の高度1100－1300mにまれに生育する。

4. ハリモミ〔バラモミ〕　　　　　　　　　PL.11
Picea torano (Siebold ex K. Koch) Koehne;
P. polita (Siebold et Zucc.) Carrière

常緑の高木，幹は高さ約30m，径1mになる。樹皮は灰褐色～灰黒色で，ふぞろいの厚い鱗片になってはがれる。若枝は淡黄色～淡黄褐色で毛がない。冬芽は円錐形で褐色。葉は線形で，長さ15－20mm，幅1.5－2.5mm，やや湾曲し，先は鋭くとがって，触れると痛く，この属のなかではもっとも強剛で，ハリモミの名もこれによる。横断面は四角形で，4面に白色の気孔帯がある。樹脂道は2個，裏面の左右寄りの下表皮に接する。花は5－6月。球果は10月に成熟し，黄緑色，卵状長楕円形で長さ8－10cm，径4.5cm，先は丸く，初め上向きであるが，のち下垂する。種鱗は倒広卵形で長さ約20mm，縁に微歯牙があり，基部はくさび形になる。苞鱗は線状長楕円形で，長さ約7mm，先がとがる。種子は三角状卵形で長さ6mm，翼はその約2倍長い。染色体数2n=24。本州(福島県以南)・四国・九州に分布する。富士山麓にあるハリモミの純林は国の天然記念物として有名である。材はエゾマツやトウヒに似ており，建築・器具材，またパルプなどに用いられる。

5. イラモミ〔マツハダ〕　　　　　　　　　PL.11
Picea alcoquiana (Veitch ex Lindl.) Carrière;
P. bicolor (Maxim.) Mayr

常緑の高木。幹は高さ約30m，径1m内外になり，樹

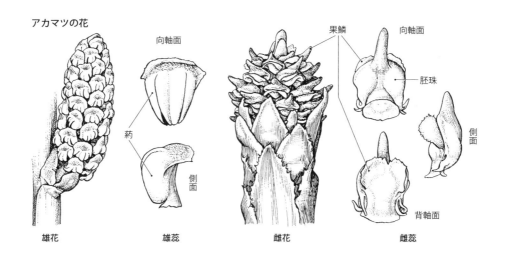

アカマツの花　　雄花　向軸面／葯／側面　雄蕊　　果鱗　雌花　向軸面／胚珠／側面／背軸面　雌蕊

皮は灰褐色でふぞろいに裂け、厚い鱗片になってはがれる。若枝は灰褐色〜赤褐色で光沢があり、まばらに褐色毛があるか、またはない。葉は線形で長さ6－15mm、幅1.0－1.3mm、横断面は四角形で4面に白色の気孔帯がある。花は5－6月。球果は10月に熟して下垂し、長楕円状円筒形で長さ6－12cm、径約3cmで鈍頭、初め紫色で熟して黄緑色または褐色になる。種鱗は広倒卵形または広倒卵状菱形で長さ約20mm、先は狭まって突出し、不整鋸歯があり、基部はくさび形になる。苞鱗はさじ形で、種鱗よりはるかに小型で、長さ8－10mm。種子は黒褐色で楕円状倒卵形、長さ4－5mm、翼はその約2倍長ある。染色体数n=12。本州（福島県南部〜岐阜県東部）の亜高山帯に生える。材は建築材、またパルプなどに用いられる。

6．ヤツガタケトウヒ〔ヒメマツハダ〕 PL.12
Picea koyamae Shiras.; *P. bicolor* Mayr var. *acicularis* Shiras. et Koyama; *P. shirasawae* Hayashi; *P. koyamae* var. *acicularis* (Shiras. et Koyama) T. Shimizu

常緑の高木。幹は高さ約30m、径約80cmになり、樹皮は灰褐色で、鱗片状に薄くはがれる。若枝は淡褐色で、腺毛がある。葉枕は顕著で、長さ1.5－3mm。葉は線形で長さ6－12mm、幅は約1.5mm、やや湾曲する。横断面は菱形で、表面の気孔帯2条はやや広いが、裏面の気孔帯2条はやや狭い。球果は10月に熟し、狭卵形から狭卵状楕円形で長さ4－10cm、径約1.8－2.6cm、先はしだいに狭まる。種鱗は倒卵状馬蹄形で長さ約16mm。苞鱗は小型で長さ約3mm。種子は黒褐色、倒卵形で長さ約4mm、翼はその2－3倍ある。染色体数2n=24。長野山梨県境八ヶ岳と南アルプス北西部の山地帯上部石灰岩地に自生する。環境省レッドリスト2012では絶滅危惧IB類（EN）とされる。八ヶ岳西岳で発見され、1913年、《植物学雑誌》（27巻）に白沢保美と小山光男による論文で、この学名の下に発表された。種形容語のkoyamaeは最初の採集者小山光男を記念したもの。

同じく八ヶ岳西岳で発見され、白沢と小山によってイラモミの変種として記載されたヒメマツハダは、球果が大型などで別種として、白沢を記念してP. shirasawae Hayashiとされたが、ヤツガタケトウヒの個体変異であり、のちに同種とされた。

【4】マツ属　Pinus L.

常緑の高木、まれに低木で、枝に長枝と短枝がある。短枝はごく短縮した小枝で長枝にらせん状につくがカラマツ属の短枝のようには明瞭でない。葉にも2型あり、1つは乾膜質の鱗片葉、他は緑色の長い針形葉である。鱗片葉は長枝の表面と短枝の基部にあたり、針形葉は短枝の上端にのみ2－5本束生する。2本のものを二葉松、3本のものを三葉松、5本のものを五葉松とふつう称する。葉の横断面は、二葉松では半円形、三葉松では底辺のやや長い三角形、五葉松ではほぼ正三角形を呈し、中央に周縁層があり、その中に維管束が1個（三葉松と五葉松）、または2個（二葉松）あり、2－10個内外の樹脂道が葉肉内にあるか下表皮に接する。花は雌雄同株。雄花は楕円形で、新枝の基部に多数つき、雄蕊に2個の薬室があり、縦裂して気嚢をもつ花粉を出す。雌花は新枝の頂部に2－3個つき、多数の雌鱗片からなる。球果（いわゆる松かさ、松ぼっくり）は2－3年で成熟し、卵形または円筒形。種鱗は卵形または長楕円形で、下部の内側に2個の種子がある。苞鱗はごく小型で、種鱗の外側の基部につく。種子に翼があるものとないものがある。子葉は3－18枚。染色体数2n=24、(48)。北半球に約110種、日本に7種ある。昔から、建築・土木・燃料用などのほか、テレビン油などの樹脂採取に利用され、種子は食用とされる。また、防風・防潮・防砂林として古くから植林されている。

- A．短枝に2本の葉があり、その基部にある鱗片葉は宿存する。葉の横断面では、中央にある周縁層内に2個の維管束がある。
  - B．冬芽の鱗片は白色。葉の樹脂道はみな葉肉内にある ··· 1．クロマツ
  - B．冬芽の鱗片は赤褐色。葉の樹脂道は葉肉内にあるか、下表皮に接する。
    - C．樹皮は赤灰色。樹脂道はみな下表皮に接する ··· 2．アカマツ
    - C．樹皮は灰黒色。樹脂道は葉肉内にあるものと、下表皮に接するものとある ··········· 3．リュウキュウマツ
- A．短枝に5本の葉があり、その基部にある鱗片葉は早く落ちる。葉の横断面では、中央にある周縁層内に1個の維管束がある。
  - B．種子に翼がない。
    - C．低木で、主幹や枝は地をはう。球果は小型で長さ3－5cm。高山帯に生える ·· 4．ハイマツ
    - C．直立する高木。球果は大型で、長さ5－15cm。
      - D．若枝に軟毛がある。葉は長さ7－12cm。樹脂道は3個で、葉肉内にある。球果は先がややとがり、長さ9－15cm ·· 5．チョウセンゴヨウ
      - D．若枝はほとんど無毛。葉は長さ5－8cm。樹脂道は3個で、内側の1個は葉肉内に、外側の2個が下表皮に接する。球果は先が丸く、長さ5－10cm ·· 6．ヤクタネゴヨウ
  - B．種子にふつう翼がある ··· 7．ゴヨウマツ

1．クロマツ〔オマツ〕 PL.3
Pinus thunbergii Parl.

常緑の高木で、大きいものは樹高約40m、径約3mに達する。樹皮は灰黒色で厚く、亀甲状の鱗片にはがれる。冬芽の鱗片は白色。若枝は黄褐色で無毛、短枝の基部にある鱗片葉は宿存する。葉は短枝に2本束生し、針形でかたく、長さ10－15cm、幅1.5－2mm。横断面は半円形で、下表皮はよく発達し、樹脂道は3－11個あって、みな葉肉内にある。雌雄同株、花は4－5月。雄花は新枝の基部に多数つき、楕円形で長さ14－20mm、基部

に苞があり，その先に多数の雄蕊をらせん状に密生する。雄蕊は2個の葯室があり，黄色。雌花は新枝の頂部に2-4個つき，球形で長さ約3mm，紫紅色，多数の雌鱗片よりなる。球果は翌年の秋に成熟し，卵形～円錐状卵形で長さ4-6cm，幅3.0-3.5cm。種鱗はくさび形で長さ約2.5cm，先は多少拡大して肥厚し，外部に露出する部分は不規則な五辺形で中央にへそがある。苞鱗は小型で種鱗の外側の基部につく。種子は倒卵形で長さ5-6mm，上端にその3倍内外の翼がある。染色体数2n=24, 48。本州・四国・九州・琉球（吐噶喇列島まで），朝鮮半島南部に分布する。海岸沿いに多く，関東以西では内陸にもあり，標高800-900mまで生育する。材は建築用，土木用など用途が幅広い。多くの園芸品種がある。

2．アカマツ〔メマツ〕 PL.4
Pinus densiflora Siebold et Zucc.

常緑の高木で，大きいものは樹高約30m，径約1.5mになる。樹皮は赤灰色で，亀甲状の鱗片にはがれる。冬芽の鱗片は赤褐色。若枝は淡黄褐色で無毛。短枝の基部に宿存性の鱗片葉がある。葉は短枝に2本束生し，針形で長さ7-10cm，幅1mm内外，クロマツほどかたくない。葉の横断面は半円形で，下表皮はクロマツより発達が悪く，樹脂道は3-10個あって，みな下表皮に接する。花は4-5月。球果は翌年秋に成熟し，卵形～円錐状卵形，クロマツよりやや小型で長さ4-5cm，幅約3cmである。種鱗はくさび形で長さ2.5cm内外，先の露出部は不規則な四辺形か五辺形で，中央に短いへそがある。苞鱗はごく小型である。種子は倒卵形で長さ4-5mm，翼はその3倍内外ある。染色体数2n=24, 48。北海道（南部）・本州・四国・九州（屋久島まで），朝鮮半島・中国東北に分布する。山麓から高所（標高2000m内外）まで生え，乾燥したやせ地に対する適応性が強いので，乱伐された地域にもよく生育する。材はクロマツに比べてやや軽軟であるが，材質がよいので建築，土木，船舶，家具，器具など広い用途がある。また庭木・盆栽用として多くの園芸品種がある。

タギョウショウ P. densiflora Siebold et Zucc. 'Umbraculifera'; *P. densiflora* var. *umbraculifera* Mayr は，幹が複数に分離しており，〈多行松〉の意味。クロマツとアカマツが混生するところではときに自然雑種ができ，**アイグロマツ**（アカクロマツ）P. ×densithunbergii Uyeki といわれる。

3．リュウキュウマツ PL.5
Pinus luchuensis Mayr

常緑の高木で，幹は高さ約25m，径約1mになる。樹皮は灰黒色でクロマツに似ているが，冬芽はアカマツに似て赤褐色をおびる。小枝は黄褐色で無毛，光沢がある。葉は短枝に2本束生し，線形で長さ10-20cm，幅1.2mm内外，柔らかでアカマツに似ている。葉の横断面は半円形で，樹脂道は2-6個あり，下表皮に接するものと，葉肉内にあるものとある。球果は翌々年の秋に成熟し，卵状円筒形で長さ3.5-6.5cm，幅2.0-2.5cmある。種鱗は長さ約1.8cm，種子は長さ4-5mm，翼は長さ8-10mm。染色体数2n=24。吐噶喇列島（悪石島）以南から与那国島以北の琉球に分布する。材はシロアリの害をうけやすいので建築材にはならないが，木工用，橋梁用，パルプ用にされる。

4．ハイマツ PL.5
Pinus pumila (Pall.) Regel

常緑低木で，幹はよく分枝し，長く地をはって高さはふつう1-2m，樹皮は暗褐色で薄くはがれる。若枝は軟毛が多いが冬には脱落する。冬芽は卵円形，赤褐色で披針形の鱗片におおわれる。鱗片葉は褐色の膜質で，長枝のものは披針形，短枝のものは線形である。若い長枝に赤褐色の毛がある。葉は短枝上に5本束生し，針形で長さ2.5-5cm，幅0.5mm，縁に微小な鋸歯が疎生する。葉の横断面は三角形で，両表面に白緑色の気孔帯がある。樹脂道はふつう2個が裏面の下表皮に接するが，ときに表面の下表皮に1個接することもある。花は6-7月。球果は翌年秋に成熟し，柄はごく短く，卵形～卵状長楕円形で長さ3-5cm，幅2-2.5cm，熟してもあまり開裂しない。種鱗は菱形またはやや四角形で厚く，長さ10mm内外，先は円い。種子は三角状倒卵形で長さ8mm内外，翼はない。染色体数2n=24。北海道・本州（中北部，南限は南アルプス光岳）の高山帯に群生し，千島列島・サハリン・カムチャツカ半島・東シベリア・朝鮮半島・中国東北に分布する。

5．チョウセンゴヨウ〔チョウセンマツ〕 PL.6
Pinus koraiensis Siebold et Zucc.

常緑高木で，幹は高さ約30m，径約1.5mになる。樹皮は暗灰色～灰褐色，薄い鱗片状にはがれる。若枝に赤褐色の軟毛があり，冬芽は卵形で赤褐色の鱗片におおわれる。長枝の鱗片葉は卵状披針形で先がとがり，短枝の鱗片葉は広卵形～長楕円形で先が円い。葉は短枝上に5本束生し，長さ7-12cm，幅1mm内外，3稜形で縁に微鋸歯があり，両表面に白色の気孔帯がある。横断面は三角形，樹脂道は3個あり，稜角近くの葉肉内に1個ずつある。花は5月。球果は翌年10月に成熟し，卵状円錐形～円錐状長楕円形で長さ9-15cm，径5-7cmで先はややとがる。種鱗は広卵状菱形で長さ約3cm，幅2.5cmで肥厚し，先は鈍形でやや反曲する。苞鱗は小型で長さ7mm内外。種子は大型で三角状倒卵形，長さ12-15mm，幅10mm内外で，翼がない。子葉は約9枚。染色体数2n=24。本州（栃木県から岐阜県）・四国（愛媛県東赤石山）の山地に産し，朝鮮半島・中国東北・ウスリーに分布する。種子は古くから食用とされ，材は建築・土木・器具・彫刻材として用途が多い。

6．ヤクタネゴヨウ〔アマミゴヨウ〕 PL.6
Pinus amamiana Koidz.;
P. armandii Franch. var. *amamiana* (Koidz.) Hatus.

常緑の高木で，幹は高さ約25m，径約1mになり，樹皮は灰黒色でふぞろいの小鱗片にはがれる。長枝の若枝は灰褐色，初め微細毛があり，すぐに無毛，鱗片葉は卵状披針形で，長枝のものは先がとがるが，短枝のものはとがらない。葉は5本，短枝上に束生し，長さ5-8cm，径約1mm，3稜形で，横断面に3個の樹脂道があ

り，2個は裏面の下表皮に接し，1個は表面の葉肉内にある。花は5月，球果は翌年の秋に成熟し，卵形～卵状楕円形で長さ5－10cm，先は丸い。種子は長さ10－13mmで翼はない。染色体数n=12。九州（屋久島・種子島）に稀産し，環境省レッドリスト2012では絶滅危惧IB類（EN）に指定されている。台湾に分布する**タカネゴヨウ** P. armandii Franch. var. **mastersiana** (Hayata) Hayata は，ヤクタネゴヨウに比べ，長枝の若枝は赤褐色，無毛，葉はより長く，毬果も種子もより大型である。

7. ゴヨウマツ〔ヒメコマツ〕　　　　　　　　PL.7
Pinus parviflora Siebold et Zucc. var. **parviflora**

　常緑高木で，幹は高さ約30m，径約1mになり，樹皮は暗灰色でふぞろいの薄い鱗片になってはがれる。冬芽は先がとがる。長枝の若枝は黄褐色で短毛があるが，ときに無毛になり，その鱗片葉は卵状披針形で先がとがるが，短枝の鱗片葉は先がとがらない。葉は5本，短枝上に束生し，針形で多少ねじれ，長さ3－6cm，三角形で縁にまばらに微鋸歯があり，両表面に白色の気孔帯がある。横断面で樹脂道は2個あり，裏面の下表皮に接する。花は5月，球果は翌年10月に熟し，卵状楕円形で長さ5－8cm，径3.5cm内外ある。種鱗はくさび形で円頭，厚質で長さ約2.5cm，苞鱗は小型で長さ約6mm。種子は倒卵形で長さ10mm内外，翼は種子本体より短く，折れやすい。染色体数2n=24。北海道（南部）・本州・四国・九州，韓国（鬱陵島）に分布する。**キタゴヨウ** var. **pentaphylla** (Mayr) A. Henry (PL.7) はゴヨウマツに似ているが，冬芽は先が丸く，毬果はやや大型，種子の翼は本体と同長か，より長いもので，北海道・本州（中北部）に分布する。**ハッコウダゴヨウ**（**ザオウゴヨウ**）P. ×hakkodensis Makino はハイマツとキタゴヨウとの自然雑種。低木で，主幹は斜上し，種子を形成するがその翼はごく短いのが特徴とされたが，両親の一方に似たものから両親の中間形まで幅広い形態の変異がある。遺伝的多様性も明らかにされている。北海道（アポイ岳）・本州（八甲田山・蔵王山・東吾妻山・至仏山・立山など）に産する。
　ゴヨウマツの材は建築用，家具用，建具用に広く利用される。庭園樹として喜ばれ，特に盆栽に適するので園芸品種が多く知られている。

【5】トガサワラ属　**Pseudotsuga** Carrière

　常緑の高木で，樹皮は厚く，縦裂する。葉は線形でらせん状に互生し，裏面に白色の気孔帯が2条ある。横断面で，樹脂道は2個あり，裏面の両端寄りの表皮に1個ずつ接する。葉枕は発達しない。花は雌雄同株。雄花は前年枝の葉腋につき，円柱形で，多数の雄蕊よりなり，雄蕊は2葯室。雌花は短枝の先に上向きにつき，卵形～長楕円形。球果は同年の秋に熟し，卵形～卵状長楕円形。種鱗は円形～倒卵形。苞鱗は種鱗より長く突出して先が3裂するのが特徴である。種子に翼がある。子葉は6－8(－12) 枚。染色体数2n=24, (26)。日本，中国および北アメリカ西部に6種あり，日本に1種自生する。

1. トガサワラ〔サワラトガ〕　　　　　　　　PL.20
Pseudotsuga japonica (Shiras.) Beissn.;
Tsuga japonica Shiras.

　常緑の高木。幹は高さ約30m，径約1mになる。樹皮は灰褐色で厚く，縦裂して薄い鱗片状にはがれる。若枝は淡黄褐色で無毛。葉は線形で長さ20－25mm，幅1.5－2.0mm，鈍頭（若木の葉は先が2岐し，モミの若葉に似ている），裏面に白色の気孔帯が2条ある。横断面は扁平で樹脂道は2個あり，裏面の両端寄りの表皮に1個ずつ接する。花は4月。球果は10月に熟し，下向きにつき，卵形で長さ4－6cm，径約2.5cm。種鱗は円状菱形で厚く，紫黒色，長さ約20mm。苞鱗は種鱗より長く突出して反曲，先が3裂し，中裂片は尾状にとがる。種子は倒卵状三角形で長さ約9mm，幅約5mm，ほぼ同長の翼がある。染色体数2n=24。本州（紀伊半島中南部）・四国（高知県東部）の深山に稀産し，環境省レッドリスト2012では絶滅危惧II類（UV）とされる。名は，葉がトガ（ツガ）に似て，材がサワラ（ヒノキ科）に似ていることによる。材は船材，板材，桶材などとして用いられるが，腐朽しやすいといわれる。

【6】ツガ属　**Tsuga** Carrière

　常緑の高木。葉は線形でらせん状に互生するが，側枝ではふつう左右に開出し，先は鈍形，裏面に2条の白色気孔帯がある。横断面は扁平で，樹脂道は1個で周縁層（中に維管束がある）の裏側にある。花は雌雄同株。雄花は球形～楕円形で腋生，雄蕊に2葯室があり，横裂して，気嚢のない花粉を出す。雌花は球形で若枝に頂生し，少数の雌鱗片からなる。球果は同年の秋に熟し，小型で，広卵形～楕円形。種鱗は木質で，背面は突出し，苞鱗は小型で，種鱗よりふつう短い。種子は長楕円形～倒卵形，翼は種子本体と同長，またはやや長い。子葉は3－6枚。染色体数2n=24。世界に約10種，東アジアと北アメリカに分布し，日本に2種ある。

　A．樹皮は灰赤褐色で深く縦裂。若枝は毛がなく，冬芽の先はとがる。毬果は広卵形で，長さ2.5cm内外 ················· 1. ツガ
　A．樹皮は灰褐色で浅く縦裂。若枝は短毛があり，冬芽の先は丸い。毬果は卵円形で，長さ1.5－2.0cm ················· 2. コメツガ

1. **ツガ**〔トガ〕　　　　　　　　　　　　　　PL.18
   Tsuga sieboldii Carrière

   常緑の高木。幹は高さ25－30m，径約1mになる。樹皮は灰赤褐色で厚く，深く縦裂してふぞろいの亀甲状の鱗片にはがれる。若枝は毛がなく，淡黄褐色で光沢がある。葉は線形で長さ10－20mm，幅1.5－2.5mm，表面は濃緑色で光沢があり，裏面に白色の気孔帯が2条ある。花は4－5月。雄花は前年枝にふつう1個つき，柄は長さ5－6mm，球形で径4mmほど。雌花は若枝に頂生し，卵形で褐紫色である。球果は10月ごろ，褐色に熟して下垂し，広卵形～楕円状卵形で，長さ2.5cm内外，幅1.0－1.5cm。種鱗は円形～倒卵形で，長さも幅も10mm内外，外面の露出しない部分に毛が多い。苞鱗はくさび形で種鱗より短い。種子は長楕円形で長さ4－6mm，翼は種子本体と同長またはやや長い。染色体数2n=24。本州（主として関東以西，北限は福島県八溝山）・四国・九州（屋久島まで）の山地に生え，鬱陵島（韓国）に分布する。材は土木・建築・家具・器具用などに用いられる。

2. **コメツガ**　　　　　　　　　　　　　　　PL.18
   Tsuga diversifolia (Maxim.) Mast.

   常緑の高木。幹は高さ20－25m，径約1mになる。樹皮は灰褐色で浅く縦裂し，細長い亀甲状鱗片にはがれる。若枝は汚褐色で，短毛が多い。葉は線形でツガより短く，長さ4－14mm，幅約1.5mm。花は6月ごろ。球果は10月ごろ褐色に熟し，卵円形で長さ1.5－2.0cm，径約1.3cm。種鱗はやや円形で長さも幅も9mm内外，基部はくさび形，外面の露出しない部分に腺点状の毛がある。苞鱗は広いくさび形で小さく，種鱗の半長以下である。種子は倒卵形で長さ3－4mm，翼は種子本体とほぼ同長である。染色体数2n=24。本州（八甲田山から紀伊半島）・四国・九州（祖母山）に分布する。ツガより高所に生え，ときに純林をつくる。材はツガ同様の用途がある。

マキ科　PODOCARPACEAE

大橋広好

　常緑の高木または低木。葉は線形，披針形，卵形，楕円形，まれに鱗片状で，らせん状に互生，ときに十字対生する。まれに枝が扁平に変形して，葉に似た外観を呈する。雌雄異株まれに同株。雄花は小枝に頂生または腋生し，花軸に多数の雄蕊がつき，雄蕊には2個の葯室があり，花粉に気嚢がある。雌花は前年枝の葉腋につき，1ないし多数の雌鱗片がある。雌鱗片はらせん状に互生するかまたは十字対生，あるいは輪生し，そのわきに1個の倒生胚珠がつく。球果1個の胚珠と種子鱗片よりなる。種子は鱗片が発達して変形した套皮（とうひ）に包まれ，球形〜卵形で核果様。子葉は2個。マキ科はマツ亜綱（球果類）ナンヨウスギ目Araucarialesに分類される。世界に19属約180種が知られ，主として南半球の熱帯，亜熱帯，暖帯にあり，熱帯アフリカの山地，中央アメリカ，東南アジア，インド，中国および日本にまで分布を拡げている。日本には2属約3種ある。

A. 葉は対生し，葉身は卵形〜長楕円状披針形で中央脈はなく，平行脈がある。種子が熟しても花托は肥厚しない
　　【1】ナギ属 Nageia
A. 葉は互生し，葉身は広線形で明らかな中央脈がある。種子が熟すと花托が肥厚して肉質になる　　　　【2】マキ属 Podocarpus

【1】ナギ属　Nageia Gaertn.

　常緑の直立高木。雌雄異株，まれに雌雄同株。葉はらせん状で互生または十字対生につく。葉柄は枝に対して90度ねじれている。葉身は広卵形から楕円形，基部で二又分枝した多数の細い平行脈があり，中央脈がない。雄花は有柄，葉腋に単生または束生し，苞鱗に2個の葯がある。雌花は有柄，葉腋に単生または2個つき，倒生胚珠がある。種鱗は種子を包み，肉質。種子は球形。東南アジア，インド，中国および日本に5－7種が知られている。日本に1種ある。ナギ属はマキ属に含められ，節（Sect. Nageia）として認められていたが，葉はマキ科の中で唯一多数の平行脈をもつことなどに基づいて1987年に独立属として復活し，のちの分子系統解析でも支持された。

1. ナギ　　　　　　　　　　　　　　PL. 20
Nageia nagi (Thunb.) Kuntze;
Podocarpus nagi (Thunb.) Makino

　幹は高さ約20m，径50－80cmになる。樹皮は平滑で，黒褐色〜灰黒色，浅い鱗片状にはがれる。葉は対生し，革質，卵形〜長楕円状披針形で，外見針葉樹の仲間とは思えない形をとり，全縁で長さ4－8cm，幅1－3cm，細い平行脈があり，表面は深緑色で光沢があり，裏面はやや白色をおびる。花は5－6月。雄花は円柱状で数個葉腋に束生し，雄蕊に2個の葯室がある。雌花は葉腋に単生し，数個の鱗片と1個の倒生胚珠がある。種子は10月に熟し，白緑色に肥厚した鱗片（套皮）に包まれ，球形で径10－15mmある。花托は肥厚しない。染色体数2n=26, (29)。本州（三重県・和歌山県・山口県）・四国・九州・琉球，台湾に分布する。暖地では庭木として植えられ，また神木として神社の境内によく植えられる。山口県の〈小郡町ナギ自生地北限地帯〉，奈良市の〈春日神社境内ナギ樹林〉，和歌山県新宮市〈熊野速玉神社のナギ〉は国の天然記念物として保護されている。材は年輪が不明瞭で，黄褐色で緻密，家具，器具，彫刻などに用いられる。

【2】マキ属　Podocarpus Pers.

　常緑の高木ないし低木。葉は互生または対生し，線形，披針形，卵形，楕円形である。雌雄異株。雄花は葉腋に1〜数個つくが，ときに短い小枝に数個集まってつく。雄蕊は花軸に互生し，2個の葯室がある。雌花は葉腋に1個つき，1個の倒生胚珠がある。種子は肉質に肥厚した鱗片（套皮という）に包まれて成熟し，卵形〜球形の核果様となる。子葉は2枚。世界の熱帯から暖帯に約100種，日本に2種ある。

1. イヌマキ〔クサマキ〕　　　　　　　PL. 21
Podocarpus macrophyllus (Thunb.) Sweet

　常緑の高木。幹は高さ約20m，径約50cmになる。樹皮は灰白色で浅く縦裂し，薄片にはがれる。葉は互生し，広線形〜長楕円状線形，革質で長さ10－20cm，幅7－10mm，全縁，表面は深緑色，裏面は帯黄緑色で，中央脈は明瞭に隆起する。横断面に樹脂道がない。雌雄異株で花は5－6月。雄花は，多数の雄蕊が集まって長さ3cm内外の円柱状となり，3－5個が葉腋に束生する。雌花は前年枝の葉腋に単生し，1cm内外の花柄の先に

旧版の執筆は佐竹義輔。

ある2個の鱗片の1つに1個の倒生胚珠がつく。胚珠が受精して10月ごろ成熟して種子になると，雌鱗片が肥厚して白緑色の肉質になり（套皮），種子全体を包んで核果様になる。と同時に，花托が肥厚して暗紅色の液質になる。この花托は甘みがあって食べられる。種子は広卵状球形で径8－10mm，緑白色をおびる。染色体数2n=37, 37+7Bまたは38。本州（関東以西の主として太平洋側）・四国・九州・琉球の海岸に近い山地に生え，台湾・中国に分布する。庭木として植えられ，暖地では生垣に利用されることが多い。材は水湿に強いので，屋根板，桶，棺，下駄などに用いられる。なお，**ラカンマキ P. macrophyllus** (Thunb.) Sweet 'Maki'; *P. macrophyllus* var. *maki* Siebold et Zucc. は，葉がイヌマキよりも幅狭く，線形から線状長楕円形，長さ4－8cm，幅4－8mmで，上向きにやや密生する性質がある。中国の原産とか静岡県西部といわれるが，自生地は不明。中国，台湾，日本の暖地では古くから広く植栽されている。

イヌマキはツンベリーによって1784年にイチイ属として Taxus macrophylla Thunb. と命名されたが，そのタイプ標本はラカンマキに当たる。イヌマキを自然種としてラカンマキから区別する場合にはイヌマキの学名は Podocarpus macrophyllus f. spontaneous H. Ohba et S. Akiyama とされる。

リュウキュウイヌマキ P. fasciculus de Laub. は，台湾のトガリバマキ P. nakaii Hayata に当てられたり，イヌマキに含められたりして琉球から記録された。イヌマキに比べて，雄花の穂に柄があり，葉の先端は通常鋭くとがり，葉身はわずかに湾曲することで区別される。トガリバマキは雄花の穂が1－3個である点で異なっている。琉球と台湾に分布する。

コウヤマキ科　SCIADOPITYACEAE

大橋広好

　常緑の高木で，長枝と短枝がある。長枝は互生し，褐色の鱗片葉がらせん状につく。短枝は長枝の節部の周囲に多数輪生し，その短枝の先端に線状葉がつくので，長枝の節に線状葉が輪生するように見える。線状葉は表面が深緑色で，中央は縦にややくぼみ，裏面も緑色であるが，中央のくぼみは白色の気孔帯になっている。この線状葉は1本の葉のような外観を示すが，じつは2本の葉が裏返しになって側面で合着したものである。葉の横断面を見ると，くぼみの左右に1個ずつ周縁層があり，その中にある維管束は，木部が裏側に，篩部が表側に位置しているので（ふつうの葉では木部が表側に，篩部が裏側にある），このことが証明される。花は雌雄同株。雄花は楕円形で，ほぼ30個が頭状に集まって長枝に頂生し，雄蕊は互生し，葯室は2個，縦裂して，球形で気嚢のない花粉を出す。雌花は長枝の端に1－2個つき，多数の雌鱗片からなり，その内側に2－9個の倒生胚珠がある。球果は大型，木質で，種鱗は扇形，苞鱗はその半長で，大部分が種鱗に合着する。種子は側面に狭い翼がある。子葉は2枚。染色体数2n=20。

　従来，コウヤマキ属はスギ科Taxodiaceaeとして扱われることが多かったが，スギ科とは葉の構造と球果が異なるため，独立したコウヤマキ科とする説もあった。一方，木部に樹脂道や仮導管がないなど，材の性質はマツ科のマツ属に似ているが，コウヤマキ属とマツ属とは葉と花に大きなちがいがある。分子系統解析によってコウヤマキ属の独立性が支持され，最近の系統分類体系では独立した科とされ，マツ亜綱（球果類）ヒノキ目に分類される。日本に固有で1属1種がある。

【1】コウヤマキ属　Sciadopitys Siebold et Zucc.

1. コウヤマキ〔ホンマキ〕　　　　　　　　　PL. 22
　Sciadopitys verticillata (Thunb.) Siebold et Zucc.
　常緑高木。幹は直立し，高さ30－40m，径約1mになる。樹皮は灰褐色～赤褐色，縦裂して長い鱗片状にはがれる。長枝にある鱗片葉は卵状三角形で褐色膜質，長さ2mm内外。短枝につく線状葉は長さ6－12cm，幅2－4mm，表面は深緑色で中央は縦にくぼみ，裏面は中央の縦のくぼみに白色の気孔帯があり，その両側は緑色である。横断面で樹脂道は6－8個あり，下表皮に接する。くぼみの左右の葉肉内に1個ずつの周縁層があり，その中にある維管束は木部が裏側に，篩部が表側に位置している。花は3－4月。雄花は楕円形で長さ約7mm，20－30個が頭状に密生して長さ4cmほどになる。球果は翌年の10月，褐色に熟し，円筒状楕円形で長さ6－12cm，径4－6cm，先は丸い。種鱗は扇形で長さも幅も約2.5cm，露出面は黒褐色で縦溝があり，上縁は円く，外方にやや反り，内側に7－9個の種子がある。苞鱗は種鱗の約半長で，種鱗外側の下部に合着する。種子は卵形～楕円形で長さ10mm内外，両側に狭い翼がある。本州（福島県北西部，飛んで中部地方以南）・四国・九州（宮崎県まで）に分布する。観賞用として神社，寺院，庭園に植えられ，材は耐水性が強いので船材や風呂桶などに用いられ，碁盤，将棋盤として喜ばれる。樹皮は舟や桶などの水漏れを防ぐ槙肌（まきはだ，まいはだ）として利用される。高野山に多いので〈高野槙〉の名があり，マキとよばれる材の中ではもっとも優れているのでホンマキともいわれる。高野山では，ヒノキ，ツガ，モミ，アカマツ，スギとともに〈高野の六木〉の1つとして保護育成されている。また，木曽地方で〈五木〉は，ヒノキ，サワラ，ネズコ（クロベ），アスナロ，コウヤマキを指し，江戸時代から尾張藩によって保護されてきた。

旧版の執筆は佐竹義輔。

ヒノキ科　CUPRESSACEAE

大橋広好

　常緑または落葉の高木または低木で，長枝だけで短枝はない。葉は枝に関節せず，互生でらせん配列，十字対生または3輪生し，鱗片状，線形，針形または鎌形で，ときに，同じ株に両方が混生する。花はふつう雌雄同株，まれに異株。雄花は枝端に頂生し，雄蕊は互生，対生ないし輪生し，2－9葯室があり，花粉に気嚢がない。精子をつくらず，栄養核はなく，花粉管を通して精核を運ぶ。雌花も多くは枝端に頂生し，互生，対生または輪生する雌鱗片の内面に2－9個の倒生（スギ亜科）または直生胚珠がある。球果は，多くは木質で熟すと裂開するが，あるものは液果状になり裂開しない。果鱗は鱗片状または楯形で，苞鱗はほとんどまたはまったく発達しない（旧ヒノキ科）か，あるいは発達する（旧スギ科 Taxodiaceae）。果鱗には1－12個の種子がつく。球果は木質，まれに液果様。種子は有翼または無翼。子葉は2－9枚。染色体数 2n=（20），22，（44）。

　ヒノキ科は裸子植物マツ亜綱（球果類）ヒノキ目に属する。ヒノキ科は旧スギ科 Taxodiaceae との形態的な類縁が知られていたが，最近の DNA 解析結果に基づいて，コウヤマキ属を除く旧スギ科と合一された（コウヤマキ属はコウヤマキ科とされた）。ヒノキ科は中生代三畳紀に旧スギ科の材化石が発見されており，当時に起源したと推測されている。世界に約32属162種があり，南北両半球に分布し（旧スギ科はおもに北半球），日本には5属9種が自生する。ヒノキ，サワラ，スギ，ヒノキアスナロ（ヒバ），クロベなどの重要な林業樹種が多く含まれる。

```
A. 葉，雄蕊，球果の鱗片は互生する。雌鱗片には種鱗と苞鱗がある。胚珠は倒生
                                                     《スギ亜科 Subfam. Taxodioideae》【2】スギ属 Cryptomeria
A. 葉，雄蕊，球果の鱗片は対生または輪生する。雌鱗片は種鱗よりなり，苞鱗は発達しない。胚珠は直生
                                                     《ヒノキ亜科 Subfam. Cupressoideae》
  B. 葉は鱗片状あるいは針形状で，対生または3輪生し，ときに両方が混生する。球果は液果状で，熟しても裂開しない
                                                     【3】ネズミサシ属 Juniperus
  B. 葉はふつう鱗片状で対生し，球果は木質で，熟すと裂開する。
    C. 球果は球形。種鱗は楯形で，縁は敷石状に接する                      【1】ヒノキ属 Chamaecyparis
    C. 球果は卵形～狭卵形。種鱗はやや扁平の楕円形で，縁は瓦重ね状に重なる。
      D. 種鱗は4－5対あり，薄質で，背面に突起がない                     【4】クロベ属 Thuja
      D. 種鱗は3－4対あり，厚質で，背面に突起がある                     【5】アスナロ属 Thujopsis
```

【1】ヒノキ属　Chamaecyparis Spach

　常緑の高木または低木。枝は多く分枝し，小枝に鱗片葉が密に十字対生して茎を包み，表裏の別がある細い葉のような外観を呈する。側部の鱗片葉は楕円形，表裏の鱗片葉は菱形である。花は雌雄同株。雄花は卵形～楕円形で，小枝の端に1個つき，雄蕊は十字対生し，3－5葯室がある。雌花も小枝の端につき，球形で3－4対の雌鱗片からなり，各鱗片に5胚珠がある。球果は球形で木質，種鱗は3－4対，楯形で縁は敷石状に接し，背面に突起があり，熟すと裂開する。苞鱗は発達しない。種鱗にふつう2個の種子があり，種子の両側に薄い翼がある。子葉はふつう2枚。染色体数 2n=22。東アジアから北アメリカに約6種あり，日本に2種自生する。

```
A. 鱗片葉は鈍頭で腺点がなく，側葉の先は内曲する。裏面の気孔群は主として葉の合せ目に多い。球果は径8－12mm。種子はやや円形で径約3mm，側翼の幅は狭い                                  1. ヒノキ
A. 鱗片葉は鋭頭で背面に1腺点があり，側葉の先は外側に開く。裏面の気孔群はほぼ全面にある。球果は径5－7mm。種子は腎形で径3－4mm，側翼の幅は広い                                  2. サワラ
```

1. ヒノキ　　　　　　　　　　　　　　　PL. 28
Chamaecyparis obtusa (Siebold et Zucc.) Endl.

　常緑高木で，大きいものは高さ約30m，径90－150cmになる。樹皮は灰褐色～赤褐色で，縦裂し薄くて長い裂片にはがれる。葉は鱗片状で十字対生し，鈍頭で，細枝の側部につく葉は鎌形で長さ3mm内外，表裏にある葉は菱形でその約半長。太枝の側葉は長さ14mm内外あるが，表裏にあるものはやはりその約半長である。両面は緑色であるが，裏面では合わせ目に白色の気孔群があって，Y字状を呈する。花は4月で，雌雄同株。雄花は楕円形で長さ2－3mm，雄蕊は十字対生し，3葯室がある。雌花は球形で径3－5mm。球果は秋に熟して赤褐色となり，球形で径8－12mm。種鱗は楯形で，縁は敷石状に接し，外面は不整な四・五角形を呈し，中央に小突起がある。種子はやや円形，赤褐色で光沢があり，径約3mm，側翼はやや幅が狭い。子葉は

旧版の執筆は佐竹義輔。

2（まれに3）枚。染色体数2n=22。本州（福島県いわき市以南）・四国・九州（屋久島まで）に分布し，山地に生える。長野県木曽地域では尾張藩時代に木曽五木の1つとして保護されたため，その林は日本三大美林の1つとして有名であった。材は建築用として最良とされ，船舶・彫刻・橋梁・器具材など用途がきわめて広い。樹皮は今も社寺の屋根葺き（檜皮（ひわだ）葺き）材料として重要である。スギとともに林業上もっとも重要な針葉樹で各地に広く植林されている。庭園樹としてもよく植えられ，多くの園芸品種がある。おもなものは，カマクラヒバ（チャボヒバ）C. obtusa 'Kamakurahiba'，クジャクヒバ'Filicoides'，スイリュウヒバ'Pendula'，ホウオウヒバ'Ericoides'などである。ヒノキの名は〈火の木〉で，昔，棒をもんで火をおこす際，火切板として用いられたためといわれる。

2. サワラ PL.29
Chamaecyparis pisifera (Siebold et Zucc.) Endl.

常緑の高木で，大きいものは高さ約30m，径1mになる。樹皮は灰褐色〜赤褐色で，縦裂して狭い薄片にはがれる。葉は鱗片状で鋭頭，十字対生して細枝を包み，側葉も，表裏にある葉も先が外曲し，長さ3mm内外であまり差がない。いずれも背面に不明瞭な腺点があり，裏面の白色気孔群が多いのでヒノキと区別される。花は4月，雌雄同株。雄花は小枝の端に1個つき，楕円形で，雄蕊は十字対生し，3葯室がある。雌花は球形。球果は10月に成熟し，球形で，径5−7mm。種鱗は楯形でやや小型，裂開後乾燥すると外面端部が杯状にくぼむ。種子は腎形で長さ約2.5mm，両側にやや広い翼がある。染色体数2n=22。本州（岩手県以南）・九州に分布する。材はヒノキより軽軟でもろいので建築用としては劣るが，水湿に強いので風呂桶，曲物などに重用される。庭園に植えられ，生垣用に喜ばれる。ヒムロ C. pisifera 'Squarrosa'（PL.29），シノブヒバ'Plumosa'，ヒヨクヒバ'Filifera'（PL.29）などの多くの園芸品種がある。

【2】スギ属　Cryptomeria D. Don

常緑の高木。葉は鎌状針形で，らせん状に互生し，先は鋭くとがり，基部に関節がないので，枯れると小枝ごと落ちる。花は雌雄同株。雄花は長楕円形で，小枝の先に穂状に集まり，雄蕊に3−5個の葯室がある。雌花は球形で，小枝の先に1個つき，らせん状につく雌鱗片からなる。球果はやや球形で，果鱗は種鱗と苞鱗が明瞭である。種鱗はくさび形で，上縁に4−6個の歯牙があり，内面の基部に2−5個の種子がつく。苞鱗もくさび形で種鱗よりやや短く，下部は種鱗に合着し，上部は三角状にとがり，反り返る。種子は長楕円形〜倒披針形で，狭い側翼がある。子葉は2−3枚。染色体数2n=22, 23, 24, 33, 44。日本と中国に1種だけある。

1. スギ〔オモテスギ〕 PL.23
Cryptomeria japonica (L. f.) D. Don var. **japonica**

常緑の高木。幹の高さ40−50m，径4−5mに達する。樹皮は赤褐色〜暗赤褐色で，縦裂して細長い薄片にはがれる。枝はふつう斜上する。葉は鎌状針形で多少湾曲し，長さ4−12mm，基部は太まり茎に沿下し，関節がないので枯れると小枝ごと落ちる。葉の横断面は縦長の菱形で，維管束は1個，その下側に樹脂道が1個ある。花は3−4月。球果は10月に熟し，やや球形で木質，長さ2−3cm，熟すと裂開し，褐色を呈する。種子は長さ5−7mmで，狭い側翼がある。本州（北限は日本海側では青森県津軽地方，太平洋側では岩手県南部といわれる）・四国・九州（屋久島まで）の主として太平洋側に多い。中国に変種が分布する。古くから各地で盛んに造林されているため，天然林か人工林か判断しにくい林も多い。

アシウスギ（ウラスギ）var. **radicans** Nakai; f. *radicans* (Nakai) Sugim. et Muroi は，日本海側の多雪地帯に適応した変種で，下枝が雪をかぶって地につき，発根して独立木となる性質がある。初め京都府芦生にある京都大学の演習林のものに名づけられたので，アシウスギとよばれ，裏日本側に多いのでウラスギともいわれる。京都北山でダイスギといって栽植しているのもこの品種である。

スギは日本の樹木ではクスノキに次いで大木になり，各地の神社などに植えられ，名木，巨樹として国や地方自治体の天然記念物に指定されているものが多い。天然生で巨木になるものでは，九州屋久島に自生するヤクスギが有名で，樹齢2000年を超えるといわれる。最古とされる〈縄文杉〉は諸説あるが，樹齢ほぼ5000年と推測されている。材は建築，船舶，土木，彫刻，家具，器具，桶，樽その他，日本の材木中ではもっとも用途が広い。多くの林業品種が育成され，また，昔から庭園に植えられ，園芸品種も多い。中国のスギは柳杉 var. sinensis Miq. とよばれ，葉はいちじるしく内曲し，雄花は多くは基部の葉より短く，雌鱗片は約20個（スギでは20−30個）でそれぞれ2個の種子（スギでは2−5個）をつけるなどのちがいがあるという。

コウヨウザン（広葉杉）**Cunninghamia lanceolata** (Lamb.) Hook.（コウヨウザン亜科 Cunninghamioideae）（PL.21）は中国，北ベトナム，ラオス，カンボジア（?）原産の常緑高木で，江戸時代に中国から渡来して寺や庭園によく植えられる。葉は互生し，長披針状鎌形で長さ3−6cm，縁に微鋸歯がある。表面は深緑色，裏面は白色の気孔帯が2条ある。球果は卵球形で長さ3−5cm。苞鱗は広卵形，内側に種鱗の隆起部があり，3個の種子がつく。染色体数2n=22。コウヨウザンは単型属で，以前はスギ科に入れられていたが，今回，ヒノキ科に移された。

タイワンスギ Taiwania cryptomerioides Hayata（タイワンスギ亜科 Taiwanioideae）（PL.21）は種鱗の発達が極端に悪く，苞鱗の内側の基部に痕跡としてとどまる

ものて，1906年に早田文蔵によって台湾で発見された。タイワンスギ属Taiwaniaは1属1(−2)種で，今日では中国，ベトナム，ミャンマー北部などに分布する。ヒノキ科以前にはスギ科に入れられていた。染色体数2n=22。

メタセコイア（アケボノスギ）Metasequoia glyptostroboides Hu et W. C. Cheng（セコイア亜科Sequoioideae）（PL.21）は落葉の高木で，高さ40mにもなり，葉は以前に分類されていたスギ科としては例外的に対生し，長さ1−2cm，葉脈は1本，秋にレンガ色になり小枝とともに落ちる。雌雄同株。雄花は楕円形，多数の雄蕊がある。球果は細長い柄があり，広楕円形，長さ2−2.5cm，20−30個の十字対生する果鱗上に5−9個の種子をつける。染色体数2n=22, 22+B。

1941年に三木茂が和歌山県と岐阜県の第三紀鮮新世の地層中のセコイア属Sequoiaやヌマスギ属Taxodiumとされていた植物遺体に基づいて，〈のちのセコイア属〉という意味で新属Metasequoiaを命名した。1948年に現生の植物が発見されたことから生きた化石として評判となった。現生種は中国湖北省と四川省に1種だけ自生する（セコイア属は北アメリカに現生するが，鮮新世には北半球に広く分布していた）。1941年に中国揚子江の奥地湖北省磨刀渓村で王戦T. Wangによって採集された針葉樹を研究した胡先驌H. H. Huと鄭萬鈞W. C. Chengが，1948年にこれを三木の発見したMetasequoia属の現生種として，中国の水松属Glyptostrobusに似たという形容語glyptostroboidesをつけて正式に発表した。属の学名は現生種に基づいて命名した胡と鄭が国際命名規約の規定によって著者とされ，Metasequoia Hu et W. C. Chengとなり，化石に基づいたMetasequoia Mikiは廃棄名とされる。1948年にハーバード大学アーノルド樹木園のE. D. Merrillから原寛（東京大学）に送られ，1949年3月に東京大学植物学教室で発芽し，本郷キャンパス内（植物学教室と懐徳館）と小石川植物園に植えられた。日本で初めての生きたメタセコイアの復活となった。次いで1949年10月にカリフォルニア大学古生物学部R. W. Chaneyから昭和天皇に送られた苗木1本が皇居に植えられた。また，1950年2月にもChaneyから100本の苗がメタセコイア保存会に送られ，日本各地に配られた。アケボノスギは1950年に木村陽二郎の命名。

【3】ネズミサシ属　Juniperus L.

常緑の低木または高木。葉は鱗片状で十字対生するか，針形状で3輪生し，ときに両方が混生する。葉の横断面で樹脂道は1個，周縁層の裏側にある。花は雌雄異株または同株。雄花は卵形〜長楕円形で雄蕊は対生または3輪生し，3−6葯室がある。雌花は3−8個の雌鱗片からなり，各鱗片に1−2個の胚珠がつく。球果は1−3年で熟し，肉質で液果状になり，裂開しない。種子は1−12個あり，翼がない。子葉は2−6枚。染色体数2n=22, 33, 44。北半球に約60種，日本には5種ある。

- A. 葉は鱗片状で十字対生，ときに針形状で3輪生し，基部に関節がない。まれに鱗片葉と針形葉を混生するものがある。球果は2−3対の種鱗からなり，1−5個の種子がある ……………………………………………………… 1. イブキ
- A. 葉は針形状で3輪生し，基部に関節がある。球果は3個の種鱗からなり，ふつう3個の種子がある。
  - B. 葉の表面は白色の深い溝状になり，その幅は緑色の縁部より狭く，葉の先端は鋭くかたく，触れると痛い。
    - C. 幹は直立する ……………………………………………………… 2. ネズミサシ
    - C. 幹は地をはう ……………………………………………………… 3. ハイネズ
  - B. 葉の表面はくぼみが深い溝状にならず，白色の気孔帯は緑色の縁部より広い。葉の先端はとがるか，または鈍形で，かたくないため触れても痛くない。
    - C. 葉は鋭頭でわずかに弓状に曲がり，表面のくぼみはやや深く，気孔帯は1条である ……………………………………………………… 4. ミヤマネズ
    - C. 葉は鈍頭，ほとんど弓状に曲がらず，中央の隆起部の両側に気孔帯が2条ある ……………………………………………………… 5. シマムロ

1. イブキ〔ビャクシン，イブキビャクシン〕　PL.24
Juniperus chinensis L. var. **chinensis**

常緑の高木または大型の低木で，高さ15−20m，径約50cmになるものがあり，主幹はねじれることが多い。樹皮は赤褐色で，縦裂して薄くはがれる。よく分枝し，鱗片状と針状形の2型の葉をつける。多くは鱗片葉で十字対生し，卵状菱形で長さ1.5mm内外，鈍頭で背面に不明の腺点がある。少数のものは針状葉で3輪生し，長さ5−10mm，表面はくぼみ，2条の白色気孔帯がある。樹脂道は1個，周縁層の裏面側にある。花は雌雄異株，まれに同株。花期は4月。雄花は楕円形で小枝に1個頂生し，長さ3−4mm，雌花も小枝に1個頂生する。球果は翌年秋に熟し，肉質液果状で球形，紫黒色で粉白をおび，径6−8mm，中に2−4個の卵形で褐色の種子がある。子葉は2枚。染色体数2n=22, 33, 44。本州（岩手県以南）・四国・九州の，主として太平洋側の海岸沿いに散在的に生え，朝鮮半島・中国・モンゴルに分布する。庭木としてよく植えられ，多くの園芸品種がある。材は床柱として珍重され，彫刻材，器具材に用いられる。**ミヤマビャクシン**var. **sargentii** A. Henry（PL.24）は，主幹が横に伏していてちじるしく屈曲し，枝は斜上する低木。老木では鱗片葉をつけるものが多いが，若木では針状葉を混生する。毬果はビャクシンに似ている。海岸や高山の岩地に適応したものと考えられる。南千島・北海道・本州・四国・九州（屋久島まで）に分布し，サハリン・朝鮮半島に及ぶ。盆栽用として乱獲され，長野県などでは絶滅危惧種と指定されている。**ハイビャクシン**（ソナレ，イワダレネズ）var. **procumbens** Siebold

Cupressaceae

ex Endl.は，幹や枝が長く地面をはい，ときには崖から垂れ下がるものもある。葉はほとんどが針形状で，長さ6－8mm，3輪生または十字対生する。毬果は球形でやや大きく，径8－9mmある。佐賀県（馬渡島）・長崎県（五島列島美良島・対馬・壱岐）・福岡県（沖島）の海岸に分布し，韓国の大黒山島にもあるという。また，ソナレといって庭園の斜面にはわせて観賞する。

2. ネズミサシ〔ネズ，ムロ〕 PL.25
Juniperus rigida Siebold et Zucc.

常緑の低木または高木で，大きいものは幹の高さ約10m，径約30cmになる。樹皮は灰褐色で，縦裂し，薄片になってはがれる。葉は針形状で3輪生し，長さ10－25mm，幅約1mm，先はとがってかたく，表面に深い白色気孔帯がある。横断面は鈍逆三角形で，周縁層の裏面側に1個の樹脂道がある。花は4月で，雌雄異株。雄花は前年枝の葉腋につき，楕円形で長さ約4mm，雄蕊は3輪生し，5薬室がある。雌花は3個の種鱗からなり，3胚珠がある。球果は翌年秋に熟し，肉質液果状で球形，径8－10mm，黒紫色で粉白をおび，中にふつう3個の種子がある。種子は卵状三角形で長さ4－5mm，基部に樹脂塊がある。染色体数2n=22。日当りのよい丘陵地や花崗岩地に生え，本州（岩手県以南）・四国・九州に分布し，朝鮮半島・中国に及ぶ。枝をネズミの通る道に置くと，葉が痛いのでネズミを防ぐということからネズミサシといわれる。材はかたく緻密なので装飾材，彫刻材になり，ビャクダンの模擬材にされたが，産出が少ない。以前は，種子から油をとり，薬用，灯火用などに用いた。

3. ハイネズ PL.25
Juniperus conferta Parl.

ネズミサシに似ているが，幹は地をはい，分枝して四方に広がる。葉は針形状で3輪生し，長さ10－18mm，先はかたくとがり，触れると痛い。表面に深い気孔帯がある。横断面はやや逆三角形で，樹脂道は1個，周縁層の裏面側にあって下表皮に接する。花は5月，雌雄異株。球果は球形で径9－10mm，紫黒色で粉白をおび，ネズミサシよりやや大型である。種子は三角状卵形で長さ約6mm，幅約3.5mmある。染色体数2n=22。北海道・本州・九州（種子島まで）に分布し，サハリンに及び，海岸の砂地に生える。まれに幹や枝が立つオキアガリネズ J. ×pseudorigida (Makino) Hatus.があり，ネズミサシとハイネズとの雑種と見られている。

4. ミヤマネズ PL.26
Juniperus communis L. var. **nipponica** (Maxim.) E. H. Wilson

常緑の低木で，幹は地をはうか斜上し，高山帯に生える。幹は褐色で縦裂し，枝は赤褐色を呈する。葉は針形状で3輪生し，長さ8－12mm，表面はやや深くくぼみ，白色の気孔帯は幅0.3－0.4mm，先は鋭くとがり，基部はわずかに弓状に曲がる。雌雄異株で，花は6－7月。雄花は楕円形で長さ4－5mm，5－10薬室がある。球果は翌年の秋に熟し，球形，紫黒色で粉白をおび，径6－10mmある。染色体数2n=22。北海道（アポイ岳）・本州（北部の高山）に分布する。**ホンドミヤマネズ**var. **hondoensis** (Satake) Satake ex Sugim. (PL.26) は，従来ミヤマネズとされていたが，本州中部の高山（尾瀬至仏山から加賀白山まで）のものは，葉がやや短く，表面のくぼみはより浅く，白色の気孔帯の幅は0.7－0.9mmとより広く，毬果がやや小型（径6－7mm）なので区別される。**リシリビャクシン**var. **montana** Aiton; *J. communis* var. *saxatilis* Pall. (PL.26) は，ミヤマネズ，ホンドミヤマネズに似ているが，葉はいちじるしく弓状に曲がり，表面はやや深くくぼみ，白色の気孔帯の幅が0.5mm内外である。北海道（渡島半島恵山以北，日高山脈，知床岳，利尻島，礼文島など）にあり，環境省レッドリスト2012では絶滅危惧Ⅱ類（VU）とされる。千島列島・サハリン・カムチャツカ半島・朝鮮半島・中国（東北）から北半球の寒帯に広く分布する。

以上の3変種に対して基準変種である**セイヨウネズ** **Juniperus communis** var. **communis**は直立の低木で，葉は長さ6－18mm，まっすぐで弓状に曲がることがない。ヨーロッパ・北アメリカ・西アジア・北アフリカに分布する。この種子を入れて蒸留した酒がジンGinである。

5. シマムロ〔ヒデ〕 PL.27
Juniperus taxifolia Hook. et Arn. var. **taxifolia**

常緑の低木または小高木で，よく分枝し，匍匐性であるが，環境により直立し，ときに高さ13mになるものもある。葉は針形状で3輪生し，長さ8－15mm，幅1.2－1.5mm，先は鈍形，表面に白色の気孔帯が2条ある。横断面は扁平で，周縁層の裏面側の下表皮に接して1個の樹脂道がある。花は5月ごろに開き，雌雄異株。球果は褐色で球形，径7－8mmある。染色体数2n=22。小笠原（父島列島と母島列島の乾燥した岩石地など）に特産する。材は樹脂が多く，極上の焚きつけ木にされたのでヒデノキ（火出の木）とかヒデとよばれ，乱伐されて激減した。環境省レッドリスト2012では絶滅危惧Ⅱ類（VU）に指定されている。

オキナワハイネズvar. **lutchuensis** (Koidz.) Satake (PL.27) は，幹がまったく地に伏して砂浜をはい，群落をつくるものである。葉は針形で長さ8－14mm，先は鈍形。毬果はやや大きく，径10－12mmで，種子は三角状卵形で長さ4.5－5.5mmある。奄美大島以南の琉球および房総半島南部から伊豆七島・東海地方の海岸に分布する。琉球以外のものをハマハイネズまたはオオシマハイネズとして区別する説もある。

【4】クロベ属　Thuja L. 〔ネズコ属〕

常緑の高木または低木。葉は鱗片状で十字対生し，小枝をかこむが，側方の葉はほとんど表裏の葉をおおう。雌雄同株。雄花は小枝の端に1個つき，球形で，雄蕊は十字対生し，4薬室がある。雌花も小枝の端に1個つき，球形で，3－

6対の十字対生する鱗片からなる。球果は卵形または狭卵形で木質，種鱗は楕円形で扁平，縁は瓦重ね状に重なり，中央の2－3対におのおの2－3個の種子がつく。苞鱗はない。種子に翼があるものとないものとある。子葉は2枚。東アジア，北アメリカに5－6種あり，日本に1種自生する。

1．クロベ〔ネズコ〕　PL. 30
　Thuja standishii (Gordon) Carrière
　常緑の高木で，高さ約30m，径約1mになるものがある。樹皮は赤褐色で縦裂し，薄くはがれる。葉は鱗片状で十字対生し，鈍頭で，ヒノキに似ているが，腺点があり，厚みがあって，表裏の別が明らかで，三角形または舟形，長さ2－4mm，葉裏に灰白色の気孔群がある。花は5月，雌雄同株。雄花は小枝の端に1個つき，球形～楕円形，長さ1.5－2mm，雄蕊は十字対生し，4薬室がある。雌花も小枝の端に1個つき，卵円形で，3－4対の十字対生する鱗片からなる。球果は秋に成熟し，広卵形または楕円形で長さ8－10mm。種鱗は広卵形～広楕円形で鈍頭，先端の近くに小角がある。種子は線状楕円形で長さ5－7mm，両側に狭い翼がある。染色体数n=11。本州・四国に分布するが，中部地方以北に多く，山地に生える。材は建築，船舶，家具，器具などに多く利用される。

　コノテガシワ Platycladus orientalis (L.) Franco; *Thuja orientalis* L. (PL. 30) は中国原産といわれる常緑低木または小高木で，大きいものでは高さ10mにもなる。江戸時代の中頃に日本に渡来し，庭園に植えられ，生垣によく用いられる。クロベの枝葉は水平に出て表裏の差が明瞭で，種鱗は薄質，種子に狭翼があるのに，コノテガシワは枝葉が垂直に出るので表裏の差がなく，種鱗は厚質で，種子に翼がないので区別される。コノテガシワ属 Platycladus Spach は，分子系統解析からはクロベ属に近縁ではないとされる。

【5】アスナロ属　Thujopsis Siebold et Zucc. ex Endl.

　常緑の高木。葉は鱗片状で十字対生し，小枝を包む。小枝は葉状で水平に出て，表裏の別がある。雌雄同株。雄花は小枝に頂生し，楕円形で，雄蕊は十字対生し，3－5薬室がある。雌花も小枝に頂生し，雌鱗片は4－5対あり，おのおのに3－5胚珠がつく。球果は球形で，種鱗は木質でいちじるしく肥厚し，先端または背面に突起がある。種子は狭楕円形で，両側に狭い翼がある。子葉は2枚。日本の特産属で，1種がある。

1．アスナロ〔アスヒ，ヒバ〕　PL. 28, 31
　Thujopsis dolabrata (L. f.) Siebold et Zucc. var. **dolabrata**
　常緑の高木。幹は高さ約30m，径約1mになる。樹皮は灰褐色，縦裂して薄くはがれる。葉は十字対生し，鱗片状で鈍頭，長さ4－5mm。小枝の側部につく葉は舟形または卵状披針形，小枝の表裏につく葉は舌形または舌状菱形，いずれも表面は緑色で光沢があり，裏面に白色の気孔溝がある。花は5月で雌雄同株。球果は10月，褐色に熟し，球形で径12－15mm。種鱗は広卵形で上部が厚くなり，先端が角状に突出し，長さ8mm内外。種子は長楕円形で長さ3－4mm，2－3個の狭い側翼がある。染色体数n=11。本州・四国・九州に分布する。材は辺材，心材の区別が不明瞭で木理（きめ）が通り，材質がよいのでヒノキと同様によい建築材とされる。しかし，特殊な臭気のある精油を含むので一般には嫌われるが，処理によって異臭は除かれるようになった。能登の輪島塗りの木地は主としてこの材が使われるので，そのための林業品種が育成されている。また，庭園樹として広く利用され，園芸品種も多い。アスナロ，アスヒの名は，ヒノキに似ているが，材質が多少劣るので，明日ヒノキになろうという願望を意味するといわれる。

　ヒノキアスナロ（ヒバ）var. **hondae** Makino (PL. 31) は，茎葉はアスナロに似ているが，種鱗の上背部が角状に突出しないので，毬果はヒノキに似た感じがあり，径15－20mmの球形を呈するものである。北海道（渡島半島以南）・本州北部（太平洋側では栃木県，日本海側では能登半島まで）に分布する。材はアスナロ同様に用途が広い。

イチイ科　TAXACEAE

大橋広好

　常緑の高木または低木。葉は線形〜線状披針形で，互生まれに十字対生し，ときに側枝では葉基がねじれ，左右2列に並ぶようになる。花は雌雄異株まれに同株。雄花は葉腋に単生（イチイ属）または小さな珠状または穂状に6−12個が集まる（カヤ属，イヌガヤ属）。楯形または鱗片状の雄蕊に2−8個の薬室がある。花粉に気嚢はない。雌花は葉腋から出る小枝に1ないし2個がつくかまたは3−10数個が集まって球果をつくり，数対の苞鱗におおわれ，種鱗はない。この苞鱗の基部にある隆起物に1または2個の直生胚珠がつく。胚珠が受精して種子になると，種子は仮種皮で基部または全部をおおわれる（イチイ属，カヤ属）か，または仮種皮を欠く（イヌガヤ属）。種子は1個ずつ独立し，球果をつくらない。子葉は2枚。

　イチイ科はマツ亜綱（球果類）ヒノキ目に属す。分子系統解析の結果から，イチイ科を1科あるいはイヌガヤ科Cephalotaxaceaeとウラジロマキ科Amentotaxaceaeを分離して3科とする2説がある。ここでは海老原淳ほか《新しい植物分類学II》（2012，日本植物分類学会）の説をとりイチイ科として1科にまとめる。ニューカレドニアの1属を除き，ほかは北半球に分布し，6属28種がある。日本には3属3種ある。

- A. 葉に樹脂道がない。雄蕊は楯形で，5−8個の薬室がある。種子は大部分が紅色の仮種皮におおわれ，液果状を呈する ……………………………………………【2】イチイ属 Taxus
- A. 葉に1個の樹脂道があり，下面に2条の緑白色の気孔帯がある。種子は核果様になる。
  - B. 葉の先端は刺状で，触ると痛い。上面に中央脈は目立たず，下面の気孔帯は幅狭い。雄蕊は鱗片状で，4個の薬室がある。雌花は苞鱗片の基部に1個の胚珠がつく。種子は緑褐色の仮種皮におおわれる ……………………【3】カヤ属 Torreya
  - B. 葉の先端は刺状ではなく，触っても痛くない。両面に中央脈が凸出し，下面の気孔帯は幅広い。雄蕊は3個の薬室があり，雌花は数対の苞鱗片からなり，苞鱗片の基部に2個の胚珠がつく。種子は仮種皮を欠く ……………………【1】イヌガヤ属 Cephalotaxus

【1】イヌガヤ属　**Cephalotaxus** Siebold et Zucc. ex Endl.

　常緑の低木または小高木。葉は互生し，線形で，表裏両面の中央脈が明瞭である。葉の横断面では，中央の周縁層の裏面側に1個の樹脂道があり，さらに葉肉内に繊維状厚膜細胞が点在する。この厚膜細胞の存在は，マツ科のモミ以外には見られない特異性を示す。花は多くは雌雄異株。雄花は珠状または穂状で葉腋につき，6−12個の雄蕊からなる。雄蕊は3個の薬室があり，花粉に気嚢がない。雌花は数対の雌鱗片からなり，各鱗片に2個の直生胚珠がつく。種子は楕円形で，種皮外層は肉質で樹脂に富み，種皮内層は薄い木質で2稜があり，核果様である。子葉は2枚。日本，朝鮮半島，中国からタイ，ミャンマー，ベトナム，ラオスからヒマラヤに1属8−11種があり，日本には1種が分布する。

1. イヌガヤ　PL. 33-34
Cephalotaxus harringtonia (Knight ex Forbes) K. Koch var. **harringtonia**

　常緑の小高木または低木。大きいものは高さ8−10m，径30−40cmになる。樹皮は暗灰褐色で浅く縦裂する。葉は互生するが，側枝では葉基がねじれて水平に2列に並び，線形で長さ3−5cm，幅3−4mm，先は短くとがるが触っても痛くなく，表面は暗緑色，裏面には灰白色の気孔帯がある。花は3−4月，雌雄異株。雄花は前年枝の葉腋につき，球形で7−12個の雄蕊があり，雄蕊はふつう3個の薬室がある。雌花は前年枝の頂部の葉腋に1−2個つき，卵形で長さ3−6mmの柄がある。種子は10月に熟し，卵形〜楕円形で長さ2.5cm内外，種皮外層は紅紫色の肉質，種皮内層は薄い木質で灰褐色をおび，2稜がある。染色体数2n=22。本州（岩手県陸前高田市以南）・四国・九州（屋久島まで），朝鮮半島・中国（東北）に分布する。よく庭に植えられるのはチョウセンマキ C. harringtonia 'Fastigiata'; f. *fastigiata* (Carrière) Rehder（PL. 34）で，高さ1−3mで多く分枝し，葉は側枝でもほとんどがらせん状について，基準変種のように2列に並ばない。朝鮮にも野生がなく，園芸品種の1つである。イヌガヤは大木になることは少ないので，一般の用材には用いられないが，材は淡黄色，緻密でかたいので，小型の器具，細工物などに利用される。種子から油をとり，灯用や頭髪用に用いられたが，悪臭があるので普及しなかった。ヘボガヤとかヘダマといわれるのも，カヤに似ているがそれほど役にたたないということからきていると思われる。**ハイイヌガヤ** var. **nana** (Nakai) Rehder（PL. 34）は，幹の下部が地をはい，ときに多数の幹を出し，枝条は斜上して高さ1−2mになる。葉は基準変種に似ているが，長さ25−35mm，幅2.5−3mmで，長さも短く幅も狭い。種子の種皮外層は紅色に熟し，甘いので食べられる。北海道（西南部，北限は利尻島）・本州（主として日本海側）・四国（一部）

旧版の執筆は佐竹義輔。

に分布し，多雪地の環境に適応した変種と考えられる。

【2】イチイ属　Taxus L.

常緑の高木または低木。幹は直立，まれに地をはい，樹皮は赤褐色である。葉は互生し，線形～線状披針形で扁平，ときに多少湾曲し，表面は深緑色，裏面に黄緑色の気孔帯が2条あり，樹脂道はない。雄花の雄蕊は楯形で，5－8個の葯室がある。雌花は葉腋にある小枝にふつう1個頂生する。種子は秋に熟し，卵状球形で，紅色で液質の仮種皮におおわれる。北半球に7－8種が分布し，日本に1種ある。

1．イチイ〔アララギ，オンコ〕　PL.32
Taxus cuspidata Siebold et Zucc.

常緑の高木，高さ15－20m，径約1mになる。ときに低木状ではうものがある。樹皮は赤褐色で浅く縦裂する。若枝は初め緑色，のちに淡褐色から灰褐色になる。葉は線形で，長さ5－20mm，幅1.5－3mm，先端はとがり，表面は深緑色で中央に縦の隆起があり，裏面に淡緑色の気孔帯が2条ある。花は3－4月，雌雄異株。雄花は葉腋に単生し，球形で鱗片におおわれ，雄蕊は5－6個の葯室がある。雌花もふつう1個葉腋につき，基部に2－3対の小鱗片が対生する。種子はその年の10月ごろに成熟し，卵状球形で緑褐色，長さ約5mm，先に突起がある。仮種皮は，未熟のときは緑色で種子の基部を取り巻き，種子の生長につれて紅色液質になり，成熟時には種子の頂部を越えるほどになるが，径3mmほどの開口があるので，上部から種子の本体が見える。仮種皮は広卵形で長さ7－8mm，幅8－9mm，基部に黄化した対生鱗片が2－3対ある。染色体数2n=24。北海道・色丹島・本州・四国・九州，千島列島（中部以南）・サハリン・朝鮮半島・中国（東北）・シベリア東部に分布する。材は緻密でかたく，光沢があって美しいので，床柱，天井板，彫刻，家具，細工物などに重用される。昔，高位の人が持つ笏をこの材でつくったので〈一位〉とよばれるようになったという。**キャラボク** T. cuspidata 'Nana': var. *nana* Hort. ex Rehder（PL.32）は，幹の下部が地をはって低木状になり，枝葉が密生し，葉はやや幅が広く，らせん状に互生するが，ほとんど2列に並ばないもので，本州の日本海側に見られ，よく庭園に植えられる。千島列島のイチイはキャラボクに似た樹形となり，チシマキャラボクvar. borealis Tatew. et Yoshimuraとよばれることがあるが，イチイと区別できない。鳥取県大山に自生するものはダイセンキャラボクとよばれ，国の天然記念物に指定，保護されている。独立の種と考えられたこともあるが，キャラボクの環境に適応した1型と見る説が多い。

【3】カヤ属　Torreya Arnott

常緑の高木または低木。葉はらせん状に互生するが，側枝ではねじれて平らに2列に並び，線形で扁平。横断面に1個の樹脂道がある。雌雄異株。雄花は葉腋に単生し，多数の雄蕊が4列につく。雄蕊は鱗片状で，縁に不規則な鋸歯があり，4個の葯室がある。雌花も腋生し，ふつう2個あるが，そのうち1個が種子に成熟する。種子は仮種皮に全面包まれて核果様になる。種皮は木質で，縦縞状の隆起がある。子葉は2枚。中国，日本，アメリカ西部・南西部に6種，そのうち日本に1種ある。

1．カヤ　PL.33
Torreya nucifera (L.) Siebold et Zucc. var. **nucifera**

常緑高木で，直立した大きいものは幹の高さ約25m，径2mほどになる。幹が地面近くで多数の太枝を出し，枝が四方に水平に広がって傘状の樹形をつくるものもある。樹皮は灰褐色～赤褐色で，浅く縦裂し，細長い薄片にはがれる。葉は線形，長さ20－30mm，幅2－3mm，先は鋭くとがり，触れれば痛い。表面は深緑色，裏面には2条の白色の気孔帯がある。雌雄異株で，花は4－5月。雄花は前年枝に腋生し，長楕円形で長さ1cm内外，基部に十字対生の鱗片がある。雄蕊は4個の葯室がある。雌花は前年枝の先に数個つき，そのうち1個が翌年10月に熟す。種子は，初め緑色のちに紫褐色になる仮種皮に全面包まれるが，熟すと仮種皮は裂けて種子が現れる。種子は倒卵状楕円形で長さ20－30mm，径10－15mm，淡褐色で左巻きまたは右巻きの縦線がある。染色体数2n=22。本州（宮城県以南）・四国・九州（屋久島まで）に分布する。材は造船，彫刻，櫛，数珠などに用いられ，碁盤，将棋盤としては最上とされる。種子は食用，とれる油は頭髪用になる。樹齢が長く，有用樹として各地で保護され，巨樹，古木が多く，国や各自治体で天然記念物に指定されているものが多い。

カヤは樹形や種子の形・大きさなどにいちじるしい遺伝的な変異がある。基準形の**カヤ** var. nucifera f. nuciferaとは異なるいくつかの品種が稀産し，国や地方自治体の天然記念物に指定されている。**ヒダリマキガヤ** f. macrosperma (Miyoshi) Kusakaは，葉が長く，種子がより大型で長さ約40mmに達し，仮種皮の表面に種子にある左巻きの縦線が現れるもので，宮城県・滋賀県・三重県に知られている。**コツブガヤ** f. igaensis (Doi et Morikawa) Kitam.は，葉が短く，先があまりとがらず，種子が小型で長さ約20mm，径10mm以下，丸みがあるもので，宮城県・三重県にある。**ハダカガヤ** f. nuda (Miyoshi) Kusakaは，種皮が薄く木質でないため，仮種

皮に直接包まれているように見えるもので，兵庫県篠山町日置の八幡神社境内にある1本のみしか知られていない。マルミガヤ f. sphaerica (Kimura) Yonek. は種子がほぼ円形で直径2－2.5cm，宮城県各地に生育する。

チャボガヤ var. **radicans** Nakai（PL.33）は，根際から多くの斜上枝を出し，高さ3m以下の低木状になり，枝が赤く，葉の先が急にとがり，種子が短いもので，主として本州の日本海側多雪地帯に分布する。

ジュンサイ科　CABOMBACEAE

伊藤元己

　多年生の水草で，2属約7種よりなる。ヨーロッパを除く世界中の熱帯と温帯に広く分布する。茎は泥中あるいは水中に伸び，葉は浮葉のみ，あるいは水中葉と空中葉をもつ。花は水上に咲き，萼，花弁ははっきり分化せず離生。雌蕊は離生心皮，胚珠を背軸側のみ，あるいは背軸側と向軸側に2－3本つける。ジュンサイ科は，以前はスイレン科に含められていたが，他のスイレン科の属とは異なる単系統群をつくること，雌蕊は離生心皮であることなどが異なることから別科とされている。スイレン科とヒダテラ科Hydatellaceaeとともに，スイレン目に入れられる。スイレン目は，現生被子植物においてアンボレラ科Amborellaceaeの次に分岐した植物群である。

　A．明らかな水中葉を分化せず，葉はすべて浮葉，楕円形で全縁。雄蕊は12－24本，雌蕊は6－24本 ……………【1】ジュンサイ属 Brasenia
　A．水中葉と空中葉をもち，水中葉は細片に分裂する。雄蕊は3本または6本，雌蕊は3本 ……………【2】ハゴロモモ属 Cabomba

【1】ジュンサイ属　Brasenia Schreb.

　茎，葉柄，葉の裏面などは分泌毛より生じた粘質物におおわれる。葉は楯状で，葉柄は葉身の真ん中のあたりにつく。花は3数性となる傾向が強い。花被片は同花被で，長楕円形，紫褐色，6枚で3枚ずつ内外の2輪に並ぶ。雄蕊は12－24本，葯は外向。雌蕊は6－24本が離生し，それぞれが背軸側に2－3個の胚珠をつける。果実は袋果状であるが裂開せず，花柱は宿存し，宿存した花被片にかこまれる。種子は雌蕊あたり1－2個，種衣はない。1種のみからなり，北アメリカ，東アジアよりインド，オーストラリア，西アフリカにかけて広く分布する。

1. ジュンサイ　　　　　　　　　　　　PL. 35
Brasenia schreberi J. F. Gmel.

　水質がやや酸性で，底に有機物の堆積した池に生える多年生の水草。根茎は泥中を横にはう。葉は根茎より出て長い葉柄をもち水面に浮かぶ。葉身は楕円形で径5－10cm，裏面は紫色をおびる。花は6－8月に水面で開き，径2cm位，長い花柄をもつ。雌性先熟で，開花1日目は雌性期，2日目は雄性期となる。粘質物におおわれた若芽は吸い物の実や酢の物として古くより賞味されている。北海道〜琉球に分布する。

【2】ハゴロモモ属　Cabomba Aubl.

　茎は水中に伸長し，細かく分裂した水中葉を対生または輪生する。水上葉は小さく，葉柄は楯状について全縁，しばしば互生する。花はジュンサイ属よりさらに3数性と輪生化が進む。花被片は白色〜帯黄色，6枚で，内外2輪に並び，内花被片は基部の両側に小突起状の蜜腺がある。雄蕊は3本で1輪生，または6本で2輪生，葯は外向する。雌蕊はふつう3本，1輪生で，離生，または基部で少し合着する。胚珠は雌蕊あたり2－3個，雌蕊の背軸側と向軸側につく。果実は裂開せず，種子に種衣はない。約6種がアメリカの熱帯〜暖帯に分布している。

1. フサジュンサイ〔ハゴロモモ〕　　　　PL. 35
Cabomba caroliniana A. Gray

　多年生の水草で帰化植物。多数の水中葉は伸長した茎に対生し，糸状の裂片に3－4回分裂して美しいので，金魚や熱帯魚といっしょに水槽に入れて観賞するために栽培され，カボンバともよばれている。水上葉は花序とともに生じ，互生する。花は径1.5－2cm，花被片2輪で白色，基部は黄色をおび，雄蕊は通常6本であるが3本のものもある。花期は夏〜初秋。雌性先熟で，開花1日目は雌性期，2日目は雄性期となる。北アメリカ南東部の原産で，日本のおもに暖地で野生化している。和名は〈房蓴菜〉で，水中葉の様子に由来する。

旧版の執筆は田村道夫。

スイレン科　NYMPHAEACEAE

志賀　隆

　水草で，ふつうは多少とも発達した地下茎がある。しばしば水上葉は葉柄に楯状につき，基部は心形〜矢じり形。水中葉は発達するものもしないものもある。花は両性で，放射相称，長い花柄をもつ。ふつう水上で開き，かなり大型で目立つものが多い。花被片はふつう萼片と花弁に区別でき，らせん配列する。萼片はふつう4−5枚で合着せず，花後にも残存する。花弁はふつう多数あって離生し，まれに欠く。雄蕊は多数で離生し，花糸はしばしば幅広くなる。花粉の発芽溝は原則的に1本。心皮は数個〜多数が合着して，心皮の数だけの花柱および子房室がある。子房は上位，中位，または下位。子房室の内面全体，または子房壁の背縫線に沿って胚珠をつける。胚珠は心皮あたり多数より3個にまで減数し，珠皮は2枚ある。果実は蒴果，ときに液果状。種子には胚乳があり，子葉は2枚で，しばしば種衣がある。導管がなく，被子植物のうち，もっとも原始的な群の1つと考えられる。水生ではあるが，地下茎があり，水生地中植物とでもいうべきものが多く，水草としては未完成である。ふつう水草には含まれていないアルカロイドを含むものが多いこともこれを裏づける。
　ジュンサイ科も亜科として含めて広義スイレン科とする場合もある。ここでは，ジュンサイ科を除いた狭義スイレン科を取り扱う。6属約60種が世界中に分布している。

　A．萼片は5枚で，黄色。花弁は小型で多数あって，黄色。子房は上位 ··【2】コウホネ属 Nuphar
　A．萼片は4枚で，緑色。花弁の色はさまざま。雄蕊は多少ともへこんだ花床につき，子房は中位または下位。
　　B．多年生。植物体にとげはなく，葉の基部は心形〜矢じり形，まれにわずかに楯状となる。子房は中位，偽柱頭がある
　　　　 ··【3】スイレン属 Nymphaea
　　B．1年生。葉，花茎，萼片の外側などにとげがある。葉は楯状。子房は下位，偽柱頭はない ·············【1】オニバス属 Euryale

【1】オニバス属　Euryale Salisb.

　1年生で，根茎は短く，多数の根を束生する。芽ばえの初期の葉は水上には出ず，とげはない。水上葉にはしわがあり，裏面は紫色で網目状に葉脈が隆起し，両面の脈上にとげがある。葉は楯状につく。花は径4cm位で，長い花柄に頂生する。萼片は緑色で外面にとげがあり，基部で合着して萼筒をつくり，子房は下位となる。花弁は多数で紫色，萼片より小さい。雄蕊は多数で，葯は内向する。子房はふつう8室で花床中にあり，側面に胚珠をつける。偽柱頭はない。果実は楕円形〜球形で，とげがある。萼は宿存し，種子は球状で肉質の種衣がある。オニバス1種があり，日本・インド・中国（南部）・台湾・朝鮮半島・ロシア（沿海地方）に分布する。
　なお，オオオニバス属Victoriaはオニバス属によく似ていて，やはり大きな水上葉を生じ，葉の裏面，葉柄，花柄などにとげがあり，葉縁が上に反って，たらい状になる。花は大きくて径20cmになる。スイレン属のように偽柱頭がある。南アメリカに2種がある。熱帯性ではあるが1年生であるため，日本でもよく開花し，しばしば栽培されている。

1．オニバス　　　　　　　　　　　　　　　　　PL. 37
　Euryale ferox Salisb.
　ときには2mを超えるような大きな水上葉をつける。花は8−10月，昼に開き，夜は閉じる。水中には多数の閉鎖花をつける。染色体数は2n=58。本州（宮城県以南）〜九州の低地のどちらかといえば富栄養型の池に，ヒシなどとともに生える。1年生のため，堀や農業用の溜池のような人工的な池にもよく生える。以前はふつうに見られたが激減し，絶滅を危惧されている。

【2】コウホネ属　Nuphar Smith

　多年生で，根茎は横にはい，よく発達する。根出葉を束生し，水上葉と水中葉とが分化する。水上葉は長い葉柄をもち，葉身は厚くて光沢があり，全縁で，基部は矢じり形にへこむ。水中葉も分裂せず，薄く膜質で，葉縁は波状になる。葉柄は短い。観賞用に魚を飼うとき水槽中に植えるが，弱光の下では水中葉だけしか生じない。花柄は根生して長く伸び，水上にぬき出て花を1つ頂生する。萼片はふつう5枚，黄色，外面はしばしば緑色をおび，花後にも残る。花弁は雄蕊が変形したもので，萼片の半分の長さに達せず，多数あって黄色。雄蕊は多数，花糸は幅広く，葯は内向きにつくが，開花すると雄蕊は外に反って曲がり，葯が現れる。子房は上位。心皮は数個〜十数個がゆるく合着し，心皮の数だけの子房室と柱頭のある雌蕊をつくる。雌蕊の上部は円形に広がり，縁は多少反曲して柱頭盤となり，柱頭は線状でそ

旧版の執筆は田村道夫。

の上に放射状に並ぶ。胚珠は多数で，子房室の内面全面につく。果実は液果状で水中で熟し，種子に種衣はない。北半球の温帯を中心に7-20種が分布する。日本には6種，およびいくつかの変種と雑種が認められる。

A. 自然条件下において，水中葉しかもたない。水中葉は狭長楕円形～三角形，葉の基部はゆるやかな心形～矢じり形 ··· 1. シモツケコウホネ
A. 水中葉と水上葉をもつ。葉の基部は深く湾曲する。
　B. 水上葉は浅い水深では水面から抽出する。花糸は葯とはほぼ同長，または少し長い(2倍以下)。
　　C. 水上葉は円形，長さは4-17cm。種子の長さは5.5-6.5mm ·· 2. ヒメコウホネ
　　C. 水上葉は広卵形から長楕円形，長さは10-50cm。種子の長さは3.0-5.5mm。
　　　D. 水上葉は水面から鋭角に立ち上がり，狭卵形から長楕円形，長さは25-50cm ······················· 3. コウホネ
　　　D. 水上葉は広卵形から狭卵形，長さは10-30cm ··· 4. サイコクヒメコウホネ
　B. 水上葉は水面に浮き，浮葉となる。花糸は葯よりはるかに長い(2倍以上)。
　　C. 葉柄は中空 ··· 5. オグラコウホネ
　　C. 葉柄は中実 ··· 6. ネムロコウホネ

1. シモツケコウホネ　　　　PL. 35
Nuphar submersa Shiga et Kadono

通常は水上葉を形成せず水中葉のみで生育。赤色～赤紫色の水中葉は狭長楕円形～三角形で，長さは10-18cm，幅2-5cm。葉柄断面の中央には維管束はなく中空か大きな間隙が複数ある。花は黄色，径2-3cm。5-8個の柱頭が癒合した柱頭盤と葯は赤く色づく。花期は6-10月。葯は長さ1.5-2.5mm。花糸は葯の2-3倍長。果実は長さ2-3cmで濃紅色。種子は長さ3.5-4.5mm。染色体数は2n=34。栃木県に分布する（日本固有）。

2. ヒメコウホネ　　　　PL. 36
Nuphar subintegerrima (Casp.) Makino

全体に小型で，水上葉は水面から抽出するか浮葉となり，円形。長さ4-17cm，幅4-15cm。花は黄色，柱頭盤は黄色もしくは橙色，径2-3.5cm，花期は6-10月。葯は長さ2-3.5mmで花糸とほぼ等長。果実は緑色もしくは濃紅色，長さ2-4.5cm。種子は長さ5.5-6.5mm。染色体数は2n=34。東海地方に産する（日本固有）。

3. コウホネ　　　　PL. 36
Nuphar japonica DC.

浅い池や沼，または小さな流れに生え，ときに観賞用に栽培される多年草。地下茎は太くて地中を横にはい，白く，〈河骨〉とよばれるゆえんとされる。茶褐色の葉痕が目立つ。水上葉は浅い水深では水面から鋭角に抽出し，狭卵形から長楕円形。長さ20-52cm，幅10-26cm，表面は無毛，裏面は若い時に少し毛がある。花は6-10月に開き，径4-6cm，黄色だが，萼片は花後，緑色が強くなる。葯は長さ3-8mm。花糸は葯の1-2倍長。果実は緑色で長さ3-6cm，種子は長さ4-5.5mm。染色体数は2n=34。北海道（西南部）～九州に分布する（日本固有？）。地下茎を乾燥したものを〈川骨（せんこつ）〉とよび薬用にする。

花（萼片）が橙赤色のものを，ベニコウホネ f. rubrotincta (Casp.) Kitam. といい，栽培する。

他のコウホネ属植物の間に雑種が複数知られており，オグラコウホネとの雑種をサイジョウコウホネ N. ×saijoensis (Shimoda) Padgett et Shimoda，ネムロコウホネとの雑種をホッカイコウホネ N. ×hokkaiensis Shiga et Kadono，シモツケコウホネとの雑種をナガレコウホネ N. ×fluminalis Shiga et Kadono とよぶ。

4. サイコクヒメコウホネ　　　　PL. 36
Nuphar saikokuensis Shiga et Kadono

水上葉は水面から抽出するか浮葉となり，広卵形から狭卵形。長さ10-30cm，幅7-20cm，裏面にはわずかに毛が生える。花は黄色，径3-4cm，柱頭盤は黄色，径3-4cm，6-10月に開花する。葯は4-6mm。花糸は葯の1-2倍長。果実は緑色，長さ3-5cm。種子は長さ3.5-5mm。染色体数は2n=34。中部以西に分布する（日本固有）。コウホネとヒメコウホネ，オグラコウホネの3種による複雑な交雑によって起源したと考えられている。長い間，東海地方に分布するヒメコウホネに含められてきたが，ここでは別種として取り扱った。

5. オグラコウホネ　　　　PL. 36
Nuphar oguraensis Miki var. **oguraensis**

水上葉はふつう水面に浮いて浮葉となり，広卵形。長さ9-19cm，幅8-15cm，裏面に毛がある。葉柄の断面は中空。花は黄色，径2-3cm，7-11月に開く。葯は2.5-4mm。花糸は葯の2-3倍長。果実は緑色で長さ2-4.5cm，種子は長さ3.5-5mm。染色体数は2n=34。本州（中部以西）・九州，朝鮮半島に産する。

柱頭盤が紅色のものを**ベニオグラコウホネ** var. **akiensis** Shimoda として区別する。本州（広島県）・四国・九州，朝鮮半島に分布する。台湾に分布する**タイワンコウホネ** N. **shimadae** Hayata と同種とする見解もある。

6. ネムロコウホネ〔エゾコウホネ〕　　　　PL. 37
Nuphar pumila (Timm) DC. var. **pumila**

水上葉は通常は浮葉となり，広卵形。長さ9-15cm，幅9-13cm，裏面には細い毛が密に生える。花は黄色，径約2-3cm，柱頭盤はふつう黄色，7-8月に開く。葯は長さ1.5-4mm。花糸は葯の2-3倍長。果実はふつう緑色で長さ2-4cm，種子は長さ3-5mm。染色体数は2n=34。北海道・本州（東北地方）の高山に生え，千島・サハリン・カムチャツカ・シベリアからヨーロッパにかけて広く分布する。

柱頭盤の紅色のものを**オゼコウホネ** var. **ozeensis** H. Hara (PL. 37) といい，北海道・本州（月山・尾瀬沼）に生える。また，オゼコウホネのうち果実も濃紅色とな

るウリュウコウホネ var. ozeensis H. Hara f. **rubro-ovaria** Koji Ito ex Hideki Takah., M. Miyazaki et J. Sasaki は北海道（雨竜沼湿原）に分布する。

【3】スイレン属　Nymphaea L.

　多年生で、いろいろな程度に発達した地下茎がある。葉は根生し、長い葉柄があり水面に浮かぶ。葉の基部は深い心形または矢じり形で、柄はまれにわずかに楯状につくこともある。花は根生する長い花柄に1個頂生し、水面に浮かぶか水上にぬき出る。萼片は緑色で、4枚、果時にも残る。花弁は多数あって、少なくとも外方のものは萼片と同じ位か、より長い。雄蕊は多数。葯は側生ないし内向する。花糸の幅は外側のものは広い。心皮は多数あって、それと同じ数の子房室と柱頭のある1個の雌蕊をつくる。各柱頭の外側に偽柱頭とよばれる付属突起があり、伸びて内曲し、柱頭をおおう。子房は中位で、花弁や雄蕊は子房壁の外側につく。子房室の内面全体に多数の胚珠をつける。種子は種衣がある。約50種が世界中の熱帯から温帯にかけて広く分布する。日本にはヒツジグサ1種がある。睡蓮とはヒツジグサの漢名であるが、一般にこの属の植物をスイレンと総称している。観賞用として古くより栽培され、交配などによって多くの園芸品種が作出されている。園芸上は、熱帯性と温帯性に大別されることが多い。熱帯性スイレンは耐寒性がなく、地下茎は塊茎状で直立し、葉には鋸歯のあるものが多く、花は水面よりぬき出て開く。夜咲きのものと昼咲きのものがあり、主要な原種としては、インド産のアカバナスイレン N. rubra Roxb. ex Salisb. がある。温帯性スイレンは耐寒性があり、地下茎は横にはい、葉は全縁で、花は水面に浮かび、昼咲きである。主要な原種としては、ヨーロッパ・北アフリカ産のセイヨウスイレン N. alba L.、北アメリカ東部産のニオイスイレン N. odorata Aiton などがある。ヒツジグサも交配によく用いられている。

1. ヒツジグサ　　　　　　　　　　　　PL. 37
Nymphaea tetragona Georgi var. **tetragona**

　古い池や沼に生育する多年草。ジュンサイよりも生育範囲は広い。地下茎は太く短く、葉は卵円形〜楕円形、長さ8−19cm、幅5−12cmで無毛。6−9月に、径5cm位の花をつける。〈未草〉の名は未の刻（午後2時）に開くことからきているというが、実際は午前中から開花し、夜に閉じる。花弁は8−15枚で、長さは萼片とほぼ同じ。果実は水中で成熟する。ヨーロッパ・シベリア・東アジア・インド北部にかけて広く分布する。日本産のものは変異が強く、葉の基部の湾入が比較的浅いのはエゾノヒツジグサとよばれることがあるが、ヒツジグサと十分に区別できない。染色体数は $2n=112$。北海道〜九州の低地にある。北海道には柱頭と周辺の雄蕊が鮮やかな濃紅色となる**エゾベニヒツジグサ** var. **erythrostigmatica** Koji Ito が生育する。

マツブサ科　SCHISANDRACEAE

大橋広好

　常緑または落葉性の木本。つる状または直立する。葉は互生し，単葉で柄があり，托葉はない。節における葉隙は1隙性。花はふつう葉腋に単生する。両性，または単性で雌雄異株または同株または雑居性，放射相称，子房上位，花床は花後，球状に肥大または伸長する。萼，花冠の区別がなく，花被片は離生し，らせん状につく。雄蕊は4－80個。花糸と葯は葉状とならない。花粉は3または6溝粒。心皮は離生し，20－300個，花床に輪状からららせん状につく。果実は集合果。種子は多量の胚乳を含む。3属73種があり，ヒマラヤ，スリランカ，東南アジアから東アジア，北アメリカ南東部よりメキシコ東部と中央アメリカ，キューバにかけての地域に分かれて隔離分布し，温帯から亜熱帯，ときに熱帯に生育する。

　マツブサ科とシキミ科Illiciaceaeは，Engler体系ではモクレン目に含まれ，Cronquist体系では2科でシキミ目を構成し，それぞれ別の科と認められていた。2009年に発表されたAPG III分類体系では，マツブサ科としてまとめられ，初期に分化した被子植物群（基部被子植物）の1つであるアウストロバイレヤ目Austrobaileyalesに属するとされた。

- A．直立性木本。葉に鋸歯がない。花は両性。心皮は輪状に並ぶ。胚珠は各心皮に1個つく。果実は袋果，側面で合着して放射状星形の集合果となり，緑色に熟し，内果皮はやや木質となる ……………………………………………【1】シキミ属 Illicium
- A．つる性木本。葉にふつう鋸歯がある。花は単性。心皮はらせん状ときには輪状に並ぶ。胚珠は各心皮に2－5(－11)個つく。果実は液果，球状または房状の集合果で，各分果は赤くまたは黒く熟する。
  - B．花床は花後に伸長せず，集合果は球状。花粉は6溝粒。常緑性 ……………………………………………【2】サネカズラ属 Kadsura
  - B．花床は花後に伸長し，集合果は房状。花粉は3溝粒。落葉性 ……………………………………………【3】マツブサ属 Schisandra

【1】シキミ属　Illicium L.

　常緑の小高木または低木。若枝や葉に油細胞や樹脂細胞を含む。葉は全縁，革質で，花は両性で，放射相称，短い花柄があり，柄の基部に芽鱗があるが早く落ちる。花被片は10－25枚，らせん状に配列し，雄蕊は10－25本，花糸は太く，葯はやや内向し，縦開する。子房上位。雌蕊は輪生し，側面で合着する6－18個の心皮よりなり，各心皮には1個の胚珠がある。果実は袋果，6－18個が放射状に集まり，全体として星状となり，果皮は革質，緑色，内果皮はやや木質となる。上部内側で裂開し，それぞれ1個の種子を出す。胚乳は多量。花が似ているため，モクレン科に入れられていたこともあるが，モクレン属の花粉は1溝粒で，シキミ属では3溝粒のために区別される。ヒマラヤ，東南アジア，東アジアと，北アメリカ南東部よりメキシコ東部にかけての地域に分かれて隔離分布し，34数種があり，主として暖帯より亜熱帯に生育する。日本には2種ある。

- A．1花に雌蕊は(7－)8(－10)個 ………………………………………………………………………………… 1. シキミ
- A．1花に雌蕊は11－13個 ………………………………………………………………………………………… 2. ヤエヤマシキミ

1. シキミ　　PL. 38
Illicium anisatum L.; *I. religiosum* Siebold et Zucc.

　芳香のある無毛の常緑小高木または低木で，ふつう高さ2－5m，大きいものでは10mを超える。樹皮は帯黒灰褐色でやや平滑，枝は緑色。葉は枝の上方に集まってつき，葉身は倒卵状長楕円形ないし倒披針形，長さ(4－)5－15cm，幅2－4cm，両端はとがり，革質で肉厚く，中央脈以外の脈は不明瞭，透かせば油点が見える。葉柄は長さ5－24mm。花は3－5月に開き，腋生，径2.5－3cm，花柄は長さ5－35mm。花被片は(12－)16－24(－28)枚，外部のものはやや幅広くて短く，楕円形，中部から上部のものは細長くて線状長楕円形，長さ10－25mm，多少波状によじれ，ふつう黄白色で光沢がある。雄蕊は15－28本で，長楕円形，葯は花糸とほぼ同長，長さ1－2mm。雌蕊は多くの場合は8個の心皮が集まる。果実は扁平な8角形となって径2－3cm。熟した心皮は長さ12－18mm，幅6－10mm，厚さ3－6mmとなる。種子は黄褐色で光沢があり，楕円形で扁平，長さ6－8.5mm。染色体数2n＝28。本州（宮城県以南）・四国・九州・琉球，韓国（済州島）の温帯・暖帯に分布する。香気が強いので，葉や樹皮を乾燥し，粉末にして香として用い，また，枝を仏前，墓前に供える。アニサチンを含み有毒，特に果実は猛毒である。名も〈悪しき実〉より転じたともいわれる。しばしば，神社，寺院，墓地などに植えられる。花の色が淡紅色を呈するものをウスベニシキミ f. roseum (Makino) Okuyamaという。沖縄諸島のものは葉が細く，オキナワシキミ var. masa-ogatae (Makino) Hondaとよばれたが，区別しが

旧版の執筆は田村道夫。

たい。

2. ヤエヤマシキミ　　　　　　　　　　　PL.38
Illicium tashiroi Maxim.;
I. anisatum L. var. *tashiroi* (Maxim.) Walker

常緑小高木または低木，高さ10mに達する。葉身は革質で狭卵状楕円形，長さ6－12(－15) cm，幅2－4.5(－5) cm，鋭尖頭，全縁，側脈は5－8対。葉柄は長さ8－17mm。花は11－5月に開き，腋生，花柄は長さ10－20mm。花被片は12－22枚，中部のものは狭長楕円形，長さ7－15mm。雄蕊は15－21本で，長楕円形，葯は長さ1－1.5mm。雌蕊は多くの場合は(11－)12－13個の心皮が集まる。熟した心皮は長さ14－18mm，幅6－8mm，厚さ3－4mm。種子は褐色，楕円形で扁平，長さ7－8mm。染色体数2n＝28。琉球(石垣島・西表島)にあり，台湾に分布する。

【2】サネカズラ属　　Kadsura Juss.

常緑のつる性木本。葉は単葉，低い鋸歯があり，やや厚くて革質，無毛で光沢がある。花は単性，雌雄同株または異株，葉腋に1個，まれに2－4個生じて長い柄で垂れ下がる。花被片は7－24枚，外側のものは小型。雄蕊は18－80個，球状に集まり，花糸は肉質で短く，葯は側生して小型，葯隔は横に広がる。花粉は6溝粒。雌花では雌蕊は17－300個，離生，球状に集まり，各心皮に2－5(－11)個の胚珠を入れる。集合果は球状，赤または黄熟する。東アジア，東南アジアの暖帯と熱帯に16種ある。

1. サネカズラ〔ビナンカズラ〕　　　　　PL.39
Kadsura japonica (L.) Dunal; *Uvaria japonica* Thunb.

無毛の常緑つる性木本で，古い茎はコルク層が発達し，太さ2cm位になる。若枝は赤色をおび，粘液を含む。葉身は楕円形，長楕円形ないし卵形で，長さ5－13cm，幅2.5－6cm，先は多少ともとがり，基部はくさび形，まばらに低い鋸歯があり，やや革質で，表面は光沢があり，裏面は色淡く，しばしば赤色をおびる。葉柄は長さ約1cm。ふつうは雌雄異株，まれに同株で両性花をつける。花は広鐘形，径約1.5cm，長い花柄があり，葉腋より垂れ下がって開く。花期は8月ごろ。花被片は黄白色，8－17枚，楕円形ないし倒卵形，外側のものは大きく，長さ10－14mm，内側のものは7－10mm。集合果は球状，赤色に熟し，径2－3cm。種子は腎臓形，長さ5－6mm。染色体数2n＝28。本州(関東地方以西)・四国・九州・琉球，韓国(済州島)・台湾の暖帯より亜熱帯に分布する。

【3】マツブサ属　　Schisandra Michx.

常緑または落葉性のつる性木本。葉は単葉，厚膜質，洋紙質または革質，ふつう鋸歯がある。花は単性，雌雄異株または同株，新枝の基部の鱗片腋に単生し，細長い花柄で垂れ下がる。花被片は6－20枚で，花弁状。雄花では雄蕊は5－60本，花糸は離生または合着し，肉質の集葯雄蕊となり，葯は多少とも外向する。花粉は3または6溝粒。雌花では雌蕊は12－120個，離生，丸い花床につき，各2個の胚珠を入れる。花床は花後に伸長し，そのため個々の果実は互いに離れ，集合果全体として房状になる。果実は液果，黒熟または赤熟し，2個の腎臓形の種子を入れる。東アジアから東南アジアの温帯から熱帯にかけて22種，隔離分布して北アメリカ東部とメキシコに1種がある。

A. 葉の表面は中央脈が凹入する。液果は赤熟し，種子の表面は平滑 ························· 1. チョウセンゴミシ
A. 葉の上面は平坦。液果は黒熟し，種子にはいぼ状の突起がある ································ 2. マツブサ

1. チョウセンゴミシ　　　　　　　　　　PL.39
Schisandra chinensis (Turcz.) Baill.; *Kadsura chinensis* Turcz.; *Sphaerostemma japonica* Siebold et Zucc.

落葉性のつる性木本。葉身は厚膜質，長倒卵形ないし倒卵形，長さ4－10cm，幅3－5cm，先は鋭尖頭で，基部はとがり，両側に5－10個の波状鋸歯がある。表面は中央脈に沿って落ち込み，2次脈もややくぼみ，しばしば裏面の脈上に乳頭状突起がある。葉柄は長さ2－2.5cm，ふつう葉身の長さの半分以下。花期は5－7月。花は長さ2－3cmの柄があり，黄白色，径約1cm，芳香がある。花被片は6－9枚，長楕円形。集合果は長さ5－6cmで垂れ下がる。果実は赤く熟し，大きさがふぞろいである。種子の表面は平滑。染色体数2n＝28。北海道・本州(中北部)の温帯に生育し，朝鮮半島・中国(北部・東北部)・ロシア(シベリア東部・沿海州・アムール・ウスリー・サハリン)に分布する。果実を薬用とし，滋養，強壮，鎮咳に用いる。

2. マツブサ　　　　　　　　　　　　　　PL.39
Schisandra repanda (Siebold et Zucc.) Radlk.;
S. nigra Maxim.; *Trochostigma repanda* Siebold et Zucc.

落葉性のつる性木本。コルク質が発達し，樹皮が縦に割れる。葉身は厚膜質，卵形ないし広楕円形，長さ2－6cm，幅3.5－5cm，先は短くとがり，基部は円形ないし三角形，両側に3－5個の波状鋸歯があり，無毛，表面の脈はくぼまない。葉柄は長さ2－5cm，ふつう葉身の長さの半分以上。花期は5－7月。花は黄白色，径約1cm。花被片はふつう9－10枚でほぼ円形。集合果は長さ4.5－6.5cmで，長い柄で垂れ下がり，果実は黒藍

色に熟し, 球形, すべて同大。種子にはいぼ状の突起がある。染色体数2n=28。北海道南部・本州・四国・九州の温帯から暖帯に生育し, 朝鮮半島南部に分布する。

葉の裏面が白みがかるものをウラジロマツブサ f. discolor (Nakai) Yonek.; *S. repanda* var. *hypoleuca* Makino; *S. discolor* Nakai という。

センリョウ科　CHLORANTHACEAE

米倉浩司

　多年草または常緑性の低木まれに高木。葉は対生し，単葉で鋸歯があり，葉柄の基部はやや広がって茎をかこみ，小さな托葉がある。花序は穂状で，頂生または腋生し，しばしば二叉または三叉分枝をする。花は両性または単性で，単性花の時は雌雄異株である。花には花被がなく，小さな苞の腋につく1－3本の雄蕊と1個の雌蕊からなる。雄蕊は子房の背軸側にあり，葯は1－2室で縦に裂ける。花粉は球形で，発芽孔がないか1個ある。子房は1室で，1個の直生胚珠が子房室上部の向軸側から下垂する。花柱はごく短く先が切形，ときに短い線形。果実は卵形または球形の石果で，外果皮は肉質，内果皮はかたく，1個の卵形または球形の種子がある。種子には多量の内胚乳と小さな胚がある。5属75種ほど知られ，東アジアの温帯～熱帯，およびニューギニア・ポリネシア・南アメリカ・マダガスカルに分布する。日本には2属4種がある。

　A．低木。雄蕊は1本で，子房の中部に合着する　　　　　　　　　　　　　　　　　　　　　　　　　　【2】センリョウ属 Sarcandra
　A．多年草または低木(日本産はすべて多年草)。雄蕊は3本で，花糸は合着して子房を包むが，子房とは合着しない
　　　【1】チャラン属 Chloranthus

【1】チャラン属　Chloranthus Sw.

　多年草または茎が緑色で草状の常緑低木。葉は楕円形～卵円形で鋸歯があり，葉柄の基部は広がって茎を抱くか，広がらない。葉柄の基部にはごく小さな線形の托葉がある。穂状花序は分枝しないか1～数回の二叉または三叉分枝をし，多数の小さな花をつける。花は小さな苞の腋に1個つき，1個の雌蕊と3本の雄蕊からなる。雄蕊3本は基部で合着し，子房の背軸側につき，花糸は白色または緑色で，その内面または外面に2－4個の葯がある。3本のうち中央の雄蕊は2個の葯があるか，まったく葯を欠き，側方の2本はそれぞれ1個の葯がある。子房は1室で向軸側に1本の維管束が走る。果実は石果，緑色または白色で倒卵形または球形。東アジアの温帯～熱帯に分布し，十数種が知られる。日本には3種が自生する。常緑低木で普通葉が茎全体につき，葉柄の基部は広がって茎を抱くチャラン節と，多年草で茎の下部の葉は鱗片状，上部の2－3対の節に普通葉があり，葉柄の基部は広がらないヒトリシズカ節とに分類され，日本産はすべて後者に属する。中国原産のチャラン C. spicatus (Thunb.) Makinoが観賞用に栽培される。

　A．雄蕊は長楕円形で，葯隔は短く糸状にならない。上部2対の普通葉の節間は一般に明らかで0.5－2cmある　　1. フタリシズカ
　A．雄蕊の葯隔は糸状に伸びる。上部の2対の普通葉の節間はほとんど伸びない(キビヒトリシズカではときに伸びる)。
　　B．苞は深く3裂する。葯隔は長さ8－12mm。雄蕊の内側に4個の葯がある。葉の先は短くとがる　　　　　2. キビヒトリシズカ
　　B．苞は先が平らか，浅く2－3裂する。葯隔は長さ3－5mm，雄蕊の外側に2個の葯がある。葉の上部は急に狭まり，その先は細くとがる　　3. ヒトリシズカ

1. フタリシズカ　　　　　　　　　　PL. 40
　Chloranthus serratus (Thunb.) Roem. et Schult.
　林中に生える多年草。短い根茎から数本の茎が直立し，高さ30－60cm，緑色で無毛。葉は対生し，下部の3－4対は鱗片状で小さく，広卵形で膜質である。上部の2ときに3対の葉は大きく，大きな葉の節間は0.5－2cmある。葉柄は長さ0.5－1.5cm，葉身は楕円形または卵状楕円形で先はとがり，基部は鋭形またはやや鈍形で，長さ5－17cm，幅2－8cm，縁に先がとがる多数の鋸歯があり，薄くて両面は無毛である。5月ごろ，頂生ときに腋生する穂状花序を伸ばす。花序は2－6cmで，ふつう1－2回分枝するかときに単一のこともある。夏に，茎の下部の鱗片葉の腋からしばしば数個の閉鎖花をつけた細い花序をつける。苞は三角状広卵形でとがり，長さ0.5－1mm。雄蕊は長楕円形で，白色の花糸は合着し，内側に曲がって雌蕊を包み，長さ2－4mm，中央の1本はやや大きく，内面に2個の葯，両側の2本には1個ずつの黄色い葯がある。雌蕊は長さ約1mm。果実は淡緑色で球形または倒広卵形，長さ約3mm。南千島・北海道～九州の低山地に分布し，朝鮮半島南部・中国中南部にもある。名は〈二人静〉で，花穂が一般に2本なので静御前の舞にたとえていう。

2. キビヒトリシズカ　　　　　　　　PL. 41
　Chloranthus fortunei (A. Gray) Solms
　林中に生える多年草。短い根茎から数本の茎が直立して，高さ30－50cm，無毛である。茎の下部には3－4対の鱗片葉があり，上部に2対ときに3対の大型の葉がつく。大型の葉の節間は多くはごく短いが，ときには長さ1－6cmになる。葉柄は長さ1.2－2.5cm，葉身は広楕円形または卵状楕円形で，先は短くとがり基部は鋭形，長さ5－13cm，幅2.5－8cm，縁に先のとがる多数の鋸歯があり，薄くて両面無毛。4月，頂生する1本

旧版の執筆は山崎敬。

の穂状花序を伸ばし，多数の花を密集してつける。花序の長さは花期に約2cm，果期に約3cm。苞は横幅が広く，深く3裂し，長さ1.5mm，幅2.5－3mm。雄蕊3本は合着し，薬隔は細長く糸状に伸びて長さ8－12mm，白色で，中央の雄蕊は内側に2個の薬，両側にはそれぞれ1個の黄色の薬がある。子房は長さ約1mm。果実は淡緑色，倒卵状球形で長さ3mm。岡山県・香川県（小豆島）・九州北部（壱岐・対馬を含む），朝鮮半島南部・中国（中部）に分布する。

3. ヒトリシズカ　　　　　　　　　　　　　　PL. 41
Chloranthus quadrifolius (A. Gray) H. Ohba et S. Akiyama; *C. japonicus* sensu Solms, non Siebold

林中に生える多年草。短く横にはう根茎から数本～多数の茎が直立する。茎ははじめ赤紫色でのちに緑色となり（ときに初めから緑色のものがある），無毛，高さ15－30cm，下部の3－4節には膜質の鱗片葉があり，上部2節に大型の葉がある。大型の葉の節間はごく短く，4枚の葉が輪生するように見える。葉柄は長さ0.5－1.5cm，葉身は楕円形，卵状楕円形ときに広楕円形で先は急に狭まってとがり，基部は鋭形，長さ4－9cm，幅2－7cm，縁には先のとがった鋸歯があり，薄く，両面無毛である。4－5月，頂生する1本（まれに2本）の穂状花序を伸ばし，密に多数の花をつける。花序の長さは，花期に1－2cm，果期には伸びて，2－3cmになる。苞は半円形で横に広く，長さ0.5mm，先は平らか浅く2－3裂する。雄蕊3本は合着し，薬隔は糸状に伸び，白色で長さ3－5mm，中央の雄蕊はふつうは薬がなく，両側の2本の雄蕊の基部外側にそれぞれ1個の黄色の薬がある。子房は長さ約1mm。果実は淡緑色，球形で長さ2.5－3mm。南千島・北海道～九州，朝鮮半島・中国（北部・東北）・アムール・ウスリー・サハリンに分布する。

【2】センリョウ属　Sarcandra Gardner

常緑低木。茎は緑色で草状，節はややふくらんで関節をつくる。葉は単葉で，葉柄の基部は広がって茎を包み，2枚の線形の小さな托葉がある。花は小さな1枚の苞の腋につき，1個の雌蕊とその背軸側の中部に付着する1本の雄蕊からなる。雄蕊には2個の薬がつき，本来は2本であった雄蕊が1本に合着したものと見られる。子房は1室であるが3組の維管束があることから，3枚の心皮の合着したものと考えられる。茎は導管の代わりに仮導管がある点で原始的な特徴を残していると考えられている。日本の暖帯以南，東南アジア・インド・スリランカに分布し，3種類ある。

1. センリョウ　　　　　　　　　　　　　　　PL. 40
Sarcandra glabra (Thunb.) Nakai;
Chloranthus glaber (Thunb.) Makino

常緑広葉樹林の林床に生える。茎は直立してまばらに分枝し，高さ50－150cm，全体に無毛である。葉はやや肉質で厚く，光沢があり，長楕円形または卵状楕円形，長さ6－15cm，幅2－6cmで，先は鋭くとがり，縁には先が細くとがる鋸歯がある。葉柄は長さ0.5－2cm。6－7月，枝先に2－3回分枝する長さ2－4cmの穂状花序を伸ばし，まばらに多くの黄緑色の花をつける。苞は三角状で先がとがり，長さ約1mm。雌蕊は球形で長さ1.5mm，その背軸面の中部に長さ1.5mmの1本の雄蕊がついて横に張り出している。薬は黄色，2室で縦に裂ける。石果は球形で熟すと赤色になり，径5－6mm。本州（関東地方南部・東海地方・紀伊半島以南）・四国・九州・琉球，韓国（済州島）・台湾・中国（中南部）・アッサムに分布し，種としてはさらに東南アジア地域に分布する。和名は，サクラソウ科のマンリョウ（万両）に対して〈千両〉の意であり，庭木として栽培され，ときに自然分布域の北でも市街地近郊の林中に逸出する。

ドクダミ科　SAURURACEAE

大橋広好

　多年草で，柔組織中に油細胞がある。葉は単葉で互生し，托葉がある。花序は穂状。花は小型で，苞があり，両性で，花被はない。雄蕊は3－8個，葯は2室で縦裂する。心皮は3－5個で離生するか，または合生して1室の側膜胎座となる。胚珠は2～多数個で直生し，2珠皮がある。果実は蒴果か，もしくはやや液質になる。種子はほぼ球形で，種皮は膜質。内胚乳と外胚乳があり，内胚乳は粉質で多量。胚は小さく，内胚乳の一端にある。北アメリカおよびアジアに4属6種，日本には2属2種ある。APG III分類体系では初期に分化した被子植物群（基部被子植物）の1つであるマグノリア類（モクレン類）Magnoliidsの一員として，コショウ科やウマノスズクサ科などとともにコショウ目Piperalesに分類されている。

　A. 花序は穂状，基部に花弁に似た4－6個の白色の総苞片がある。雄蕊は花糸の基部で子房に合着する。心皮は合生して1子房となる　………………………………………………………………………………………………………【1】ドクダミ属 Houttuynia
　A. 花序は総状，基部に総苞片がない。雄蕊は子房と合着しない。心皮は離生する　………………………【2】ハンゲショウ属 Saururus

【1】ドクダミ属　Houttuynia Thunb.

　多年草。葉は互生し，托葉はやや膜質で，柄と合着する。花序は頂生の穂状花序で柄がある。花穂の直下に4－6個の白色の花弁状の総苞片がある。花は小型，無柄で，基部に小さい苞があり，両性で，花被はなく，雄蕊は3－8個，花糸は基部で子房に合着する。子房は3－4個の合生した心皮からなり，1室で側膜胎座。花柱は3－4個で反曲する。蒴果はやや球形で，花柱間で裂開する。種子はやや多数で，球形。アジア東部に1種ある。

1. ドクダミ　　　　　　　　　　　　PL. 41
Houttuynia cordata Thunb.

　日陰の土地に群生する，臭気のある多年草。地下茎は細長く，横にはう。茎は高さ30－50cm。葉は心形で鋭尖頭，長さ3－8cm，光沢のない暗緑色で，茎とともにしばしば紅色に染まる。托葉は鈍頭。花期は6－7月。花序柄は1－5cm。総苞片は4個あり，白色，長楕円形で，長さ1.5－2cm，開出し，花後に残る。花穂は長さ1－3cm，多数の花をつけ，花は下から順に咲く。葯は淡黄色。染色体数は多様な変異があり，2n=24, 36, 54, 56, 72, 80－84, 86, 88, 90, ca.96, 100+104, 126が記録されている。本州～琉球，中国・ヒマラヤ・東南アジアに分布する。基部にある小型の苞が多数の花で，大型化した花序が八重咲の1個の花に見えるヤエドクダミ f. plena (Makino) Okuyama（PL. 41），総苞片が緑色となるミドリドクダミ f. viridis J. Oharaがある。

【2】ハンゲショウ属　Saururus L.

　多年草で，葉は互生し，托葉は膜質で一部葉柄に合着する。花序は頂生し，対葉性を示す（葉と対生する形になる）。総状で，花序軸と花柄には縮毛がある。花は小型，両性で，花被はない。基部に小さな苞がある。雄蕊は6個，または8個，ときに少数で，花糸は離生し，葯は直立する。子房は3－5個の離生，またはやや離生する心皮からなり，花柱の上方内面に柱頭がある。胚珠は各心皮に2－4個，心皮の縫合線上につき，斜上する果実は球形で，袋果状。種子は各心皮にふつう1個成熟する。北アメリカおよびアジアに各1種ある。

1. ハンゲショウ〔カタシログサ〕　　　PL. 41
Saururus chinensis (Lour.) Baill.

　低地の水辺や湿地に群生する，臭気のある多年草。地下茎は太くて，横にはい，茎は高さ50－100cmになる。葉身は卵形から狭卵形，基部は心形で，長さ5－15cm，5－7脈がある。柄は長さ1－5cmで，幅が広く，背面に稜がある。花期は6－8月。花序に近い数葉は開花時に，その下半部が白くなり，昆虫を誘引する。花穂は長さ10－15cm，多数の花をつけ，基部のほうから順に咲き，初め下垂し，のちには上を向く。花序柄にはなくて花序軸には縮れた毛がある。花は2－3mmの花柄があり，雄蕊は6　7個，心皮は3－5個。果実には毛がない。染色体数2n=22。本州～琉球，朝鮮半島・中国・ベトナム・フィリピン・インドに分布する。和名の〈半夏生〉，〈片白草〉は，それぞれ花の咲く時期と葉の様子を表している。

旧版の執筆は籾山泰一。

コショウ科　PIPERACEAE

米倉浩司

　草本または木本。つる性のものが多い。芳香のある樹脂または油を含む。茎には関節があり，維管束は単子葉植物のように皮層下に散在する。葉は単葉で，互生，対生，または輪生し，全縁で，托葉があるか，またはない。花序は穂状（Zippelia属では総状）で単生するかまれに散形状に数個集まり，腋生または葉と対生し，まれに頂生。花は小型，両性または単性で，花被はなく，1個の苞がある。雄蕊は2－10個，柱頭は1－6個。子房は1室で，合生する2－4個の心皮からなり，室の基底に直立する1個の胚珠がある。種子には内胚乳と外胚乳があり，胚は小さい。果実は液果。種子は1個。多くは熱帯地方に産し，およそ8属1400種，日本には2属5種ある。

　A．柱頭は1個。直立する多肉な草本 ··【1】サダソウ属 Peperomia
　A．柱頭は2－5個，まれにそれ以上に分かれる。ふつうつる性の木本，まれに低木または草本 ·······【2】コショウ属 Piper

【1】サダソウ属　Peperomia Ruiz et Pav.

　肉質の一年草または多年草で，托葉がない。葉は互生，対生または輪生し，透明な油点がある。花穂はまばら，または密に花をつける。花は小型で苞があり，花穂の軸に多数つき，ときに軸面に陥没する。両性で，花被はない。雄蕊は2個で，花糸は短く，葯は背面で花糸につき，扁球形で，2室だが，裂開後，つながって1室になる。子房には，基底生の1個の直生胚珠がある。果実は液果だがやや乾燥し，小型でほぼ球形である。種子もほぼ球形。おもに熱帯地方に約600種産し，日本には2ないし3種の野生種と，1種の帰化種がある。

　A．葉は互生。細い一年草。暖地や温室内に帰化する ··1'. ウスバスナゴショウ
　A．葉は対生または輪生。野生種。
　　B．葉は鋭頭で3行脈は明瞭に凹み，側脈は先端近くまで達し，無毛。小笠原産 ··1'. シマゴショウ
　　B．葉は円頭または鈍頭で3行脈は不明瞭，側脈は中部までしか達しない。本土〜琉球産。
　　　C．茎や葉は無毛 ··1'. オキナワスナゴショウ
　　　C．茎や葉は有毛 ···1. サダソウ

1. サダソウ　　　　　　　　　　　　　　　PL.42
Peperomia japonica Makino

　海岸地帯に生える緑色で多肉な多年草。茎はそう生し，高さ10－30cmになり，直立して上部は分枝し，円柱状で節があり，短い軟毛におおわれている。葉は輪生し，短い柄があり，倒卵状楕円形，長さ1－4.5cm，多肉で，短い毛におおわれ，あまりはっきりしない3行脈が走る。花序は細長い円柱状の肉穂をなし，花穂の軸は帯緑色で，毛はなく，平滑な軸面に多数の花を散在し，花のつくところはわずかにくぼみをつくる。苞は小さく，ほぼ楯状で，毛はなく，花後に残る。花は小型で無柄，花被はない。雄蕊は2個で，子房の両側にあり，太く短い花糸に背面でつく2室の葯がある。花粉は白い。子房は1個で，傾上し，球形に近く，胚珠は1個，柱頭は頂生し，花柱はない。果実は小型の液果でほぼ乾燥し，倒卵状球形で表面に多数の小粒点が散在する。種子は1個で，球形，胚乳は多量で粉質である。四国南部・九州南部〜琉球，台湾に分布する。名は大隅半島の佐多岬にちなむ。

　琉球（沖永良部島・沖縄島・大東諸島）には全体無毛のものがあり，**オキナワスナゴショウ**（ケナシサダソウ）**P. okinawensis** T. Yamaz.（PL.42）と命名されているが，サダソウとの異同に関してはなお検討を要する。**シマゴショウ** **P. boninsimensis** Makino（PL.42）は小笠原（父島・母島・南硫黄島）に産し，検索表のように葉形が異なるほか，全体に無毛である。

　ウスバスナゴショウ **P. pellucida** Kunthは南アメリカ原産のやわらかい一年草で，世界の熱帯〜亜熱帯に広く帰化し，日本でも暖地や温室内にまれに野生化する。茎は単一か枝を分けて直立し，葉は互生して卵形〜卵円形で先はとがり，長い柄がある。

【2】コショウ属　Piper L.

　つる性の木本または直立する草本。関節があり，葉は互生し，全縁で，3ないし多数の縦脈がある。托葉があるか，まれにない。花穂は腋生または葉と対生し，まれに頂生。花は両性または単性で，柄はなく，1個の苞がある。花被はなく，雄蕊は2－4個，またはそれ以上。子房は1室，柱頭は2－5個，胚珠は1個，室の基底から直立する。果実は液果，

旧版の執筆は籾山泰一。

小型で球形。種子は1個。熱帯地方に700種以上あり，日本に2種の野生種と1種の帰化種がある。コショウ P. nigrum L.やヒハツ（インドナガコショウ）P. longum L.は香辛料として知られ，特にコショウはアジアの熱帯で広く栽培されている。

 A．つる性の木本。花枝の葉は狭卵形〜長楕円形。花序は葉と対生する位置に単生する。
  B．花序は線形で下垂する。野生種 ··· 1. フウトウカズラ
  B．雌花序は円錐形で直立する。沖縄で栽培され，しばしば野生化する ················ 2. ヒハツモドキ
 A．直立する半低木。葉は広卵形〜卵円形。花序は葉腋に数個束生する ··················· 2′. タイヨウフウトウカズラ

1. フウトウカズラ　　PL.42
Piper kadsura (Choisy) Ohwi

海に近い樹林中や林縁に生えるつる性の木本。枝は緑色，節から根をおろす。葉は互生し，卵形またはそれより幅が狭く，長さ5−8cm，鋭尖頭，全縁で，厚く，暗緑色を呈し，光沢がなく，裏面には毛があり，5個の脈が走る。花は4−5月に咲き，花穂は細く，柄があり，長さ3−8cmで下垂する。雌雄異株，苞は楯状。液果は球形，橙赤色または赤色に熟し，径3−4mm。本州（関東南部以西）〜琉球・伊豆諸島・小笠原諸島，朝鮮半島南部・台湾・中国南部に分布する。

2. ヒハツモドキ
Piper retrofractum Vahl; *P. hancei* auct. non Maxim.

東南アジア原産のつる性木本で，沖縄諸島で香辛料として栽培され，しばしば人家近くの林縁や石垣の上に野生化する。花序のちがい以外に，生長した枝につく葉は基部がゆがんだ円形で中央脈以外の脈は目立たない点でも区別できる。

タイヨウフウトウカズラ P. postelsianum Maxim. (PL.42) は小笠原諸島母島の林内に自生する固有種。高さ1−2mになる直立性の半低木で，葉は卵円形，長さ・幅ともに15−20cmに達し，花序は葉腋に1−3個束生する。花期は5−7月。

ウマノスズクサ科　ARISTOLOCHIACEAE

菅原　敬・東馬哲雄

＊科の総論の執筆は菅原敬と東馬哲雄，ウマノスズクサ属の執筆は東馬哲雄，カンアオイ属の執筆は菅原敬。

草本または木本で，つるになって巻きつくものがある。葉は互生し，托葉はない。花は両性で，放射相称または左右相称，ふつう花被は1輪，3裂片からなり，下部は筒状または鐘状に合着し，またはまれに離生し，花弁状をしているものが多い。花弁（内花被）はふつうないが，あっても棍棒状に退化している。雌性先熟。雄蕊は6ないし12個，さらに多数のものもあり，子房の頂部または花柱のまわりに1－2輪に並ぶ。雄蕊は短い花糸をもち花柱あるいは子房につくもの，あるいは花糸がなく癒合し蕊柱となるものがある。葯はふつう外向し，縦裂する。子房は下位，中位，またはほとんど上位，3－6心皮からなり，3－6室。花柱は3－6個，離生し，ときに多少明らかな柱状に合着し，柱頭は点状または盤状。中軸胎座に多数の倒生胚珠がある。果実はふつう蒴果で胞間裂開し，まれに液果状になる。種子は多少扁平であるか，または長めの3稜形で，つねに多量の肉質胚乳と小さな胚がある。熱帯〜温帯，4－5属約500種あり，日本には2属約64種がある。ジャコウアゲハやギフチョウなどの食草となっている。

A．つる性または直立性の多年草または木本。花は左右相称で，花被は筒状に合着し，ふつう途中でくびれる。内花被はない。雄蕊はふつう6個で花柱に合着し蕊柱をつくる……《I．ウマノスズクサ亜科 Aristolochioideae》【1】ウマノスズクサ属 Aristolochia
A．ふつう茎がはう小型の多年草。花は放射相称で，花被の上半部は離生し，下半部は接着または合着して，鐘形，筒形またはつぼ形になる。内花被はふつうないが，棍棒状の小さな内花被をもつものもある。雄蕊は12個，まれに6個で，花柱に合着しない……《II．カンアオイ亜科 Asaroideae》【2】カンアオイ属 Asarum

【1】ウマノスズクサ属　Aristolochia L.

つる性の多年草または木本，まれに直立するものがある。葉は全縁，互生し，柄がある。花は腋性または木化した茎につき，左右相称，花被は互いに合着した筒状で，花筒は蕊柱を囲む部分（室部）でふくらみ，ふつう途中でくびれ，舷部は広がり，無裂または3まれに6裂する。雄蕊はふつう6個（さらに多数のものもあり），花糸がなく花柱に癒合し蕊柱をつくり，葯は外向し，縦裂する。子房は下位，ふつう6室，花柱は短く，3－12裂する。果実はふつう蒴果で6裂し，まれに液果になる。種子は多数，扁平で，腹面は平坦または凹入する。世界の熱帯〜温帯に約400種あり，日本には7種ある。ジャコウアゲハなどの食草となっている。

A．つる性の多年草。茎，葉は無毛。花筒はやや湾曲し，舷部の上部が拡大して舌状になる。花柱は6裂し，各裂片に雄蕊が1個つく。果実は基部から裂開する……《ウマノスズクサ亜属 Subgenus Aristolochia》
　B．花被と子房の間に短い柄がある。花は葉腋に3－4個が集まる…………1．コウシュンウマノスズクサ
　B．花被と子房の間に柄がない。花は葉腋に1個または数個が集まる。
　　C．葉はやや厚く，三角状狭卵形，柄は長さ1－2cm。花は葉腋に1個まれに2個つき，舷部の先は鋭尖頭になる………………2．ウマノスズクサ
　　C．葉は薄く，円心形〜卵状三角形，柄は長さ2－7cmで長い。花は葉腋に数個が集まる。舷部の先は長く糸状に伸びる………………3．マルバウマノスズクサ
A．つる性の木本で，茎，葉に毛がある。花筒はいちじるしく湾曲し，舷部は広倒卵形または倒三角形，浅く3裂する。花柱は3裂し，各裂片に雄蕊が2個つく。果実は先端から裂開する……《オオバウマノスズクサ亜属 Subgenus Siphisia》
　B．舷部は倒三角形で，反り返り，ふつう全体が濃紫褐色をおびる。筒口内壁は黄色をおび，ふつう斑紋はない……………4．アリマウマノスズクサ
　B．舷部は広倒卵形で，縁がやや反り返り，ふつう黄緑色〜黄色で，赤褐色〜濃紫色の条紋がある。筒口内壁は黄緑色で斑紋がある，または黄色もしくは赤褐色をおび，斑紋はない。
　　C．葉表には短軟毛があり，葉裏の葉脈上に開出毛がある。花筒が途中でややくびれる…………5．タンザワウマノスズクサ
　　C．葉表はのちにほぼ無毛になり，葉裏の葉脈上に伏毛がある。花筒が途中でくびれる。
　　　D．葉はやや厚い革質。花は葉腋に1個まれに2個がつく。花筒は高さ2－4cm。筒口は広卵形から超広卵形……………6．オオバウマノスズクサ
　　　D．葉は厚く革質。花は葉腋に1個または数個が集まり花序になる。花筒は高さ3－4cm，筒口は大きく，超広卵形から圧平卵形……………7．リュウキュウウマノスズクサ

1．コウシュンウマノスズクサ　PL.43
　Aristolochia zollingeriana Miq.; *A. kankauensis* Sasaki

無毛の多年生のつる草で，長さ5mまたはそれより長くなる。葉は薄い革質，三角状卵形〜菱形状心形，長さ

旧版の科の総論とウマノスズクサ亜科の執筆は籾山泰一，
カンアオイ亜科の執筆は佐竹義輔。

5−12cm, 幅5−9cm, 基部は浅い心形, 先は鋭形, 柄は長さ1.5−3.5cm。花は葉腋に3−4個集まってつき, 花柄は1−1.5cm, 花筒は淡緑色で黄褐色をおびることがあり, 長さ3−4cm, やや上方へ湾曲し, 室部が球形にふくらみ, 子房との間に短い柄がある。舷部の上部は拡大して舌状で矩形をなし, 両縁は少し反り返る。花筒内壁には毛があり, のちに脱落する。舷部内面は褐色をおび, 粗毛がある。6−8月に開花する。蒴果は倒卵状球形, 長さ5−6cm, 基部から6裂する。種子は扁平で扇形, 長さ6−7mm, 膜状の翼がある。染色体数は2n＝12。宮古島と尖閣諸島に産し, 台湾・フィリピン・マレー地域に分布する。

2. ウマノスズクサ　　　　　PL. 43
Aristolochia debilis Siebold et Zucc.

無毛の多年生のつる草で, 長さ2−3mほどになる。全草粉白をおび, 新芽は暗紫色。葉はやや厚い紙質, 三角状狭卵形, 長さ3−9cm, 幅2−5cm, 鈍頭で, 基部は心形で両側が円い耳状をなし, 柄は長さ1−2cm。花は葉腋に1個まれに2個つき, 花柄は長さ2−4cm, 花筒は黄緑色, 長さ3−4cm, 細くやや上方へ湾曲し, 室部は球形にふくらみ, 舷部の上部は拡大して舌状で狭三角形をなし, 末端は鈍い鋭尖頭, 両縁は少し反り返る。花筒内壁には毛があり, のちに脱落する。舷部内面は紫褐色で, 短毛が密生する。6−8月に開花する。蒴果は球形から楕円形で, 長さ2−6cm, 基部から6裂する。国内での結実はまれである。種子は扁平で卵状三角形, 長さ4−5mm, 膜状の翼がある。染色体数は2n＝14。本州（関東以西）, 四国, 九州に点在し, 中国に広く分布する。

3. マルバウマノスズクサ　　PL. 43
Aristolochia contorta Bunge

無毛の多年生のつる草で, 長さ2−3mほどになる。葉は薄い紙質, 粉白色をおび, 円心形〜卵状三角形, 長さ3−13cm, 幅3−10cm, 円頭ないし鈍頭で, 基部は浅い心形, 柄は長さ2−7cm。花は葉腋に2−8個集まってつき, 花柄は1−3cm, 花筒はふつう黄緑色で, 褐色をおびることがあり, 長さ2−3cm, やや上方へ湾曲し, 室部が球形にふくらみ, 舷部の上部は拡大して舌状で狭三角形をなし, その先端は鋭尖頭で長く糸状に伸びる。花筒内壁には毛があり, のちに脱落する。舷部内面は黄緑色で, 腺毛がある。7−8月に開花する。蒴果は倒卵状球形, 長さ3−7cm, 基部から6裂する。種子は扁平で心状三角形, 長さ5−8mm, 膜状の翼がある。染色体数は2n＝14。山形から島根の日本海側, 長野, 群馬に点在している。朝鮮半島・中国北部・ウスリーに分布する。

4. アリマウマノスズクサ
〔ホソバウマノスズクサ〕　　PL. 44
Aristolochia shimadae Hayata;
A. onoei Franch. et Sav. ex Koidz.;
A. kaempferi Willd. var. *trilobata* Franch. et Sav.

木本性のつるで, 長さ2−5mまたはそれより長くなる。若茎は軟毛を密生するが, 古茎は木化して毛がなく条線が入る。葉は厚くやや革質, 多型で円心形〜広卵形〜三角状心形, 鈍頭または鋭頭で, 基部はふつう心形, 長さ3−18cm, 幅4−20cm, しばしば3裂し, 両側裂片が円形の耳状になり, 中央裂片が細長くなるものもある。葉の表はのちにほぼ無毛, 裏は灰緑色をおびて短軟毛があり, 葉脈上に伏毛がある。花はふつう葉腋に1個まれに2個つき, 花柄は淡緑色から赤褐色, 長さ2−4cm, 花筒は淡黄色, 外面に短軟毛を密生する。花筒はいちじるしく湾曲し, 高さ2−4cm, 喉部でやや長くくびれ, 舷部は広がり倒三角形, 高さ1.5−2.5cm, 浅く3裂し, いちじるしく反り返る。筒部内壁は淡黄色でしばしば濃紫の斑模様が入り無毛, 室部内壁は赤褐色から濃紫色をおび短毛がある。舷部内面は無毛でふつう全体が濃紫褐色をおび, しばしば黄緑色で濃紫色の条紋が密に入る。筒口は円形をなし, 内壁は無毛で黄色をおび, まれに赤褐色〜濃紫色の斑点が入り, ふつう口の縁がわずかに突出する。5−6月に開花する。蒴果は広楕円形から長楕円形で, 6個の稜角があり, 長さ2.5−5cm。種子はやや扁平で翼はなく, 長楕円形, 長さ5mm, 背面は丸く, 腹面はくぼむ。染色体数は2n＝32。兵庫（六甲山系）, 北九州（長崎・佐賀, まれに熊本）に点在し, 久米島, 八重山諸島, 台湾に産する。しばしば近畿以西では, 葉が3裂するものはアリマウマノスズクサまたはホソバウマノスズクサとされるが, ほとんどがオオバウマノスズクサである。

5. タンザワウマノスズクサ　　PL. 44
Aristolochia tanzawana (Kigawa) Watan.-Toma et Ohi-Toma; *A. kaempferi* Willd. var. *tanzawana* Kigawa

木本性のつるで, 低地では10mまたはそれより長くなるが, 山地では30−50cmで開花する。オオバウマノスズクサに似る。若茎は軟毛を密生するが, 大きな株では古茎が木化して毛がなく条線が入る。葉は薄い革質からやや革質, 多型で円心形〜広卵形〜三角状心形, 鈍頭または鋭頭で, 基部はふつう心形, 長さ3−18cm, 幅4−16cm, しばしば3裂し, 両側裂片が円形の耳状になり, 中央裂片が細長くなるものもある。葉の表には短軟毛があり, 裏は灰緑色をおびて密に軟毛があり, 葉脈上に開出毛がある。花はふつう葉腋に1個まれに2個つき, 花柄は淡緑色から灰緑色, 長さ2−4.5cm, 花筒は淡黄色からクリーム色, 外面に柔軟毛を密生する。花筒はいちじるしく湾曲し, オオバウマノスズクサより大きく, 高さ3−4.5cm, 喉部でややくびれ, 舷部は広がり円形から広倒卵形, 高さ2−3cm, 浅く3裂して下部が前方または下方にやや拡大し, しばしば縁が反り返る。筒部内壁は黄緑色で濃紫の斑模様が入り無毛, 室部内壁は濃紫色をおび, 短毛がある。舷部内面は無毛で淡黄色から黄緑色をおび, 濃紫色の条紋が入り, しばしば網目状または全体が濃紫色をおびる。筒口は広楕形から超広卵形をなし, 内壁は無毛で黄緑色をおび, 濃紫色の豹紋がある。4−7月に開花する。蒴果は円筒状から長楕円形で, わずかに発達した6個の稜角があり, 長さ3.5−6cm, 先端から6裂する。種子はやや扁平で翼はなく, 長楕円形, 長さ5mm, 背面は丸く, 腹面はくぼむ。染

色体数は2n＝32。本州（神奈川・山梨・静岡・愛知，まれに岐阜）と茨城（筑波山）に産する。

6. オオバウマノスズクサ　　　　PL. 43
Aristolochia kaempferi Willd.;
A. kaempferi Willd. var. *longifolia* Franch. et Sav.;
A. kaempferi Willd. var. *pallescens* Nakai

木本性のつるで，長さ2－10mまたはそれより長くなる。若茎は軟毛を密生するが，古茎は木化して毛がなく条線が入る。葉は厚くやや革質，多型で円心形～広卵形～三角状心形，鈍頭または鋭頭で，基部はふつう心形，長さ3－18cm，幅4－20cm，しばしば3裂し，両側裂片が円形の耳状になり，中央裂片が細長くなるものもある。葉の表はのちにほぼ無毛，裏は灰緑色をおびて短軟毛があり，葉脈上に伏毛がある。花はふつう葉腋に1個まれに2個つき，花柄は淡緑色でまれに赤みをおび，長さ2－4cm，花筒は淡黄色から黄緑色，外面に短軟毛を密生する。花筒はいちじるしく湾曲し，高さ2－4cm，喉部でくびれ，舷部は広がり広倒卵形，高さ1.5－2.5cm，浅く3裂して下部が前方または下方に伸び，しばしば反り返る。筒部内壁は淡黄色から黄緑色で濃紫の斑模様が入り無毛，室部内壁は濃紫色をおび短毛がある。舷部内面は無毛で黄緑色から黄色をおび，赤褐色～濃紫色の条紋が入り，しばしば全体もしくは下部が網目状，または全体が濃紫色をおび，まれに条紋がなく薄いクリーム色になる。筒口は広卵形をなし，内壁は無毛で黄緑色をおび，赤褐色～濃紫色の斑点が密にある。4－6月に開花する。蒴果は広楕円形から長楕円形で，6個の稜角があり，長さ2.5－5cm，先端から6裂する。種子はやや扁平で翼はなく，長楕円形，長さ5mm，背面は丸く，腹面はくぼむ。染色体数は2n＝32。本州（南関東以西）の太平洋側，四国，九州（種子島・屋久島まで）に産するが，西日本では散在する。

東京から静岡東部，愛知西部ではタンザワウマノスズクサとの中間的な形態を呈する雑種，また北九州ではアリマウマノスズクサとの中間的な形態を呈する雑種がまれに見られる。

7. リュウキュウウマノスズクサ　　　　PL. 44
Aristolochia liukiuensis Hatusima

木本性のつるで，長さ4－10mまたはそれより長くなる。オオバウマノスズクサに似る。若茎は軟毛を密生するが，古茎は木化して毛がなく条線が入る。葉は厚い革質，円心形～広卵形～三角状心形，鈍頭または鋭頭で，基部は心形で湾入し，長さ4－18cm，幅5－20cm。葉の表はのちに無毛，裏は灰緑色をおびて密に短軟毛があり，葉脈はいちじるしく隆起し伏毛がある。花は葉腋に1個または数個が集まり花序をなす。花柄は淡緑色でしばしば赤褐色をおび，長さ3－4cm，花筒は淡黄色から黄緑色，外面に短軟毛を密生する。花筒はいちじるしく湾曲し，オオバウマノスズクサより大きく，高さ3－4.5cm，喉部でやや長くくびれ，舷部は広がり広倒卵形になり，高さ2－3cm，浅く3裂して下部が前方または下方に伸び，しばしば反り返る。筒部内壁は黄緑色で濃紫の斑模様が入り無毛，室部内壁は濃紫色をおび短毛がある。舷部内面は無毛で黄色から黄緑色をおび，赤褐色～濃紫色の条紋が密に入り，しばしば網目状になる，あるいは全体または半分が濃紫色をおびる。筒口は超卵形から圧平卵形をなし，内壁は無毛で黄緑色から黄色をおび，赤褐色～濃紫色の斑点が密にある，あるいは斑紋はなく黄色もしくは赤褐色をおびる。1－3月に開花する。蒴果は円筒状から長楕円形で，6個の稜角があり，長さ5－7cm，先端から6裂する。種子はやや扁平で翼はなく，倒卵形から長楕円形，長さ5－6mm，背面は丸く，腹面はくぼむ。染色体数は2n＝32。奄美群島～沖縄本島に産し，まれに台湾に産する。

【2】カンアオイ属　Asarum L.

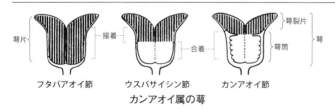
カンアオイ属の萼

低地や山地の広葉樹林下に生える多年草。茎は地上をはい，節間が短く，あるいは長くなり，節より細い多肉根を地中に下ろす。茎の先に毎年2－4個の鱗片葉と1－2個の普通葉をつける。葉は長い柄があり，円形，卵形または卵状三角形で，基部は心形または深い心形で，湾入部は広いものから狭いものまで変化する。多くは常緑性であるが，一部の種では秋に落葉する。葉表面は暗緑色や淡緑色で無地のもの，雲紋のあるもの，脈に沿って淡色部があるものなどいろいろあり，同種内でも変異が見られる。花は茎の先に1個つく。花弁はふつうなく，あっても退化して棍棒状になる。萼片は花弁化し，上半部を残し下半部が完全に合着して萼筒になるもの，下半部が互いに接するだけで合着せずに花筒をつくるものなどがある。萼筒の内壁には縦，または縦と横の隆起襞のあるものがふつうであるが，一部の種ではそれがまったく見られない。萼筒喉部にはふつうつば状の口環が形成されるが，これを欠くものもある。また，口環の周囲に隆起したしわ状の襞や小板状突起をさらに形成するものもある。雄蕊はふつう12個（ときに6個）で，6個ずつ内外2輪に配列する。花柱はふつう6個（ときに3個）ある。花柱はそれぞれ円柱状で直立するが，これらが互いに合着して柱状になるもの，基部のみが合着するものなどがある。柱頭は花柱の先端に頂生するもの，花柱の先が角状ないし翼状に伸びるため外側に側生するものなどがある。子房は下位～上位で6室，各室に2－14個の胚珠を含む。果実は熟すと子房の組織がくずれて種子を放出する。種子には多肉の種枕がある。北米やヨーロッパ，そして東アジアの日本から中国・台湾・ベトナム北部・朝鮮半島に約120種が知られる。これらは2亜属（subgenus）4節（section）

に分類されるが，日本にはフタバアオイ節（Asarum），ウスバサイシン節（Asiasarum），カンアオイ節（Heterotropa）の3節に分類される種が分布する。これらの総数はおよそ57種であるが，その多くは日本固有種である。国内にはいまだに未知の分類群もあるが，一方で分類学的検討の余地を残した種もある。

A．萼片下半部は互いに接するが合着することはない。子房の位置は下位。花柱は互いに合着して1本の柱状になる。花糸は葯より長い。萼の内側に隆起した襞は見られない。花粉は発芽孔のない無口粒
　　　　　　　　　　　　　　　　　　　　　　　　　　　　　　《フタバアオイ亜属 subgenus Asarum フタバアオイ節 sect. Asarum》
　B．葉は薄く，落葉性。萼筒上部はくびれることなく，萼裂片は広三角形で強く反り返る　　　　　　　　　　　　　1．フタバアオイ
　B．葉は厚く，常緑性。萼筒上部はいくぶんくびれ，萼裂片は三角状披針形で開出し，先は尾状　　　　　　　　　　2．オナガサイシン
A．萼片下半部は合着して萼筒を形成する。子房の位置はふつう上位であるが，まれに下位の種もある。花柱は基部で合着するが，中上部では分離する。萼の内側には程度の差はあるが，隆起した襞が発達する。花粉は4-6の発芽孔をもつ多孔粒
　　　　　　　　　　　　　　　　　　　　　　　　　　　　　　　　　　　　　　　《カンアオイ亜属 subgenus Heterotropa》
　B．葉は薄く，落葉性。萼筒内壁には縦に低く隆起した襞が見られる。花糸は葯と同長，あるいはやや短い
　　　《ウスバサイシン節 sect. Asiasarum》
　　C．萼筒の内側は全体に暗紫色になる。
　　　D．萼筒はほぼ球形で，萼筒入口は狭く，萼筒径のほぼ半分である　　　　　　　　　　　　　　　　　　　　3．イズモサイシン
　　　D．萼筒は筒形で，萼筒入口は広く，萼筒の幅の半分以上はある　　　　　　　　　　　　　　　　　　　　　4．ウスバサイシン
　　C．萼筒の内側は白色や淡桃色で，基部や上部が部分的に暗紫色になる。
　　　D．萼筒入口は狭く，萼筒径の半分以下である　　　　　　　　　　　　　　　　　　　　　　　　　　　　　5．オクエゾサイシン
　　　D．萼筒入口は広く，萼筒径の半分以上になる　　　　　　　　　　　　　　　　　　　　　　　　　　　　　6．トウゴクサイシン
　B．葉は厚く，常緑性。萼筒内壁には，ふつう網目状，格子状，縦方向等に隆起した襞が見られる。花糸はきわめて短い
　　　《カンアオイ節 sect. Heterotropa》
　　C．花の萼筒内壁に縦方向のみ襞が形成される。
　　　D．萼筒は上下に押しつぶされたような扁球形で5-10mm，萼裂片は細長く萼筒の2倍以上。
　　　　E．萼裂片は細長く鞭状に伸びて，10cmほどに達する　　　　　　　　　　　　　　　　　　　　　　　　7．オナガカンアオイ
　　　　E．萼裂片は長卵形ないし披針形で，長さ2-4cm　　　　　　　　　　　　　　　　　　　　　　　　　　8．サカワサイシン
　　　D．萼筒は筒状で10-15mm，萼裂片は広卵形で萼筒の1-1.5倍　　　　　　　　　　　　　　　　　　　　9．トサノアオイ
　　C．花の萼筒内壁に縦方向の襞に加えて横方向の襞も形成される。
　　　D．萼筒内壁の基部2/3は縦襞のみで，上部は横襞も加わり格子状になる　　　　　　　　　　　　　　　　　10．オモロカンアオイ
　　　D．萼筒内壁のほぼ全体にわたって格子状あるいは網目状に襞が形成される。
　　　　E．花柱の先端は角状の突起をもたず，柱頭は頂生する。
　　　　　F．柱頭は伸長せず，円形～楕円形。
　　　　　　G．萼筒は上下に押しつぶされたような扁球形で，内壁に6本の縦襞が目立つ。
　　　　　　　H．葉身は長さ11-18cm，強い光沢があり，葉脈はいくぶんへこむ。萼裂片外側は有毛　　　　　11．ナンゴクアオイ
　　　　　　　H．葉身は長さ4-10cm，光沢がなく，葉脈はへこまない。萼裂片外側は無毛　　　　　　　　　12．サンヨウアオイ
　　　　　　G．萼筒は基部が広がった台形状ないし筒形で，縦襞，横襞とも同等に発達する。
　　　　　　　H．葉身は広卵形から卵状三角形で，長さ11-18cm，表面に光沢があり無毛　　　　　　　　　13．ヤエヤマカンアオイ
　　　　　　　H．葉身は広卵形から卵形で，長さ5-10cm，表面にふつう光沢がなく有毛　　　　　　　　　　14．ミヤコアオイ
　　　　　F．柱頭は細長く伸長し，長楕円形ないし線形になる。
　　　　　　G．葉身の表面は脈に沿ってへこまない。花期は10-11月　　　　　　　　　　　　　　　　　　15．カギガタアオイ
　　　　　　G．葉身の表面は脈に沿ってへこむ。花期は4-5月　　　　　　　　　　　　　　　　　　　　　16．アマギカンアオイ
　　　　E．花柱の先端には角状の突起があり，2つに割れる。柱頭は側生する。
　　　　　F．葉の裏面，ならび葉柄に毛を散生する。
　　　　　　G．葉身はふつう10cm以上で，表面に光沢がある。萼筒はカップ状で11-12月に開花。
　　　　　　　H．葉身はふつう広卵形　　　　　　　　　　　　　　　　　　　　　　　　　　　　　　　　17．オオバカンアオイ
　　　　　　　H．葉身はふつう卵状三角形　　　　　　　　　　　　　　　　　　　　　　　　　　　　　　18．クワイバカンアオイ
　　　　　　G．葉身はふつう10cm以下で，表面に光沢がない。萼筒はやや丸みのある筒形，つぼ形，あるいは細い筒形で1-5月に開花。
　　　　　　　H．萼筒は基部がふくらんで上方に細くなったつぼ形　　　　　　　　　　　　　　　　　　　　19．グスクカンアオイ
　　　　　　　H．萼筒は細い筒形，または丸みのある筒形。
　　　　　　　　I．花柄は長く，2cm以上　　　　　　　　　　　　　　　　　　　　　　　　　　　　　　20．ハツシマカンアオイ
　　　　　　　　I．花柄は短く，2cm以下。
　　　　　　　　　J．萼筒はやや大きく，長さ幅とも10mm以上　　　　　　　　　　　　　　　　　　　　21．ナゼカンアオイ
　　　　　　　　　J．萼筒は小さく，長さ幅とも10mm以下で，上部はくびれない。
　　　　　　　　　　K．萼裂片の上面は有毛　　　　　　　　　　　　　　　　　　　　　　　　　　　　22．エクボサイシン
　　　　　　　　　　K．萼裂片の上面は無毛　　　　　　　　　　　　　　　　　　　　　　　　　　　　23．ミヤビカンアオイ
　　　　　F．葉の裏面，ならび葉柄は無毛。
　　　　　　G．葉身は大きく，長さはふつう12cm以上，葉質は厚く，表面は無毛で光沢がある。
　　　　　　　H．萼筒はやや球形で，萼裂片の表面はなめらかで無毛　　　　　　　　　　　　　　　　　　24．フジノカンアオイ
　　　　　　　H．萼筒は筒形で，萼裂片の表面は短毛を密生する　　　　　　　　　　　　　　　　　　　　25．ヤクシマアオイ
　　　　　　G．葉身の長さはふつう12cm以下，表面に毛を散生し，光沢がない。

　　　　H. 萼筒は上方が広くなったつぼ形 ･･･ 26. タイリンアオイ
　　　　H. 萼筒は筒形，ないしやや丸みのある筒形。
　　　　　　I. 萼筒上部はいくぶんくびれる。
　　　　　　　　J. 萼筒はいくぶん上方に広がった筒形。
　　　　　　　　　　K. 葉身は広卵形。萼裂片の縁は波打ち，子房は半下位 ･･ 27. ウンゼンカンアオイ
　　　　　　　　　　K. 葉身は卵状三角形または卵形。萼裂片は平坦で，子房は上位 ･･････････････････････････････ 28. ツクシアオイ
　　　　　　　　J. 萼筒はやや丸みのある筒形。
　　　　　　　　　　K. 葉身は卵状三角形で，基部は耳状で薄い。萼筒内壁の襞は低く隆起する ･･････････････ 29. ランヨウアオイ
　　　　　　　　　　K. 葉身は卵形でやや厚い。萼筒内壁の襞は格子状・網目状に隆起する。
　　　　　　　　　　　　L. 萼裂片の基部にはしわ状の隆起がある ･･ 30. マルミカンアオイ
　　　　　　　　　　　　L. 萼裂片の基部はほぼ平坦 ･･ 31. オトメアオイ
　　　　　　I. 萼筒上部はほとんどくびれない。
　　　　　　　　J. 葉身は卵形，ないし卵状三角形。
　　　　　　　　　　K. 萼筒は基部がいくぶんふくらんだ細長い筒形で，萼筒入口は狭い ･･････････････････････ 32. クロヒメカンアオイ
　　　　　　　　　　K. 萼筒は筒形で，萼筒入口は広い。
　　　　　　　　　　　　L. 萼筒は大きく，長さ15－20mm ･･･ 33. コシノカンアオイ
　　　　　　　　　　　　L. 萼筒は小さく，長さ15mm以下。
　　　　　　　　　　　　　　M. 花柱付属突起は萼筒入口に達しない。萼筒内壁の縦襞の数は9－12。
　　　　　　　　　　　　　　　　N. 萼裂片の上面は無毛で，萼筒より明らかに短い。花期は5－6月 ････････････ 34. コウヤカンアオイ
　　　　　　　　　　　　　　　　N. 萼裂片の上面は有毛で，萼筒と同長，あるいはより長い。花期は10－3月
　　　　　　　　　　　　　　　　　　O. 葉身上面は脈に沿ってへこまない。花期は10－11月 ････････････････････････････ 35. カンアオイ
　　　　　　　　　　　　　　　　　　O. 葉身上面は脈に沿っていくぶんあるいは顕著にへこむ。花期は1－3月 ････ 36. アツミカンアオイ
　　　　　　　　　　　　　　M. 花柱付属突起はふつう萼筒入口に達する。萼筒内壁の縦襞の数はふつう12以上。
　　　　　　　　　　　　　　　　N. 葉は厚く光沢があり，表面はほぼ無毛。花期は3－4月 ････････････････････････ 37. ユキグニカンアオイ
　　　　　　　　　　　　　　　　N. 葉は薄く光沢がなく，表面は有毛。花期は10－11月 ･･････････････････････････････ 38. スエヒロアオイ
　　　　　　　　J. 葉身はふつう円形，広卵形。
　　　　　　　　　　K. 萼筒内壁の襞の隆起は弱く，襞上に多細胞毛を密生する。花期は10月 ････････････････ 39. イワタカンアオイ
　　　　　　　　　　K. 萼筒内壁の襞は網目状に顕著に隆起し，襞上に多細胞毛は見られない。花期は早春か初夏。
　　　　　　　　　　　　L. 萼筒は大きく，長さ7.5－11mm，幅9－13mm。花期は5月 ･････････････････････ 40. コトウカンアオイ
　　　　　　　　　　　　L. 萼筒は小さく，長さ4－8mm，幅5－11mm。花期はふつう早春。
　　　　　　　　　　　　　　M. 葉身表面は無毛か，わずかに毛を散生する。花柱付属突起は細長く，長さ約2.5mm
　　　　　　　　　　　　　　　　　･･ 41. ミチノクサイシン
　　　　　　　　　　　　　　M. 葉身表面はふつう有毛。花柱付属突起の長さは2.5mm以下 ･･････････････････････ 42. ヒメカンアオイ

1. フタバアオイ〔カモアオイ〕　　　　　　　　　PL. 44
Asarum caulescens Maxim.;
Japonasarum caulescens (Maxim.) Nakai

　山地の樹陰に生える多年草。茎は地上をはい，ときどき分枝し，節間が長く伸びて3－6cmになり，先に2－3個の鱗片葉が互生する。葉はふつう茎の先に対生状に2個つき，柄は長く，毛がない。葉は薄く秋に落葉するが，地下茎が残る。葉身は卵心形で先がとがり，長さ4－8cm，基部は深い心形で，両面，特に脈上に白色の短毛（数細胞からなる）を散生し，葉縁にも同じ白色毛が規則正しく並んでいる。花は3－5月，2個の葉の柄の基部に1個下向きに開く。花は淡紅紫色または淡紅色で，花柄に長い毛がある。花弁はなく，萼片は3個，下半部が縁で接合し不完全な椀形の萼筒部を形成し，上半部は三角状の裂片となり，外側に強く反り返って，萼筒部に接する。萼筒の外面には白い長毛を散生し，萼筒入口が広く開口するため，内部の雄蕊や雌蕊が見える。萼筒部の内面には帯紫色の条が15本ある。雄蕊は12個，内外2輪に並び，花糸は葯より長く，内側の6個は長さ約2.5mm，外側の6個はやや短い。花糸は開花直後外方に曲がっているが，葯が裂けて花粉の出るころは，花柱に沿って立つようになる。花柱は合着して柱状になり，6個の柱頭が頂生する。染色体数は2n=26。国内では本州～九州に広く分布し，中国大陸にも知られる。和名は〈双葉葵〉の意で，京都の賀茂神社の祭礼（葵祭）に用いられるので〈賀茂葵〉ともいわれる。徳川家の葵の紋章が，この葉を3枚組み合わせて図案化したものであることは有名である。

2. オナガサイシン　　　　　　　　　　　　　　　PL. 44
Asarum caudigerum Hance; *A. leptophyllum* Hayata

　山地の常緑広葉樹の林床に生える多年草。全草に長い毛があり，茎は地上をはうが，節間がフタバアオイのように長く伸びることはなく，短い。葉は長さ9－12cmの柄があり，秋に落葉することなく，越冬する。葉身はふつう卵状三角形で長さ7－15cm，幅5－8cm，基部は心形で，先はとがる。表面は深緑色で光沢があり，ときに雲紋状に斑が入り，白い長毛を散生する。花は2－3月に咲き，萼片3個が互いに接合して筒状の萼筒を形成する。萼筒は淡緑褐色で長さ1cm，上部はいくぶんくびれる。萼裂片は三角状披針形で，長さ10－25mm，尾状に伸びる。これが和名の由来になっている。花柱は6個で，互いに合着して柱状になり，その長さは約4mm。雄蕊はふつう12個で，柱状の花柱をとりかこむように配置する。染色体数は2n=24。国内では沖縄島の嘉津宇岳・安和岳に産するが，国外では台湾，そして中国南部に広く分布する。産地にちなみカツウダケカンアオイともいわれる。

3. イズモサイシン
Asarum maruyamae Yamaji et Ter. Nakam.

山地広葉樹林の小川に沿った林床に生える多年草。茎は地上をはうが、節間は長く伸びない。葉は10cmほどの長い柄があり、秋に落葉する。葉身は卵形で長さ6.5-11cm、幅5-9cm、基部は心形、先はとがり、表面は白斑がなく葉脈に沿って毛を散生する。花は3-4月に開く。萼筒はほぼ球形で、長さ7.5-10mm、径10-14mm。萼口は狭くなり、その径は萼筒のほぼ半分である。萼筒内壁は暗紫色で、15-17の縦方向の低い隆起がある。萼裂片は広卵形で長さ5.5-9mm、平開し、先はとがり、表面には短毛が生える。花柱は6個で、基部では合着するが上部では互いに分離して直立し、先は短い角状の突起になる。雄蕊は12個で、6個ずつ内外2輪に花柱のまわりに配置する。子房の位置は上位。中国地方の島根県に産する。

4. ウスバサイシン〔サイシン〕 PL.45
Asarum sieboldii Miq.;
Asiasarum sieboldii (Miq.) F. Maek

山地の林下の湿ったところに生える多年草。茎の先に1-2個の葉を毎年つけ、葉柄は暗紫色で長い。葉身は薄く、卵形で長さ3.5-13cm、幅3-12cm、先は急にとがり、基部は深い心形。表面は光沢がなく、葉脈に沿って短毛が生える。花は4-5月、茎の先から出た2枚の葉の基部に1個つく。萼筒は筒形または扁球形で、長さ5-9.5mm、径9.5-15mm、萼口は広くなり、その径は萼筒の半分以上である。萼筒内壁は暗紫色で、縦に低く隆起した17-26の襞がある。萼裂片は三角状広卵形で縁は外に反り返り、先はとがりつまんだようになる。雄蕊は12個、花糸は葯と同長あるいはやや短い。花柱は6個で、先は短く角状に伸びて2つに割れ、その基部の外側に柱頭が位置する。染色体数は2n=26。中部地方・関東地方南部から中国地方・対馬にかけて広く分布し、朝鮮半島・中国北部にも分布する。和名は〈薄葉細辛〉である。根茎と根は漢方で細辛といい、鎮痛、鎮咳、去痰に用いる。

クロフネサイシン *A. dimidiatum* F. Maek.; *Asiasarum dimidiatum* (F. Maek.) F. Maek.（PL.45）は、全体がウスバサイシンによく似るが、雄蕊が6個、花柱が3個へと半減していることが大きな特徴である。染色体数は2n=26。四国から九州中部に分布する。

5. オクエゾサイシン PL.45
Asarum heterotropoides F. Schmidt;
Asiasarum heterotropoides (F. Schmidt) F. Maek.

山地の落葉広葉樹林下に生える多年草。葉身は薄く、秋には落葉する。葉身は広卵形でウスバサイシンに似る。萼筒は扁球形で、長さ5-10mm、径10-15mm、萼口は狭くなり、その径は萼筒の半分以下である。萼筒内壁は全体が暗紫色になることはなく、部分的か、あるいは全体が白色や淡桃色のことが多い。また内壁には縦に低く隆起した襞があり、その数は15-27の範囲である。萼裂片はやや広卵形で長さ3.5-9mm、先はとがり、平坦で外側に強く反り返る。表面には短毛が生え

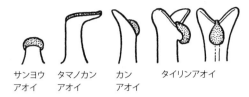

カンアオイ節の花柱上部
（サンヨウアオイ・タマノカンアオイ・カンアオイ・タイリンアオイ）

る。花期は5-6月。染色体数は2n=26。東北地方北部から北海道・サハリン・千島列島に分布する。八甲田山では、標高900m以上の高地に本種が、550m以下の低地にトウゴクサイシンがすみ分けているという。

ミクニサイシン *A. mikuniense* Yamaji et Ter. Nakam. は、萼筒の形がオクエゾサイシンに似るが、萼裂片の長さが7-10mmと長くなり、外側に反り返ることなく平開することが特徴でもある。群馬・栃木・長野・新潟の県境付近に分布する。

6. トウゴクサイシン PL.45
Asarum tohokuense Yamaji et Ter. Nakam.

山地の落葉広葉樹の林床に生える多年草。葉の形や根茎の様子はウスバサイシンに似る。花は4-5月に開く。萼筒は扁球形で長さ6.5-10.5mm、径10-15mm、萼口は広くなり、その径は萼筒の半分以上である。萼筒内壁は全体が暗紫色にならず、部分的にこの色彩をおびる。萼筒内壁には縦に低く隆起した襞があり、その数は15-21の範囲である。萼裂片は卵状三角形で長さ5-9.5mmで平開、あるいはやや斜めに開き、表面には短毛が生える。関東・中部地方北部から東北地方にかけての地域に分布する。従来この地域のものはすべてウスバサイシンとみなされていたが、最近の研究により独立した種であることがわかった。

アソサイシン *A. misandrum* B. Oh et J. Kim. は、九州阿蘇山地や韓国に産する一種で、草原や林縁に生育する。萼筒は上下に押しつぶされたような扁球形で、径は11.5-16mmで、長さは径の半分ほどである。萼口は広く開き、萼裂片は強く反り返る。

7. オナガカンアオイ PL.45
Asarum minamitanianum Hatus.;
Heterotropa minamitaniana (Hatus.) F. Maek.

低山地の照葉樹林下に生える多年草。葉身は広卵形または卵形で長さ8-12cm、幅6-10cm、基部は心形で、先は鋭頭。表面にはふつう雲紋状の斑が入り、縁には密に、主脈にはまばらに毛があり、裏面は無毛である。花期は4-5月。花柄は長さ約2cm、毛がない。萼筒は半球形で長さ5-8mm、径10-13mm、上端がいちじるしくくびれ、その内壁には18本の縦に高く隆起した襞がある。萼裂片は卵状三角形で黒紫色、縁に白い隈どりがあり、その基部にはしわ状に隆起した襞があり、先は細く鞭状に伸びて長さ5-10cm、ときに15cmに達する。6個の花柱は円柱状で直立し、先に柱頭が頂生する。雄蕊は12個で、花柱のまわりに内外2輪に配置する。その外側にはさらに棍棒状の小さな退化花弁が3個ある。染色体数は2n=24。宮崎県日向市付近に産する。種小

名は採集者の南谷忠志氏にちなんだもの。四国に分布するサカワサイシンに近縁と思われるが，萼裂片の先が長く伸びることが本種の大きな特徴である。

8. サカワサイシン
Asarum sakawanum Makino var. **sakawanum**;
Heterotropa sakawana (Makino) F. Maek.;
H. stellata F. Maek.

低山地の樹陰下に生える多年草。葉身は楕円形，卵形または広卵形で長さ6－12cm，幅4－7cm，基部は深い心形で，先は鋭頭，表面にはやや光沢があり，ふつう雲紋状に斑が入り，脈上と縁に短毛がある。葉柄は6－15cmと長く無毛。花は4－5月に開き，萼筒は半球形で長さも径も約1cm，上部はいちじるしくくびれ，内壁には縦に高く隆起した襞が18本ほどある。萼裂片は卵状長楕円形で斜めに伸び，長さ2－3cm，先は鈍頭，上面は暗紫色で光沢があり，縁は白色または淡黄色に限どりされ，その基部にはしわ状に隆起した襞がある。花柱は6個で円柱状，雄蕊は12個で花柱をとりかこむように配置する。雄蕊の外側には棍棒状の退化花弁が3個ある。子房は下位。染色体数は2n=24。高知県中西部，愛媛県南部に産する。和名は〈佐川細辛〉で最初の採集地にちなむ。

ホシザキカンアオイ A. **sakawanum** Makino var. **stellatum** (F. Maek.) T. Sugaw.; *Heterotropa stellata* F. Maek. は，基準種サカワサイシンより萼裂片の先が細く尾状に伸びることが大きな特徴の1つである。高知県の南西部に産する。

9. トサノアオイ　　　　　　　　　PL. 46
Asarum costatum (F. Maek.) T. Sugaw.;
Heterotropa costata F. Maek.

低山地の樹陰下に生える多年草。葉身は卵状楕円形または卵状三角形で，長さ8－15cm，幅6－11cm，基部は心形で先はとがる。ときに葉身基部の両側が耳状に張り出すこともある。表面には光沢があり，雲紋状に斑が入ることが多く，中肋上と縁に短毛が生える。花は4－5月に開き，萼筒は筒形で10－15mm，径8－13mm，上部がいちじるしくくびれる。萼筒内壁には縦襞のみが発達するが，近縁のサカワサイシンに比べて低く，あまり目立たない。萼裂片は広卵形で鈍頭，汚紅紫色で縁は白色，長さ10－15mmで，萼筒と同長か，またはやや長い。雄蕊は12個で花柱のまわりに配置するが，さらにその外側には棍棒状の退化花弁が3個ある。花柱は円柱状で6個が直立し，柱頭はその先端に頂生し，子房は下位。染色体数は2n=24。高知県南東部に産する。和名は〈土佐の葵〉の意である。

10. オモロカンアオイ　　　　　　　PL. 46
Asarum dissitum F. Maek. ex Hatus.

山地の広葉樹林下に生える多年草。葉身は卵形で長さ5－10cm，幅5－9cm，先は鈍頭，基部は心形。表面は葉脈に沿ってへこみ，あらい毛を散生して白斑が入り，裏面は淡緑色をおび，脈上に縮れ毛がある。葉柄にも縮れた毛がある。花はふつう3月ごろに咲き，その萼筒は円筒形で長さ10－12mm，径7－8mm，上方から約1/3のところで軽くくびれる。萼筒入口には口環が発達するため，入口が狭くなる。萼筒内壁の上方から約1/3までのところでは格子状に隆起した襞であるが，それより下部は縦襞のみである。萼裂片は卵状三角形で長さ約1cm，開出し，鋭頭，表面には短毛を密生する。また，その基部には濃紫色の隆起がある。花柱は3個，雄蕊は6個であるが，これは通常の半分の数で，同種で雄蕊・雌蕊の半減化が起こったことを示している。柱頭は頂部のやや外側に位置する。染色体数は2n=24。先島諸島の石垣島と西表島に産する。和名は琉球の代表的古謡《おもろさうし》からきている。

センカクアオイ A. **senkakuinsulare** Hatus.; *Heterotropa senkakuinsularis* (Hatus.) F. Maek. は，尖閣諸島の魚釣島の特産で，葉や花の外形はオモロカンアオイによく似ているが，葉の表面にはふつう白斑がなく，萼筒は長さ1.5cm内外といくぶん大きく，萼筒内に雄蕊が12個，花柱が6個あることで区別できる。染色体数は2n=24。

11. ナンゴクアオイ
Asarum crassum F. Maek.

低山地の広葉樹林下に生える多年草。葉は厚く大型で，葉身は広卵形で長さ11－18cm，幅9－13cm，基部は心形，先はいくぶんとがり，表面は光沢が強く葉脈に沿ってへこみ，白斑が入り，無毛。葉の裏側も無毛。花は暗紫色で3－4月に開き，萼筒は半球形で長さ5－6mm，径約13mm，上部が強くくびれる。このため萼筒入口は極端に狭くなり，萼筒内は見えない。萼裂片は斜めに伸び，卵状三角形で長さ9－10mm，表面と裏側は密に短毛でおおわれる。萼筒内壁では6本の縦襞の隆起が顕著で，横襞の隆起は弱い。花柱は6個で直立し，その頂きに柱頭が位置する。雄蕊は12個で，花柱のまわりに配置する。子房の位置は下位。花の形や構造はサンヨウアオイに似るが，葉質やサイズはきわめて特異である。鹿児島県宇治群島家島に特産する。

12. サンヨウアオイ　　　　　　　PL. 46
Asarum hexalobum (F. Maek.) F. Maek. var. **hexalobum**;
Heterotropa hexaloba (F. Maek.) F. Maek. var. *hexaloba*

低山地の広葉樹林下に生える多年草。葉には暗紫色の長い柄があり，葉身は卵形または広卵形，あるいは倒卵形で，長さ5－10cm，幅4－8cm，先はやや鈍頭ときに鋭頭，基部は深い心形。表面は光沢がなく雲紋状の斑をもつことが多く，縁に沿って短毛を散生する。花は3－4月に咲き，萼筒は上下に押しつぶされたような半球形あるいは倒卵状球形で，その外観はあたかもニホンカボチャのように6列に膨出し，上部はいちじるしくくびれる。萼筒内壁では6個の縦襞が高く隆起するが，横の隆起線は低く，あまり発達しない。萼裂片はやや開出し，卵形または広卵形で長さ約1cm，内側は黒褐色で，縁が波状にうねる。花柱は6個で円柱状である。雄蕊は12個であるが，このうちの6個は葯が消失して仮雄蕊となり，残りの6個が花粉を放出する機能的雄蕊である。しかし，これらはときに個体変異が見られ，下記のキンチャクアオイとの移行的な状況が見られる。染色体数

は2n=24。本州中国地方西部・四国南西部・九州北部に分布する。

キンチャクアオイ var. **perfectum** F. Maek. は，基準種のサンヨウアオイに比べて，花がより小型であるが，12個の雄蕊はすべて葯をもち完全であることで区別される。染色体数は2n=24。四国西部と九州南部に分布する。

シシキカンアオイ var. **controversum** Hatus. et Yamahataは，基準種より花が小さく，葉身がより厚くて小さく，長さ4－5cm，幅3－4cmで，その表面は葉脈に沿ってへこむことなどが特徴である。雄蕊はサンヨウアオイ同様に6個が仮雄蕊になる。染色体数は2n=24。長崎県平戸島に産する。

フクエジマカンアオイ A. **mitoanum** T. Sugaw.（PL.46）は，長崎県福江島に産する一種である。花の外観はサンヨウアオイ類に似るが，萼筒はやや台形状で，子房の位置は半下位で，また内外2輪に配置する雄蕊のうちの外側の6個だけが完全に消失している。また，花柱の形態と柱頭の位置でも特異性が認められる。染色体数は2n=24。種小名は採集者の水戸惣右エ門にちなんだもの。

13. **ヤエヤマカンアオイ** PL.46
Asarum yaeyamense Hatus.;
Heterotropa yaeyamensis (Hatus.) F. Maek.

低山地の常緑広葉樹林下に生える多年草。葉身は卵形で長さ10－20cm，幅8－13cm，基部は心形で，先はとがる。表面は光沢のある緑色で，雲紋状に斑が入り，無毛。葉の裏側そして葉柄にも毛はない。花は3月ごろに地面に伏して開く。萼筒は基部が広がった台形状の筒形で，長さ10－15mm，径10－13mm，上部がくびれ，外側は短毛でおおわれる。萼筒入口には口環が形成され狭くなり，さらにそのまわりには白い小板状の突起が隆起する。萼裂片は開出し，その表面は赤褐色あるいは緑紫色でしわがあり，短毛を密生する。萼筒内壁には格子状に隆起した襞が見られる。花柱は6個で直立し，その頂部に楕円形の柱頭が位置する。雄蕊は12個で花柱をとりかこむ。子房の位置は半下位。染色体数は2n=24。先島諸島西表島に産する。

14. **ミヤコアオイ** PL.47
Asarum asperum F. Maek. var. **asperum**;
Heterotropa aspera (F. Maek.) F. Maek.

低山地の広葉樹林下に生える多年草。葉身はやや薄く，卵円形，楕円形，あるいは卵状楕円形で長さ6－10cm，幅4－8cm，先は鈍頭，基部は深い心形で，その両側片はときに耳状に張り出して全体がほこ形になることもある。表面は平坦，光沢が弱く，雲紋状に斑が入り，短毛がまばらにある。裏面は無毛。葉柄は長く紫褐色。花は3－4月に開き，淡紫褐色で，萼筒は台形状の筒形で，長さ6－8mm，径8－10mmで，上部が強くくびれる。萼筒内壁には，格子状に隆起した襞が発達し，縦襞は15本，横襞は2－3本である。萼裂片は斜めに開出し，卵状三角形で，長さ8－10mm，やや鈍頭で，表面はなめらかである。雄蕊は12個。花柱は6個で円柱状である。柱頭は花柱頂部に位置する。染色体数は2n=24。本州（近畿以西～島根県）・四国西部・九州（大分県・熊本県）の一部に分布する。葉に白色の条斑があり，光沢のあるものが栽培されている。

ツチグリカンアオイ var. **geaster** (F. Maek.) T. Sugaw. (PL.47) は，基準種に比べて花が肉厚で，萼裂片は広く開出せず，また萼裂片の表面はなめらかでなく，しわ状の隆起があり，ごわごわした様子である。四国地方南東部に産する。シシクイカンアオイともいう。

15. **カギガタアオイ** PL.47
Asarum curvistigma F. Maek.;
Heterotropa curvistigma (F. Maek.) F. Maek.

低山地の広葉樹林下に生える多年草。葉身は卵形または卵状楕円形で，長さ5－11cm，幅4－7cm，基部は心形，先はいくぶんとがる。表面は光沢があり，雲紋状の斑や白斑が入り，短毛を散生するが，葉脈に沿ってへこむことはない。裏面は無毛。花は10－11月に咲く。萼筒は筒形で長さ7－13mm，径10－13mm，上部がわずかにくびれ，その内壁には15－18本の縦に隆起した襞と横に隆起した襞が発達し，格子状になる。萼裂片は卵状三角形で開出し，上面は濃紫褐色で短毛を密生し，縁のうねりは少ない。花柱は6個で，それぞれはあたかも長靴を逆にしたような形で直立し，その頂部が柱頭になる。これはアマギカンアオイと共通した特徴である。雄蕊は12個で，6個ずつ内外2輪に配置する。子房の位置は半下位である。染色体数は2n=24。静岡県中西部・山梨県南部に産する。和名は〈鉤形葵〉の意で，柱頭の形からきている。

16. **アマギカンアオイ** PL.47
Asarum muramatsui Makino;
Heterotropa muramatsui (Makino) F. Maek.

低地や山地の広葉樹林下や植林地に生える多年草。葉柄は，他種では淡褐色や暗紫色であるが，この種では緑色であることが大きな特徴である。葉身は卵形または卵状三角形長で長さ5－9cm，幅3－6cm，基部は心形で，先は鈍頭またはいくぶんとがる。表面は鮮緑色をおび，光沢が強く，脈はいちじるしく陥入し，特に縁の近くに短毛を散生する。裏面は淡緑色で毛はない。4－5月に暗紫色の花を開き，その萼筒は短い筒形で，長さ10－12mm，径12－15mmで，上部はいくぶんくびれる。萼筒入口には口環があり，さらにその周囲には隆起したしわ状の襞が形成され，白くて目立つ。萼裂片は卵形ないし卵状三角形で長さ約8mm，幅10－13mm，先は鋭頭で，上面に短毛を密生する。裏面は無毛。雄蕊は12個，花柱は6個で萼筒の1/2より長く，先は強く外曲する。染色体数は2n=24。伊豆半島とその周辺に分布する。なお和名は最初に採集された天城山に基づき，種小名は採集者の村松七郎を記念したものである。シモダカンアオイ *Heterotropa muramatsui* (Makino) F. Maek. var. *shimodana* F. Maek. は本種に含まれる。

タマノカンアオイ A. **tamaense** Makino; *Heterotropa muramatsui* (Makino) F. Maek. var. *tamaensis* (Makino) F. Maek.; *H. tamaensis* (Makino) F. Maek. (PL.47) は，

花の形や構造がアマギカンアオイによく似ているが，葉は卵円形～広楕円形で，長さ5－13cm，表面は暗緑色で光沢が鈍く，脈の陥入がいちじるしくなく，また，葉柄の色が褐色または暗紫色であることなどで容易に区別できる。染色体数は2n=24。関東南西部の多摩丘陵とその周辺に産する。和名は，多摩丘陵で最初に採集されたのでこの名がついた。

17. オオバカンアオイ　　　　　　　　　　　PL.48
Asarum lutchuense (Honda) Koidz.;
Heterotropa lutchuensis Honda

低山地から高地の樹林下に生育する多年草。葉は大型で厚く，一見ツワブキの葉を連想させるほどである。葉身は広卵形または卵形で長さ10－20cm，幅6－15cm，基部は心形，先はとがる。表面は光沢のある暗緑色で，白斑はなく，無毛。一方裏側は中肋や葉脈に沿ってまばらに毛があり，これは葉柄へと連続する。花は全体暗紫色で11－12月に開く。萼筒は筒形で，長さ径とも12－15mm，上部はいくぶんくびれる。萼筒外面，そして萼裂片上面には短毛を密生する。萼筒入には口環が形成され，白色をおびる。萼裂片は平開し，長さ12－18mm，縁が反り返ることが多い。萼筒内壁には格子状に隆起した明瞭な襞が形成される。花柱は6個で，直立し，先は短い角状になる。雄蕊は12個で，花柱のまわりに内外2輪に配置する。子房の位置は上位。染色体数は2n=24。鹿児島県奄美大島と徳之島北部に産する。

18. クワイバカンアオイ　　　　　　　　　　PL.48
Asarum kumageanum Masam. var. **kumageanum**;
Heterotropa kumageana (Masam.) F. Maek.

低山地の樹林下に生える多年草。葉は，若葉では両面の脈上と縁および葉柄に細毛があるが，成葉では表面の縁に多少の毛が残る。葉身は卵状三角形または卵形で，長さ10－15cm，幅6－10cm，基部は心形，先端はとがる。表面は厚くて光沢があり，両側片の下縁は切形なので，多少矢じり形になり，クワイの葉に似ているのでこの名がある。葉柄は暗紫色で葉身より長い。花は11－12月に開き，花柄に少し毛がある。萼筒は円筒形で長さ10－13mm，径10－12mm，上部はくびれず，外面に毛が散生し，内面は縦横に隆起した襞をもち，格子状になる。萼裂片は卵状三角形，長さ10mm内外，鋭頭で縁はうねり，口環は狭い。雄蕊は12個。花柱は6個で萼筒より低く，先は浅く2裂する。染色体数は2n=24。屋久島の特産。種子島には，萼筒に毛がほとんどなく，萼裂片の内面に凹凸がやや強いものがあり，**ムラクモアオイ** var. **satakeana** F. Maek., nom. nud. (PL.48) として知られている。

19. グスクカンアオイ　　　　　　　　　　　PL.48
Asarum gusk Yamahata

山地の常緑広葉樹林下に生える多年草。葉身はふつう卵状三角形で，基部は心形，先はとがり，長さ8－9cm，幅4－5cmである。表面は光沢がなく，暗緑色で白斑も入らず，縁や葉脈に沿って毛を散生する。裏側葉脈上，そして葉柄にもまばらに毛がある。花は3－4月に開き，淡褐色または緑褐色である。萼筒は上方に向かって細くなり，トックリに似た形で，長さ約11mm，径8－9mmである。萼筒入口には口環が形成され，さらにその周囲にしわ状の隆起が見られる。萼筒内壁の襞の隆起は貧弱で，顕著な格子状構造は認められない。萼裂片は平開し，長さ7mmほどで，表面はなめらかで無毛，縁が反り返ることもある。花柱は6個で，先は短い角状の突起になる。子房の位置は上位。雄蕊は12個で花柱のまわりに配置する。染色体数は2n=24。鹿児島県奄美大島の特産である。

トリガミネカンアオイ A. **pellucidum** Hatus. et Yamahataは，花形がグスクカンアオイに似た一種であるが，花柱が3個，雄蕊は6個へと半減している。また，萼裂片の上面には長い毛が密生し，裏側にも毛を散生する。開花は12－1月で，上種より早期に咲く。鹿児島県奄美大島に特産する。

20. ハツシマカンアオイ　　　　　　　　　　PL.48
Asarum hatsushimae F. Maek. ex Hatus.

山地の常緑広葉樹の林床に生える多年草。葉身は卵形または卵状三角形で，長さ7－12cm，幅5－7cm，先は鋭頭，基部は深い心形。表面は暗緑色で光沢がなく，縁近くに短毛が生え，白斑はふつう入らない。裏面は葉脈に沿ってまばらに長毛を有するが，これは葉柄でも見られる。花は3－4月。花柄が2cm以上と他種に比べていちじるしく長いことが1つの特徴で，長さはときに6cmに達する。そのため花は直接地面に接することはない。萼筒は長い筒形で，長さ15－20mm，径12－15mm，上部は多少くびれる。萼筒内壁には網目状に襞が見られるが隆起が弱い。萼裂片は三角状広卵形で斜めに開き，長さ5－7mm，やや鋭頭，上面は平坦で淡緑色または緑紫色で，縁とともに白い毛を密生する。雄蕊は12個。花柱は6個で直立し，先端は短い角状になり，柱頭が側生する。染色体数は2n=24。鹿児島県徳之島の北部に産する。

タニムラカンアオイ A. **leucosepalum** Hatus. ex Yamahataは，全体ハツシマカンアオイによく似るが，萼裂片表面は白く，口環のまわりに小板状の突起がある。鹿児島県徳之島の中部と北部に産する。

21. ナゼカンアオイ　　　　　　　　　　　　PL.49
Asarum nazeanum T. Sugaw.

山地の広葉樹林下に生える多年草。葉身は卵形または卵状三角形で，長さ4－8cm，幅3－5cm，先はとがり，基部は心形。表面は光沢のない暗緑色で，ふつう白斑は入らず，短毛を散生する。裏面は淡緑色，葉脈に沿ってまばらに毛があり，毛は葉柄にもある。花は2－3月に開き，花柄が1cm以下と短いため，地面に横たわる。萼筒は上方に広がった盃形で，緑褐色，長さ11－13mm，径12－16mmで上部はくびれる。萼筒入口には口環が発達し，さらにその周囲には隆起した小板状の突起が形成され，白色を呈する。萼筒内壁には高く明瞭に隆起した格子状の襞が見られ，縦襞の数は9－12の範囲である。萼裂片は卵状三角形で，長さ7－12mm，萼筒より明らかに短く，表面には短毛がある。花柱は6

個，それぞれ直立し，先は短い角状の突起になる。柱頭はその基部に側生する。雄蕊は12個。鹿児島県奄美大島中部の山地に産する。

　　アサトカンアオイ A. **tabatanum** T. Sugaw. (PL.49) は，ナゼカンアオイ同様に奄美大島の山地に産するが，萼筒が丸みのある筒形で，長さ12-16mm，径12-15mm，より大きい。また萼筒内壁の襞がより複雑化し，縦襞の数が19-24に達することも特徴の1つである。種小名は発見者の田畑満大氏を記念したものである。

　　トクノシマカンアオイ A. **simile** Hatus. は，鹿児島県徳之島中部の山地に産する種類である。萼筒の形はアサトカンアオイに似るが，萼裂片は反り返り，萼筒内壁の襞は単純で，縦襞の数は9-12の範囲にある。染色体数は2n=24。

22. エクボサイシン　　　　　　　　　　　　PL.48
　　Asarum gelasinum (F. Maek.) Hatus.;
　　Heterotropa gelasina F. Maek.

　　低山地の常緑広葉樹の林床下に生える多年草。葉身は卵形で長さ6-11cm，幅4-9cm，先端はやや鋭頭，基部は心形。表面は光沢のない暗緑色で，白斑が入ることもあり，縁周辺には毛を散生する。裏面は淡紫色になるが，これは他種ではふつう見られない特徴である。裏面脈上に縮れ毛があり，葉柄にも同様の毛がある。花は3-4月。萼筒は短い筒形で長さ径とも約1cm，帯緑褐色，口環はほとんど発達せず萼筒入口が広く開口するため柱頭が外から見える。萼筒内壁には格子状隆起が見られるが，隆起は弱い。萼裂片は三角状広卵形で長さも基部の幅も約8mm，鋭頭で，表面は汚緑色で細毛を密生し，基部に暗紫色の隆起がわずかに見られる。花柱は3個，それぞれ直立し，先は短い角状の突起になる。雄蕊は6個で花柱の周囲に配置する。花柱，雄蕊の数が半減するが，これも特徴の1つである。染色体数は2n=24。沖縄県西表島に特産する。

　　モノドラカンアオイ A. **monodoriflorum** Hatus. et Yamahata (PL.49) は，沖縄県西表島に特産する一種である。葉の裏が淡紫色になる点，萼裂片上面に短毛が生える点などはエクボサイシンに似るが，口環が発達して萼筒入口が狭くなり，また雄蕊が12個，花柱が6個になる点などで区別される。染色体数は2n=24。和名は花がバンレイシ科Monodora属に似ることによる。

　　カケロマカンアオイ A. **trinacriforme** (F. Maek.) Yamahata (PL.49) は，鹿児島県奄美大島南部，加計呂麻島，請島に産する一種である。雄蕊が6個，花柱が3個へと半減する点では，エクボサイシンに似るが，萼筒は丸みのある筒形で，長さ6-9mm，径6-10mmとより小さい。口環が発達し，その周囲に低く隆起した襞が見られる。開花期や花形が島や集団によって微妙に異なり，今後の調査がもう少し必要な種類である。

23. ミヤビカンアオイ　　　　　　　　　　　　PL.50
　　Asarum celsum F. Maek. ex Hatus.

　　山地の常緑広葉樹林下に生える多年草。葉身は卵形または卵状三角形で，長さ5-9cm，幅3-6cm。表面は光沢がなく，また雲紋状の斑も入らない暗緑色で，縁に沿って毛を散生する。花は1-3月に開く。萼筒は小さな筒形で，長さ8-10mm，径約10mmで，上部がいくぶんくびれる。萼筒内壁には格子状に襞が隆起するが，その隆起は高くなく，また縦襞の数は約12本でそれほど複雑ではない。萼裂片は広卵状三角形で，やや斜めに開出あるいは平開し，長さ5-8mm，縁は強く反り返ることが多く，表面に毛はない。花柱は6個。雄蕊は12個で，子房の位置はほぼ上位である。染色体数は2n=24。奄美大島湯湾岳およびその周辺の山地に産する。

　　ヒナカンアオイ A. **okinawense** Hatus.; *Heterotropa okinawensis* (Hatus.) F. Maek. (PL.50) は，ミヤビカンアオイに近いが，葉柄は緑色で，葉の表面に雲紋状の斑があり，萼筒は筒形でくびれがなく，萼裂片は卵形で長さ5mm内外，縁は反り返らず，基部に小突起がある。染色体数は2n=24。沖縄島嘉津宇岳周辺に産する。

24. フジノカンアオイ　　　　　　　　　　　　PL.49
　　Asarum fudsinoi T. Itô;
　　Heterotropa fudsinoi (T. Itô) F. Maek.

　　山地の常緑広葉樹の林下や渓流沿いの岩の割れ目などに生育する多年草。葉身は卵形または長卵形，あるいは卵状三角形で長さ10-22cm，幅6-15cm，先は鋭くとがり，基部は深い心形，表面は光沢があり，雲紋状の斑が入ることもあり，両面無毛。葉柄は無毛で長く，その長さは20cmほどに達することもある。花がないとオオバカンアオイと混同されることもあるが，こちらは葉柄や葉裏の脈上に毛があるので区別できる。花は12月ころから翌年の4月ころまでの長い期間に渡り，その色は全体黄緑色や緑紫色，あるいは淡褐色などさまざまである。萼筒の形やサイズは集団によって微妙に異なり，変異がいちじるしいが，萼筒はふつう丸みのある筒形で，長さ1.5-3cm，径1.5-2cm，上部がいくぶんくびれる。萼筒内壁は濃紫色で格子状に隆起した襞をもち，複雑である。萼裂片は卵形で鋭頭，長さ1.5-2cm，縁はあまりうねらない。表面は無毛であるが，基部には隆起したしわ状や小板状の突起がある。雄蕊は12個，花柱は6個ある。染色体数は2n=24。鹿児島県奄美大島の特産である。

25. ヤクシマアオイ
　　Asarum yakusimense Masam.;
　　Heterotropa yakusimensis (Masam.) F. Maek. ex Nemoto

　　山地の広葉樹林下に生える多年草。葉身は広卵形で長さ7-15cm，幅7-12cm，先は鋭頭または鈍頭，基部は心形。表面は光沢のある明るい緑色で，ふつう白斑はなく，中肋にわずかに毛がある。裏面は無毛。葉柄も無毛。花は3-4月に開き，萼筒は筒形で，長さ13-15mm，径12-15mm，上部はほとんどくびれない。萼筒入口には口環が形成され，またその周囲には隆起した白い小板状の突起がある。萼裂片は平開し，卵状三角形で長さ10-15mm，表面は帯黄色の地に黒紫色の短毛を密生することが多く，先はしばしば反り返る。萼筒内壁には格子状に隆起した襞がある。雄蕊は12個，花柱は6個で，子房の位置はほぼ上位である。染色体数は2n=24。

屋久島の高地の花崗岩地に生育する。本種にオニカンアオイ A. hirsutisepalum Hatus. の名を与えられたこともあるが、これらは同種である。

トカラカンアオイ A. tokarense Hatus. は、鹿児島県吐噶喇列島に特産する種である。葉身は広卵形で大きく、表面は光沢があるが暗緑色で、両面、そして葉柄は無毛。花全体が暗褐色で萼筒外面に毛があり、10－11月に開花する。奄美大島に産するオオバカンアオイにも似た一種である。

26. タイリンアオイ　　　　　　　　　PL. 49
Asarum asaroides (C. Morren et Decne.) Makino;
Heterotropa asaroides C. Morren et Decne.

山地の林下に生える多年草。葉身は広卵形、卵状楕円形または卵状三角形で長さ8－12cm、幅5－12cm、先は鈍頭または鋭頭、基部は深い心形になる。表面は暗緑色で光沢がなく、しばしば雲紋状の斑が入り、縁近くに短毛を散生する。裏面は無毛。4－5月に、暗紫色の大型の花を開く。萼筒は倒卵状ナシ形で、長さ2－2.5cm、径2.5－3cm、上部はくびれる。萼筒内壁は濃紫色で、細かい格子状に隆起した襞をもつ。萼筒入口には口環をとりかこむように小板状突起があり、白色を呈する。萼裂片は卵状三角形で開出し、長さ1－1.5cm、上面に短毛が密生し、縁は強くうねる。花柱は6個が直立し、その背部が2つに割れ、広い耳状の突起になって反り返るため、特異な形に見える。柱頭はこれら耳状突起の間に位置する。雄蕊は12個で、花柱のまわりに配置する。染色体数は2n=24。本州西部（島根県南部・山口県）・九州北部（福岡県・佐賀県・熊本県）に分布する。

サツマアオイ A. satsumense F. Maek.; *Heterotropa satsumensis* (F. Maek.) F. Maek. は、葉や花の構造はタイリンアオイに似ているが、萼筒はやや小さく、萼筒口はより広くなり、萼裂片の縁はより強くうねる。萼筒内壁の襞は上半部では格子状であるが、下半部では縦襞のみになる。また、花柱の上部の付属突起は短い耳状あるいは角状になる。染色体数は2n=24。鹿児島県薩摩半島に産するが、最近台湾北部にも産するとの報告がある。これが本当に同種かは不明である。

27. ウンゼンカンアオイ　　　　　　　PL. 50
Asarum unzen (F. Maek.) Kitam. et Murata;
Heterotropa unzen F. Maek.

山地の広葉樹林下に生える多年草。葉身は卵形または広卵形で、長さ5－9cm、幅4－7cm、基部は心形、先はややとがる。表面は光沢がなく、雲紋状などに斑が入り、葉脈や葉縁に短毛を散生する。花は3－4月に開き、ふつう暗紫色または紫褐色である。萼筒はやや上方に広がった筒形で、長さ15－18mm、径13－15mm、上部は軽くくびれる。萼筒内壁には格子状に隆起した襞が見られる。萼裂片は平開し、広卵形で、長さ10－15mm、幅15－18mmで、縁は強くうねる。花柱は6個で直立し、そのまわりを12個の雄蕊がとりかこむ。子房の位置は半下位に近い。萼筒や萼裂片の形は一見アマギカンアオイやタマノカンアオイに似るが、花柱の背部は短い角状になり、その基部に柱頭がつくため、明瞭に区別することができる。染色体数は2n=24。九州北部の福岡県・長崎県・熊本県に産する。

28. ツクシアオイ〔ツクシカンアオイ〕　　PL. 50
Asarum kiusianum F. Maek.;
Heterotropa kiusiana (F. Maek.) F. Maek.

山地の広葉樹林下に生える多年草。葉身は卵形、長楕円形または卵状三角形で長さ6－10cm、幅4－8mm、先は鋭頭、基部は深い心形になる。表面は平坦で光沢がなく、雲紋状に斑が入ることが多く、短毛を散生する。花は3－4月に咲く。萼筒はやや上方に広がった筒形で、長さと径が10－13mmで、上部がいくぶんくびれる。萼筒入口の口環は顕著で、その周囲に隆起した小板状の突起が見られる。萼裂片は卵状三角形で平開し、長さ7－12mm、縁はうねることなく平坦で、表面には短毛が生える。萼筒内壁には規則正しい格子状の襞が隆起し、その縦襞の数は9－12である。花柱は6個で直立し、先は短い角状になって2つに裂け、その基部に楕円状の柱頭が位置する。雄蕊は12個で、いずれも同形で花柱のまわりに配置する。子房の位置は上位。同じ地域に産するウンゼンカンアオイより萼筒が小さく、内壁の様子や子房の位置でも区別できる。染色体数は2n=24。九州北西部に産する。

サンコカンアオイ A. trigynum (F. Maek.) Araki; *Heterotropa trigyna* F. Maek. は、葉形や花形においてツクシアオイによく似た種類である。しかし、雄蕊は6個、花柱は3個に半減している。鹿児島県（甑島）の特産である。和名は3個の花柱が立つ形を仏具の三鈷に見立てたものである。

29. ランヨウアオイ　　　　　　　　　PL. 50
Asarum blumei Duch.;
Heterotropa blumei (Duch.) F. Maek.

山地の落葉樹の林下に生える多年草。葉身は他種に比べてやや薄く、広卵形、卵状楕円形またはほこ状広卵形で長さ6－15cm、幅4－8cm、鋭頭または鈍頭、基部は深い心形で、その両側は多少外方に張り出し、ほこ形になる傾向がある。表面は光沢があり、雲紋状や斑点状に斑が入り、短毛を散生する。裏面は無毛。葉柄は長く、7－15cmで無毛。花は3－5月、淡紫褐色または緑褐色で毛がない。萼筒は丸みのある筒形で、長さ10－13mm、径12－14mm、他種に比べて萼裂片を含め薄い質感である。萼筒上部はわずかにくびれ、開口部はやや小さい。萼裂片は卵円形、長さ10mmほどで開出し、上面には毛がなく、先は内側にやや曲がる。雄蕊12個。花柱は6個、棍棒状で直立し、先端は角状に伸びて浅く2裂し、その基部外側に点状の柱頭がある。染色体数は2n=24。関東南西部から静岡県東部・山梨県南部に分布する。

30. マルミカンアオイ〔マルミノカンアオイ〕　PL. 50
Asarum subglobosum F. Maek.

山地の照葉樹林床に生える多年草。葉身は卵形で、長さ7－10cm、幅6－8cm、基部は心形、先端は鈍頭または少しとがる。表面は光沢のない暗緑色で、ふつう雲紋状の斑が入り、短毛を散生する。裏面は無毛。花は

3-4月に咲き，淡紫褐色または緑褐色。萼筒は丸みのある筒形で，長さ10-13mm，径12-14mm，上部がいくぶんくびれる。萼裂片は三角状卵形で長さ約10mm，平開せず斜上することが多く，表面は平坦でなめらかであるが，基部にはしわ状に凹凸ができ，口環をとりかこむ。萼筒の形は関東南西部から東海地方東部に産するランヨウアオイに似るが，萼裂片には厚みがあり，萼筒内壁の襞はより隆起がいちじるしく，口環周囲のしわ状の突起も顕著である。染色体数は2n=24。九州熊本県・宮崎県境付近に産する。

31. オトメアオイ　　PL.51
Asarum savatieri Franch. subsp. **savatieri**;
Heterotropa savatieri (Franch.) F. Maek.

低地や山地の樹林下に生える多年草。葉身は卵形または楕円形で，長さ6-12cm，幅5-9cm，基部は心形，先はいくぶんとがる。表面は光沢がなく，しばしば雲紋状の斑が入り，毛を散生し，カンアオイの葉によく似る。しかし，開花期は異なり，花は6-8月に開く。萼筒は丸みをおびた筒形で長さ7-10mm，径10-12mm，上部で軽くくびれ，喉部に口環がある。萼筒内壁には縦横に隆起した襞があり，縦襞の数は12-18で，網目状になる。萼裂片は三角状卵形で開出する。雄蕊は12個，花柱は6個で，萼筒から突出しない。初夏に開花すると，鱗片葉は出るが普通葉は出ない。花は年を越し，翌年の春5-6月に結実し，普通葉が出る。つまり，開花と普通葉は1年おきに交代して形成される性質がある。これは他の種類には見られない特性である。染色体数は2n=24。神奈川県南西部の箱根周辺と静岡県東部伊豆半島に産する。

ズソウカンアオイ subsp. **pseudosavatieri** (F. Maek.) T. Sugaw. var. **pseudosavatieri** (F. Maek.) T. Sugaw.; *Heterotropa pseudosavatieri* (F. Maek.) F. Maek.は，神奈川県南西部丹沢周辺と静岡県伊豆半島中部の低地から低山地に分布する。オトメアオイとは分布域が異なる。萼筒の長さは7-11mmで，花の形はよく似るが，花は10-11月に開き，萼筒内壁の縦横の襞は比較的規則的で格子状になる。染色体数は2n=24。

イセノカンアオイ subsp. **pseudosavatieri** (F. Maek.) T. Sugaw. var. **iseanum** T. Sugaw.は，紀伊半島東部伊勢周辺に分布する。ズソウカンアオイによく似るが，萼筒がより小さく，5-8mm。一方で，萼筒長に比べて萼裂片がより長くなり，花柱の付属突起がより長くなる傾向にある。染色体数は2n=24。

32. クロヒメカンアオイ　　PL.50
Asarum yoshikawae T. Sugaw.;
Heterotropa yoshikawai F. Maek. ex M. Ono nom. nud.

低山地の落葉広葉樹の林下に生える多年草。葉身は卵形または卵状三角形で，長さ7-13cm，幅5-9cm，基部は心形で，先はややとがる。表面は光沢のある明るい緑色で，ふつう雲紋状の斑は入らず，無毛。裏面も無毛。花は雪が消えはじめる3-4月に咲き，暗褐色または緑褐色。萼筒は基部がふくらんだ筒形で，上部はくびれることがない。萼筒入口は口環が発達するため極端に狭くなり，径は4mm以下である。萼筒内壁の襞は複雑な格子状になり，縦襞の数は16-24である。萼裂片は斜上することが多く，三角状卵形で長さ8-14mm，表面はなめらかである。染色体数は2n=24。本州日本海側の富山県北部から新潟県南部上越地方に産する。

33. コシノカンアオイ　　PL.51
Asarum megacalyx (F. Maek.) T. Sugaw.

低地から山地のおもに落葉広葉樹の林下に生える多年草。葉身は卵状広楕円形または卵状ほこ形で，長さ9-12cm，幅6-8cm，基部は心形，先は鋭頭。表面は暗緑色で光沢がなく，ふつう斑紋を欠くが有することもあり，短毛を散生する。裏面は無毛。葉柄は長く，約20cmに達することもあり，暗紫色の場合が多い。花は3-5月に咲き，全体暗紫色または淡紫色。萼筒は筒形で大きく，長さ15-20mm，径14-24mmである。萼筒の内壁には格子状に隆起した襞が発達するが，その縦襞の数は9-15である。萼裂片は広卵形で厚く，長さ12mm内外，基部の幅約14mmで平開し，表面はなめらかである。染色体数は国内で唯一の4倍体（2n=48）である。本州日本海側の秋田県南部～新潟・長野県北部にかけての地域に分布する。

34. コウヤカンアオイ
Asarum kooyanum Makino

山地の広葉樹林下に生える多年草。葉身は卵形で，長さ6-10cm，幅4-8cm，基部は心形，先はいくぶんとがる。表面は明るい緑色で，いくぶん光沢があり，白斑が入り，毛を散生する。全体カンアオイに似るが，花は5-6月に開く。また，萼筒はより薄く，淡褐色で，長さは10-12mmであるが，これに比べて萼裂片の長さは4-6mmと明らかに短い。萼裂片表面はなめらかで，裏側同様に短毛がない。萼筒内壁に発達した縦横の襞の数は，カンアオイと同じであるが，隆起が低いのが特徴である。和歌山県北東部の高野山を中心とする山地に産する。

35. カンアオイ〔カントウカンアオイ〕　　PL.51
Asarum nipponicum F. Maek. var. **nipponicum**;
Heterotropa nipponica (F. Maek.) F. Maek.

山地の林下に生える多年草。葉身は卵形，卵状楕円形，ときに卵状ほこ形で，長さ6-10cm，幅4-7cm，鋭頭，基部は深い心形。表面は平坦で光沢のない濃緑色，白斑があり，まばらに毛がある。裏面は無毛。葉柄は暗紫色をおびる。花は10-11月に咲き，暗紫色または緑褐色。萼筒は筒形で長さ径とも1cm内外，上部はくびれない。萼筒内壁には縦横に隆起した襞があり，縦襞の数は9-12の範囲で，比較的規則正しい格子状になる。萼裂片は開出し，卵状三角形で長さ6-13mm，表面には短毛を密生する。雄蕊は12個。花柱は6個で直立し，先は角状の突起になり，2裂する。柱頭は楕円形で角状突起の基部外側に位置する。染色体数は2n=24。関東南部から紀伊半島東部にかけての地域（千葉県・東京都・埼玉県・神奈川県・静岡県・愛知県・三重県）に分布する。

ナンカイアオイ var. **nankaiense** (F. Maek.) T. Sugaw.; *A. nankaiense* F. Maek. (PL.51) は，全体がカンアオイ

によく似るが，つぼみのとき，3萼裂片が接する基部に明瞭なへこみが認められる。また，萼裂片の縁がしばしばうねる。本州（和歌山県・兵庫県），四国（香川県・徳島県・高知県）に分布する。

ジュロウカンアオイ A. kinoshitae (F. Maek.) T. Sugaw.; *Heterotropa kinoshitae* F. Maek.は，三重県南部の特産種である。葉の形はカンアオイに似るが，花は12-1月に開き，萼筒が13-16mmと長くなり，形は筒状であるが，中間で一度軽くくびれた特異な筒形である。その形が七福神の寿老人の頭に似ることから，この名が与えられた。萼筒の口環が発達するため，入口が極端に狭くなることも特徴の1つである。

36. アツミカンアオイ　　　　　　　　　　PL.51
Asarum rigescens F. Maek. var. **rigescens**;
A. kooyanum Makino var. *rigescens* (F. Maek.) Kitam.

低山地や山地の広葉樹の林下に生える多年草。葉身は卵形，または楕円形で，長さ6-11cm，幅5-9cm，基部は心形で先端はいくぶんとがり，厚くなる。表面は暗緑色で光沢があり白斑をもち，短毛が生え，葉脈に沿って強くへこむ。裏面は無毛。花は2-3月に咲き，暗紫色。萼筒は筒形で，長さ6-7mm，径10mmほどで，上部はくびれず，入口には口環が見られる。萼筒内壁には，格子状に隆起した襞が見られるが，縦襞の数は9-12の範囲である。萼裂片は卵状三角形で，萼筒とほぼ同じ長さで平開し，表面には短毛を密生する。花の形や形態はカンアオイに似るが，葉が厚くなり，表面の葉脈に沿ってへこみ，開花が早春であることは大きなちがいである。紀伊半島の三重県・和歌山県の南部に分布する。

スズカカンアオイ var. brachypodion T. Sugaw.は，葉身がやや厚くなるが，葉脈表面のへこみはそれほど顕著ではなく，また花の萼裂片が萼筒より長くなる傾向にある。染色体数は2n=24。静岡県中部以西の地域から愛知県，岐阜県，そして三重県の鈴鹿山地周辺に分布する。

37. ユキグニカンアオイ　　　　　　　　　PL.52
Asarum ikegamii (F. Maek. ex Y. Maek.) T. Sugaw. var. **ikegamii**; *Heterotropa ikegamii* F. Maek. ex Y. Maek.

低山地の広葉樹やユキツバキの茂る林下に生える多年草。葉身は広卵形または卵形で，長さ5-13cm，幅4-9cm，基部は心形で先はいくぶんとがる。表面は光沢の強い緑色で無毛，ふつう白斑は入らない。裏面も無毛。花は3-4月，雪解けとともに咲き，暗紫色または暗褐色が多い。萼筒は短い筒状で，長さ4-9mm，径6-14mmになり，長さより幅のほうが大きい。上部はくびれることなく，むしろ広がる傾向にあり，口環の発達が顕著でないため，萼筒入口が広くなる。萼裂片は卵状三角形で平開，あるいはやや斜めに開き，表面は平坦。雄蕊は12個。花柱は6個で直立し，先は角状に伸びて，しばしば萼筒入口にまで達する。染色体数は2n=24。新潟県や福島県西部に分布する。

アラカワカンアオイ var. fujimakii T. Sugaw. (PL.52) は，花がより大きく，萼筒が丸みのある筒形（長さ7-14mm，10-17mm）になるため，一見コシノカンアオイと見間違うほどである。しかし，ユキグニカンアオイ同様2倍体（2n=24）で，葉の表面は毛がないため，触るとなめらかである。新潟県北部の荒川流域に沿って山形県小国周辺まで分布する。

38. スエヒロアオイ　　　　　　　　　　　PL.52
Asarum dilatatum (F. Maek.) T. Sugaw.

山地の広葉樹林下に生える多年草。葉身は薄く，卵形または卵状楕円形で長さ6-11cm，幅4-7cm，基部は心形で先は少しとがる。表面は明るい緑色で光沢はなく，白斑が入り，縁周辺に短毛を散生する。花は淡褐色または暗紫色で，10-11月に咲く。萼筒は上方に広がった短い筒形で，長さ4-5mm，径8-10mm，上部はくびれない。萼筒入口部に口環が顕著でないため，入口が広く開くため，内部の雄蕊や雌蕊が見える。萼筒内壁には縦横に隆起した襞が形成されるが，特に縦襞の発達が顕著で，その数は15-21の範囲にある。萼裂片は広卵形で，長さ6-8mmと短く，やや斜めに開き，表面はなめらかである。雄蕊は12個。花柱は6個で直立し，先は角状に伸びて萼筒入口に達する。鈴鹿山地南部の野登山に産する。

39. イワタカンアオイ
Asarum kurosawae Sugim.;
Heterotropa kurosawae (Sugim.) F. Maek.

低地から低山地の湿った広葉樹林下に生える多年草。葉身はふつう円形で，長さ幅とも5-7cm，基部は心形，先は鈍頭。表面は光沢のない暗緑色で，白斑が入り，短毛を散生する。葉形はヒメカンアオイに似るが，まず開花期が異なる。花は10-11月に咲き，緑紫色の場合が多い。萼筒は丸みのある鐘形で，長さ12-14mm，径12-14mm，口環の発達が弱いため，萼口は広くなる。萼筒内面には約30本の縦に隆起した襞と約10本の横に隆起した襞があり，全体網目状になるが，隆起が弱いためあまり目立たない。またその表面には多細胞の微毛が多数生えるが，これは萼裂片表面へと連続的に分布する。萼裂片は卵状三角形で萼筒よりやや短く，長さ10-12mmで，斜め方向に開く。雄蕊は12個。花柱は6個で直立し，先は角状に細く伸びて萼口に達する。子房は上位。静岡県磐田市付近と静岡県・愛知県境付近に産する。

40. コトウカンアオイ　　　　　　　　　　PL.52
Asarum majale T. Sugaw.

低山地の広葉樹林下に生える多年草。葉身は円形または広卵形で，長さ4-7cm，幅4-6cm，基部は心形で先は鈍頭またはいくぶんとがる。表面は光沢のない暗緑色で白斑が入り，短毛を散生する。裏側は無毛。葉形はヒメカンアオイに似るが，開花期が異なり，5月に咲くことが特徴でもある。萼筒は鐘形で，長さ7.5-11mm，径9-13mm，口環の発達が弱いため萼口は広くなる。萼筒内壁には縦横の隆起した襞があり，複雑になり，縦襞の数は15-21の範囲である。萼裂片は卵状三角形で，長さ7-10mm，斜め方向に開く場合が多く，表面は比較的なめらかである。雄蕊は12個。花柱は6個で直立し，先は角状に伸びて，先は萼口付近にまで達

Aristolochiaceae

する。子房の位置は上位。三重県北部の藤原岳周辺から滋賀県境付近に産する。

41. ミチノクサイシン　　　　　　　　　　PL. 52
　Asarum fauriei Franch. var. **fauriei**;
　Heterotropa fauriei (Franch.) F. Maek.

　低山地や山地の広葉樹や針葉樹林の湿った林床に生える多年草。地下茎の節間が長く伸び，茎の先から葉をふつう年2枚展開することが多い。葉身は小型で広卵形または腎円形で長さ幅とも3－4.5cm，先は円頭で基部は心形。表面は深緑色で光沢があり，ふつう無毛で斑紋はない。花は3－4月で雪解けとともに開く。萼筒は小さい鐘形で，長さ5－8mm，径7－10mm，萼口は狭くなる。萼筒内壁には縦横に隆起した襞があるが，それほど複雑ではなく，縦襞の数はふつう12である。雄蕊は12個。花柱は6個で直立し，先は細長く角状に伸びてしばしば萼口より突出する。この細長く伸びた角状突起物（長さが2.5mm以上）がこの植物の特徴でもある。染色体数は2n=24, 36。新潟県北部と東北地方に産する。

　ミヤマアオイ var. **nakaianum** (F. Maek.) Ohwi; *A. nakaianum* F. Maek.は，葉がより厚くなり白斑が入り，毛を散生する。また萼筒や萼裂片も厚くなり，萼筒の形はやや浅く上に広がった筒形である。中部地方の標高1000mから2500mにかけてのブナ林の林床や湿地に生育するが，2倍体（2n=24）と3倍体（2n=36）があり，葉質や花の形はきわめて多型で，地域によって微妙に異なる。

　ツルダシアオイ（ソノウサイシン）var. **stoloniferum** (F. Maek.) T. Sugaw.は，葉の先端がへこむ。また，葉身表面には雲紋状の白斑が入り，葉脈に沿っていくぶんへこむ傾向が見られる。庭園などでしばしば栽培され，3倍体（2n=36）である。

42. ヒメカンアオイ　　　　　　　　　　PL. 52
　Asarum fauriei Franch. var. **takaoi** (F. Maek.) T. Sugaw.;
　Heterotropa takaoi (F. Maek.) F. Maek.

　広葉樹の林床に生える多年草。葉身は円形，または広卵形で長さ4－7cm，幅4－6cm，先は鈍頭，基部は心形で，表面は光沢がなく，白斑のあるものやないものがあり，ふつう短毛を密生するが，ミヤマアオイのように厚くなることはない。葉柄は暗紫色。花は淡紫褐色で2－3月に開く。萼筒は短い筒形または鐘形で長さ5－8mm，径7－12mm，上端にくびれがなく，萼口が広く開く。萼筒内壁に縦横に隆起した襞があり，縦襞の数はふつう12－24の範囲にあり，萼筒のサイズに比べて複雑化する傾向がある。萼裂片は開出し，卵状三角形で鈍頭，筒部と同長またはより長い。雄蕊は12個。花柱は6個で直立し，先は細長く角状に伸びるが，その長さは2.5mm以下である。染色体数は2n=24, 36。本州（愛知県・岐阜県・長野県・石川県・富山県・紀伊半島）・四国（高知県南東部）・中国（広島県）に分布する。ミヤマアオイ同様に多型で，開花期はふつう早春であるが，秋に開花する集団もある。これらは葉や花形態では判然としたちがいが認められないが，遺伝的にはすでに分化が進んでいる可能性もあり，今後の調査が必要である。

モクレン科　MAGNOLIACEAE

大橋広好

　常緑または落葉性の木本。葉は互生し，ふつう全縁，羽状脈，葉肉中に丸い油細胞を含む。托葉は大型で，芽を包み，早落性。花は枝端まれに葉腋に単生し，大型またはやや大型，両性まれに単性で，放射相称，虫媒，子房上位で花床は長く発達する。花被片は離生し，6−18枚でらせん生または輪生して3数性，肉厚になることが多く，萼片と花弁とに分化する。雄蕊は離生し，多数ついて，らせん生，下から上へと発生して，花糸はしばしば幅が広い。葯は側生または向軸生，まれに背軸生。花粉は単溝性。心皮は離生して，数個ないし多数，花柱は多少とも伸長し，柱頭は頂生または花柱に沿って伸長する。胚珠はふつう2個ときに数個，縁生または倒生，珠皮は2枚。果実は袋果，腹縫または背縫で裂開するか，裂開せず液果状，または翼果。種子は多量の油性またはタンパク性の胚乳があり，多くは肉質の珠皮をもつ。2属約300種がアジアとアメリカに分かれて分布し，アジアでは東アジア，東南アジア（ニューギニアまで），東北インド，およびスリランカにあり，新大陸では北アメリカ東部から中央アメリカを経てブラジルに分布する。日本には1属7種が自生する。

　モクレン科は被子植物の祖先形と考えられた木本性多心皮類の1つとされていた。分子系統解析に基づくAPG III分類体系ではモクレン科はmagnoliids（マグノリア植物）に属するモクレン目Magnolialesに分類される。被子植物ではアンボレラ目Amborellalesが最初に分岐し，次のスイレン目Nymphaeales，アウストロバイレヤ目Austrobaileyalesに次いで，センリョウ目Chloranthalesとマグノリア植物が分岐した。マグノリア植物はともに分岐したコショウ目Piperales，クスノキ目Lauralesなど1群の総称で，モクレン類ともよばれる。モクレン科は単系統とされ，モクレン群とユリノキ群とが分かれる。モクレン群の分類には諸説があり，2008年に発表された《中国植物志》（英文）ではこれを16属（そのうち12属が中国に自生）に細分しながら1属（モクレン属）説をも紹介している。16属説では日本にはホオノキ属Houpoea，オガタマノキ属Michelia，オオヤマレンゲ属Oyama，コブシ属Yulaniaが自生することになるが，本書では分子系統解析に基づくモクレン属1属説を採用する。この説ではモクレン科はモクレン属とユリノキ属Liriodendronとに分けられる。

　ユリノキ属は2種よりなり，日本には自生しない。シナユリノキ L. chinense (Hemsl.) Sarg. は中国（南東部から南西部）とベトナム北部に自生する。ユリノキ（ハンテンボク，チューリップ・ツリー） L. tulipifera L.（PL.53）は北アメリカ東部原産の落葉高木で，明治時代初期に移入された。公園樹または街路樹として日本に広く植えられており，高さ30m，胸高直径1mに達する。原産地では50mを超えることもあるという。葉は4ないし6浅裂し，先は切形でふつう少し切れ込んだ形にくぼみ，長さ10−15cm，無毛，長い葉柄をもつ。5−6月，枝の先に径5−6cmの花をつける。花被は萼と花冠に明らかに分かれ，萼片は3枚，長楕円形で緑色をおび，反曲する。花弁は6枚，卵状楕円形で直立ないし斜上し，緑黄色で下部は橙色をおびる。雄蕊は20−50個，輪生し，順次脱落する。花糸は短く，葯は外向する。雌蕊は60−100個。翼果は扁平，狭楕円形，長さ2.5−3.5cmになり，中に1−2個の種子を入れる。染色体基本数 $x=19$，染色体数 $2n=38, 114$。北アメリカ東部から中部にかけて自生する。

【1】モクレン属　Magnolia L.

　常緑または落葉の高木ないし低木。葉は全縁。花は両性，枝先に頂生または葉腋につき，しばしば大型，花被片は6, 9ないし15または20枚，ふつう3数性で，2, 3ないし5輪につく。いちばん外側の3枚はしばしば小さく，萼片状になる。萼と花弁は区別できるかあるいはできない。雄蕊は多数，らせん状につき，葯は側生または内向し，葯隔はしばしば突出する。花床の雄蕊のつく部分と雌蕊のつく部分の間には隙間（雌蕊托gynophore）があるかまたはない。雌蕊は多数，まれに数個，らせん生で，胚珠は2個または数個。袋果は背縫で裂開する。種皮外部は肉質となり，しばしば長く伸びる珠柄で垂れ下がる。染色体基本数 $x=19$。約300種が東アジア，東南アジア，北アメリカ東部，中央アメリカ，西インド諸島に分布する。日本には7種が自生するほか，数種が中国や北アメリカから移入され，古くから庭園や街路樹に栽植されている。

A．落葉性。
　B．葉の展開後に開花する。
　　C．花は上向きに開く。葉は長さ20−40cm ··· 1. ホオノキ
　　C．花は下か横向きに開く。葉は長さ5−18cm ··· 2. オオヤマレンゲ

旧版の執筆は田村道夫。

Magnoliaceae

```
       B．葉の展開前に開花する．
           C．1花の花被片は12－18枚，狭倒披針形ないし狭長楕円状披針形，紅色をおびる ················································· 3．シデコブシ
           C．1花の花被片はふつう9枚，倒卵形ないし狭倒卵形．
               D．花被片はほぼ同形同大，白色 ························································································································· 4．ハクモクレン
               D．花被片のうち外側の3枚は小さい．
                   E．花弁は直立または斜上し，紅紫色 ········································································································· 5．シモクレン
                   E．花弁は広く開き，白色．
                       F．萼片は有毛，花弁よりもいちじるしく短い．花のすぐ下に葉がある．葉は倒卵形，裏面は淡緑色．葉芽の鱗片は有毛．
                           G．葉身は長さ6－13cm．花弁は狭倒卵形，長さ3.5－7cm，幅0.8－1.4cm ················ 6．コブシ
                           G．葉身は長さ13－22cm．花弁は広倒卵形から円形，長さ6.5－9.5cm，幅5－7cm ···· 7．コブシモドキ
                       F．萼片は無毛．花のすぐ下に葉はない．葉は披針形ないし卵状披針形で，裏面は白色をおびる．葉芽の鱗片は無毛
                           ·········································································································································································· 8．タムシバ
 A．常緑性，葉は革質で全縁．
       B．花は小型で径約3cm，葉腋につく．花被片は帯黄白色で基部中央は紫紅色をおび，ふつう12枚，雄蕊群と雌蕊群との間には
           花床に隙間がある ······················································································································································· 9．オガタマノキ
       B．花は大型で径15－25cm，枝に頂生する．花被片は白色，ふつう9枚，雄蕊群と雌蕊群との間には花床にほとんど隙間がない
           ····················································································································································································· 10．タイサンボク
```

1．ホオノキ　　　　　　　　　　　　　　PL. 53
　　Magnolia obovata Thunb.;
　　Magnolia hypoleuca Siebold et Zucc.;
　　Houpoea obovata (Thunb.) N. H. Xia et C. Y. Wu

　山地に生える落葉高木，大きなものは高さ30m，径1m以上に達する．葉は枝の上方に集まってつき，葉身は倒卵形または倒卵状長楕円形，大型で，長さ20－40cm，幅10－25cm，全縁で鈍頭，基部は鈍形，裏面は白色をおびて長軟毛を散生し，葉柄は長さ2－4cm．花期は5－6月．花は枝端について上向きに開き，径15cmくらい．芳香がある．花被片は9－12枚，外側の3枚（しばしば萼片とよばれる）は淡緑色で赤色をおび，短い．内側の6－9枚は倒卵形，黄白色．雄蕊は多数，葯は黄白色，花糸は赤色．集合果は夏より初秋に熟し，長楕円体状，長さ10－15cm，多数の袋果を密につける．種子は1個の袋果にふつう2個あり，赤色で，糸で垂れ下がる．染色体数2n＝38．南千島・北海道・本州・四国・九州の主として温帯から暖帯の上部に分布する．材は良質で，家具や細工物に用いられ，樹皮は駆虫剤，健胃剤に利用される．また，大きな葉は古くより食物を盛るのに用いられた．

2．オオヤマレンゲ　　　　　　　　　　PL. 54
　　Magnolia sieboldii K. Koch subsp. **japonica** K. Ueda
　山地に生える落葉小高木または低木．高さはせいぜい4－5m位，幹はしばしば斜上し，屈曲する．葉は互生し，広倒卵形，長さ5－18cm，幅4－12cm，先は短く突出し，基部は鈍形または円形，全縁，表面は平滑，ときにまばらに毛があり，裏面は白色をおび，全面に白毛がある．葉柄は有毛，長さ2－4cm．花期は5－7月．花は枝の先端について下または横向きに開き，径5－8cm，芳香がある．花被片はふつう9枚，外側の3枚（萼片）は，卵形で小型，白色．花弁はふつう6枚，倒卵形，白色．雄蕊は多数，葯は淡黄緑色ないし白色，葯隔と花糸は淡赤色．集合果は楕円形で長さ3－5cm，赤く熟す．染色体数2n＝38．本州（関東地方以西）・四国・九州の冷温帯と亜寒帯にまれに生育し，中国南部（安徽省・広西省）に分布する．

　基準亜種のオオバオオヤマレンゲsubsp. sieboldii; *M. parviflora* Siebold et Zucc.; *Oyama sieboldii* (K. Koch) N. H. Xia et C. Y. Wu (PL.54) は，葉，花，果実がより大きく，花は径7－10cm．雄蕊は赤紫色．朝鮮半島・中国（東北地方南部）に産し，日本では庭園に植えられる．

3．シデコブシ〔ヒメコブシ〕　　　　　PL. 55
　　Magnolia stellata (Siebold et Zucc.) Maxim.;
　　Buergeria stellata Siebold et Zucc.;
　　Yulania stellata (Siebold et Zucc.) Sima et S. G. Lu

　低山に生える落葉小高木または低木，高さはせいぜい5m位．若枝には密に毛がある．葉は互生し，長楕円形または倒披針形，長さ5－10cm，幅1－3cm，鈍頭または円頭，基部はくさび形，表面は無毛，裏面は淡緑色で若い時にはしばしば脈上に毛がある．葉柄は長さ2－5mm，有毛．花は3－4月，葉の展開する前に開き，径7－10cm．萼片は3(－5)枚，長さ1－3mm．花弁は(9－)12－24(－32)枚，狭倒卵形，長さ5－10cm，幅7－12mm，鈍頭，淡紅色または白色で紅色をおび，縁は多少波をうつ．雄蕊は多数，花糸は短い．雌蕊は多数あるが，一部のものしか成熟せず無毛．花托は長さ約3cm．集合果は垂れ下がって長さ3－7cm，赤熟する．袋果にはふつう1個の赤色の種子がある．染色体数2n＝38．本州（愛知県・岐阜県・三重県）の低山，丘陵地に固有，庭木として栽培される．シデコブシとタムシバの雑種をM. ×proctoriana Rehderという．

4．ハクモクレン　　　　　　　　　　　PL. 55
　　Magnolia denudata Desr.; *Magnolia heptapeta* (Buc'hoz) Dandy; *Yulania denudata* (Desr.) D. L. Fu

　庭園に植えられる落葉高木で，高さ5m以上になる．葉は互生し，倒卵形ないし楕円状卵形，長さ8－15cm，幅6－10cm，基部はくさび形，先は鈍形で頂端は突出し，やや厚く，裏面脈上に軟毛があり，長さ1－1.5cmの柄がある．花は3－4月，葉の展開する前に開き，径10cm位．花被片は9枚，狭倒卵形で3枚ずつ輪生し，萼片と花弁の区別はなく，白色．雄蕊は多数，花糸は短い．雌蕊は多数．花後，花床は伸長して長さ約10cm，袋果は裂開し，赤色の種子が珠柄で垂れ下がる．染色体

数 $2n=76, 114$。中国東南部から西南部の原産。

5. シモクレン〔モクレン〕 PL. 55
Magnolia liliiflora Desr.;
Magnolia quinquepeta (Buc'hoz) Dandy comb. rej.;
Yulania liliiflora (Desr.) D. L. Fu

庭園に植えられる落葉低木，高さ3－4mくらい。幹はしばしば叢生する。葉は互生し，倒卵形または広倒卵形，長さ8－18cm，幅4－10cm，基部はくさび形に細まり，先は鈍形で頂端は突出し，やや厚く，裏面脈上に細毛があり，葉柄は長さ1－1.5cm。花は4月，葉に先立って開き，葉の展開にともなって咲き続け，ふつう全開せず，狭鐘形，長さ約10cm。花被は萼と花冠の区別があり，萼片は3枚，小さくて長さ約3cm，黄緑色で，反曲する。花弁は6枚，倒卵状長楕円形，紅紫色，萼片の3倍くらい長い。雄蕊は多数。花糸は短い。雌蕊は多数，花後，花床は伸長し，袋果は裂開して，赤色の種子が珠柄で垂れ下がる。染色体数 $2n=76$。中国中部から西南部に自生する。

6. コブシ PL. 56
Magnolia kobus DC. var. **kobus**; *Yulania kobus* (DC.) Spach; *Magnolia praecocissima* Koidz.

山地やときには低地にも生える落葉高木。高さ15m以上，径50cm以上に達する。葉は互生し，倒卵形ないし広倒卵形，長さ6－15cm，幅3－6cm，基部はくさび形に細まり，上部はしだいに細まって先は突出し，頂端は鈍形，裏面は淡緑色，脈上に少し毛があり，かむと辛い味がする。葉柄は長さ1－1.5cm。若い葉は有毛。花は4月ごろ，葉の展開に先立って開き，径7－10cm。花の下に1枚の小型の葉がある。花被は萼と花冠の区別があり，萼片は3枚あって，小型。花弁は6枚，白色，基部は紅色をおび，長さは萼片の2－3倍で長さ5－6cm。雄蕊は多数。雌蕊も多数。花後，花床は伸長に伴って曲がり，集合果は長楕円形で長さ7－10cm。種子は赤色。染色体数 $2n=38$。北海道・本州・四国・九州，および韓国（済州島）の温帯より暖帯上部に自生する。ときに庭に植えられ，材は家具材，細工物など，用途が広い。キタコブシ var. **borealis** Sarg.; *M. praecocissima* var. *borealis* (Sarg.) Koidz. は，北海道・本州（中北部）の日本海側に分布し，葉が大きく，長さ10－20cm，幅6－10cm，やや薄く，花はやや大きいとして区別されることがある。コブシとタムシバとの雑種をシバコブシ M. ×kewensis Hort. ex Pearce とよぶ。

7. コブシモドキ〔ハイコブシ〕 PL. 55
Magnolia pseudokobus C. Abe et Akasawa

野生品は1948年に1個体発見され，高さ約1mの匍匐性の低木と記録された。この野生品からとられた栽培品では1986年に高さ6m，胸高直径15cmの直立性高木であった。葉は大きく，葉身は広倒卵形から倒卵形，長さ13－18cm，幅7.5－10.5cm，鋭尖頭，基部は鈍形から広くさび形，表面は無毛，裏面はまばらに伏した絹毛がある。葉柄は長さ0.8－1.8cm。花期は3－4月。萼片は3枚，白色で表面基部の中央脈はときに淡桃色，長さ1.4－1.8cm，幅0.5cm，花弁は6枚，広倒卵形から円形で基部は爪状に狭まり，白色で基部はときに淡桃色，長さ6.5－9.5cm，幅5－7cm。雄蕊は淡黄色，長さ1.5－1.8cm。心皮は緑色，花柱と柱頭は淡黄色。3倍体で結実しない。染色体数 $2n=57$。四国（徳島県相生町）に1個体が原産，再発見されておらず，挿し木からの栽培品しか知られていない（植田邦彦1986.〈コブシモドキについて〉《植物地理・分類研究》34: 15－19）。環境省レッドリスト2012では野生絶滅（EW）とされた。

8. タムシバ PL. 56
Magnolia salicifolia (Siebold et Zucc.) Maxim.

山地，ときには低地にも生える落葉高木。一般にコブシより丈は低いが，ときには高さ10mを超える。葉は互生し，披針形ないし卵状披針形，長さ6－12cm，幅2－5cm，鋭頭で基部は鋭くくさび形，裏面は白色をおび，若い時は少し毛がある。葉をもんだ時の香りはコブシよりも強く，また，かむと甘みがある。葉柄は長さ1－1.5cm。花は4－5月，葉の展開に先立って開き，径約10cm。花被は萼と花冠の区別があり，萼片は3枚，小さく，花弁は6枚，白色，長さは萼片の倍以上あって4.5－6.5cm。雄蕊は多数，雌蕊も多数。花後，花床は伸長し，長さ7－8cm，袋果は無毛，種子は赤色。染色体数 $2n=38$。本州・四国・九州の温帯より暖帯上部に分布し，日本海側に多い。

9. オガタマノキ PL. 57
Magnolia compressa Maxim. var. **compressa**;
Michelia compressa (Maxim.) Sarg.

西南日本に産する常緑高木。大きなものは樹高15m，径80cmに達する。若枝には黄褐色の伏毛がある。葉は互生し，葉身は狭倒卵形，長楕円状倒卵形または楕円形，長さ5－14cm，幅2－5cm，鋭頭またはやや鋭尖頭でときに鈍端，基部はくさび形，革質，表面は深緑色，裏面は白色をおび，若い時には毛がある。葉柄は長さ2－3cmで有毛。花期は2－4月。花は葉腋に単生し，径約3cm，芳香があり，約1cmの花柄をもつ。花被片はふつう12枚，狭倒卵形，鋭頭で長さ15－25mm，帯黄白色で基部中央は紫紅色をおび，内側のものはやや小さい。雄蕊は30－40本，長さ4－5mm，葯は長さ約3mm。雌蕊は初め有毛。集合果は秋に熟し，長さ5－10cm，分果は卵形ないしやや球形，長さ1.5－2cm，2－3個の赤色の種子を含む。染色体数 $2n=38$。本州（関東以西の太平洋側）・四国・九州・奄美・琉球（沖縄島，久米島）に分布する。琉球南部（西表，石垣），台湾のものは一般に葉が小型，葉身は狭倒卵形または狭楕円形，長さ5－11cm，幅2－4cm，花被片は全体が帯黄白色で**タイワンオガタマ** var. **formosana** (Kaneh.) C.-F. Chen; *Michelia compressa* (Maxim.) Sarg. var. *formosana* Kaneh.; *Michelia formosana* (Kaneh.) Masam. et Suzuki; *Magnolia formosana* (Kaneh.) Yonek.（**PL. 57**）として区別されることがある。オガタマというのは招霊のことといわれ，神事に用いられてきた。香りが高く，神社や庭に植えられる。材はかたくて，家具材などとして重要である。

Magnoliaceae

10. タイサンボク PL.57
Magnolia grandiflora L.

大盞木，大山木，泰山木。庭園や公園に植えられる常緑高木。高さは20mを超える。葉は長楕円形，全縁，長さ10-23cm，幅4-10cm，厚い革質，縁は裏側に反り返り，表面は深緑色で光沢があり，裏面には淡褐色の毛を密生する。長さ2-3cmの葉柄がある。花期は6月。花は大型で径15-25cm，枝の先について上向きに開き，芳香がある。萼と花冠の区別はない。花被片はふつう9枚，3枚ずつ3輪につき，内部のものはやや小さく，広倒卵形，白色。雄蕊は多数，花糸は短い。雌蕊も多数，有毛である。集合果は楕円体，長さ8-12cm，有毛，袋果は裂開して2個の赤色の種子を生じる。染色体数2n=114。北アメリカ南東部の原産。

バンレイシ科　ANNONACEAE

大橋広好

　高木または低木，ときに藤本。葉は互生し，単葉で鋸歯がなく，托葉を欠く。花は1～数個が葉のわきにつくか，幹に直接つき，両性まれに単性。萼片は3枚，離生するか基部が合着する。花弁は6枚（まれに3－4枚），3枚ずつ2輪に並ぶ。雄蕊は多数が密集してらせん状に並び，花糸は短く，葯隔の先端は属ごとにさまざまな形をしている。葯は2室で葯隔の外側まれに内側につき，縦に裂ける。雌蕊は離生する数個の心皮からなり，各心皮は2－3個の胚珠をもち，先は棒状の花柱となる。果実はふつう液質，1心皮ごとにそれぞれ1個の果実になり，離生して果柄の先に集まってつくか，合着して大きな球形または楕円形の液果になる。種子は大きく，胚乳には溝がある。おもに旧熱帯と亜熱帯に分布し，130属2300種ほど知られる。日本には1種が野生する。またバンレイシ（シャカトウ，Sugar apple）Annona squamosa L.，トゲバンレイシ（Soursop）A. muricata L.，ポポー（Pawpaw）Asimina triloba (L.) Dunalなどが栽培される。APG III分類体系ではバンレイシ科はマグノリア植物magnoliidsのモクレン目に分類される。

【1】クロボウモドキ属　Monoon Miq.

　高木または低木。葉は左右相称，中央脈は（向軸側）表面で凹入し，背面で側脈とともに突出する。おもな側脈はほぼ直線的に斜上し，枝分かれして上部の側脈に合流せず，縁に達する。側脈は細脈でつながり，細脈は網目状にならない。花序は腋生または幹生。萼片は3枚。花弁は6枚で2輪につき，線形，狭卵形または卵形で，ときに肉質，緑白色または黄緑色，まれに内面に赤色をおびる。雄蕊は多数。雌蕊は多数。果実は1心皮よりなり，楕円体または長楕円体から円柱状，長さ2cm以上。種子は長さ1cm以上，長軸に沿って明瞭な溝がある。東南アジアに約60種が知られている。日本には1種だけ自生する。

1. クロボウモドキ　PL. 58
Monoon liukiuense (Hatus.) B. Xue et R. M. K. Saunders; *Polyalthia liukiuensis* Hatus.

　高さ15mほどになる常緑高木。全体ほとんど無毛。葉は互生し，葉柄は長さ5－10mm，葉身は卵形または長楕円形で長さ10－25cm，幅6－10cm，先はとがり，基部はややゆがんだ鈍形。8月ごろ葉腋に1－6個の花をつける。花序柄は長さ1－1.5cm，花柄は長さ2－3cm，無毛または短毛が散生。萼片は3枚，円形または三角状円形，長さ3－5mm，短毛が散生する。花弁は6枚，初め緑色でのちに黄緑色，細長い披針形で長さ6－7cm。分果は楕円形で長さ2－2.5cm，幅約1cm，液質で黒熟する。染色体数2n=18。琉球（西表島・波照間島）の石灰岩上に生え，台湾（蘭嶼）に分布。外観は，香油をとる目的で熱帯各地に栽培されるイランイランノキ Cananga odorata (Lam.) Hook. f. et Thomson（PL. 58）に似るが，雄蕊の形が異なる。環境省レッドリスト2012では絶滅危惧IA類（CR）とされた。

旧版の執筆は山崎敬。

ハスノハギリ科　HERNANDIACEAE

大橋広好

　常緑高木または藤本。葉は互生し，単葉または複葉。花は集散花序または散房花序をつくり，両性または単性で雌雄同株か異株。花の下に1－4枚の苞葉がある。花被片は6－10枚が2輪に並び，花弁と萼との別はない。しばしば花被片の内面基部に腺体がある。雄花の雄蕊は3－5本，外側の花被片と同数でそれと対の位置にあり，基部に数本の仮雄蕊がある。葯は2室で，弁が開いて花粉を散らす。雌花の花被片の下部は子房と合着し，子房は下位，1室で1個の下垂する胚珠がある。果実はやや肉質の花被に包まれた核果状で，その外側を袋状に大きくなった小苞葉が包むか，堅果で外側に大きな翼がある。世界の熱帯，亜熱帯に分布し，4属60種ほど知られる。日本では南西諸島南部と小笠原諸島に2属2種だけが分布する。APG III分類体系ではマグノリア植物のクスノキ目に分類され，クスノキ科やロウバイ科 Calycanthaceae に近縁とされる。

　A. 高木。葉は単葉。花は単性。果実は核果 ··【1】ハスノハギリ属 Hernandia
　A. 藤本。葉は3枚の小葉からなる。花は両性。果実は翼果 ····································【2】テングノハナ属 Illigera

【1】ハスノハギリ属　Hernandia L.

　常緑の高木。葉は互生し，単葉で全縁。枝先または葉腋に散房花序をつくり，多数の花をつける。花序柄の先に4枚の総苞葉がつき，その先にふつう3個の花をつけ，中央の1個は雌花で，側方の2個は雄花である。雌花の基部には杯状の苞葉がある。雌花の花被片は8－10枚が2輪に並び，下部は子房と合着して子房下位，花被片の下部に4－5個の腺体がある。花柱は1本，先は盤状に広がって柱頭となる。雄花には苞葉がなく，花被片は6－8枚が2輪に並び，雄蕊は3－4本，各花糸の基部に2本ずつの仮雄蕊がある。果実はやや肉質の花被に包まれて核果状。苞葉は球形で先に穴のある大きな袋状に肥大し，中に果実を入れる。落果後，果実の外側を包む黒色の花被筒が腐ると，かたい2稜のある白色の果皮に包まれた果実が現れ，1個の種子をもつ。種子は球形または卵円形，種皮は厚く，胚乳がなく，大きな胚で占められる。西アフリカ，インド，マレーシア，太平洋諸島，中央アメリカ，西インド諸島の熱帯，亜熱帯に分布し，24種が知られる。日本では小笠原諸島と南西諸島の海岸に1種が自生する。

1. ハスノハギリ　　　　　　　　　　　　PL. 58
Hernandia nymphaeifolia (C. Presl) Kubitzki

　高さ7－20mの常緑高木。岩地では2－3mでも花が咲く。若枝は緑色，新芽には短毛が密生するが，じきに無毛となる。葉は革質で光沢がある。葉柄は長さ5－15cm，葉身の下部に楯状につく。葉身は卵円形，長さ10－30cm，幅8－20cm，全縁，先はとがり，基部は浅心形，両面は無毛。花は7－8月，白色で全体が短い軟毛で密におおわれる。雄花は長さ約3mm，3枚ずつ2輪に並ぶ花被片に包まれて3本の雄蕊があり，各花糸の基部に2本ずつの仮雄蕊がある。雌花は基部に杯状の長さ約1mmの苞葉があり，4枚ずつ2輪に並ぶ花被片に包まれて1本の雌蕊がある。花被片は長楕円形で長さ約4mm。子房の上部に4個の腺体がある。果実は10－11月に熟し，楕円状球形で長さ約2cm，黒熟する。果実を包む苞葉は球形で径約3cm，黄色または赤色になる。小笠原・琉球（沖永良部島以南）の海近くに生え，台湾・南中国（海南島）・東南アジア・スリランカ・アフリカ東部・ポリネシア・ミクロネシアの熱帯に広く分布する。

【2】テングノハナ属　Illigera Blume

　藤本。葉は互生し，3出複葉。小葉は全縁。葉腋から集散花序を下垂し，まばらに花をつける。花は両性，子房下位，5枚ずつ2輪に並ぶ花被片に包まれて5本の雄蕊があり，各花糸の基部に2個ずつの腺体がある。葯は2室で縦に裂ける。花柱は1本，細長く先は大きく広がる。子房は1室，1個の下垂する胚珠がある。果実は堅果，2枚ずつ大小のある大きな翼がある。アフリカ，マダガスカル，インド洋諸島，東南アジア，中国，台湾，琉球南部の熱帯・亜熱帯に約30種知られる。

1. テングノハナ　　　　　　　　　　　　PL. 59
Illigera luzonensis (C. Presl) Merr.

　長さ4－5mになる藤本。若枝には短毛があるが，のち無毛。葉は3小葉からなり，葉柄で他物にからみつき，葉柄は長さ5－10cm，背面に1列の短毛があるか無毛。小葉は卵形または卵円形，長さ5－10cm，幅4－8cm，

旧版の執筆は山崎敬。

全縁，先は鋭くとがり，基部は円形または浅心形，表面脈上に短毛があるほかは無毛。小葉柄は長さ8－15mm，軟毛がやや密に生える。7－8月，葉腋から長さ8－20cmの花序を伸ばし，花序軸の節には短毛が密生する。花は淡赤紫色で長さ13－15mm，花筒は長楕円形で長さ約3mm，4稜があり，その先はいったんくびれ，急に広がって10枚の花被片がつき広楕円形，花被片は狭披針形で先がとがり，長さ約1cm。花柱は細く，先は扇形に広がって幅約2mm。果実は楕円形，2枚の半円形の大きな翼と2枚の半楕円形の狭い翼とがあり，長さ1.5－2cm，幅は長翼を含めて3－4.5cm。琉球（石垣島）にあり，台湾南部・フィリピンに分布する。和名は果実の形からいう。環境省レッドリスト2012では絶滅危惧IA類（CR）とされた。

クスノキ科　LAURACEAE

米倉浩司

　高木または低木，まれにつる性寄生草本。葉は互生，まれに対生し，単葉で，常緑または落葉。集散花序は3～多数の花よりなり（ときに退化して1花），総状，円錐状，または散形になり，散形の場合は4-6個の総苞片をともなう。花は小さく，白・黄・帯緑色で，両性または雌雄異株，3まれに2数よりなり，放射相称，萼と花冠の区別はない。花被は輻状または筒状で，ふつう6裂，まれに4または9裂する。裂片は2輪に並び，瓦重ね状，互いに同形，または外輪のものが小さく，花後に脱落または宿存する。花被筒はふつう宿存し，のちに多少増大してときに杯状になり，果実の基部をかこむ。雄花および両性花では，雄蕊は定数またはやや不定数，ふつう3輪に並び，完全で，外側の2輪はつねに内向し，基部に腺体がなく，内側の1輪は外向もしくは内向し，2個の腺体がつく。花糸は離生し，糸状または葯より短く，葯は2または4室で，弁開する。もっとも内側（第4輪）にあるものは不完全（不稔）で仮雄蕊である。雌花では雄蕊は腺に変わる。子房は上位で1個，ふつう他の器官と離生し，1室。胚珠は1個，室の先端から下垂し，倒生。花柱は短いかまたは糸状で，柱頭は肥大する。果実は液果または乾燥し，球形または楕円形，まれにまったく花被筒の中に包まれる。種子は胚乳がなく，種皮は膜質。約31属2000種が熱帯および温暖な地方に分布し，アジア，アメリカに多くの属と種類がある。

```
A．つる性の草本で葉はなく，茎は黄色ないし褐色で他の植物にまとわりつき，吸盤状の吸器で寄生する
                                                          【3】スナヅル属 Cassytha
A．直立する木本で葉があり，寄生生活を送らない。
   B．花は両性。花序は円錐状または集散状で，総苞片がない。常緑。
      C．果実は完全に花被筒（果托）の中に包まれ，扁球形で縦の肋があることが多い。葯は2室
                                                          【5】シナクスモドキ属 Cryptocarya
      C．果実の大部分は花被筒の中に包まれず，球形または長球形，平滑。
         D．果実の基部は杯状の花被筒にかこまれる。葯は4室 ………………【4】クスノキ属 Cinnamomum
         D．果実の基部は杯状の花被筒にかこまれない。
            E．花被の裂片は果時に宿存し，展開もしくは反り返る。葯は4室 ……【9】タブノキ属 Machilus
            E．花被の裂片は宿存せず，花後に脱落する。葯は2室 ……【2】アカハダクスノキ属 Beilschmiedia
   B．花は雌雄異株（まれに両性）。花序は散形で，総苞片に包まれる。
      C．葯は2室。
         D．花は3数性。落葉または常緑 ……………………………………【7】クロモジ属 Lindera
         D．花は2数性。常緑 …………………………………………………【6】ゲッケイジュ属 Laurus
      C．葯は4室。
         D．花は2数性。常緑 …………………………………………………【10】シロダモ属 Neolitsea
         D．花は3数性。落葉または常緑。
            E．花序の苞は早落性でらせん生，2列に並ばない ………【1】バリバリノキ属 Actinodaphne
            E．花序の苞はふつう宿存性で十字対生する ………………………【8】ハマビワ属 Litsea
```

【1】バリバリノキ属　Actinodaphne Nees

　常緑高木。葉は互生だが集まって輪生状となり，革質，ふつう羽状脈をもつ。雌雄異株。花序は散形状で，短い柄があるかほとんど無柄，少数の花からなり，つぼみの時は瓦重ね状に配列する早落性の苞に包まれる。花は3数性で，花被片は6枚で2列に並び，ほぼ同形，基部は合着して短い筒状部をなす。雄花には9個の雄蕊があり，3列に並び，葯は4室，内向する。内輪に位置する3個の雄蕊の花糸には基部に1対の蜜腺がある。雌花には9個の仮雄蕊があり，配列や蜜腺は雄花に同じ。雌蕊は発達し，柱頭は楯状。果実は液果で球形，基部は円盤状または椀形の花被筒に包まれる。約70種が東南アジア～南アジアおよび東アジアの南部に分布する。しばしばハマビワ属に含められたり，ハマビワ属のカゴノキがこの属に入れられることもある。

1．**バリバリノキ**〔アオカゴノキ〕　　　　PL.70
Actinodaphne acuminata (Blume) Meisn.; *A. longifolia* (Blume) Nakai; *Litsea acuminata* (Blume) Sa. Kurata, nom. illeg.

　常緑高木。枝は太く，緑色，無毛。芽は大型で，長楕円形，瓦重ね状の褐色の鱗片に包まれる。葉は互生，枝の上部にやや車輪状に集まり，長大で，長披針形または倒披針形で，先は長くとがり，長さ10-15cm，幅

旧版のクスノキ科草本の執筆者は田村道夫，木本の執筆者は籾山泰一。

15−20mm，薄い革質，表面は深緑色で光沢があり，裏面は灰白色で，多少細かな伏毛がある。主脈は強く，側脈は10−15対で，裏面に隆起し，細脈も隆起する。柄は長さ10−30mm。若葉は下垂し，成葉もやや下垂する。花序は今年の枝の葉腋に出る芽につく。芽は柄があり，長さ5−15mm，先のほうに数個の花序が総状に集まりつく。花序自体は開花前には総苞片に包まれ，球形で，きわめて短い柄をもつ。花は8月に咲き，帯白色。雄花の花被は背面有毛，筒部は細く，漏斗状筒形，裂片は6個，線状披針形で反曲する。雄蕊は高く花外に出て，花糸は繊細。雌花の花被は背面有毛，筒部はややつぼ状鐘形，裂片は線状披針形で湾曲外反する。果実は翌年の6月ごろ成熟し，楕円形で大きく，長さ15mm，紫黒色，基部は椀形の花被筒に包まれる。果柄の先は肥大する。本州（千葉県以西）・四国・九州・琉球に分布する。

【2】アカハダクスノキ属　Beilschmiedia Nees

　常緑高木または低木。頂芽は大きい。葉は互生，やや対生または対生し，羽状脈があり，網脈は両面にいちじるしい。花序は腋生の芽から出て，短く，少数の花が束生するか，総状または円錐状につく。花は小型，黄色，花被筒は短く，裂片は6個，互いに同大で，のちに脱落する。雄蕊は9個，葯は2室，第3輪雄蕊の葯は外向し，その花糸の基部には有柄または無柄の2腺体がある。仮雄蕊は3個，第4輪に並び，卵形または先の鋭くとがった心形で短い柄がある。子房は花柱へ向かってしだいに細くなり，柱頭は広い。果実は液果様，または乾燥し，楕円形，卵状楕円形，倒卵形またはほぼ球形。熱帯アフリカ・東南アジア・オセアニア・アメリカに分布する大きな属で，約300種からなる。

1．アカハダクスノキ
Beilschmiedia erythrophloia Hayata

　常緑高木。樹皮はやや平滑で灰褐色，鱗片状にはがれ，暗紅色の新しい樹皮を現す。頂芽は卵形，無毛，2個の対生する外芽鱗に守られる。葉は対生またはやや互生し，卵形ないし長楕円形で，多少ゆがみ，長さ7−11cm，幅2.5−4.5cm，先は鋭尖，基部はくさび形，無毛で平滑，主脈，側脈は両面に隆起し，網脈はいちじるしく隆起する。葉は乾くと褐色になる。円錐花序は腋生し，小型で無毛，花柄は短く，長さ2−5mm。花は小さく，径3−4mm，夏に咲く。花被片は楕円形ないし長楕円形，長さ約2mm。果実は楕円形，長さ1.5−2cm，径1−1.3cm，黒紫色に熟し，果皮はかたく，乾くと深褐色になる。果柄は先が太くならない。吐噶喇列島悪石島および喜界島・奄美大島以南西表島までの琉球，台湾に分布する。

【3】スナヅル属　Cassytha L.

　寄生植物。クスノキ科のなかでは例外的な存在である。吸収根で寄主植物につき，茎は草質，つる性で長く伸び，分枝してまつわりつく。葉は鱗片状で互生し，節間は伸長する。花序は穂状で，鱗片葉の葉腋より出る。花は無柄または短い柄があり，2枚の小さな小苞がある。両性。花被片は6枚あって，外輪の3枚は小さい。雄蕊は9個，3個ずつ3輪に並び，葯は2室。仮雄蕊がある。花被は宿存し，筒部は果時には肉質となって果実を包む。約20種が世界の熱帯〜亜熱帯に分布する。

1．スナヅル　　　　　　　　　　　PL.59
Cassytha filiformis L. var. **filiformis**

　日本では海岸の砂地に生える寄生性のつる草で，茎は細長く伸び，分枝して他物にまつわりつき，太さ1−2mm，淡黄色，ほとんど毛がない。1年中，鱗片葉の腋より長さ3−4cmの穂状花序を出し，数個〜十数個の花をまばらにつける。花は無柄，径約3mm，花被片は淡黄色で無毛。雌蕊は有毛。果実は宿存して肉質になった花被の筒部で包まれ，球形，径6−7mm，初めは緑色であるが熟するにつれ淡黄色になる。種子は丸く，径約3mm，黒褐色。世界中の熱帯に広く分布し，日本では琉球から屋久島・九州の佐多岬まで北上し，また小笠原にも見られる。

　ケスナヅル var. **duripraticola** Hatus.（PL.59）は沖縄諸島にまれに見られ，全体やや細く，茎に褐色の毛を密生する。台湾から東南アジアにも同様の型が点在する。本変種はオーストラリア産のC. pubescens R. Br. とは関係がなく，種としてはスナヅルに含まれるものである。沖縄諸島の久米島と伊平屋島には全体繊細で茎が太さ約0.5mm，花序の花数も2−4個と少なく花も小さい**イトスナヅル** C. **pergracilis** (Hatus.) Hatus.（PL.59）を産する。一時オーストラリア産のC. glabella R. Br.と同種とされたことがあるが，花序の形態が異なり明らかに別種である。

【4】クスノキ属　Cinnamomum Blume

　常緑高木または低木。樹皮と葉に芳香がある。芽は葉状鱗片をもつか，または瓦重ね状の鱗片に包まれる。葉は互生，やや対生，または対生し，3脈または羽状脈がある。円錐花序は腋生し，分枝の先は集散状に3〜数花をつける。花は両性，または雑居性，白または黄色。花被は筒形でふつう6裂，裂片は花後に脱落し，杯状の筒部が残る。雄蕊はふつ

Lauraceae

う9個, 外輪の6個は内向し, 基部に腺体がなく, 内輪の3個は外向し, 基部に有柄または無柄の2個の腺体がある。花糸は糸状, 葯は4室。第4輪に3個の仮雄蕊がある。花柱は細く, 柱頭は肥大する。果実は液果, 黒紫色に熟し, 基部は全縁またはわずかに6裂した杯状の花被筒（果托）にかこまれる。約250種あり, 熱帯および亜熱帯アジアの産で, インドから日本にまで分布する。

A. 冬芽の鱗片は瓦重ね状に重なる。葉は互生し, 羽状3行脈。樹皮は暗褐色で, 細かな深い割れ目が入る。花は円錐花序につく ································· 1. クスノキ
A. 冬芽の鱗片は葉状。葉は対生, やや対生または互生し, 3脈ないし3行脈。樹皮は暗灰色で平滑。
  B. 葉の裏面に毛がないか, または灰白色の短い伏毛がある。
    C. 葉は長楕円形, 先が短くとがり, 長さ7－10cm, 裏面は無毛。花序は無毛, 腋生し, 長い花柄の先に, 数個の花が散形につく。花被片の背面は無毛。果托(花被筒)の縁は全縁 ································· 2. ヤブニッケイ
    C. 葉は狭長楕円形, 長鋭尖頭, 長さ10－15cm, 裏面には細かな伏毛がある。花序はよく分枝し, 基部からも枝を分け, 花被片の背面とともに灰白色の細かな伏毛をしく。果托の縁はやや不斉 ································· 3. ニッケイ
  B. 葉の裏面は絹毛におおわれる。花序にも絹毛をしく。
    C. 葉は倒卵形, 円頭, 裏面は絹毛を密にしく。花序は長い柄のある円錐形の花序で, 分枝は短く, 少数の花をつける ································· 4. マルバニッケイ
    C. 葉は倒卵状楕円形, ときに菱形をおび, 先は短くとがり, 裏面に絹毛を薄くしく。花序は長い柄があり, 分枝し, 散開し, 多くの花をつける ································· 5. シバニッケイ

1. クスノキ　　PL.60
Cinnamomum camphora (L.) J. Presl

常緑高木。樟香がある。芽は瓦重ね状の鱗片に包まれる。小枝は黄緑色, 無毛。葉は互生し, 無毛, 卵形ないし楕円形で急鋭尖頭, 基部もとがり, 長さ6－10cm, 幅3－6cm, やや革質, 表面は緑色で光沢があり, 裏面は黄緑色または灰白色, 羽状3行脈で, 脈腋にふつう小孔がある。新葉は黄緑色, 老葉は紅葉する。葉柄は長さ15－25mm。花期は5－6月。花序は新葉に腋生し, 円錐形, 柄があり, 分枝してまばらに花をつける。花柄は短い。花は小さく, 花被片は広卵形, 長さ約1.5mm, 黄緑色, 内面に細毛をしき, 花後に脱落する。果実は球形, 径7－8mm, 10－11月熟し, 黒色で光沢がある。果托は肥厚し, 倒円錐状鐘形で, 浅くくぼんで果実をのせる。短い果柄の先は肥大して全縁の果托へ連なる。材質がよく, また材や葉から樟脳がとれるため古くから利用されてきた。日本では本州・四国・九州・琉球の暖地に見られるが, 九州以北のものは野生かどうかはわからない。中国江南地方の原産ともいわれるが, これもはっきりしない。庭園, 寺社などによく植えられる。

2. ヤブニッケイ　　PL.61
Cinnamomum yabunikkei H. Ohba;
C. japonicum Siebold ex Nakai, non Siebold

常緑高木。芳香がある。小枝は黄緑色, 無毛, やや稜がある。芽は小型, 葉状のかたい芽鱗に守られる。葉は卵状楕円形, 短尖頭鈍端, 長さ6－12cm, 幅2－5cm, 革質, 表面は緑色で光沢があり, 裏面は黄緑色または灰白色, 3行脈があるが, うち側方の脈は葉先に達せず, 葉の肩のあたりで消失する。葉柄は長さ8－18mm。花序は新枝に腋生し, 先のほうが平たく長い花序柄の先に, 数個の花が散形につく。ときに花序はまばらに枝を分かち, 分枝は対生することもある。花期は6月。花は黄緑色, 花被片は卵形で, 長さ約2.5mm, 背面は無毛, 内面に細毛をしく。果実は球形ないし楕円形, 長さ10－12mm, 10－11月ごろ紫黒色に熟し, 浅い杯状の倒円錐形の果托の先につく。果托の縁は全縁。本州（関東・北陸以西）・四国・九州・琉球に分布し, 韓国（南部島嶼）・台湾（蘭嶼）にも産する。本種と台湾本島に産するタイワンヤブニッケイ *C. insularimontanum* Hayataは互いに近縁であり, 同一種とされることもある。中国からも報告されるが, おそらく近縁の別種であろう。なお, ヒロハヤブニッケイ *C.* ×*durifruticeticola* Hatus. は, 本種とマルバニッケイの雑種で, 琉球の産。

コヤブニッケイ（オガサワラヤブニッケイ）*C.* **pseudopedunculatum** Hayata（PL.61）は, 小笠原に分布する。花序が単純で, ふつう散形に花がつくので, ヤブニッケイに似ているが, ヤブニッケイは花序柄が長さ3－7cmと長く, 葉が大きいのに対し, コヤブニッケイは花序柄が長さ1－2.5cmで花柄とほぼ同長またはそれ以下, 葉も長さ4－6cmと小さいことで区別される。なお, 台湾鵞鑾鼻（ガランビ）産のハマグス *C. reticulatum* Hayataは, 葉が小さく花序も短く, コヤブニッケイに似ているが, 花柄は花序柄より短く, かつ曲がるくせがあるらしい。

3. ニッケイ　　PL.61
Cinnamomum sieboldii Meisn.; *C. okinawense* Hatus.

常緑高木。小枝は稜角があり, 初め灰白色の短い伏毛を散生し, のちに無毛となる。芽にも灰白色の伏毛をしく。葉は革質, 卵状狭長楕円形または狭長楕円形で, 長さ8－15cm, 幅2.5－5cm, 先は長くとがり, 基部も狭くなる。葉は初め灰白色の短い伏毛におおわれるが, のちに表面は無毛となり, 裏面は伏毛が残り, 粉白色。3行脈は基部よりやや上で分岐し, 側方の脈は上向し, 葉の先端近くまで及ぶ。横脈は細く, 乾くと両面に隆起する。葉柄は長さ8－15mm。花期は5－6月。花序は葉より短く, 新枝に腋生し, 多く枝を分かち, 基部からも分枝し, 灰白色の短い伏毛をしく。花は淡黄緑色, やや大きく, 花被片は長楕円形で細長く, 長さ約5mm, 背面に灰白色の伏毛をしき, 内面にも毛がある。果実は楕円形, 長さ11mmほどで, 黒紫色に熟す。果托は倒円錐形の杯状で, 果実の基部を包む。果柄は先のほうが肥大し, 果托へ連なる。果托はややふぞろいな縁をもつ。

根の皮から肉桂が得られるため，江戸時代から栽培されているが，原産地は中国とされていた。沖縄島の山地に野生があるといわれ，内地栽培のものと比較された結果，同じものということになった（初島住彦〈北陸の植物〉24巻：35-38，1976）。沖縄島北部のほか，久米島・徳之島などに分布する。

4. マルバニッケイ〔コウチニッケイ〕　PL. 62
Cinnamomum daphnoides Siebold et Zucc.

常緑小高木。密に枝を分かち，葉を茂らせる。若枝は4稜形，淡黄緑色，細毛を密生する。葉は対生またはやや互生し，小型で，長さ2.5-4.5cm，かたい革質，倒卵形で円頭，基部はくさび形に狭くなり，縁は葉裏へ反巻する。表面は初め伏毛を散生し，のちに無毛，裏面は密に絹毛をしき，白色，3出脈があって，脈は裏面に隆起する。葉柄は長さ6-7mm。花序は長い柄があり円錐状で，密に短い絹毛をしき，分枝は短く，花は少ない。花柄は短く，花被片は広卵形，長さ3-3.5mm，両面に細毛を密生し，花後に脱落する。果実は楕円形，紫黒色に熟し，長さ約9mm。果托は椀形で，縁は全縁，径約3.5mm，果実の基部を包む。福岡県（大島）・長崎県（男女群島）・鹿児島県（大隅半島・薩摩半島・屋久島・種子島・吐噶喇列島）・沖縄県（硫黄鳥島）に分布し，海岸の波蝕崖上の樹叢中に生育する。

5. シバニッケイ　PL. 62
Cinnamomum doederleinii Engl. var. **doederleinii**

常緑小高木。小枝は細く，やや4稜形，初め細かな絹毛をしき，のちに無毛。芽にも細かな絹毛をしく。葉は対生ときにやや互生し，小型で，倒卵状楕円形，短鋭尖頭，鈍端，長さ4-6cm，幅1.5-2.5cm，革質で，縁はやや裏面に反り，表面は無毛，裏面は初め細かな絹毛をしき，のちに無毛になり，灰白色，3行脈で，脈は裏面に隆起する。葉柄は長さ6-7mm。花序は新枝に腋生して分枝し，径4-5cm，花つきがよい。柄は長さ3-5cm，細くて長く，分枝は対生し，先は集散状に分かれて3-7花がつく。花は淡黄緑色で5-6月に咲く。花柄は長さ2-3mmで短い。花序，花柄，花被の背面に細かな絹毛をしく。花被は6裂し，裂片は倒卵状披針形で，長さ約3mm，花後に脱落する。果実は楕円形，9-10月に黒紫色に熟し，長さ約7mm。果托は杯状で，果実の基部を包み，径約5mm。奄美大島・徳之島・沖永良部島・琉球（沖縄諸島・石垣島・西表島）に分布する。ケシバニッケイ var. **pseudodaphnoides** Hatus. は，本種とマルバニッケイの中間形を示すもの。また，シバヤブニッケイ C. ×takushii Hatus. は，本種とヤブニッケイの雑種である。いずれも琉球に産する。

【5】シナクスモドキ属　Cryptocarya R. Br.

常緑高木。芽の鱗片は少数で葉状。葉は互生まれに対生し，革質で，羽状脈まれに3行脈がある。円錐花序は腋生。花は両性で小型，花被は6裂し，裂片は椀形にくぼみ，半開し，のちに脱落し，筒部は漏斗形ないしつぼ形で，宿存し，喉部は狭まる。完全雄蕊は9個，花被筒の喉部につき，最内輪の3個の花糸の基部の両側には有柄または無柄の腺体がつく。葯は2室。最内輪雄蕊の葯は外向する。仮雄蕊は3個，短い柄があり，卵形で尖頭。子房は狭卵形で花柱へ向かってしだいにとがり，花柱は長く，柱頭は小さい。花被筒は密に子房の周囲をとりかこむが，子房とは離生する。花後，花被筒は増大し，液質または乾燥した核果様の扁球形ないし長楕円形の偽果になり，中に完全に果実（子房）を包み込む。花被筒（偽果）の先は狭まって小さく開孔し，皮殻には縦に走る肋のあるものからないものまである。200-250種がアジア・オーストラリアおよびアメリカの熱帯・亜熱帯に広く分布し，マレーシアに種類が多い。

1. シナクスモドキ
Cryptocarya chinensis (Hance) Hemsl.

常緑高木。小枝はやや稜があり，若い枝には細毛を密生する。葉は互生し，薄い革質で，長楕円形ないし狭卵形，長さ6-12cm，鋭尖頭鈍端，若葉には両面に細かな伏毛を密生するが，成葉は無毛，3行脈があり，乾くと網脈が目立つ。葉裏は粉白色で，3行脈が隆起する。葉柄は長さ8-12cm。花期は5月，新枝の葉腋から出る長さ4-6.5cmの円錐花序に多数の花をつけ，花序の軸には細かな伏毛を密生する。花柄は長さ約1mm。花は黄緑色，径2-3mm。花被筒は長さ約1.5mm，花被の裂片は6個，広卵形，長さ約1.8mm，両面に細かな伏毛を密生する。花糸は有毛。子房は有毛，花柱は長さ約1mm，柱頭は小さい。果実は秋に黒褐色に熟し，花被筒は果実全体を包み，扁円形で径10-12mm，12本の縦肋があり，先端に小孔がある。花被筒の中の果実は扁円形，径約6mm。九州（宮崎県・鹿児島県種子島），台湾・中国南部に分布する。

【6】ゲッケイジュ属　Laurus L.

常緑中高木。葉は互生する。花序は総苞片に包まれ，花は雌雄異株，2数性で花被片は4個。雄花には12個の雄蕊が3輪に配列し，内側の1輪には腺体があり，葯は2室で内向する。雌花には4個の大きな仮雄蕊があり，花被片と互生し，すべての仮雄蕊に腺体がある。地中海沿岸に1種，アゾレス諸島とカナリア諸島に1種の計2種からなる。

1. ゲッケイジュ〔ローレル〕　PL. 68
Laurus nobilis L.

常緑中高木で，芳香がある。枝が込んで葉が密につく。小枝は緑色。葉は互生し，狭長楕円形，長さ7-9cm，

Lauraceae

厚くてかたい。花期は4月。葉腋の芽に1-4個の花序がつく。花序は柄があり、つぼみの時は総苞片に包まれ、球形。花は数花、散形につき、花被片は淡黄色。果実は楕円状球形で、10月、暗紫色に熟する。地中海沿岸の産で、明治年間、日本に入り、庭園樹として栽培される。葉はスパイスとしてよく利用される。

【7】クロモジ属　Lindera Thunb.

　落葉または常緑の高木または低木。芽は葉状の鱗片、または瓦重ね状の鱗片に包まれる。葉は互生またはやや対生し、羽状脈または3脈があり、ときに3裂する。花序は頂芽または側芽の基部に1~数個つき、1個ずつ芽鱗のわきに出る。花をつけた側芽（側枝）は花後、未発達にとどまるか、もしくは伸長して葉のある長い枝になる。個々の花序は散形で、ふつう4個の総苞片（まれにより少数の鱗片）に包まれ、有柄ないし無柄である。花は雌雄異株。花被はふつう6裂し、裂片は同形または不同で、花後に脱落する。雄花では完全雄蕊はふつう9個あり、花糸は糸状、内方の3個または6個は基部近くの両側に有柄または無柄の腺体がつく。葯は2室で内向する。雌花では不完全雄蕊は9個、糸状またはへら形、内方の花糸の両側に腺体がつく。また雌花、雄花とも、すべての花糸に腺体をもつものがある。花柱は糸状または短い。果実は球形ないし楕円形で、平坦な花被筒の上にのる。花被筒の縁は全縁またはわずかに6裂する。果柄は先のほうへしだいに肥厚し、花被筒へ連なる。約100種が熱帯および亜熱帯アジア、日本、北アメリカに分布する。葯が2室であることで特徴づけられているが、近年の分子系統解析の結果は本属が多系統群であることを示しており、将来的にはハマビワ属とともに解体されて複数の属に再構成されることになると考えられる。

- A. 冬芽には頂芽のみがあり、鱗片は狭長で葉状に近く、花序は頂芽基部の鱗片の腋から出る。側枝は春に主軸が伸びはじめた直後にこの主軸から分かれるため、分枝の基部には芽鱗の跡はない。
  - B. 小枝は淡褐色、皮目がある。葉は倒披針形、裏面に帯褐色の絹毛が薄く残る。葉柄は長い。果実は赤色。果柄は淡褐色、先のほうへ肥厚する……………………………………………………………………………… 1. カナクギノキ
  - B. 小枝は黄緑色、無毛、皮目がない。葉は倒卵形、裏面に白い絹毛が残る。果実は黒色。果柄は先のほうへ少し肥厚する。
    - C. 葉は鋭頭か短鋭尖頭、表面は無毛、網脈は隆起しない。果実は小さく、花柄は短い。花序柄は長く、絹毛がある …… 2. クロモジ
    - C. 葉は鋭尖頭、網脈は裏面隆起して目立つ。果実はやや大きく、花柄は長い。花序柄は短く、短い絨毛を密生する。
      - D. 葉の上面には短い絨毛を密生し、裏面には全体に絹毛が遅くまで残る ……………… 3. ケクロモジ
      - D. 葉の上面には絨毛がない。裏面には若い時は絹毛を密生するが大部分はすぐに落ちる。
        - E. 葉の上面に光沢はなく、中央か中央より少し上でもっとも幅が広い。雄株は1花序あたり7-14花をつける …………………………………………………………………………………… 3'. ウスゲクロモジ
        - E. 葉の上面にやや光沢があり、中央より少し下でもっとも幅が広い。雄株は花序あたり3-5花をつける …………………………………………………………………………………………… 3''. ヒメクロモジ
- A. 冬芽には側芽のみがあるか頂芽と側芽とがあり、鱗片は短く瓦重ね状、花序は側芽基部の鱗片の腋から出る。冬芽から出た枝はその年のうちには分枝しないため、分枝の基部には芽鱗の跡がある。
  - B. 落葉性。頂芽がない。秋には葉腋に側芽が形成される。側芽の基部には数個の花序がつく。花序をつけた側芽は花後に伸長して葉のある長い枝になる。
    - C. 果実は大きく、黄褐色に乾燥し、不規則に幾片かに割れて種子を落とす。未開の花序は小さく、球形で柄があり、芽の基部の鱗片のわきから秋のうちに現れ、柄は曲がる。
      - D. 小枝、花(果)序柄、花(果)柄は果面とともに皮目が散在する。葉は楕円形、両端急尖、羽状脈。果実は径約15mm ……………………………………………………………………………………………………… 4. アブラチャン
      - D. 小枝、花(果)序柄、花(果)柄、果面に皮目がない。葉は倒三角形、3行脈があって3中裂し、裂片は鋭尖頭。果実は径10-12mm ……………………………………………………………………………………………… 5. シロモジ
    - C. 果実は小型、果時に割れない。花序は春まで芽の中に包まれ、萌芽とともに現れる。
      - D. 花序は花時に無柄、果時にはきわめて短い柄がある。総苞片はきわめて細く、落ちやすい。葉は長さ3-4mmの短い柄をもち、長楕円形でかたく、羽状脈。果実は黒色で小さい ………………………… 6. ヤマコウバシ
      - D. 花序は無柄、総苞片は薄くて幅が広い。葉柄は長さ1.5-3cm。葉は広卵形で3脈があって3裂し、裂片は上に向かい、鈍頭。果実は赤色 ………………………………………………………………………………… 7. ダンコウバイ
  - B. 常緑。頂芽も側芽も形成される。
    - C. 葉は小型で長さ2.7-5cm、楕円形ないし円形、尾状鋭尖頭、3脈があり、裏面は初め黄褐色の絹毛におおわれる。花序は無柄。果実は楕円形、黒色 ……………………………………………………………… 8. テンダイウヤク
    - C. 葉は長さ4-9cm、楕円形または長楕円形、短尖頭、羽状脈で、裏面は初め脈上に黄白色の柔毛がある。花序には短い柄がある。果実は卵形または球形、深紅色 ………………………………………… 9. オキナワコウバシ

1. カナクギノキ　　　　　　　　　　　　　　PL. 64-65
Lindera erythrocarpa Makino

落葉高木。幹はかなり太くなり、樹皮ははがれてあらくなる。頂芽があり、芽鱗は狭長で褐色。前年の枝は淡褐色で皮目がある。春、頂芽が萌芽して主軸が伸長すると、基部には互いに接近した葉（基葉）がつく。それから上は間遠に普通葉がつき、その若葉のわきからすぐに枝が出て、分枝は春のうちに早くすんでしまう。分枝の基部には芽鱗がなく、基葉のわきからは枝が出ない。秋に側芽の形成はない。葉は互生し、倒披針形、長さ6-

13cm，幅1.5－2.5cm，鋭頭または少し突出し，鈍端，基部は葉柄に向かって長くとがり，表面は無毛，裏面は初め帯褐色の長毛をしくが，のちに毛は薄れて，帯粉白色。葉柄は長さ6－18mm。未開の花序は頂芽の基部に少数個つき，芽鱗を排して秋のうちから外へ現れる。個々の花序は総苞片に包まれ，柄がある。花は4月，葉と同時に開き，総苞片が落ちて散形の花序が現れる。花序柄は長さ5－10mm，花柄は長さ約8－10mm，長毛をしき，花被片は黄緑色，雄花では長さ約3mm，雌花では小さい。果実は球形，径6－7mm，秋に赤色に熟し，果柄は長さ12－15mm，淡褐色で先のほうへ太くなる。本州（神奈川県以西）・四国・九州，朝鮮半島・中国・台湾に分布する。

2．クロモジ　　　　　　　　　　　　　　　PL.65
Lindera umbellata Thunb. var. **umbellata**

落葉低木。小枝は黄緑色で無毛，皮目がない。若い枝には絹毛をしく。頂芽は長さ10－15mm，芽鱗はやや葉状で細長い。葉は倒卵状長楕円形で，先は突出して鈍端になるか，またはとがり，長さ5－10cm，幅1.5－3.5cm，基部はくさび形，表面は無毛，裏面は初め絹毛におおわれるが，成葉になると無毛，帯白色になり，網脈は隆起しない。葉柄は長さ10－15mmで長い。花序は頂芽の基部の芽鱗のわきに単生する。数個の総苞片に包まれた未開の花序は，球形で柄があり，頂芽の基部の鱗片を排して，秋のうちから外に現れる。花序柄はやや湾曲する。花序には数個の花が散形につき，4月に開花する。花被は黄緑色で，やや半透明，長さ2－3mm。果実は球形で，径5－6mm，秋に黒くなる。果柄は長さ15－20mm，絹毛があり，先のほうへ少し太くなる。果序柄は長さ5－10mm。本州（東北地方南部の太平洋側以西）に分布する。**オオバクロモジ** var. **membranacea** (Maxim.) Momiy. ex H. Hara et M. Mizush. (PL.65)は，全体大型で，葉は長さ12cmにも達し，北海道渡島半島・東北地方および日本海側の山地に多いが，関東・中部で基準変種のクロモジと続いてしまい，はっきり分けられない。

3．ケクロモジ　　　　　　　　　　　　　　PL.65
Lindera sericea (Siebold et Zucc.) Blume var. **sericea**

落葉低木。小枝は黄緑色，無毛，皮目はない。若い枝は絹毛をしく。冬芽は前種より細長く，長さ2－2.5cm，少数のやや葉状の鱗片に包まれ，鱗片には絹毛がある。葉は互生し，狭倒卵形，鋭尖頭，基部はくさび形に狭まり，長さ8－16cm，幅2－6cm，表面は秋まで残る短い絨毛を密生し，裏面は若葉の時，全面絹毛におおわれ，成葉になると毛は脈上以外では少なくなる。網脈は裏面にいちじるしく隆起する。葉柄は長さ10－15mmで短く，絹毛が多い。散形花序は2－3個，頂芽の基部につく。総苞片に包まれた未開の花序は芽鱗のわきから，秋のうちに外へ現れ，4月に開花する。花序柄は短く，長さ約2mm，黄褐色の短い絨毛を密生する。花序は数花からなり，花柄は雄花では長さ3－4mm，長い毛を密生し，雌花ではやや短い。花被片は黄緑色で長さ約3mm，雌花では小さい。果実は球形，径6－8mm，クロモジよりやや大きく，秋には黒くなる。果柄は細く長く，長さ2cmを超え，ときに湾曲し，先へしだいに太くなって花被筒へ移行し，果実は小さな平坦な花被筒の上にのる。本州（中国地方の一部）・四国・九州，朝鮮半島南部に分布し，山地，渓間に多い。

ウスゲクロモジ（ミヤマクロモジ） var. **glabrata** Blume; *L. subsericea* Makinoは，葉の表面に短い絨毛がないので区別される。葉は薄く，裏面は初め絹毛におおわれるが，のちに毛は薄くなり，秋まで残る。網脈はケクロモジと同じくいちじるしく隆起する。花序柄（果序柄）は短くて黄褐色の絨毛を密生し，果柄は細く長く，果実はやや大きめである。本州（関東以西）・四国・九州の山地に生育し，東のもののほうが葉が大きくなる傾向がある。

ヒメクロモジ *L. lancea* (Momiy.) H. Koyama; *L. umbellata* Thunb. var. *lancea* Momiy. は，花序柄が短く，短毛を密生し，葉は先がよくとがり，葉柄が短く，葉や葉柄の絹毛が細く弱いので，ウスゲクロモジにもっとも近いが，花序柄の毛が鮮やかな赤褐色（ウスゲクロモジは黄褐色）で，1花序に3－5花と花が少なく（ウスゲクロモジでは十数花に及ぶ），花期が早い点で区別される。葉は細長く，披針状長楕円形または倒披針状長楕円形，やや厚く，裏面はより灰白色で網脈の隆起がウスゲクロモジよりも弱く，絹毛が秋まで薄く残ることが多い。本州（静岡県・愛知県・岐阜県・紀伊半島）・四国（東部）に分布し，おもにクリ帯に生育。最初クロモジの変種として記載され，またケクロモジの変種とする意見もある。

4．アブラチャン　　　　　　　　　　　　　PL.66
Lindera praecox (Siebold et Zucc.) Blume var. **praecox**

落葉低木。幹は叢生し，小枝は細く，明らかな皮目が散在する。頂芽はなく，冬芽は細く，狭紡錘形で先がとがり，瓦重ね状の紅色無毛の鱗片におおわれる。葉は等間隔に互生し，無毛，卵状楕円形，急鋭尖頭，基部も急に狭まり，長さ5－8cm，幅2－4cm，表面は深緑色，裏面は灰白色。葉柄は細く，長さ10－20mm，紅色。花は3－4月，葉に先立って開く。花序は前年の枝に腋生する芽に少数個つき，この芽は花後伸長して葉のある長い枝になるため，花序（果序）は枝の基部に取り残されたような形になる。個々の花序は未開の時，褐色の総苞片に包まれ，球形で小さく，短い柄があり，芽鱗のわきから秋のうちに現れ，花序柄は湾曲し，長さ3－4mm。花は散形に出て，花柄は短く，長さ1.5－2mmで密に毛がある。花被片は淡黄色で，やや半透明。雄花より雌花のほうが小さい。果実は大きく，球形，径約15mm，乾燥して黄褐色，果面には果序柄，果柄とともに皮目が散在する。秋の末，果皮は不規則に幾片かに割れて，褐色の丸い種子を落とす。本州・四国・九州にふつうに見られ，中国東部にも分布する。葉裏の中脈および側脈上に開出毛のあるものを**ケアブラチャン** var. **pubescens** (Honda) Kitam.といい，本州のおもに日本海側の山地に分布するが，九州（熊本県）からも記録される。同じ地域に葉裏無毛のアブラチャンも見られることがある。

5. シロモジ　　　　　　　　　　　　　　PL.66
Lindera triloba (Siebold et Zucc.) Blume

落葉低木。幹は叢生し，小枝は細く，今年の枝には秋になっても皮目が現れない。頂芽はなく，冬芽は細い紡錘形で先がとがり，瓦重ね状の紅色の鱗片に包まれる。葉は等間隔に互生し，三角状広倒卵形，長さ7-12cm，幅7-10cm，基部はくさび形で，基部から離れて3脈が分かれ（3行脈），3中裂し，裂片は卵形，鋭尖頭でやや斜上する。葉の表面は無毛，裏面も無毛で粉白色，ときに脈上に開出毛がある。葉柄は長さ10-20mm。花序は前年の枝に腋生する芽に少数個つき，この芽は花後に伸長して葉のある長い枝になる。個々の花序は褐色の総苞片に包まれ，球形で短い柄があり，秋のうちから芽鱗を排して外に現れる。花序柄は長さ2-4mm，皮目がなく，湾曲する。花は4月，葉に先立って開き，3-5個の花が散形につき，花柄は長さ3-4mmで密に毛がある。花被片は黄色，雄花では長さ3mmほど。雌花は雄花よりも小さく，花の数も少ない。果実は大型，球形で，径10-12mm，秋の末，乾燥して黄褐色になり，不規則に幾片かに割れて，1個の種子を落とす。本州（中部地方以西）・四国・九州の山地，朝鮮半島南部に生育する。

6. ヤマコウバシ　　　　　　　　　　　　PL.67
Lindera glauca (Siebold et Zucc.) Blume

落葉低木。頂芽はない。冬芽は紡錘形で，瓦重ね状の褐色の鱗片に包まれる。前年の枝の樹皮は淡褐色，縦に細い割れ目が入る。小枝には初め曲がった短い毛がある。葉は互生して等間隔につき，やや厚くてかたく，長楕円形ないし楕円形，ときに倒卵形をおび，先は鈍くとがり，表面は濃緑色で光沢がなく，裏面は若葉の時，絹毛におおわれるが，のちに毛は落ち，灰白色，網脈は隆起する。葉柄は短く，長さ3-4mm。萌芽した若葉は途中で折れ曲がり，上半は垂れ下がる。また，葉は秋，枯れ葉になっても落葉せず，春，萌芽の時に散り落ちる。雌雄異株。花序は前年の枝に腋生する芽に少数個つき，この芽は花後に伸長して葉のある長い枝になるため，花序（果序）は枝の基部に取り残される。個々の花序は無柄で萌芽の時まで芽の中に包まれ，総苞片はきわめて細くて毛を散生し，落ちやすい。花期は4月，数個の花が散形に出る。花柄は短く，絹毛を密生する。雌花は小さく，花被片は淡黄色で長さ約1.4mm。雌株しかなく，雄株なしで結実する。中国のものには雄株もある。果実は球形で径約7mm，秋に黒色に熟す。果柄は10-15mm，先へしだいに太くなり，果序柄は長さ1mmぐらいに生長する。本州（宮城県以南）・四国・九州，朝鮮半島・中国に分布する。

7. ダンコウバイ　　　　　　　　　　　　PL.67
Lindera obtusiloba Blume

落葉低木。頂芽はない。葉芽は楕円形で鈍頭，花芽（花序を含んだ芽）はふくらんだ卵形で，秋のうちから目立つ。小枝は黄緑色で太く，あらく分枝する。前年の枝の樹皮は灰褐色になり，皮目が多い。葉は互生して等間隔につき，広卵形，扁卵円形で長さ5-15cm，幅4-13cm，ふつう3浅裂し，裂片は鈍頭，側裂片は上向し，基部は切形ないし浅心形，やや厚く，表面は初め帯黄褐色の軟毛があるが，のちに無毛，裏面は帯白色，初め淡黄褐色の長毛を密生し，のちに毛は落ちる。葉柄は長さ5-30mm。花は黄色，3-4月，葉に先立って開く。花序は前年の枝に腋生する芽に数個つき，この芽は花後に伸長して葉のある長い枝になるため，花序は果時に枝の基部に残されることになる。春，萌芽の時まで花序は芽の中にあり，総苞片は薄くて幅が広い。花は散形につき，花柄は長さ12-15mm，淡褐色毛を密生する。雄花序は雌花序よりも大きく，花の数も多く，花自体も大きい。花被片は雄花では長さ約3.5mm，雌花では約2.5mm。果実は球形，やや大きくて径約8mm，秋に赤熟する。果柄は長さ1.5-2cm，先は少し太くなる。本州（関東地方・新潟県以西）・四国・九州，朝鮮半島・中国（中部・東北）に分布する。

8. テンダイウヤク　　　　　　　　　　　PL.68
Lindera aggregata (Sims) Kosterm.;
L. strychnifolia (Siebold et Zucc.) Fern.-Vill.

常緑低木。幹は叢生し，根は紡錘状に肥厚する。頂芽も側芽もある。芽は細く，瓦重ね状の褐色の鱗片に包まれる。萌芽した新芽の先は湾曲し下垂する。小枝は細く，初め淡黄褐色の軟毛を密生する。葉は互生して等間隔につき，広楕円形ないしほぼ円形，ときに倒卵形をおび，尾状鋭尖頭で鈍端，長さ4-8cm，幅2.5-4cm。基部は円形または広いくさび形，3脈が目立ち，薄い革質，表面は無毛，深緑色で光沢があり，裏面は粉白色。葉は初め両面に淡黄褐色の軟毛をしくが，のちに裏面の主脈を除き，無毛になる。小脈はやや隆起する。葉柄は長さ4-9mm。散形花序は今年の枝の葉腋に出る芽に少数個つき，無柄，未開の時は球形で褐色の数個の総苞片に包まれ，秋のうちから芽鱗の外へ現れる。花期は4月，少数個の花が散形につき，花柄は長さ約3.5mmで有毛，花被片は黄色，雄花では長さ約2.5mm，雌花では約2mm。果実は楕円形，長さ7-8mm，秋に黒くなる。果柄は7-9mm，先は少し太くなる。中国の原産で，日本には享保年間（18世紀前半）に渡来し，薬用のため栽培され，暖地には野生化したものもある。和名は〈天台烏薬〉の意だが，中国では単に〈烏薬〉という。

9. オキナワコウバシ　　　　　　　　　　PL.68
Lindera communis Hemsl. var. **okinawensis** Hatus.

常緑小高木。若い枝は黄白色の伏毛を散生するが，のちに無毛になる。葉は倒披針状楕円形，長さ4-8cm，幅2-3cm，短鋭尖頭，裏面は初め脈上に黄白色の伏毛があるが，のちに無毛になり，灰白色，側脈は4-5対で，裏面に隆起し，網脈はいちじるしい。葉柄は長さ5-6mm。花序は葉腋に出る芽につき，未開の時，球形で径2-2.5mm，短い2-3mmの柄がある。花は淡黄緑色で散形につき，花柄は長さ約2mm，果時には4-5mmになり，ともに有毛。果実はやや球形で，径6mm，深紅色に熟す。琉球（沖縄島・石垣島）の産。中国および台湾産の基準変種に比べ，毛が少なく，花序に柄がある点で異なるが，区別しない意見もある。

【8】ハマビワ属　Litsea Lam.

　常緑または落葉の，高木または低木。芽はやや葉状の鱗片をもつか，または瓦重ね状の鱗片に包まれる。葉は互生，ときに偽輪生，まれに対生し，羽状脈がある。花序は散形，4－6個の十字対生する総苞片に包まれ，開花前は球形で，柄があるか，またはなく，腋生の芽に数個つく。花後，芽の主軸は伸長しないものが多い。また，腋生の芽がやや柄状に伸長し，その先に数個の花序がやや総状に配列することもある。花は雌雄異株。花被はふつう6裂し，裂片は互いに同形または異形，花後に脱落し，ときにやや退化し，またはまったく消失する。裂片の数には増減がある。雄花には完全雄蕊は6, 9, 12, 18個あり，まれに花被片が雄蕊に変化するため，さらに数の多い（30個）ものもある。花糸は糸状，内側の3, 6個には基部の両側に無柄または有柄の腺体がつく。葯は4室で内向する。雌花には不完全雄蕊は6－18個あり，舌状で，有柄または無柄の腺体がつく。花柱は糸状，または短い。果実は平坦な花被筒の先につくか，または杯状に変化した花被筒に，その基部がかこまれている。果柄は肥厚するものもしないものもある。約200種からなる大きな属で，熱帯および亜熱帯アジアに多く，少数はアメリカ，オーストラリアに分布する。内容が不均一である上に周辺の属との境界は不明瞭で，近年の分子系統解析の結果も本属が多系統群であることを示しており，将来的にはいくつかの属に分けられるであろう。以下の検索表には，検索の便のためにしばしば本属に含められるバリバリノキ属のバリバリノキを加えてある。

　A．常緑。葉芽は瓦重ね状の鱗片に包まれる。
　　B．果托（花被筒）は杯形，長球形の果実の基部を包む。花は帯白色。
　　　C．葉は厚く，長楕円形，円頭，裏面は綿毛におおわれる。花序は湾曲した長い柄をもつ。果実は灰紫色 ················ 1. ハマビワ
　　　C．葉は薄く，長披針形，先は長くとがり，裏面には細かい伏毛がある。花序にはきわめて短い柄がある。果実は黒紫色
　　（バリバリノキ〔【1】バリバリノキ属〕）
　　B．果托は平坦で，果実の基部を包まない。葉は小さく，薄く，倒披針形，先は短くとがる。花序は無柄。花は黄色。果実は小さく，球形かやや長球形で赤色。果柄は肥厚する ··· 2. カゴノキ
　A．落葉。葉芽の鱗片は葉状。葉は薄く，広披針形，先はしだいにとがり，鮮緑色，無毛。花序は有柄で，柄は湾曲する。総苞片と花被片は白色。葯は黄色。果実は小さく，球形で黒色 ··· 3. アオモジ

1. ハマビワ　　PL.70
Litsea japonica (Thunb.) Juss.

　常緑高木。小枝は太く，葉柄，葉の裏面，花序とともに黄褐色の綿毛を密生する。葉は互生し，長楕円形で円頭，長さ7－15cm，幅2－5cm，革質で厚く，縁は裏側へ反り，表面は無毛，深緑色で光沢があり，側脈は8－12対，網脈とともに裏面に隆起する。葉柄は長さ15－40mm。花序は散形で，葉腋に出る芽に数個つき，つぼみの時には総苞片に包まれ，球形で柄がある。柄は湾曲する。総苞片は幅広く，背面には灰褐色の圧毛をしき，縁に黄褐色の毛がある。花序は数花よりなり，花柄は短く，毛があり，花は帯黄白色，10月ごろに開花する。雄花の花被は外面有毛，筒部は漏斗状筒形で6裂し，裂片は披針形で，花の時展開する。雄蕊は高く花外に出て，花糸は細長く，ほぼ無毛。雌花の花柄は太く，長さ1.5－2mm。花被はつぼ状鐘形，有毛，内面にも密毛があり，先は6裂し，裂片はほぼ直立し，狭披針形，花後には脱落する。果実は大きく，楕円形で，長さ15－18mm，幅12mm，翌年の春，灰紫色に熟し，基部は杯状の花被筒（果托）に包まれる。果托の縁は全縁。本州（山口県・島根県）・四国・九州・琉球，朝鮮半島南部に分布する。沿海地に生育する。

2. カゴノキ　　PL.71
Litsea coreana H. Lév.; *L. zuccarinii* Kosterm.;
Actinodaphne lancifolia (Blume) Meisn.

　常緑高木，大木になる。幹の樹皮は鹿の子まだらにはげ落ちる（〈鹿子の木〉の名はこれによる）。枝は細く，無毛，前年枝は帯褐色で小さな皮目がある。芽は細長く，披針形，瓦重ね状の褐色の鱗片に包まれる。葉は互生，枝の先にやや車輪状に集まり，小型で倒披針形または倒卵状長楕円形，先は少し突出し，鈍端，長さ5－9cm，幅1.5－4cm。側脈は7－10対，薄い革質。表面は鈍く光沢があり，裏面は初め長い毛があるが，のちに無毛で灰白色。葉柄は細く，長さ8－15mm。花序は枝の下方，葉のない部分から上方の葉の間にかけて腋生する芽に数個つき，柄がなく，つぼみの時球形で数個の総苞片に包まれる。花は黄色，散形につき，花柄は短く，長毛がある。雄花序は花がやや多くついて大きく，雌花序は少数花で小さい。雄花の花被は有毛，筒部は漏斗形，裂片はやや大きく，披針形で平開し，筒部と等長。花糸は細く，高く花外に出る。雌花の花被は小型で有毛，裂片は短く，三角状披針形で，花時に展開する。果実は倒卵状球形，長さ7－8mm，幅6－7mm，翌年の秋に赤熟し，基部に6裂した花被裂片を残存する。果柄は長さ5－10mm，先のほうが肥厚し，果時淡褐色。本州（関東・福井県以西）・四国・九州・琉球，朝鮮半島南部・台湾に分布する。バリバリノキ属に含まれることもある。

3. アオモジ　　PL.71
Litsea cubeba (Lour.) Pers.;
Lindera citriodora (Siebold et Zucc.) Hemsl.;
Litsea citriodora (Siebold et Zucc.) Hatus.

　落葉小高木。無毛。小枝は暗緑色。芽は葉状。葉は互生し，広披針形で長鋭尖頭，長さ7－15cm，幅2－4.5cm，基部は鋭形，薄い洋紙質，表面は鮮緑色で，裏面は粉白色，羽状脈がある。葉柄は長さ1－2.5cm。散形花序は今年の枝に腋生する芽に数個つく。つぼみの

時は球形で，数個の総苞片に包まれ，柄があり，柄は長さ7－12mmで湾曲する．花は3－4月，葉に先立って咲く．雄花序は大きく，総苞片は4－5個，卵円形，花弁様で白色，長さ約6mm，花の時花弁とともに展開する．花は数個，花柄は長さ約2mm．花被片は楕円形で白色，長さ約3mm．葯は黄色，4室．雌花序の総苞片は3－4個，長さ約4mm，花は少数つき，花被片は長さ約2.5mm．果実は小さく，球形で紫黒色，径5－6mm．残存する花被筒は平坦で，果実の基部を包まない．果柄はあまり肥大せず，長さ4－6mm．九州（西部・南部）・琉球，台湾・中国・ヒマラヤに産し，本州（愛知県以西）にも都市部周辺を中心に近年分布を拡大してきている．

【9】タブノキ属　Machilus Nees

常緑高木．芽は瓦重ね状の鱗片に包まれる．葉は互生し，羽状脈．花は両性．円錐花序は新枝に腋生し，分枝は散房状に広がる．花被は深く6裂し，裂片は互いに同形，または外輪のものがわずかに短い．花の時，裂片は展開し，花後も変形しない．雄蕊は9個，花糸は糸状，第3輪の花糸は基部より上の両側に有柄の腺体をもつ．葯は長楕円形，4室，第3輪の葯は外向する．仮雄蕊は3個，心形で尖頭，短い柄がある．花柱は糸状，柱頭は肥大する．果実は球形または楕円形．果時花被片は宿存し，反曲し，硬化しない．果柄は肥厚しない．熱帯および亜熱帯アジアに約100種が分布する．アメリカ大陸に分布するアボカド属Perseaに近縁でそれに統合されることもあるが，現在では独立の属として認めるのが妥当と考えられている．

A．若い枝や花序，若葉の両面に赤褐色の絨毛か直毛を密にしく．芽鱗の背面には毛があるか，ほとんど無毛．
　B．若い枝や花序，若葉の両面に赤褐色の絨毛が密生する．葉の先は鈍頭 ……………………………………………… 1．コブガシ
　B．若い枝や花序，若葉の両面に直毛が密生する．葉の先は鋭尖頭 ……………………………………………………… 2．タブガシ
A．葉は両面無毛，または若葉の裏面に灰白色の細かな伏毛をしく．芽鱗の背面は無毛．
　B．葉は広く，革質．倒卵状長楕円形，先は短くとがり，鈍端，基部はくさび形．裏面は無毛．若葉は紅色．芽鱗の縁にはきつね色のいちじるしい絹毛がある ……………………………………………………………………………………… 3．タブノキ
　B．葉は狭く，披針形ないし狭長楕円形，鋭尖頭．若葉は緑色．芽鱗の縁は無毛か灰白色の細毛を列生する．
　　C．全株無毛で芽鱗の縁にも毛はない．葉は革質，狭長楕円形，鋭尖頭，基部も狭まる．花被片の内面も無毛 …… 4．オガサワラアオグス
　　C．芽鱗の縁には灰白色の細毛を列生する．葉は薄い革質，狭披針形，長鋭尖頭，基部も長くしだいに狭まり，若葉の裏は灰白色の細かな伏毛をしき，のちには無毛．花被片の内側に細毛がある ……………………………………………… 5．アオガシ

1．コブガシ　　PL.62
Machilus kobu Maxim.

常緑高木．枝は太く，芽鱗の落ちた跡の部分はいちじるしく肥厚する．若い枝は淡黄褐色の伏した絨毛を密生し，のちに無毛になる．若葉の両面は密に赤褐色の絨毛におおわれる．芽は球形で，径23mm前後，鱗片の背面に絨毛がある．葉はやや長い2－3.5cmの葉柄をもち，革質で，長楕円形，または倒卵状長楕円形，長さ10－18cm，幅3.5－7cm，先は鈍頭，表面は光沢がなく，乾くと全面に不明瞭な鎚目（つちめ）のような小さいくぼみが現れる．脈は裏面にいちじるしく隆起し，網目も現れている．花期は2－3月．円錐花序は柄があり，葉より短く，柄とともに赤褐色の絨毛があり，多数の花をつける．花被片は長さ約4.5mm，淡黄緑色，花糸と花柱には毛がある．小笠原産．若い枝や葉の毛の状態や量に変異があり，父島列島産の個体は絨毛を密生するのに対して他の列島のものはまばらに直毛が生えていることから，分類学的再検討が必要である．

2．タブガシ〔テリハコブガシ〕　　PL.63
Machilus pseudokobu Koidz.

常緑高木．枝は太く，芽鱗の落ちた跡の部分はいちじるしく肥厚して目立つ．若い枝や葉は細かな直毛を密生し，生長するにしたがって脱落する．葉は革質で長楕円形，長さ10－18cm，幅3－5cm，先は鋭尖頭で，表面に光沢がある．葉柄は長さ15－27mm．花序は新枝に腋生し，円錐形．花期3－5月．小笠原（父島列島）産．

3．タブノキ〔イヌグス〕　　PL.63
Machilus thunbergii Siebold et Zucc.

常緑大高木．小枝は無毛，緑色，横に広がる．芽は卵形で大きく，瓦重ね状の多数の芽鱗に包まれる．芽鱗の背面は無毛，縁にはきつね色（黄褐色）の光沢のある毛があり，内方の芽鱗にも同じ毛がある．葉は無毛，倒卵状長楕円形，急鋭尖頭，鈍端，長さ8－15cm，幅3－7cm，羽状脈があり，裏面は灰白色．葉柄は長さ2－3cm．若葉は紅色．花序は無毛，有柄，新枝に腋生し，円錐状で，分枝は横に広がる．花は黄緑色，4－5月に咲き，花被片は長さ5－7mm，狭長楕円形，内面に細毛がある．果実は扁球形で径約1cm，黒紫色に熟し，基部に展開する6個の宿存花被片をともなう．果肉は緑色，油質でやわらかく，種子は1個，球形で褐色，種殻は薄い．果柄や花序の軸は紅色をおびることが多い．本州・四国・九州・琉球，朝鮮半島南部・台湾・中国に分布する．沿海地に多い．

4．オガサワラアオグス〔ムニンイヌグス〕　　PL.64
Machilus boninensis Koidz.

常緑低木～高木．前年の枝の樹皮は赤褐色，皮目が隆起し，散在する．芽鱗の縁や花被片も含め全株無毛か，ときに若葉の裏面脈上にわずかに毛がある．葉は革質，狭長楕円形ないし楕円形，鋭頭か短鋭尖頭，基部も狭まり，長さ7－15cm，幅2－5cm，葉柄は長さ1.5－2.5cm．若葉は緑色．花序は新枝に腋生し，円錐形で，少数の花（7－11花）よりなり，長さ5－9cm（花序柄

を含む)。花期3－5月。花は淡黄緑色で，花柄は細く，長さ5－15mm。花被片は長楕円形，鈍頭，長さ3－3.5mm，両面無毛。果実は球形で，径8－10mm，紫黒色に熟す。小笠原産。父島や母島ではやや湿潤な場所に生育する薄い卵形の葉をもつ型が見られ，秋から春に開花することから，分類学的再検討が必要である。

5. アオガシ〔ホソバタブ〕　　　　　　　　PL.64
Machilus japonica Siebold et Zucc. ex Blume

常緑高木。小枝は無毛，緑色。前年の枝は赤褐色のあらい樹皮をもつ。芽鱗の縁には灰白色の細かな毛を列生する。葉は倒披針形または披針形で，長さ8－15cm，幅2－3.5cm，先は長鋭尖頭，基部も長くしだいに狭まり，薄い革質，新葉の裏面は全面に灰白色の細かな伏毛をしき，成葉では毛は落ちて灰白色になる。葉柄は長さ15－20mm。若葉は緑色。花序は新枝に腋生し，円錐形で，長い柄があり，分枝は横に広がる。花は黄緑色，4－5月に咲く。花被片は狭長楕円形，長さ4－5mm，内面に細毛をしき，縁にも毛がある。果実は球形，径約10mm，黒紫色に熟し，宿存する6個の花被片を伴い，花被片は展開している。本州(関東・中部以西)・四国・九州・琉球，台湾・朝鮮半島南部・中国南部に分布する。

【10】シロダモ属　Neolitsea (Benth.) Merr.

常緑の高木または低木。芽は瓦重ね状の鱗片に包まれる。葉は互生，ときに偽輪生になり，3脈または羽状脈がある。散形花序は腋生の芽に数個つく。個々の花序は芽鱗のわきに単生し，花芽の時は球形で柄がなく，数個の総苞片に包まれる。花は雌雄異株。花被の裂片は4または6個，互いにほぼ同形で花後に脱落する。雄花には完全雄蕊が6個，うち内側の4または2個には基部に腺体がつく。花糸は糸状，葯は内向，4室。雌花には仮雄蕊が4または6個あり，舌状またはへら形で，うちもっとも内側の2または3個には基部に腺体がつく。花柱は糸状，柱頭は肥大する。果実は平坦な花被筒の先につき，果柄は上方へ太まり，花被筒へ連なる。約85種がアジアの熱帯および亜熱帯に分布し，一部はオーストラリアに及ぶ。

A．花は秋咲き(キンショクダモでは春咲き)，黄色。果実はほぼ球形，翌年の秋(キンショクダモではその年の冬)に赤熟する。葉は長楕円形，裏面は毛を除き灰白色，初め両面に絹毛をしく。
　B．葉は大型，長さ8－18cm，幅4－8cm，花はやや大きい。果実は大きく，長さ12－15mm。
　　C．春咲き。果実は翌年の春に熟す。葉裏の毛は遅くまで残る ·· 1′．キンショクダモ
　　C．秋咲き。果実は翌年の秋に熟す。葉裏の毛は早く落ちる。
　　　D．葉裏の毛は黄褐色。本州～琉球に生える ··· 1．シロダモ
　　　D．葉裏の毛は銀灰色。大東諸島に生える ··· 1′．ダイトウシロダモ
　B．葉は小型(花枝では)，長さ4－9cm，幅2－4cm，花は小さい。果実はやや小さい ··············· 2．オガサワラシロダモ
A．花は春咲き，暗紅色。果実は小さく，倒卵状長楕円形，その年の秋に紫黒色に熟す。葉は小さく，倒卵状長楕円形，基部へくさび形に狭まり，若葉は縮れたやわらかい伏毛でおおわれる ·· 3．イヌガシ

1. シロダモ　　　　　　　　　　　　　　PL.69
Neolitsea sericea (Blume) Koidz. var. **sericea**

常緑中高木。小枝は緑色，無毛。若い枝は黄褐色の毛をしく。芽は長楕円形で細長く，黄褐色の毛のある瓦重ね状の鱗片に包まれる。葉は互生，枝の先に車輪状に集まり，大型で長さ8－18cm，幅4－8cm，長楕円形または卵状長楕円形，3行脈があり，若葉の両面は帯白色ないし黄褐色の絹毛におおわれるが，のちに表面は無毛，裏面は灰白色で多少絹毛が残る。葉柄は長く，長さ2－3cm。若葉は長い柄で垂れ下がる。花序は枝の下方，葉のない部分から上方の葉の間にかけて腋生する芽に数個つく。開花前の個々の花序は球形で柄がなく，黄褐色の毛のある数個の総苞片に包まれる。花は10－11月に咲き，淡黄色で散形につく。花柄には黄色の長い毛を密生する。花被は4片に深裂し，広卵形，背面に長い毛があり，花時に展開する。雄花は雌花よりも大きく，花被片は長さ約3.5mm。花糸は細く，高く花外に出る。雌花の花被片は立ち，卵状三角形で先がとがり，花柱は無毛またはやや有毛で，花外に出る。果実は楕円状球形，長さ12－15mmで，大きく，翌年の秋に赤熟する。果柄は長さ7－10mm，強くて緑色。本州・四国・九州・琉球，朝鮮半島南部・中国東部に分布する。

ダイトウシロダモ var. **argentea** Hatus. (PL.69) は，葉裏の毛が銀灰色で，まったく赤みがなく，果実は楕円形で長さ13－15mm，果実も葉もシロダモ並みに大きい。南大東島・北大東島に産する。キンショクダモ var. **aurata** (Hayata) Hatus.; *N. aurata* (Hayata) Koidz. (PL.69) は，葉裏の黄褐色の毛が遅くまで残り，花が春に咲く点で異なる。伊豆諸島(利島)・小笠原・九州西部(福江島，甑島?)・吐噶喇列島以南の琉球，台湾(蘭嶼・緑島)に分布する。中国からも報告されるが近縁の別種であろう。

2. オガサワラシロダモ　　　　　　　　　PL.69
Neolitsea boninensis Koidz.; *N. stenophylla* Koidz.

常緑中高木。小枝は細く，初め密に黄褐色の絹毛をしき，のちに無毛で緑色になる。芽はやや細い紡錘形で，黄褐色の柔毛におおわれた瓦重ね状の鱗片に包まれる。葉はやや小型で，長さ4－12cm，幅2－6cm，長楕円形，卵状長楕円形または楕円形，鈍頭または鈍く突出し，またよくとがるものもあり，基部は円いかくさび形。新葉は表面に黄褐色の柔毛があり，裏面には密に淡黄褐色の絹毛をしく。成葉は薄い革質で，表面は無毛，裏面ものちに毛が落ち去り，灰白色になる。脈は3行脈，ときに3出脈。葉柄は細く，長さ2－2.8cm。開花前の花序は柄

Lauraceae

がなく，球形で，径約3mm，黄褐色の毛におおわれた鱗片に包まれ，1芽に数個つく。個々の花序は散形で少数または多数の花よりなる。花は秋に咲き，黄色で小さく，花柄は長さ4-5mm。雌花の花被片は長楕円状披針形で先がとがり，背面には花柄とともに黄褐色の絹毛が密にある。花柱には押しつけたような黄褐色の絹毛が密生する。果実は球形で，赤色に熟し，径8-12mm。果柄は長さ7-9mm。小笠原（父島列島・母島列島・聟島列島）に産する。花や実をつけた枝の葉は，シロダモより小型で，花も小さい。

3. **イヌガシ**〔マツラニッケイ〕　　　　　　PL.70
   Neolitsea aciculata (Blume) Koidz.

常緑高木。枝は細く，緑色。芽は細く，披針形で先がとがり，瓦重ね状の鱗片に包まれる。鱗片は黄褐色の毛におおわれる。葉は互生，枝の先に車輪状に集まり，小型で，倒卵状長楕円形，長さ5-12cm，幅2-4cm，先は少し突出して鈍端，基部は長くくさび形に狭まり，3行脈，うち側方の脈は狭く開き上昇する。若葉は帯白色または黄褐色の伏毛におおわれ，下垂する。のちに葉の表面は無毛，裏面は灰白色になり，無毛または少し伏毛が残る。葉柄は長さ2-2.5cm。花序は枝の裸出部から上方の葉の間にかけて腋生する芽に数個つく。開花前の花序は黄褐色の毛におおわれた数個の総苞片に包まれ，無柄，球形で小さく，花は3-4月に咲き，数花が散形につき，花柄は短く，長毛がある。花被は暗紅色。果実は小型，長楕円形でやや先がとがり，その年の秋に黒紫色に熟す。果柄は長さ7-8mm，果実より少し短い。本州（関東南部以西）・四国・九州・琉球，朝鮮半島南部・台湾に分布する。

ショウブ科 ACORACEAE

大橋広好・邑田 仁

よく枝分かれした根茎のある多年草。葉は根茎から袴状に出て2縦列し，線形，剣状。花茎は根生して直立し，1個の肉穂花序をつけ，葉状の苞（仏炎苞と区別して総苞葉ともよばれる）を1枚つける。花序は多数の花を密につけ，付属体はない。花は両性，3数性，6枚の花被片を2輪につけ，6個の雄蕊と1個の雌蕊がある。葯は内向する。子房は上位，(2-)3室，各室に数個の胚珠がある。胚珠の基部と内外珠皮の先端に毛状の組織がある。果実は液果。染色体数2n＝(22)，24，36，(44)，48。北半球の亜熱帯〜亜寒帯に乾燥地を除き広く分布し，1属2種で構成される。ヨーロッパへは帰化とも見られている。日本にも2種ある。ショウブ属はサトイモ科とされていたが，1987年にはショウブ科として独立とする説が発表され，分子系統解析によって支持されている。また，APG分類体系ではショウブ科はその他の単子葉植物の姉妹群とみなされていて，APG III（2009年）では1属だけでショウブ目ショウブ科として独立している。

【1】ショウブ属　Acorus L.

A. 葉に明らかな中肋があり，常緑ではない。花序は径6-10mm ································· 1. ショウブ
A. 葉の中肋は明らかでなく，常緑。花序は径3-6mm ································· 2. セキショウ

1. ショウブ　　PL.72
Acorus calamus L.; *A. spurius* Schott; *A. calamus* var. *angustatus* Bess.; *A. nikkoensis* Nakai; *A. asiaticus* Nakai

水辺に群生する。根茎はよく枝分かれして長く伸び，径10-15mm，根茎が横にはってよく分枝し節から多数の根を出す。植物体に芳香がある。葉は明緑色，長さ50-100cm，幅10-20mm，鋭尖頭で中肋が突出する。花期は5-7月。花茎は葉より短い。苞は長さ20-40cm，幅5-8mm。花序は卵状長楕円形または長楕円形で太い棒状，花時には長さ4-7cmで，斜上する。花被片は倒狭卵形，淡黄緑色で，長さ約2mm。雄蕊は花被とほぼ同長で長さ1-2mm，花時に葯のみが突き出る。葯は黄色で，花糸は白色。雌蕊はやや六角形で，花被片より長く，長さ約2mm。中国では果実が知られており，長楕円形の液果で，サイズ2.5-3(-4)×1-1.2(-1.8) mm，紅または明褐色と記載されている。日本産のものは3倍体で果実を見ない。染色体数は変異があり，2倍体，3倍体，4倍体，異数体があり，2n＝18，24，36，42，44，45，46，48。北海道〜九州，朝鮮半島・中国・モンゴル・ロシア（極東，シベリア）・マレーシア・インドシナ・インド・スリランカ・ヒマラヤ・北アメリカに自生し，その他北半球の暖帯〜温帯に広く帰化している。古くショウブはアヤメとよばれていた。また，ショウブに菖蒲の字を当てるが，これはセキショウの漢名である。

2. セキショウ　　PL.72
Acorus gramineus Sol. ex Aiton; *A. pusillus* Siebold ex Schott; *A. gramineus* var. *pusillus* (Siebold ex Schott) Engl.; *A. gramineus* var. *japonicus* M. Hotta

平地から山地にかけての溝や小川の縁などに群生し，葉は濃緑色，長さ30-50cm，幅2-8mmで，中肋は目立たず，平滑である。花茎は高さ10-30cm。苞は長さ7-15cm，幅2-5mm。花期は3-5月。花序は狭卵状長楕円形で細棒状，花時には長さ5-10cmで，斜上またはやや直立する。花被片は広倒卵形，淡黄緑色で，3個ずつが2輪に並ぶ。花糸は扁平で，長く伸びて1.3-1.5mm，明らかに露出し，幅は葯の近くで0.2-0.3mm。液果は成熟するとやや乾燥して蒴果状となり，倒卵円形で，緑色，長さ2.5-3mm，4-6個の種子があり，種子は長楕円形，長さ約2.5mmで，上部の珠孔のまわりに白色の長い軟毛をつけ，大型の胚がある。染色体数2n＝18，22，24。本州〜九州，韓国（済州島）・台湾・

ミズバショウ，ザゼンソウ，セキショウの1個の花の拡大図

雄蕊は，ミズバショウとザゼンソウでは4個が1輪に，セキショウでは6個が3個ずつ2輪に並ぶ。雄蕊が現れる順番は，ミズバショウではふつう下側の1個がまず花外に出，次にそれと対生する上側の1個，さらに左右両側のものが1個ずつ現れる。ザゼンソウでは最初の1個の次に隣接するものが2番目，3番目として現れ，最初のものと対生するものは最後に出てくる。セキショウでは外輪の1個にはじまり，左右の2個，次に内輪の3個へと，1個ずつ順に現れる。

旧版の執筆は大橋広好。

中国・東シベリア・インドシナ・ミャンマー・北東インド・フィリピンに分布する。

　全体に小型で，葉は長さ5－40cm，幅1－5mm，花序はふつう長さ2－3cmの，多くの中国原産の園芸品種が栽培されている。特に小型のコウライゼキショウ，20cmほどの長さの葉に淡黄白色の斑が入ったアリスガワゼキショウなど，草丈や葉の幅，斑入りの具合などによって区別されている。

サトイモ科　ARACEAE

邑田　仁

　多くは湿潤な場所を好むが，一部は乾燥地にも生育する多年草で，まれに浮遊性の水草がある。茎は地中にあって球茎またはしばしば長く伸びる根茎となり多汁質，あるいは地上にあって一部が木質化し，直立またはつる性となり，他物によじのぼって長く伸びるものや着生するものがある。葉は単葉または複葉で，ときに膜質の鞘状葉がある。普通葉は，根生あるいは茎について互生し，多くは葉身と葉柄があり，葉柄の基部に葉鞘があるか，あるいはなく，葉脈は網状脈またはしばしば平行脈。花序は肉穂花序，多くは基部に大型で草質の仏炎苞が1枚ある。花序軸の上部は裸出して付属体と呼ばれる器官となり，花期に異臭を発するものが多い。花は小型で，単性または両性。単性花ではふつう花被がなく，両性花では多くは花被がある。単性花では雌雄同株あるいは異株で，同株の場合は花序の上部に雄花が，下部に雌花がつく。雌雄異株の場合はふつう大型の個体は雌株，小型のものは雄株であり，貯蔵栄養の多少によって雌雄が可逆的に変化する（雌雄偽異株）。雄花は2～6，まれに1個の雄蕊からなり，しばしば2個が合着して集葯となる。葯はふつう2室で，孔裂あるいは縦に開く。雌花あるいは雌花序には仮雄蕊が見られることがある。雌花は1個の雌蕊からなる。子房はふつう上位または下位，1から多室で，心皮は合着する。胚珠は1から多数あり，側膜胎座，基底胎座，中軸胎座，懸垂胎座，垂下胎座が見られる。果実はふつう液果で，種子は多くは澱粉を含む内胚乳があり，それにかこまれて大型の米粒状の胚があるが，内胚乳がない場合には胚は曲がっている。APG分類体系では，それまでしばしば科内に含まれていたショウブ科を独立させ，ウキクサ科を含めている。おもに世界の熱帯～亜熱帯に約115属3000種以上が分布し，日本には14属がある。

　果序が食用とされるホウライショウ Monstera deliciosa Liebm. は中央アメリカ原産で，植物体はハブカズラに似ており，小笠原諸島で野生化している。ユズノハカズラ属 Pothos とは異なるが，園芸的にポトスと呼ばれる熱帯アメリカ原産の Syngonium podophyllum Schott も暖地に逸出している。ボタンウキクサ Pistia stratiotes L. は1属1種の浮遊性の水生植物で，倒卵形の葉を多数根生する。世界中の熱帯に広く分布し，日本にも帰化し暖地で越冬するようになっている。

```
A．植物体は葉状で，水面あるいは水中に群体をなして生活する。
  B．根がない。出芽嚢は1個で花序をつけず，花序は葉状体の表面中央のくぼみに生じ，雄花1個，雌花1個からなり，苞がない
                                                                          【15】ミジンコウキクサ属 Wolffia
  B．根がある。出芽嚢は葉状体の基部両側に2個あり，花序はその1個から生じ，雄花2個，雌花1個からなり，膜質の苞がある。
    C．根は1個。葉状体に1～3脈がある                                          【7】アオウキクサ属 Lemna
    C．根は3～多数個。葉状体に3～15脈がある。
      D．根は2～6本。葉状体は長楕円形または狭倒卵形，葉脈は3(－5)本            【6】ヒメウキクサ属 Landoltia
      D．根はふつう10本内外。葉状体は広倒卵形，葉脈は5－11本                    【12】ウキクサ属 Spirodela
A．植物体は明らかな地下茎や地上茎をもち，葉を側生する。
  B．花は単性，花被がない。
    C．雌雄別株，または同株で雌花群と雄花群の間に花序軸は露出しない。
      D．葉は単葉，花序は葉の間に通常複数が並び，仏炎苞の下半だけが宿存する      【1】クワズイモ属 Alocasia
      D．葉は複葉，ごくまれに単葉（日本にはない）。花序は根生する花茎の先に1個つき，仏炎苞は宿存しない。
        E．葉身はほぼ均等に3つの羽片に分裂する。葉と花序は同時に存在しない      【2】コンニャク属 Amorphophallus
        E．葉身は鳥足状，または3小葉に分裂する。葉と花序は同時または相前後して出る 【3】テンナンショウ属 Arisaema
    C．雌雄同株。雌花群と雄花群の間に花序軸が露出する。
      D．雌花群と雄花群の間に退化花がなく，雌花群の花序軸部分は片側が仏炎苞に合着する 【9】ハンゲ属 Pinellia
      D．雌雄両花群の間に退化花の部分がある                                    【14】リュウキュウハンゲ属 Typhonium
  B．花は両性。花被があるかまたはない。
    C．着生植物で明らかな地上茎がある。
      D．花被がある                                                            【10】ユズノハカズラ属 Pothos
      D．花被がない。
        E．子房は1室で，胚珠は2(－8)個あり，種子は腎臓形                       【5】ハブカズラ属 Epipremnum
        E．子房が不完全に2室に分かれ，各室に多数の胚珠があり，種子は長楕円形     【11】ヒメハブカズラ属 Rhaphidophora
    C．湿地に生え地上茎はない。
      D．花被がある。
        E．仏炎苞は白色，花序軸の基部につき花序軸と合着しない                   【8】ミズバショウ属 Lysichiton
        E．仏炎苞は暗紫褐色，花序軸上（肉穂花序の基部）につく                   【13】ザゼンソウ属 Symplocarpus
```

旧版の執筆は大橋広好。

Araceae

D．花被がない ･･･【4】ヒメカイウ属 Calla

【1】クワズイモ属　　Alocasia G. Don

　　多年草。茎は地下で球茎となるか，ときに地上で棒状となる。葉は長柄があり，基部は鞘となり，葉身は若い時には楯形，成葉ではやや矢じり形，全縁あるいは羽状に深裂する。花茎は複数まとまって出て，それぞれの基部に鞘状葉がある。苞の舷部はボート形で花後に脱落し，筒部は長楕円形で宿存し，果実が熟すと裂けて反り返る。花序は円柱形で，苞よりもやや短く，下から，基部に多数の雌花がつく部分，次に仮雄蕊，その上部に雄花が多数つく部分，さらに最上部に多数の仮雄蕊の部分が続く。雄蕊は3－8個あって，合着する。雌蕊は1個で，子房は1室。果実は液果で，多くは帯赤色。アジアの熱帯に約60種が知られており，日本には3種分布する。

　　球茎（親いも）と，それから出る子球（子いも），葉柄などを食用にするため古くから栽培されているサトイモ Colocasia esculenta Schott は，インド東部〜マレーシア原産の作物である。サトイモ属 Colocasia は，胚珠が多数あって子房壁につく点で，胚珠が数個で子房の底部に直生するクワズイモ属と異なる。

　　A．葉身の側脈は7－13対で中央脈から葉縁にほぼまっすぐに向かう。
　　　　B．葉身は盾状につき，長さ60cmに達する ･･1．クワズイモ
　　　　B．葉身は盾状とならず，長さ1mに達する ･･･1'．ヤエヤマクワズイモ
　　A．葉身は長さ10－20cm，側脈は4－5対でしだいに曲がって葉の先端に向かう。･･････････････････2．シマクワズイモ

1．クワズイモ　　　　　　　　　　　　　　PL.74
Alocasia odora (Lodd.) Spach

　低地の常緑樹林下に生え，全体の高さが1m以上になる多年草。茎は地上生で太く，地上に露出し，葉痕が輪状につく。葉は鮮緑色で，柄は太く，長さ60－120cm，葉身は楯形，広卵形で鋭頭，基部は心形，長さ幅とも60cmになる。葉脈は9－13対，中央脈から葉縁にほぼまっすぐに向かう。花期は5－8月。花茎は長さ15－25cm。仏炎苞は緑色でやや白色をおび，筒部は長さ4－8cm，舷部は筒部よりも長く，約10cm，花後に舷部は脱落し，筒部は残って果序をかこむ。花序の雄花部と上部の仮雄蕊の部分は狭円錐状。四国南部・九州南部〜琉球，中国（南部）・台湾・インドシナ・インドの暖帯〜亜熱帯に生育する。果実は赤色に熟し，裂けて反り返った仏炎苞内部から露出する。

　フィリピンに自生する**ヤエヤマクワズイモ** A. atro-purpurea Engl.は西表島に分布するといわれ，植物体は大きく高さ3.5－6mになり，茎は長さ2－5m。葉身は広卵形で，楯形とならず，側脈は7－10対あり，鈍頭から鋭頭，基部は深い心形である。花茎は長さ10－20cmあり，仏炎苞は紫色をおび，筒部の長さ4－5cm，舷部は10－12cm。花序は長さ10－12cm。

2．シマクワズイモ　　　　　　　　　　　　PL.74
Alocasia cucullata (Lour.) G. Don

　耕作地の縁や人家の近くに生える常緑の多年草。全体の高さは30－50cm。葉身は心形で盾状につき，尾状鋭尖頭となり，長さ10－20cm，4－5対の側脈はしだいに曲がって葉の先端に向かう。奄美から琉球・小笠原，東南アジア・インドに分布する。

　アイノコクワズイモ A. ×okinawensis Tawadaはクワズイモとシマクワズイモの間の雑種と思われるもので，葉身は尾状鋭尖頭，長さ約45cm，9－11対の側脈がある。琉球に分布。

【2】コンニャク属　　Amorphophallus Blume ex Decne.

　　球茎がある多年草。葉は有柄，3全裂し，各裂片は羽状に全裂する。花茎は直立し，長く伸び，先端に花序をつける。仏炎苞は卵形または長卵形。花序は円柱形で，密に花をつけ，下部に雌花群の部分，その上に雄花群の部分があり，先端に付属体がつく。雄花は合着する2－4個の雄蕊からなり，葯は頂に孔があり花粉を出す。雌花は1個の雌蕊があり，子房は球形で1－4室，各室に1個の胚珠がある。果実は液果で，種子は1－2個。主として旧世界の熱帯に約80種が分布し，日本に1種が自生する。

1．ヤマコンニャク　　　　　　　　　　　　PL.74
Amorphophallus kiusianus (Makino) Makino;
A. hirtus N. E. Br. var. *kiusianus* (Makino) M. Hotta

　低地のやや湿った常緑林下にまれに生える。球茎は大型，扁球形で，子球がある。葉は1個で，花後に開き，葉身は3裂し，さらにそれぞれ2裂してふぞろいの羽状裂片となる。裂片は多くは長楕円形，先は尾状鋭尖頭。花期は5－6月。花茎は高さ約1m，仏炎苞は基部が暗緑色，内面は汚紫色をおび，両面に白斑があり，長卵形で，鋭尖頭，長さ約20cm。花序は長さ13－17cmで，悪臭がある。付属体は黒紫色，長さ約8cm，無毛または中部以下にまばらに長毛がある。他花授粉しなくても結実し，果実は広楕円形，径約1cm，初めは緑色で深青色に熟す。四国（高知県）・九州南部・奄美，台湾に分布する。葉は花時にはない。果実が深青色に熟すことで台湾産の A. hirtus N. E. Br.と共通で，変種とされたこともあったが，A. hirtusは葉裂片に赤い縁取りがあり，花序付属体がより大きくて全体に毛があること

で明らかに異なる。

コンニャク A. konjac K. Koch (PL.74) は古くから広く日本で栽培されているが，インドシナあるいは中国南部に原産する。

【3】テンナンショウ属　Arisaema Martius

多年草。地下茎は日本産の種類ではすべて扁球形の球茎で，1個の葉に1個の腋芽をつけるが，まれに横並びの副芽を生じる。腋芽はときに子球に発達し，まれに匍匐枝となって伸びる。地上部はふつう1年生で，数枚の鞘状葉と1-2個の普通葉（以下，単に葉とよび，検索表および記載では第1番目の普通葉について述べる）をつける。葉身は鳥足状または掌状，輪状に3〜多数の小葉に分かれるか，非常にまれに単葉。鳥足状複葉では葉柄の先は左右の葉軸に分かれ，中央に1枚の小葉をつけ（頂小葉とよぶ），葉軸上に1〜多数の側小葉をつける。葉柄の下部は内側の葉の葉柄および花茎の基部を抱き，茎のように見える葉鞘となる（偽茎とよぶ）。仏炎苞は1枚，その下部は巻いて筒状となり，花序を取り巻く。上部は葉状，ほろ状またはかぶと状で，舷部とよばれ，ふつうは前に曲がって屋根のように花序をおおう。花は単性で，花序軸の下部に密生し，雌雄別花序につくか，まれに同一花序につき雌花群の上に雄花群が続く。一般に，テンナンショウ属では個体の栄養状態によって花序の性が決まることが知られており，小型株では雄花序をつけ，同一株が大型になると雌性または両性の花序をつけるようになる。このような雌雄異株性を中井猛之進（〈東亜植物図説〉1巻4号 1936）は雌雄偽異株paradioeciousと名付けた。花序軸の

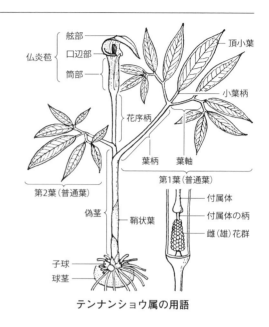

テンナンショウ属の用語

先は多くの種では急にふくれて太くなり，棒状または円柱状で，仏炎苞の内側にあるが，一部の種は糸状に長く伸びて仏炎苞の外側に出る。この花軸の先の部分を（花序の）付属体とよび，付属体の基部が急に柄状に細くなる場合，この部分を付属体の柄とよぶ。柄のない種では付属体の基部にときに花が退化して刺状となった突起物をつける。雄花は2〜数個の雄蕊が合着し，雌花は1個の雌蕊からなり，ともに花被片がない。子房は1室で，1〜多数の直生胚珠がある。果実は液果で，卵球形，熟して朱赤色となり，少数の種子がある。種子はほぼ球形で，乳白色まれに斑点がある。約150種，東アジアからヒマラヤにかけての湿潤な暖帯〜温帯に多く，インド南部からスリランカ・東南アジア・マレーシア地域・北アメリカおよびメキシコ・アフリカ東部の高地などにも分布する。全体14節に分類され，日本にはこのうち3節に属する種類が分布する。そのなかでテンナンショウ節の種類は特に日本に多く，そのほとんどは固有種であることから，この節は日本で分化したと考えられている。

日本産テンナンショウ属のなかにはミツバテンナンショウ，アマミテンナンショウなど古く分化したと考えられる種や，マムシグサ，ヒロハテンナンショウ，ユモトマムシグサなどの新しく分化したと思われる種が含まれている。古い種では変異が少ないが，新しい種では変異が多く，多型であり，したがって分類は困難である。旧版では多型種を大きく定義していたが，本書では各形態群を別種あるいは別亜種として区別する。

A．花序付属体に柄がない。球茎上の腋芽は中心から5方向に並ぶ(5列縦生)。
　B．葉は通常2個。花序付属体の基部に突起(退化花)がある。球茎上の腋芽は横並びの副芽をともなう
　　　　　　　　　　　　　　　　　　　　　　　　　　　　　　　　　《アマミテンナンショウ節 Sect. Clavata》
　　C．花序付属体は鞭状で，先が仏炎苞の外に出る ································ 1. シマテンナンショウ
　　C．花序付属体は棒状で直立し，仏炎苞の外に出ない。
　　　D．仏炎苞は舷部内側が紫褐色。沖縄島に分布する ···················· 2'. オキナワテンナンショウ
　　　D．仏炎苞は全体が緑色。
　　　　E．花序付属体は全体が太棒状。徳之島の低地に分布する ··········· 2'. オオアマミテンナンショウ
　　　　E．花序付属体は細棒状で先が急にふくらむ。徳之島，奄美大島の山地に分布する ········· 2. アマミテンナンショウ
　B．葉は1個。花序付属体の基部に突起がない。球茎上の腋芽は単生(副芽がない) ········ 《ウラシマソウ節 Sect. Flagellarisaema》
　　C．仏炎苞は緑色。性転換後の花序は両性。花粉表面には円錐形の突起と，その間に不定形の小さな凹凸がある。頂小葉はその脇の小葉に比べ明らかに小さい ·· 3. マイヅルテンナンショウ
　　C．仏炎苞は紫色。性転換後の花序は雌性。花粉表面には円錐形の突起だけがある。頂小葉はそのわきの小葉に比べ，同大か大きい。
　　　D．仏炎苞は筒部の長さ5cm以上で口部の内側に白いT字紋がない。染色体数2n=28。
　　　　E．花序付属体は仏炎苞口部付近でふくらみ，その部分は通常白色で細かい襞におおわれる ······· 4'. ナンゴクウラシマソウ

Araceae

    E．花序付属体は全体に平滑で，仏炎苞口部から見える範囲はおおむね紫褐色 ……………………… 4．ウラシマソウ
    D．仏炎苞は筒部の長さ3－4cmで口部の内側に白いT字紋がある．染色体数2n=56 ……………… 5．ヒメウラシマソウ
A．花序付属体に柄がある．球茎上の腋芽は中心からほぼ2方向に並ぶ(2列斜生) ………………………《マムシグサ節 Sect. Pistillata》
 B．葉は通常2個でほぼ同大，それぞれ無柄の3小葉をつける．
  C．小葉の縁に微鋸歯があり，先は短くとがる．仏炎苞舷部は平坦．花後に白色の地下走出枝を出す．染色体数2n=72
   ……… 6．ミツバテンナンショウ
  C．小葉は全縁，先は尾状にとがる．仏炎苞舷部は兜状にふくらむ．地下走出枝を出さない．染色体数2n=28
   ……… 7．ムサシアブミ
 B．葉は1個または2個，通常5枚以上の小葉を鳥足状または掌状につける(ユキモチソウなど小葉数の少ないものはまれに有柄の
  3小葉をもつ)．
  C．仏炎苞の筒部の縦筋は隆起する．染色体数は13の倍数(26，52，65，78，まれに39)
   ……………………………………………………………………………………《ヒロハテンナンショウ群 A. ovale group》
   D．仏炎苞の口辺は狭く反曲し，舷部は広卵形〜狭卵形．染色体数2n=52, 65, 78．腋芽は(2－)3個が横並びに生じ，隣り
    合った(2－)3個の子球に発達する．太平洋側でまれに見られる2倍体(2n=26)では腋芽が単生する
    …… 8．ヒロハテンナンショウ
   D．仏炎苞の口辺は狭い耳状に反曲するか，ほとんど反曲せず，舷部は倒卵形または狭三角状卵形．染色体数2n=26．腋芽
    は単生する．
    E．仏炎苞の口辺は広く開出し，舷部は倒卵形，葉に遅れて開く．長野県に分布する ……… 9．イナヒロハテンナンショウ
    E．仏炎苞の口辺はほとんど開出せず，舷部は狭三角状卵形，葉より先に開く．兵庫県および岡山県に分布する
    …… 10．ナギヒロハテンナンショウ
  C．仏炎苞筒部の縦筋は隆起しない．球茎上の腋芽は単生．染色体数2n=26，28または56．
   D．偽茎の開口部は花序柄に密着して広がらない．
    E．花序は葉よりもいちじるしく，あるいはやや遅れて開く．葯は輪状に癒合する ………… 11．シコクヒロハテンナンショウ
    E．花序は葉よりも先に出て，明らかに早く開く．葯は独立または馬蹄形に癒合する．
     F．葉は1個，大型個体ではまれに2個．仏炎苞は紫色．四国に分布する ……………… 12．イシヅチテンナンショウ
     F．葉は2個，ときに1個．仏炎苞は緑色，ときに紫色．本州に分布する．
      G．花序柄は葉柄と同長または長い．
       H．仏炎苞は通常黄緑色，まれに紫褐色．花序付属体は太棒状 ……………………… 13．ユモトマムシグサ
       H．仏炎苞は通常汚紫色．花序付属体は棒状 ……………………………………… 13′．オオミネテンナンショウ
      G．花序柄は葉柄より明らかに短い．
       H．花序付属体は太棒状で直径5mm以上 ……………………………………… 13′．カミコウチテンナンショウ
       H．花序付属体は細棒状で直径3mm以下 ……………………………………… 13′．ハリノキテンナンショウ
   D．偽茎の開口部は襟状にやや広がって開出し，波打つ．
    E．仏炎苞は葉よりも明らかに早く開き，紫からオリーブ色，まれに紫褐色または黄緑色，白い縦筋がある．
     F．花序柄は(少なくとも雌では)偽茎より長い．小葉は5－7枚か，それ以上．子房あたり平均胚珠数は10個以上．
      G．小葉は5－7枚．染色体数2n=28．
       H．葉は通常2個．仏炎苞は緑色．静岡県と神奈川県に分布する ……………… 14．オドリコテンナンショウ
       H．葉は1個または2個．仏炎苞は紫色．岡山県と広島県に分布する …………… 15．タカハシテンナンショウ
      G．小葉は7枚以上，染色体数2n=26 ………………………………… 《ヒガンマムシグサ群 A. undulatifolium group》
       H．兵庫県に分布する．植物体は以下の種に比べて小さい．小葉は雌で7－9枚，花序柄／葉柄の比は雄で0.9以下，
        雌で1.4以下 ……………………………………………………………………………… 16．ハリママムシグサ
       H．兵庫県に分布しない．植物体は前種に比べて大きい．小葉は雌で9－17枚，花序柄／葉柄の比は雄で1.0以上，
        雌で1.5以上．
        I．仏炎苞の口部の反曲幅は3mm以下．伊豆半島に分布する ………………… 17．ナガバマムシグサ
        I．仏炎苞の口部の開出幅は4mm以上．伊豆半島に分布しない．
         J．小葉は雄雌ともに11枚以下，広披針形から楕円形．
          K．仏炎苞の口部は広く耳状に広がり，開出部の幅8mm以上 ……… 18．ミミガタテンナンショウ
          K．仏炎苞の口部はやや耳状に広がり，開出部の幅8mm未満 ………… 19．ヒガンマムシグサ
         J．小葉は雄で9枚以上，雌で11枚以上，線形から狭楕円形 ……………… 17′．ウワジマテンナンショウ
     F．花序柄は偽茎より短い．小葉は7枚以上．子房あたり平均胚珠数は8個以下
      …………………………………………………………………………… 《マムシグサ群 A. serratum groupの一部》
      G．2葉があれば大きさの差がいちじるしい．染色体数2n=28．西日本に分布する．
       H．仏炎苞は緑色から緑紫色，まれに紫褐色で，縦の白筋があり，舷部は盛り上がらない ………… 20．マムシグサ
       H．仏炎苞は紫褐色で白筋が目立たず，舷部の中央が盛り上がる ………………… 21．ヒトヨシテンナンショウ
      G．2個の葉はほぼ同大．染色体数2n=26．八丈島に固有 ……………………… 22．ハチジョウテンナンショウ
    E．仏炎苞は葉と同時または遅れて開くか，あるいは早く開く．早く開く種では仏炎苞が黄緑色(ムロウテンナンショウ，
     ホソバテンナンショウとウメガシマテンナンショウ)，または紫褐色で白筋が目立たない(ヒトヨシテンナンショウ)．
     F．葉は，小葉間の葉軸が発達せず，掌状に分裂する(カラフトヒロハテンナンショウの大型個体では葉軸が発達する)．
      小葉は5－7枚．
      G．頂小葉はその隣の側小葉と同大かより小さい．花序付属体は棒状で，仏炎苞の筒部からほとんど外に出ない．九
       州に分布する ……………………………………………………………………………………… 23．オガタテンナンショウ
      G．頂小葉はその隣の側小葉より大きい．花序付属体は棒状から棍棒状で，仏炎苞の筒部より長く，先が外に出る．

サトイモ科

北海道または本州に分布する。
　H．花序柄は偽茎および葉柄とほぼ同長，花序は地面から離れてつく。染色体数2n=56。北海道とサハリンに分布する ……………………………………………………………………………………………… 24．カラフトヒロハテンナンショウ
　H．花序柄は偽茎および葉柄より明らかに短く，花序は地面近くにつく。染色体数2n=28。静岡県に分布する
　　　……………………………………………………………………………………………… 25．アマギテンナンショウ
F．葉は，小葉間の葉軸が発達し，鳥足状に分裂する。小葉は5枚(キシダマムシグサ，ユキモチソウ)，または7枚以上。
　G．仏炎苞は葉と同時に開き，口部は耳状に反曲する。徳之島に固有 …………………… 26．トクノシマテンナンショウ
　G．仏炎苞口部は耳状に反曲しない(反曲する種では，仏炎苞が葉より明らかに遅れて開く)。徳之島に分布しない
　　　　　　　　　　　　　　　　　　　　　　　　　　　　　　　　《マムシグサ群 A. serratum groupの一部》
　　H．仏炎苞舷部は先が細くとがり，尾状から糸状に長く伸びる。
　　　I．仏炎苞舷部(細い先端部分を含む)は筒部より長い。
　　　　J．仏炎苞舷部は縁に沿って内側に曲がり，ややほろ状となり，細長い先端は内巻きになる
　　　　　　……………………………………………………………………………………… 27．ホロテンナンショウ
　　　　J．仏炎苞舷部は縁に沿って内側に曲がらない。
　　　　　K．仏炎苞は半透明。小葉の先も通常尾状に細くとがる ……………………… 28．アオテンナンショウ
　　　　　K．仏炎苞は不透明。小葉は鋭頭から鋭尖頭。
　　　　　　L．小葉は5－7(－9)枚。偽茎の長さは葉柄の3.5倍以下。
　　　　　　　M．葉は通常2個。花序付属体は先端付近で直径3mm以上 ………… 29．キシダマムシグサ
　　　　　　　M．葉は1個。花序付属体は先端付近で直径2mm以下 ………………… 30．セッピコテンナンショウ
　　　　　　L．小葉は7－17枚。偽茎の長さは葉柄の4倍以上。花序付属体は先端付近で直径3mm未満。
　　　　　　　M．葉は通常2個。仏炎苞舷部の縁は全縁。四国に分布する ………… 31．エヒメテンナンショウ
　　　　　　　M．葉は通常1個。仏炎苞舷部はしばしば微鋸歯縁。九州に分布する ……… 32．ツクシマムシグサ
　　　I．仏炎苞舷部は筒部より明らかに短い ……………………………………………… 33．タシロテンナンショウ
　　H．仏炎苞舷部は鋭頭から鋭尖頭，ユキモチソウではまれに短尾状から尾状にとがる。
　　　I．仏炎苞は質厚く，ややスポンジ状から革状。
　　　　J．葉は通常2個。仏炎苞はややスポンジ状，舷部は直立または斜上する。花序付属体は先が頭状にふくらむ
　　　　　　………………………………………………………………………………………… 34．ユキモチソウ
　　　　J．葉は通常1個，ときに2個。仏炎苞は革質で前～下向きに曲がる。花序付属体は棒状で先がふくらまない
　　　　　　……………………………………………………………………………………… 35．キリシマテンナンショウ
　　　I．仏炎苞は薄く，草質　　　　　　　　　　　　　　　　《マムシグサ群 A. serratum goroupの一部》
　　　　J．葉は通常1個，ときに2個。
　　　　　K．仏炎苞の色や質は筒部と舷部の間で急に変わる。
　　　　　　L．仏炎苞は長さ12cm以下，舷部は狭三角状卵形で先がとがり，やや革質，内側は緑色で基部にハの字状の紫褐色の紋があるか，まれになく，ときに全体紫褐色，斜上または前に曲がる。花序付属体は細く，先端近くで直径3mm以下。本州中部以北に分布する ……………………… 36．ヒトツバテンナンショウ
　　　　　　L．仏炎苞は長さ11cm以上，舷部は狭卵形から卵形でやや革質，鈍頭または鈍角にとがり，内側は全体オリーブ色，下へ垂れる。花序付属体はやや太く先端近くで直径2.5mm以上。本州の中国地方および四国に分布する。
　　　　　　　M．仏炎苞舷部は狭卵形で外面は通常内面と同じく緑色 ……………… 37．オモゴウテンナンショウ
　　　　　　　M．仏炎苞舷部は卵形で外面は通常口辺部と同じく紫褐色 …………… 37'．シコクテンナンショウ
　　　　　K．仏炎苞の色や質は筒部と舷部の間で急に変わらない。
　　　　　　L．仏炎苞は緑色または紫色をおび舷部の幅4.5cm未満，口辺部は狭く反曲する。
　　　　　　　M．小葉は楕円形。仏炎苞は緑色で舷部は筒部より短く，7本以上の白い縦筋がある。九州に分布する
　　　　　　　　　…………………………………………………………………………… 38．ヒュウガヒロハテンナンショウ
　　　　　　　M．小葉は線形から披針形。仏炎苞は紫褐色～赤紫色，ときに緑がかっており，舷部は通常筒部より長く，5本以下の白い縦筋がある ……………………………………………………………… 30．セッピコテンナンショウ
　　　　　　L．仏炎苞は紫褐色で舷部の幅4.5cm以上，口辺部が耳状に張り出す ……… 39．ヤマグチテンナンショウ
　　　　J．葉は通常2個，ときに1個。
　　　　　K．仏炎苞は緑色で，舷部内側に隆起する縦脈はないか不明。
　　　　　　L．仏炎苞内面に細乳頭状突起が密布して白緑色となるか，または花序付属体の先端にいちじるしい横じわがある。
　　　　　　　M．仏炎苞内面に細乳頭状突起が密布する。花序付属体は平滑。本州に分布する。
　　　　　　　　N．花序付属体の先端は急にふくらまず，濃緑色で光沢のある円頭で終わる
　　　　　　　　　　………………………………………………………………………… 40．ムロウテンナンショウ
　　　　　　　　N．花序付属体の先端は大豆状のふくらみで終わる ………………… 40'．スルガテンナンショウ
　　　　　　　M．仏炎苞内面は平滑。花序付属体の先端にいちじるしい横じわがある。四国に分布する
　　　　　　　　　……………………………………………………………………………… 41．ツルギテンナンショウ
　　　　　　L．仏炎苞内面は平滑，まれに不明の細かい凹凸がある。花序付属体は平滑。
　　　　　　　M．花序付属体は先端近くで直径2mm以上。本州に分布する。
　　　　　　　　N．仏炎苞は葉に遅れて開き，舷部は筒部とほぼ同長，中央の白筋1本が目立つ
　　　　　　　　　　………………………………………………………………………… 42．ミクニテンナンショウ
　　　　　　　　N．仏炎苞は葉と同時またはやや早く開き，舷部は筒部より短く，3－5本の白筋がある。

　　　　O. 仏炎苞口部は狭く反曲し、舷部は卵形、内側は白っぽく、不明の凹凸がある。花序付属体は棒状からやや棍棒状 ………………………………… 43. ウメガシマテンナンショウ
　　　　O. 仏炎苞口部は開出して狭い耳状となり、舷部は広卵形から卵形、内側は平滑で白っぽくない。花序付属体は細棒状 …………………………………… 44. ホソバテンナンショウ
　　　M. 花序付属体は先端近くで直径1.5mm以下。長崎県に分布する ………… 45. ウンゼンマムシグサ
　K. 仏炎苞は緑色または紫色をおび、舷部内側にうねって隆起する細い縦脈がある。
　　L. 仏炎苞舷部は明らかに盛り上がる。花序付属体は棒状で先がふくらまない。
　　　M. 仏炎苞舷部は広卵形から三角状卵形、基部は狭まるか狭まらず、縦筋は白い。
　　　　N. 仏炎苞は少なくとも外側は緑色でときに白っぽく、舷部は筒部より短く内側は通常紫色で白筋が目立つ …………………………………………………… 46. ヤマジノテンナンショウ
　　　　N. 仏炎苞は通常紫褐色で白い縦筋があり、舷部は筒部と同長または長い …… 47. ヤマザトマムシグサ
　　　M. 仏炎苞舷部は卵形から狭卵形で基部はくびれ、中央が盛り上がり、縦筋は半透明で中央で幅広くなる …………………………………………………………………… 48. コウライテンナンショウ
　　L. 仏炎苞舷部は平坦またはわずかに盛り上がる。花序付属体は棒状、棍棒状または頭状。
　　　M. 仏炎苞舷部は狭三角状で細長くとがる ……………………………… 49. ヤマトテンナンショウ
　　　M. 仏炎苞舷部は卵形または狭卵形
　　　　N. 仏炎苞は筒部が白色、口部は広く耳状に開出して舷部と同色、舷部は通常紫褐色で目立つ白筋があり、卵形から広卵形で筒部と同長またはより長く、通常やや垂れ下がる。花序付属体は太い棒状から棍棒状、ときに頭状 ……………………………………………………… 50. オオマムシグサ
　　　　N. 仏炎苞は緑色または紫褐色をおび、白い縦筋があり、口部は開出または反曲し、狭い耳状、舷部は卵形から狭卵形で通常筒部より短い。花序付属体は棒状で、ときに棍棒状から頭状 ……………………………………………………………………………… 51. カントウマムシグサ

1. シマテンナンショウ〔ヘンゴダマ〕　PL.75
Arisaema negishii Makino

林縁あるいは林下に生える。球茎はゆがんだ扁球形で、上方に子球をつける。葉は2個、ほぼ同じ大きさで、鳥足状に9-15枚の小葉をつける。小葉は狭楕円形で、先はやや尾状に伸び鋭くとがる。花序柄は花時には葉柄より短く、花後やや伸びるが、一般に雌株の花序柄は雄株のものより短い傾向がある。仏炎苞は緑色またはまれに帯紫色、舷部は前に曲がり、中央部がやや盛り上がり、広卵形、先端はやや尾状で鋭頭。花期は1-2月。付属体は無柄で、上部はしだいに細くなり仏炎苞外に伸び出す。雌株では付属体の基部に角状の突起をつける。伊豆七島*（八丈島・三宅島・御蔵島）に分布する。球茎をゆでて餅のようにつき、団子にして食べる。芽生え第1葉は小さな鞘状で地下にとどまり、緑葉は2年目に地上に現れる。

＊神奈川県真鶴産とする牧野の標本（1933）が京都大学と牧野標本館にあるが、ラベルの誤りの可能性もあるので、ここでは採らない。

2. アマミテンナンショウ　PL.75
Arisaema heterocephalum Koidz.
subsp. **heterocephalum**

山地の常緑樹林下に生え、高さ20-50cm。葉は2個まれに3個でほぼ同形、葉柄は長さ5-17cm。小葉は(11-)15-19(-21)枚、鳥足状につき、狭披針形から狭倒卵形で鋭尖頭、頂小葉はふつう側小葉よりも大型で、長さ6-16cm、幅1-2.5(-3)cm、側小葉は外側へしだいに小型となる。花期は1-3月。花序柄は雄株で長さ5-11cm、雌株で長さ1-3cm。花序は雄株では葉よりも高くつき、雌株では葉よりも低くつく。仏炎苞の筒部は基部では細く、上方に向かってやや太まり、長さ4-5.5cm、口辺部は反曲し、舷部は卵形から狭卵形、鋭尖頭、長さ3.5-5.5cm、幅2-3.5cm、筒部よりやや短いかまたはほぼ同長、内面は緑白色で外面は緑色をおびる。付属体は無柄、細い棒状で先端はやや頭状、雌花序では付属体は長さ4-6.5cm、先端の径2-6mm、基部に角状の突起（長さ3-5mm）があり、雄花序では付属体は長さ7-8cm、先端で径2-5mm、ときに基部に短い突起（長さ1-3mm）がある。奄美大島・徳之島に分布する。

オオアマミテンナンショウ subsp. **majus** (Seriz.) J. Murata (PL.75) は徳之島の低地の崖や林縁に生育する。アマミテンナンショウに比べて全体大型、植物体が緑色で色斑がほとんどない。また、花序付属体が棒状で長く、雌花序で長さ8-11cm、頭部の径2-7mm、雄花序で長さ3.5-6.5cm、頭部の径1-8mm、仏炎苞の筒部から明らかに露出するなどの特徴がある。

オキナワテンナンショウ subsp. **okinawaense** H. Ohashi et J. Murata (PL.75) は沖縄本島（嘉津宇岳など）に分布し、石灰岩山地の常緑樹林下に生育する。アマミテンナンショウに比べて小葉の数が少なく、全体に大型で高さ約70cmになり、仏炎苞の舷部は内面濃紫色で、筒部よりも長いかあるいはほぼ同長、頂小葉の幅はふつう2.5cm以上となる。小葉は花をつけた個体で11-15(-19)枚、披針形から楕円形、長さ10-20cm、幅(2-)2.5-4.5cm。花期は1-3月。花序柄は雄株で長さ(9-)10-15(-22)cm、雌株で3-5cm。舷部は卵形、長さ6-8cm、幅3-4.5cm。付属体は雌花序で長さ8-11cm、頭部の径4-8mm、雄花序で長さ6-10cm、頭部の径4-10mm。

3. マイヅルテンナンショウ　PL.75
Arisaema heterophyllum Blume

低地の草原や湿地に生え、高さ60-120cm。球茎に子球をつける。偽茎は高さ30-70cmで、葉柄および花序柄より長い。葉は1個で、鳥足状に17-21枚の小葉をつける。小葉は狭倒卵形またはしばしば線形で、全縁。頂小葉は両隣のものよりいちじるしく小型。花序

柄は葉柄より長い。舷部は広卵形で，基部はいちじるしく狭まり，先は尾状に伸び鋭くとがる。花期は5－6月。雌雄同株あるいは雄株で，同株の場合，雌花は花軸の下方に密につき，雄花は雌花の上方にまばらにつく。花軸の花のつく部分と付属体の間に柄がない。付属体は基部がやや太く，その上で前に曲がり，さらに上方に向かって長く伸び，長さ20－30cm。本州（岩手県より岡山県まで点在）～九州，朝鮮半島南部・中国・台湾に分布する。日本産のものは染色体数2n=168（12倍体）。台湾および中国の暖地には2n=28の2倍体が分布し，両性花序の雄花が少数で，その上に角状の突起がある。

4. ウラシマソウ　　　　　　　　　　　　　　PL.75
Arisaema thunbergii Blume subsp. **urashima** (H. Hara) H. Ohashi et J. Murata; *A. urashima* H. Hara

平地から低山地の野原，林縁，林中にややふつうに生える。球茎は扁球形で，多数の子球をつける。偽茎は葉柄より短い。葉は1(－2)個，鳥足状に11－17枚の小葉をつける。小葉は狭倒卵形，長楕円形または狭卵形で，鋭尖頭，全縁で，深緑色。花序は葉よりも下に位置する。仏炎苞の特に内面は濃紫色で白条があり，筒部は白色をおびて淡紫褐色。口辺部はやや開出する。舷部は三角状の卵形から広卵形で，長鋭尖頭。花期は4－5月。付属体は下部でふくらみ，しだいに細くなって先は長く糸状に伸び，長さ60cmになり，全体に平滑で暗紫色，下部は紫褐色である。染色体数2n=28。北海道（日高・渡島）・本州・四国・九州（佐賀県）に分布する。和名の〈浦島草〉は，付属体の先が糸状に伸びたさまを浦島太郎の釣糸に見立てたものである。

ナンゴクウラシマソウ subsp. **thunbergii**（PL.75）は山地の林中に生え，子球はやや数少なく，付属体下部の太い部分はふつう卵白色でいちじるしい小じわがある。本州（紀伊半島以西）・四国・九州，韓国（南部島嶼）に分布する。ウラシマソウとナンゴクウラシマソウの胚珠はふつう3－5個。芽生え第1葉は小さな鞘状で地下にとどまり，緑葉は2年目に地上に現れる。

5. ヒメウラシマソウ　　　　　　　　　　　　PL.76
Arisaema kiushianum Makino

低山地の暗い林下に生える。球茎はほぼ球形で，まわりに子球をつける。偽茎は短く，2－4cm。葉は1個で，葉柄は長く，斜上する。小葉は7－13枚，狭卵形から卵形で鋭尖頭。頂小葉で長さ10－20cm，幅2－5cm。花序柄は葉柄より短く，花序は地面近くに立ち上がる。仏炎苞は濃紫色で，白条がある。舷部は広卵状三角形で，内面にT字形の白紋があり，先は尾状に伸び，口辺部は耳状に張り出す。花は4－5月。付属体は暗紫色で，先端は糸状に長く伸び，先は下向き，長さ15－20cm。染色体数2n=56。本州（山口県）・九州に分布する。

6. ミツバテンナンショウ　　　　　　　　　　PL.76
Arisaema ternatipartitum Makino

おもに山地ブナ帯の林下で岩の多い斜面などに生える。球茎は扁球形で，花後白色の匍匐枝を出し，先端に子球をつける。葉は2個で，無柄の3小葉をつける。小葉は卵形で，鋭尖頭，先端はわずかに伸び，縁には小鋸歯が密にある。花序は葉より早く展開し，葉よりも高くつく。仏炎苞は紫褐色で，口辺部は耳状に反曲し，舷部は長楕円状三角形で鋭頭，ゆるやかに前に曲がる。花は4－5月。付属体は棒状から円柱状で，下方はやや太く，先端はわずかにふくれて円頭。本州（静岡県）・四国・九州に分布する。染色体数2n=72。花時の全体の様子や仏炎苞の形はミミガタテンナンショウに似ている。

7. ムサシアブミ　　　　　　　　　　　　　　PL.76
Arisaema ringens (Thunb.) Schott

やや湿った林下に生え，特に海岸近くの林で見られることが多い。球茎は少数の子球をつける。偽茎は葉柄より短く，葉は2個でほぼ同大。小葉は3枚で，小葉柄はなく，菱状広卵形，急鋭尖頭，先端は伸びて多くは糸状，全縁。頂小葉は，花時に長さ10－30cm。花序柄は葉柄より短く，長さ3－10cm。仏炎苞は暗紫色，または白緑色で一部暗紫色，隆起する白条があり，舷部が袋状に盛り上がり，縁が巻き込んでさらに耳状に張り出し，先端は前方に突き出し，仏炎苞全体として鐙（あぶみ）状となる。花期は3－5月。付属体は白色，棒状で長さ4－9cm，円頭。胚珠は3－4個。本州（関東以西）～琉球，朝鮮半島南部・中国・台湾に分布する。和名は昔，武蔵国で作った鐙の形に似ているのでこの名がついた。

8. ヒロハテンナンショウ　　　　　　　　　　PL.77
Arisaema ovale Nakai;
A. ovale Nakai var. *sadoense* (Nakai) J. Murata

山地の林下，おもにブナ帯に生え，高さは15－55cm。球茎は径1－3.5cmで，多数の子球をつける。偽茎は葉柄とほぼ同長，開口部には襟状に波形の襞がある。葉は1(－2)個で，5－7枚の小葉をつける。小葉は狭卵形，楕円形，卵形，ときに倒卵形で，鋭頭または鋭尖頭，全縁，長さ6－20cm，幅1.5－10cm。花序は花時に葉よりも下につき，花序柄は長さ1－6cm。花期は5－6月。仏炎苞は黄緑色から緑色，または紫褐色から紫緑色で，光沢があり，隆起する白条がある。筒部は長さ3－7cm，口辺部は多少開出する。舷部は卵形で，鋭頭，長さ3－10cm，幅1.5－5cm。付属体は黄緑色から緑色，棒状あるいはときに先がやや頭状で，長さ2－5cm，径2－6mm。北海道・本州（福井県以北の日本海側の地域に多い）・九州北部に分布する。多くは染色体数2n=52の4倍体で，東北地方北部から北海道には5倍体と6倍体があり，いずれも数個横並びの腋芽をつけ，横並びの子球に発達する。岩手県や静岡県には2倍体があり，腋芽は単生する。栃木県で，ヒトツバテンナンショウとの雑種が発見されている。仏炎苞が紫色の型はアシウテンナンショウとよばれる。

9. イナヒロハテンナンショウ　　　　　　　　PL.77
Arisaema inaense (Seriz.) Seriz. ex K. Sasamura et J. Murata; *A. amurense* Maxim. var. *inaense* Seriz.; *A. ovale* Nakai var. *inaense* (Seriz.) J. Murata

山地ブナ帯の林縁などに生え，高さ25－50cm。球茎には腋芽が発達した子球があり，中心からほぼ2方向に

並ぶ．葉は通常1個で，偽茎は葉柄とほぼ同長，開口部は襟状に波打つ．葉身は5-7小葉に分裂し，小葉間の葉軸は発達しない．小葉は全縁，狭楕円形で先がとがる．花期は5-6月，花序柄は短く，花序は葉よりも低くつく．仏炎苞は葉身に遅れて開き，淡紫褐色でやや緑色をおび，筒部にいちじるしく隆起する白色の縦条が多数あって舷部に続き，筒部の口辺は狭く開出し，舷部は倒卵形で先がとがり，筒部よりも長い．花序付属体は有柄で太棒状，先はやや頭状にふくらみ，仏炎苞筒部から短く露出し，淡紫褐色．果実は赤く熟す．染色体数2n=26．本州（長野県）に分布する．

10. ナギヒロハテンナンショウ　　PL.77
Arisaema nagiense T. Kobay., K. Sasamura et J. Murata

山地林縁の笹原などに生え，高さ10-40cm．球茎につく腋芽はときに子球に発達する．葉は通常1個で，偽茎は葉柄よりやや短く，開口部は襟状に波打つ．葉身は5-7小葉に分裂し，小葉間の葉軸は発達しない．小葉は全縁，線形〜狭披針形で先がとがる．花期は5-6月．花序は葉よりも早く鞘状葉から抜き出て開き，その後葉柄がしだいに伸びて葉身を展開し，花序より高くなる．仏炎苞はふつう紫褐色でやや緑色をおび，筒部にいちじるしく隆起する白色の縦条があり，筒部の口辺は狭く開出し，舷部は内面が紫褐色で光沢があり，狭三角形〜三角状狭卵形で先が細まり，筒部よりも長い．花序付属体は有柄で棒状，仏炎苞筒部からほとんど露出せず，紫褐色で先は色が薄く黄色がかっている．まれに花序全体が緑色の株もある．果実は赤く熟す．染色体数2n=26．本州（兵庫県・岡山県）に分布する．

11. シコクヒロハテンナンショウ　　PL.77
Arisaema longipedunculatum M. Hotta; *A. robustum* (Engl.) Nakai var. *shikokumontanum* H. Ohashi; *A. longipedunculatum* M. Hotta var. *yakumontanum* Seriz.

山地のブナ林中に生え，葉は1個，あるいはごくまれに2個で，5(-7) 小葉をつける．小葉は卵形または楕円形，やや長鋭尖頭，花時には長さ7-11(-20)cm，幅2.5-6(-10) cm，多くはふぞろいのあらい鋸歯があるが，ときに全縁．花期は6月．花序の成長は遅く，葉が開いたあとに偽茎の内側から外に現れるのがふつう．花序柄は長さ7-20cm，葉柄よりやや短く，雌花序では明らかに短い．仏炎苞は緑色で，長さ7-10(-13) cm，舷部の幅は2(-3) cm．付属体は棒状で，長さ7-25mm．本州（静岡県・山梨県）・四国・九州（宮崎県・屋久島）に分布する．染色体数2n=28．屋久島産のものはヤクシマヒロハテンナンショウ var. yakumontanum Seriz. として区別されたこともあり，花序柄が葉柄より少し長い傾向がある．

12. イシヅチテンナンショウ　　PL.77
Arisaema ishizuchiense Murata

四国のブナ帯の山地の林中に生える．葉は1(-2) 個，鳥足状に5(-7) 小葉をつけ，葉軸は発達しない．小葉は楕円形，ときに倒卵形で，急鋭尖頭，縁にふつうふぞろいの波状鋸歯があるが，ややまれに全縁．花期は5月．花序は葉より早く開き，花序柄は長さ7-17cm，多くは葉柄とほぼ同長．仏炎苞はやや大型，紫褐色あるいは緑紫色で，筒部に白条がある．口辺部は多少開出し，舷部は卵形から広卵状三角形で先は鋭くとがる．付属体は棍棒状で，先は少しふくらみ，径6-10mm，ときにやや凹凸がある．四国の石鎚および剣山系にまれに産する．

13. ユモトマムシグサ　　PL.77
Arisaema nikoense Nakai subsp. **nikoense**

山地のブナ帯から亜高山帯にかけての林下に生える．生時には，全体が紫斑のない若草色，ときに偽茎や葉柄などが紫褐色で，基部に赤色をおびた鞘状葉がつく．偽茎は斜めに開口し花序柄に密着する．葉は（1-）2個で，偽茎と花序柄はほぼ同長で，長さ10-20cm．小葉は5(-7) 枚，倒卵形から楕円形で鋭尖頭，全縁またはふぞろいのあらい鋸歯がある．頂小葉とその両隣の小葉の間の葉軸はあまり発達せず，多くはその長さが1cm以下のため，葉は掌状あるいはほぼ掌状であることが多い．花期は5-7月．花序は葉よりも早く開き，ふつうは葉よりも高く位置する．仏炎苞は黄緑色，ときに紫褐色をおび，口辺部は狭く開出する．舷部は卵形で鋭尖頭または鋭頭，長さ6-10cm．付属体は棍棒状またはやや太い棒状で，先端は径5-8mm．東北地方南部〜中部地方に分布する．タイプ標本は日光湯元と刈込湖の間で採集されたもので，この和名はそれに基づく．本種の若くて花のない個体は，葉が1個で，葉軸が発達しないため，ヒロハテンナンショウと間違いやすいが，小葉に鋸歯があればユモトマムシグサである．全縁の場合には若い時期では区別が難しい．

長野県で発見された仏炎苞が濃紫色のものは，クボタテンナンショウ f. kubotae H. Ohashi et J. Murata という．

オオミネテンナンショウ subsp. **australe** (M. Hotta) Seriz. (PL.77) はユモトマムシグサによく似ており，ときに区別は困難であるが，多くの場合以下の点で区別できる．仏炎苞は紫褐色から帯紫色で小さく，長さ6-12cmで，舷部のもっとも幅の広い部分で幅2.5-5cm．付属体は棒状で，先端は径1.5-4mm．静岡県・山梨県と近畿南部の大峰大台山系に分布する．

カミコウチテンナンショウ subsp. **brevicollum** (H. Ohashi et J. Murata) J. Murata は本州（岐阜県・長野県・福井県）に分布し，飛騨山脈および白山の亜高山帯の林下に見られる．高さ15-25cm．葉は1個，まれに2個，偽茎はやや短く，葉柄は葉身の展開時には偽茎より長くなる．葉身は5(-7) 小葉に分裂し，小葉間に葉軸はほとんど発達しない．小葉は狭楕円形ないし倒披針形で両端はしだいに狭まり，ときに波状の不規則なあらい鋸歯がある．花茎は葉柄より明らかに短く，仏炎苞は高さ4-9cm，赤紫褐色で縞斑があり，筒部は太い円筒状で上に向かって開き，口辺部はやや開出し，舷部は卵形で先はややとがる．花序付属体は仏炎苞とほぼ同色，有柄で太棒状〜棍棒状．形態的にはイシヅチテンナンショウによく似ているため，その変種として発表されたが，分子系統解析によりユモトマムグサに含まれるこ

とが明らかとなった。花序柄は葉柄よりもつねに短く，長さ3－10cmであることで異なる。

ハリノキテンナンショウ subsp. *alpicola* (Seriz.) J. Murata（PL.77）はカミコウチテンナンショウに似て全体が小型。本州（新潟県・富山県・長野県・岐阜県・石川県・福井県）の日本海側の多雪の山地に分布し，分布域の一部はカミコウチテンナンショウと重なる。葉は1個，偽茎はごく短く，葉柄は長く長さ10－30cm，淡緑色～淡紫色で斑はない。葉身は5小葉に分裂し，小葉間に葉軸はほとんど発達しない。花茎は開花時には葉柄より長いが，葉身が展開すると同時に葉柄が伸びて花茎と同長となる。仏炎苞はユモトマムシグサの亜種のなかではもっとも小さく，高さ3.5－6cm。通常淡紫褐色でやや緑色をおび，細かい紫斑があり，白条が目立ち，筒部は淡色，口部はほとんど開出せず，舷部は卵形で先はやや急にとがり鋭頭，内面は光沢がある。花序付属体は淡紫褐色で斑があり有柄，細棒状。

14. オドリコテンナンショウ PL.78
Arisaema aprile J. Murata;
A. nikoense Nakai f. *variegatum* Sugim.

ブナ帯林下に生え，高さ15－30（－40）cm。葉は2個でほぼ同大，ときに1個，偽茎と葉柄はほぼ等長，通常緑色，偽茎の開口部は襟状に開出する。葉身は5（－7）小葉に分裂し，小葉間に葉軸はほとんど発達しない。小葉は楕円形ないし広楕円形で両端はしだいに狭まり，ときに不規則なあらい鋸歯がある。花期は4－5月，花序は葉よりも先に伸び出して展開し，花序柄は花時には葉柄よりはるかに長い。仏炎苞は緑色で白条は目立たず，縁のみ紫がかることがあり，口部はやや開出し，舷部は長卵形で先はしだいにとがる。花序付属体は淡色で有柄，棒状。1子房中に6－9個の胚珠がある。染色体数2n=28。本州（静岡県・山梨県・神奈川県）に分布する。ユモトマムシグサにきわめてよく似ており，1983年に新種発表（邑田仁《植物研究雑誌》58巻）されるまではユモトマムシグサと見られていた。旧版初版にはユモトマムシグサとして写真が掲載されている。

15. タカハシテンナンショウ PL.78
Arisaema nambae Kitam.; *A. undulatifolium* Nakai subsp. *nambae* (Kitam.) H. Ohashi et J. Murata

低山地の林下，林縁に生え，高さ15－50cmに達する。葉は1－2個で偽茎は葉柄とほぼ等長またはやや長く，開口部は明らかに開出して襟状となる。葉身は鳥足状に分裂し，小葉間の葉軸はやや発達する。小葉は（3－）5－7枚，楕円形～卵形で先はとがり，全縁または細鋸歯縁となる。花期は5月ごろ。花序柄は葉柄より短く，仏炎苞は葉より早く開く。仏炎苞は淡紫色～紫色をおび，半透明で白条が目立たず，筒部は円筒状であまり広がらず，口辺部はごく狭く開出し，舷部は三角状の卵形～広卵形で先はしばしば反り返る。花序付属体は有柄で棒状，紫色をおびる。1子房中に12－19個の胚珠がある。染色体数2n=28。本州（岡山県・広島県）に分布する。和名はタイプローカリティーの岡山県高梁に基づく。

16. ハリママムシグサ PL.78
Arisaema minus (Seriz.) J. Murata;
A. kishidae Makino ex Nakai var. *minus* Seriz.

低山地の林下，林縁に生える多年草。高さ15－30cmに達する。葉は1－2個，偽茎は葉柄と同長またはやや長く，開口部は襟状に広がる。葉身は鳥足状に分裂し，小葉間には葉軸がやや発達する。小葉は5－9枚，広線形～披針形でときに細鋸歯またはあらい波状の鋸歯があり，しばしば中脈に沿って白斑がある。花期は3－4月，花序は葉よりも先に伸び出して展開する。花序柄は少なくとも花時には葉柄より長く，仏炎苞は紫褐色から黄褐色でごくまれに緑色，筒部の口辺はやや狭く開出し，舷部は卵形～長卵形で先がやや伸び，前に曲がる。花序付属体は有柄で棒状。1子房中に11－22個を超える多数の胚珠がある。染色体数2n=26。本州（兵庫県）に分布する。

17. ナガバマムシグサ〔ナミウチマムシグサ〕 PL.78
Arisaema undulatifolium Nakai subsp. *undulatifolium*

山地の林下に見られ，高さ10－35cmに達する。球茎はときに子球をつける。葉は2個で，葉柄は花時には花序柄より短いかまれにほぼ同長。小葉は鳥足状に9－21枚つき，線形から広楕円形，ときにやや幅の狭い倒卵形で，全縁あるいは鋸歯があり，しばしば中脈に沿って白斑がある。小葉間の葉軸はほとんど発達せず，側小葉の基部はしばしば葉軸に沿って狭い翼をなす。花期は3－5月。花序は葉よりも早く展開し，花時に葉よりも高くつく。仏炎苞は紫褐色または緑紫色で，筒部は長さ3－6.5cm。口辺部は狭く開出するが，ときにほとんど開出しないものもある。舷部は狭卵形から卵形で，鋭頭または鋭尖頭，多くは筒部より長い。付属体は棒状，多くは先がややふくらみ，径2－5mm。1子房中に8－13個の胚珠がある。染色体数2n=26。本州（伊豆半島）に分布する。

ウワジマテンナンショウ subsp. *uwajimense* Tom. Kobay. et J. Murataは照葉樹林の林縁に生え，高さ15－45cmに達する。葉は通常2個，偽茎は長く6－30cm，葉柄はより短く，葉身は鳥足状に分裂し，小葉間には葉軸がやや発達する。小葉は（7－）9－21枚，線形でときに不整の鋸歯があり，しばしば中脈に沿って白斑がある。花期は3－4月。花茎は少なくとも花時には葉柄より長く，偽茎とほぼ同長，仏炎苞は紫褐色から黄褐色，筒部の口辺は耳状に開出し，舷部は卵形～狭倒卵形で鋭尖頭，前に曲がる。花序付属体は有柄で棒状。1子房中に13－28個の胚珠がある。染色体数2n=26。四国西部（愛媛県・高知県）に分布する。本亜種は葉が多数の小葉に分裂する点でナガバマムシグサに似ているが，小葉間に葉軸がやや発達すること，胚珠数が特に多いことなどで異なる。アオテンナンショウとの間で交雑が報告されている。

18. ミミガタテンナンショウ PL.78
Arisaema limbatum Nakai et F. Maek.

落葉樹林下，林縁に生える多年草。高さ70cmに達する。葉は通常2個，偽茎は長さ4－42cm，葉柄はやや

短く，葉身は鳥足状に分裂し，小葉間には葉軸がやや発達する．小葉は7−11枚，披針形〜楕円形でときに鋸歯があり，しばしば中脈に沿って白斑がある．花期は暖地では3月から，東北地方では5月ごろ．花序は葉より早く伸びて展開する．花序柄は少なくとも花時には葉柄よりも長く，雌ではさらに長く，仏炎苞は黒紫色，紫褐色または黄褐色で白い縦条が目立ち，ごくまれに緑色のものがある．筒部は口辺部が耳状に広く開出し，舷部は卵形で先がとがる．花序付属体は棒状からやや棍棒状で，仏炎苞口部から明らかに外に出る．1子房中に10−16個（四国産のものでは29個にもなる）の胚珠がある．染色体数2n=26．本州（東北地方から中部地方東部の太平洋側・兵庫県）・四国（高知県沖の島）・九州（大分県）に分布する．大分県で，ムサシアブミとの雑種が報告されている．

19. ヒガンマムシグサ
〔ヨシナガマムシグサ, ハウチワテンナンショウ〕　PL.79
Arisaema aequinoctiale Nakai et F. Maek.;
A. stenophyllum Nakai et F. Maek.; *A. yosinagae* Nakai

海岸近くの照葉樹林下などに生える．大きなものは高さ90cmに達する．葉は通常2個，偽茎は長く4−50cm，葉柄はより短く，葉身は鳥足状に分裂し，小葉間には葉軸がやや発達する．小葉は（5−）7−13枚，披針形〜楕円形でときに鋸歯があり，しばしば中脈に沿って白斑がある．花期は3−4月，花序は葉よりも早く伸び出して展開する．花序柄は少なくとも花時には葉柄より長く，偽茎とほぼ同長で，雌株では特に長くなる．仏炎苞は紫褐色から黄褐色，ごくまれに黄緑色，筒部の口辺は耳状に開出し，舷部は卵形〜狭倒卵形で鋭尖頭，前に曲がる．花序付属体は有柄で棒状．1子房中に8−21個の胚珠がある．染色体数2n=26．本州（関東・中部地方・広島県・山口県）および四国に分布する．

20. マムシグサ　PL.79
Arisaema japonicum Blume; *A. serratum* (Thunb.) Schott subsp. *amplissimum* (Blume) Kitam.;
A. amplissimum Blume

低地から山地まで林下，林縁に分布し，高さ120cmに達する．鞘状葉や偽茎の斑は赤紫褐色であることが多い．偽茎は葉柄よりはるかに長く，開口部は襟状に広がる．葉は通常2個，葉身は鳥足状に分裂し，小葉間に葉軸が発達する．小葉は9−17枚，やや赤みをおびることが多く，裏面は光沢が強い傾向があり，披針形〜楕円形，両端とがる，まれに細鋸歯がある．花は3−4月．花序柄は葉柄とほぼ同長または長い．仏炎苞は葉身より明らかに早く展開し全体淡緑褐色から紫褐色，やや半透明で縦の白筋があり，筒部は円筒形で口辺部はやや開出し，舷部は筒部と同長または長く，卵形〜狭卵形，鋭頭〜鋭尖頭，内面はほぼ平滑で隆起する細脈がない．花序付属体は有柄で棒状〜太棒状，直立する．1子房中に5−7個の胚珠がある．染色体数2n=28．四国・九州（吐噶喇列島まで），韓国（鬱陵島）に分布する．

カントウマムシグサに比べより暗い林床を好み，同じ地域では2週間程度早く開花する．花序柄は通常葉よ
り長く，鞘状葉から先に伸び出し，仏炎苞が葉よりも早く開くので，開花時にはヒガンマムシグサに似る．しかし，染色体数が異なること，1子房中の胚珠数が少ないことで区別できる．

21. ヒトヨシテンナンショウ　PL.79
Arisaema mayebarae Nakai; *A. serratum* (Thunb.) Schott var. *mayebarae* (Nakai) H. Ohashi et J. Murata

火山堆積物をおおう明るい林の林床などに生える．葉は2個あるいはまれに1個で，7−13枚の小葉を鳥足状につける．小葉は狭長楕円形から楕円形で，全縁あるいは鋸歯があり，頂小葉は有柄．花期は4−5月．花序は葉よりも上に位置する．仏炎苞は葉よりも早く開き，おもに濃赤紫色から紫褐色，ときにやや淡色で，白条が目立たず，生時に外面はやや光沢があり，粉白色をおび，ふつう大型で，長さ12−21cm．筒部は舷部よりも長く，口辺部は開出し，舷部は内面がほぼ平滑，広卵形で中央部が盛り上がり，幅3.5−5.5cm，鋭頭あるいは鋭尖頭．付属体は太い棒状で，先端は径5−15mmで紫黒色，ときに乳白色．1子房中に4−8個の胚珠がある．染色体数2n=28．九州（おもに熊本県）に分布する．分布域の各地でマムシグサなどとの交雑個体と思われるものが見られる．

22. ハチジョウテンナンショウ
Arisaema hatizyoense Nakai

林縁や周辺の草地に生え，高さ100cmに達する．ふつう全体が緑色で鞘状葉や偽茎部には斑がほとんどない．葉は通常2個で，やや同大，偽茎は葉柄と同長，または短く，開口部は襟状に広がり，葉身は鳥足状に分裂し，小葉間に葉軸が発達する．小葉は7−15枚，楕円形で両端とがり，全縁．花期は3−4月．花序柄は葉柄とほぼ同長，仏炎苞は葉身よりやや早く展開し緑色，まれに紫色をおび，縦の白筋があり，筒部は円筒形で口辺部はやや耳状に開出し，舷部は筒部より長く，卵形〜狭卵形，基部がやや横に張り出し，先は長く突出し，やや反り返る．花序付属体は淡緑色，有柄で太棒状，直立する．1子房中に4−10個の胚珠がある．果実は赤く熟す．染色体数2n=26．八丈島に分布する．

23. オガタテンナンショウ　PL.79
Arisaema ogatae Koidz.

山地の林下，特に谷筋の斜面に生える．偽茎の開口部では襟状に波形の襞がある．葉は2個で，小葉は5−7枚で狭倒卵形，短く尾状鋭尖頭．頂小葉は両隣の側小葉よりもやや小さい．花期は4−6月．花序柄は3−12cm，雌花序では葉柄より明らかに短い．仏炎苞は緑色，舷部は広卵形で，筒部とほぼ同長，基部は狭まらず，鋭頭で，前に曲がる．付属体は短く，筒部とほぼ同長あるいはわずかに長く，太い棒状で，長さ3−4(−7) cm，径6−7(−13) mm．染色体数2n=28．大分県・宮崎県・熊本県に分布する．本種は葉が2個で，5−7小葉があり，仏炎苞が緑色であることからユモトマムシグサに近縁と考えられているが，偽茎の開口部に襟状に波形の襞があること，頂小葉がやや小型で，付属体が太く短いことなどで異なる．

サトイモ科

24. カラフトヒロハテンナンショウ PL.79
Arisaema sachalinense (Miyabe et Kudô) J. Murata;
A. amurense Maxim. var. *sachalinense* Miyabe et Kudô

林縁の笹やぶなどに生え，高さ17－50cm。球茎に腋芽が発達した子球を多数つける。葉は1または2個で，偽茎は葉柄とほぼ同長か短く，斑紋はなく，開口部は広がらない。葉身は5－9小葉に分裂し，小葉間の葉軸はやや発達する。小葉は楕円形～披針形で先がとがり，全縁。花期は5－6月ごろ。花序柄は淡緑色で葉柄部より短く，花序は葉より低くつく。仏炎苞は葉身に遅れて開き，緑色で半透明な白色の縦条があり，筒部の口辺は狭く開出し，舷部は卵形で先がとがる。花序付属体は有柄で棒状。染色体数2n=56。北海道東北部（利尻島・礼文島），海馬島（サハリン）に分布する。利尻島や礼文島では同所的に生えているコウライテンナンショウとの区別が難しいが，染色体数が2n=56で4倍体であること，偽茎が全高の半分以下で鞘状葉や偽茎，葉柄などに斑紋がないことなどで区別できる。しかし，交雑により区別が難しくなっている可能性は否定できない。

朝鮮半島（済州島を含む）・中国（東北）・アムールに分布するアムールテンナンショウは形態的変異が大きく，本種との区別点は十分に明らかではない。

25. アマギテンナンショウ PL.80
Arisaema kuratae Seriz.

山地の林下の斜面に生える。高さ15－30cm。葉は1個で偽茎の地上部は短い。葉柄は偽茎に比べはるかに長く，葉身は鳥足状に分裂し，小葉間には葉軸がやや発達する。小葉は5－7枚，狭楕円形で両端はとがり，全縁またはあらい鋸歯縁。花序柄は短く，花序は偽茎にやや傾いてつき，仏炎苞は紫褐色または緑色で，3－5本の白い縦条があり，中央のものがもっとも幅広い。筒部は基部に向かって淡色となり，口部は狭く反曲し，舷部は広卵形で鋭頭。花序付属体は基部に柄があり，太棒状で白色または淡緑色，先は仏炎苞の筒口部より少し高い。1子房中に4－6個の胚珠がある。染色体数2n=28。静岡県伊豆半島に分布する。

26. トクノシマテンナンショウ PL.80
Arisaema kawashimae Seriz.

湿って岩の多い林下に生える多年草。高さ50cmに達する。地下の球茎上に多数の子球を生じて栄養繁殖をおこなう。鞘状葉は革質で偽茎と同色。葉は通常2個，偽茎部は長さ14－32cm，淡紫褐色の斑が目立ち，開口部は襟状に広がる。葉柄部は偽茎部より短く9－14cm，葉身は鳥足状に分裂し，小葉間には葉軸がやや発達する。小葉は9－13枚，狭楕円形で全縁。花期は2月ごろ，花序と葉をほぼ同時に展開する。花序柄は少なくとも花時には葉柄部とほぼ同長か短く，仏炎苞は紫褐色または黄褐色で白い縦条が目立ち，筒部はやや細い円筒形，口辺部が耳状に開出し，舷部は筒部より長く，三角状卵形～狭卵形で先が長くとがる。花序付属体は細棒状で，仏炎苞口部から明らかに外に出る。染色体数2n=28。琉球（徳之島）に特産する。ヒガンマムシグサやミミガタテンナンショウに似ているが，染色体数が異なり，分子系統解析の結果でも特に近縁とはいえない。

27. ホロテンナンショウ PL.80
Arisaema cucullatum M. Hotta

山地の林下に生える。偽茎は13－27cm。葉は1個で，小葉は鳥足状に7－13枚つき，狭卵形で，鋭尖頭，全縁，頂小葉は長さ10－24（－30）cm，幅1－4（－5）cm。花序柄は長さ1－6.5cm。花期は5－6月。仏炎苞は長さ10－22cmで，筒部は長さ3.5－6cm，舷部は濃紫色，まれに黄緑色で，3－4本の白条があり，舷部と口辺部が内側に曲がり，ほろ状となり，先端は急に狭まり尾状に長く伸びる。付属体は基部でやや太く，しだいに細く伸びて先端はややふくらみ，径3－5mm。染色体数2n=28。奈良県・三重県に分布する。本種はセッピコテンナンショウに似ているが染色体数が異なる。ツクシマムシグサにも似ているが，仏炎苞の形が異なる。

28. アオテンナンショウ PL.80
Arisaema tosaense Makino

山地の林下に生え，全体が緑色。偽茎はふつう葉柄や花序柄より長い。葉は2個またはときに1個で，7－11枚の小葉を鳥足状につける。小葉は楕円形から長楕円形で，先端はふつう糸状に伸び，しばしば縁に鋸歯がある。花序柄は長さ5－7cm。花期は5－6月。花序は葉に遅れて開き，仏炎苞は緑色で，口辺部は外曲する。舷部は卵形で，先はしだいに細く糸状に長く伸びる。付属体は太い棒状で，先端は円形，径6－10mm。本州（岡山県）・瀬戸内海（淡路島・厳島・周防大島）・四国・九州（大分県）に分布する。本種は仏炎苞の先が長く伸びることでキシダマムシグサに似るが，小葉の数が多いことのほかに，仏炎苞が緑色で，汚紫褐色ではないこと，小葉の先が尾状に伸びること，第1葉と第2葉の葉の大小が明らかなことなどで区別できる。エヒメテンナンショウの片親と考えられる。また大分県ではカントウマムシグサとの間で大規模な交雑が進んでいると見られる。

29. キシダマムシグサ〔ムロウマムシグサ〕 PL.80
Arisaema kishidae Makino ex Nakai

低山地の林下に生える。葉は（1－）2個で，5－7（－9）枚の小葉を鳥足状につける。頂小葉は倒卵形または長楕円形で，鋭尖頭，長さ5.5－25cm，全縁あるいは鋸歯があり，しばしば中脈に沿って白斑がある。花序柄は長さ4－9cm，雄花序では葉柄より長く，雌花序では短い傾向がある。仏炎苞は汚紫褐色，ときに細かい紫斑をつけ，口辺部は少し開出し，長さは14－25cmで，筒部は4－8cm。舷部は卵形，先はしだいに細まって糸状に伸び，筒部の2倍以上の長さになる。花期は4－5月。付属体は棒状または棍棒状で先端はやや太まり，濃紫色あるいは紫褐色，先端は径3－6mm。アオテンナンショウの分布域の東側に隣接し，愛知県・近畿地方に分布する。学名および和名は岸田松若を記念するもので，別名は奈良県室生山による。仏炎苞の舷部が長く伸びて先が糸状となることや，小葉の形とつきかたがアオテンナンショウによく似ているが，仏炎苞，付属体，花序柄などが汚紫褐色であること，小葉の数が少ないことなどに

よって区別できる。

30. セッピコテンナンショウ　　　PL.82
Arisaema seppikoense Kitam.

山中の林下や湿った岩場などに生える。葉は1個で，5-9枚の小葉を鳥足状につける。小葉は披針形から狭長卵形，やや長鋭尖頭で全縁，中央脈に沿ってしばしば白斑が出る。花期は5月。花序柄は雄花序で長さ1-5cm，雌花序で7-11cm。舷部は狭卵形で長鋭尖頭，雄花序では先がしだいに狭まって長く伸びる傾向があり，暗紫色で白条があり，口辺部はわずかに開出し，筒部は紫褐色あるいは緑色で白条がある。付属体は棒状で，長さ2-3.5cm，径1-2mm，円頭あるいはややふくらむ。染色体数2n=26。兵庫県の雪彦山およびその付近にまれに産する。

31. エヒメテンナンショウ　　　PL.80
Arisaema ehimense J. Murata et J. Ohno

林下や林縁に生え，高さ110cmに達する。葉は通常2個で偽茎は葉柄の3倍ぐらい長く，20-75cm，葉身は鳥足状に分裂し，小葉間の葉軸は発達する。小葉は7-13(-17)枚，全縁，ときに鋸歯縁，長楕円形で先が尾状に細まり，やや糸状にのびる。花期は5月ごろ。花序柄は葉柄より短く，仏炎苞は葉に遅れて開き，淡緑色，まれに紫色をおび，不透明で白条があり，筒部は上に開き口辺部は狭く反曲または開出し，舷部は卵形～狭卵形で，先は狭三角状に細長く伸び，ときに25cmに達し，斜めに垂れる。花序付属体は有柄で棒状，しばしば上部が紫褐色となる。1子房中に4-9個の胚珠がある。染色体数2n=28。四国(愛媛県の瀬戸内海側)に分布する。

形態的にアオテンナンショウとカントウマムシグサの中間であり，両種間の交雑起源の種であると考えられる。アオテンナンショウとは生育地が接しているが，カントウマムシグサと混生する場所は見つかっていない。

32. ツクシマムシグサ〔ナガハシマムシソウ〕　PL.80
Arisaema maximowiczii (Engl.) Nakai;
A. serratum (Thunb.) Schott var. maximowiczii Engl.;
A. angustifoliatum (Miq.) Nakai; A. yosiokae Nakai;
A. simense Nakai

山地の林下に生える。葉は1個，ときに2個で，2個の場合には第2葉は第1葉よりもいちじるしく小型。小葉は鳥足状に7-17枚つき，披針形から狭卵形または長楕円形，長鋭尖頭，全縁または鋸歯があり，大型の葉では頂小葉は長い柄がある。花序柄はふつう偽茎や葉柄より短く，長さ1-10(-23)cm。花期は4-6月。仏炎苞は緑色または紫褐色で，筒部は長さ3-6.5cm。口辺部はわずかに開出する。舷部は卵形で，基部の内面に白条が多数集まって大きな白斑をなし，上部で急に狭くなって先は尾状に長く伸び，先は糸状，ときに仏炎苞の縁に微細な突起がある。付属体は短い柄があり，細い棒状で，上部はやや前に曲がり，先端は径1-3mm。九州・本州(三重県*)に分布する。仏炎苞の先が長く伸びることでセッピコテンナンショウとホロテンナンショウによく似ているが，その他の外部形態からは，ヒトツバテンナンショウやオモゴウテンナンショウなどの1葉をつけるマムシグサ群に近縁と推定される。

*この分布は疑わしい。三重県志摩青ノ峰原産のシママムシソウA. simense Nakaiは本種と見られるが，タイプ標本しか知られておらず，それは中井猛之進が東京田端で栽培，開花させて1936年4月に標本としたものである。

33. タシロテンナンショウ
〔ツクシヒトツバテンナンショウ〕　　　PL.81
Arisaema tashiroi Kitam.

山地の林下に生える。偽茎は葉柄より長い。葉はふつう2個で，ときに1個。2個の場合は，第2葉は第1葉に比べていちじるしく小さい。小葉は7-11枚で鳥足状につき，頂小葉とその両隣の小葉の間には葉軸が発達する。小葉は長楕円形で，鋭尖頭，多くは細かい鋸歯がある。花期は4-6月。花序は葉に遅れて開き，舷部は黄緑色まれに一部が紫褐色をおび，筒部はほとんど緑白色。口辺部はわずかに外曲し，舷部は広卵形で筒部より明らかに短く，生時には内側に曲ってほろ状となり，先端では舷部の縁が内に巻いて急に細まる。付属体は基部が太く，しだいに細まって先端はわずかにふくれ，径1mm内外で，多くは上部で前に曲がる。宮崎県・鹿児島県に分布する。

34. ユキモチソウ　　　PL.81
Arisaema sikokianum Franch. et Sav.

山地の林下に生える。葉は2個で，3-5枚の小葉を鳥足状につける。小葉は菱状楕円形で，鋭尖頭，鋸歯があるかまたは全縁。仏炎苞は紫褐色で，筒部はスポンジ状で厚く，口辺部に向かって上に開き，内部は白色，舷部はほぼ直立し，倒卵形，先は尾状に伸び，長さ7-12cm，内面は黄白色で，外面は緑色をおびる。花期は4-5月。付属体は白色，棍棒状で，先端は頭状または扁球形にふくらみ，径17-25mm。本州(静岡県*・三重県・奈良県)・四国に分布する。和名の〈雪餅草〉は付属体の先端が球状で，雪のように白く，やわらかでつきたての餅のようなところからついた。

本種とアオテンナンショウとの雑種をユキモチアオテンナンショウといい(村田源《植物分類・地理》19巻，1962)，四国ではまれではない。奈良県からはムロウテンナンショウとの雑種ムロウユキモチソウが報告されている。

*この分布は疑わしい。現存する標本はアマギユキモチソウのタイプ標本(東京大学)だけで，これは緒方正資が1928年に伊豆天城山で採集したとされるもので，東京で栽培して，1930年4月に開花させたものである。

35. キリシマテンナンショウ
〔ヒメテンナンショウ〕　　　PL.81
Arisaema sazensoo (Buerger ex Blume) Makino;
A. nanum Nakai

山地の林下に生え，球茎は扁球形。葉は通常1個で，5-7(-9)枚の小葉を鳥足状につける。葉柄は長さ10-25cmで，偽茎や花序柄より長い。小葉は卵形または楕円形で，鋭尖頭，しばしば白斑があり，全縁または鋸歯がある。花は4-5月。花序柄は長さ2-6cm

で，花序は葉よりも下につく。仏炎苞は濃紫色，まれに黄緑色，生時にはしなやかな革質でやや厚く，外面に小脈が隆起し，口辺部から舷部にかけて中央部が盛り上がり，縁はやや内側に曲がり，ほろのようになる。舷部は長卵形で，鋭尖頭。付属体は太い円柱状で，上部はときに黄白色。染色体数2n＝28。九州中南部（屋久島を含む）に分布する。牧野富太郎は1901年（明治34）に，A. sazensoo (Buerger) Makinoという学名をユキモチソウと発表したが（《植物学雑誌》15巻），その内容はユキモチソウとキリシマテンナンショウの2種を含んだものであった。1929年になって中井がそのうちから今日のユキモチソウを除外して，A. sazensooを定義しなおし，この学名に新しくキリシマテンナンショウという和名をつけた（《植物学雑誌》43巻）。中井は同時にヒメテンナンショウ A. nanum Nakaiという新種を発表したが，今日ではキリシマテンナンショウと同一種とみなされている。ユキモチソウに比べて，葉が1個で鳥足状に小葉がつくこと，仏炎苞が濃紫色でややほろ状になり，舷部が前に垂れること，付属体が太棒状で頭状にふくらまないことで区別できる。苞が緑色のミドリテンナンショウ A. sazensoo f. viride Sugim. は屋久島から記録された。中国に分布する A. bockii Engl. はしばしば本種と混同されるが，花序がより小さく，ふつうは葉よりも高くつき，染色体数が2n＝26で明らかな別種である。

36. ヒトツバテンナンショウ　　　　　　　　PL.81
Arisaema monophyllum Nakai

低山地のやや暗い林中，林縁などの斜面に生え，子球は発達しない。偽茎は葉柄や花序柄より長い。葉は1（－2）個，頂小葉とその両隣の小葉の間に2－5cmの葉軸があり，葉軸はしばしば葉柄に対してほぼ直角に出る。小葉は（5－）7－9枚，卵形，楕円形または倒卵形で，鋭尖頭，縁に鋸歯があるかあるいは全縁，花期は5－6月。仏炎苞の筒部は白緑色。舷部は狭卵状三角形で長鋭尖頭，黄緑色で光沢があり，内面の中央近くに八の字形の濃紫色の縞をつける。付属体は細い棒状，ふつう上方が淡色で斜め前に曲がり，ややふくらむ。本州中北部*に分布する。舷部の内面が暗紫色の品種をクロハシテンナンショウ f. atrolinguum (F. Maek.) Kitam. ex H. Ohashi et J. Murataといい，関東・伊豆地方に見られるが，基準品種との間に中間型がある。黒紫色の縞のないアキタテンナンショウ f. akitense (Nakai) H. Ohashi は秋田県・長野県に分布する。またヒトツバテンナンショウとカントウマムシグサの間には雑種がある。

*大阪府で採集された標本（牧野標本館）は，牧野が1931年に岩湧山で採ったものである。牧野標本はときにラベルの間違いがあり，また，中部以西で採集されたヒトツバテンナンショウは，ほかに知られていないので，この標本の産地については疑問である。

37. オモゴウテンナンショウ　　　　　　　　PL.81
Arisaema iyoanum Makino subsp. **iyoanum**;
A. akiense Nakai

山地の林下に生える。偽茎はやや斜上し，葉柄より長い。葉は1個で，（7－）9－15枚の小葉を鳥足状につけ，葉軸は発達する。小葉は長楕円形で，鋭尖頭，全縁あるいはしばしば細鋸歯がある。花期は5月。花序はやや前屈してつき，花序柄は長さ1－5cm。仏炎苞は緑白色で細かい紫斑があり，長さ11－20cm，口辺部は少し開出する。舷部は汚緑色で斑がなく，狭卵形あるいは狭楕円形，幅1.3－3cm，鋭頭または鈍頭で垂れ下がる。付属体は棒状で，基部は少し太く，先端はややふくれて径2－5mm。本州（広島県・山口県）・四国（高知県・愛媛県）に分布する。

シコクテンナンショウ subsp. **nakaianum** (Kitag. et Ohba) H. Ohashi et J. Murata; *A. akiense* Nakai var. *nakaianum* Kitag. et Ohba; *A. iyoanum* Makino var. *nakaianum* (Kitag. et Ohba) Kitag. et Ohba; *A. nakaianum* (Kitag. et Ohba) M. Hotta (PL.81) は，基準亜種に比べて一般に全体が大型。仏炎苞は濃紫色ときに帯紫色，まれに基準亜種と同じ緑白色で，多数の白条があり，長さ12－23cm。口辺部は広く開出して耳状，舷部はより幅広く，卵形あるいは広卵状三角形で，幅3.5－6cm，鋭尖頭。付属体は棍棒状で，径5－12mm，先端にしばしば凹凸がある。四国の山中に生える。

38. ヒュウガヒロハテンナンショウ　　　　　PL.81
Arisaema minamitanii Seriz.

山地の林下に生える。高さ20－50cm。葉は1個で偽茎は葉柄よりやや長く，葉身は明らかな鳥足状に分裂し，小葉間には葉軸がやや発達する。小葉は5－7枚で，狭楕円形～楕円形で両端はとがり，全縁または鋸歯縁。花序柄は短く，花序は偽茎にやや傾いてつき，仏炎苞は緑色で，半透明の白い縦条が多数あり，筒部は淡色，やや上に開き，口部は狭く反曲し，舷部は三角状卵形で前傾する。花序付属体は基部に柄があり，太棒状で白色，先は仏炎苞の筒口部とほぼ同じ高さ。1子房中に6－9個の胚珠がある。果実は赤く熟す。染色体数2n＝28。九州（宮崎県・鹿児島県）に分布する。

39. ヤマグチテンナンショウ
〔イズテンナンショウ〕　　　　　　　　　　　PL.82
Arisaema suwoense Nakai; *A. izuense* Nakai;
A. serratum (Thunb.) Schott var. *suwoense* (Nakai) H. Ohashi et J. Murata

湿った草原や疎林の林下，林縁に生育する。全体が比較的小型で，高さ40cmたらず。偽茎と葉柄はほぼ同長。葉は1（－2）個で，小葉は7（－9）枚，鳥足状につき，楕円形，やや鋭尖頭。頂小葉が最大で長さ12cm，幅5cm前後。花期は5月。花序の形状はオオマムシグサに似るが花序柄は短く，葉よりも低くつく。仏炎苞は紫褐色で，筒部から舷部の基部にかけてほとんど白色。口辺部は開出してやや耳状，舷部は卵形～三角状卵形で筒部の2－3倍長く，鋭尖頭～鋭頭で，数本の白条があり，前に垂れる。付属体はやや棍棒状。山口県および静岡県（伊豆半島）に分布する。

伊豆半島産のものはイズテンナンショウとして発表され，オオマムシグサの1型型とされることが多かった。伊豆半島ではホソバテンナンショウとの間で大規模な交雑が起こっていることが示されており，見かけ上の変異が非常に大きくなっている。

40. ムロウテンナンショウ　PL.82
Arisaema yamatense (Nakai) Nakai subsp. **yamatense**

山地の林中に生える。葉は2個で，多くは第2葉は第1葉よりいちじるしく小型で，第1葉にほとんど接するように出る。小葉は7-17枚で，鳥足状につき，葉軸はよく発達し，狭楕円形ときに線形で，鋭尖頭，全縁または鋸歯がある。花期は4-6月。花序はしばしば葉より早く開く。花序柄は長さ3-15cm。仏炎苞は淡緑色，まれに紫色をおびる。口辺部は狭く開出し，舷部は広卵形で，急鋭尖頭，多くは筒部より短く，内面に乳頭状の細突起を密生する。付属体は基部が太く，しだいに細まり，上部で多くは少し前に曲がり，淡緑色，先端はややふくらんで緑色，ふつう径2-3mm。本州の愛知県・岐阜県・福井県から岡山県・鳥取県にかけて分布する。

スルガテンナンショウ subsp. **sugimotoi** (Nakai) H. Ohashi et J. Murata (PL.82) は一般に付属体がより太く，その先端が球状にふくらみ，径5mm以上となる。神奈川県から愛知県・岐阜県にかけての太平洋側に分布する。また，付属体の形が両者の中間の型も見られる。

41. ツルギテンナンショウ
Arisaema abei Seriz.

ブナ帯の林下に生える。植物体はホソバテンナンショウやムロウテンナンショウに似て高さ90cmに達する。花期は5-6月。花序柄は葉柄とほぼ同長かより長く，仏炎苞は葉身に遅れて展開し全体緑色，筒部は円筒形で口辺部は狭く反曲し，舷部は筒部より短く，広卵形で基部がやや横に張り出し，内面および縁は平滑。花序付属体は有柄で棒状，黄緑色〜黄褐色をおび，上部は仏炎苞筒口部から明らかに露出し，舷部に沿って前に曲がり，いちじるしいしわがある。染色体数2n=28。四国の山地に分布する。芹沢(《植物研究雑誌》55巻，1980) によりムロウテンナンショウに近縁な種として発表され，和名は原産地の剣山にちなんで名付けられた。

42. ミクニテンナンショウ
Arisaema planilaminum J. Murata

落葉樹林下に生える。高さ70cmに達する。全体がカントウマムシグサに似る。葉は通常2個で，偽茎は葉柄よりはるかに長く，開口部は襟状に広がる。葉身は鳥足状に分裂し，小葉間に葉軸が発達する。小葉は7-15枚，披針形〜楕円形，両端とがり，しばしば細鋸歯がある。花は4-5月。花序柄は葉柄とほぼ同長または短い。仏炎苞は葉身よりやや遅く展開し，筒部は淡色で縦筋はなく，円筒形で上に向かってやや開き，口辺部は耳状に開出し，舷部とともに緑色，舷部は広卵形，ときに卵形，基部から中央脈に沿って淡色でその他は緑色，内面には隆起する細脈があり，ドーム状とならず，平らに前曲す。花序付属体は淡緑色，有柄で棒状，直立し，仏炎苞筒口部からほとんど上に出ない。1子房中に5-8個の胚珠がある。染色体数2n=28。本州(関東山地および茨城県・愛知県)に分布する。

43. ウメガシマテンナンショウ　PL.82
Arisaema maekawae J. Murata et S. Kakishima

山地の林下に生え，高さ80cmに達する。鞘状葉や偽茎は地色が淡褐色で，斑はやや赤味が強い傾向がある。葉は2個で，中国地方では1個のものもふつう。偽茎は葉柄よりはるかに長く，開口部は襟状に広がり，葉身は鳥足状に分裂し，小葉間に葉軸が発達する。小葉は7-15枚，披針形〜狭楕円形，両端とがり，しばしば細鋸歯がある。花期は4-5月。花序柄は葉柄とほぼ同長または長く，仏炎苞は葉身よりやや早く展開し全体緑色，縦の白筋があり，筒部は円筒形で口辺部は狭く開出し，舷部は筒部より短く，卵形〜広卵形，基部がやや横に張り出し，鋭頭〜鋭尖頭，縁はときに紫色をおび，まれに微細な凹凸があり，内面には隆起する細脈がなく，ときに微細な凹凸がある。花序付属体は淡緑色，有柄で下部はやや太く，上に向かって細まり，直立，あるいは上部でやや前に曲がる。染色体数2n=28。本州(山梨県・静岡県・長野県・岐阜県・兵庫県および中国地方)に分布する。

ウメガシマテンナンショウは静岡県梅ヶ島の地名に由来し，杉本《日本草本植物総検索誌〈単子葉篇〉》(1973)で発表されたが，学名は正式に発表されていなかった。花序を除いた部分はホソバテンナンショウによく似ているが，仏炎苞が明るい緑色で白条が目立たず，開口部が耳状に広がらず，舷部はより大きく，内面は粉白色でしばしば乳頭状の細突起を生ずる。花序付属体は太棒状で先がややふくらむものが多い。中部地方では太平洋側に分布し，岐阜県を経て西日本では日本海側に分布する。

芹沢(《長野県植物研究会誌》30号，1997，《シデコブシ》2巻2号，2014)は，ウメガシマテンナンショウについて，コウライマムシグサ(=コウライテンナンショウ)の仏炎苞舷部内側に微細な乳頭状突起を生じる型としているが，仏炎苞舷部内側に隆起脈がないこと，花序が葉よりも早く開くことから，コウライテンナンショウとは明瞭に異なっているとする。静岡県から岐阜県にかけて分布するとされるミヤママムシグサ **A. pseudoangustatum** Seriz. var. **pseudoangustatum** は，花序が緑色で葉よりも後に展開するもので，ウメガシマテンナンショウにきわめてよく似ており，両種の異同については検討を要する。

ミヤママムシグサの変種として同時に発表された**スズカマムシグサ A. pseudoangustatum** Seriz. var. **suzukaense** Seriz. と**アマギミヤママムシグサ** var. **amagiense** Seriz. は，どちらも花序が葉よりも遅れて展開するとされる。三重県，滋賀県と岐阜県，石川県から鳥取県にかけて分布するとされるスズカマムシグサの外部形態は変異が大きいが，同様に花序が葉に遅れて展開するコウライテンナンショウに比べ花期が遅く，仏炎苞筒部が長いことが特徴とされる。静岡県天城山に分布するアマギミヤママムシグサはホソバテンナンショウに似るが仏炎苞舷部に乳頭状突起があり，筒口部が開出しない点で区別できる。

44. ホソバテンナンショウ　PL.82
Arisaema angustatum Franch. et Sav.

低山地から山地の林下，林縁に生える。高さ100cm

に達する。鞘状葉や偽茎の斑はやや赤味が強い。葉は通常2個で、偽茎は葉柄よりはるかに長く、開口部は襟状に広がり、葉身は鳥足状に分裂し、小葉間に葉軸が発達する。小葉は9-17枚、披針形～狭楕円形、両端とがり、しばしば細鋸歯がある。花は4-5月。花序柄は葉柄とほぼ同長または長く、仏炎苞は葉身よりやや早く展開し全体緑色、縦の白筋があり、筒部は円筒形で口辺部は狭いが耳状に開出し、開出部はしばしば半透明となり、舷部は筒部より短く、卵形～広卵形、基部がやや横に張り出し、鋭頭～鋭尖頭、縁はときに紫色をおび、まれに微細な凹凸があり、内面には隆起する細脈がない。花序付属体は淡緑色、有柄で下部はやや太く、上に向かって細まり、直立、あるいは上部でやや前に曲がる。1子房中に5-8個の胚珠がある。染色体数2n=28。関東から中部地方東部・近畿地方に分布する。

45. ウンゼンマムシグサ　　PL.82
Arisaema unzenense Seriz.

山地の林縁などに生え、高さ70cmに達する。葉は通常2個で、偽茎は葉柄より長く、斑は目立たず、開口部は襟状に広がり、葉身は鳥足状に分裂し、小葉間に葉軸が発達する。小葉は7-15枚、披針形～狭楕円形、両端とがり、しばしば細鋸歯がある。花期は4-5月。花序柄は葉柄とほぼ同長または長く、仏炎苞は葉身よりやや早く展開し全体緑色、縦の細い白筋があり、筒部は円筒形で口辺部はわずかに開出し、舷部は筒部と同長、またはより短く、卵形～長卵形、鋭尖頭でやや尾状にとがる。花序付属体は緑色、有柄で、上部はごく細く糸状、上部でやや前に曲がる。長崎県雲仙岳に分布する。

46. ヤマジノテンナンショウ　　PL.82
Arisaema solenochlamys Nakai ex F. Maek.

山地の林下に生える。高さ70cmに達する。偽茎は植物体の全高に対して変異が大きく、しばしば全高の2分の1程度まで短くなる。鞘状葉や偽茎は淡緑色～淡紫褐色で斑がある。葉は2個、形状はカントウマムシグサに似るが、小葉は長楕円形でふぞろいな鋸歯があることが多い。花は5-6月。花序柄は通常葉柄より長く、または同長、仏炎苞は葉に遅れて開く。仏炎苞の筒部はやや太い筒状で淡色、口辺部はほとんど開出せず、舷部は光沢がなく通常外面が緑色、内面が紫褐色で白条があり、ときに緑色、三角状広卵形でドーム状に盛り上がり、先は短くとがる。花序付属体は有柄、棒状、仏炎苞舷部に隠れ、目立たない。染色体数2n=28。本州の栃木県から長野県にかけての内陸地に点々と分布する。

47. ヤマザトマムシグサ　　PL.83
Arisaema galeiforme Seriz.

内陸地の山地の林下に生え、高さ70cmに達する。偽茎は長く、開口部は襟状に開出し、鞘状葉や偽茎は淡緑色～淡紫褐色で斑がある。葉は2個、形状はカントウマムシグサに似て7-17小葉がある。花期は5月。花序柄は通常葉柄とほぼ同長。仏炎苞は葉と同時に開き、筒部は筒状で白筋があり、口辺部は側面が急に広がり、三角状卵形～広三角形の舷部に続く。舷部は通常紫褐色で基部で白筋が広がり、ドーム状に盛り上がり、先は長くとがって前方に伸びる。花序付属体は有柄、棒状、仏炎苞舷部に隠れ、目立たない。1子房中に5-8個の胚珠がある。本州（群馬県から愛知県にかけての内陸部）に分布する。

48. コウライテンナンショウ　　PL.83
Arisaema peninsulae Nakai; *A. angustatum* Franch. et Sav. var. *peninsulae* (Nakai) Nakai ex Miyabe et Kudô

おもに山地や多雪地の林縁、湿った草地などに生え、高さ100cmに達する。鞘状葉や偽茎の斑は目立たない。葉は通常2個で、偽茎は葉柄よりはるかに長く、開口部は襟状に広がり、葉身は鳥足状に分裂し、小葉間に葉軸が発達する。小葉は9-17枚、披針形～狭楕円形、両端とがり、通常全縁。花は5-6月。花茎は葉柄とほぼ同長または長く、仏炎苞は葉身より遅く展開し全体緑色、縦の白筋があるかまたは不明、筒部は円筒形で口辺部は狭く開出し、または開出せずに舷部の基部に向かって狭まり、舷部は筒部より短く、ときに長く、卵形～狭卵形、しばしばドーム状に盛り上がり、その部分で白筋が広がって半透明となり、鋭頭～鋭尖頭で、内面に隆起する細脈がある。花序付属体は淡緑色から淡黄色、有柄で細棒状、直立、あるいは上部でやや前に曲がる。1子房中に5-10個の胚珠がある。染色体数2n=28。北海道・本州・九州、朝鮮半島・中国・ロシアに分布する。

コウライテンナンショウは朝鮮半島中部産の植物に基づいて発表された。日本国内については従来、北陸から東北地方および北海道に分布すると考えられてきた。しかし、類似の植物は中部地方から九州にも見られ、東北地方から九州まで広く分布するカントウマムシグサとの区別は確立しているとはいえない。コウライテンナンショウの花序は基本的に緑色であり、このことはホソバテンナンショウやアオテンナンショウなどと同様である。本書では、形態的にコウライテンナンショウに似ているものでも、花序付属体が太く、仏炎苞が紫色のものはカントウマムシグサに含めている。

コウライテンナンショウのうち、分布域の北部や山地上部に生えるものでは、仏炎苞舷部の基部が狭まり、中央が盛り上がって、その部分で半透明の白条が広がるという特徴が明らかであり、このようなものをキタマムシグサとして区別する見解がある。

49. ヤマトテンナンショウ
〔カルイザワテンナンショウ〕　　PL.83
Arisaema longilaminum Nakai; *A. sinanoense* Nakai

落葉樹の林下に生え、半湿地にも見られる。高さ70cmに達する。偽茎は長い。鞘状葉や偽茎は淡緑色でときに紫色をおび、ほとんど斑がないのがふつう。葉は2個、形状はカントウマムシグサに似る。花は6月ごろ。花序柄は通常葉柄より長く、仏炎苞は葉に遅れて開く。仏炎苞の筒部は筒状で淡色、口辺部は狭く反曲し、舷部は通常黒紫色から紫褐色、まれに緑色で白条があり、内面にいちじるしい隆起脈があり、狭三角形～三角状狭卵形で前方に伸びるか、やや垂れる。花序付属体は有柄、細棒状でときに上部が前に曲がり、紫褐色の斑がある。染色体数2n=28。奈良県および中部地方に点々と分布

する。

ヤマトテンナンショウは仏炎苞の舷部が狭三角形で細長く，口辺部がほとんど反曲しないこと，花序付属体が細いことが特徴で，それ以外の性質はオオマムシグサやヤマザトマムシグサに似ている。

50. オオマムシグサ　　　　　　　　　　　　PL. 83
Arisaema takedae Makino

湿った草原や明るい疎林下に生え，高さ70cmに達する。偽茎は植物体の全高に対して変異が大きく，しばしば全高の2分の1程度まで短くなる（特に小型の雄個体ではこの傾向がある）。鞘状葉や偽茎は淡緑色でほとんど斑がないのがふつう。葉は1または2個，形状はカントウマムシグサに似るが，小葉は全縁で数が多く，葉軸の先が上方に巻き上がる傾向がある。花は5－6月。花序柄は通常葉柄より短く，または同長，仏炎苞は葉に遅れて開く。仏炎苞の筒部は太い筒状で淡色，口辺部はやや広く開出し，ときに耳状となり，舷部は通常黒紫色から紫褐色で白条があり，内面にいちじるしい隆起脈があり，卵形から長卵形で前に曲がり，先はしだいに細まりやや外曲し，垂れ下がる。花序付属体は有柄，太棒状〜棍棒状で紫褐色の斑があるか，しばしば白緑色となる。染色体数2n=28。北海道南部・本州に分布する。

51. カントウマムシグサ　　　　　　　　　　PL. 83
Arisaema serratum (Thunb.) Schott

平地から山地の野原，林縁，林下などにふつうに生育し，外形の変異がいちじるしい。偽茎は葉柄や花序柄より長く，多くは紫褐色あるいは赤紫色の斑がある。葉は2個あるいはややまれに1個，7－17(－23)枚の小葉を鳥足状につけ，小葉間の葉軸はよく発達する。小葉は形，大きさとも変異に富み，狭卵形，狭倒卵形，楕円形，長楕円形または広楕円形で，先端は鋭形から鋭尖形，全縁または鋸歯がある。花期は4－6月。花序は葉より高く突き出るものからそうでないものまである。仏炎苞は東海地方など本州の暖地では葉よりも早く開くものもあるが，他の地域では葉とほぼ同時期またはより遅れて開き，緑色から緑紫色でふつう白条があるか，ときに白条がなく，または帯紫色から濃紫色で，つねに白条がある。口辺部はやや開出し，舷部は内面に隆起する細脈がいちじるしく，狭卵形，卵形から広卵形で，鋭頭から鋭尖頭，長鋭尖頭，多くは筒部より短いが，大きさや比率には変異が大きい。付属体は細い棒状から棍棒状，あるいは頭状で，上部で太くなるものから細くなるものまで変異がある。北海道〜九州，韓国（済州島）に分布する。

【4】ヒメカイウ属　Calla L.

長い根茎がある多年草。花茎は根生し，花序の下に1枚の仏炎苞をつける。仏炎苞は筒部がなく，広卵形または広楕円形で，白色，花序を包まず，花後も脱落しない。花序は有柄で，円柱形，付属体はない。花は両性，または花序の頂部で雄性。花被がない。雄蕊は6個で，離生する。雌蕊は1個，子房は1室で，6－9個の胚珠がある。果実は液果で，赤熟し，ほぼ球形。1種が北半球の冷温帯に広く分布する。

1. ヒメカイウ　　　　　　　　　　　　　　PL. 86
Calla palustris L.

低地から山地の水湿地に生える。根茎は横にはい，径1－2cm，節から多数の根を出す。葉は心形で全縁，長さ幅ともに7－14cm，葉柄は長さ10－25cm。葉柄鞘部の上端に長い葉舌があり，膜質で長さ3－5cm。花期は6－7月。花茎は高さ15－30cm。仏炎苞は長さ4－6cm。花序は長さ1.5－3cmで，果時には5cmになる。北海道・本州中北部に分布する。

【5】ハブカズラ属　Epipremnum Schott

樹幹や岩によじのぼる大型の半低木状または木本状のつる植物。茎は長く伸びて，一部が木質となる。葉は互生し，単葉，大型で革質，全縁または羽状に深く裂け，葉柄は長く，葉身の直下に関節があり，葉鞘部は長く，枯れてのち繊維状となって残存する。花序は花序柄の先端につき，仏炎苞は卵形，舟形で先端は鋭頭または鋭尖頭，早落する。肉穂花序は無柄で細長い円柱形，密に花をつける。花は両性で花被がなく，雄蕊は4個，花糸は幅広く，葯よりも長い。雌蕊は四－六角柱形，子房は先端が切形，1室よりなり，2－4(－8)個の胚珠を側膜胎座につける。果実は液果，種子は腎臓形。世界に約20種あり，スリランカ・東南アジアからマレーシア地域・中国大陸・台湾に分布する。

1. ハブカズラ　　　　　　　　　　　　　　PL. 84
Epipremnum pinnatum (L.) Engl.;
Rhaphidophora pinnata (L.) Schott

常緑のつる植物，付着根をもち，樹上または岩上によじのぼり，長さ5m以上になる。茎は緑色，円柱形，無毛，下部は木質で，径4cmに達し，分枝する。葉は単葉で互生する。葉柄は長さ15－40cm。葉身は薄い革質で，幼時は狭卵形または卵状長楕円形，全縁または1〜数か所で深く切れ込み，成葉となって広卵状楕円形となり，長さ20－50cm，幅15－30cm，鈍頭，鋭頭または鋭尖頭，基部は切形から浅い心形，おもな側脈は8－13対，縁は左右不同の羽状に深く切れ込み，裂片は片側6－8個あり，各裂片は鎌形で鋭尖頭，中部のもので幅4－5cmとなる。花序柄は長さ5－10cm。仏炎苞は白緑色で，長さ10－12cm，鋭尖頭，ボート状に開き，さらに反曲し，早落する。肉穂花序は円柱形で長さ

10−15cm，径2.5−3cm。花は5−6月に咲き，両性。雄蕊は4個で，葯は卵状三角形，長さ約2mm。雌蕊は長さ4−5mm，花柱は太く，長さ約2mmで，柱頭は平ら。胚珠は2−4個ある。種子は長さ5mmに達する。琉球（沖縄諸島・八重山列島）で，森林中に生育し，台湾・中国大陸南部・東南アジアに分布する。

【6】ヒメウキクサ属　Landoltia Les et D. J. Crawford

葉状体は水面に単独かまたは2−6個の群体をつくって浮かび，楕円形で3−7脈がある。根は2−7本で維管束は基部にのみ発達する。花序は1個で雌花1個と雄花2個。1種があり，おもに熱帯域に広く分布する。

1．ヒメウキクサ〔シマウキクサ〕　PL.73
Landoltia punctata (G. Mey.) Les et D. J. Crawford;
Spirodela punctata (G. Mey.) C. H. Thomps.;
S. oligorrhiza (Kurz) Hegelm.

平地の池や溝に生育する。根は2−7本，すべてが前出葉を貫いて伸びる。葉状体は左右不相称の長楕円形，または狭倒卵形，上面は光沢のある緑色，下面は赤色，長さ3−5mm，幅1.5−2.5mm，3(−7)脈がある。単独か，または2−6個の個体が連なる。胞果に狭い翼があり，種子には長軸に沿って10−15本の肋がある。花期は5−8月。本州（関東以西）〜九州に点在するが，熱帯アジア原産の帰化品ともされている。アジアとオーストラリアの熱帯に多く，アフリカと南アメリカにも分布するが，人為的に広がったらしく，自然の分布は不明。

【7】アオウキクサ属　Lemna L.

植物体は単独か，または2−10個の個体が群体をつくり，葉状体は1−3ときに5脈がある。根は1本，まれにないものもあり，やや維管束が発達し，根冠がある。花序は1個で，雌花1個と雄花2個からなる。種子にはふつう縦に肋がある。世界に9種，日本には3種ある。

A．葉状体は水面に浮かび，円形〜楕円形または倒卵形で全縁，出芽嚢は葉状体の縁で開口する。
　　B．根の基部を取り巻く鞘には翼がある。根冠は鋭頭。
　　　　C．1年生植物で，種子で越冬する ··· 1．アオウキクサ
　　　　C．多年生植物で，葉状体または越冬芽で越冬する。
　　　　　　D．冬季は葉状体のまま水面で越冬する ··· 2．ナンゴクアオウキクサ
　　　　　　D．冬季は越冬芽（殖芽）をつくり，水底で越冬する ·· 3．キタグニコウキクサ
　　B．根の鞘に翼はない。根冠は鈍頭 ·· 4．コウキクサ
A．葉状体は花期を除いて水中にあり，卵状長楕円形，縁に微小な鋸歯がある。出芽嚢はやや背面に開口する ·········· 5．ヒンジモ

1．アオウキクサ　PL.72
Lemna aoukikusa Beppu et Murata subsp. **aoukikusa**;
L. perpusilla auct. non Torr.;
L. paucicostata auct. non Hegelm.

水田，沼，池，溝などに浮かぶ1年生の小型の水草。葉状体は倒卵形〜楕円形，全縁で長さ3−6mm，幅2−3mm，薄く，内部の気室はあまり発達せず，横1列に並び，表面は黄緑色〜緑色で，紫色をおびることがなく，基部は左右不相称で先は円く，3脈があるがときに不明瞭。ふつう3−5個が集まって群体をつくる。根はやや波状にうねる。花期は夏。種子は長楕円形で短径は約0.45mm，長径は約0.6mm，18−24本の縦肋，44−82本の横肋がある。北海道〜九州に分布する。

ホクリクアオウキクサ subsp. **hokurikuensis** Beppu et Murataはアオウキクサに似ているが出芽した娘葉状体が離れないで通常5−20個が群体をなす。根はいちじるしくらせん状によじれる。種子には50−80本の横条がある。冬季は越冬芽をつくって水底で越冬する。北陸地方に分布する。

チリウキクサ *L. valdiviana* Philippiは熱帯アメリカ原産の帰化植物で池沼に見られる。葉状体は長楕円形，長さ2−4.5mm，幅0.5−2mmで，1脈がある。よく似たアオウキクサでは3脈が見られる。

2．ナンゴクアオウキクサ
Lemna aequinoctialis Welw.;
Lemna perpusilla auct. non Torr.

常緑の浮遊性植物で，葉状体のまま越冬する。葉状体は広倒卵形でほとんど左右対称に近く，娘葉状体もほぼ同形となり，3−4(−5)個が群体をつくる。葉状体の厚さはアオウキクサに比べて厚く，大きく発達した気室が部分的に縦に重なる。根は下にまっすぐ伸びる。種子は長楕円形で16−26本の縦条と，33−50本の横条がある。近畿地方以西，世界の熱帯・亜熱帯に広く分布する。

ムラサキコウキクサ *L. japonica* Landoltは，コウキクサに似るが，葉状体が通常紫色をおびて下面がふくらむ。葉状体のまま水面で越冬する。アロザイム解析の結果から，コウキクサとキタグニコウキクサの雑種起源であることが示唆されている。2n=50。日本全土，中国・韓国に分布する。**ヒナウキクサ** *L. minuta* Kunth; *L. minima* Phil.は葉がほぼ左右相称でありコウキクサに似るが，1脈があることで区別できる。北アメリカ中部か

Araceae

ら南アメリカにかけて原産し、本州に帰化している。

3. キタグニコウキクサ
Lemna turionifera Landolt

コウキクサに似るが、葉状体が通常紫色をおびる。冬季は越冬芽で水底で越冬する。染色体数2n=40。北海道、北米・ユーラシア大陸部・サハリンに分布する。

4. コウキクサ　　　　　　　　　　　　　　　PL.73
Lemna minor L.

池や溝に生育し、植物体は単独か、または2-5個が集まり、葉状体は緑色、ほぼ左右相称で円形～広卵形、長さ1.5-4.5mm、幅1-3mm、やや厚みがあり、3脈がある。花期は夏。種子に肋がない。葉状体のまま水面で越冬する。北海道～四国、北半球の温帯に広く分布する。染色体数2n=40。

イボウキクサ L. gibba L.は世界の熱帯～暖帯に広く分布しており、1974年には本州（中部地方）に帰化していた記録がある（《植物研究雑誌》49: 359浜島繁隆）。

葉状体は左右不相称、広倒卵形、5脈があり、長さ2-5mm、幅1.5-4mm。裏面に浮嚢が発達する。種子には長軸に沿って肋が見られる。

5. ヒンジモ　　　　　　　　　　　　　　　　PL.73
Lemna trisulca L.

植物体は水中に浮き、薄く、細くて長い柄で連なり、多数個が集まって群体をつくるが、花期には花をつけた2～数個が1つの群体となって、水上に現れる。花期は夏。葉状体は全体にほぼ左右相称の卵状長楕円形で、長さ7-10mm、幅2-4mm、1-3脈があり、先は鋭頭またはやや鈍頭、上縁に微小な鋸歯があり、基部はときに多少矢じり形である。根は1本、ときになく、根冠は鋭頭。北海道・本州・四国に見られ、南アメリカを除く世界に広く分布する。和名は〈品字藻〉で、葉状体の左右の新個体が直角に出るのが〈品〉という字を思わせることによる。

【8】ミズバショウ属　　**Lysichiton** Schott

太い根茎と広卵形または楕円形の葉がある大型の多年草。仏炎苞の筒部は長く、花茎と合着せず、舷部は卵形で、ほぼボート状、急鋭尖頭。花序は円柱状で果時には長楕円体となり、密に花をつけ、頂部に付属体がない。花は4個の花被片をつけ、両性、雄蕊は4個で、花糸をつけ、雌蕊1個がある。子房は2室で、各室に1-2個の胚珠がある。果実は液果。世界に2種、東アジアと北アメリカ西部に分布する。日本には1種が自生する。

1. ミズバショウ　　　　　　　　　　　　　　PL.85
Lysichiton camtschatcensis (L.) Schott

湿原やまばらな林下の湿地に大きな群落をつくって生える。花期は5-7月。花序は葉に先立って開き、花茎は高さ10-30cm。仏炎苞の舷部は白色、長さ8-15cm。花は高さ約2mm、表面は径3.5-4mm。花被片は舟形で、肉質だが上部の縁辺のみ膜質である。開花前には4個の花被片が花の表面をおおっているが、最初に雌蕊が花被片を押し上げて現れる。柱頭はすぐに開き、透明で、水滴がついているように見える。次に4個の雄蕊が順に現れる（ショウブ科の図の説明参照）。葯は黄色で外向し、柱頭よりも高く位置し、花外に出るとただちに裂開する。花糸は白色、扁平で膜質、長さ約2mm、幅約0.25mm。雄蕊の基部は花序の軸中に埋もれ、子房は2室、内には、ゼリー状の物質に包まれて1-2個の胚珠がある。花序軸から突出した部分は雌蕊状で、ほぼ三角錐形、緑色で高さ約2mm。果序は長さ12cm、径5cmになり、液果は花軸に埋まり、緑色に熟す。葉は花後に生長して長さ80cm、幅30cmになる。本州（兵庫県および中部以北の日本海側）・北海道、千島・カムチャツカ・サハリン・ウスリーに分布する。

【9】ハンゲ属　　**Pinellia** Tenore

球茎がある多年草。葉は長柄があり、鳥足状複葉または単葉で、3深裂～全裂する。花序は長い花茎の先端につく。花軸は下方で仏炎苞と合着して、1側に雌花群をつけ、その上方では離生し、雄花群をつける。付属体は長く糸状で、苞外に伸びる。花は花被がなく、雄花は2個の雄蕊があり、雌花は1個の雌蕊からなり、子房は1室で、1個の胚珠がある。仏炎苞の筒部は宿存して果序を囲み、果実は液果で、1種子がある。東アジアの暖帯～温帯に7種ほどあり、日本に2種が分布する。

A. 葉は3小葉に全裂し、葉柄にむかごをつける ··· 1. カラスビシャク
A. 葉は3深裂し、葉柄にむかごをつけない ··· 2. オオハンゲ

1. カラスビシャク〔ハンゲ〕　　　　　　　PL.83
Pinellia ternata (Thunb.) Breitenb.

畑の雑草としてふつうに見られる多年草。球茎は径約1cmで、葉は1-2個、葉柄にむかごをつける。葉は3小葉からなり、小葉はふつう長楕円形または狭卵形で、鋭頭、長さ3-12cm、短い柄がある。花茎は高さ20-40cmで、葉の上に突き出る。仏炎苞は緑色または帯紫色で、長さ5-7cm、筒部は細長く、舷部は狭卵形でやや円頭、内面に細毛があり、外面は無毛。花期は5-8月。雌花群は花軸の片側に密につく。雄花群は花軸が仏炎

苞より離れた部分につく。付属体は長さ6－10cm, ほぼ直立し, 無毛。液果は緑色で, 小型。史前帰化植物の1つに数えられることもある。北海道～琉球, 朝鮮半島・中国に分布する。漢方では〈半夏（はんげ）〉とよび, 球茎を咳止めなどに用いる。変異が多く, 小葉が線形のシカハンゲf. angustata (Schott) Makino, 小葉の先が長く伸びるヤマハンゲf. subcuspidata Honda, 苞の内面が暗紫色のムラサキハンゲf. atropurpurea (Makino) Ohwi が記録されている。

2. オオハンゲ　　　　　　　　　　PL.83
Pinellia tripartita (Blume) Schott

山地の常緑樹林下に生える。葉は1－4個, 葉柄にむかごをつけない。葉身は3深裂し, 裂片は広卵形または狭卵形で短鋭尖頭, 長さ8－20cm。花期は6－8月。花茎は高さ20－50cmで, 葉の上にやや突き出るか, ほぼ同高。苞は緑色または帯紫色で, 長さ6－10cm。舷部は卵形で, 鈍頭, 内面に小突起を密生し, 外面はなめらかである。付属体は長さ15－25cm。本州（中部地方）～琉球に分布する。

【10】ユズノハカズラ属　Pothos L.

付着根を出して樹幹や岩などに着生する常緑藤本。葉は2列互生, 単葉で, 幼植物の葉形が成葉と異なるものもある。成葉の葉柄にはしばしば翼があり, 下部は広がって茎を抱く。着生状態で十分成長し, 光条件がよくなると盛んに分枝して空中に側枝を伸ばし, 葉腋あるいは葉腋外に花序をつける。花序は通常数個が連続してつき, 花序柄の基部に前出葉があり, 小型の仏炎苞がその中途につく。花は両性, 花被片4－6個, 雄蕊4－6個, 雌蕊1個があり, 球状の肉穂花序に集まる。種子は1果に1－3個つき, 胚乳はない。約75種がアジアの熱帯・亜熱帯, オーストラリア・マダガスカル・ポリネシアに分布する。日本には1種がある。

1. ユズノハカズラ　　　　　　　　PL.84
Pothos chinensis (Raf.) Merr.

付着根を出して樹幹などに着生する常緑藤本。茎は細く, 葉は互生し長さ5－12cm, 広被針形で葉柄に翼があり, ユズの葉に似ている。花序柄は枝先近くの葉腋に生じ, 基部に緑色の鱗片葉があり, 長さ3－20mm, 肉穂花序は両性花が直径3－10mmほどの球状にまとまり, 卵形で淡緑色の仏炎苞が花序柄の中途につく。果実は楕円形, 赤く熟する。大東島, 台湾から中国南部・インドシナ半島・インド北部にかけて広く分布する。

【11】ヒメハブカズラ属　Rhaphidophora Hassk.

植物体や花序はハブカズラ属Epipremnumにきわめてよく似ているが, 子房は不完全に2室に分かれ, 各室に多数の胚珠があり, 種子は長楕円形である。120種が熱帯アフリカおよびインドからマレーシア地域にかけてのアジアの熱帯・亜熱帯に分布する。

A. 成葉の葉身は長卵形で先はしだいにとがり, 切れ込みがない······1. ヒメハブカズラ
A. 成葉の葉身は外周が長楕円状矩形で, 羽状に切れ込む······2. サキシマハブカズラ

1. ヒメハブカズラ　　　　　　　　PL.84
Rhaphidophora liukiuensis Hatus.

ハブカズラに似るが, 茎は径約1cm, 葉柄は長さ7－16cm, 葉身は狭卵形または長楕円形で全縁, 長さ17－30cm, 幅5－11cm, 鋭尖頭。花序柄は長さ8－10cm。仏炎苞は長楕円形で多肉質, 円筒状, 長さ約12cm, 径約2cm。肉穂花序は無柄, 円柱形で鈍頭, 長さ8－9cm, 径約1cm。雄蕊は長さ約4mm, 葯は長さ約1mm。石垣島・西表島のマングローブにまれに生育し, 台湾（蘭嶼）・フィリピンにも分布する。

2. サキシマハブカズラ　　　　　　PL.84
Rhaphidophora korthalsii Schott

ハブカズラに似る大型のよじのぼり植物。幼植物の葉は心状長卵形で切れ込みがなく, 互いに重なり合って2列に並び対象物に密着する。成葉は50cmにもなる長い葉柄があり, 基部から開出し, 葉身は長さ90cmに達し, 垂れ下がり, 長楕円状矩形で羽状に深裂し, 裂片は片側10片程度で隙間とほぼ同幅。花序は1～数個まとまってつき, 太い花序柄とともにほぼ直立し, 仏炎苞は円筒形で緑色, 長さ25cmに達し, 花時に脱落する。肉穂花序は柱状で黄緑色, 淡褐色の花粉におおわれる。果実は暗緑色で熟すと赤みをおびる。石垣島・西表島にまれに生育し, フィリピンから東南アジアの熱帯域に広く分布する。

【12】ウキクサ属　Spirodela Schleid.

植物体は扁平あるいはややふくらみ, 単独かまたは2－6個が群体となり, 葉状体の裏面は帯紫色で3－15脈がある。花序は1雌花, 2雄花からなり, ほぼ球状で, 若い時, 小型の苞に包まれる。根はふつう3－18本で, 1個の維管束があり, 先端に薄くて短い根冠がある。世界の熱帯～温帯に4種あり, 日本に1種が分布する。

Araceae

1. ウキクサ　　　　　　　　　　　　　　　　PL.73
Spirodela polyrhiza (L.) Schleid.
　水田，池，溝など，流れのない淡水でふつうに見られる。葉状体は左右相称または不相称の広倒卵形で，長さ3-10mm，幅3-8mm，葉の裏面と縁は紫色をおび，掌状の5-11脈がある。ふつう3-5個の個体が細い柄で連なり群体をつくる。胞果はわずかに翼があり，1-2個の種子があって，種子には肋はない。しばしば休眠芽をつくって越冬する。花期は5-8月。日本全土にあり，南アメリカを除いた世界中のほとんどに分布する。

【13】ザゼンソウ属　Symplocarpus Salisb. ex Nutt.

　短い根茎がある多年草。葉は卵状心形で，長い葉柄があり，根生する。花茎は葉より短い。仏炎苞は卵円形のボート状で厚く，筒部がない。花序は楕円体で，密に花をつけ，頂部に付属体がない。花は4個の花被片をつけ，両性で，4個の雄蕊と1個の雌蕊がある。雄蕊は花糸をつけ，花糸は扁平，伸長して花被とほぼ同長となる。葯は黄色で，外向，底着し，葯隔があり，柱頭よりやや高くつく。子房は1室で，下部は花軸に埋まり，1個の胚珠がある。果序は球形で，多数の種子がある。種子は熟しても果皮に包まれず，種皮と胚乳がなく，スポンジ状の花軸の中に埋まる。のちに花軸はくずれて種子を散らす。果実は液果。世界に2種，東アジアと北アメリカ東部に分布する。

　A．葉身は幅広く，円心形〜腎形。花序は春または夏に咲き，果実は夏または秋に熟す。
　　B．葉は大型。仏炎苞は大型で長さ10cm以上，春に葉に先だって開く ·· 1. ザゼンソウ
　　B．葉は小型。仏炎苞は小型で長さ7cm以下，夏に葉とほぼ同時に開く ······························ 2. ナベクラザゼンソウ
　A．葉身は幅狭く，長卵状心形または卵状長楕円形。花序は葉が展開してのち，夏に出て開き，果実は翌春に熟す
　　·· 3. ヒメザゼンソウ

1. ザゼンソウ　　　　　　　　　　　　　　　PL.85
Symplocarpus renifolius Schott ex Tzvelev;
S. foetidus Nutt. var. *latissimus* (Makino) H. Hara
　水湿地に生える悪臭のある大型の多年草。葉は長柄があり，円心形，花後も伸びて長さ幅ともに40cmになる。花期は3-5月。花序は葉に先立って出て，花茎は長さ10-20cm。仏炎苞はボート状できわめて厚く，ふつう暗紫褐色まれに汚緑色，長さ20cm，径15cmになり，先端はとがって前に曲がる。肉穂花序は長さ約2cm。北海道・本州，朝鮮半島・アムール・ウスリー・サハリンに分布する。

2. ナベクラザゼンソウ　　　　　　　　　　　 PL.85
Symplocarpus nabekuraensis Otsuka et K. Inoue
　葉身の形はザゼンソウに似るが，ずっと小さい。葉形は腎円形で通常縦よりも横のほうが長い。花は葉とほぼ同時に開き，仏炎苞の形や大きさはヒメザゼンソウに似て，仏炎苞の先端は上を向く。果実は当年の夏に熟し，葉は秋に枯れる。本州（福井県から岩手県にかけての多雪地）に分布する。

3. ヒメザゼンソウ　　　　　　　　　　　　　PL.86
Symplocarpus nipponicus Makino
　林縁や道ばたの湿地に生え，ザゼンソウよりやや小型。葉は早春に出て，長柄があり，葉身は長さ10-20cm，幅7-12cm。花序は葉よりもあとに出て，仏炎苞は広楕円形，長さ4-7cm，先端は上を向き，暗紫褐色を帯びる。花期は6月。果実は翌春に熟す。北海道・本州，朝鮮半島に分布する。

【14】リュウキュウハンゲ属　Typhonium Schott

　球茎がある多年草。葉は2-5個で有柄，葉身は3-5裂して，卵状矢じり形からほこ形，または掌状に全裂する。仏炎苞は1枚で，筒部は短く，舷部はのちに脱落する。花序は仏炎苞から伸び出し，下部に雌花群の部分，その上に退化した中性花の部分またはときに花軸のみの部分，次に雄花群の部分が続き，その上方は伸長した付属体となる。雄花は3個の雄蕊からなり，葯はほとんど無柄。雌花は1個の雌蕊からなり，子房は1室で，1-2個の胚珠がある。果実は液果で，卵円形，1-2個の種子がある。広義のリュウキュウハンゲ属はインドからオーストラリア東北部にかけて，東南アジアを中心に約50種あり，日本には1種がある。分子系統解析の結果は，分枝パターンの異なるPedatyphonium属，Hirsutiarum属，Sauromatum属などの属を区別することを支持している。

1. リュウキュウハンゲ　　　　　　　　　　　PL.84
Typhonium blumei Nicolson et Sivadasan;
T. divaricatum auct. non (L.) Decne.
　葉は2-5個が根生し，柄は長さ（5-）10-30cm，葉身は浅く3裂して卵状の矢じり形で，長さ5-15cm，幅5-10cm，側裂片はやや開出する。花茎は長さ4-12cm。苞の筒部は狭卵状で長さ1.5-2cm，花後も残り，口辺部は狭くなる。舷部は紫褐色で，口辺部から上で急に広がり，狭卵形，尾状鋭尖頭，長さ8-15cm。花期は5-9月。花序は付属体を含めて長さ12-18cm，基部に雌花群があり，長さ1.5-3mm，その上に線形で，刺毛状の中性花群と，花のつかない花軸が長さ15-20mm続き，次に4-7mmの雄花群がつく。付属体は尾状で，長さ8-15cm，鋭頭，帯紫色。九州（鹿児島県）〜琉球・小笠原，中国（南西部）・台湾・東南アジア・インドに分布する。

【15】ミジンコウキクサ属　**Wolffia** Horkel ex Schleid.

葉状体は微小な楕円体または卵球形，緑色または帯紫色で，出芽嚢は1個で基部から出芽する。維管束は雄蕊に痕跡的に発達する以外にはない。花序は1個。熱帯〜温帯に約10種が分布し，日本には1種だけ生育する。ミジンコウキクサ亜科のなかでは，葉状体が平板でなく，厚みのあることがこの属の特徴である。

1. ミジンコウキクサ　　PL.72
Wolffia globosa (Roxb.) Hartog et Plas

種子植物のなかで最小の種類であり，和名もその意味で，〈微塵粉浮草〉。平地の池や溝に生育する。葉状体は長径0.3−0.8mm，短径0.2−0.3mm，高さ0.2−0.6mm，単独か，または1個の新個体をつけて大小2個が群体となる。表面は緑色または帯黄色。花期は9月。本州（関東以西）・九州・琉球，東アジア〜東南アジア・オーストラリアおよびアフリカの熱帯〜温帯に産する。

チシマゼキショウ科　TOFIELDIACEAE

田村　実

根茎のある多年草。葉は線形～剣形，中央脈に沿って表面が内になって折りたたまれ，裏面が外側に現れて単面葉となり，2列縦生，大部分が根生し基部は跨状に重なり合う。花茎は葉束の中から出て，花序はふつう総状，まれに穂状，側枝が退化した複総状（イワショウブ属），または1花のみつくこともある（Harperocallis属）。花は両性で放射相称，3数性，苞があり，ふつう3裂した小苞もある。花被片は6個，外片3個と内片3個は同質で，多少なりとも花弁状になり，ふつう離生する。雄蕊はふつう6個，まれに9－10個（Pleea属）。子房は上位，隔壁に蜜腺があり，3室，各室に5個～多数の胚珠がある。花柱はふつう3本，まれに合着して1本（Isidrogalvia属）。蒴果はふつう胞間裂開，まれに胞背裂開（Harperocallis属）。染色体基本数はふつう$x=15$，まれに$x=14$, 16。北半球の温帯域～亜寒帯域を中心に分布し，南米北西部にもある（Isidrogalvia属）。5属28種を含む。

《日本の野生植物I》(1982)が準拠した新Engler分類体系（Melchior, 1964）では，ユリ目ユリ科シュロソウ亜科チシマゼキショウ連に含められていた。分子系統樹に基づいたAPG III分類体系（2009）によって，この旧チシマゼキショウ連はチシマゼキショウ科とキンコウカ科（一部）に分割され，そのうちチシマゼキショウ科は，オモダカ科やサトイモ科などとともにオモダカ目に分類されることになった。

- A. 花茎，花序，花柄に腺状突起がない。花は節に1個ずつつき，種子に尾がない　　　　【1】チシマゼキショウ属 Tofieldia
- A. 花茎の上部，花序，花柄に腺状突起があり，ねばつく。花は節に2－7個ずつつき，種子に尾がある　　　　【2】イワショウブ属 Triantha

【1】チシマゼキショウ属　Tofieldia Hudson

小型の多年草。根茎は短く，走出枝を出すものもある。葉は剣状になる（アヤメ属に似ている）。花は総状花序または穂状花序につく。小苞はあれば副萼状。花被片は線状長楕円形または長楕円形，白色～淡紫色，宿存性。雄蕊は6個，しばしば花被片より長い，葯は底着，内向裂開。心皮は3個，全長の1/2－4/5が合着する。子房は3室，各室に5－15個の胚珠がある。花柱は3本，少し反曲する。蒴果は胞間裂開，種子には尾がない。染色体基本数はふつう$x=15$，まれに$x=14$, 16。北半球の温帯～亜寒帯に12種，日本には5種ある。

- A. 葉の縁に細かい突起がある。
  - B. 花柄は開出またはアーチ状。蒴果は花被片と同長または花被片よりわずかに長く，しばしば下向き，ときどき上向き。葉先は鋭先形　　　　1. チシマゼキショウ
  - B. 花柄は直立。蒴果は花被片より明らかに長く直立。葉先は微突形　　　　2. ヒメイワショウブ
- A. 葉の縁に突起がない。
  - B. 花柄はもっとも長いものでも長さ9mm以下。葉脈の合流は葉先近くまで続く。葯はしばしば多少なりとも帯茶色　　　　3. ハナゼキショウ
  - B. もっとも長い花柄は長さ9mm以上。葉脈の合流は葉先から離れたところで終わり，葉先近くの葉脈は1本のみ。葯は白っぽいクリーム色。
    - C. 花序軸（花序柄を除く）は最長の花柄の長さの4倍より長い。葉先はまっすぐ，またはわずかに曲がる　　　　4. ヤシュウハナゼキショウ
    - C. 花序軸（花序柄を除く）は最長の花柄の長さの4倍より短い。葉先は急に曲がる　　　　5. ヤクシマチャボゼキショウ

1. チシマゼキショウ　　　PL. 86
Tofieldia coccinea Richards. var. **coccinea**

高山帯や寒地に生える。走出枝を欠く。根出葉は線状鎌形で長さ2.5－5cm，幅2－4mm，葉長は同一個体内でそろっていて，先は鋭先形，縁に細かい突起がある。花茎（花序部分を含む）は高さ5－12cm，1－2個の小型の葉がある。花は短い総状花序につき，7－8月，開出または斜め下向きに開く。花柄は長さ0.5－2mm，毛がない。花被片は長楕円形～倒披針形，長さ2－3mm，白色またはかすかに紫色をおびる。雄蕊は花被片と同長で，葯は黄褐色である。蒴果は球形で径2－3mm，こげ茶色～黒褐色，しばしば斜め下向きに，密につく。南千島・北海道（北部～中部），朝鮮半島（北部）・中国（北部）・モンゴル・シベリア・サハリン・千島・カムチャッカ・アリューシャン・アラスカ・カナダ・グリーンランドに広く分布し，きわめて変異が多く，いくつかの地方変異が報告されている。

アポイゼキショウ var. **kondoi** (Miyabe et Kudô) H. Hara (PL. 86) は，チシマゼキショウより花柄が長く，長さ2－5(－5.5) mmになる。花茎（花序部分を含む）

旧版の執筆は佐竹義輔。

は高さ5−13.5cm, 蒴果は茶色, 葉長は同一個体内でそろっていて, 北海道（南部）・本州（北部〜中部）, 韓国（済州島）の高山帯, 亜高山帯に生える.

チャボゼキショウ（ハコネハナゼキショウ）var. **gracilis** (Franch. et Sav.) T. Shimizuは, アポイゼキショウよりさらに大型で, 花柄は長さ3−6mm, 花茎は高さ8−20cm, 花被片は長さ2.5−3.5mmになる. 葯は紫色で, 葉長は同一個体内でふぞろいになり, 本州〜九州（大分県）に生え, 石灰岩地に多い.

ナガエチャボゼキショウ（ミヤマゼキショウ）var. **kiusiana** (Okuyama) H. Haraは, チャボゼキショウに似ているが, 花茎と花被片がより長く, 花茎は高さ15−30cm, 花被片は長さ3.5−4mmになる. 葯は淡紫色で, 宮崎県の洞岳に産する.

ゲイビゼキショウ var. **geibiensis** (M. Kikuchi) H. Haraは, 花柄が非常に長く, 長さ6−10mm, 花茎も高く, 高さ15−25cm, 雄蕊が花被片より少し長いもので, 岩手県猊鼻渓から報告された.

アッカゼキショウ var. **akkana** (T. Shimizu) T. Shimizuは, ゲイビゼキショウに似ているが, 外花被片の長さが内花被片の長さの1/2−2/3しかないもので, 岩手県岩泉町安家から報告された.

エダウチゼキショウ var. **dibotrya** M. N. Tamura et Fuseは, 明瞭な側枝のある円錐花序をもつもので, 近年, 神奈川県丹沢から報告された.

2. ヒメイワショウブ　　　　　　　　　　PL. 86
Tofieldia okuboi Makino

亜高山帯に生える. 根出葉は長さ3−8cm, 先は急にとがり縁に細かい突起がある. 花茎は高さ6−17cm, 1−2個の小型の葉がある. 花は7−8月に開き, 花柄は直立, 長さ2−6mm. 花被片は長楕円形で淡緑白色, 長さ約3mm, 雄蕊は花被片より少し短い. 蒴果は長楕円形で長さ4mm内外. 南千島・北海道・本州（北部〜中部）に分布する.

3. ハナゼキショウ〔イワゼキショウ〕　　　　PL. 87
Tofieldia nuda Maxim.

山中の岩に生える. 走出枝を欠く. 根出葉は線形で長さ6.5−30cm, 先端は長くとがり, まっすぐ, またはわずかに曲がり, 縁は平滑, 葉脈は3−7本で最後の合流は葉先近く. 花茎（花序部分を含む）は高さ8−34.3cm, 2−3個の小型の葉をともない, 6−8月に12−85個の白色の花を総状花序につける. 花柄は, もっとも長いもので, 長さ2.3−9mm, 花序軸（花序柄を除く）の長さの1/4より短い. 花被片は線状長楕円形で長さ3−4mm, 雄蕊は花被片と同長か, 少し長く, 葯はしばしば多少なりとも帯茶色, 花柱は長さ0.7−1.5mm. 蒴果は楕円形またはやや卵形で, 長さ2−4.1mmである. 日本特産で, 本州（近畿地方北部）・九州（佐賀県・長崎県）に分布する.

4. ヤシュウハナゼキショウ　　　　　　PL. 87
Tofieldia furusei (Hiyama) M. N. Tamura et Fuse

渓流沿いや山中の岩に生える. 走出枝をもつ. 根出葉は線形で長さ10.5−25cm, 先端は長くとがり, まっすぐ, またはわずかに曲がり, 縁は平滑, 葉脈の合流は葉先から離れたところで終わり, 葉先近くの葉脈は1本のみ. 花茎（花序部分を含む）は高さ13.5−34.5cmで, 7−9月上旬, 17−72個の白色の花が総状花序につく. 花柄は, もっとも長いもので, 長さ9−16mm, 花序軸（花序柄を除く）の長さの1/4より短い. 葯は白っぽいクリーム色, 花柱は長さ1−1.7mm. 蒴果は楕円形またはやや卵形で, 長さ2−4.7mmである. 日本特産で, 本州（栃木県・愛知県東部・和歌山県南部）に分布する.

5. ヤクシマチャボゼキショウ
Tofieldia yoshiiana Makino var. **yoshiiana**

山中の岩に生える. 走出枝をもつ. 根出葉は長さ3.2−13.5cm, 先端は急に曲がり, 縁は平滑, 葉脈は3本だが, 葉先から離れたところで合流し, 葉先近くの葉脈は1本のみ. 花茎（花序部分を含む）は高さ5.3−18cm, 1−2個の小型の葉をともない, 6−7月に5−22個の白色の花を総状花序につける. 花柄は, もっとも長いもので, 長さ9−25mm, 花序軸（花序柄を除く）の長さの1/4より長い. 葯は白っぽいクリーム色, 花柱は長さ1.5−2mm. 蒴果は倒卵形で, 長さ4.5−7mmである. 屋久島に分布する.

ヒュウガハナゼキショウ var. **hyugaensis** M. N. Tamura et Fuseは, 走出枝を欠き, 花は22−32個, 7−8月に咲き, 蒴果は楕円形またはやや卵形で, 長さ3.5−3.7mm, 宮崎県に産する.

【2】イワショウブ属　**Triantha** (Nutt.) Baker

葉は線形. 花茎の上部, 花序, 花柄に腺状突起があり, ねばつく. 花は側枝が退化した複総状花序につき, 2−7花が同じ節から出る. 小苞は3裂し, 副萼状. 花被片は離生, 宿存性. 雄蕊は6個, 花糸は扁平, 葯は底着で内向裂開. 子房は有柄で無毛, 花柱は3本. 蒴果は卵形〜広楕円形または円柱形で無毛, 胞間裂開, 種子に尾がある. 染色体基本数はふつうx=15, まれにx=16. 4種を含み, 北米に3種と日本に1種ある.

これまでチシマゼキショウ属に含められることが多かったが, 最近の分子系統学的研究の結果, チシマゼキショウ属に近縁ではあるものの, チシマゼキショウ属とは別系統として区別できることがわかったため, 形態的相違を評価して, ここでは別属として取り扱う.

1. イワショウブ　　　　　　　　　　　PL. 87
Triantha japonica (Miq.) Baker; *Tofieldia japonica* Miq.

亜高山帯の湿原に生える. 根出葉は線形で長さ5−40cm, 幅2−8mm, 先はふつう鋭先形, まれに鋭形, 縦に刺状突起があり, 葉脈は5−10本. 花茎は高さ(12−)20−50(−66) cm, 1−2(−3)個の小型の葉が

ある。7月下旬〜10月上旬，花茎の頂に側枝が退化した複総状花序が出て，節に3個の花がつく。花柄は斜め上に向き，長さ4−12mm，花茎上部や花序とともに腺状突起が多い。苞は卵形または披針形。花被片は長楕円形で長さ5−7mm，幅2mm，白色，ときに帯淡紅色，先は鈍形，無毛。雄蕊は花被片と同長，花糸は白色，無毛，葯は心形で長さ1mm，幅0.8mm，黒紫色〜薄茶色，底着。子房は長さ2.5mm，幅1.3mm，緑色，無毛，約24個の胚珠を含む。蒴果は倒卵形で，長さ5mm，種子は楕円形，一端に糸状の尾がある。北海道（？）・本州（西限は広島県北東部）に産する。

オモダカ科　ALISMATACEAE

田中法生

　淡水に生える抽水性，浮葉性，沈水性の多年草まれに一年草。茎は短く直立する（直立茎）か，伸長して水底の地中や水中を横にはう（匍匐茎）。ときに直立茎から走出枝が出て，その先端にシュートを生じる。直立茎および（または）匍匐茎からひげ根を出す。葉は，有柄または無柄。葉柄は，断面が円形または三角形で，基部は葉鞘となる。葉身は全縁で，線形～披針形～卵円形～心形～矢じり形～ほこ形，葉端は鈍頭～鋭頭。葉脈は，主脈が葉端に向かって葉縁に沿って並び，小脈が横方向に交差する。花は，単性で雌雄同株または雌雄異株につくか，両性，ときに雌雄混株。花は，直立して水上に出る花茎の節に輪生し，総状または円錐花序となるか，ときに水中を横に伸長する匍匐茎の葉の腋に数個がつき，水上に出る。子房上位。放射相称で，萼片は3個で緑色，宿存性，花弁は萼片よりも大きく，3個で，白色または黄色または淡紅色，萎縮または脱落性。雄蕊は6個または9個または多数，葯は底着または丁字着で縦裂する。心皮は3個または6個または多数が離生または基部で合生（Butomopsis 属，Hydrocleys 属，Limnocharis 属）し，各心皮に1室があり，内に倒生胚珠が，基底胎座に1個つくか，辺縁胎座に2個～多数つくか（Damasonium 属），面生胎座に多数がつく（Butomopsis 属，Hydrocleys 属，Limnocharis 属）。果実は痩果で1個の種子ができるか，または袋果で多数の種子ができる（Butomopsis 属，Damasonium 属，Hydrocleys 属，Limnocharis 属）。成熟した種子に胚乳はない。世界中の亜寒帯～熱帯に15属約90種ある。

　A．花は単性（まれに両性花が生じても単性花と混在する）。花床は球形で，心皮は球面上に並ぶ ················【3】オモダカ属 Sagittaria
　A．花は両性。花床は小さく，心皮は半球上に並ぶかまたは輪生する．
　　B．葉身は狭長楕円形～卵形～狭心形で，葉端は鋭頭。心皮は輪生する ················【1】サジオモダカ属 Alisma
　　B．葉は楕円形～円心形～卵心形で，葉端は鈍頭～円頭。心皮は半球上に並ぶ ················【2】マルバオモダカ Caldesia

【1】サジオモダカ属　Alisma L.

　抽水性まれに沈水性の多年草。茎は水底の地中にあり，短く直立し，葉は根生する。葉は有柄で葉身は狭長楕円形～卵形～狭心形，まれに沈水形となる場合に無柄でリボン状～線形となることがある。葉端は鋭頭。花茎は直立して水上に出て，各節に2～数個（ふつう3個）の第2次花序柄ないし花を輪生し，第2次花序柄の先にさらに数個の第3次花序柄ないし花を輪生し，これを繰り返して円錐花序をつくる。花序内の分枝の各基部に小さい苞がつく。花は有柄。花弁は白色または淡紅色。雄蕊は6個。心皮は多数で，離生し，輪生する。果実は痩果で，倒卵形で扁平，花柱の跡が小さい突起として残る。世界の熱帯～亜寒帯に，9種が分布する。

　A．葉身は長楕円形～長卵形で基部は円形～心形。痩果の背部には稜が3個あり，浅い2本の溝がある ················ 1．サジオモダカ
　A．葉身は両端が細くなる狭長楕円形。痩果の背部には稜が2個あり，深い1本の溝がある．
　　B．花茎の第1節から出る第2次花序柄はふつう3個以上。葯は黄色 ················ 2．ヘラオモダカ
　　B．花茎の第1節から出る第2次花序柄はふつう2個。葯は紫褐色 ················ 3．トウゴクヘラオモダカ

1．サジオモダカ　　　　　　　　　　　　　PL. 88-89
Alisma plantago-aquatica L. var. **orientale** Sam.
　湖沼やため池の浅水域，水田，水路に生える抽水性の多年草。直立茎は短く太く肥大する。葉身は，長楕円形～長卵形で，基部は円形～心形となり，長さ5－20cm，幅3－10cm，葉柄との境界は明瞭。花茎は長さ20－80cm。萼片は卵円形で，長さ2mm。花弁は，広倒卵円形で，長さ2.5－3mm，白色でしばしば淡紅色をおびる。葯は黄色。痩果は長さ1.5－2mmで，背部にふつう3稜あり，その間に浅い溝が2本ある。花期は，日本では7－9月。北海道～本州中部，東アジアに分布する。葉の形がさじのようなのでこの名がある。南米を除く世界中の温帯に分布する基準変種の var. plantago-aquatica と比べて，花柱と花糸が短く，花弁が小さいこ

となどで変種とされる。

2．ヘラオモダカ　　　　　　　　　　　　　PL. 89
Alisma canaliculatum A. Braun et C. D. Bouché
var. **canaliculatum**
　水田，湿地，湖沼やため池の浅水域に生える抽水性の多年草。直立茎は短く太く肥大する。幼葉は無柄で，線形からわずかにへら形。成葉の葉身は両端が細くなる狭長楕円形，長さ5－30cm，幅2－4cm。葉身の下部はなだらかに葉柄につながり，その境界は明瞭でないことが多い。花茎は長さ30－80cm。萼片は卵形で，長さ約2－3mm。花弁は，広卵円形で長さ3－4mm，白色で基部は黄色，上縁に不規則な鋸歯がある。雄蕊の花糸は糸状，葯は黄色。果実は長さ2－3mm，背部に2個の稜があり間に深い溝が1本ある。花期は，日本で

は7−10月。北海道〜琉球，朝鮮半島・中国に分布する。**ホソバヘラオモダカ** var. *harimense* Makino は，葉身が細く（長さ8−20cm，幅3−10mm），葯が紫褐色であることで区別される。兵庫県にまれに分布する。**アズミノヘラオモダカ** var. *azuminoense* Kadono et Hamashima (**PL.89**) は，全体に小型（全高15−20cm）で，ふつう花茎は葉よりも上に出ず，花茎の節間と花柄が短く花が密集することで区別される。葯は黄色。長野県にまれに分布する。

3. トウゴクヘラオモダカ　　　　PL.89
  Alisma rariflorum Sam.
　水田，湿地，湖沼の浅水域に生える抽水性の多年草。直立茎は短く太く肥大する。ヘラオモダカとよく似るが，次の点で区別される。葉身は狭長楕円形で，葉柄との境界はふつう明瞭。花茎の第1節から出る第2次花序柄はふつう2個。花弁は大きく，長さ6−7mm，上縁の鋸歯は大きく歯牙状，葯は紫褐色。本州〜九州の一部に分布する。

【2】マルバオモダカ属　Caldesia Parl.

　浮葉性〜抽水性の多年草または一年草。水底の地中の短い直立茎に葉が根生する。葉は，幼葉は沈水性で無柄の線形，成葉は有柄で，柄は水深に応じて伸長し，葉身は楕円形〜円心形〜卵心形，葉端は鈍頭〜円頭。直立茎から花茎が水上に直立し，総状または円錐花序をつくる。花は両性。花柄は長く，花序内の分枝の各基部に小さい苞がつく。萼片は3個，花弁は3個，白色で花後に萎縮する。雄蕊は6−12個，花糸は糸状。心皮は2〜多数で離生し，半球上に並ぶ。内に1個の倒生胚珠を基底胎座につける。果実は瘦果。アジア・ヨーロッパ・アフリカ・オーストラリアの温帯〜熱帯に，5種が分布する。

1. マルバオモダカ　　　　PL.89
  Caldesia parnassiifolia (Bassi. ex L.) Parl.
　湖沼，ため池，水田，水路に生える浮葉性〜抽水性の一年草。成葉は，葉柄が水深に応じて10−100cm程度まで伸長し，葉身は円心形〜卵心形で，長さ5−15cm，幅5−10cm。水深が小さい，または個体の成長が盛んな状況では，葉の多くが抽水状態となる。花茎を水上に出し，各節に3個の第2次花序柄をつけ，それぞれの先に2−3段に3−5花を輪生し，複総状花序をつくる。萼片は楕円形で反り返らず，長さ約3mm，花弁は円形で長さ約4mm，縁に微歯がある。雄蕊は6個，葯は黄色。心皮は6個〜多数が輪生し，花柱は細長い。瘦果は倒卵球形で，背部に数本の稜があり，長さ2−3mm，花柱の跡が突起として残る。秋に，一部の花序に胎芽（むかご）ができ，これが脱落して，越冬器官となる。花期は，日本では7−9月。北海道南部〜九州，ユーラシア・アフリカ・オーストラリアの温帯〜熱帯に分布する。

【3】オモダカ属　Sagittaria L.

　抽水性，浮葉性，沈水性の多年草まれに一年草。茎は短く直立し，葉は根生する。直立茎からしばしば走出枝が生じ，その先にシュートができる。葉は，属内の種間，個体の成長ステージや生育環境によって変異が大きく，線形〜披針形〜卵円形〜心形〜矢じり形〜ほこ形となる。花は単性で雌雄同株（まれに両性花が混在），直立する花茎の節に多くは3輪生状につき総状花序をつくり，花序の上部に雄花，下部に雌花をつける。花序内の分枝の各基部に小さい苞がつく。萼片は3個で緑色，果時にも残る。花弁は3個で白色，花後に脱落する。花床は球形にふくらみ，雄花の雄蕊は6〜多数。心皮は多数で離生し球状に並び，各室内に1個の倒生胚珠が基底胎座につく。果実は扁平な瘦果で周縁に翼があり，中に1個の種子ができる。世界の亜寒帯〜熱帯に約25種ある。

A．雌花は無柄で，1つの花序に1−2個だけつく。葉はすべて無柄でへら状の線形 ·· 1. ウリカワ
A．雌花は有柄で，1つの花序に数個つく。抽水葉と浮葉は有柄で，ふつう矢じり形〜ほこ形。
　B．おもに浮葉をつけ，狭長楕円形〜矢じり形〜ほこ形 ··· 2. カラフトグワイ
　B．おもに抽水葉をつけ，矢じり形。
　　C．側裂片の先端は円頭。走出枝は生じない。秋に葉腋に多数の小さい塊茎をつける ························· 3. アギナシ
　　C．側裂片の先端は鋭尖頭。走出枝を生じ，先に球茎をつける。葉腋に塊茎はつけない。
　　　D．塊茎は長楕円球形で直径0.5−1cm ·· 4. オモダカ
　　　D．塊茎は球形〜長楕円球形で直径1.5−4cm ·· 5. クワイ

1. ウリカワ　　　　PL.88
  Sagittaria pygmaea Miq.
　水田や湿地に生える抽水性〜沈水性の多年草。直立茎から走出枝を出し，その先にシュートまたは塊茎をつくる。葉は無柄で，葉身の上部は基部よりも幅が広く，わずかにへら状の線形，長さ10−15cm，幅5−12mm。花は単性で雌雄同株。雌花はふつう無柄で，花序の下部に1−2個つく。雄花には長さ1−3cmの花柄があり，1−2段に3個ずつ輪生する。萼片は円形で長さ約5mm，花弁は円形で長さ約10mm。雄花の雄蕊は多数で，葯は黄色。瘦果は広倒卵形で，長さ約5mm，翼は不規則なとさか状となり，花柱が突起として残る。花期は，日

本では7-9月。本州〜琉球，東アジアの温帯〜亜熱帯に分布する。葉が，マクワウリの皮を縦に細くむいた状態に似ているので，〈瓜皮〉の名がある。

2. カラフトグワイ
Sagittaria natans Pall.

湖沼や河川に生育する浮葉性の多年草。水底の地中の直立茎に葉を根生する。直立茎から走出枝を出し，その先に長楕円球形で，直径10-15mmの塊茎をつくる。成長初期は，おもに線形の沈水葉を出し，その後，狭長楕円形，矢じり形，ほこ形の浮葉へと変化する。浮葉は，矢じり形〜ほこ形の時に，長さ5-12cm，長裂片は側裂片の2-4倍長。花は単性で雌雄同株，花茎に3個ずつ2-6段につく。花柄は，雌花が0.5-1cm，雄花が1-2cm。萼片は広卵形，長さ約3mmで，反り返らない。花弁は円形で，長さ約5mm。雄花の雄蕊は多数，葯は黄色。痩果は広倒卵形で長さ約3mm。花期は，日本では7-8月。北海道，ユーラシアの亜寒帯に分布する。

3. アギナシ　　PL. 88
Sagittaria aginashi Makino

水田，ため池，湿地に生える抽水性の多年草。オモダカに似るが，走出枝をつくらず，秋に葉柄の基部の内側に多数の小さい塊茎（長さ約5mm）をつくる。越冬は種子または塊茎による。葉身の2つの側裂片は全体の形状はオモダカと同様だが，最先端部はとがらず，微細な円頭となる。花茎は葉よりもふつう高く伸長する。これらの形質以外はオモダカと同様である。北海道〜九州，朝鮮半島に分布する。

4. オモダカ　　PL. 88
Sagittaria trifolia L.

水田や水路，ため池，湿地に生える抽水性の多年草。短い直立茎から，地中を横にはう走出枝を生じ，その先端に塊茎をつくる。越冬は種子または塊茎による。塊茎は，直径0.5-1cmの長楕円球形で，長い嘴状の芽がつく。幼葉や沈水葉は，無柄で線形，上部の幅がやや太くなる。成葉は有柄で矢じり形，葉身は長さ7-30cm，ふつう頂裂片よりも下の2つの側裂片の方が長く，先端はきわめて細い鋭尖頭。花は単性で雌雄同株。高さ20-80cmの直立する花茎に，ふつう3個ずつ輪生し，ときに複輪生となる。花柄は，雄花で長さ2-2.5cm，雌花で0.5-1.5cm。萼片は卵形で反り返り，長さ約5mm。花弁は円形で周縁が波打ち，長さ8-12mm。雄花の雄蕊は多数，葯は黄色。痩果は広倒卵形で長さ3-5mm，周縁の翼はよく発達する。花期は，日本では7-10月。北海道〜琉球，アジア〜東ヨーロッパの温帯〜熱帯に分布する。葉身が人面のように見えるところから〈面高〉の名がある。

5. クワイ　　PL. 88
Sagittaria trifolia L. 'Caerulea';
S. trifolia L. var. *edulis* (Schltdl.) Ohwi ex W. T. Lee

水田などで栽培される抽水性の多年草。オモダカに似ているが，走出枝の先端にできる塊茎が大型であることが特徴で，球形〜長楕円球形で直径1.5-4cm，先端に嘴状の芽がある。草姿も大型で葉身の幅が広い傾向にある。食用となる。中国原産。

トチカガミ科　HYDROCHARITACEAE

田中法生

　淡水，汽水または海水中に生える沈水または浮遊性の一年草または多年草。葉は無柄または有柄で，形はさまざま，互生，対生または輪生につき，しばしば根生する。葉の基部は葉鞘となることがあり，ときに托葉がつく。花序は下部が筒状に合着した1－2枚の苞鞘片で包まれている。花は両性または単性で，雌雄異株または同株まれに三性異株。雌花または両性花は苞鞘の内に1個だけ発達する。雄花は，苞鞘内に多数できることが多いが，ときに少数。水上，水面，水中で開花する。花被は3数性で萼と花弁の区別のあることが多いが，減数または消失することがある。雄蕊は1個～多数で，ときに仮雄蕊となる。子房下位（イバラモ属では不明）で心皮は1－20個あり，複数の場合，各心皮は完全には合着せず，中央に1子房室をもつ。胚珠は1個（イバラモ属）または多数で，面生胎座，側膜胎座，まれに基底胎座につく。花粉は無口で，球形または楕円形。送粉は虫媒，風媒，水中媒，雄性花水面媒または花粉水面媒による。果実は蒴果状または液果状。水中で不規則に裂開する。種子に胚乳はない。世界の熱帯～温帯に広く分布し，17属約80種ある。

```
A．海中に生える。
  B．葉身は長さ6cm以下 ············································································································ 【5】ウミヒルモ属 Halophila
  B．葉は長さ10cm以上。葉柄はなく，リボン状。
    C．葉縁の繊維のみが枯れたあとに，長期にブラシ状に残り，根茎をおおう。根茎は直径約1.5cm，根は直径3－5mmと太い
     ··················································································································································· 【4】ウミショウブ属 Enhalus
    C．葉は枯れたあとに基部のみが残る。根茎は直径5mm，根は細い ············································ 【10】リュウキュウスガモ属 Thalassia
A．淡水または汽水に生える。
  B．葉は根生する。
    C．葉は全て円形の浮葉または抽水葉となる。雌雄同株 ························································· 【7】トチカガミ属 Hydrocharis
    C．葉はふつう沈水葉のみで，浮葉ができる場合，長楕円形となる。両性花または雌雄異株または三性異株。
      D．走出枝をつくる。雄花は苞鞘内に多数でき，花茎が切れて水面に浮遊する（雄性花水面媒）
         ································································································································· 【11】セキショウモ属 Vallisneria
      D．ふつう走出枝をつくらない。花は水上に咲く（虫媒）。
        E．花弁は卵形～円形～倒心形。葉は，葉柄がある場合は，長楕円形～卵形～広心形，無柄の場合，線形～披針形
           ······················································································································································ 【9】ミズオオバコ属 Ottelia
        E．花弁は糸状または線状披針形。葉は，線形～披針形 ························································ 【1】スブタ属 Blyxa
  B．葉は輪生または対生する。
    C．雄蕊は1個 ········································································································································ 【8】イバラモ属 Najas
    C．雄蕊は3個以上。
      D．雄花は苞鞘内に2－4個できる。花粉粒は粘着性があり，表面に円錐形の突起がある。送粉は虫媒
         ········································································································································· 【2】オオカナダモ属 Egeria
      D．雄花は苞鞘内にただ1個できる。花粉粒に粘着性はなく，表面に微小な突起が密生する。送粉は花粉水面媒。
        E．雄蕊は9個。雄花の苞鞘は卵形～長楕円球形で，表面は平滑 ·············································· 【3】コカナダモ属 Elodea
        E．雄蕊は3個。雄花の苞鞘は球形で，上部に10個前後の小突起がある ············································· 【6】クロモ属 Hydrilla
  B．葉は互生する。
    C．雄花は苞鞘内に多数でき，花茎が切れて水面に浮遊する（雄性花水面媒） ·············· 【11】セキショウモ属 Vallisneria
    C．両性花，雄花，雌花ともに，親株から離脱することはなく，水上に咲く（虫媒） ············ 【1】スブタ属 Blyxa
```

【1】スブタ属　**Blyxa** Noronha ex Thouars

　淡水に生える沈水性の一年草または多年草。茎は短く葉は根生するか，または茎が水中を伸長して葉が互生する。葉に柄はなく，線形で先はしだいに細くなり，葉縁に細鋸歯がある。雌雄異株または同株または両性花。苞鞘は細長い円筒形で先端は2裂し，葉腋に無柄または有柄でつく。苞鞘の中に，両性花または雌花は1個，雄花は数個できる。子房は苞鞘内にあり，萼筒が水深に応じて細長く伸び，水上で開花する（虫媒）。萼片は3個で緑色。花弁は3個で白色。雄蕊は，両性花では3個，雄花では6－9個。葯は4室。花粉は球形で，表面に突起がある。子房は細長く，3心皮からなるが隔壁がなく1室で，胚珠は側膜の3か所につく。花柱は3個で線形。種子は多数。アジア・オーストラリア・アフリカの温帯～熱帯に約10種が分布する。

旧版の執筆は山下貴司。

A. 茎はふつうきわめて短く，葉は根生する．
　B. 種子の表面はほぼ平滑．ときに茎が伸長することがある ··· 1. ミカワスブタ
　B. 種子の表面に小さな刺状の突起がある．
　　C. 両端に尾状突起がある ··· 2. スブタ
　　C. 両端に尾状突起がない ··· 3. マルミスブタ
A. 茎の節間は伸長し，葉は各節に互生する．
　B. 種子の表面は平滑 ··· 4. ヤナギスブタ
　B. 種子の表面に半円盤状の突起が10個程度散在する ··· 5. セトヤナギスブタ

1. ミカワスブタ　　PL.91
Blyxa leiosperma Koidz.

水田などに生える一年草．全形はスブタとマルミスブタに類似するが，種子の表面は平滑，またはわずかな突起があり，花弁は糸状ではなく細長い線形，ときに茎が伸長することが異なる．本州にまれに見られ，国外では中国に分布する．該当する個体群は確かに存在するが，中国で認識されているものが同一種であるかも含め，種の実体は不明である．

2. スブタ　　PL.91
Blyxa echinosperma (C. B. Clarke) Hook. f.

ため池や水田，水路に生える一年草．きわめて短い茎から多数のひげ根を出す．葉は根生し，線形で，長さ10－30cm，ときにそれ以上，幅5－8mm，先はしだいに細くなり，縁に細鋸歯がある．両性花をつける．苞鞘は，ほとんど無柄から数十cmまで伸びる柄につき，円筒形で長さ2－5cm，先端は2裂する．萼筒は5－7cmに伸び，水面に達する．萼片は3個で，長さ6－8mm，幅約1mm．花弁は3個で糸状，長さ5－10mm，幅約0.1mm，白色．雄蕊は3個で，長さ4－6mm．花柱は3個，線形でへら状，長さ10－15mm，幅0.3－0.5mm，白色．果実は3－5cm．種子は楕円球形で，表面の縦の綾に沿って細かい刺状の突起があり，両端には長さ1－5mmの尾状突起があり，長さ約1.5－2mm（尾状突起を除く），幅約1mm．花期は，日本では8－10月．本州～琉球，アジア・オーストラリアに分布する．

3. マルミスブタ　　PL.91
Blyxa aubertii Rich.

ため池や水田，水路に生える一年草．スブタに類似するが，種子の両端に尾状突起がないことで区別される．本州～琉球，アジア・マダガスカルに分布し，北アメリカとアフリカに移入と推測される分布がある．

4. ヤナギスブタ　　PL.92
Blyxa japonica (Miq.) Maxim. ex Asch. et Gürke

水田やため池，水路に生える沈水性の一年草．茎は水中に伸長して分枝し，高さ30cmにもなり，下部の節からひげ根を出す．葉は互生し，長さ3－5cm，幅1.5－2mm，しばしば紫褐色をおびる．苞鞘内に1個の両性花をつける．苞鞘に柄はなく，円筒形で長さ1－2cm．花は無柄で，子房は苞鞘内にあり，萼筒が細長く伸びて水面に達する．萼片は3個，披針形で，長さ約3mm，幅約0.7mm，緑～紫褐色．花弁は3個で線状披針形，長さ5－8mm，幅0.5－1mm，白色．雄蕊は3個で，開花前に開葯する．花粉は，直径約35μmで，表面に円錐状の突起がある．花柱は3裂する．果実は無柄で細長い円柱形，長さ1－3cm，幅2－3mm．種子は長楕円球形で，突起がなく平滑，長さ1.5－2mm，幅0.5－0.7mm．花期は，日本では7－10月．本州～琉球，アジアに分布し，ヨーロッパに移入分布する．

5. セトヤナギスブタ　　PL.92
Blyxa alternifolia (Miq.) Hartog

ため池や水田，水路に生える一年草．ヤナギスブタに類似するが，種子の表面に微細な半円盤状の突起が10個程度散在することで区別される．ヤナギスブタに比べて，葉は長く太い傾向にあり，しばしば紫褐色の虎斑模様が入る．

【2】オオカナダモ属　　Egeria Planch.

淡水に生える沈水性の多年草．茎は水中を伸長し，葉は各節に3－8個輪生する．雌雄異株で，雄花は苞鞘内に2－4個，雌花は1個つく．雄花は花柄が，雌花は萼筒が水面より上まで伸びて開花する．雌雄花ともに蜜腺があり，虫媒送粉．萼片は3個で緑色．花弁は3個で白色．雄花には9個の雄蕊が，雌花には3個の仮雄蕊がある．花粉は表面に突起がある．子房は3心皮からなるが，隔壁がなく1室で，6－7個の胚珠が基底部につく．花柱は3個．種子は楕円形．南アメリカに2種が自生しているが，そのうちの1種オオカナダモは世界に広く移入分布している．

1. オオカナダモ　　PL.92
Egeria densa Planch.

湖沼や河川，ため池，水路に生える沈水性の多年草．茎は水中を伸長して分枝し，太さ2－3mm，ときに長さ3m以上になる．茎の節からひげ根を出す．葉は線形で鋭頭，縁に鋸歯がある．長さ1－4cm，幅1.5－4.5mm．無柄で各節に4－5個（ときに3－6個）ずつ輪生する．雌雄異株．雄花は，6－10月ごろ，葉腋にできる無柄の苞鞘の中に2－4個でき，順々に開花してそれぞれ1日でしぼむ．開花時には花柄が水面より上まで伸びる．萼片は3個で，長さ2－4mm，幅1－3mmで緑色．花弁は3個で広楕円形，白色，長さ5－10mm，幅3－8mm．雄蕊は9個あり，葯は黄色．花粉は球形で直径60－70μm，表面に突起がある．雌花は，苞鞘内にただ1個でき，子房は苞鞘内にある．萼片，花弁は雄花と同様．子房は1室で，種子は3－6個あり，楕円球

形で長さ7－8mm。花期は日本では6－10月。ブラジル南部からアルゼンチン北部の原産で，北アメリカ・ヨーロッパ・アジア・アフリカ・オセアニアに広く移入している。日本には植物生理学などの実験材料として大正時代に導入され，現在，雄株のみが本州～沖縄に生育している。

【3】コカナダモ属　Elodea Michx.

淡水に生える沈水性の多年草。茎は水中を伸長し，葉は各節に3－8個輪生するが，茎の下部では対生することがある。雌雄異株または雌雄両性異株。雄花は卵球形～楕円球形の苞鞘内に1個でき，花柄を伸ばして水面に浮かぶものと花柄が切れて水面に浮かぶものがある。萼片は3個。花弁はないか，または痕跡的に3個ある。雄蕊は9個。花粉は単粒または4集粒で，表面に微細な突起が密にあり，水面に浮いて送粉される（花粉水面媒）。雌花または両性花は苞鞘内に1個でき，萼筒が長く伸びて水面に達する。萼片，花弁はともに3個。雌花には3個の仮雄蕊，両性花には3個の雄蕊がある。子房は3心皮からなるが，隔壁がなく1室。花柱は3個。種子は数個からまれに10個ある。雌雄両性花いずれも蜜腺はない。5種が南・北アメリカの温帯に自生し，コカナダモを含め3種が，ヨーロッパ・アジア・オセアニアに移入分布している。

1．コカナダモ　　　　　　　　　　　　PL.92
Elodea nuttallii (Planch.) St. John

湖沼や河川，ため池，水路に生える沈水性の多年草。茎は水中を伸長して分枝し，ときに長さ2m以上になる。茎の節からひげ根を出す。葉は線形で鋭頭，縁に細かい鋸歯があり，柄はない。長さ5－15mm，幅1－2mm。無柄で各節に3個ずつ輪生（茎の下部ではしばしば対生）する。雌雄異株。5－6月に開花する。雄花の苞鞘は卵形で長さ約4mm，上半部が2つに裂けている。雄花は苞鞘内に1個でき，花柄が切れてつぼみが浮き上がり，水面で開花する。萼片は3個で卵円形，長さ約2mm，透明な白～緑色で，紫褐色をおびる。開花時に反り返り背軸面が水面に接して浮く。花弁は3個，三角形で長さ約1mm。雄蕊は9個あり，中央の3個の花糸は下部で合着する。花粉は4集粒で，全体の直径約200μm。雌花は苞鞘内に1個でき，萼筒が伸びて水面に達し開花する。萼片は3個で，長さ1－2mm，幅0.6－1mm，白色透明。花弁は3個で，長さ1－2mm，幅0.5－1.3mm，白色透明。仮雄蕊が3個と花柱が3個ある。北アメリカの温帯の原産。1961年に琵琶湖で最初に生育が報告された。現在，北海道～九州，ヨーロッパ・アジアに移入分布。日本には雄株だけが移入し，栄養繁殖のみをおこなう。

【4】ウミショウブ属　Enhalus Rich.

この属は世界に1種，ウミショウブだけがある。

1．ウミショウブ　　　　　　　　　　　PL.90
Enhalus acoroides (L. f.) Rich. ex Steud.

珊瑚礁のラグーンなどの波浪の弱い浅い海底の砂～砂泥に生える沈水性の多年草。根茎は砂中を横にはい，径約1.5cmでかたく，径3－5mmのひげ根を多数出す。葉はリボン状で長さ30－150cm，幅1－2cm，基部は葉鞘となる。葉の両縁に太くかたい脈があり，葉が腐ったあともブラシ状に残り，根茎をおおう。雌雄異株。大潮の昼間の干潮時に開花する。雄花の苞鞘は葉腋につき，長さ5－10cmの柄をもち，2個の苞片からなる。広卵形で長さ約5cm，幅3cm。雄花は，苞鞘内に数十個つき，花柄は白色で長さ3－12mm，萼片は3個で白色，長さ約2mm，花弁は3個で白色，長さ1.8mm，雄蕊は3個で白色，花糸は短く，直立し，長さ1.5－1.8mm。花粉は球形で，直径約150μm，表面に未発達の外膜由来の網目構造がある。雄花は開花時に花柄が切れて水面に浮き上がり，萼片と花弁が開いて反り返り，その内側に水が入ることで水面に直立する。雌花の苞鞘は扁平な長楕円形の2個の苞片からなり，長さ4－6cm，幅1－2cm。苞鞘の柄は水深に応じて伸び，水面にまで達する。雌花は苞鞘の内にただ1個でき，萼片は3個，長さ10－12mm，幅5mm，赤褐色をおび，反り返る。花弁は3個でリボン状，長さ4－5cm，幅3－4mm，灰緑白色でやわらかく，波形のしわがあり，向軸面は水をはじく。子房は雌の苞鞘内にあり，不完全な6室に分かれる。花柱は6個，長さ約1cm，それぞれ基部近くで2叉に分かれる。雄花は風で水面を浮遊し，雌花の花弁の間に倒れ，受粉が起こる（雄性花水面媒）。花後，雌の苞鞘の柄はらせん形に巻き，子房が株元に寄せられる。果実は広卵形で長さ5－7cm，多数の緑色のとげでおおわれる。子房は熟すと裂開する。種子は卵形で8－14個，長さ1－1.5cm，幅約1cm。花期は，日本では6－10月。八重山諸島，インド洋から西太平洋の熱帯から亜熱帯域に分布する。

【5】ウミヒルモ属　Halophila Thouars

海底の砂～砂泥に生える沈水性の多年草または一年草。根茎は細く，砂中を横にはい，各節にふつう1本の根をつける。各節に2個の鱗片葉がつき，その腋に短枝が生じ2～数個の葉を出すが，直立茎を出し葉を展開するものもある。

葉は有柄または無柄で，卵形〜長楕円形〜披針形〜線形，全縁または縁に細鋸歯がある。花は単性，雌雄異株または同株。水中で開花する（水中媒）。2個の苞片からなる無柄の苞鞘内に，1花または雄花と雌花を1個ずつつける。雄花は短い花柄につき，花被片3個と雄蕊3個をもつ。花糸は短く，葯は長楕円形，2室または4室。花粉は楕円球形で外膜はなく，透明な筒に包まれて数珠状につながり水中に放出される。雌花には花柄がない。萼筒が少し伸び1個の花柱が糸状に2−6裂し，向軸面に乳頭突起が密生する柱頭がある。子房は卵球形，1室で側膜胎座に数個〜数十個の胚珠がつく。種子は球形。世界の温帯から熱帯に10種ほどが知られている。

　本属は形態が単純な上に，分布や形態，特に生殖器官の情報が限られているため，分類は整理されていない。

1．ウミヒルモ　　　　　　　　　　　PL. 90
Halophila ovalis (R. Br.) Hook. f.

　海底の砂〜砂泥に生える多年草。根茎は横にはい，径約1mm，節間の長さ1−10cm，各節から根をふつう1本出し，長さ3−8mmの透明な鱗片を2個ずつつける。鱗片葉の腋に伸びない短枝があり，そこから葉を2個出す。葉には長さ1−10cmの葉柄があり，葉身は卵形〜長楕円形〜倒卵形で全縁，長さ1−4cm。中肋と両縁に沿って脈があり，中肋から10−20対の支脈が出る。雌雄異株。苞鞘は2葉の間につき，柄がなく，卵円形で先のとがった長さ3−5mmの2個の苞片からなる。1つの苞鞘内にはふつう，ただ1個の雄花または雌花ができる。雄花には1−2cmの花柄があり，花被片は3個で楕円形，透明で長さ4mm，幅2mm。雄蕊は3個で花糸はなく，葯は長楕円球形で長さ2mm。雌花には花柄はなく，卵形の子房の上に3−5mmの萼筒がある。花柱は3裂し，糸状で長さ約2.5cm，その上部の内側が柱頭である。果実は卵球形で長さ約4mm。種子は20−30個あり，楕円球形で長さ約1mm。花期は不定期（明確な花期は不明）。本州北部〜琉球，インド洋〜西太平洋の沿岸に分布する。

【6】クロモ属　Hydrilla Rich.

　この属は世界に1種，クロモだけがある。

1．クロモ　　　　　　　　　　　　　PL. 93
Hydrilla verticillata (L. f.) Royle

　湖沼やため池，水路などに生える沈水性の多年草。茎は水中に長く伸び，2m以上にもなる。各節に3−8個（ふつう5個）の葉を輪生し，下部の節からひげ根を出して水底に固着する。葉は無柄で，長さ1−2cm，幅1−4mm，縁に鋸歯があり，先はとがる。雌雄異株または同株。雄花，雌花ともに苞鞘内に1個できる。雄花の苞鞘は，柄が約1mm，球形で径約1.5mm，上部に10個前後の小突起がある。開花時は，苞鞘の上部が裂け，花柄が切れて雄花のつぼみが水面に浮上し，萼片と花弁が反り返り水面に浮く。萼片は3個で卵円形，長さ3mm，幅2mm，無色透明で中央が紫色がかる。花弁は3個で線形，長さ2mm，無色透明。雄蕊は3個で，反り返った萼片から直立する反動で花粉が空中に放出される。水面に落ちた花粉は浮遊して雌花の柱頭へ送粉される（花粉水面媒）。花粉は，球形で直径約200μm，表面に微細な突起が密生する。雌花の苞鞘は円筒形で長さ約5mm，先端は2裂する。雌花の萼筒が伸長し（10−50mm），萼片と花弁が水面に浮いて開花する。萼片は3個，倒披針形で長さ約2.5mm，幅約1.2mm，無色透明。花弁は3個で長さ約2.5mm，幅約0.7mm，無色透明。子房は3心皮からなる1室で，胚珠は側膜胎座につく。花柱は3個で倒披針形，長さ約1.2mm，向軸面には乳頭突起でおおわれた柱頭がある。種子は数個でき，紡錘形で両端はとがり，長さ2−6mm。雌雄異株では，秋にシュートの先に葉が密集した越冬芽が生じ，離脱して水底に沈む。雌雄同株では，地中の茎に塊茎が生じて越冬する。花期は日本では8−10月。北海道〜琉球，アジア，オーストラリアの温帯〜熱帯に分布。アフリカ，ヨーロッパの分布は自然か移入か明確でない。南北アメリカ，ニュージーランドには移入分布。和名の〈黒藻〉は葉が暗緑色に見えることから。

【7】トチカガミ属　Hydrocharis L.

　淡水に生える浮遊性の多年草。葉は根生し，有柄で，葉身は浮葉性ときに抽水性で，円心形または腎形。走出枝が水中を横に伸び，節から葉と根を出す。雌雄同株。2個の苞片からなる苞鞘内に，1−6個の雄花または，1個の雌花をつけ，水上で開花する（虫媒）。萼片は3個，花弁は3個で白色。雄花は雄蕊が9−12個，仮雄蕊が3−6個ある。花粉は球形で，表面に突起がある。雌花は，6個の仮雄蕊をもつ。子房は6心皮からなるが不完全な1室で，6個の隔壁が突出する。花柱は6個で深く2裂する。果実は肉質で，楕円形の種子が多数できる。世界に3種あり，アジア・ヨーロッパ・アフリカ・オーストラリアに分布する。

1．トチカガミ　　　　　　　　　　　PL. 90
Hydrocharis dubia (Blume) Backer

　栄養塩類の多い湖沼やため池，水田，水路などに生育する。水中の走出枝の節に数個の葉と根毛の発達した根を多数つける。葉柄は，長さ5−20cm，葉身は円心形，全縁で径4−7cm。裏面の中央に，スポンジ状の組織か

らなる浮囊があるが，個体が密集し抽水葉になると，浮囊は痕跡を残してほぼなくなる。葉の基部に長さ2.5－3.5cmの托葉が2個つく。雄花の苞鞘には1－16cmの柄があり，この内に4－6個の雄花ができる。雄花の花柄は，径約1mm程度と細く，長さ3－8cmに伸びて1花ずつ水上で開花し，1日でしぼむ。雌の苞鞘には柄がなく，内に1個の雌花ができ，径3－4mmの花柄が3－8cmに伸びて水上で開花する。雄花の萼片は3個で楕円形，長さ約5mmで白～緑白色，花弁は3個で広楕円形，白色で基部は黄色，長さ7－15mm。12個の雄蕊と3個の仮雄蕊がある。花粉は，直径約30μmで，表面の突起は円錐状。雌花の萼片と花弁はそれぞれ3個で雄花と同様，花柱は6個で先は2裂し，6個の仮雄蕊がある。花期は，日本では8－10月。本州～九州，アジア・オーストラリアの温帯～熱帯に分布する。トチカガミのトチはスッポンの意味で，丸く光沢のある葉を鏡に見立てたもの。漢名は〈水鼈〉。

【8】イバラモ属　Najas L.

淡水および汽水に生える沈水性の一年草まれに多年草。茎はよく分枝して水中に立ち上がる。根は下方の茎の節から出て，細く，少ない。葉は対生し，分枝する節では輪生状となる。無柄で線形，鋸歯があり，基部は葉鞘となる。雌雄異株または同株。花は葉腋に1個まれに複数個でき，水中で開花する（水中媒）。雄花は，葉腋の苞鞘内につき，花被と1個の雄蕊からなる。花被は合着し先端が2裂する。花粉は楕円球形で外膜がなく，表面は平滑。雌花には，まれに苞鞘があり，葉腋に無柄でつき，花被はない。子房は長楕円球形で，1個の心皮からなる1室で，1個の倒生胚珠が基底胎座につく。花柱は2－4裂し，向軸面の上部に乳頭突起が並ぶ柱頭がある。果実は痩果で，果皮は薄く半透明。種子は1個。世界に広く分布し，約35種がある。

- A．雌雄異株。葉の鋸歯は鋭いとげ。種子は幅1.5mm以上。
  - B．葉の鋸歯は片側にふつう8個以上 ··· 1.イバラモ
  - B．葉の鋸歯は片側にふつう4個以下 ··· 2.ヒメイバラモ
- A．雌雄同株。葉の鋸歯は小刺。種子は幅1mm以下。
  - B．種子は三日月形に曲がる。雌花の基部にも苞鞘がある ······················· 3.ムサシモ
  - B．種子はほとんど曲がらない。雌花に苞鞘がない。
    - C．葉鞘の上端は耳状に突き出る。雄花に苞鞘がない ························ 4.ホッスモ
    - C．葉鞘の先は突出せず，円形～切形。雄花は苞鞘に包まれる。
      - D．種子の表面の網目は縦長。
        - E．果実は各節に2個並んでつく ··· 5.イトトリゲモ
        - E．果実は各節に1個つく ··· 6.イトイバラモ
      - D．種子の表面の網目は横長。
        - E．葯は4室。葉は長さ2－4cm ··· 7.オオトリゲモ
        - E．葯は1室。葉は長さ1－2cm ··· 8.トリゲモ
      - D．種子の表面の網目は正方形～六角形 ··· 9.ヒロハトリゲモ

1．イバラモ　　　　　　　　　　　　　　　　　PL.92
Najas marina L.

淡水または汽水の湖沼やため池に生える一年草。茎は他種に比べて太くてかたく，直径1－4.5mm，よく分枝し，とげがある。葉はかたく，線形で長さ3－6cm，幅2－3mm，縁に大きな鋸歯があり，その先端はとげとなる。茎葉のとげの分布と大きさには変異が大きい。葉鞘は円形～切形で全縁または細鋸歯がある。雌雄異株。雄花は苞鞘内にできる。葯は4室。雌花に苞鞘はない。花柱は2または3裂する。種子は楕円～長楕円球形で長さ2－6mm，幅1－3mm，表面の網目模様は多角形で不規則。花期は，日本では7－9月。北海道～琉球，世界の温帯～熱帯に分布する。葉にとげがあるため〈棘藻〉といわれる。

2．ヒメイバラモ
Najas tenuicaulis Miki

湖沼やため池に生育する一年草。葉は長さ2－2.5cm，幅は0.7－1mm。雌雄異株。イバラモと類似するが，葉の形，葉の鋸歯が2－4個と少数（イバラモは9－11個），茎の皮下細胞が1層（イバラモは2層）である点で異なるとされる。本州に分布するが，実体は不明。

3．ムサシモ　　　　　　　　　　　　　　　　　PL.92
Najas ancistrocarpa A. Braun ex Magnus

湖沼やため池，水田に生える一年草。茎は細く，よく分枝する。葉は糸状で長さ約1.5－2cm，幅約0.3mmで少し反り返り，縁に細かい鋸歯がある。葉鞘は円形～切形で縁に小刺がある。雌雄同株。雄花，雌花いずれも苞鞘に包まれる。痩果は長さ約2.5mmで，三日月形に湾曲する。種子も湾曲し，表面に正方形～縦長の網目がある。花期は7－9月。本州と四国にまれに産する。

4．ホッスモ　　　　　　　　　　　　　　　　　PL.92
Najas graminea Delile

湖沼やため池，水田に生える一年草。茎は細く，よく分枝する。葉は線形で，長さ約2cm，幅約0.5mm，葉縁の鋸歯は微小。葉鞘の先端は耳状に突き出る。雌雄同株。雄花，雌花ともに苞鞘がない。種子は長楕円球形で長さ2－2.5mm，幅約0.5mm，表面に小さい四角～六角形の模様がある。花期は，日本では7－9月。北海

道～琉球，アジア・オーストラリア・ヨーロッパ・アフリカの温帯～熱帯に分布し，北アメリカに移入分布する。和名は〈払子藻〉。

5. **イトトリゲモ** PL.92
Najas gracillima (A. Braun ex Engelm.) Magnus;
N. japonica Nakai

水田やため池に生える一年草。茎は細く，よく分枝する。葉は細く糸状で，各節に3－5個ずつ輪生状につく。長さ1.5－2cm，幅約0.2mmである。葉鞘の先は円形～切形で縁に小刺がある。雌雄同株。各節に1個の雄花と2個の雌花がつく。雄花は苞鞘に包まれる。葯は1室。雌花の花柱は2裂する。種子は長楕円球形で長さ約2mm，幅約0.5mm，表面に縦長の網目がある。花期は，日本では6－9月。本州～九州，東アジア・北アメリカに分布し，ヨーロッパに移入分布する。

6. **イトイバラモ** PL.93
Najas yezoensis Miyabe

湖沼やため池に生える一年草。茎は細く，よく分枝する。葉は細い線形でややかたく，長さ2.5－3cm，幅0.2－0.5mm。葉鞘の先は円形～切形で縁に小刺がある。雌雄同株。種子は長楕円球形で長さ2.5－3mm，表面に縦長の網目がある。北海道～本州北部に分布する。

7. **オオトリゲモ** PL.92
Najas oguraensis Miki

湖沼やため池に生える一年草。茎は細く，よく分枝する。葉は線形で長さ2－4cm，幅約0.5mm，縁にとげがある。葉鞘は，円形～切形で縁に小刺がある。雌雄同株。雄花は苞鞘に包まれ，葯には4室がある。花粉は，長径75μm，短径30μm。雌花に苞鞘はない。花柱は2裂する。種子は長さ約2.5－3.5mm，幅約0.7mm，表面に横長の網目がある。花期は，日本では7－9月。本州～琉球，中国に分布する。

8. **トリゲモ**
Najas minor All.

湖沼やため池に生える一年草。茎は細く，よく分枝する。葉は線形で長さ1－2cm，幅約0.5mm，外側へよく反り返る。葉鞘の先端は円形～切形で縁に小刺がある。雌雄同株。雄花は苞鞘に包まれ，葯は1室。雌花に苞鞘はない。花柱は2裂する。種子は長さ約2－3mm，幅約0.5mm，表面に横長の網目がある。花期は，日本では7－9月。本州～琉球，アジア・北アフリカ・ヨーロッパの温帯～熱帯に分布し，北アメリカに移入分布する。和名は〈鳥毛藻〉。

9. **ヒロハトリゲモ**〔サガミトリゲモ〕 PL.93
Najas chinensis N. Z. Wang

ため池や水田に生える一年草。茎は細く，よく分枝する。葉は線形で，長さ1－3cm，幅0.2－1mm。葉鞘の先端は円形～切形で，縁に小刺がある。雌雄同株。雄花は苞鞘に包まれ，葯は4室。雌花に苞鞘はない。子房と花柱の間が隆起する。花柱は2－4裂する。種子は長さ約2.5mm，幅0.5mm，表面に正方形から六角形の網目がある。花期は，日本では7－9月。本州～琉球，東アジアに分布する。

【9】ミズオオバコ属　Ottelia Pers.

淡水に生える沈水性または浮葉性の一年草または多年草。短い茎が直立し，ときに分枝する。葉はふつう根生し，托葉はない。多くは，葉身と葉柄に分かれる。葉身は長楕円形～卵形～広心形。無柄の場合，葉は線形～披針形。両性花または雌雄異株または三性異株。柄のある苞鞘内に1～多数の花ができ，水上で咲く（虫媒）。萼片は3個，狭三角形～卵形，花弁は3個で卵形～円形～倒心形。雄蕊は3－17個。花粉は球形で，表面に突起がある。雌蕊は，3－20心皮が不完全に融合して1室。花柱は3－20個あり，先端は2裂する。種子は長楕円形で多数できる。アジア・アフリカ・オーストラリア・南アメリカの熱帯～温帯に約15種がある。

1. **ミズオオバコ** PL.91
Ottelia alismoides (L.) Pers.

水田やため池，水路に生える沈水性の一年草または多年草。短い茎が直立し，葉は根生。生育環境や生育状態による葉の形と大きさの変異がいちじるしい。葉には柄があり，ときに葉長50cm以上に達する。葉身は薄く，披針形～広卵形～心心形で長さ5－40cm，幅1－20cm。日本ではほとんどが両性花をつけるが，雄株，雌株も存在する。苞鞘は長さ2－4cmで，縦に3－10個の翼がしばしば歯牙状～波状となる。苞鞘の柄は長さ5－50cmに伸びて水面付近に達し，水上に花をつける。両性花と雌花は無柄で，苞鞘の中にふつう1個できる。萼片は3個で披針形，長さ1－2cm，緑色。花弁は3個で広倒卵形，長さ1.5－3cm，幅1－3cm，白～淡紅色。雄蕊は3－12個で葯は棒状で，長さ2.5－4.5mm。花粉は直径約65μm，表面の突起は円錐形。子房は3－9心皮からなり，花柱は3－9個，それぞれ2裂し，向軸面に乳頭状突起が密生する柱頭がある。種子は多数あり，長楕円球形。雄花は苞鞘内に数個～数十個でき，柄がある。雄蕊は9－12個。花期は，日本では8－10月。北海道～琉球，アジア・オーストラリア・アフリカの温帯～熱帯に分布する。

Hydrocharitaceae

【10】リュウキュウスガモ属　Thalassia Banks ex König

浅い海底の砂利〜砂に生える沈水性の多年草。根茎は砂の中を横に伸び，節間は短い。ところどころの節から根または短い直立茎を出して数個の根と葉をつける。葉は線形，扁平なリボン状で基部は鞘となる。雌雄異株で，雌雄花とも水中で開花する。葉腋に2片からなる苞鞘ができ，内に1個の花がつく。花柄は短く，花被片は3個。雄花には3−12個の雄蕊がある。葯は細長い。花粉は球形で外膜がなく，表面は平滑，粘液で数珠状につながり水中に放出され，雌花の柱頭にからみついて受粉する（水中媒）。雌花の子房は1室。花柱は6−8個で，それぞれが2裂する。果実は球形で毛におおわれ，円錐形の種子が1〜数個できる。胚は緑色で大型。太平洋・インド洋・カリブ海・メキシコ湾沿岸の熱帯〜亜熱帯に2種がある。

1．リュウキュウスガモ　　PL.90
Thalassia hemprichii (Ehrenb.) Asch.

浅い海底の砂利〜砂に生える多年草。根茎は砂の中を横にはい，径3−5mm，節間4−7mmで，ところどころの節から直立する短い茎を出し，数個の葉を2列互生につける。葉は線形，扁平なリボン状で長さ10−40cm，幅4−11mm，先端は円頭〜切形で細鋸歯がある。葉の基部は3−7cmの鞘となる。葉は枯れたあとに基部のみが古葉としてしばらく残る。雄花では，苞鞘の柄は約3cm，花柄は2−3cm。花被片は3個で長さ7−8mm，幅3mm，淡緑白色で反り返る。葯は細長く，長さ7−10mm，幅約1mm。花粉は，直径約145μm。雌花では，苞鞘の柄は約1cm。子房は長楕円球形で長さ約1cm，上部の表面に毛が密生する。萼筒は長さ2−3cm。花被片は雄花と同様。花柱は6個あり，長さ15−20mmで上部は2裂する。果実は球形で径2−2.5cm，緑色で表面に細かい毛があり，熟すと裂開する。種子は3−9個，果実の裂開と同時に種皮も破れるため，緑色で長さ約8mmの円錐形の幼植物が直接出る。花期は，日本では8−12月。奄美・琉球，インド洋〜西太平洋の熱帯〜亜熱帯に分布する。

【11】セキショウモ属　Vallisneria L.

淡水に生える沈水性の多年草または一年草。葉はふつう直立する短い茎に根生し，一部の種では直立茎が伸長し互生につき，無柄でリボン状〜細い線形，先端は鈍頭〜鋭頭，細鋸歯があるが，まれにない。走出枝が水底の地中を横にはう。雌雄異株または同株（V. rubraのみ）。雄花の苞鞘の柄は短く，水面には出ない。雄花は小さく，苞鞘の中に多数のつぼみができ，花柄が切れて水面に浮き上がると同時に開花し，水面を浮遊し，雌花に付着して受粉する（雄性花水面媒）。雄花の萼片は3個，花弁はないか，または小さい花弁が1個あり，雄蕊は1または2個，仮雄蕊はないか，または1個。花粉は球形で外膜はない。雌の苞鞘の柄は水深に応じて長く伸び，開花時に苞鞘は水面に達する。雌花は苞鞘内にふつう1個，まれに数個〜十数個でき，萼片は3個，花弁は3個で小さく，仮雄蕊が3個ある。花柱は3個あり，先は2裂する。子房は細長く，3心皮からなるが1室で，側膜胎座に多数の胚珠がつく。花後，苞鞘の柄がらせん状に巻く。種子は楕円球形。世界中の温帯〜熱帯に分布し，約12種がある。

A．走出枝の表面に多数の小さいとげがあり，その先に紡錘形の越冬芽ができる。雄花の雄蕊は2個 ················· 1．コウガイモ
A．走出枝の表面は平滑。雄花の雄蕊は1個。
　B．葉は数回以上ねじれる ··· 2．ネジレモ
　B．葉はほとんどねじれない。
　　C．葉の幅は4−10mm ··· 3．セキショウモ
　　C．葉の幅は6−13mm。子房の表面に細かいとげがある ··· 4．ヒラモ

1．コウガイモ　　PL.91
Vallisneria denseserrulata (Makino) Makino

走出枝は直径3−5mmで，表面に多数の小さい突起があり，秋になると先端に長さ1−3cmの紡錘形に肥大した越冬芽ができる。葉縁には他種よりも顕著な刺状の鋸歯がある。雄花の雄蕊は2個。種子は小さく，長さ約1.5mm。その他の形態はセキショウモと同様である。本州〜九州，中国に分布する。

2．ネジレモ
Vallisneria natans (Lour.) H. Hara var. *biwaensis* (Miki) H. Hara

葉がよくねじれる。葉端だけでなく葉縁全体に鋸歯がある。その他の形態はセキショウモと同様である。琵琶湖とその水系に分布する。

3．セキショウモ　　PL.91
Vallisneria natans (Lour.) H. Hara var. *natans*;
V. asiatica Miki

湖沼やため池，河川，水路に生える沈水性の多年草。葉はすべて根生し，表面が平滑で直径約2mmの走出枝が水底の土の中を横にはい，節ごとに根と葉が出る。葉はリボン状，扁平で鈍頭〜鋭頭，長さ10−70cm，幅4−10mm，おもに葉端に細鋸歯がある。雄花の苞鞘は柄が短く，水面には出ず，卵形で長さ約1−1.5cm。内に小さい雄花が多数でき，花柄が切れて水面に浮き上がる。萼片は3個，長さ約0.3mm，花弁はなく，雄蕊は1個。花粉の表面に外膜はなく，わずかな突起のみがある。雌

の苞鞘は円筒形で柄が水深に応じて長く伸び,ただ1個の雌花を水面に浮かせる。雌花の萼片は3個で長さ約3mm,緑色で紫色がかり,花弁はなく,仮雄蕊が3個ある。花柱は3個で淡緑白色,先は2裂し,披針形で,向軸面全体に毛状突起が密生する柱頭がある。花後,苞鞘の柄がらせん状に巻く。果実は細長く,長さ15－20cm。種子は多数でき,紡錘形で長さ約3mm。開花は,日本では8－10月。北海道～九州,アジア・オーストラリアに分布する。和名の〈石菖藻〉はセキショウの葉の形にちなんだもの,漢名は〈苦草〉。

4. ヒラモ
Vallisneria natans (Lour.) H. Hara var. **higoensis** (Miki) H. Hara

セキショウモに類似するが,雌花の子房の表面に細かいとげがある。生育状態によっては大型（葉の長さ15－100cm,幅6－13mm）となる。熊本県江津湖とその周辺にのみ分布する。

ホロムイソウ科　SCHEUCHZERIACEAE

田中法生

世界に1属1種，ホロムイソウだけがある。

【1】ホロムイソウ属　Scheuchzeria L.

1. ホロムイソウ　　　　　　　　　　PL. 93
Scheuchzeria palustris L.

湿原，特にミズゴケの発達する高層湿原に生える多年草。根茎はかたく，仮軸分枝し，ミズゴケの中を横にはい，節から葉を2列互生に出し，束生する。根は節から出る。葉は直立し，かたく細い線形で下部の断面は半円形，長さ10-35cm，先端に穴があり，基部は葉鞘となり，上端に葉舌がある。夏季に高さ10-20cmの花茎を直立し，数個の葉を2列互生につける。花茎の葉は，長さ2-13cmで，下部の葉ほど長い。下部の葉は，束生葉と同様だが，上部の葉は披針形で葉鞘が小さく，腋に1個の花ができ，数花が総状につく。花は両性。花柄は花時に約3mm，のちに1-2cmに伸びる。花被片は6個で披針形，長さ約3mmで，黄緑色。雄蕊は6個で花糸があり，葯は細長く，雌蕊より先に熟する。子房上位。心皮は3個でほぼ離生し，基部がわずかに合生する。雌蕊は上端のとがった卵球形で長さ約3mm，柱頭に柄はない。胚珠は各心皮内に2個が，基底胎座につく。果実は袋果。種子は楕円球形，長さ約3mm，種皮は褐色でかたい。内に胚乳はなく，緑色の大きな子葉がある。北海道～本州中部（南限は京都府深泥池），北半球の高層湿原に広く分布する。日本では北海道の幌向で初めて発見されたため，この名がある。

旧版の執筆は山下貴司。

シバナ科　JUNCAGINACEAE

遠藤泰彦

多年生または1年生草本。水生または沼沢生，淡水生または塩生。水生の場合は根を下ろす。根茎か塊茎，まれに鱗茎をもつ。葉は単葉で基部に集まってつく。互生し，らせん状に配置されるか，またはらせん状の2列生。線形，無柄で葉鞘をもつ（まれに葉身がなく，葉鞘のみの場合がある）。平行脈。托葉はあるか，またはない。葉身には分泌腔がある。雌雄異株または雌雄混株で，風媒。花序は総状や穂状で花茎の頂端につき，苞はなく，花を密あるいはまばらにつける。花は小型で，数性は1，2，または3。花被は通常6枚であるが，3, 4，または1枚の場合もあり離生。一般に2輪生であるが1輪生の場合もある。雄蕊は通常6個，ときに3個，まれに8個の場合や1個の場合がある。雄蕊はすべて稔性をもつか，または不稔の仮雄蕊をもつことがある。花糸はない。葯は縦に裂開し，外向性で葯室は4。葯の内皮はらせん状に肥厚。小胞子形成は逐次的で，小胞子4分子は四面体型か双同側型。花粉は無孔粒。雌蕊は心皮が6，4，または1枚からなり，花被と同数。心皮は離生，合生，または単生。子房は上位であり，花柱はあるか，またはなく，先端は乾性の柱頭となり，柱頭には乳頭状突起がある。胚珠は1個で，胎座は通常基底胎座から中軸胎座であるが，ときに頂生胎座の場合もある。胚珠は通常倒生で，直生のこともある。珠皮は2枚で，珠心は厚層。果実はそう果または袋果。種子には内乳がない。子葉は1枚。胚はまっすぐで湾曲しない。芽生えの子葉は種皮から外へ出る。子葉鞘はなく，主根は短命。南北両半球の温帯域から寒帯域に広く分布。染色体数はx=6, 8, 9。4属25種が知られている。

【1】シバナ属　Triglochin L.

多年生草本。地下茎は強壮で節から多数の根を出す。ときに塊茎をもつ。葉は立ち上がり，円柱形。葉鞘には葉舌があり，その先端は全縁か，2裂する。花序は穂状の総状花序で，花茎につく。花茎は葉より短いか長い。花は両性で短い花柄につく。花被は6枚で2輪につき，黄緑色で貝殻形。雄蕊は4または6個で，花糸はほとんどない。雌蕊の心皮は6個で，うち3個に稔性があり，3個が不稔であるか，6個すべてに稔性がある。雌蕊の成熟時には離生している。胚珠は1室に1個。花柱はない。柱頭は羽毛状。果実は分離果で，球形から線形。分果は3または6個。染色体の基本数は6。温帯域に分布し，熱帯の高高度域にも分布域を拡げている。約12種からなる。

　A. 稔性のある心皮は6個。塩分を含む湿地に生える .... 1. シバナ
　A. 稔性のある心皮は3個。淡水の湿地に生える .... 2. ホソバノシバナ

1. シバナ　　　　　　　　　　　　　　PL. 93
Triglochin asiatica (Kitag.) Á. et D. Löve;
T. maritima L. var. *asiatica* (Kitag.) Ohwi

河口や干潟の縁の塩分を含む湿地に生える多年草。根茎は短い。葉は長さ10-40cm，幅1.5-5mm。花期は5-10月。花茎は直立し高さ15-50cm。総状花序に多数の花をつける。花柄は花時に長さ約1.5mm，花後3-5mmに伸びる。花被は外輪3枚，内輪3枚の計6枚。それぞれの花被は1個の雄蕊を内側に抱く。このため，雄蕊も6個。雄蕊は無柄で，葯は外向。心皮は6個で，すべて稔性があり，各心皮に1個の胚珠をつける。柱頭は羽毛状。染色体数2n=48。北海道～九州，および北半球の温帯域に広く分布する。

2. ホソバノシバナ　　　　　　　　　　PL. 93
Triglochin palustris L.

淡水の湿原や沼の縁に生える多年草。根茎は細長く，走出枝を出す。葉は長さ10-25cm，幅約1mm。花期は7-8月。花茎は直立し高さ15-35cm。花被は外輪3枚，内輪3枚の計6枚。それぞれの花被は1個の雄蕊を内側に抱く。このため，雄蕊も6個。雄蕊は無柄で，葯は外向。心皮は6個あり，3個ずつが先端側と基部側の2輪に分かれてつき，先端側の3個だけ稔性があり，それぞれ1個の胚珠を内蔵する。柱頭は羽毛状。稔性をもつ心皮は果時，成熟するにつれ先端側を果軸につけたまま基部側が果軸を離れ，傘を開くようにわずかに外側に広がる。染色体数2n=24。北海道と本州の北部と中部の高地に産し，広く北半球の温帯～亜寒帯に分布する。

旧版の執筆は山下貴司。

アマモ科　ZOSTERACEAE

田中法生

　海から河口の海水〜汽水の潮間帯〜潮下帯に生える沈水性の多年草，まれに一年草．根茎は水底の砂泥または岩礁上を横にはうか，斜上する．根は根茎の各節にでき，分枝しない．葉は2列に互生し，無柄でリボン状，基部は葉鞘となり，その先端の両端は突出する．気孔はない．茎の節に2-4個の鱗片葉が生じる．雌雄異株または同株．花は根茎から直立する花茎にできる．花序は葉状の苞の鞘に包まれ，扁平な軸の片面に，雄蕊と雌蕊が交互に，またはどちらかが2列につく．花被は雄蕊の葯隔に合着するか，またはない．雄蕊は1個の無柄の葯からなり，2室からなる半葯は，2個が平面的に並ぶ．花粉は糸状で水中に散布される（水中媒）．雌蕊は1個の心皮からなり1室で，花柱は2叉に分かれ先端は糸状，開花後に花柱は脱落する．直生胚珠が懸垂胎座に1個つく．雄蕊と雌蕊と花被のどのような組み合わせが，1個の花に相当するのかは明らかでない．種子に胚乳はなく，胚軸が肥大する．世界の亜寒帯〜亜熱帯（一部熱帯）に広く分布し，2属20種がある．

　A．雌雄同株．砂地に生え，根茎の節間はふつう長く伸びる．果実は楕円球形 ················【2】アマモ属 Zostera
　A．雌雄異株．岩礁上に生え，根茎の節間は短い．果実は心形 ····································【1】スガモ属 Phyllospadix

【1】スガモ属　Phyllospadix Hook.

　海の潮間帯下部〜浅い潮下帯の岩礁上に生える多年草．根茎は短く，節間も短く，節から多数の根を出し，密生する根毛により岩に固着する．葉は丈夫な革質でリボン状，縁に不規則な歯牙状の細胞ができる．雌雄異株．花茎はふつう短く，数個または1個の花序をつける．雄株の花序は雄蕊が互生に2列に並ぶ．花粉は糸状で長さ約1.5mm．雌株の花序は，雌蕊と仮雄蕊が縦に交互に並ぶ列が，雌蕊と仮雄蕊が横に対になる位置に2列できる．雌蕊の子房は背腹に扁平な心形．花被は，雄株では雄蕊，雌株では仮雄蕊の葯隔に合着する．果実は心形．北太平洋岸の温帯〜亜寒帯に5種が分布する．

　A．葉は幅2-5mm，3-5脈がある．古い葉は枯死したのち，黄褐色の細い繊維として残る ············ 1．スガモ
　A．葉は幅1-3mm，3脈がある．古い葉は枯死したのち，黒褐色の細い繊維として残る ············ 2．エビアマモ

1．スガモ　　PL.94
Phyllospadix iwatensis Makino

　岩礁上に生育する．葉は長さ1.5mまで伸長し，幅2-5mm．葉の表面は平滑で，脈は3-5本，先端は円形〜やや凹形．花序は短い花茎に1個つき，長さ3-5cmで，花序柄は2-6cm，苞の葉鞘に包まれ，雌雄蕊がつく面を内側にして湾曲する．苞の花序より上側の部分は葉と同様で，葉鞘部分を含めて長さ8-14cm．古い葉が枯死したあとに残る細い繊維が黄褐色となる．花被は淡緑色透明で，雄花序では，卵形〜披針形で長さ約4mm，幅約2mm，雌花序では，披針形で鎌形に湾曲し，長さ5-9mm，幅1-2mm．雄蕊の半葯は長楕円球形で長さ約2mm，淡黄色．果実は，縦横ともに約4mm．花期は，日本では3-5月．北海道〜本州北部（太平洋岸は千葉県犬吠埼以北，日本海岸は石川県能登半島以北），千島列島・朝鮮半島・中国・サハリンに分布する．

2．エビアマモ　　PL.94
Phyllospadix japonicus Makino

　葉は，長さ20-100cm，幅1-3mm．葉の脈は3本．葉端は円形〜やや凹形．花序は短い花茎に1個つき，長さ2-4cmで，花序柄は1.5-5cm．苞は葉鞘部分を含めて長さ7-18cm．古い葉が枯死したあとに残る細い繊維が黒褐色となる．これ以外の形質はスガモと同様である．花期は，日本では3-4月．本州中部（太平洋岸は茨城県以南，日本海岸は新潟県佐渡島）〜九州北部，朝鮮半島・中国に分布する．

【2】アマモ属　Zostera L.

　海から河口の海水〜汽水の潮間帯〜浅い潮下帯で，内湾の砂泥に生える多年草，まれに一年草．根茎は，海底の地中を横にはうか，斜上する．雌雄同株．苞は葉と同形で，その葉鞘が花序を包む．花序は，雄蕊と雌蕊が縦に交互に並ぶ列が，雄蕊と雌蕊が横に対になる位置に2列できる．花被は雄蕊の葯隔に合着するか，またはない．半葯は長楕円球形で，開花時に，三日月形に湾曲して苞の葉鞘から一部が突き出て，花粉が放出される．子房は軸面に対して横幅の狭い

旧版の執筆は山下貴司．

長楕円球形，披針形の花柱は2叉に分かれる。開花時に，花柱は斜上し，苞の葉鞘から突き出る。果実は，長楕円球形で一端に花柱由来の突起が残る。種子は長楕円球形。世界の寒帯から熱帯の沿岸に11種が分布する。花被の有無，染色体数などでアマモ亜属subgenus Zostera，コアマモ亜属subgenus Zosterella，ヘテロゾステラ亜属subgenus Heterozosteraに分けられ，日本に分布する種ではコアマモのみがコアマモ亜属で，他の4種はアマモ亜属となる。

- A. 葉は幅1−1.5mm。花茎は長さ30cm以下。葯隔に合着した花被がある ··· 1. コアマモ
- A. 葉は幅3mm以上。花茎は長さ30cm以上。花被はない。
  - B. 根茎は斜上し，節間は短く，個体は叢生する。葉端は凹頭 ·· 2. スゲアマモ
  - B. 根茎は横に長く伸長する。葉端は円形〜微凸形〜凹頭。
    - C. 花茎の上部は葉のみとなる ·· 3. タチアマモ
    - C. 花茎には前出葉と花序のみがつき，上端は花序となる。
      - D. 葉脈は5−7本，葉幅は3−12mm。種子は表面に縦の稜があり，長さ3−5mm ········· 4. アマモ
      - D. 葉脈は7−13本，葉幅は8−18mm。種子は表面が平滑で，長さ5−6mm ············ 5. オオアマモ

1. コアマモ PL. 94
Zostera japonica Asch. et Graebn.

水深0以下−1mの内湾や河口，珊瑚礁のラグーンなどの汽水〜海水の砂〜砂泥に生える多年草。根茎は細く，直径0.5−1.5mmで，横にはう。葉は長さ5−40cm，幅1−1.5mm，3本の脈がある。葉端は円形〜凹頭。花茎は直立し，水深により数cmから30cmまで長さに変異が大きく，分枝しながら前出葉と花序のみをつける。花序は，長さ1.5−2.5cm，雄蕊と雌蕊が4−5対ほどつく。花被は，三角形〜半楕円形で，長さ約1mm。種子は楕円球形，長さ約2mm，種皮に稜がなく平滑。北海道〜琉球，東アジア（ロシア極東部・サハリン・中国・朝鮮半島・ベトナム北部）に分布する。

2. スゲアマモ PL. 94
Zostera caespitosa Miki

水深1−20mの内湾の海底の砂泥に生える多年草。根茎は扁平で長径3−5mm，短径1−3mm，節間は約1mmの短い部分と5−35mmの長い部分が交互にでき，斜上して伸長し，個体は叢生する。葉は長さ70cmまで伸長し，幅3−6mm，5−7本の脈がある。葉端は凹頭。葉が枯れたあとも葉鞘は宿存する。花茎は直立し，長さ約1mまで伸長し，分枝しながら前出葉と花序のみをつける。花序は長さ3−4cm，雄蕊と雌蕊が6−12対ほどつき，花被はない。種子は卵球形，長さ約3.5mm，種皮に縦に稜がある。花期は，日本では2−5月。北海道〜本州（太平洋岸は宮城県以北，日本海岸は島根県以北），朝鮮半島・中国北部に分布する。

3. タチアマモ PL. 94
Zostera caulescens Miki

水深3−17mの内湾の海底の砂泥に生える多年草。根茎は，やや扁平で直径2−6mmで，横にはう。葉は長さ60cmほどまで伸長し，幅5−11mm，5−11本の脈がある。葉端は円形〜微凸形〜微凹頭。花茎は直立し，1mから最大7m以上まで伸長し，花序を分枝し，上部は葉のみとなる。花茎の上部の葉は長さ120cmまで伸長し，幅8−16mm，7−11本の脈があり，先端は円形〜微凸形〜凹頭。花序は長さ6−8cm，雄蕊と雌蕊が11−20対ほどつき，花被はない。種子は長楕円球形で長さ約4mm，種皮に稜はなく平滑。花期は，日本では4−6月。北海道〜本州（太平洋岸は神奈川県以北，日本海岸は島根県以北），朝鮮半島に分布する。

4. アマモ PL. 94
Zostera marina L.

内湾の水深0−10m（最大30m）の海底の砂泥に生える多年草，まれに高水温域では一年草。根茎はやや扁平で，直径2−5mmで，横にはう。葉は長さ120cmまで伸長し，幅3−12mm，5−7本の脈がある。葉端は円形〜微凸形。花茎は根茎の側枝として生じ，数節横にはったあとに直立する。花茎は150cmまで伸長し，分枝しながら前出葉と花序のみをつける。花序は長さ3−10cm，雄蕊と雌蕊が6−20対ほどつき，花被はない。半葯は長さ4−6mm，幅1.5−2mm。子房の下端から柱頭の先端まで，長さ約10mm。種子は長楕円球形，長さ3−5mm，種皮は茶褐色でかたく，縦に稜がある。花粉は糸状で長さ約2.5mm。花期は，日本では3−7月。北海道〜九州，北半球の寒帯〜温帯に広く分布する。

5. オオアマモ PL. 94
Zostera asiatica Miki

水深0−5mの内湾の海底の砂泥に生える多年草。根茎はやや扁平で，直径5−8mmで，横にはう。葉は長さ200cmまで伸長し，幅8−18mm，7−13本の脈がある。葉端は円形〜切形〜凹頭。花茎は直立し，150cmまで伸長し，分枝しながら前出葉と花序のみをつける。花序は長さ5−7cm，雄蕊と雌蕊が12−20対ほどつき，花被はない。種子は長楕円球形，長さ約5mm，種皮に稜はなく平滑。花期は，日本では5−7月。北海道・本州北部（岩手県），千島列島・朝鮮半島・中国・ロシアに分布する。

ヒルムシロ科　POTAMOGETONACEAE

伊藤　優・田中法生

　淡水または汽水に生える沈水性または浮葉性の多年草または一年草。根茎はヒルムシロ属の一部の種を除いて発達し，水底の地中をはい，水中茎を直立に分枝する。ヒルムシロ属の一部の種とリュウノヒゲモ属の一部の種では根茎または水中茎に越冬芽または越夏芽を形成する。根茎および水中茎は仮軸分枝をする。葉は花序の出る節では対生しその他の節では互生するか（ヒルムシロ属，リュウノヒゲモ属），すべて対生するか（Althenia属，Groenlandia属，Lepilaena属，Pseudalthenia属），対生または3－4個ずつ輪生し（イトクズモ属），有柄または無柄，葉身は針状（ヒルムシロ属の一部の種），線形（ヒルムシロ属の一部の種，リュウノヒゲモ属，イトクズモ属，Althenia属，Lepilaena属，Pseudalthenia属），披針形（ヒルムシロ属の一部の種，Groenlandia属），楕円形（ヒルムシロ属の一部の種）で，多くは沈水葉，ヒルムシロ属の一部の種は浮葉となる。葉の基部に1個の托葉があり，独立して茎を抱く（ヒルムシロ属の一部の種，イトクズモ属）か，葉の基部と合着して葉鞘状となる（ヒルムシロ属の一部の種，リュウノヒゲモ属，Althenia属，Lepilaena属，Pseudalthenia属）。ヒルムシロ属，リュウノヒゲモ属，Groenlandia属では葉腋から穂状花序を出し，2～多数の両性花をつける。ヒルムシロ属，Groenlandia属では，花序柄はしっかりしていて，花序を水上に直立させるが，リュウノヒゲモ属では花序柄はやわらかく，花序は水面に横たわる。イトクズモ属，Althenia属，Lepilaena属，Pseudalthenia属は花序をつくらず，単性花で雌雄同株（イトクズモ属，Althenia属，Lepilaena属の一部の種，Pseudalthenia属）または雌雄異株（Lepilaena属の一部の種）となる。両性花では花被片は4個。雄蕊は4個あり，花糸はなく，葯は1個で，半葯の葯室は2。単性花の雄花は花被がなく，1個の雄蕊からなり，花糸は長く，葯は1個（Althenia属），2個（イトクズモ属，Lepilaena属の一部の種），4個（Pseudalthenia属），または6個（Lepilaena属の一部の種）。花粉はやや楕円形（ヒルムシロ属，リュウノヒゲモ属，Groenlandia属）または球形（イトクズモ属，Althenia属，Lepilaena属，Pseudalthenia属）。送粉は風媒（ヒルムシロ属，Groenlandia属），水面または水中媒（リュウノヒゲモ属，Althenia属，Lepilaena属），水中媒（イトクズモ属，Althenia属，Lepilaena属）（Pseudalthenia属では不明）。両性花の雌蕊は4個（ヒルムシロ属の一部の種，リュウノヒゲモ属，Groenlandia属）または1－3個（ヒルムシロ属の一部の種）の離生心皮からなり，各子房室は1個の倒生胚珠を基底胎座（ヒルムシロ属，リュウノヒゲモ属）または頂生胎座（Groenlandia属）につける。単性花の雌花には筒状の花被があり，雌蕊は1個（Pseudalthenia属），1－3個（Althenia属，Lepilaena属），2－8個（イトクズモ属）の離生心皮からなり，各子房室には1個の倒生胚珠が頂生胎座（イトクズモ属，Althenia属，Lepilaena属，Pseudalthenia属）につく。柱頭は平盤状（ヒルムシロ属，リュウノヒゲモ属，Groenlandia属），漏斗状（イトクズモ属，Althenia属，Lepilaena属の一部の種，Pseudalthenia属），羽毛状（Lepilaena属の一部の種）。イトクズモ属，Althenia属，Lepilaena属，Pseudalthenia属では花後に花柱が伸長し，イトクズモ属の一部の種ではさらに子房柄も伸長する。果実は痩果（ヒルムシロ属，リュウノヒゲモ属，イトクズモ属，Althenia属，Lepilaena属，Pseudalthenia属）か漿果（Groenlandia属），広卵球形で上端に突起がある（ヒルムシロ属，リュウノヒゲモ属，Groenlandia属）か，長楕円球形で両端に長い突起がある（イトクズモ属，Althenia属，Lepilaena属，Pseudalthenia属）。内に胚乳はなく，湾曲した胚があり，胚軸が肥大している。7属約100種が世界に広く分布する。

　A. 葉は対生または輪生。花は単性，雄花に花被はなく，雌花にある花被は筒状。雄蕊は有花糸。果実は長楕円球形で両端に長い突起がある ··【3】イトクズモ属 Zannichellia
　A. 葉は花序の出る節を除いて互生。花は両性，花被片は4個。雄蕊は無花糸。果実は広卵球形で上端に突起がある。
　　B. 花序柄がしっかりしていて花序は水上に直立。托葉は葉から独立して離れてつくか，長さの1/2が葉の基部に合着して葉鞘状となる ··【1】ヒルムシロ属 Potamogeton
　　B. 花序柄がやわらかくて花序は水面に横たわる。托葉は長さの2/3が葉の基部に合着して葉鞘状となる
　　　　···【2】リュウノヒゲモ属 Stuckenia

【1】ヒルムシロ属　Potamogeton L.

　淡水または汽水の湖沼や流水中に生える沈水性または浮葉性の多年草。多くの種では，発達した根茎が水底の地中をはい，水中茎を分枝する。一部の種では，根茎の先端あるいは水中茎の先端や葉腋に越冬芽や越夏芽を形成する。葉は互生し，花序の出る節でのみ対生し，無柄または有柄で，葉身は針状，線形，披針形，楕円形で，沈水葉または浮葉となる。葉縁は全縁または有鋸歯。葉の基部に托葉をつけ，多くの種では葉身と独立して茎を抱くようにつき，ツツイトモでは両縁が合着，センニンモや一部の北米種では下半分が葉身の基部と合着して葉鞘状となる。葉腋からしっかりし

旧版の執筆は山下貴司。

た花序柄が伸び、水面より上に2～多数の花からなる穂状花序をつける。花被片は4個。雄蕊は4個あり、花糸はなく、葯は1個で、半葯の葯室は2。花粉はやや楕円形。送粉は風媒。雌蕊はふつう4個（一部の種では1－3個）の離生心皮からなり、各子房室には1個の湾生胚珠が頂生胎座につく。柱頭は平盤状。花が終わると花序柄は横向きになり、花序は水中に沈む。果実は痩果、広卵球形で先端に突起がある。発芽時に、果実の背面がふたのように開く。約70種が世界に広く分布し、日本には18種が分布する。

A．ほとんどの葉、あるいは少なくとも浮葉の葉身は披針形～楕円形。
 B．葉の基部は茎を抱く。
  C．葉の基部が半周以上茎を抱く。葉は長さ10cm未満で先端の縁は反らない ･････ 1. ヒロハノエビモ
  C．葉の基部がわずかに茎を抱く。葉は長さ10cm以上で先端の縁が内側に反る ･････ 2. ナガバエビモ
 B．葉の基部は茎を抱かない。
  C．浮葉は幅1cm以上。沈水葉は針形または披針形。
   D．沈水葉は針形。越冬芽は水中茎の葉腋につく ･････ 3. オヒルムシロ
   D．沈水葉は披針形。越冬芽はないか、あっても根茎の先端につく。
    E．沈水葉は2cm以上の葉柄がある。
     F．各花の心皮は4個 ･････ 4. ササバモ
     F．各花の心皮は1－3個 ･････ 5. ヒルムシロ
    E．沈水葉は無柄。
     F．沈水葉の葉縁は有鋸歯で波打つ ･････ 6. ガシャモク
     F．沈水葉の葉縁は無鋸歯か微鋸歯で、ほとんど波打たない。
      G．水中茎は盛んに分枝し沈水葉の多くは長さ6cm未満 ･････ 7. エゾノヒルムシロ
      G．水中茎の分岐はまれで沈水葉は長さ6cm以上。
       H．浮葉はほぼ無柄。沈水葉の幅は個体内でほぼ一定。根茎の先端に越冬芽を形成 ･････ 8. ホソバヒルムシロ
       H．浮葉には5cm以上の葉柄がある。沈水葉は茎の上部ほど幅広い。越冬芽を形成しない ･････ 9. フトヒルムシロ
  C．浮葉は幅1.0cm未満。沈水葉は線形。
   D．果実の背面にとさか状の突起がある。花柱は細長く、長さ約1mm ･････ 10. コバノヒルムシロ
   D．果実の背面の稜は全縁またはわずかに凹凸がある。花柱は短く、長さ約0.5mm ･････ 11. ホソバミズヒキモ
A．すべての葉が線形。
 B．葉縁は波打ち、有鋸歯 ･････ 12. エビモ
 B．葉縁は波打たず、全縁または微鋸歯。
  C．葉の基部は葉鞘となる。葉の先端は凸状 ･････ 13. センニンモ
  C．葉の基部は葉鞘にならない。葉の先端は凸状にならない。
   D．根茎が発達せず、水中茎が盛んに分枝する。
    E．茎の断面は楕円形。心皮は4個。花は10－20個 ･････ 14. イヌイトモ
    E．茎はいちじるしく扁平。心皮は1－2個。花は6－8個 ･････ 15. エゾヤナギモ
   D．根茎が発達する。
    E．葉幅2mm以上、5脈 ･････ 16. ヤナギモ
    E．葉幅2mm未満、1－3脈。
     F．花(果実)は密着。托葉は合着しない。越冬芽は軸の部分が肥大 ･････ 17. イトモ
     F．花(果実)は2段に分かれる。托葉は合着して筒状。越冬芽は全体的に細長い ･････ 18. ツツイトモ

1. ヒロハノエビモ　　　　PL. 95
Potamogeton perfoliatus L.

淡水～汽水の湖沼に生える沈水性の多年草。根茎は水底の地中を横にはい、先端に越冬芽を形成する。葉はすべて沈水葉で、無柄、葉身は広披針形で薄くてやわらかく、長さ1.5－9cm、幅1－2.5cm、3脈があり、縁は微鋸歯があり波打つ。葉の基部が茎を半周以上抱く。托葉は葉身と独立して茎を抱き、長さ0.7－3cm。日本での開花は6－9月。花序柄は長さ3－9cm、穂状花序は長さ1.5－2.5cmで密に花をつける。花は6－20個。染色体数は2n=52。果実は長さ2.5－3mm。北海道～九州、世界の温帯～亜熱帯に広く分布する。ササバモとの間に葉の基部が茎を浅く抱き、葉端が鋭頭で葉脈が多い自然雑種オオササエビモ P. ×anguillanus Koidz.を、エゾヒルムシロとの間に、エゾヒルムシロに似るが浮葉を形成しない自然雑種ササエビモ P. ×nitens Weber を形成する。

2. ナガバエビモ
Potamogeton praelongus Wulfen

淡水の湖沼に生える沈水性の多年草。ヒロハノエビモに似るが、葉の長さが10－20cmと長く、葉端の縁が内側に反り、葉の基部の茎の抱き方がやや浅い点で異なる。染色体数は2n=52。北海道にまれに分布し、北半球に広く分布する。

3. オヒルムシロ　　　　PL. 95
Potamogeton natans L.

淡水の湖沼、ため池に生える浮葉性の多年草。根茎が発達し、水中茎に沈水葉と浮葉をつける。水中茎の葉腋に越冬芽を形成する。沈水葉は葉柄と葉身の区別がなく針状、長さ12－30cm、幅0.5－2cm。浮葉は10－18cmの葉柄があり、長楕円形～楕円形で長さ5－12cm、幅2－5cm、17－31脈があり、縁は全縁。托葉は葉身と独立して茎を抱き、長さ5－10cm。日本での花期は5－8月。花序柄は長さ5－12cm、穂状花序は長

さ3−5cm。花は多数。果実は長さ3−5mm。染色体数は2n=52。北海道〜九州，北半球の冷温帯に広く分布する。ホソバミズヒキモとの間に，沈水葉が薄く浮葉のサイズがふぞろいな自然雑種ヒメオヒルムシロ P. ×yamagataensis Kadono et Wiegleb を形成する。

4．ササバモ
Potamogeton wrightii Morong;
P. malaianus auct. non Miq.

淡水の湖沼，河川，水路に生える沈水性〜浮葉性の多年草。根茎は横にはい，先端に越冬芽を形成する。水中茎に沈水葉と浮葉をつける。沈水葉には長さ2−10cmの葉柄があり，葉身は狭披針形で長さ8−12cm，幅1−2.5cm，7−13脈。葉端は鋭尖頭で細く突出する。葉縁は微鋸歯があり波打つ。浮葉は沈水葉と同形かやや幅広。托葉は葉身と独立して茎を抱き，長さ3−8cm。日本での花期は7−9月。花序柄は長さ4−8cm，穂状花序は長さ3−5cm。花は多数。果実は長さ3−3.5mm。染色体数は2n=52。本州（関東以西）〜琉球，朝鮮半島・中国・東南アジアに分布する。ヒルムシロとの間に，葉柄が4−10cmで心皮が2−4個の自然雑種アイノコヒルムシロ P. ×malainoides Miki を，ガシャモクとの間に，2cm未満の葉柄をもつ自然雑種インバモ P. ×inbaensis Kadono を形成する。

5．ヒルムシロ　　　　　　　　　　　　　PL.95
Potamogeton distinctus A. Benn.

淡水の湖沼やため池，水田，水路，河川に生える浮葉性の多年草。根茎は水底の地中を横にはい，先端に越冬芽をつくる。水中茎に沈水葉と浮葉をつける。沈水葉には長さ2−5cmの葉柄があり，葉身は披針形で長さ5−16cm，幅1−2.5cm，9−17脈があり，葉縁に微鋸歯がある。浮葉は長さ5−20cmの葉柄があり，葉身は長楕円形で長さ5−10cm，幅2−4cm，11−19脈がある。托葉は葉身と独立して茎を抱き，長さ3−8.5cm。日本での開花は6−10月。花序柄は長さ5−9cmで，穂状花序は長さ2.5−5cm。花は多数。果実は長さ3−3.5mm。染色体数は2n=52。北海道〜琉球，朝鮮半島・中国に分布する。和名は，浮葉をヒルのむしろにたとえたことから。

6．ガシャモク　　　　　　　　　　　　　PL.95
Potamogeton lucens L.; *P. dentatus* Hagstr.

淡水の湖沼やため池に生える沈水性の多年草。根茎が発達し，先端に越冬芽を形成し，その周辺の根茎は太く肥大する。葉はすべて沈水葉で，ほぼ無柄，葉身は長楕円形で長さ5−12cm，幅1.2−2.5cm，9−11脈があり，葉端は鈍頭で鋭く突出する。葉縁に明瞭な鋸歯があり波打つ。托葉は葉身と独立して茎を抱き，長さ2−4cm。日本での花期は6−10月。花序柄は長さ4−9cm，穂状花序は長さ2−5cm。花は多数。果実は長さ3−4.5mm。染色体数は2n=52。関東と九州の一部にまれに分布し，世界ではユーラシア大陸の冷温帯に広く分布する。

7．エゾノヒルムシロ
Potamogeton gramineus L.

淡水の湖沼やため池に生える沈水性〜浮葉性の多年草。根茎は水底の地中を横にはい，先端に越冬芽を形成し，水中茎をよく分枝する。水中茎に沈水葉と浮葉をつける。沈水葉はほぼ無柄で，葉身は線形〜狭披針形で長さ3−8cm，幅3−8mm，7−9脈があり，葉縁に微鋸歯がある。浮葉には2−9cmの葉柄があり，葉身は長楕円形〜楕円形で長さ2−6cm，幅1−1.5cm，11−21脈がある。托葉は葉身と独立して茎を抱き，長さ1.5−2.5cm。日本での花期は7−9月。花序柄は長さ4−11cm，穂状花序は長さ1.5−3cm。花は多数。果実は長さ1.8−2.5mm。染色体数は2n=52。北海道・本州（中部以北），北半球の温帯〜亜寒帯に広く分布する。

8．ホソバヒルムシロ　　　　　　　　　　PL.96
Potamogeton alpinus Balb.

淡水の湖沼に生える沈水性〜浮葉性の多年草。根茎が発達し，先端に越冬芽を形成する。水中茎に沈水葉とまれに浮葉をつける。沈水葉はほぼ無柄で，葉身は狭披針形で長さ6−30cm，幅5−16mm，9−15脈があり，葉端は針状，縁は全縁で波打たない。浮葉はほぼ無柄で，葉身は長楕円形で長さ5−10cm，幅1−1.5cm，9−19脈があり，縁は全縁。托葉は葉身と独立して茎を抱くようにつき，長さ1.8−3.5cm。日本での花期は6−8月。花序柄は長さ5−8cm，穂状花序は長さ1.5−3cm。花は多数。果実は長さ3−4mm。染色体数は2n=52。北海道・本州（東北），北半球の高緯度地域に広く分布する。

9．フトヒルムシロ　　　　　　　　　　　PL.96
Potamogeton fryeri A. Benn.

淡水の湖沼やため池，湿原内の池塘に生える浮葉性の多年草。根茎が発達し，水中茎に沈水葉と浮葉をつける。越冬芽は形成しない。沈水葉はほぼ無柄で，葉身は線形〜披針形〜長楕円形で長さ6−25cm，幅5−30mm，5−9脈があり，縁は全縁。浮葉は長さ5−15cmの葉柄があり，葉身は長楕円形〜楕円形で長さ5−13cm，幅2.5−5cm，21−35脈があり，葉縁はしばしば波打つ。托葉は葉身と独立して茎を抱き，長さ4−8cm。日本での花期は4−8月。花序柄は長さ5−15cmで，穂状花序は長さ3−5cm。花は多数。果実は長さ4−5mm。染色体数は2n=52。北海道〜九州，朝鮮半島・千島に分布する。

10．コバノヒルムシロ
Potamogeton cristatus Regel et Maack

淡水の湖沼やため池に生える沈水性〜浮葉性の多年草。水中茎の葉腋に長さ約1cmの越冬芽を形成する。水中茎は細く，よく分枝し，沈水葉と浮葉をつける。沈水葉は無柄，狭線形で長さ3−5cm，幅0.3−1mm，1−3脈があり，縁は全縁。浮葉は長さ6−14mmの葉柄があり，葉身は狭楕円形で長さ1.5−3cm，幅1cm未満，7脈があり，縁は全縁。托葉は葉身と独立して茎を抱き，長さ0.5−1cm。日本での花期は5−8月。花序柄は長さ8−15mm。穂状花序は長さ9−13mm。花は9−11個。果実は長さ1.5−2.5mm，背面にとさか状の不規則な突起があり，長さ約1mmの細長い花柱が残る。染

色体数は2n=28。北海道〜琉球，朝鮮半島・ウスリー・台湾・中国に分布する。

11．ホソバミズヒキモ　　　　　　　　　　　PL.95
Potamogeton octandrus Poir.

淡水の河川，水路，ため池に生える沈水性の多年草。コバノヒルムシロに似るが，果実の背面の稜は全縁またはわずかに凹凸があるのみでとさか状にはならず，花柱の長さは約0.5mmと短い点で異なる。染色体数は2n=28。北海道〜琉球，朝鮮半島・中国・東南アジア・豪州北部に分布する。

12．エビモ　　　　　　　　　　　　　　　　PL.96
Potamogeton crispus L.

淡水の湖沼やため池，河川，水路にふつうに生える沈水性の多年草。根茎は横にはい，1節おきに水中茎を出す。水中茎の先端や葉腋に，茎と葉が肥厚してかたくなった長さ1−3cmの越夏芽を形成するが，夏にも枯れないことがある。葉はすべて沈水葉で，無柄，葉身は広線形で長さ3−10cm，幅3−9mm，3脈があり，葉縁は波打ち，鋸歯がある。托葉は葉身と独立して茎を抱くようにつき，長さ0.5−1cm。日本での花期は6−9月。花序柄は長さ2−6cm，穂状花序は長さ5−12mm。花は3−8個。果実は長さ4−5mm，背面には不明瞭な鋸歯がある。染色体数は2n=52。北海道〜琉球，世界に広く分布する。

13．センニンモ　　　　　　　　　　　　　　PL.96
Potamogeton maackianus A. Benn.

淡水の湖沼，河川，水路に生える沈水性の多年草。根茎が発達する。葉はすべて沈水葉で，無柄，葉身は広線形で長さ2−6cm，幅1.5−4mm，3脈があり，縁に微鋸歯がある。葉端は凸状。托葉は，葉の基部と合着して長さ2−6mmの葉鞘状となり，上部は長さ約5mmの耳状突起となる。日本での花期は7−8月。花序柄は長さ1−5cm，穂状花序は長さ4−10mm。花は2−4個。果実は長さ3−4mm，背面の基部に少数の低い突起がある。染色体数は2n=52。北海道〜九州，朝鮮半島・中国・東南アジアに分布する。ヤナギモとの間に，托葉が葉鞘状で葉先端が鋭頭な自然雑種アイノコセンニンモ P. ×kyushuensis Kadono et Wiegleb を形成する。

14．イヌイトモ
Potamogeton obtusifolius Mert. et W. D. J. Koch

淡水の湖沼，水路に生える沈水性の多年草。根茎が発達せず，水中茎が盛んに分枝する。茎は扁平にならず楕円形。水中茎の先端部に長さ約3cmの越冬芽を形成する。葉はすべて沈水葉で，無柄，葉身は狭線形で長さ4−7cm，幅1.5−3mm，3脈があり，縁は全縁。托葉は葉身と独立して茎を抱き，長さ1−3cm。日本での花期は8−9月。花序柄は長さ8−15cm，穂状花序は長さ4−12mm。花は6−8個。果実は長さ2.5−3mm。染色体数は2n=26。北海道にまれに分布し，北半球の冷温帯に広く分布する。

15．エゾヤナギモ
Potamogeton compressus L.

淡水の湖沼に生える沈水性の多年草。根茎が発達せず，水中茎が盛んに分枝する。茎はいちじるしく扁平で翼がある。水中茎の先端部に長さ約4.0cmの越冬芽を形成する。葉はすべて沈水葉で，無柄，葉身は線形で長さ6−12cm，幅1.5−3mm，5−7脈があり，縁は全縁。托葉は葉身と独立して茎を抱き，長さ2−3.5cm。日本での花期は8−9月。花序柄は長さ4−8cm，穂状花序は長さ1.2−2cm。花は10−20個。果実は長さ3.5−4mm，背面にはとさか状の不規則な突起がある。染色体数は2n=28。北海道・本州中部以北，北半球に広く分布する。

16．ヤナギモ　　　　　　　　　　　　　　　PL.96
Potamogeton oxyphyllus Miq.

淡水の湖沼や河川，水路に生える沈水性の多年草。根茎が発達する。茎は細く分枝が多い。葉はすべて沈水葉で，無柄，葉身は線形で，長さ5−12cm，幅2−3.5mm，5脈があり，先端は鋭頭，縁は全縁。托葉は葉身と独立して茎を抱き，長さ1.5−2.5cm。日本での花期は6−9月。花序柄は長さ2−5cm，穂状花序は長さ6−12mmで密に花をつける。花は5−9個。果実は長さ3−3.5mm。染色体数は2n=26。北海道〜九州，朝鮮半島・中国に分布する。和名は〈柳藻〉で，葉の形による。イトモとの間に，葉幅が1.5−2mmで3−5脈の自然雑種アイノコイトモ P. ×orientalis Hagstr. を形成する。

17．イトモ
Potamogeton berchtoldii Fieber

淡水の湖沼やため池，水路に生える沈水性の多年草。茎も葉も非常に細い。根茎が発達し，水中茎の先端部に軸の部分が肥大した1.5−2.5cmの越冬芽を形成する。葉はすべて沈水葉で，無柄，葉身は狭線形で長さ2−6cm，幅0.7−1.5mm，1−3脈があり，縁は全縁。托葉は葉身と独立して茎を抱き，長さ約7mm，両縁は合着しない。日本での花期は6−8月。花序柄は長さ1−2cm，穂状花序は長さ3−5mmで，花は密接してつく。花は2−7個。果実は長さ2−2.5mm。染色体数は2n=26。北海道〜琉球，世界の温帯〜熱帯に広く分布する。和名は〈糸藻〉で，葉の形による。

18．ツツイトモ　　　　　　　　　　　　　　PL.96
Potamogeton pusillus L.

淡水の湖沼，水路に生える沈水性の多年草。イトモに似るが，花が2段に分かれてつき，托葉の縁が合着して筒状になり，越冬芽が細長い点で異なる。染色体数は2n=26。北海道〜九州，世界に広く分布する。

【2】リュウノヒゲモ属　Stuckenia Börner.

淡水〜汽水の湖沼や流水中に生える沈水性の多年草。根茎が水底の地中をはい，先端に越冬芽（塊茎）を形成する。水中茎は直立し，きわめて細く，よく分枝する。葉は無柄で，狭線形，縁は全縁で，葉端は鈍頭〜鋭頭，葉脈は1−5本。

葉の基部に托葉をつけ，下部2/3は葉身の基部と合着して葉鞘状となる。葉鞘の上部は耳状突起となる。葉腋からやわらかい花序柄が伸び，水面に8-14個の花からなる穂状花序をつける。雌蕊は4個の離生心皮からなり，各子房室には1個の倒生胚珠が基底胎座につく。柱頭は平盤状。花後に，花序柄はらせん形に巻く。果実は痩果で果皮はかたく，種皮は薄く，広卵球形で上端に突起がある。7種が世界に広く分布し，日本には1種が分布する。

1. リュウノヒゲモ　　　　PL.96
Stuckenia pectinata (L.) Börner

淡水～汽水の湖沼や水路に生える沈水性の多年草。根茎が水底の地中をはい，先端に長さ4-8mmの越冬芽（塊茎）を形成する。茎はきわめて細く，よく分枝する。葉は水中茎に互生し，針状，長さ5-15cm，幅0.3-1.3mmで，葉端は鋭頭，葉脈は1本。葉の基部は托葉と合着して長さ1-3cmの葉鞘状となり，茎を抱く。葉鞘の上部は長さ3-8mmの耳状突起となる。日本での花期は6-9月，花序柄は長さ5-20cm，径約0.5mmと細くやわらかい。穂状花序は長さ1.5-4cm。果実は広卵球形，長さ約3mmで背面は全縁。染色体数は2n=78。北海道～琉球，世界に広く分布する。

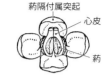

リュウノヒゲモの花

【3】イトクズモ属　Zannichellia L.

淡水～汽水の湖沼や流水中に生える沈水性の多年草または一年草。細い根茎が地中をはい，水中茎を分枝する。葉は水中茎の各節に対生または3-4個ずつ輪生状につく。葉は無柄で葉身は狭線形，全縁で，葉脈は1本。葉端は鈍頭。独立した托葉があり，茎を抱く。花は単性花で，種によって，1個の雄花と1個の雌花が同じ葉腋に隣接してつく場合と，雄花と雌花が別々の葉腋につく場合がある。雄花は1個の雄蕊だけからなり，花糸は長く，葯は2個で半葯の葯室は2，花被はない。雌花に筒状の花被があり，雌蕊は2-8個の離生心皮からなり，各子房室には1個の倒生胚珠が頂生胎座につく。小さい筒状の花被がある。柱頭は漏斗状。花後に花柱が伸長し，一部の種ではさらに子房柄も伸長する。果実は三日月状に湾曲した長楕円球形，背面に波形の稜があり，両端に長い突起がある。6種が世界に広く分布し，日本には1種が分布する。

1. イトクズモ　　　　PL.95
Zannichellia palustris L.

淡水～汽水の湖沼やため池，水路などに生える沈水性の一年草または多年草。根茎は細く，2節ごとに仮軸分枝をする。葉は各節に対生または2-4個ずつ輪生状につき，長さ2.5-7cm，幅0.3-0.8mm。日本での花期は6-9月，葉腋に1個の雄花と1個の雌花が隣接してつく。雄花は1個の雄蕊だけからなり，花糸は長さ1.5-2mm，花被片はない。雌花には筒状の小さい花被があり，中に2-8個の離生心皮がある。各心皮の柱頭は漏斗状。花後に花柱が伸長するが，子房柄はほとんど伸長しない。果実は長さ4-7.5mm。染色体数は2n=24。北海道～琉球，世界に広く分布する。和名は，茎も葉もきわめて細く，糸くずのようであることによる。

イトクズモの花

カワツルモ科　RUPPIACEAE

伊藤　優

　汽水域（まれに大陸内陸部の淡水や高塩湖）に生える沈水性の多年草で，茎も葉もきわめて細い。栄養茎は単軸分枝を，花茎（生殖茎）は仮軸分枝をする。葉は花序の出る節では対生しその他は互生，狭線形で，基部は葉鞘となり，葉端は鋭頭から鈍頭，切形，凹形で葉縁に微鋸歯をつける。葉鞘から花序柄が水面まで伸び，その先端に2つの両性花からなる穂状花序をつける。花は無柄で，花被はない。雄蕊は2個で花糸はなく，葯は2個の半葯に分かれ，半葯はさらに隔壁によって2室に分かれている。花粉は三日月形に曲がった長楕円形である。雌蕊は4－9個（Ruppia bicarpaでは2個）の離生心皮からなり，各子房室には1個の湾生胚珠が頂生胎座につく。花は，水面（まれに水中）での受粉後に子房柄を2cmほど伸ばし（R. filifoliaでは無柄），その先端に痩果を形成する。花序柄は受粉後に伸長して果序柄となり，その先端に花序あたり2～十数個の痩果を散形（R. filifoliaでは塊状）につけた集合果を形成する。果実は卵球形で果皮はかたく，種皮は薄く，内に胚乳はなく大型の胚があり，胚軸が球形に肥大している。1属約10種が世界に広く分布する。

【1】カワツルモ属　Ruppia L.

科の記載に同じ。

A．葉端は切形～凹形。果実は長さ3.0mm以上 ·· 1. ネジリカワツルモ
A．葉端は鋭頭－鈍頭。果実は長さ3.0mm未満。
　B．果序柄は長く10cm以上，らせん状に10回以上巻く。葉鞘は長く1.5cm以上。心皮は8－9個 ·········· 2. ナガバカワツルモ
　B．果序柄は短く10cm未満，らせん状に巻くことはない。葉鞘は短く1.5cm未満。心皮は4個。
　　C．果序柄はやや短く2cm以上，ねじれることもある ·· 3. カワツルモ
　　C．果序柄はごく短く1cm未満，ねじれることはない ·· 4. ナンゴクカワツルモ

1. ネジリカワツルモ　　　　　　　　　　PL.96
Ruppia megacarpa R. Mason

　海岸近くの汽水域に生える沈水性の多年草。植物体は大型で，水中茎をよく分枝し，葉は長さ5－20cm，幅約0.5mm，基部の葉鞘は長さ1.5－2.5cm，葉端は切形～凹形である。6月に開花する。葉鞘から花序柄が水面まで伸び，その先端近くに2個の花からなる長さ約3mmの穂状花序をつける。心皮は4個で，果実期には子房柄が長さ約4.0cmに伸長する。花序柄は果実期に10－35cmまで伸長して果序柄となり，らせん状に10回以上巻く。果実は長さ3.0－5.0cm，幅約2.5mm。染色体数は2n=20。国内では新潟にのみ分布し，国外では極東ロシアやオーストラリア南部，ニュージーランドに分布する。和名は長くらせんする花序に由来するが，同形質はナガバカワツルモでも見られる。ナガバカワツルモとの間に形成された，ネジリカワツルモに似るが水中茎は分枝せず花序をつけない，2n=20の2倍体自然雑種（ヤハズカワツルモ）が北海道に分布する。

2. ナガバカワツルモ
Ruppia occidentalis S. Watson

　海岸近くの汽水域に生える沈水性の多年草。植物体は大型で，水中茎をよく分枝し，葉は長さ7－28cm，幅約0.5mm，基部の葉鞘は長さ1.5－5.7cm，葉端は鋭頭～鈍頭である。7－9月に開花する。葉鞘から水面まで花序柄を出し，その先端近くに2個の花からなる長さ約3mmの穂状花序をつける。心皮は8－9個で，果実期には子房柄が長さ約2.5cmに伸長する。花序柄は果実期に32－35cmまで伸長して果序柄となり，らせん状に10回以上巻く。果実は長さ3.0cm未満，幅1.6－2.4mm。全体的な印象はネジリカワツルモに似るが，葉端が鈍頭～鋭頭であることと，心皮数が9個であることで区別される。染色体数は2n=20。国内では北海道にのみ分布し，国外では北米内陸部からアラスカ，極東ロシアに分布する。和名は葉が長いことに由来する。カワツルモとの間に形成された，花序柄の伸長は15cm未満で不稔である，2n=30の3倍体自然雑種が青森に分布する。

3. カワツルモ　　　　　　　　　　　　PL.96
Ruppia maritima L.

　河口や海岸近くの汽水域に生える沈水性の多年草。植物体は小型で，水中茎をよく分枝し，葉は長さ5－10cm，幅約0.5mm，基部の葉鞘は長さ1.5cm未満，葉端は鋭頭～鈍頭である。6－8月に開花する。葉鞘から水面まで花序柄を出し，その先端近くに2個の花からなる長さ約

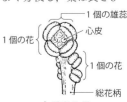

カワツルモ

旧版の執筆者は山下貴司。

3mmの穂状花序をつける。心皮は4個で，果実期には子房柄が長さ約2cmに伸長する。花序柄は果実期に果序柄となって伸長するが10cm未満で，ねじれることもあるがらせん状に巻くことはない。果実は長さ3.0mm未満，幅1.0－1.5mm。染色体数は2n=40。北海道〜琉球・小笠原にあり，世界に広く分布する。和名は〈川蔓藻〉で，茎や葉がきわめて細く，つるのようであるためである。

4．ナンゴクカワツルモ
Ruppia rostellata W. D. J. Koch ex Rchb.

カワツルモに似るが，果序柄長が1.0cm未満と極端に短く，ねじれることがないことで識別される。染色体数は2n=20。国内では島根と沖縄（石垣島）にのみ分布し，国外では中国や東南アジア・太平洋諸島・北米・欧州に広く分布する。

ベニアマモ科　CYMODOCEACEAE

田中法生

　海の潮間帯〜潮下帯に生える沈水性の多年草。根茎が水底の砂泥または岩礁上を横にはい，節から直立茎を出す。根は根茎の節または節間ときに直立茎の節から出る。直立茎はふつう短いが，ときに長く伸長し，いずれでも葉は2列に互生してつき，束生する。葉は無柄でリボン状または円柱状，基部は葉鞘となり，その両端はしばしば突出する。葉腋に鱗片葉を生じる。気孔はない。雌雄異株。花は，ふつう葉腋に単生，ときに直立茎から伸びる茎の先に集散花序につく（ボウアマモ属）。花は葉状の苞の鞘に包まれ，花被はない。雄花は2つの葯のみからなる。花粉は糸状で水中に散布される（水中媒）。雌花は無柄で，2つの離生した心皮のみからなる。花柱は分枝しないか，2-3分枝し，先端は糸状に伸びる。各子房室に1個の胚珠を懸垂胎座につける。果実はふつう不裂開果だが，ときに胎生となり，母体上で発芽する（Amphibolis属，Thalassodendron属）。インド洋・太平洋・カリブ海・地中海・大西洋東部の熱帯〜温帯に，5属約13種がある。またはシオニラ科ともいう。

　A．葉は円柱形。花は直立茎から伸びる茎の先に集散花序につく　　　　　　　　　　　　　　　　　　　　　【3】ボウアマモ属 Syringodium
　A．葉はリボン状。花は葉腋に単生する。
　　B．葉端は円形〜切形。花柱は2分枝する　　　　　　　　　　　　　　　　　　　　　　　　　　　　【1】ベニアマモ属 Cymodocea
　　B．葉端の両端と中央がしばしば突出し，中央に細い逆三角形の黒褐色の模様がある。花柱は分枝せず1本
　　【2】ウミジグサ属 Halodule

【1】ベニアマモ属　**Cymodocea** König

　浅い海底の砂泥地に生える沈水性の多年草。根茎はかたく丈夫で水底の砂の中を横にはい，各節から短い直立茎を出して数個の葉をつける。根は根茎や直立茎の節から出て分枝し，多数の根毛をつける。葉は扁平なリボン状で，基部は鞘となり，若い葉を抱く。花は，葉腋に1個つく。雄花は花柄の先に2個の同形の葯が合着する。雌花に花柄はなく，2個の離生する心皮からなる。各心皮の花柱は2分枝し糸状に細長く伸びる。果実は半円形で果皮はかたい。インド洋〜太平洋西部・地中海の熱帯〜亜熱帯に3種が分布する。

　A．直立茎は枯れた葉鞘の褐色の繊維でおおわれる。葉は幅2-4mm。　　　　　　　　　　　　　　　　　　　　1．ベニアマモ
　A．直立茎に古い葉はほとんど残らず，茎が裸出する。葉は幅4-10mm。　　　　　　　　　　　　　　　　　　2．リュウキュウアマモ

1．ベニアマモ　　　　　　　　　　　　　　PL. 97
Cymodocea rotundata Ehrenb. et Hempr. ex Asch. et Schweinf.

　珊瑚礁のラグーンなど潮間帯〜浅い潮下帯の砂地に生える多年草。根茎は砂の中を横にはい，節から短い直立茎を出す。根は根茎と直立茎の節から生じる。直立茎には2-7個の葉がつき，葉の基部は枯れた古い葉鞘の褐色の繊維でおおわれる。葉身はリボン状，長さ7-15cm，幅2-4mm，9-15本の平行する脈があり，先端は円形〜切形，微細で不規則な鋸歯がある。雄花の葯は，長楕円球形，長さ約11mmで淡黄色。子房は楕円球形で非常に小さく，花柱が2分岐した先は長さ3cm以上。果実は半円形，扁平で長さ7-10mm，かたく，背面にとさか状の突起がある。開花の情報は限られているが，日本では6-12月に記録がある。奄美諸島〜琉球，太平洋西部，インド洋の亜熱帯〜熱帯に分布する。

2．リュウキュウアマモ　　　　　　　　　　PL. 97
Cymodocea serrulata (R. Br.) Asch. et Magnus

　珊瑚礁のラグーンなど潮間帯〜浅い潮下帯の砂地に生える多年草。根茎は砂の中を横にはい，各節から2-3本の分枝する根と1本の直立茎を出す。直立茎には2-7個の葉がつき，葉は枯れると離脱し，繊維も残らず，茎が裸出する。葉鞘は扁平で基部で狭まり，淡緑白色でしばしば赤色をおびる。葉鞘の先は両端が1-2mmほど突出する。葉身はリボン状で，しばしば赤色の横縞模様がつき，長さ6-15cm，幅4-10mm，13-17本の平行脈があり，先端は円形〜切形で明確な鋸歯がある。雄花の葯は，長楕円球形，長さ約7mmで淡黄色。子房は非常に小さく，花柱が2分岐した先は長さ約25mm。果実は，長楕円形で扁平，長さ7-9mm，突起はなく平滑。開花の記録は少なく，日本での開花状況は不明。奄美諸島〜琉球，インド洋〜太平洋西部の亜熱帯〜熱帯に分布する。

旧版の執筆は山下貴司。

Cymodoceaceae

【2】ウミジグサ属　**Halodule** Endl.

　潮間帯～浅い潮下帯の砂～砂泥に生える多年草。根茎は砂の中を横にはい，各節から根と直立茎を出す。根は分枝しない。直立茎には1－4個の葉がつく。葉の基部は鞘となり，次の葉を抱く。葉は細いリボン状，葉脈は3本以下。葉の先端は，円形～切形～凹形で，中央に細い逆三角形の黒褐色の模様があり，しばしば両端のみまたは両端と中央が鋭く突出する。花は葉腋に1個つく。雄花は，柄の先に長さの異なる2個の葯が背面で合着する。雌花の花柱は分枝せず長く伸びる。果実はほぼ球形でかたく，表面は平滑で先端に短い突起がある。インド洋・太平洋西部・カリブ海・アフリカ西部の熱帯～亜熱帯に4種が分布する。

　　A．葉は幅2－3mm，葉端は両端と中央が突出する ･･･ 1．ウミジグサ
　　A．葉は幅0.3－0.9mm，葉端は円形～切形で，両端と中央の突出は顕著でない ･･･････････････････ 2．マツバウミジグサ

1．ウミジグサ　　　　　　　　　　　PL.97
Halodule uninervis (Forssk.) Asch.

　珊瑚礁のラグーンなど潮間帯～浅い潮下帯の砂～泥地に生える多年草。根茎は，径1－1.5mm，各節から数本の根と1本の直立茎を出す。葉は，長さ6－15cm，幅2－3mm。葉の先端は切形～凹形で，両端と中央が突出する。葉鞘は，長さ1－4cm，先端の両端が耳状に突き出る。雄花の柄は長さ6－20mm。葯は，短い方が長さ約2mm，長い方が長さ約3mm，白色。花粉は糸状で長さ約1mm。子房は卵形で長さ約0.5mm，花柱は長さ3－4cm，いずれも白色で，透明な葉鞘に包まれ，花柱の先端1/4ほどだけが葉鞘から突き出る。果実は球形で径約2mm。内には胚軸が球形に肥大した胚がある。開花の情報は限られているが，日本では4－10月に記録がある。奄美諸島～琉球，太平洋西部～インド洋の熱帯～亜熱帯に分布する。

2．マツバウミジグサ　　　　　　　　PL.97
Halodule pinifolia (Miki) Hartog

　珊瑚礁のラグーンなど潮間帯～浅い潮下帯の砂～砂泥地に生える多年草。根茎の各節から2－3本の根と1本の直立茎を出す。葉はきわめて細く，長さ5－20cm，幅0.3－0.9mm，先端は円形～切形で，多数の不規則な細鋸歯がある。ときに葉端の両端と中央が突出する場合でもウミジグサと比べて顕著でない。葉鞘は，長さ1－4cm，先端は両端が耳状に突き出る。花と果実はウミジグサと同様である。開花の情報は限られているが，日本では3－10月に記録がある。奄美諸島～琉球，太平洋西部の熱帯～亜熱帯に分布する。

　※この2種は，葉幅，葉端の形で区別できるが，両形質ともに中間的な形質を示す両種間の交雑個体がしばしば同所的に生育するため，同定が困難なことがある。

【3】ボウアマモ属　**Syringodium** Kützing.

　潮間帯～浅い潮下帯の砂～砂泥に生える多年草。根茎は砂の中を横にはい，各節から1～数本の根と1本の直立茎を出す。根は分枝する。直立茎には2－3個の葉をつける。葉の基部は葉鞘となり，その先端は耳状となる。葉身は円柱形。花は直立茎から伸びる茎の先に集散花序につく。花序には多数の小型の苞があり，その腋に花が1個ずつつく。雄花は花柄の先に2個の同形の葯が背面で合着する。雌花の花柱は2分枝する。果実は長楕円球形でかたい。インド洋～太平洋西部，カリブ海の熱帯～亜熱帯に2種が分布する。

1．ボウアマモ〔ボウバアマモ，シオニラ〕　PL.97
Syringodium isoetifolium (Asch.) Dandy

　珊瑚礁のラグーンなど潮間帯～浅い潮下帯の砂～砂泥地に生える多年草。根茎は径約2mm。葉鞘は長さ1.5－4cm，先端は円形～切形。葉身は円柱形で，長さ7－30cm，径1－2mm，先端は扁平になり，2－3個の突起が出る。苞の基部は鞘となる。雄花の柄は長さ約7mm，葯は卵球形で長さ約4mm。雌花の子房は楕円球形で長さ約4mm，花柱は2分枝した先が長さ3－5mm。開花の情報は限られているが，日本では5－9月に記録がある。奄美諸島～琉球，太平洋西部～インド洋に分布する。

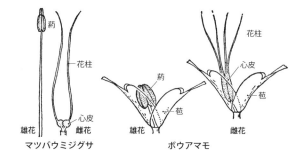

マツバウミジグサ　　　　ボウアマモ

サクライソウ科　PETROSAVIACEAE

大橋広好

　多年草。葉緑体があり光合成をおこなう独立栄養植物かまたはこれを欠き，菌根菌と共生して菌を介して周辺の樹種の炭素を受けて生活をする菌従属栄養植物。葉は前者では両面性（表裏が明らか）があり，らせん状につき，後者では小型の鱗片状で互生する。花序は総状，苞があり，小苞は2個あるかまたはこれを欠く。花被片は6個，外花被片は内花被片より小型。雄蕊は6個。子房は上位から中位，心皮は3個，基部で合着する。胚珠は1心皮につき4個から多数ある。東南アジアから日本に分布し，2属3種がある。
　APG III分類体系では従来サクライソウ属だけとされていたサクライソウ科にオゼソウ属が加わり，新たに2属で構成される科となって，1科だけで単子葉植物Monocotsサクライソウ目Petrosavialesとなった。

A. 葉緑体をもつ緑色の独立栄養植物。葉は根元から束生し，線形，長さ3－20cm ················【1】オゼソウ属 Japonolirion
A. 葉緑体を欠く淡黄色の菌従属栄養植物。葉は鱗片状，広卵形，膜質，長さ2－5mm ················【2】サクライソウ属 Petrosavia

【1】オゼソウ属　Japonolirion Nakai

　葉は線形，正常（表裏が明らか）で，らせん状につく。花茎は前年の枯れた葉束の基部から別に立つ。花は淡黄色で総状花序につき，花柄は短い。花被片は6個，外花被片は長楕円形で長さ約1.5mm，内花被片は倒卵状へら形で長さ約2.5mm。雄蕊は6個，内花被片と同長，葯は楕円形で黄色，花糸は無毛である。子房は上位，3個の花柱があって反り返る。蒴果は胞間裂開する。ユリ科の日本の特産属で，1930年に発表された。北アメリカ産のショウジョウバカマ属Heloniasに近縁であり，日本産のものではチシマゼキショウ属Tofieldiaに似ているが，花茎と葉束は別に立ち，葉が形態的にちがうので別属とされた。APG III分類体系ではこれら3属はそれぞれ別科とされ，ショウジョウバカマ属はシュロソウ科，チシマゼキショウ属はチシマゼキショウ科となった。

1. オゼソウ　　　　　　　　　　　　PL. 97
Japonolirion osense Nakai

　北海道（天塩山地），本州（至仏山・谷川岳）の蛇紋岩地帯にまれに生える多年草で，地下に根茎があり，節間は2－5cm，膜質の鱗片がある。根出葉は束生し，線形で長さ3－20cm，幅1－4mm，基部は半筒状の柄になる。花茎は高さ15－35cm，膜質の鱗片葉をつけ，葉束の側方から立つが，じつはすでに枯れた前年の葉束の基部から出たものである。7－8月，帯黄白色の小さい花が総状花序に多数つく。花柄は短く長さ2－5mm。蒴果は楕円形で長さ約2.5mm，種子は広楕円形で長さ0.8mm内外である。染色体数2n=24。
　1929年7月，原寛が尾瀬至仏山で採集したものがタイプ標本で，新属新種として中井猛之進が発表したのは翌1930年である。ついで谷川岳で採集された。1931年，舘脇操がテシオソウ J. saitoi Makino et Tatew. を天塩産の標本に基づき発表したが，オゼソウと同種とされた。環境省レッドリスト2012では絶滅危惧II類（VU）に指定されている。

【2】サクライソウ属　Petrosavia Becc.

　葉緑を欠いた菌従属栄養植物で，植物体は淡黄色。茎は細く，鱗片状の葉が互生する。花は小型，総状花序か，または散房状総状花序となって茎頂につく。花被片は6個，外片は内片より小型で，内片の基部に1個の腺がある。雄蕊は6個。子房は上位，雌蕊の花柱は短く，柱頭は頭状，心皮は3個，下部だけが合着し，内に多数の胚珠がある。蒴果は上部の向軸面で裂開する。種子は小さい。染色体数x=15。東南アジア～日本に3種があり，日本には次の1種がある。
　サクライソウ属の分類学上の位置は論議の的であった。1903年に牧野富太郎はユリ科ソクシンラン属に近い新属としてサクライソウ属Miyoshiaをたて，その所属を新科サクライソウ科Miyoshiaceaeがよいだろうとした。のちにMiyoshiaはProtolirion属，さらにPetrosavia属と変更された。その所属もユリ科（広義），キンコウカ科，またはシュロソウ科に分類され，あるいは1属でサクライソウ科Petrosaviaceaeとされてホンゴウソウ科の近くに置かれてきた経緯がある。

旧版の執筆は佐竹義輔。

1. サクライソウ　　　　　　　　　　　　　　PL. 97
   Petrosavia sakuraii (Makino) J. J. Sm. ex Steenis;
   Protolirion sakuraii (Makino) Dandy;
   Miyoshia sakuraii Makino

常緑広葉樹林，落葉常緑混交林，針葉樹林などの林下に生える菌従属栄養の多年草で，高さ7－20cm，淡黄色で茎は細くかたく，下部に鱗片葉が互生する。鱗片葉は広卵形，膜質，長さ2－5mm。花は7月ごろ，茎頂の総状花序に5－20花がつき，花は径3.5－4mm，花被片は6個，卵状三角形で，下部が漏斗状に集まり，内片は長さ1.5mm，外片はその半長。雄蕊は6個，内片よりやや短く，葯は卵形。蒴果は長さ3mm，種子は楕円形で長さ0.5mm，縦条がある。染色体数2n=60。本州（長野県・岐阜県・石川県・福井県・京都府）・奄美大島でごくまれに見いだされる。絶滅危惧IA類（CR）に指定されている。台湾・中国（海南島）・ベトナム・ミャンマー・スマトラ北部に分布する。

　和名は〈桜井草〉の意で，1903年，岐阜県恵那山麓で桜井半三郎によって発見されたことによる。牧野富太郎はこれを新属新種と考え，岐阜県出身の植物学者三好学を記念して，Miyoshia sakuraii Makinoと命名したが，この発表後サクライソウはマレー半島などに産するProtolirion属のものとわかり，学名をProtolirion miyoshia-sakuraii Makinoと改めた。サクライソウの種形容語のMiyoshia-Sakuraiiへの変更は命名規約上無効であったため，最初に発表されたsakuraiiが用いられている。

キンコウカ科　NARTHECIACEAE

田村　実

ふつう根茎，まれに球茎（ヒメソクシンラン）をもつ多年草。走出枝をもつものもある（Lophiola属）。葉は線形～剣形，中央脈に沿って表面が内になって折りたたまれ，裏面が外側に現れて単面葉となり，2列縦生，基部は跨状に重なり合う（キンコウカ属，Nietneria属，Lophiola属）か，または線形～披針形・倒披針形の表裏のある普通葉で，らせん状に互生する（ノギラン属，ソクシンラン属）。花茎は0－11個の小型の葉をともない，花序は総状，穂状または散房状である。花は両性で放射相称，3数性，苞と小苞があり，小苞は小型で1個，線形～披針形である。花被片は6個，花弁状になり，しばしば黄色（キンコウカ属，Nietneria属，Lophiola属）。雄蕊は6個，内向裂開。子房は上位から下位まで変異し，隔壁の蜜腺もあったり（ノギラン属，ソクシンラン属）なかったり（キンコウカ属，Nietneria属，Lophiola属）で，多数の胚珠を含み，花柱は1本。蒴果は胞背裂開。染色体基本数はふつう$x=13$，まれに$x=12, 21, 22$。北半球の温帯域を中心に分布し，南米北部にもある（Nietneria属）。5属約40種を含む。

子房の位置が上位から下位まで変異するため，《日本の野生植物Ⅰ》(1982) が準拠した新Engler分類体系 (Melchior, 1964) では，各属はユリ目のユリ科シュロソウ亜科（子房上位）・ソクシンラン亜科（子房半下位）とハエモドルム科 Haemodoraceae（子房上位～下位）に分かれて分類されていたが，分子系統樹に基づいたAPG Ⅲ分類体系 (2009) によって，キンコウカ科として1つにまとめられた。APG Ⅲ分類体系では，キンコウカ科はヤマノイモ科やヒナノシャクジョウ科とともにヤマノイモ目に含められている。

A. 葉は中央脈に沿って表面が内になって折りたたまれ，裏面が外側に現れ，2列縦生，基部は跨状に重なり合う。種子は線形，両端に尾がある .... 【3】キンコウカ属 Narthecium
A. 葉は表裏が明らかで，互生，らせん状につく。種子は長楕円形～卵形，両端に尾はない。
　B. 花被片は大部分がつぼ形に合着。子房は半下位 .... 【1】ソクシンラン属 Aletris
　B. 花被片は基部を除き離生。子房は上位 .... 【2】ノギラン属 Metanarthecium

【1】ソクシンラン属　Aletris L.

ふつう短い根茎，まれに球茎（ヒメソクシンラン）をもつ。葉は線形または披針形，表裏があり，らせん状に互生するが，節間が短く，根生となる。花茎は1本立ちで，花が穂状または総状花序につく。苞は線形～披針形。花被片は6個，白色または黄緑色で，先を残して下部はつぼ形に合着する。雄蕊は6個，短い花糸と卵形の葯がある。子房は下部が花筒と合着し半下位で3室，隔壁に蜜腺があり，72－200個の胚珠を含む。蒴果は円錐形～球状または倒卵形，種子は長楕円形～卵形で小さく，尾がない。染色体基本数はふつう$x=13$，まれに$x=12, 22$。ヒマラヤ～東アジアに約25種と北米に5種があり，日本には3種ある。

　A. 地下に球茎がある .... 1. ヒメソクシンラン
　A. 地下に短い根茎があり，球茎はない。
　　B. 根出葉は線形で3脈があり，花柄と花被の外面に縮れた毛がある。花被は白色 .... 2. ソクシンラン
　　B. 根出葉は披針形～倒披針形で，7－11脈があり，花柄と花被の外面に粘着する腺がある。花被は黄緑色 ...... 3. ネバリノギラン

1. ヒメソクシンラン
Aletris scopulorum Dunn; *A. makiyataroi* Naruh.
山麓の流れの縁に生える多年草で，地下にグラジオラスに似た小型の球茎がある。根出葉はふつう3個（まれに4個），線形，黄緑色で，長さ5－15cm，幅2－4mm，5脈がある。花茎は高さ10－28cm，1－2個の小型の葉がある。5月，穂状花序が出て3－14花がまばらにつく。花被は6個で，白黄緑色，下部は卵形またはつぼ形に合着し，長さ3－4mm，花序の軸，花柄，花被の外面に腺毛がある。四国（香川県）と中国（南東部）に産する。ソクシンランに似ているが，根出葉が少なく，花柄や花被の外面に腺毛があり，地下に球茎があるのが特徴である。日本のものを中国のものとは別種とし，*A. makiyataroi* Naruh. と考える説もある。35年間以上，日本では個体の生育が確認されていない。

2. ソクシンラン　　　　PL. 97
Aletris spicata (Thunb.) Franch.
日当りのよい草原や山麓に生える多年草で，地下に短い根茎がある。根出葉は多数，線形で長さ10－30cm。花茎は高さ30－50cm，穂状花序は長さ15－20cm，4－6月，多数の花がやや密につく。花は斜めに立ち，花被は長さ5－6mm，つぼ形で先は6裂し，裂片は披針形，白色または淡紅色。花柄はほとんどない。花序の軸，花柄，花被の外面に白く縮れた毛がある。蒴果は倒卵形で

旧版の執筆は佐竹義輔。

長さ3－4mm。本州（関東地方以西）〜琉球（吐噶喇列島と宮古列島を除く），韓国・中国・台湾・フィリピン（ルソン島）・マレーシア北部（？）に分布する。和名は，〈束心蘭〉の意で，葉がランに似ていて，葉の束の中心から花茎が立つことによるという。

3. ネバリノギラン　　　　　　　　　　　　PL.98
Aletris foliata (Maxim.) Bureau et Franch.

山地〜亜高山帯の草原に生える多年草。葉は束生し，披針形〜倒披針形，長さ10－25cm，幅1－2cm。花茎は高さ20－40cmで，小型の葉をつける。4－8月中旬，やや多数の花を総状につけ，花には披針形の苞と短い柄がある。花被は黄緑色のつぼ形で，長さ6－8mm，先は6裂する。蒴果は楕円形で長さ4－6mm。花序の軸，花柄，花被の外面に粘着する腺毛があるのが特徴である。北海道（南西部）・本州・四国・九州に分布する日本の特産種である。しかし，朝鮮半島のA. fauriei H. Lév et Vaniotが本当に別種かどうかについては再検討を要する。

【2】ノギラン属　**Metanarthecium** Maxim.

短い根茎をもつ。葉は倒披針形，表裏があり，らせん状に互生するが，節間が短く，根生となる。花は総状花序につく。苞は線形。花被片は6個，クリーム色だが裏面中央脈近くは帯緑色，開出または反曲し，基部のみで合着する。雄蕊は6個，花糸は無毛，葯は底着。子房は上位，3室，隔壁に蜜腺があり，約72個の胚珠を含む。柱頭は浅く3裂。蒴果は長楕円形〜卵形，種子は卵形，尾がない。染色体基本数はx＝13で4倍体。日本と韓国にただ1種がある。

1. ノギラン　　　　　　　　　　　　　　　PL.98
Metanarthecium luteoviride Maxim. var. **luteoviride**

山地に生える多年草。根出葉は倒披針形で長さ8－20cm。花茎は高さ20－50cm。花は6－8月，総状花序につく。花柄は長さ2－4mm。花は上向きに開き，花被片は黄緑色で線状披針形，長さ6－8mm，花後も落ちない。雄蕊は花被片より短く，花糸に毛がない。蒴果は長楕円形で花被より短い。種子は卵形で，長さ0.7mm内外。南千島・北海道・本州・四国・九州，韓国に分布する。**ヤクシマノギラン** var. **nutans** Masam. (PL.98)は，ノギランの矮小型であろう。

【3】キンコウカ属　**Narthecium** Huds.

細く横走する根茎をもつ。葉は剣状線形，中央脈に沿って表面が内になって折りたたまれ，裏面が外側に現れて単面葉となり，2列縦生，基部は跨状に重なり合い（アヤメ属のように），大部分が根出。花茎は1－10個の小型の葉をともない，花は総状花序につき，苞は線形〜披針形。花被片は6個，黄色，開出し，基部のみで合着する。雄蕊は6個，花糸に縮れた毛が密生する。子房は上位または少し下位化し，3室，隔壁に蜜腺がなく，約36個の胚珠を含む。蒴果は披針形，種子の両端に尾がある。染色体基本数はx＝13。北半球の温帯域に7種が不連続に分布しており，日本に1種がある。

1. キンコウカ　　　　　　　　　　　　　　PL.98
Narthecium asiaticum Maxim.

山地の湿原に生え，ときに群生する多年草。根出葉は剣状線形，長さ8－35cm，幅3－10mm。花茎は高さ20－50cm，数個の短い葉がある。総状花序は長さ4－12cm，花は7－8月に開き，花被片は披針形で長さ6－10mm，黄色であるが，花後緑色になり，落ちない。雄蕊は花被片よりやや短く，花糸に白色の縮れた毛が密生する。種子は両端の尾とともに長さ約10－11mm。北海道（？）・本州（南限は滋賀県）に産する。和名は〈金黄花〉で，花の色による。

タヌキノショクダイ科　THISMIACEAE

大橋広好

　無葉緑の繊細な菌従属栄養植物。共生する菌の菌糸を介して周辺の樹種の光合成産物を栄養として獲得している。葉は互生し，鱗片状，無毛。花序を頂生し，1花または2－6花を集散花序につける。花は両性で放射相称，花被片は6個，花被の下部は合着して筒状の花筒となる。花被の先端部は離生，裂片となり，外花被片は3個で同形，内花被片の3個は外片と同形または異形でふつうはより小型。雄蕊は3(ヒナノボンボリ属とホシザキシャクジョウ属)または6個，花筒の上端につき，花糸は半曲または下垂する。葯は底着し，長軸方向に裂開する。花柱は1個，花筒よりいちじるしく短く，上部に3個の附属体がある。柱頭は2－3分岐する。子房は下位，1室，3個の側膜胎座があり，多数の微小な胚珠をつける。果実は肉質，種子は小型で多数あり，胚乳は少ない。世界の熱帯から暖帯に5属50種がある。日本には2属5種が自生する。

　タヌキノショクダイ属は菌類と共生する菌従属栄養の小型植物で，光合成をおこなう必要がなく，開花・結実期にしか地上に現れないため，まれにしか見つけ出されず，研究される機会が少なくて実態はよくわかっていない。

　菌従属栄養植物であることでヒナノシャクジョウ科に含められることが多く，Engler体系ではユリ目Liliales，Cronquist体系ではラン目Orchidalesに分類されていた。2003年のAPG II分類体系ではタヌキノショクダイ属はタコノキ目に分類されて独立のタヌキノショクダイ科となり，ヤマノイモ目のヒナノシャクジョウ科と分離された。2006年に発表された分子系統解析によってタヌキノショクダイ属はヤマノイモ目の一員とされ，その中ではヒナノシャクジョウ属とは別系統の群であることが明らかにされた。その後タヌキノショクダイ属自体が多系統群であるとする解析結果が発表されて，この属の系統上の位置についてはさらに研究の必要があるとされ，2009年のAPG III分類体系ではタヌキノショクダイ科を認めず，ヒナノシャクジョウ科に含められた。一方，D. J. Mabberley《Mabberley's Plant Book》(2008)，邑田仁・米倉浩司《維管束植物分類表》(2013) などでは暫定的に別科としておくことが実際的であるとして，タヌキノショクダイ科を認めている。本書でも別科とする説に従う。

- A. 1個の花に雄蕊は3個 ··· 【1】ホシザキシャクジョウ属 Saionia
- A. 1個の花に雄蕊は6個 ··· 【2】タヌキノショクダイ属 Thismia

【1】ホシザキシャクジョウ属　Saionia Hatus.

　小型の菌従属栄養草本。葉は鱗片状，互生。花は単生，漏斗形，基本的に青色，花被片は6個で，基部は合着して花筒となり，上部は離生し，裂片となって開出する。外花被片と内花被片は同形。花被片の喉に襞(環帯)がある。雄蕊は3個，外花被片の環帯につく。花糸は葯より長く，反曲し，葯は花筒の内部にある。子房は1室，3個の独立した胎座柱がある。花柱の上部に2－3個の突起がある。柱頭は2－3分岐する。果実は倒円錐形，裂開する。染色体基本数 $x=9$。

　日本の固有属で3種が知られている。1976年に初島住彦によって発表され，琉球王朝の政治家で《林政八書》を著した蔡温(1682－1762)に献名された。しかしその学名は国際植物命名規約に反する非正式発表であったため，2015年，大橋広好によって改めて正式に発表された。アフリカのカメルーンで発見されたOxygyne属に含めて，ヒナノボンボリ属とする説もある。Oxygyne属は1905年にカメルーン山で1個体だけ発見されたOxygyne triandraに基づくが，この植物はその後発見されていない。

- A. 花被片は基部が三角形で先は糸状に伸びる。花筒の喉に襞(環帯)はほとんど発達しない ············ 1. ホシザキシャクジョウ
- A. 花被片は狭三角形で先は糸状に伸びない。花筒の喉に襞(環帯)が発達する。
  - B. 花は濃青緑色，花筒の喉にある襞は同形，離生する。柱頭基部に2－3個の短い棍棒状の突起がある ············ 2. ヒナノボンボリ
  - B. 花は淡青色，花筒の喉にある襞は外花被片と内花被片で異形，合着する。柱頭基部に3個の先端の2裂した突起がある ············ 3. ヤクノヒナホシ

1. ホシザキシャクジョウ　　PL. 99
Saionia shinzatoi Hatus.; *Oxygyne shinzatoi* (Hatus.) C. Abe et Akasawa, nom. invalid.

　根茎は枝分かれし，長さ2－3cm。茎は単立または少し分枝し，長さ1－1.5cm，径約1mm。鱗片葉は半透明，卵形，鋭頭。花は総状に2－5個がつき，まれに1個，ほぼ無柄，基部に2－3個の小苞がつき，小苞は卵形から狭卵形で，長さ1.5－2mm。花は9月，青色，長さ約

旧版の執筆は佐竹義輔。

5mm，花被片の上部は星状に6深裂する。花被片は基部が半円状三角形で，先は尾状に伸長し，長さ約3mm，基部の縁は内巻きして肉厚となる。雄蕊は3個，下垂し，花糸は扁平で，長さ約1mm，葯隔は楕円形，葯は黄色，卵形，長さ0.5mm。花筒は鐘形，長さ約5mm，幅2.5–3mm，縦に6本の筋がある。子房は倒円錐形，胎座は3個。花柱は短く，上部に2–3個の短い棍棒状の突起があり，柱頭は3裂する。果実は肉質，倒円錐形，長さ約3mm，種子は楕円形，長さ約0.3mm。染色体数2n=18。

沖縄県国頭村の琉球大学農学部与那演習林で1972年と1974年に新里孝和に発見され，2004年に横田昌嗣によって再発見された。1975年に初島住彦によってヒナノシャクジョウ科の新属新種として《琉球植物誌》（追加・訂正）に学名（裸名）・和名と写真とが発表され，翌年《北陸の植物》24巻に花の解剖図もともなって学名と記載文がラテン語で発表された。しかし国際植物命名規約に反する学名発表であったため，2015年，大橋広好によって改めて正式に発表された。学名の種形容語は発見者に，和名は花の形とヒナノシャクジョウ科植物であったことによる。環境省レッドリスト2012では絶滅危惧IA（CR）と判定された。

2. ヒナノボンボリ
Saionia hyodoi (C. Abe et Akasawa) H. Ohashi;
Oxygyne hyodoi C. Abe et Akasawa

常緑広葉樹林下に生えるごくまれな菌従属栄養植物。根茎は地をはい，長さ1–2cm，太さ0.5–1mm，淡黄色。茎は単立し，高さ2–3cm，無毛，まばらに鱗片葉をつける。鱗片葉は膜質，卵状長楕円形または長楕円形，鋭頭。花は10月，総状に3個，まれに1個をつける。直生し，ほぼ無柄，長さ5–8mm，径3–5mm，生時濃い青緑色。苞は鱗片状。小苞は広卵形，長さ2–4mm。花被はつぼ状鐘形。花筒には6稜あり，長さ3–5mm，径3–4mm，外面は無毛。花被裂片はほぼ同形，直立し，広三角形の基部から先端が尾状に伸び，長さ約5mm，基部の底辺は約2mm。花筒の喉に扁平な長楕円形の襞がある。雄蕊は3個。子房は無柄，1室。花柱は楕円形で，上部に3個の棍棒状の突起がある。柱頭は3裂する。果実は長さ約4mm，径3mm。種子は黄褐色，長さ約0.5mm，幅0.35mm。

愛媛県南西部で1988年10月兵頭正治が発見し，1989年阿部近一と赤沢時之によって発表された。学名は発見者に献名されている。再発見されていない。1993年神戸市で発見されたとされるが，確証はない。環境省レッドリスト2012では絶滅危惧IA（CR）と判定された。

3. ヤクノヒナホシ
Saionia yamashitae (Yahara et Tsukaya) H. Ohashi;
Oxygyne yamashitae Yahara et Tsukaya

屋久島南部の常緑広葉樹林下に稀産する菌従属栄養植物。高さ約1cm，根は長さ0.5–1cm。茎は直立，無毛，長さ約1cm。花は1または2個，まれに3個を総状につける。花序柄は長さ約1mm，鱗片状の苞をつける。苞は狭卵形，白色，長さ約1mm。花は10月，淡青色，長さ約5mm，径約5mm，花被は無毛，基部は合着し，先は6裂する。花筒は鐘状，長さ約3mm。花被裂片は狭三角形，長さ約2mm，花筒口部に襞があり，連結して環状の副花冠をつくる。外花被片の襞には中央に孔があき，雄蕊が出る。内花被片の襞は長さ約1mm，幅0.7mm，先端は2裂する。雄蕊は3個，外花被片につき，基部に2対の三角形の突起があり，花糸は内側に曲がる。葯は淡黄色。雌蕊は花筒の中央にあり，花柱は長さ1.3mm，柱頭は3裂，裂片は三角形，基部に3個の付属体がある。付属体の先端は不同に2分岐する。子房は白色，長さ約1mm，胚珠は多数。

2000年10月に写真家山下大明が発見，2007年10月に再発見され，2008年に矢原徹一と塚谷裕一によって詳しく記載かつ図解され，新種とされた。種形容語は発見者を記念する。環境省レッドリスト2012では絶滅危惧IA（CR）と判定された。

【2】タヌキノショクダイ属　Thismia Griff.

小型の菌従属栄養草本。葉は少数で鱗片状。花は1個，まれに2–6個がさそり形集散花序につく。花冠は放射相称またはときに左右相称，花被は2輪につき，花被の基部は合着して花筒となり，つぼ形から鐘形，喉に環状の襞をつくる。外花被片は3個，内花被片は3個，中央脈があり，外花被片と内花被片は不同，内花被片の先端部はときに僧帽状に合着する。雄蕊は6個，花筒の喉の襞部分につき，下垂する。子房は下位，1室で3側膜胎座または分離した3胎座をつける。花柱は1個，柱頭は三角錐状。果実は倒円錐形，頂端で裂開する。染色体基本数x=6。熱帯から暖帯に約45種，そのうちアジアから約30種が知られている。日本には2種が分布する。

- A. 花期は6–7月，花被は白色で，平滑，先は長さ1–2mmの短い突起となる。内花被片は細長いへら状で，長く伸長して，先で合着し，花冠の上部に3個の窓をもつ空洞をつくる ······ 1. タヌキノショクダイ
- A. 花期は9–10月，花被は淡褐色で，多数の微小突起があり，先は長さ1.5–2cmの長い突起となる。内花被片は先が尾状に伸びた三角形，先で合着しない ······ 2. キリシマタヌキノショクダイ

1. タヌキノショクダイ　　　　　　　　　PL. 99
Thismia abei (Akasawa) Hatus.;
Glaziocharis abei Akasawa

照葉樹林下の落葉の下に生える帯白色の菌従属栄養多年草。根茎は糸状，長くはってよく分枝し，節から花茎が立つが，ほとんど落葉の下にかくれている。花茎は長さ1–4cm，繊細で無毛，半透明，5個内外の鱗片葉がある。花は6–7月，つぼ形，白色，半透明，花茎の

頂に1個つき，基部に（2−）3（−4）個の苞をつける。花筒は長さ10mm内外，表面は平滑でいぼ状突起はない。花筒の喉の襞には微毛が密生する。外花被片は狭倒卵状長楕円形で中央脈があり，長さ約3mm，先端は急に狭まり，長さ1−2mmの線形状突起となって開出する。内花被片は長さ5−6mm，中央脈があり，細長いへら状で，下半部は狭まり，狭まった部分は柱状，先端は線形状突起で基部は広卵形の翼状に広がり，内曲する。先端部は互いに癒合せずに重なり合い，三脚で支えられている屋根のようなドーム状を示す。花被片は子房の成熟後に花筒の基部で横に切れて脱落する。柱頭は三角錐状で，翼がつく。染色体数2n=12。本州（東京都神津島，静岡県）・四国（徳島県）・九州（宮崎県）で散発的に発見され，東京都と徳島県以外では絶滅したとされている。環境省レッドリスト2012では絶滅危惧IB類（EN）と判定された。

　1943年6月，徳島県那賀郡太龍寺山麓で阿部近一に発見され，戦争のどさくさで標本が失われたが，〈奇怪なる植物？〉として1948年に《植物研究雑誌》22巻に紹介され，注目された。1950年7月，最初の発見地近くの沢谷村で篠原勇によって多数が再発見され，それに基づいて赤沢時之による詳細な記載と解剖図，阿部による生態記録とが《植物研究雑誌》25巻（1950）に発表された。その自生地（現那賀町）は1954年に国の天然記念物に指定された。学名の形容語は最初の発見者を記念して命名された。まことに変わった形態の花をもち，赤沢によって〈狸の燭台〉というおもしろい和名がつけられた。

2. キリシマタヌキノショクダイ
Thismia tuberculata Hatus.

　照葉樹林下の落葉に埋もれて生える淡褐色の菌従属栄養多年草。根茎は長さ2−10cm以上，枝分かれし，節に芽をつける。茎は単純，長さ3−5cm，太さ2−2.5mm，少数の鱗片葉をまばらにつける。鱗片葉は卵形から狭卵形，長さ2−3mm，鋭頭。花期は9−10月。花はつぼ形，花筒の下部は子房を入れる部分で白色，花筒と花被片は淡褐色，花後に脱落する。外花被片は花筒の先に半円形の襞がつき，先端が長く線形に伸び，長さ約2cm。内花被片は広三角形から尾状に長く伸び，基部に半円形の襞がつき，基部はややくびれ，長さ1.5−2cm，先で合着しない。花筒と花被片には一面にいぼ状突起がある。雄蕊は6個，内花被片の花筒内部に垂れ下がった襞（花糸）の下方につく。花柱はごく短く，柱頭は三角錐状で，先端に翼はない。

　1972年9−10月に鹿児島県霧島神宮裏山の海抜520m，常緑広葉樹林内で発見された。1974年に新敏夫が《植物研究雑誌》49巻に新和名とともに詳しく報告し，1976年初島住彦が《北陸の植物》26巻で記載と花の解剖図をつけ学名を発表した。1972年秋以来再発見されておらず，環境省レッドリスト2012では絶滅（Ex）と判定された。

ヒナノシャクジョウ科　BURMANNIACEAE

大橋広好

　多くは日陰に生える無葉緑体の繊細な菌従属栄養植物で，まれに光合成をする緑色の独立栄養種もある．葉は互生し，菌従属栄養種では鱗片状になり，独立栄養種では小型からやや大型でしばしばロゼット状となる．花序を頂生し，1花または複数を集散状につける．花は両性で放射相称，花被の下部は合着して筒状になり，翼のあるものと，ないものがある．花被片は6個，外片3個は同形であるが，内片の3個は小さいか，欠ける．雄蕊は3個，花筒につき，直立，花糸はごく短いかまたはない．葯は横裂する．花柱は1個で，花筒と同長，多くは頂部で3分岐し，3個の柱頭がある．子房は下位，3室で中軸胎座になるか，1室で側膜胎座になり，多数の微小な胚珠がある．倒生胚珠．果実は蒴果，種子は小型で多数あり，胚乳は少ない．主として熱帯に約9属125種がある．日本には1属4種のみ分布する．
　APG III分類体系ではヒナノシャクジョウ科はヤマノイモ科やキンコウカ科などとともに単子葉植物のヤマノイモ目Dioscorealesに含まれる．また，ヒナノシャクジョウ科にタヌキノショクダイ属を含むが，本書ではこれをタヌキノショクダイ科とした．

【1】ヒナノシャクジョウ属　Burmannia L.

　菌従属栄養または独立栄養の多年草または一年草で，ふつう地下茎はない．根は糸状または通常形．茎は単一，または分枝し，葉は緑色を欠いて鱗片に退化するか，または緑色で，しばしばロゼット状となる．花は花序柄の頂に1個，または数個から多数が頭状，集散状，または散状につく．花被片は6個，花後も宿存し，外片3個は大型，内片3個はごく小さいかまたはない．花被の下部は筒状に合着し，3稜形をなし，翼があるかまたはない．雄蕊は3個，花糸はきわめて短く，葯は横に裂ける．子房は下位，3室で中軸胎座，花柱は花筒と同長，柱頭は3裂する．蒴果は横裂または長軸方向あるいは不規則に裂ける．染色体基本数x=6または8．温帯〜熱帯に約65種ある．

```
A. 緑色植物．茎葉は緑色で長さ1−2.5cm，狭卵形 ······················································· 1. ミドリシャクジョウ
A. 葉緑体を欠く菌従属栄養植物．茎葉は白色で長さ1.5−5mm，鱗片状．
  B. 花は小柄がなく，数個が頭状に集まる．花筒に翼がない ··················································· 2. ヒナノシャクジョウ
  B. 花は小柄があり，まばらな集散状または散状につき，1個つくものもある．花筒に翼がある．
    C. 花は白色で集散状または散状につく．
      D. 花は倒卵形で長さ7−10mm，散状に集まる．内花被片がない．葯隔の基部に距がない ······· 3. シロシャクジョウ
      D. 花は卵形で長さ4−5mm，集散状に集まる．内花被片はごく小さな円形．葯隔の基部に距がある
         ············································································································ 4. キリシマシャクジョウ
    C. 花は藍紫色で，ふつう1個が頂生する．内花被片はごく小さな円形，葯隔の基部に距がある ······ 5. ルリシャクジョウ
```

1. ミドリシャクジョウ
Burmannia coelestis D. Don

　湿った草地または砂地に生える一年草．高さ10−25cm．茎はふつう単立し，まばらに葉をつける．根生葉は無柄，狭卵形，長さ1−1.5mm，茎葉は2−4個，無柄，狭卵形，長さ1−2.5cm，鋭先頭．花は花序柄の先端に1−3個がつき，長さ6−12mm，淡青色で，花筒に幅1.5−2mmのいちじるしい縦翼がある．外裂片は3個，長さ約2mm，内裂片小型で線状長楕円形．染色体数2n=30−36, ca.32．琉球（西表島）に生えていたが，1950年代以後再発見されず，日本では絶滅したと判断され，環境省レッドリスト2012では絶滅（EX）と判定された．中国（南部）・インドシナ・タイ・マレーシア・インドネシア・ニューギニア・ミャンマー・バングラデシュ・インド・ネパールに分布する．

2. ヒナノシャクジョウ　　PL. 99
Burmannia championii Thwaites;
B. japonica Maxim. ex Makino

　繊細な白色または淡黄色の菌従属栄養多年草で，高さ3−15cm，根茎は球状にふくれ，多数のひげ根がある．茎は単立し，鱗片葉は狭卵形から卵形でまばらに互生し，長さ1.5−4mm．花は8−10月，花序柄の先端に2−10個がやや頭状に集まる．苞は長さ約3mm．花は白色，柄がなく，長さ6−7.5mm．花被片は基部で筒状に合着し，翼がなく，外花被裂片は三角形で，直立，長さ1.5mm内外，内側は黄色．内花被片はへら形で小さい．雄蕊は3個，外花被片と互生し，内花被片の下部につき，花糸はほとんどない．蒴果は倒卵円形で長さ2.5mm内外．染色体数2n=12または64−72．本州（関東以西）・四国・九州・屋久島と沖縄島に見られ，台湾・中国（南部）・マレーシア・タイ・インドネシア・ニューギニア・

旧版の執筆は佐竹義輔．

インド・スリランカに分布する。

3. シロシャクジョウ　　　　　　　　　　PL.99
Burmannia cryptopetala Makino

常緑樹林下の落葉の間に生える白色の菌従属栄養多年草。根茎は多数のひげ根を生ずる。茎は高さ5－15cmで，まばらに小鱗片を互生する。鱗片葉は狭卵形，長さ3－5mm。花は小柄があって茎の先に1－3個が散状に集まり，倒卵形で長さ7－10mm。花筒は長さ約5mm，広い縦翼があり，翼の幅約1.5mm，基部へ狭まる。外花被片の先端裂片は黄色，卵状三角形，鋭頭，長さ1.5－3mm。内花被片は発達しない。雄蕊は3個，無柄，葯隔は大きく，先端に1個の突起があり，基部には距がない。雌蕊は長さ7－8mm，子房は卵形，長さ3－4mm，花柱はほぼ同長，先端は3裂し，3個の柱頭がある。蒴果は倒卵形。本州（近畿）・四国・九州・屋久島・種子島・琉球（沖縄島・久米島・石垣島・西表島）に生え，台湾・中国（海南島）に分布する。

1913年に牧野富太郎による京都上賀茂と伊勢山田，田代善太郎の佐賀諫早，南方熊楠の和歌山那智からの採集品に基づいて記載された。和名は植物体が白色であること，種形容語は内花被片が目立たないことによる。

4. キリシマシャクジョウ　　　　　　　　PL.99
Burmannia nepalensis (Miers) Hook. f.;
B. liukiuensis Hayata

常緑樹林下に生える菌従属栄養多年草，全体が白色で，シロシャクジョウに似る。茎は糸状で，高さ5－14cm，数個の鱗片葉を散生する。鱗片葉は茎の基部につくものは卵状三角形，長さ約2mm，茎の先につくものは長楕円形，長さ約3mm。花は長さ4－5mmで，まばらな集散花序にふつう3－8個が集まる。花柄は糸状で，長さ3－5mm。花筒は長さ3－4mm，卵形，3稜あって稜上の翼は狭い。外花被片の裂片は三角形で鈍頭，長さ約3mm，内花被片は円形でごく小さい。雄蕊は無柄，葯隔の基部に距がある。伊豆七島・四国（愛媛県，高知県）・九州・奄美大島・沖縄島に生え，台湾・中国・フィリピン・インドネシア・インド・ネパールに分布する。環境省レッドリスト2012では絶滅危惧Ⅱ類（VU）とされた。

5. ルリシャクジョウ　　　　　　　　　　PL.99
Burmannia itoana Makino

全草が青紫色をおびる菌従属栄養の多年草。茎は高さ6－12cm。根茎は短小でひげ根を生ずる。花はふつう茎頂に1個（まれに2個）つき，長さ6－12mm，花筒に3個の広い縦翼があり，外花被の先端裂片は三角形，長さ約1mm，内花被の先端裂片は微小。葯隔の先はかさ状に広がるので他種から区別できる。屋久島・奄美大島・琉球（沖縄島・石垣島・西表島）に生え，台湾・中国南部と南西部（海南・広州・広西・雲南省）に分布する。1913年に牧野富太郎によって沖縄島と石垣島から記載された。

ヤマノイモ科　DIOSCOREACEAE

早坂英介

　おもに雌雄異株のつる性多年草で，塊茎または肥厚した木質根をもつ。茎はつる状，ときに短くて直立し，葉腋に珠芽がつくものもある。葉は互生または対生し，単葉または複葉で，長い葉柄がある。花序は穂状，総状，または円錐状で葉腋につく。花はふつう単性で小さく放射相称，ときに両性。花被片は6個で同形同大。雄蕊は6個，2輪につくが，内輪の3個が仮雄蕊になるもの，または欠如するものがあり，葯は内向または外向し，葯隔が突起状になるものがある。子房は下位で3室，中軸胎座で各室に2個から多数の倒生胚珠があり，花柱は3個で離生し，それぞれがさらに2裂する。果実は蒴果でふつう翼があり，ときに液果になる。種子は扁平で，翼があるものがある。亜熱帯から熱帯を中心に3属約630種があり，日本にはヤマノイモ属だけが分布する。

【1】ヤマノイモ属　Dioscorea L.

　雌雄異株で地下茎のある多年草。多肉根があるか，またはない。茎はつる状で左巻きまたは右巻き，分枝し，稜または翼がある。葉は互生または対生し，単葉で心形，ときに長楕円形で，全縁あるいは掌状に浅〜深裂するか，3−7小葉をもつ掌状複葉で，葉柄は長くてねじれ，葉脈は掌状で湾曲しながら葉の先端に収束し，掌状脈間を連絡する小網脈がある。花序は1個から多数が葉腋につき，直立，斜上または下垂する。花は単性で小さく，有柄または無柄，白色または黄緑色。花被片は6個，披針形から広楕円形，平開するか，またはしない。雄蕊は離生するがときに合着して柱状になり，葯隔は突出しない。子房は3室，各室に2個の胚珠がある。果実は蒴果で3翼があり，胞背裂開する。種子は扁平で，翼のないもの，一側または全周に翼のあるものなどがある。約630種が世界の亜熱帯から熱帯に広く分布し，熱帯アメリカに多い。

A．葉は対生または互生し，葉腋に珠芽がある。花被片はやや肉質で，白色または紫色をおび，平開しない。根は肥厚して多肉となる。
　　B．雄花序も雌花序も下垂する。花被片は黄緑色で紫色をおびる。葉は互生し葉身は円心形。多肉根は扁球形で外皮は黒い ·· 1. ニガカシュウ
　　B．雄花序は直立し，雌花序は下垂する。花被片は白色。葉は対生。多肉根は円柱形。
　　　　C．茎も葉柄も緑色。葉身は三角状披針形。蒴果は幅25−30mm ··· 2. ヤマノイモ
　　　　C．茎も葉柄も紫褐色の条紋がある。葉身は心状卵形。蒴果は幅18−20mm ······························· 3. ナガイモ
A．葉は互生し，葉腋に珠芽がない。花被片は薄くて黄緑色。根茎は肥厚するが，多肉根はない。
　　B．雄花に3個の完全雄蕊がある。
　　　　C．雄花に短い柄があり，仮雄蕊がない ··· 4. ツクシタチドコロ
　　　　C．雄花は無柄，3個の仮雄蕊がある。
　　　　　　D．茎は無毛。雄花序は直立し，雌花序は下垂する。葉身は薄く，乾いても黒変しない ······ 5. タチドコロ
　　　　　　D．茎は下部に白毛がある。雄花序も雌花序も下垂する。葉身はやや厚く，乾くと黒変する ······ 6. イズドコロ
　　B．雄花に6個の完全雄蕊がある。
　　　　C．種子は一側だけに翼がある。
　　　　　　D．葉身は円心形または三角状心形で無毛。花被片は平開する ·· 7. オニドコロ
　　　　　　D．葉身は掌状に浅裂し短毛がある。花被片は平開しない ··· 8. ウチワドコロ
　　　　C．種子は全周に翼がある。
　　　　　　D．葉身は三角状披針形。雄花序も雌花序も下垂する ··· 9. ヒメドコロ
　　　　　　D．葉身は掌状に3浅裂または5−9中裂する。雌花序は下垂するが，雄花序は下垂しない。
　　　　　　　　E．葉柄の基部に1対の小突起がある。雄花に短い柄がある。植物体は乾いても黒変しない ······ 10. カエデドコロ
　　　　　　　　E．葉柄の基部に小突起がない。雄花は無柄。植物体は乾くと黒変する ························· 11. キクバドコロ

1. ニガカシュウ　　　　PL. 100
Dioscorea bulbifera L.
　山野に生えるつる性の多年草で，地下に大型で扁球形の塊根がありひげ根が多い。葉は互生し，葉身は円心形で全縁，先は急にとがり，両面無毛，長さ幅ともに5−13cm，長さ3−9.5cmの柄があり，葉腋に珠芽がつく。花は8−9月，花被片は黄緑色で紫色をおびる。雄花序は下垂し，雄花は無柄，花被片は披針形で斜上し，長さ約2mm，雄蕊は6個。雌花序は下垂する。蒴果は長楕円形で長さ15−25mm，幅10−15mm。本州（関東以西）〜琉球，朝鮮半島・中国・台湾・マレーシア・インド・オーストラリア・アフリカ・熱帯アメリカに分布し，

旧版の執筆は佐竹義輔。

この属の中ではもっとも広く分布する種である。日本でふつうに見られるのは雄株で、雌株はめったにないので蒴果を見ることは少ない。和名は〈苦何首烏〉の意。地下の塊茎や葉が〈何首烏〉(タデ科のツルドクダミ)に似ており、塊茎も珠芽も苦いことによる。

カシュウイモ f. domestica (Makino) Makino et Nemoto は、栽培品種で中国原産、珠芽が大きく長さ10cmになり、苦味が少なく食用とされる。ニガカシュウと反対に日本では雌株が多く、雄株はごく少ない。

2. ヤマノイモ　　　　　　　　　　　　　　PL. 100
Dioscorea japonica Thunb.

山野に生えるつる性の多年草。地下に円柱形で直下する多肉根がある。茎は無毛、右巻きのつるとなる。葉は対生(まれに互生)し、葉身は三角状披針形で基部は心形、全縁、先は長くとがり、長さ5－10cm、基部の幅3－5cm、両面無毛、葉柄は長さ4－6cmで基部は肥厚し、葉腋に径1cmの珠芽がつく。花は7－8月、花被片は白色で平開しない。雄花序は葉腋から2－5個出て直立し、雄花は多数で無柄、花被片は厚く、楕円形で長さ2mm、雄蕊は6個。雌花序は下垂し花はまばらで、花被片は広楕円形で長さ1mm。蒴果は3翼がある横広楕円形で、長さ12－15mm、幅25－30mm。種子は扁円形で径約5mm、全周に翼がある。本州～琉球、朝鮮半島・中国・台湾に分布する。地下の多肉根を晩秋に掘り、食用とする。この多肉根は多数あるひげ根のうちの1個が肥厚したものである。しかし同一の根が毎年肥厚し続けるのではなく、冬にはその根はなくなり、翌年には別の根が肥厚して前年のものより大きくなり、その翌年にはまた別の根が肥厚してさらに大きくなる。ナガイモも同じ性質をもっている。しかしオニドコロ、ヒメドコロ、タチドコロなどでは、根茎はやや肥厚して横に伸びるが、ひげ根は肥厚しない。

キールンヤマノイモ D. pseudojaponica Hayata (PL.100) は、つるが左巻きで、琉球(沖縄島・石垣島)、台湾に分布する。

ユワンオニドコロ D. tabatae Hatus. ex Yamashita et M. N. Tamura は、奄美大島(湯湾岳)に産し、葉に大小の2型があることでヤマノイモおよびキールンヤマノイモから区別されるが、茎と葉の形態のみが知られ、生殖器官の形態はまだ知られていない。

ルゾンヤマノイモ D. luzonensis Schauer (PL.100) は、南西諸島(北大東島)にあり、茎は白色をおび、葉は対生して葉身は心形、蒴果は長さ約22mm、幅約15mm。フィリピンに分布する。

3. ナガイモ　　　　　　　　　　　　　　PL. 100
Dioscorea polystachya Turcz.; *D. batatas* Decne.

畑で栽培される中国原産のつる性多年草で、山野に野生化したものもある。地下に多肉根があり、毎年新しいものと交代して肥大する。茎は稜があり、無毛、ふつう紫色をおびる。葉は対生(まれに3輪生)し、葉身は心状卵形で、ヤマノイモに似るが、幅広く、耳状にいちじるしく張り出し、長さ6－9cm、葉脈と葉柄は紫褐色をおび、葉腋に珠芽がつく。花は8－9月、花被片は白色。雄花序は直立し、雌花序は下垂する。雄花も雌花も無柄。雄花に6個の完全雄蕊がある。蒴果は3翼があり、倒卵円形で、長さ幅とも18－20mm。種子は扁円形で径5mm、全周に翼がある。漢名は〈薯蕷〉。多肉根はとろろ汁その他いろいろにして食べる。多肉根はふつう円柱形で、ナガイモ、イチネンイモというが、扁平なもの(イチョウイモ)、不規則な塊状のもの(ツクネイモ、イセイモ、ヤマトイモ)などの系統がある。

4. ツクシタチドコロ
Dioscorea asclepiadea Prain et Burkill

つる性の多年草。地下茎は横にはう。茎は無毛で、下部が立ち、上部はつる状になる。葉は互生し、葉身は三角状披針形で薄いがかたく、基部は心形、先は長くとがり、長さ8－17cm、基部は幅4－7cmで縁に小突起があり、葉柄の基部に小突起はない。花は4－5月、花被片は黄緑色で、平開する。雄花は短い柄があり、完全雄蕊は3個、仮雄蕊はない。蒴果は円形で長さも幅も20mm。九州南部・奄美大島にある。

沖縄には、多肉根を染料にするソメモノイモ D. cirrhosa Lour. (PL.100)、葉がアケビのように掌状複葉になるアケビドコロ D. pentaphylla L. (PL.101) などがあり、また茎に狭い翼があり多肉根を食用とするダイジョ D. alata L. が栽培されている。

5. タチドコロ　　　　　　　　　　　　　　PL. 101
Dioscorea gracillima Miq.

山地に生える多年草。根茎は肥厚して横にはう。茎は無毛、初め直立し、伸びるにしたがって上部はつる状になる。葉は互生し、葉身は三角状卵形または楕円形で基部は心形、先は鋭くとがり、長さ5－10cm、幅3－7cm、全縁、または浅い波状縁となり、両面無毛、薄くてややかたく、葉柄は長くて基部に小突起がない。花は6－7月、花被片は黄色で、やや橙色をおびるものもあり、平開する。雄花序は直立し、雌花序は下垂する。雄花は無柄、完全雄蕊は3個、仮雄蕊は3個。蒴果は扁円形で長さ15－16mm、幅18－20mm。種子は径約5mmで全周に翼がある。本州～九州、中国に分布する。和名は、茎が初め直立することによる。

6. イズドコロ　　　　　　　　　　　　　　PL. 101
Dioscorea izuensis Akahori

林下に生えるつる性の多年草。根茎は肥厚して横にはう。茎は下部に白色の長毛があるが、上方では無毛となる。葉は互生し、葉身は三角状卵形、先は長くとがり、基部は心形で、両側は耳状に張り出し、縁は深く湾入し、ふぞろいな小突起があり、長さ6－12cm、基部の幅3－9cm、表面は無毛、裏面は脈に沿って短毛のあるものもあり、薄い革質で、乾くと黒色に変わり、葉柄は長さ3－5cmで基部に小突起はない。花は7－8月、花被片は黄緑色で、平開する。雄花序も雌花序も下垂し、雄花は無柄、完全雄蕊は3個、仮雄蕊は3個、雌花は無柄。蒴果は扁円形で、長さ13－14mm、幅16－18mm、黒色をおびる。種子は全周に翼がある。伊豆半島に産する。

7. オニドコロ〔トコロ〕 PL.101
 Dioscorea tokoro Makino
 山野にふつうに見られるつる性の多年草。根茎は肥厚して横にはい，まっすぐのもの，曲がるものなどがあり，ひげ根を出すが，ヤマノイモやナガイモのような多肉根はない。茎は無毛。葉は互生し，葉身は円心形または三角状心形で薄く，無毛，先は長くとがり，長さ幅ともに5－12cmで，葉柄は長さ3－7cm。花は7－8月，花被片は黄緑色。雄花序は直立し，雄花は短い柄があり，花被片は長楕円形で長さ約1mm，平開し，上縁に微歯があり，6個の完全雄蕊がある。雌花序は下垂する。蒴果は倒卵状楕円形で3翼があり，長さ15－18mm，幅約14mm。種子は扁平楕円形で長さ4－5mm，一側に長楕円形の翼がある。北海道～九州に分布する。肥厚して曲がった根茎からひげ根が出ているのを腰の曲がったひげの老人にたとえ，長寿のしるしとして野老（トコロ）といい正月の飾りとした。エビを海老としたのに対比したものであると牧野はいう。根茎はきわめて苦いので食用にならないが，昔，これから澱粉をとったという。

8. ウチワドコロ PL.101
 Dioscorea nipponica Makino
 山地に生えるつる性の多年草。根茎は横にはい，多肉質で円柱形。茎は短毛がある。葉は互生し，葉身は広卵形で薄いがかたく，裏面脈上に短毛があり，下部のものは掌状に7－9浅裂し，基部は心形，先はとがり，長さ7－16cm，幅5－12cm，葉柄は長く，長さ3－10cmで基部に小突起がない。花は7－8月，花被片は黄緑色で平開しない。雄花序は斜上し，雄花はごく短い柄があり，花被片は長さ約1mm，6個の完全雄蕊がある。雌花序は下垂する。蒴果は広倒卵形で3翼があり，長さ16－20mm，幅13－15mm。種子は楕円形で長さ約4mm，一側に翼がある。北海道・本州中部以北，朝鮮半島・中国に分布する。

9. ヒメドコロ PL.101
 Dioscorea tenuipes Franch. et Sav.
 山野に生えるつる性の多年草。根茎は肥厚して横にはう。茎は無毛。葉は互生し，葉身は三角状披針形で長さ5－12cm，幅3－6cm，薄くて無毛，基部は心形で耳状に張り出し，葉柄は長さ2－10cmで基部の両側に小突起がある。花は7－8月，花被片は淡緑色で平開する。雄花序も雌花序も下垂する。花被片は楕円形で長さ約1mm。雄花に長さ3－4mmのやや長い柄があり，完全雄蕊は6個。蒴果は3翼のある横広の楕円形で長さ約14mm，幅18－20mm。種子は楕円形で長さ3mm，全周に翼がある。本州（関東以西）～琉球に分布する。葉はオニドコロ（トコロ）に似るが，より細長いのでヒメドコロの名がある。根茎はオニドコロほど苦くないので食用となる。

10. カエデドコロ PL.102
 Dioscorea quinquelobata Thunb.;
 D. quinqueloba Thunb.
 山野に生えるつる性の多年草。根茎は肥厚して横にはう。茎は無毛。葉は互生し，葉身は卵心形で3浅裂，または掌状に5－9中裂し，両面に短毛があり，長さ6－12cm，中央の裂片は大きく，とがるが，側裂片はとがらず，葉柄は長さ約10cmで基部に1対の小突起がある。花は7－8月，花被片は橙黄色で平開する。雄花序は下垂せず，雄花には短柄があり，6個の完全雄蕊がある。雌花序は下垂し，雌花は無柄。蒴果は倒卵状円形で3翼があり，長さ12－16mm，幅15－18mm。種子は楕円形で長さ約3mm，全周に翼がある。本州（中部以西）～琉球，朝鮮半島・中国に分布する。

11. キクバドコロ〔モミジドコロ〕 PL.102
 Dioscorea septemloba Thunb. var. **septemloba**
 山野に生えるつる性の多年草。カエデドコロに似るが，葉身は掌状に5－9中裂し，裂片はとがり，乾くと黒褐色に変わり，葉柄の基部に小突起がない。花は6－7月，花被片は黄緑色で平開し，雄花は無柄，6個の完全雄蕊があり，雌花は無柄。蒴果は長さ20－22mm，幅19－27mm。種子はやや大型で長さ約5mm，全周に翼がある。本州～九州に分布する。

 伊豆七島に葉も蒴果も大型の変種があり，**シマウチワドコロ** var. **sititoana** (Honda et Jotani) Ohwi という。

ホンゴウソウ科　TRIURIDACEAE

大橋広好・邑田 仁

　緑葉のない菌従属栄養植物で，花をつける時期に地上に植物体を現す。落葉や腐った木の切り株の上，また樹幹の空洞やシロアリの巣の中などに生える。地下に鱗片葉におおわれた白色または褐色の根茎があり，これから生じる根の中には共生菌の菌糸が入っている。菌糸は周辺の樹種と連結しており，ホンゴウソウ科の植物体は周辺の樹種の光合成産物を栄養としている。雌雄異株または同株で，花は単性花または両性花である。花被は3－6(－10)個の花被片からなり，敷石状に並び，多くは三角形，基部が合生している。雄蕊は2－6(－8)個，葯はふつう4室。心皮は多数あり，離生する。花柱は心皮の向軸側の基部または腹面につく。果実はそう果または袋果。種子には未分化な胚と多量の胚乳がある。世界に8属約50種あり，熱帯から暖帯に分布する。日本に1属のみ知られる。
　ホンゴウソウ科は1科またはサクライソウ科と2科でホンゴウソウ目 Triuridales を構成すると考えられていたが，APG III 分類体系ではビャクブ科などとともにタコノキ目 Pandanales に属している。

【1】ホンゴウソウ属　Sciaphila Blume 〔ウエマツソウ属〕

　直立の多年草。菌従属栄養植物。根茎と鱗片葉をもつ。雌雄同株で，総状花序を頂生し，単性花または両性花をつける。花被は4－10個，ふつう6個。雄蕊は2, 3または6個の雄蕊があり，葯は2または4室。雌花は多数の離生する心皮があり，花柱は心皮の向軸側につく。袋果は裂開する。染色体数2n=48。東南アジアを中心として世界の熱帯～亜熱帯に広く分布し，約36種がある。日本に5種知られている。

A. 花柱は棍棒状，先端には多くの乳頭突起がある。
　B. 花は雄性と両性。花被の先端にひげがある。花披片は4(－6)個 ……………………………… 1. タカクマソウ
　B. 花はすべて単性。花披片は6個。
　　C. 雄花と雌花は花序軸上で混生する。雄花の花被片は同じ形で先端にひげがある …………… 2. イシガキソウ
　　C. 雄花は雌花より花序軸の先端部につく。
　　　D. 雄花は径6－7mm，雌花は径約5mm，雄花の花被片は狭三角形，同形，先端に付属物はない。苞は卵形から広卵形。植物体は桃色または褐紫色から赤紫色 …………………………………………………… 3. ウエマツソウ
　　　D. 雄花・雌花とも径1－1.5mm，雄花の花被片は狭卵形でやや大型の3個と小型の3個が交互に付き，小型片の先端に球形の付属物がある。苞は狭卵形。植物体は黒紫色，ホンゴウソウに類似する …………………… 4. ヤクシマソウ
A. 花柱はのみ形，先端は無毛。
　B. 花序は分枝する。花被片は先端に付属物がない。葯隔付属突起はない。花柱は長さ約0.3mm ……… 5. スズフリホンゴウソウ
　B. 花序は分枝しない。雄花の花被片は大型の3個と小型の3個が交互につき，小型の3個は先端に楕円形の付属物がある。葯隔付属突起があり，花被片の約半分の長さ。花柱は長さ0.5－1mm ……………………………………… 6. ホンゴウソウ

1. タカクマソウ　　PL.102
Sciaphila tenella Blume; *S. takakumensis* Ohwi
　茎の高さ5－10cm，枝分かれしない。全体に赤紫色を帯びる。鱗片葉は卵形で長さ1－2mm。総状花序は長さ2－5cmで，4－10個の花をつける。花序の上部に雄花，下部に両性花がある。苞は卵形で長さ約2mm，花柄は長さ3－10mmある。花被は深く4(－6)裂し，裂片は狭卵形で基部から反り返り，先はとがり，少数の毛がある。雄蕊は4(－6)個あり，花糸は短く，葯は横方向に長い。葯隔付属突起はない。心皮は約20個，白色で楕円形，花柱は心皮の腹面につき，心皮と同長で約0.7mm。種子は長楕円形で長さ約0.7mm，暗褐色でつやがある。鹿児島県大隅半島の高隈山から琉球にかけてまれに生育する日本特産種とみなされていたが，台湾・中国（海南島）からインドネシア・スリランカに広く分布することが2008年に大橋広好ほかによって明ら

かにされた。和名は1938年に大井次三郎が命名。環境省レッドリスト2012では絶滅危惧IB類（EN）とされた。

2. イシガキソウ　　PL.102
Sciaphila multiflora Giesen
　落ち葉の間に生える多年生の菌従属栄養植物。根茎は無毛。地上茎は糸状，ほとんど分枝せず，赤から赤紫色，高さ3－13cm，径0.3－0.8mm，無毛，葉をつけない。総状花序は長さ5－8cmで，10－15個の雌雄異花をつける。苞は卵形，長さ1－2mm。花柄は長さ2－4mm，開出または下降する。雄花は雌花の間に混生し，径約1mm。花被は6個で先端にひげがあり，大小3個がそれぞれ交互に並び，反曲する。雄蕊は3個，葯は黄色。雌花は径約1mm，花被は6個で，雄花の花被に似るが，先端は無毛あるいはひげがある。子房は15－18個が密生する。花柱は棍棒状で，長さ約0.8mm，子房の向軸側中央部につく。柱頭には乳頭突起がある。

旧版の執筆は山下貴司。

琉球石垣島で2002年に発見され，和名は産地にちなんで2008年に大橋広好ほかによって《植物研究雑誌》83巻で命名された。フィリピン（ミンダナオ島）・ニューギニア・ミクロネシア（パラオ）に分布する。環境省レッドリスト2012では絶滅危惧IA類（CR）とされた。

3．ウエマツソウ PL. 102
  Sciaphila secundiflora Thwaites ex Benth.;
  S. tosaensis Makino; *S. boninensis* Tuyama

林床の落葉の間に生える菌従属栄養植物。地下部は白色，地上部は全体に赤紫色をおびる。根は放射状に横に広がり，細かい側根を多数つける。茎の高さ6－10cm，径約0.8mmでほとんど分枝しない。葉は鱗片状で広卵形，長さ3mm。花期は7－9月。総状花序は長さ1－4cmで，3－9個の花があり，上部に雄花，下部に雌花がつく。苞は卵形から広卵形。花柄の長さ0.5－8mm。雄花の花被は深く6裂し，裂片は細い線形で開出し，長さ約3mmあり，毛はない。雄蕊は3個あり，花糸は短く，基部は互いに合生している。薬隔付属突起はない。雌花も花被は6裂し，裂片は狭卵形で，長さ約2.5mmである。離生心皮は多数あって花床の上に球形に集まっている。心皮の表面はざらつく。花柱は各心皮の腹面につき，長さ約1mm。心皮が多数集まった集合果をつくり，暗紫色で径3－4mmとなる。種子は各心皮内に1個。本州（新潟・和歌山県以西）・四国・九州・琉球（沖縄島，西表島）・伊豆諸島～小笠原に生育する。台湾・香港・タイ・ニューギニア・スリランカにも分布する。

和名は植松栄次郎（ホンゴウソウも発見した1人）の名をとったもので，1905年に牧野富太郎の命名。牧野は同時にトキヒサソウとも命名したが，これはこの植物の発見者時久芳馬を記念したものであった。長らく日本特産種とされていたが，スリランカで発見されてのちに東南アジアに広く分布することのわかったS. secundifloraと同種であることを2000年に大橋広好が明らかにした。環境省レッドリスト2012では絶滅危惧II類（VU）とされた。

4．ヤクシマソウ PL. 103
  Sciaphila yakushimensis Suetsugu, Tsukaya et H. Ohashi

ホンゴウソウに似た菌従属栄養植物。植物体は黒紫色，茎は直立し，高さ3－9cm，無毛，約2mmの鱗片葉をつける。総状花序を頂生し，6－15花をつけ，基部側に雌花，上部に雄花がある。花は単性，径1－1.5mm。苞は狭卵形。花柄は長さ3－4mm。雄花はホンゴウソウと同じく花被は6個あって，その中の3個は他の3個よりもやや大きく，大小が交互に並び，小花被片の先には小型の球状の付属物がつく。雄蕊は3個，薬隔は伸びない。雌花は花被片6個，同形同大，心皮は多数あり，長さ約0.4mm，花柱は棍棒状，心皮の腹面の上部につき，上部には多くの乳頭突起がある。

2015年10月に末次健司によって屋久島で発見された。学名・和名とも屋久島に因む。

5．スズフリホンゴウソウ PL. 102
  Sciaphila ramosa Fukuy. et T. Suzuki;
  S. okabeana Tuyama

茎の高さ3－8cm，径約0.3mm，上部で分枝する。鱗片葉は長さ1－2mmで，まばらにつく。総状花序に3－6個の花をつけ，上部が雄花，下部が雌花である。花柄は長さ0.3－0.5mm，苞は狭卵形で長さ約1mmある。雄花は径約1.5mm，花被は5裂またはまれに6裂し，裂片は狭卵形で先は細く伸び，長さ約0.7mm，幅約0.3mmである。雄蕊は3個で花糸は短く，互いに合生している。薬は横に長く，約0.3mm。雌花の花被片は5または6個，長卵形で長さ約0.6mm，幅約0.3mm。心皮は多数あり，半月形で長さ約0.7mm。花柱は心皮の腹面につき，心皮より短い。種子は半月形で黒褐色，長さ約0.5mm。小笠原（父島，兄島）と台湾に分布する。

和名は小笠原産の植物に基づき，花序の様子を巫女の持つ鈴に見立てた津山尚による1936年の命名。環境省レッドリスト2012では絶滅危惧II類（VU）とされた。

6．ホンゴウソウ PL. 103
  Sciaphila nana Blume; *Sciaphila japonica* Makino;
  Andruris japonica (Makino) Giesen

暗い林の下の落ち葉の間に生える多年生の菌従属栄養植物。地下に白色の根茎があり，細かい側根をまばらにつける。地上茎の高さは3－13cm，きわめて細く，径0.5mm以下である。葉は鱗片状で狭卵形，長さ約1.5mm，茎とともに紫褐色をしている。7－10月に，長さ0.5－2cmの総状花序をつくり，4－15個の花をつける。苞は狭卵形。花序の下部に雌花，上部に雄花がつく。苞は鱗片状で先はとがる。花柄は糸状で長さ約3mm。雄花は径約2mm。花被は紫紅色で深く6裂し，丸く反り返り，裂片のうち3個は狭卵形で大きく，他の3個は小さく，先が細長く伸びて，先端に球形の付属体をつけているが，これは早い時期に落ちる。雄蕊は3個で，大きいほうの花被片と対生する。花糸は短く，基部は互いに合生している。薬は横方向に長い。薬隔から針状の付属突起が伸び，花被片の約半分の長さになる。雄蕊は花が終わると，花柄の中央部の離層から切れて落ちる。雌花は径約1.5mmで，花被は6裂する。心皮は多数あって離生し，球状に集まっている。花柱は各心皮の腹面の上部につき，糸状で長さ約0.7mm。果実は，多数の心皮が集まった径約2mmの球形の集合果となる。種子は各心皮内に1個。本州（宮城県・栃木県・新潟県以西）～琉球にややまれに分布する。絶滅危惧IB類（EN）とされる。1902年に三重県北部の楠町本郷の樹林内で発見されたので，牧野富太郎によってこの和名がつけられた。

日本特産種とみなされていたが，100年後の2003年に邑田仁によってフィリピン・ベトナム・タイ・マレーシア・スマトラ・ジャワにも分布するS. nanaと同種であることが明らかにされた。環境省レッドリスト2012では絶滅危惧II類（VU）とされた。

ビャクブ科　STEMONACEAE

門田裕一

つる性あるいは直立する多年草または小灌木，紡錘形で肉質の塊根か横走する地下茎がある。葉は互生または対生あるいは輪生する。花序は腋生，数個が集散状につくか単生する。花は両性で，多くは放射相称。花被片は4個，2列につく。雄蕊は4個，花被片あるいは子房の基部につき，葯は背着あるいは底着し，内向する。葯隔には花外に長く突き出す付属体があるかまたはない。子房は上位，1室，胚珠は直生あるいは倒生。柱頭は分裂しないかまたは2－3裂する。果実は蒴果で長卵形，やや扁平で，2裂し，種子は卵形で厚い種皮があり，胚乳に富む。アジア・オーストラリア・北アメリカに4属約35種があり，日本にナベワリ属5種が自生する。

- A. 直立する多年草，節間の詰まった地下茎がある。葉は互生。花は下向きに咲く。葯隔に付属体がない ……………………………………………………………………………………………………【1】ナベワリ属 Croomia
- A. つる性の多年草，紡錘形で肉質の塊根がある。葉は輪生。花は上向きに咲く。葯隔に長い付属体がある ……………………………………………………………………………………………………【2】ビャクブ属 Stemona

【1】ナベワリ属　Croomia Torr.

茎は直立して上部は傾き，単純，根生葉と下部の茎葉が鱗片状となって茎の下部につく。花は葉腋に1～数個つく。花被片は4個で，2列に並ぶ。葯は淡紫褐色，オレンジ色の花粉が目立つ。日本に5種，中国に1種，北アメリカ東部に1種ある。日本産の種はいずれも暖温帯や亜熱帯の常緑樹林やスギ植林の林内や林縁に生える。

- A. 花被片は円形～広楕円形あるいは卵形，平開するか縁がわずかに内曲する。
  - B. 花被片は異型で，外花被片の1個が大きく，先端は円形～鈍形。葉の下面に光沢がない。花糸は太く，暗紫色……1. ナベワリ
  - B. 花被片は同型同大，先端は微突端となる。葉の下面に光沢がある。花糸は細く，黄緑色……2. シコクナベワリ
- A. 花被片は三角状卵形でほぼ同型同大，縁が多少とも反曲する。葉の下面に光沢がある。
  - B. 花は黄緑色，2－4個が集散状につくかまれに単生する。苞は披針形，長さ2－3mm ……3. ヒメナベワリ
  - B. 花は少なくとも下半部が暗紫褐色，単生する。苞はないかあるいは小型で，長さ1.5mm以下。
    - C. 花は小さく，直径4－5mm，暗紫褐色。花被片はほぼ同大で，長さ2mm以下。花糸は太くかつ短く，長さ1－1.5mm。苞はふつうない。葉は7－11個，膜質で，狭卵状楕円形，3－5脈がある ……4. コバナナベワリ
    - C. 花はより大きく，直径約1cm，黄緑色あるいは下半部のみ暗紫褐色。花被片は長さ6mm以上，内花被片は外花被片より少し短い。花糸は長さ3－4mm。苞は線形～さじ形，長さ1－5mm。葉は4－6個，やや肉質で，心形，5－7脈がある ……………………………………………………………………………………………………5. ヒュウガナベワリ

1. ナベワリ　PL.103
Croomia heterosepala (Baker) Okuyama

茎は高さ30－60cm，翼はない。葉は5－7個，卵状楕円形，長さ6－15cm，幅3－8cm，基部は円形～切形～浅心形，5－9脈があり，縁は細かく波うち，下面に光沢がない。花は4－5月，黄緑色で直径約2cm，下向きに咲く。花柄は長さ3－5cm，小型の苞があり，関節がある。花被片は4個，平開し，2型ある。外花被片の1個は大きく，卵円形で長さ8－10mm。他の3個は広卵形で，長さ5－7mm。雄蕊は4個，直立し，花糸は黒紫色で平滑。本州（関東以西）・四国・九州に分布する。和名は〈舐め割り〉の転じたもので，葉が有毒であるため，舐めると舌が割れるほど痛くなるからという。

2. シコクナベワリ　PL.103
Croomia kinoshitae Kadota

ナベワリに似るが，花被片は同型同大，広卵形で長さ5－8mm，先端は微突端となる。茎葉は4－7個，5－7脈があり，基部は切形～浅い心形，縁は細かく波うち，下面に光沢がある。花は4－7月に咲き，ふつう2－3個が集散状につく。花糸は黄緑色で少し湾曲し，乳頭状の突起がある。四国（小豆島を含む）に分布する。

3. ヒメナベワリ　PL.103
Croomia japonica Miq.

茎は高さ40－60cm，狭い翼がある。茎葉は5－13個，卵形～狭卵形または卵状楕円形，長さ5－20cm，幅2.5－8cm，基部は円形～浅心形，5－9脈があり，縁は細かく波うち，下面に光沢がある。花は4－5月，黄緑色で直径7－8mm。花被片は4個，反り返り，同型同大，長卵形，長さ4－5mm。雄蕊は4個，直立し，花糸は黒紫色で乳頭状突起がある。本州（広島県・山口県）・四国・九州・奄美諸島に分布する。中国にも分布するとされることもあるが，中国産の植物は別種と考えられる。

4. コバナナベワリ　PL.103
Croomia saitoana Kadota

ヒメナベワリに似るが，花はより小型で直径4－5mm，暗紫褐色で単生し，花糸はより太く短く，長さ

旧版の執筆は佐竹義輔。

1.5mm，直径1mm。苞はないか，あっても小型で線形，長さ1-2mm。茎は紫色をおび，狭い翼がある。葉は7-11個，3-5脈があり，縁は細かく波うち，下面に光沢がある。宮崎県に分布する。

5．ヒュウガナベワリ　　　　　　　　　　　PL.103
　　Croomia hyugaensis Kadota et Mas. Saito

本種もヒメナベワリに似るが，花糸が長さ3-4mm，直径1-1.5mmと太く，かつ長い点で異なる。茎は緑色あるいは淡い赤紫色，翼がない。葉は4-6個，やや肉質で，心形，5-7脈があり，基部は心形，縁は全縁，下面に光沢がある。宮崎県と鹿児島県に分布する。

【2】ビャクブ属　Stemona Lour.

塊根は紡錘状で肉質となり，束生する。茎はつる性あるいは直立する。葉は3-5個が輪生するかまたは2個が対生する。花は単生するか数個が集散状につく。花被片は4個で，同型同大。雄蕊は4個。中国・東南アジア・インド・オーストラリアなどに約25種が分布する。

1．ビャクブ　　　　　　　　　　　　　　　PL.103
　　Stemona japonica (Blume) Miq.

江戸時代に渡来した，中国原産の薬用植物。茎は下部が直立し，上部がつる性になり，長さ1mほどになる。葉は4個が輪生し，肉質で光沢があり，5脈がある。花は6-7月に咲き，淡緑色。花序柄が葉柄に合着して，花が葉身の基部から出るように見える。写真のように，長さ1cmほどの，紫褐色で長い葯隔の付属体がよく目立つ。塊根は〈百部根〉とよばれ，ノミやシラミなどの駆除に用いられた。また，近年では〈リキュウソウ（利休草）〉の名で生花にも用いられる。

タコノキ科　PANDANACEAE

宮本旬子

　常緑の高木，小高木または藤本。茎はふつう分枝し，気根を出す。気根は太い支柱根となるか，細いひげ根で他物に付着する。茎には葉の落ちた跡が輪状に残る。葉は革質，3列にらせん配列し，線形で先はとがり，基部は広がって鞘状となって茎を抱き，縁にはふつう鋸歯状の鋭いとげがあり，裏面は主脈が隆起し，主脈上にも短いとげが散生する。花は花被がなく，単性で雌雄異株。花序は大きな総苞に包まれた肉穂花序で，枝先に1個つくか，数個が総状に集まって円錐花序になる。肉穂花序には多くの雄花または雌花が密集する。雄花は退化した雌蕊のまわりに数本の雄蕊がつくか，雌蕊はなく，枝状に分岐する軸に多数の雄蕊がつく。花糸は短く，葯は長楕円形，2室で縦に裂ける。雌花は1個の雌蕊とその基部のまわりにつく数本の仮雄蕊からなり，しばしば子房の下半部は隣の子房と合着する。雌蕊は紡錘形または倒卵状円筒形，中央が切れ込み，周囲に1－8個の柱頭がある。子房は1室，側壁に多くの胚珠がある。果実は紡錘形，外果皮は肉質，内果皮は繊維質，多数が集まって球形，楕円体または円筒形の集合果をつくる。種子には肉質の胚乳がある。アフリカ・アジア・オーストラリア・太平洋諸島の熱帯に分布し，5属900種余が知られる。

　A．直立する高木または小高木。葉はかたい革質で大きく，長さ1－2m。雄花序は数個の肉穂花序が総状に集まって円錐形，雌花
　　　序は1個の肉穂花序からなるか，数個が総状につく。種子は大きく，各果実に1個 ………………………………【2】タコノキ属 Pandanus
　A．茎が長く伸びる藤本。葉はやわらかい革質で，長さ10－100cm。雄株，雌株ともに数個の肉穂花序が太い軸の先に束生する。
　　　種子は小さく多数 ……………………………………………………………………………………………………【1】ツルアダン属 Freycinetia

【1】ツルアダン属　Freycinetia Gaudich.

　茎は細く長く伸び，気根を出して他物によじ登る常緑藤本。茎には葉の落ちた跡が輪状に残る。葉は厚くてややわらかく，線形，基部にはしばしば膜質の葉鞘があり，裏面に1本の中脈が目立ち，全縁で縁に小さな鋸歯状のとげがある。枝先に太い軸を出し，その先に2－4本の肉穂花序を束生または散形につける。総苞は黄色または赤色など。雌雄異株。肉穂花序は太い軸の先に円筒形または広楕円形に多数の雄花または雌花をつける。雄花は退化雌蕊の基部に輪生する多数の雄蕊からなり，花糸は短く，葯は楕円形または卵円形で2室からなり，縦に裂ける。雌花は倒卵状円筒形の雌蕊からなり，基部に数個～多数の退化雄蕊があり，先は平らで1－8個の円形の柱頭がある。しばしば子房の下半部は隣の子房と合着する。子房は1室で側壁に多数の胚珠がつく。果実は倒卵状円筒形，先はかたく，下部は肉質で，多数が集まって広楕円形または円筒形の集合果をつくる。種子は小さくて多数，長楕円形または紡錘形。琉球南部・小笠原，インド洋の島々・東南アジア・中国南部・ミクロネシア・メラネシア・ハワイに分布し，約200種が知られる。

　A．茎は太く，径2－3cm。葉は長さ40－100cm，幅2－4cm。肉穂花序は円筒形で長さ7－9cm，幅1－1.5cm。集合果は円筒形
　　　で長さ8－13cm，幅約2cm ………………………………………………………………………………………………… 1. ツルアダン
　A．茎は細く，径6－10mm。葉は長さ10－20cm，幅8－15mm。肉穂花序は広楕円形で長さ8－10mm。集合果は広楕円形で，
　　　長さ2.5－3cm，幅2－2.5cm ……………………………………………………………………………………………… 2. ヒメツルアダン

1. ツルアダン　　　　　　　　　　PL.105
Freycinetia formosana Hemsl.

　常緑の藤本。茎は長さ10m以上になり，径2－3cm。葉は線形で長さ40－100cm，幅2－4cm，先は細長くとがり，縁にごく短い鋸歯状のとげがあり，基部は広がって両側に幅約5mmの膜質の葉鞘がつき，葉の下部の縁には長さ約1mmのとげが列生し，裏面中脈上にも短いとげが散生する。おもに6－7月，枝先に長さ10－15cmの太い軸を伸ばし，3－4本の肉穂花序を束生する。軸の下部には葉状で黄白色の大きい総苞片がつき，上部の総苞片は三角状卵形で長さ2－2.5cm，縁に先のとがった膜質の付属片がある。雌雄異株。肉穂花序の柄は太く，長さ5－6cm，花穂は長さ7－9cm，幅1－1.5cmの円筒状で，多数の雄花，雌花を密集する。雄花は退化雌蕊を取り巻いて多くの雄蕊があり，花糸は長さ約1mm，葯は楕円形で長さ約0.6mm。雌花は1個の雌蕊と，それを取り巻いて基部に多数の退化雄蕊がある。雌蕊は紡錘形で下部は互いに合着し，先は平らで中央は浅く切れ込み，周辺に4－8個のはけ状の柱頭がある。子房壁には多くの白色の短い線が走る。果実の先はかたく，下部は液質で多数が合着して集合果をつくる。集合果は円筒形で長さ8－13cm，幅約2cm，赤熟する。琉球（石垣島・西表島）・小笠原（父島・母島）の常緑樹林内に生え，台湾（北部・蘭嶼）・フィリピン（バタン諸島）に分布する。このうち小笠原に分布し，葉は長さ0.5－1m，幅3－5cmでやや大きく，葉縁のとげが鋭いものを **タコヅル** var. **boninensis** Nakai; *F. boninensis* (Nakai) Nakai (PL.105) として区別することが

旧版の執筆は山崎敬。

Pandanaceae

2. ヒメツルアダン　　　　　　　　　PL. 105
Freycinetia williamsii Merr.

　常緑の藤本。茎は長さ5－6m，大きいものは10mにもなり，径6－10mm。葉は線形で長さ10－20cm，幅8－15mm，先は細長く伸びて縁に鋸歯状の小さなとげがあり，基部はやや狭くなって茎を抱き，下部の縁や裏面の中脈上に小さなとげが散生する。若い葉の基部には縁にやわらかいとげのある幅4mmほどの膜質の葉鞘がある。6月，枝先に長さ約1.5cmの太い軸を伸ばし，3－4個の肉穂花序を束生する。軸には数枚の黄白色の総苞片がつき，下部の総苞片は短い葉状，上部のものは卵形で長さ1－2cm，先にとがった膜質の付属物がある。肉穂花序の軸は長さ約2cm，花序は広楕円形で長さ8－10mm。雌花は倒卵状円筒形，下部まで離生し，長さ約3mm，先は平らで中央は浅く切れ込み，周辺に2－8個のはけ状の柱頭があり，基部に数個の長楕円形の退化雄蕊がある。果実の先は離生し，かたくてとがり，下部は互いに合着して集合果をつくる。集合果は広楕円形，長さ2.5－3cm，幅2－2.5cm。雌雄異株と思われるが，雄花は知られていない。琉球（西表島）の林内に生え，台湾（蘭嶼）・フィリピン（バタン諸島）に分布する。

【2】タコノキ属　　Pandanus L.

　常緑の高木または小高木。木質の茎は直立，まれに匍匐性で，ふつう分枝し，多くの太い支柱根を出す。茎には葉の落ちた跡が輪状に残る。葉は厚くてかたく，線状披針形で，先は細長く伸びてとがり，基部は広がって茎を抱き，主脈は裏面に隆起し，主脈や縁には鋸歯状のとげがある。雌雄異株。雄株では枝先にできる，黄白色や赤色などの数枚の大きな総苞に包まれた軸に，数個の肉穂花序が総状について，円錐形。肉穂花序は多数の雄花が密集する。雄花は枝状に分岐した軸につく多数の雄蕊からなる。葯は長楕円形，先に葯隔がとげ状または突起状に突き出る。雌株では枝先に1個の肉穂花序をつけるか，数個の肉穂花序が総状につく。肉穂花序は楕円形または球形で，多数の雌花が密集する。雌花は1個の雌蕊からなり，雌蕊は紡錘形で数個の突起状の柱頭があるか，3－8裂し，裂片の先に柱頭がある。果実は外果皮が肉質，内果皮は繊維質，1個の種子をもち，多数が集まって球形または楕円形の大きな集合果をつくる。種子は大きく，長楕円形。アフリカ・アジア・太平洋諸島の熱帯に広く分布し，700種余が知られる。

A. 枝を広く横に広げ，幹の下部から支柱根を下垂する。葉のとげはまばらで，基部がやや大きい鋸歯状で長さ1－8mm。雌蕊や果実の先は浅く5－8裂する ·· 1. アダン
A. 枝は幹上部で斜上し，枝や幹の中部以下から支柱根を下垂または斜め下に張り出す。葉のとげは小さくて多く，ふつう長さ約1mm。雌蕊や果実の先は浅く3まれに4裂する ·· 2. タコノキ

1. アダン　　　　　　　　　　　　PL. 104
Pandanus odoratissimus L. f.

　高さ2－6mになる常緑の小高木。太い枝をまばらに横に広げ，支柱根を下垂する。葉はかたい革質，線状披針形，長さ1－1.5m，幅3－5cm，先は尾状に伸びて縁に鋸歯状の短いとげがあり，断面は三角形，基部はやや広がって茎を抱き，縁や裏面中脈にまばらに鋭いとげが散生する。雌雄異株。国内では春から秋に開花するが，一定しない。雄花序は長さ20－25cm，数枚の黄白色の葉状の総苞に包まれ，5－9個の肉穂花序がまばらにつく。総苞は長さ10－20cm，肉穂花序は長さ4－5cm，多くの小枝に分かれ，それに多数の雄蕊がつく。花被はない。花糸は長さ約1mm，葯は線形で先に葯隔がとげ状につき，長さ約3mm。雌花序は太い軸の先につき広楕円形，葉状で長さ10－20cmの総苞が十数枚ある。雌花は倒卵状楕円形の雌蕊からなり，先は平らで浅く6－8裂し，裂片の先はとがって短い花柱となる。果実は多数集まって，長さ15－20cmの広楕円形または球形の集合果をつくり，外果皮は肉質で黄赤色，内果皮は繊維質，倒卵形で長さ4－6cm，幅3－5cm，先は浅く6－8裂する。吐噶喇列島口之島以南の南西諸島および大東諸島の沿海地に生え，台湾・中国南部・ベトナム・マレーシアからインド南部・スリランカ・モルジブに分布する。

　葉にとげがない株をトゲナシアダンf. laevis (Warb.) Hatus.とよぶ。太平洋諸島などに分布するP. tectorius Sol. ex Parkinsonの変種とみなす見解もある。北大東島に稀産する**ホソミアダン** P. daitoensis Susanti et J. Miyam. (PL. 104) は雌蕊の上部が開出し，心皮の縫合線が明瞭である点で本種と異なるが，国外の近縁種との関係が未解明である。

2. タコノキ　　　　　　　　　　　PL. 104
Pandanus boninensis Warb.

　高さ3－6m，しばしば10mを超える常緑小高木または高木。幹は直立して太い枝をまばらに斜上し，一般に幹の下半部から四方に支柱根を張り，枝からも支柱根を下垂する。葉は枝先に集まってつき，線状披針形，長さ1－1.5m，幅3－5cm，先は細長く伸びてとがり，断面は三角形，基部はやや広がって茎を抱き，縁や裏面の主脈上に長さ約1mmの小さな鋭いとげが多数ある。7月ごろ花をつける。雌雄異株。雄花序は数枚の黄白色の葉状の総苞に包まれて5－7個の肉穂花序が総状につき，長さ15－30cm，花序の基部には長さ10－20cmの狭披針形の苞葉が1枚ある。肉穂花序は長さ4－8cm，多くの小枝を出し，それに多数の雄蕊がつく。花糸は長さ約1mm，葯は線形で先は葯隔が短く突出し，長さ約3mm。雌花序は太い軸の先に1個つき，広楕円形。雌花は紡錘形の雌蕊よりなり，先は浅く3まれに4裂し，

先端はやや平たく，短い花柱が突起する。果実は倒卵形で5－6稜があり，先は平たくて浅く3(－4)裂し，長さ7－8cm，外果皮は黄赤色，内果皮は繊維質。複合果は広楕円形で長さ20cmほどになる。小笠原（父島列島・母島列島・硫黄列島）の沿海地から山地の岩地や常緑樹林内に生える。

シュロソウ科　MELANTHIACEAE

髙橋　弘

　この科はEnglerの体系ではユリ科に含められていた17属からなる。多年草。花は3数性か4数性，ときに不定数性。外花被片と内花被片が同型のものと異型のものがあり，ときに内花被片が欠如する。同型の場合は内外花被片とも花後も宿存し，異型の場合は外花被片のみ宿存する。雄蕊は6個か8個，ときに8個前後の不定数。花柱は1個のものと，3裂あるいは4裂，ときに8裂前後の不定数のものがある。果実は蒴果か液果。16属（ショウジョウバカマ属をHeloniasとは別属にすれば17属）約180種が北半球に分布する。日本には7属ある。

- A. 花は左右相称 ……………………………………………………………………………【2】シライトソウ属 Chionographis
- A. 花は放射相称。
  - B. 外花被片と内花被片は同質。
    - C. 葉は常緑でロゼット状 ……………………………………………………【3】ショウジョウバカマ属 Heloniopsis
    - C. 葉は夏緑性。
      - D. 花被片の腺体は基部より少し上にある …………………………………………【1】リシリソウ属 Anticlea
      - D. 花被片の腺は下半分全体か基部の両サイドにある ……………………………【7】シュロソウ属 Veratrum
  - B. 外花被片と内花被片は異質で萼片と花弁に分化している。
    - C. 外花被片は3個で，内花被片もあれば3個 ……………………………………………【6】エンレイソウ属 Trillium
    - C. 外花被片は4個で，内花被片はない ………………………………………………………【5】ツクバネソウ属 Paris
    - C. 外花被片と内花被片は8個前後 ……………………………………………………………【4】キヌガサソウ属 Kinugasa

【1】リシリソウ属　Anticlea Kunth

　球根をつくる多年草。葉は線形，大部分は根生し，無毛，全縁。花序は総状花序か円錐花序。花は子房中位，放射相称。花被片は6個，宿存する。花被片の基部に心形に2裂した蜜腺がある。雄蕊は6個，葯は丁字着。雌蕊は1個，花柱は3個，柱頭は3個。果実は蒴果，胞間裂開する。以前はZigadenus属とStenanthium属に含まれていた11種からなり，最近の分子系統解析によってこれらの属とは異なる系統群を形成することが示された。東アジア・北アメリカ・中央アメリカに分布し，日本に1種ある。

1. リシリソウ　　　　　　　　　　　PL. 107
Anticlea sibirica (L.) Kunth;
Zigadenus sibiricus (L.) A. Gray

　北海道の利尻島・礼文島の高山草地に生える多年草。高さ10-25cm，根出葉は線形で長さ10-20cm，茎葉は1-2個あるか，またはないものもある。花は7-8月，茎頂に総状花序がつく。花は径10mm内外，花被片は6個，斜めに開き，淡黄緑色で外面は紫色をおび，長楕円形で長さ7-8mm，内面下部に倒心形で黄緑色の腺体がある。雄蕊は6個，花被片より短い。蒴果は円錐形，種子は長楕円形である。国外では，朝鮮半島北部・中国（北部）・シベリアに分布する。和名は〈利尻草〉で，産地の名による。

【2】シライトソウ属　Chionographis Maxim.

　花は穂状花序につき，左右相称である。花被片は6個，白色で，上方の4（まれに3）個は長い線形であるが，下方の2（まれに3）個は短い。雄蕊は6個，花糸は短く葯はやや球形である。子房は上位で球形，3室で各室に2個の胚珠がある。花柱は浅く3つに分かれ内側に柱頭がある。果実は蒴果で長さ3-4mm，種子は長楕円形である。日本，朝鮮半島・中国に数種がある。

- A. 上方の4花被片は線形で長さ7-12mm，先がやや幅広くなるが，下方の2花被片はごく短い。葯は2室で離生
  …… 1. シライトソウ
- A. 上方の4花被片は糸状で長さ9-15mm，先は幅広くなく，下方の2花被片は退化する。葯室は上方が合着して，1室になる
  ……… 2. チャボシライトソウ

1. シライトソウ　　　　　　　　　　PL. 106
Chionographis japonica Maxim. var. **japonica**

　山地の林中に生える多年草。根出葉はロゼット状に出て，長楕円形または倒披針形で，長さ3-14cm，先

旧版の執筆は佐竹義輔。

はやや鈍く,下部はしだいに狭くなって柄になり,縁は細かい波状になる。花茎は高さ15-50cm,線形または披針形の葉がある。5-6月,花茎の頂に穂状花序がつく。花序は長さ5-20cmで,多数の花が下から順に咲く。上方の花被片は長さ7-12mmで,先は明らかに太い。蒴果は長楕円形で長さ3-4mm,種子は長楕円形で長さ2-3mm,一端に尾がある。染色体数は2n=24。本州(秋田県以南)～九州,韓国(済州島)に分布する。

変異が多く,**アズマシライトソウ** var. hisauchiana Okuyama; *C. hisauchiana* (Okuyama) N. Tanaka (PL.106) は,上方の花被片が長さ2-3.5mmのもので関東地方から(染色体数は2n=42),**ミノシライトソウ** var. minoensis H. Hara; *C. hisauchiana* (Okuyama) N. Tanaka subsp. *minoensis* (H. Hara) N. Tanaka は,上方の4花被片が長さ3-6mm,葉が厚くて光沢のあるもので岐阜県から(染色体数は2n=42),**クロカミシライトソウ** var. kurokamiana H. Hara; *C. koidzumiana* Ohwi var. *kurokamiana* (H. Hara) M. Maki は,上位の花被片は長さ4-12mmで,先がやや太くなるもので佐賀県から,それぞれ報告されている。

2. チャボシライトソウ　　　　　　　　　　　PL.106
Chionographis koidzumiana Ohwi

シライトソウに比べて小型で,根出葉は卵形～狭卵形で,柄とともに長さ2-8cm。花茎は高さ12-30cm,花数はやや少なく,花被片は淡緑色で,上方の4個は糸状で長さ9-15mmになるものである。染色体数は2n=24。本州(愛知県・紀伊半島)・四国・九州に分布する。

【3】ショウジョウバカマ属　Heloniopsis A. Gray

根茎は太く短い。根出葉はロゼット状,狭長楕円形～狭倒披針形。花は数花が短い総状花序になって花茎の頂につき,横向きまたは下向きに開く。花被片は6個,倒披針形または倒卵状長楕円形で花後も落ちない。雄蕊は6個,子房は上位で3室,各室に多数の胚珠がある。果実は蒴果で星状に3裂し,胞間裂開する。種子は両端に尾(長い糸状の付属体)がある。日本から朝鮮半島,台湾に数種があり,日本に3種がある。

1. ショウジョウバカマ　　　　　　　　　　　PL.106
Heloniopsis orientalis (Thunb.) C. Tanaka var. **orientalis**

山野のやや湿ったところに生える多年草。根出葉は多数つき,長さ7-20cm,幅1.5-4cm,光沢があり,枯れないで冬を越す。葉の先にときに小苗ができる。根出葉の中心から高さ10-30cmの花茎が立ち,数個の鱗片葉がつく。4-5月,花茎の頂に3-10花が総状花序につき,横向きに開く。このころ,新葉のロゼットが花茎の基部の横に出る。花被片は6個,濃紫色から淡紅色まで変化が多く,倒披針形で長さ10-15mm,下部はしだいに狭くなり,花柄との境が少しふくれる。花が終わっても花被片は緑色になって残る。雄蕊は6個,花糸は花被片と同長,葯は黒紫色で狭楕円形,長さ2mm内外。蒴果が熟すころは花茎が50-60cmに伸びる。蒴果は3つに深くくびれる。種子は線形で両端がとがり,長さ約5mm。染色体数は2n=34。北海道～九州,サハリンに分布する。和名は〈猩々袴〉の意で,花の色を猩々の赤い顔に,根出葉をその袴にたとえたものといわれるが,その由来ははっきりしない。

シロバナショウジョウバカマ var. flavida (Nakai) Ohwi; *Helonias breviscapa* (Maxim.) N. Tanaka var. *flavida* (Nakai) Yonek. は花が白く,葉はやや薄く,縁が細かい波状になるもので,染色体数は2n=34。本州(関東以西)・四国に産する。**ツクシショウジョウバカマ** var. **breviscapa** (Maxim.) Ohwi; *Helonias breviscapa* (Maxim.) N. Tanaka (PL.106) は,花が白色または淡紅色で,花被片はやや短い倒卵状長楕円形をし下部が急に狭くなり,基部はしだいに細まり,花柄との境がふくれないもので,染色体数は2n=34。九州の山地に産する。

琉球には次の2種がある。**オオシロショウジョウバカマ** Heloniopsis leucantha Koidz.; *Helonias leucantha* (Koidz.) N. Tanaka (PL.106) は花は大きく黄白色で,花被片の長さ15-20mmになる。染色体数は2n=34。沖縄・石垣島の固有種といわれる。**コショウジョウバカマ(シマショウジョウバカマ)** Heloniopsis kawanoi Honda; *Helonias kawanoi* (Koidz.) N. Tanaka (PL.107) は,いちじるしく小型になったもので,葉の長さ15-45mm,花被片は淡黄色で長さ4-5mmにすぎない。染色体数は2n=34。沖縄～石垣・西表島に分布する。

【4】キヌガサソウ属　Kinugasa Tatew. et C. Sutô

やや大型の多年草。茎は高さ80cmまでなり,先に多数の葉を輪生する。茎頂にやや大型の花を1個つける。外花被片と内花被片は異形で,外花被片は花弁状で目立ち,内花被片は細くて目立たない。花被片数は内外とも8個前後。雄蕊は花被片と同数以下で,約半数のものまでさまざまある。花柱は5-10個。果実は液果。1種のみからなる日本に固有の属だが,ツクバネソウ属Parisに入れられることもある。

1. キヌガサソウ　　　　　　　　　　　　　　PL.110
Kinugasa japonica (Franch. et Sav.) Tatew. et C. Sutô; *Paris japonica* (Franch. et Sav.) Franch.

亜高山に生える多年草で,根茎は太く,茎は高さ30-80cm。葉は8-10個輪生し,倒卵状楕円形または広倒披針形で長さ20-30cm,両面無毛で,柄はない。

花は6－8月，茎頂に1個つく。花柄は長さ3－8cm，花は径6cm内外，外花被片は7－9，ふつう8個，長楕円形～広披針形，長さ3－4cm，花弁状で初めは黄白色であるが，のちにピンク色になり，終わりに淡緑色になる。内花被片は外花被片と同数あるが，白色線形で長さ10－15mm，あまり目立たない。雄蕊は花被片とほぼ同数で，長さも同じである。葯は線形で長さ5－8mm，花糸とほぼ同長。花柱は8－10個。液果は球形で暗紫色に熟し，芳香と甘味があって食べられる。染色体数は2n=40。本州の特産である。和名は〈衣笠草〉で，傘状に広がる葉を，昔，貴人にさしかけた衣笠にたとえたものといわれる。本種は，古くはエンレイソウ属に入れられたこともある。

【5】ツクバネソウ属　Paris L.

茎は1本立ちで，基部には少数の退化葉があり，上端に4または6－8輪生の葉がある。葉に網状脈がある。花は茎頂に1個つく。花被片は離生し，4個，雄蕊は8個で，花糸は細くて扁平，葯は線形でときに長く突出する葯隔がある。子房は上位で4室，または1室。花柱は4個。果実は液果である。前記のキヌガサソウ属を認める場合，これは狭義のParisとして扱い，アジアとヨーロッパの温帯に5種，日本に2種あることになる。

A. 葉は4個。内花被片はない。雄蕊は8個，葯隔は葯から突出しない ……………………………… 1. ツクバネソウ
A. 葉は6－8個。内花被片は糸状線形で黄緑色，外花被片と同数。雄蕊は8－10個，葯隔は葯から長く伸長する ……………………………… 2. クルマバツクバネソウ

1. ツクバネソウ　PL.110
Paris tetraphylla A. Gray

山地の林下に生える多年草。根茎が細く，茎は高さ15－40cm，葉は4個，茎頂に輪生し，長楕円形で長さ4－10cm，先はとがり柄はない。花は5－8月，茎頂に1花が上向きに開く。花柄は長さ3－10cm，外花被片は緑色で萼状，披針形で長さ10－20mm，内花被片はない。雄蕊は8個，葯は線形で長さ3－4mm，葯隔は葯より突出しない。液果は球形で径10－12mm，黒く熟す。染色体数は2n=10。北海道～九州に分布する。和名は，4輪生する葉を羽根つきの羽にたとえたものである。ビャクダン科のツクバネは果実についた萼片を羽にたとえたもので，同じ発想からきている。

花が下向きに開き，葉が披針形で細いものを，ウナズキツクバネソウ f. penduliflora (Murata et T. Yamanaka) H. Hara; var. *penduliflora* Murata et T. Yamanaka といい，四国に産する。

2. クルマバツクバネソウ　PL.110
Paris verticillata M. Bieb.

山地の林下に生える多年草。ツクバネソウに似ているが，葉は6－8輪生し，外花被片は緑色，披針形で長さ3－4cm，内花被片が4個あり線状で黄色をおびる。雄蕊の葯は長さ5－8mm，葯隔が長く突出するので区別される。花は6－7月。染色体数は2n=10。北海道～九州，朝鮮半島・中国・千島・サハリン・シベリアに分布する。

【6】エンレイソウ属　Trillium L.

太く短い根茎がある。茎は1本立ちで，頂に3葉が輪生する。葉に網状脈がある。花は茎頂に1個つく。花被片は離生し，外花被片は3個あって，緑色または緑褐色。内花被片も3個あって，白色または淡紫色で花弁状になるが，ときには欠けて，ないこともある。雄蕊は6個，葯は線形で花糸は短い。子房は上位で3室，各室に多数の胚珠がある。花柱は3裂し，裂片は反り返る。果実は液果で，多数の種子がある。ツクバネソウ属に近縁であるが，葉が3輪生，花が3数性の相違がある。東アジアからヒマラヤ・北アメリカに約30種，日本に3種ある。

A. 内花被片はない(まれにあることもある)。外花被片は小型で長さ10－20mm。葯は花糸よりやや短い。子房は球形 ……………………………… 1. エンレイソウ
A. 内花被片は花弁状で，白色または淡紫色，外花被片とほぼ同長か，より長い。外花被片は大型で長さ20－30mm。葯は花糸と同長，または少し長い。子房は卵状円錐形。
　B. 内花被片は先がとがり，長さ20－27mm。葯は花糸と同長 ……………………………… 2. ミヤマエンレイソウ
　B. 内花被片は先がとがらず，長さ25－40mm。葯は花糸よりずっと長い ……………………………… 3. オオバナノエンレイソウ

1. エンレイソウ　PL.109
Trillium apetalon Makino; *T. smallii* auct. non Maxim.

山地の林内のやや湿ったところに生える多年草。茎は高さ20－40cm，葉は卵状菱形で長さも幅も6－17cm，先は急に短くとがり，基部は広いくさび形。花は4－5月，茎頂に1個，やや横向きにつく。花柄は長さ2－4cm，外花被片は緑色または褐紫色，卵状長楕円形で長さ12－20mm，花後も落ちない。内花被片はふつうないが，まれにあるものもある。雄蕊は6個，葯は長楕円形で花糸よりやや短い。柱頭は3裂し，ごく短い。液果は3稜のある球形で，径1－2cm，緑色～黒紫色。種子は湾曲した長楕円形。染色体数は2n=20。南千島・北海道～九州，サハリンに分布する。和名は〈延齢草〉であるが，語源はよくわからない。葉の形，大きさ，

外花被片の大きさ，色など変化が多い。

本州（青森県）・北海道～サハリン南部に**コジマエンレイソウ** T. smallii Maxim.; T. amabile Miyabe et Tatew.（PL.109）が生えている。エンレイソウに似ているが，紫色の内花被片が発達し，葯が花糸より長いものである。

2. ミヤマエンレイソウ〔シロバナエンレイソウ〕 PL.109
Trillium tschonoskii Maxim.

山地の林下に生える多年草。エンレイソウに似ているが，外花被片は長さ20－27mmで先がとがり，内花被片は白色花弁状で，外花被片より長く，葯は花糸と同長である。染色体数は2n=20。エンレイソウと同じようなところに生え，北海道～九州，朝鮮半島・中国・サハリンに分布する。

内花被片が淡紫色をおびるものがあり，**ムラサキエンレイソウ** f. violaceum Makinoという。

3. オオバナノエンレイソウ PL.109
Trillium camschatcense Ker Gawl.;
T. kamtschaticum Pall. ex Miyabe

原野の林下に生える多年草。ミヤマエンレイソウに似ているが，内花被片が大きく，長さ25－40mm，先がとがらず，葯は長さ10－15mmで花糸がごく短いので区別できる。染色体数は2n=10。本州北部・北海道，千島・サハリン・カムチャツカ半島に分布する。

北海道には以上の4種が生えており，その間に自然雑種ができ，それぞれに名がつけられている。たとえば，ミヤマエンレイソウ×エンレイソウは**ヒダカエンレイソウ** T. ×miyabeanum Tatew. ex J. et K. Samej.（PL.109），ミヤマエンレイソウ×オオバナノエンレイソウは**シラオイエンレイソウ** T. ×hagae Miyabe et Tatew.，オオバナノエンレイソウ×エンレイソウは**トカチエンレイソウ** T. ×yezoense Tatew. ex J. et K. Samej. などである。

【7】シュロソウ属　Veratrum L.

花は両性，または単性で，同じ株に混じる。花被片は6個あり，白色か緑色，または紫褐色をおびるものもある。雄蕊は6個，ふつう花被片より短いが，まれに長いものもある。葯は小さい円心形で外向き，子房は上位，花柱は3個で内面に柱頭がある。胚珠は多数で果実は蒴果。肥厚した根茎のある多年草で，葉は大型で，縦にしわがあり，基部は鞘になる。北半球の温帯に50種内外知られ，日本に2－3種ある。

- A. 多くの葉は茎の中部以上につき，茎の基部に古い葉鞘が腐って残ったシュロ毛様の繊維がない。花柄は花被より短く，花被は白色，または緑白色である ……《バイケイソウ類》
  - B. 花被は白色，雄蕊は花被片より長い。子房に毛がなく，花柱は立つ ……1. コバイケイソウ
  - B. 花被は緑白色，雄蕊は花被片よりいちじるしく短い。子房に毛または毛状突起があり，花柱は外に反る ……2. バイケイソウ
- A. 多くの葉は茎の下部につき，茎の基部に古い葉鞘が腐って残ったシュロ毛様の繊維がある。花柄は花被より長いか，同長である。花被は黄緑色，または暗紫褐色である ……《アオヤギソウ類》
  - B. 葉の幅は6－10cm。花柄は長さ4－10mm。
    - C. 花被は黄緑色。蒴果は長さ15－20mm ……3. アオヤギソウ
    - C. 花被は暗紫褐色。蒴果は長さ10－15mm ……3′. シュロソウ
  - B. 葉の幅は3cm以下。花柄は長さ10－17mm。花被は暗褐色。蒴果は長さ20mm ……3′. ホソバシュロソウ

1. コバイケイソウ PL.107
Veratrum stamineum Maxim. var. **stamineum**

山地，亜高山の湿原に生える大型の多年草で，茎は太く，高さ50－100cm。茎葉は基部につくものは鱗片状，中部以上につくものは広楕円形で長さ10－20cm，幅5－10cm，葉の基部は鞘になって茎をかこむ。葉にほとんど毛がない。6－8月，茎頂に円錐花序がつき，白色の花が開く。花は両性花と雄花があり，雄花は花序の下部の側枝につく。花柄は6－12mm，花被片は6個，長楕円形で長さ約6mm。雄蕊は6個，花被片よりやや長い。蒴果は楕円形で長さ20－25mm，種子は楕円形で長さ8mm内外ある。染色体数は2n=32，32+28。北海道・本州中部以北に分布する。

葉の裏面，特に脈上に突起毛のあるものを**ウラゲコバイケイ** var. lasiophyllum Nakaiという。三重県・愛知県・静岡県・長野県・岐阜県の低い湿原にある**ミカワバイケイソウ** var. micranthum Satake（PL.107）は，花が小さく，花被片の縁に細かい切れ込みがあり，雄蕊が花被片の2倍も長いものである。

2. バイケイソウ PL.107
Veratrum album L. subsp. **oxysepalum** (Turcz.) Hultén

山地の林下または湿った草原に生える大型の多年草。地下茎は太くて短い。茎は高さ60－150cmになる。茎葉は基部のものは鱗片状で茎をかこみ，中部以上のものは広楕円形～長楕円形で長さ20－30cm，幅20cm内外，裏面に毛状突起が多いがないものもあり，基部は鞘になって茎をかこむ。7－8月，大型の円錐花序が茎頂に立つ。花は両性（まれに単性）で径8－25mm。花被片は緑白色，倒卵形～長楕円形で先は鈍形～鋭形，縁に毛状の鋸歯がある。雄蕊は花被片の約半長。子房に縮れ毛が密生する。蒴果は長楕円形で長さ20mm内外ある。染色体数はn=16。北海道～九州，サハリン・千島列島・朝鮮半島・中国（東北）・ウスリー・ダフリア・カムチャツカ半島に分布する。和名は〈梅蕙草〉の意で，花が梅を思わせ，葉が蕙蘭（ランの1種）に似ていることによる。根茎を乾したものを〈白藜蘆根〉といい，昔は解熱薬などに用いられ，また，〈シノノメソウ（東雲草）〉といって，殺虫薬に使われたこともある。この属のものはみな同じようなアルカロイドを含み，毒性が強い。葉裏

の毛の多少，花の大きさ，花被片の形など変化が多い。葉の裏面に毛がほとんどなく，花がやや小型で，花被片の先がとがり，北海道以北に産するものをエゾバイケイソウとして区別する説もあるが，ここではとらない。

　花はバイケイソウに似ているが，コバイケイソウと同じような環境に適応し，両種の中間的性質をおびたものがある。ミヤマバイケイソウ V. alpestre Nakai (PL.107) やコシジバイケイソウ V. nipponicum Nakai がこれにあたるようである。おそらくバイケイソウの生態型か，コバイケイソウとの中間雑種と思われるが，将来の研究を要する問題である。

3. アオヤギソウ　　　　　　　　　　　　　　PL.108
Veratrum maackii Regel var. **parviflorum** (Maxim. ex Miq.) H. Hara

　山地の林下や湿った草原に生える多年草で，茎の基部に古い葉鞘の繊維がシュロ毛様になって残る。後出のシュロソウ（名の由来はこの性質による）も同様である。茎は高さ50−100cm。葉は茎の下部に集まり，長楕円形〜卵状長楕円形で長さ20−30cm，幅6−10cm，下部はしだいに狭くなり，基部は鞘になって茎を包む。葉の先はしだいにとがり，毛はない。6−8月，茎の頂に円錐花序がつき，花序には縮毛が密生する。花は黄緑色で径8−10mm，花被片は長楕円状倒披針形で長さ5mm内外，雄花と両性花がある。雄蕊は花被片の半長。蒴果は楕円形で長さ15−20mm。本州中部以北・北海道，朝鮮半島に分布する。葉の大きさ，花序の大きさ，花序の苞の長さなどに変化が多い。

　タカネアオヤギソウ f. alpinum (Nakai) Honda (**PL.108**) は高山型で，丈が低く，花序の苞がふつう花序より長くなるもので本州中部以北の高山帯に生える。

　シュロソウ var. **japonicum** (Baker) T. Shimizu は，花被が暗紫褐色で蒴果がやや小さいもので，染色体数は2n=16。本州・北海道に産する。オオシュロソウともいう。これにも高山型があり，ムラサキタカネアオヤギソウ f. atropurpureum (Honda) T. Shimizu (**PL.108**) という。

　基本型の**ホソバシュロソウ**（ナガバシュロソウ）var. **maackioides** (O. Loes.) H. Hara; var. *maackii* (**PL.108**) は，葉が細く（幅3cm以下），花柄が長く（10−17mm），花被は暗褐色で蒴果の長さ20mm内外のものである。本州（関東以西）・四国・九州，朝鮮半島・中国（北部）・シベリア東部に分布する。

　以上の，アオヤギソウ，シュロソウの類は，環境により，形態，花の色などに変化が多く，種，変種の区分が難しく，学名の扱い方もなかなか面倒である。

イヌサフラン科　COLCHICACEAE

田村　実

　球茎または根茎をもつ多年草。塊根をもつものもある（Burchardia属）。茎はしばしば直立して葉をつけるが，ときどきつる状になるものや葉をつけずに花茎となるものもある。葉は互生，対生または輪生で，茎につくか根生。葉柄はないか短く（チゴユリ属，Kuntheria属），しばしば葉鞘を発達させる。葉身は線形～卵形またはのみ形，平行脈で，葉先に巻きひげをもつものもある。花序はしばしば総状または集散状だが，ときどき散形状または頭状で，1花しかつけないものもある。花は放射相称またはやや左右相称，ふつう両性，まれに単性（Wurmbea属）。花被片はふつう6個，まれに7－12個，離生または合着し，早落性または宿存性，ときどき斑点があったり混色であったりする。雄蕊は6個，ふつう外向裂開。ふつう花被片または雄蕊に密腺がある。子房は上位，3室，中軸胎座。果実はふつう蒴果，まれに液果（チゴユリ属）。科内の染色体基本数はx＝7－12と大きく変異し，なかでもイヌサフラン属Colchicumの変異は大きい。一方，ウウラリア属Uvulariaなどではx＝7，グロリオーサ属Gloriosaなどではx＝11，サンダーソニア属Sandersoniaなどではx＝12がふつうである。南米を除く温帯域～熱帯域に広く分布する。15属約275種を含む。

　《日本の野生植物I》（1982）が準拠した新Engler分類体系（Melchior, 1964）では，いずれもユリ目ユリ科に含められてはいたものの，ブルムベア亜科（球茎と蒴果）・シュロソウ亜科（根茎と蒴果）・クサスギカズラ亜科（根茎と液果）に分かれて分類されていた。分子系統樹に基づいたAPG III 分類体系（2009）によって，イヌサフラン科として1つにまとめられ，ユリ目に含められることになった。

【1】チゴユリ属　Disporum Salisb. ex D. Don

　短い根茎をもち，ときどき走出枝を出す。根は太い。茎は1本立ち，または多少分枝する。葉は茎の上部に多くがつき，互生，しばしば短い葉柄をもつが，ときどき無柄，3－7脈がある。花は茎または枝の端に1，2個つくか，または数個が散形状につき，両性，筒状鐘形～平開し，横向きまたは下垂して咲く。苞はない。花被片は6個あって離生し，白色，帯緑色，黄色，ピンク色，エビ色または紫色で，しばしば基部にふくらみや距がある。雄蕊は6個，葯は線状長楕円形～長楕円形で外向裂開。子房は3室で，各室に2－6個の胚珠がある。果実は球形または広楕円体の液果で，熟して黒色になる。種子は球形または卵形体。染色体基本数はx＝7かx＝8，日本産種ではすべてx＝8である。ヒマラヤ・インド・東南アジア・東アジアに20種，日本に4種ある。

　従来，チゴユリ属は北米のProsartesを含んでいたが，分子系統学的研究の結果，Prosartesはユリ科（狭義）のタケシマラン属に近縁であることが判明し，ユリ科（狭義）に移された。

A. 花被片はへら形～倒披針形または倒卵形で，基部に嚢状のふくらみがある。花は筒状鐘形または筒形。花糸は葯の3倍以上長く，花柱は子房の4倍以上長い　　　　　　　　　　　　　　　　　　　　　　　　　　　　　　　　　　　　　1. ホウチャクソウ
A. 花被片は披針形～長楕円形で，基部のふくらみはないか，あってもわずか。花は平展，杯形，漏斗形または倒円錐形。花糸は葯の1－2.5倍，花柱も子房の1－2.5倍長い。
　　B. 花被片は黄色をおび，内面の下部に乳頭状突起がある。花は倒円錐形。茎上部の葉の先はやや尾状に伸びる
　　　2. キバナチゴユリ
　　B. 花被片は白色またはやや緑色をおび，内面は平滑である。花は平展～漏斗形。茎上部の葉の先は鋭形～鋭先形。
　　　　C. 花は斜め下向き～横向き。花被片は白色。花糸は葯の2－2.5倍。子房は倒卵形，花柱は子房の2倍長く，ふつう浅く3裂，まれに深く3裂。茎はふつう分枝せず，長さ8－40cm，やや角がある　　　　　　　　　　　　　　　　　　　　　　3. チゴユリ
　　　　C. 花は下垂する。花被片は白色でやや緑色をおびる。花糸は葯と同長か1.5倍長い。子房は近球形，花柱は子房よりわずかに長く，しばしば中程まで深く3裂する。茎はしばしば分枝し，長さ20－80cm，ほとんど角がない　　　　　　4. オオチゴユリ

1. ホウチャクソウ　　　　　　PL.110
Disporum sessile D. Don ex Schult. et Schult. f. var. **sessile**

　丘陵，原野の林下に生える多年草。走出枝は地下を伸びる。茎は高さ15－60cm，多少分枝する。葉は狭披針形～広卵形，長さ4－15（－16）cm，先は漸鋭先形～鋭形，基部は円く，無毛，3－7（－9）脈があり，柄は短く，裏面の脈上と縁に半円形の小突起がある。花序は茎頂につき，1－3（－4）花からなり，花序柄はふつうない。花は筒状鐘形，端部でわずかに広がり，香気はなく，4月下旬～6月に下垂して咲く。花柄は長さ1－3（－3.5）cm，わずかに稜がある。花被片はへら形～倒披針形または倒卵形，長さ2－3cm，白色だが端部で緑色をおび，先は円いが微短突起があり，内面下部に微細な短毛や乳頭状突起があり，外面下部に稜が出て，稜が基部の嚢状のふくらみにつながり，嚢状部の長さは1.5－2（－3）mm。花糸は長さ（1.2－）1.5－2cm，基部に微細な乳

旧版の執筆は佐竹義輔。

頭状突起があり，薬は線状長楕円形，長さ（3.5−）4−6mm，帯黄色．子房は倒卵形，長さ3−4mm，緑色，3室で各室に3個の胚珠があり，花柱は長さ1.2−2.3cm，白色，上部で3裂し，裂部の長さは3−8mm．液果は径10mm内外，8−10月に熟し，種子は長さ約4mm．南千島・北海道・本州・四国・九州，サハリン南部・韓国（鬱陵島・済州島）に分布する．和名は〈宝鐸草〉の意である．花の形が寺院の軒につるされている宝鐸に似ているのでいう．

花は香気を発し小型で，花被片は長さ1.5−2cm，白色で端部でもあまり緑色をおびず，薬は長さ3−4mm，花期は早く，走出枝は地上をはうものがあり，**ナンゴクホウチャクソウ** var. **micranthum** Hatus. ex M. N. Tamura et M. Hotta（PL.110）という．口永良部島・吐噶喇列島・奄美大島・徳之島に産する．植物体は小型で，茎は分枝せず，茎頂に筒形の花をふつう1個，まれに2個つけ，花糸はほとんど平滑なものを**ヒメホウチャクソウ** var. **minus** Miq.（PL.110）といい，本州（中部地方南部・近畿地方南部）・四国・九州に産する．

2．キバナチゴユリ PL.111
Disporum lutescens (Maxim.) Koidz.

山地の林下に生える多年草．走出枝を出す．茎は高さ10−65cm，分枝しないか上部で分枝し，枝分かれの下にも葉を1−2枚つける．葉は長楕円形〜卵形，長さ3−12cm，先はやや尾状〜鋭形，基部は円く，無毛，5−7脈があり，葉柄は短く，茎上部の葉ほど大きくて先がやや尾状に伸びる傾向にある．花序は茎頂につき，1−3（−4）花からなり，散形状，花序柄はない．花は倒円錐形，（4−）5−6（−7）月に下向きに咲く．花柄は長さ0.8−1.7cm，わずかに稜がある．花被片は披針形〜長楕円形，長さ1−1.8cm，黄色，下半分で帯緑色，内面の下部に乳頭状突起があり，先は鋭頭〜鈍頭，基部はふくらまないか，わずかにふくらむ．花糸は長さ4−6mm，帯緑色，基部で広がり，薬は狭長楕円形，長さ2.5−3mm，帯黄色．子房は倒卵形，長さ3mm，緑色，花柱は長さ6−7mm，緑白色，上部で3裂し，裂部の長さは3mm．液果は9−10月に熟する．本州（和歌山県）・四国・九州（宮崎県・熊本県・鹿児島県）に産する．

3．チゴユリ PL.111
Disporum smilacinum A. Gray

山野の林下にふつうに生える多年草．走出枝を出す．茎は高さ8−40cm，緑色，しばしば節部で暗紫色になり，やや角があり，枝分かれしないか，またはわずかに分枝する．葉は長楕円形〜卵形（〜円形），長さ（2−）3−7（−9）cm，裏面はやや白味をおびて光沢があり，先は鋭形〜鋭先形，縁に半円形の突起があり，基部は円く，無毛，3−7脈があり，葉柄は長さ1−2mm．花は茎頂に1（−2）個つき，漏斗形〜平展，4−6月に斜め下向き〜横向きに咲く．花柄は長さ0.7−2.2cm，稜はほとんどない．花被片は披針形〜広披針形，長さ（0.8−）1−1.8cm，白色，平滑，先は漸鋭先形，基部はふくらまないか，わずかにふくらむ．花糸は長さ5−6mm，緑白色，基部で広がり，薬は狭長楕円形〜長楕円形，長さ2−3mm，帯黄色．子房は倒卵形，長さ2−3mm，緑色，3室で各室に1−2個の胚珠があり，花柱は長さ5−7mm，白色，ふつう浅く3裂，まれに深く3裂．液果は長さ8−10mm，径7−10mm，9−10月に熟し，種子は長さ約4mm．南千島・北海道・本州・四国・九州，ウルップ島・サハリン南部・朝鮮半島・中国（山東省北東部）に分布する．和名は〈稚児百合〉で，小さくかわいらしいユリというわけである．

チゴユリとホウチャクソウの間の自然雑種が東京都から知られており，**ホウチャクチゴユリ** D. ×hishiyamanum K. Suzuki と名付けられている．

4．オオチゴユリ〔アオチゴユリ〕 PL.111
Disporum viridescens (Maxim.) Nakai

山地の林下に生える多年草．走出枝を出す．茎は高さ20−80cm，緑色，角はほとんどなく，しばしば端部で分枝し，枝分かれの下にも葉を2−7枚つける．葉は長楕円状披針形〜楕円形，長さ（4−）5−12cm，上面は深緑色，下面は淡緑色で脈上がかすかにざらつき，先は鋭形〜鋭先形，基部は円く，無毛，葉柄は短い．花は茎頂に1−2個つき，漏斗形〜杯形または平展，（4月下旬−）5−6月（−7月）に下垂して咲く．花柄は長さ0.5−2.5cm，稜はない．花被片は披針形〜長楕円状披針形，長さ1−2cm，緑白色，平滑，先は漸鋭先形，基部はふくらまないか，わずかにふくらむ．花糸は長さ3−5mm，帯緑色，基部でわずかに広がり，薬は長楕円形，長さ2−4mm，帯黄色．子房は近球形，長さ2.5−3.5mm，緑色，3室で各室に1−2個の胚珠があり，花柱は長さ3−4mm，緑白色，しばしば中ほどまで深く3裂し，裂部内側には乳頭状突起がある．液果は径約1cm，8−10月に熟し，長さ約4mmの種子を2−3個含む．北海道・本州（北部〜中部），朝鮮半島・中国（北東部）・ウスリーに分布する．

サルトリイバラ科　SMILACACEAE

邑田　仁

通常雌雄異株の半低木あるいは多年生草本で，常緑または落葉する．茎は多くはつる性でとげがあるか，またはない．葉は互生し，葉柄は短いが葉鞘が発達し，多くはその上端に1対の巻きひげをつけ，葉身との間に関節がある．葉身は3−7個の縦脈とそれを連絡する網状の小脈がある．散形花序は長い柄があり，数個〜多数の花をつけ，葉腋に単生するか，基部に前出葉をもつ花序枝に複数つく．花被片は6個で離生または合着して筒状となり，雄蕊は3−18個，雌花では仮雄蕊として残ることがある．子房上位，通常3室，柱頭は3個．おもに世界の熱帯〜亜熱帯に約4属370種以上が分布し，日本には2属がある．従来はユリ科に含まれることが多かったが，Cronquistの分類体系およびAPG分類体系では独立の科とされる．

- A. 花被片が合着してつぼ状または筒状となる ....【1】カラスキバサンキライ属 Heterosmilax
- A. 花被片は6個あって，つねに離生する ....【2】サルトリイバラ属 Smilax

【1】カラスキバサンキライ属　**Heterosmilax** Kunth

サルトリイバラ属に似ているが，雄花も雌花も，花被片が合着してつぼ状または筒状になり，雄花の雄蕊は3個で基部が柱状に合着する．雌花に1−3個の仮雄蕊がある．東アジアの暖帯〜熱帯に約10種ある．日本には1種のみある．分子系統解析の結果，サルトリイバラ属の一部から分化したことが明らかとなっている．

1. カラスキバサンキライ　　　　　　　　　PL. 111
Heterosmilax japonica Kunth

道ばたに生えるつる性の半低木．茎にとげがない．葉は互生し，冬も枯れず，葉身は卵形で長さ5−10cm，先はとがり基部は円心形，やや光沢があり洋紙質で，5−7脈が目立つ．巻きひげは長い．多数の花が散形花序となり，8−10月に開花する．花被片は合着し，長さ3.5mm，雄花では筒状，雌花ではつぼ状になる．液果は球形，黒色で径8−10mm．屋久島〜琉球，中国（南部）・台湾・インドシナに分布する．和名は，サンキライ（サルトリイバラ）に似ているが，葉が唐鋤の刃に似ていることによるという．

【2】サルトリイバラ属　**Smilax** L. 〔シオデ属〕

茎はふつうつるになるが，直立するものがある．草質または半低木で，とげのあるものとないものがある．葉はふつう互生し，冬に落ちる．葉身は楕円形，卵円形，披針形．葉柄の鞘部の上端に巻きひげがふつうある．葉腋の花軸に，花が散形花序につく．花は単性で，雌雄異株．花被片は6個あって，つねに離生する．雄花の雄蕊は6個で，離生する．雌花には仮雄蕊が0−6個ある．子房は上位，3室で，各室に1−2個の胚珠がある．柱頭は3個で開出または反曲する．果実は液果で球形または楕円形，熟して赤色または紫黒色になる．主として東アジアと北アメリカの熱帯に多く，約300種知られ，日本に約8種ある．

- A. 茎は草質でとげがなく，葉とともに冬には枯れる．
  - B. 葉は網状脈がへこんで波打ち，裏面は淡緑色で光沢がある．花は7−8月に開き，花被片は反り返り，葯は線形で長さ1.5mm .... 1. シオデ
  - B. 葉は平坦，裏面は白粉をおび光沢がない．花期は5−6月，花被片は開出し，葯は長楕円形で長さ0.7−1mm … 2. タチシオデ
- A. 半低木で，冬に茎は枯れず，葉は枯れるかまたは枯れない．
  - B. 花序は新枝の最初の普通葉の腋に1個つく．液果は熟して赤色になる．
    - C. 茎はつる状で長く伸長し，からみつく．散形花序には多数の花がつく．葉は大型で，巻きひげは長い …… 3. サルトリイバラ
    - C. 茎はつる状とならず主茎はほぼ直立．散形花序には1−3花がつく．葉は小型で，巻きひげはごく短いか，またはない．
      - D. 分枝は少なく，とげはほとんどなく，枝先まで上向する．葉は通常楕円形，通常長さ10mm以上 .... 4. サルマメ
      - D. 密に分枝し，とげがあり，枝はジグザグで水平に展開する．葉は円形，通常長さ10mm未満 .... 5. ヒメカカラ
  - B. 花序は分枝する花序枝に複数つくか，葉腋に1個ずつつく．液果は熟して黒色または紫黒色になる．
    - C. 花序は葉腋に1個ずつつく．
      - D. 冬に落葉する．とげがあるか，またはない．花被片は黄緑色．
        - E. とげはなく，巻きひげもない．葉の脱落後に宿存する葉鞘が目立つ．花序は新枝の最初の普通葉の腋に1個つき，2−5花からなる .... 6. マルバサンキライ

旧版の執筆は佐竹義輔．

　　　　E．細く鋭いとげがあり，巻きひげがある．葉の脱落後に葉鞘が目立たない．花序は新枝の葉腋に連続してつき，多数花
　　　　　からなる ··· 7. ヤマカシュウ
　　　D．常緑性．とげはないか，ほとんどない．
　　　　E．成葉は卵状被針形．花被片は紫褐色で反り返る ·· 8. ササバサンキライ
　　　　E．成葉は卵形〜広卵形．花被片は白緑色で反り返らない ··· 9. ハマサルトリイバラ
　　C．花序は分枝する花序枝に複数つく．とげはまばらにあるかまたはない．花被片は赤色をおび，反り返る
　　　　 ·· 10. サツマサンキライ

1. シオデ　　　　　　　　　　　　　　　PL.111
Smilax riparia A. DC.; *S. riparia* A. DC. var. *ussuriensis* (Regel) H. Hara et T. Koyama

山野に生える多年草．茎は2-3mに伸び，他物によりかかる．葉は卵状楕円形で長さ5-15cm，5-7脈があり，基部は円心形で，柄は10-20mm，巻きひげは長く，他物にからむ．7-8月，葉腋に散形花序が出て，多数の花がつく．雌雄異株．花被片は淡黄緑色．雄花の花被片は線状長楕円形で，長さ4-5mm，反り返る．雄蕊は6個，葯は長さ1.5mm．雌花の花被片は長楕円形で，長さ2-2.5mm，やはり反り返る．液果は黒色，球形で径約10mm．北海道〜九州，朝鮮半島・中国・ウスリーに分布する．若苗はゆでて，浸し物にして食べる．東北地方ではショデコ，ヒデコなどとよぶ．

葉の細いものをホソバシオデ，葉の裏に柱状突起があってざらつくものをザラツキシオデという．佐渡島のものは茎が太くて直立し，葉が密に互生するのでサドシオデといわれる．いずれもシオデの一型にすぎない．

2. タチシオデ　　　　　　　　　　　　　PL.112
Smilax nipponica Miq.

山野に生える多年草．シオデに似ているが，葉は薄くて光沢がなく，裏面は白粉をおび，柄はやや長い．花は5-6月．雄花の花被片は反り返らず，葯は短い．液果は黒色で白粉をおびる．茎は初め立つのでこの名があるが，生長すればシオデと同様に他物にからみつく．本州〜九州，朝鮮半島・中国に分布する．

3. サルトリイバラ　　　　　　　　　　　PL.112
Smilax china L.

山野，丘陵地に生えるつる性半低木．茎は硬く，緑色で，強いとげがあって他物にひっかかる．葉は卵形，卵円形，楕円形，革質で光沢があり，長さ3-12cm，全縁で3-5脈がある．巻きひげは長く，他物にからまる．4-5月，伸びはじめた新枝の最初の普通葉の腋に散形花序を1個ずつ出し，多数の花がつく．花被片は長楕円形で淡黄緑色，長さ4mm，上半が反り返る．葯は楕円形で長さ0.5-0.7mm，花被から飛び出すことはない．子房は楕円形で3個の柱頭は花弁状に広がる．液果は球形，赤色に熟し，径7-9mm．北海道〜琉球・伊豆〜小笠原諸島，朝鮮半島・中国・台湾・インドシナ・フィリピンに分布する．バラのようなとげがあってサルがひっかかるというのでこの名がついた．葉の大きさや茎のとげの多少に変異が多い．

4. サルマメ　　　　　　　　　　　　　　PL.113
Smilax trinervula Miq.; *S. biflora* Siebold ex Miq. var. *trinervula* (Miq.) Hatus. ex T. Koyama

山地に生える小型の半低木．地下に分枝する根茎があり，茎はまばらに立ち，とげはほとんどなく，高さ30-50cm，やや分枝し，葉は楕円形で長さ15-30mm，巻きひげはない．散形花序は1-3花からなり，赤熟する液果は径5mm内外．花は5-6月．染色体数2n=32．本州（関東以西），中国に分布する．

奄美大島産のものは本種あるいはヒメカカラと同種とされたこともあったが，最近の研究により独立種アマミヒメカカラ S. amamiana Z .S. Sun et P. Li として区別された．染色体数2n=60．

5. ヒメカカラ　　　　　　　　　　　　　PL.113
Smilax biflora Siebold ex Miq.

山地に生える小型の半低木．地下に分枝する根茎があり，茎は立ち，高さ20-30cm，密に分枝し，まばらにとげがあり，水平に広がり，ジグザグに曲がる．葉はほぼ円形，小型で長さ5-10mm，巻きひげはないか，あってもごく短い．散形花序は1-3花からなり，赤熟する液果は径5mm内外．花は4月．屋久島に分布する．九州地方の方言でサルトリイバラをカカラというが，和名は小型のカカラという意味である．

6. マルバサンキライ　　　　　　　　　　PL.112
Smilax stans Maxim.; *S. vaginata* Decne. var. *stans* (Maxim.) T. Koyama

山地に生えるつる性半低木．茎は高さ30-50cm，稜角があってとげはない．葉は三角状卵形，長さ4-7cm，基部は円く，裏面は白色をおび，巻きひげはない．散形花序は2-5花ついて，5-6月に開く．花被片は長楕円形で長さ4mm．雌花の仮雄蕊の発達程度は一定でない．液果は球形，黒色，径6-8mm．本州〜九州，中国・台湾に分布する．和名は〈丸葉山帰来〉である．山帰来はサルトリイバラの根茎の漢方薬名である．

7. ヤマカシュウ　　　　　　　　　　　　PL.113
Smilax sieboldii Miq.

山地に生えるつる性の半低木．茎に稜が多く，多数の細くて鋭いとげが茎に直角につく．葉は卵形で長さ5-12cm，5脈があり，光沢がある．巻きひげは長い．5-6月，散形花序は新枝の葉腋に連続してつき，多数の花がつく．花被片は黄緑色，長楕円形で長さ4-5mm，平開するが反り返らない．葯は長さ1mm．液果は球形で，紫黒色に熟し径6mm内外．本州〜九州，朝鮮半島・中国に分布する．蛇紋岩地帯や石灰岩地帯に多いという．和名は山に生える〈何首烏（カシュウ）〉の意．何首烏はタデ科のツルドクダミの漢名で，この葉がこれに似ていることによる．

8. ササバサンキライ
Smilax nervomarginata Hayata

常緑の林縁ややぶに生えるやや小型のつる性半低木．

茎はやや稜角があり，しなやかで，とげはない。巻きひげは発達する。葉は革質，三角状卵形〜卵状披針形で鋭尖頭。花被片は紫褐色，雄花の葯は白色，雌花の子房は卵球形で緑色，柱頭は紫褐色。液果は黒緑色に熟す。奄美大島・琉球，中国に分布する。

9. ハマサルトリイバラ〔トゲナシカカラ〕　PL.113
Smilax sebeana Miq.

海岸近くに生えるつる性半低木。茎にとげはほとんどない。葉は卵形で長さ6－10cm，裏面は白色をおび，冬も枯れない。巻きひげは長い。花は3－4月，多数の花が散形花序につく。花被片は黄白色〜白緑色，楕円形で長さ5mm，ほとんど反り返らない。液果は球形で径8mm，若時は白粉におおわれ，黒く熟す。九州（鹿児島県，長崎県男女群島）〜琉球，台湾に分布する。

10. サツマサンキライ　PL.113
Smilax bracteata C. Presl;
S. bracteata C. Presl var. *verruculosa* (Merr.) T. Koyama

山地に生えるつる性半低木。茎は通常平滑でまばらにとげがあるかまたはない。葉は卵形〜長楕円形で長さ5－10cm，厚くてやや光沢がある。巻きひげは長い。12－2月，葉腋から基部に鱗片葉のある花序枝を出し，数個の散形花序をつける。花序には多数の花がつく。雄花の花被片は線状長楕円形で，長さ5mm，いちじるしく反り返り，雄蕊は飛び出して目立ち，葯は長さ1－1.5mmでねじれる。雌花の花被片は小さく，液果は楕円形で黒く熟し，長さ5－7mm。九州（長崎県以南の西側海岸）〜琉球，台湾・インドシナ・フィリピン・ミクロネシアに分布する。和名は〈薩摩山帰来〉の意味である。花被片は，花柄や花序柄とともに赤色をおびる。茎がざらつくものをアラガタサンキライという。

ユリ科　LILIACEAE

髙橋　弘・田村　実

ホトトギス属の執筆は髙橋弘，ユリ科概説とホトトギス属以外の執筆は田村実。

鱗茎または根茎をもつ多年草。葉は互生，対生，輪生または茎の基部に集まって根出的になり，糸状～広卵形，しばしば平行脈，ときどき網状脈，先は鈍形～鋭形～漸鋭先形～尾形，まれに巻きひげとなり，基部は無柄または葉柄状，抱茎，ときどき葉鞘を発達させる。花序は茎頂または葉腋につき，総状，散形，密錐状または1花のみになる。花は両性，ふつう放射相称，まれにやや左右相称。花被は漏斗形，筒状，鐘形，椀状，平展または反り返り，外片3個，内片3個，外片と内片は類似または顕著に異なり，離生，縞模様，斑点模様または碁盤縞模様をともなうことがあり，しばしば蜜腺をもつ。雄蕊はふつう6個，まれに3個（Scoliopus属），花糸は糸状，のみ形，扁平で基部で広がるか，まれに円柱状にふくらみ（Nomocharis属），葯はふつう線形～円形，まれにやじり形，背着丁字状，偽底着または底着，外向裂開または側向裂開。子房は上位，ふつう3室，まれに1-2室，胚珠は各室2～多数個，花柱は不裂～3深裂。果実は蒴果または液果。科内の染色体基本数はx=6-14と大きく変異するが，ユリ属とその近縁属（Nomocharis属，バイモ属，ウバユリ属，Notholirion属，カタクリ属，チューリップ属，キバナノアマナ属，チシマアマナ属）の染色体基本数はふつうx=12である。北半球の温帯域を中心に分布し，16属約650種を含む。

《日本の野生植物Ⅰ》(1982)が準拠した新Engler分類体系（Melchior, 1964）のユリ目ユリ科は，分子系統樹に基づいたAPG Ⅲ分類体系（2009）によって細分化され，5つの目に分かれることになった。そのうち，旧ユリ亜科とそれに近縁な属の一群がここで扱うユリ科であり，シュロソウ科やサルトリイバラ科などとともにユリ目に含められている。

A．果実は液果。
　B．地上茎はほとんどなく，葉は根出葉になり，花は花茎の頂で散房花序または総状花序につく。果実は濃藍色
　　‥‥【2】ツバメオモト属 Clintonia
　B．地上茎は長く伸び，葉は地上茎に互生し，花は葉腋から下垂する。果実は赤色‥‥‥‥‥‥‥‥‥‥‥【8】タケシマラン属 Streptopus
A．果実は蒴果。
　B．地下に根茎がある。蒴果は胞間裂開。花柱は3枝に分かれ，それぞれはさらに2裂する‥‥‥‥‥‥‥‥【9】ホトトギス属 Tricyrtis
　B．地下に鱗茎がある。蒴果は胞背裂開。花柱は3裂しても，それぞれがさらに裂けることはない。
　　C．葯は背着丁字状。
　　　D．鱗茎は少数の鱗片からなる。葉は卵状長楕円形で，網状脈，長い柄があり，花が終わると枯れる
　　　　‥‥【1】ウバユリ属 Cardiocrinum
　　　D．鱗茎は多数の鱗片からなる。葉は線形～披針形で，平行脈，柄は短いかなく，花後も枯れることはない
　　　　‥‥【6】ユリ属 Lilium
　　C．葯は偽底着。
　　　D．花被片は強く反り返る。葉は2個。蒴果は3稜形で翼状になる‥‥‥‥‥‥‥‥‥‥‥‥‥‥‥‥‥‥‥【3】カタクリ属 Erythronium
　　　D．花被片は反りかえらない。葉はふつう3個以上。蒴果に翼状の稜がない。
　　　　E．花被片は長さ14-30mm，花後に落ちる。
　　　　　F．花は下向き。花被片に腺体がある。根出葉はない‥‥‥‥‥‥‥‥‥‥‥‥‥‥‥‥‥‥‥‥‥‥【4】バイモ属 Fritillaria
　　　　　F．花は上向きまたは横向き。花被片に腺体がない。大型の根出葉がある‥‥‥‥‥‥‥‥【10】チューリップ属 Tulipa
　　　　E．花被片は長さ7-15mm，花後も残る。
　　　　　F．花被片は日本産種では黄色，花後に多少なりとも肥厚する‥‥‥‥‥‥‥‥‥‥‥‥‥‥‥‥【5】キバナノアマナ属 Gagea
　　　　　F．花被片は日本産種では白色，花後に萎縮する‥‥‥‥‥‥‥‥‥‥‥‥‥‥‥‥‥‥‥‥‥‥‥【7】チシマアマナ属 Lloydia

【1】ウバユリ属　Cardiocrinum Endl.

鱗茎は少数の鱗片からなる。葉は若芽の時は片巻きになる。葉身は卵形で網状脈があり，長い柄がある。花は総状花序に数個から多数横向きにつき，花被片は筒状に集まり先はあまり開かない。果実は蒴果。ユリ属に入れる説もある。染色体基本数はふつうx=12，まれにx=11。東アジア～ヒマラヤに3種があり，日本に1種ある。

1．ウバユリ　　　　　　　　　　　　　　　PL.118
　Cardiocrinum cordatum (Thunb.) Makino
　var. **cordatum**; *Lilium cordatum* (Thunb.) Koidz.
　山野の林下に生える多年草。地下に根出葉の柄の基部がふくれた少数の白色鱗片がある。年がたって鱗片が太くなると，大きな茎が伸び高さ60-100cmにもなる。そうすると根出葉も鱗片もなくなり，茎の基部に新しい鱗茎ができるようになる。葉は茎の中部以下に数個集

旧版の執筆は佐竹義輔。

まってつく。葉は卵状長楕円形で長さ15－25cm，基部は心形，網状脈で，長い柄がある。花は7－8月，茎頂に数個，総状につく。花は水平に出て長さ7－10cm，花被片は倒披針形で緑白色，内面に淡褐色の斑点があり，先はあまり開かない。雄蕊は6個，長さ不同で葯は淡褐色である。蒴果は楕円形で長さ4－5cm，種子は扁平で膜があり，長さ10－13mm。本州（宮城県・石川県以西）・四国・九州に分布する。鱗片から良質の澱粉がと

れる。和名は〈姥百合〉で，花期には基部の葉が枯れるので，葉を同音の歯に掛けてこの名があるという。

オオウバユリ var. *glehnii* (F. Schmidt) H. Hara; *Lilium glehnii* F. Schmidt（PL.118）はウバユリより大型，花は長さ10－15cmで10－20花が花序をつくる。落葉樹林に生え，南千島・北海道・本州（北部～中部），サハリンに分布する。

【2】ツバメオモト属　Clintonia Rafin.

短い根茎から大型の根出葉が出る多年草。花茎が立ち，その頂に1～数個の花がまばらな総状花序につく。花被片は離生する。雄蕊は6個，花糸は糸状，葯は長楕円形で外向。子房は3室，各室に数個の胚珠がある。染色体基本数はx=14。ヒマラヤ・東アジア・北アメリカに5種があり，日本に1種ある。

1．ツバメオモト　　　　　　　　PL.114
Clintonia udensis Trautv. et C. A. Mey.

亜高山帯の針葉樹林下などに生える多年草。根出葉は2－5個ついて倒卵状長楕円形で，長さ15－30cm，やや厚いがやわらかく，初めは縁に軟毛があるがのちになくなる。花は5－7月，高さ20－30cmの花茎上につく。苞は披針形で花時には落ちる。花柄は1－2cm。花被片は白色で長楕円形，長さ10－15mm，やや平開する。雄蕊は花被片より短い。花柱の先は3裂する。液果は濃藍色に熟し，径10mm位。花後に花茎は40－70cmに伸長し，花柄もまた3－6cmに伸びる。南千島・北海道・本州（奈良県以北），ウルップ島・サハリン・朝鮮半島・中国・シベリア東部・ヒマラヤ東部に分布する。和名は〈燕万年青〉である。オモトは葉の形からの連想であろうが，ツバメの意味はわからない。液果の色がツバメの頭の色に似ているからという説もある。

【3】カタクリ属　Erythronium L.

鱗茎は数個連なって合着し，長さ数cmの筒状になる。葉は花茎の下部に2個，卵形または長楕円形で長い柄がある。花は花茎上に1～数個が総状につき，下向きに開く。花被片の先は強く反り返る。雄蕊は6個，花被片より短い。子房は3室で多数の胚珠がある。蒴果は円形で3稜形。染色体基本数はx=12。北半球の温帯域に24種が分布し，北アメリカに種数が多い。日本には1種がある。

1．カタクリ　　　　　　　　　PL.122
Erythronium japonicum Decne.

山野に群生する多年草。鱗茎は筒状長楕円形で長さ5－6cm。葉はふつう2個で花茎の下部につき，長い柄があるが地下に埋まるため，地上には葉身だけが現れる。葉身は長楕円形または狭い卵形で長さ6－12cm，黄緑色で暗紫色の斑紋がある。花は4－6月，高さ10－20cmの花茎の先に1個つき，下向きに開く。花被片は紅紫色，披針形で長さ4－5cm，基部の近くに蜜腺があり，その上部にW字状の濃紫色の斑紋がある。雄蕊は花被片の約半長，葯は濃紫色で線形。蒴果は円く，深い3稜形になる。蒴果が成熟するころは花茎が30cm位に伸びて地に倒れる。南千島・北海道・本州・四国・九州，朝鮮半島・中国（北東部）・サハリンに分布するが，四国や九州ではまれである。鱗茎から澱粉をとり，かたくり粉といって食べた。しかし，今のかたくり粉はジャガイモの澱粉である。若い葉はゆでて食べられる。和名は，古名の〈かたかご〉が〈かたこゆり〉になり，さらに転じて〈かたくり〉になったという。片栗とするのはあて字にすぎない。

【4】バイモ属　Fritillaria L.

鱗茎は2個または多数の鱗片からなる。葉は茎に互生，対生または輪生し，まれに先が巻きひげ状になる。花は1～数個下向きにつき，鐘状，内面の下部に腺体がある。花被片は長楕円形または卵形。雄蕊は6個，花被より短い。子房は3室，各室に多数の胚珠がある。蒴果は胞背裂開し，種子に狭い翼がある。染色体基本数はふつうx=12，まれにx=7，9，11，13。北半球の温帯域に約130種が分布し，中央アジア～地中海沿岸域に種数が多い。日本に8種ある。

A．鱗茎は多数の鱗片からなり，鱗片に関節がある。下部の葉は輪生する ································ 1．クロユリ
A．鱗茎は2個の鱗片からなる。下部の葉は対生，まれに互生する。
　B．上方の葉は先が巻きひげ状になる。花は1～数個 ·· 2．バイモ
　B．葉の先は巻きひげ状にならない。花はつねに1個。

Liliaceae

C. 花は鐘状筒形，花被片内側の基部近くから上に向かう腺があり，花被片は基部近くで外側に張り出す．
　D. 葯はクリーム色 ··· 3. ホソバナコバイモ
　D. 葯は青紫色 ··· 4. トサコバイモ
C. 花は椀状鐘形または広鐘形，花被片内側の下部〜中部下寄り（下1/4−2/5）から上に向かう腺があり，花被片は下部〜中部下寄りで外側に張り出す．
　D. 花は椀状鐘形，花被片内側の下部（下1/4）から上に向かう腺があり，花被片は下部で外側に張り出す．
　　E. 花糸や花柱に細突起があり，花柱はほとんど裂けない ··· 5. イズモコバイモ
　　E. 花糸や花柱は平滑で，花柱は3中裂 ··· 6. カイコバイモ
　D. 花は広鐘形，花被片内側の中部下寄り（下1/3−2/5）から上に向かう腺があり，花被片は中部下寄りで外側に角ばって張り出す．
　　E. 葯は赤紫色 ·· 7. アワコバイモ
　　E. 葯はクリーム色．
　　　F. 内花被片の縁は平滑 ·· 8. ミノコバイモ
　　　F. 内花被片の縁には顕著な突起がある ·· 9. コシノコバイモ

1. クロユリ　　　　　　　　　　　　　　　PL. 122
Fritillaria camschatcensis (L.) Ker Gawl. var. **camschatcensis**

高山または北地の草原に生える多年草．鱗片は白色で関節がある．茎は高さ10−50cm，3−5輪生の葉が数段につく．葉は披針形または長楕円状披針形で長さ3−10cm．花は6−8月，茎頂に1〜数個，斜め下向きにつく．花被片は暗紫褐色または黒紫色で網目模様があり，長楕円形で長さ25−30mm，基部に腺体がある．雄蕊は花被片の半長，花柱は基部から3枝に分かれる．南千島・北海道・本州（北部〜中部），サハリン・ウスリー・千島・カムチャツカ・北アメリカ北部に分布する．北海道・本州の高山にあるものは2倍体2n=24であるが，北海道以北の低地のものは3倍体2n=36で，丈が高く花も3−7個つく．舘脇操・河野昭一は，3倍体のものをクロユリまたはエゾクロユリ，2倍体の高山型をミヤマクロユリ var. **keisukei** Makinoとして区別した．

2. バイモ〔アミガサユリ〕　　　　　　　　PL. 122
Fritillaria thunbergii Miq.;
F. verticillata Willd. var. *thunbergii* (Miq.) Baker

中国原産の薬用植物であるが，観賞用として庭にも植えられる．鱗茎は2個の白色の鱗片からなる．茎は高さ30−80cm，葉は線状披針形で長さ7−10cm，上部にあるものは先が長く伸びて巻きひげ状になる．花は3−5月，上部の葉腋に1個ずつつく．花被片は淡黄色，はっきりしない網目模様があり，長楕円形で長さ25−30mm，基部に腺体がある．鱗茎が漢方薬の〈貝母〉で，和名はこれを音読したもの．フリティリンやその他のアルカロイドを含み，鎮咳，去痰，解ъ剤として用いられる．別名のアミガサユリは，花被の形が編笠に似ていることからついた．

3. ホソバナコバイモ　　　　　　　　　　　PL. 123
Fritillaria amabilis Koidz.

山地の林下に生える多年草．鱗茎は2個の鱗片からなる．葉は5個，茎の下部につく2葉は対生，上部につく3葉は輪生する．花はつねに1個で鐘状筒形．花被片は14−25mm，網目模様がなくて条があり，内側の基部近くから上に向かう腺があり，基部近くで外側に張り出し，縁に突起がない．葯はクリーム色で，花糸と花柱に細突起がある．本州（兵庫県以西）・九州（北部〜中部）にまれに見られる．

4. トサコバイモ　　　　　　　　　　　　　PL. 123
Fritillaria shikokiana Naruh.

ホソバナコバイモに似ているが，葯が青紫色．四国・九州中部にまれに見られる．

5. イズモコバイモ　　　　　　　　　　　　PL. 123
Fritillaria ayakoana Maruy. et Naruh.

山地の林下に生える多年草．鱗茎は2個の鱗片からなる．葉は5個，茎の下部につく2葉は対生だが，上部につく3葉は輪生する．花はつねに1個で椀状鐘形．花被片内側の下部（下1/4）から上に向かう腺があり，花被片は下部で外側に張り出す．花糸や花柱に細突起があり，花柱はほとんど裂けない．本州（島根県）にまれに見られる．

6. カイコバイモ　　　　　　　　　　　　　PL. 123
Fritillaria kaiensis Naruh.

イズモコバイモに似ているが，花糸や花柱は平滑で，花柱は3中裂する．本州（東京都・山梨県・静岡県）にまれに見られる．

7. アワコバイモ　　　　　　　　　　　　　PL. 123
Fritillaria muraiana Ohwi

ミノコバイモに似ているが，葯が赤紫色．四国にまれに見られる．アワコバイモとトサコバイモの間の自然雑種をトクシマコバイモF. ×tokushimensis Akasawa, Katayama et Naito といい，徳島県と高知県に産する．

8. ミノコバイモ〔コバイモ〕　　　　　　　PL. 123
Fritillaria japonica Miq.

山地の林下に生える多年草で，鱗茎は球形で径5−15mm，半球形の2個の鱗片からなる．茎は高さ10−30cm，葉は披針形〜広線形で長さ2.5−10cm，下方では対生，上方では3輪生する．花は3月下旬〜5月，茎頂に1個，広鐘形．花被片は長さ15−25mm，長楕円形で淡黄色，暗紫色の網目模様があり，内側の中部下寄り（下1/3−2/5）から上に向かう腺があり，花被片は中部下寄りで外側に角ばって張り出す．内花被片の縁は平滑．葯はクリーム色．本州（石川県・岐阜県・愛知県〜岡山県）にまれに見られる．

9. コシノコバイモ　　　　　　　　　　　　PL. 123
Fritillaria koidzumiana Ohwi; *F. japonica* Miq. var. *koidzumiana* (Ohwi) H. Hara et Kanai

ミノコバイモに似ているが，内花被片の縁に顕著な突起がある。本州（山形県・福島県〜石川県・静岡県・岐阜県）にまれに見られる。

【5】キバナノアマナ属　Gagea Salisb.

鱗茎は卵形で径10mm位。根出葉はふつう1個で線形。花は数個が花茎の頂に散形状につき，1−3個の総苞がある。花被片は6個，ふつう黄色または黄緑色，まれに白色，腺体を欠き，花後に多少なりとも肥厚する。雄蕊は6個，花糸は糸状で基部はやや広い。葯は円形または楕円形，子房は上位で3室，各室に多数の胚珠がある。ユーラシア大陸と北アフリカの温帯域に約90種が分布し，中央アジア〜地中海沿岸域に種数が多い。日本に3種ある。

```
A. 鱗茎の外皮は帯黄色，根出葉は幅5−10mm。花は大きく，花被片は長さ12−15mm ……………………… 1. キバナノアマナ
A. 鱗茎の外皮は黒褐色，根出葉は幅1−2mm。花は小さく，花被片は長さ7−10mm。
    B. 下側の苞は基部で漸先形になり，上面基部に縦溝がある …………………………………………………… 2. ヒメアマナ
    B. 下側の苞は基部で花茎を抱き，上面が強くへこむ ………………………………………………………… 3. エゾヒメアマナ
```

1. キバナノアマナ　　　　　　　　　PL.124
Gagea nakaiana Kitag.;
G. lutea sensu auct. jap., non (L.) Ker Gawl.

山野に生える多年草である。鱗茎は卵形で長さ約15mm。根出葉は1個，線形でやや厚く，長さ15−35cm，幅5−10mm。花茎は高さ15−25cm，3月下旬〜5月，花茎の頂に3−10個の花が散形状につく。苞は2個，披針形，下側の苞は長さ4−8cm。花柄の長さは不規則で，1−5cm，花被片は黄色，線状長楕円形で長さ12−15mm，先はとがらない。雄蕊は花被片より短い。蒴果はやや球形で3稜があり，長さ7mm内外。南千島・北海道・本州北部〜中部に産し，本州西部・四国・九州にはまれで，朝鮮半島・中国北東部・ロシアに広く分布する。

2. ヒメアマナ　　　　　　　　　　　PL.124
Gagea japonica Pascher

湿った原野に生える多年草。鱗茎は広卵形で長さ8−15mm。全草が繊弱で，根出葉は1個，長さ10−30cm，幅は狭く，2mm。花茎は長さ5−15cm，(1−)2−5花をつける。苞は2個，線形〜披針形，鈍頭，下側の苞は長さ(1−)2−4.5cm，基部は漸先形，上面基部に縦溝がある。花被片は黄色，線状長楕円形〜倒広披針形，長さ7−10mm。蒴果は球形，径5mm。北海道・本州北部〜中部にややまれにある。

3. エゾヒメアマナ　　　　　　　　　PL.124
Gagea vaginata Pascher

多年草。鱗茎は卵形〜広卵形，長さ8−13mm。根出葉は1個，長さ8−20cm，幅1−2mm。花茎は長さ4−15cm，1−3(−5)花をつける。苞は2個，下側の苞は長さ1.3−4cm，上面が強くへこみ，基部が花茎を抱く。花被片は線状長楕円形〜倒卵形，長さ7−9mm。南千島・北海道に産する。

【6】ユリ属　Lilium L.

鱗茎は多数の肉質鱗片からなり，まれに関節がある。葉はふつう互生し，まれに輪生状。若芽の時，ウバユリ属のように片巻きにならない。花は総状花序，まれに茎頂に1個つき，横向き，下向き，まれに上向きに開く。花被は白色，黄色，赤黄色で下部は漏斗状，先は開き，また，反り返るものもある。基部の内面に蜜溝がある。雄蕊は6個，葯は線形で丁字着，内向き。子房は上位，3室で各室に多数の胚珠がある。果実は蒴果で胞背裂開する。北半球の温帯域〜高山帯域に約115種が分布し，東アジアに種数が多い。日本に14種ばかりある。

```
A. 葉は茎の中部に輪生，または輪生状につき，上部のものは小型で互生する。
    B. 鱗茎は球形で，鱗片にふつう関節がある。花被片は赤橙色で質薄く，先は強く反り返る ……………………… 1. クルマユリ
    B. 鱗茎は扁球形で，鱗片に関節がない。花被片は橙黄色で質厚く，先はわずかに反る …………………………… 2. タケシマユリ
A. 葉は互生する。
    B. 花は上向きに開く。
        C. 花は小型で，花被片は長さ3−4cm，花柱は子房より短い ……………………………………………… 3. ヒメユリ
        C. 花は大型で，花被片は長さ7−10cm，花柱は子房より長い。
            D. 茎は長さ20−60cm，下部に乳頭状突起や短剛毛を密布する。成熟個体の花柄や花被外面に白綿毛が少ない
                                                                                ……………………… 4. スカシユリ
            D. 茎は長さ20−90cm，下部の乳頭状突起や短剛毛は少ない。花柄や花被外面に白綿毛が多い ……… 5. エゾスカシユリ
    B. 花は横向き，または斜め下向きに開く。
        C. 雄蕊は上部で斜めに開出する。花被片は開出し，先が反り返り，内面にはふつう斑点がある。
            D. 葉に柄がある。花は白色または淡紅色。
                E. 花に強い香気がある。花被片は白色で，赤褐色の斑点があり，中央に黄線がある ………………… 6. ヤマユリ
                E. 花に香気がない。花被片は白色で淡紅色をおび，濃紅色の斑点がある ……………………………… 7. カノコユリ
            D. 葉に柄がない。花は橙赤色。
```

Liliaceae

```
        E．葉腋に珠芽ができる ························································································· 8．オニユリ
        E．葉腋に珠芽がつかない．
            F．地下に匍匐枝がある．花被片は長さ6－8cm，花柱は子房より長い ··················· 9．コオニユリ
            F．匍匐枝がない．花被片は長さ3－4cm，花柱は子房より長くない ······················ 10．ノヒメユリ
    C．雄蕊はほぼまっすぐで，斜めに開出しない．花被片は鐘形またはラッパ形に集まり，先はわずかに反り，斑点がない．
        D．花は淡紅色で漏斗形．
            E．花被片は長さ10－15cm，外片は内片より幅が狭い．葯は赤褐色 ······················· 11．ササユリ
            E．花被片は長さ5－7cm，外片と内片は幅が同じ．葯は黄色 ······························ 12．ヒメサユリ
        D．花は白色で筒部の長い漏斗形．
            E．花粉は赤褐色．葉柄は短い ················································································ 13．ウケユリ
            E．花粉は黄色．
                F．花は上向きに開く．葉柄は短い ···································································· 14．タモトユリ
                F．花は横向きに開く．葉柄がない ·································································· 15．テッポウユリ
```

1．クルマユリ　　　　　　　　　　　　　PL.118
Lilium medeoloides A. Gray var. *medeoloides*

亜高山帯の草原に生える多年草．鱗茎は球形，白色で径2cm内外，鱗片にふつう関節がある．鱗茎は苦味はない．茎は高さ30－100cm，葉は茎の中央部付近に1－3段に輪生状につき，披針形で長さ5－15cm，縁に小突起がある．茎の上部では小型の葉が互生する．花は7－8月，1～数個が横向きまたは斜め下向きに開く．花被片は披針形，赤橙色で長さ3－4cm，濃色の斑点があり，上半部が強く反り返る．花粉は赤褐色．蒴果は倒卵形で長さ約2cm．南千島・北海道・本州（近畿地方以北）・四国（剣山），朝鮮半島・中国・サハリン・千島・カムチャツカに分布する．南限は大台ヶ原山，四国の剣山である．葉の細いもの，広いもの，花被に斑点のないもの，花被が紫黒色のものなど変化が多い．和名は〈車百合〉で，輪生する葉を車の輻（や）に見立てたもの．

サドクルマユリ var. *sadoinsulare* (Masam. et Satomi) Masam. et Satomi は佐渡の金北山に産し，鱗片に関節がない．

2．タケシマユリ
Lilium hansonii Leichtlin ex D. T. Moore

観賞用として古くから栽培されているユリで，自生地は韓国の鬱陵島（古名竹島）であるという．鱗茎は扁球形で白色，紫点がある．茎は高さ1－1.5m．葉は茎の中央部に2－3段に輪生し，その上下に小型の葉が互生する．花は下向きに開き，橙黄色で濃色の斑点があり，径5－6cm，一種の香りがある．花被片は多肉で，開出する．

3．ヒメユリ　　　　　　　　　　　　　　PL.118
Lilium concolor Salisb.

山地に生える多年草で，鱗茎は小さい卵形，鱗片は白色で少数．茎は高さ30－80cm．葉は多数つき，線形で長さ5－10cm，柄がない．葉縁に半円形の突起がある．花は6－7月，上向きに開く．花被片は倒披針形で，長さ3－4cm，朱赤色で濃色の斑点がある．花粉は赤色．本州～九州，朝鮮半島・中国・アムールに分布し，日本ではややまれである．茎に毛がないので，毛のある中国産から分けて，変種 var. *partheneion* (Siebold et de Vriese) Baker とする説もある．また，古くより観賞用に栽培され，コヒメユリ，ミチノクヒメユリなど園芸的に名がつけられているが，一般的には区別は難しい．

4．スカシユリ　　　　　　　　　　　　　PL.119
Lilium maculatum Thunb. var. *maculatum*

海岸の砂浜や岩場，崖に生える多年草．鱗茎は卵形で，白色，苦味がない．鱗片の一部に関節があることもある．茎は高さ20－60cm，稜角があり，下部には乳頭状突起や短剛毛があり，若い時には多少白色の綿毛がある．葉は多数つき，披針形で長さ4－10cm，柄がない．花は5－8月上旬，茎の頂に1～数個つく．花被片は斜め上向きに開き，橙赤色で濃色の斑点があり，長さ7－10cm，内面の中肋に沿って密毛があり，倒披針形で下部は狭くなり，各片の間に隙間がある．スカシユリの名はこれによる．雄蕊は雌蕊より短く，葯は赤褐色，花柱は子房より長い．蒴果は倒卵状楕円形で長さ4－5cm．本州（紀伊半島・中部地方以北）に自生する．

古くから栽培され，多数の園芸品種がある．園芸界では栽培品種を総称してスカシユリといい，自生種をイワトユリといっている．また太平洋側のものをイワトユリ，日本海側のものをイワユリと細別している．イワトユリの花期は6－8月上旬，イワユリの花期は5－7月であるという．

ミヤマスカシユリ var. *bukosanense* (Honda) H. Hara (PL.119) は初め埼玉県武甲山の石灰岩地で発見されたもので，岩手県～茨城県や新潟県にも生えている．茎は下垂し，葉が広線形で，花は6－7月，上向きに開き，花被片が強く反り返る性質がある．イワユリ系であるという．

ヤマスカシユリ var. *monticola* H. Hara は青森県を除く東北地方と新潟県・長野県の深山に生え，花柄やつぼみに綿毛がなく，花被片の先は軽く反り，下部の隙間が狭いもの．イワユリ系で花は6－7月．

5．エゾスカシユリ　　　　　　　　　　　PL.119
Lilium pensylvanicum Ker Gawl.;
L. maculatum Thunb. subsp. *dauricum* (Baker) H. Hara

スカシユリに似ているが，茎は高さ90cmにもなり，下部に乳頭状突起や短剛毛が少ないが，花柄や花被外面に白色の綿毛が多い．北海道や南千島の海岸砂地に生え，ウルップ島・サハリン・カムチャツカ・ダフリア・朝鮮半島・中国北東部にまで分布する．青森県（大間崎の弁天島）のものは真の自生かどうか疑わしい．スカシユリの亜種や変種とする説もあり，見解の分かれるところである．広く分布する本種が本州北部から中部でス

カシユリを分化させたのであろうか。

6. ヤマユリ　　　　　　　　　　　　　　　　　　　PL. 119
Lilium auratum Lindl. var. **auratum**

　山地，丘陵に生える多年草。鱗茎は扁球形で径6－10cm，黄白色で苦味がない。茎は高さ100－150cmにもなり，円くて毛も突起もない。葉は披針形で長さ10－15cm，短い柄がある。花は7－8月，数個から多いものは20個もつき，横向きに開く。花被片は白色で赤褐色の斑点があり，長さ10－18cm，中脈に沿って黄線があり，内片は外片より幅広く，先は反り返り，基部の内面に突起がある。花粉は赤褐色。蒴果は長楕円形で長さ5－8cm。本州（近畿地方以北）に分布する日本特産種。強い芳香があるので喜ばれ，庭にもよくつくられるが，自然分布は案外に狭い。東北地方～近畿地方にはふつうであるが，北海道・北陸・中国地方・四国・九州にはなく，あれば野生化したものである。産地にちなみ，ヨシノ（吉野）ユリ，ホウライジ（鳳来寺）ユリ，エイザン（叡山）ユリなどといわれる。鱗片が食用になるのでリョウリ（料理）ユリともいわれる。

　サクユリ var. **platyphyllum** Baker はヤマユリに似ているが，丈高く，葉が広くて大きく，花も大型で，花被に黄褐色の斑点がわずかしかないもので，伊豆七島で分化した地方変種であろう。七島ではタメトモユリともいわれるが，七島にゆかりの深い源為朝を追慕した呼び名である。サクユリの名の由来については，青ヶ島ではこのユリをサックイネラというが，イネラはユリのこと，サック（意味不明）がサクになり，サクユリとなったという。

7. カノコユリ　　　　　　　　　　　　　　　　　　PL. 120
Lilium speciosum Thunb.

　山地の崖などに生える多年草。鱗茎は黄褐色，球形で径7－10cm，苦味がある。茎は高さ100－150cm，葉は卵状披針形で長さ10－18cm，短い柄がある。花は7－9月，数個から20個位つく。花被片は白色で淡紅色をおび，濃紅色の斑点があり，広披針形で長さ8－10cm，強く反り返る。花粉は赤褐色。蒴果は長楕円形で長さ3－4cm。四国（徳島県）・九州に分布する。和名は〈鹿の子百合〉の意で，白地に紅色の斑点があるのを鹿の子紋に見立てたものである。

　本種を詳しく研究した阿部定夫・田村輝夫によれば，生態的に本来のカノコユリ（シマカノコユリ） var. **speciosum** と タキユリ var. **clivorum** S. Abe et T. Tamura に分けられる。すなわち，前者は九州の西海岸と甑島に分布し，茎が太く立ち，花は横向きまたはややうつむき，柱頭が頭状になるもの。後者は四国の山中の岩壁，九州の西彼杵半島と九十九島に分布し，茎は細くて下垂し，花はうつむき，柱頭は切形になるものであるという。しかし，この相違が決定的なものかどうかについては将来の研究をまちたい。昔から観賞用に庭につくられ，多数の園芸品種がつくり出されている。

8. オニユリ　　　　　　　　　　　　　　　　　　　PL. 120
Lilium lancifolium Thunb. var. **lancifolium**

　田のあぜなど人里近くに生える多年草。鱗茎は卵球形，黄白色で径5－8cm，やや苦味がある。茎は高さ1－2mにもなり，暗紫色で，若い時には白色の綿毛がある。葉は多数つき，披針形で長さ5－15cm，腋に紫褐色の珠芽がつく。花は7－8月，数個～20個内外，横向きに開く。花被片は橙赤色で濃色の斑点があり，披針形で長さ7－10cm，強く反り返る。花粉は黒褐色である。果実はふつう実らない。北海道～九州，朝鮮半島・中国に分布し，日本各地に見られるが，真の自生かどうかわからない。古い時代に中国から渡来して拡がったものではないかという疑いもある。多くは3倍体2n=36で，果実が実らないことはヒガンバナに似ているのも興味がある。よく庭に植えられ，鱗茎は食用になる。〈テンガイユリ（天蓋百合）〉ともいう。黄花品を**オウゴンオニユリ** var. **flaviflorum** Makino という。この種の学名には Lilium tigrinum Ker Gawl. が使われることもある。

9. コオニユリ　　　　　　　　　　　　　　　　　　PL. 120
Lilium leichtlinii Hook. f. f. **pseudotigrinum** (Carrière) H. Hara et Kitam.; *L. leichtlinii* Hook. f. var. *maximowiczii* (Regel) Baker

　山地の草原に生える多年草である。オニユリに似ているが，鱗茎は小さく，白色で苦味がなく，長い匍匐枝をひき，葉腋に珠芽がなく，花は小型で，花柱は子房より長く，花つきはやや少なく，よく結実する。花期は7－9月。北海道～琉球（奄美大島以北），朝鮮半島・中国（北東部）・ウスリーに分布する。

　基準品種を**キヒラトユリ（キバナノコオニユリ）** f. leichtlinii といい，花被片の地色が黄色である。まれではあるが本州（秋田県・宮城県・尾瀬・長野県）・四国（高知県）・九州（平戸島）から報告されている。

10. ノヒメユリ〔スゲユリ〕　　　　　　　　　　　　PL. 120
Lilium callosum Siebold et Zucc. var. **callosum**

　山地の草原に生える多年草。コオニユリに似ているが，匍匐枝がなく，葉が線形。花は日本産ユリ属のなかでもっとも小さく，花被片は長さ3－4cm，斑点がはっきりせず，花柱は子房より長くならないものである。高さは60－100cm。花は8月，茎の先に2－9個つく。花被片は赤橙色で斑点はあまり目立たない。九州，朝鮮半島・中国・台湾・アムールに分布する。和名は〈野姫百合〉，〈菅百合〉の意である。

　花が黄色～橙黄色のものを**キバナノヒメユリ**（キバナスゲユリ） var. **flaviflorum** Makino といい，長崎県と沖縄諸島に産する。

11. ササユリ　　　　　　　　　　　　　　　　　　PL. 121
Lilium japonicum Houtt. var. **japonicum**

　山地の草原に生える多年草。鱗茎は卵形，白色で径2－4cm，苦味はない。茎は高さ50－100cm。葉はあまり多くはつかず，披針形で長さ8－15cm，はっきりした柄がある。花は6－7月，茎頂に数個，横向きに開く。花被は淡紅色で漏斗形，花被片は倒披針形で長さ10－15cm，内片が幅広く，先はやや反り返る。花粉は赤褐色。蒴果は倒卵形で長さ3－4cm。本州（中部地方以西）～九州に分布する。和名は〈笹百合〉で，葉がササの葉に似ているのでいう。葉の広いもの，狭いもの，花の白

色のものなど変化がある。
　徳島県神山町神領で見い出されたものは，全体小型で，葉が細く，花被片の基部が濃紅色，5－6月上旬に開花するので，**ジンリョウユリ** var. **abeanum** (Honda) Kitam. (PL.121) として区別される。

12. ヒメサユリ　　　　　　　　　　　　　　　　PL.121
Lilium rubellum Baker

　山地，深山の草地に生える多年草。鱗茎は小さい卵形で径2－3cm，苦味はない。茎は高さ30－80cm，葉は広披針形で長さ5－10cm，短い柄がある。花は6－8月，茎頂に数個つき，横向きに開く。花被片は淡紅色で香りがあり，倒卵状披針形で長さ5－7cm，漏斗形に集まり，先はわずかに反る。花粉は黄色。日本特産で，宮城県と山形県・福島県・新潟県の県境付近の標高200－800m，ときに2000m近くにまで生える。

13. ウケユリ　　　　　　　　　　　　　　　　PL.121
Lilium alexandrae Hort. ex Wallace

　多年草。鱗茎は卵形，径4－5cm，白色，苦味はない。茎は高さ1－1.2m。葉は披針形～広披針形，長さ18－20cm，短い柄がある。花は5月下旬～6月，茎頂に1－2個つき，白色，漏斗形で花の香りが強い。花被片は倒卵状へら形，長さ16－18cm，先は反る。花粉は赤褐色。蒴果は長楕円形，長さ5cmまで。奄美大島，徳之島とその間の島々に分布し，請島に多い。

14. タモトユリ
Lilium nobilissimum (Makino) Makino

　海岸の岩壁に生える多年草。鱗茎は球形，径6.5cmまで，黄白色，苦味はない。茎は高さ1.5mまで。葉は広く，長楕円形～卵形，長さ18cmまで，短い柄がある。花は7－8月上旬，茎頂に数個つき，白色，ラッパ形で上向きに開き，香りが強い。花被片は長さ14cmまで。花粉は黄色。蒴果は卵状長楕円形。吐噶喇列島口之島だけに生える。崖の上から綱をつけて下り，これをとり，袂に入れて持って上がるので，〈袂百合〉というのだそうである。この属中の稀品である。

15. テッポウユリ　　　　　　　　　　　　　　PL.121
Lilium longiflorum Thunb.

　海岸近くの崖などに生える多年草。鱗茎は扁球形，径5－6cm，黄白色，苦味が強い。茎は高さ50－100cm。葉は披針形，長さ10－18cm，柄がない。花は3月下旬～6月，茎頂に数個つき，白色，ラッパ形でよい香りがある。花被片は倒披針形で斑点がなく，長さ10－16cm，先は少し反る。花粉は黄色。蒴果は長楕円形で長さ6－9cm。南西諸島，台湾に分布する。タメトモユリ，リュウキュウユリ，サツマユリ，ツツナガユリなどの別名がある。花が白く大きく立派で香りがあるので，切花用として喜ばれる。欧米では復活祭に用いられるのでEaster Lilyといわれる。和名の由来は，花形が昔の鉄砲に似ているからともいい，種子島に自生があり，ここにポルトガルから鉄砲が伝来したからともいうが，真偽はわからない。台湾のものはvar. **scabrum** Masam. として区別される。

【7】チシマアマナ属　　**Lloydia** Salisb.

　外皮鱗茎のある多年草で，根出葉と花茎に少数の葉がある。花は白色または黄緑色で，花被片は6個，漏斗状で平開せず，花後に萎縮するが落ちない。腺体があるものとないものがある。雄蕊は6個，花被片より短い。子房は上位で3室，多数の胚珠がある。蒴果は倒卵形またはやや球形。北半球の温帯域に約20種，日本に2種ある。この属全体をキバナノアマナ属Gageaに含める考え方もある。

　A．外皮鱗茎は円柱状で長さ4－7cm。花は1つの茎に1個つく。花被片の基部に腺体がある ················ 1. チシマアマナ
　A．外皮鱗茎は楕円形で長さ1cm位。花は1つの茎に1－5個つく。花被片に腺体がない ················ 2. ホソバノアマナ

1. チシマアマナ　　　　　　　　　　　　　　PL.124
Lloydia serotina (L.) Rchb.

　高山の岩地に生える多年草。根出葉はふつう2個，長さ7－20cm，幅1mm。花茎は高さ7－15cm，2－4個の葉が互生する。花は6－8月，花茎上に1個つく。花被片は白色，狭い長楕円形で長さ10－15mm，基部に黄赤色の腺体がある。雄蕊は花被片より短い。南千島・北海道・本州（北部～中部），周北極の寒帯域・高山帯域に広く分布する。

2. ホソバノアマナ　　　　　　　　　　　　　PL.124
Lloydia triflora (Ledeb.) Baker

　山地の草原に生える多年草。前種に似ているが，根出葉はふつう1個で，幅がやや広く1.5－3mm。花は4月下旬～6月，1茎に1－5花つき，花被片に腺体がないものである。北海道～九州，朝鮮半島・中国（北東部）・ウスリー・サハリン・千島（パラムシル島以北）・カムチャッカに分布する。

【8】タケシマラン属　　**Streptopus** Michaux

　茎は1本立ちし，または2－3分枝する。葉は互生し，基部を抱くものがある。花はふつう葉腋に1(－2)個つき，花柄は細く，上位の葉の基部付近まで茎に合着し，1回ねじれて下垂するが，花柄と茎がほとんど合着しないもの（S. simplex）や，2－4花からなる花序が茎頂につくもの（S. ovalis）もある。花被片は6個，白緑色または淡紅色で，離生する。雄蕊は6個，子房は上位，3室で，各室に多数の胚珠がある。果実は球形の液果で赤色に熟す。北半球の温帯域に約10種，日本に2種ある。

A．葉の基部は茎を抱く。花柄に関節がある。花被片は基部が広鐘形となり，先が反り返る。花柱は長い……1. オオバタケシマラン
A．葉の基部は茎を抱かない。花柄に関節がない。花被片は基部から平開し，先は反り返る。花柱はごく短い……2. タケシマラン

1. オオバタケシマラン　　PL.114
Streptopus amplexifolius (L.) DC. var. **papillatus** Ohwi

深山の林下に生える多年草。茎は高さ50－100cm，2－3枝に分かれる。葉は卵形または卵状楕円形で長さ6－12cm，基部は心形で茎を抱き，裏面は粉白色，縁に突起毛がある。花は5月下旬～8月に開く。花被片は白緑色で披針形，長さ8－10mm，基部は広鐘形に集まり，先は反り返る。葯は披針形で長さ3－4mm，平滑である。花柱は長さ約4mm。液果は球形で径10mm内外，赤熟する。南千島・北海道・本州（北部～中部），朝鮮半島・サハリン・アムール・千島・カムチャツカ・シベリア東部に分布する。基準変種var. amplexifoliusはヨーロッパに分布し，北アメリカにはvar. americanus Schult. et Schult. f.が分布する。

2. タケシマラン　　PL.114
Streptopus streptopoides (Ledeb.) Frye et Rigg var. **japonicus** (Maxim.) Fassett f. **japonicus**;
S. streptopoides (Ledeb.) Frye et Rigg subsp. *japonicus* (Maxim.) Utech et Kawano

山地に生える多年草。茎は高さ20－50cm，ふつう二又に分かれる。葉は卵状披針形で長さ4－10cm，基部は円いが茎を抱かない。開花は5月下旬～7月上旬。花被片は淡紅色，披針形で長さ約3mm，平開して先が反り返る。葯は広卵形で短毛がある。花柱はごく短い。液果は球形で径7mm内外，赤熟する。本州（北部～中部）に産する。まれに液果が黒く熟すものがあり，クロミノタケシマランf. atrocarpus (Koidz.) Makino et Nemoto（PL.115）という。基準変種ヒメタケシマランvar. **streptopoides**（PL.115）は全草が小型で，葉の縁に柱状突起のあるもので，南千島・北海道・本州（北部～中部），千島（シムシル島以南）・サハリン・シベリア東部に分布する。

【9】ホトトギス属　　Tricyrtis Wall.

葉は互生し，基部は茎を抱くものとつき抜き形になるものがある。花は両性，花被片は6個，黄色，または白色で紫色の斑点があり，離生するが基部は漏斗状に集まり，上部は半開または平開し，まれに反り返る。外花被片の基部は球状にふくれるものと，短い距になるものとある。雄蕊は6個，花糸は花柱に沿って立ち上がり先が平開し，葯は外向き。花柱は3枝に分かれ，各枝はさらに2裂して平開する。子房は上位で3室，多数の胚珠がある。蒴果は胞間裂開する。種子は扁平な卵形で網目模様がある。東アジア～インドに20種内外あり，日本に12種ある。

A．花は上向きに開き，花被片は白色または黄色，平開または斜めに開く。外花被片の基部は球状にふくれる………《**ホトトギス類**》
　B．花被片は白色で，内面に紫色の斑点がある。
　　C．花被片は斜めに開く。
　　　D．花は葉腋につく。茎に斜上する毛が多い……1. ホトトギス
　　　D．花は茎の先に集散状につく。茎はほぼ無毛……2. タイワンホトトギス
　　C．花被片は上半部が平開するか，反り返る。茎の毛は斜め下方に向く。
　　　D．花被片は強く反り返る。茎の毛は少ない……3. ヤマホトトギス
　　　D．花被片は平開するが反り返らない。茎の毛は目立つ。
　　　　E．花被片の下部に大きな紫の斑点がある。花糸に紫色の斑点がない……4. ヤマジノホトトギス
　　　　E．花被片の下部に黄色の斑点がある。花糸に紫色の斑点がある……5. セトウチホトトギス
　B．花被片は黄色である。内面に紫褐色の斑点がある。
　　C．花は茎頂に集散状につく……6. タマガワホトトギス
　　C．花は茎頂および上部の葉腋に1－2個ずつつく。
　　　D．葉の基部は茎がつき抜く形になる……7. キバナノツキヌキホトトギス
　　　D．葉の基部は茎を抱くが，つき抜くようにはならない。
　　　　E．茎は高さ20－50cm。葉にふつう斑紋はないが，あることもある。花柄は長さ2－6cm……8. キバナノホトトギス
　　　　E．茎は高さ2－15cm。葉に紫褐色の斑紋がある。花は1－2個，花柄は長さ0.5－1.5cm……9. チャボホトトギス
A．花は下向きに開き，花被片は黄色，鐘形で半開する。外花被片の基部は短い距になる………《**ジョウロウホトトギス類**》
　B．花は茎頂および上部の葉腋にふつう1個つく。
　　C．葉の基部は浅心形で，片側に耳片があって茎を抱く……10. ジョウロウホトトギス
　　C．葉の基部は深心形で，両側に耳片があって茎を抱く……11. キイジョウロウホトトギス
　B．花は茎頂に総状花序につく。葉の基部は両側に耳片があって茎を抱く……12. サガミジョウロウホトトギス

1. ホトトギス　　PL.115
Tricyrtis hirta (Thunb.) Hook. var. **hirta**

山地の半日陰地に生える多年草で，茎は立つか，崖から下がり，長さ40－80cm，褐色の毛が斜め上向きに密に生える。葉は互生して，左右に並び，長楕円形～披針形で長さ8－20cm，毛があり，先はしだいにとがり，基部は茎を抱く。8－10月，葉腋に2－3個の花がつく。花被片は斜め上向きに開き，長さ25mm内外，白色地に紫色の斑点が多く，下部に黄色の斑点がある。外片は倒披針形で内片より狭い。花糸は無毛で紫点がある。6

Liliaceae

本の花糸は，よりそって束状に立ち，おのおのの上部で外反して開き，先端に葯を丁字につける。花柱分枝に球状の突起がある。蒴果は長さ30mm前後。染色体数は2n=24, 25, 26。北海道南西部・本州（関東地方以西・新潟県以南）・四国・九州に分布する。観賞用としてよく庭に植えられる。花被にある紫色の斑点の多少，大小は個体によって変異が多い。花の紫斑を鳥のホトトギスの胸腹の斑紋に見立てて〈杜鵑草〉の名がある。

　花被に斑点のほとんどないものを**シロホトトギス** f. albescens (Makino) Hiyama; var. *albescens* Makinoという。茎や葉に毛のないものを**サツマホトトギス** var. **masamunei** (Makino) Masam.といい，九州に産する。

2. タイワンホトトギス　　　　　　　　　　　PL. 115
　Tricyrtis formosana Baker
　山中のやや湿った場所に生える多年草。茎は高さ50－80cm，ほぼ無毛。葉は長楕円形，長さ5－20cm，幅3－5cm，基部は細くなって鞘状に茎を抱き，上面は無毛，下面は毛がある。花期は9－11月。花は茎の先に集散状につく。花被片は斜め上向きに開き，ふつう内面先端部は淡紫色で他の部分は白色，紫色の斑点があり，下部に黄色の斑点がある。外花被片は倒披針形，長さ22－25mm，幅6－8mm，内花被片は線状披針形，長さ20－24mm，幅は約4mm。花糸と花柱に赤紫色の斑点がある。葯は暗紫色。子房は無毛。西表島に産し，台湾に分布する。

3. ヤマホトトギス　　　　　　　　　　　　　PL. 115
　Tricyrtis macropoda Miq.
　山地の林下に生える多年草で，茎に斜め下向きの毛がある。葉は長楕円形または楕円形で長さ8－15cm，先は短くとがり，下部のものは無毛だが上部のものには毛がある。7－9月，茎頂と上部の葉腋に集散花序がつき，花序には腺毛が多く，花は上向きに開く。花被片は，長さ15－20mm，白色で紫斑が少なく，下部に黄色の斑点が出ることがある。内片は狭い披針形で平開し，外片は広倒披針形で内片より幅広く外面に腺毛があり，ともに強く反り返る。花糸に毛状突起があり，葯は淡黄色である。花柱と分枝にも紫斑がある。蒴果は長さ約30mm。染色体数は2n=26。北海道南西部・本州（岩手県以南）・四国・九州，朝鮮半島に分布する。茎や葉に毛のないもの，花被片に紫斑のほとんどないものなどであり，かなりの変異がある。

4. ヤマジノホトトギス　　　　　　　　　　　PL. 116
　Tricyrtis affinis Makino
　山野に生える多年草。茎は高さ30－60cm，斜め下向きの毛がある。葉は卵状長楕円形または狭長楕円形で，まばらに毛があり，先は急にとがり，長さ8－18cm。花は8－10月，茎頂と葉腋に1－2個つく。花柄に毛が多く，花は長さ約2cm，花被片は白色で紫色の斑点が少なく，下部に紫色の大きな斑点がある。上部は平開するが反り返らない。花糸と花柱とに紫色の斑点はない。染色体数は2n=26。北海道南西部〜九州に分布する。和名は〈山路のホトトギス〉の意である。

　近畿地方や中国地方，四国から，**チュウゴクホトトギス** T. chiugokuensis Koidz.が記載されたが，花序の形態がヤマホトトギス型なので変種と扱う説もある。髙橋弘（〈植物分類地理〉26巻，1974）は，ヤマジノホトトギスの一型とみなしている。

5. セトウチホトトギス　　　　　　　　　　　PL. 116
　Tricyrtis setouchiensis Hir. Takah.
　ヤマジノホトトギスに似ているが，花被片の下部に黄色の斑点があり，花糸や花柱に紫斑があり，根にアントラキノン系の黄色色素がある（ヤマホトトギスにはあるがヤマジノホトトギスにはない）ので，髙橋弘（〈植物分類地理〉26巻，1974）が別種としたもの。染色体数は2n=26。本州（大阪府・和歌山県・兵庫県・岡山県・山口県）・四国（徳島県・愛媛県）に産する。

6. タマガワホトトギス　　　　　　　　　　　PL. 116
　Tricyrtis latifolia Maxim. var. **latifolia**
　山地の水気のあるところなどに生える多年草。高さ40－80cm，葉は広楕円形で長さ8－18cm，基部は心形で茎を抱き，先は急にとがる。茎や葉にほとんど毛がない。7－9月，茎頂と上部の葉腋に腺毛のある散房花序がつく。花被片は黄色，斜めに開き，内面に紫褐色の斑点がある。長さ20mm内外，内片は長楕円形，外片は広長楕円形で内片よりはるかに幅広く，基部に大きなふくらみがある。染色体数は2n=26。本州〜九州に分布する。和名は，〈玉川ホトトギス〉の意であり，牧野説によれば，この花の黄色をヤマブキの色に比べ，ヤマブキの昔の名所である京都府井手の玉川に名を借りて，タマガワホトトギスになったという。

　葉はふつう無毛であるが，ときに裏面に毛のあるものがあり**ハゴロモホトトギス** var. **makinoana** (Tatew.) Hiyamaといい，北海道・本州（東北地方）に分布する。

7. キバナノツキヌキホトトギス　　　　　　　PL. 116
　Tricyrtis perfoliata Masam.
　山の崖などに下垂して生える多年草。茎は長さ50－70cm，毛はない。葉は披針形で長さ8－17cm，基部は茎を抱いて合着し，茎は葉の下部をつき抜けるようになる。9－10月，黄色の花が葉腋に1個ずつつき，上向きに開く。花柄は花より短く，腺毛が密生する。花被片は斜めに開き，長さ20－25mm，長楕円形，外片の下部に腺毛があり，基部にふくらみがある。染色体数は2n=26。まれな種類で，宮崎県尾鈴山が唯一の産地である。

8. キバナノホトトギス　　　　　　　　　　　PL. 116
　Tricyrtis flava Maxim. subsp. **flava**
　茎は立ち，高さ20－50cm，かたい毛が散生する。葉は長楕円状披針形，長さ8－20cm，基部はしだいに狭くなり，茎をかかえるように斜めに立つが，茎を抱くようにはならない。9－11月，黄色の花が1 2個葉腋につくが，花柄は花よりはるかに長く褐色の毛が密生するのが，他種に比べていちじるしい特徴である。花被片は卵状長楕円形で長さ30mm前後，内外片はほとんど同形で，外片に褐色の毛があり基部にふくらみがある。葯は褐色。染色体数は2n=26。宮崎県に産する。古くから観賞用に栽培されている。

タカクマホトトギス subsp. **ohsumiensis** (Masam.) Kitam.; *T. ohsumiensis* Masam.はこれに似ているが茎はほとんど無毛で、葉は幅が広く、花被片は長さ35mm内外で、斑点が少なく、花粉が黄褐色のもの。染色体数は2n=26。九州（大隅半島）産。初め高隈山のものに名付けられたのでこの名がある。

9. チャボホトトギス　　　　　　　　　　　　PL.117
Tricyrtis nana Yatabe

キバナノホトトギスの矮小型とも考えられる。茎は高さ2－15cm、かたい毛がある。葉は倒披針形で、長さ5－15cm、表面に光沢と明らかな紫褐色の斑紋があり、基部はしだいに狭くなる。8－9月、茎頂または上部の葉腋に1－2花がつく。花柄は毛が密生し、花より短い。花被片は倒披針形で長さ20－24mm、紫褐色の斑点がある。染色体数は2n=26。本州（東海地方～近畿地方）・四国・九州に分布し、南限は屋久島である。

10. ジョウロウホトトギス　　　　　　　　　　PL.117
Tricyrtis macrantha Maxim.;
Brachycyrtis macrantha (Maxim.) Koidz.

山中に生え、湿り気のある崖から下垂する多年草。茎は長さが40－80cm、上方に斜上する褐色の毛がある。葉は互生、卵状長楕円形で、長さ7－15cm、裏面に毛があり、先はしだいにとがって尾状になり、基部は心形で、一側に耳片がある。8－10月、茎の上部の葉腋に花が下向きに1個ずつつく。花被片は黄色で、内面に紫褐色の斑点があり、鐘形で半開し、長楕円形で長さ40mm内外。外片は内片より少し細く、基部に長さ4－5mmの距がある。染色体数は2n=26。四国・九州に産する。和名は、この優雅な花を上﨟にたとえたもの。

11. キイジョウロウホトトギス　　　　　　　　PL.117
Tricyrtis macranthopsis Masam.;
Brachycyrtis macranthopsis (Masam.) Honda

ジョウロウホトトギスに似ているが、茎にほとんど毛がなく、葉の基部の両側に耳片があり、花は8－10月、茎頂に1－2個、上部の葉腋に1個つくものである。染色体数は2n=26。紀伊半島の南部に産するのでこの名がある。ジョウロウホトトギスの変種または亜種とする説もある。

12. サガミジョウロウホトトギス　　　　　　　PL.117
Tricyrtis ishiiana (Kitag. et T. Koyama) Ohwi et Okuyama var. **ishiiana**

葉はキイジョウロウホトトギスに似ているが、花が茎頂に2－5個、総状花序につくものである。花は9－10月。外花被片の基部に長さ5－6mmの胞状の距があり、葯は黄色である。産地は神奈川県丹沢山地。

スルガジョウロウホトトギス var. **surugensis** T. Yamaz.は、外花被片の基部の距は長さ2mm位で小さく、葯が赤褐色なので、サガミジョウロウホトトギスの変種と扱われている。染色体数は2n=26。静岡県天守山地に産する。

ジョウロウホトトギスの類は、花が下向きに咲き、外花被片の基部が短い距になる特徴を重視して、ジョウロウホトトギス属Brachycyrtisを認める説もある。種としては、もとは1種であったのが、産地による変異を重視してキイジョウロウホトトギス、サガミジョウロウホトトギスなどが認められるようになった。

【10】チューリップ属　　**Tulipa** L.

外皮鱗茎のある多年草。葉は線形～狭卵形で（1－）2－6（－12）個、互生、ときどき対生に見える。花茎は直立し、頂にふつう1花、まれに2－8花をつけ、苞はふつうないが、日本産の2種には2－3個ある。花被は鐘形～漏斗形、白色、黄色または赤色、腺体がなく、花が終わると落ちる。雄蕊は6個、長さは等しいか3個ずつ異なる。胚珠は多数。蒴果はやや球形または長楕円形、胞背裂開である。ユーラシア大陸と北アフリカの温帯域に約150種が分布し、西アジア～中央アジアに種数が多い。日本には2種がある。日本産の2種は、花が小型で、葉は線形、花茎に苞があり、花粉の形態がちがうので、別属のアマナ属Amanaとしてチューリップ属から区別する説もある。

　A. 葉は長さ15－25cm、幅5－10mm、花茎にはふつう2個の苞がある ·· 1. アマナ
　A. 葉は長さ10－15cm、幅10－20mm、中央に白線がある。花茎にふつう3個の苞がある ····················· 2. ヒロハノアマナ

1. アマナ　　　　　　　　　　　　　　　　　PL.124
Tulipa edulis (Miq.) Baker; *Amana edulis* (Miq.) Honda

原野に生える多年草。外皮鱗茎は広卵形で長さ3－4cm。葉は線形で2個、花茎の下部につき、それ以下は地中にあるので根出葉のように見える。花茎は高さ15－20cm、先に1花がつく。花は3－5月、日光を受けて開く。花被片は6個、白色で暗紫色の脈があり、披針形で長さ20－25mm。雄蕊は6個、花被片より短い。蒴果は円形で長さ10mm内外、3稜がある。本州（宮城県以南）・四国・九州、朝鮮半島・中国（東部）に分布する。鱗茎は甘味があるので〈甘菜〉といわれ、食用になる。

2. ヒロハノアマナ　　　　　　　　　　　　　PL.124
Tulipa latifolia (Makino) Makino;
Amana latifolia (Makino) Honda

草地や疎林の下などに生える多年草。葉は幅広く、中央に白線があり、花茎にふつう3個の苞があるのでアマナと区別できる。分布は本州（福島県以西）・四国（香川県）に限られる。

ラン科　ORCHIDACEAE

遊川知久

　花は総状花序につき，苞がある。ふつう両性花だが，なかにはカタセツム属Catasetumやキクノケス属Cycnochesのように単性のものもある。ヤクシマラン属を除くと，一般に左右相称。外花被片（萼片）3個はほぼ同形であるが，内花被片（花弁）は左右2個が同形であるのに対し，中央の1片は形，大きさ，色彩などが顕著で目立つので，特に唇弁と名づけられ，その基部はしばしば囊または距となる。ふつう唇弁は下方にあるが，本来は上方で，子房が180度ねじれることによって下に位置している。雄蕊は1－2個が完全で，他は退化し，まったく消滅するか，または仮雄蕊として残存する。雄蕊は雌蕊と合着して1個の柱状体を形成し，これを蕊柱とよぶ。蕊柱には先端の上面に葯，下面に柱頭がある。葯はふつう2室，一般にかたく結合した花粉塊を1－8個入れる。花粉塊は粘質，粉質，蠟質などの差が見られ，多くの種では送粉者の体に張りつくための粘着体がある。花粉塊と粘着体はしばしば花粉塊柄でつながっている。柱頭は3個，うち1個が発達しないことが多く，変形して小嘴体となり，一方では受粉を助け，一方では自家受粉を防ぐ役目を果たす。子房は下位，ふつう1室，ときに3室で，胚珠は多数あり，倒生して，側膜胎座（まれに中軸胎座）につく。果実は多くの種では蒴果，成熟すると裂開し，種子を散らす。種子はきわめて微細（長さ0.005－6mm）で多数あり，胚乳はない。地生または着生の多年草。根また根茎は菌と共生し，栄養を得るが，それが進んだものでは葉緑体を失って，寄生生活を営むようになる。茎は仮軸分枝，または単軸分枝し，一部または全体が肥厚・多肉化するものもある。葉はふつう背腹性を持ち平たく展開し，基部に葉鞘があるが，ときに退化して鱗片状となる。極地や砂漠を除くと，ほとんど全世界に分布し，形態的，生態的に見事な適応を遂げて，世界に860属26,000種，日本にも約86属320種がある。

- A．花は放射相称。花被片はすべてほぼ同形。雄蕊は2－3個 ....【6】ヤクシマラン属 Apostasia
- A．花はふつう左右相称。内花被の1片(唇弁)は他の花被片と形が異なる。雄蕊は1－2個。
  - B．唇弁は全体が袋状。雄蕊は内輪の2個が残る(外輪の中央雄蕊は大型の仮雄蕊となる)。小嘴体を欠く ....【21】アツモリソウ属 Cypripedium
  - B．唇弁は袋状にならない。雄蕊は外輪の1個が残る。ふつう小嘴体が発達する。
    - C．花粉は粉質で緩くまとまり完全な塊にならず，付属器官も発達しない。
      - D．地上茎は1個の普通葉を生じる。花序は頂生し，1個の花をつける ....【70】トキソウ属 Pogonia
      - D．菌従属栄養植物で普通葉を欠く。花序は頂生または側生し，複数個の花をつける。
        - E．果実は蒴果で，完熟時に裂開する。
          - F．地上茎は直立。子房の先端に副萼が発達し，花被片の基部を取り囲む ....【51】ムヨウラン属 Lecanorchis
          - F．地上茎はつる性。子房の先端に副萼が発達しない ....【36】タカツルラン属 Erythrorchis
        - E．果実は液果で，完熟時に裂開しない ....【22】ツチアケビ属 Cyrtosia

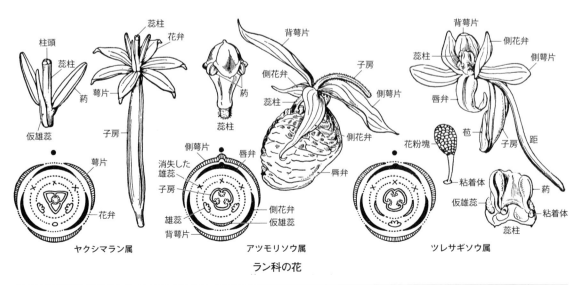

ラン科の花

旧版の執筆は里見信生。

C．花粉は互いに密着し花粉塊になり，大部分の種では付属器官が発達する．
  D．根は肥厚し，しばしば塊根になる．花粉塊は粉質，または多数の小塊からなる．
    E．唇弁は全縁，花は淡緑色または帯白色．
      F．唇弁は距を生じる（一部の種の唇弁は3裂） ・・・・・・・・・・・・・・・・・・・・・・・・・・・・・・・・・・・・・・・【69】ツレサギソウ属 Platanthera
      F．唇弁は距を欠く ・・・【3】ミスズラン属 Androcorys
    E．唇弁は3裂，花色はさまざま．
      F．唇弁距を欠く．
        G．葉は卵形，長さ2cm未満，1-3個の花をつける ・・・・・・・・・・・・・・・・・・・・・・・・・【29】ジョウロウラン属 Disperis
        G．葉は広線形，長さ3-20cm，多数の花をつける ・・・・・・・・・・・・・・・・・・・・・・・・・【48】ムカゴソウ属 Herminium
      F．唇弁は距を生じる．
        G．柱頭は1個．
          H．一部の根は球状に肥厚する ・・・【71】ウチョウラン属 Ponerorchis
          H．一部の根は掌状に肥厚するか，多肉化する．
            I．一部の根は掌状に肥厚する ・・・・・・・・・・・・・・・・・・・・・・・・・・・・・・・・・・・・【23】ハクサンチドリ属 Dactylorhiza
            I．一部の根は多肉化する．
              J．唇弁は基部近くで3裂する（多くの種の唇弁は全縁） ・・・・・・・・・【69】ツレサギソウ属 Platanthera
              J．唇弁は半ばあるいは先端近くで3裂する．
                K．茎は高さ10-20cm，1-2個の葉をつける ・・・・・・・・・・・・・・・・・・・【38】カモメラン属 Galearis
                K．茎は高さ30-60cm，5-10個の葉をつける ・・・・・・・・・・・・・・・・【58】ノビネチドリ属 Neolindleya
        G．柱頭は2個．
          H．一部の根は掌状に肥厚する ・・【43】テガタチドリ属 Gymnadenia
          H．一部の根は球状，あるいは楕円体に肥厚する．
            I．小嘴体は小さく腕状に発達しない．
              J．萼片と側花弁は兜をつくる．距は子房に沿ってのびる ・・・・・・・・・・【2】ヒナラン属 Amitostigma
              J．萼片と側花弁は兜をつくらない．距は前方に曲がる ・・・・・・・【60】ミヤマモジズリ属 Neottianthe
            I．小嘴体は腕状に発達する．
              J．粘着体は嚢に包まれる ・・・【65】サギソウ属 Pecteilis
              J．粘着体は裸出する．
                K．小嘴体と柱頭は顕著で，前方に突出する ・・・・・・・・・・・・・・・・・・・・・【44】ミズトンボ属 Habenaria
                K．小嘴体と柱頭は前方に突出しない ・・・・・・・・・・・・・・・・・・・・・・・・・・・・【67】ムカゴトンボ属 Peristylus
  D．根はふつう細く，肥厚しても塊根にはならない．花粉塊は粉質，多数の小塊の集合，または硬質．
    E．花粉塊は粉質または多数の小塊の集合でやわらかい．花序は頂生する（バイケイラン属を除く）．
      F．葯は蕊柱上で下向きに曲がる．
        G．地下に球茎，または肉質で肥厚した根茎がある．
          H．普通葉が発達する．
            I．葉は多数 ・・【9】シラン属 Bletilla
            I．葉は1個．
              J．葉は線状披針形 ・・【30】サワラン属 Eleorchis
              J．葉は心円形 ・・・【61】ムカゴサイシン属 Nervilia
          H．葉は退化する．
            I．花被片は合着しない．
              J．唇弁は距を生じる ・・・【33】トラキチラン属 Epipogium
              J．唇弁は距を欠く ・・・・・・・・・・・・・・・・・・・・・・・・・・・・・・・・・・・・【76】イリオモテムヨウラン属 Stereosandra
            I．花被片は合着する．
              J．花粉塊は2個．花被片の大部分が合着し，先端が5裂する花筒となる ・・・・・・・・・【40】オニノヤガラ属 Gastrodia
              J．花粉塊は4個．花被片の基部の約半分が合着する．
                K．蕊柱は翼を欠き，短い脚部がある ・・・・・・・・・・・・・・・・・・・・・・・・・【27】ヒメヤツシロラン属 Didymoplexis
                K．蕊柱は鎌形の翼が1対あり，脚部を欠く ・・・・・・・・・・・・・・・・・・【26】コカゲラン属 Didymoplexiella
        G．根茎は細く，短く，肥厚しない．
          H．唇弁は上唇と下唇に分かれ，基部が凹入し，扁平でない．
            I．葉は完全に退化し植物体は緑色を欠く ・・・・・・・・・・・・・・・・・【5】タネガシマムヨウラン属 Aphyllorchis
            I．普通葉が発達する．
              J．唇弁は上唇と下唇との間に不明瞭な関節があり，基部には明らかな距がある
                ・・・【13】キンラン属 Cephalanthera
              J．唇弁は上唇と下唇との間に明瞭な関節があり，基部には距がない ・・・・【32】カキラン属 Epipactis
          H．唇弁は上唇と下唇に分かれず，扁平 ・・・・・・・・・・・・・・・・・・・・・・・・・・・・・・・・・・・・【59】サカネラン属 Neottia
      F．葯は蕊柱上に直立する．
        G．葉は芽の中で扇だたみとなり，展葉後は複数の主脈と縦ひだが目立つ．
          H．花序は側生し，複総状（円錐） ・・・・・・・・・・・・・・・・・・・・・・・・・・・・・・・・・・・・・・【16】バイケイラン属 Corymborkis
          H．花序は頂生し，総状 ・・・【82】ネッタイラン属 Tropidia
        G．葉は芽の中で二つ折りとなり，展葉後も中肋以外の主脈と縦ひだが目立たない．
          H．茎の基部は匍匐し，節から根を出す．花粉塊は多数の小塊が集まる．

```
         I．柱頭は1個。
            J．唇弁は上唇と下唇に分かれず，基部の囊状部は2裂しない················【42】シュスラン属 Goodyera
            J．唇弁は上唇と下唇に分かれ，囊状の基部は浅く2裂する。
               K．唇弁は下位。蕊柱は直立する································【35】ホソフデラン属 Erythrodes
               K．唇弁は上位。蕊柱はねじれる······························【54】ナンバンカゴメラン属 Macodes
         I．柱頭は2個。
            J．萼片は合着し筒状になる。
               K．3個の萼片は中央まで合着する。蕊柱は直立する2個の付属物をもつ ········【15】カイロラン属 Cheirostylis
               K．3個の萼片は基部のみ合着する。蕊柱は付属物を欠く ···············【50】ハクウンラン属 Kuhlhasseltia
            J．萼片は互いに離生する。
               K．唇弁は上位·································································【49】ヒメノヤガラ属 Hetaeria
               K．唇弁は下位(コウシュンシュスランは上位)。
                  L．唇弁は円柱状あるいは根棒状の距を生じる。
                     M．葉の表面に模様がある。唇弁の内側に腺体がない。蕊柱の腹部に翼がある
                                                                     ·················【4】キバナシュスラン属 Anoectochilus
                     M．葉の表面に模様がない。唇弁の内側に柄のある腺体がある。蕊柱の腹部に翼がない
                                                                     ·················【84】ミゾボシラン属 Vrydagzynea
                  L．唇弁は距を欠く。
                     M．柱頭は有柄 ······················································【57】アリドオシラン属 Myrmechis
                     M．柱頭は柄を欠く。
                        N．蕊柱はねじれる·············································【63】イナバラン属 Odontochilus
                        N．蕊柱はねじれない··········································【86】キヌラン属 Zeuxine
      H．茎は匍匐せず直立し，根は茎の基部に束状につくか退化する。花粉塊は粉質。
         I．地下の茎は肥厚しない。
            J．葉は葉柄が発達する。唇弁は上位··········································【19】オオスズムシラン属 Cryptostylis
            J．葉ははっきりした葉柄を欠く。唇弁は下位 ·······························【74】ネジバナ属 Spiranthes
         I．球茎，または肉質で肥厚した根茎が地下に発達する。
            J．葉は円柱状で背腹性を持たない ············································【56】ニラバラン属 Microtis
            J．葉は背腹性を持つ·······························································【77】コオロギラン属 Stigmatodactylus
E．花粉塊はかたく，種によっては蠟質になる。花序は頂生または側生する。
   F．花序は頂生する。
      G．唇弁は袋状で，先は距となる。
         H．有柄の葉を1個根生する。花序あたり1個の花をつける ·················【12】ホテイラン属 Calypso
         H．葉は鱗片状に退化する。花序あたり複数の花をつける ···················【85】ショウキラン属 Yoania
      G．唇弁は袋状にならず，距がある場合，基部からのびる。
         H．花粉塊は付属器官をもつ。
            I．茎は匍匐し，葉を1個つける。
               J．花序あたり1個の花をつける ·········································【24】イチョウラン属 Dactylostalix
               J．花序あたり多数の花をつける ·········································【31】コイチョウラン属 Ephippianthus
            I．茎は直立し，葉を多数つける·············································【8】ナリヤラン属 Arundina
         H．花粉塊は付属器官をもたない。
            I．茎の全体ないしは基部が肥厚し，球状になる種もある。葉は背腹性をもつ。
               J．唇弁の先端は上に位置する。
                  K．茎の基部が肥厚し，球状になる。葉は1−3個。蕊柱先端の側部の翼を欠く。
                     L．葉縁で珠芽を形成しない。唇弁基部は耳状に発達する ···········【55】ホザキイチョウラン属 Malaxis
                     L．葉縁で珠芽を形成する。唇弁基部は耳状に発達しない ···········【45】ヤチラン属 Hammarbya
                  K．茎の全体が肥厚する。葉は多数。蕊柱先端の側部で翼が発達する······【18】オキナワヒメラン属 Crepidium
               J．唇弁の先端は下に位置する·············································【52】クモキリソウ属 Liparis
            I．茎は細くまったく肥厚しない。葉は背腹性を持たず，側面扁平で多肉··········【62】ヨウラクラン属 Oberonia
   F．花序はふつう側生する。
      G．葉は芽の中で扇だたみとなり，展葉後は複数の主脈と縦ひだが目立つ。
         H．花粉塊は8個。
            I．萼片と側花弁は合着し，筒状·············································【1】エンレイショウキラン属 Acanthephippium
            I．萼片と側花弁は離生し，開出または斜開する。
               J．葉は1個。
                  K．花茎に1個の花をつける。唇弁は距がある ······················【46】ヒメクリソラン属 Hancockia
                  K．花茎に複数の花をつける。唇弁は距がない ······················【79】ヒメトケンラン属 Tainia
               J．葉は複数。
                  K．茎は短縮し，地上にほとんど出ない。唇弁基部は蕊柱全体と合着する ···【11】エビネ属 Calanthe
                  K．茎は長く，地上に出る。唇弁基部は蕊柱とほとんど合着しない。
                     L．唇弁は距がある·················································【68】ガンゼキラン属 Phaius
                     L．唇弁は距がない。
```

```
            M．茎は円柱状で長く伸びる。開花時に苞が落ちる。蕊柱は有毛 ……【14】トクサラン属 Cephalantheropsis
            M．茎は球状で短い。開花時に苞が残る。蕊柱は無毛 ……【73】コウトウシラン属 Spathoglottis
      H．花粉塊は2個または4個。
        I．花粉塊は4個。
          J．唇弁は距がある ……【81】ヒトツボクロ属 Tipularia
          J．唇弁は距がない。
            K．唇弁基部は細長く，蕊柱に密着する ……【17】サイハイラン属 Cremastra
            K．唇弁基部は短く，蕊柱に密着しない ……【64】コケイラン属 Oreorchis
        I．花粉塊は2個。
          J．開花時に花茎の先端が下垂する ……【41】トサカメオトラン属 Geodorum
          J．花茎は直立する ……【37】イモネヤガラ属 Eulophia
  G．葉は芽の中で二つ折りとなり，展葉後も中肋以外の主脈と縦ひだが目立たない。
    H．シュートは仮軸分枝。茎は肥厚する。
      I．蕊柱は脚がない。花粉塊は2個（外国産種の一部に4個），粘着体がある ……【20】シュンラン属 Cymbidium
      I．蕊柱は脚がある。花粉塊は4個または8個，粘着体がない。
        J．花粉塊は8個，花粉塊柄がある ……【34】オサラン属 Eria
        J．花粉塊は4個，花粉塊柄がない。
          K．茎は束生する ……【25】セッコク属 Dendrobium
          K．茎は匍匐し，多くの種では最上部の節間が肥厚し，卵形～球形となる
            ……【10】マメヅタラン属 Bulbophyllum
    H．シュートは単軸分枝。茎は細く肥厚しない。
      I．葉は退化し鱗片状 ……【78】クモラン属 Taeniophyllum
      I．普通葉が発達する。
        J．葉は円柱状で背腹性がない ……【53】ボウラン属 Luisia
        J．葉は背腹性を持つ。
          K．葉は断面がV字形 ……【83】ヒスイラン属 Vanda
          K．葉の断面は中肋をのぞき平坦。
            L．花粉塊は孔がある。
              M．唇弁基部は距または嚢になる ……【39】カシノキラン属 Gastrochilus
              M．唇弁基部は発達しない ……【47】ニオイラン属 Haraella
            L．花粉塊は裂け目があるか，平滑。
              M．花粉塊は2個，裂け目がある ……【72】ナゴラン属 Sedirea
              M．花粉塊は4個，表面は平滑。
                N．蕊柱の脚は発達する ……【80】カヤラン属 Thrixspermum
                N．蕊柱の脚は発達しないか，完全に欠く。
                  O．唇弁は蕊柱に蝶番状につき柔軟に動く ……【7】ジンヤクラン属 Arachnis
                  O．唇弁は蕊柱にかたくつき動かない。
                    P．唇弁基部は発達しない ……【28】サガリラン属 Diploprora
                    P．唇弁基部は距または嚢になる。
                      Q．距の内面に長軸方向の隆起がある ……【66】ムカデラン属 Pelatantheria
                      Q．距の内面に隆起がない ……【75】ニュウメンラン属 Staurochilus
```

【1】エンレイショウキラン属　Acanthephippium Blume

　地生の多年草。茎はいちじるしく肥厚し，有柄の幅広い1－5葉をつける。花茎は側生し短い。花は総状花序に数個つき，やや大型，多肉質。花柄子房は長い。萼片は幅広く，合着して筒状になり，先端は反曲し，側萼片は蕊柱の下部とさらに合着してあご状に伸びる。側花弁は萼筒の内にあり，基部は細い。唇弁も萼筒の内にあって小さく，蕊柱の基部につき，先は3裂する。側裂片は幅広く上向，中裂片は反曲し上面に複雑な隆起がある。蕊柱は短くて大きく，肉質である。葯は2室，8個の花粉塊を入れる。熱帯アジアからメラネシアに約15種がある。

1．タイワンショウキラン　PL.155
Acanthephippium sylhetense Lindl.;
A. yamamotoi Hayata

　亜熱帯～熱帯の常緑広葉樹林下に生える。根茎は短く，根は紐状。地上茎は肥厚し，長楕円状円筒形，長さ10cm，乾膜質で卵円形の葉鞘がある。葉はふつう2－3個，卵状長楕円形，長さ20－40cm，幅7－10cm，鋭尖頭。花茎は単一で，高さ15cm，3－5個の花をつける。苞は卵形，鋭頭，長さ3cm。花は上向し壺状，黄白色，開出部に赤紫色の斑紋が入る。萼片はそれぞれ中ほどまで合着し，背萼片は長楕円形，鈍頭，長さ3.5cm，幅1.4cm，側萼片は少し大きく，斜三角形，基部は蕊柱に合着する。側花弁は長さ3cm，幅1.5cm。萼筒に包まれ，下半部が細まって萼と合着する。唇弁も萼片に包まれ，基部は柄状となり，舷部はいちじるしく反曲して3裂し，中裂片は長楕円形，側裂片はくさび状長楕円形。蕊柱は直立し長さ2cm，先端に葯がある。葯は広卵形。屋久島・奄美大島・徳之島・琉球，台湾・中国～ヒマラ

Orchidaceae

ヤに分布する。本種によく似るが，花の開出部が光沢のある暗赤色で唇弁などの形態が異なる**エンレイショウキラン** A. pictum Fukuy. (PL.155) が石垣島・西表島・与那国島，台湾（蘭嶼）に産する。**タイワンアオイラン** A. striatum Lindl. は葉を1枚つけ，花色が白く淡紫の筋が入る点でよく区別でき，屋久島・沖縄島，台湾・中国南部〜ヒマラヤ・東南アジアに分布する。

【2】ヒナラン属　Amitostigma Schltr.

　地生，または岩上に着生する多年草。根は球形または紡錘状に肥厚する。茎は短く，下部に少数の葉をつける。葉は線形〜長楕円形。花は小型〜やや小型で，紅紫色〜淡紅色，総状花序につく。苞は披針形，ふつう子房よりも短く，緑色。萼片は離生し，長楕円形または卵形で，1〜3脈があり，側花弁とほぼ同形。唇弁はやや大型で3裂し，中裂片は特に発達し，蕊柱に合着する。距は短い。蕊柱はきわめて短く，柱頭は小さく，唇弁と蕊柱との合着部に隠れてついているが，仮雄蕊はよく発達して棒状に突出する。葯は無柄，葯室は接近して平行する。花粉塊の粘着体は囊で包まれる。東アジアに約20種が知られる。

```
A．唇弁は長さ8－12mm，3裂し，その中裂片がさらに2裂するので，4裂となる．
  B．多肉根は細い走出枝の先につく．葉は2－3枚，ややロゼット状につく．距は子房より少し短い ………… 1．オキナワチドリ
  B．多肉根は茎の基部につく．葉は茎の中央に1枚．距の長さは子房の1/3 ………………………………………… 2．イワチドリ
A．唇弁は長さ8mm以下，3裂するが，その中裂片がさらに2裂することはない．
  B．葉は広線形．花茎は2－5花よりなる ……………………………………………………………………………… 3．コアニチドリ
  B．葉は長楕円形〜広披針形．花茎は10－15花よりなる ………………………………………………………………… 4．ヒナラン
```

1．オキナワチドリ　　PL.136
Amitostigma lepidum (Rchb. f.) Schltr.

　亜熱帯の海岸から山地まで，岩上の割れ目などに生える。茎は走出枝の先端につく楕円形の塊根から出て，高さ8－15cm。葉は茎の下部に2－3個，ロゼット状につき，長楕円形で長さ4－8cm，幅1.5－2.5cm。3－4月，淡紅紫色で，唇弁に紅紫色の斑がある花が数個つく。苞はやや膜質，広披針形，長さ5－10mm。萼片は長楕円形，長さ4－6mm。側花弁は斜広卵形で萼片よりやや短い。唇弁は倒卵状くさび形，長さ8－10mm，3深裂し，中裂片はさらに2裂する。距は4－5mm。蕊柱は高さ1.5mm。葯は2室で平行。九州南部・琉球に分布する。

2．イワチドリ　　PL.136
Amitostigma keiskei (Maxim. ex Franch. et Sav.) Schltr.

　暖温帯の谷間の岩上に生える。茎は紡錘状に肥厚する根より出て，高さ5－15cm，茎の中央より下に1葉がある。葉は長楕円形，長さ3－7cm，幅6－15mm，基部は茎を抱く。花は淡紅紫色，4－6月に数個が一方に傾いてつく。苞は披針形，長さ4－10mm。背萼片は楕円形，長さ3.5－4.5mm。側萼片は斜長楕円形，背萼片より少し短い。側花弁は斜卵形，背萼片と同長で，縁に紅紫色の斑点がある。唇弁は長さ10－12mm，3深裂し，中裂片の先端がさらに2裂する。その表面の中央より基部にかけて紅紫色の小点が2列に並ぶ。唇弁基部は蕊柱と合着して筒状となり，距につながる。距は白色，長さ1.5mm。葯は紅紫色，花粉塊は灰色。本州（中部地方・近畿地方）・四国・伊豆諸島に分布する。

3．コアニチドリ　　PL.136
Amitostigma kinoshitae (Makino) Schltr.

　亜寒帯〜冷温帯の多雪地の湿原や湿った岩場に生える。茎は狭長楕円形に肥厚した根より出て，高さ10－20cm。茎の中央より少し下に1－2個の葉をつける。葉は広線形で長さ4－8cm，幅4－8mm，先端がとがり基部は茎を抱く。花序は頂生し，総状，淡桃色または白色の2－5花からなり，6－8月に咲く。苞は広披針形で，長さ3－8mm。背萼片は楕円形，長さ3.5－4.5mm。側萼片は斜卵形，背萼片と同長。側花弁は広卵形，背萼片より少し短い。唇弁は長さ7－8mm，3裂する。中裂片の先端は少しへこみ，表面の基部に紅紫色の斑紋が2列に並ぶ。距は長さ1－1.5mm，白色。蕊柱は短く，葯は淡紅紫色。花粉塊は灰色。花後，花序の先端にむかごを生じ，落下すると発芽する。南千島・北海道・本州中部以北に分布する。

4．ヒナラン　　PL.136
Amitostigma gracile (Blume) Schltr.

　暖温帯の樹林下の岩上に生える。茎は紡錘形に肥厚する根から出て，高さ5－15cm，やや斜めに立つ。葉は茎の下部に1個つき，長楕円形〜広披針形，長さ3－8cm，幅1－2cm，基部は茎を抱く。6－7月，淡紫色の花が10－15個，一方に偏ってつく。苞は卵形，長さ3－5mm。背萼片は楕円形，側萼片は斜卵形でともに長さ2.2－2.5mm。側花弁は斜広卵形で萼片と同長，唇弁はくさび形卵形，長さ3.5mm，ほぼ中央で3裂する。距は筒状で長さ1 1.5mm。蕊柱は短い。花粉塊は卵形。本州（茨城県・栃木県・静岡県以西）・四国・九州，朝鮮半島・中国・台湾に分布する。

182

【3】ミスズラン属　Androcorys Schltr.

地生の多年草。根出葉は1個。花茎は直立し，鱗片葉がなく，小型の花を少数，まばらにつける。側花弁は開出し，萼片とともにかぶとをつくる。唇弁は舌状，やや鈍頭，葯は薬隔が大型，葯室は小さく，側生で内曲し，小嘴体は三角形。柱頭は粒状で2個，有柄で，柄は小嘴体につく。子房は無柄。ヒマラヤ～中国西部，台湾，日本に約10種がある。

1. ミスズラン　PL.133
Androcorys pusillus (Ohwi et Fukuy.) Masam.;
A. japonensis F. Maek.

冷温帯の針葉樹林下にまれに生える。塊根は卵形。茎は高さ8－15cm。葉は1個，倒披針状楕円形，長さ2－3cm，幅0.7－1cm，鈍頭，基部は細くなって葉柄状になる。花茎に鱗片葉はない。花は淡緑色で，6－7月に数花を総状につける。苞は微小で，卵形。背萼片は楕円形，長さ1mm。側萼片は長楕円形，背萼片より少し長く不ぞろいの小歯牙がある。側花弁は斜卵円形，背萼片より短く，縁に不ぞろいの歯牙がある。唇弁は舌状披針形で長さ1.5mm，距がない。蕊柱は短い。本州（東北～中部地方），朝鮮半島・台湾に分布する。和名は産地である信濃の枕詞〈水篶刈る〉による。

【4】キバナシュスラン属　Anoectochilus Blume

地生の多年草。茎は基部が匍匐し，節より紐状の根を出す。葉は卵円形または披針形で柄がある。花茎は総状で，腺毛が生える。萼片は合着せず，背萼片は側花弁とともにかぶとをつくる。唇弁は基部が蕊柱と合着し，袋状の距となり，萼片の後方に突出して内部には2個の粒状突起があり，中部は狭くなり，その縁は全縁，鋸歯状，あるいはくしの歯状で，先は広がって大きく2裂する。蕊柱は短く，前面に付属物がある。葯は2室。花粉塊は2個。熱帯アジア～メラネシア，ハワイに約30種が知られる。琉球はこの属の分布の北限になるもので，唇弁が下向きでくしの歯状の突起が発達する**キバナシュスラン** *A. formosanus* Hayata と，唇弁が上位で突起をもたない**コウシュンシュスラン** *A. koshunensis* Hayata の2種が日本で見られる。

【5】タネガシマムヨウラン属　Aphyllorchis Blume

地生の多年草。菌従属栄養植物。根は肉質。花茎は単一で小型の鞘状鱗片葉を散生する。花は小型で，まばらな総状花序につく。苞は小型。萼片はほぼ同長で，離生する。側花弁は萼片と同長だが幅が狭い。唇弁は萼片と同長，爪部の両側にふつう幅が広い耳があるが，ときにないものもあり，舷部は長楕円形で全縁または3裂する。蕊柱は長く，断面はほぼ円い。柱頭は卵形で凹入し，短い小嘴体の下にある。葯は短く有柄で，花粉塊は腎形，粉質である。熱帯～亜熱帯アジア・オセアニアに約30種があり，日本に1種が分布する。

1. タネガシマムヨウラン　PL.140
Aphyllorchis montana Rchb. f.;
A. tanegashimensis Hayata

亜熱帯～熱帯の林下に生える。根は水平に広がる。花茎は褐紫色，高さ40－80cm，やや太く，鞘状鱗片葉は広卵形でやや茎を抱く。9月，淡黄色で紫色の小斑がある小型花を10－20個，総状花序につける。苞は膜質で，披針形，長さ8－15mm，幅1.5－3mm，鋭頭。萼片は長楕円状披針形，長さ1cm，鈍頭。側花弁は萼片と同長であるが，やや幅が狭く，後方に反り，縁は外に巻く。唇弁も萼片とほぼ同長で，爪部には短くて広い三角形の耳があり，耳を除けば卵状長楕円形，舷部は3裂するが側裂片は短い。蕊柱は長さ10mm。九州南部・屋久島・種子島・琉球，台湾・亜熱帯～熱帯アジアに分布する。

【6】ヤクシマラン属　Apostasia Blume

地生の多年草。茎は短い根茎より出て直立し，いちじるしい脈がある披針形の葉をつける。茎頂が総状花序になる。花は小型，苞は細い。花被片はほぼ同形で離生する。蕊柱は短く，その頂は3個の同形同大の柱頭となる。雄蕊は2個，短い柄で蕊柱の側方につく。花粉塊は粉質。子房は3室。7種が知られ，日本にはヤクシマラン1種のみが見られる。

1. ヤクシマラン　PL.125
Apostasia nipponica Masam.

暖温帯の常緑広葉樹の林床に生える。茎は高さ15cm内外，無毛。根の先端はちょうど落花生のさやのような形にふくれる。葉は2－5個互生し，広披針形で長さ1－3cm，幅1－1.5cm，鋭尖頭。7月，黄色の花を茎頂に数個つける。苞は広披針形で長さ4mm内外。花被片は披針形で長さ約3.5mm，幅1mm，鋭頭。蕊柱は短く，雄蕊は2個。果実はバナナ形で，種子は楕円状球形，表面に網目模様がある。東南アジアに広く分布する *A. wallichii* R. Br. に似るが，小型で，葉が広披針形で短い。最初，屋久島で発見されたのでこの名がつけられた。九

州南部・屋久島・種子島に分布する。

【7】ジンヤクラン属　Arachnis Blume

　茎は長く，太く長い気根を樹皮に張りつけてはい登る。葉は厚くまばらに互生する。花茎は側生し，しばしば分枝して少数〜多数の花をつける。背萼片と側花弁は同形で細長く，開出する。唇弁は舌状できわめて小さく，基部は嚢あるいは距になり，蕊柱に蝶番状につき柔軟に動く。蕊柱は短く太い。花粉塊は4個，大小2個ずつのセットとなり，短く幅広い花粉塊柄につながる。熱帯アジアからオセアニアに分布し，13種が知られる。**ジンヤクラン** A. labrosa (Lindl. et Paxton) Rchb. f. が琉球（石垣島），台湾・中国南部〜ヒマラヤに分布する。

【8】ナリヤラン属　Arundina Blume

　地生の多年草。茎はかたく針金状，基部のみ肥厚する。葉は多数ついて，線形〜披針形で2列に互生し，下部は鞘となる。花序は単生または複生の総状で，淡桃色の花をつける。萼片は離生し，披針形で鋭尖頭。側花弁は幅広く，萼片と同長。唇弁は大きく蕊柱の基部につき，蕊柱を巻き包む。蕊柱は細長く，狭い翼がある。葯は2室。花粉塊は8個。熱帯アジアに1種がある。琉球の西表島，石垣島に産する**ナリヤラン** A. graminifolia (D. Don) Hochr. (PL. 152) は，中国南部・台湾を経てセイロンまで分布し，花は径4cm，淡桃色で唇弁に紫紅色を呈する。

【9】シラン属　Bletilla Rchb. f.

　地生の多年草。扁平な球茎を密に連ね，多数の根を出す。葉は数個ついて披針形，顕著な縦じわがあり，下部は鞘となる。花序は総状，苞は早落性。花は紅紫色，やや大型。萼片と側花弁はほぼ同形で離生し，斜開する。唇弁は3裂し，側裂片は蕊柱を抱くが巻き包まず，中裂片は複数の縦ひだが隆起する。蕊柱は半円柱形，狭い翼がある。花粉塊は8個，各室に4個ずつあり，花粉塊柄は短い。東アジアに5種がある。

1. シラン　　　　　　　　　　　　　　PL. 137
Bletilla striata (Thunb.) Rchb. f.

　暖温帯の日当りがよく湿り気のある斜面に生える。球茎は多肉，扁平な球形で横に並ぶ。花茎は高さ30-70cm。葉は数個，かたい草質で毛がなく，披針形，鋭尖頭，長さ20-30cm，幅2-5cm。4-5月，紅紫色の花を3-7個つける。苞は長楕円状披針形，早落性で開花時にはない。萼片および側花弁は狭長楕円形，やや鋭頭，長さ2.5-3cm，幅6-8mm。唇弁は花被片と同長で，くさび状倒卵形，3裂し，中裂片は円形で縁は波状，内面に縦ひだが5本ある。蕊柱は長さ約2cm。本州（福島県以南）〜九州，朝鮮半島南部・中国に分布する。白花のシロバナシラン f. gebina (Lindl.) Ohwi などの品種とともにしばしば栽培される。**アマナラン** B. formosana (Hayata) Schltr. が琉球の西表島で採集された記録があるが，詳細は不明。シランに比べて花が小さく，唇弁の中裂片の縁の波がいちじるしい。

【10】マメヅタラン属　Bulbophyllum Thou.

　着生の多年草。茎は匍匐して仮軸分枝を繰り返し，多くの種では最上部の節間が肥厚，卵形〜球形となる。葉は茎の先端に1，まれに2個がつく。花茎は側生し，単生，総状，または散形状につき，苞はごく小さい。萼片はほぼ同長か背萼片が短く，側萼片の基部は蕊柱の脚と合着し，短い顎をつくる。側花弁は背萼片よりふつう小型。唇弁は蕊柱の基部にヒンジ状につき，反曲する。蕊柱は短く，上方に翼があり，葯は2室。花粉塊は4個，蝋質。アジアを中心に世界中の湿潤熱帯に分布し，約1900種にもおよぶ大きな属である。

　A．花茎は1花よりなる。側萼片は離生する。葉は長さ3cm以下，鈍頭。
　　B．茎上部は肥厚しない。葉は卵円形，中肋は不明瞭。花は淡黄色。側花弁は背萼片より短く，無毛 ……………… 1. マメヅタラン
　　B．茎上部の肥厚部分は卵形。葉は倒披針形，中肋は顕著。花は帯黄白色。側花弁は背萼片とほとんど同大，縁に毛がある ……… 2. ムギラン
　A．花茎は3-7花を散形状につける。側萼片は背萼片や唇弁よりもいちじるしく長く，その下側の縁は互いに接近するか一部合着する。葉は長さ4cm以上あり，鋭頭。
　　B．茎上部の肥厚部分は長さ6-8mm。葉は長さ4-8cm，線状披針形，鋭頭。花は長さ約10mm ……………… 3. ミヤマムギラン
　　B．茎上部の肥厚部分は長さ1-2cm。葉は長さ10-17cm，卵状狭長楕円形，やや鈍頭。花は長さ約3.5cm ……… 4. シコウラン

1. マメヅタラン　　　　　　　　　　　PL. 162
Bulbophyllum drymoglossum Maxim. ex Okubo

　おもに暖温帯山地の樹幹または岩石の上に着生する。茎は細長く匍匐し，まばらに葉をつける。葉は革質，長

さ7－13mm，幅5－10mm，円頭，基部は無柄。花茎は根茎の葉の付け根近くから出て糸状，長さ7－10mm，基部に小型の鱗片葉があり，5－6月に1花をつける。苞は卵形，膜質，長さ1.5mm，鈍頭。萼片は広披針形，長さ7－8mm，漸尖頭。側花弁は長楕円形，長さ3－4mm。唇弁は広披針形，萼片より短く，漸尖形でやや鈍頭，反曲する。花粉塊は黄色，円形。本州（福島県以南）・四国・九州・琉球，朝鮮半島南部，中国，台湾に分布する。和名は葉がシダ植物のマメヅタに似ていることに因む。まれに花色が暗紅色のものが知られており，ベニマメヅタランf. atrosanguiflorum Masam. et Satomiという。

2. ムギラン　　　　　　　　　　　　PL. 162
Bulbophyllum inconspicuum Maxim.

暖温帯の常緑樹林内の樹上や岩上に着生する。茎は匍匐して仮軸分枝を繰り返し，上部が卵形に肥厚し，先端に1葉をつける。葉は肉質で厚く，長さ1－3cm，幅6－8mm，円頭。6－7月，茎の基部より花茎を側生し，帯黄白色花を1－3個つける。苞は膜質，長楕円形，長さ2mm。萼片は卵状楕円形，長さ3－3.5mm。側花弁は萼片とほぼ同長，縁に毛がある。唇弁は蕊柱の脚で関節し，狭卵形，先は反曲する。蕊柱は太く短い。葯は淡黄色，半球形。花粉塊は4個で，少し角ばった球形。本州（宮城県以南）・四国・九州，朝鮮半島南部に分布する。和名は〈麦蘭〉で，茎の形による。

3. ミヤマムギラン　　　　　　　　　PL. 162
Bulbophyllum japonicum (Makino) Makino;
Cirrhopetalum japonicum Makino

暖温帯の常緑広葉樹林内の樹幹や岩上に着生する。茎は匍匐して仮軸分枝を繰り返し，上部が卵形に肥厚し，先端に1葉をつける。葉は革質で，長さ4－8cm，幅6－10mm，鋭頭。6－7月，茎の基部から花茎を側生し，帯紅紫色花を3－5個つける。苞は披針形，膜質，長さ1－2mm，鋭尖頭。萼片は斜上し，背萼片は長楕円形，長さ3.5mm，幅1.5mm，側萼片は広披針形，長さ8mm，幅2mm，基部近くに隙間があるが，先端は2個が接して，前方に突出する。側花弁は卵形，背萼片より短い。唇弁は厚く，長さ3mm，幅2mm，濃紫紅色で，蕊柱の前で前方に湾曲する。蕊柱は長さ2mm。葯は広卵形。本州（静岡県以西）・四国・九州，台湾・中国南部に分布する。ときに黄色花をつけるものがあり，キバナミヤマムギランf. lutescens (Murata) Masam. et Satomiという。

4. シコウラン　　　　　　　　　　　PL. 162
Bulbophyllum macraei (Lindl.) Rchb. f.;
B. uraiense Hayata

亜熱帯〜熱帯の常緑広葉樹林内の樹上や岩上に着生する。茎は匍匐して仮軸分枝を繰り返し，上部が卵形に肥厚し，先端に1葉をつける。茎には鱗片葉が枯れて残った繊維が残る。葉は卵状狭長楕円形，革質，表面に光沢があり，長さ10－17cm，幅3－5cm，やや鈍頭。7－9月，茎の基部より長さ10－15cmの花茎を側生し，先端に淡黄色地に紫紅色をおびた2－6花をつける。苞は披針形，長さ4－5mm，鋭尖頭。萼片は斜開し，背萼片は狭長楕円形，長さ8－10mm，鋭頭。側萼片は線状披針形で先は針状にとがり，長さ25－30mm，2個の縁は一部で接し，先端は離れて突出する。側花弁は長楕円状卵形，長さ6mm。唇弁は舌状で小さく，太く短い蕊柱の脚で関節する。葯は楕円形，淡黄色の花粉塊4個を入れる。琉球，台湾・中国〜ヒマラヤ・スリランカに分布する。

小笠原諸島には，シコウランに似るが側萼片が広卵形で鈍頭，2個の縁が広く接し，花の中心部に赤紫色の斑紋が入る**オガサワラシコウラン** B. boninense (Schltr.) J. J. Sm. (PL. 162)が分布する。また奄美大島・石垣島・西表島に**クスクスラン** B. affine Wall. ex Lindl.がある。海外では台湾・中国南部〜ヒマラヤに分布し，葉は線状長楕円形で凹頭。花は黄褐色，赤紫色の筋が入り，長さ15mmの花茎に1個つく。

【11】エビネ属　　Calanthe R. Br.

地生の多年草。地下では球茎が仮軸分枝を繰り返し，匍匐する。葉は少数で大型，縦にしわがある。花序は総状で，数個から多数の花をつける。萼片は離生して開出し，ほぼ同形。側花弁は萼片と同形または幅が狭い。唇弁の爪部は蕊柱と合着し，舷部はふつう開出して3裂し，中裂片はときにさらに2裂する。距は長短さまざまで，まったくないものもある。蕊柱は短くて直立し，脚がなく，両側の翼は先端に達し，基部は唇弁の爪部に合着する。葯は頂生して，円錐形で2室，蠟質の花粉塊を各4個ずつ入れる。熱帯アフリカ，温帯〜熱帯アジア，オセアニア，熱帯アメリカに約150種が見られる。

```
A．苞は開花時に脱落する ························································································· 1．レンギョウエビネ
A．苞は開花時に脱落しない。
  B．唇弁基部は距が発達する。
    C．唇弁は上に位置する ····················································································· 2．タガネラン
    C．唇弁は下に位置する。
      D．花は花茎全体にまばらにつく。
        E．唇弁は3裂せず，縁が細裂する。距は長さ20－25mm。蕊柱は長さ8mm。子房は無毛 ········ 3．キソエビネ
        E．唇弁は3裂し，縁が細裂しない。距は長さ5－15mm（ニオイエビネを除く）。蕊柱は長さ3－6mm。子房は細毛がある。
          F．距は萼片より短い。花粉塊は黄色。
```

Orchidaceae

```
            G．葉は広披針形。側花弁は線状披針形 ·············································································· 4．キンセイラン
            G．葉は長楕円形。側花弁は狭卵形。
               H．萼片は長さ25－35mm ····································································································· 5．キエビネ
               H．萼片は長さ20mm以下。
                  I．萼片は長さ7－9mm。距は長さ2－3mm ············································································· 6．サクラジマエビネ
                  I．萼片は長さ15－20mm。距は長さ5－10mm ········································································ 7．エビネ
            F．距は萼片より長い。花粉塊は白色。
               G．葉は裏面に短毛がある。花は平開しない。唇弁の中裂片は鋭尖頭。距は長さ15mm ········· 8．キリシマエビネ
               G．葉は裏面に毛がない。花はほぼ平開する。唇弁の中裂片は2浅裂。距は長さ20－35mm ····· 9．ニオイエビネ
      D．花は花茎の先端部に密につく。
         E．葉柄は明瞭。萼片は長さ5－8mm。距は長さ5mm ··························································· 10．ダルマエビネ
         E．葉柄は不明瞭。萼片は長さ12－15mm。距は長さ15mm以上。
            F．花は白色。側花弁は平開する。距は長さ15－20mm ······················································· 11．ツルラン
            F．花は桃紫色。側花弁は前抱えになる。距は長さ35－50mm ············································ 12．オナガエビネ
   B．唇弁は距を欠く。
      C．萼片と側花弁は淡紫色。側花弁は広線形。唇弁の舷部は平坦で先端は突出する ············ 13．ナツエビネ
      C．萼片と側花弁は黄緑色。側花弁は長楕円状倒卵形。唇弁の舷部の中央基部に不ぞろいに隆起するしわがあり、先端は深い
         凹形 ································································································································· 14．サルメンエビネ
```

1．レンギョウエビネ　PL.155
Calanthe lyroglossa Rchb. f.

亜熱帯の常緑広葉樹林下に生える。球茎は棍棒〜円柱状。葉は4－5個つき，披針形で長さ30－45cm，幅4－6cm，鋭尖頭。花茎は直立し，高さ35－45cm。3－4月，黄色の花を密に総状に25－30個開く。苞は倒卵状披針形で，長さ3cm，幅1cm，早落性。萼片は長楕円形，長さ約6mm。側花弁は楕円形で萼片と同長。唇弁も萼片と同長で3裂し，側裂片は小さく楕円形，鈍頭，中裂片は広腎形で先端が2浅裂し，基部の内面には平行する半円形の隆起線がある。距は円柱形，鈍頭，長さ5mm。種子島・屋久島・琉球，中国・台湾・東南アジア〜ヒマラヤに分布する。

本種に似るが花が平開しより大きい**タイワンエビネ** C. speciosa (Blume) Lindl. (PL.155) は，琉球，台湾・中国南部〜東南アジアに自生する。花が先端部に集まる**タマザキエビネ** C. densiflora Lindl. は，琉球，台湾・中国〜ヒマラヤに分布する。

2．タガネラン
Calanthe bungoana Ohwi

暖温帯の海岸に近い林下に生える。球茎は短い。葉は5－6個つき，線状倒披針形，長さ30－50cm，幅1.5－2cm，鋭尖頭，無毛。花茎は高さ約50－60cm，白色の短い軟毛がある。6月，黄緑色の小花を密に多数つける。萼片は卵形，鋭頭，長さ7mm，外面に短毛がある。側花弁は倒披針形，鋭頭，萼片より少し短い。唇弁は萼片より少し長く，3裂し，基部に3個のとさか状の隆起線がある。側裂片は楕円形，中裂片の先は広がって2裂し，裂片は卵形で鈍頭。大分県の限られた地域に分布する。和名は，葉がカヤツリグサ科のタガネソウに似ていることに因む。

3．キソエビネ　PL.155
Calanthe alpina Hook. f. ex Lindl.; C. alpina Hook. f. ex Lindl. var. *schlechteri* (H. Hara) F. Maek.

冷温帯の林下に生える。球茎は球状で，連珠状に連なる。葉は3－4個つき，倒卵状狭長楕円形，長さ15－30cm，幅3－4cm，鋭頭で毛がなく，葉柄が不明瞭。花茎は高さ20－30cm。6－7月，3－8花をまばらにつける。苞は披針形，長さ8－15mm，鋭頭。花は淡い紫紅色で，萼片は広披針形，長さ15－17mm，幅4－6mm，鋭頭。側花弁は披針形，萼片より短く，幅も狭く，鋭尖頭。唇弁は萼片より少し短くほぼ半円形で全縁，縁は細かいくしの歯状に切れこむ。本州（東北〜中部地方）・四国，台湾・中国〜ヒマラヤに分布する。

4．キンセイラン　PL.156
Calanthe nipponica Makino

冷温帯の林下に生える。球茎は球状，連珠状に並ぶ。葉は3－5個つき，広披針形で毛がなく，長さ15－30cm，幅1.5－3.5cm，鋭尖頭。花茎は高さ30－50cm，上部は子房とともに短毛がある。6－7月，淡黄緑色の花を5－12個まばらにつける。苞は披針形，長さ1－2cm，鋭尖頭。萼片は広披針形，長さ1.5－2cm，鋭尖頭。側花弁は萼片より少し短く，細い。唇弁は萼片と同長で，基部より急に広がって，ほぼ平らで，3裂し，側裂片は短く，中裂片は四角に近い楕円形で，先端はとがり，縁は波をうち，中央にとさか状の襞が3条ある。北海道〜九州，チベットに分布する。

5．キエビネ　PL.156
Calanthe citrina Scheidw.; C. sieboldii Decne.

暖温帯の林下に生える。エビネに似るが，全体に大型で花色が黄色，唇弁の中裂片が2裂しない点が異なる。本州（静岡県以西）・四国・九州，済州島・台湾・中国（湖南省）に分布する。両者の雑種がタカネ（ソノエビネ）C. ×striata R. Br. ex Spreng. とよばれるものである。

6．サクラジマエビネ　PL.155
Calanthe mannii Hook. f.;
C. oblanceolata Ohwi et T. Koyama

暖温帯の林下に生える。球茎は短く太い。葉は3－4個束生し，長さ40－50cm，幅3－6cm。花茎は短毛があり，5月に緑黄色の花を密に多数開く。背萼片は卵状長楕円形，側萼片は楕円形，ともに長さ約9mm。側花弁は線状倒披針形，萼片と同長。唇弁は直立し萼片と同長，3裂し，側裂片は小型，中裂片は倒三角形。中裂片

の内面に3個の不規則な条線が発達する。九州,中国南部～ヒマラヤに分布する。

7. エビネ　　　　　　　　　　　　　　　　PL.156
Calanthe discolor Lindl.

主として暖温帯の林下に生える。球茎は球状。葉は2－3個ついて,長さ15－25cm,幅5－8cm,鋭頭,無毛。花茎は高さ20－40cm,1－2個の鱗片葉があり,短毛が生える。花序は短毛があり,4－5月,ややまばらに8－15花をつける。苞は披針形で膜質,長さ5－10mm。萼片と側花弁は暗褐色。萼片は狭卵形,鋭頭。側花弁は萼片よりやや狭く,同長。唇弁は萼片と同長,帯紅色または白色で扇形,3深裂し,側裂片は広いくさび形,斜上し全縁,中裂片はくさび形で2裂し,うね状の条が3本ある。

北海道西南部～琉球,朝鮮半島・中国(東～南部)に分布する。和名は〈海老根〉で,球茎が連なった様子をエビの形に見立てたもの。

花色に種々の変異があり,萼片と側花弁が緑色で唇弁が白色のものを**ヤブエビネ** f. viridialba (Maxim.) Honda とよぶ。また**キヌタエビネ** f. trilabellata F. Maek. は側花弁が唇弁化した品種である。

奄美大島には,エビネより全体に大きく葉質がかたく花色が白～淡桃の**アマミエビネ** C. amamiana Fukuy. (PL.156) が分布する。

8. キリシマエビネ　　　　　　　　　　　　PL.156
Calanthe aristulifera Rchb. f.

暖温帯の常緑広葉樹林下に生える。球茎は丸く,エビネより小型。葉は2－3個ついて,倒卵状狭長楕円形,長さ15－30cm,幅4－6cm,鋭頭,エビネより細く,先端もとがり,また葉柄は比較的長く,裏面に短毛があるなどのちがいがある。花茎は高さ20－40cm,1個の鱗片葉があり,上部は子房や萼片の外面とともに帯褐色の細毛がある。花は4－5月,白色または微紅色の10－15花をややまばらにつけ,いくぶん垂れ気味に開く。苞は線状披針形,長さ1－2cm,幅7mm,鋭尖頭。萼片と側花弁は卵状狭長楕円形,長さ12－15mm,鋭尖頭,側花弁が萼片よりやや幅が狭い。唇弁は側花弁と同長,扇状で先端は浅く3裂し,ときにはほとんど裂けない場合もあり,両縁は斜上し,切頭で,中央に3条の隆起線がある。本州(近畿地方南部)～九州,朝鮮半島・台湾・中国南東部に分布する。

キリシマエビネ,エビネ,キエビネの分布が重なる地域では,相互の雑種が生じる。本種とエビネの推定雑種を**ヒゼン** Calanthe aristulifera Rchb. f. × C. discolor Lindl.,本種とキエビネの推定雑種を**ヒゴ** Calanthe aristulifera Rchb. f. × C. citrina Scheidw.,3種間の雑種と目されるものを**サツマ** Calanthe aristulifera Rchb. f. × C. citrina Scheidw. × C. discolor Lindl. と呼ぶ。学名はない。

9. ニオイエビネ〔オオキリシマエビネ〕
Calanthe izuinsularis (Satomi) Ohwi et Satomi

暖温帯の常緑広葉樹林下に生える。球茎は球状。葉は2－3個ついて,毛がなく長楕円形,長さ30－45cm,幅8－12cm,鋭頭,表面は光沢がある。花茎は高さ30－60cm,開出する短毛が子房とともにある。花は4－5月,やや密に15－25花をつける。苞は披針形,膜質,長さ10－15mm。萼片は白色か,またはかすかな藤紫色,狭卵形,長さ15mm,短鋭尖頭。側花弁は萼片と同色,同形,やや幅が狭い。唇弁は萼片と同長,白色または微紅色,3深裂し,中央に3条の隆起線があるが,中央のものが特に顕著。中裂片はくさび形,2裂する。伊豆諸島に分布する。

本種とキリシマエビネの推定雑種を**スイショウ** Calanthe aristulifera Rchb. f. × C. izuinsularis (Satomi) Ohwi et Satomi と呼ぶ。

10. ダルマエビネ　　　　　　　　　　　　PL.156
Calanthe alismifolia Lindl.;
C. fauriei Schltr.; C. japonica Blume

暖温帯～亜熱帯の常緑広葉樹林下に生える。球茎は小さく細長い。葉は2－4個ついて,楕円形または卵形,裏面に細毛を密生し,表面には光沢があり,長さ15－30cm,幅5－10cm,急鋭尖頭,基部は長さ7－10cmの葉柄となる。花茎はかたく30－40cm,苞,子房ともに細毛があり,1－2個の鞘状葉をつける。花は6－7月,10－15花をつける。苞は楕円形,長さ15mm,幅3－10mm。萼片は広倒卵形,長さ5－8mm,外面が緑色で,褐色の短毛がある。側花弁は円みのある菱形で萼片より短く,鈍頭。唇弁は深く3裂し,側裂片は細長く,長さ12mm,中裂片は左右に広がり,先端が幅広いへら状で長さ15mm,2裂する。九州南部・琉球,台湾・中国南部～ヒマラヤに分布する。ツルランと自然交雑したと考えられる個体が**オオダルマエビネ(ハクツル)** Calanthe alismifolia Lindl. × C. triplicata (Willem.) Ames と名づけられている。

11. ツルラン　　　　　　　　　　　　　　PL.157
Calanthe triplicata (Willem.) Ames; C. furcata Batem.

亜熱帯～熱帯の常緑広葉樹林下に生える。球茎は球状。葉は3－6個ついて,裏面に短毛があり,狭長楕円形または倒卵状長楕円形,長さ20－50cm,幅8－15cm,急鋭尖頭,基部は短い柄となる。花茎は高さ40－80cm,花序,苞,子房とともに白色の開出する短毛を密につけ,鱗片葉を数個まばらにつける。7－10月,白色の花を20－40個密に咲かせる。苞は開出して狭卵形,長さ20mm,幅8－10mm,鋭頭,先端は反曲する。萼片は倒卵形で開出し,長さ12－15mm,鈍頭。側花弁は萼片と同長で,少し幅が狭い。唇弁は斜上し,萼片より長く,基部から3裂し,中裂片はさらに2裂するので大の字形になる。唇弁基部の黄～赤色の短い3条の隆起が目立つ。

九州南部・屋久島・種子島・琉球・小笠原(南硫黄島),台湾・中国・亜熱帯～熱帯アジア・オセアニアに広く分布する。

小笠原諸島の母島にまれに自生する**ホシツルラン** C. hoshii S. Kobay. (PL.157) はツルランに似るが,唇弁の形が異なるとともに唇弁基部の隆起が白く,距が長さ3.5－4cmと長い。同じく小笠原諸島の父島・兄島に産

するアサヒエビネ C. hattorii Schltr.（PL.157）は、花が黄色く、距が非常に短く円錐形となるなどの点でツルランと異なる。

12. オナガエビネ　　　　　　　　　　　　PL.157
Calanthe masuca (D. Don) Lindl.;
C. longicalcarata Hayata

亜熱帯〜熱帯の常緑広葉樹林下に生える。球茎は球状。葉は3個ついて狭長楕円形、長さ30−40cm、幅10−15cm、鋭頭。花茎は高さ30−50cm、2−3個の鱗片葉があり、6−10月、桃紫色の花を20−30個つける。苞は広卵状披針形、長さ10−15mm、幅5−8mm、鋭頭。萼片は倒卵形、長さ12−15mm、鈍頭。側花弁は萼片と同長、同形であるが少し幅が狭い。唇弁は萼片より長く3裂し、側裂片は小さく、中裂片は大きく扇状に広がり、基部中央の内面に帯紫濃赤色のとさか状突起がある。距は子房より長い。鹿児島県の甑島・黒島から琉球を経て中国・台湾・亜熱帯〜熱帯アジアに分布する。白花品をシロバナオナガエビネ f. albiflora (Ida) Nackej. とよぶ。

本種とツルランとの自然交雑種とみなされる個体をユウヅルエビネ（リュウキュウエビネ）C. ×dominyi Lindl. と称する。

13. ナツエビネ　　　　　　　　　　　　PL.157
Calanthe puberula Lindl. var. **puberula**;
C. reflexa Maxim.

冷温帯〜暖温帯のやや湿った落葉樹林下に生える。球茎は球状。葉は3−5個が束生し、狭長楕円形で、長さ10−30cm、幅3−6cm、鋭尖頭、表面は光沢がなく白みをおびた緑色で、縦じわが多い。花茎は側生し、高さ20−40cm、上部は子房とともに短毛がある。7−8月、淡紫色の10−20花をまばらに総状につける。苞は披針形、長さ1−2cm、鋭尖頭。萼片は長さ15−20mm、背萼片は狭卵形、側萼片は斜卵形で、いずれも鋭尖頭、反曲する。側花弁は萼片より少し短く、線形で鋭尖頭。唇弁は心状広卵形、隆起線はなく萼片と同長、3深裂し、中裂片はやや大型でくさび状広楕円形、縁は細波状で先端は突出する。

本州・四国・九州、朝鮮半島南部・台湾・中国東部〜ヒマラヤに分布する。葉の裏面に短毛があるものをオクシリエビネ var. okushirensis (Miyabe et Tatew.) M. Hiroe として区別することがあり、北海道（奥尻島）および青森県西部に自生する。

14. サルメンエビネ　　　　　　　　　　PL.158
Calanthe tricarinata Lindl.

冷温帯の落葉樹林下に生える。球茎は球状。葉は3−4個、倒卵状狭長楕円形、無毛、急鋭尖頭、長さ15−25cm、幅6−8cm。花茎は高さ30−50cm、花序、子房ともに短毛がある。花は4−5月、7−15花を総状にまばらにつける。苞は細長い三角形、長さ5−8mm、鋭尖頭。萼片、側花弁ともに黄緑色。萼片は狭長楕円形、長さ20−25mm、幅7−15mm、鋭頭。側花弁は広倒披針形、萼片より少し小さく、鋭頭。唇弁は紫褐色〜紅褐色、萼片と同長で3裂する。側裂片は小さく、中裂片は大きくてほぼ四角形、先端の縁に襞があり、中央に3条のとさか状突起がある。北海道〜九州、朝鮮半島・台湾・中国〜ヒマラヤに分布する。和名は〈猿面海老根〉で、唇弁が赤みをおびてしわが寄っているのを猿の顔に見立てたもの。

【12】ホテイラン属　Calypso Salisb.

地生の多年草。茎は肥厚し、球〜狭卵状、少数の根がある。葉は上部に1個つけ、有柄で卵形、明瞭な3脈があり、多肉で凹凸が多い。花茎は頂生、1個の花をつける。花被片は細長く、同形同大。唇弁は花被片より長く、太くふくらんで袋状、先端はとがった2裂の距となり、開口部の前縁には舷部が広がり、その入口に粗い毛が列生する。蕊柱は花被片より短く、両縁は翼状に広がり幅が広い。花粉塊は卵状、蠟質で4個。ただ1種がヨーロッパ、シベリア、日本、アリューシャン、アラスカ、北アメリカに広く分布する。

1. ホテイラン　　　　　　　　　　　　PL.151
Calypso bulbosa (L.) Oakes var. **speciosa** (Schltr.) Makino

亜寒帯の針葉樹林下に生える。球茎は2−3節からなり狭長状、少数の根があり、1個の葉を上部につける。葉は1.5−3cmの葉柄があり、葉身は卵状楕円形、長さ2.5−5cm、幅1.5−3cm、縦じわが顕著で、縁は波状に縮れ、裏面は紫色、花茎は頂生、直立し、高さ6−15cm、基部に膜質で茶色の鞘状葉があり、5−6月、先端に桃色の1花をつける。苞は広線形で鋭尖頭、長さ1−2.5cm。萼片および側花弁は開出し、線状披針形で、鋭尖頭、長さ2−3cm、幅3−4mm。唇弁は下垂し、長さ2.5−3.5cm、白色、内面に淡褐色の斑点があり、背面は袋状にふくらみ、先は二又に分かれ距となって舷部より長く突出する。蕊柱は扁平で卵状楕円形、長さ1.5cm。本州中部の亜高山に分布する。ヒメホテイラン var. bulbosa（PL.151）は唇弁の距が舷部とほぼ同長のもので、日本では北海道と青森県に見られるだけであるが、海外ではヨーロッパから北アメリカまで広く分布する。

ラン科

【13】キンラン属　Cephalanthera Rich.

　地生の多年草。根茎は短く，根は長い。葉は互生し，披針形または長楕円形，脈が顕著である。普通葉が退化し，菌従属栄養性が進化した種もある。花は白色または黄色，やや直立し，総状花序につき，中型またはやや小型。苞は小さく，下方のものはときに葉状となり，花よりも長い。萼片は離生し，半開で開出せず，やや円形。側花弁はやや小型，ときに幅が広い。唇弁は蕊柱の基部につき，基部はふくらんで顎をつくり，先は3裂し，側裂片は内巻して蕊柱を包む。蕊柱はやや長く，翼がない。嘴体は幅の広い柱頭を超えず，葯は広卵形で2室，花粉塊は2個，粉質。蒴果は直立する。北アメリカ，東アジアからヨーロッパにかけて15種内外が知られる。

　A．葉は厚く，縦脈が多い。花は黄色 ·· 1. キンラン
　A．葉はやや薄く，やわらかい。花は白色。
　　B．距は長く後方にやや鋭く突出し，中裂片は心形で鋭尖頭 ·· 2. ササバギンラン
　　B．距は鈍くて短く，中裂片は楕円形で鋭頭 ·· 3. ギンラン

1．キンラン　　　　　　　　　　　　　PL.140
Cephalanthera falcata (Thunb.) Blume
　暖温帯の疎林下に生える。茎は直立して高さ30-70cm，稜線がある。葉は5-8個で互生し広披針形，長さ8-15cm，幅2-4cm，先端は鋭くとがり，基部は茎を抱く。4-6月，黄色の花を3-12個つける。苞は膜質で三角形，長さ2mm。萼片は卵状長楕円形，長さ14-17mm，鈍頭。背萼片の背面は突出する。側花弁は萼片より少し短く卵形。唇弁の基部は筒状で距となり，舷部は3裂し，側裂片は三角状卵形で蕊柱を抱き，中裂片は円心形で内面に黄褐色の肥厚した隆起線が数本ある。蕊柱は直立し，2mm。葯室は長く，2個の長楕円形の花粉塊を入れる。
　本州～九州，朝鮮半島・中国に分布する。品種には花が帯白色のシロバナキンラン f. albescens S. Kobay. が知られている。

2．ササバギンラン　　　　　　　　　　PL.140
Cephalanthera longibracteata Blume
　亜寒帯～暖温帯の樹林下に生える。茎は直立し，高さ30-50cm，やや細い。葉は6-8個ついて，卵状披針形，長さ7-15cm，幅1.5-3cm，鋭尖頭，基部は茎を抱き，裏面および縁に白色の短毛状突起がある。花茎にも同様の突起があり，5-6月，白色の数花をまばらにつける。苞は線形で下部の1-2個は特に長い。萼片は披針形で，長さ11-12mm，鋭頭。側花弁は萼片より短く，幅が広い。唇弁の基部は筒状の距となり，短く突出し，舷部は3裂し，中裂片は心形，中央内面に淡黄褐色の隆起線がある。蕊柱は唇弁と同長，先端に半球形の葯があり，葯室は2個。
　北海道～九州，朝鮮半島・極東ロシア・中国（東北部）に分布する。ニシダケササバギンラン f. lurida Hayashi は八ヶ岳の西岳で見つけられたもので，花が汚黄褐色のものである。

3．ギンラン　　　　　　　　　　　　　PL.140
Cephalanthera erecta (Thunb.) Blume
　冷温帯～暖温帯の樹林下に生える。茎は直立し，高さ10-30cm，無毛。葉は3-6個で，互生し，狭長楕円形，長さ3-8cm，幅1-3cm，鋭尖頭，無毛で，基部は茎を抱く。5-6月，白色の数花をつける。苞は狭三角形，長さ1-3mm，下位の1-2個は長くなる。萼片は披針形，先端はややとがり，長さ7-9mm。側花弁は広披針形，鈍頭，萼片より少し短い。唇弁は基部が短い距となり，舷部は3裂し，側裂片は三角形，中裂片は楕円形。中裂片の中央に5本ばかりの隆起線がある。蕊柱は直立し，先端に葯があり，葯室は2個，長楕円形の花粉塊を入れる。北海道～九州，朝鮮半島・台湾・中国～ヒマラヤ東部に分布する。
　クゲヌマラン（エゾギンラン） C. longifolia (L.) Fritsch は唇弁の基部の距が短く，わずかしか突出しない。分布は北海道～九州，さらにはユーラシア大陸に広く分布する。**ユウシュンラン** C. subaphylla Miyabe et Kudô（PL.140）は葉が退化し鱗片状，2cm以下。また花被片相互の間に少し隙間が見える。
　北海道～九州，朝鮮半島に分布するが，ややまれである。

【14】トクサラン属　Cephalantheropsis Guill.

　地生の多年草。地下部は短い匍匐茎で連なり，先端は直立し長く伸びる。葉は互生，茎の上半分に数個つけ，縦にしわがある。花茎は総状で地面から離れた節から側生し，多数の花をつける。苞は開花時に脱落する。萼片と側花弁は離生して開出し，同形。唇弁は基部のみ蕊柱と合着し舷部は3裂，距はない。蕊柱は直立し，唇弁基部とともに脚部を形成する。葯は頂生して，円錐形で2室，蠟質の花粉塊を4個ずつ入れる。日本南部，台湾，中国南部～ヒマラヤ，東南アジアに4種が知られる。

1. トクサラン　　　　　　　　　　　　　　PL.158
Cephalantheropsis obcordata (Lindl.) Ormerod; *Calanthe gracilis* Lindl. var. *venusta* (Schltr.) F. Maek.

亜熱帯〜熱帯の常緑広葉樹林下に生える。茎は太く円柱状，高さ50－100cm，数節からなり，仮軸分枝を繰り返し，数年分が並列する。葉は茎の上方に数個つき狭長楕円形，長さ20－40cm，幅4－7cm，鋭尖頭で毛がない。花茎は高さ40－60cm，鞘状葉をまばらにつけ，上方に白色の開出する短い軟毛がある。11－12月，淡黄色の花を20個内外，やや密につける。苞は広線形で鋭尖頭，長さ1.5－3cm，早落性。萼片は長楕円状狭卵形，鋭尖頭，長さ10－13mm，幅3mm。側花弁は萼片と同形であるが少し短く，鈍頭。唇弁は萼片と同長，四角状長楕円形，中央上部に上向する卵形の短い側裂片があり，舷部は横に長い長方形で先端がくぼみ，しわ状の鈍鋸歯縁がある。甑島・種子島・屋久島・琉球，台湾・中国南部〜ヒマラヤ・東南アジアに分布する。和名は，葉の落ちた古い茎が並んで立っている様子をトクサに見立てたもの。

【15】カイロラン属　Cheirostylis Blume

地生の多年草。茎の下部は匍匐する。紐状の根が退化した種が多いが，伸長する種もある。茎は下部に少数の葉をつけるが，開花時に枯れる種もある。葉は狭卵形。花は小型で，総状花序にまばらにつく。萼片は中部まで筒状に合着する。側花弁は背萼片の内側に接し，背萼片とほぼ同長。唇弁は蕊柱の基部から出て上向し，幅は狭く基部は袋状，短い爪部があり，先は広がって2裂し，全縁または歯牙がある。蕊柱は短く，前面に2個の付属物がある。小嘴体は2裂し，柱頭の裂片は側生する。葯は直立し，2室。花粉塊は2個あって，それぞれが2裂し，共通の粘着体がある。アジア，アフリカ，オセアニアの熱帯域に約50種がある。属名はCheiros（手），stylis（花柱）を結んだもので，この属の特徴である蕊柱の指状付属物によっている。カイロランの名は属名の前半をとったもの。

1. リュウキュウカイロラン　　　　　　　PL.146
Cheirostylis liukiuensis Masam.; *C. okabeana* Tuyama

亜熱帯の常緑樹林下に生える。茎は開花時に高さ10－15cm，淡紅色，中部以下に3－5個の葉があり，葉より上部の茎に白色毛があり，鱗片葉2－3個をまばらに圧着する。葉は紫褐色，長楕円状卵形，鋭頭で毛がなく，長さ7－20mm，幅5－12mm，葉柄は下部が幅広くなり，茎を抱く。4－6月，総状花序に3－5花をつける。苞は披針形，長さ5－7mm。花は横向きにつき，淡紅色。萼片は筒状に合着し，先端は3裂し，裂片は卵形。側花弁はややさじ形で長さ約3.5mm。唇弁は側花弁より長く，約5mm，基部は管状で，舷部は2裂してY字形。蕊柱は短い。九州南部・種子島・屋久島・琉球，台湾に分布する。

アリサンムヨウラン（ヨシヒサラン） *C. takeoi* (Hayata) Schltr.（PL.146）は全株帯緑色，茎の下部は肥厚して匍匐する。花は白色で，側花弁の長さ約6.5mm，唇弁の長さ7mm，いずれもリュウキュウカイロランより長く，琉球，台湾・ベトナムの常緑樹林下に生える。

【16】バイケイラン属　Corymborkis Thou.

地生の多年草。根茎は短く，根は長く伸びる。茎は高く，ササのようにかたい。葉は幅広く洋紙質，脈が多く，脈に沿って縦に襞がある。花茎は腋生し短く，円錐花序となる。花は大きく白色。萼片と側花弁は線形，筒状に集まり先端が開出する。唇弁は蕊柱の基部から上向し，線状へら形，先端は反曲する。蕊柱は唇弁より短く，円柱状棍棒形，上向し先端が2裂する。葯は幅が狭く，直立し2室。花粉塊は2個で棍棒状，線形，多数の小塊からなる。熱帯アジア，オセアニア，熱帯アフリカ，熱帯アメリカに7種が知られる。琉球には，熱帯アジア〜オセアニア全域から西表島・石垣島に分布する**バイケイラン** *C. veratrifolia* Blume（PL.142）が，小笠原諸島には固有種とされる**チクセツラン** *C. subdensa* (Schltr.) Masam.が分布する。

【17】サイハイラン属　Cremastra Lindl.

地生の多年草。球茎は球状，先端に1－2葉をつける。葉はやや大型で冬緑性，夏に落葉し休眠。菌従属栄養性が進化し，葉が退化した種もある。花茎は球茎から出て鞘状葉をまばらにつける。苞は線形で短い。萼片と側花弁は細く，鋭尖頭。萼片は離生する。唇弁は蕊柱の基部につき，線形，とい状となって蕊柱を抱き，基部はややふくれ，先端はやや大型の中裂片と小型で斜めに開出した側裂片2個とに分かれる。蕊柱は円柱状。葯は頂生し1室。花粉塊は4個，蠟質，2個ずつ組になって粘着体につく。ヒマラヤから中国，日本に5種が知られる。

A．花は多数で，下向きにつく。萼片は長さ3－3.5cm。花に斑点がない ······················· 1.サイハイラン
A．花は数個，横向きにつく。萼片は長さ1.8－2cm。花に紫の斑点がある ······················· 2.トケンラン

1. サイハイラン　PL.159
Cremastra variabilis (Blume) Nakai

亜寒帯〜暖温帯の林床に生える。球茎は卵形，やや離れ気味に接続し，ふつう1個の葉を先端につける。葉は狭長楕円形，革質，長さ15−35cm，幅3−5cm，長鋭尖頭で，基部は柄となる。花茎は高さ30−50cmで，直立し，基部は鞘状葉で包まれる。5−6月，10−20花をやや密に総状につける。苞は線状披針形，長さ7mm，鋭尖頭。花は淡緑褐色で紅紫色をおびるものが多いが，花色の変異に富む。萼片と側花弁は線状披針形，長さ3−3.5cm，幅4−5mm，鋭尖頭。唇弁は長さ3cm，基部が少しふくれ，全長の2/3が蕊柱を抱え，先端部で3裂する。側裂片は披針形で中裂片は長楕円形。蕊柱は長さ2.5cm，先端は太い。

南千島・北海道〜九州，サハリン南部・朝鮮半島南部・台湾・中国〜ヒマラヤに分布する。和名は花序の様子を〈采配〉に見立てたもの。**モイワラン C. aphylla** T. Yukawaは根茎がサンゴ状に分枝し，葉が退化し，花色が赤く，蕊柱の下部がふくらまないなどの点でサイハイランと異なる。

2. トケンラン　PL.159
Cremastra unguiculata (Finet) Finet

亜寒帯〜冷温帯の落葉樹林下に生える。球茎は球状で，細長い根茎でつながっている。葉は2個，長楕円形，長さ10−12cm，幅3−5cm，鋭頭，しばしば紫色の斑点がある。花茎は高さ30−40cm，5−6月，まばらに数花をつける。苞は披針形，長さ4−6mm。萼片は線状倒披針形，側花弁は線形，ともに鋭頭で黄褐色に紫色の斑点がある。唇弁は白色で暗紫色の斑点があり線形，蕊柱の下部を抱き，基部はほとんどふくれず，先端の1/3のところで急に曲がり3裂する。側裂片は披針形で小さく，中裂片は倒卵形，円頭で縁が波状である。蕊柱は長さ14mm，先端の葯は円形。北海道・本州・四国・九州，韓国（済州島）・中国に分布する。和名は〈杜鵑蘭〉で，花の斑点をホトトギス（杜鵑）の胸から腹部にかけてある斑紋に見立てたもの。

【18】オキナワヒメラン属　Crepidium Blume

地生，まれに着生の多年草。茎は肥厚し，球状〜円柱状，基部から根を伸ばす。葉は2−9個つけ，扇だたみで，葉柄は鞘となる。花序は頂生，直立し，多数の花を総状につける。苞は小型，幅が狭く，開花後も脱落しない。萼片と側花弁は開出するが，後者の幅がより狭い種が多い。唇弁はふつう上位，まれに下位になりよく開き，全縁または分裂し，基部は両側が耳状に広がる種と広がらない種がある。距はない。蕊柱は円柱状で，先端が凹入する。葯は直立し花粉塊は4個，蠟質で棍棒状，付属器官を欠くか粘着体をもつ。約280種が熱帯〜亜熱帯アジア，オセアニアに分布する。

琉球には以下の4種が分布する。**ホザキヒメラン C. ophrydis** (J. Koenig) M. A. Clem. et D. L. Jonesは石垣島・西表島・与那国島に自生し，海外では中国南部・台湾・熱帯アジア・オセアニアに広く分布する。**オキナワヒメラン C. purpureum** (Lindl.) Szlach.は沖縄島，台湾・フィリピン・中国南部〜ヒマラヤ・インド・スリランカに分布する。**イリオモテヒメラン C. bancanoides** (Ames) Szlach.（PL.152）は石垣島・西表島・与那国島，台湾・フィリピン・スラウェシ・タイに分布する。**カンダヒメラン C. kandae** (T. Hashim.) Marg.（PL.152）は沖縄島・石垣島・西表島に分布する。**シマホザキラン C. boninense** (Koidz.) T. Yukawa（PL.152）は父島と北硫黄島に分布する。開花時の高さは15−25cm。葉は卵状披針形〜長楕円形で先はとがり，葉身は長さ5−10cm，幅2−4cm，基部は長さ2−4cmの柄に流れる。花は淡緑色，総状花序に10−30個をつける。**ハハジマホザキラン C. hahajimense** (S. Kobay.) Marg.（PL.152）は母島のみに分布する。開花時の高さは20−30cmで，葉は卵状長楕円形〜広楕円形で先はとがり，葉身は長さ7−10cm，幅3−5cm，基部は長さ3−6cmの柄に流れる。総状花序に20−30花をつけ，花は唇弁が紫紅色で，ほかは淡緑色に紫色をおびる。シマホザキランに比べ，唇弁の中裂片が短い。

【19】オオスズムシラン属　Cryptostylis R. Br.

常緑の多年草。根茎は短く，根は太く肉質。葉は卵形〜披針形で革質，1〜少数をつけるが，退化する種もある。花茎は側生し総状，直立し長く伸びる。花は唇弁が上位となって大きく目立つ。花粉塊は4個で粘着体に直接つき，棍棒状，粒質。オーストラリアの種においてヒメバチ科の偽交尾による送粉が行われている。熱帯アジアからオセアニアにかけて約25種が知られる。

琉球には，熱帯アジア・オセアニア全域から西表島・石垣島まで分布する**オオスズムシラン C. arachnites** (Blume) Hassk.と，西表島から台湾，フィリピンに自生する**タカオオスズムシラン C. taiwaniana** Masam.が分布する。後者は葉に暗緑色の斑紋が入ることで，斑紋が入らない前者から区別することができる。

【20】シュンラン属　Cymbidium Sw.

着生または地生の多年草。根は一般に太い紐状。茎は短く肥厚，節間が短縮し，葉を地ぎわに束生する。普通葉が退化し，菌従属栄養性が進化した種もある。葉は線形〜披針形。花茎は側生し，基部または全体に少数の膜質の鞘状葉をつけ，1〜多数の花を総状花序につけ，苞は短い。萼片と側花弁はほぼ同形で離生し，多くは開出する。唇弁は蕊柱の

基部につき全縁または3裂する。側裂片はやや幅が広く，蕊柱を抱き，中裂片は基部に2条の隆起したうねがあるが，距は発達しない。蕊柱は半円錐状，先端に2室の葯をつけ，花粉塊は2または4個，蠟質，やや扁平，半月形の粘着体につながる。蒴果は長楕円形。温帯〜熱帯アジア，オセアニアに約55種が知られる。

```
A．普通葉と根がある。
  B．葉は線形で，柄がない。
    C．葉縁は鋸歯がある。花は1個つく ························································································· 1. シュンラン
    C．葉縁ははっきりした鋸歯がない。花は3〜多数つく。
      D．地生，花茎は直立する。
        E．花は小さく，萼片は長さ3cm未満 ··················································································· 2. スルガラン
        E．花は大きく，萼片は長さ3cm以上。
          F．葉幅は狭く2cm未満 ······························································································· 3. カンラン
          F．葉幅は広く2cm以上 ································································································· 4. ホウサイ
      D．着生，花茎は下垂する ······································································································ 5. ヘツカラン
  B．葉は披針形，または楕円形，細い葉柄がある。
    C．葉縁(特に先端)は鋸歯がある。花は6−7月，白色でわずかに淡紫色をおびる ······································· 6. ナギラン
    C．葉縁は平滑。花は10−11月，深緑色 ······················································································ 7. アキザキナギラン
A．普通葉と根がない ······················································································································ 8. マヤラン
```

1. シュンラン PL. 160
Cymbidium goeringii (Rchb. f.) Rchb. f.

暖温帯のやや乾いた林床に生える。球茎は節間が短縮し，葉を束生する。葉は線形，縁に微鋸歯があり，長さ20−35cm，幅6−10mm，鋭尖頭，基部は鞘となる。花茎は肉質，高さ10−25cm，数個の膜質鞘状葉に包まれる。花は3−4月，緑黄色の花を1個，まれに2個つける。苞は鞘がなく披針形，長さ3−4cm，鋭頭。萼片はやや肉質で倒披針形，長さ3−3.5cm，幅7−10mm，鈍頭。側花弁は萼片と同形でやや短い。唇弁は萼片より少し短く，白色に濃赤紫色の斑点があり，先は舌状で反曲し，中央付近に小型の側裂片がある。また中央内面に乳頭状突起を密生する。蕊柱は長さ15mm，先端に白色の葯があり黄色の花粉塊を入れる。北海道(奥尻島)〜九州，朝鮮半島・中国〜ヒマラヤ西部に分布する。〈春蘭〉の名は漢名に基づく。また古くから〈ホクロ〉とよばれるが，唇弁にある濃赤紫色の斑点をほくろに見立てた名である。高知県東部と徳島県に，葉が狭く幅4−6mmの個体が分布している。これを**ホソバシュンラン** f. **angustatum** (F. Maek., nom. nud.) T. Yukawa, ined. という。

2. スルガラン 〔コラン〕
Cymbidium ensifolium (L.) Sw.;
Cymbidium koran Makino

暖温帯〜亜熱帯の林下に生える。葉は束生し，線形で，長さ30−90cm，縁はざらつかない。花茎は葉より低く，下部には鞘状葉を数個つける。6−10月，淡黄緑色〜淡紅紫色に濃色の脈が入る花を3−9個つける。熊本県天草地方には，葉の長さ30−35cmの小型の個体が自生しコランと呼ばれるが，本書では区別しない。

九州，亜熱帯〜熱帯アジア・ニューギニアまで広く分布する。

3. カンラン PL. 160
Cymbidium kanran Makino

暖温帯〜亜熱帯の常緑広葉樹林下に生える。葉は束生し，広線形で革質，長さ20−70cm，幅6−17mm，鋭尖頭。花茎は直立して高さ25−60cm，鞘状葉をまばらにつける。11−1月，緑色から紫色の間のさまざまな色調の花を5−10個まばらにつける。苞は膜質で線形，長さ8−30mm，鋭尖頭。萼片は広線形で長さ3−4cm，幅3.5−4.5mm，鋭尖頭。側花弁は萼片よりやや短く，披針状線形。唇弁は舌状で肉質，萼片より短く淡黄色で紫紅色の斑紋があり，中央に2本のひだ状隆起がある。蕊柱は湾曲し，長さ8mm。葯はやや角ばった半球形。花粉塊は2個で淡黄色。

本州(東海地方以西)〜琉球，韓国(済州島)・台湾・中国南部に分布する。和名は〈寒蘭〉で，冬に咲くことに因む。

高知県に産する**ハルカンラン** C. ×nishiuchianum Makino ex J. M. H. Shaw はカンランとシュンランの自然交配種と推定されてきたものだが，実体ははっきりしない。**ナギノハヒメカンラン** Cymbidium ×nomachianum T. Yukawa et Nob. Tanaka はカンランとアキザキナギランの自然交配種で，高知県に産する。

4. ホウサイ PL. 160
Cymbidium sinense (Jacks.) Willd.

亜熱帯の常緑広葉樹林の林床に生える。球茎は卵状円錐形。葉は2−4枚つき，革質で表面には光沢があり，線状倒披針形，長さ30−50cm，幅2−2.5cm。花茎は側生し，長さ60−70cm。2−4月，淡黄色に紫褐色の条斑が入る花を5−10個まばらにつける。苞は披針形。萼片は線状倒披針形，長さ2.5−3cm，幅5mm，鋭尖頭。側花弁は卵状披針形，鋭頭，萼片より少し短い。唇弁は卵形，側花弁よりも短く，鈍頭，いちじるしく反曲し，下部は広円形，中央部に2本のひだ状隆起があり，舷部は長楕円形。蕊柱は前に曲がり長さ12mm。屋久島・琉球，中国・台湾〜ヒマラヤに分布する。

5. ヘツカラン　　　　　　　　　　　　PL.160
Cymbidium dayanum Rchb. f.;
C. dayanum Rchb. f. var. *austrojaponicum* Tuyama
　暖温帯〜熱帯の常緑樹林内の樹幹に着生する。葉は束生し革質，光沢があり，長さ30−50cm，幅10−13mm，鋭尖頭。花茎は10−15cm，下垂し，10−11月，まばらに10−15個の花をつける。苞は披針形，長さ5−8mm，鋭尖頭。萼片は倒披針形，長さ3−3.2cm，幅5mm，白色で中脈に沿って幅広い暗紅紫色の条があり，鋭頭。側花弁は萼弁と同形で同色，やや短い。唇弁は直立し，暗紅紫色で長さ2cm，上方が浅く3裂し，側裂片は小型で鈍頭，中裂片は反曲し表面には短毛をしき，また内面中央に白色の2本のひだ状隆起がある。蕊柱はやや湾曲し，長さ13mm，暗紫色。花粉塊は2個。九州南部・種子島，亜熱帯〜熱帯アジアに広く分布する。和名は〈辺塚蘭〉で，産地にちなむ。

6. ナギラン　　　　　　　　　　　　PL.160
Cymbidium nagifolium Masam.
　暖温帯の常緑広葉樹林の林床に生える。茎は円柱状，連珠状に並び，数個の鱗片葉と1−3個の葉をつける。葉は披針形，革質，鋭尖頭で長い柄があり，柄を含めて長さ20−30cm，幅2−3cm，先のほうの縁に微鋸歯がある。花茎は高さ10−15cm，少数の鞘状葉を互生する。6−7月，白色でわずかに淡紫褐色をおびる2−4花をまばらにつける。苞は膜質で線状披針形，長さ8−15mm，鋭尖頭。萼片は線状披針形，長さ22−25mm，幅2.5−3mm，鋭尖頭。側花弁は狭長楕円形，萼片よりやや短く，幅が広く，鋭頭。唇弁は倒卵状長楕円形，浅く3裂し，中裂片の先は三角形に細くなり鈍頭，白色で肉質，内面に数個の大型の紫褐色の斑点がある。蕊柱は長さ13mm，少し湾曲する。葯は扁円形。花粉塊は三角状球形で2個ある。本州（関東南部以西）〜琉球，韓国（済州島）に分布する。和名は葉をマキ科のナギに見立てたもの。

7. アキザキナギラン
Cymbidium aspidistrifolium Fukuy.;
Cymbidium javanicum Blume var. *aspidistrifolium* (Fukuy.) F. Maek.
　暖温帯の常緑広葉樹林下に生える。外観はナギランに似るが，葉縁に鋸歯がなく，花色が淡緑で花茎が葉よりも低く，晩秋に開花する。本州（紀伊半島）・四国・九州・琉球，韓国（済州島）・台湾に分布する。
　葉縁に鋸歯がない点で本種と共通するが，茎，葉ともにより長い**オオナギラン** C. lancifolium Hook. (PL.160)が琉球，熱帯アジア・ニューギニア島に分布する。

8. マヤラン　　　　　　　　　　　　PL.161
Cymbidium macrorhizon Lindl.
　暖温帯〜亜熱帯の林下に生える菌従属栄養植物。根茎は長く，地中で繰り返し分枝し，白色で多肉，鱗片をつける。花茎は根茎の先端から出て直立し，高さ10−30cm，下部に基部が短い鞘となる膜質の鱗片葉がまばらに数個あるが，普通葉はない。6−10月，2−6個の花をまばらにつける。花は白色で紅紫色をおびる。苞は広披針形，膜質，長さ5−10mm，鋭尖頭。萼片は倒披針形，長さ2cm，幅3−4mm，鋭頭。側花弁は狭長楕円形，萼片より少し短い。唇弁は長楕円形，長さ約15mm，わずかに3裂するが，側裂片はやや突出する程度で，中裂片は三角形で外に巻き，縁は細波状をなし，鋭頭。蕊柱は長さ8−10mm。
　本州（関東以西）〜琉球，朝鮮半島・台湾・中国〜ヒマラヤに分布する。和名は最初に発見された神戸市の摩耶山にちなむ。**サガミラン**（サガミランモドキ）C. nipponicum (Franch. et Sav.) Rolfeは，花色が緑をおびた乳白色，マヤランのように紫色をおびない。関東南部に分布する。

【21】アツモリソウ属　Cypripedium L.

　地生の多年草。根茎は横にはい，ややかたい根を出す。茎は2−5葉と1〜数花をつける。葉は脈が多く互生，ときに接近して対生状になる。花は一般に大型。萼片は開出し，ふつう側萼片の2個が合着する。内花被片はふつう開出し，唇弁は大きな袋状となり，その口をふさぐように蕊柱が湾曲して突出する。蕊柱の先端下面が柱頭で，雄蕊は2個，蕊柱の中部腹面の左右にあり，2室の葯がある。花粉は粉質または粘質で，他のランにふつう見られる花粉塊をつくらない。メキシコ以北の北アメリカとユーラシア大陸に分布，約60種が知られる。

　A．葉は3−5脈があり，平坦，心円形で，2個が対生する。苞は広線形。茎および子房は無毛‥‥‥‥‥‥‥‥1. コアツモリソウ
　A．葉は多くの平行脈があり，縦じわがいちじるしく，長楕円形または扇形で，2−5個が互生またはほぼ対生する。苞は幅広い。茎および子房はふつう有毛。
　　B．葉は2枚あって，ほぼ対生する。基部はほとんど，またはまったく鞘をつくらない。根茎は長く伸びる。花は淡黄緑色。
　　　C．葉は扇形，先端は切形。花は径10cm‥‥‥‥‥‥‥‥‥‥‥‥‥‥‥‥‥‥‥‥‥‥‥‥‥‥‥‥‥2. クマガイソウ
　　　C．葉は広楕円形，先端は鋭形。花は径3cm内外‥‥‥‥‥‥‥‥‥‥‥‥‥‥‥‥‥‥‥‥‥3. キバナノアツモリソウ
　　B．葉は3−5枚あって互生する。基部は短い鞘となる。根茎は短い。花は淡紅色‥‥‥‥‥‥‥‥‥‥‥4. アツモリソウ

1. コアツモリソウ　　　　　　　　　PL.125
Cypripedium debile Rchb. f.
　冷温帯の山地樹林下に生える。茎は高さ10−20cm。葉は光沢があり，長さ2.5−5cm，幅2−5cm，縁は波を打ち毛状突起がある。花は径2cmばかり，5−6月，葉の間から出る繊細な花茎の先につき，垂れ下がり，かくれるようにして開花する。背萼片は卵状披針形，側萼片は合着し楕円状披針形，側花弁は狭披針形，いずれも

淡黄緑色で長さ 1 – 1.5 cm。唇弁は袋状，長さ 1 cm 内外で暗紅紫色の条斑がある。果期には花茎は直立する。北海道西南部・本州中部以北・四国・九州（熊本県），台湾・中国南部に分布する。

2. クマガイソウ　　　　　　　　　　　　　　PL.125
Cypripedium japonicum Thunb. var. ***japonicum***

冷温帯～暖温帯の樹林下，特に杉林，竹林下に群生する。茎は高さ 20 – 40 cm になり，有毛。葉は扇円形で径 10 – 20 cm，放射状に多数の脈があり，多くの縦じわが顕著である。4 – 5月，茎頂に1個横向きに開く花は大型で，径 10 cm，萼片と側花弁は淡黄緑色で，唇弁は袋状で紅紫色の脈が目立つ。背萼片は卵状楕円形，長さ 4 – 5 cm，幅 1 – 2 cm。側萼片は合着し，広卵状舟形で背萼片より幅広く先端が少し2裂する。側花弁は卵状披針形，内面に斑点と軟毛がある。北海道西南部～九州，朝鮮半島・中国東部に分布する。和名は〈熊谷草〉で，ふくらんだ唇弁を昔の武者が背負った母衣（ほろ）に見立て，力強い感じの本種を熊谷直実に，やさしい感じのアツモリソウを平敦盛にあてた。茨城県には葉が無毛の集団があり，**ヒタチクマガイソウ** var. ***glabrum*** M. Suzuki と呼ばれる。また唇弁に紅紫色の現われないものがあり，これは**キバナクマガイソウ** f. ***urasawae*** T. Koyama と名づけられている。

3. キバナノアツモリソウ　　　　　　　　　PL.125
Cypripedium yatabeanum Makino;
C. guttatum Sw. var. *yatabeanum* (Makino) Pfitzer

亜寒帯～冷温帯の落葉樹林下，または草原に生える。茎は高さ 10 – 30 cm，葉や子房ともに腺毛がある。葉は互生であるが接近して対生状，長さ 10 – 15 cm，幅 4 – 10 cm。6 – 7月，茎頂に淡黄緑色の花を横向きに1個つける。花は径 3 cm 内外。背萼片は広卵形，長さ 2 – 2.5 cm。側萼片は合着し，楕円形で，長さ 1.5 cm 内外，先端は2裂する。側花弁は斜卵形，先端はへら状で円頭，基部内面に密毛がある。袋状の唇弁は広く開口し，側花弁とともに茶褐色の斑点がある。北海道・本州（東北地方南部～中部地方），カムチャツカ半島・アリューシャン列島～アラスカに分布する。まれに淡緑色の花をつける個体がある。近縁種の**チョウセンキバナアツモリソウ** C. *guttatum* Sw.（PL.125）は国内では男鹿半島に自生が限られるが周北極分布し，東は北アメリカ北西部まで，西はアジア北東部からヨーロッパ東部まで自生する。花色が白地に赤紫で，側花弁上部がくびれない点でキバナノアツモリソウから区別できる。

4. アツモリソウ
Cypripedium macranthos Sw. var. ***macranthos***;
C. macranthos Sw. var. *speciosum* (Rolfe) Koidz.

亜寒帯～冷温帯の草原か疎林内に生える。茎は高さ 20 – 40 cm，葉とともに有毛。葉は互生し，長楕円形，長さ 8 – 20 cm，幅 5 – 8 cm。5 – 7月，茎頂に径 3 – 5 cm の花を1個つける。背萼片は卵形，長さ 4 – 5 cm。側萼片は合着し，卵形，背萼片よりやや短く，先端がわずかに2裂する。側花弁2個は卵状披針形。背萼片，側萼片，側花弁はともに鋭尖頭。唇弁は大きな袋状で，内部に長毛が散生する。花色はふつう淡紅色～紅紫色であるが，ときに白色または淡黄色のものもある。本州近畿地方以北・北海道・南千島，朝鮮半島・台湾・アジア北東部～ヨーロッパ東部に分布する。礼文島特産の**レブンアツモリソウ** var. ***rebunense*** (Kudô) Miyabe et Kudô（PL.126）はアツモリソウに似るが花が淡黄色。また，北海道と本州中部の亜高山帯草原に産する**ホテイアツモリソウ** var. ***hotei-atsumorianum*** Sadovsky（PL.126）は花が紅紫色でアツモリソウより濃い。**ドウトウアツモリソウ** C. *shanxiense* S. C. Chen（PL.126）は花全体が栗褐色，側花弁が線状披針形，側萼片が基部のみ合着する。北海道，サハリン・ロシア沿海州・中国東北部に分布する。

【22】ツチアケビ属　　Cyrtosia Blume

地生の多年草。菌従属栄養植物。根茎と根はいちじるしく伸長する。地上茎は帯黄色，または帯赤色を呈し直立して，無葉。総状花序に多数の花をつけ，花はやや大型。苞はふつう小さく，萼片はやや開出し，同形で同大，背面が突出する。側花弁は萼片と同長で，ときに萼片より幅広い。唇弁は距がなく，その基部は蕊柱を包む。蕊柱はやや長く，ときに狭い翼があり，脚がない。柱頭は小嘴体の下部に位置し，横に広い。葯は2室で花粉塊は2個，粉質。果実は大型で肉質，裂開しない。熱帯～温帯アジア，ニューギニア島に5種がある。

1. ツチアケビ　　　　　　　　　　　　　　PL.128
Cyrtosia septentrionalis (Rchb. f.) Garay

冷温帯～暖温帯の林下に生える。全体に褐色で，根茎と根は太く，横に長くはい，大型の鱗片葉をつける。地上茎は高さ 50 – 100 cm，まばらに分枝し，複総状花序となり，上部は花柄，子房とともに褐色の短毛がある。6 – 7月，多数の花をつける。花は黄褐色で半開，萼片，側花弁は長楕円形で長さ約 15 – 20 mm，唇弁は広卵形，肉質，萼片より少し短く，縁は細かく分裂し，内面にはとさか状の線条がある。蕊柱は長く，やや内曲する。葯は2室。果実は肉質，バナナ状で下垂。長さ 6 – 10 cm，径約 3 cm，秋に赤熟するが，ときに黄色で終わるものがあり，キミノツチアケビという名がつけられている。北海道南部～九州，朝鮮半島・中国南西部に分布する。和名は土に生じるアケビの意で，果実の形をなぞらえたもの。

【23】ハクサンチドリ属　Dactylorhiza Neck. ex Nevski

　地生の多年草。根は球状または掌状，ときにやや肥厚するだけのものもある。茎は直立し，少数の葉をつける。葉は線形〜披針形。総状花序に多数の花を密につける。苞は葉状で目立つ種が多い。萼片は離生で開出し，背萼片は側花弁とともにかぶとを形成する種もある。唇弁は全縁または3裂して，距がある。蕊柱は短く，薬室は平行，各室に花粉塊柄と粘着体のある花粉塊を1個入れる。北半球の温帯〜亜寒帯に分布して，約50種が知られる。

　　A．花は紅紫色。萼片は卵状披針形。距は長さ10－15mm ··· 1．ハクサンチドリ
　　A．花は淡緑〜紫褐色。萼片は狭卵形。距は長さ約3mm ··· 2．アオチドリ

1．ハクサンチドリ　　　　　　　　　　PL. 134
Dactylorhiza aristata (Fisch. ex Lindl.) Soó；
Orchis aristata Fisch. ex Lindl.；
Dactylorchis aristata (Fisch. ex Lindl.) Vermuelen

　亜寒帯〜冷温帯の草地に生える。根は短く，一部は掌状に肥厚する。茎は高さ10－40cm。葉は3－6個あり倒披針形，基部は茎を抱き，長さ5－15cm，幅1－3cm。花は紅紫色，6－8月に数花または多数花を総状につける。苞は披針形。背萼片は卵状披針形，長さ7－13mm。側萼片は背萼片と同形で，少し長い。側花弁は狭卵形，背萼片より少し短い。唇弁はくさび形，背萼片よりわずかに長く，内面に細かい突起があり，3裂する。中裂片は鋭尖頭，側裂片は円頭となる。距は長さ10－15mm。蕊柱は短い。薬は楕円形で，薬室は平行する。花粉塊は紫黒色。

　本州中部以北・北海道，千島・サハリン・朝鮮半島・中国東部・カムチャツカ半島・アリューシャン・アラスカに分布する。葉面に暗紫色の斑点を有するものをウズラバハクサンチドリ f. *punctata* (Tatew.) F. Maek. ex Toyok. (PL. 135) といい，また白花のシロバナハクサンチドリ f. *albiflora* (Koidz.) F. Maek. ex Toyok. も見られる。

2．アオチドリ　　　　　　　　　　PL. 135
Dactylorhiza viridis (L.) R. M. Bateman, A. M. Pridgeton et M. W. Chase；*Coeloglossum viride* (L.) Hartm. var. *bracteatum* (Muhl. ex Willd.) Richter ex A. Gray

　亜寒帯〜冷温帯の林下や林縁のやや湿ったところに生える。根は短く，一部は肥厚する。茎は高さ20－50cm。葉は長楕円形または広披針形で長さ4－10cm，幅1.5－3cm，基部は鞘となる。5－7月，花序は頂生，径10－20mmの淡緑〜紫褐色花をやや密に多数つける。苞は狭披針形で，ふつう花よりずっと長い。萼片は狭卵形で長さ7－8mm。側花弁は線状披針形，萼片よりも短い。唇弁は紅紫色をおび，長さ8－10mm，先端が3浅裂し，側裂片が中裂片よりも大きい。距は太くて短く，長さ約3mm。蕊柱は前に曲がり，2mm。薬室は平行。四国・本州中部以北・北海道，千島・アラスカ・サハリン・朝鮮半島・中国・ロシア・ヒマラヤ・ヨーロッパに広く分布する。ヨーロッパのものを区別する見解，日本国内のものをタカネアオチドリ，チシマアオチドリに細分する見解があるが，本書では区別しない。

【24】イチヨウラン属　Dactylostalix Rchb. f.

　地生の多年草。根茎は細く，短く匍匐し，1本の太い根を出す。葉は根茎の上部に1個つき，卵円形で肉質，柄があり，葉脈は不鮮明。花茎は頂生，1－2個の鞘状葉があり，1個の花をつける。萼片および側花弁は細く，同形で半開する。唇弁は背面がややふくれ，基部に短い爪があるが，距または突起はない。先は3裂し，側裂片は短く円頭，中裂片は倒卵形で先が反曲し，2本の隆起線があり，縁は波状となる。蕊柱は扁平の柱状で，やや長く上方に狭い翼があり，先端に2個の付属物をつける。薬はその裏側にかくれてつき，4個の花粉塊がある。花粉塊は半球状，短い柄につき，その先は三角状の粘着体に続く。日本，サハリンにただ1種がある。

1．イチヨウラン　　　　　　　　　　PL. 151
Dactylostalix ringens Rchb. f.

　亜寒帯〜冷温帯の林床に生える。葉は長さ3－6cm，幅3－4cm，やや鈍頭，基部は鈍形で長さ1－2cmの葉柄に続く。花茎は5－7月に出て，1花を頂生し，高さ10－20cm。苞は四角状楕円形，長さ2－3mm。萼片および側花弁は淡緑色で紫色の斑点があり，倒披針形または線状披針形，長さ2－2.5cm，やや鈍頭。唇弁は白色で直立し卵形，基部は短くくさび形，ほぼ中央で3裂する。側裂片は立って蕊柱を囲み，広卵形，長さ2－3mm，鈍頭，先の方は紫色。中裂片は倒卵形，長さ幅ともに約7mm，紫色の斑点があり，縁は多少波状，基部に2条の低い隆起線があり，距はない。蕊柱は長さ約10mm，扁平でやや広い両翼とともにくさび状狭長楕円形，上端の各側に歯がある。南千島・北海道〜九州，サハリンに分布する。和名は〈一葉蘭〉で，1枚しか葉がつかないことによる。葉に紫褐色の斑点が散在するものがあり，これをヒメウズラヒトハラン f. *punctata* (Miyabe et Tatew.) Yonek. という。

【25】セッコク属　Dendrobium Sw.

　着生の多年草。茎は円柱形〜球形まで形態はさまざまで，1〜多数の節からなり，仮軸分枝を繰り返し，束生し，葉鞘に包まれる。葉は革質で，披針形。茎の上方から，1〜多数の花茎を側生する。苞は小型。萼片はやや同長で，背萼片は離生し，側萼片は蕊柱の基部に斜めに合着して距状の顎をつくる。唇弁は基部が狭くなり，ときに爪をなして蕊柱の基部に合着し，舷部はしばしば3裂して隆起線があることが多い。蕊柱は短く，頂端は稜があるか，または2裂する。葯は頂生し，2室，花粉塊は4個で，蠟質，花粉塊柄はない。およそ1100種が，温帯〜熱帯アジア，オセアニアに広く分布する。

　A．花茎に1−2個ずつ花をつける。花は白色または淡紅色。側萼片は狭楕円形 ……………………………………………… 1. セッコク
　A．花茎に3−8個ずつ花をつける。花は淡黄緑色。側萼片は斜三角形 ……………………………………………… 2. キバナノセッコク

1. セッコク　　　　　　　　　　　　　PL.161
Dendrobium moniliforme (L.) Sw.

　暖温帯の樹上や岩上に着生する。根茎は短く多数の根がある。茎は高さ5−25cm，多肉で円柱形。葉は2年生で数個互生し，披針形で，長さ4−7cm，幅7−15mm，光沢がありやや鈍頭。花は5−6月，前年の葉が落ちた茎の上部の節に花茎あたり1−2個つく。花色はふつう白だが桃や黄をおびる個体もある。萼片は長さ22−25mm。背萼片は披針形で鋭頭。側萼片は基部が斜めに広がり距状の顎をつくる。側花弁は背萼片と同形で少し短い。唇弁は側花弁とほぼ同長で狭卵状三角形，やや鋭頭，基部は蕊柱を抱え，中央に多数の短毛がある。蕊柱は短く，葯は楕円形で，淡黄色の花粉塊を4個入れる。本州〜琉球（吐噶喇列島以北），朝鮮半島南部・台湾・中国〜ヒマラヤに分布する。和名は漢名の〈石斛〉の音読による。

　沖縄島と台湾には，茎が70cmと長く伸び，下垂し，花が大きいオキナワセッコク D. okinawense Hatus. et Ida（PL.161）が自生する。

2. キバナノセッコク　　　　　　　　　　PL.162
Dendrobium catenatum Lindl.; *D. tosaense* Makino

　暖温帯〜亜熱帯の常緑樹林内の樹上や岩上に着生する。茎はふつう下垂し，長さ15−40cm，多肉で円柱形。葉は互生し，披針形で，長さ2−7cm，幅7−12mm，鋭頭。花茎は上方の節から出てジグザグ状になり，7−11月，花茎あたり3−8個の花を開く。苞は線状披針形，長さ3−6mm，鋭頭。花色は淡黄緑，唇弁の中心に紫褐色の斑紋が入る。背萼片は広披針形，側萼片は斜三角形，長さ12−15mm，鋭頭。側花弁は長楕円状披針形，萼片より少し短い。唇弁は倒卵形で斜上し，先端は反曲して鋭頭。蕊柱は長さ3−4mm。葯は広卵形，橙黄色の花粉塊4個を入れる。

　伊豆諸島・四国・九州・琉球，台湾・中国南部に分布する。

【26】コカゲラン属　Didymoplexiella Garay

　地生の多年草。菌従属栄養植物。塊茎は肥厚し横にはう。根は紐状。花茎は直立，少数の鱗片があり，数個の花を総状花序につける。背萼片と2枚の側花弁，さらに2枚の側萼片はそれぞれ合着し筒状となる。唇弁は全縁または3裂，内面に隆起がある。蕊柱は長く，上部から2個の鉤形の翼が発達する。葯には短い柄があり，花粉塊は4個。東南アジア〜日本に8種が分布する。

1. コカゲラン
Didymoplexiella siamensis (Rolfe ex Downie) Seidenf.

　亜熱帯の常緑樹林下に生える。塊茎は紡錘形，頂端から紐状の根を伸ばす。花茎は直立し，高さ13-30cm。花は5−6月，総状花序に約15花を密につけ，1−2輪ずつ咲く。花はわずかに淡紅色をおびた白色，長さ約5mm。背萼片と2枚の側花弁，さらに2枚の側萼片はそれぞれ合着し筒状となる。唇弁は全縁，内面の先端に肉質にふくらんだ2裂する隆起がある。蕊柱は長さ3−4mm，先端に鉤形に突出する翼がある。

　屋久島，台湾・中国南部〜タイに分布する。

【27】ヒメヤツシロラン属　Didymoplexis Griff.

　地生の多年草。菌従属栄養植物。塊茎は肥厚し横にはう。根は紐状。花茎は直立，少数の鱗片があり，数個の花を総状花序につける。花後に花柄がいちじるしく伸長する。背萼片と2枚の側花弁，さらに2枚の側萼片はそれぞれ合着し筒状となる。唇弁は蕊柱の短い脚部につき全縁，隆起がある。蕊柱は上部に2個の狭い翼と2歯がある。柱頭は幅広く，葯には短い柄があり，花粉塊は4個で腎形。分布は熱帯アフリカ，熱帯アジア，オセアニアに及び，12種を数える。

1. **ヒメヤツシロラン**　　　　　　　　　PL.140
   Didymoplexis micradenia (Rchb. f.) Hemsl.;
   D. brevipes Ohwi

   亜熱帯の常緑樹林下に生える。その先端部から花後長さ5cmになる根を四方に出す。茎は直立し，白色，高さ10-15cmになり，膜質で三角形をなす長さ3-4mmの鱗片を3-5個まばらに圧着する。総状花序は短く，4-7花をまばらにつける。苞は膜質で三角形，長さ2mm。花は乳白色，唇弁を除く5個の花被片は合着して花筒となり，上部はややかぶと形に内曲し先は3裂する。下部は反曲し先は2裂する。唇弁は花筒より少し短く，倒三角形で微鋸歯縁，ごくわずか花筒と合着し内面に隆起がある。蕊柱は長さ4.5mm。種子島・吐噶喇列島・琉球に産することが知られ，台湾・東南アジア・オセアニアにまで分布する。

【28】サガリラン属　　**Diploprora** Hook. f.

着生の多年草。長い根で木の枝や岩に付着し，しばしば下垂する。葉は2列に互生し，革質で長楕円形〜披針形。花茎は側生し総状，まばらに数個の花をつける。萼片と側花弁は同形で倒披針形または倒卵形。唇弁基部はボート状，距はない。蕊柱は直立し，短く，脚がない。花粉塊は4個で，蠟質。分布はインド〜東南アジア，北は中国南部から台湾，琉球にまで広がり，2種が知られる。**サガリラン** D. *championii* (Lindl. ex Benth.) Hook. f.は唇弁の先端が2裂することが特徴で，奄美大島，台湾・中国南部・東南アジア〜インドに産する。

【29】ジョウロウラン属　　**Disperis** Sw.

地生の多年草。楕円形の塊根がある。葉は1〜数個ついて無柄，基部は茎を抱く。花は頂生し，1-数個を総状につける。背萼片と側花弁は合着，あるいは接して唇弁と蕊柱をおおう。側萼片も基部で合着する種がある。唇弁は3裂。蕊柱は短い。葯は葯隔が幅広く，葯室は離生する。花粉塊は2個，長い柄がある。小嘴体は大きく，柱頭は2個で小嘴体の基部にある。アフリカを中心に熱帯アジア・ミクロネシアまで約75種が知られる。日本には，**ジョウロウラン** D. *neilgherrensis* Wight（PL.133）が琉球（石垣島・西表島）にあり，台湾・熱帯アジア・ニューギニア・ミクロネシアに分布する。

【30】サワラン属　　**Eleorchis** F. Maek.

地生の多年草で湿地に生える。球茎は緑色で球形。地上茎は直立し，基部近くに少数の鞘状葉と，線状披針形の1葉がある。葉の基部は鞘となり花茎を包む。花はふつう1個，ときに2個生じ，紅紫色。苞は小さい。萼片および側花弁は同形で倒披針形。唇弁は萼片より少し長く，倒卵状楕円形。蕊柱は狭円柱形，両側に稜角がある。小嘴体は平坦で切頭。葯は頂生でぶら下がり，花粉塊は4個，花粉塊柄はない。日本の特産属である。

1. **サワラン**　　　　　　　　　　　　PL.138
   Eleorchis japonica (A. Gray) F. Maek. var. **japonica**

   亜寒帯〜冷温帯の湿地でミズゴケとともに生える。花茎は高さ20-30cm。葉は直立して長さ6-15cm，幅4-8mm，漸尖頭。苞は三角形，長さ2-3mm。花は紅紫色で横を向いて咲く。萼片および側花弁は倒披針形で鋭頭，長さ2-2.5cm。唇弁は先端が3裂し，中裂片に縦の隆起線がある。蕊柱は長さ2cm。花粉塊は4個。本州近畿地方以北・北海道・南千島に分布する。和名の〈沢蘭〉は生育地にちなむ。最初，霧ヶ峰で発見され，のちに尾瀬や立山などでも報告された**キリガミネアサヒラン** var. **conformis** (F. Maek.) F. Maek. ex H. Hara et M. Mizush.は花が上を向いて咲き，唇弁が全縁で隆起線がなく，他の花被片とほぼ等しい。

【31】コイチョウラン属　　**Ephippianthus** Rchb. f.

地生の多年草。根茎は細く匍匐し，先端に1葉と花茎がある。葉はやや厚く，卵形で柄がある。花茎は直立し，少数花をまばらに総状につけ，下部に鞘状の鱗片葉が少数ある。花は小型で黄緑色。萼片は狭長楕円形で開出する。側花弁は萼片と同形で鈍頭。唇弁は短い爪部があり，狭長楕円形で開出し，先端は鈍頭。蕊柱は直立し，萼片より短く，上方はやや弓状に内曲する。柱頭は大型。葯は頂生する。花粉塊は球形，蠟質で4個。東アジアの特産で2種がある。

　A. 唇弁は全縁。蕊柱に翼状の突起がない ……………………………………………………………… 1. コイチョウラン
　A. 唇弁に歯牙がある。蕊柱の上方の両側に翼状の突起がある ……………………………………… 2. ハコネラン

1. **コイチョウラン**　　　　　　　　　PL.151
   Ephippianthus schmidtii Rchb. f.

   亜寒帯〜冷温帯のおもに針葉樹林下に生える。葉は1個，長さ2-5cmの柄があり広卵形，長さ1.5-3cm，

幅1−2.5cm，鈍頭，基部は心形，表面に網状の脈があり，ふつう緑色であるが，濃紫色のものもあり，これはムラサキコイチヨウラン f. violaceus H. Hara とよばれる。花茎は高さ10−20cm，7−8月，淡黄白色〜淡黄緑色の花をまばらに2−7個つける。苞は膜質で長さ1mm。萼片は狭長楕円形で鈍頭，長さ約5−6mm。側花弁はやや短い。唇弁は長楕円形で，萼片とほぼ同長，全縁である。蕊柱は棒状円柱形，長さ3−4mm。北海道・本州（東北〜山陰）・四国，千島・サハリン・極東ロシアに分布する。

2. ハコネラン　　PL.151
Ephippianthus sawadanus (F. Maek.) Ohwi ex Masam. et Satomi

コイチヨウランに似る。種の検索表で記した以外の相違点としては，葉が長楕円形で基部がやや鋭形になること，花の色がより強い緑色で，花期は6−7月とやや早いこと，生育地は冷温帯であることなどをあげることができる。埼玉県〜静岡県・奈良県に分布する。

【32】カキラン属　Epipactis Zinn

地生の多年草。地上茎は直立。葉は互生し，卵形または披針形でしわ状の脈がある。花は中型で，ややまばらに，または多少密に総状花序につく。苞は草質で狭く，ときに花より長い。萼片は離生し，やや同形で卵状披針形，いちじるしい稜がある。側花弁は萼片とほぼ同大，卵形で鋭頭。唇弁は蕊柱の基部につき，無柄，幅広く，背面はふくらむが，顕著な顎とならず，関節で上下唇に分かれる。蕊柱は短く，柱頭は幅広く，よく発達した小嘴体の下にある。葯は2室で花粉塊は4個，粉質。蒴果は開出または下垂する。ヨーロッパ，アジア，北アメリカ，アフリカの温帯〜亜熱帯に分布し，約15種が知られる。

A. 全草無毛。花被片は長さ12−15mm。側花弁は鈍頭。唇弁の側裂片は耳状につき出る ··· 1. カキラン
A. 全草に短毛が密生する。花被片は長さ9−12mm。側花弁は鋭頭。唇弁の側裂片は耳状につき出ることはない
　　·· 2. アオスズラン

1. カキラン　　PL.141
Epipactis thunbergii A. Gray

亜寒帯〜暖温帯の日当りのよい湿地に生える。根茎は横にはい，節から根を出す。地上茎は高さ30−70cm，平滑，基部は紫色をおび，少数の鞘状葉に包まれる。葉は5−10個つき，狭卵形で，長さ7−12cm，幅2−4cm，いちじるしい縦脈があり，基部は短い鞘となり茎を抱く。6−8月，黄褐色の10個あまりの花がつく。萼片は狭長卵形で鋭頭，長さ12−15mm。側花弁は卵形で鈍頭，萼片とほぼ同長。唇弁は側花弁と同長，内面に紅紫色斑があり，関節によって上下2唇に分かれ，下唇は倒心形で内面は凹入し，上唇は広卵形で基部に3本の隆起線がある。蕊柱は長さ7mm。葯は卵形，淡緑色。葯は2室で，各室に2個の花粉塊がある。北海道〜九州，朝鮮半島・中国（東北）・ウスリーに分布する。〈柿蘭〉の名は花の色に基づく。まれに花色が黄色で紫条がなく，茎の下部も紫色をおびないものがあり，キバナカキラン f. flava Ohwi といわれている。また，唇弁が側花弁と同形のものが九州南部・琉球列島に知られており，イソマカキラン f. subconformis Sakata と名づけられている。

2. アオスズラン　　PL.141
Epipactis helleborine (L.) Crantz;
E. papillosa Franch. et Sav.

亜寒帯〜冷温帯の林下または暖温帯の海岸林に生える。根茎は短い。地上茎は30−60cm。全株に褐色の短い縮毛がある。葉は5−7個つき，楕円状卵形で鋭尖頭，長さ7−12cm，幅2−4cm，葉面や葉脈上に白色の毛状突起をつける。5−8月，総状花序に緑色の20−30花をつける。萼片は狭長卵形で鋭頭，長さ9−12mm。側花弁は卵形で，萼片より短い。唇弁は卵状披針形，淡緑色，側花弁と同長。下唇は半球状楕円形。上唇は三角形。蕊柱は下唇と同長。葯は広卵形で先端につく。南千島・北海道〜九州，ユーラシア大陸の冷温帯〜亜寒帯域，アフリカ北部に分布する。クロマツなどの海岸林に生育するものをハマカキランとして区別する見解があったが，形態にちがいは認められない。

【33】トラキチラン属　Epipogium R. Br.

地生の多年草。根茎は塊状かまたは樹枝状。花茎は根茎より出て少数の鞘状葉がある。花は総状花序にまばらにつく。苞は膜質でふつう花よりも短い。萼片と側花弁はやや同形で同長，離生する。唇弁は蕊柱の基部につき無柄で卵形，基部は広くふくらんで太い距となり，上面には数列の乳房状突起がある。蕊柱は短く，柱頭は幅広くいちじるしい。葯は肥厚して背面に2室があり，各室に1個の花粉塊を入れる。花粉塊は粉質。熱帯アフリカ，ユーラシア大陸，オセアニアに3種が分布する。

A. 根茎は多数分枝して樹枝状。唇弁は上側にある。花被片は披針形で鈍頭，長さ12−14mm ························· 1. トラキチラン
A. 根茎は肥厚した塊状。唇弁は下側にある。
　B. 全体に淡黄色。花被片は狭卵形で鋭頭，長さ10−12mm ·· 2. アオキラン

B．全体に白黄色．花被片は披針形で鋭尖頭，長さ8－9mm ··· 3．タシロラン

1．トラキチラン　　　　　　　PL.138
Epipogium aphyllum Sw.

亜高山針葉樹林下に生える．根茎は樹枝状によく分枝する．茎は高さ10－30cm，肉質でまばらに鞘状葉があり，基部はやや太い．鞘状葉は膜質で長さ6－10mm．8－10月，ややまばらに2－8個の花をつける．苞は狭卵形，膜質，長さ6－10mm．花は微褐色であるが，唇弁の内面や距の背線に紅紫色の細点をしく．萼片は披針形，長さ12－14mm，側花弁は萼片と同形，わずかに短い．唇弁は側花弁と同長で3裂する．側裂片は小型で卵形，中裂片は背面がふくらみ，鈍頭，縦に4－6本の突起列があり，縁は細波状．距は楕円形で唇弁より少し短く，長さ6－8mm．和名は日本で最初に発見した神山虎吉に由来する．北海道・本州（東北～中部地方），ユーラシア大陸の冷温帯～亜高山帯に分布する．

2．アオキラン　　　　　　　PL.138
Epipogium japonicum Makino

冷温帯の落葉樹林下に生える．茎は卵形の根茎から出て高さ10－20cm，肉質で淡黄色，膜質の鞘状葉を2－5個つける．8－9月，4－7個の花が総状につくが，苞とともに淡褐色．苞は卵形，膜質．萼片は狭卵形，長さ10－12mm，幅6－7mm．側花弁は萼片より少し短く，紫の斑点がある．唇弁は広卵形，全縁で両面ともに紫の斑点があり，背面はふくれて微細な突起が見られる．距は長楕円形，前方に軽く曲がり，先端は太くやや2裂する．蕊柱は長さ5mm，中部以下は扁平で基部に2個の付属物があり，頭部は太くなる．和名は発見者の一人青木信光の名を記念してつけられている．本州（東北～中部地方）にまれに産し，台湾・中国南西部にも分布する．

3．タシロラン　　　　　　　PL.138
Epipogium roseum (D. Don) Lindl.;
E. rolfei (Hayata) Schltr.

暖温帯～熱帯の常緑林下に生える．茎は楕円形の根茎から出て，高さ20－50cm，白黄色，まばらに膜質の鞘状葉が数個つく．5－7月，白色花をやや多数，総状につける．苞は広披針形で膜質，長さ8－12mm．萼片と側花弁は長さ8－9mm．萼片は狭披針形，花弁は長楕円状披針形．唇弁は萼片と同長，広卵形でほぼ全縁，背面がいちじるしくふくれ，内面の中央付近に2条のとさか状の隆起がある．距は長楕円形で長さ4mm．和名は日本で最初に発見した田代善太郎の名を記念してつけられた．本州（関東以西）・四国・九州・琉球，熱帯アフリカ・熱帯～亜熱帯アジア・オセアニアに分布する．

【34】オサラン属　　Eria Lindl.

着生の多年草．茎は肥厚し，円柱形～球形まで形態はさまざまで，1～数節からなり，仮軸分枝を繰り返し，列生する．葉は2～多数つき，革質または膜質．花茎は頂生または側生し，総状に1～多数の花をつける．苞は小型または狭い．萼片はほぼ同大，背萼片は離生または側萼片と合着する．側萼片基部は蕊柱の下部と合着し，距状または袋状の顎をつくる．側花弁は線形～長楕円形．唇弁は蕊柱の下部につき，無柄で全縁または3裂する．蕊柱は前面が凹入し，縁にはときに翼があり，基部は脚となる．葯は頂生し，不完全な4室をなし，花粉塊は8個で洋ナシ形，または広倒卵形で蠟質．温帯～熱帯アジア，オセアニアに約370種がある．

　A．花は1－2個つき，クリーム色．唇弁は黄色地に淡赤褐色をおび，3本の隆起線がある ··· 1．オサラン
　A．花は10－16個が総状につき，淡黄緑色．唇弁は紫色をおび，5本の隆起線がある ··· 2．オオオサラン

1．オサラン　　　　　　　PL.161
Eria japonica Maxim.;
E. reptans (Franch. et Sav.) Makino

暖温帯の常緑樹林内の樹上または岩上に着生する．茎は狭長楕円体で少し扁平，長さ1－2.5cm，幅5－10mm，赤褐色．葉は2個，茎の先端部につき，狭長楕円形または広披針形，長さ5－8cm，幅1－2cm，鋭尖頭．葉柄は短く，下部に関節があり，冬には落葉する．花茎は葉腋から出て高さ2－6cm，褐色の短い縮毛があり，7－8月，1－2個の花をまばらにつける．苞は狭卵形，長さ3－4mm．背萼片および側花弁は離生し広披針形，長さ8－10mm，やや鈍頭．側萼片の基部は長さ3－4mmの顎をつくる．唇弁は短く，広いくさび形で，先は3裂し，側裂片は卵形，中裂片は円みをおびた四角形．蕊柱は円柱状で長さ約4mm．葯は広卵形．花粉塊は卵球形で8個．本州（伊豆諸島・紀伊半島）・四国・九州・琉球，台湾・中国南東部に分布する．和名は茎の並んだ様子を機織りの筬（おさ）に見立てたもの．

2．オオオサラン　　　　　　　PL.161
Eria scabrilinguis Lindl.; *E. corneri* Rchb. f.

亜熱帯の常緑広葉樹林内の岩上または樹上に着生する．茎は楕円体，少し扁平で基部に鱗片葉がある．葉は2－3個，茎の先端部につき，倒卵状披針形，長さ20－30cm，幅4－5cm，鋭尖頭，無毛で関節がある．花茎は多少湾曲し約20cm，3個の鞘状葉に包まれる．花茎は側生し，6－7月，多数の花をつける．背萼片は卵状披針形，長さ10mm，幅3－4mm，やや鈍頭．側萼片は背萼片よりやや短く，基部は耳状に広がって合着する．側花弁はわずかに短く，線状楕円形．唇弁は舌状で反曲し，3裂し，側裂片は鈍頭，中裂片は三角形で基部に5本の隆起線がある．蕊柱は長さ3mm，葯はかぶと形，花粉塊は8個で卵形．屋久島・種子島・琉球，台湾・中

国・インドシナ・インド（アッサム地方）に分布する。

なお，琉球に**リュウキュウセッコク** E. ovata Lindl. (PL.161) とその変種**フシナシオサラン** var. retroflexa (Lindl.) Garay et H. R. Sweetが産する。茎は細い円柱形で，長さが10－20cmと長く，相接して多数が束生し，4－7個の葉をつける。石垣島・西表島から台湾・東南アジアに分布する。

【35】ホソフデラン属　Erythrodes Blume

地生，まれに着生の多年草。茎は直立し，基部は横にはい，各節から根を出す。葉は歪んだ卵形，披針形あるいは楕円形。花は小型で総状花序に多数つける。萼片の背軸面は軟毛を敷く。唇弁は基部が距となり，縁はときに蕊柱の縁と合着し，内面に突起があり，前唇は全縁。蕊柱は短く，直立する。小嘴体は三角形で2裂する。柱頭は合着し，小嘴体基部の下に位置する。葯は2室で，花粉塊は棍棒状，花粉塊柄を介して卵形または披針形の粘着体が発達する。琉球以南，台湾，中国南部，東南アジア，オセアニアにまで分布し，約20種が知られる。赤褐色の花を多数つける**ホソフデラン** E. chinensis (Rolfe) Schltr. は石垣島，台湾以南の熱帯アジアに自生する。

【36】タカツルラン属　Erythrorchis Blume

地生の多年草。菌従属栄養植物。地上茎はつる性で長く伸びる。根は地中で長く伸びるとともに，地上茎の節から伸長し樹幹に付着，材組織に侵入する。葉は退化し鱗片状の苞葉となる。花序は頂生または茎上部から側生し，総状または円錐状，多数の花をつける。花は帯黄色。萼片および側花弁は線状長楕円形，ほぼ同形。唇弁は弱く3裂するか全縁，内面は有毛で隆起がある。蕊柱はやや曲がり，基部は脚が発達し唇弁につながる。花粉塊は2個，付属物はない。果実は細長く蒴果。種子は種皮が肥厚するとともに翼が発達する。日本南部，台湾，中国南部，東南アジア，ヒマラヤ，オーストラリアに2種を産する。

1. タカツルラン　　　　　　　　　　PL.128
Erythrorchis altissima (Blume) Blume;
Galeola altissima (Blume) Rchb. f.

亜熱帯～熱帯の常緑広葉樹林下に生える。地上茎は赤褐色でいちじるしく長く伸び，樹幹によじ登って，その高さはときに5mにも及ぶ。花序は円錐状で，4－5月，黄色花を多数つける。花被片は線状長楕円形，長さ1－1.5cm，幅4－5mm。唇弁は舟形，上縁に細波状歯があり，内面中央に肥厚したうねがあり，毛がかたまって生えている。また，基部に肉質の隆起が見られる。蕊柱はやや長く湾曲する。果実は棍棒状で長さ10－15cm。屋久島・種子島・琉球，台湾・東南アジア・ヒマラヤに分布する。

【37】イモネヤガラ属　Eulophia R. Br.

地生の多年草。根茎は塊状または球状となる。葉は花後または花と同時に伸長し，束生する。普通葉が退化し，菌従属栄養性が進化した種もある。花茎は側生し総状，直立して鱗片葉をつける。苞は膜質，萼片と側花弁は離生して開出し，ときに基部は蕊柱の下部に合着する。唇弁は蕊柱の基部から直立し，囊または短い距がある。舷部は3裂し，側裂片は直立して蕊柱をゆるく巻く。中裂片は開出または反曲し，全縁または3裂して中央に隆起線がある。蕊柱は半円柱状，ふつうは縁に翼がある。葯は不完全な2室で頂生し，ほぼ球形。花粉塊は2個，蠟質。汎熱帯に約200種が分布するが，アフリカで多様化がいちじるしい。

1. イモネヤガラ　　　　　　　　　　PL.159
Eulophia zollingeri (Rchb. f.) J. J. Sm.;
E. ochobiensis Hayata

亜熱帯～熱帯の常緑広葉樹林の林床に生える。葉が退化した菌従属栄養植物。多数の太い根がある。花茎は高さ約50cm，淡紫褐色で直立し，毛がなく，少数の鱗片葉を圧着する。鱗片葉は長楕円形，鈍頭。7月，20－30花をまばらに総状につける。苞は広線形，長さ1.5－2.5cm，幅1.5－2.5mm，鋭尖頭。花は紫褐色，萼片は倒卵状長楕円形，長さ2cm，幅8mm，急鋭尖頭。側花弁は倒卵形，萼片より短く，鈍頭，唇弁はやや直立し，萼片より少し短く，倒卵形で3裂し，側裂片は円く，中裂片は卵円形，内面の脈上に乳頭状突起があり，また中央部には2本の低い隆起線がある。距は長さ約4mm，鈍頭。蕊柱は長さ約6mm。九州南部・琉球，熱帯アジア～オーストラリア北東部に分布する。花が褐色をおびないものを**ミドリイモネヤガラ** f. viride Yokotaという。

小笠原（父島・母島・兄島）にはイモネヤガラと同一種の可能性が高い**イモラン** E. toyoshimae Nakaiが分布する。琉球（伊是名島以南），熱帯アジア全域には普通葉が発達し唇弁の距が先端で広がり浅裂する**エダウチヤガラ**（オキナワイモネヤガラ） E. graminea Lindl.; *E. gusukumai* Masam. (PL.160) が自生する。沖縄島，台湾・フィリピンに分布する**タカサゴヤガラ** E. taiwanensis Hayata (PL.160) も普通葉が発達するが距

がとがる点でエダウチヤガラから区別できる。

【38】カモメラン属　Galearis Raf.

　地生の多年草。根は短い根茎から束生し，肥厚する。茎は直立し1－2葉をつける。葉は楕円形。総状花序に2－15個の花をつける。苞は葉状で目立つ。萼片と側花弁はかぶとを形成する。唇弁は全縁またはわずかに3裂して，距がある。蕊柱は短く，薬室は平行，各室に花粉塊柄と粘着体のある花粉塊を1個入れる。粘着体は嚢に包まれる。ヒマラヤ～ロシア沿海州，日本，北米東部に分布し，9種が知られる。

　　A．花は淡紅色，ふつう2個つく。距は線形で長さ7－10mm。唇弁は広楕円形 ··· 1. カモメラン
　　A．花は白色，2－6個つく。距は楕円形で長さ3－4mm。唇弁はくさび形 ······································· 2. オノエラン

1. カモメラン　　　　　　　　　　　　PL. 135
Galearis cyclochila (Franch. et Sav.) Soó;
Galeorchis cyclochila (Franch. et Sav.) Nevski

　亜寒帯～冷温帯の湿った林縁に生える。根は多少肥厚し，横にはい，紐状。茎は高さ10－20cm，翼がある。葉は1個，根生し，有柄で広楕円形，長さ4－6cm，幅2－5cm。花は5－7月，淡紅色，ふつう2個をつける。苞は狭長楕円形。萼片は広披針形，長さ7－10mm。側花弁は披針形で萼片よりやや短い。唇弁は広楕円形で長さ1cm，紫の細点があり，縁ははっきりしないが3浅裂する。距は線形，長さ7－10mm，後ろに反る。蕊柱は楕円形で扁平。薬室は平行する。花粉塊は白色。北海道・本州（中国地方以北）・四国，サハリン・朝鮮半島・ウスリーに分布する。ときに白花品が見られる。

2. オノエラン　　　　　　　　　　　　PL. 135
Galearis fauriei (Finet) P. F. Hunt;
Orchis fauriei Finet;
Chondradenia fauriei (Finet) Sawada ex F. Maek.

　冷温帯の日当りのよい岩石まじりの草地に生える。根は紐状。茎は高さ10－15cmで，基部に長楕円形の2葉がある。葉は長さ6－10cm，幅1.5－4cm，基部は鞘となる。7－8月，茎頂に2－6個の白色の花を総状につける。苞は広披針形，長さ1－2cm。萼片は長楕円形で，鈍頭，長さ7－10mm。側花弁は狭長楕円形，上部にはっきりしない微小な歯牙があり，萼片と同長。唇弁はくさび形，長さは萼片と同長，浅く3裂し，基部に黄色のW字形の模様がある。距は太く楕円形，基部が強くくびれ，長さ3－4mm。蕊柱は短く，薬室は広い薬隔で左右に離れる。本州中北部ならびに紀伊半島に分布し，日本固有種である。和名は〈尾上蘭〉で山の上に生えるのでいう。

【39】カシノキラン属　Gastrochilus D. Don

　着生の多年草。茎は直立または下垂し，葉を左右に互生する。葉は厚く革質で倒披針形または長楕円形，基部は鞘となり茎を包む。花茎は側生し，小型の花を総状につける。萼片と側花弁はほぼ同形で開出する。唇弁は蕊柱の基部にかたくつき無柄，基部は嚢状または円錐状の距となり，側裂片は小型。蕊柱は短く，脚はない。薬は頂生し，1室または不完全な2室。花粉塊は球形，蝋質で，2個まれに4個，孔またはくぼみある。温帯～熱帯アジアに約50種が知られる。

　　A．葉は長さ30mm以上，はっきりしない7－9脈がある。夏に開花する ··· 1. カシノキラン
　　A．葉は長さ30mm未満，はっきりしない3脈がある。春または秋に開花する。
　　　B．唇弁全体に短毛がある。秋に開花する ··· 2. マツゲカヤラン
　　　B．唇弁は無毛，または中心部のみに短毛がある。春に開花する。
　　　　C．茎は長く，分枝し，樹幹にはりつく。葉はややまばらにつき，楕円形または卵状楕円形で鋭頭。唇弁の距は短円柱形
 ·· 3. モミラン
　　　　C．茎は短く，下垂する。葉は少数が密につき，狭長楕円形または線状楕円形で鈍頭。唇弁の距は嚢状 ············ 4. マツラン

1. カシノキラン　　　　　　　　　　　　PL. 163
Gastrochilus japonicus (Makino) Schltr.;
Saccolabium japonicum Makino

　暖温帯～亜熱帯の常緑広葉樹林内の樹幹に着生する。気根は束ねたように後方に伸び，樹皮に張り付く。茎は短く先端は斜上し，長さ1－4cm。葉は革質で，5－15枚を2列に互生し，倒披針形，わずかに湾曲し，長さ3－6cm，幅6－15mm，やや鋭頭，中肋は裏面に突出し，基部は鞘となり茎を包む。7－8月，淡黄色の平開する花を4－10個密につける。苞は三角形，長さ1－2mm。萼片と側花弁は同形，狭楕円形で鈍頭，長さ4mm。唇弁の基部は大型の嚢となり，内面に暗紅褐色の着色があり，蕊柱の一部にも及ぶ。舷部は扇状，大きな黄斑があり，縁は不規則に凹凸がある。蕊柱は短く，薬は半球状。本州（千葉県以西）・四国・九州・琉球，済州島に分布する。

2. マツゲカヤラン
Gastrochilus ciliaris F. Maek.;
Saccolabium ciliare (F. Maek.) Ohwi

　冷温帯の常緑広葉樹林内の木に着生する。茎は細く，

葉を互生する。葉は長さ9－20mm, 幅3.5－5mm, 楕円形または線状長楕円形。10－11月, 淡黄緑色に紫色の点が入る花を2－8個密につける。苞は卵形で小型。萼片は狭長楕円形, 長さ2－2.5mm。側花弁は広楕円形, 長さ2mm。唇弁は帯白色で基部は囊状, 舷部は腎形で円凹頭, 中心は淡黄緑色, 全体に短毛がある。蕊柱は短い。屋久島と台湾の山地に分布する

3. モミラン　　　　　　　　　　　　　　PL. 163
Gastrochilus toramanus (Makino) Schltr.;
Saccolabium toramanum Makino

暖温帯上部の針葉樹と広葉樹の混交林の樹幹に着生する。茎は長く, ときに分枝し, まばらに葉を2列に互生する。葉は小型で革質, 楕円形または卵状楕円形, 長さ5－11mm, 幅2.5－5mm, 鋭頭, 中肋がややくぼみ, ふつう暗紫色の斑点がある。花茎は短く, 3－4月に2－6花をかたまってつける。苞は長さ0.7－1.2mm, 三角形。萼片と側花弁は開出し, 黄緑色, 楕円形, 長さ2.5mm, 内面基部に紫紅色の斑紋がある。唇弁は円柱形で長さ3－4mmの距があり, 舷部は3裂し, 中裂片は大きく, 凹頭で腎形, 中央に短毛が密生, 側裂片は小さく直立し卵形。本州（宮城県以南）・四国・九州に分布する。

4. マツラン〔ベニカヤラン〕　　　　　　PL. 164
Gastrochilus matsuran (Makino) Schltr.;
Saccolabium matsuran Makino

暖温帯の常緑広葉樹林やクロマツ林の樹幹に着生する。多数のやや太い根が伸び, 樹皮に張り付く。茎は細く, 長さ1－3cm。葉は2列に互生し, 革質, 狭長楕円形または線状長楕円形, わずかに鎌形に湾曲し, 長さ7－20mm, 幅3－5mm, 暗紫色の斑紋があり, 中肋は表面では凹入し, 裏面では隆起する。花茎は側生し, 長さ8－10mm, 2個の鱗片葉と1－4個の花をつける。苞は三角形, 長さ0.5－1mmで鈍頭。花は4－6月に咲き, 黄緑色の地に暗紫色の斑点がある。萼片と側花弁は平開し, 狭長楕円形で長さ3－3.5mm, 鈍頭。唇弁は基部にやや大きな囊があり, 舷部は腎形, 先端は鈍形または切形。蕊柱は短い。本州（岩手県以南の太平洋側）・四国・九州, 朝鮮半島南部に分布する。和名の〈松蘭〉は海岸などではマツの木につくことも多いためで, 別名〈紅榧蘭〉は, カヤランに似るが全体に暗紫色の斑点があるためである。全体に紫色の斑点がない個体がときに見られ, これをホシナシベニカヤラン f. epunctatus F. Maek. という。

【40】オニノヤガラ属　Gastrodia R. Br.

地生の多年草。菌従属栄養植物。根茎は太く肥厚する。茎は鞘状の鱗片をまばらにつける。花は総状花序につき, 萼片および側花弁は合着して筒状, 先端は3－5裂し, 裂片は短く, 同形, または内方の2個（側花弁）は小さい。唇弁は蕊柱の基部につき, 背面は花筒と多少合着し, 表面に1－4個の隆起したしわがある。蕊柱はふつう長く, 断面は半円形かまたは狭い2翼があり, 脚部は短いか, またはない。小嘴体は小型, 柱頭はややいじるしい。花粉塊は2個, 付属器官はない。熱帯アフリカ, 熱帯～温帯アジア, オセアニアに約60種がある。

A. 花序は多数の花からなる。花柄は20mm以下で, 花後伸びない。
　　B. 唇弁は卵状長楕円形で基部は広いくさび形, 縁は細裂する……………………………………………… 1. オニノヤガラ
　　B. 唇弁は三角形で基部は切形, 縁は細裂しない ……………………………………………………………… 2. ナヨテンマ
A. 花序は少数の花からなる。花柄は20－30mmで, 花後急速に伸びる。
　　B. 開花期は春。花は狭鐘形, 花筒の長さ17－20mm。唇弁は4条の隆起したしわがあり, 基部近くに1対のこぶ状突起がある
　　…………………… 3. ハルザキヤツシロラン
　　B. 開花期は秋。花は鐘状の筒形, 花筒の長さ10mm。
　　　　C. 花筒は緑褐色。唇弁は無毛, 基部近くに1対の四角柱状の突起がある ………………………… 4. アキザキヤツシロラン
　　　　C. 花筒は紫色をおびた褐色。唇弁は毛が密に生え, 基部近くに1対の球状の突起がある ……………… 5. クロヤツシロラン

1. オニノヤガラ　　　　　　　　　　　PL. 139
Gastrodia elata Blume var. **elata**

亜寒帯～暖温帯の林下に生え, ナラタケと共生する。塊茎は楕円形で長さ10cm前後, 表面に多数の節がある。地上茎は直立し, 高さ40－100cm, 帯黄褐色, 膜質で長さ1－2cmの鱗片葉をまばらにつける。6－7月, 20－50花を総状花序につける。苞は披針形で淡褐色, 膜質, 長さ7－12mm, 幅2mm。花は黄褐色, 3萼片が合着してつぼ状になり, 基部の下側はややふくらみ, 口部は斜めになって3裂し, 裂片の内側に小さい2個の側花弁がある。唇弁は卵状長楕円形で長さ1cm内外, 基部近くで3裂し, 中裂片の縁は細裂する。蕊柱は長さ6－7mm, 内面は凹入し, 断面が半円形で, その下方の前面に柱頭がある。花粉塊は湾曲する。北海道～九州, 台湾・朝鮮半島・極東ロシア・中国～ヒマラヤに分布する。ときに全体が緑色になるアオテンマ f. viridis (Makino) Makino ex Tuyama や, 茎は短く花が帯白色のシロテンマ var. pallens Kitag. とよばれるものがある。

2. ナヨテンマ　　　　　　　　　　　PL. 139
Gastrodia gracilis Blume

おもに暖温帯の林下に生える。オニノヤガラに比べると地上茎は細く, 高さ10－60cmと低く, 花も5－15個と少ない。花期は6－7月。花色は肌色をおびた淡褐色。そのほか, 検索表で示す点が異なる。本州（千葉

県以西)・四国・九州,台湾に分布し,まれである。石垣島・西表島・与那国島,台湾・中国福建省・東南アジアには本種にやや似た**コンジキヤガラ** G. stapfii Hayata (PL.139) が自生する。茎の高さは25－70cm,6月に4－18個の花をつける。花は緑褐色をおびた黄色。

3. ハルザキヤツシロラン PL.139
Gastrodia nipponica (Honda) Tuyama
暖温帯〜亜熱帯の常緑広葉樹林下に生える。塊茎は紡錘状で斜上し,長さ2－3cm,表面に毛が密生する。地上茎は高さ3－4cm。2－3個の鱗片がある。花はふつう5月に開き,(1－)2個,帯紫褐色。苞は広卵形,長さ4mm。萼片は合着して狭鐘形,先は3裂し,背萼片は先端がわずかにへこみ,側萼片は鋭頭。側花弁は卵形で長さ約3mm,萼筒の上部につく。唇弁は先が細く広卵形,長さ9mm,幅5.5mm。蕊柱は長さ7mm,淡黄色,葯は先端につき倒卵形。本州(静岡県以西)・四国・九州・琉球,台湾に産する。

4. アキザキヤツシロラン PL.139
Gastrodia confusa Honda et Tuyama
おもに暖温帯の竹林下に生える。ハルザキヤツシロランとよく似た習性と形態を示すが,本種では9－10月と花期が遅いばかりでなく,花の数が2－8個と多い。そのほか検索表に示すような差がある。本州(関東地方以西)・四国・九州,台湾に分布する。小笠原には固有の**ムニンヤツシロラン** G. boninensis Tuyamaが報告されている。開花時の茎の高さは8－10cm。開花期は12－1月で花の長さ12mm。アキザキヤツシロランと比べ唇弁基部の球体がより大きく,蕊柱の先端が発達しとがる点で区別できる。

5. クロヤツシロラン PL.139
Gastrodia pubilabiata Y. Sawa
おもに暖温帯の常緑広葉樹林,竹林,スギ植林などに生える。開花期は9－10月で,花茎は高さ約3cm,花を1－8個つける。花は紫色をおびた褐色,萼片と側花弁が合着し,先で少し分かれ平開する。唇弁の色はより濃く,表面に黄白色の毛が密に生え,基部に1対の球体がある。結実すると花柄が伸び,長さ40cmに達することもある。本州(関東地方以西)・四国・九州,済州島・台湾に分布。沖縄島・西表島・台湾には,本種に似るものの開花期が2－3月で花色が黄褐色の**ナンゴクヤツシロラン** G. shimizuana Tuyama (PL.139) が報告されている。

【41】トサカメオトラン属　Geodorum Jackson

地生の多年草。地下に肥厚した球茎がある。葉は長楕円形,鋭頭,1－5個つく。花茎は直立し,2－3個の膜質の鞘をつけ,先端に多数の花を総状に密生し,開花時に先端が下垂する。苞は狭く膜質。花は半開し,萼片と側花弁はほぼ同形,同大で離生。唇弁は蕊柱の基部から出て無柄,膜質で縁は内巻してボート形となる。蕊柱は太く短く,葯は2室,花粉塊を1個ずつ入れる。亜熱帯〜熱帯アジア,オセアニアに分布し,約10種が知られる。**トサカメオトラン** G. densiflorum (Lam.) Schltr. (PL.159) が,琉球・小笠原諸島,亜熱帯〜熱帯アジア・オセアニアに広く分布する。

【42】シュスラン属　Goodyera R. Br.

地生,まれに着生の多年草。茎は短いか,または基部が長くはって,節より太い紐状の根を出す。葉は互生し,卵形または披針形で有柄。花は小型またはときに中型,多数集まって総状花序をなすが,ときに少数のこともあり,子房,花柄とともに有毛。苞はふつう花より短い。萼片はほぼ同大,背萼片は直立し,側花弁とともにかぶとをつくる。唇弁は無柄,斜上し,鋭頭で全縁,背面はふくれ,基部内面に毛がある。蕊柱は短小,断面がやや円く,付属体がない。柱頭は幅が広く,小嘴体は直立する。葯室は離生し,花粉塊は長楕円形,多数の小塊が集まる。ヨーロッパ,アジア,アフリカ,北アメリカに広く分布して,約100種がある。

```
A. 花茎は15－100花が密につき,萼片は長さ3－4mm。
   B. 着生。茎は下垂し,花茎は直立する ·································································· 1. ツリシュスラン
   B. 地生。茎は直立する。
      C. 茎は高さ30－80cm。葉は披針形,鋭尖頭 ············································· 2. キンギンソウ
      C. 茎は高さ10－25cm。葉は卵形,鋭頭 ················································· 3. ハチジョウシュスラン
A. 花茎は1－12花がややまばらにつき,萼片は長さ4－30mm。
   B. 花柄は短いか,ほとんどない。
      C. 葉は広卵形,ふつう白色の網目模様がある。花は長い筒形,長さ25－30mm ·············· 4. ベニシュスラン
      C. 葉は卵形,緑色で斑がない。花は鐘形,長さ8－10mm ······························· 5. アケボノシュスラン
   B. 花柄はやや長い。
      C. 花は1－3個,赤褐色。萼片は鋭尖頭 ·················································· 6. シマシュスラン
      C. 花は4－12個,白色または淡紅色。萼片はあまりとがらない。
         D. 花は長さ4－7mm。唇弁の内面は無毛 ············································ 7. ヒメミヤマウズラ
         D. 花は長さ6－12mm。唇弁の内面には密毛がある。
```

E．花被片は白色にわずかに淡紅色をおび，長さ11－12mm。葉の表面は濃緑色地に白色の網目模様があり，裏面は淡緑色 ··· 8. ミヤマウズラ
E．花被片は淡紅色，長さ6－8mm。葉の表面は暗緑色のビロード状で中央に白帯が1本あり，裏面は暗紫色 ··· 9. シュスラン

1. ツリシュスラン　　　　　　　　　　PL.143
Goodyera pendula Maxim.

冷温帯の林内の樹上に着生する。茎は基部が少し横にはうが，しだいに下垂し，長さ10－20cm，数葉を互生する。葉は広披針形，鋭頭，長さ2－3.5cm，幅0.5－1cm，基部はくさび形。7－9月，花茎の基部が湾曲して立ち上がり，白色花を一方に偏って多数つける。子房，苞，花柄は，まばらに縮毛がある。苞は膜質，披針形，長さ4－7mm。萼片は狭卵形，長さ4mm。側花弁は狭倒披針形。唇弁は広卵形，萼片より少し短く，基部は袋状，内面は平滑で毛がない。蕊柱は短く，小嘴体は2裂する。葯は広卵形，花粉塊は棍棒状で，黄色。北海道〜九州，台湾に分布する。本州中部以北・北海道に葉が卵形になるものがあり，これをヒロハツリシュスランf. brachyphylla (F. Maek.) Masam. et Satomi とよぶが，この型はときにツリシュスランと同一の場所で見られることがある。

2. キンギンソウ　　　　　　　　　　PL.143
Goodyera procera (Ker Gawl.) Hook.

亜熱帯〜熱帯の林縁の渓流沿いなどに生え，茎は太く肉質で基部から多数の根を出し，下半部に多数の葉をやや密につける。葉はやわらかく，多少肉が厚く，長さ8－15cm，幅2－6cm，基部は鞘状の葉柄となり，茎を包む。3－5月，白色の小花を密に多数つける。苞は卵状披針形，花と同長。萼片は長さ3mm，卵形で鈍頭。側花弁は倒卵形，萼片と同長。唇弁は広卵形，長さ2mm，内面に2列に並ぶ毛と2個の隆起がある。蕊柱は長さ1mm。花粉塊は細長く黄色。屋久島・種子島・琉球・小笠原，中国・台湾・熱帯アジアに分布する。開花後，唇弁はだんだん黄色になり，この黄色と新しい花の白色が混じるところから〈金銀草〉の名がついた。

琉球にはキンギンソウに葉の類似した次の種がある。
ヤブミョウガラン G. fumata Thwaites (PL.143) は沖縄島，台湾・中国南部〜ヒマラヤ・インド・スリランカ・フィリピン・ジャワ島に分布する。開花時の茎は高さ70cmに達し，葉は長さ20cmと大きい。3－5月に開花し，花は淡緑褐色で，さまざまな方向に咲く。**ナンバンキンギンソウ**（ヤエヤマキンギンソウ）G. clavata N. Pearce et P. J. Cribb (PL.143) は徳之島・沖縄島・石垣島・西表島，台湾・ヒマラヤに分布する。開花時の茎は高さ50cmまで，葉は長さ15cmまでになる。7－8月に開花し，花は淡褐色で，側萼片は後ろに反らない。**ヒゲナガキンギンソウ** G. rubicunda (Blume) Lindl. (PL.143) は石垣島・西表島，台湾・東南アジア・メラネシアに分布する。開花時の茎は高さ70cm，葉は長さ15cmまでになる。2－4月に開花し，花は赤褐色で，側萼片が後ろに巻く。

3. ハチジョウシュスラン
Goodyera hachijoensis Yatabe var. **hachijoensis**

暖温帯〜亜熱帯の常緑樹林下に生える。茎は基部が長く横にはい，上部は直立し，開花時の高さ10－25cm。葉は3－4個，長さ3－4cm，幅2－2.5cm，中肋に沿って白色の帯状斑がある。9－11月，汚白色の花をやや密に総状花序に多数つける。苞は線状披針形，縁に毛があり，鋭尖頭。背萼片は卵形，鈍頭，長さ4mm。側萼片は長楕円状卵形，鈍頭，背萼片と同長で帯緑色。側花弁は倒披針形，萼片と同長でやや白色。唇弁は広卵形でやや鈍頭，萼片と同長で基部は袋状，淡黄色。蕊柱は短く，長さ2mm。葯は淡褐黄色。花粉塊は2個，黄色。本州（岩手県，関東地方南部）・四国・九州・琉球・伊豆諸島，台湾に分布する。葉の模様の変異が多く，以下のように区別されてきたが，変異は連続的である。オオシマシュスラン f. izuohsimensis Satomi は葉に白色の帯状斑がなく，暗緑色である。

カゴメラン var. **matsumurana** (Schltr.) Ohwi (PL.144) は葉の表面に白い格子状の網目模様がある。〈籠目蘭〉の名はこの模様にちなむ。また小笠原（父島・母島）には葉が大きく模様がない**ムニンシュスラン** var. **boninensis** (Nakai) T. Hashim. (PL.144) が自生する。

4. ベニシュスラン　　　　　　　　　　PL.144
Goodyera biflora (Lindl.) Hook. f.;
G. macrantha Maxim.

冷温帯〜暖温帯の常緑樹林下に生える。茎は基部が横にはい，上部は斜上し，開花時の高さ4－10cm。葉は3－4個，互生し，長さ2－4cm，幅1－2cm。7－8月，淡紅色のやや大きい花を茎頂に1－3個つけ，子房，萼片とともにまばらに長い縮毛がある。苞は広線形，鋭尖頭，長さ1.5－2cm。萼片は広線形，鈍頭，長さ2.5－3cm。側花弁は線形，鈍頭，萼片と同長。唇弁は長さ1.7－2cm，基部はふくれ，舷部は長く披針形で，先は反曲する。蕊柱は直立する。小嘴体は2裂し細長い。葯は披針形，花粉塊は2個で，それぞれ2裂する。北海道（南部）・本州・四国・九州，朝鮮半島・台湾・中国〜ヒマラヤに分布する。

5. アケボノシュスラン　　　　　　　　　　PL.144
Goodyera foliosa (Lindl.) Benth. ex C. B. Clarke var. **laevis** Finet;
G. foliosa (Lindl.) Benth. var. *maximowicziana* (Makino) F. Maek.; *G. maximowicziana* Makino

亜寒帯〜暖温帯の林下に生える。茎は基部が地表近くをはい，上部は斜上し，開花時の高さ5－10cm。葉は4－5個を互生し長さ2－4cm，幅1－2cm，鋭頭，基部は左右不相称で長さ約1.5cmの葉柄に続く。花茎は直立し，淡紅紫色の3－7花をやや偏ってつけ，苞の縁および子房にややかたい突起状の毛がある。苞は披

針形, 長さ10-15mm。背萼片は狭卵形, 鈍頭, 長さ8-10mm。側花弁は広倒披針形, 背萼片に密着する。唇弁はほぼ萼片と同長, 基部は袋状。蕊柱は直立し, 5mm。小嘴体は2裂し, 裂片は針状。葯は淡黄色, 卵形。花粉塊は2個で, それぞれ2裂する。南千島・北海道〜九州, 朝鮮半島に分布する。

ツユクサシュスラン var. foliosa (PL.145) はアケボノシュスランによく似る。しかし茎は高さ10-30cm, 葉は長さ4-7cm, 幅3cmと, アケボノシュスランより大きい。苞が花より長い点, 苞の外面と萼片に腺毛がある点なども相違する。五島・天草島・甑島・九州南部から屋久島・奄美大島・琉球, さらには伊豆諸島・小笠原諸島に分布し, 九州ではアケボノシュスランより低地に生え, 常緑広葉樹林下で見られる。琉球のクニガミシュスラン G. sonoharae Fukuy., 小笠原諸島の南硫黄島のナンカイシュスラン G. augustini Tuyama は, ツユクサシュスランの範疇に入るとみなされる。

6. シマシュスラン　　　　　　　　PL.145
Goodyera viridiflora (Blume) Lindl. ex D. Dietr.; *G. ogatae* Yamam.

亜熱帯〜熱帯の常緑広葉樹林下に生える。開花時の茎は高さ8-10cm。葉は3-5個つき卵形で, 長さ3-4cm, 鋭頭, 基部は円形で短い柄があり, 縁に細かいしわがある。花茎は直立し, 赤褐色で軟毛があり, 2-3個の苞状葉がある。花は7-8月に開き赤褐色。苞は線状披針形, 長さ12mm, 長鋭尖頭で縁に毛がある。萼片は広披針形, 長さ約11mm, 鋭尖頭, 側萼片は開出する。側花弁は萼片と同長で菱状卵形。唇弁もまた萼片と同長で基部は楕円状にふくれ, 内面に太い腺毛があり, 蜜を蓄える。蕊柱は長さ約10mm。柱頭は凹入し, 小嘴体は長く突き出る。花粉塊は淡黄色で2個, それぞれが2分する。九州南部〜琉球, 台湾・中国〜ヒマラヤ・熱帯アジア・オセアニアに分布する。

7. ヒメミヤマウズラ　　　　　　　PL.145
Goodyera repens (L.) R. Br.

亜寒帯〜冷温帯の林下に生える。茎は直立して開花時の高さ10-20cm。葉は数個, 茎の下方に互生し, 卵形で鈍頭, 長さ1-2.5cm, 幅7-15mm, 葉面に白色の網目状の斑紋がある。7-8月, 汚白色の5-12花を一方に偏って総状花序につける。苞は披針形, 長さ約4mm, 子房, 萼片とともに長い縮毛がある。背萼片は長卵形, 側萼片は斜卵形, いずれも長さ4-5mm。側花弁は倒披針形で萼片より少し短い。唇弁は萼片と同長, 基部の背面は半球状にふくらむ。蕊柱は短く, 葯は広卵形。南千島・北海道・本州 (中北部および大台ヶ原山), 台湾・中国・朝鮮半島・サハリン・ヒマラヤ・シベリア・ヨーロッパ・北アメリカに分布する。

8. ミヤマウズラ　　　　　　　　　PL.145
Goodyera schlechtendaliana Rchb. f.

冷温帯〜亜熱帯の林下に生える。茎は横にはい, 先は直立し, 開花時の高さ12-25cm。葉は数個下部に集まって互生し, 長さ2-4cm, 幅1-2.5cm, 広卵形で鋭頭。8-9月, 淡紅をおびた白色の7-12花を一方に偏って総状花序につける。苞は披針形, 長さ5-12mm。萼片は狭卵形, 鈍頭, 花序, 子房とともに縮毛がある。側花弁は広倒披針形, 萼片より少し長く先端の内方に黄褐色の小斑がある。唇弁は萼片と同長, 基部は袋状にふくれる。蕊柱は少し湾曲する。葯は卵形。花粉塊は黄色, 倒卵状で2個, それぞれが2裂する。北海道〜九州・琉球 (奄美大島以北), 朝鮮半島・台湾・中国〜ヒマラヤ・スマトラ島に分布する。フナシミヤマウズラ f. *similis* (Blume) Makino は葉に白色の斑紋が見られないものである。

9. シュスラン　　　　　　　　　　PL.146
Goodyera velutina Maxim.

暖温帯〜亜熱帯の常緑樹林下に生える。茎は横にはい, 先端は斜上し, 開花時の高さ10-15cm。葉は数個つき長卵形, 長さ2-4cm, 幅1-2cm, 鋭頭。8-9月に淡褐色の4-10花を一方に偏って総状花序につける。苞は線状披針形, 長鋭尖頭で長さ6-12mm。萼片は狭卵形で鈍頭, 花茎, 子房とともに白色の短毛がある。側花弁は広倒披針形。唇弁は萼片と同長, 基部は袋状にふくれる。蕊柱は短く, 小嘴体は2裂し, 細長い。葯は長卵形。花粉塊は黄色, 棍棒状。本州 (関東以西)〜九州, 琉球, 朝鮮半島・台湾・中国に分布する。和名は光沢のある葉の感じを繻子やビロードにたとえたもの。

【43】テガタチドリ属　Gymnadenia R. Br.

地生の多年草。一部の根は肥厚し, 掌状に分枝する。茎は直立し, 下部または基部に葉をつける。葉は線形〜楕円形。茎頂にやや多数の花を総状花序につけ, 倒立する種としない種がある。花は小型で, 紅紫色または淡紅色。側萼片は斜上または開出する。唇弁は3裂し, 距がある。葯は鈍頭で, 葯室はほぼ平行し, その間に小嘴体による明らかな狭い溝ができ, 粘着体は細く, 裸出, 離生する。柱頭は側方に発達する。ユーラシア大陸と日本の温帯〜亜寒帯に分布し, 16種が知られる。

1. テガタチドリ　　　　　　　　　PL.136
Gymnadenia conopsea (L.) R. Br.

亜高山〜高山帯の草原に生える。一部の根は掌状に肥厚する。茎はやや太く, 開花時の高さ30-60cm。葉は茎の中部以下に4-6個が互生し, 広線形, 長さ10-20cm, 幅1-2.5cm, 2つ折りになり, 基部は茎を抱く。鱗片葉は茎の上部に数個あって線状披針形。花序は頂生し総状, 7-8月, やや密に淡紅紫色の花を多数つける。苞は披針形, 花とほぼ同長。萼片は卵形, 長さ4-5mm。花弁は斜卵形で, 萼片より短い。唇弁は卵状くさび形で長さ6-8mm, 3裂し, 裂片は同大で円頭。距は線形で長さ15-20mm, 後方に反り返りぎみに突出

する。蕊柱は1.5mm。葯室は平行する。花粉塊は淡黄色で棍棒状。本州中北部・北海道，千島・サハリン・朝鮮半島・中国からシベリアを経てヨーロッパまで広く分布する。和名の〈千鳥草〉は花をチドリに見立てたもの。また〈手型千鳥〉の名は掌状の根があるのでいう。まれに白花品がある。

【44】ミズトンボ属　Habenaria Willd.

地生の多年草。地上茎は地下の塊根より出て直立し，基部が鞘となる細い葉を互生する。花は総状花序につき，萼片はほぼ同形，ときに上方のものがやや幅広くなる。側花弁は単純または2裂する。唇弁はふつう3裂し，多くは距がある。葯は蕊柱につき，葯室は平行か下部が開き，その基部はときに筒状となる。花粉塊は棍棒状または洋ナシ形。粘着体は裸出。柱頭は葯の下部にあって，2個の球形または棍棒状の突起となる。小嘴体はふつう小型で葯室間に直立する。熱帯～亜寒帯に広く分布し，約600種が知られる。琉球列島に**リュウキュウサギソウ（イトヒキサギソウ）** H. **longitentaculata** Hayataと**テツオサギソウ（ナガバサギソウ）** H. **stenopetala** Lindl.の2種があるが，この両種は葉が茎の中央部付近に集まり，唇弁が糸状に3裂する点で，本土産の種類とは異なっている。

```
A. 花は小型で淡黄色～淡緑色。距は短円柱形で長さ約6mm ································································ 1. イヨトンボ
A. 花は白色または淡緑色。距は長さ15mm以上。
   B. 花は大型で白色。唇弁の側裂片はくさび状倒三角形で，縁は細裂する ······················· 2. ダイサギソウ
   B. 花はやや小型，白色または淡緑色。唇弁の側裂片は線形でほぼ直角に分枝するため，全体は十字状，裂片は線形で，全縁
      または微小な歯牙がある。
      C. 花は淡緑色。側萼片は長さより幅が広く，半切腎形。唇弁の側裂片はやや上を向いて開出し，全縁。距は長さ1.5cm，先
         端が急にふくらむ ·························································································· 3. ミズトンボ
      C. 花は白色。側萼片は長さより幅が狭く，斜卵形。唇弁の側裂片は横またはやや下向きに開出し，歯牙があるか，または全縁。
         距は長さ2.5-3cm，先端はしだいにふくらむ ································································ 4. オオミズトンボ
```

1. イヨトンボ　　　　　　　　　　　　　PL. 137
Habenaria iyoensis (Ohwi) Ohwi

暖温帯の湿った原野の草の間にまれに生える。楕円体の塊根から地上茎は生じ，開花時の高さ10-25cmで毛はない。地面に接し5-9枚の葉をロゼット状につける。葉は広倒披針形，長さ3-7cm，幅1-2cm。茎葉は数個つくが，茎に圧着して目立たない。8-10月，5-12花を総状にやや密生してつける。苞は線状披針形で長さ7mm位。花は黄緑色，径5-7mm。背萼片は広卵形，側萼片は斜卵形，側花弁はやや弓形の披針状卵形，背萼片と側花弁とは寄り添ってかぶとを形成する。唇弁は基部で3裂し，中裂片は広線形で長さ3.5mm，側裂片は糸状で長さ4mm。距は短円柱形で長さ約6mm。蕊柱は短く，葯室は平行で各室には花粉塊を1個入れる。本州（千葉県以西）～九州，台湾に分布する。伊豆諸島，済州島・中国（雲南省）には本種に似て唇弁の側裂片がひげ状に伸びないニイジマトンボ H. **crassilabia** Kraenzl.が分布する。

2. ダイサギソウ　　　　　　　　　　　　PL. 137
Habenaria dentata (Sw.) Schltr.

暖温帯～熱帯の日当りのよいやや湿った草原に生える。地上茎は卵形の塊根から出て，開花時の高さ30-60cm，茎の下部に4-5葉をつける。葉は広披針形で幅2-4cm。縁は透明。上部に少数の鱗片葉があり，先端は糸状に伸長し，茎に圧着している。8-10月，やや多数の花を密に総状につける。苞は線状披針形，長さ2-3cm。花は白色，径2-2.5cm。背萼片は卵形，側萼片は斜卵形。側花弁は披針形，背萼片とともに直立してかぶとをつくる。唇弁は長さ15-18mm，3裂し中裂片は線形で長さ5-8mm，側裂片は斜開し，くさび状倒三角形で外縁に細歯牙がある。距は長さ3-4cm，前方に垂れ下がり，先端に向かって少し太くなる。葯室は平行で各室に1個の花粉塊を入れる。花粉塊は卵形で黄色。本州（千葉県以西）～琉球，朝鮮半島・中国・台湾・インドシナ・ヒマラヤ・マレー半島・フィリピンに分布する。

3. ミズトンボ　　　　　　　　　　　　　PL. 137
Habenaria sagittifera Rchb. f.

おもに暖温帯の日当りのよい湿地に生える。茎は三角柱状で無毛，楕円体の塊根から出て，開花時の高さ40-70cm。葉は茎の下半部に数個あり，線形で長さ5-20cm，幅3-6mm，先端は細長くとがり基部は鞘となり茎を抱く。また上部には線形の鱗片葉がつく。花は淡緑色，径8-10mm，7-9月，総状にやや多数つける。苞は線状披針形，長さ8-15mm。背萼片は円心形で長さ約4mm。側萼片は半切腎形で長さ5mm，幅6mm。側花弁はゆがんだ卵形。唇弁は淡黄緑色で肉質，長さ2cm，3裂して十字形をなし，裂片は線形。中裂片は全縁，側裂片は斜上する。距は15mm，下垂し，先端は球状にふくれる。蕊柱は短く前方に突出する。葯は2室で平行し，葯室に1個の花粉塊を入れる。北海道西南部～九州，中国（東北～東南部）に分布する。

4. オオミズトンボ　　　　　　　　　　　PL. 137
Habenaria linearifolia Maxim. var. **linearifolia**

おもに冷温帯の日当りのよい湿原に生える。茎は楕円体の塊根から出て，開花時の高さ40-60cm。葉は茎の下半部に数個あり，線形で長さ10-20cm，幅3-6mm，先端はしだいに細くなってとがり，基部は鞘となり茎を抱く。また上部に数個の鱗片葉がつく。花は白色，径1-1.5cm，8月に5-7個を総状につける。苞

は鱗片葉に似て小型，長さ1−1.5cm。背萼片は卵形で長さ6−7mm。側萼片は斜卵形で長さ約7mm。側花弁は半切三角形で側萼片より少し短い。唇弁は淡緑色で長さ約1.5cm，3裂して十字形をなし，裂片は線形，中裂片は全縁，側裂片は湾曲して下垂し，ふつう歯牙がある。距は長さ2.5−3cm，先端に向かってしだいに太くなる。蕊柱は短く，葯は2室で平行し，各室に1個の花粉塊を入れる。北海道・本州（中部地方以北），ウスリー・アムール・中国（東北〜東南部）・朝鮮半島に分布する。変種にヒメミズトンボ（オゼノサワトンボ）var. **brachycentra** H. Hara; *H. yezoensis* H. Haraがある。側萼片，唇弁，距の長さがそれぞれ5mm，10mm，5−15mmで，オオミズトンボに比べると小さい。本州（関東地方北部以北）・北海道，千島の湿原に産する。

【45】ヤチラン属　Hammarbya Kuntze

地生の多年草。茎は肥厚し卵形，基部から根をのばす。葉は1個つき肉質，葉柄は鞘となる。花序は頂生，直立し，多数の小さい緑色の花を総状につける。苞は小型，三角形，開花後も脱落しない。萼片は開出する。側花弁は萼片に似て開出するが，より幅が狭い。唇弁は上位になり，よく開き全縁，距はない。蕊柱は円柱状で短く，葯は直立し，花粉塊は4個，付属器官を欠く。1種が周北極分布する。

1. ヤチラン　　　　　　　　　　　　　　　PL.152
Hammarbya paludosa (L.) Kuntze

高層湿原のミズゴケの中に生える。茎は紡錘形。葉は狭長楕円形で，鈍頭，ロゼット状につき，長さ1−2.5cm，幅4−10mm，花後先端に珠芽を形成する。7−8月，高さ5−10cmの花茎に淡緑色の花を多数つける。苞は広披針形，長さ1.5−2.5mm。萼片は狭卵形でや や鈍頭，長さ約2mm。側花弁は卵形，長さ1mm。唇弁は花の上側に直立し，三角状卵形，長さ1.5mm，基部は蕊柱を抱く。蕊柱はきわめて短く，先端の背部に葯がある。花粉塊は棍棒状で4個。南千島・北海道・本州中北部，サハリン・シベリア・ヨーロッパ・北アメリカの亜寒帯〜冷温帯に分布する。

【46】ヒメクリソラン属　Hancockia Rolfe

地生の多年草。根茎は匍匐し，先端は肥厚する。葉は卵状長楕円形または長楕円形。花茎は最先端の根茎の基部から側生し，基部に鞘状葉があり，茎頂に1花をつける。萼片は線状披針形。側花弁は萼片と同形か，または少し広い。唇弁は蕊柱の脚部につき，下部は棍棒状の太く長い距となる。舷部は全縁。蕊柱は断面が半円形で，中部より上は前面に湾曲し，先端に2室からなる葯がつく。花粉塊は2個，球形で蠟質，下部に長い花粉塊柄が1個ずつつく。ベトナム，中国，台湾，日本に1種が知られる。

1. ヒメクリソラン
Hancockia uniflora Rolfe; *Hancockia japonica* (Hatus.) F. Maek.; *Chrysoglossella japonica* Hatus.

暖温帯〜亜熱帯の林下に生える。茎は肥厚し円錐形，頂部に葉を1個つける。葉の表面は緑紫色，裏面は暗紫色，卵状長楕円形で，長さ4−6cm，幅1.5−2.5cm，鋭頭。花茎は弧状に湾曲し，7月に淡紅色の1花をつける。背萼片は線状長楕円形，長さ23mm，幅5mm，鋭頭。側萼片はへら状倒披針形で背萼片と同長。側花弁は萼片より少し広い。唇弁は楕円形，長さ19mm，幅11mm，鋭頭，基部は急に狭くなり，蕊柱の下部を抱き，その下部は長さ2cmの距となる。屋久島，台湾・中国（雲南省）・ベトナムに分布する。

【47】ニオイラン属　Haraella Kudô

着生の多年草。茎は短く葉を左右に互生する。葉は革質で倒披針形または長楕円形，基部は鞘となり茎を包む。花茎は側生し総状。萼片と側花弁はほぼ同形で開出する。唇弁は蕊柱の基部にかたくつき，無柄で距を欠く。蕊柱は短く，脚は発達しない。葯は頂生し1室。花粉塊は球形，蠟質で2個，孔がある。琉球（西表島）と台湾に1種が知られる。

1. ニオイラン
Haraella retrocalla (Hayata) Kudô

亜熱帯の林内の木に着生する。茎は下垂し長さ1.5−2cm，基部から根を生じ，5−8個の葉を左右に互生する。葉は革質で倒披針形または長楕円形，長さ2.5−8cm，幅5−15mm。花茎は下垂し，長さ約4−8cm，1−4個の花が順次開花する。苞は卵形，長さ2mm。花は黄色で，唇弁の中心が広く暗紫赤色になる。萼片と側花弁はほぼ同形，楕円形で長さ8−10mm。唇弁はバイオリン形で長さ12−14mm，幅8−10mm，長縁毛が発達し，表面は微細毛を敷き，基部に向かって隆起が発達する。西表島と台湾に分布する。

Orchidaceae

【48】ムカゴソウ属　Herminium R. Br.

　地生の多年草。根は短く，一部は球状に肥厚する。葉は1〜数枚，広線形で基部は鞘となる。花は小型で緑色，総状花序に多数つける。萼片は同形で離生。側花弁は萼片と同形同長，または萼片よりも小さい。唇弁は，萼片より短いかまたは長く，開出または下垂し，ふつう先端が3裂し，中裂片は側裂片より目立って小さい。距はない。蕊柱はきわめて短く葯室は平行，その両外側に仮雄蕊が目立つ。花粉塊は2個で，花粉塊柄は短く，粘着体は裸出する。ヨーロッパ，アジアに約20種がある。

　A. 唇弁は中部で3裂。側裂片が長く，中裂片ははなはだ短い ·· 1. ムカゴソウ
　A. 唇弁は基部で3裂。側裂片が短く，中裂片は長い ·· 2. クシロチドリ

1. ムカゴソウ　　PL. 134
Herminium lanceum (Thunb. ex Sw.) Vuijk; *H. lanceum* (Thunb. ex Sw.) J. Vuijk var. *longicrure* (C. Wright ex A. Gray) H. Hara; *H. angustifolium* (Lindl.) Benth. et Hook. f. var. *longicrure* (C. Wright ex A. Gray) Makino

　亜寒帯〜熱帯のやや湿った草地に生える。根は短く，一部は球状に肥厚する。茎はやや細く高さ20−45cm，中部に3−5葉を互生する。葉は線形または広線形で鋭尖頭，長さ8−20cm，幅5−10mm，基部は茎を抱く。6−8月，淡緑色の花を多数総状につける。苞は卵状三角形で先端は鋭尖頭。萼片は長楕円形，鈍頭，長さ2−2.5mm。側花弁は線状披針形，萼片より少し短い。唇弁は長さ6−8mm，線形，基部はやや幅広い。中央まで3裂し，側裂片は線形で長いが，中裂片ははなはだ短く突起状。距はない。蕊柱は短く小さい。花粉塊は卵状楕円形，淡黄褐色。北海道西南部〜琉球，亜寒帯〜熱帯アジア・ニューギニアに分布する。

2. クシロチドリ　　PL. 134
Herminium monorchis (L.) R. Br.

　亜寒帯〜冷温帯樹林下の湿ったところや草地に生える。根は短く，一部は球状に肥厚する。茎は高さ10−35cm，基部にふつう2個の葉をつける。葉は狭長楕円形または広披針形で長さ3−10cm，幅1−2cm，鋭頭，6−7月，淡緑色の小花を総状につける。苞は緑色，披針形で先端が尾状に伸長する。背萼片は卵形，長さ2mm。側萼片は背萼片よりわずかに長く，幅は狭い。側花弁は長楕円形，長さ3−4mm。唇弁は長さ4−5mm，3裂し，中裂片は線形で鈍頭，側裂片は中裂片より短く鈍頭，距はない。本州（下北半島）・北海道（釧路・十勝・渡島大島），朝鮮半島・中国・ヒマラヤ・シベリア・ヨーロッパに広域分布するが，日本ではまれ。

【49】ヒメノヤガラ属　Hetaeria Blume

　地生の多年草。茎は直立または斜上し，基部は横にはい，各節から根を出す。葉は卵形か披針形，ときに鱗片状に退化し，菌従属栄養性が進化した種もある。花は小型で総状花序につく。萼片は離生。背萼片と側花弁は密着し，かぶとをつくる。唇弁は蕊柱の基部から直立し，基部がふくれ，縁は蕊柱の縁と合着し，内面にかたい突起がある。舷部は短く，全縁かときに2裂する。蕊柱は短く，直立し，腹面に隆起物がある。柱頭は広く，凹入し，2個に分離する傾向があり，下縁に2突起がある。葯は2室からなり，花粉塊は多数の小塊が集まり柄につながる。熱帯アフリカ，インド，ヒマラヤ〜中国南部，東南アジア，オセアニア，日本にまで分布していて，約30種が知られる。

　A. 茎に普通葉がある。唇弁の内部にかたい突起があり，舷部は僧帽状。蕊柱腹面にうね状の隆起物がある
　　 1. ヤクシマアカシュスラン
　A. 茎に普通葉がなく，鱗片状に退化する。唇弁の内部に球形の突出部があり，舷部はT字状。蕊柱腹面に角状の隆起物がある
　　 2. ヒメノヤガラ

1. ヤクシマアカシュスラン　　PL. 147
Hetaeria yakusimensis (Masam.) Masam.; *H. cristata* auct. non Blume

　暖温帯〜亜熱帯の常緑樹林下に生える。茎ははじめ地表で匍匐し，各節から紐状の根を出したのち直立し，開花時の高さ10−25cm，無毛で，中央に3−5葉がある。葉は互生するが集まる傾向があるため放射状に見え，倒卵形，長さ3−8cm，幅1.5−3.5cm，鋭頭，基部は円形で，膜質，両面無毛，乾くと赤変することから，アカシュスランの名が生じた。葉柄は長さ1.5−3.5cm，基部が鞘となり，茎を抱く。花茎は有毛，8−9月，まばらに3−15個の帯紅色の花をつける。苞は披針形で縁毛がある。背萼片は広卵形，長さ3mm。側萼片は斜卵形，側花弁は半切卵形，唇弁は僧帽状卵形，いずれも背萼片と同長。葯は広卵形。本州（静岡県以西）・四国・九州・屋久島・種子島・琉球，台湾・中国南部・ベトナムに分布する。**オオカゲロウラン**（テリハカゲロウラン）*H. oblongifolia* Blume（PL. 147）は茎の高さ45cm内外になり，葉は長楕円形〜卵状披針形，長さ5−9cmと全体に大きい。琉球の石垣島・与那国島，熱帯アジア・オセアニアに広く分布する。

2. ヒメノヤガラ　　PL. 147
Hetaeria shikokiana (Makino et F. Maek.) Tuyama

　暖温帯の林下に生える菌従属栄養植物。根茎はやや

太く，横にはい，小型の鱗片がある。地上茎は直立し，開花時の高さ10－20cm，やや肉質，淡紅色で，毛がなく鱗片葉を互生する。鱗片葉は長さ4－10mm，膜質で基部が鞘となり，やや鈍頭。7－8月，総状花序に5－10花をつける。苞は卵状長楕円形または卵形，長さ5－8mm。萼片は長卵形，鈍頭。背萼片は長さ2.5－3mm，側萼片は3－4.5mm。側花弁は狭長楕円形。唇弁は長さ6mm，下部は袋状にふくれる。本州（岩手県以南）～九州，屋久島，朝鮮半島南部，中国南西部～ヒマラヤに分布する。

【50】ハクウンラン属　Kuhlhasseltia J. J. Sm.

地生の多年草。茎の下部は匍匐し，よく分枝する。紐状の根が伸長する種と退化した種がある。茎の上部は斜上し，数個の葉を互生する。葉は卵形，基部は鞘となる。花茎は直立し，毛があり，小型の白ないしは淡紅色花を総状に1～多数つける。苞は膜質で，卵状披針形。萼片は基部で合着して鐘形の花筒をつくる。裂片はほぼ同長で斜開し，無毛または有毛。側花弁は背萼片と密着して同長。唇弁は丁字形で萼より長く，爪部は細く全縁，舷部は長楕円状四角形または卵状長楕円形，基部は2浅裂した袋状の距となり，内部に肉質の柱状突起が2個ある。蕊柱は直立し付属体がない。小嘴体は直立し2裂。花粉塊は2個，棍棒状で多数の小塊が集まる。日本，朝鮮半島，台湾，中国，東南アジア，フィリピン～ニューギニアから約10種が知られる。

　A．花は1－4個。唇弁の舷部の裂片は三角形 ··· 1．ヤクシマヒメアリドオシラン
　A．花は1－7個。唇弁の舷部の裂片は四角形。
　　B．葉は長さ3－7mm，側萼片は長さ4.5－5mm ··· 2．ハクウンラン
　　B．葉は長さ9－13mm，側萼片は長さ5－6mm ··· 3．オオハクウンラン

1．ヤクシマヒメアリドオシラン　　PL.147
Kuhlhasseltia yakushimensis (Yamam.) Ormerod;
Vexillabium yakushimense (Yamam.) F. Maek.;
Pristiglottis yakushimensis (Yamam.) Masam.

おもに暖温帯の林下に生える。茎の下部は地表近くを横にはい，節から出る根は退化し突起状。茎は開花時に高さ4－10cm，下部に3－5葉をまばらに互生し，上方は花序とともに白色の多細胞の毛がまばらに生える。葉は暗緑色で毛がなく卵形，長さ1－2cm，幅0.5－1cm，鋭頭。花は6－8月，白色または淡紅色，1－4個を総状花序につける。苞は披針状で長さ1cm，鋭頭，子房を抱く。萼片は外面にまばらに毛があり，下半部は互いに合着する。側花弁は背萼片に接着する。唇弁は比較的大きく，基部は袋状の距となり，爪部は細く全縁，中部に溝があり，舷部は三角形で先端は2深裂する。蕊柱は直立し2mm。小嘴体は角状。葯は卵形でとがり，花粉塊は長楕円形で2個。本州（中部地方・近畿地方）・四国・九州（甑島・大隅半島）・屋久島・琉球，台湾・中国・フィリピンに分布する。

2．ハクウンラン　　PL.147
Kuhlhasseltia nakaiana (F. Maek.) Ormerod;
Vexillabium nakaianum F. Maek.

おもに冷温帯の林下に生える。茎は下部が匍匐するが，その先は立ち，開花時に高さ5－13cm。下部に数個の葉をまばらに互生する。葉は卵円形，葉柄があって基部は茎を抱く。7－8月，白色の花を1～7個，総状花序につけ，子房，苞，萼片とともに細かい軟毛がある。側萼片は背萼片より長く，基部は合着してふくらみ，唇弁の基部を包んでいる。側花弁は背萼片に密着する。唇弁の基部は2つの半球状のふくらみのある距となり，その内部におのおの1個の細長い肉質の突起がある。本州・四国・九州，朝鮮半島・台湾に分布する。

3．オオハクウンラン
Kuhlhasseltia fissa (F. Maek.) T. Yukawa, ined.;
Vexillabium fissum F. Maek.

ハクウンランとは検索表で示した違いがあり，全体により大きい。本種は染色体数がn=20，ハクウンランはn=13と異なる。また分布が伊豆諸島に限られていて，常緑広葉樹林下に生える点も相違する。

【51】ムヨウラン属　Lecanorchis Blume

地生の菌従属栄養植物。根は紐状で長く，根茎は小型の鞘状鱗片を多数つける。地上茎は直立し，かたく針金状，短い鞘状の苞葉を互生し，乾くと黒変する。花は総状花序に2－10個をつけ，筒状で半開する。苞は小型。花被の基部に皿状の小型の副萼がある。萼片および側花弁は細く同形。唇弁は基部で蕊柱に合着し，先は幅が広くて3裂するかまたは全縁，内面は有毛。蕊柱は長く，半円形。小嘴体は短く，その下部にやや円くていちじるしい柱頭がある。葯は葯床の縁につき長楕円形，2室，それぞれ1個の不完全な花粉塊を入れる。花粉塊は楕円形，粉質，付属器官はない。東アジア，東南アジアに約20種が自生する。

　A．地上茎は分枝する。
　　B．地上茎の表面は平滑。唇弁は全縁 ·· 1．クロムヨウラン
　　B．地上茎に短い突起が生じる。唇弁は3裂 ·· 2．アワムヨウラン

Orchidaceae

　A．地上茎は分枝しない。
　　B．地上茎は高さ25cm以下。花は長さ11−15mm。唇弁の縁の毛に乳頭状突起がある ················· 3．ウスキムヨウラン
　　B．地上茎は高さ30−40cm。花は長さ15−25mm。唇弁の縁の毛に乳頭状突起がない ················· 4．ムヨウラン

1．クロムヨウラン　　PL.127
Lecanorchis nigricans Honda
　暖温帯〜亜熱帯の常緑広葉樹林下に生える。地上茎は分枝し直立，高さ15−30cm，黒色。萼片と側花弁は淡黄褐色，唇弁は白く先端にかけて紫色をおびる。開花期は6−8月で，茎あたり5−10花が次々と開く。萼片と側花弁は長さ12−17mm，倒披針形。唇弁はさじ形で全縁，長さ13−15mm。本州（関東地方以西）・四国・九州・琉球，台湾・中国（福建省）・タイに分布する。

2．アワムヨウラン　　PL.127
Lecanorchis trachycaula Ohwi
　暖温帯〜亜熱帯の常緑広葉樹林下に生える。地上茎はよく分枝し直立，高さが30−50cm，黒色，短い突起がまばらに生える。花は6−8月に開き，萼片と側花弁は淡い黄褐色，長さ約15mm。萼片と側花弁は倒披針形で斜上する。唇弁は萼片と同長，下半部は蕊柱と合着し，離生部は倒卵形で，内面に毛を密生する。蕊柱は萼片より短い。本州（和歌山県）・四国（徳島県）・九州・琉球，台湾に分布する。以下の2種はアワムヨウランに似るが，唇弁内面の毛がより長く全体に密生する。**サキシマスケロクラン** L. flavicans Fukuy.は萼片の長さが約13−14mm，唇弁内面に隆起がない。四国（徳島県）・琉球に分布する。**オキナワムヨウラン** L. triloba J. J. Sm.（PL.127）は萼片の長さが約9mm，唇弁内面に1対の隆起がある。琉球に分布する。

3．ウスキムヨウラン　　PL.127
Lecanorchis kiusiana Tuyama
　暖温帯〜亜熱帯の常緑広葉樹林下に生える。地上茎は細く直立し，高さ10−25cm，黄褐色であるが乾くと黒色になる。5−6月，茎頂に数個の花をまばらに総状につける。花は淡黄色，長さ1cm未満で半開する。萼片および側花弁は倒披針形で同長。唇弁は蕊柱の下半部と合着し，先は3裂し，中裂片は波状歯があり，縁に乳頭状突起がまばらに生え，側裂片は小さい。本州（関東地方以西）・四国・九州・琉球，台湾・済州島に分布する。**エンシュウムヨウラン** L. suginoana (Tuyama) Seriz.はウスキムヨウランによく似るが，唇弁の中裂片に生える毛が黄色で赤紫色をおびないこと，唇弁の毛の分枝がまばらで分枝した細胞が長いこと，開花期がより早いことで区別できる。本州（関東・東海・近畿地方）・四国・九州，台湾に分布する。

4．ムヨウラン　　PL.128
Lecanorchis japonica Blume var. **japonica**
　暖温帯〜亜熱帯の常緑広葉樹林，落葉広葉樹，アカマツ林などの林床に生える。地上茎は高さ30−40cm，毛はなく，数個の鞘状の苞葉をまばらにつける。花期は5−6月で，花は数個つき，長さ15−25mm。子房は長さ約4cm。苞は卵状披針形，長さ5mm。花色は黄褐色が普通だが変異が大きい。背萼片，側萼片は倒披針形，長さ17−25mm，側萼片が背萼片よりやや細い。側花弁は倒卵状披針形，萼片とほぼ同長。唇弁は倒卵形〜倒披針形で先端は3裂し，長さ15−20mm，中裂片の内面には黄色の長毛が密生する。唇弁の基部は蕊柱と合着する。蕊柱は白色，長さは唇弁の2/3。葯室は2個，花粉塊は卵形。本州（岩手県以南）・四国・九州・琉球，朝鮮半島南部の島嶼・中国南東部・台湾に分布する。原記載に花色を白く書かれたことから，ムヨウランについては誤って理解されている。実際は純白ではなく，黄色がやや淡いということで，花茎にしても，はじめ汚白色，のちに黄褐色に変わる。
　ホクリクムヨウラン var. **hokurikuensis** (Masam.) T. Hashim. (PL.128)は花が紫色をおび，あまり開かない。本州・四国・九州・琉球に分布する。**キイムヨウラン** var. **kiiensis** (Murata) T. Hashim. (PL.128)は花が鮮やかな黄色で，あまり開かない。本州（関東地方以西）・四国・九州に分布する。**ヤエヤマスケロクラン** var. **tubiformis** T. Hashim.は唇弁の中裂片が横長の方形で，蕊柱の翼がほぼ半円形となる。琉球（西表島）に分布する。**ミドリムヨウラン** L. **virella** T. Hashim.はムヨウランに似るが，萼片と側花弁が緑色をおび唇弁の中裂片が横長の方形となる。これまで九州（宮崎県）・屋久島，台湾から記録されている。

【52】クモキリソウ属　Liparis Rich.

　地生または着生の多年草。茎は肥厚し，球状，棍棒状などさまざま。葉は少数で，基部に関節をもつ種ともたない種がある。花序は頂生し総状につき，花色は帯白色，帯紫色，帯褐色とさまざまである。苞は小型。花被片は開出し，側花弁は萼片より狭く，ときに両縁がまくれて糸状に見える。唇弁は蕊柱の基部につき，くさび状倒卵形，先は反曲し，多くの種では基部の内面に2個の突起がある。葯は頂生し，花粉塊は4個あって蠟質，小型の粘着体をもつ。全世界に広く分布し，特に熱帯に多く，約320種を数える。

　A．葉はふつう1個，ややかたく，基部に関節がある ·· 1．チケイラン
　A．葉はふつう2−5個，やわらかで，基部に関節がない。
　　B．茎は円柱形で，直立する。
　　　C．唇弁は凹頭，基部の2個の突起は針状で鋭頭 ··· 2．コクラン

　　　　C．唇弁は円頭，基部の2個の突起は円形で鈍頭 ………………………………………………………… 3．ユウコクラン
　　　B．茎は卵形〜球形で，節間は短縮する。
　　　　C．葉は2個，広卵形〜長楕円形，先は急にとがる。
　　　　　D．唇弁は先端が尾状に突出する ……………………………………………………………………… 4．ジガバチソウ
　　　　　D．唇弁の先端は急に尾状とならない。
　　　　　　E．唇弁は基部からおよそ1/3の部分で直角に屈曲する。
　　　　　　　F．地生で開花時の高さ10−20cm。葉は長楕円形。側花弁は下垂しない ……………………… 5．クモキリソウ
　　　　　　　F．樹上に着生し，開花時の高さ3−10cm。葉は卵形。側花弁は下垂する ……………… 6．フガクスズムシソウ
　　　　　　E．唇弁は平らで，反曲しない。
　　　　　　　F．葉は広卵形。表面の脈は隆起する。唇弁の基部に2個のこぶ状突起がある。葯の先端がとがらない
　　　　　　　　　……………………………………………………………………………………………………… 7．ギボウシラン
　　　　　　　F．葉は広楕円形または長楕円形，表面の脈はふつう平らで，ときに隆起する。唇弁の基部に突起がない。葯の先端がとがる。
　　　　　　　　G．唇弁は長さ9−12mm ……………………………………………………………… 8．セイタカスズムシソウ
　　　　　　　　G．唇弁は長さ14−17mm …………………………………………………………………… 9．スズムシソウ
　　　C．葉は3−5個，狭長楕円形 ……………………………………………………………………………… 10．ササバラン

1．チケイラン　　　　　　　　　　PL.153
Liparis bootanensis Griff.; *L. plicata* Franch. et Sav.
　亜熱帯の常緑広葉樹林内の岩上または樹上に着生する。全株無毛。茎は長円錐形，多肉質，数個が1列に並び，年々1個ずつ新生される。葉は狭長楕円形，鋭尖頭，長さ10−18cm，幅1.5−3cm，基部は短い柄で関節する。花茎はやや平たく両側に狭翼がある。10−12月，淡黄緑色の花を一方に偏って3−15個，総状につける。苞は三角状披針形，長さ3−5mm。萼片は線状長楕円形でやや鈍頭，長さ6−7mm。側花弁は線形で鈍頭，萼片と同長。唇弁はくさび状倒卵形，萼片より少し短く，先は円状切形で少し反曲し，基部内面に不明瞭な2個の突起がある。蕊柱は長さ4mm。葯は広卵形で2室。花粉塊は楕円体で黄色。九州南部・琉球，中国，台湾〜ヒマラヤ，東南アジアに分布する。
　奄美大島では固有の**キノエササラン** L. uchiyamae Schltr.がかつて発見された。チケイランと比べ，葉を2個つけること，茎がほぼ球形であること，蕊柱上部の突起を欠くことなどの点で異なる。**コゴメキノエラン** L. elliptica Wightは，屋久島・奄美大島，台湾〜熱帯アジア・オセアニアに広く分布する。本種も2葉をつけるが，茎は扁平で花茎が下垂し，全体により小さい。

2．コクラン　　　　　　　　　　　PL.153
Liparis nervosa (Thunb.) Lindl.
　暖温帯の常緑樹林下に生える。茎は棍棒状で多肉質，前年までの茎が枯れずに残存する。葉はゆがんだ広楕円形で，鋭頭，長さ5−12cm，幅2.5−5cm。花茎は高さ15−30cm，6−7月に暗紫色の花を5−10個，まばらに総状につける。苞は三角形，膜質で鋭頭，長さ1−2mm。萼片は狭長楕円形で鈍頭，長さ5mm。側花弁は倒披針状線形，鈍頭，萼片と同長。唇弁はくさび状倒卵形で反曲し，萼片と同長，中央に浅い溝があり凹頭。蕊柱は長さ3mm。葯は広卵形で2室。花粉塊は卵形で黄色。本州（福島県以南）・四国・九州・琉球，済州島・台湾に分布する。

3．ユウコクラン　　　　　　　　　PL.153
Liparis formosana Rchb. f.
　おもに亜熱帯の常緑樹林下に生える。コクランによく似るが，全体により大型である。葉は長さ5−18cm，幅3−9cmで厚く，表面に光沢がある。また花茎は20−40cmと高く，花数が多いばかりでなく，翼があり角ばっている。さらに検索表に見られるような相違点がある。本州（紀伊半島南部）・九州・琉球・伊豆諸島，中国南部・台湾に分布する。**キバナコクラン** L. sootenzanensis Fukuy.は屋久島，中国南部・台湾・インドシナに分布し，花全体が黄色い。

4．ジガバチソウ　　　　　　　　　PL.153
Liparis krameri Franch. et Sav.
　亜寒帯〜暖温帯の林下に生える。茎は球形。葉は2個，広卵形，やや鋭頭，長さ3−8cm，幅2−4cm。葉脈は横走の2次脈が顕著なので網目模様がはっきりする。花茎は高さ8−20cm，直立し，5−7月に10−20花をつける。花は淡緑色から黒褐色まで連続的な変異があり，褐色をおびない緑色のものを**アオジガバチソウ** f. viridis Makinoと呼ぶ。苞は三角形でやや鋭頭，長さ1−1.5mm。萼片は線形，やや鋭頭，長さ10−12mm。側花弁は反曲し糸状，鋭頭，長さ8−10mm。唇弁は長さ6−8mm，先は急に曲がって下垂し，舷部は狭倒長楕円形，縁がわずかに反曲する。蕊柱は長さ約2mm，ほとんど翼がない。北海道〜九州，朝鮮半島に分布する。和名は花の感じをジガバチに見立てたもの。
　本州・九州の冷温帯には**クモイジガバチ** L. truncata F. Maek. ex T. Hashim.が知られる。ジガバチソウと比べ，唇弁が切形で先端は短くとがり，唇弁基部の隆起の形も異なり，常に木に着生する。本州（関東地方・中部地方）の亜高山帯の草原には**ヒメスズムシソウ** L. nikkoensis Nakaiが分布し，ジガバチソウよりはるかに小型である。

5．クモキリソウ　　　　　　　　　PL.153
Liparis kumokiri F. Maek.
　亜寒帯〜暖温帯の疎林下に生える。ジガバチソウに似ているが，葉は長さ5−12cm，幅2.5−5cmとより大きく，また鈍頭であり，網目模様が見られない。花茎は高さ10−20cm，直立し，6−8月に5−15花をつける。花は淡緑色。苞は卵状三角形で鋭頭，長さ1−1.5mm。萼片は狭長楕円形，鈍頭，長さ6−7mm。側花弁は狭線形，鈍頭，萼片と同長。唇弁は長さ5−6mm，反曲し，くさび状倒卵形，中央に浅い溝がある。蕊柱は長さ

3mm，低い稜があり，上端に狭い翼がつく。南千島・北海道〜九州，朝鮮半島・中国東北部・極東ロシアに分布する。**シテンクモキリ** L. **purpureovittata** Tsutsumi, T. Yukawa et M. Katoは北海道・本州の冷温帯に分布し，クモキリソウと比べ唇弁と蕊柱の形が異なり，唇弁の基部が紫色に着色することで区別できる。

6. フガクスズムシソウ　　　　　PL. 154
Liparis fujisanensis F. Maek. ex F. Konta et S. Matsumoto

冷温帯の主としてブナの樹上に着生する。クモキリソウに似ているが，全体がきわめて小さく，花茎の高さ3−10cm，葉の長さも1.5−5cmである。側萼片が広くて巻かないこと，側花弁が垂れること，唇弁に紫色がかならず出ることなどはスズムシソウと同じであるが，側萼片が側方に開出すること，唇弁が強く反曲すること，蕊柱上端に狭い翼がつくことなどはクモキリソウと共通である。北海道〜九州に分布する。和名は〈富岳鈴虫草〉で，産地にちなむ。**オオフガクスズムシ** L. **koreojaponica** Tsutsumi, T. Yukawa, N. S. Lee, C. S. Lee et M. Katoは北海道，朝鮮半島に分布し，亜寒帯〜冷温帯の林床で生育する。フガクスズムシソウより大きく，花のつき方がまばらである。

7. ギボウシラン　　　　　PL. 154
Liparis auriculata Blume ex Miq.

冷温帯〜暖温帯の林床や湿原に生える。茎は卵形。葉は広卵形，急鋭頭，基部は心形，長さ5−12cm，幅3−8cm，脈間がくぼんで一見ギボウシ属のようである。花茎は高さ15−30cm，直立する。7−8月，淡黄緑色の花を十数個つける。苞は披針状三角形，鋭尖頭，長さ1.5−2.5mm。萼片は線状長楕円形，鋭頭。側花弁は線形，鈍頭。唇弁は倒卵状くさび形で円頭，萼片，側花弁とほぼ同長で5mm，基部に2個の突起がある。舷部の中央の溝に沿って暗紫色の着色部があり，また縁に細歯牙が見られる。蕊柱はやや湾曲し，長さ3.5mm，狭い翼がある。花粉塊は卵状三角形で橙色。北海道〜九州・屋久島，済州島に分布する。

8. セイタカスズムシソウ　　　　　PL. 154
Liparis japonica (Miq.) Maxim.

亜寒帯〜冷温帯の林下に生える。茎は楕円状球形。葉は広楕円形，鈍頭，基部はくさび形，長さ6−12cm，幅3−5cm。花茎は高さ10−30cm，直立する。6−7月，淡緑色または帯紫色の花を30個までまばらにつける。苞は卵状三角形，鋭頭，長さ1−1.5mm。萼片は線状披針形，鈍頭，長さ8−9mm。側花弁は糸状，萼片と同長。唇弁は長さ9−12mmで倒卵形，円頭で微凸端，縁に細歯牙がある。蕊柱は長さ2.5mm，上端の両側に三角形で鈍頭の翼がある。花粉塊は卵状三角形で黄色。北海道〜九州，朝鮮半島・中国（東北）・アムールに分布する。

9. スズムシソウ　　　　　PL. 154
Liparis makinoana Schltr.

冷温帯の樹林下に生える。花茎は高さ10−25cmで直立する。5−6月，淡暗紫色で約3cmの花を約10個，まばらにつける。苞は卵状三角形，鋭頭，長さ1−2mm。萼片は広線形，鋭頭，長さ1−1.5cm。側花弁は糸状で萼片と同長，下垂する。唇弁は倒卵形，円頭で微凸端。蕊柱は長さ6mm。花粉塊は卵形，黄色。北海道〜九州，朝鮮半島に分布する。

10. ササバラン　　　　　PL. 154
Liparis odorata (Willd.) Lindl.

暖温帯〜熱帯の日当りのよい草原に生える。茎は卵形。葉は狭長楕円形，縦じわが顕著で鋭尖頭，長さ8−16cm，幅1.5−3.5cm。花茎は高さ20−30cmで，直立する。7−8月，汚紫色，ときに黄緑色の花をまばらに多数つける。苞は三角状披針形，鋭尖頭，長さ3−6mm。萼片は披針形，やや鈍頭，長さ6mm。側花弁は線形でやや鋭頭，萼片より少し長い。唇弁は倒卵状くさび形で反曲し，やや切頭，中央に浅い溝があり，長さが萼片と同長，基部に2隆起がある。蕊柱は長さ4mm，上縁に低い翼がある。本州（栃木県以南）〜九州・琉球，中国・台湾〜ヒマラヤ・インド・スリランカ・ミクロネシアに分布する。

【53】ボウラン属　**Luisia** Gaudich.

着生の多年草。茎は細長くかたく，葉を2列につけ，葉鞘で包まれる。葉は背腹性がなく円柱状，多肉質，線形，鈍頭。花茎は短く，側生，総状に少数の花をつける。苞は短く厚い。萼片はほぼ同長で，離生する。側花弁はふつう萼片より長く，幅が狭い。唇弁は蕊柱の基部に広くつき，ときに萼片より長く，小型の側裂片があるが，距を形成しない。舷部は開出し，全縁または2裂する。蕊柱はきわめて短く太い。葯は頂生で2室。花粉塊は2個，ほぼ球形で蠟質。約40種があり，温帯〜熱帯アジア，オセアニアに分布する。

1. ボウラン　　　　　PL. 163
Luisia teres (Thunb.) Blume

暖温帯〜亜熱帯の明るい樹幹に着生する。茎は細く，高さ10−40cm，葉鞘におおわれ灰褐色，基部でしばしば分枝する。葉は円柱状で多肉質，線形，長さ6−12cm，径3−4mm，互生する。短い花茎を側生し，7−8月，2−5花をつける。苞は三角形，長さ2−3mm。萼片は楕円形，長さ8−10mm，鈍頭。側花弁は狭長楕円形で長さ10−13mm，円頭，萼片とともに黄緑色。唇弁は側花弁とほぼ同長で長楕円形，黄緑色の地に濃紫色の斑紋がある。唇弁の基部に2個の側裂片があり，背面がわずかにふくらみ，先端は2裂してその中央に小さい突起がある。蕊柱は短く，高さ3mm。葯は半球状でかぶと形。花粉塊は黄色で楕円形，2個ある。本州（近畿地方南部）〜琉球，台湾・中国南部に分布する。和名は〈棒蘭〉で葉の形にちなむ**ムニンボウラン**

L. occidentalis Lindl.（PL.163）は小笠原諸島の特産で，花はボウランより小さく萼片と側花弁の長さ4－5mm，唇弁の先の2裂片が短い。

【54】ナンバンカゴメラン属　Macodes (Blume) Lindl.

地生の多年草。茎は基部が匍匐し，節より紐状の根を出す。葉は卵円形または円形で柄がある。花茎は総状で腺毛が生え，多くの花をつける。花は倒立し，花被片，子房，苞に腺毛を敷く。萼片は合着しないが，背萼片は側花弁に圧着しかぶとをつくる。唇弁は左右非相称でねじれ，基部が蕊柱と合着する。唇弁基部は袋状の距となり，内部には2個の円柱状突起がある。蕊柱は複雑な形態で強くねじれる。葯は2室。花粉塊は2個。東南アジア～メラネシアに約10種が知られている。西表島，フィリピン・ボルネオ・マレー半島・スマトラ・ジャワに**ナンバンカゴメラン** M. petola (Blume) Lindl.（PL.146）が分布する。

【55】ホザキイチヨウラン属　Malaxis Sol. ex Sw.

地生，まれに着生の多年草。茎は肥厚し，球状，または円柱状，基部から根をのばす。葉は少数つき，幅が広く，葉柄は鞘となる。花序は頂生，直立し多数の小さい花を総状につける。苞は小型，幅が狭く開花後も脱落しない。萼片は開出する。側花弁は萼片に似て開出するが，より幅が狭い種が多い。唇弁は上位になる種と下位になる種があり，よく開き，全縁または分裂し，基部は心形または両側が耳状に広がって，短い蕊柱を抱く。距はない。蕊柱は円柱状で先端が凹入する。葯は直立し花粉塊は4個，蠟質で卵形，ふつう付属器官を欠くが，まれに粘着体をもつ種がある。熱帯アメリカを中心に約300種が分布する。

1．**ホザキイチヨウラン**　　　　　　　PL.152
　Malaxis monophyllos (L.) Sw.;
　Microstylis monophyllos (L.) Lindl.

亜寒帯～冷温帯の林下に生える。茎は卵形。葉はふつう1個で，広卵形，長さ4－8cm，幅3－5cm，鈍頭，基部は急に細く，葉鞘となって花茎を包む。花茎は高さ15－30cm。7－8月，淡緑色の花をやや密に多数つける。苞は三角状披針形，長さ1－2mm，鋭尖頭。萼片は披針形，長さ2.5mm，開出して反曲する。側花弁は線形，鈍頭，萼片と同長。唇弁は萼片と同長，上半部は急に細く突き出しやや鋭頭，下半部は腎円形，基部に近く両縁に肉質の裂片がある。花粉塊は卵円形で4個。蕊柱はきわめて短い。北海道・本州（東北～近畿）・四国，朝鮮半島・サハリン・シベリア・中国・台湾・フィリピン・ヒマラヤ・ヨーロッパ・北アメリカに分布する。

【56】ニラバラン属　Microtis R. Br.

地生の多年草。地下に球茎がある。地上茎は無毛，1葉がある。葉は線形で横断面は円く，基部は鞘となり茎を包む。総状花序に小型の花を密につける。背萼片は直立して幅広く，先端は内曲する。側萼片は離生し，開出または反曲する。側花弁は側萼片よりやや小さい。唇弁は蕊柱の基部につき無柄，開出し全縁または2裂し，基部にしばしばいぼ状突起がある。距はない。蕊柱は短く両側に耳がある。柱頭は短く小嘴体の基部につく。花粉塊は粉質。オーストラリア，ニュージーランドを中心に分化した属で，約14種がある。

1．**ニラバラン**　　　　　　　PL.150
　Microtis unifolia (G. Forst.) Rchb. f.;
　M. formosana Schltr.

暖温帯～熱帯の海岸に近い日当りのよい草地に生える。茎は開花時に高さ10－40cm，前年に生じた球茎から出る。葉は1個つき，円柱状，長さ15－25cm，径2－2.5mm。4－5月，淡緑色の花を20－30個，やや密につける。苞は卵状披針形，長さ2－4mm。背萼片は広卵形，長さ約2mm。側萼片は狭長楕円形，長さは背萼片より短い。側花弁は狭長楕円形，背萼片より短い。唇弁は長い舌状，やや肉質で，背萼片と同長，基部の両側の縁に突起がある。蕊柱は高さ1mm。葯は広卵形で2室，楕円形の花粉塊が1個ずつ入る。本州（千葉県以西）～琉球，中国南部・台湾・東南アジア・オセアニアに分布する。

【57】アリドオシラン属　Myrmechis Blume

地生の多年草。茎の下部は地上を匍匐する。根は退化し根毛が発達する。葉は3－5個が互生し卵形，短い柄があり，基部は茎を抱く。総状花序は小型の少数花からなり，ときに単生する。萼片は離生または基部で合着し，側萼片は蕊柱の脚とともに短い顎をなす。側花弁は広披針形。唇弁は蕊柱の基部につき，基部は球形にふくれて内面に肉質のいぼ状の2突起があり，爪部と舷部が明瞭で，爪部は全縁，舷部は幅広く，2裂する。蕊柱は短く柱頭は2個，楕円形の粘着

体につながる。蒴果は直立し無柄。約15種がインド東北部～東アジア，東南アジア，ニューギニアに分布する。

 A．唇弁は萼片より長く，舷部は広がり，倒三角形で2裂する・・1．アリドオシラン
 A．唇弁は萼片より短く，舷部は広がらず，切形・・・2．ツクシアリドオシラン

1．アリドオシラン PL.148
Myrmechis japonica (Rchb. f.) Rolfe

亜寒帯～冷温帯の林下に生える。開花時の茎は高さ5－10cmで，無毛。葉は3－5個がまばらにつき広卵形，長さ5－12mm，幅4－8mm，鈍頭，表面に粒状の微突起をしく。葉柄は多少紅色をおび，基部は短い鞘となり茎を包む。花期は7－8月，花茎には白色で多細胞の縮毛がある。花は1－3個つき，白色ときに薄桃色である。苞は膜質で広披針形，鋭頭，長さ4－6mm。萼片は基部が合着し披針形で，長さ6－7mm，先はしだいに細くなり鈍頭。側花弁は広披針形，萼片とほぼ同長。唇弁は萼片より長く，長さ1cm，基部が少しふくれる。唇弁の中間の部分はとい状，舷部の先端は2裂する。蕊柱は短く2裂する。葯は広卵形で淡紅色。南千島・北海道・本州（近畿地方以北）・四国，朝鮮半島・中国南部～チベットに分布する。アリドオシランの名があるが，草姿はアリドオシよりツルアリドオシに似ている。

2．ツクシアリドオシラン
Myrmechis tsukusiana Masam.

アリドオリランに似るが，検索で示したように，唇弁の長さおよび形が異なっている。分布域は四国（剣山・石鎚山など）・九州（霧島山・高隈山など）・屋久島で，アリドオシランより南に偏る。

【58】ノビネチドリ属 Neolindleya Kraenzl.

地生の多年草。根は紐状，一部が肥厚する。茎は直立し，全体に多数の葉をつける。葉は楕円形～狭長楕円形。茎頂に多数の花を総状につける。花は小型で淡紅紫色。背萼片と側花弁は集まって蕊柱を囲む。唇弁は浅く3裂し，距がある。蕊柱は短く，葯は鈍頭で，葯室はほぼ平行し各室に花粉塊を1個入れる。花粉塊柄は粘着体を欠くが基部が嚢に包まれる。サハリン，カムチャツカ半島，朝鮮半島，日本に1種が分布する。

1．ノビネチドリ PL.135
Neolindleya camtschatica (Cham.) Nevski;
Gymnadenia camtschatica (Cham.) Miyabe et Kudô

亜寒帯～冷温帯の樹林下や林縁の湿ったところに生える。茎は太く高さ30－60cm。根は紐状のものに混じり肥厚した円柱状のものを生じる。葉は5－10個，楕円形～狭長楕円形，長さ7－15cm，幅2－6cm，葉面には縦に折り目があり，縁は波状に縮れる。5－7月，多数の淡紅紫色の花を総状につける。苞は披針形，花と同長。萼片は狭卵形，長さ5mm。側花弁は斜卵形で萼片より短い。唇弁はくさび状広卵形，萼片より少し長く，先端は3裂する。距はいちじるしく湾曲し前に向き，長さ3mm。蕊柱は短い。葯は白色，前方で少し下向き，花粉塊はやや白色。千島・北海道・本州・四国・九州，サハリン・カムチャツカ半島・朝鮮半島に分布する。しばしば白花をつけるものがある。

【59】サカネラン属 Neottia L.

地生の多年草。根は細く長い種と，太く短い種がある。茎は直立して，基部に少数の鞘状葉がある。中部に卵円形で無柄の葉2個を対生状につける種と，普通葉が退化した菌従属栄養種がある。花は小型で総状花序となる。苞は小型。萼片と側花弁はほぼ同形で離生し，開出するかまたは反曲する。唇弁は蕊柱の基部から開出し，萼片よりも長く扁平で，先端が2裂または全縁，距はない。蕊柱は円柱状，脚部がなく，小嘴体はよく発達し，内曲するかほぼ直立，柱頭は幅広い。葯室は接続して花粉塊は2個，粉質，付属器官を欠く。果実は卵形，多くの種は蒴果だが，液果の種もある。アジア，ヨーロッパ，北アメリカに約70種がある。従来，普通葉をもつ種をフタバラン属Listera R. Br.として区別することが普通だった。

 A．2個の普通葉をもつ。
  B．唇弁は基部に耳状裂片がなく，先端は円頭の2片に切れこむ。花に紫色系の着色がない。
   C．葉は地上近くにつき，青緑色で不鮮明な白斑があり，先端は円頭，光沢はない。鱗片葉は4－10個。唇弁は長倒卵形で，基部にかけて狭くなる・・1．アオフタバラン
   C．葉は茎の中央につき，緑色で先端は鋭頭，やや光沢がある。鱗片葉は2－3個。唇弁は倒卵状楕円形で，基部付近まで同じ幅・・・2．タカネフタバラン
  B．唇弁は基部の左右に耳状裂片があり，先端は鈍頭または鋭頭の2片に切れこむ。花に紫色系の着色部がある。
   C．唇弁は広線形の2裂片を斜め前方に突出し，逆Y字形になる。基部の耳状裂片は後ろに反転し，蕊柱を両側から囲む・・3．ヒメフタバラン
   C．唇弁は先端の2裂片と基部の耳状裂片で大の字形になる。

　　　　D. 唇弁の裂片は楕円形。裂片の長さと幅はほぼ等しい ··· 4. ミヤマフタバラン
　　　　D. 唇弁の裂片は先端が細く長くとがる ··· 5. コフタバラン
　A. 葉は退化する。
　　B. 花被片は鈍頭。唇弁は長さ10－12mm, 他の花被片の2.5－3倍の長さがあり, 先端が2裂する ················· 6. サカネラン
　　B. 花被片は鋭頭。唇弁は長さ2－3mm, 他の花被片と同長, 全縁 ······································· 7. ヒメムヨウラン

1. アオフタバラン　　　　　　　　PL.141
Neottia makinoana (Ohwi) Szlach.;
Listera makinoana Ohwi

冷温帯の樹林下に生える。茎は直立し, 10－20cm。葉は茎の下方にあって開出し, 三角状卵形で鈍頭, 基部は切形または浅心形, 長さ幅ともに10－30mm。鱗片葉はまばらに互生し, 狭卵形, 鋭尖頭, 長さ2－5mm。花は帯緑色, 7－8月, まばらに5－20個をつける。苞は鱗片葉とほぼ同形で開出, 長さ2.5mm。萼片は長楕円状披針形でやや鈍頭, 長さ2－2.5mm。側花弁は線形で鈍頭, 萼片と同長。唇弁は長さ5－6mm, 先端が2裂し, 裂片は卵形で円頭。蕊柱は子房に対し直角に立つ。葯は広卵形。本州・四国・九州に分布する。

2. タカネフタバラン　　　　　　　　PL.141
Neottia puberula (Maxim.) Szlach.;
Listera puberula Maxim.; *L. yatabei* Makino

亜寒帯～冷温帯の針葉樹林下に生える。茎は直立し, 高さ15－20cm。葉は腎心形, 長さ15－30mm, 幅20－30mm。鱗片葉は披針形で鋭尖頭, 長さ1－3mm。花は淡緑褐色, 8－9月, まばらに5－10個をつける。苞は卵状披針形, 長さ1－2mm。萼片は狭楕円形で鈍頭, 長さ約2mm。側花弁は線形, 萼片とほぼ同長。唇弁は長さ6－8mm, 縁に微毛があり先端が2裂し, 裂片は楕円形で鈍頭。南千島・北海道・本州（関東地方北部と中部地方）, サハリン・朝鮮半島・ウスリー・シベリア東部・中国東北～北部に分布する。

3. ヒメフタバラン　　　　　　　　PL.141
Neottia japonica (Blume) Szlach.;
Listera japonica Blume

おもに暖温帯の樹林下に生える。茎は直立し高さ5－30cm, 横断面は四角形。葉は卵状三角形, やや鋭頭, 基部は切形または浅心形, 長さ幅ともに1－2cm。鱗片葉はない。花は淡紫褐色, 3－5月, 2－6個をまばらにつける。萼片と側花弁は反曲し長さ2－3mm。紫色の着色部がある。萼片は狭卵形, 鈍頭。側花弁は線状長楕円形で鈍頭。唇弁は長さ6－8mm, くさび形で2深裂し, 裂片は線状長楕円形で長さ3－5mm, 中部に汚黄色の丁字状の隆起がある。蕊柱は短い。本州・四国・九州・琉球に分布する。本種の品種には葉の中央に白条のあるフイリヒメフタバラン f. albostriata (Masam.) T. Yukawa, ined., 花にまったく紫色の着色部のないミドリヒメフタバラン f. viridescens (Nackej.) T. Yukawa, ined., 葉が楕円形となるナガバヒメフタバラン f. longifolia (Nackej.) T. Yukawa, ined. が知られている。

4. ミヤマフタバラン　　　　　　　　PL.141
Neottia nipponica (Makino) Szlach.;
Listera nipponica Makino

亜寒帯～冷温帯の針葉樹林下に生える。茎は直立し, 高さ10－25cm。葉は濃緑色, 光沢があり, 広心形で先は急に短くとがり, 基部は切形あるいはやや心形, 長さ幅とも10－25mm。鱗片葉はないか, あっても1個で広披針形。7－8月, 緑褐色の3－10花をまばらにつける。苞は斜開して広披針形, 長さ1－2mm。萼片は基部からいちじるしく反曲し, 狭披針形, 鈍頭, 長さ3－4mm。側花弁は萼片と同長で狭長楕円形。唇弁は長さ6mm, くさび状広倒卵形, 基部に耳状裂片があり, 先端は2深裂し, 裂片は楕円形で円頭。蕊柱はまっすぐで短い。北海道・本州中北部・四国・九州, 朝鮮半島・千島・サハリン・ウスリーに分布する。本種には葉の中央に白条のあるフイリミヤマフタバラン f. albovariegata (Masam. et Satomi) T. Yukawa, ined. と, 花がまったく緑色のミドリミヤマフタバラン f. viridis (Masam. et Satomi) T. Yukawa, ined. の2品種が知られる。

5. コフタバラン　　　　　　　　PL.142
Neottia cordata (L.) Rich.;
Listera cordata (L.) R. Br. var. *japonica* H. Hara

亜寒帯～冷温帯の針葉樹林下に生える。茎は細く, 高さ10－20cm。葉は三角状腎形, 鈍頭で凸端, 基部は浅心形, 長さ幅とも1－2cm, 無毛。鱗片葉を欠く。花は6－8月, 4－10個をまばらにつけ, 帯緑黄色。苞は三角状卵形でやや鋭頭, 開出し長さ約1mm。萼片は狭長楕円形で鈍頭, 長さ1.5－2mm。側花弁は狭卵形で, ほぼ萼片と同長。唇弁は平開しくさび形, 長さ3－4mm, 基部に斜開する小裂片があり, 先端は2深裂し広く開き, 裂片は線形, 鋭頭。北海道・本州・四国・九州, 海外では周北極に広く分布する。

6. サカネラン　　　　　　　　PL.142
Neottia papilligera Schltr.;
N. nidus-avis (L.) Rich. var. *mandshurica* Kom.

亜寒帯～冷温帯の落葉樹林下に生える。根茎は地中に直立し, 肉質で平滑, 先が上向する根を多数束生する（〈逆根蘭〉の名はこれに由来する）。地上茎は太く多肉で, 高さ20－40cm, 数個の筒状で膜質の鞘状葉を互生する。5－6月, 花序は汚白色花を総状に多数密生し, 茎の上部, 子房とともに縮れた褐色の短い腺毛を密につける。苞は三角状披針形, 膜質, 鋭頭, 長さ4－7mm。萼片および側花弁は倒卵形, 長さ5－6mm, やや背面がふくらみ鈍頭。唇弁は長さ10－12mm, 基部はやや袋状で先端は2裂し, 裂片は狭長楕円形, 鈍頭。蕊柱は長さ3mm。南千島・北海道・本州中北部, サハリン・朝鮮半島・中国（東北）・シベリア東部に分布する。

エゾサカネラン N. nidus-avis (L.) Rich. はサカネランによく似るが全体が無毛で, 北海道・本州中北部, シベリア～ヨーロッパ・アフリカ北部に分布する。**ツクシサカネラン** N. kiusiana T. Hashim. et Hatus. もサカネラン

Orchidaceae

によく似るがより小さく、腺毛がまばらで、唇弁の形が異なる。本州（千葉県、愛知県）・九州（鹿児島県）に記録があり、海外では済州島に分布する。**タンザワサカネラン** N. inagakii Yagame, Katsuy. et T. Yukawa はツクシサカネランにもっとも似るが、花がより小さく開かず、蕊柱や唇弁の形も異なる。本州（東北地方南部〜関東地方）に分布する。**カイサカネラン** N. furusei T. Yukawa et Yagame は全体に緑色で、北海道・本州中部に分布する。

7. ヒメムヨウラン PL. 142
　　Neottia acuminata Schltr.; *N. asiatica* Ohwi
亜寒帯〜冷温帯の針葉樹林下に生える。根茎は短く、根は束生する。地上茎は高さ10－20cm、やや細くて無毛、3－4個の鞘状葉をまばらにつける。鞘状葉は長さ2－3cm、筒状で膜質、鈍頭。6－8月に淡褐色の花をやや多数まばらにつける。苞は卵形、膜質、鋭頭、長さ1－1.5mm、花の柄に密接して見えにくい。萼片および側花弁は卵状広披針形、長さ約3mm、開出し、先端にかけて反曲する。唇弁は萼片と同長、三角状卵形、鋭頭、花が倒立して咲くので上方に位置する。蕊柱はきわめて短い。北海道・本州中北部、サハリン・ウスリー・カムチャツカ半島・朝鮮半島・台湾・中国〜ヒマラヤに分布する。

【60】ミヤマモジズリ属　Neottianthe Schltr.

地生または着生の多年草。一部の根は肥厚し楕円体。茎は直立または斜上し、基部に葉を1－2個つける。茎頂に少数〜多数の花を総状につけるが、しばしば偏側し、ときにねじれる。花は小型で紅紫色または淡紅色。萼片と側花弁は接してかぶとをつくる。唇弁はよく開き3裂、距がある。葯は直立し鈍頭で、葯室はほぼ平行。花粉塊は2個、粘着体は卵〜楕円形で裸出、離生する。柱頭は直立し短い。東ヨーロッパから日本にかけて分布し、約8種が知られる。

　A. 岩上または地上に生える。唇弁は細くて3裂、裂片は細くとがる。距はやや細く湾曲する ……………………………… 1. ミヤマモジズリ
　A. 着生。唇弁は舌状で中央の両側に目立たない側裂片がある。距は短い ……………………………… 2. フジチドリ

1. ミヤマモジズリ PL. 136
　　Neottianthe cucullata (L.) Schltr.;
　　Gymnadenia cucullata (L.) Rich.
亜寒帯〜冷温帯の岩上または地上に生える。茎は球状に肥厚する根から出て、高さ10－20cm。長楕円形で、長さ3－6cm、幅1－2.5cmの葉が、根ぎわに2個相接し開出してつく。またその上部に線形の鱗片葉が茎に寄り添ってつく。花は淡紅色。7－9月に多数の花を総状につけるが、それらはネジバナ（モジズリ）のようにらせん状に位置するところからミヤマモジズリの名が出た。苞は披針形。萼片および側花弁は同形で同長、狭披針形をなし、長さ6－8mm。唇弁は狭いくさび形、長さ7－8mmで、3裂し、基部に紅紫色の斑点があり、表面には微突起が見られる。距は前方に湾曲し、長さ5－6mm。蕊柱は長さ1mm。花粉塊は淡黄色。北海道・本州中部以北・四国、千島・サハリン・朝鮮半島・中国〜ヒマラヤ・シベリア・東ヨーロッパに広く分布する。

2. フジチドリ PL. 136
　　Neottianthe fujisanensis (Sugim.) F. Maek., comb. nud.;
　　Amitostigma fujisanense Sugim.;
　　Gymnadenia fujisanensis Sugim., nom. inval.
冷温帯落葉広葉樹林の樹幹に着生する。茎は楕円形の多肉根より出て高さ4－7cm、基部に1葉がある。葉は披針状楕円形で長さ4－5cm、幅7－10mm、両端は細くとがり、縁は波をうつ。花は長さ5－6mm、淡紅色で、6－7月に3－5個を偏側にまばらにつける。苞は披針形。背萼片、側萼片、側花弁が重なりかぶとをつくる。唇弁は舌状楕円形で萼片より少し長く、側裂片は小さく目立たない。距は萼片より短く、前方に曲がり、先端は円い。北海道・本州中部以北に分布する。

【61】ムカゴサイシン属　Nervilia Gaudich.

地生の多年草。地下に球茎がある。葉は根生し、ふつう1個で、花後に生じ、円形または心形、多数の掌状脈と長い柄がある。花は1個または総状に多数つき、水平に開出または下垂する。花茎基部には膜質の鞘がある。花被片は合着せず、ほぼ同形で幅が狭い。唇弁は蕊柱の下部につき全縁または2－3裂し、距はほとんどない。蕊柱は細長く上端は棍棒状で円頭、先端に近い腹面に大きな柱頭がある。葯は頂生で2室、花粉塊は2個、粉質で、粘着体の発達する種と退化する種がある。アフリカ、熱帯アジア、オーストラリア北部、中国南部・台湾から琉球を経て日本に約65種がある。琉球には**アオイボクロ**（**ヤエヤマヒトツボクロ**）N. aragoana Gaudich. がある。葉はきわめて大きく、花は総状に多数の花をつける。

1. ムカゴサイシン PL. 138
　　Nervilia nipponica Makino
暖温帯の林下に生える。地下の球茎からシュートを伸ばし、まず開花し、その後葉を生じる。茎の途中からストロンを側生し先端に新球茎をつくる。葉はやや厚く、角ばった心円形で長さ幅ともに3－5cm、7－9本の掌状脈と縦じわがある。花茎は帯紫色、高さ約10cm、まばらに2－3個の膜質の鞘状葉と頂生の1花をつける。

花は5-6月，はじめより終りまでほとんど閉じた状態で，やや筒状，汚れた紅紫色である。苞は薄膜質，倒披針形，長さ5mm。背萼片，側萼片ともに披針形，長さ10mm。側花弁も萼片とほぼ同形であるが，長さは少し短く先端部に乳頭状突起が生じる。唇弁は白色，細長く萼片と同長，3裂し，側裂片ははなはだ小さく，中裂片は楕円形，内面に紫点があり，棍棒状の毛の束が生じる。蕊柱は高さ5mm。本州（関東地方以西）・四国・九州・琉球，済州島に分布する。和名は地下の球茎をヤマノイモのむかごになぞらえ，特異な葉をカンアオイ属のサイシンの類に見立てたもの。近縁種に**ムカゴサイシンモドキ** N. futago S. W. Gale et T. Yukawa があり，側花弁の乳頭状突起と，唇弁の内面に毛の束がない。九州と沖縄島に分布する。

【62】ヨウラクラン属　Oberonia Lindl.

着生の多年草。茎はふつう短く葉鞘に包まれる。葉は革質，左右に扁平で規則正しく2列に並ぶ。総状花序は頂生し，きわめて小型の花が多数輪状に密生する。萼片は離生し，広卵形または長楕円形で同長。側花弁は萼片よりも短く卵形，反曲する。唇弁は無柄，背面がふくれ基部は幅が広く，蕊柱を囲み，縁は房状に細裂するか，先が2-3裂する。蕊柱はごく短く，円柱状，葯は頂生する。花粉塊は蠟質で4個。熱帯アフリカからオセアニアにかけて150-200種が知られ，日本は分布の北限となる。

1. ヨウラクラン　　　　　　　　　　　　PL. 154
Oberonia japonica (Maxim.) Makino

おもに暖温帯の樹幹または岩上に着生する。茎は長さ1-4cmで束生し，下垂する。葉は4-10個，袴状で左右から扁平，2列に互生し，長さ1-3cm，幅2-5mm，急鋭頭。4-6月，茎頂に長さ2-8cmの花茎をつけ，淡黄褐色の花を多数密に輪生する。苞は卵状披針形で膜質，長さ0.5-2mm，鋭尖頭。萼片は広卵形，鈍頭，長さ0.5mm。側花弁は卵形，萼片よりわずか短い。唇弁は倒卵円形で先端が3裂し，中裂片はさらに3裂するが，中央の裂片は短い。本州（宮城県以南）・四国・九州・琉球，済州島，台湾，中国（福建省）に分布する。なお，花色の変異があり，赤橙色のものに**ベニバナヨウラクラン** f. rubriflora Honda の名がつけられている。和名は垂れ下がった花茎の様子を瓔珞（ようらく）にたとえたもの。**クスクスヨウラクラン**（アリサンヨウラクラン） O. arisanensis Hayata は琉球と台湾に分布する。ヨウラクランに比べ唇弁の中裂片がより深く2裂し，先端がとがると言われる。

【63】イナバラン属　Odontochilus Blume

地生の多年草。茎は基部が匍匐し，節から紐状の根を出し，上部は直立または斜上する。葉は柄があり，卵形または披針形，ときに退化し，菌従属栄養性が進化した種もある。花は茎頂にまばらにつき，総状花序となる。萼片は離生ないしは合着，背萼片は側花弁とともにかぶとをつくり，側萼片は蕊柱の脚とともに唇弁の下部で顎をつくる。唇弁は蕊柱の脚につき，距がないが基部は袋状にふくらみ，内面に2個の突起があり，爪部は開出し，舷部は2深裂する。蕊柱は短く背後に曲がり，腹面に唇弁に続く2枚の膜状の付属物がある。柱頭は2裂し葯は2室，花粉塊は2個，細い花粉塊柄と小型の粘着体につながる。ヒマラヤ〜東南アジア，オセアニアに約40種が知られる。

- A. 側萼片は長さ10mm。唇弁の爪部の縁は房状に分裂する ……………………………………………… 1. イナバラン
- A. 側萼片は長さ3mm。唇弁の爪部は両側に2-3対の突起がある ……………………………………… 2. ハツシマラン

1. イナバラン〔オオギミラン〕　　　　　　PL. 148
Odontochilus tashiroi (Maxim.) Makino ex Kuroiwa;
O. inabae Hayata; *Anoectochilus inabae* Hayata

亜熱帯の常緑広葉樹林下に生える。開花時の茎は高さ10-20cm，下部は無毛で数葉を互生する。葉は卵状長楕円形で鋭頭，基部は円く，長さ4-5cm，幅2cm。葉柄は長さ2cm，基部は鞘となる。茎の上部は鱗片葉を少数つけ，有毛。7-8月，帯紅色の2-3花を総状花序につける。苞は卵状披針形，鋭尖頭，有毛，長さ1cm。背萼片は卵形，長さ5-6mm，やや尾状で鈍頭。側萼片は長楕円形。萼片の外面は腺状の毛を生じる。側花弁は披針形，背萼片に密着する。唇弁は長さ約2cm，基部は袋状にふくれる。爪部はとい状となり，その縁は房状に分裂し，舷部の先端はV字形に2裂する。蕊柱は短く葯は卵形。花粉塊は倒狭卵形，2個。琉球，台湾・ベトナムに分布する。**ヒメシラヒゲラン** O. nanlingensis (L. P. Siu et K. Y. Lang) Ormerod はイナバランははるかに小さく，花に赤紫色の模様が入る。奄美大島，台湾・中国南部に分布する。**ツシマラン** O. poilanei (Gagnep.) Ormerod は菌従属栄養植物で普通葉を欠く。花は上下に咲き，萼片，側花弁は赤色，唇弁は濃黄色。対馬，中国南部〜インドシナに分布。

2. ハツシマラン　　　　　　　　　　　　PL. 148
Odontochilus hatusimanus Ohwi et T. Koyama

暖温帯の林下に生える。開花時の茎は高さ10-15cm。葉は4-7枚，卵形〜楕円形，長さ2-4cm，縁が波を打つ。花茎，苞，子房，萼片の外部とともに粗い毛がある。7-8月，帯紅色の3-7花を総状花序にやや

密につける。苞は披針形で長さ6−8mm。背萼片は卵形, 側萼片は広卵形, 長さ3mm。側花弁もほぼ同長で背萼片と密着する。唇弁は萼片より長く, 爪部は卵円形, 内面の基部に角状の突起を2個つけ, 舷部は2深裂する。蕊柱は短い。九州にまれに産する。

【64】コケイラン属　Oreorchis Lindl.

地生の多年草。茎は球状で連珠状に連続し, 先端に1−2葉をつけ, また基部が鞘状葉に包まれる花茎を側生し, 花を総状につける。葉は細長い。苞は線形。萼片および側花弁は同形で離生し, 細長く, 斜開する。唇弁は萼片と同長で3裂し, 基部は蕊柱につき, 距がない。唇弁の爪部は直立し, 側裂片は小さく, 中裂片は幅が広い。蕊柱はやや円柱形で上方はやや棍棒状。葯は1室で4個の花粉塊が入る。花粉塊は球状で蠟質。約11種がヒマラヤ, 中国, 台湾, 朝鮮半島, シベリア東部, 日本に産する。

A. 唇弁に隆起線がない……………………………………………………………………………………1. コハクラン
A. 唇弁に2本の隆起線がある……………………………………………………………………………2. コケイラン

1. コハクラン　PL.159
Oreorchis indica (Lindl.) Hook. f.;
Kitigorchis itoana F. Maek., nom. nud.

亜高山針葉樹林下に生える。地中の根茎は樹枝状に分枝し, 先端がラッキョウ形で白色の球茎に発達し, 連珠状に並ぶ。球茎に1個の葉と1個の花茎がつく。葉は狭披針形でかたく, 長さ14−16cm, 幅2−2.5cm, 鋭尖頭, 主脈が白く, ひだがいちじるしい。花茎は高さ30−40cm。5−6月に5−10個の花を総状につける。萼片と側花弁は黄褐色, 狭楕円形でやや鋭頭, 斜開し, 長さ1−1.2cm, 幅4−4.5mm, 唇弁は白地にあずき色の斑紋があり, 先端が3裂する。中裂片は大きく先端部は多少内曲する。蕊柱は湾曲した三角柱で, その腹面の両側はくさび形に突出し, 唇弁の基部とつながって明瞭な顎をつくる。花粉塊は球状で4個。本州中部, 台湾・中国西部・ヒマラヤに分布する。

2. コケイラン　PL.159
Oreorchis patens (Lindl.) Lindl.

亜寒帯〜冷温帯の林内のやや湿ったところに生える。球茎は卵形。葉はふつう2個つき, 披針形で長さ20−30cm, 幅1−3cm, 鋭尖頭。花茎は高さ30−40cm, 5−7月に多数の黄褐色の花を総状につける。苞は狭披針形, 長さ4−6mm, 鋭尖頭。萼片と側花弁は披針形で長さ8−10mm, やや鈍頭。唇弁は萼片と同長, 白色で斑点があり, 基部近くで3裂し, 側裂片は披針形で鈍頭, 中裂片はくさび状倒卵形で円頭, 長さ4−5mm, 細歯牙があり, 基部に2本の隆起線があり, 多少突出するが顎をつくらない。蕊柱は長さ約6mm。南千島・北海道〜九州, カムチャツカ半島・サハリン・朝鮮半島・ウスリー・台湾・中国〜ヒマラヤに分布する。**コケイランモドキ O. coreana** Finetはコケイランと比べて花が小さいこと, 唇弁の隆起が板状であること, 唇弁の中央部より側裂片が分かれること, 蕊柱は太く短いことで区別できる。本州(栃木県)と済州島に分布する。

【65】サギソウ属　Pecteilis Raf.

地生の多年草。地上茎は塊根より出て直立し, 基部が鞘となる葉を互生する。花は頂生する総状花序に1〜少数つき白色。萼片は卵〜円形でほぼ同形。側花弁は線〜楕円形, 萼片より小さい。唇弁は深く3裂し, 距がある。側裂片が大きく目立ち, しばしば細裂する。蕊柱は直立し短く, 先端で葯が直立する。葯室は2個, 広くあいている。花粉塊は棍棒状, 粉質, 粘着体は小嘴体の端に入り込む。柱頭は葯の下部にあって唇弁に接し, 2個の棍棒状の突起となる。小嘴体は3裂し, 側裂片は腕状に長く伸び, 中裂片は直立する。東〜東南アジアに5種が知られる。

1. サギソウ　PL.137
Pecteilis radiata (Thunb.) Raf.;
Habenaria radiata (Thunb.) Spreng.

亜寒帯〜暖温帯の湿地に生育する。前年の走出枝の先端に生じた塊根から地上茎を出す。地上茎は高さ15−40cm, 茎の下部に3−5葉, およびその上部に少数の鱗片葉がある。葉は広線形または狭披針形で長さ5−10cm, 幅3−6mm。地上茎の上部は総状花序になり, 7−8月, 白色で径3cmほどの花を1−3個つける。苞は卵状披針形, 長さ5mm。萼片は緑色で背萼片は広卵形, 側萼片はゆがんだ卵形をなし長さ8mm。側花弁は白色でゆがんだ卵形, 背萼片とともにかぶとをつくり, 長さ10−12mm, 下半部外縁に不ぞろいの鋸歯がある。唇弁は大きく3深裂し, 中裂片は披針形, 側裂片は側方に開出して斜扇形で縁は深く細裂する。距は長さ3−4cm, 斜めに下垂し先端はしだいに太くなる。葯室は平行し, 各室に1個の花粉塊を入れる。花粉塊は卵形で黄色。北海道〜九州, 朝鮮半島・極東ロシア, 中国東部に分布する。

【66】ムカデラン属　Pelatantheria Ridl.

　着生の多年草。茎は細くてかたく、長く伸び、しばしば分枝し、途中から根を出す。葉は互生で2列につき、革質、基部の鞘は茎をおおう。花茎は側生し、短く、総状、少数の花をつける。萼片と側花弁はほぼ同形で、開出する。唇弁は3裂し、側裂片は小さく耳状で直立し、中裂片は卵形または披針形、基部は蕊柱につき距となる。また距の基部背面に突起があり、さらに長軸方向に隆起が発達する。蕊柱は脚がない。葯は頂生し2室。花粉塊は4個。東アジア～インド、南はスマトラ島まで、8種が分布する。

1. ムカデラン　　　　　　　　　　PL.164
Pelatantheria scolopendrifolia (Makino) Aver.;
Sarcanthus scolopendrifolius Makino

　暖温帯の日当りのよい岩壁や樹幹上に着生する。茎は細長く、匍匐してまばらに分枝し、ところどころから太い根を出す。葉は互生して、左右2列に並び、その鞘は茎をおおい、葉身は革質で、やや短針形、長さ7－10mm、鈍頭、表面に溝がある。6－8月、花茎は側生し、2－3mmの短い花柄上にただ1花と1－2個の苞をつける。苞は小型、三角形。花は淡紅色、ときに淡黄緑色、萼片は楕円形で、長さ2mm、幅1.5mm、鈍頭、基部が少し合着する。側花弁は萼片と同形で、やや短い。唇弁は肉質で白色、舟形、基部は凹入して袋状の距となり、先端は3裂して側裂片は耳状、中裂片は三角状卵形で白色、鈍頭。蕊柱は短い。本州（関東以西の太平洋側）・四国・九州、朝鮮半島南部・済州島・中国東～南部に分布する。和名は、多数の葉が左右2列に並んでいる様子をムカデの足に見立てたもの。

【67】ムカゴトンボ属　Peristylus Blume

　地生の多年草。地上茎は塊根より出て直立し、基部が鞘となる葉を1～多数互生する。花は小さく、直立する総状花序に多数つき、白～緑色。背萼片と側花弁はしばしばかぶとをつくる。唇弁は短い蕊柱の基部と連結し3裂、まれに全縁、短い距がある。蕊柱は直立し短く、先端で葯が直立する。1対の仮雄蕊が葯室の基部から発達。葯室は2個、ほぼ平行に隣接する。花粉塊は棍棒状、粉質、粘着体は裸出。柱頭は葯の下部にあってしばしば唇弁に接し、2個の球状あるいは棍棒状の突起となる。小嘴体は小さく、3裂する。東～東南アジア、オセアニアに約70種が知られる。

A. 距は紡錘状、先端は切形ないしは2浅裂、長さ3－4mm ································· 1. ムカゴトンボ
A. 距は嚢状、先端はややとがり、長さ2mm ··· 2. タカサゴサギソウ

1. ムカゴトンボ
Peristylus flagellifer (Makino) Ohwi ex K. Y. Lang;
Habenaria flagellifera Makino

　暖温帯の日当りのよい湿った草地や法面に生える。地上茎は卵形の塊根から生じ、高さ20－50cm。葉は茎の下方に集まる傾向があり、下部の3－5枚は広披針形で鋭尖頭、長さ4－10cm、幅1－2.5cm、上部のものは鱗片状に小さく、数個が茎に圧着する。9－10月、やや多数の花を総状につける。苞は広披針形、長さ0.5－1cm。花は淡緑色、径5－6mm。背萼片は狭卵形、側萼片および側花弁は斜卵形、背萼片は側花弁を内方に入れてかぶとをつくる。唇弁は長さ4mm位、基部近くで3裂し、中裂片は舌状、側裂片は細いひげ状で中裂片より長く、長さ6－7mm、距は紡錘状、先端は切形ないしは2浅裂、長さ3－4mm。蕊柱は短い。葯は広卵形で2室、各室に花粉塊1個を入れる。本州（千葉県以西）・四国・九州・琉球（徳之島以北）、済州島に分布する。和名はムカゴソウに似ているトンボソウという意である。**ヒゲナガトンボ** P. calcaratus (Rolfe) S. Y. Hu は葉の位置がムカゴトンボより上でまばらにつき、花のつかない苞葉は2個程度と少なく、唇弁の側裂片が10－21mmと長い。九州南部・種子島、台湾・中国南部・ベトナムに産する。

2. タカサゴサギソウ
Peristylus formosanus (Schltr.) T. P. Lin;
Habenaria formosana Schltr.

　亜熱帯のふつう日当りのよい湿地に生える。地上茎は広卵形の塊根から生じ、高さ30－50cm。地面に接し数枚の葉をロゼット状につける。葉は狭楕円形または広披針形で、長さ7－20cm、幅1.5－4cm、急鋭頭。茎葉は6－8個あって広線形、茎に圧着する。10－3月、茎頂に多数の花を総状に密生するが、子房は花時から目立って長く、花茎にからみつくような形につく特性がある。苞は披針形で長鋭尖頭、長さ1－1.5cm。花は淡黄緑色、径3mm。背萼片は卵形、側萼片は少し曲がった卵形、側花弁は狭卵形、上向して背萼片とともに蕊柱をおおう。唇弁は十字形に3裂し、中裂片は長い舌状で長さ2mm、側裂片は糸状で長さ5－8mm、距は嚢状、先端はややとがり、長さ2mm。蕊柱は短く平たい。葯室は平行し、各室には花粉塊を1個入れる。琉球、台湾に分布する。九州南部、台湾・中国南部・フィリピンには**ヒュウガトンボ** P. intrudens (Ames) Ormerodがまれに自生する。タカサゴサギソウの唇弁の側裂片は糸状で長く伸びるのに対し、唇弁の側裂片は三角形で短い。また、花が白く花期が8－9月と一定している点が異なる。

Orchidaceae

【68】ガンゼキラン属　Phaius Lour.

　地生の多年草。茎は仮軸分枝し，球状，棍棒状などに肥厚する。葉は少数～多数，大型で縦じわがあり，両端は細くなる。花茎は腋生し総状，花は大型で，黄色，白色，紫紅色などがある。萼片と側花弁はほぼ同大で，唇弁は直立し，背面または上方がふくれ，ふつう基部に距があり，側裂片は大きく，蕊柱を抱き，中裂片は幅が広い。蕊柱は長く，太く，稜または翼があるが脚はない。葯は不完全な4室で，花粉塊を2個ずつ入れる。花粉塊は蠟質。熱帯アジアを中心に東アジア，ポリネシアからアフリカの一部に約40種がある。

　A. 萼片および側花弁は狭長楕円形で鈍頭。唇弁の先端の縁に顕著な襞がある···1. ガンゼキラン
　A. 萼片および側花弁は狭長楕円形で鋭尖頭。唇弁の先端の縁はゆるい波状となる···2. カクチョウラン

1. ガンゼキラン　　　　　　　　　PL. 158
Phaius flavus (Blume) Lindl.; *P. minor* Blume
　暖温帯～亜熱帯の常緑樹林下に生える。茎は卵状円錐形で稜があり，長さ3－5cm。葉は3－5個，狭長楕円形，長さ30－50cm，幅5－8cm。花茎は側生し，高さ40－60cm，やや太く直立，膜質で鞘状の鱗片葉がある。5－6月，ややまばらに5－18花をつけ，苞は膜質で長楕円形，長さ1.5－2cm。花は淡黄色で乾くと暗青色になる。萼片と側花弁はやや厚い肉質，狭長楕円形で鈍頭，長さ3－3.5cm，幅1－1.5cm。唇弁は少し短く，くさび状倒卵形，基部は蕊柱を包み筒状，先端は多数の襞があり褐色をおびる。唇弁の基部は短い距となり，長さ7－8mm，披針状で後方に突出する。蕊柱は長さ約2cm，腹面に白毛がある。本州（伊豆諸島・静岡県・紀伊半島）・四国・九州・琉球，台湾・中国～ヒマラヤ・東南アジア・メラネシアに分布する。しばしば葉に黄色の斑点が散在しているものがあり，ホシケイラン f. punctatus (Ohwi) Hatus. ex Yonek. と称する。

2. カクチョウラン　　　　　　　　PL. 158
Phaius tankervilleae (Banks) Blume
　亜熱帯～熱帯の常緑樹林下に生える。茎は卵状円錐形。葉は厚い草質で偽球茎の上に2－3個つき，長楕円形，鋭尖頭，長さ70cm，幅15cmにもなる大型草本である。花茎は高さ60－70cm，葉腋より出る。花は5－6月，総状花序に数個つく。苞は倒披針形で開花の際，脱落する。萼片と側花弁は多肉，狭長楕円形をなし，長さ5cm，幅1－1.5cm，鋭尖頭で，外側が白色で内側は暗褐色，表裏の対照がいちじるしい。唇弁は萼片より短く，長方形状楕円形，基部は白いが上半は暗紅紫色，内面に3条の竜骨があり，先は浅く3裂する。裂片は低くて円く，縁は波状。距は円柱状，長さ約1cm。蕊柱は長さ2cm。葯は広卵形。種子島・屋久島・琉球，台湾・中国南部・熱帯アジア・オセアニアに分布する。
　ヒメカクラン **P. mishmensis** (Lindl. et Paxton) Rchb. f. (PL. 158) は琉球，台湾・中国南部～ヒマラヤ・フィリピンに分布するもので，茎が長く伸び，花はカクチョウランより小さく，径5－6cm未満である。

【69】ツレサギソウ属　Platanthera Rich.

　地生の多年草。根は伸長し，やや肥厚する。葉はふつう互生し，1－12個つき，線状披針形～長楕円形。花序は総状，苞は緑色で短い。花はやや小型，白色または淡緑色～黄緑色。萼片はほぼ同形，卵形～広卵形で，背萼片は直立し，側萼片は斜上する。側花弁は斜卵形で萼片とほぼ同長，ふつう直立または斜上する。唇弁は舌状で，基部はふつう長い距となって突出する。小嘴体は低く，幅広く，その上方に葯がつくが，葯室はいちじるしく離れていて，下方が広がるかまたは平行する。仮雄蕊は退化して目立たない。花粉塊は2個，粉質，粘着体は露出する。柱頭は低平。主として北半球の温帯に分布し，一部が熱帯アジア，中央アメリカ，北アフリカに進出していて，約200種が知られる。

　A. 唇弁は3裂。
　　B. 距は棍棒状，長さ1－1.5mm···1. イイヌマムカゴ
　　B. 距は細長く，長さ5mmを超える。
　　　C. 葉は5－8個。花は白色。距は長さ3－4cm···2. ツレサギソウ
　　　C. 葉は2－3個。花は淡緑色。距は長さ11mm以下。
　　　　D. 葉は幅1－3cm。距は長さ4－6mm。唇弁の側裂片は鈍頭···3. トンボソウ
　　　　D. 葉は幅3－8cm。距は長さ8－11mm。唇弁の側裂片は鋭頭···4. ヒロハトンボソウ
　A. 唇弁は全縁。
　　B. 背萼片は長さ2mm以下。唇弁は卵円形··5. タカネトンボ
　　B. 背萼片は長さ3mm以上。唇弁は長楕円～線形。
　　　C. 葉は5－12個つき，上方のものはしだいに小型になる。
　　　　D. 花は白色。距は背萼片より長く，10－12mm···6. ミズチドリ
　　　　D. 花は黄緑色。距は背萼片とほぼ同長，4－5mm···7. シロウマチドリ
　　　C. 葉は1－3個，その上方に小型の鱗片葉がある。
　　　　D. 花は白色。萼片はやや膜質。

　　　　E．花は小さく，背萼片は長さ3mm．距は長さ2.5−3mm ……………………………………………………… 8．ニイタカチドリ
　　　　E．花は大きく，背萼片は長さ5−8mm．距は長さ2−3cm．
　　　　　　F．背萼片は卵形．距は長さ20−25mm．薬室は上部が互いに接近する ……………………………… 9．エゾチドリ
　　　　　　F．背萼片は広卵形〜心形．距は長さ30−40mm．薬室は互いに離れる ……………………………… 10．ハチジョウツレサギ
　　D．花は淡緑色〜黄緑色．萼片はやや厚い．
　　　　E．大型の葉はほぼ同形同大．茎の下部に相接してやや対生状につく ……………………………………… 11．ジンバイソウ
　　　　E．大型の葉の大きさは不同．離れて互生する．
　　　　　　F．葉は大型のものが2−3個．
　　　　　　　　G．茎に稜があり，翼が発達する．葉は光沢がなく，苞の縁に乳頭状突起がある ……………… 12．オオバノトンボソウ
　　　　　　　　G．茎の稜は目立たず，翼の発達が悪い．葉は光沢があり，苞の縁の乳頭状突起はない ……… 13．オオヤマサギソウ
　　　　　　F．葉は大型のものがふつう1個，上位の葉は小さくなり鱗片葉に移行する．
　　　　　　　　G．側花弁は斜卵形〜かま形で，下半部は張り広がり，先は急に細くなって，鈍頭．薬室は互いに離れている．
　　　　　　　　　　H．距は子房および唇弁より短く，長さ1−4mm．
　　　　　　　　　　　　I．距は円錐形，長さ1−2mm ………………………………………………………… 14．ミヤマチドリ
　　　　　　　　　　　　I．距は楕円体，長さ2.5−4mm ……………………………………………………… 15．ガッサンチドリ
　　　　　　　　　　H．距は子房よりも長く，長さ6−20mm．
　　　　　　　　　　　　I．萼片は草質，背萼片は広卵形〜卵形，側萼片は披針形．
　　　　　　　　　　　　　　J．鱗片葉は0−2個．茎は高さ10−20cm ……………………………………… 16．タカネサギソウ
　　　　　　　　　　　　　　J．鱗片葉は2−5個．茎は高さ20−40cm ……………………………………… 17．ヤマサギソウ
　　　　　　　　　　　　I．萼片はやや膜質，背萼片は狭卵形，側萼片は線状披針形．
　　　　　　　　　　　　　　J．根は紡錘形，芽は今年の茎に接して生じ，葉は全縁．最下部の花の苞は子房より長い
　　　　　　　　　　　　　　　　…………………………………………………………………………………… 18．ヒトツバキソチドリ
　　　　　　　　　　　　　　J．根は横走しやや紐状，途中から不定芽を生じ，葉は波状縁．最下部の花の苞は子房より短い
　　　　　　　　　　　　　　　　…………………………………………………………………………………… 19．ヤクシマチドリ
　　　　　　　　G．側花弁は斜長楕円形，下半部は特に広がらず，先も急に細くならず，鈍頭．薬室は互いに接している．
　　　　　　　　　　H．葉は狭長楕円形〜卵形．最下部の花の苞はふつう子房より長い．距は下垂，または前方に湾曲する
　　　　　　　　　　　　…………………………………………………………………………………………………… 20．ホソバノキソチドリ
　　　　　　　　　　H．葉は広線形．最下部の花の苞は子房より短い．距はふつう上向する ………………… 20′．コバノトンボソウ

1．イイヌマムカゴ　　　　　　　　　PL.129
Platanthera iinumae (Makino) Makino;
Tulotis iinumae (Makino) H. Hara

冷温帯〜暖温帯の山地の林縁や湿った草地に生える．茎は高さ30cm前後で，中ほどに2個の葉があり，その上部に披針形の鱗片葉が数個つく．葉はやや接近し長楕円形，長さ8−15cm，幅2−4cm，基部は鞘となる．7−8月ごろ，黄緑色の花を多数，総状につける．苞は線状披針形．背萼片は卵形，長さ1.5−2mm，側萼片は狭長楕円形．側花弁は狭卵形，背萼片と同長でともにかぶとをつくる．唇弁は白色で舌状，長さ3mm，基部の左右に小さい鋭頭の側裂片がある．距は下垂し，棍棒状，長さ1−1.5mm．蕊柱は短く，薬室は平行．花粉塊はクリーム色．北海道南部・本州・四国・九州に分布する．和名は飯沼慾斎の《草木図説》にムカゴソウとして図が載せられていたが，他の植物にこの名があるため，牧野富太郎が新たに命名したものである．

2．ツレサギソウ　　　　　　　　　　PL.129
Platanthera japonica (Thunb.) Lindl.

冷温帯〜暖温帯の日当りのよい草原や湿った林下に生える．根はやや肥厚し，太い紐状で水平に伸びる．そのほぼ中央に翌年の芽をつくる．茎は高さ50cm内外，5−8葉をつける．下方の3−5葉は狭長楕円形で鋭頭，長さ10−20cm，幅4−7cm，基部は短い鞘となる．上方の2−3葉は小さく，広線形．5−6月，多数の白色花をつける．苞は花より長く線状披針形．背萼片は楕円形で長さ7−8mm．側萼片は斜卵形で長さ8mm．側花弁は半切三角形でやや肉質，長さは萼片より少し短く，背萼片とともにかぶとをつくる．唇弁は長楕円形で長さ13−15mm，基部の両側に突起があり，ツレサギソウ属の中では異色である．距は下垂し，線形で長さ3−4cm，入口に小突起が見られる．蕊柱は短く，先は嘴状，薬室は平行する．花粉塊は黄色．北海道・本州・四国・九州，朝鮮半島・中国に分布する．名は〈連鷺草〉で，シラサギが連れ立っている様子に花を見立てたという．

3．トンボソウ　　　　　　　　　　　PL.129
Platanthera ussuriensis (Regel et Maack) Maxim.;
Tulotis ussuriensis (Regel) H. Hara

亜寒帯〜暖温帯の林床に生える．茎は高さ15−35cm，下部にやや接して2葉があり，その上部に数個の鱗片葉がある．葉は狭長楕円形または倒披針形で，やや弓なりに湾曲し長さ8−13cm，幅1−3cm．7−8月，総状花序に淡緑色の小花をやや多数つける．苞は狭披針形．背萼片は広楕円形で，長さ約2mm，側萼片は狭長楕円形．側花弁は狭卵形，背萼片と同長でともにかぶとをつくる．唇弁は白色，長さ3−3.5mm，基部から3裂し，側裂片は三角形で鈍頭，中裂片は舌状．距は白色，前方に垂れ下がり，長さ4−6mm．蕊柱は短く，薬室は紫褐色で平行し，中間にはっきりしない突起がある．花粉塊は倒卵形．南千島・北海道〜九州，朝鮮半島・中国・極東ロシアに分布する．クニガミトンボソウ（ソノハラトンボ）*P. sonoharae* Masam.はトンボソウによく似るが，葉が細く幅5−8mm．沖縄島・西表島，台湾の渓流沿いに自生する．

4．ヒロハトンボソウ　　　　　　　　PL.129
Platanthera fuscescens (L.) Kraenzl.;

Tulotis fuscescens (L.) Czerniask.; *T. asiatica* H. Hara

亜寒帯〜冷温帯の林床や林縁に生える。茎は高さ25−50cm、中央付近にやや接近して2−3葉があり、その上部に少数の鱗片葉がある。葉は楕円形または広楕円形で、長さ6−20cm、幅3−8cm。一見オオヤマサギソウに似ている。6−8月、淡緑色の花をやや多数総状につける。苞は狭披針形。背萼片は円形で長さ3−4mm、側萼片は長楕円形。側花弁は狭長楕円形、背萼片と同長でともにかぶとをつくる。唇弁は長さ5mm内外、基部で3裂し、側裂片は鋭三角形。距は円筒状、長さ8−11mm、水平に伸びるか前方に湾曲する。北海道・本州（東北南部〜中部）、千島・サハリン・朝鮮半島・シベリア東部・中国に分布する。

5. タカネトンボ　　　　　PL.130
Platanthera chorisiana (Cham.) Rchb. f.

高山の湿った草原や林縁に生える。一部の根は肥厚する。茎は高さ8−20cm、地表近くに2葉が対生状に相接してつく。葉は円形または広楕円形、多少肉質で表面は深緑色、光沢があり、長さ2−6cm、幅2−5cm、円頭で、基部は狭くなり茎を抱く。鱗片葉は少数で線状披針形。7−9月、淡黄緑色で径3−4mmの花を約10個、総状につける。苞は線形。萼片はほぼ同形で、長楕円形か楕円形、やや円頭、長さ2mm。側花弁はそれよりわずか短く、卵形または広卵形。唇弁は卵円形で鈍頭、萼片とほぼ同長でやや厚い。距は長さ1−1.3mm、先端がやや前に突き出し、太く鈍頭で終わる。花粉塊は卵形、花粉塊柄は短い。北海道・本州中北部、千島・サハリン・カムチャツカ半島・アリューシャン列島・アラスカ〜アメリカ合衆国ワシントン州に分布する。

6. ミズチドリ　　　　　PL.130
Platanthera hologlottis Maxim.

亜寒帯〜暖温帯の湿地に生える。肥厚した根は水平に伸長する。茎は高さ50−90cm、5−12個の葉を互生する。葉は下方の4−6個は大型で長さ10−20cm、幅1−2cm、線状披針形、鋭尖頭、基部は鞘となる。上方のものはしだいに小さくなる。6−7月、茎頂に多数の白色の花を総状につける。花は芳香を出すので、ジャコウチドリの別名がある。苞は線状披針形、花より高い。背萼片は楕円形、鈍頭、長さ4−5mm、側萼片は狭長楕円形、背萼片より少し長い。側花弁は斜卵形、鈍頭、やや肉質で背萼片より短い。唇弁は舌状、倒卵形、肉質で円頭、6−8mm。距は細く下垂して長さ10−12mm。蕊柱は短い。薬隔は狭く、薬室は平行する。花粉塊は倒卵形、淡黄色。南千島・北海道・本州・四国・九州、朝鮮半島・中国（東北）・極東ロシア・シベリアに分布する。名は水湿の地に生えるチドリソウの意である。

7. シロウマチドリ　　　　　PL.130
Platanthera convallariifolia (Fisch. ex Lindl.) Lindl.

高山帯のやや湿った草原や亜高山帯の林縁の渓流沿いなどに生える。根は紡錘状に肥厚する。茎は高さ25−50cm、やや太く稜がある。葉は数個が互生し、狭長楕円形、長さ5−7cm、幅1.5−2cm、基部は鞘となる。上方のものはしだいに小さくなる。花は黄緑色、小型で7−8月に総状に多数の花をつける。苞は披針形で花より長い。背萼片は広卵形、鈍頭、長さ4−5mm。側萼片は斜卵形、背萼片より少し長い。側花弁は狭卵形、鈍頭、背萼片と同長。唇弁は長楕円状卵形で鈍頭となり長さ5mm。距は背萼片と同長、やや太い。蕊柱の薬室は上部で互いに近づくが、下部では離れ、その間に小嘴体と柱頭が見える。北海道・本州中部、千島・カムチャツカ半島・アリューシャン列島に分布する。

8. ニイタカチドリ　　　　　PL.130
Platanthera brevicalcarata Hayata

暖温帯上部の山地の常緑広葉樹林や針葉樹林の林床に生える。根はやや肥厚し、横に伸びてはう。茎は高さ10−15cm。葉は1−2個ついて長楕円形、長さ2.5−4cm、幅1.5−2cm。葉面に光沢があり、縁は波を打ち、基部が急に細くなって葉柄になる。鱗片葉は1−3個、広披針形で鋭頭。7−8月、白色の花を5−10個総状につける。苞は広披針形で鋭頭。背萼片は卵状楕円形、長さ3mm。側萼片は長卵形で背萼片より少し長い。側花弁は斜卵形、背萼片と同長。唇弁は楕円状舌形、やや肉質、長さ4mm。距は筒状で長さ2.5−3mm。薬室は平行。四国・九州・屋久島・奄美大島、済州島・台湾に分布する。

9. エゾチドリ　　　　　PL.130
Platanthera metabifolia F. Maek.

亜寒帯の海岸近くの草原に生える。根の一部は紡錘状に肥厚する。茎はそれより出て高さ20−50cm、下部に2個の葉が対生状に接してつく。葉は長楕円形で長さ8−15cm、幅3−5cm、鈍頭、基部は細くなる。上部の葉はしだいに小さくなり、披針形。7−8月、やや大型の白色の花をやや密に総状につける。苞は披針形。背萼片は卵形、長さ5−6mm、側萼片はそれよりも長く斜卵形。側花弁は広披針形でやや肉質、背萼片よりわずかに短い。唇弁は長さ1−1.3cm、肉質で広線形をなし、鈍頭。距は長さ20−25mm、先端はやや太く、径1mm。蕊柱は平たく、薬室は平行するが上部がやや接近する。花粉塊は卵形。北海道、千島・サハリン・シベリアに分布する。

10. ハチジョウツレサギ　　　　　PL.131
Platanthera okuboi Makino

暖温帯の海岸沿いから山地の明るい草地や林下に生える。根は一部が肥厚して紡錘状。茎は高さ20−45cm、下部に相接してふつう2個の葉を根生状につける。葉は長楕円形、長さ10−20cm、幅3−6cm、鈍頭、基部は細く柄となる。茎の上部に鱗片葉があり、広披針形。5−6月、やや密に淡緑色をおびた白色の花を多数つける。苞は広披針形。背萼片は広卵形〜心形、長さ6−8mm。側萼片は背萼片より少し長く広披針形。側花弁はやや肉質で狭斜卵形、背萼片とほぼ同長。唇弁は広線形、長さ10−13mm、鈍頭。距は長さ30−40mm。伊豆諸島に分布する。ハチジョウチドリとの自然雑種をハチジョウアイノコチドリ P. ×okubo-hachijoensis K. Inoue と呼ぶ。

シマツレサギソウ P. boninensis Koidz.（PL.131）は

小笠原諸島の明るい林内や草地に自生する。ハチジョウツレサギとは花が白い点で共通するが、葉の数がより多く、花が小さい。ハチジョウツレサギとは必ずしも近縁でなく、ホソバノキソチドリなどと類縁が高い。

11. ジンバイソウ PL.131
Platanthera florentii Franch. et Sav.

冷温帯〜暖温帯の暗い林床に生える。根は紐状で、長く伸長する。茎は高さ20−40cm、やや細い。葉は2個、相接して根生し、長楕円形、長さ5−12cm、幅3−6cm、表面には光沢があり、縁は波状に縮れる。鱗片葉は数個、小型で花茎上にまばらにつき、広披針形で、先端は曲がって下を向く特徴がある。8−9月、淡緑色の花を5−10個まばらにつける。苞は広披針形。背萼片は広卵形、長さ5−6mm。側萼片は背萼片より長く、披針形で湾曲する。側花弁は三角状斜卵形、側萼片とほぼ同長。唇弁は広線形で鈍頭、7−10mm。距は前方に湾曲し、長さ15−20mm。蕊柱は平たく、雄蕊の薬隔は上端で狭く下方ほど広い。花粉塊は淡い卵色で柄は細く、先端に円盤状の粘着体がある。北海道〜九州に分布する。イリオモテトンボソウ P. **stenoglossa** Hayata subsp. **iriomotensis** (Masam.) K. Inoue（PL.131）とソハヤキトンボソウ P. **stenoglossa** Hayata subsp. **hottae** K. Inoue はジンバイソウにやや似るが、根出葉は1枚。いずれも渓流沿いの岩壁を主なすみかとする。前者は八重山諸島、後者は紀伊半島と九州に分布。後者は前者と比べ、苞が花柄子房より長い点で区別される。

12. オオバノトンボソウ PL.131
Platanthera minor (Miq.) Rchb. f. var. **minor**

暖温帯の疎林下に生える。根は紡錘状に肥厚する。茎は高さ25−60cm、稜が目立つ。葉は下方の2−3個が大きく、長楕円形、長さ7−12cm、幅2.5−3.5cm、上方のものはしだいに小さく披針形となる。6−7月、黄緑色の花を10−25個まばらにつける。苞は広披針形、縁に細かな乳頭状突起がある。背萼片は広卵形、長さ4−5mm。側萼片は狭長楕円形で、背萼片より長い。側花弁は半切卵形、背萼片よりわずかに短い。唇弁は広線形、長さ6−8mm。距は長さ12−15mm、下垂し鈍頭。蕊柱は平たく半筒形。薬室は上部で接するが下方で離れ、その外側の左右に仮雄蕊がある。花粉塊は淡黄色、円盤状の粘着体がつく。本州・四国・九州、朝鮮半島・台湾・中国東〜南部に分布する。伊豆諸島の御蔵島から報告された**ミクラトンボソウ** var. **mikurensis** Hid. Takah. は距がいちじるしく短く、花も小型である。

13. オオヤマサギソウ PL.132
Platanthera sachalinensis F. Schmidt

亜寒帯〜冷温帯の疎林の下、林縁、湿地などに生える。根は一部が肥厚して紡錘状。茎は高さ40−60cm。わずかに稜があるが、翼はない。葉はふつう2個が大きく、倒卵状狭長楕円形で鈍頭、長さ10−20cm、幅4−7cm、表面には光沢があり、基部は細くなって鞘となる。上方の葉はしだいに小さくなり、鱗片葉に移行する。7−8月、淡緑色の小花をやや密に、多数総状につける。苞はふつう花より少し長く、線状披針形。背萼片は狭卵形、長さ3−3.5mm、側萼片は半切卵形、長さ4−5mm。側花弁は側萼片と同形で、肉質、背萼片より少し短い。唇弁は広線形、長さ5−7mm。距は細く、長さ15−20mm。距の入口に小さな舌状突起がある。蕊柱は平たく、薬室は平行でやや接近する。花粉塊は棍棒状、粘着体は帽子状。南千島・北海道〜九州、サハリン・台湾に分布する。**オオバナオオヤマサギソウ** P. **hondoensis** (Ohwi) K. Inoue は本州（東北〜近畿地方）・四国・九州の冷温帯に産地が点在する希少種。オオヤマサギソウと比べ、花が大きく唇弁の形態が異なる。

14. ミヤマチドリ PL.132
Platanthera takedae Makino subsp. **takedae**;
P. **ophrydioides** F. Schmidt. var. **takedae** (Makino) Ohwi

亜高山帯の針葉樹林下に生える。根の一部は紡錘状に肥厚する。茎は高さ約20cm、四角で角に膜状の隆起が見られる。葉はふつう1−2個で最下のものが特に大きく、広楕円形、鈍頭、長さ5−7cm、幅2.5−3cm、基部は茎を抱く。上方の葉は小さく披針形。7−8月、黄緑色の花を5−15個つける。苞は披針形、ふつう花より少し長い。背萼片は卵〜広卵形、長さ3mm。側萼片は披針形、背萼片より長い。側花弁は斜卵形、長さは背萼片とほぼ等しい。唇弁は舌状で背萼片より少し長い。距は短く長さ1−2mm、円錐形。蕊柱は平たく、薬室は平行する。花粉塊は棍棒状で淡い卵色。細い柄の先に粘着体がつく。本州中部に分布する。

15. ガッサンチドリ PL.132
Platanthera takedae Makino subsp. **uzenensis** (Ohwi) K. Inoue; P. **uzenensis** (Ohwi) F. Maek.;
P. **ophrydioides** F. Schmidt. var. **uzenensis** Ohwi

ミヤマチドリによく似るが、茎の高さが最長40cm程度になること、葉はふつう3−5個つけること、距は楕円体で長さ2.5−4mmとなることで区別できる。北海道・本州中部以北に分布する。

16. タカネサギソウ PL.132
Platanthera mandarinorum Rchb. f. subsp. **maximowicziana** (Schltr.) K. Inoue var. **maximowicziana** (Schltr.) Ohwi;
P. **maximowicziana** Schltr.

亜高山帯の草原に生える。根は一部が肥厚して紡錘状。茎は高さ10−20cm。葉は最下葉が大きく、長さ3−4cm、幅2cm、長楕円形で鈍頭、基部は茎を抱く。鱗片葉は披針形で、上方のものほど小さくなる。7−8月、淡黄緑色の花を5−10個つける。苞は披針形、花より長くて目立つ。背萼片は卵形で、長さ3.5−5.5mm、側萼片は披針形、背萼片と同長。側花弁は長卵形、背萼片より少し長い。唇弁は舌状、長さ8mm、幅4mm。距は長さ7−14mm。蕊柱は平たく、薬隔は広いが、薬室上端で接近する。花粉塊は棍棒状、卵色。本州中北部・北海道に分布する。**マンシュウヤマサギソウ** subsp. **maximowicziana** (Schltr.) K. Inoue var. **cornu-bovis** (Nevski) Kitag. は茎の高さ25−50cmと大きく、距もより長い。本州中部以北・北海道、千島・シベリア・朝鮮半島・中国東北部に分布する。

17. ヤマサギソウ　　　　　　　　　　　　　PL. 133
Platanthera mandarinorum Rchb. f.
subsp. **mandarinorum** var. **oreades** (Franch. et Sav.)
Koidz.; *P. mandarinorum* Rchb. f. var. *brachycentron*
(Franch. et Sav.) Koidz. ex K. Inoue

冷温帯〜暖温帯の日当りのよい草地に生える。根の一部は紡錘状に肥厚する。茎は高さ20−40cm，やや稜がある。葉は下部の1個が大きく，線状長楕円形，長さ5−11cm，幅1−1.5cm，基部はほとんど茎を抱かない。鱗片葉は2−5個，披針形。5−7月，黄緑色の花を10個内外つける。苞は披針形。背萼片は卵〜広卵形，3−5mm。側萼片は披針形，背萼片より長い。側花弁は鎌形，背萼片より少し長い。唇弁は舌状でやや肉質。距は後方に水平またはやや下がって伸び，長さ7−12mm。蕊柱は平たく，薬室は平行。薬隔は広く，両縁が前方に突出する。花粉塊は淡黄色，広倒卵状。北海道・本州・四国・九州に分布する。

種内変異に富み，多くの変種が報告されているが，変異が連続的で同定の難しい個体もある。**ハシナガヤマサギソウ** subsp. **mandarinorum** var. **mandarinorum** (PL. 133) は距が後方に水平に伸び，長さ25−35mm。本州（西部）・四国・九州，朝鮮半島・中国に見られる。**マイサギソウ** subsp. **mandarinorum** var. **macrocentron** (Franch. et Sav.) Ohwi は距が上を向き，背萼片は円形。北海道・本州・四国・九州，朝鮮半島・中国に分布する。**ハチジョウチドリ** subsp. **hachijoensis** (Honda) Murata var. **hachijoensis** (Honda) Ohwi は丈が低く，幅広い葉を2−3枚つけ，基部で茎を抱み，下部の花の苞は子房より長く，唇弁の距が短い。伊豆諸島・琉球列島北部に分布する。**アマミトンボ** subsp. **hachijoensis** (Honda) Murata var. **amamiana** (Ohwi) K. Inoue はハチジョウチドリと比べ，苞が子房とほぼ同長ないしは短い点が異なる。奄美大島に固有。

18. ヒトツバキソチドリ
Platanthera ophrydioides F. Schmidt var. **monophylla** Honda

亜高山の針葉樹林下に生育する。根は一部が肥厚する。茎は高さ15−30cm，稜線がありやや繊細。葉は1個，茎の下方につき楕円形，円頭，長さ2.5−6cm，幅1−3cm，基部は少し茎を抱く。鱗片葉は1−2個つき披針形。7−8月に淡黄緑色の花を5−15個まばらに総状につける。苞は披針形。背萼片は狭卵形，長さ5mm，幅4mm。側萼片は線状披針形，側花弁は斜卵形，膜質，いずれも背萼片より少し長い。唇弁は広線形で6−8mm。距は長さ6−10mm，前方に湾曲する。蕊柱は平たく，薬室は平行。花粉塊は淡黄色。本州（中〜西部）・四国・九州の太平洋側に分布する。

オオキソチドリ（ミチノクチドリ） var. **ophrydioides** は北方型で，茎は30cmを超え，葉も大型である。南千島・北海道・本州（東北地方および中部地方の日本海側），サハリンに分布する。ヒトツバキソチドリとの差異は連続的で判別の難しい個体がある。

19. ヤクシマチドリ　　　　　　　　　　　　PL. 133
Platanthera amabilis Koidz.

冷温帯の樹林下に生える。根はやや紐状で，横にはう。茎は前年の根の先端寄りから出て，高さ10−25cm。最下葉がもっとも大きく，長楕円状披針形，先端はややとがり，基部は茎を抱き，長さ2−6cm，幅1−3cm，表面は光沢があり，葉縁は波を打つ。上方の葉はしだいに小さく披針形。8月に淡黄緑色花をまばらに3−7個，総状につける。苞は披針形，長さ6−7mm。背萼片は狭卵形，長さ4−7mm。側萼片は線状披針形，背萼片より少し長い。花弁は斜卵形，先端は細くなり，背萼片より長い。唇弁は線状披針形，長さ8−15mm。距は細長く水平に伸び，長さ12−17mm。蕊柱は平たく長さ3mm。薬室は平行。花粉塊は淡黄色。屋久島に分布する。

20. ホソバノキソチドリ　　　　　　　　　　PL. 133
Platanthera tipuloides (L. f.) Lindl.

亜高山帯の日当りのよい草地に生える。根の基部はやや肥厚する。茎は高さ20−40cm。葉は狭長楕円形〜卵形，長さ3−7cm，幅1−2cm。鱗片葉は2−3個で，披針形。7−8月に黄緑色の花をやや多数，密につける。苞は線状披針形，最下部の花の苞はふつう子房より長い。背萼片は卵形，長さ2−3mm。側萼片は長楕円形，背萼片より長い。側花弁は斜長楕円形，背萼片と同長。唇弁は肉質，長さ5−6mm，広線形，乾くと花弁とともに暗色になる。距は下垂または前方に湾曲し，長さ12−17mm。蕊柱は平たく，薬室は平行であるが接する。北海道・本州北〜中部，千島に分布する。オオキソチドリとの自然雑種をキソチドリモドキ *P.* ×*ophryotipuloides* K. Inoue と呼ぶ。

コバノトンボソウ *P. nipponica* Makino var. **nipponica** (PL. 133) は日当りのよい湿った草原に生える。根の一部は紡錘状に肥厚する。茎は直立し，高さ20−40cm，きわめて繊細である。葉は1個で，広線形，長さ3−7cm，幅5−15mm，基部は茎を抱く。鱗片葉は披針形，茎にへばりつくようにつくので目立たない。6−8月，淡黄緑色の花を数個つける。苞は披針形，子房より短い。背萼片は卵形，長さ2−2.5mm。側萼片は長楕円形，側花弁は斜長楕円形，ともに背萼片より少し長い。唇弁は舌状，やや肉質で長さ2.5−4mm。距は長さ12−18mmと長く，ふつう後方にはね上がる。蕊柱は短く，薬室は平行であるが相接する。花粉塊は棍棒状。北海道・本州・四国・九州に分布する。**ナガバトンボソウ** *P. nipponica* var. **linearifolia** (Ohwi) Masam. はコバノトンボソウの変種で，葉がより細長く線形になるもので，九州（大隅半島）・屋久島に産する。

【70】トキソウ属　**Pogonia** Juss.

地生の多年草。茎は細く，直立し，1葉と頂に1個の葉状苞および1個の花がつく。萼片および側花弁はやや同形で，

離生する。唇弁はふつう3裂し，内面に2-4条の隆起線があり，その上に肉質の毛状突起を生じ，距はない。蕊柱は短い柱状，小嘴体は短く，その下に平坦な柱頭がある。葯は頂生し2室からなり，それぞれ1個の不完全な花粉塊を入れる。花粉塊は粉質で，付属器官がない。北アメリカと東アジアに隔離分布し，4種が知られる。

  A．花は横向きについて半開し，紅紫色。萼片は長楕円状披針形。唇弁は側花弁より長く，中裂片は倒卵形 ························· 1. トキソウ
  A．花は上を向き，ほとんど開かず，淡紅色。萼片は線状披針形。唇弁は側花弁よりやや短く，中裂片は長楕円形
      ·· 2. ヤマトキソウ

1. トキソウ　　PL. 126
Pogonia japonica Rchb. f.

亜寒帯〜暖温帯の日当りのよい湿地に生える。横走する根から不定芽が生じる。茎は高さ10-30cm，基部に膜質の鱗片葉があり，普通葉は1個つく。葉は披針形または線状長楕円形で，長さ4-10cm，幅7-12mm，基部は細くなって翼状に茎に沿って流れ，鞘をつくらない。花は紅紫色，1個が頂生し，5-7月に開く。苞は葉状で長さ2-4cm。萼片は長楕円状披針形で長さ1.5-2.5cm，側萼片は背萼片よりやや幅が狭い。側花弁は狭長楕円形で萼片より少し短い。唇弁は萼片と同長，3裂する。側裂片は三角形で翼状，中裂片は大きく，内面や縁に肉質突起が密生する。距はない。蕊柱は長さ1cm。葯は頂生し，2室で平行し，花粉塊を1個ずつ入れる。花粉塊は卵状楕円形。北海道・本州・四国・九州，千島・朝鮮半島・中国・極東ロシアに分布する。花色に変異があり，白花のものはシロバナトキソウ f. pallescens Tatew.と呼ばれる。イトザキトキソウ f. lineariperiantha Satomi et T. Ohsawa は青森県で発見された側花弁の幅が狭い品種。

2. ヤマトキソウ　　PL. 126
Pogonia minor (Makino) Makino

冷温帯の日当りのよい草地に生える。横走する根から不定芽が生じる。茎は高さ10-20cm，茎の中央より少し上に1葉をつける。葉はやや厚く肉質，長楕円形，長さ3-7cm，幅4-12mm，基部は狭まり茎に沿って流れる。6-8月，茎頂に上を向いた1花をつけるが，ほとんど開かず淡紅色。背萼片は線状披針形，側萼片も同形，ともに長さ12mm。側花弁は萼片と同長であるが，幅が広い。唇弁は長楕円形，萼片や側花弁より少し短く3裂し，側裂片は小型，中裂片の表面に肉質突起が密生する。蕊柱は長さ5mm。葯は四角状球形で白色。北海道・本州・四国・九州，朝鮮半島・台湾・中国南部に分布する。花がまったく白色のものはシロバナヤマトキソウ f. pallescens (Nakai) Okuyama と呼ばれる。

【71】ウチョウラン属　Ponerorchis Rchb. f.

地生，または岩上・樹上に着生する多年草。根は短く，一部は球状または紡錘状に肥厚する。茎は直立または斜上し，下部に1-5個の葉をつける。葉は線形〜広披針形。花茎は頂生し1〜多数の花を総状につける。花は小型〜やや小型で，紅紫色〜淡紅色。苞は披針形，緑色。萼片は離生し，長楕円形または卵形で，背萼片と側花弁が集まりかぶとをつくることが多い。唇弁は3ないしは4裂し，中裂片は特に大きい。距が発達し，花柄子房より長い種もある。蕊柱は短く，直立。小嘴体は翼が発達し突出，その下にくぼんだ柱頭が位置する。仮雄蕊は蕊柱の側面に各1個つき，目立つ。葯は直立し2室，接近して平行する。花粉塊は2個，粉質，基部の粘着体は嚢で包まれる。東アジア〜ヒマラヤに約20種が知られる。

  A．葉はふつう2-3個。
    B．葉は披針形。唇弁は3浅裂し，中裂片は四角状で側裂片より大 ························· 1. ニョホウチドリ
    B．葉は線形または広線形。唇弁は3深裂し，中裂片は楕円形で側裂片と同大 ················ 2. ウチョウラン
  A．葉は1個 ··· 3. ヒナチドリ

1. ニョホウチドリ　　PL. 134
Ponerorchis joo-iokiana (Makino) Nakai;
Orchis joo-iokiana Makino

亜寒帯〜冷温帯の草地に生える。茎は高さ10-30cm。葉は2-3個，披針形，長さ3-8cm，幅1-1.5cm。花は紅紫色，7-8月に3-8個をやや偏側的に総状につける。苞は披針形。背萼片は広披針形で長さ8-10mm。側萼片は斜形，背萼片と同長。側花弁は斜狭卵形，萼片より短い。唇弁は広倒卵状くさび形，少し肉質で萼片より長く，長さ幅ともに13-15mm，先は3裂する。中裂片は少し大きく，先端はわずかにくぼみ，側裂片は円頭，わずかに歯牙がある。距は管状で線形，長さ15-17mm。蕊柱は短い。本州（東北地方南部〜中部地方）・朝鮮半島に分布する。和名は日光女峰山ではじめて採集されたため。学名 joo-iokiana は採集者城数馬と五百城文哉の姓を組み合わせたもの。まれに白花品もある。

2. ウチョウラン　　PL. 134
Ponerorchis graminifolia Rchb. f. var. **graminifolia**;
Orchis graminifolia (Rchb. f.) Tang et F. T. Wang

暖温帯の湿った岩壁に生える。茎は斜上し高さ7-20cm。葉は2-3個，線形または広線形，長さ7-12cm，幅3-8mm，上方はやや湾曲し，基部は鞘となり茎を抱く。花は紅紫色，6-8月に数〜20個を総状につける。苞は狭披針形，長さ7-12mm。背萼片は卵円形，長さ6mm。側萼片は斜形で，背萼片と同長。側花

弁は斜卵形，萼片と同長。唇弁は萼片より長く，深く3裂する。距は湾曲し，長さ10-15mmで，先端は前方を向く。蕊柱は短い。花粉塊は棍棒状で淡青緑色。本州・四国・九州，朝鮮半島に分布する。ときに白花のものがある。

　この種は変異に富み，地域個体群の特徴を重視して変種として区別することがある。佐賀県の黒髪山と周辺に産する**クロカミラン** var. **kurokamiana** (Hatus. et Ohwi) T. Hashim. は基準変種と比べると，距が細く，長さ5-7mmで子房より短く，側萼片は水平に開出する。鹿児島県下甑島には，全体に大きく，距が細く短く，側萼片が反り返らず，唇弁に細かい斑点の入る個体群が**サツマチドリ** var. **micropunctata** F. Maek., nom. nud. と仮称されている。また，千葉県の山地に**アワチドリ** var. **suzukiana** (Ohwi) Soó が報告されている。側萼片がそり反り返らず斜めに立ち，距が細い傾向がある。

3. ヒナチドリ　　　　　　　　　　　　　PL.134
Ponerorchis chidori (Makino) Ohwi;
Orchis chidori (Makino) Schltr.

　冷温帯の山中の樹幹に着生する。茎は高さ7-15cm。下部に1葉があり，広披針形，長さ6-12cm，幅12-35mm，基部は茎を抱く。花は紅紫色，7-8月，紅紫色数個を総状につける。苞は狭披針形，長さ3-4cm，上部のものほど小さくなる。背萼片は長楕円形，側萼片は斜卵形，ともに長さ5-6mm。側花弁は広卵形，萼片より短い。唇弁はやや深く3裂し，長さ8-10mm。中裂片は楕円状卵形，側裂片は斜卵形。距は長さ13-17mm，基部はわずかに太くなる。蕊柱は先端が太く濃紅紫色。葯は2室。花粉塊は暗紫色。北海道・本州・四国に分布し，日本固有の種である。白花品もある。

　北海道には最下の苞が大きく，葉状に発達する個体があるため変種チャボチドリとされたが，ヒナチドリに含める。

【72】ナゴラン属　　Sedirea Garay et H. R. Sweet

　着生の多年草。気根は太く長い。茎は短く，2-6葉を2列につける。葉は革質または肉質，基部は葉鞘となり茎を抱き，葉鞘の上端に関節がある。花茎は側生，下垂し，総状花序にまばらに花をつける。苞は小さい。萼片はほぼ同形，斜開し，側萼片の基部は蕊柱の脚部に合着する。側花弁は萼片とほぼ同形。唇弁は3浅裂し，基部が蕊柱の脚部と蝶番状につき，直立または内曲し，円錐状の距がある。蕊柱は短く，脚があり，翼はない。葯は頂生し，2室。花粉塊は2個で球形。日本，済州島，中国に2種が分布する。

1. ナゴラン　　　　　　　　　　　　　　PL.164
Sedirea japonica (Lindenb. et Rchb. f.) Garay et H. R. Sweet; *Aerides japonica* Lindenb. et Rchb. f.

　暖温帯～亜熱帯の常緑広葉樹林内の樹幹に着生する。根は長く伸びる。茎は短く，2-6葉を2列につける。葉は狭長楕円形，厚い肉質で，長さ8-15cm，幅1.5-2cm，鈍頭。花茎は側生し長さ5-15cm，6-8月に淡緑白色花を総状に10個前後つける。苞は三角形で長さ6mm，幅3mm，鈍頭。萼片は斜開し，長楕円形で長さ約12mm，鈍頭，側萼片の中央より基部に褐紫色の横縞がある。側花弁は萼片と同形。唇弁は萼片と同長で，紅紫色の斑紋があり，3裂する。側裂片は小型，中裂片は倒卵状くさび形，先端は円く，縁は波状となる。距は前方に突き出る。蕊柱は湾曲し前に出る。葯は白色。花粉塊は黄色，楕円形で2個。本州（静岡県・伊豆諸島・紀伊半島・福井県・京都府・隠岐）・四国・九州・琉球，済州島・中国南部に分布する。和名は産地の沖縄の名護にちなむ。

【73】コウトウシラン属　　Spathoglottis Blume

　地生の多年草。茎は仮軸分枝し，先端がいちじるしく肥大し，葉鞘で包まれる。葉は数個つき，長い葉柄があり，縦にしわがある。花茎は側生し，総状に花をつける。萼片，側花弁は離生し，同形。唇弁は無柄，基部近くに肉質のいぼ状の突起がある。蕊柱は長く，湾曲し，上部は棍棒状で翼がある。葯は2室，花粉塊は8個。熱帯アジア・オセアニアに約45種が知られる。**コウトウシラン** S. **plicata** Blume (PL.158) は，径3cmの紫紅色の花を数多くつける。琉球（石垣島・西表島），熱帯アジア・オセアニアに広く分布し，日当りのよい草原に生育する。

【74】ネジバナ属　　Spiranthes Rich.

　地生の多年草。根は少し肥厚する。根出葉を数個つける。花は小型で，白色または淡紅色，一方に偏るか，またはらせん状に総状に多数つける。萼片はほぼ同形で離生し，背萼片は側花弁とともにかぶとをつくる。側萼片の基部は袋状となる。唇弁は直立し，背面はふくれて蕊柱を囲み，全縁または3裂し，内面にいぼ状突起または板状突起がある。蕊柱は短い円柱形。柱頭は小嘴体の下にあり幅広く，小嘴体は上向きで鈍頭，伸長して2裂する。葯は直立し2室。花粉塊は粉質，細い粘着体につながる。北アメリカで多様化しているが，少数の種が世界の熱帯および温帯に広く分布し，約50種がある。

1. **ネジバナ**　　　　　　　　　　　　PL. 150
Spiranthes sinensis (Pers.) Ames var. **amoena** (M. Bieb.) H. Hara

日当りのよい草地に生える。根は数個が紡錘状に肥厚する。茎は開花時に高さ10－40cm，2－5個の根出葉と少数の鱗片葉がある。根出葉は斜上し，広線形，鋭頭，長さ5－20cm，幅3－10mm，基部は鞘となる。鱗片葉は茎に圧着し，披針形。花は淡紅色，らせん状にねじれた総状花序につく。花茎，苞，萼片は有毛。花期は5－8月。苞は狭卵状披針形，長鋭尖頭，長さ4－8mm。萼片は披針形，長さ5mm。側花弁は萼片より少し短く，背萼片とともにかぶとをつくる。唇弁は白色で倒卵形，鈍頭，萼片より少し長く，縁に細歯牙があり，先は反曲し，基部の両側に光沢のあるいぼがある。北海道・本州・四国・九州・琉球，サハリン・千島・ロシアより東のユーラシア大陸の亜寒帯～暖温帯域に広く分布する。琉球（奄美諸島以南），中国南部・台湾・熱帯アジア・オセアニアに分布するものは花序，苞，萼片に毛がなく，**ナンゴクネジバナ** var. **sinensis**（PL.150）として区別されるが，ネジバナと中間的な形質の個体もある。また開花期が8月下旬～9月上旬と異なるアキネジバナ var. amoena (M. Bieb.) H. Hara f. autumnus H. Tsukaya，屋久島に分布する小型のヤクシマネジバナ var. amoena (M. Bieb.) H. Hara f. gracilis F. Maek., nom. nud.，白花のシロバナモジズリ var. amoena (M. Bieb.) H. Hara f. albescens (Honda) Honda，緑花のアオモジズリ var. amoena (M. Bieb.) H. Hara f. viridiflora (Makino) Ohwiがある。

【75】ニュウメンラン属　Staurochilus Ridl. ex Dfitzer

着生の多年草。茎はよじ登るか，下垂し，太く長い気根を出す。葉は互生して2列につき，線状長楕円形。花茎は側生，まばらに分枝し，多数の花をつける。花は平開，萼片と側花弁は同形。唇弁は小さく，3ないしは5裂し，中裂片は肉質で有毛，側裂片は上向し，基部は蕊柱とつながり，嚢状または短い距となる。蕊柱は短く，太く，毛を生ずる種がある。花粉塊は4個，大小2個ずつのセットとなり，細い花粉塊柄につながる。熱帯アジアに14種がある。**ニュウメンラン** S. **luchuensis** (Rolfe) Fukuy.（PL.164）は，琉球（石垣島，西表島，尖閣諸島），台湾・フィリピンに分布する。

【76】イリオモテムヨウラン属　Stereosandra Blume

地生の多年草。菌従属栄養植物。肥厚した球茎から地上茎を出し直立する。茎の基部には披針形の鱗片が，また上部には苞がつく。花は総状につき，下垂する。苞は線状披針形，花柄は短い。花は花被片が相集まってほとんど開かない。萼片と側花弁は同形。唇弁は長楕円形，基部に肉質腎形の小突起がある。蕊柱は短く，葯は大型，花粉塊は2個，披針状卵形，柱頭は横に長い長楕円形。琉球，熱帯アジア，オセアニアに1種，**イリオモテムヨウラン** S. **javanica** Blume（PL.138）が知られている。

【77】コオロギラン属　Stigmatodactylus Maxim. ex Makino

地生の多年草。球茎から根茎が地上に向かって伸び，根茎の途中より分枝したシュートの先端に次年の球茎が形成される。地上茎は丈が低く，中央に1葉がある。花は小型で少数。萼片と側花弁は同形で開出し，線形，鋭頭，唇弁は開出し円形，基部上面に指状の突起がある。蕊柱は長く直立，上方はやや内曲し，縁はやや翼状で，腹面に先端が2裂する突起がある。柱頭は葯床の下にあって，下縁は指状に突出する。属名はこれに由来し，stigma（柱頭）と dactylos（指）の合成語である。花粉塊は4個，楕円形。温帯～熱帯アジア，メラネシアに約10種がある。

1. **コオロギラン**　　　　　　　　　　PL. 150
Stigmatodactylus sikokianus Maxim. ex Makino

暖温帯の常緑広葉樹林下または杉林下に生える。球茎は径2－3mm。地上茎は淡緑色，高さ3－10cm，やや四角柱状。基部の鱗片は小型。葉は中央より上に1個つき，卵形で，長さ3－5mm。8－9月，淡緑色でわずかに紫色をおびる小花がふつう2－3個，茎頂につく。苞は葉と同形同大。背萼片は長さ4mm，側萼片は長さ2.5mm，ともに線形で膜質，基部に少数の縁毛がある。側花弁は線形で長さ3.5mm，唇弁は円形で長さ4mm，縁に細かい鋸歯があり，基部には上下に2深裂しさらに左右に2裂した付属体がある。蕊柱は長さ約3.5mmで直立し，中央部の前面に先の2裂する小突起がある。蕊柱の先端に葯がある。花粉塊は4個，柄がなく，やや平たい楕円形。葯の下に凹入した柱頭と細長い突起がある。本州（和歌山県・伊豆諸島）・四国・九州，台湾・中国東南部に分布する。

【78】クモラン属　Taeniophyllum Blume

着生の多年草。根は扁平または円柱状で長く伸び，肉質，葉緑素をもつ。茎は短い。葉は鱗片状に退化。花茎は側生し短く，花を総状につける。苞も微小。花被片は同大で離生，または基部で合着する。唇弁は蕊柱の基部につき，基部

は袋状または距となる。蕊柱はきわめて短く，葯は頂生し，2室に分かれる。花粉塊は蠟質で4個。約240種が熱帯アフリカ，温帯～熱帯アジア，オセアニアに分布する。

1. クモラン　　　　　　　　　　　　　PL.162
Taeniophyllum glandulosum Blume;
T. aphyllum (Makino) Makino

暖温帯～熱帯の木の樹幹や枝の明るい部分に着生する。根は長さ2－10cm，灰緑色で扁平，放射状に束生し，樹皮に密着する。茎はきわめて短く，6－7月，長さ4－7mmの細い花茎を1－5本出し，1－3花を総状につける。苞は三角形，長さ1mm，鋭頭。萼片と側花弁は淡緑色，基部で合着して筒形となり，長さ2mm。萼片と側花弁はともに卵状披針形，漸尖頭。唇弁は上向き，舟形で長さ1.5mm，先端は針状で内側に折れ曲がり，漸尖頭，基部は楕円体の距となる。蕊柱はきわめて短く，基部は唇弁に合着する。葯は4個の花粉塊を入れる。本州（福島県以南）・四国・九州・琉球，朝鮮半島・中国・台湾・熱帯アジア～オセアニアに分布する。

【79】ヒメトケンラン属　Tainia Blume

地生の多年草。根茎は匍匐し，上部は肥厚して1個の葉をつけ，仮軸分枝を繰り返す。葉は長い柄があり，披針形または長楕円形。花序は総状で側生し，萼片は細長く，背萼片は離生し，側萼片基部が蕊柱基部と短く合着し顎をつくる。側花弁は萼片と同形かさらに狭い。唇弁は蕊柱の基部につき，直立して，ふつう基部が袋状になるか，あるいは短い距となる。側裂片は直立し，中裂片は開出して，幅が広く，全縁である。蕊柱はやや長く，少し内曲して2個の狭い翼がある。葯は頂生し2室，各室はさらに不完全に2分し，おのおのに花粉塊を1個ずつ入れている。花粉塊は卵形で蠟質。温帯～熱帯アジア，オセアニアに約30種がある。

1. ヒメトケンラン　　　　　　　　　　PL.155
Tainia laxiflora Makino

おもに暖温帯の常緑広葉樹林下に生える。根茎は細く，上部は円錐状に肥厚して1個の葉をつける。葉は長楕円状広披針形，長さ6－15cm，幅1.5－3cm，鋭頭，表面に白色の斑紋がある。花茎は直立し，高さ20－30cm。3－5月に数花をまばらにつける。苞は線状披針形，長さ4－5mm，鋭尖頭。花被片は広線状楕円形，褐色，長さ12－14mm，鋭頭。唇弁は長さ8－9mm，帯黄色で3浅裂するが，側裂片は目立たず，中裂片は横長の楕円形で，3条の隆起線がある。唇弁基部はふくらんで側萼片と顎をつくる。伊豆諸島・四国南部・九州・屋久島・種子島・琉球に分布する。

【80】カヤラン属　Thrixspermum Lour.

着生の多年草。長い根で木の枝に付着する。葉は2列に互生し，線形～長楕円形で漸尖頭，ときに凹頭，基部は鞘となり茎を抱く。花茎は側生し，針金状に細い。萼片と側花弁は同形で披針形または卵形。唇弁の基部は蕊柱の脚の末端につき，顎を形成し，嚢状にふくらむ。蕊柱は短く，直立し，脚が発達する。葯は頂生し，2室。花粉塊は4個で，蠟質。約100種が温帯～熱帯アジア，オセアニアに分布する。

1. カヤラン　　　　　　　　　　　　　PL.164
Thrixspermum japonicum (Miq.) Rchb. f.;
Sarcochilus japonicus (Rchb. f.) Miq.

暖温帯の木の枝や岩に着生し，気根は茎の中部以下から出て細長い。茎は細く，ふつう長さ3－7cm，葉鞘に包まれる。葉は10－20個，2列に互生し，披針形で長さ2－4cm，幅4－6mm，鈍頭。花茎は側生し細く，中央に小型の1鱗片葉がある。苞は広卵形で開出し，長さ3mm。花は淡黄色，3－5月，2－6花をつける。萼片と側花弁は開出するが，上半は内曲し，長さ7－8mm，狭長楕円形。側花弁は萼片より小さく，鈍頭。唇弁は浅く3裂し，側裂片は耳状に左右に突出し，中裂片は小さい。蕊柱は長さ1mm，腹面の突起した部分と唇弁の基部は関節する。葯は広卵形。本州（岩手県以南）・四国・九州，済州島・中国南部に分布する。和名は〈榧蘭〉で，葉の感じがカヤに似ているためである。**ハガクレナガミラン** T. **fantasticum** L. O. Williams（PL.164）は花色が白く，花が1日でしおれる。西表島，台湾・フィリピンに産する。**アマミカヤラン** T. **pygmaeum** (King et Pantl.) Holttum は花色が淡黄緑，花が複数日咲く。奄美大島，台湾・中国～ヒマラヤに産する。

【81】ヒトツボクロ属　Tipularia Nutt.

地生の多年草。地下に連珠状に連なる球茎があり，やや長い柄がある葉を1個つける。総状花序に小型の花をまばらにつける。苞は微小。萼片および側花弁は同形で開出し，離生して幅が狭い。唇弁は蕊柱の基部から直立し，柄はなく，萼片と同長で，細長い距があり，浅く3裂し，側裂片は小型，中裂片は特に隆起せず，長楕円形で全縁または凹頭となる。

蕊柱は萼片よりも短くて直立し，狭長で上方の縁に狭い翼があり，葯は頂生する。葯室は2個。花粉塊は小球状で4個あり，蠟質，花粉塊柄をつける種とつけない種がある。蒴果は紡錘形で下垂する。北アメリカ，東アジア～ヒマラヤに4種がある。

1. ヒトツボクロ　　PL. 159
Tipularia japonica Matsum. var. **japonica**

冷温帯～暖温帯の林床に生える。球茎は狭卵形，汚白色で，2－3個が連なり，細い紐状の根がある。葉は卵状楕円形，鋭尖頭，表面は光沢のある深緑色で中肋が白く，裏面は紫色，長さ3.5－7cm，幅1.5－3cm。花茎は細く直立し，高さ20－30cm，下半部に2－3個の鞘状葉がある。5－6月，紫褐色を帯びた淡黄緑色の小さな花を5－10個，まばらにつける。苞は微細。萼片および側花弁は狭倒披針形，鈍頭，長さ4mm。唇弁は倒卵形で長さ約3mm，3裂し中裂片は円頭，広線形で全縁，側裂片には細歯牙がある。距は淡紅紫色，長さ約5mmで下垂する。蕊柱は長さ3mm。葯は広卵形。花粉塊は楕円形で4個。本州～九州，朝鮮半島南部に分布する。長崎・佐賀県境に産する**ヒトツボクロモドキ** var. **harae** F. Maek. は距がなく，唇弁が他の花被片と同じ形である。

【82】ネッタイラン属　Tropidia Lindl.

地生の多年草。根はかたく，ところどころに肥厚した部分がある。茎はかたく，しばしば地上で仮軸分枝する。葉は膜質，脈が隆起して縦じわが顕著。総状ないしは円錐花序は頂生し，数個～多数の花をつける。苞は草質。背萼片は狭く，側萼片は基部が唇弁の下で短い顎を形成するが，日本産の種では合着する。側花弁は背萼片と同長または短く，幅もやや狭い。唇弁は蕊柱の基部について無柄，上側にあり，全縁で切れこみがなく，背面がふくれるかまたは袋状の鈍い距をつくる。蕊柱は半円柱状で短い。小嘴体は長く直立し，頂端は2裂する。柱頭は蕊柱の前面につき，葯は上向し，葯室は連続する。花粉塊は2個，棍棒状で深く裂けて4個にも見え，多数の小塊からなる。花粉塊柄は長いかまたは短く，粘着体は小型。蒴果は卵形で鋭い稜がある。温帯～熱帯アジア，オセアニア，北～中央アメリカに分布する。約20種が知られ，日本は分布の北限である。

1. ヤクシマネッタイラン　　PL. 142
Tropidia nipponica Masam. var. **nipponica**

暖温帯～亜熱帯の常緑広葉樹林に生える。地下茎は短く直立する。茎は高さ15－30cm，細くてかたく，基部に2－3個の鞘状葉があり，その上部に1－4個の普通葉がある。葉は卵状披針形で尾状鋭尖頭，基部は円形で短い葉柄となり，長さ5－10cm，幅1.5－3cm。5－7月，茎頂に短い総状花序を出し，白色花を5－10個つける。苞は卵状披針形，長さ2－3cm，鋭尖頭。背萼片は狭倒卵形で，長さ6－8mm，幅3－3.5mm。側萼片は合着し，卵状舟形，基部に2個の竜骨がある。側花弁は披針形，長さ6.5mm，幅3mm。唇弁は卵状披針形，長さ5mm，幅3－5mm，基部は袋状となり，先は反曲する。蕊柱は長さ3mm。葯は卵形。四国・九州・琉球，台湾に分布する。**ハチジョウネッタイラン** var. **hachijoensis** F. Maek. は伊豆諸島（八丈島・御蔵島・大島）に分布し，唇弁の距がより高く張り出すこと，葉の幅が広くなり，先端が尾状にならない点などが区別できるとされる。**アコウネッタイラン** T. **somae** Hayata は琉球，台湾に分布するもので，葉は最大で2個まで，花を10－20個つける。

【83】ヒスイラン属　Vanda Jones

着生の多年草。茎はかたく，基部でしばしば分枝する。葉は2列に互生，帯紐状，基部にかけて強く2つ折りになり，断面がV字形，短い鞘の上部に関節がある。花茎は側生，長さはさまざま，総状に花をつける。花被片は開出し，萼片と側花弁はほぼ同形。唇弁は蕊柱の基部にかたくつき，基部に2個の小さい側裂片と距がある。蕊柱は短く太い。花粉塊は2個，共通の花粉塊柄と粘着体に続く。温帯～熱帯アジア～オセアニアに約40種がある。

1. フウラン　　PL. 163
Vanda falcata (Thunb.) Beer

暖温帯～亜熱帯の樹幹や岩上に着生する。根は長く伸びる。茎は短く，基部で分枝し，葉鞘で密におおわれる。葉は革質でかたく，湾曲し，長さ5－10cm，幅7－8mm，断面はV字形で背面に鋭い稜がある。花茎は側生，長さ3－10cm。6－7月，白色の3－10花を総状につける。苞は卵状披針形，長さ4－7mm。萼片と側花弁は線状披針形，長さ約10mm，鋭頭。唇弁は長さ7－8mm，中部付近で3裂し側裂片は半円形，中裂片は狭卵形。距は前方に湾曲し，長さ約4－5cm。蕊柱は高さ2mm。葯は白色，広卵形。2室からなり，それぞれに1個の花粉塊を入れる。本州（関東南部以西）～琉球，朝鮮半島南部・済州島・中国東南部に分布する。**コウトウヒスイラン** V. **lamellata** Lindl. は葉の長さが約25cm，花は淡黄色に褐色の模様が入る。琉球の尖閣諸島，台湾・フィリピン・ボルネオ・マリアナ諸島に分布する。

Orchidaceae

【84】ミソボシラン属　Vrydagzynea Blume

　地生，まれに着生の多年草。茎の下部は匍匐し，節から紐状の根を出す。上部は斜上または直立し，花は頂生する。葉はやや肉質で，卵形，有柄で基部は鞘になる。花は小型で，数個から多数を総状花序に密につける。花は全開せず，萼片はほぼ同形で，背萼片は側花弁と密着してかぶとをつくる。唇弁は短く卵形〜三角形，わずかに3裂し，基部に距が発達する。距の内面で2個の柄のある腺が発達する。蕊柱は短く，付属物がない。葯は蕊柱の背面につき直立。花粉塊は2個，多数の小塊の集合で，大型の卵形あるいは楕円形の粘着体につながる。柱頭は2裂し，軽く突出する。熱帯アジア〜オセアニアまで約35種が記録されている。日本には1種ミソボシラン V. nuda Blume（PL.148）が知られ，琉球（八重山諸島），台湾・中国南部・東南アジアに分布する。

【85】ショウキラン属　Yoania Maxim.

　地生の多年草。菌従属栄養植物。根茎はよく分枝し肥厚する。地上茎は多肉，直立し，基部には密に，上部にはまばらに鱗片葉がつく。花は肉質で大型，長い柄があって，まばらにまたはやや密に総状花序につく。苞は鱗片状。萼片は離生し，半開または多少開出し長楕円形。側花弁は萼片よりやや短く，卵形。唇弁はやや直立して，側花弁と同長で離生し，基部は幅が広く無柄，やや長楕円形，背面はふくれ，袋状で前方に曲がる大型の太い距をつける。蕊柱は唇弁と並立し，腹面がくぼむ半円柱状で，上部両側におのおの1本の肉質突起がある。また腹面の上縁がひさし状に突出し，その背面は広い葯床となり，葯をのせる。花粉塊は4個，長楕円形，蠟質で，2個ずつ花粉塊柄につく。日本〜ヒマラヤに4種がある。属名Yoaniaは江戸時代末期の蘭学者・宇田川榕菴にちなむ。

　A．花序あたり1−7個の花をつける。花は淡紅紫色，萼片はよく開く ……………………………………………………… 1．ショウキラン
　A．花序あたり5−15個の花をつける。花は黄褐色，萼片は前抱えとなる ……………………………………………… 2．キバナノショウキラン

1．ショウキラン　　　　　　　　　　　　　　PL.151
　Yoania japonica Maxim.
　冷温帯落葉広葉樹林の林床に生える。地上茎は白色でやや紅紫色をおび，高さ10−25cm，半円形で円頭の鱗片葉をまばらにつける。7−8月，その頂にややまばらに淡紅紫色花をつける。花は長い柄があり直立する。苞は卵形で開出し，やや円頭，長さ6−8mm。萼片は広楕円形で長さ20mm，幅10mm，鈍頭。側花弁は萼片より少し短い。唇弁は萼片と同長，舷部はやや台形で，中央に幅広い細突起がある条があり，ここに紫色の斑点がある。距は長楕円形，淡黄色，長さ12mm，開口部に黄色の長毛がある。蕊柱は腹面が凹入した半円柱状で，先端は葯をはさんで角状突起が直立する。北海道西南部・本州・四国・九州・屋久島，台湾・中国南部・アッサムに分布する。**シナノショウキラン** Y. flava K. Inoue et T. Yukawaは長野県南部に分布し，淡黄色の花をつけることでショウキランと区別される。

2．キバナノショウキラン　　　　　　　　　PL.151
　Yoania amagiensis Nakai et F. Maek.
　冷温帯と暖温帯の移行帯の落葉広葉樹林の林床に生える。ショウキランに似るが地上茎は高く20−50cm，全体に黄褐色をおびる。また根茎が密に分枝して団塊状になり，花は黄褐色で6−7月に開く。また検索表に示した点が異なる。本州（関東〜紀伊半島）・四国・九州に分布する。

【86】キヌラン属　Zeuxine Lindl.

　地生の多年草。茎の下部は匍匐し，節から紐状の根を出し，上部は斜上または直立し，総状花序を頂生する。葉は膜質で披針形または卵形，ときに線形，有柄で基部は鞘になる。苞は膜質。萼片はほぼ同形で，背萼片は直立し，側花弁と密着してかぶとをつくる。唇弁は蕊柱の基部と合着し，下部はふくれるが，花被から露出せず，内面に鱗片状，棒状，あるいは膜状の突起があり，舷部は全縁，または2裂する。蕊柱は短く，翼が発達する種としない種がある。花粉塊は2個，多数の小塊が集合し洋ナシ形。粘着体に直接続く種と，間に花粉塊柄が発達する種がある。柱頭2個は離れて軽く突出する。熱帯アフリカ，熱帯〜亜熱帯アジア，オセアニアに約80種が知られる。

　A．葉は線形。開花時の茎はふつう高さ10cm以下 …………………………………………………………………………………………… 1．キヌラン
　A．葉は広披針形または卵形。開花時の茎は高さ10cm以上。
　　B．側萼片は平開する。唇弁の先端は2裂しない ……………………………………………………………………………………… 2．カゲロウラン
　　B．側萼片は平開しない。唇弁の先端は2裂する。
　　　C．唇弁の先端は黄色 …… 3．イシガキキヌラン
　　　C．唇弁の先端は白色 …… 4．ヤンバルキヌラン

1. キヌラン　　　　　　　　　　　　　　PL.148
Zeuxine strateumatica (L.) Schltr.

亜熱帯〜熱帯の日当りのよい草原に生える。茎は紅紫色をおび、開花時の高さ5-10cm、無毛、下半に紅紫色で肉質の葉をやや密につける。葉は線形、長さ1.5-4cm、幅2-3.5mm、鋭尖頭、基部は膜質で卵形の鞘となる。3-4月、淡紅紫色をおびた白色の花を密につける。苞は広卵形、先は尾状で鋭尖頭。萼片は卵状長楕円形、鈍頭、長さ5-6mm。側花弁は斜卵形、萼片と同長。唇弁は長さ4mm、基部は球形にふくれ、内面に1対の角状突起が発達、先端は倒卵状でわずかに2裂する。蕊柱は短い。葯は広卵形。花粉塊は棍棒状で、2個。九州南部・琉球、熱帯アジアに広く分布する。さらに、世界各地の熱帯で野生化している。チクシキヌラン f. rupicola (Fukuy.) T. Hashim. (PL.148) は唇弁の先端が広がらず倒卵形〜倒披針形。キヌランと中間的な形態の個体もあり、更なる検討が必要である。

2. カゲロウラン　　　　　　　　　　　PL.149
Zeuxine agyokuana Fukuy.;
Hetaeria agyokuana (Fukuy.) Nackej.

暖温帯〜亜熱帯の常緑広葉樹林下に生える。茎の下部は地表を匍匐し、各節から紐状の根を出す。茎の上部は直立し、開花時の高さ10-20cm、無毛で4-5葉をつける。葉は卵状楕円形、長さ3-5cm、鋭頭、両面無毛、ビロード状の光沢があり、縁が波打つ。葉柄の基部は鞘となり茎を抱く。花茎は有毛。8-10月、紅色がかる黄褐色の花をややまばらに約20個つける。背萼片は卵状披針形、長さ4mm。側萼片は線状披針形。側花弁は線状倒披針形、乳白色。背萼片は側花弁と密着してかぶとをつくり、側萼片はよく開き、縁が内側に巻く。唇弁は囊状で卵形、背萼片とほぼ同長、基部の内面に1対のかぎ状突起が発達する。本州（関東以西）・四国・九州・琉球、台湾・中国南部〜ヒマラヤに分布する。

3. イシガキキヌラン　　　　　　　　　PL.149
Zeuxine sakagutii Tuyama

亜熱帯の常緑広葉樹林下に生える。茎は直立し、開花時の高さ20cm、葉は卵形、長さ2-3cm、幅1-2cm、鋭頭。花茎は開出する白毛を密生し、褐色を帯びた黄緑色の花を約20個つける。苞は長楕円状披針形、長鋭尖頭、長さ3-6mm、縁に細毛を密生する。背萼片は広卵形、長さ4mm、背面に微細な白毛がある。側萼片は斜長楕円形、背萼片より少し短い。側花弁は背萼片と同長。唇弁はY字形、他の花被片より長く、先端は黄色。琉球、台湾に分布する。

4. ヤンバルキヌラン　　　　　　　　　PL.149
Zeuxine tenuifolia Tuyama

亜熱帯の常緑広葉樹林下に生える。茎は多肉で直立し、開花時の高さ20-30cm、3-5葉をつける。葉は広披針形、長さ1.5-3cm、幅1-1.5cm、鋭頭。花茎には開出する白色毛があり、10個程度の花をつける。苞は広卵形、長鋭尖頭、長さ6mm。背萼片は卵形、長さ3-4mm。唇弁はY字形、他の花被片より長く、基部をのぞき白色。琉球、台湾に分布する。

類似する種がいくつかあり、**ムニンキヌラン** Z. boninensis Tuyama は花柄子房が無毛であることでヤンバルキヌランから区別される。小笠原諸島の母島でかつて採集された。**アオジクキヌラン** Z. affinis (Lindl.) Benth. ex Hook. f. (PL.149) は植物体に赤みがなく、花はヤンバルキヌランより大きく、萼片の基部が緑色をおびるほかは白く、唇弁の先端部の裂片は丸みをおびる。沖縄島、台湾・中国南部〜ヒマラヤ・マレー半島に分布する。

以下の2種は、前の3種と比べ植物体がより大きく、唇弁の幅が狭くなった部分がつば状に巻き込むこと、唇弁基部の内面の1対の突起が複数個ずつあること、蕊柱の腹部で翼が発達することで区別できる。**オオキヌラン（センカクキヌラン）** Z. nervosa (Lindl.) Benth. (PL.149) は開花時の茎の高さが約30cm、葉が最長7cm。石垣島・尖閣諸島、台湾・熱帯アジアに分布する。**ジャコウキヌラン** Z. odorata Fukuy. (PL.150) は開花時の茎の高さが約50cm、葉の長さが12cmとより大きい。沖縄島・石垣島・与那国島、台湾の蘭嶼に分布する。

キンバイザサ科　HYPOXIDACEAE

田中伸幸

地下に根茎または塊茎をもつ多年草で，根出葉にいちじるしい脈と長毛があること，花茎に葉があること，花序にはふつう総苞がないことなどの特徴がある．約7属200種があり，そのほとんどは旧大陸の南半球と北米大陸に分布する．

- A．花被に長い筒部がある．子房の上部は長い嘴状の突起になる．果実は肉質で裂開しない ………………………………【1】キンバイザサ属 Curculigo
- A．花被に筒部がない．子房の上部は嘴状の突起にならない．果実は蒴果で裂開する ………………………………【2】コキンバイザサ属 Hypoxis

【1】キンバイザサ属　Curculigo Gaertn.

根茎は短く，花は穂状または総状につき，ふつう長い毛がある．花被片は6個，同形で開出し，下部は筒状になる．苞は線形．雄蕊は6個で，葯は線形．子房は3室で，各室に2個または多数の倒生胚珠がある．東アジアからマレーシア・インド・アフリカ・アメリカに約15種，日本に1種が分布する．

1. キンバイザサ　　　　　　　　　PL.165
Curculigo orchioides Gaertn.

山地に生える塊茎をもつ多年草．根生葉は線状披針形で長さ10－40cm，幅1－2cm，縦じわがあり，両面に長い白色の毛がある．花は5－8月，葉の間から出た長さ1－3cmの花茎に1－3個つき，苞は膜質，披針形で長さ2－5cm．花被は黄色で下部は長い筒部になり，花被片は長楕円形または披針形で長さ約8mm，ともに外面に長い毛がある．雄蕊6個は花被片の基部につき，葯は線形で，花糸と同じ長さか，やや長い．果実は楕円形で長さ約10mm，肉質で熟しても裂けない．種子は楕円形で黒色，表面に突起がなく，小さい付属体がある．染色体数は$2n=18, 36$．本州（紀伊半島・中国地方）～四国・九州・琉球，台湾・中国（南部）・インド・パキスタン・東南アジア・パプアニューギニアに分布する．中国では，塊茎を〈仙茅〉という強壮や冷え性の生薬とする．和名は，葉がササ類に似ており，花の色が金色のウメを連想させることによる．

【2】コキンバイザサ属　Hypoxis L.

根茎は小型の塊状または球茎状．花は1個，または多数がやや散状～総状につく．花被片は6個で開出するが，下部は筒状にならない．苞は線形で小型，ときにない．雄蕊は6個で，葯は線形または卵形．子房は3室で，各室に多数の胚珠がある．東アジアからマレーシア・インド・アフリカ・南アメリカの熱帯を中心に約90種，日本に1種がある．

1. コキンバイザサ　　　　　　　　PL.165
Hypoxis aurea Lour.

山地の林縁や草原に生える多年草．塊茎は径6－10mm，短い茎に数個の葉が束生する．葉は線形で長さ5－30cm，幅は広いところで2－6mm，全体に長い毛がある．4－6月，葉腋に長さ5－10cmの細い花茎が出て，その先に1－2個の花がつく．苞は膜質線形で長さ5－8mm．花被片は6個，披針状長楕円形で長さ4－6mm，黄色で平開する．花全体に長い毛があるが，外花被片の先端背面に特にいちじるしい．雄蕊は6個，葯は花糸より短い．果実は蒴果，長楕円形で長さ8－10mm，胞背裂開する．種子は球形で黒褐色，径1.2－1.5mm，表面に小粒状突起が密生し，付属体はごく小さい．染色体数は$2n=54$．本州（宮城県以南）～琉球，中国（南部）・台湾から東南アジア大陸部・ネパール・インド・マレーシア・インドネシア・フィリピン・パプアニューギニアまで広く分布する．

旧版の執筆は佐竹義輔．

アヤメ科　IRIDACEAE

田中伸幸

　地下に根茎，球茎または鱗茎のある多年草。葉はふつう根生し，互生で跨状になり，剣形または線形である。花序は総状，円錐状，ときに1花のみつく。花は両性で放射相称あるいは左右相称。花被片は6個で，多くは2輪に並んで花弁状になり，内花被片と外花被片は同形，または外花被片は内花被片より大型になり，下部は筒になって子房と合着する。雄蕊は3個で外花被片に対生し，花糸は糸状で離生するかまたは合着し，葯は外向きで花糸に底着する。花柱はしばしば3分枝し，分枝は糸状であるか，ときに扁平で花弁状になる。子房は下位，3室で中軸胎座に多数の倒生胚珠がつく。果実は蒴果で，胞背裂開する。種子の胚乳は豊富で，肉質または角質，小型でまっすぐの胚がある。世界に約70属約1500種がある。日本にはアヤメ属8種が自生し，ニワゼキショウ属数種が帰化するほか，ヒオウギズイセン属1種が帰化する。観賞用に栽培されているものも多いが，ふつうに見られるものはサフラン属Crocus，フリージア属Freesia，グラジオラス属Gladiolusなどの園芸品である。サフラン属は花が花茎の頂に1個つき，6個の花被片は同形で，下部は細長い筒になる。花柱分枝は長く垂れ下がり，その先はラッパ状に広がる。フリージア属とグラジオラス属では花被片は下部が合着して太い筒になる。フリージア属では花柱分枝はさらに2裂するが，グラジオラス属では花柱分枝は2裂しない。いずれも多くの園芸品種がつくられている。

```
A. 茎は円柱形。花は大型で径3－13cm。
    B. 茎は走出枝をもち匍匐する根茎から出て花序は総状 ················································· 【2】アヤメ属 Iris
    B. 茎は球茎から出て花序は穂状 ······················································· 【1】ヒオウギズイセン属 Crocosmia
A. 茎は狭い翼がある。花は小型で径10－15mm ······················································· 【3】ニワゼキショウ属 Sisyrinchium
```

【1】ヒオウギズイセン属　Crocosmia Planch.

　球茎をもつ多年草で，茎は枝分かれして開出する。葉は剣形で，基部で跨状となる。花は左右相称，まれに放射相称。花被片は合着して筒状となり，鮮やかな橙色や赤色，外花被片は内花被片よりやや大きい。花筒は漏斗形となる。花柱は，3個の糸状の花柱分枝となる。蒴果は球形で3室，各室に2－4個の光沢のあるかたい種子が入る。ヒオウギズイセン属は9種があり，ほとんどは熱帯アフリカに分布し，マダガスカル島に1種がある。

1. ヒメヒオウギズイセン　　PL.165
Crocosmia ×crocosmiiflora (Lemoine) N. E. Br.

　日当りのよい各地の道路沿い，人家周辺などに野生化する南アフリカが原産の多年草。草丈は0.5－1m。球茎は径1.5－3cm。茎は2－4枝に枝分かれして，湾曲することが多い。葉は根生し，披針形で，幅5－35mm。花序は穂状で，苞は長さ6－10mm，先のほうは茶色。花は6－8月に径3cm内外の橙赤色の花を2列につける。花被片は，内外片ともに狭楕円形で，橙赤色，基部はしばしば黄色をおび，長さ16－25mm，幅6－9mm。基部は合着して筒状になり，筒部は長さ12－15mm。雄蕊は長さ15－22mm，葯は6－8mm。子房は楕円形で3室，径約3mm内外。花柱は分枝し，柱頭は3裂する。花柱分枝は，長さ約4mmで先端は2裂する。蒴果は球形で，押しつぶされたように縮まって凹凸があり，3稜形。種子は球形で黒色，光沢があり，径約2.5mm。染色体数は2n=22。

【2】アヤメ属　Iris L.

　地下に球茎または根茎のある多年草。葉は左右から扁平になり剣形である。花は1個あるいは多数の花を総状につけ，両性で放射相称。ヒオウギ以外は花被片の内外片が異形で，外花被片は大型で先が広がり反曲し，基部は爪状になり，ときに中央部にとさか状の突起があり，内花被片は外花被片より小型で直立する。花柱の上部は3分枝に分かれ，分枝は平たい花弁状で，裏側の先に柱頭があり，分枝の先は2裂または房状に裂ける。雄蕊は3個で，花柱分枝の下側に沿ってつく。蒴果は球形または長楕円形で，種子は多数。主として北半球の温帯地域に約200－300種が分布する。なお，ジャーマン・アイリスI. germanica L.やダッチ・アイリスI. ×hollandica Hort. ex Todd.などの外国産の多数の種類が観賞用に栽培されている。

```
A. 花柱分枝は細く，花被片はすべて同形 ······································································· 1. ヒオウギ
```

旧版の執筆は佐竹義輔。

Iridaceae

A. 花柱分枝は弁化して幅広く，花被片は内花被と外花被で形が異なる．
  B. 外花被片の中央部にとさか状の突起がある．内花被片も外花被片と同様に開出する．
    C. 花径は3－6cm，外花被片は先が浅く2裂する．
      D. 葉は常緑で大型，幅20－30mm，光沢がある．花は花茎に多数総状につき径5cm内外．白色で紫斑がある ……… 2. シャガ
      D. 葉は小型で冬には枯れ，幅5－15mmで，光沢はない．花は径4cm内外で花茎に2－3個つき淡紫色 ……… 3. ヒメシャガ
    C. 花径は約10cm．外花被片は紫色で先が円い ……… 4. イチハツ
  B. 外花被片の中央部にとさか状の突起がない．
    C. 花被片は紫色で外花被片の中央から爪部にかけて帯黄色～黄色．
      D. 花茎は高さ15cm内外．花は花茎の頂に1個つき，径4－5cm，葉は狭く幅2－10mm ……… 5. エヒメアヤメ
      D. 花茎は高さ40cm以上．花は花茎に数個以上つき，径8－12cm，葉は広く幅5－30mm．
        E. 葉の中脈は隆起して目立つ．蒴果の頂に嘴状突起がある ……… 6. ノハナショウブ
        E. 葉の中脈は目立たない．蒴果の頂には嘴状突起がない．
          F. 外花被片の中央部の基部は黄色であるが青紫色の網脈がない．花柱分枝の裂片はほぼ全縁である ……… 7. カキツバタ
          F. 外花被片の中央部の基部は黄色で，いちじるしい青紫色の網脈がある．花柱分枝の裂片には歯牙がある．
            G. 葉は幅5－10mm．花茎は分枝しない．内花被片はへら形で直立し，目立つ ……… 8. アヤメ
            G. 葉は幅15－30mm．花茎は分枝する．内花被片は小型で目立たない ……… 9. ヒオウギアヤメ
    C. 花被片は黄色 ……… 10. キショウブ

1. ヒオウギ　　PL.165
Iris domestica (L.) Goldblatt et Mabb.;
Belamcanda chinensis (L.) DC.

山地の草原に生えるが，観賞用に栽培もされる多年草である．葉は広い剣状で，その並び方が檜扇に似ているのでこの名がある．葉は長さ30－50cm，幅2－4cm，先が長くとがり，緑色で多少粉白をおびる．花茎は高さ60－100cm，上部が2－3分枝し，枝端に数個の膜質の苞がつき，その中から2－3花が出る．花は8－9月，径3－4cm，花被片は狭長楕円形，橙色で内面に暗赤色の斑点があり，内片はやや幅が広い．3個の雄蕊は花柱をかこんで立ち，葯は線形で黄橙色，長さ10mm内外で底着する．蒴果は倒卵状楕円形で長さ約3cm．種子は球形で径5mmほどあり，黒色で光沢が強く〈うば玉〉，または〈ぬば玉〉とよばれる．染色体数は2n=32．本州～琉球，朝鮮半島・中国・東南アジア・インドに分布する．根茎を〈射干〉といい薬用にする．

園芸品種に鮮赤色花のベニヒオウギ，黄色花のキヒオウギ，また葉が幅広くて先が円く，花被片も幅広いダルマヒオウギがある．

2. シャガ　　PL.165
Iris japonica Thunb.

林下に群生する多年草．根茎はほふくし，長い走出枝を出す．葉は常緑で深緑色，光沢があり，やや肉質で長さ30－60cm，幅2－3cm．4－5月，高さ30－70cmの花茎が立ち，上方で分枝し，多数の花がつく．花は径5cm内外でほぼ白色．外花被片は倒卵形で縁には細歯牙がいちじるしく，中脈に沿って黄橙色の斑紋があり，とさか状の突起となり，さらにそのまわりに青紫色の斑点がある．内花被片はやや小型で長楕円形，先が浅く2裂し，裂片の先は糸状に切れる．花柱分枝の先も2裂し，裂片は淡紫色をおび，さらに細かく裂ける．ふつうは3倍体で，果実はできない．染色体数は2n=24, 28, 34, 36, 54, 56．本州～九州に見られ，中国・ミャンマーに分布する．和名は〈射干〉（ヒオウギの漢名）の日本読みである．また〈胡蝶花〉とも書く．人里近くに多いところから，古く中国から渡来して野生化したとする説がある．

3. ヒメシャガ　　PL.166
Iris gracilipes A. Gray

山地のやや乾いた林下に生える多年草．シャガに似ているがやや小型で，花は淡紫色，花被片は全縁で，外花被片の中央は白く，紫色の脈と黄斑がある．花数も少ない．花茎は細長く，高さ30cm以下．花期は5－6月．葉は淡緑色で細く，長さ20－40cm，幅5－15mmで，冬には枯れる．よく果実を結ぶ．蒴果は球形で径約8mm，先端から3裂する．種子は赤褐色，倒卵形で，長さ3mm，1稜がある．染色体数は2n=36．北海道西南部～九州北部に分布する．庭によく栽培される．シャガに比べて葉も細くて薄く，全体がやさしい感じがあるので，この名がついた．

4. イチハツ　　PL.166
Iris tectorum Maxim.

中国原産の多年草で，古くから観賞用に栽培されている．地下に短く分枝する黄色の根茎がある．葉は剣形で長さ30－60cm，幅2.5－3.5cm，淡緑色で中脈は隆起しない．5月ごろ，高さ30－50cmの花茎が立ち，多少分枝して各枝に2－3花が開く．花は径10cm内外，藤紫色で，外花被片は倒卵形で濃紫色の斑点が散らばり，中央から基部にかけて白色のとさか状突起がある．内花被片も倒卵形で，外花被片よりやや狭く，ともに平開する．葯は白色である．蒴果は楕円形で長さ4cmばかり，黒褐色の種子がある．染色体数は2n=24, 28, 32．花の白色のものをシロバナイチハツ f. alba (Dykes) Makinoという．最近は少なくなったが，昔は農家のわら葺き屋根の棟の上に植える風習があった．学名の種名tectorumは〈屋根の〉という意味である．この類ではいちばん早く花を咲かせるので〈一初草〉を当て，また漢字では〈鳶尾〉と書く．

5. エヒメアヤメ　　PL.166
Iris rossii Baker

山地に生える多年草で根茎に褐色の繊維が密生する．葉は細く，幅2－10mm，初めは長さ20cm内外であるが花後は伸びて30cm内外に達する．花は4－6月，高

さ5－15cmの花茎の先に1花が開く。花は青紫色で径4cmばかり、外花被片は狭倒卵形で、中央から基部にかけて黄色、内花被片はへら形で外花被片より小さく、直立する。花柱分枝の先は2深裂する。蒴果は球形で径8mm内外ある。染色体数は2n=32。本州（中国地方）・四国・九州、朝鮮半島・中国（東北部）に分布する。どこにでも見られる種類ではないので、広島県・山口県・愛媛県・佐賀県・大分県の自生地では特に国の天然記念物に指定されているところがある。和名は愛媛県に産するアヤメの意味で、1899年に牧野富太郎が初め愛媛の標本に基づきエヒメアヤメと新称し、I. iyoana Makinoの学名を用意したが、すでに1877年にJ. Rossiの中国産標本に基づきI. rossii Bakerとして発表されていたため、学名は正式に発表せずに終わった。和名も、エヒメアヤメより古く、〈タレユエソウ（誰故草）〉の名があった。

6. ノハナショウブ　　PL.166
Iris ensata Thunb. var. **spontanea** (Makino) Nakai ex Makino et Nemoto

山野の草原や湿原に生える多年草で、分枝する根茎に褐色の多くの繊維がある。葉は剣状で、長さ30－60cm, 幅5－12mm, 太い中脈が目立つ。6－7月、高さ40－80cmの花茎が立ち、頂部に数個の苞があり、その中から数個の花をつぎつぎに開く。花は赤紫色で径約10cm。外花被片は楕円形で先が垂れ、中央から基部の爪にかけては黄色である。内花被片は狭長楕円形で直立し、長さ4cm内外、花柱分枝の先は2裂し、裂片はほぼ全縁である。葯は黄色。蒴果は楕円形で長さ2－3cm。染色体数は2n=24。北海道～九州、韓国・中国（東北）・シベリア東部に分布する。岩手県・三重県・鹿児島県では天然記念物に指定された群落がある。

観賞用に栽培されるハナショウブはこれから改良された園芸品種であり、内花被片が大型になって外花被片との差がなくなり、色彩も豊富で、500余種に及ぶ。学名上の基本種I. ensata Thunb.は1園芸品種に命名されたものである。

7. カキツバタ　　PL.167
Iris laevigata Fisch.

水湿地に生える多年草。根茎は分枝して多くの繊維におおわれる。葉は長さ30－70cm, 幅20－30mm, 中脈はない。5－6月、高さ40－70cmの花茎が立ち、頂部に2－3花が開く。花は青紫色で径12cm内外、外花被片の拡大部は楕円形で垂れ、長さ5－7cm、中央から爪部は白色～淡黄色。内花被片は倒披針形、長さ約6cmで直立する。花柱分枝の先は2裂し、やや楕円形で全縁。葯は白色。蒴果は長楕円形で、長さは4－5cm。染色体数は2n=32。北海道～九州、韓国・中国・シベリア東部に分布する。愛知県・京都府および鳥取県の一部では、天然記念物に指定された群落がある。和名は〈書付け花〉の転訛で、昔、この花の汁を布にこすりつけて染めた行事があったことによる。杜若とか燕子花の漢字を用いるのは誤りである。

観賞用として池などにも栽培され、花が白色のシロカキツバタもある。

8. アヤメ　　PL.167
Iris sanguinea Hornem. var. **sanguinea**

山地のやや乾いた草原に生える多年草。根茎は褐色の繊維におおわれる。葉は長さ30－50cm, 幅5－10mm, 中脈はあるが目立たない。花は5－7月、高さ30－60cmの花茎に2－3個つく。花は紫色で、径8cm内外、外花被片の拡大部は広倒卵形で平開し、爪部は黄色地に紫色の細脈があるのが特徴である。内花被片は楕円状倒披針形、長さ約4cmで直立する。花柱分枝の先は2裂し、裂片に歯牙がある。葯は暗紫色。蒴果は長楕円形で長さ4cmばかり。染色体数は2n=28。北海道～九州、韓国・中国（東北）・シベリア東部に分布する。和名は外花被片の基部に綾になった目があることからついたという。

花が白色のものをシロアヤメ f. albiflora (Makino) Makino、内花被片が大型で外花被片と同じように平開するのをクルマアヤメ f. stellata (Makino) Makinoという。また**カマヤマショウブ** var. **violacea** Makinoといって栽培されるのは、朝鮮半島原産といわれ、葉がかたくねじれており、つぼみの時に花茎上部が傾き、花が濃紫色のものである。花茎が短く2－3cmで、苞が緑色の**トバタアヤメ** var. **tobataensis** S. Akiyama et Iwashina（PL.167）は、九州の福岡県戸畑に固有とされるが、野生では消失したと考えられている。

9. ヒオウギアヤメ　　PL.167
Iris setosa Pall. ex Link var. **setosa**

高地、寒地の湿性の草原に生える多年草。外花被片の模様はアヤメに似ているが、内花被片はいちじるしく小型で目立たず、長さ10mm内外、倒卵形で先が芒状にとがる。葉は幅広く、1.5－3cmで、花茎は分枝し、高さ30－90cm。花は7－8月、径8cmほどに平開する。花がアヤメに似ており、葉がヒオウギに似ているのでこの名がついた。染色体数は2n=38。本州中部以北・北海道、中国・韓国・ロシア・アラスカ・カナダ東部に分布する。

ナスノヒオウギアヤメ var. **nasuensis** H. Haraは、葉の幅35mm, 花茎は高さ1mを超える。内花被片の長さは、ヒオウギアヤメの2倍で20mm内外あり、中央部のくびれた形のものである。栃木県那須地方に特産する。**キリガミネヒオウギアヤメ** var. **hondoensis** Hondaは、花がやや大型で径11－14cm。内花被片はへら形で、長さ25mm内外あり、先が凹入したところに芒状の突起がある。長野県霧ヶ峰に産する。

10. キショウブ　　PL.167
Iris pseudacorus L.

西アジア～ヨーロッパ原産の多年草で、明治時代に輸入され栽培されているが、今では各地の水辺に拡がって帰化している。根茎はよく発達し、茎は高さ60－100cmで、分枝する。葉は長さ60－100cm, 幅2－3cmで、中脈が明瞭である。花は5－6月ごろに咲き、鮮黄色で、外花被片は大型の広卵形で先が垂れ、基部には褐色の条線があり、内花被片はごく小型で直立する。

花柱裂片の縁には歯牙がある。蒴果は三角状楕円形で，内に褐色の種子がある。花被片がクリーム色のものや，雌蕊，雄蕊が弁化した八重咲品種がある。染色体数は 2n=24, 30, 32, 34。

【3】ニワゼキショウ属　Sisyrinchium L.

多年草で，短い根茎がある。茎は2稜形のもの，翼のあるものなどがある。葉は線形で基部は跨状となる。花は放射相称。花被の基部は短い筒になるもの，ならないものがある。花被片は6個，同形で，倒卵形または長楕円形で，先は多くは芒状になる。花糸の下部は多くは合着する。子房は3室で，花柱分枝は糸状になる。蒴果は球形，卵形，倒卵形で，熟すと胞背裂開する。種子の表面は平滑，または小孔がある。北アメリカに約80種がある。日本に3種が帰化している。

A．通常は一年草ときに短命な多年草で，花被は基部が合着してつり鐘状になる。花被片は紫色，桃色，黄色，または白色 ……………………………………………………………………………………………… 1. ニワゼキショウ
A．多年草で，花被は漏斗形または基部から反り返る。花被片は淡紫〜紫色，青色，ときに白色。
　B．茎は枝分かれし，幅2mm以上 ……………………………………………………………………… 2. ルリニワゼキショウ
　B．茎は枝分かれせず，幅2mm以下 ………………………………………………………………… 3. ヒトフサニワゼキショウ

1. ニワゼキショウ　　PL. 168
Sisyrinchium rosulatum E. P. Bicknell;
S. atlanticum Bicknell

日当りのよい道ばたや芝生の中などにふつうに見られる北アメリカ原産の一年草，またはときに短命な多年草。高さ10-30cm。茎は無毛で，扁平で狭い翼がある。葉は線形で，幅2-3mm，縁にごく小さい歯がある。5-6月，茎の頂に2-5花がへら形の2個の苞の間から散形状に出て，つぎつぎに咲く。花柄は細く，長さ約2cm，基部に小苞がある。花は淡紫色，白色，時に黄色で，径10-15mm，6個の花被片は平開し，倒卵状長楕円形で，濃色の条があり，先は短い突起になり，基部は短い筒になって，黄色。雄蕊は3個，花糸の下半部は合着してふくれ，黄色の腺毛がある。蒴果は球形で径3mm内外，毛がなく，黒褐色をおびて光沢がある。種子は球形で多数，径0.5-1mm。染色体数は2n=32。牧野によれば，1887年（明治20）ごろに渡来し，初め小石川植物園にあったが，のち各地に拡がって野生状態になったという。草丈がやや低く，花が黄色で基部が赤紫色のものをキバナニワゼキショウS. exile E. P. Bicknellとする場合があるが，原産地の植物誌では，ニワゼキショウの1つの変異として扱われており，ここではとりあえずそれに従った。今後の研究が必要である。

2. ルリニワゼキショウ
Sisyrinchium angustifolium Mill.

日当りのよい道ばたや公園などにふつうに見られる北アメリカ原産の多年草。草丈は50cmくらいまでになる。茎は枝分かれし，無毛。葉は線形，無毛で幅2-6mm。花序は枝分かれせず，苞は長さ2-3cm，幅3-4mmで先端はとがる。花は5-8月で，淡青色またはすみれ色で基部は黄色い。外花被は径0.8-1.2cmで，先端は芒状になる。雄蕊は3個で長さ3-4mm，ほぼ全体に合着する。蒴果は球形で径5mm内外，黒色から濃褐色。種子は球形あるいは倒円錐形で，径0.5-1.2mm。ニワゼキショウに似ているが，草丈はより高く，花がやや小さく淡青色からすみれ色である。染色体数は2n=16, 32, 96。

3. ヒトフサニワゼキショウ　　PL. 168
Sisyrinchium mucronatum Michx.

市街地の路傍などに見られる北アメリカ原産の多年草。高さ20-40cm。茎は枝分かれせず，細くて扁平で，幅の狭い翼があり，幅1-2.5mmで無毛。葉は線形，無毛で，長さ20cm，幅1.5-2.5mm，基部に繊維状の葉基がわずかに宿存する。花序は1つの茎に1個出て，枝分かれせず，苞は紫色で，無毛，先端はとがり，縁は膜室で幅0.1-0.3mm。花は青紫色あるいは濃青色で，基部は黄色く，径1-1.2cm。外花被片は先端で凹形で，凹入したところに顕著に芒状の突起を生じる。雄蕊は花糸が全体的に合着し，基部に腺毛がある。蒴果は球形で，濃茶色または黒色，径5-7mm。種子は，球形から倒円錐形，径1mm内外。染色体数は2n=32, 96。和名は，花の房が1つの茎に1個つくことに由来している。

ススキノキ科　XANTHORRHOEACEAE

髙橋　弘

　この科はススキノキ亜科，ワスレグサ亜科およびツルボラン亜科からなる。ススキノキ亜科はススキノキ属 Xanthorrhoea のみからなり，オーストラリアに28種ある。ワスレグサ亜科は Engler の体系ではユリ科に含められていた属の一部からなり，APG II 分類体系ではワスレグサ科 Hemerocallidaceae とされていたもので，19属113種がオーストラリアを中心とした南半球に多く分布し，一部が東アジアとヨーロッパにある。日本にあるキキョウラン属とワスレグサ属はこれに属する。ツルボラン亜科は Engler の体系ではユリ科に含められていた13属約600種がアフリカを中心に，地中海からヨーロッパ・中東および東アジアに分布する。
　科の全体にわたる特徴としては葉が線形でロゼットになり，そこから花茎が立ち上がることがあげられる。葉は多くが常緑性で，一部は夏緑性である。ススキノキ亜科とツルボラン亜科の植物は茎に2次分裂組織があって2次肥大成長をする。

　A．葯は先端に孔があいて花粉を出す。果実は液果 ··【1】キキョウラン属 Dianella
　A．葯は縦に裂開して花粉を出す。果実は蒴果 ··【2】ワスレグサ属 Hemerocallis

【1】キキョウラン属　**Dianella** Lam.

　常緑の多年草で，葉は2列に互生，線形で革質。花は花茎の頂に円錐花序につく。花被片は離生し，青色ときに淡黄色。雄蕊は6個，花糸の一部が肥厚する。葯は先端に孔があいて花粉を出す。子房は上位で3室，各室に3−8個の胚珠がある。果実は球形の液果状。東アジア・太平洋諸島・マダガスカル・オーストラリア北部に約20種，日本に1種ある。

1．キキョウラン　　　　　　　　　　　　　PL.168
Dianella ensifolia (L.) DC.

　海岸に生える多年草で，太い根茎は古い葉鞘でおおわれる。葉は線形で長さ40−60cm，幅15−20mm，革質で厚く，基部は互いに重なり合って花茎の下部につく。花茎は高さ50−100cm，退化した小型の葉がつく。花はまばらな円錐花序となり，5−7月，横向きまたは下向きに開く。花柄は長さ7−15mmで，卵状披針形の苞がある。花被片は6個，青色で狭長楕円形，長さ6−8mm，平開し，先が反り返る。花糸は上半部で膝折れし，先に肥厚部がある。葯は線状楕円形で黄色。果実は球形で径8−10mm，青紫色に熟す。種子は長楕円形で長さ4mm，黒くて光沢がある。染色体数は 2n=32。本州（紀伊半島）・四国・九州・琉球・小笠原，中国（中南部）・台湾・マレーシア・インドに分布する。和名は，花の色がキキョウの花に似ていることに由来する。

【2】ワスレグサ属　**Hemerocallis** L.

　地下に短い根茎があり，ときに長い根茎を出すものがある。根は多数，根の一部はときに紡錘状にふくれる。葉は根生，線形で2列跨状に並ぶ。花茎は2出集散花序がつき，あるものは（仮軸分枝して）枝は長く伸びるが，あるものは枝が詰まって散形状になり，さらに詰まって頭状花のようになるものもある。花は6−9月，大型で上向きまたは横向きになり，ふつうは朝開き夕刻閉じる一日花であるが，夕刻開き翌日午前中または午後にしぼむものもある。花は黄色，橙黄色，または橙赤色で，花被片は6個，下部は多少合着して細い筒になり，裂片は平開し，先はやや反り返る。雄蕊は6個，花筒の上端につく。子房は上位，3室。果実は楕円形の蒴果で長さ3cm内外，胞背裂開する。ユーラシアの温帯に約20種，日本に数種が自生し，観賞用に栽培されるものもある。根のふくらみ，匍匐枝の有無，花序の長短，花期，花色，葉の幅などで種を区別するが，その差異は微妙で，学者により見解がまちまちである。ここでは大井次三郎，北村四郎，前川文夫，堀田満，松岡通夫の説を勘案して記述する。

　A．花は淡黄色または黄色で，夕刻開き翌日午前から午後に閉じる。芳香がある。
　　B．花は淡黄色で午前中に閉じる。花期は7−8月 ·· 1．ユウスゲ
　　B．花は黄色で午後に閉じる。花期は5−7月 ·· 2．エゾキスゲ
　A．花は橙黄色または橙赤色で，朝開き夕刻閉じる。芳香はない。
　　B．根にふつう紡錘状のふくらみがなく，匍匐枝もない。花は橙黄色で，赤みがない。花茎にふつう苞がなく，花序はあまり伸長しない ·· 3．ゼンテイカ
　　B．根に紡錘状のふくらみがあり，匍匐枝もある。花は橙黄色または橙赤色で，赤みの強いものもある。花序は伸長し，花茎に

旧版の執筆は佐竹義輔。

　　　　苞がある。
　　C．根茎は短い。花は5－7月 ･･ 4．トウカンゾウ
　　C．根茎は長い。花は7－10月。
　　　　D．葉は幅10－15mm，花は一重咲。
　　　　　　E．葉はやや薄く，冬には枯れる。花茎に葉がない ･･ 5．ノカンゾウ
　　　　　　E．葉はやや厚く，冬を越す。花茎に葉をつけることがある ･･ 5'．ハマカンゾウ
　　　　D．葉は幅20－40mm，花は八重咲 ･･ 5''．ヤブカンゾウ

1．**ユウスゲ**〔キスゲ〕　　　　　　　　　　　　PL.168
　Hemerocallis citrina Baroni var. **vespertina** (H. Hara) M. Hotta; *H. vespertina* H. Hara

　山地の草原，林縁などのやや乾いたところに生える多年草。根に紡錘状のふくらみがない。葉は線形，長さ40－60cm，幅5－15mm。花茎は高さ100－150cm。花は7－9月に開き，花序が分枝し，つぎつぎに咲き続ける。花は夕刻開き，翌日午前中に閉じる。花被はレモン黄色で，やや芳香がある。花被片の長さや幅は個体によりいろいろである。花被片の長さ6.5－7.5cm，花筒は長さ2.5－3cm。雄蕊は花被片より短く，葯は黒紫色。花柱は雄蕊よりやや長い。蒴果は広楕円形で長さ約20mm，先がへこむ。種子は卵形，黒色でつやがあり，長さ5mm内外。染色体数は2n=22。本州・四国・九州に分布する。本州中部の山地にあるものは葉が広く大型になり，アサマキスゲといわれ，本州南西部～九州のものは葉が狭く，ユウスゲまたはキスゲといわれるが同じ種類である。学名は*H. thunbergii* Bakerをあてる説，独立種とする説もあるが，ここでは堀田・松岡説に従い，ウコンカンゾウ（中国原産）の変種として扱った。

2．**エゾキスゲ**　　　　　　　　　　　　　　　PL.169
　Hemerocallis lilioasphodelus L. var. **yezoensis** (H. Hara) M. Hotta; *H. flava* L. var. *yezoensis* (H. Hara) M. Hotta; *H. yezoensis* H. Hara

　北海道・南千島の海岸草地や砂浜に生える。ノカンゾウに似ているが花期が早く，花は黄色で，夕方開き翌日の午後まで咲き，葉は細い。原寛は独立説であり，北村四郎はユウスゲの一型と見て区別しない。堀田・松岡説をとりマンシュウキスゲ*H. lilioasphodelus* L.; *H. flava* L.の変種とした。

3．**ゼンテイカ**〔ニッコウキスゲ，エゾゼンテイカ〕PL.169
　Hemerocallis dumortieri C. Morren var. **esculenta** (Koidz.) Kitam. ex M. Matsuoka et M. Hotta; *H. middendorffii* Trautv. et C. A. Mey. var. *esculenta* (Koidz.) Ohwi

　山地または亜高山の草原，ときに海岸の斜面に群生する多年草。匍匐枝はなく，根にまれにふくらみがある。葉は長さ60－70cm，幅16－20mm。花茎は高さ60－80cm。花は7－8月に開き，花序は3－10花，花柄はごく短いものから3cm位のものまでいろいろある。花筒は長さ15－20mm，花被片は長さ6.5－8cm。蒴果は広楕円形で長さ20－25mm。種子は黒色で卵形，長さ5－6mmある。染色体数は2n=22。本州中部以北・北海道・南千島，サハリンに分布する。若葉，つぼみ，花被は食べられる。和名は〈禅庭花〉であるが，その由来は不明である。

　従来，本州東北部から北海道・南千島産のものは，花柄がごく短いかほとんどなく，花被片が厚質なのでエゾゼンテイカとし，*H. middendorffii* Trautv. et C. A. Mey.をこれにあて，本州中部のものは花被片が薄質で，花柄がはっきりしているのでゼンテイカ（ニッコウキスゲ）として区別し，別種としたり，その変種としたりした。しかし，地理的には一応分けられるとしても，形態的には連続して分けることは難しい。そこで，これらを一緒にして*H. dumortieri* C. Morrenの変種と見る，北村説をとることにした。

　基準変種の**ヒメカンゾウ** var. **dumortieri**はふつう栽植され，日本での自生地は不明であるが，原産はアムールといわれる。ゼンテイカに比べて全体が小型で，花茎は高さ25－40cm，葉より長くならず，花は5－6月，花筒は長さ10mm内外，花被片の長さ5－6cmになる。染色体数は2n=22。

　トビシマカンゾウ var. **exaltata** (Stout) Kitam. ex M. Matsuoka et M. Hotta; *H. exaltata* Stoutは東北地方の日本海の飛島や佐渡の海辺に生え，ゼンテイカに似ているが，大型で，花序に15－30花がつくものである。ゼンテイカの島嶼型であろう。染色体数は2n=22。

4．**トウカンゾウ**〔ワスレグサ，ナンバンカンゾウ〕
　Hemerocallis major (Baker) M. Hotta; *H. aurantiaca* auct. non Baker

　九州西部の海岸や島および琉球に自生する多年草。根茎は短く，根の一部にふくらみがある。葉は大きく，長さ60－100cm，幅15－25mm。花茎は高さ70cm内外になり，中部に線状披針形の苞がある。花は5－7月に開き，橙黄色で，花筒の長さ2－3cm，花被片は長さ8－9cmある。染色体数は2n=22。中国に分布し，庭に植えられる。

5．**ノカンゾウ**〔ベニカンゾウ〕　　　　　　　PL.169
　Hemerocallis fulva L. var. **disticha** (Donn ex Ker Gawl.) M. Hotta; *H. fulva* L. var. *longituba* auct. non (Miq.) Maxim.; *Hemerocallis longituba* auct. non Miq.

　溝の縁や野原に生える多年草。根茎は長くはい，根にときにふくらみがある。葉は長さ50－70cm，幅10－15mm。花茎は高さ50－70cm，上部に小型の苞がつく。花は7－8月，花序は2分してそれぞれに10花内外が開く。花被片は橙赤色でほとんど同形，長さ7－8cm，先はやや反り返る。花筒は長さ2－4cmあって他種よりはるかに長いのが特徴である。雄蕊は6個，花被より短い。結実することは少ない。染色体数は2n=22。本州～琉球，中国・台湾に分布する。原野に多いのでノカンゾウという。花色に変化が多く，特に赤色の強いものをベニカンゾウとよぶことがある。また葉が細く，花被片も狭

いものが東京近郊にありムサシノワスレグサH. exilis Satakeと名がつけられたが，ユウスゲとノカンゾウとの雑種と見られる。

ハマカンゾウ var. **littorea** (Makino) M. Hotta; *H. littorea* Makino（PL.169）はノカンゾウに似ているが，葉が常緑で，濃緑色，厚く，花序は2分して伸長し，花は7-10月ごろに咲き，花の色が濃い。海岸の日当りのよい斜面に生えるのでこの名がある。本州（関東以西）・四国・九州に分布する。独立種と見る牧野説，ワスレグサの変種とする中井説もあるが，ここではホンカンゾウの変種とする考えに従っておく。

ヤブカンゾウ（オニカンゾウ）var. **kwanso** Regel（PL.169）はノカンゾウと同じようなところに生えるが，特に人家の近くに多いようである。葉は長さ40-90cm, 幅20-40mm。花茎は高さ50-100cmで，ノカンゾウよりすべて大振りである。花は7-8月，八重咲で，雄蕊は全部または一部弁化する。果実はできない。染色体数は2n=33。北海道〜九州，中国に分布する。もと中国の原産で，古く渡来して各地に拡がったものらしく，3倍体で結実しないことなども，ヒガンバナと同様である。

基準変種の**ホンカンゾウ**（シナカンゾウ）var. **fulva** は日本に自生がなく，各地に栽培される。葉はヤブカンゾウと同じく大型，花茎は高さ130cmになり，花は6月，橙黄色で，花被片の幅20-30mmになる。花を乾燥して食用にしたり，根茎を薬用にしたりする。

ヒガンバナ科　AMARYLLIDACEAE

布施静香

　多くは鱗茎のある多年草で，ふつう線形の根出葉がある。花は両性で放射相称または左右相称，花茎上に散形につくか，1個つき，花序基部に総苞をともなう。花被片は6個で，外花被片3個，内花被片3個が2輪に並び，ときに副花冠がある。雄蕊は6個，葯は内向し，数が多くなったり，仮雄蕊に変化したものもある。花糸は葯の背部に丁字状につくかまたは基部に底着し，花糸はふつう離生するが，ときに基部が広がって互いに合着する。子房は上位または下位で3室，中軸胎座である。果実は蒴果で，ふつうは胞背裂開するが，ときに不規則に裂開する。まれに液果のものもある。世界に73属1130－1640種がある。

　A．子房上位である。ふつう葉や茎にネギ特有の臭気がある　……………………………………………………………【1】ネギ属 Allium
　A．子房下位である。葉や茎にネギ特有の臭気がない。
　　B．副花冠がない。葉は常緑。鱗茎は円柱形で長さ30cm以上　……………………………………………【2】ハマオモト属 Crinum
　　B．副花冠がある。葉は常緑ではない。鱗茎は球形または卵形で長さ数cm。
　　　C．副花冠はごく小型で，花糸はその間から出る。総苞は2個。花茎と葉は別の時期にある　…………【3】ヒガンバナ属 Lycoris
　　　C．副花冠は大型で，花糸はその内側から出る。総苞は1個。花茎と葉は同時期にある　………………【4】スイセン属 Narcissus

【1】ネギ属　Allium L.

　鱗茎はふつう単生するが，束生するものもあり，まれに根茎のあるものがある。葉は円柱形または線形～広線形で中実または中空，まれに扁平で長楕円形のものがある。花茎の基部は葉鞘に包まれ，頂に散形花序がつき，その基部に膜質の総苞がある。総苞ははじめは1個であるが，のちに2または3片に裂ける。散形花序は多数（まれに1－2個）の花からなる。花は小型，花被片は6個で多くは離生し，白色，紅紫色，紫色，まれに淡黄色。雄蕊は6個，花被片より短いもの，長いもの，同長のものなどある。花糸の基部は幅広くなり互いに連絡し，内輪のものにはときに両側に小さな歯牙がある。子房は上位，3室で，各室に1～数個の胚珠がある。蒴果は胞背裂開し，果皮は膜質，種子は黒色，扁平で稜角がある。この属特有の臭気のあるものが多く，中央アジアを中心に北半球に260－700種がある。ネギ属のなかには昔から食用または香辛料として栽培されるものが多く，タマネギ A. cepa L.，ネギ A. fistulosum L.，ワケギ A. ×wakegi Araki，リーキ A. porrum L.，ニンニク A. sativum L.，ラッキョウ A. chinense G. Don などがある。

　A．花被片は下部が合着する。ネギ特有の臭気はない　………………………………………………………………………1．ステゴビル
　A．花被片は離生する。葉や茎にネギ特有の臭気がある。
　　B．葉は広く長楕円形，幅3－10cm　…………………………………………………………………………………2．ギョウジャニンニク
　　B．葉は円柱形または線形～広線形，幅10mmを超えない。
　　　C．花序は1（または2，3）個の花があるのみ，花柱の先は3裂する　………………………………………………3．ヒメニラ
　　　C．花序は多数の花からなる。花柱は3裂しない。
　　　　D．根茎がある。鱗茎は束生。花被片は白色で上半が開出する。
　　　　　E．根茎の発達がよい。花被片は長さ5－6mm，先がとがる。雄蕊は花被片より少し短く，花糸に歯牙がない　………4．ニラ
　　　　　E．根茎の発達が悪い。花被片は長さ3－4mm，先が円く，雄蕊は花被片より長く，花糸に歯牙がある
　　…………5．カンカケイニラ
　　　　D．根茎がない。鱗茎は単生するか，または少数が束生する。花被片は紅色をおび，直立または斜めに立つ。
　　　　　E．花茎に葉はなく，葉叢に側生する。
　　　　　　F．花は上向きに咲く。内花被片は平ら　………………………………………………………………………6．イトラッキョウ
　　　　　　F．花は横向きまたは斜め下向きに咲く。内花被片はボート状　………………………………………7．キイイトラッキョウ
　　　　　E．花茎は葉叢の中心から出る。
　　　　　　F．鱗茎はシュロ毛におおわれる　……………………………………………………………………………8．ミヤマラッキョウ
　　　　　　F．鱗茎はシュロ毛におおわれない。
　　　　　　　G．鱗茎は球形。総苞の先は嘴状にとがる。花の一部または全部が珠芽に変わる　……………………………9．ノビル
　　　　　　　G．鱗茎は狭卵形。総苞の先はとがらない。花は珠芽に変わることはない。
　　　　　　　　H．鱗茎の外皮は淡紫色から灰褐色。花被片は披針形で先がしだいにとがり，長さ9－12mm，淡紅色。花糸は花被片より短いか同長　…………………………………………………………………………………………………10．アサツキ
　　　　　　　　H．鱗茎の外皮は灰白色で，ときに古い外皮が繊維状に残る。花被片は楕円形で先が円く，長さ4－7mm，紅紫色。花糸は花被片よりいちじるしく長い。

旧版の執筆は佐竹義輔。

I. 葉は中空 ··· 11. ヤマラッキョウ
　　I. 葉は中実。
　　　　J. 葉は広線形。花糸基部の歯牙はほとんどない。雌性期に子房基部の蜜腺の上に椀状のおおいが発達する
　　　············ 12. タマムラサキ
　　　　J. 葉は線形，花糸基部に歯牙がある。子房基部の蜜腺の上におおいが発達しない
　　　······ 13. ナンゴクヤマラッキョウ

1. ステゴビル　　　　　　　　　　　　PL. 170
Allium inutile Makino;
Caloscordum inutile (Makino) Okuyama et Kitag.;
Nothoscordum inutile (Makino) Kitam.

原野に生える多年草。鱗茎は球形で径10−15mm。根出葉は長さ30cm内外で扁平な線形，晩秋に出て冬を越し，夏に枯れ，その後に花茎が出る。花茎は高さ15−30cmで，9−10月，数個の花が散形状につく。花被片は白色か淡紫色をおび，線状披針形で長さ7−8mm，下部が合着し，上部が開出する。雄蕊は6個，花被片より短く，花糸は細く，基部が花被の中部以下に付着する。柱頭が3個，花柱は花後しぼんで曲がる。蒴果は扁円形で長さ約4mm。本州（宮城県〜広島県）・四国（香川県）にまれに産し，日本の特産である。ネギ特有の臭気はない。和名は牧野によれば〈捨小蒜〉で，貧弱で食用にもならないので捨ててしまうヒルの意味だという。

2. ギョウジャニンニク　　　　　　　　PL. 170
Allium victorialis L. subsp. **platyphyllum** Hultén

深山の林下に群生する多年草で，強いネギ臭がある。鱗茎は披針形で長さ4−7cm，外面に褐色の網状繊維がある。葉が扁平の長楕円形で長さ20−30cm，幅3−10cmにもなるので，他の種類と容易に区別できる。花は6−7月，高さ40−70cmの花茎の頂に多数散形花序につく。花被片は白色ときに淡紫色や淡微黄色をおび，長楕円形で長さ5−6mm，雄蕊は花被より長く，葯は黄緑色，花糸の基部に歯牙がない。本州（近畿以北）・北海道，千島・サハリン・韓国（鬱陵島）・中国・カムチャツカ・アムール・シベリア東部に分布する。鱗茎は食用になり，和名は行者のニンニクの意。

3. ヒメニラ　　　　　　　　　　　　　PL. 170
Allium monanthum Maxim.

山野に生える繊細な多年草。地上部は3−4月に現れ，約3週間で姿を消す。鱗茎は球形で長さ10mmばかり。葉は1−2個が根出状に出て線形，中実で，長さ10−20cm，幅3−8mm，断面は三日月形である。花は4−5月，高さ5−10cmの細い花茎の頂に1〜数花がつき，総苞は卵形膜質で裂けない。花被片は6個，長楕円形で長さ4−5mm，白色または微紅色。雌株・雄株・両性株がある。雌花は，花被片はやや鋭頭，雄蕊はなく，雌蕊は大型で，球形の蒴果を結ぶ。雄花は，花被片は鈍頭またはやや凹頭，6個の雄蕊と小型の雌蕊があり，結実しない。両性花はまれである。北海道〜九州，朝鮮半島・中国（東北）・ウスリーに分布する。

4. ニラ　　　　　　　　　　　　　　　PL. 170
Allium tuberosum Rottler ex Spreng.

独特の臭気のある多年草で，鱗茎は狭卵形〜披針形，明らかな根茎で連結して束生し，汚黄色のシュロ毛でおおわれる。葉は扁平で線形，長さ30−40cm，幅3−4mm。花茎は高さ30−50cm，8−10月，その頂に純白色の花が散形花序につく。花被片は長楕円状披針形で長さ5−6mm，先がとがり開出する。雄蕊は花被片より少し短く，花糸の基部に歯牙がない。蒴果は扁球形。パキスタン・インド・中国，日本（本州〜九州）に分布するといわれるが，日本では真の自生かどうか疑わしい。古くから栽培される。

5. カンカケイニラ
Allium togashii H. Hara

香川県小豆島の寒霞渓周辺の集塊岩地帯に生える多年草。鱗茎は狭卵形，根茎で連結し，シュロ毛がある。花茎は高さ14−20(−25)cm。根出葉は線形で長さ10−20cm，幅1−2mm。花期は7−9月。花被片は淡紅色，長楕円形で先がとがらず，長さ3−4mm。雄蕊が花被片より長く，花糸の基部に歯牙がある。

6. イトラッキョウ　　　　　　　　　　PL. 170
Allium virgunculae F. Maek. et Kitam. var. **virgunculae**

暖地の岩場に生える多年草。鱗茎は狭長楕円形で長さ20−25mm。花茎は高さ8−20cm。葉は中実，長さ10−25cm，細い円柱形で径1mm内外。花は11月，上向きに咲き，淡紅紫色まれに白色，外花被片は広卵形でボート状，先は円く，長さ4−6mm，内花被片は平らで長さ4−6mm，幅2.5−4mm。雄蕊は花被より長く，花糸の基部に歯牙がある。長崎県平戸島に分布する。

変種にヤクシマイトラッキョウ var. *yakushimense* M. Hottaがある。葉は薄いもの以外は中空で，花茎は高さ20−25cm，花被は薄紫色，外花被片は広楕円形で長さ約5mm，幅約4mm，内花被片は楕円形で長さ約6mm，幅約4mm，屋久島に分布する。まれ。コシキイトラッキョウ var. *koshikiense* M. Hotta et Hir. Takah. は，葉は中空で，花被は紅色がかった白色，外花被片は広卵形で長さ3.5−4mm，幅3.5mm，内花被片は広卵形で長さ5−5.5mm，幅約3.5mm，甑島に分布する。

7. キイイトラッキョウ　　　　　　　　PL. 170
Allium kiiense (Murata) Hir. Takah. et M. Hotta

根出葉は中空，長さ40cmまでになり，幅1.5−2.5mm。花は横向きまたは斜め下向きに咲き，紅紫色，外花被片と内花被片はともにボート状で，長さ5−6mm，幅2.5−4mm。花糸は7−10mmで花被より長く，基部に歯牙がある。葯は長さ約1.8mm。本州（岐阜県・愛知県・三重県・和歌山県・山口県）に分布する。

8. ミヤマラッキョウ　　　　　　　　　PL. 171
Allium splendens Willd. ex Schult. et Schult. f.

高山の草地や礫地に生える多年草で，鱗茎は披針形で，シュロ毛におおわれる。花茎は高さ20−40cmで中部

以下に3-4個の葉がある。葉は線形，長さ15-30cm，幅3-5mm。花は7-8月，花被片は紅紫色，卵状長楕円形で長さ4-5mm，雄蕊は花被片と同長か長い。花糸の基部に大きな歯牙がある。北海道～本州（長野県以北），千島・サハリン・朝鮮半島・中国（東北）・シベリア東部・カムチャツカに分布する。

9. ノビル　　　　　　　　　　　　　　　　PL.171
Allium macrostemon Bunge; *A. grayi* Regel

原野や道ばたにふつうな多年草。鱗茎は球形で径15mm内外，2-4個の葉が出る。葉は線形，長さ20-30cm，幅2-3mm，中空で断面は三日月形である。5-6月，高さ40-60cmの花茎が立ち，頂に散形花序がつくが，はじめは総苞におおわれて嘴状を呈する。花被片は6個，卵状長楕円形で長さ4-6mm，白色または微紅色をおび，やや平開する。雄蕊は花被片よりはるかに長く，花糸の基部に歯牙がない。花柱も花被片より長い。花序のうち，花の一部または全部が珠芽に変わるものがある。北海道～琉球，朝鮮半島・中国・台湾に分布する。鱗茎は食用にされ，春の摘み草の1つである。農耕地付近に特に多いので，古く農作物とともに中国から渡来したという説もある。和名は野に生える蒜で，蒜はネギ，ニンニク類の総称である。

10. アサツキ　　　　　　　　　　　　　　PL.171
Allium schoenoprasum L. var. **foliosum** Regel

海岸や山地に生える多年草。鱗茎は狭卵形で長さ15-25mm，外皮は淡緑色から灰褐色。花茎は高さ30-50cm，1-3個の葉がつく。葉は細い円柱形で中空，長さ15-40cm，径3-5mm。花は5-7月に開き，総苞は卵形で先が尾状にとがる。花被片は淡紅紫色，披針形で先がとがり，長さ9-12mm。雄蕊は花被より短く，花糸の長さは花被片の1/2-2/3，基部に歯牙がない。北海道～四国，シベリアに分布する。葉の色が葱（ネギの類）より浅い緑色なので〈浅葱〉という。したがって，あさぎ色は浅葱色で浅黄色ではない。葉を食用にするので畑に作られる。

基準変種をエゾネギ var. **schoenoprasum** といい，花被片が長さ15mm内外になるもので，北海道・本州北部，シベリア・ヨーロッパに分布する。ヒメエゾネギ var. **yezomonticola** H. Hara（PL.171）は花茎は10-20cmと低く，花被片は長さ6-8mm，雄蕊は花被片より少し短いもので，北海道アポイ岳の特産。シブツアサツキ var. **shibutuense** Kitam.（PL.172）は葉が細く径1.5-3mm，花被片は長さ約6.5mm，雄蕊は花被片と同長かわずかに長いもので，尾瀬の至仏山と谷川岳の特産である。シロウマアサツキ var. **orientale** Regel（PL.172）は葉が径4-5mmと太く花被片は長さ6-8mm，雄蕊は花被片と同長かわずかに長いもので，北海道・本州（中部以北・近畿北部・隠岐），サハリン・朝鮮半島・シベリア東部に分布する。イズアサツキ var. **idzuense**（H. Hara）H. Hara（PL.172）は，伊豆半島の南部海岸で発見された。アサツキに似ているが，花茎は葉束の横に離れて出ることがあり，花被片は白色または淡紅紫色で，長さ7-9mm，幅3-3.5mm，先が短くとがるものである。

11. ヤマラッキョウ　　　　　　　　　　　　PL.172
Allium thunbergii G. Don

山地の草原に生える多年草で，鱗茎は狭卵形で長さ2-3cm，外皮は灰白色，古い外皮はときに繊維状に残る。花茎は高さ30-60cm，下部に3-5個の葉がある。葉は広線形で中空，長さ20-50cm，幅2-5mm，断面は鈍三角形。9-11月，花茎の頂に多数の花が球状の散形花序につく。花被片は紅紫色，楕円形で先は円く，長さ約5mm，平開しない。花糸は花被片よりいちじるしく長く，花糸基部の歯牙ははっきりしない。本州（秋田県以南）～九州，朝鮮半島・中国・台湾に分布する。山に生えるラッキョウの意であるが，鱗茎は食べない。食用にするラッキョウ *A. chinense* G. Don（PL.172）は中国原産の栽培種で，鱗茎の外皮は薄く，花柄が長く，花糸の基部に大きな歯牙があり，葉は秋から冬に青く，夏は枯れる。

12. タマムラサキ　　　　　　　　　　　　PL.173
Allium pseudojaponicum Makino;
A. amamianum Tawada; *A. litorale* Konta

海岸草地や海岸付近の岩礫地に生える多年草。鱗茎は狭卵形，外皮は灰白色，古い外皮はときに繊維状に残る。ヤマラッキョウに似るが，葉は広線形で中実，ふつう扁平でときに3稜形に近くなるものもある。9-12月，花茎の頂に多数の花が球状の散形花序につく。花被片は紅紫色，楕円形で先は円く，長さ5-7mm，平開しない。花糸は花被片よりいちじるしく長く，花糸基部の歯牙はないことが多い。雌性期には子房基部にある蜜腺が深くくぼみ，その上半分を椀状の構造がおおう。本州・四国・九州・対馬・奄美大島，朝鮮半島に分布する。

13. ナンゴクヤマラッキョウ　　　　　　　　PL.173
Allium austrokyushuense M. Hotta

山地の草原に生える多年草。鱗茎は狭卵形。花茎は高さ25-40cm，葉は線形で中実，長さ15-30cm，幅1.5-3.5mm，断面は鈍三角形。花茎の頂に多数の花が球状の散形花序につく。花被片は紅紫色，楕円形で先は円く，長さ約4mm，平開しない。花糸は花被片よりいちじるしく長く，花糸基部に歯牙がある。雌性期になっても子房基部にある蜜腺をおおう構造が発達せず，蜜腺はほとんど露出する。九州南部（霧島山地・薩摩半島）に分布する。

【2】ハマオモト属　　Crinum L.

円柱形の鱗茎がある多年草で，根出葉は大型。花は大型で花茎の頂部に散形状につき，膜質の総苞片が2個あり，その内方に線形の苞が多数ある。花被片は6個で線形～狭長楕円形で，下部が合着して長い筒状になる。雄蕊は6個で筒部の喉部につき，葯は丁字状につく。花柱は糸状で長い。子房は下位，3室で，各室に少数～多数の胚珠がある。果実

は蒴果で，不規則に裂開する。種子は大型で数個ある。世界の熱帯〜亜熱帯に約65種がある。

 A．葯は長さ15－22mmで，花糸の半分よりも短い。葉は長さ30－100cmで幅4－12cm ·· 1．ハマオモト
 A．葯は長さ(23－)28－30mmで，ふつう花糸の半分よりも長い。葉は長さ150－200cmで幅20－30cm ······ 2．オガサワラハマユウ

1．ハマオモト〔ハマユウ〕 PL. 173
Crinum asiaticum L. var. **japonicum** Baker

海岸に生える多年草で，鱗茎は長さ30－50cm，径3－7cm。葉は帯状で長さ30－70cm，幅4－10cm，やや多肉で光沢がある。花は6－9月，高さ50－80cmの太い花茎の頂に散形に多数つき，花序の基部には，2個の線状長楕円形，長さ6－10cmの白色の総苞がある。花柄は長さ2－3cm，花被は白色で芳香があり，下部は細い筒状で長さ4－6cm，上部は6片になる。花被裂片は広線形で長さ5－8.5cm，幅5－8mm，筒部よりやや長く開いて反り返る。雄蕊は6個，花糸は白色で長さ5cm内外，上部が紫色をおびる。葯は線形で長さ15－22mm，丁字状に花糸につく。花柱は糸状で長さ6－10cm，先が紫色をおびる。花が正開するのは夜中で，このとき特に芳香が強い。果実は球形の蒴果で長さ2－4cm，成熟すると花茎が地上に倒れ，不規則に割れて，大型の種子が1〜数個出る。種子はやや球形で径2－3cm，表面は灰白色でコルク質，その内側は海綿状になっていて海水によく浮く。乾燥にも水にも耐久性が高い。本州（関東南部以南）〜琉球，朝鮮半島に分布する。このハマオモトの生育するところはだいたい年平均気温15℃（最低気温－3.5℃）の等温線が北限に当るので，小清水卓二はハマオモト線を提唱し，気温による植物分布の1つの基準を示すとした。砂浜に生え，常緑の葉がオモトに似ているので〈浜万年青〉といわれる。また白色の鱗茎を白い木綿に見立てて〈ハマユウ（浜木綿）〉ともいわれる。

変種に**タイワンハマオモト** var. **sinicum** (Roxb. ex Herb.) Baker がある。葉はより広くて長さ約100cm，幅7－12cm，よく波打つ。花はより大きく，花筒は長さ7－10cm，花被裂片は長さ4.5－9cm。蒴果は径3－5cmである。琉球，中国（南東部）・台湾に分布する。

2．オガサワラハマユウ〔オオハマオモト〕
Crinum gigas Nakai

多年草で，鱗茎は径15－30cm。葉は帯状で長さ150－200cm，幅20－30cm，縁は大きく波打つ。花茎は高さ100－150cm。花序は頂生で散形，多くの花をつける。総苞片は長楕円状披針形，長さ10－12cm，幅4－5cm。花柄は長さ2.5－3cm。花被は白色で，下部は細長い筒状で長さ7－11cm，上部は6片になる。花被裂片は長さ7－10cm，幅7－9mmで反り返る。雄蕊は6個，花糸は白色で上部は紫色をおび，長さ約5cm，花被片より短い。葯は線形で長さ(23－)28－30mm，丁字状に花糸につく。花柱は糸状。蒴果は径約5cm。小笠原に分布する。タイワンハマオモトとの関係について今後の研究が待たれる。

【3】ヒガンバナ属 Lycoris Herb.

広卵形の鱗茎がある多年草。葉は根生し線形または帯状で，葉と花は季節がちがう。花は花茎の頂部に散形状につき，総苞片は2個，花被は朱赤色，鮮黄色，淡紅紫色または白色，漏斗状で筒部は長くなく，花被片は狭倒披針形で少しあるいはいちじるしく反曲し，ごく小型の副花冠がある。雄蕊は6個，花糸は長く，直立または上方に湾曲し，喉部につく。葯は花糸に丁字状につく。子房は下位，3室で，各室に多数の胚珠がある。花柱は糸状で長い。蒴果は球形または卵形，先がときに嘴状にとがる。東アジアに約20種がある。

 A．葉は晩秋から翌春に出て夏に枯れ，9－10月に開花する。花被片の縁は明瞭に波打つ。
  B．葉は幅11mmより広い。花は黄色か白色。
   C．花は鮮黄色で，結実する ··· 1．ショウキズイセン
   C．花は白色で，結実しない ·· 2．シロバナマンジュシャゲ
  B．葉は幅8mmより狭い。花は赤色 ··· 3．ヒガンバナ
 A．葉は早春に出て初夏に枯れ，8－9月に開花する。花被片の縁は波打たないか基部で少し波打つ。
  B．葉は幅15mm以下。花は黄赤〜橙赤色 ··· 4．キツネノカミソリ
  B．葉は幅18－25mm。花は淡紅紫色 ··· 5．ナツズイセン

1．ショウキズイセン PL. 173
Lycoris traubii W. Hayw.

暖地の山野の湿った場所に生える多年草。鱗茎は広卵形で径5－6cm。外皮は黒褐色。葉は線形，黄緑色〜緑色で光沢があり，長さ22－60cm，幅(12－)15－30mm，花が終わったのち10－11月に伸び，翌年の夏までに枯れる。花茎は9－10月に現れ，高さ約50cm，花が横向きに数個つく。総苞片は卵状披針形，長さ3－5cm，花柄は長さ0.6－1cm。花被は鮮黄色，筒部は長さ15－20mm，裂片は倒披針形で長さ60－70mm，幅約15mmで先は反り返る。雄蕊と雌蕊は花被片より突き出し，花糸も葯も黄色。円柱形の蒴果で緑色に熟し，径10mm前後。種子は球形，暗黒色で光沢があり，径7mm位である。四国・九州・琉球，台湾に分布。ショウキラン（ラン科にも同名がある）ともいわれる。

2. シロバナマンジュシャゲ　PL. 173
Lycoris ×albiflora Koidz.

　山野の湿った場所や人家の近くに生える多年草。鱗茎は広卵形。葉は秋に現れて来年の夏までに枯れ，黄緑色，長さ30－40cm，幅11－16mm。花茎は30－60cm。花期は9月から10月で結実しない。総苞片は披針形で膜質，長さ3－4cm，花柄は長さ8－15mm。花被は，咲きはじめは紅色や黄色をおび，その後白く変わる。花被片は長さ約5cm，幅約7mm，反り返り，筒部は長さ12－15mm。花糸は花冠の外に突出し，細長く，白色，上方に曲がる。葯は長楕円状。花柱は糸状で白色，雄蕊よりも長い。ショウキズイセンとヒガンバナの雑種である。九州を中心に分布する。

3. ヒガンバナ　PL. 174
Lycoris radiata (L'Hér.) Herb.

　人家に近い田畑の縁，堤防，墓地などに群生して，花期には人目をひく。秋の彼岸のころ（9月下旬）に開花するのでこの名がある。〈マンジュシャゲ（曼珠沙華）〉ともいわれる。鱗茎は広卵形で外皮は黒い。葉は線形，深緑色で光沢があり，長さ30－40cm，幅6－8mm，花の終わったあと晩秋に現れて束生し，翌年3－4月に枯れる。花茎は高さ30－60cmになる。総苞片は披針形で膜質，長さ2－3cm，花柄は長さ6－15mm。花は朱赤色，花被片は狭倒披針形で長さ約40mm，幅5－6mm，強く反り返り，筒部は長さ6－10mm，喉部の副花冠状裂片はごく小さく不明瞭なものもある。花糸は花冠の外にいちじるしく突出し，細長く，赤色，上方に曲がり長さ約8cm。葯は長楕円状で暗赤色。花柱は糸状で赤色，雄蕊よりも長い。果実は不稔で，種子はできない。まれにできても発芽しないことが多い。北海道～琉球に広く分布するが，もとよりの自生ではなく，昔，中国から渡来したものが拡がったものと考えられる。鱗茎にいろいろなアルカロイドを含む有毒植物であるが，昔は飢饉の時すりつぶし数回水洗いして有毒成分を除き，澱粉をとって食用にした。鱗茎はまた去痰，催吐薬とされる。50以上地方名がある。

4. キツネノカミソリ　PL. 174
Lycoris sanguinea Maxim. var. **sanguinea**

　山野の湿った場所に生える多年草。鱗茎は広卵形で径2－4cm，外皮は黒褐色。葉は春に出て帯状，長さ30－40cm，幅8－12mm，淡緑色で，夏には枯れ，そのあとに高さ30－60cmの花茎が立ち3－5花が散形状につく。花期は8月。総苞片は披針形で長さ2－4cm，花柄は長さ2－6cm。花は黄赤～橙赤色，花被片は狭倒披針形で長さ5－8cm，ほとんど反り返らず，筒部は長さ10－15mm。雄蕊は花被片よりもやや短く，葯は長楕円状で淡黄色。果実は球形の蒴果で径1.5cm，よく結実する。種子は球形で黒色，径6mm内外。本州～九州に分布する。北海道には自生はなく，野生化したものという。

　変種にオオキツネノカミソリvar. **kiushiana** (Makino) Koyamaがある。葉はより幅広く，10－15mm。花期は7月。花柄はより長くて8cmまでになる。花はより大きく，花被片は長さ7－9cm，明瞭に反り返る。花糸は突き出て花被片よりも長い。本州（関東以西）～九州に分布する。ムジナノカミソリvar. **koreana** (Nakai) Koyamaは，花期は7月で，花被片は長さ5－6cmで反り返る。花糸は花被片よりも長い。九州・対馬，朝鮮半島に分布する。

5. ナツズイセン　PL. 174
Lycoris ×squamigera Maxim.

　中国原産の多年生植物で，日本国内では観賞用に栽培されたものがときに逸出して野生化している。鱗茎は広卵形で径4－5cm，外皮は黒褐色。葉は早春に伸び，粉緑色をおび，長さ20－30cm，幅18－25mmで，初夏には枯れる。8－9月に，高さ50－70cmの花茎が立ち，数個の淡紅紫色の花が開く。総苞片は披針形，長さ1.5－4cm，花柄は長さ1－3cm。花被片は倒披針形で長さ6－8cm，幅約15mm，基部で少し波打ち先はやや反り返り，筒部は長さ約25mm。雄蕊は花被片とほぼ同長，花糸は長さ約7cm，葯は長楕円状で淡紅色である。花柱は糸状で花冠の外に突き出る。結実しない。Lycoris longitubaとL. sprengeriの雑種であると推定されている。

【4】スイセン属　Narcissus L.

　鱗茎は広卵形，葉は線形～帯状，花茎上に花が1～数個つき，1個の膜質の総苞がある。花被片は卵形で，下部は筒状に合着する。花被片の基部に明瞭な副花冠がある。雄蕊は花被筒内につき，花糸は短く，葯の背部または基部につく。子房は下位，3室で，各室に多数の胚珠がある。果実は蒴果で胞背裂開する。ヨーロッパ中部，地中海沿岸から中国にわたるユーラシアに40－60種ある。

1. スイセン　PL. 174
Narcissus tazetta L. var. **chinensis** M. Roem.

　本州（関東以西）・九州の海岸に生えるが真の自生ではない。地中海沿岸からアジア中部・中国に自生するものが古く渡来して野生状態になったものと考えられる。鱗茎は広卵形で外皮は黒い。葉は帯状，粉緑色で長さ20－40cm，幅8－16mm，先は円い。花茎は12－4月に出て，高さ20－40cmになり，先に数個の花が散状につき，長さ3－6.5cmの膜質の苞がある。花柄は長さ4－8cmで同長ではない。花は芳香がある。花被裂片は白色で，広楕円形から卵形，先端は短くとがり，長さ約1.5cm，平開する。筒部は粉緑色で長さ約2cm。副花冠は黄色，杯状で，長さは花被裂片のおおよそ半分以下。雄蕊は6個，花糸はごく短くて長さ約1mm，花筒の上

部とその下部に3個ずつ交互につく。葯は長さ約3mm，花柱は副花冠より短い。結実しない。花の少ない12月から4月にかけて花が咲くので庭に植えられる。八重咲，花被片の黄色のもの，副花冠の白色のものなど園芸品種がある。ほかにこの属のもので広く観賞用として栽培されるものに，基準変種のフサザキズイセン var. tazetta，ラッパズイセン N. pseudonarcissus L.，クチベニズイセン N. poeticus L.，キズイセン N. jonquilla L.，カンランズイセン N. ×odorus L. などがある。

クサスギカズラ科　ASPARAGACEAE

田村　実

　形態的に多様な科で，草本，木本またはつる植物になる。ふつう雌雄同株，まれに雌雄異株（クサスギカズラ属の一部など）。しばしば根茎，ときどき鱗茎（ヒアシンス属Hyacinthus，オオアマナ属Ornithogalumなど）をもつ。茎は2次肥大生長することもあるし（リュウゼツラン属，ユッカ属Yucca，リュウケツジュ属Draceana，トックリラン属Beaucarneaなど），端部の枝が葉状になることもある（クサスギカズラ属，ナギイカダ属Ruscusなど）。ステロイド・サポニンを含む。葉はふつう互生，まれに対生または輪生，しばしば根出的，枝の端部でロゼット状になることもあり，平行脈，葉縁はふつう全縁，まれに針状の鋸歯をもち，しばしば葉鞘がある。葉状枝を発達させる植物では，葉は鱗片状に退化する。花序は頂生または腋生，円錐状，総状または穂状となり，ときどき1花に退化する。花はふつう放射相称，まれにわずかに左右相称，ふつう両性，まれに単性（クサスギカズラ属の一部など）。花被は平展〜鐘形・筒形・つぼ形，裂片はふつう6個，まれに4個または8個，離生または合着。雄蕊もふつう6個，まれに4個または8個，ふつう内向裂開。子房はふつう上位，まれに下位（リュウゼツラン属など），ふつう3室，まれに1室（ナギイカダ属など），2室または4室，ふつう中軸胎座，隔壁に蜜腺があり，柱頭は1個，頭状〜3浅裂。果実は液果または胞背裂開の蒴果。染色体基本数は$x=2-28$，30，$32-34$と大きく変異し，なかでもアマドコロ属やオオアマナ属での変異が大きい。一方，リュウゼツラン属（$x=30$）やクサスギカズラ属（$x=10$）のように，種数が多いにもかかわらず，染色体基本数が安定している属もある。世界に広く分布し，約153属2500種を含む大きな科である。キジカクシ科ともいう。

　《日本の野生植物Ⅰ》(1982)が準拠した新Engler分類体系（Melchior, 1964）のユリ目ユリ科は，分子系統樹に基づいたAPG Ⅲ分類体系(2009)によって，いくつかの科に細分化されたが，旧ユリ科のうち，旧クサスギカズラ亜科と旧アスフォデルス亜科の多くの属に加え，旧ツルボ亜科と旧ジャノヒゲ亜科がここで扱うクサスギカズラ科にまとめられた。さらに，旧リュウゼツラン科Agavaceaeの大部分の属もこの科に含められた。ラン科やアヤメ科などとともにクサスギカズラ目に分類される。

```
A. 葉は退化して小型の鱗片になり，その腋から葉状の枝が出る ················································ 【2】クサスギカズラ属 Asparagus
A. 普通葉があって，退化することはなく，葉状枝もない．
  B. 果皮は薄く，生長の途中で萎縮するか破れるかして，種子は露出して成熟する．
    C. 花糸は太い糸状．子房は上位．種子は紫黒色．葉の裏面に帯黄色の縦筋がある ················ 【8】ヤブラン属 Liriope
    C. 花糸はごく短く，はっきりしない．子房は半下位．種子は濃青色．葉の裏面に帯白色の縦筋がある
        ···················································································································· 【10】ジャノヒゲ属 Ophiopogon
  B. 果皮は厚く，種子は果実内で成熟する．
    C. 果実は蒴果．
      D. 子房は下位 ··································································································· 【1】リュウゼツラン属 Agave
      D. 子房は上位．
        E. 花被片は長さ3.5cm以上，先を残して筒状に合着する ················································ 【7】ギボウシ属 Hosta
        E. 花被片は長さ$2.5-5$mm，離生，または基部でわずかに合着する．
          F. 地下に鱗茎がある．花序は総状．葉は線形 ······························································· 【4】ツルボ属 Barnardia
          F. 地下に短い根茎がある．花序は円錐状．葉は剣状線形 ············································· 【5】ケイビラン属 Comospermum
    C. 果実は液果．
      D. 地上茎は長く伸び，葉は日本産種では地上茎に互生する．
        E. 花被片は日本産種では離生する．地上茎は花序で終わる ················································· 【9】マイヅルソウ属 Maianthemum
        E. 花被片は筒状に合着する．地上茎は偽頂生葉で終わり，花序または花は葉腋から下垂する
            ···················································································································· 【11】アマドコロ属 Polygonatum
      D. 地上茎はほとんどなく，葉は根出葉状になる．
        E. 花は単生し，地表で開き，日本産種では4数性 ······························································· 【3】ハラン属 Aspidistra
        E. 花は5個以上が総状花序または穂状花序につき，地上で開き，3数性．
          F. 花序は総状．
            G. 葉は草質，早落性，長さ$18-38$cm，花は長さ$6-8$mm ···································· 【6】スズラン属 Convallaria
            G. 葉は多肉，常緑性，長さ$50-100$cm，花は長さ$20-25$mm ··························· 【14】チトセラン属 Sansevieria
          F. 花序は穂状．
            G. 花被片は外曲，淡紅紫色．根茎は直径$2-4$mm ··············································· 【12】キチジョウソウ属 Reineckea
            G. 花被片は内曲，淡黄色．根茎は直径1cm以上 ··················································· 【13】オモト属 Rohdea
```

旧版の執筆は佐竹義輔。

クサスギカズラ科

【1】リュウゼツラン属　Agave L.

　多年生の1回繁殖型または多回繁殖型植物。無茎または短い茎をもち，葉をロゼット状につけるものが多い。葉は厚く，繊維質，線形から卵形で，先端は鋭くとがる。開花時にはロゼットの中心から花茎を伸ばし，穂状，総状または円錐花序をつける。花被は筒状または鐘状で，雄蕊は突出し，柱頭は3裂，子房下位，蒴果は胞背裂開する。染色体基本数は$x=30$。北米南西部から中南米の乾燥した地域に200種ほど知られる。日本には繊維作物や観賞植物として導入され，野生化しているものもある。

```
A．葉は多肉質で表面は粉白色をおびる。葉の縁に刺状の鋸歯が目立つ ……………………………………… 1．アオノリュウゼツラン
A．葉は厚く表面は深緑色。若い葉には細かい鋸歯があるが，生長すると目立たなくなる ……………………… 2．サイザル
```

1．アオノリュウゼツラン　　　　PL.175
Agave americana L.

　大型の常緑多年生植物。ロゼットを形成し，葉は多肉質で表面は粉白色をおびて，基部が広くなり，幅30cm，長さ2mに達し，葉の先に鋭いとげと葉縁に刺状の鋸歯がある。数年かけて成長したあと，花を咲かせて枯死する1回繁殖型植物。花茎は直立して直径約10cm，長さ5－10mになり，先端に円錐状の花序をつける。種子による繁殖のほか，花序にできる珠芽やロゼットの基部に発生する匍匐枝で増殖する。メキシコ原産。国内には繊維作物や観賞植物として導入されたが，繁殖力が旺盛で，小笠原では広く野生化して問題となっている。

2．サイザル
Agave sisalana Perrine ex Engelm.

　大型の常緑多年生植物。茎は短く，多数の葉が密生してロゼット状になる。葉は厚く表面は深緑色，中央部が広くなり，幅10－15cm，長さ1－2mになり，先は鋭くとがる。若い葉は縁に細かい鋸歯があるが，生長すると目立たなくなる。数年かけて成長したあと，花を咲かせて枯死する1回繁殖型植物。花茎は直立して長さ5－6mになり，上部で枝分かれして，淡緑色で筒状の花を多数咲かせる。花は不稔性で開花後に落下するが，花茎の枝先に発生した珠芽が生長して小株となり，地面に落ちて拡散する。メキシコ～中米原産。繊維作物として世界中で栽培され，小笠原では広く野生化して問題となっている。

【2】クサスギカズラ属　Asparagus L.

　多年草または半低木で，地下に根茎がある。茎はときにつる性になる。葉は鱗片状に退化し，その腋から出る小枝が扁平で葉のように見える。これを葉状枝という。花は両性，または単性で雌雄異株である。花柄に関節がある。花被片は離生，ときに基部がわずかに合着する。雄蕊は6個，子房は上位で3室，3柱頭がある。果実は球形の液果である。染色体基本数は$x=10$。アジア・ヨーロッパ・アフリカの温帯域～熱帯域を中心に160－300種が知られ，日本には4種が自生する。

```
A．花は長さ5－7mm，花柄は長さ7－12mm。
　B．枝は3稜形で稜上に突起がある。葯は花糸より長い。花柄は長さ7－8mm ………………………………… 1．タマボウキ
　B．枝は円く，突起がない。葯は花糸と同長。花柄は長さ8－12mm ………………………………………… 2．オランダキジカクシ
A．花は長さ2－5mm，花柄は長さ1－5mm。
　B．花柄は長さ1－2mm，頂部に関節がある ……………………………………………………………………… 3．キジカクシ
　B．花柄は長さ2－5mm，中央部付近に関節がある。
　　C．葉状枝は湾曲し，花は長さ2.5－4mm，液果は熟して汚白色になる ………………………………… 4．クサスギカズラ
　　C．葉状枝はまっすぐ，花は長さ約5mm，液果は熟して赤色になる ……………………………………… 5．ハマタマボウキ
```

1．タマボウキ　　　　PL.175
Asparagus oligoclonos Maxim.

　ツクシタマボウキともいい，山麓の草原に生える。茎は高さ50－100cm，多く分枝し，枝は3稜形で稜角に小突起がある。太い枝の葉は長さ7mm位であるが，刺状にはならない。葉状枝はまっすぐで湾曲しない。花は5－6月に開き，黄緑色で長さ6－7mm。雌雄異株。花柄は長さ7－8mm，中央部付近に関節がある。葯は長楕円形で花糸より長い。液果は球形，径7－9mm，赤く熟す。九州（阿蘇山・九重山），朝鮮半島・中国北東部・モンゴル・ロシア（シベリア以東）に分布する。

2．オランダキジカクシ　　　　PL.175
Asparagus officinalis L.

　一般に食用に栽培されるアスパラガス。ヨーロッパ原産で，北海道など冷涼地で栽培が盛んである。
　その他観葉植物として温室に栽培される多くの種類や園芸品種がある。

3．キジカクシ　　　　PL.175
Asparagus schoberioides Kunth

　山地の草原に生える多年草。茎は高さ50－100cm，上方でよく分枝する。鱗片葉は広卵形で膜質，長さ約1mm。葉状枝は葉腋に3－7個束生し，長さ1－2cm，

線形,扁平でゆるく湾曲する。花は5－6月,総状花序につく。雌雄異株。花被は広鐘形で長さ2－3mm,淡緑黄色,花柄は長さ1－2mm,頂端部に関節がある。葯は心形で花糸よりはるかに短い。液果は球形,径6－8mm,赤く熟す。南千島・北海道・本州・四国・九州,朝鮮半島・中国北部・モンゴル・ロシア（シベリア以東）に分布する。

4. クサスギカズラ　　PL. 176
Asparagus cochinchinensis (Lour.) Merr.

おもに海岸近く生える多年草。根は紡錘状にふくれる。茎は高さ1－2m,上部は他物にまといつく。太い枝の葉は3－5mmの刺状になる。葉状枝は葉腋に2－3個束生し,線形で3稜があり,長さ0.7－4cm,ゆるく湾曲する。雌雄異株。花はふつう5－6月,葉腋に2－3個つき,鐘状漏斗形で長さ2.5－4mm,黄白色である。花柄は長さ2－5mm,中部付近に関節がある。葯は卵状楕円形,花糸より短い。液果は球形で径6－7mm,汚白色に熟す。〈テンモンドウ（天門冬）〉ともいう。本州・四国・九州・琉球,朝鮮半島・中国・台湾・ベトナム・ラオスに分布する。初島住彦（《琉球植物誌》777. 1971）は基準変種var. cochinchinensisを九州南部以南のものに限り,ナンゴククサスギカズラの和名を与え,九州以北のクサスギカズラはその変種var. lucidus (Lindl.) Hatus. (comb. nud.) としている。

タチテンモンドウ var. **pygmaeus** (Makino) Ohwiは,茎は立ち高さ20cm以下の矮小型で,花壇の縁植えなどに用いられる。変種ではなく,品種のランクで認めることを検討する必要がある。

5. ハマタマボウキ　　PL. 176
Asparagus kiusianus Makino

海岸に生える多年草。クサスギカズラに似ているが,茎は高さ50－80cm,太い枝の葉は刺状にならず,葉状枝は湾曲せず,花は長さ5mm内外,液果が赤熟するものである。本州（中国地方）・九州（北部～西部）に分布する。

【3】ハラン属　Aspidistra Ker Gawl.

多年草。根茎は横にはう。葉は根出で直立,単生または2－4個が束生,葉柄は長い。花茎は腋生,ふつう短く,2－8個の鱗片をともない,ふつう頂端に1花をつける。花は両性。花被は鐘形,つぼ形または椀形,肉質,端部で（4－）6－8（－10）裂する。雄蕊も（4－）6－8（－10）個,花糸はないか,あっても短く,葯は背着,ふつう花被の中部～基部に付着する。子房は上位,3－4室,胚珠は各室数個,花柱は1個,短く,柱頭は大きく,ふつう楯形またはきのこ形。果実は液果,球形または卵形,ふつう1種子のみ成熟する。染色体基本数はx＝18, 19。近年,種の記載が急速に進み,現在,日本～ヒマラヤ東部～マレー半島に約100種が認められている。そのうち,中国の広西壮族自治区とベトナムに約70種が集中する。日本には1種ある。

1. ハラン　　PL. 185
Aspidistra elatior Blume

常緑広葉樹林の下に生える常緑の多年草。根茎は円柱形に近く,径5－14mm。葉は1節に1個ずつ,距離をおいて根茎につき,葉柄は長さ25－55cm,葉身は長楕円形,長さ30－65cm,深緑色,光沢があり,かたく,両端とも鋭先形で,中央脈は顕著。花茎は長さ0.3－5cm,頂端に1花をつけ,3－5枚の鱗片をともない,鱗片は長さ5－15mm。花は広鐘形,エビ色,肉質で,12月下旬～5月に地表で上向きに咲く。花被片は8個,端部を除き合着して花筒を形成し,筒部は長さ0.6－1.2cm,径1－2.3cm,裂片は狭三角形,長さ0.5－1.2cm,鈍頭,裂片下部は直立し,上部は反り返る。雄蕊は8個,葯は楕円形,長さ1.6－2.2mm,花糸はほとんどなく,花筒の中ほどに付着する。子房は4室,花柱は長さ2.2－4mm,柱頭は大きく,円形で,楯状に花筒の内に広がる。液果は球形,径2－2.8cm,帯黄色。九州南部（宇治群島・黒島・諏訪之瀬島）,中国（?）に分布する。野生化しているものをよく見る。

【4】ツルボ属　Barnardia Lindl.

多年草。鱗茎は外皮におおわれる。葉は根出,線形～近卵形,無柄。花茎は直立。花序は頂生,総状,ふつう多数の花からなる。苞は小さく膜質。花柄に関節がある。花被片は6個,斜上または平展,離生または基部でわずかに合着。雄蕊は6個,花被片の基部または中部につき,花糸は細いか基部でわずかにふくらみ,葯は背着,内向裂開。子房は上位,3室,各室1－2個の胚珠があり,花柱は1個,糸状,柱頭は小さい。果実は胞背裂開の蒴果,球形または倒卵形,種子は黒色。染色体基本数はx＝8, 9。世界に2種あり,1種（B. japonica）は東アジアに,もう1種（B. numidica）は北西アフリカ～南西ヨーロッパに分布する。以前は,Scilla（現在のオオツルボ属）を広くとらえてBarnardiaをScillaに含め,Scillaをツルボ属とよぶのが一般的であった。

1. ツルボ　　PL. 181
Barnardia japonica (Thunb.) Schult. et Schult. f.;
Scilla scilloides (Lindl.) Druce

山野の日当りのよいところに生える多年草。鱗茎は卵球形で長さ2－3（－5）cm,外皮は黒い。葉は線形～線状倒披針形,長さ（5－）10－25（－47）cm,幅4－6

(−20) mm，表面は浅くくぼみ，厚くやわらかい。8−9(−10)月，高さ20−50(−62) cmの花茎が立ち，総状花序がつく。花は密につき，花被片は6個，淡紅紫色で平らに開き，狭長楕円形〜倒披針形で長さ3−4(−6) mmある。雄蕊は6個あって，花被片と同長，花糸は糸状であるが，下部はやや広がり縁に短い毛がある。子房は長さ2−2.5(−3) mm，縦に3稜があり，稜角に短い毛がある。花柱は長さ1.5−2(−3) mm。蒴果は倒卵形で長さ4−5(−7) mm，種子は広披針形で長さ4mm内外。染色体基本数は$x=8$と$x=9$で，各々の2倍体と両ゲノムのさまざまな組み合わせの3−6倍体，8倍体が知られている。北海道南西部〜琉球，朝鮮半島・中国・台湾・ウスリーに分布する。ツルボの意味はわからない。別名を〈サンダイガサ(参内傘)〉という。昔，貴人が内裏に参内する時，供人がさしかける長柄の傘のたたんだ形がこの花序に似ているというのである。

【5】ケイビラン属　Comospermum Rausch.

根茎をもつ多年草。葉は根出，束生，2列縦生，背腹性があり，全縁，平滑，基部に節線があり，その上が毎年落ち，その下は残って葉鞘となる。花茎は直立，平滑。花序は頂生，円錐状，1節に1−3花をつけ，苞がある。花は単性で雌雄異株とされている。花柄には関節がある。花被片は6個，宿存性，1脈がある。雄蕊は6個，花被片の基部につき，葯は内向裂開。子房は上位，3室，各室に胚珠は2個あり，花柱は1個で直立，糸状，柱頭は円く小さい。蒴果は胞背裂開。染色体基本数は$x=20$。日本の固有属で，ただ1種ケイビランのみがある。

1. ケイビラン　　PL.180
Comospermum yedoense (Maxim. ex Franch. et Sav.) Rausch.; *Alectorurus yedoensis* (Maxim. ex Franch. et Sav.) Makino

山中の岩や崖に生える多年草。根茎は短く，根は太い。根出葉は基部で背腹方向に重なって束生し，1方向に曲がった鎌状広線形で，長さ(5−)10−40(−63) cm，幅(3−)7−25mm，(3−)7−13脈があり，葉先はふつう端の円い鋭先形，基部は古い葉の繊維や膜で包まれている。花茎は長さ(7.5−)10−40cm，扁平で縁に狭い翼が出る。花序は長さ(1.2−)2.5−24(−31) cm，多くの花がまばらにつく。苞は披針形，長さ3−10mm。花は鐘型，7−9月中旬に下向きに咲く。花柄は長さ4−8mm，花被片は長さ4−5mm，子房は球形。雄花とされる花では，花被片は長楕円形，白色〜淡紫色，雄蕊と雌蕊は花被から突出，子房はやや小さく，花柱は長さ約6.5mm。雌花とされる花では，花被片は楕円形，赤紫色，雄蕊と雌蕊は花被とほぼ等長，子房はやや大きい。蒴果は球形，径3−4mm。種子は長楕円形，長さ2−3mm，茶色，一端に長白毛の束がつく。本州(紀伊半島)・四国・九州に分布する。根出葉に雄鶏の尾の感じがあるので〈鶏尾蘭〉という。古くから知られた植物で，Maximowiczは江戸で得た栽培品を研究してAnthericum yedoensis Maxim.と命名した。のちに松村任三はBulbinella属のものと考えたが，その後，牧野富太郎は新属Alectorurus(雄鶏の尾の意)を立てた。現在では，Comospermumがケイビランの属名として使われている。ケイビランの花は単性とされているが，両性花と雌花，または両性花の2型性の可能性もあり，花の性に関する今後の研究が必要である。

【6】スズラン属　Convallaria L.

根茎のある多年草。葉は2個，根生，跨状，無毛，葉身は長楕円形〜卵形，葉柄は長く，直立，2個の葉柄で鞘状の偽茎をつくる。花茎は偽茎とは別に立ち，花茎と偽茎の下部は数個の白い薄質の葉鞘に包まれ，さらにその基部は前年の葉の繊維で包まれている。花は総状花序につき，下向きに開き，苞は広線形〜披針形，膜質で早落性。花被片は上部まで合着し，広鐘形になり，先が6個の裂片に分かれ，白色で芳香がある。雄蕊は6個，基部で花被片につき，雌蕊とともに花被より短く，葯は底着。子房は上位で近球形，3室，各室に数個の胚珠があり，花柱は1個。果実は液果，球形。染色体基本数は$x=19$。北半球にただ1種C. majalisのみがある。

1. スズラン　　PL.185
Convallaria majalis L. var. **manshurica** Kom.; *C. keiskei* Miq.

山地，高原の草地に生える多年草。葉身は長さ10−18cm，幅3−7cm，上面は緑色，裏面はやや粉白色，先は鋭先形，葉柄は長さ8−20cmである。花茎は高さ16−35cm，葉より短く，やや曲がる。総状花序は長さ5−10cm，5−10花からなり，苞は長さ5−6cm。花は4−6月に開き，花柄は長さ6−12mm。花は長さ6−8mm，幅10mm内外あり，裂片は卵状三角形，長さ約2mm，鈍頭，反る。花糸はのみ形，長さ約1.5mm，葯は広三角状披針形，鮮黄色で花糸と同長。花柱は長さ3−4mm。液果は径6−8mmで，赤熟する。南千島・北海道・本州・九州，朝鮮半島・中国・ロシア(シベリア東部以東)・モンゴル・ミャンマーに分布する。〈キミカゲソウ(君影草)〉ともいわれる。

観賞用に栽培されているのはヨーロッパ原産の**ドイツスズラン** var. **majalis** (PL.185)で，花冠は浅い鐘形で，葯は淡緑色のものである。

【7】ギボウシ属　**Hosta** Tratt.

　根茎のある多年草。葉は根出，束生し，ロゼット状に伏すか，直立または斜めに立ち，裏面の葉脈は平滑か，小突起もしくは凹凸がある。花茎は多くは直立し，花茎の上部に多数の苞がつき，その腋に花がふつう1個ずつつき総状花序となる。苞相互の関係や花茎伸長につれての苞の展開様式に関して変異が大きい。花は多少とも左右相称，一日花で，ふつう朝開き，午後にはしおれ，芳香はないが，タマノカンザシは夕方から開いて芳香がある。花被片は6個，先を残して筒状に合着し，白色，淡紫色，または濃紫色で，内側の脈上の着色が顕著に濃いものもある。花筒は上部に鐘形または漏斗形，下部で細い筒状になる。花被片の合着部はへこみ，長短の差はあるが，無色で透明な線になる。雄蕊は6個，花糸の基部はふつう花被と離生するが，まれに合着するものもある。葯は花糸と丁字状につき，縦に割れて花粉を出す。子房は上位で3室，胚珠は多数ある。果実は胞背裂開する蒴果で，種子は扁平な楕円形で片側に翼がある。染色体基本数は x = 30。東アジアの特産属で19種を含み，日本には12種が自生する。種の識別は，葉の形，裏面脈上の突起物の有無，苞の形と性質，花の形態と色彩，透明線の長短などによるが，変異が大きいので見分けのポイントをつかむのが難しい。この仲間の若い花序の形が擬宝珠（ぎぼし）に似ているので〈ギボウシ〉の名がついた。

A．花は長さ約10cm以上，純白色で，夜開き，芳香がある。花糸は花被の基部に合着する。葉の上面は浅緑色 ……1．タマノカンザシ
A．花は長さ3.5－6cm，白色～紫色で，昼開き，芳香がない。花糸は花被と離生する。葉の上面は緑色～深緑色。
　B．花被の内側の脈は着色しないか，着色しても淡色である。
　　C．苞はやや小さく，薄く，花茎が伸びる初期からつぼみが見えている。花筒の透明線は明瞭で長い ……2．イワギボウシ
　　C．苞は大きく，厚く，花茎が伸びる初期には重なり合ってつぼみを包み，つぼみが見えない。花筒の透明線は短い線状または点状。
　　　D．葉の裏面はいちじるしく粉白で，裏面の脈はあまり隆起しない。
　　　　E．苞は開花時には開出する。花茎は斜上。開花は8－9月 ……3．セトウチギボウシ
　　　　E．苞は開花時になってもあまり開出しない。花茎は基部でやや曲がり，横に出る。開花は7月 ……4．ウラジロギボウシ
　　　D．葉の裏面は淡緑色，ときにやや白緑色になり，裏面の脈は隆起する。
　　　　E．苞は花茎の伸びる時から開出し，平ら，開花時には花茎と直角になる ……5．オオバギボウシ
　　　　E．苞は花茎の伸びる時瓦状に重なり，ボート形で，開花時にも開出しない。
　　　　　F．苞は上部のものも下部のものも同大で，開花前の重なりはゆるい ……6．キヨスミギボウシ
　　　　　F．苞は下部のものが大型で，開花時近くまで上部の苞をおおい，嘴状を呈する ……7．ヒュウガギボウシ
　B．花被の内側の脈は濃く着色する。
　　C．葉は直立あるいは斜めに立ち，葉身は柄に沿って流れる。
　　　D．花茎に小型の葉(葉状苞)がある ……8．スジギボウシ
　　　D．花茎に小型の葉(葉状苞)がない。
　　　　E．葉身は披針形で，脈は表面でへこみ，基部は急に狭まって柄に流れる。花序には多数の花がつき，花の長さは5－6cm ……9．コバギボウシ
　　　　E．葉身は線状披針形で，脈は表面でほとんどへこまず，基部は徐々に狭まって柄に流れる。花序には少数の花がつき，花の長さは3.5－4.5cm ……10．ミズギボウシ
　　C．葉はロゼット状に伏し，葉身は柄に沿って流れない。
　　　D．苞は開花時にも緑色で張りがある。葉の裏面の脈上は平滑である。
　　　　E．花柄と葯は帯紫色。根茎はやや匍匐する。花は7月 ……11．ウバタケギボウシ
　　　　E．花柄は緑白色，葯は黄白色，ともに紫点がある。根茎は短く垂直で，匍匐しない。花は8－9月 ……12．ツシマギボウシ
　　　D．苞は開花時には張りがなくなり，紫色をおびる。葉の裏面の脈に小突起がある。
　　　　E．花茎は斜上し，平滑。苞は花茎が伸びる時にゆるく重なり合って頭状には閉じない。花の透明線は広筒部(花筒上部)にとどまる ……13．シコクギボウシ
　　　　E．花茎は直立し，縦条がある。苞は花茎が伸びる時に強く重なり合って頭状に閉じる。花の透明線は全花筒に及ぶ ……14．カンザシギボウシ

1．タマノカンザシ　　PL.178
Hosta plantaginea (Lam.) Asch. var. **japonica** Kikuti et F. Maek.

　中国原産の多年草で，江戸時代から観賞用に栽培されている。葉は卵状楕円形で長さ15cm内外，浅緑色で光沢があり，長い柄がある。花茎は高さ50－70cm。花は8－9月の夜に咲き，長さ約10cm，純白で芳香があり，花糸は花被の基部に合着する。和名は，漢名の〈玉簪花〉の訓読みである。基準変種は**マルバタマノカンザシ** var. **plantaginea**で，葉は卵円形，花が大型で長さ約13cmになるもの。昭和初年に中国から輸入され，栽培されている。

2．イワギボウシ　　PL.178
Hosta longipes (Franch. et Sav.) Matsum. var. **longipes**

　山中の湿った樹上または岩上に生える多年草。葉は厚く，光沢があり，卵形で長さ10－13cm，暗緑色で紫黒色の斑点があり，15－17脈，裏面脈上は平滑，基部は心形で，葉柄は長い。花茎は高さ25－30cm。苞は長さ7－12mm，やや広くて薄く，開花時にはしおれる。花は長さ約4cm，8－9月に咲き，透明線は広筒部（花

筒上部）の全長にわたるが，狭筒部（花筒下部）には達しない。雄蕊は花筒から外に出る。本州（東北地方南部・関東地方・東海地方）に産する。

地理的にまとまるいくつかの変種を識別することができる。イワギボウシに似ているが，苞は幅狭く，花茎の伸びる初期に早くしおれるものを**サイコクイワギボウシ** var. **caduca** N. Fujitaといい，四国西部・九州と朝鮮半島に産する。これに対して，苞が開花時にも張りを保ち，しおれないものがある。葉が厚く，花被の内側の脈が淡紫色になり，苞は花茎の伸びる時，あまり開出しないものが**イズイワギボウシ**（ハチジョウギボウシ，アマギギボウシ）var. **latifolia** F. Maek.; *H. rupifraga* Nakaiで，伊豆半島・伊豆七島に産する。これに似ているが，苞は花茎の伸びる時，開出して星状に見えるものが**オヒガンギボウシ** var. **aequinoctiiantha** (Koidz. ex Araki) Kitam.で，本州（中部地方西部・近畿地方北部）に産する。花被の内側の脈がやや濃紫色になるものが**ヒメイワギボウシ** var. **gracillima** (F. Maek.) N. Fujitaで，四国と小豆島に産する。

ここでH. longipesとしたものは，他種と比べても変異が大きく，今後，上の5変種を独立種とみなすほうがいいかどうかの検討が必要である。

3. セトウチギボウシ
Hosta pycnophylla F. Maek.

日当たりがよく，乾いた集塊岩地に生える多年草。葉は広卵形，基部は心形，質は厚く，上面は深緑色，裏面はいちじるしく粉白，脈は平滑，脈間は特に狭くはない。花茎はまっすぐ斜上し，深緑色。苞は花茎が伸びる時には重なり合って閉じているが，開花時にはボート形で開出する。花は8−9月，花被の内側の脈は淡く着色し，透明線は広筒部（花筒上部）の半分程度までしかない。雄蕊は花筒から外に出る。山口県大島に特産する。

4. ウラジロギボウシ　　　　　　　　　　　PL.179
Hosta hypoleuca Murata

谷沿いの岩壁に生える多年草。葉は1−2個しかなく，卵形，長さ20−30cm，質厚く，21−27脈，裏面でもあまり隆起せず，平滑，上面は淡緑色，裏面はいちじるしく粉白となり，基部は心形，葉柄は長さ5−10cm。花茎は長さ30−40cm，基部で少し曲がり，葉より高くはならない。苞は楕円状ボート形，長さ1.8−2.2cm，白色，開花時に開出せず，しおれない。花は7−8月中旬，花被は長さ3.5−4.5cm，白色であるが内側の中央部は紫色をおびる。雄蕊は花筒から外に出る。蒴果は長さ2.3−2.7cm，種子は長さ6−7mm。愛知県東部に特産する。

5. オオバギボウシ〔トウギボウシ〕　　　　PL.179
Hosta sieboldiana (Lodd.) Engl. var. **sieboldiana**; *H. montana* F. Maek.

山地の草原や林縁に生える多年草。葉身は卵形〜楕円形，長さ30−40cm，ふつう緑色，ときに裏面が帯白色，裏面の脈は隆起して，凹凸でざらつく。花茎は高さ50−100cm，葉より低いものから高いものまである。苞は花茎の伸びる時から開出するので，数個の苞を上から見ると星形に見える。個々の苞は長楕円形，平ら，開花時には花茎と直角になってしばしば白っぽくなる。花は6−8月上旬に咲き，花被は長さ4−5cm，白色または淡紫色，ときに淡紅紫色をおび，透明線は広筒部（花筒上部）にある。北海道南西部〜九州に分布する。

葉の裏面の脈上が平滑で，花筒の透明線が長く細筒部にまで及ぶものを**ナメルギボウシ** var. **glabra** N. Fujitaといい，新潟県（焼山）・長野県（白馬岳・八方尾根・岩菅山・戸隠山）・富山県（猫又山）・島根県（隠岐）に分布する。

前川文夫は日本海側のものをトウギボウシH. sieboldiana，太平洋側と北海道南西部のものをオオバギボウシH. montanaとして種レベルで区別し，その後両者を地理的亜種，または変種の関係と考える説も出ているが，きわめて変異が大きく地理的にも分けるのは無理のようなので，両者を異なる分類群とはしないほうがよい。

H. sieboldianaという学名は，もとは葉の裏面が粉白をおび，花茎が葉より短い栽培のトウギボウシに与えられたもので，いろいろな栽培変種が知られている。**トクダマ** var. **condensata** (Miq.) Kitam.は，葉が円く，裏面がいちじるしく粉白をおび，上面の脈間がへこみ，花は開かず，つぼみがほころびるくらいで終わってしまうもの。**クロギボウシ** var. **nigrescens** Makinoは，葉が黄緑色で縁は平らであるが，基部は内に巻くものである。

6. キヨスミギボウシ　　　　　　　　　　　PL.179
Hosta kiyosumiensis F. Maek.

山地の湿った岩場に生える多年草。葉は卵形で柄とともに長さ15−40cm，先はとがり基部は心形，裏面の脈上は低い凹凸でわずかにざらつく。花茎は高さ30−60cm。苞は緑色で白みをおび，ボート形，上部のものも下部のものも同大で，花茎伸長時には瓦状に重なり，開花前に重なりはゆるむが，開花時にも開出はしない。花は6月下旬〜7月。花被は長さ4−5cm，淡紫色，広筒部は急に広がり，細筒部より短い。透明線は明瞭であるが，長さは広筒部（花筒上部）全長の半分程度。千葉県寄りの関東地方南部・東海地方・紀伊半島に分布する。和名はタイプ標本の産地千葉県清澄山に基づく。鈴鹿山脈南部からのケヤリギボウシH. densa F. Maek.，東海地方・近畿地方から報告されたベンケイギボウシH. pachyscapa F. Maek.などは，キヨスミギボウシの一変型と考える。

7. ヒュウガギボウシ　　　　　　　　　　　PL.179
Hosta kikutii F. Maek. var. **kikutii**

山地の湿った岩場に生える多年草。葉は狭卵形で先はとがり，基部は円心形，柄とともに長さ25−40cm，脈間は特には狭くなく，裏面の脈は平滑。花茎はまっすぐで，直立するかまたは斜上する。苞は披針形でボート状，開花時に開出しない。最下部の2個の苞は長さ3−5cmになり，花茎伸長時から開花時近くまで，より上方のより小さい苞や花序をかたくおおって嘴状になる。花は8−9月，花被は白色または淡紫色，内側の脈はしばしばわずかに着色する。九州南東部に分布する。

花茎が多少とも下部から曲がり，花が7(−9) 月に咲

くものを**ウナズキギボウシ**（トサノギボウシ）var. **tosana** (F. Maek.) F. Maek.; var. *caput-avis* (F. Maek.) F. Maek. ex N. Fujita（PL.179）といい，近畿地方南東部・四国南東部に産する．また，花茎は曲がらないが，葉の脈間が狭く，裏面の脈上がわずかに凹凸し，花が8－9月に咲くものを**アワギボウシ** var. **densinervia** N. Fujita et M. N. Tamura といい，近畿地方南東部と四国に産する．アワギボウシに似るが，葉の裏面脈上の凹凸が顕著で，花が7－8月に咲くものを**ザラツキギボウシ** var. **scabrinervia** N. Fujita et M. N. Tamura といい，四国中部に産する．

8．スジギボウシ
Hosta undulata (Otto et Dietr. ex Kunth) L. H. Bailey var. **undulata**

庭にふつうに栽培される多年草．葉身は卵状楕円形で長さ10－15cm，縁は波状，中央脈に沿って白色または黄色の斑がある．花茎は高さ80－150cm，葉に似た小型の葉（葉状苞）がある．苞は緑色，ボート形で，厚く，花柄を抱く．花は白色あるいは淡紫色で長さ5－6cm．葉がより大きく，花茎が高さ1－2mで，葉状苞が数個つくものを**オハツキギボウシ** var. **erromena** (Stearn ex L. H. Bailey) F. Maek. という．

9．コバギボウシ　　　　　　　　　　　　　PL. 180
Hosta sieboldii (Paxton) J. W. Ingram; *H. albomarginata* (Hook.) Ohwi

日当りのよい湿地に生える多年草．根茎は短く，横にはう．葉は斜めに立ち，葉身は披針形，長さ10－20cm，幅5－8cm，光沢がなく，脈は上面でへこみ，基部は急に狭まって柄に流れる．花茎は直立し，高さ30－45cm．苞はボート形，開花時に開出しない．花序には多数の花がつき，花は7－8月に開く．花被は長さ5－6cm，淡紫色，内側の脈は濃紫色に着色し，広筒部と細筒部はやや同長で，透明線は花筒の全長にわたる．葯は黄白色で，ときどき紫点がある．南千島・北海道・本州・四国・九州，ウルップ島・サハリン・ウスリーに分布する．

花の形，色彩，葉の性質などきわめて変化に富み，本州中部以北に分布する**タチギボウシ** H. rectifolia Nakai，本州中部の**コギボウシ** H. clavata F. Maek.，近畿地方～中国地方に分布する**オモトギボウシ** H. rohdeifolia F. Maek. などと記載されたものは，いずれも連続する変異内のものと思われ，同一種と考える．タチギボウシを H. sieboldii var. rectifolia (Nakai) H. Hara，コギボウシを H. sieboldii var. intermedia (Makino) H. Hara として，それぞれ変種レベルで区別する考え方もある．コバギボウシの学名として以前に広く用いられていた H. albomarginata は，葉縁が白色になる**フクリンギボウシ**という栽培変種にあてられたもので，ほかにもいくつかの栽培変種が知られている．

コバギボウシとヒュウガギボウシ系植物の間の雑種を**ナンカイギボウシ** H. ×tardiva Nakai といい，四国と九州（宮崎県）に産する．ナンカイギボウシでは葉は開出して，葉身は柄に沿って流れず，花は8月下旬～9月に咲くが不稔で，花被の内側の着色の濃淡は際立たない．

10．ミズギボウシ
Hosta longissima Honda ex F. Maek.

湿地に生える多年草．根茎は短い．葉は線状披針形で，日本産種のなかではもっとも細く，長さは10－35cm，幅2cm内外，直立あるいは斜めに立ち，葉身は徐々に狭まって柄に沿って流れ，上面は灰緑色で光沢があり，脈がほとんどへこまず，裏面は脈に低い凹凸があるか脈は平滑．花茎は直立し，高さ40－65cm．苞はボート形で，長さ約8mm．花序には少数の花がまばらにつき，花は8月下旬～9月に咲く．花筒は細く，長さ3.5－4.5cm，雄蕊や雌蕊とほぼ同長，淡紫色，内側の脈は濃紫色に着色し，細筒部（花筒下部）の外側は白っぽく，透明線は花筒の全長にわたる．蒴果は長さ約2.5cm，種子は長さ約8mm．本州（愛知県以西）・四国・九州，朝鮮半島に分布する．特に葉の長いものにナガバミズギボウシの名がついているが同じ種類である．

ミズギボウシとオオバギボウシの間の雑種を**バランギボウシ** H. ×alismifolia F. Maek. といい，本州（愛知県・岐阜県）と四国（高知県）の湿地や田んぼのあぜなどに生育している．バランギボウシでは葉は直立あるいは斜めに立ち，長楕円形であるが，葉身は柄に沿って流れる．花は7月下旬～8月中旬に咲くが不稔で，花被の内側の着色の濃淡は際立たない．バランギボウシをミズギボウシとキヨスミギボウシの間の雑種とする説もある．

11．ウバタケギボウシ　　　　　　　　　　PL. 180
Hosta pulchella N. Fujita

山地の岩場に生える多年草．根茎はやや長くはう．葉は直立～開出し，葉身は卵形，長さ3－13cm，幅1－8cm，光沢があり，緑色，9－17脈，裏面でわずかに隆起し，平滑，先はとがり，基部は心形．葉柄はふつう葉身より長く，長さ2－20cm，幅3－4mm，暗紫点がまばらにある．花茎は斜めに立ち，長さ13－40cm，紫色をおびる．苞はボート状披針形，鋭頭，開花前には瓦状にゆるく重なり合って閉じていて，開花時にも緑色で張りがあり，開出しない．下部の苞は長さ1.3－3.2cm，幅3－4mm．花序には1－15花がつき，花は7月に咲く．花柄は長さ3－13mm，帯紫色．花被は長さ4.3－5.2cm，紫色，細筒部（花筒下部）で多少とも帯白色になり，広筒部（花筒上部）内側の脈は濃紫色で地色との濃淡が目立つ．透明線は細筒部の半分近くまで伸びる．雄蕊は花筒から外に出て，葯は長楕円形で帯紫色．蒴果は円柱状，長さ1.5－2.5cm，幅3－4mm，種子は長さ5－7mm，幅1－2mm．九州祖母山の特産種である．

12．ツシマギボウシ
Hosta tsushimensis N. Fujita var. **tsushimensis**

やや乾いたところに生える多年草．根茎は短く，垂直．葉は開出し，葉身は卵形，長さ4－22cm，幅3－11cm，少し光沢があり，緑色，11－19脈，裏面で隆起し，ほとんど平滑，先はしだいにとがり，基部は心形．葉柄は葉身とほぼ等長で，長さ5－25cm，幅5－8mm，暗紫点がある．花茎は斜めに立ち，高さ15－75cm，紫点がある．苞はボート状披針形，鋭頭，開花前には瓦状にゆ

るく重なり合って閉じていて，開花時にも緑白色で張りがあり，開出しない。下部の苞は長さ1.2－2.2cm，幅3－7mm。つぼみは帯緑色。花序には（1－）3－20花がつき，花は8月～9月初めに咲く。花柄は長さ4－15mm，緑白色，紫点をもつ。花被は長さ4－5cm，紫色～白色，細筒部（花筒下部）は多少とも帯白色，広筒部（花筒上部）は漏斗形で内側の脈はいちじるしく濃色，透明線は細筒部まで伸び，不明になる。雄蕊は花筒から外に出て，葯は長楕円形，黄白色，紫点がまばらにある。蒴果は円柱状，長さ2.2－3cm，幅3－4mm，種子は長さ6－8mm，幅2－3mm。対馬に特産する。

広筒部は多少とも鐘形になり，つぼみは帯緑色ではなく，花が9月に咲くものを**ナガサキギボウシ** var. tibae (F. Maek. ex H. Hara) N. Fujita et M. N. Tamura といい，長崎市周辺に産する。

13. シコクギボウシ
Hosta shikokiana N. Fujita

岩場に生える多年草。根茎は短く，垂直。葉は直立～開出し，葉身は卵形，長さ5－20cm，幅2－8cm，やや光沢があり，緑色，11－21脈，脈は間隔が狭く，裏面で隆起し，脈上に凹凸があってざらつき，先はしだいにとがり，基部はしだいに狭まって葉柄に少し流れる。葉柄は長さ2－10cm，幅5－9mm，基部に暗紫点がある。花茎は斜めに立ち，長さ15－40cm，平滑，紫点がある。苞はボート状狭卵形，鋭頭，開花前には瓦状にゆるく重なり合うがカンザシギボウシのように頭状にはならず，開花時には張りがなくなり紫色をおびるが開出することはない。下部の苞は長さ1.5－2.5cm，幅4－7mm。花は7月に咲く。花柄は長さ3－12mm，帯紫色。花被は長さ4.4－5.3cm，紫色または淡紫色で内側の脈は濃色，広筒部（花筒上部）は鐘形，透明線は広筒部にだけある。雄蕊は多少とも花筒から外に出て，葯は長楕円形，紫色をおびる。蒴果は円柱状，長さ1.6－2.8cm，幅3－4mm，種子は長さ5－7mm，幅1－2mm。四国（赤石山系・石鎚山系）の特産である。

14. カンザシギボウシ〔イヤギボウシ〕 PL. 180
Hosta capitata (Koidz.) Nakai; *H. nakaiana* F. Maek.

石灰岩地に生える多年草。葉身は広卵形，長さ7－16cm，光沢がなく，脈間は特には狭くなく，裏面脈上は凹凸でざらつく。葉柄は細く，基部に紫点がある。花茎は直立し，高さ40－60cm，縦条がある。苞はボート形，鈍頭。花茎が伸びても下部の苞が上部の苞を抱えるように重なり合って頭状になり，開花直前になると薄質になって張りがなくなり，紫色をおびて開出し，花が開く。花は6月下旬～7月に開く。花被は長さ4－5cm，広筒部（花筒上部）は肩が張り鐘形，内側の脈は紫色が濃く，細筒部（花筒下部）外側は白っぽく，透明線は花筒全長に及ぶ。雄蕊は花筒とほぼ同長，葯は紫色をおびない。蒴果は長さ2.5－2.7cm，種子は長さ約9mm。本州（中国地方）・四国・九州，朝鮮半島に分布する。

葉の基部が心形のものをカンザシギボウシ，切形のものをイヤギボウシとして区別する説もあるが，ここでは同種と考えた。

【8】ヤブラン属　Liriope Lour.

根茎のある多年草。しばしばストロンを出す。根に肉質の楕円状肥厚が見られることもある。葉は常緑，根出，束生，線形～狭線形またはイネ科状，革質，無柄，上面には多少とも光沢があり，裏面には帯黄色の縦筋がある。花は多少とも退化した円錐花序（複総状花序）または総状花序につき，両性，やや左右相称，花柄に関節がある。花被片は6個，離生または基部で合着。雄蕊は6個，花糸は糸状，基部で花被片につき，葯は底着，先が円い。子房は上位で3室，各室に2個の胚珠があり，花柱は1個，長く，柱頭は頭状。果皮は薄く，生長の途中で萎縮するか破れるかして，肉質種皮をもった種子が露出して成熟するので，種子は液果のように見える。1つの果実あたり1つの種子だけが成熟し，球形～楕円形，黒色に近い。染色体基本数はx＝18。東アジアに9種，日本に4種ある。

- A. 葉の幅は2－3mm。花序は長さ0.5－5（－9）cm，3－17花からなる ……………………………… 1. ヒメヤブラン
- A. 葉の幅は4－13（－20）mm。花序は長さ（4－）8－40cm，20花以上からなる。
  - B. ストロンがある。葉の幅は4－7（－10）mm ……………………………… 2. コヤブラン
  - B. ストロンがない。葉の幅は6－13（－20）mm。
    - C. 花茎は円柱形で角稜がない。花柄は上部に関節をもち，長さは開花時に3－6mm，種子成熟時に4－8mm ……………………………… 3. ヤブラン
    - C. 花茎には角稜がある。花柄は先端近くに関節をもち，長さは開花時に6－8mm，種子成熟時に8－20mm ……………………………… 4. オニヤブラン

1. ヒメヤブラン PL. 177
Liriope minor (Maxim.) Makino

原野の草地や林下に生える多年草。ストロンをもつ。根の端部に楕円状肥厚がときどきある。葉は長さ8－40cm，幅2－3mm，鈍頭，色は日本産他種よりやや淡い。花茎は直立，長さ3.5－12（－15）cm，狭い翼がある。花序は長さ0.5－5（－9）cm，全部で3－17花，1つの節には1－3花をつける。苞は長さ2－5mm，膜質。花は6月中旬～8月に開き，花柄は長さ2－4mm，淡紫色～帯白色，上部に関節がある。花被は漏斗形，長さ4.5－5.5mm，淡紫色～ピンク紫色，裂片は楕円形，長さ3.5－4mm。成熟種子は球形，径4－5mm，光沢のある黒紫色。北海道南西部～琉球，台湾・中国に分布する。

2. コヤブラン　　　　　　　　　　PL. 177
Liriope spicata Lour.

林下に生える多年草。ストロンをもつ。根の端部に楕円状肥厚がときどきある。葉は長さ25－55 (－70) cm, 幅4－7 (－10) mm, 鋭頭～鈍頭。花茎は直立, 長さ10－40cm, 角稜があり, 基部は鱗片葉で包まれる。花序は長さ (4－) 8－15cm, 側枝の長さは3mmまで, 全部で20－200花以上, 1つの節には2－9花をつける。苞は卵形, 長さ2－6mm, 膜質, 先は鋭先形～尾状。花は7－9月に開き, 花柄は長さ3－5mm, 紫白色～淡ピンク紫色, 上部に関節がある。花被は浅い漏斗形, 長さ4－5mm, 淡紫色～ピンク紫色, 裂片は楕円形, 長さ3.5－4.5mm。花糸と葯はともに長さ約2mm。成熟種子は球形, 径5－7mm, 光沢のある黒紫色。本州中部～琉球, 朝鮮半島・台湾・中国・ベトナムに分布する。

3. ヤブラン　　　　　　　　　　PL. 176-177
Liriope muscari (Decne.) L. H. Bailey;
L. platyphylla Wang et Tang

林下に生える多年草。ストロンを欠く。根の中部～端部に楕円状肥厚がときどきある。葉は長さ25－70cm, 幅6－13 (－20) mm, 鋭頭～鈍頭。花茎は直立, 長さ (8－) 20－50cm, 角稜がなく円柱形, 基部は鱗片葉で包まれる。花序は長さ (5－) 8－25cm, 側枝の長さは3mmまで, 全部で35－200花以上, 1つの節には2－11花をつける。苞は長さ3－5mmで膜質。花は7－10月に開き, 花柄は長さ3－6mm, 紫白色～紫色, 上部に関節がある。花被は浅い漏斗形, 長さ4－5mm, 紫色～ピンク色, 裂片は楕円形, 長さ3.5－4.5mm。花糸は長さ約1.5mm。種子は成熟すると球形, 径6－7mm, 光沢のある黒紫色になり, 花柄は長さ4－8mmになる。本州～琉球, 朝鮮半島南部・台湾・中国に分布する。

4. オニヤブラン
Liriope tawadae Ohwi

ストロンを欠く。葉は長さ70－85cm, 幅1－1.3cm, 鋭頭～鈍頭。花茎は直立, 長さ約30cm, 角稜があり, 花序は長さ23－40cm, 1つの節に3－9花がつく。花は10月に開き, 花柄は長さ6－8mm, 先端近くに関節がある。花被は浅い漏斗形, 長さ4－5mm。種子は成熟すると球形, 光沢のある黒紫色になり, 花柄は長さ8－20mmになる。沖縄島に特産する。

【9】マイヅルソウ属　　Maianthemum Weber

ふつう半地中性 (日本産全種), まれに着生の多年草。根茎は横にはう。茎は枝分かれせず, 直立または上部で弓状に曲がる。葉は茎につき, 互生, 楕円形～披針形または卵心形, 無柄または有柄。花序は頂生, 円錐状または総状。花は小さく, ふつう両性, まれに単性, 単性の場合は雌雄異株になる。花被片は6個または4個, ふつう離生または基部でわずかに合着, まれに合着が進み筒状になる (M. henryiなど)。雄蕊は6個または4個, 花糸は糸状。子房は上位, 3室または2室で, 各室に1個または2個の胚珠があり, 花柱は1本, 柱頭は頭状または3－2浅裂。果実は球形の液果で赤色, 種子は1－4個で球形～卵形。染色体基本数は$x=18$。北半球に約40種, 日本に6種ある。

- A. 花は2数性。葉は2個, 基部は深い心形。
  - B. 全株平滑で, 葉縁に半円形の隆起がある ··· 1. マイヅルソウ
  - B. 茎の上部, 葉の裏面に柱状突起があり, 葉縁に微細な鋸歯がある ························ 2. ヒメマイヅルソウ
- A. 花は3数性。葉は3個～多数, 基部は円い。
  - B. 花は両性で雌雄同株。柱頭は円いか, 浅く3裂する。
    - C. 根茎は径4－7mm, 肥厚部(茎の跡が残る)が間隔をおいて連なる。花柱は子房より長い。柱頭は円い。葉は3－8個 ··· 3. ユキザサ
    - C. 根茎は径15－20mm, 球状の肥厚部(茎の跡が残る)が隣接して連続する。花柱は子房と等長か子房よりやや短い。柱頭は浅く3裂する。葉は8－15個 ·· 4. ハルナユキザサ
  - B. 花は単性で雌雄異株。柱頭は深く3裂する。
    - C. 花序に軟毛が多い。花柱は子房の半長より長い。茎に隆起する2条線がない。柱頭の裂片は短い ············ 5. ヤマトユキザサ
    - C. 花序はほぼ無毛。花柱は子房の半長より短い。茎に隆起する2条線がある。柱頭の裂片は長く, 反り返る ··· 6. ヒロハユキザサ

1. マイヅルソウ　　　　　　　　　　PL. 181
Maianthemum dilatatum (A. W. Wood) A. Nelson et J. F. Macbr.

山地や亜高山帯の針葉樹林下に生える多年草。根茎は細長い。茎は直立し, 高さ8－25cm, 平滑, 基部は膜質の葉鞘で包まれる。葉は2個, 葉身は卵心形で長さ3－7 (－12) cm, 平滑, 縁に半円形の隆起があり, 先はとがり, 葉柄は長さ1.5－5cm。花は5－7月, 20個ほどつき, 両性, 白色。花被片は4個, 楕円形, 長さ約2mm, 鈍頭, 平開して先は反る。雄蕊は4個, 花被より短いが, 花被片が反り返るためによく目立つ。子房は2室, 各室に2個の胚珠があり, 花柱は長さ0.7－1mm, 柱頭は浅く2裂する。液果は径5－7mm。南千島・北海道・本州・四国・九州, 朝鮮半島・中国北東部・シベリア東部・サハリン・千島・カムチャツカ・北アメリカに分布する。和名は〈舞鶴草〉で, 葉脈の曲がった形を翼を広げたツルに見立てたものという。

2. ヒメマイヅルソウ　　　　　　　　　　PL. 181
Maianthemum bifolium (L.) F. W. Schmidt

マイヅルソウに似ているが, 葉が細長く, 葉の裏面や

茎の上部，花序に柱状突起が多く，葉縁に微小な鋸歯がある。北海道・本州（北部〜中部），朝鮮半島・中国・サハリン・カムチャツカ・シベリアに分布する。マイヅルソウよりややまれで，姿がやさしいので〈姫舞鶴草〉との意である。

3. ユキザサ　　PL.181
Maianthemum japonicum (A. Gray) LaFrankie;
Smilacina japonica A. Gray

山地の林下に生える多年草。根茎は径4−7mm，肥厚部（茎の跡が残る）が間隔をおいて連なる。茎は高さ20−70cm，円く，条線がない。葉は3−8個，卵状長楕円形，長さ6−15cm，両面，特に裏面の脈上にあらい毛がある。花は5−7月，両性，円錐花序につき，花序と花柄にあらい毛が多い。花被片は6個，白色，長楕円形で長さ3−4mm，平開する。雄蕊は6個，花被片より短い。子房は3室，花柱より短い。柱頭は丸い。液果は径5−7mm。北海道・本州・四国・九州，朝鮮半島・中国・ウスリー・アムールに分布する。和名は〈雪笹〉で，白色の花を雪に，葉をササの葉にたとえたものである。

4. ハルナユキザサ　　PL.182
Maianthemum robustum (Makino et Honda) LaFrankie;
Smilacina japonica A. Gray var. *robusta* (Makino et Honda) Ohwi

ユキザサに似ているが，壮大な種で，茎は高さ1.5m，葉は8−15個で，長さは20cmにもなり，液果も大型である。大きな特徴はその根茎で，径1.5−2cmと太く，球状の肥厚部（茎の跡が残る）が隣接して連続する。子房は花柱と等長か花柱よりやや長く，柱頭は浅く3裂する。初め群馬県榛名山で発見されたのでこの名がある。関東地方〜中部地方に分布する。

5. ヤマトユキザサ〔オオバユキザサ〕　　PL.182
Maianthemum viridiflorum (Nakai) H. Li;
Smilacina hondoensis Ohwi

ユキザサに似ているが，花は単性で雌雄異株。やや大型で，根茎は径10−15mm，茎は高さ35−70cm。葉は5−12個。花序に軟毛が多い。子房の長さは花柱の長さの1.5−2倍程度，柱頭は明らかに3裂するのが特徴である。花期は6−7月。ユキザサよりも高所に生える。本州（奈良県以北）の特産である。

6. ヒロハユキザサ　　PL.182
Maianthemum yesoense (Franch. et Sav.) LaFrankie;
Smilacina yesoensis Franch. et Sav.

針葉樹林下に生える多年草。ヤマトユキザサと同じく花は単性で雌雄異株。根茎は径約1cm。葉は7−9個。茎は高さ45−70cm，隆起する2条線がある。葉の裏面や花序に毛がなく，あってもまばら。花期は6月下旬〜8月。子房の長さは花柱の長さの倍以上，柱頭の裂片は長く，しかも反り返る。雄花の花被片は緑色をおびるのでミドリユキザサともいわれる。本州（中部地方以北）に生える。

【10】ジャノヒゲ属　**Ophiopogon** Ker Gawl.

根茎のある多年草。ときどきストロンを出す。根は木質化したり，中部〜端部で肉質肥厚部を発達させることもある。茎はしばしば目立たない（日本産全種）が，ときに長く伸びて分枝せず，直立（O. siamensisなど）または匍匐（O. kradungensisなど）。葉は根生して束生（日本産全種）または長く伸びた茎に互生し，イネ科状または狭線形で無柄（日本産全種）〜長楕円形で有柄（O. tonkinensisなど），ふつう革質で上面に光沢があり，裏面には帯白色の縦筋がある。花は総状花序または退化した円錐花序（複総状花序）につき，両性，放射相称，鐘形〜平開，花柄に関節がある。花被基部は細い鞘（pericladium）になって関節より上の花柄を包む。花被裂片と雄蕊は6個。花糸はごく短く，花被裂片の基部につき，葯は底着，ときどき集葯雄蕊になる。子房は半下位で3室，各室の基部に2(−6)個の胚珠をつけ，花柱は1個で細く，柱頭は頭状。果皮は薄く，生長の途中で萎縮するか破れるかして，肉質種皮をもった種子が露出して成熟するので，種子は液果のように見える。1つの果実あたり1つの種子だけが成熟し，球形〜楕円形，光沢のある濃青色。染色体基本数はx＝18。東アジア〜インドの暖温帯域〜熱帯域に約65種，日本に4種ある。

```
A．葉の幅は2−3mm ·········································································································· 1. ジャノヒゲ
A．葉の幅は3−18mm。
  B．葉の幅は(7−)10−18mm。花茎はいちじるしく扁平で，幅は4−8mm。花柄(花被鞘状部に包まれた部分を含む)はふつう
     花被(鞘状部を除く)より2倍以上長く，長さ10−22mm ·················································· 2. ノシラン
  B．葉の幅は3−8(−13)mm。花茎は扁平か角があって，幅は4mmまで。花柄(花被鞘状部に包まれた部分を含む)はふつう花被
     (鞘状部を除く)の2倍より短く，長さ4−10mm。
    C．ストロンを欠く。花茎は弓状に曲がり，扁平で縁に狭い翼が出る。成熟種子は広楕円形 ·············· 3. ヨナグニノシラン
    C．ストロンをもつ。花茎は直立，角がある。成熟種子は球形 ··········································· 4. オオバジャノヒゲ
```

1. ジャノヒゲ〔リュウノヒゲ〕　　PL.177
Ophiopogon japonicus (Thunb.) Ker Gawl. var. **japonicus**

山野の林下に生える多年草。根茎は垂直，ふつう分枝しないが，ときに1−2回ほど分枝する。ストロンは長さ5−30cm。根の端部に楕円状肥厚が見られる。葉は常緑，下部で直立，中部〜上部で弓状に曲がり，長さ10−40cm，幅2−3mm，鈍頭，葉身下部に膜質の広い翼が出て，葉縁上部には細鋸歯がある。花茎は下部〜中部で直立，上部で曲がり，長さ6−9cm，緑色〜白色，角がある。花序は長さ1−9cm，1つの節に1−4花がつく。苞は披針形〜卵形，もっとも下のもので長さ5−

9mm，幅1.3−1.5mm，鋭頭。花は下向きで，7−8月に開く。花柄は長さ2−6mm，中部〜上部に関節がある。花被は白色〜紫色，裂片は卵状長楕円形，長さ3.5−4.5mm，やや反り返る。葯は披針形，長さ約2.5mm。成熟種子は球形，径6−8mm。北海道南西部〜九州，朝鮮半島・台湾・中国に分布する。

カブダチジャノヒゲvar. **caespitosus** Okuyama では根茎が3−7回とよく分枝し，しばしばストロンがなく，あっても短く，長さ3cmほどまでである。葉の長さは23−45cm，花柄の長さは3−5mmとジャノヒゲと大差ないが，花柄の関節が下部〜中部にあるもので，本州に産する。**ナガバジャノヒゲ**var. **umbrosus** Maxim.; *O. ohwii* Okuyama はカブダチジャノヒゲによく似ているが，根茎は5−20回とさらによく分枝し，葉と花柄はカブダチジャノヒゲより長く，葉は30−55cm，花柄は5−10mmに達するもので，本州（宮城県以南）・四国・九州・吐噶喇列島（中之島），韓国・中国に分布する。

2．ノシラン　　　　　　　　　　　　　　　PL. 178
　　Ophiopogon jaburan (Siebold) Lodd.
　海に近い林の下に生える多年草。根茎は垂直，分枝する。ストロンを欠く。根の中部に細い紡錘状肥厚が見られることもある。葉は常緑で厚く，長さ40−130cm，幅（7−）10−18mm，先は鋭形〜鋭先形，葉縁下部に膜質の狭い翼が出ることがあり，葉縁上部には細鋸歯がある。花茎は弓状に曲がり，長さ25−75cm，幅4−8mm，扁平な2稜形で狭い翼がある。花序は長さ7−13cm，1つの節に3−8花をつける。苞は狭披針形〜披針形，もっとも下のもので長さ1.5−9cm，淡緑色，縁は膜質，先は漸先形。花は下向きで，7−9月に開く。花柄（花被鞘状部に包まれた部分を含む）は長さ10−22mmで，ふつう花被（鞘状部を除く）の2倍より長い。花被（鞘状部を除く）はふつう花被鞘状部より短く，白色〜淡紫色，裂片は卵状長楕円形，長さ5−7mm，やや反り返る。葯は披針形，長さ4−5mm。成熟種子は楕円形，長さ8−14mm，幅6−10mm。本州（関東地方以西）〜琉球，韓国（済州島）に分布する。庭によく栽培され，葉に白条のあるシロスジノシラン，黄条のあるキスジノシランなどの栽培品種がある。

3．ヨナグニノシラン　　　　　　　　　　PL. 178
　　Ophiopogon reversus C. C. Huang
　多年草。根茎は垂直。ストロンを欠く。根の中部に細い紡錘状肥厚が見られることもある。葉は常緑で硬く，長さ（20−）30−50（−75）cm，幅3−8（−13）mm，先は鋭形〜鋭先形，葉縁上部に細鋸歯がある。花茎は弓状に曲がり，長さ（10−）18−25（−45）cm，扁平で縁に狭い翼が出る。花序は長さ（2−）5−7（−9）cm，1つの節に1−3花がつく。苞は三角形〜卵形，もっとも下のもので長さ13−20mm，縁は膜質。花は下向きで，8−10月に開く。花柄は長さ5−10mm，中部〜上部に関節がある。花被（鞘状部を除く）は花柄（花被鞘状部に包まれた部分を含む）の半長よりも長く，白色〜淡紫色，裂片は披針形長楕円形〜卵状楕円形，長さ3.5−5mm，やや反り返る。葯は披針形で長さ3.5−4mm。成熟種子は広楕円形。沖縄県（与那国島），台湾・中国南部に産する。

4．オオバジャノヒゲ　　　　　　　　　　PL. 178
　　Ophiopogon planiscapus Nakai
　林下に生える多年草。根茎は垂直または斜めで，分枝したりしなかったりする。ストロンをもつ。根の端部に楕円状肥厚が見られる。葉は常緑，下部で直立，中部〜上部で曲がり，長さ15−50cm，幅4−7mm，鈍頭，葉縁下部に膜質の狭い翼が出て，葉縁上部には細鋸歯がある。花茎は直立，長さ10−30cm，角がある。花序は長さ4−8cm，やや曲がり，1つの節に1−3花をつける。苞は披針形，もっとも下のもので長さ8−18mm，幅2−4mm，鋭頭。花は下向きで，7−8月に開く。花柄は長さ4−10mm，中部〜上部に関節がある。花被は淡紫色〜白色，裂片は長さ4.5−5.5mm，まっすぐ。葯は披針形，長さ2.5−3mm。成熟種子は球形，径8−9mm。本州〜九州に分布する。

【11】アマドコロ属　　**Polygonatum** Adans.

　ふつう半地中性，まれに中国南西部〜ヒマラヤで着生の多年草。根茎は横にはう。茎は枝分かれせず，しばしば上部で弓状に曲がるが，ときどき直立またはよじのぼる。葉は茎につき，側生および偽頂生，互生（日本産種のすべて），対生または輪生，狭線形〜広卵形，全縁，先はふつう鈍形〜端が円い鋭先形，まれに鉤状に巻き，葉柄はないか短い。花序は葉腋，1〜数花からなり，総状，散房状または散形状，花序柄の端部に苞のあるものとないものがある。苞のある場合，苞は草質で宿存性または膜質で早落性。花は両性，ふつう下垂，まれに直立（*P. hookeri*），花柄の関節はふつう頂端，まれに中上部（*P. dolichocarpum*）。花被片は6個，敷石状，ふつう下から半長以上が合着して筒状になる。雄蕊は6個，花糸は下から多少とも花被に合着し，離生部は円柱形または左右扁平，平滑または乳頭状突起，いぼ状突起や多細胞の単列毛をつけ，葯は内向裂開。子房は上位，3室で，各室に2−12個の胚珠があり，花柱は1本で細く，柱頭は3浅裂で小さい。果実は球形の液果，ふつう黒紫色（日本産種のすべて）または赤色である。染色体基本数は $x = 9-15$。北半球の温帯域を中心に約58種，日本には9種4雑種がある。

　A．花序柄の端部に苞がある。
　　B．苞は膜質，早落性，線状長楕円形，長さ0.4−1.4cm。花は淡緑色。花糸に毛がある ································· 1. ミドリヨウラク
　　B．苞は草質，宿存性，狭卵形〜広卵形，長さ1.5−3.5cm。花はふつう白色またはクリーム色，しばしば先端部は緑色をおびる。花糸に毛がない。

C．花序柄，花柄，苞の裏面脈上に柱状突起がある。花筒は長さ9－14mm。雌蕊は雄蕊より短く，花筒の約半長。花糸は円柱形 ·· 2．ウスギワニグチソウ
C．花序柄，花柄，苞の裏面脈上は平滑。花筒は長さ19－26mm。雌蕊は雄蕊より長く，花筒とほぼ等長。花糸は左右扁平 ·· 3．ワニグチソウ
A．苞がない。
 B．花糸に毛がある。花序柄は斜上または横向き。
  C．葉の上面は深緑色～緑色，中央脈沿いが帯状に白くなる。花糸上の単列毛の細胞の結合部は球状にふくらむ。花に香りがある ·· 4．ヒメナルコユリ
  C．葉の上面は緑色，帯状に白くはならない。花糸上の単列毛の細胞の結合部はふくらまない。花に香りはない ·· 5．ミヤマナルコユリ
 B．花糸に毛がない。花序柄は基部から曲がり下垂する。
  C．葉の裏面は緑色，脈上に柱状突起がある。茎は直立，長さ(8.5－)10－45(－54)cm。根茎は円柱状，径(1.5－)3－4(－5)mm ·· 6．ヒメイズイ
  C．葉の裏面は多少白みをおび，脈上に乳頭状突起があるか，平滑。茎は上部で多少弓状に曲がり，長さ25－150cm。根茎は円柱状，数珠状またはジグザグ状，径4－30mm。
   D．茎には基部を除き稜角がある。根茎はふつう円柱状，まれに1年間の伸びが短く数珠形に近くなる ········· 7．アマドコロ
   D．茎は円柱形で稜角がない。根茎は数珠状，またはジグザク状。
    E．花は漏斗状鐘形，長さ25－38mm。花糸離生部は長さ7－10mm，下部は肥厚していぼ状突起が密生し，上部は細く平滑，葯は長さ4.5－5.5mm。根茎はジグザグ状 ································· 8．オオナルコユリ
    E．花は筒状，長さ17－23mm。花糸離生部は長さ5－7mm，上部は肥厚して多少とも乳頭状またはいぼ状の突起があり，下部は平滑，葯は長さ2.5－3mm。根茎は数珠状 ··· 9．ナルコユリ

1．ミドリヨウラク　　　　　　　　　　　　　PL.182
Polygonatum inflatum Kom.

山地の林下や草原に生える多年草。根茎は円柱状，径4－10mm。茎は長さ25－85cm，下部で円柱形，上部で弓状に曲がり，稜角が出る。葉は長楕円形～広卵形，長さ8－16cm，幅6.9－9.5cm，裏面は帯白色，脈は平滑，先は鈍頭，または全体に鋭形で端は微突で頂は円く，基部は円形，短い葉柄がある。花序は2－7花からなり，散形状。花序柄は長さ2－4.2cm，平滑，下垂，先端に2－7個の苞をつける。苞は線状長楕円形，長さ4－14mm，膜質で1脈があり，平滑，早落性，先は短鋭先形。花は5－7月に咲く。花柄は苞とほぼ同長で平滑。花被はつぼ状筒形，長さ1.7－2.6cm，淡緑色，裂片は長さ2－3mm，反曲する。花糸離生部は左右扁平，長さ約4mm，有毛，下部で肥厚する。毛は多細胞の単列毛で，細胞の結合部があまりふくらまない。葯は長さ約4mm。子房は長さ約5mm。液果は径1－1.2cm，9－13種子が成熟する。染色体基本数はx＝11。本州（広島県）・四国・九州，朝鮮半島・中国北東部に分布する。日本ではまれだが，朝鮮半島ではふつうである。苞が膜質で，花序柄の先に2－7個つき，苞と同数の淡緑色の花がかたまっているのが大きな特徴である。

2．ウスギワニグチソウ　　　　　　　　　　PL.182
Polygonatum cryptanthum H. Lév. et Vaniot

林下や草原に生える多年草。根茎は細く，円柱状。茎は長さ15－30cm，下部で円柱形，上部で弓状に曲がり，稜角が出る。葉は披針状長楕円形～卵形，長さ3－5cm，裏面脈上と縁に柱状突起があり，先は鋭先形～突形で頂端は円い。花序は2花からなる。花序柄は柱状突起をもち，下垂，先端に2個の苞が花を包むようにつく。苞は狭卵形～広卵形，長さ1.5－2.3cm，幅0.7－1.9cm，草質，宿存性，裏面脈上と縁に柱状突起があり，先は短鋭先形。花は5月に咲き，花柄に柱状突起がある。花被は筒状，長さ0.9－1.4cm，白色またはクリーム色，ときどき帯緑色，裂片は反曲する。花糸離生部は円柱形，上部でわずかに肥厚し，背軸側上部に乳頭状突起，背軸側中部にいぼ状突起があり，背軸側下部と向軸側は平滑である。葯は長さ約3mm。雌蕊は雄蕊より短く，花被の約半長。染色体基本数はx＝9。九州（福岡県・対馬），韓国に分布する。花が苞からあまり出ないのが特徴で，分布がごく狭い。

3．ワニグチソウ　　　　　　　　　　　　　PL.183
Polygonatum involucratum (Franch. et Sav.) Maxim.

山地の林下に生える多年草。根茎は細く，円柱状，径3－5mm。茎は長さ15－45cm，下部で円柱形，上部で弓状に曲がり，稜角が出る。葉は長楕円形～広卵形，長さ5－10cm，幅3－6cm，裏面はふつう多少とも帯白色，脈は平滑，先は鋭先形～突形，頂端は円く，基部は円形～漸先形，短い葉柄がある。花序は2花からなる。花序柄は長さ1－2cm，平滑，下垂，先端に2個の苞が花を包むようにつく。苞は卵形～広卵形，長さ1.5－3.5cm，幅1－2.5cm，草質，平滑，宿存性，先は短鋭先形。花は5－6月に咲く。花柄は長さ2－4mm，平滑。花被はつぼ状筒形，長さ1.9－2.6cm，白色，先端部は緑色をおび，裂片は長さ約3mm，反曲する。花糸離生部は左右扁平，長さ2－4mm，上部で肥厚し，背軸側上部で乳頭状突起が密生，背軸側基部で平滑，その他の部分にはいぼ状突起がある。葯は長さ約3mm。雌蕊は雄蕊より長く，花被とほぼ同長。子房は長さ約5mm。液果は径約1cm，7－8種子が成熟する。染色体基本数はx＝9。北海道南西部・本州・九州，朝鮮半島・中国北東部・ウスリーに分布する。和名は〈鰐口草〉で，2個の苞のある形が神社の社殿の軒下につるされている鰐口に似ていることによる。

ワニグチソウと他種の間の自然雑種がいくつか知られており，いずれも草質で宿存性の苞をもつが，ワニグチソウとは異なり，苞は広披針形～微小な針形で，花柄上のどこかにつき，花を包むようにはつかない。そのう

ち，ワニグチソウとミヤマナルコユリの自然雑種は，花糸離生部の上部〜下部に短毛を疎生し，ドウモンワニグチソウ P. ×domonense Satake と名付けられ，本州（山形県・福島県・滋賀県）に産する。ワニグチソウとヒメイズイの自然雑種は，苞の縁，葉の縁や裏面脈上に針状や円錐状の突起を不規則につけるもので，コウライワニグチソウ（コワニグチソウ）P. ×desoulavyi Kom.; P. miserum Satake（PL.183）と名付けられ，北海道南西部・本州（岩手県・山梨県・長野県・滋賀県），朝鮮半島・中国北東部・ウスリーに分布する。ワニグチソウとナルコユリの自然雑種は，しばしば花糸に短毛をもたず，苞や葉は平滑なもので，タカオワニグチソウ P. ×azegamii (Ohwi) M. N. Tamura と名付けられ，本州（東京都・神奈川県・山梨県・長野県）に産する。

4. ヒメナルコユリ
Polygonatum amabile Yatabe

林下に生える多年草。根茎は数珠状。茎は上部で弓状に曲がり，長さ10−50cm。葉は披針状長楕円形，長さ5−11cm，幅2.1−4.3cm，上面は深緑色〜緑色，中央脈沿いが帯状に白くなり，裏面は帯白色，脈は平滑，先は鋭先形〜突形，頂端は円く，基部は全体に円く，短い葉柄がある。花序は散房状，1−5花からなる。花序柄は長さ0.9−2.7cm，無毛，斜上または横向き，基部で茎と合着する。苞はない。花は5−6月に咲き，香りがある。花柄は長さ0.4−1.8cm，無毛。花被は筒状，長さ1.6−2cm，白色，先端部は緑色をおび，裂片は長さ3−4mm，直立または反曲する。花糸離生部は円柱形，肥厚は見られず，長さ5−6.5mm，単列毛が下部で密生，上部で疎生する。単列毛は細胞の結合部で球状にふくらむ。葯は長さ2−2.8mm。子房は長さ2.5−3.2mm，花柱は長さ約1.5cm。染色体基本数は$x=10$。本州中部・九州（佐賀県）にまれに分布する。

5. ミヤマナルコユリ PL.183
Polygonatum lasianthum Maxim. var. **lasianthum**

山地の林下に生える多年草。根茎は数珠状。茎は上部で弓状に曲がり，長さ25−75cm，線条がある。葉は線状長楕円形〜広楕形，長さ6−11cm，上面は緑色，裏面はふつう帯白色，脈は平滑，先は鋭先形〜突形，頂端は円く，短い葉柄がある。花序は散房状，(1−)2−3(−4)花からなる。花序柄は長さ0.7−3.2cm，無毛，斜上または横向き，基部で茎と合着する。苞はない。花は5−6月に咲き，香りはない。花柄は長さ0.1−2.1cm，無毛。花被は筒状，長さ1.4−2.4cm，白色，先端部はしばしば緑色をおび，裂片は直立する。花糸離生部は円柱形，肥厚は見られず，単列毛が下部で密生，上部で疎生する。単列毛は細胞の結合部でもあまりふくらまない。葯は長さ3−3.8mm。液果は径8−12mm，多くて5種子が成熟する。種子は長さ約2mm。染色体基本数は$x=10$。北海道〜九州に分布する。

チョウセンナルコユリ var. **coreanum** Nakai は花糸上部に毛がなく，花がやや大きく，長さ2.3−2.8cm，1花序中の花数が1−2個と少ないもので，対馬，朝鮮半島に産する。

ミヤマナルコユリとナルコユリの間の自然雑種が東京都から知られており，タマナルコユリ P. ×tamaense H. Hara と名付けられている。一般に，タマナルコユリでは，花糸の向軸側基部にあるのは乳頭状突起とまばらな短毛で，花序柄は反り返り，葉は長楕円状披針形となる。

6. ヒメイズイ PL.183
Polygonatum humile Fisch. ex Maxim.

草原や海岸に生える多年草。根茎は細く，円柱状，径(1.5−)3−4(−5)mm。茎は直立，長さ(8.5−)10−45(−54)cm，稜角がある。葉は線状長楕円形，長さ(2.5−)5.5−8.5(−10.2)cm，幅(0.9−)1.5−4.2cm，両面とも緑色，裏面脈上と縁に柱状突起があり，先は端の円い鋭形，基部は鈍形，葉柄は不明瞭。花は葉腋に1(−2)個つき，下垂して，5月下旬〜7月に咲く。苞はない。花柄は長さ(4−)8−13(−15)mm，無毛。花被は筒状，長さ(1.3−)1.5−1.7(−2)cm，白色またはクリーム色，先端部は緑色をおび，裂片は長さ約2mm，反曲する。花糸離生部は左右扁平，長さ3−5mm，肥厚は見られず，いぼ状突起が密生する。葯は長さ約2.7mm。子房は長さ約4mm，花柱は長さ1.1−1.3cm。液果は径8−10mm，5−6種子が成熟する。種子は長さ約3mm。染色体基本数は$x=10$。南千島・北海道・本州（滋賀県以北）・九州（？），ウルップ島・サハリン〜シベリア・朝鮮半島・中国北東部・モンゴルに分布する。〈姫萎蕤〉の意で，萎蕤はアマドコロの漢名なので，小型のアマドコロということである。

7. アマドコロ PL.184
Polygonatum odoratum (Mill.) Druce var. **pluriflorum** (Miq.) Ohwi

山野にふつうに見られる多年草。根茎は円柱状，径4−12mm，白色，1年で(2.5−)4.5−10.5cm伸びる。茎は上部で弓状に曲がり，長さ25−110cm，稜角がある。葉は線状長楕円形〜卵形，長さ6.8−19cm，幅1.8−6.5cm，上面緑色，裏面は帯白色で脈上の突起は低く，先は鈍頭，または全体に鋭形で端は微突で頂は円く，葉柄は不明瞭。花は葉腋に1−2個下垂して，4−6月に咲く。花序柄は長さ1−1.5cm，無毛。苞はない。花柄は長さ0.5−1(−2)cm，無毛。花被は筒状，長さ(1.2−)1.4−1.9(−2.3)cm，白色，先端部は緑色をおび，裂片は直立または反曲し，先端に突起がある。花糸離生部はふつう円柱形，まれにやや左右扁平，肥厚は見られず，いぼ状突起をもつが，ときどき下部で平滑。葯は長さ3.8−5mm。液果は径約1cm。種子は卵形，長さ約3.5mm。染色体基本数は$x=10$。北海道〜九州，朝鮮半島に分布する。和名は根茎がトコロ（ヤマノイモ科）に似ていて，甘味があることによる。茎の高さ，葉の大きさなど，産地により変化が多い。

ヤマアマドコロ var. **thunbergii** (C. Morren et Decne.) H. Hara は葉の裏面脈上に顕著な乳頭状突起が密生するもので，本州（日本海沿岸部〜長野県）・四国（愛媛県）・九州（壱岐）に産する。**オオアマドコロ** var. **maximowiczii** (F. Schmidt) Koidz.（PL.184）は大型で，茎の長さが65−150cmになり，葉の裏面脈上に長い乳頭

状突起が密生するが，根茎は1年で1.7－3(－4.5) cm しか伸びないもので，南千島・北海道・本州（東北地方），ウルップ島・サハリン・ウスリーに分布する。

8. オオナルコユリ〔ヤマナルコユリ〕 PL.184
Polygonatum macranthum (Maxim.) Koidz.

山地の林下に生える多年草。根茎は太く，ジグザグ状，最大径3cmになる。茎は上部で弓状に曲がり，長さ60－140cm，円柱形で稜角がない。葉は披針形～長楕円形，長さ(8.5－)15－17.5(－30) cm，脈は平滑，しばしば3脈が目立ち，先は端の円い鋭形，葉柄は短い。花は上方の葉腋でふつう1花，下方の葉腋では2－4花が散房状につき，5－7月に咲く。花序柄は長さ0.8－2.3cm，無毛，基部から曲がり下垂する。苞はない。花柄は長さ0.6－2cm，無毛。花被は漏斗状鐘形，長さ2.5－3.8cm，白色，先端部は緑色をおび，裂片は反曲する。花糸離生部は円柱形，長さ7－10mm，下部は肥厚していぼ状突起が密生し，上部は細く平滑である。葯は長さ4.5－5.5mm。液果は径8－12mm。染色体基本数はx＝11。北海道～九州に分布する。

9. ナルコユリ PL.184
Polygonatum falcatum A. Gray var. **falcatum**

山地の林下に生える多年草。根茎は数珠状，径5－15mm。茎は上部で弓状に曲がり，長さ40－140cm，円柱形で稜角がない。葉は線状披針形～披針状長楕円形，長さ7.4－23.2cm，幅0.9－4.0(－4.7) cm，裏面の脈上に低い乳頭状突起があるか脈はほとんど平滑，先は端の円い鋭形，葉柄は短いか不明瞭。花序は散房状，(1－)2－6(－8) 花からなる。花序柄は長さ0.7－3cm，無毛，基部から曲がり下垂する。苞はない。花は5－6月。花柄は長さ0.5－2cm，無毛。花被は筒状，長さ1.7－2.3cm，白色，先端部は緑色をおび，裂片は直立または反曲する。花糸離生部は円柱形，長さ5－7mm，上部でやや肥厚し，背軸側最上部に乳頭状突起，他の上部域にいぼ状突起があり，下部は平滑である。葯は長さ2.5－3mm。液果は径7－10mm。種子は卵形，長さ約3mm。染色体基本数はx＝9。本州（関東地方以西）・四国・九州，韓国に分布する。和名は，花が葉腋に垂れ下がっている様子を鳴子に見立てたものである。

ヒュウガナルコユリ var. **hyugaense** Hiyamaは花糸上部の乳頭状突起やいぼ状突起が顕著，葉の裏面脈上にも乳頭状突起があるもので，九州の山間部に産する。**マルバオウセイ** var. **trichosanthum** (Koidz.) M. N. Tamura (PL.184) は葉が幅広で，披針状卵形～狭卵形，裏面の脈はほぼ平滑，花糸上部の乳頭状突起やいぼ状突起も低いもので，小石川植物園で栽培されたものに命名された。本州（山口県）・四国南部・九州～韓国南部の海岸沿いと奄美群島に自生する。

ナルコユリとその近似種の根茎を乾燥したものが和産の〈黄精〉で，アマドコロとその近似種の根茎を乾燥したものが和産の〈萎蕤（いずい）〉で，ともに滋養強壮薬とされる。中国産の黄精，萎蕤は別種の根茎である。

【12】キチジョウソウ属 Reineckea Kunth

常緑の多年草。根茎は地表をはう。葉は根生して束生し，線形，無柄。苞は卵状三角形，膜質。花は穂状花序に上向きにつき，花被片は6個，やや肉質，下半部が筒状に合着し，離生部は筒部より長い。雄蕊は6個，花糸は糸状で花筒につき，葯は長楕円形で背着。子房は上位で3室，各室に胚珠が2個ある。花柱は1個。液果は赤色。染色体基本数はx＝19。東アジアに1種あるだけである。

1. キチジョウソウ PL.186
Reineckea carnea (Andrews) Kunth

林下に生える多年草。根茎は円柱形，径2－4mm，帯緑色。葉は長さ8－40cm，幅0.5－2cm，濃緑色，先は鋭形～鋭先形，3－5脈がある。花茎は直立，長さ5－13cm，花序は長さ3－8cm，苞は長さ4－7mm，帯茶色～帯紫色。花は8－10月に開き，花被は長さ8－13mm，淡紅紫色，裂片は狭長楕円形，長さ5－7mm，鈍頭，反り返る。花糸離生部は長さ3－4mm，葯は長さ2－2.5mm。子房は狭卵形，長さ3mm，花柱は長さ7－10mm，細い。しばしば雌蕊のない花がある。液果は球形，径6－9mm，種子は卵形，長さ約4mm。本州（関東地方以西）・四国・九州，中国に分布する。和名は〈吉祥草〉である。これを植えている家に吉事があると開花するという言い伝えから，めでたい草という意味で，この名がついたという。

【13】オモト属 Rohdea Roth

太い根茎をもつ多年草。葉はしばしば根生し，葉柄は明瞭または不明瞭。花序は穂状。花被片は6個，肉質，半長以上合着する。雄蕊は6個，花糸は少なくとも下部で花被と合着する。子房は上位で3室，各室に2－4胚珠がある。花柱は1本，ふつう短く，柱頭は3裂する。果実は液果。染色体基本数はx＝19。以前は日本と中国だけに分布するオモト1種だけでオモト属を認めていたが，最近，形態・染色体・分子系統の研究結果に基づいてCampylandra属と合一された。東アジア・東南アジア北部～ネパール・インドに約20種が分布し，日本にはオモト1種だけがある。

Asparagaceae

1. オモト　　　　　　　　　　　　　PL. 186
Rohdea japonica (Thunb.) Roth var. **japonica**

暖かい地方の林下に生える多年草。葉は根出，束生し常緑，厚い革質で光沢があり，披針形，広披針形または倒披針形で長さ30－50cm，無柄。5－7月，高さ8－20cmの直立した太い花茎が出て，多数の花が密生して穂状花序をつくる。仏炎苞のないミズバショウの感じがある。花被片は淡黄色で中部以上まで合着して深い皿形になり，裂片は内側に曲がる。花糸はほぼ全長で花被と合着する。子房の各室には2胚珠がある。花柱はごく短い。液果は球形で，径8－10mm，熟して朱色になる。種子はふつう1個ある。本州（関東地方以西）・四国・九州，中国に分布する。オモト（万年青）は古くから観葉植物として栽培され，多数の園芸品種がつくられている。

奄美大島に自生するものは，葉が淡緑色で幅が広いので**サツマオモト** var. **latifolia** Hatus. の名が与えられた。

【14】チトセラン属　　Sansevieria Thunb.

常緑の多年生植物。地中または地表をはう根茎から厚くかたい革質の葉を束生し，直立またはロゼット状になる。花序は円錐または総状で，6裂した筒状の花を多数咲かせる。染色体基本数はx＝20。アフリカからインドにかけての熱帯・亜熱帯域に70種ほど知られる。日本では琉球や小笠原に繊維作物や観賞用植物として植えられ，野生化しているものもある。リュウケツジュ属Dracaenaと合一されることもある。

1. チトセラン　　　　　　　　　　　PL. 186
Sansevieria nilotica Baker

常緑の多年生植物。地表近くを横走する根茎から厚い革質の葉を束生する。葉は幅3－6cm，長さ0.5－1mで直立し，先は鋭くとがる。花茎は直立して30－50cm，総状花序に白色の花を多数つける。花被は長円筒形で長さ2－2.5cm，中央付近まで6裂し，雄蕊が突出する。アフリカ原産。国内にはかつて繊維原料として導入されたが，現在では観賞用に用いられることが多く，小笠原では各所に野生化している。

ヤシ科　ARECACEAE

國府方吾郎

　多くは高木で幹が木質化するか，つる状となるかであるが，小型で草質の茎をもつものもある。葉はふつう常緑，大型で，互生し，ふつう茎頂に叢生し，羽状，扇状，掌状に分裂する。花序には大型の鞘状の総苞があり，多くは円錐状であるが，そのほかにさまざまな型のものが見られる。花は放射相称で，ふつう小さく，両性のものと，単性で雌雄異株のものがある。花被片は6個で，内外2環に並ぶ。雄蕊は6個。子房は上位，1個または多数で，1－3個の花柱をもち，子房も同数の室に分かれる。各室には1個の胚珠がある。果実は核果あるいは液果で，大型になるものがある。種子には胚乳がある。熱帯を中心に分布し，6亜科190属に分類され，およそ2400種あるといわれている。日本には6属6種があるほか，かなりの種が観賞用に栽培されている。また，ココヤシ，ナツメヤシ，アブラヤシをはじめ熱帯の栽培植物として重要なものが多い。科名についてはPalmaeの別名もある。

　A．葉は扇状あるいは掌状。心皮は3個，離れるかゆるやかに合着する ………《シュロ亜科 Subfam. Coryphoideae》
　　B．葉柄は基部付近の幅が6－7cmで太い。心皮はほとんど離生し，基部だけが合着している。花柱は合着する。果実は核果となる ……【3】ビロウ属 Livistona
　　B．葉柄は基部付近の幅が3－5cmでやや細い。心皮は離生または合着するが，花柱は離生し，各心皮の先につく。果実は液果となる ……【6】シュロ属 Trachycarpus
　A．葉は羽状。
　　B．果実には石核がある。果実は相称でない。花序は多数の鞘状の苞がある。心皮は1個 ……《ニッパヤシ亜科 Subfam. Nypoideae》【4】ニッパヤシ属 Nypa
　　B．果実には石核がない(石核がある場合は種子に縦の稜角がある) ……《ノヤシ亜科 Subfam. Arecoideae》
　　　C．果実は液果。葉の羽片は内側に折れる ……【1】クロツグ属 Arenga
　　　C．果実は液果ではない。葉の羽片は外側に折れる。果実は1－3個の種子があり，内果皮は薄いかかたい。
　　　　D．葉の羽片は幅3－4cm，縁は肥厚しない。果実は卵状楕円形で，長さ約1.3cmになる ……【5】ヤエヤマヤシ属 Satakentia
　　　　D．葉の羽片は幅約2.5cmで，縁は肥厚する。果実は球形で，径約5mmほどである ……【2】マガクチヤシ属 Clinostigma

【1】クロツグ属　Arenga Labill.

　大型または中型の木本で，まれに無茎のものがある。有茎のものでは，幹は葉柄が分解されてできた黒い繊維で密におおわれる。葉は羽状で，多数の小葉に分かれる。小葉は線形で，裏面はふつう灰白色をおび，縁にはまばらな鋸歯があり，基部は耳状となる。雌雄異株または同株。同株の場合，ふつう雌雄は別々の花序につく。花序は腋生で下垂し，初め多数の苞に包まれ，長い柄があり，大型で，よく分枝し，円錐状に多数の花を密生する。雄花は小さな3個の萼片と，やや大きい楕円形の3個の花弁があり，退化雌蕊はない。雌花はふつう球形で，3個の萼片は宿存性で花後大きくなり，ときに退化雄蕊があり，3室からなる1個の雌蕊をもち，花柱は円錐形となる。果実は球形または楕円形で，2－3個の扁平または片面だけがとがった種子がある。およそ14種あり，熱帯アジアとオーストラリアに分布する。日本には次の1種が自生する。

1. クロツグ　　　　　　　　　　　　　　PL.188
Arenga engleri Becc.; *A. ryukyuensis* A. J. Hend.;
A. tremula auct. non (Blanco) Becc.;
A. tremula (Blanco) Becc. var. *engleri* (Becc.) Hatus.;
Didymosperma engleri (Becc.) Warb.

　常緑の小高木で，幹は高さ2－5mになり，葉柄が分解されてできた黒い繊維で密におおわれる。葉は根生ならびに幹生で，幹生のもののほうがふつうは大きい。葉柄は長さ1mぐらいになる。葉身は長さ1.5－2.5mに達し，羽状複生し，20－40対の小葉に分かれる。小葉は革質，広線形で，長さ25－60cm，幅1.5－3cm，先は鈍形で不規則な歯牙がある。表面は深緑色で光沢があり，裏面は中肋が隆起し，ふつう灰白色をおび，鋸歯はきわめてまばら，基部は耳状となり，内折して側面で葉軸につく。葉の先端部分では小葉はしだいに小さくなり，先は鈍円形に近くなる。雌雄同株，雌花，雄花は別々の花序につく。花序は腋生し，大型の円錐状で，初め多数の苞に包まれ，長い柄があって下垂し，橙黄色で，分枝して多数の花を密生する。雄花は小さな萼片と，長さ1.5－2cmの長楕円形の花弁がある。葯は線形で長さ約4mm，花糸は短く，長さは1mm未満である。雌花はふつう球形で，萼片は宿存し，花後大きくなり，長さ7－9mmに達し，花弁は扁三角形。果実は球形で径2cmぐらいになり，橙黄色で，熟すと暗赤色になる。染色体数は2n=32。吐噶喇列島以南の琉球に自生し，熱帯および亜熱帯の低地の林内に生える。コミノクロ

旧版の執筆は大場秀章。

Arecaceae

ツグとよばれる．果実が小さく径1－1.5cmで，萼や花弁も小型で，花序の軸が細い1型が八重山列島にはあり，初島住彦はこれをフィリピン産のA. tremulaと同一とした．台湾にも分布する．また，九州南部や小笠原では野生状態で生えている．葉の形態をもとに琉球産を独立した固有種A. ryukyuensisとする見解もある．

なお，**サトウヤシ** A. pinnata (Wurmb) Merr. は，マレーシアからインドにかけて分布し，日本では温室で観賞用に栽培される．原産地では雄花序の花序軸を切り，そこから出る液を集めて酒（ヤシ酒）や砂糖を作る．

【2】マガクチヤシ属　Clinostigma H. Wendl. 〔ノヤシ属〕

大型の高木で，幹は単一で分枝せず，直立し，葉の落ちた跡が環状紋となって残る．葉は大型の羽状複葉で，幹の先端に叢生するが，樹冠軸をつくる長い筒状の葉鞘をもつ．雌雄同株．花序は幹の先端の葉群の下につき，多数の小枝に分かれる．花は単性，萼片は3個，花弁は3個，雄蕊は6個で，嘴状に横に曲がった花柱をもつ雌蕊が1個ある．果実は核果で，球形となる．およそ11種があり，小笠原，カロリン，ビスマーク，フィジー，バヌアツ，サモア諸島などに分布し，日本には次の1種が自生する．

1. ノヤシ〔セボリーヤシ〕　PL. 189
Clinostigma savoryanum (Rehder et E. H. Wilson) H. E. Moore et Fosberg;
Cyphokentia savoryana Rehder et E. H. Wilson

大型の常緑高木で，幹は高さ7－10m，ときに15mに達し，径20－40cmであるが，基部はさらに肥大する．葉は大型の羽状複葉で，幹の先端に10－12個が叢生する．葉は長さ1－3mになるが，葉柄は短く，長さ45－60cm，葉身は革質で，表面に光沢があり，50－60対の小葉に分かれる．小葉は狭披針形で，長さ30－40cm，幅約2.5cmで，先はとがる．葉鞘は長さ1mほどになる長い筒状で樹冠軸をつくる．花期は6－7月．花序は幹の先端の葉群の直下につき，ほうき状に分枝し，紡錘形の総苞に包まれ，長さ1mになり，基部は広がって茎を抱く．花は単性，淡黄色で，3個が並んでつき，中央が雌花，両側が雄花となる．雄花の萼片は3個で，三角状卵形，先は円形，花弁は3個，卵状長楕円形で，萼片の2倍の長さがあり，雄蕊は6個で，花弁よりやや短く，葯は丁字状につく．雌花は球形で，ほぼ同形の萼片と花弁をもつ．萼片と花弁はそれぞれ3個あり，卵状倒楕円形で長さ3mmほどになる．雌蕊はゆがんだ卵形，長さ2mmほどで，1室からなり，3個の花柱をもつ．核果は卵状楕円形，長さ1.2cmほどで，11－12月に熟す．染色体数は2n=36．小笠原（父島列島・母島列島）に固有で，点在するが，個体数は限られている．

【3】ビロウ属　Livistona R. Br.

幹は分岐せず単幹で，直立し，不規則な波状環紋がある．葉は円形で，掌状に多裂し，裂片は内折する（中軸を境に表面が相接するような状態になる）．葉柄は太く，断面は倒三角形で，しばしば縁にとげを列生する．花序は腋生し，長い柄のある円錐花序で，果時には花序全体が下垂する．花は多数つき，両性で，萼片は3個で合着してコップ状となる．花弁は3個で萼片より大きく，基部で合着する．雄蕊は6個で，花糸は基部で合着して環状となり，葯は心形．雌蕊は1個，子房は3室で，花柱は合着し，短い．果実は球形または楕円形の核果で，中果皮は肉質となる．種子は腹面に凹所があり，背面に胚が位置する．33種あり，熱帯アジアからオーストラリアにかけて分布し，日本には次の1種が自生する．

1. ビロウ　PL. 187
Livistona chinensis (Jacq.) R. Br. ex Mart. var. **subglobosa** (Hassk.) Becc.;
L. subglobosa (Hassk.) Mart.;
Saribus subglobosa Hassk.; *Corypha japonica* Kittl.

常緑の高木で，幹は直立し，高さ約15m，径40－60cmとなるが，基部はさらに太くなる．幹には不規則な波状環紋がある．葉はほぼ円形で径1－2m，掌状に中・深裂して多数の裂片に分かれ，裂片は線形で，内折し，先は長い2つの裂片にさらに分かれて下垂する．葉柄は長さ1.5－1.8m，幅6－7cmに達し，太く，断面は倒三角形で，縁には逆向きのとげを列生する．花序は腋生し，長い柄があり，枝を多数分枝した大型の円錐花序で，長さ1mくらいになる．花は両性で，黄緑色，長さ4mmほどで，特有の臭気がある．萼片は広卵形で，先は鈍形，花時には斜開する．花弁は3個で，卵形または倒卵形，先は鈍形または円形で，萼片の2倍以上あり，花時にも平開せずほぼ直立する．雄蕊は6個で，花弁より明らかに短く，花糸は扁平な卵状楕円形となる．雌蕊は3個の離生する心皮からなるが，花柱は合着して1個となる．果時には花序全体が下垂し，核果は楕円形で長さ1.8cmほどになり，緑黒色に熟す．染色体数は2n=36．四国（南部）・九州・琉球に分布し，亜熱帯の海岸近くに生える．台湾にも産する．暖地では街路樹や観賞のため公園などに栽培される．葉は扇や笠に利用され，若い芽は食用となる．**オガサワラビロウ** var. **boninensis** Becc. (PL. 187) は果実が狭卵形で，長さ2.5cmになり，胚が上半分に位置する．葉はビロウよりもいくぶん小さく，径90－120cmほどで，葉柄にはときにとげがないものがある．小笠原に固有である．

【4】ニッパヤシ属　Nypa Steck

ただ1種からなり，旧世界に分布し，ふつう熱帯に分布し，主として河口に生える。

1. ニッパヤシ　　　　　　　　　　　　PL.188
Nypa fruticans Wurmb

地上茎はなく，地際をはう太い根茎があり，分岐し，葉を根生する。葉は高さ4－10mになり，羽状複葉で，かたく，太い柄と葉軸があり，葉身は多数の小葉に分かれる。小葉は長さ約1m，幅2－7cm，線形または線状披針形で，先は鋭尖形，全縁で，裏面には褐色の圧毛があり，間隔を隔てずにつく。雌雄同株。雄花序は根茎から出て，上向きで長さ1mになり，多数の褐色で瓦重ね状に配列する仏炎苞に包まれ，総状で，多数の側枝があり，多数の花がつく。雄花の萼片は3個あり，線形で先のほうが幅広く，内側に巻く。花弁は3個で，小型。雄蕊は3個で，花糸は合着し，退化子房はない。雌花序は多くの苞に包まれて枝の頂につき，球形の頭状花序で径約30cm，多くの雌花を密集してつける。雌花は雄花よりはるかに大きく，長さ10－15mmで，萼と花冠は小さく，ほとんど退化し，子房は1心皮からなり，扁倒卵形，暗褐色で，1個の胚を生じる。果実は多数の小さい核果が頭状に集合した大型で球形の集合果で，径30cm以上になる。中果皮は繊維質で厚く，各核果には1個の種子ができる。

フィリピンから広くマレーシア地域・インドおよびミクロネシアに分布する代表的なマングローブ植物の1つである。ふつう本種だけが密生する群落が大面積を占める。マレーシアやミクロネシアでは葉は屋根葺きの材料として重要である。染色体数は2n=34。日本では琉球の西表島と内離島にそれぞれ1つの自生が確認されている。

【5】ヤエヤマヤシ属　Satakentia H. E. Moore

琉球（八重山列島）に特産するヤエヤマヤシ1種だけからなる日本の固有属である。

1. ヤエヤマヤシ　　　　　　　　　　　PL.189
Satakentia liukiuensis (Hatus.) H. E. Moore；
Gulubia liukiuensis Hatus.

大型の常緑高木，幹は直立し，高さ15－20m，径20－30cmに達し，単一で分枝せず，葉の落ちた跡が環状紋となって残り，基部はさらに肥大する。葉は大型の羽状複葉で，幹の先端に叢生する。葉は長さ4－5mで，葉柄は短く，葉身は光沢のある革質で，多いものでは90数対ある小葉に分かれる。小葉は線状剣形，長さ30－70cm，幅3－4cm，先は浅く2裂し，裏面は緑色で，中肋に沿って褐色の鱗片がある。葉鞘は筒状で樹冠軸をつくる。花序は幹の先端の葉群より下につき，短い星状毛を密生し，円錐状に2回分枝し，紡錘形の総苞に包まれ，長さ1mになり，基部は広がって茎を抱く。雌雄同株。花は単性，淡黄色で，花序軸上に十字対生をなして穂状に多数つく。雄花の萼片は3個で離生し，広卵形，先は円形，長さ2mm，幅2.5mmで，やや質が厚い。花弁は3個，楕円形で，先は三角状に鈍頭となり，長さ約3.5mm，幅約2mmある。雄蕊は6個で，花弁より長く超出し，花糸は長さ約4mmで，扁平となり，葯は丁字着で，長さ2－2.5mmある。退化子房は披針状楕円形で長さ2mmほどになる。雌花は球形で，ほぼ同形の萼片と花弁をもつ。萼片と花弁は3個ずつあり，卵状倒楕円形で長さ3－4mmになる。退化雄蕊は3個あり，扁平な三角形で，長さ約1mmである。雌蕊はゆがんだ卵形，長さ2mmほどで，1室からなり，3個の花柱をもつ。果実は卵状楕円形の核果で，長さ約1.3cm，幅約7mmで，先端からずれて柱頭が残り，外果皮は洋紙質，中果皮は繊維質で，熟して赤色から黒色となる。種子は楕円形，長さ1cmほどで，多少湾曲し，全長に及ぶへそがある。琉球（石垣島・西表島）に固有で，個体数も少なく絶滅が心配される貴重種の1つである。

ヤエヤマヤシは前記したノヤシを含むマガクチヤシ属，Gulubia属（2属ともに環太平洋を中心に分布）と近縁と考えられ，属レベルでの隔離分布となる。ただ1種からなる単型属であるヤエヤマヤシと他近縁属との系統関係はいまだわからないことが多く，今後の研究が待たれる。

【6】シュロ属　Trachycarpus H. Wendl.

幹は分岐せず，直立し，残存する葉柄と葉鞘網に密に包まれる。葉は扇状円形で，掌状に多裂し，裂片は内折する。葉柄は太く，断面は倒三角形で，しばしば縁にとげを列生し，基部にある葉鞘網は強靭な繊維質で褐色。雌雄異株または雑居性。花序は腋生し，円錐状で，長い柄があり，湾曲下垂する。花は多数密生してつき，雌株の花序には雌花と両性花が雑居する。萼片は3個あり，合着して深い皿状となる。花弁は3個で，萼片より大きく，基部で合着する。雄蕊は6個，葯は底着する。雌蕊は3個の心皮からなり，心皮は離生または半分ほど合着するが，花柱は離生し，各子房の先に別々につく。果実は球形または楕円形の液果となる。種子は腹面に溝があり，背面に胚が位置する。8種あり，ヒマラヤから中国を経て日本に至る地域に分布する。日華植物区系を代表する植物群の1つである。

シュロ属に近いものにシュロチク属Rhapis L. f.がある。シュロチクRhapis humilis Blumeは，中国南部原産の観葉

植物で，高さ1-5mになる。低木状で，幹は基部から叢生し，径1-2.5cmで細長い。葉は常緑，7-8個が互生し，半円形で，光沢があり，薄い革質で，幅30-40cmになり，7-18個の裂片に掌状に深裂する。裂片は線形で，長さ15-25cm，幅1.2-3cmになり，内折し，先は浅く2裂し，それぞれはややとがり，縁にはまばらに鋸歯がある。花期は7-8月で，花序は腋生する。雌雄異株。雄花は長さ6-7mm，コップ状で，6個の雄蕊と3個の退化雌蕊をもつ。雌花は長さ4mmほどで，3個の雌蕊と6個の退化雄蕊がある。日本には江戸時代に観賞用に渡来し，栽培されるが，屋久島などでは逸出して野生状態に生えている。

カンノンチク（リュウキュウシュロチク）Rhapis excelsa (Thunb.) A. Henry ex Rehder は，シュロチクに似るが，葉は4-8個の裂片に裂ける。裂片は幅3-7cmで，わずかに先広がりか平行で，先は狭まらない。花期は7-8月。雄花は長さ5-6mmで，鐘形。雌花は長さ約4mmである。中国南部の原産で，江戸時代に観賞用に渡来し，栽培され，多くの園芸品種がある。

1. シュロ〔ワジュロ〕　　　　　　　　　PL.187
Trachycarpus fortunei (Hook.) H. Wendl.;
Chamaerops fortunei Hook.

常緑の高木で，幹は直立し，高さ3-7m，径10-15cmとなり，上部は枯れた葉の葉柄と残存する葉鞘網で密におおわれる。葉は扇状円形，径50-80cmになり，扇状に多数の裂片に深裂し，裂片は線形で，幅1.5-3cm，内折し，先は鈍形で浅く2裂し，古くなると先端部分が折れて垂れ下がる。葉柄は長さ1m，幅4-5cmに達し，基部付近に歯牙と刺状突起がある。花期は5-6月。葉腋から長さ30-40cmになる大型の円錐花序を出す。雄花は雄花序にのみつき，淡黄色で，ほぼ球形。萼片は卵状楕円形，先は鈍形となり，長さ1.2mmで，花時には斜開する。花弁は3個で，広卵形，先は鈍形または円形，長さ3mmほどで，花時にも平開せずほぼ直立する。雄蕊は6個で，花弁より明らかに長く超出し，花糸は円柱状となる。雄花には3個の退化雌蕊がある。雌花序には雌花と両性花がつく。雌花は淡緑色で，3個の雌蕊をもち，6個の退化雄蕊がある。花柱は3個あり，子房よりも短く，先は浅く2裂する。液果は扁球形で，長さ10-12mm，幅6-9mmになり，緑黒色に熟する。染色体数は2n=36。暖地では広く栽培されるが，九州南部のものは自生と推定される。中国にも分布する。近年，関東以西では種子が鳥によってほうぼうに運ばれ，市街地を中心に野生状態に生えているのが見られる。葉柄基部の繊維は強く，耐水性もあり，シュロ縄，たわし，敷物などとしてかつては広く利用された。若い葉を漂白して作る帽子，敷物なども知られている。

トウジュロ T. **wagnerianus** Hort. ex Becc.（PL.187）はシュロに似るが，葉は剛直で，青みの強い緑色となり，葉身の先が折れて垂れ下がるようなことはなく，葉柄は1m以下でシュロよりも短い。花序には花を密生する。中国南部原産で，観賞のため庭園などで栽培する。東京などの市街地で野生状態に生えているもののなかには，シュロとトウジュロの雑種と推定される個体がある。

ツユクサ科　COMMELINACEAE

田村　実・布施静香

草本または半低木。葉には太い中肋と平行脈があり，葉の基部は鞘になる。花はふつう両性で，左右相称または放射相称。花被片は6個。外片の3個は緑色〜白色の萼状になり，内片の3個は花弁状で，ほぼ同じ大きさか，いちじるしく大きさが異なり，離生または基部が合着する。雄蕊は花被片の基部につき，完全なもの6個，または完全なものは2−3(−5)個で，一部が退化して仮雄蕊になる。子房は上位で2−3室になる。1〜数個の直生または倒生胚珠が中軸胎座につく。果実は閉果，または胞背裂開する蒴果である。種子は中央部に孔がある。胚乳は粉質。世界に約40属650種，熱帯に多い。日本には5属がある。

- A. 花は茎頂で円錐状集散花序につく。果実は裂開しない ···【4】ヤブミョウガ属 Pollia
- A. 花または花序は葉腋か茎頂につくが，茎頂の場合，花は1−2個または短い集散花序につく。果実は胞背裂開の蒴果である。
  - B. 茎はつる性。葉は卵心形で，明瞭な葉柄がある。雄蕊は6個で完全 ····································【5】アオイカズラ属 Streptolirion
  - B. 茎はつるにならない。葉は線形〜楕円形または卵形で，葉柄はないか，あっても葉身に連続する。雄蕊は6個で完全，または2−3個が完全でほかは仮雄蕊になる。
    - C. 花は葉腋に10−30個程度が密集して頭状の花序をなす。雄蕊は6個で完全。仮種皮は赤色 ···【1】ヤンバルミョウガ属 Amischotolype
    - C. 花は葉腋や茎頂に1−2個または短い集散花序につく。雄蕊は2−3個が完全で，ほかは仮雄蕊になる。仮種皮はない。
      - D. 花は短い集散花序になり，舟形の総苞に包まれる。花弁は上側方の2個が大型。花糸に毛がない ···【2】ツユクサ属 Commelina
      - D. 花は葉腋や茎頂に1−2個つき，総苞はない。花弁は同形同大。日本では花糸の基部に毛がある ···【3】イボクサ属 Murdannia

【1】ヤンバルミョウガ属　**Amischotolype** Hassk.

林下に生える多年草。根茎は長い。茎はふつう直立だが，ときどき基部ではう。葉は互生。花序は茎の中ほどの各節につき，葉鞘を貫通し，いくつかの集散花序が組み合わさったもので，ふつう頭状，ときどき散房状または円錐状。花は放射相称に近く，花柄は短いかほとんどない。萼片（外花被片）は離生し，舟形，草質，ほぼ同形，花弁（内花被片）も離生し，帯紫色〜白色，楕円形〜円形〜倒長楕円状披針形，同形。雄蕊は6個がすべて完全，ほぼ同形，子房は3室，各室に胚珠はふつう2個，ときどき1個になる。蒴果は球形〜卵形体，3稜がある。種子にはしわが多い。仮種皮は赤色。アジアとアフリカの熱帯（〜亜熱帯）に約20種，日本に1種がある。

1. **ヤンバルミョウガ**〔ヤンバルヤブミョウガ〕　PL.190
Amischotolype hispida (A. Rich.) D. Y. Hong;
Forrestia chinensis N. E. Br.

茎は下部を除き直立，高さ25−90cm，節間は長さ2.5−11.5cm，無毛またはやや無毛，下部ははい，節から根を出す。葉は線状長楕円形，長さ15−25cm，幅4−6.5cm，先端は漸鋭先形，基部は漸先形，葉鞘は長さ2.5−3cm，葉縁基部〜葉鞘上縁に淡褐色の長さ2−4mmの開出毛を密生する。花は葉腋に10−30個程度が密集して頭状の花序をなし，無柄，淡黄緑色〜白色，7−11月。外花被片は長さ6−10mm，宿存性，背軸面の稜の上部には褐色の毛があり，縁辺端部には列毛がある。内花被片は倒楕円状披針形。雄蕊は花被片とほぼ同長，花糸には開出毛がある。蒴果は3稜のある卵形体で長さ約6mm，3室を有し，先端は多少凹み，長い粗毛がある。種子は各室に1−2個，ダンゴムシ状で，灰黒色。1室1個の種子の長さは，1室2個の種子の長さの約2倍。奄美大島・沖永良部島・沖縄島・八重山列島，台湾・中国南部・東南アジアに分布する。

【2】ツユクサ属　**Commelina** L.

葉は披針形〜卵形。花は集散花序につき，内折する舟形の総苞に包まれる。花は左右相称。萼片（外花被片）は3個で膜質，側方の2個はしばしば基部で合着する。花弁（内花被片）は3個で離生し，上側方の2個は大型，青色〜淡紅紫色で，下方の1個は小型。雄蕊は6個，うち2−3個が完全であるがほかは仮雄蕊になり，花糸は無毛である。子房は2(まれに3)室で，各室に1−2個の胚珠がある。果実は蒴果。熱帯〜温帯に約170種，日本に5種がある。

旧版の執筆は佐竹義輔。

Commelinaceae

A. 総苞の縁は合着しない。一年草。
　B. 総苞は幅広く、広げれば円心形で、先のとがりは短い。下方の小型の花弁は白色 ·············· 1. ツユクサ
　B. 総苞は幅狭く、広げれば狭卵形で、先はしだいに長くとがる。下方の小型の花弁は淡青色 ·············· 2. シマツユクサ
A. 総苞の下縁は合着し、漏斗状になる。多年草。
　B. 葉は卵形で先が鈍い。蒴果に5個の種子がある。地中に閉鎖花をつける ·············· 3. マルバツユクサ
　B. 葉は広披針形で先がとがる。蒴果に2-3個の種子がある。地中に閉鎖花をつけない。
　　C. 葉は長さ3-7cm、幅1-2cm、葉鞘は上縁が耳状～ひさし状に少し張り出し、そこに帯白色の粗毛がある。総苞は1つずつつく ·············· 4. ホウライツユクサ
　　C. 葉は長さ10-18cm、幅2.5-5cm、葉鞘は上縁がまっすぐで張り出さず、そこに赤褐色の剛毛がある。総苞はふつう数個まとまってつく ·············· 5. ナンバンツユクサ

1. ツユクサ〔ボウシバナ、アオバナ〕　PL.191
Commelina communis L. var. **communis**

路傍などいたるところに生える一年草。茎は下部がはって分枝し、先が高さ20-50cmになる。葉は卵状披針形で長さ5-8cm、幅1-2.5cm、無毛で先がとがる。基部は膜質の鞘になり、上縁に長い毛がある。葉腋から長さ2-3cmの花軸が出て、その先に内折する総苞がある。総苞は広心形で長さ2-3cm。先は円いか急にとがり、毛はないかまたはまばらにある。6-10月、総苞の内側に数個の花が集散花序につく。花は1個ずつ総苞外に出て開き、1日でしぼむ。萼片は3個、白色で長さ3-4mm、上方の1個は披針形、側方の2個は卵形。花弁は3個、下方の1個は白く、披針形で長さ4-5mm、上側方の2個は青色で卵円形、大きくて目立ち、長さ10-13mm、基部に爪がある。雄蕊は6個あるが、2個が完全で花柱とともに突出する。蒴果は長楕円形で、初めは白色であるがのちに褐色になり、2片に割れて4個の種子がある。種子は半楕円形で長さ7-8mm、黒褐色で表面に凹凸がある。北海道～琉球（沖縄島以北）、インドシナ半島・中国・朝鮮半島・ウスリー・サハリンに分布する。古くはツキクサ（着草）とよばれた。変異が多く、葉の裏面に毛のあるもの、苞の外面に長い白毛のあるもの、花弁が淡青色または白色のものなどがある。

変種のホソバツユクサ var. **ludens** (Miq.) C. B. Clarke は低地の林縁に生える一年草、ツユクサに比べ、葉の下面、総苞、葉鞘に毛が多い。奄美大島～沖縄島、朝鮮半島に分布する。栽培変種のオオボウシバナ var. **hortensis** Makino (PL.191) は全体に大型で、花も径4cm近い。青色の花弁の汁をとって青紙を染め、これで友禅染、絞染の下絵を描くのに使われる。

2. シマツユクサ〔ハダカツユクサ〕　PL.191
Commelina diffusa Burm. f.

湿った路傍や草地に生える一年草。茎ははって基部から分枝し、長さ60-90cm、節から根を出す。葉は披針形～卵状披針形、長さ4-7cm、幅1.2-1.5cm、無柄で葉鞘は長さ1.2-2.5cm。総苞は縁で合着せず、卵形～卵状披針形で、長さ約1.5cm、先は細長くとがる。花柄は総苞から突出する。花は3-11月、花弁は3個とも淡青色。蒴果は3室で5種子がある。九州南部～琉球、熱帯・亜熱帯に広く分布する。

3. マルバツユクサ　PL.191
Commelina benghalensis L.

海岸に近い砂質地や耕地に生える多年草。茎は基部ではい、端部で斜上、よく分枝し、まばらに毛がある。葉は卵形で長さ3-7cm、幅2-4cm、先はとがらず、縁はやや波状になり、基部は短い葉柄があり、膜質の葉鞘に続き鞘の上縁に褐色の毛がある。総苞は漏斗状に合着し、長さ0.8-1.2cm、毛がある。花は7-10月、ツユクサより小型で、萼片は膜質、ほぼ円形で径約2.5mm、青色の花弁は長さ4-5mm内外。蒴果に5個の種子がある。秋になると地中に多くの閉鎖花をつくる。閉鎖花由来の蒴果は、より少なくて大きい種子をつくる。本州（関東地方以西）～琉球・小笠原、アジア～アフリカの熱帯・亜熱帯に分布する。

4. ホウライツユクサ　PL.192
Commelina auriculata Blume

多年草。茎は下部ではい、上部で直立する。葉は広披針形、長さ3-7cm、幅1-2cm、やや白みをおび、光沢があり、先はとがり、葉柄は約3mm、葉鞘は上縁が耳状～ひさし状に少し張り出し、そこに帯白色の粗毛がある。総苞は下縁で合着し、漏斗状、長さ約1cm、1つずつ離れてつき、ふつう外面脈上にまばらに長白毛がある。花柄は総苞から突出しない。花は淡青色～淡紅紫色、夏～秋に咲き、ツユクサより大型。蒴果に2-3個の種子ができる。九州南部～琉球、台湾・中国南部・東南アジア・オーストラリアに分布する。

5. ナンバンツユクサ〔オオバツユクサ〕　PL.192
Commelina paludosa Blume

山地のやや暗いところに生える多年草。茎は径3-5(-10)mmと太く、ときどき上部で少し分枝し、高さ60-90cmになる。葉は広披針形、先がとがり、左右はやや非対称、大型、葉身は長さ10-18cm、幅2.5-5cm、葉柄は長さ2-5mm、葉鞘は長さ1.5cm以上になり、葉柄と葉鞘の縁に赤褐色の剛毛がある。総苞は下縁で合着し、漏斗状、長さ約2cm、ふつう数個がまとまってつく。花柄は総苞から突出しない。花は淡紫色、8-11月。蒴果は3室で、各室に1個の種子がある。奄美大島・沖永良部島・沖縄島、台湾・中国南部・東南アジア・ヒマラヤ・インドに分布する。

【3】イボクサ属　Murdannia Royle

多年草または一年草。根はしばしば紡錘形に肥厚する。葉は線形～狭披針形。舟形の総苞がない。萼片（外花被片）は3個で離生，大なり小なり舟形，膜質。花弁（内花被片）も3個で離生，同形同大，円形～倒卵形。雄蕊は2－3個が完全で，ほかは仮雄蕊になり，花糸は有毛または無毛。子房は2－3室で，各室に1－7個の胚珠がある。果実は蒴果。熱帯～暖温帯に約50種，日本に3種がある。

```
A．花は葉腋や茎頂にふつう1個，まれに2－3個つき，萼片は長さ4－7mm。根出葉がない ·············· 1.イボクサ
A．花は長い花軸に数個つき，萼片は長さ3－4mm。根出葉がある。
  B．葉縁基部に毛が散生する。根出葉は長さ3－15cm。多年草 ································· 2.シマイボクサ
  B．葉縁は無毛。根出葉は長さ10－30cm。一年草 ············································ 3.ナガバイボクサ
```

1. イボクサ〔イボトリグサ〕　　　　　　　　　PL.192
Murdannia keisak (Hassk.) Hand.-Mazz.

湿地や水辺に生える一年草で，やや多肉質でやわらかい。茎は下部が分枝してはい，高さ20－30cmになる。根出葉はない。茎葉は狭披針形で長さ3－7cm，幅5－10mm，先はとがる。花は9－10月，葉腋や茎頂にふつう1個，まれに2－3個つく。萼片は披針形で先がとがり，長さ4－7mm。花弁は淡紅色，卵形で先は円く，萼片より少し長い。雄蕊は6個，3個は完全で花糸の下部に白い毛があり，薬は線形，長さ1.5－1.8mm，淡青紫色，他の3個は仮雄蕊で薬は心形，長さ0.6－0.7mm，紫色～紅紫色になる。蒴果は楕円形で長さ8－10mm，長さ15－20mmの柄があり基部から曲がって下垂し，3室で各室に数個の種子がある。北海道～琉球，朝鮮半島・中国に分布する。

2. シマイボクサ〔ハナイボクサ〕　　　　　　　PL.192
Murdannia loriformis (Hassk.) R. S. Rao et Kammathy

多年草。茎は根出葉から数本が散らばって広がり，長さ10－30cm，無毛または多少有毛，多少はって節から根を出す。根出葉は線形～披針形，長さ3－15cm，幅3－12mm，鋭頭，葉縁基部から葉鞘の縁にかけて繊毛がある。茎葉は根出葉より短い。花は数個が長い花序柄の先に集散花序をつくって片側につき，淡青紫色～淡紅色，4－11月，花柄はわずかに曲がり，長さ2－3mm。萼片は楕円形で先が円く，長さ3－4mm。花弁はやや円形。完全な雄蕊は2個，花糸の下部に毛がある。子房は長さ約3mm，花柱は糸状で長さ約2mm。蒴果は楕円形で3稜があり，長さ約3mm，3室，各室に2個の種子がある。種子は褐色で，径約1mm。四国南部・九州南部～琉球，台湾・中国・フィリピン・マレーシア・インドに分布する。

3. ナガバイボクサ
Murdannia angustifolia (N. E. Br.) H. Hara

一年草。茎は根出葉から数本出て，まばらに分枝し，長さ20－40cm，しばしば下部で鋭く曲がり，節から根を出す。根出葉は線形，長さ10－30cm，幅5－6mm，鋭頭，無毛。茎葉も線形，長さ2－6cm，幅4－6mm。葉鞘は膜質，長さ1－1.5cm。花序柄は長さ2－5cm，花序は長さ1－2cm，5－12花をつける。花は碧色，萼片は卵形，長さ約3mm。琉球・小笠原，台湾・東南アジアに分布する。

【4】ヤブミョウガ属　Pollia Thunb.

大型の草本で，茎は直立，大型の葉がある。茎頂に円錐状集散花序がつく。花は放射相称。萼片（外花被片）3個と花弁（内花被片）3個は各々離生し，ほとんど同形同大である。雄蕊は6個で，花糸には毛がなく，ときに（1－）3個が仮雄蕊になる。子房は3室で，各室に1－10個の胚珠がある。果実は球形で青藍色に熟し，裂開しない。東アジア，南アジア，アフリカの熱帯～暖温帯に約17種，日本に3種がある。

```
A．全体に小型で，茎は高さ7.5－40cm，葉は長さ5－18cm，花序は長さ4.5－15cm。葉柄は多少なりとも認識できることが多い
   ·········································································································· 1.コヤブミョウガ
A．全体に大型で，茎は高さ50－110cm，葉は長さ（10－）20－30cm，花序は長さ18－35cm。葉柄は認識できないことが多い。
  B．雄蕊は6個で完全 ····················································································· 2.ヤブミョウガ
  B．雄蕊は3個が完全で，仮雄蕊が3個ある ························································ 3.ザルゾコミョウガ
```

1. コヤブミョウガ　　　　　　　　　　　　　　PL.190
Pollia miranda (H. Lév.) H. Hara;
P. japonica Thunb. var. *minor* (Honda) Hayata ex Masam.

茎は直立，高さ7.5－40cm。葉は線状長楕円形～楕円形で，長さ5－18cm，幅1.5－4cm，先端はやや尾状に伸び，基部は漸先形で葉柄に連続するが，葉柄は多少なりとも認識できることが多い。花序は長さ4.5－15cm，有毛。花は5－10月，花柄は長さ約4mm。萼片は長さ4－5mm，花弁は萼片より少し大きい。雄蕊はふつう，完全なものが6個であるが，3個まで仮雄蕊になることもある。果実は径約5mm。九州南部～沖縄島，台湾・中国南部に分布する。

2. ヤブミョウガ　　　　　　　　　　　　　　　PL.190
Pollia japonica Thunb.

暖地の林下に生える多年草。茎は高さ50－100cmで地下に細い根茎がある。葉は6－7個が茎の中ほどに密

に互生し，狭長楕円形で，長さ20－30cm，幅3－6cm，先端はやや尾状に伸び，基部は漸先形，葉柄は認識できないことが多く，表面はざらつき，裏面に細毛がある。7－9月に長さ18－35cmの花序が立つ。花は白色で径7－10mm，1日でしぼみ，両性花と雄花がある。萼片は円形，長さ約5mmで宿存し，花弁は倒卵形で萼片より少し大きい。雄蕊は6個。果実は径約5mm。本州（宮城県以南）〜九州，韓国・台湾・中国南部に分布する。

3. ザルゾコミョウガ
Pollia secundiflora (Blume) Bakh. f.

常緑の多年草。茎は高さ55－110cm。葉は線状長楕円形〜楕円形で，長さ（10－）20－26cm，幅（2.3－）4－6cm，先端はやや尾状に伸び，基部は漸先形，葉柄は認識できないことが多く，両面に疎毛がある。花序は長さ18cm前後，有毛。花は4－8月，花柄は長さ2－8mm，萼片は長さ約3.5mm，幅2.5－3.5mm，花弁は倒卵形，長さ4－5.5mm。雄蕊は3個が完全で，葯は長さ約1.3mm，白色，仮雄蕊は3個あり，不稔の葯は長さ約0.6mm，黄色。子房は楕円体，長さ約1.5mm，花柱は長さ約7mm。果実は径約6mm。石垣島，台湾・中国南部〜インドシナ半島・マレーシア・インドに分布する。

【5】アオイカズラ属　**Streptolirion** Edgew.

つる草。葉は卵心形で長い柄がある。花は短い集散花序につき，萼片（外花被片）3個，花弁（内花被片）3個。雄蕊は6個で，花糸に縮れた毛がある。子房は3室で，各室に2個の胚珠がある。果実は蒴果で先が嘴状にとがる。東アジアからインドに2－3種，日本に1種がある。

1. アオイカズラ　　　　　　　　　　　　PL.190
Streptolirion lineare Fukuoka et N. Kurosaki

山地に生える1年生のつる草で，茎は2－3mに伸び他物にからまる。葉は長さ5－10cm，幅3－7cm，先が長くとがり，縁には透明でごく短い毛がある。柄は長さ3－12cmで基部は短い鞘となりその縁に毛がある。花は8－10月上旬，葉腋や茎の頂に長い花軸が出て先に集散花序がつく。花序基部の苞は葉質，卵心形で長さ1.5－4.3cm，幅0.8－2.7cm，花序上方の苞は膜質，線形で長さ3－9mm，幅1－3mmである。花は白色，1日でしぼむ。萼片は線状長楕円形，長さ3－4mm，幅1.3mm，平展し，花弁は糸状，長さ4－5mm，幅0.3mm，反曲する。花糸の縮れた毛は黄色，葯は横長の葯隔につく。蒴果は先が嘴状の卵状楕円形で，長さ8－11mm。種子に稜角としわがある。本州（中国地方），朝鮮半島・中国（北東部〜北部）に分布する。和名は，葉がアオイ（カンアオイの類）に似て，つるになるという意味である。

タヌキアヤメ科　PHILYDRACEAE

國府方吾郎

　花は両性，左右相称で仏炎状の苞の腋につく。花被片は花弁状で，4個が2列に並び離生し，宿存する。雄蕊は1個，前方の花被片の基部につき，花糸は扁平，葯はまっすぐかよじれる。子房は上位，3室で中軸胎座があるか，1室で側膜胎座になる。胚珠は倒生で多数ある。果実は蒴果で胞背裂開し，種子は小さく多数ある。東南アジアからニューギニア，オーストラリアに4属5種があり，日本にはタヌキアヤメ属が自生するだけである。

【1】タヌキアヤメ属　Philydrum Banks et Sol. ex Gaertn.

　葉は剣状線形で左右から扁平，基部は跨状になり茎を抱く。花は苞の腋に1-2個つき，苞は披針形で先はとがり，長さ2-7cm。花被片は黄色の花弁状で4個，2個の外片は卵形で膜質，先はとがり背面に白毛が多く，長さ15-18mm，上下に位置し，2個の内片はくさび形で外片より小さく左右にある。雄蕊は1個だけ完全で，長さは外花被片の約2/3，葯はよじれる。子房は3室で中軸胎座。蒴果は長楕円形で長さ10mm内外，白色の毛があり，宿存する外花被片におおわれる。種子はごく小さく，繭形。ただ1種だけからなる単型属である。

1. タヌキアヤメ　　　　　　　　　　　PL.192
Philydrum lanuginosum Banks et Sol. ex Gaertn.

　水湿地に生える直立する多年草で，高さ50-100cm，葉は束生し，長さ30-70cm，幅7-20mm。花は8-10月。穂状花序は高さ20-50cm，白い綿毛をかぶり，小株では単一であるが大株では分枝する。染色体数は2n=16。九州～琉球，中国・マレーシア・インド・タイ・ベトナム・ミャンマー・パプアニューギニア・オーストラリアに分布する。葉がアヤメに似ていて，花序に褐色の毛が密生するのをタヌキにたとえた。

旧版の執筆は佐竹義輔。

ミズアオイ科　PONTEDERIACEAE

田中法生

　淡水に生える抽水，浮遊または沈水性の多年草または一年草。茎は短く直立し葉が根生するか，茎が横または縦に伸長し，節から葉を出す。しばしば走出枝が出る。葉は2列で，対生または互生し，ときに輪生状となる。葉は葉柄と葉身に分かれ，葉柄の基部はふつう鞘状になる。花茎には2枚の葉がつき，下側の葉の葉鞘は花茎の下部を抱き，上側の葉は，葉鞘として花茎を包むか，苞となり花序を包む。花は，穂状，総状，円錐，散形花序につくか，単生。両性花で放射相称または左右相称。花被片は6個，まれに4個となり，内外片はほとんど同形で，離生するか基部が短い筒になる。雄蕊はふつう6まれに3または1個，すべて同形または異形。葯は2室で，底着または丁字着で外向し，縦裂するがまれに孔裂する。子房は上位で3室，胚珠は倒生で1個または多数が，中軸胎座または側膜胎座につく。柱頭は3裂するか，頭状。果実は蒴果で，胞背裂開する。種子は小型で縦に稜があり，胚乳は豊富で粉質，胚はまっすぐで小さい。世界に6属約40種がある。日本にミズアオイ属2種が自生し，ホテイアオイ属1種が移入分布している。

　A．花被は基部まで離生し，放射相称。6個の雄蕊の葯のうち5個は小型で，1個は大型。花糸は葯に底着する
　　　【2】ミズアオイ属 Monochoria
　A．花被は下部が筒状になり，左右相称。6個の雄蕊の葯はほぼ同形。花糸は葯に丁字着する ……… 【1】ホテイアオイ属 Eichhornia

【1】ホテイアオイ属　Eichhornia Kunth

　アメリカとアフリカの熱帯～亜熱帯に7種ほどが分布する。日本には1種が移入分布している。本属は，分子系統解析から単系統群でないことが推定されており，分類の再検討が必要である。

1．ホテイアオイ　　　　　　　　　　PL.193
Eichhornia crassipes (Mart.) Solms

　湖沼やため池，河川，水路などに生える浮遊性の多年草または一年草。茎は短く葉は根生，多くのひげ根を出す。走出枝が水中を伸長し，節からシュートを出す。葉柄は長さ10-100cm以上で，中央部に倒卵球形～楕円球形で内部が多胞質の浮嚢ができる。個体が密生状態で葉が直立して伸長する場合には浮嚢はほとんどなくなる。葉身は卵形～広倒卵形～広倒心形で，長さ，幅とも5-20cm。ふつう花序全体が1日で開花し，翌日には基部から曲がって水中に沈む。花は，10-30cmの直立する花茎に総状につく。花被片は6個で，淡紫色，外花被片は倒卵長楕円形，内花被片は楕円形で，内花被片のうち，上側の1片には青色のぼかしがあり，その中央に黄色の斑点がある。雄蕊は6個。異形花柱性で，短花柱，中花柱，長花柱型がある。葯は湾曲した花糸に丁字につき，紫色で，縦裂する。子房は長さ5-7mmで，柱頭は頭状で有毛。胚珠は多数で中軸胎座につく。種子は，楕円球形で長さ約1.5mm。花期は，日本では6-10月。南アメリカの熱帯原産で，本州～琉球，世界中の熱帯～温帯に移入分布している。

【2】ミズアオイ属　Monochoria C. Presl

　抽水性の一年草。茎は，短く球茎状となり葉が根生するか，横にはう根茎となり斜上して葉が束生する。葉身は線形，披針形，心形，矢じり形。花茎の上側の葉は，葉身のない，長楕円形の苞となり，直立する花茎を包み，下側の葉の葉鞘内に包まれる。花は総状，円錐，散形花序につく。花被片は6個で基部まで離生，青紫色でときに緑色がかり，内花被片がやや大きい。雄蕊は6個，うち5個の葯は小型で黄色，1個の葯は大型で紫色。葯は花糸に底着する。胚珠は多数で中軸胎座につく。柱頭の先端は頭状。アジア・アフリカ・オーストラリアの温帯～熱帯に8種，そのうち日本に2種が分布する。

　A．葉身は心形。花序は葉よりも上に位置し，10-20個以上の花をつける。花被片は長さ15-20mm ……………………… 1．ミズアオイ
　A．葉身は披針形～卵状披針形～卵心形。花序は葉よりも下に位置し，数個～10個の花をつける。花被片は8-15mm … 2．コナギ

1．ミズアオイ　　　　　　　　　　PL.193
Monochoria korsakowii Regel et Maack

　湖沼や水田，水路などに生える抽水性の一年草。茎は横にはう根茎となり斜上して葉が束生する。葉身は心形で，上部は鋭頭となるが先端部は円頭となり，長さ5-20cm，全縁で光沢がある。葉の柄は長さ10-

---

旧版の執筆は佐竹義輔。

50cmで，花茎の下側につく葉の柄は5－20cmと短い。花茎は，葉よりも高く伸長し，長さ30－70cm，上方に10－20個以上の花が総状につく。一日花で花序内に数花ずつ咲く。花は斜上する長さ5－15mmの花柄につき，花被片は青紫色で楕円形，長さ15－20mm，内花被片はやや幅広い。蒴果は卵状長楕円球形で，先につの状の花柱が残り，長さ約10mm，熟すと花茎が下垂する。種子は楕円球形で，長さ1－1.5mm，縦に10本前後の稜がある。花期は，日本では8－10月。北海道～九州，東アジアに分布する。

2. コナギ　　　　　　　　　　　　　　　　PL.193
Monochoria vaginalis (Burm. f.) C. Presl ex Kunth

水田やため池に生える抽水性の一年草。茎はいちじるしく短く直立または斜上する。葉は根生し，葉身は披針形～卵状披針形～卵心形で，先端部は円頭，長さ3－7cm，全縁で光沢がある。葉柄は長さ5－30cmで，花茎の下側の葉の柄は長さ3－10cmと短い。花茎はミズアオイのようには長く伸長せず，花序は葉よりも低い位置につく。数個～10個ほどの花が総状につき，一日花で花序内で2－3花ずつ咲く。花被片は青紫色で楕円形，長さ8－15mm，内花被片はやや幅広い。蒴果は長楕円球形で，7－10mm，熟すと花茎が下垂する。種子は楕円球形で，長さ約0.8mm，縦に10本前後の稜がある。花期は，日本では8－10月。北海道～琉球，アジア・オーストラリアに分布し，北アメリカとヨーロッパに移入分布する。和名はナギ（ミズアオイ）に似ているが小型であるという意味である。

バショウ科　MUSACEAE

宮本旬子

　大型の多年生草本であるが，まれに木質化することもある．偽茎（偽稈ということもある）は密接する葉鞘からなり，直立して幹のようになる．葉はらせん状に配列し，剣状，披針形または長楕円形，大型で，単葉または羽状に分裂し，多数の平行して走る側脈を中軸から多数生じる．花序は偽茎の頂から抽出し，穂状，円錐状または頭状で，ふつう大型でさまざまな形をし，らせん状に配列した苞がある．雌雄同株．花は苞腋に多数生じ，3数性，多くは単性であるが，まれに両性のこともある．単性の場合は，雄花は花序の先のほうの苞腋に，雌花は基部近くの苞腋につく．外花被は筒状の基部をもち，先は1側でのみ3裂する．内花被片は3個．雄蕊は5個が完全で，糸状の花糸と2室からなる葯をもつが，ほかに葯のない退化した雄蕊が6個ある．子房は下位，3室からなり，花柱は糸状で，先端は裂片状の柱頭となる．胚珠は多数で，中軸胎座につく．果実は多肉状で裂開せず，広線形．種子は黒色の種皮をもち，胚は直生し，胚乳がある．国内の狭義バショウ科はバショウ属1属であるが，アフリカやアジアにはそのほかにエンセテ属Enseteがあり，さらに近縁属を含めて広くバショウ科として扱う見解もある．

【1】バショウ属　Musa L.

　50種以上があり，カナリア諸島・西アフリカ・西インド諸島・熱帯アジアその他の熱帯を中心に分布または栽培される．バナナをはじめ果実を食用とするほか，マニラアサ M. textilis Néeのような繊維植物も含まれ，経済的に重要な種が多い．日本には次の2種が見られるが，いずれも真の自生かどうか疑わしい．

　A．偽茎は高さ5mに達し，葉は長さ1.5－2m，幅40－50cmである ·· 1. バショウ
　A．偽茎は高さ2mくらい，葉は長さ0.8－1.5m，幅20－30cmである ···································· 2. リュウキュウバショウ

1．バショウ
Musa basjoo Siebold ex Iinuma

　根茎は塊状でよく分枝し，多数の横走する側枝を出す．偽茎は高さ5mに達し，径20cm内外，ふつう枯れた葉の葉鞘でおおわれる．葉は偽茎の頂部から初め直立して出るが，やがて平開して四方に広がり，葉身は長楕円形または広線形，先は円形～切形，基部は広いくさび形で，長さ1.5m，ときに2mに達し，幅40－50cm，草質で側脈に沿って裂けやすく，表面は鮮緑色で，無毛，裏面はやや淡く，中脈がいちじるしく隆起する．花期は夏．偽茎の頂から大きな花序を出し，先には大型の苞を多数つけて一方に傾く．雌雄同株．苞は卵形で舟状にくぼみ，黄褐色で，落ちやすく，花序の先のほうに雄花，基部のほうに雌花をつける．花は苞腋に25個前後が2列につき，長さ6－7cm．花被片は黄白色，唇状であるが，上唇は合着した3個の外花被片，2個の内花被片よりなり，下唇は1個の内花被片よりなり，卵形で，先はとがり，基部は袋状となり，蜜液を蓄える．雄蕊は5個で，上唇側につき，花糸は長く花被片から抽出する．雌蕊にも葯のない退化した雄蕊があるが，花被片よりも短い．子房は緑色．果実はバナナ状，長さ約6cmになるが，種子のできることはまれである．耐寒性があり，関東以西の各地で栽培される．中国ではこれを琉球原産として各地で栽培されていたが，近年，四川省で自然集団が見つかり，中国原産であるとする説が出されている．

2．リュウキュウバショウ〔イトバショウ〕　PL.193
Musa balbisiana Colla var. **liukiuensis** (Matsum.) Häkkinen; *M. liukiuensis* (Matsum.) Makino; *M.* ×*sapientum* L. var. *liukiuensis* Matsum.

　偽茎は高さ2mになる．葉は長楕円形，長さ0.8－1.5m，幅20－30cmで，直立し，柄があり，裏面は粉白をおびる．花序は花期には長さ30－40cmで，一方に傾く．苞は長さ8－30cm，卵形～長楕円形，先は円形～鈍形で，赤紫色，無毛で粉白をおびる．花は黄色でときに紅紫色をおび，長さ3cmほどになる．果実は短い柄があり，バナナ状で，緑色，やや粉白をおびる．種子は多数，黒色，球形，径5mmほどで，やや稜がある．琉球（沖縄島・石垣島・与那国島）に産し，また栽培もされ，逸出して野生化した株も散見される．葉鞘の繊維は芭蕉布の材料となる．東南アジアや中国南部を原産とする M. balbisiana Collaと同種とし，古い時代に繊維採取のために導入されたとする説もある．

旧版の執筆は大場秀章．

カンナ科　CANNACEAE

田中伸幸

　カンナ科は，カンナ属1属からなる単型科で，肥大する根茎をもつ大型の多年草である。1種のみ北米に分布するほかは中南米の低地から標高3000mまでの開放地や林縁，湿地などに約20種あまりが分布している。数種が日本の暖地を含め熱帯，亜熱帯地方の各地を中心に帰化している。

【1】カンナ属　Canna L.

　茎は葉鞘に包まれた偽茎で，葉身は披針形〜長楕円形，基部は鞘となって茎を包む。総状花序または円錐花序を偽茎に頂生する。花は非対称の両性花。萼片，花弁はともに3枚。花弁は披針形で筒状になり，基部で合着する。赤や黄色の花弁のように見える部分は，弁化した仮雄蕊である。仮雄蕊は2−5個あり，前部に垂れたものを唇弁とよぶ。機能する雄蕊は1個で，縁に葯が1個つく。雌蕊は雄蕊と基部で合着し，柱頭は板状。花には蜜があり，原産地ではチョウやハチドリが訪花する。子房は下位，3室で胚珠は多数。果実は扁平な球形あるいは細長い楕円形の蒴果で，先端に枯れた萼片が宿存する。種子は多数，黒色で固く球形。

1. ダンドク　　　　　　　　　　　　　PL.193
Canna indica L. var. **indica**

　林縁，道路脇や開放地などに生える根茎をもつ多年草で，偽茎は高さ1.5−2m。葉は楕円形から卵状披針形で無毛，長さは30−40cm。花序は総状花序を偽茎の先端につける。花は長さ5.5−6.5cmで，3個の赤い仮雄蕊があり，そのうちの2個は直立し，1個は唇弁で，前部に湾曲して垂れ，黄色が入る。花は6−10月。果実は扁平な球形の蒴果で，中に10−15個の球形で黒色の光沢のあるかたい種子が入り，熟すと裂開する。本州（関東以西）から沖縄の暖かい沿岸部などに帰化する。和名の〈檀特〉は，梵語に由来するとされる。染色体数は2n=18。

　花が黄色の**キバナダンドク** var. **flava** (Roscoe) Baker (PL.193) は，おもに琉球に帰化する。染色体数2n=18。花は赤いが仮雄蕊がより開出し，偽茎，葉の縁および若い果実が赤紫色をおびる**ムラサキダンドク** var. **warszewiczii** (A. Dietr.) Nob. Tanaka もまれに栽培からの逸出が見られる。

ショウガ科　ZINGIBERACEAE

田中伸幸

　肥厚する根茎をもつ多年草で，茎は葉鞘に包まれた偽茎である。葉身は線形〜長楕円形で基部は鞘となって茎を包み，その葉鞘との間に葉舌がある。花序は穂状，頭状または総状円錐花序となり，多くは偽茎の先端につくか，別に出る。花は両性で左右相称。萼は合着して筒状になり，花冠は合着して漏斗状になり上部は3裂，背後の裂片は他の2片より長い。雄蕊は6個あるが，1個のみが機能する完全雄蕊として残り，他の2個は互いに合着して仮雄蕊となり弁化して前部に垂れ唇弁とよばれ，外側の3個のうち1個は消失し，2個は小型の仮雄蕊になり，唇弁の基部の付属片となる。葯は内向き。子房は下位，3室で中軸胎座（まれに1室で側膜胎座），各室に多数の倒生胚珠または湾生胚珠がある。果実は液果状，または蒴果で，種子は多くは仮種皮でおおわれる。主として熱帯地方に約50属1200種がある。

- A. 花は頭状または穂状花序につく。花序が密で花序軸は見えない。葯隔は細長い鞘となって花柱を包む ....【2】ショウガ属 Zingiber
- A. 花は総状または円錐花序につく。花序は密でなく，明瞭な軸がある。葯隔は鞘にならず花柱を包まない ....【1】ハナミョウガ属 Alpinia

【1】ハナミョウガ属　Alpinia L.

　花序は偽茎の先端から出て穂状または円錐状，苞は早く落ちる。唇弁は先が2−3裂し，基部の両側に小付属片がある。葯隔は鞘にならず，花柱を包まない。果実は液質，球形で，ふつうは裂開しない。世界に約250種がある。

- A. 葉の裏面に毛がある。花序は穂状。花は柄がなく，花軸の節に1−2個つき，枝軸は出ない .... 1. ハナミョウガ
- A. 葉の両面に毛がない。花序は総状または円錐状。花軸の節に10−20mmの枝軸が出て，それに数個の花がつく。
  - B. 花序は下部で枝分かれする。
    - C. 果実は無毛で橙黄色に熟す .... 2. イリオモテクマタケラン
    - C. 果実は毛が散生し，黒色に熟す .... 3. チクリンカ
  - B. 花序は枝分かれしない。
    - C. 草丈は0.5−1.5m，苞は長さ5−7mm。花は長さ約20mm .... 4. アオノクマタケラン
    - C. 草丈は2−3m，苞は大型で長さ10−25mm。花は長さ25−50mm。
      - D. 花序は直立し，花軸は毛がない。苞は長さ10−15mm。花は長さ25−30mm .... 5. クマタケラン
      - D. 花序は先が垂れ，花軸に褐色の毛がある。苞は長さ20−25mm。花は長さ40−50mm .... 6. ゲットウ

1. ハナミョウガ　PL. 194
Alpinia japonica (Thunb.) Miq.

　暖地の山中の林下に生える多年草。高さ40−60cm，葉は常緑で広披針形，長さ15−40cm，幅5−8cm。両面，特に裏面に細軟毛が多い。5−6月，偽茎の頂に長さ10−15cmの穂状花序がつき，花軸に細毛が密生する。苞は狭長楕円形で早く落ちる。花は長さ25mm内外。萼は白色の筒状で細毛があり，長さ10−12mm，先は赤く3鈍歯があり1側が裂ける。花冠は上部が3裂し，背後の1片は長楕円形で立って雄蕊をかこむ。唇弁は卵形で先は2裂，白色で紅色の条線があり，長さ約10mmで，縁は波状に縮れ，基部の両側に黄赤色の付属片がある。果実は広楕円形で長さ12−18mm，赤く熟し，細毛がある。染色体数は2n=48。本州（関東以西）〜九州・奄美，中国・台湾に分布する。茎葉がミョウガに似て，茎頂に美しい花が開くのでハナミョウガという。種子を〈伊豆縮砂〉といって薬用にした。

　果実が橙黄色に熟すものをキミノハナミョウガ f. xanthocarpa Yamasiro et M. Maeda という。また，九州に分布し，花序に短い枝軸が出て，萼や果実がほぼ無毛であるツクシハナミョウガ A. ×kiushiana Kitam.; A. japonica (Thunb.) Miq. var. kiushiana Kitam. は，ハナミョウガとアオノクマタケランとの雑種と考えられている。

2. イリオモテクマタケラン　PL. 194
Alpinia flabellata Ridl.

　草丈は2−3m。葉舌の縁に毛がある。葉は細い披針形で，長さ30−40cm，幅4−5cm，無毛，先端の葉の縁には細鋸歯がある。花序は直立し，長さ10−20cm，円錐状で花は密につき，花序の下方から2−3個の枝を出す。萼は筒状で無毛，長さ8mm，先端は3裂する。唇弁は扇状で，先端は4裂して，外側の裂片はやや腎臓形，白色でそれぞれの裂片の中央に紅条があり，長さ10mm内外。蒴果は径約7mmで，無毛，橙黄色に熟す。琉球（石垣島・西表島），台湾・中国・フィリピンに分布する。アオノクマタケランに似ているが，円錐花序の下方から2−3個の枝を出し，果実が橙黄色に熟す。

旧版の執筆は佐竹義輔。

3. チクリンカ　　　　　　　　　　　　　　　　PL.195
Alpinia nigra (Gaertn.) B. L. Burtt;
A. bilamellata Makino

草丈は1.5－3m。葉舌は長さ4－6mmで無毛，葉は披針形から楕円披針形で長さ20－40cm，幅6－8cm，先端はとがり，無毛。花序は直立し，長さ15－30cmの総状花序で花軸は綿毛におおわれる。花は7－8月，長さ15mm内外，萼は筒状で長さ1－1.5cm。花冠裂片は楕円形で白色，外側に毛があり，先端は僧帽形。唇弁は扇状で先が大きく2裂し，淡桃色でそれぞれの裂片の中央には紅条があり，先端はやや2裂する。果実は球形で毛が散生し，黒色に熟す。染色体数は2n=48。小笠原に帰化する。中国南部からブータン・インド・スリランカ・ミャンマー・タイなどに広く分布する。

4. アオノクマタケラン　　　　　　　　　　　　PL.195
Alpinia intermedia Gagnep.

暖地の林下に生える常緑の多年草。偽茎は高さ50－150cm。葉は狭長楕円形で長さ30－50cm，幅6－12cm，毛がなく表面は光沢がある。花序は直立し，長さ10－20cm，総状または円錐状，枝軸は長さ10－15mmで，3－4花がつく。苞は膜質楕円形で，長さ5－7mm。花は7月，長さ約20mm，白色でわずかに紅色をおびる。萼は筒状で長さ3.5－5mmで低い歯がある。花冠は上部が3裂。唇弁は卵形で長さ15mm内外，先が浅く3裂し，基部の両側に針状の付属片がある。蒴果は球形で赤熟し，径10mm内外，毛はない。染色体数は2n=48。本州（伊豆七島・紀伊半島）・四国・九州・南西諸島，中国・台湾・フィリピンに分布する。クマタケランに似ているが全体に赤みがないのでこの名がある。

小笠原にはアオノクマタケランに似るが，花がやや大きく，果実が黄褐色から赤色に熟す**シマクマタケランA. boninsimensis** Makino; *A. boninensis* Makinoがあるが，ちがいは明瞭ではなく，今後の研究が必要である。また，小笠原からはイオウクマタケランが報告されているが，アオノクマタケランとのちがいは明瞭ではなく，*A. nakaiana* Tuyamaの学名も正式には発表されていない。

5. クマタケラン　　　　　　　　　　　　　　　PL.195
Alpinia ×formosana K. Schum.

アオノクマタケランに似ているが，偽茎は高さ2－3m。葉は大型で長さ50－70cm，幅8－12cm。花は7－8月，白色で大きく長さ25－30mm，萼は長さ8－10mm，苞も大型で長さ10－15mm。唇弁も大きな広卵形で長さ25－30mm，紅色の斑に黄色のぼかしがあり，基部の両側に，線状披針形の付属片がある。果実は結実しにくい。染色体数は2n=24, 48。九州南部〜琉球，台湾に自生するが，昔から観賞用に栽培されている。和名は〈熊竹蘭〉の意で，花がランに似ており茎葉がたくましいタケを思わせることによる。クマタケランは，ゲットウとアオノクマタケランとの雑種と考えられている。

6. ゲットウ　　　　　　　　　　　　　　　　　PL.195
Alpinia zerumbet (Pers.) B. L. Burtt et R. M. Sm.;
A. speciosa (Wendl.) K. Schum.

クマタケランに似ているが，より大型で，葉の縁と葉舌に毛が密生し，花は7月，花序は垂れ長さ20－30cm，中軸に褐色の毛がある。苞は白色で先は赤色をおび，長さ25mm，花は長さ40－50mmになる。唇弁は黄色で，中央に紅条があり，先はやや3裂する。蒴果は卵球形で長さ20mm内外，赤熟し，縦肋と毛がある。染色体数は2n=48。九州南部〜琉球・小笠原，台湾・東南アジア・インド・スリランカに分布する。和名は漢名の〈月桃〉の音読に由来する。花が大きくて美しいのでよく栽培される。沖縄では，甘く味付けした餅をゲットウの葉にくるんで蒸して食べる。

【2】ショウガ属　Zingiber Mill.

根茎は肥厚し，芳香がある。葉の基部が鞘になり，これが互生し重なり合って偽茎となる。花茎が根茎の側芽から偽茎とは別に出るか偽茎の先端に花序がつく。花序には苞が密生し，その腋に花が1〜数個つく。萼は膜質で筒状，3歯があり，ふつうは1側が裂ける。花冠は漏斗状で下部が細い筒状，上部が広がり3裂するが，背後のものはほかより大きい。唇弁は反曲する。蒴果は楕円形または球形で，種子に仮種皮がある。東アジア・インド・東南アジア・オーストラリアに約140種，日本に1種がある。

1. ミョウガ　　　　　　　　　　　　　　　　　PL.194
Zingiber mioga (Thunb.) Roscoe

自生状態のものもあるが，ふつうは栽培される多年草で，偽茎は高さ40－100cm。葉は披針形または狭い長楕円形で長さ20－30cm，幅3－6cmある。花は8－10月，花茎は偽茎と別に出て，高さ5－10cm，少数の鱗片葉がつく。花序は長楕円形で長さ5－7cm，披針形または狭卵形の苞があり，その腋から花がつぎつぎと出て開き，1日でしぼむ。花は淡黄色で，径約5cm，萼は長さ2.5cm，花冠は上部が3裂し裂片は披針形，唇弁は仮雄蕊の変形したもので中央片は大きく，倒卵形で側片は小さい。完全雄蕊は1個で，その葯隔は長く伸びて花柱を包む。果実は結実しにくくあまり見られないが，液質の蒴果で，熟すと裂け，内面は赤色，種子は黒いが白色の仮種皮をかぶる。染色体数は2n=22, 55。本州〜九州に分布する。若芽と花序に特有の芳香があるので食用にされる。古い時代に中国から渡来し，野生化したものと思われる。

香辛料として多く用いられる**ショウガZ. officinale** (Willd.) Roscoe（PL.194）は，熱帯アジア原産。葉が草質で小さく，花は淡黄色，唇弁は赤紫色で淡黄色の斑点がある。

Zingiberaceae

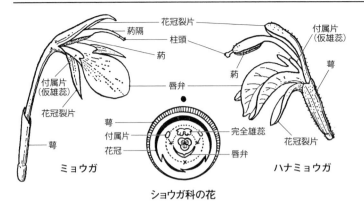

ガマ科　TYPHACEAE

宮本　太

　浅い水中や湿地に生育する多年草。地下茎が発達し，匍匐する根茎がある。葉は線形，直立または水上に浮かび，全縁，基部には鞘状になる葉がある。苞は葉状。花序は頂生し，円柱状の花穂花序または穂状からやや円錐状の頭状花序をもつ。花は雌雄同株で花被は1～多数。雄蕊は1－8本，多くは3本。花糸は離生または合着し，葯は頂生する。花粉は風で運ばれる。雌蕊は1個。花柱は1本または分岐する，柱頭は1－2本。子房は1室まれに2室。果実は堅果。世界の温帯～熱帯に分布し，2属約35種がある。

- A. 花序は円柱状の花穂花序となり，直立する。花被は糸状体の長毛状で多数あり，結実期に伸長し長毛になり，種子は風散布 ……【2】ガマ属 Typha
- A. 花序は球状の頭状花序となり，総状または円錐状になる。花被は鱗片状で3－6個，種子は水散布 ……【1】ミクリ属 Sparganium

【1】ミクリ属　Sparganium L.

　浅い水中に生える多年草。匍匐する根茎がある。葉は2列に互生し，線形で，直立するか，または水面に浮かぶ。葉の基部は葉鞘となり，その内側に腺点がある。花が集合して球形の頭状花序をつくり，それが総状あるいは円錐状に配列している。雌雄同株で下部の頭花は雌花のみ，上部のものは雄花のみからなる。雌花，雄花とも花被片は鱗片状で3－6個ある。雄花は3－6本の雄蕊があり，花粉は風で運ばれる。子房は上位で，大小のある2－3個の心皮からなるが，結実する種子は1個だけである。柱頭は1－2本，花後も残る。果実は堅果で，果皮の外側はスポンジ状でやわらかく，内側はかたい。種子は多量の胚乳を含み，その外側に薄い外胚乳がある。発芽時には種皮の一部がふた状にはずれる。北半球の温帯～亜寒帯に分布し，約19種がある。

　果実の形態が種の同定には重要であるため，開花期の個体での同定は困難である。

- A. 浮水葉をもつ。
  - B. 葉は扁平(単面葉)，裏面には稜がなく，断面は狭楕円形。
    - C. 雄性頭花は2個，またはそれ以上ある。花柱は1－2mm。
      - D. 花柱は長さ2mm，果実は紡錘形から楕円形 ……………………………………………………………… 1. ホソバウキミクリ
      - D. 花柱は長さ1mm，果実は卵形 …………………………………………………………………………… 2. ウキミクリ
    - C. 雄性頭花は1－2個。花柱は欠くか，非常に短い，果実は倒卵形 ……………………………………… 3. チシマミクリ
  - B. 葉は扁平ではなく，裏面には稜があり，断面は三角形 …………………………………………………… 4. エゾミクリ
- A. 浮水葉をもたない。
  - B. 雄性頭花は少なく1－3個。
    - C. 雌花頭花は通常1－2個。柱頭は長さ0.5mm，果実は紡錘状楕円形，長さ3mm ………………………… 5. タマミクリ
    - C. 雄性頭花は2－3個。柱頭は長さ2mm，果実は倒卵形，長さ4mm ……………………………………… 6. ヒメミクリ
  - B. 雄性頭花は2～多数個。
    - C. 果実は倒広卵形，柱頭は長さ3－6mm ……………………………………………………………………… 7. ミクリ
    - C. 果実は紡錘形または楕円形。柱頭は長さ3mm以下。
      - D. 雌花花被は3－4mm，広いさじ形。果実は紡錘状楕円形，長さ5－6mm ………………………… 8. ヤマトミクリ
      - D. 雌花花被は長さ2－2.5mm，線形からさじ形。
        - E. 花柱と柱頭で長さ2mm。果実は紡錘形，長さ4－6mm ……………………………………… 9. ナガエミクリ
        - E. 花柱と柱頭で長さ2.5－3mm。果実は狭紡錘形，長さ4－5mm …………………………… 4. エゾミクリ

1. ホソバウキミクリ　　　　PL.196
Sparganium angustifolium Michx.
　高山湿原の池に生える多年草。葉は浮水葉，扁平で稜はなく，幅2－4mm。雌性頭花は腋上生で3－4個つく。雄性頭花は2－4個あり，雌性頭花と離れて，まばらにつく。雌花花被は線形からさじ形で長さ2－2.5mm，花柱は長さ2mm，果実には短い小柄があり，紡錘形から楕円形で長さ4－5mm。北海道の高山にまれに産し，北半球の寒帯に分布している。

2. ウキミクリ　　　　PL.196-197
Sparganium gramineum Georgi
　高山湿原の池に生える多年草。葉は浮水葉，扁平で稜はなく，幅2－2.5mm。頭花をつける枝は葉腋から出て水面に浮き，少数の分枝がある。雌性頭花は1－3個。雌花花被はさじ形で長さ1.5mm，花柱は長さ1mm，果実は小柄がなく，広卵形で長さ約3mm。本州中部の高山の湿原にまれに産する。ヨーロッパ・シベリアの寒帯に分布する。

旧版の執筆は山下貴司。

3. チシミクリ〔タカネミクリ〕 PL.196
Sparganium hyperboreum Laest. ex Beurl.

高山湿原の池に生える多年草。葉は浮水葉，扁平で稜はなく，幅2-4mm。雄性頭花は1-2個あり，接近してつき，雌性頭花は腋上生で2-3個つく。雌花花被は線形で長さ2-2.5mm，花柱は不明瞭で柱頭は長さ1mm，果実は倒卵形で長さ約2.5mm。北海道の高山，北半球の寒帯に分布する。

4. エゾミクリ PL.196
Sparganium emersum Rehmann

水位の浅い池や湿地に生育する多年草で，茎の高さ20-60cm。葉は直立または浮葉，葉の裏面に稜があって，幅3-10mm。雄性頭花は3-8個。雌花花被は線形からさじ形で長さ2-2.5mm，花柱と柱頭で長さ2.5-3mm。果実は狭紡錘形で長さ4-5mm。北海道から本州北部，中部にも報告がある。北半球に広く分布する。

5. タマミクリ PL.196
Sparganium glomeratum (Beurl. ex Laest.) L. M. Newman

水位の浅い池や湿地に生育する多年草で，ミクリに似ているが，全体にやや小型で，茎の高さ30-60cm，下部の葉は浮水葉になることがある。下部の雌性頭花は有柄。この柄は主軸と途中まで合着しているため，葉と葉の中間の高さで枝分かれしているように見える。雄性頭花は1-2個で雌性頭花のすぐ上に接してつく。雌花花被は線形で長さ2-2.5mm，花柱は短く，柱頭は長さ0.5mm，果実には約1mmの小柄があり，紡錘形で稜角はなく，長さ約3mm。本州（中北部の山地）・北海道，アジア・ヨーロッパ・北アメリカの温帯〜寒帯に広く分布する。

6. ヒメミクリ
Sparganium subglobosum Morong;
S. stenophyllum Maxim. ex Meinsh.

水位の浅い池や湿地に生育する多年草で，茎の高さ30-60cm。葉は裏面に稜があって直立，茎より長く，幅3-5mm。頭花をつける枝は葉腋から出て，少数の分枝がある。雌性頭花は1-3個あり，雄性頭花は2-7個まばらにつく。雌花花被はさじ形で長さ2mm，花柱は長さ0.5mm，柱頭は長さ1.5mm，果実は小柄がなく，広卵状菱形で長さ約4mm，稜がある。北海道〜琉球，朝鮮半島・中国（北部）に分布する。

7. ミクリ PL.197
Sparganium erectum L.;
S. stoloniferum (Graebn.) Buch.-Ham. ex Juz.

水位の浅い池や湿地に生育する多年草で，茎の高さ50-100cmになる。地下茎は横にはい，先端部に新しい株をつくる。葉は線形で，直立して茎より長く，幅8-15mm，裏面中央に稜があり，先は鈍頭。6-8月に茎の上部の葉腋から枝を出し，枝の下部に1-3個の無柄の雌性頭花，上部に多数の無柄の雄性頭花をつける。雄花の花被片は3-4個でさじ形，長さ約2mm。雄蕊は3本ある。雌花の花被片は3個で倒卵形，長さ4-6mm。花柱の先の片側に長さ3-6mmの糸状の柱頭がついている。雌性頭花は熟すると，径15-20mmの球形で緑色の集合果となる。果実は稜があり，倒広卵形でかたく，長さ6-9mm。北海道〜九州，アジア・ヨーロッパ・北アフリカの温帯に広く分布する。集合果がクリのいがに似ているので〈実栗〉という。漢名は〈黒三稜〉。

果球が2cm以上となり，地下茎部が塊茎状になるものを**オオミクリ** var. **macrocarpum** (Makino) H. Hara といい，本州・四国に分布する。

8. ヤマトミクリ PL.196
Sparganium fallax Graebn.

水位の浅い池や湿地に生育する多年草で，葉は裏面に稜があって直立，幅4-10mm。雌性頭花は3-6個あり，腋上生。下部のものには柄がある。雄性頭花は5-9個あり，互いに離れてつく。雌花花被は線形で長さ2-2.5mm，花柱と柱頭で長さ2mm。果実は紡錘形から長楕円形で長さ5-6mm。本州（関東以西）・九州，ミャンマー・インドの温帯〜暖帯に分布する。

9. ナガエミクリ PL.197
Sparganium japonicum Rothert

水位の浅い池や湿地に生育する多年草で，茎の上部の葉腋から枝を出し，この枝の下部に雌性頭花，上部に雄性頭花をつける。雌性頭花は2-6個つき，下端のものには長さ約3cmになる柄がある。雄性頭花は5-10個あり，無柄でややまばらにつく。雌花花被はさじ形で長さ2-2.5mm，花柱と柱頭で長さ2mm。果実には約2mmの小柄があり，果実は紡錘形で長さ4-6mm。本州〜九州，朝鮮半島に分布する。

【2】ガマ属　Typha L.

水位の浅い池や川べりなどに生育する多年草。地下に太い根茎があり，長い走出茎を出す。葉は線形で，基部は鞘状に合着し，その中に多数の粘液腺がある。花序は頂生して，円柱状の花穂となり，上部に雄花群，下部に雌花群をつける。花序の下に葉状の苞があるが，早い時期に脱落する。花序の軸から多数の短い側枝を出し，1つの側枝に1〜数個の花をつける。雄花は各側枝に2-3個つき，花柄には糸状体の花被がある。葯には幅広い薬隔があり，花粉粒は合着せず単粒または合着して4集粒になる。雌花は花柄があり，糸状体の花被が多数生じ，結実期に伸張し長毛となる。この毛により種子は風で運ばれる。雌花の心皮は1個。花柱は開花時に長く伸びる。柱頭は1本，線形，披針形またはさじ形。果実は堅果。種子は1個で，胚は厚い胚乳と薄い外胚乳に包まれている。世界の温帯〜熱帯に分布し，約16種がある。

A. 雄花群の下に雌花群が続き，両花群の間に花のつかない裸出した軸の部分がない。
　　B. 葉は幅1－2cm，柱頭は披針形，花粉は4個ずつ合着する ……………………………………………… 1. ガマ
　　B. 葉は幅0.5－1cm，柱頭はさじ形，花粉は単粒で合着しない ……………………………………… 2. コガマ
A. 雄花群と雌花群の間に花のつかない裸出した軸がある。
　　B. 雌花群は長さ5－20cm，柱頭は線形から披針形 ……………………………………………………… 3. ヒメガマ
　　B. 雌花群は長さ4－6cm，柱頭はさじ形 ………………………………………………………………… 4. モウコガマ

1. ガマ　　　　　　　　　　　　　PL.197
Typha latifolia L.

　水位の浅い池や川べりなどに生育する多年草で，茎の高さ1.5－2m。葉は線形で長さ1－2m，幅は1－2cm。6－8月に，茎頂に花序をつける。雄花群と雌花群とは近接し，それぞれの花群の基部に早落性の苞がある。雄花群は長さ5－12cm。雄花群の中にやわらかい小苞があることがある。雌花群は長さ10－20cm，太さは開花時に径約6mm，のちに花柄が伸びると雌花群の太さは径15－20mmになる。柱頭は披針形。花粉は合着して4集粒になる。北海道～九州，北半球の温帯～熱帯からオーストラリアにかけて分布する。漢名は〈香蒲〉。花粉は〈蒲黄（ほおう）〉といい，傷薬として用いる。

2. コガマ　　　　　　　　　　　　PL.198
Typha orientalis C. Presl

　水位の浅い池や川べりに生育する多年草で，茎の高さ1－1.5m。葉は線形で長さ50－70cm，幅は0.4－1cm。雄花群と雌花群の間に花のつかない部分はなく，それぞれの花群の基部に早落性の苞がある。雄花群は長さ3－9cm。雌花群は長さ5－15cm。柱頭はさじ形。花粉は単粒で合着していない。本州・四国・九州，東アジアの温帯～熱帯に分布する。ガマと非常に似た個体があり，同定には柱頭や花粉粒の観察が必要である。

3. ヒメガマ　　　　　　　　　　　PL.198
Typha domingensis Pers.; *T. angustifolia* auct. non L.; *T. angustata* Bory et Chaub.

　水位の浅い池や川べりなどに生育する多年草で，茎の

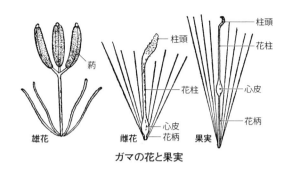

ガマの花と果実

高さ1.5－2m。葉は線形で長さ1－1.5m，幅は0.5－1.0cm。雄花群と雌花群の間に花のつかない裸出した軸があり，それぞれの花群の基部に早落性の苞がある。雄花群は長さ6－30cm。雌花群は長さ5－20cm。柱頭は線形から狭披針形。花粉は単粒で合着していない。北海道～琉球，世界の温帯～熱帯に広く分布する。

4. モウコガマ　　　　　　　　　　PL.198
Typha laxmannii Lepech.

　雄花群と雌花群の間に花のつかない裸出した軸があることでヒメガマに似るが，モウコガマの雄花群は長さ6－14cm，雌花群は長さ4－6cmでヒメガマに比較して短いこと，柱頭はさじ形であることで区別できる。花粉は単粒で合着していない。北海道に分布し，本州各地で帰化が報告されている。東アジアからヨーロッパに分布する。

ホシクサ科　ERIOCAULACEAE

宮本　太

　一年草または多年草，ときに一回繁殖性の多年性植物である。小型の草本性から幹を発達させ小亜低木になる。湿生または水生。根茎は直立あるいは匍匐性，茎はごく短くて葉がロゼット状，または茎が発達するものは葉がらせん状につく。花茎には葉を生じることはない。線形の葉身をもつ葉と花茎の基部に葉身をもたない鞘状葉がある。花は単性で小型，長さ1－5mm，各花の外側にやや同長の乾膜質の花苞がある。雄花と雌花は，さまざまの形をした花床にらせん状に混生してつき，頭状花序を形成し，その基部に総苞がある。ごくまれに雌雄異株になる。花被片は鱗片状の乾膜質で，3－2数性，2輪に並び，萼片（外花被片）と花弁（内花被片）に分化し，それぞれ離生または多少合着するが，合着の程度はさまざまである。萼片または花弁を欠くことがある。花弁の先に黒腺があるものとないものがある。雄花の雄蕊は6本または4本，葯は1－2室で内向き，縦裂する。ときに退化雌蕊がある。雌花の子房は上位，3－2（まれに1）室，各室に1個の直生胚珠が下垂する。花柱は1個で，子房室と同数の小分枝に分かれ，各分枝は単一，まれに2分し，先に柱頭がある。まれに仮雄蕊がある。ごくまれに花柱の頂（分枝の基部）に花柱付属体があり，分枝と互生する。果実は胞背裂開する蒴果。種子は小型で，豊富な胚乳と小さな胚がある。世界に10属700から1400種があり，いまだその全貌が明らかにされていない。特に南アメリカの熱帯〜亜熱帯の低地から高山帯にすべての属が生育し，高緯度域の温帯地域には少ない。このため日本はホシクサ科の分布北限になる。

　国内（群馬県）から記録されたオクトネホシクサ Paepalanthus kanaii Satake は，現状が不明であること，近隣諸国からの Paepalanthus 属の報告がないこと，タイプ標本の1点のみであることなどから，南米産の標本が混入したと考えられ，日本産ホシクサ科植物から除外する。

【1】ホシクサ属　Eriocaulon L.

　日本産ホシクサ属は小型の一年草（オオシラタマホシクサを除く）。湿地または水中に生える。根茎は直立。茎は短いが，水中に生育するタカノホシクサは，茎が発達して長くなる。葉は線形で根生してロゼット状または茎にらせん状につく。花茎は細く，3から6本の肋があり，多少ねじれ，基部に鞘状の葉をもつ。日本産の種の茎と葉は，無毛。花は夏から秋に開花・結実。花茎の頂に球形から半円形の頭状花序がつき，雌花と雄花が混生し，らせん状に花床につく。花床は有毛または無毛である。頭状花序の基部に倒卵形から線状披針形の総苞を生じる。雄花，雌花には外側（背軸面）に同長またはやや短い花苞がある。雄花の萼は仏炎苞状になり，上縁は浅くあるいは深く3－2裂（これは3－2個の萼片が背軸面を残して合着したものである），無毛または白色の短毛がある。花弁は3－2個，上端の内面に黒腺があり（オオシラタマホシクサにはない），下部の大部分は筒状に合着する。雄蕊は6本または4本（まれに減数），花糸は花弁より長く，葯はふつう2室で円形，黒色または白色（ホシクサ，コシガヤホシクサ）から灰色（ヒュウガホシクサ）。雌花の萼片は3－2個が離生または向軸面で合着（背軸面で開放）して仏炎苞状になり，上縁は浅く，あるいは深く3－2裂し，無毛または白色の短毛があり，外面はふつう無毛であるが，内面は無毛または毛がある。花弁は3－2個，まれに退化消失，離生し，倒披針形またはへら形で，上端の内面に黒腺があり（ごくまれにない），無毛または内面に毛がある。子房は3－2室，まれに1室。花柱は1個，柱頭は子房室数。種子は長楕円形で長さ0.5－1mm，種皮の表面に網状の模様があり，さらにその上にT字状または棍棒状の突起がつくものが多い。

　世界に約400種。日本産ホシクサ属は，これまで地域集団に対して微細な差異により区別されてきたが，形態的比較を進め，23種が認められた。今後はさらに遺伝的系統解析が必要である。

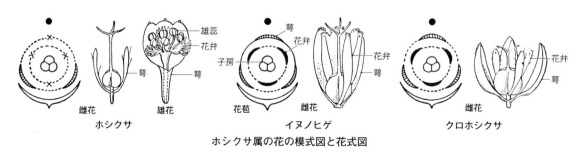

ホシクサ属の花の模式図と花式図

旧版の執筆は佐竹義輔。

注意 ホシクサ属の種の分類・同定は，花の各部分の形質がもっとも重要であり，葉や茎，根などの形質により同定することは困難である。同定には開花期のものは花の形態が不明瞭であるため，成熟した花の総苞片，花苞，萼，花弁，雄蕊などに現れる特有の形質を調べる必要がある。花の器官は，非常に小さいことから20－30倍の解剖顕微鏡を用いて観察しなければならない。

A. 花はすべて2数性で，雌花の萼片はつねに離生する ･･･ 1. コイヌノヒゲ
A. 花は3数性または一部2数性になり，子房はまれに1室になる。雌花の萼片は離生または合着する。
  B. 雄花の萼片は2個，コップ状に合着し，雌花の萼片も2個で離生する。花弁に黒腺がない ･･････････ 2. オオシラタマホシクサ
  B. 雄花の萼片は3(まれに2)個で仏炎苞状に合着し，雌花の萼片も3(まれに2)個，離生または合着する。花弁に黒腺がある。
    C. 雌花の萼片は離生して，2または3個。
      D. 雌花に花弁がなく，萼片は2個。葯は白色または灰色。
        E. 総苞片は卵形，鈍頭。雌花の萼片は背部に翼がない。葯は白色 ･････････････････････ 3. ホシクサ
        E. 総苞片は披針形，先端部が芒状にとがる。雌花の萼片は背部に翼がある。葯は灰色 ･･････ 4. ヒュウガホシクサ
      D. 雌花に花弁があり，萼片は3(まれに2)個。葯は黒色。
        E. 茎は短く，2－3cm以下。葉は線形または披針状線形で3脈以上あり，ロゼット状につく。
          F. 頭花は半球形で淡緑色から淡褐色，総苞片は披針形で頭花より長い ･･････････････ 20'. イズノシマホシクサ
          F. 頭花は球形で黒色，総苞片は倒卵形で頭花より短い。
            G. 葉は細く，基部の幅1－2mm，先端は鋭くとがる。頭花は径4－5mm，花床に毛が密生する。雄花の萼は先が3浅裂する ･･ 5. クロホシクサ
            G. 葉は広く，基部の幅5－7mm，先端は鈍形。頭花は径5－7mm，花床は無毛。雄花の萼は中部まで3裂する ･･ 6. ゴマシオホシクサ
        E. 茎は長く，8－20cmになる。葉は線形で1脈があり，茎上にらせん状につく ･････････ 7. タカノホシクサ
    C. 雌花の萼片は先端を残して向軸面で合着し，背軸面の開いた苞状になり，先端部が3裂または2裂する。
      D. 葯は白色 ･･ 8. コシガヤホシクサ
      D. 葯は黒色。
        E. 雄花および雌花の花苞および萼の背面の先端部に白色の短毛がある。
          F. 総苞片は倒卵形で頭花より短い。
            G. 頭花は球形または半球形で多数の花からなる。
              H. 萼裂片の背面に毛が密生する ･････････････････････････････････････ 9. シラタマホシクサ
              H. 萼裂片の背面に毛がない ･･ 10. オオホシクサ
            G. 頭花は倒円錐形で少数花からなる。
              H. 雌花の萼背面は無毛，柱頭は2－3本，花弁は2－3個 ･････････････････････ 11. エゾイヌノヒゲ
              H. 雌花の萼背面は有毛，柱頭は3本，花弁は3個 ･･･････････････････････ 12'. ハライヌノヒゲ
          F. 総苞片は線状披針形から卵形で頭花より長い。
            G. 雌花花弁の基部は短い柄状になる。
              H. 柱頭は3本 ･･･ 12. イヌノヒゲ
              H. 柱頭は1本，まれに2 ･･ 12'. エゾホシクサ
            G. 雌花花弁の基部は漸尖形で柄状にならない ･･････････････････････････････ 13. ミカワイヌノヒゲ
        E. 雄花および雌花の花苞および萼の背面の先端部に白色の短毛がない。
          F. 総苞片は倒卵形で頭花より短い。
            G. 種子にはT字状の突起をもたない ･･････････････････････････････････････ 14. アズマホシクサ
            G. 種子にはT字状の突起をもつ。
              H. 雄花および雌花の苞，萼は黒色をおびる。
                I. 雌花花弁の基部は短い柄状になる ･･････････････････････････････ 15. クロイヌノヒゲ
                I. 雌花花弁の基部は漸尖形で柄状にならない。
                  J. 雌花の中央花弁は広楕円形から線状披針形 ･･････････････････ 16. カラフトホシクサ
                  J. 雌花の中央花弁は線形 ･･････････････････････････････････････ 17. ツクシクロイヌノヒゲ
              H. 雌花および雄花の苞，萼は淡褐色。
                I. 雌花の萼上部は浅く3裂，無毛である ････････････････････････････ 18. ヒロハノイヌノヒゲ
                I. 雌花の萼上部は深く3裂，白色の長毛がある ･････････････････････ 19. シロエゾホシクサ
          F. 総苞片は線状披針形または卵形で頭花より長い。
            G. 総苞片は線状披針形，頭花よりも長い ･･････････････････････････････ 20. ニッポンイヌノヒゲ
            G. 総苞片は卵形から披針形，先端部は急尖頭，頭花より少し長い ･･･････････ 21. ヤマトホシクサ

1. コイヌノヒゲ〔イトイヌノヒゲ〕   PL. 198
Eriocaulon decemflorum Maxim.

湿った荒れ地や湿地に生える一年草。葉は線形で長さ3－10cm，3－9脈があり，格子状。花茎は高さ3－30cm。頭花は倒円錐形で径3－7mm，白色。総苞片は卵状披針形で頭花より長く，緑白色。花苞は白色で薄く，倒披針形で先がややとがり，上部の背面と縁に短い白色毛がある。雄花は長さ約2mm，萼片は2個，中部以下は合着し，裂片は披針形で先に白色の短毛がある。花弁は2個，上部を残してほとんど筒状に合着し，裂片に白

色の短毛と黒腺がある。雄蕊は4（まれに2−3）本で，葯は黒色，円形である。中央に退化雌蕊がある。雌花は長さ約1.5mm，萼片は2個，離生し，線状披針形，無毛または上部に少数の白色の長毛がある。花弁は2個，離生し，線状へら形，白色，上部の縁と内面に長毛があり，上端の内方に黒腺がある。子房は2室，柱頭は2本。種子は楕円形で長さ0.7−0.9mm，表面にT字状の突起がある。北海道〜九州，朝鮮半島・中国に分布する。本種は日本産ホシクサでもっとも広く見られる。これまで高さ10cm以下で頭花の小型のものはコイヌノヒゲ var. decemflorum，高さ20−30cmで頭花の大型のものはイトイヌノヒゲ var. nipponicum Nakaiとされていたが，生育環境と個体密度に応じて連続的に変異することから区別する必要はない。

2. オオシラタマホシクサ　　PL. 198
Eriocaulon sexangulare L.; *E. miyagianum* Koidz.

湿地に生育する多年草。葉は線状披針形で，長さ7−30cm，中部の幅3−12mm，13−17脈があり格子状。花茎は高さ10−40cmで，4−6肋。頭花は球形で径4−6mm。総苞片は卵状円形で頭花より短い。花床は無毛。花苞は倒卵形，長さ，幅とも2.5mm内外，上方の背面に白色の短毛が密にある。雄花は長さ約2mm，萼片は2個，背部に翼があり，合着してコップ状になる。花弁は3個，上部を残して筒状に合着し，裂片の上部に短毛はあるが黒腺はない。雄蕊は6本，葯は黒色，円形。雌花は長さ約2mm，萼片は2個で離生し，舟形になり背部に翼がある。花弁は3個で離生し，線形で先は細まり，縁に白色の長毛が散生し，先端には白色の短毛があるが黒腺はない。蒴果は3室。種子は広倒卵形，長さ約0.7mm，表面にT字状の突起がある。

琉球（沖縄本島・石垣島・西表島），中国・台湾・フィリピン・インドシナ・インドに分布する。沖縄のホシクサ類は稲作の減反政策により自生地が激減したため，個体数がきわめて少ない状況にある。

3. ホシクサ　　PL. 199
Eriocaulon cinereum R. Br.; *E. sieboldianum* Siebold et Zucc. ex Steud.

湿地また水田などに生育する一年草。葉は線形で長さ3−8cm，下部の幅1−2mm，3脈があり，格子状。花茎は高さ2−15cmで，肋はほとんどなく，ねじれない。鞘は長さ1−2.5cm。頭花は卵状球形，径1.5−3mm，灰白色または淡褐灰色。総苞片は膜質，倒卵形，灰白色，無毛で頭花より短い。花床は無毛，または毛がまばらにある。花苞は倒卵状長楕円形で長さ1.5−2mm，鋭頭。雄花は長さ1.5−2mm，萼片は3個で，先を残して仏炎苞状に合着し，上縁に短毛がある。花弁は3個，上部を残して筒状に合着し，裂片は披針形で上端に短毛があり，黒腺がある。雄蕊は6本，葯は白色，円形。雌花は長さ1.5−2mm，萼片は2個で離生し，白色，膜質，線形で長さ約1mm，縁に2−3細胞からなる長毛が散生する。花弁はない。蒴果は3室で，柄があり，長い花柱が残る。種子は楕円形で，長さ約0.4mm。

北海道を除く，本州〜琉球，朝鮮半島・中国・台湾・フィリピン・インドシナ・インド・アフリカ・オーストラリアに分布する。ホシクサ属植物でもっとも広い分布をもつ。日本では稲収穫後の水田に2cm未満で開花する個体が見られる。

4. ヒュウガホシクサ　　PL. 199
Eriocaulon echinulatum Mart.; *E. seticuspe* Ohwi

開花期前の個体はホシクサに似るが，総苞片は卵形，灰白色，質がやや厚く，先端部が芒状に長くとがる。雌花の萼片は2個で舟形，背部に狭い翼があり，花弁を欠く。国内では宮崎県のみで記録され，自生地の植生遷移が進行したため絶滅が確認されていた。しかし，生育地である湿原の環境復元により生育個体が植物研究家である南谷忠志氏により再確認された。50年以上，土中にあった埋土種子により再生したと考えられ，同様に絶滅が確認されているホシクサ属植物の個体群復元の可能性が示唆された。台湾・中国・フィリピン・インドネシア・マレーシア・タイ・ミャンマー・カンボジア・インドに分布する。

5. クロホシクサ　　PL. 199
Eriocaulon parvum Körn.

湿地に生える一年草。根茎はごく短いが，ときに1−3cmになる。葉はロゼット状または茎にらせん状につき，線形で長さ2−10cm，3−5脈が格子状。花茎は高さ5−20cm，5−6肋で少しねじれる。頭花は球形，黒色，径4−5mm，白色の短毛がある。総苞片は倒卵形で鈍頭，頭花より短い。花床には密に毛がある。花苞は倒卵形で，長さ2mm内外，先はとがり，上部の背面に白色の短毛がある。雄花は長さ約1.5mm，萼は合着して先は浅く3裂し，上縁に白色の短毛があり，花弁3個は上部を残して筒状に合着し，裂片の上縁に白色の短毛があり，その内面に黒腺がある。雄蕊は6本，葯は黒色，円形，退化雌蕊がある。雌花は長さ約1.8mm，萼片は3個で離生し，長楕円状倒卵形で黒色，上方の外面に白色の短毛がある。花弁は3個で離生し，線状倒披針形，縁部に白色の短毛があり，上部の内面に黒腺がある。蒴果は3室。種子は楕円形で長さ0.5mmで，表面に棍棒状の突起がある。本州〜九州・沖縄，朝鮮半島に分布する。

アマノホシクサ *E. amanoanum* T. Koyama は本種の頭花の色が灰白色を呈するもので形態的に区別できないが，同所的に生育する地域では生育期間が異なることから分類学的な検討が必要である。

6. ゴマシオホシクサ　　PL. 199
Eriocaulon nepalense Prescott ex Bong.; *E. senile* Honda

湧水などがある湿った荒れ地や湿地に生育する一年草。葉は線状披針形，基部の幅3−8mm，9−13脈。頭花は球形，径3−8mm。花床は無毛，雄花の萼は中部まで3裂，雌花の花弁の上端は凹形であることを特徴とする。クロホシクサは葉の幅が本種より狭く，花床は有毛である。本州（静岡県・三重県），九州（長崎県・熊本県・宮崎県），中国・ヒマラヤに分布する。

頭花が灰白色で，雌花の萼片が2個のものを**スイシャホシクサ** *E. truncatum* Buch.-Ham. ex Mart.; *E. suisha-*

ense Hayata (PL. 199) といい，沖縄本島・西表島，台湾・中国・インドシナ・フィリピン・タイに分布する。

7. タカノホシクサ
Eriocaulon setaceum L.; *E. cauliferum* Makino

水生の一年草。茎は直立し，長さ4−20cm，径3.5−5mmになる。葉はらせん状に密生し，線形で長さ3−9cm，幅2mm内外，1脈がある。花茎は茎の頂に集まり，長さ8−20cm，少しねじれる。頭花は扁球形で径3−4mm，黒色で白色の短毛がまばらに生える。総苞片は円形で長さ約1mm，膜質で黒色をおびる。花床は無毛。花苞は倒卵形，花と同長，上部の背部と縁に白色の短毛がある。雄花は長さ約1.4mm，萼は仏炎苞状に合着して，上部はやや深く3裂，裂片の縁に白色の短毛がある。花弁3個は上部を残し倒円錐状に合着し，裂片の上縁に白色の短毛が，内方に黒腺がある。雄蕊は6本，葯は黒色，円形。雌花は長さ約1mm，萼片は3個で離生し，花と同長。花弁は3個で離生し，線状へら形で先に白色の短毛があるがほかは無毛，上部の内方に黒腺がある。蒴果は3室。種子は楕円形で長さ約0.4mm，表面に棍棒状の突起がある。

国内では群馬県館林市多々良沼が唯一の産地であったが，汚水の流入や開発によって環境が変わり，絶滅している。韓国・インド・オーストラリアに分布する。

8. コシガヤホシクサ　　　　　　　　PL. 199
Eriocaulon heleocharioides Satake

湿地に生育する一年草。葉は線形で長さ7−15cm，中部の幅2−3mm，5−7脈の格子状で先は鋭くとがる。花茎は高さ12−25(70) cm，径約2mm，円柱形でほとんどねじれず，浅い縦溝が9−10条あるが，肋はない。頭花は卵状円錐形，高さ6−7mm，径3−6mm。総苞片は広倒卵形，長さ，幅とも約2mm，頭花より短い。花床は無毛。花苞は倒広卵形。雄花は長さ約2mm，萼は仏炎苞状で緑白，上縁は不規則に3裂または歯裂。花弁は3個，下部は筒状に合着し，裂片の上端に黒腺がある。雄蕊は6本，葯は白色，円形。雌花は長さ約2mm，萼は仏炎苞状，無毛，上縁は浅く3裂。花弁は3個で離生し，倒披針形へら形，基部は短い柄になる。先端はやや鈍形で内方に黒腺があり，内面に白色毛がある。蒴果は3室。種子は長楕円形で長さ約1mm，表面にT字状の突起がある。

埼玉県・茨城県に分布，日本固有。自然環境下における個体群は埼玉県の集団は戦後の河川改修による環境改変により，茨城県の集団は1994年の天候不順による生育地の環境変化により絶滅した。近年は自生地であった埼玉県・茨城県において地域住民による保全，保護活動が進められている。

9. シラタマホシクサ　　　　　　　　PL. 200
Eriocaulon nudicuspe Maxim.

湿地に生育する一年草。葉は線形で長さ14−20cm，幅1−4mm。花茎は高さ20−40cm，4肋で少しねじれる。頭花は球形で径6−8mm，全体に白色の短毛（主として花苞と萼の上半部背面にある）が密生する。総苞片は広倒卵形で先が円く，無毛，頭花より短い。花床に毛が密生する。花苞は倒披針形で長さ約3mm，背面の上半部に白色の短毛が密生する。雄花は長さ約3mm，萼は仏炎苞状に合着し，上部は3裂して，その背面に白色の短毛が密生する。花弁は3個，上部の3裂片を残して下部が筒状に合着し，外方の1裂片はほかの2裂片よりいちじるしく大型で，内面に白色の短毛が密生し，各裂片に黒腺がある。雄蕊は6本，葯は黒色，円形。雌花は長さ約3.5mm，萼は仏炎苞状に合着し，内面，外面に長毛があり，上部は3裂，その背面に白色の短毛が密生する。花弁は3個で離生し，卵状へら形で，内面に長毛が密生し，上部は長く伸びて内面に黒腺と白色の短毛が密生し，外方の1花弁は特に大きい。蒴果は3室，種子は広卵形で長さ約1.2mm，表面にT字状の突起がある。本州（静岡県・愛知県・岐阜県・三重県）のみに分布する。日本固有。

10. オオホシクサ　　　　　　　　　PL. 200
Eriocaulon buergerianum Körn.

湿地に生育する一年草。外観はヒロハノイヌノヒゲに似る。葉は披針状線形，長さ8−20cm，基部の幅5−8mm，13−17脈の格子状。花茎は高さ15−30cm，5−6肋で少しねじれる。頭花は半球形，径3−6mm，白色の短毛が密につくが，その量には変異がある。総苞片は広倒卵形で先は円く，頭花より短い。花床は有毛。花苞は倒卵状くさび形，長さ1.8−2.2mm，先はややとがり，上部の縁と背面に白色の短毛が密生する。雄花は花苞と同長，萼は仏炎苞状に合着し，上部は3浅裂して縁に白色の短毛がある。花弁は3個，上部の3裂片を残して筒状に合着し，白色の短毛がつく。裂片の内方に黒腺がある。雄蕊は6本，葯は黒色，円形。雌花は雄花と同長。萼は仏炎苞状に合着し，内面に長毛があり，上部は3浅裂して，縁に白色の短毛がある。花弁は3個で離生し，披針状へら形，内面に長毛があり，上部の内方に黒腺がある。蒴果は3室，種子は楕円形で長さ1.3mm，表面にT字状の突起がある。本州〜琉球，朝鮮半島・中国・台湾に分布する。

11. エゾイヌノヒゲ　　　　　　　　PL. 200
Eriocaulon perplexum Satake et H. Hara

湿地に生育する一年草。葉は線状披針形で長さ2−6cm，中部の幅1−2.5mm，5−8脈。花茎は高さ5−14cm，4−5肋あり，ねじれる。頭花は半球形で幅3−4mm。総苞片は倒卵形，長さ3−4mm，先はややとがるか，鈍く，頭花よりわずかに長い。花床は有毛。雄花も雌花も2数性のものと3数性のものが混在する。花苞は倒卵状長楕円形，上部の縁と背面に白色の短毛がある。雄花は長さ約2.5mm，萼は仏炎苞状に合着し，上部は2−3裂し，縁に微歯と，白色の短毛とやや長い毛がある。花弁は2−3個，下部は筒状に合着し，裂片の上部に白色の短毛と黒腺がある。雄蕊は4−6本，花糸の基部はいちじるしく肥厚し，葯は黒色，円形。雌花は雄花と同長。萼は仏炎苞状に合着し，上部は2−3裂して，縁に白色長毛と短毛がある。花弁は2−3個で，離生し，倒披針状へら形，内面に長毛があり，上部にまれに白色の短毛があり，その内方に黒腺がある。蒴果は2室または

3室，柱頭は2－3本。種子は楕円形で長さ約1mm，表面にT字状の突起がある。北海道に分布，日本固有。

12. イヌノヒゲ　　PL. 200
Eriocaulon miquelianum Körn. var. **miquelianum**

湿地に生育する一年草。葉は線状披針形で長さ6－20cm，中部の幅は1－5mm，7－9脈で格子状。花茎は高さ5－30cm，4－5肋あってねじれる。頭花は倒円錐形で径3－4mm。総苞片は線状披針形から倒卵形。花床は有毛または無毛。花苞は倒卵形，上縁に白色の短毛がある。雄花は長さ1.5－2.5mm，萼は仏炎苞状に合着し，上部は浅く3裂し，白色の短毛がある。花弁は3個，上部を残して筒状に合着し，裂片に白色の短毛と黒腺がある。雄蕊は6本，葯は黒色，円形である。雌花は長さ2－3mm，萼は仏炎苞状に合着，内面に長毛あり，上部は浅く3裂し，縁に白色の短毛がある。花弁は2－3個で離生し，卵状披針形で基部に柄をもつ，内面に長毛があり，上部は白色の短毛があり，内方に黒腺がある。蒴果は1－3室。種子は倒卵状楕円形で長さ約1mm，表面にT字状の突起がある。北海道・本州・四国・九州，韓国・中国に分布する。

総苞片の長さ，形態および白色の短毛の量など変異が大きく，特に白色の短毛が多い形をシロイヌノヒゲ（E. sikokianum Maxim.）と区別していたが，他の形質では区別できない。ほかにはクロイヌノヒゲモドキ（E. atroides Satake），ユキイヌノヒゲ（E. dimorphoelytrum T. Koyama），マツムライヌノヒゲ（E. matsumurae Nakai），ガリメギイヌノヒゲ（E. tutidae Satake）は，イヌノヒゲの種内変異であり，形態的に区別できない。

一方，種内分類群として雌花萼外側に長毛を密生するものは**ハライヌノヒゲ** E. miquelianum var. ozense (T. Koyama) Miyam. (PL. 200)，子房が1個，柱頭が1本のものを**エゾホシクサ** E. miquelianum var. monococcon (Nakai) T. Koyama ex Miyam.; *E. monococcon* Nakai (PL. 200) とする。**アズミイヌノヒゲ** E. mikawanum Satake et T. Koyama subsp. azumianum Hid. Takah. et H. Suzuki は本変種に含まれる。

13. ミカワイヌノヒゲ　　PL. 201
Eriocaulon mikawanum Satake et T. Koyama

湿地に生育する一年草。柱頭が1本，子房が1室であることでイヌノヒゲの変種であるエゾホシクサに似るが，雌花花弁が披針状へら形で漸尖形となり，柄状にならない。蒴果は1室まれに2室。総苞片は狭披針形から卵形まで変異する。愛知県・福島県に分布。日本固有。

14. アズマホシクサ　　PL. 201
Eriocaulon takae Koidz.

湿地に生育する一年草。葉は線形で長さ1－4.5cm，3脈の格子状。花茎は細く，4肋で少しねじれ，高さ8－14cm。頭花は倒円錐形，径2－3mm。総苞片は卵状披針形，頭花と同長または少し長い。花床は無毛。花苞は倒卵形，先端部に微小鋸歯がある。雄花は長さ約2mm，萼は仏炎苞状に合着し，上部は不規則に3裂して，縁に微小鋸歯と小毛がある。花弁は3個，上部の3小片を残して筒状に合着し，無毛，小片の内方に黒腺がある。雄蕊は6本，葯は黒色，円形である。雌花は雄花と同長，萼は仏炎苞状に合着し，内面に毛があり，上部はわずかに3裂して，縁に微小鋸歯と短毛がある。花弁は3個，離生し，披針形で下部はしだいに細くなり，無柄，無毛，上部の内方に黒腺がある。子房は3室，種子の表面にはT字状の突起がない。北海道・青森県・山形県に分布，日本固有。

ミヤマヒナホシクサ E. nanellum Ohwi は本種の花が黒味をおびるもので形態的に区別できないことから本種に含まれる。

15. クロイヌノヒゲ　　PL. 201
Eriocaulon atrum Nakai

湿地に生育する一年草。葉は線形で長さ2－10cm，中部の幅1－3mm，7－9脈の格子状。花茎は高さ5－12cm，4－5肋でわずかにねじれる。頭花は倒円錐形で径3－4mm。総苞片は卵状披針形，上部は黒色をおび，頭花とやや同長。花床は有毛。花苞は倒卵状披針形で長さ約2mm，やや鈍頭で黒色をおび，無毛またはまばらに白色の短毛がある。雄花は花苞とやや同長，萼は仏炎苞状に合着し，黒色で上部は浅く3裂し，縁に白色の短毛がまばらにある。花弁は上部の3個を残して筒状に合着し，裂片に白色の短毛があり，内方に黒腺がある。雄蕊は6本，葯は黒色，円形。雌花は花苞より長く，萼は仏炎苞状に合着し，黒色で，内面に長毛があり，上部は浅く3裂し，無毛またはまばらに白色の短毛がある。花弁は3個で離生し，披針状へら形，基部で狭まり柄をもつ，内面に長毛があるほかは無毛，上部の内方に黒腺がある。蒴果は3室。種子は楕円形で長さ0.8mm内外，表面にT字状の突起がある。北海道～九州，朝鮮半島・中国・ヒマラヤに分布する。ヤクシマホシクサ E. hananoegoense Masam.，ネムロホシクサ E. glaberrimum Satake は，形態的に本種と区別できない。屋久島の高所湿地には本種とツクシクロイヌノヒゲが同所的に生育している。

16. カラフトホシクサ
Eriocaulon sachalinense Miyabe et Nakai var. **sachalinense**

湿原に生育する一年草。葉は線形，長さ3－5cm，基部の幅1mm，3脈の格子状。花茎は高さ5－13cm，3－4肋でわずかにねじれる。頭花は径約2mm，黒色である。総苞片は2－3個，卵形で黒色をおび，頭花と同長。花床は無毛。雄花は長さ約1.5mm，花苞は倒披針形，白色の短毛があり，ふつう黒色。萼片は2個，黒色で倒披針形，先端に白色の短毛があり，基部のみ合着する。花弁は2個，下部は筒状に合着し，上部の2裂片は先が円く，白色の短毛があり，内方に黒腺がある。雄蕊は4本，葯は黒色，円形。雌花は長さ約2mm，花苞は広卵形または卵状円形，鈍頭，黒色，ほとんど無毛。萼は2深裂，黒色でほとんど離生し，長楕円状披針形で，縁に短毛があるほかは無毛。花弁は2個で離生し，広卵形状へら形，内面に長毛はあるが，ほかは無毛，上部の内方に黒腺がある。蒴果は2室。種子は楕円形で長さ約1mm，表面

にT字状の突起がある。北海道，ロシアに分布する。

クシロホシクサ **E. sachalinense** Miyabe et Nakai var. **kusiroense** (Miyabe et Kudô ex Satake) T. Koyama ex Miyam.; *E. kusiroense* Miyabe et Kudô ex Satake (PL.201) は，雄花および雌花萼片は3裂すること，花弁が3個であることからカラフトホシクサと区別する。群馬県・青森県・北海道（釧路・根室）に分布。ノソリホシクサ *E. nosoriense* Ohwi は本変種に含まれる。

17. ツクシクロイヌノヒゲ　　　　　　　　PL. 201
Eriocaulon kiusianum Maxim.;
E. nakasimanum Satake; *E. nasuense* Satake

湿地に生育する一年草。葉は長さ10－18cm，基部の幅3－6mm。花茎は高さ5－20(40) cm。頭花は倒円錐形で径4－5mm。総苞片は長楕円形で鈍頭，頭花より少し短い。花床は無毛。花苞は倒卵状長楕円形で長さ約2mm。雄花は長さ約2mm，萼は仏炎苞状に合着し，黒色で無毛，上部は浅く3裂する。花弁は下部が筒状に合着し，無毛，上部の3裂片の内部に黒腺がある。雄蕊は6本，葯は黒色，円形。雌花は雄花と同長，萼は仏炎苞状に合着し，黒色，内面に長毛があるほかは無毛，上部は浅く3裂する。花弁は3個で離生し，披針状へら形，無毛，上部の内方に黒腺がある。蒴果は3室。種子は褐色，楕円形で長さ1.3mm内外，表面にT字状の突起がある。本州・四国・九州・屋久島，韓国に分布する。クロイヌノヒゲに似ているが，雌花花弁の基部は漸尖形となり，柄状にならないことで区別できる。水中に生育する本種は花茎を伸張させ，ナスノクロイヌノヒゲ *E. nasuense* Satake がこの生態型になる。

18. ヒロハノイヌノヒゲ　　　　　　　　PL. 201
Eriocaulon alpestre Hook. f. et Thomson ex Körn.;
E. robustius (Maxim.) Makino

湿地や水田などに生育する一年草。葉は線状披針形で長さ5－15cm，基部の幅3－8(10) mm，9－17脈の格子状。花茎は高さ5－20cm，5肋で少しねじれる。頭花は半球形で径4－7mm，淡褐色まれに黒味をおびる。総苞片は倒卵形で鈍頭，頭花より短い。花床は無毛。花苞は倒卵形で鈍頭。雄花は長さ1.5－1.8mm，萼は仏炎苞状に合着し，上部は3裂して，裂片は無毛まれに微短毛がある。花弁は上部の3片を残して筒状に合着し，裂片の内方に黒腺がある。雄蕊は6本，葯は黒色，円形。雌花は雄花と同長。萼は仏炎苞状に合着し，内面に長毛があり，上部は浅く3裂し，無毛である。花弁は3個，離生し，長楕円状披針形，内面に長毛があり，上部の内方に黒腺がある。蒴果は3室。種子は長楕円形で長さ約0.8mm，表面にT字状の突起がある。北海道〜九州，朝鮮半島・中国（東北）に分布する。頭花が黒味をおびる個体はクロイヌノヒゲに似るが，本種の雌花花弁は漸尖形で柄状にならないことで区別できる。本種は水田雑草として扱われているが除草剤の使用により減少している。

19. シロエゾホシクサ
Eriocaulon pallescens (Nakai ex Miyabe et Kudô) Satake

湿地に生育する一年草。葉は線状針形で長さ3－7cm，基部の幅約1－3mm，1－3脈の格子状。花茎は高さ5－6cm，3肋であまりねじれない。頭花は径約2－3mm。総苞片は2－3個，卵形，頭花と同長。花床は無毛。雄花は長さ約2mm。花苞は倒卵形または倒披針形，鈍頭。萼は仏炎苞状に合着し，上部は3裂，中央小片は小型で，縁に微歯と短毛がある。花弁は3小片を残して筒状に合着し，無毛，小片の内方に黒腺がある。雄蕊は6本，葯は黒色，円形。雌花は雄花と同長，花苞は楕円形で上縁に短毛が少しある。萼は仏炎苞状に合着し，内面に長毛があり，上部は深く3裂し，縁に微鋸歯と白色の長い毛がまばらにある。花弁は3個で離生し，倒披針形で，内面は長毛がわずかにある。上端は2裂し，その内方に黒腺がある。蒴果は3室。種子は楕円形で長さ約0.8mm，表面にT字状の突起がある。北海道（胆振）に産する。日本固有。

20. ニッポンイヌノヒゲ　　　　　　　　PL. 201
Eriocaulon taquetii Lecomte var. **taquetii**;
E. hondoense Satake

湿地に生育する一年草。葉は披針状線形，長さ10－20cm，中部の幅3－5mm，11－13脈で格子状。花茎は高さ15－22cm，5肋があり，ややねじれる。頭花は倒円錐形または半球形で径6－8mm。総苞片は披針形から線状披針形，頭花より長い。花床は無毛。花苞は倒卵形，上縁は無毛か，わずかに微短毛がある。雄蕊は長さ約2mm，萼は仏炎苞状に合着し，上部は浅く3裂して無毛。花弁は3個，下部は筒状に合着し，裂片の内方に黒腺があるほかは，ほとんど無毛。雄蕊は6本，葯は黒色，円形。雌花は長さ約2.5mm，萼は仏炎苞状に合着し，内面に長毛があり，上部は浅く3裂し，無毛またはわずかに微短毛がある。花弁は3個で離生し，披針状へら形で，基部は柄になり，内面に長毛があるほかは無毛，上部の内方に黒腺がある。蒴果は3室。種子は楕円形で長さ約0.7mm，表面にT字状の突起がある。北海道〜九州，朝鮮半島に分布する。

本種は総苞片の形態に変異があり，ヒロハノイヌノヒゲと混生する群落では両種の中間的な形態を示す個体もあり，雑種性と考えられる。また湿原など貧栄養な環境に生育し，植物体が小さいオオムラホシクサ *E. omuranum* T. Koyama，コケヌマイヌノヒゲ *E. satakeanum* Tatew. et Koji Ito，頭花が黒色を呈するイヌノヒゲモドキ *E. sekimotoi* Honda は，これまで別種として扱われてきたが，本種と形態的には区別できない。またオキナワホシクサ *E. lutchuense* Koidz.; *E. miquelianum* Körn. var. *lutchuense* (Koidz.) T. Koyama は，総苞片が卵形でヒロハノイヌノヒゲとの中間的な形態を示すも本種に含めるが，さらに研究を要する。

イズノシマホシクサ *E. taquetii* Lecomte var. **zyotanii** (Satake) Miyam.; *E. zyotanii* Satake は雌花萼片が離生するほかは本種と区別できない。青森県・東京都に分布する。

21. ヤマトホシクサ　　　　　　　　PL. 201
Eriocaulon japonicum Körn.

湿地に生育する一年草。葉は線形で長さ6－12cm，

幅2−3mm，5−7脈の格子状。花茎は高さ12−16cm，4肋であまりねじれない。頭花は半球形で径5−6mm。総苞片は披針形で先は急にとがり，頭花と同長か少し長い。花床は無毛。花苞は倒披針形，上縁に小毛が散生することがある。雄花は長さ約2mm，萼は仏炎苞状に合着し，上部は3裂してやや藍褐色をおびる。花弁は3個，上部の3片を残して筒状に合着し，無毛で，3片の内方に黒腺がある。雄蕊は6本，葯は黒色，円形。雌花は雄花より少し長く，萼は仏炎苞状に合着し，内面は無毛，上部は3裂。花弁は3個で離生し，披針状へら形，無毛，上方の内面に黒腺がある。蒴果は3室。種子は黄褐色で楕円形，長さ約1mm。表面にT字状の突起がある。岡山県・兵庫県・滋賀県・茨城県に分布，日本固有。

イグサ科　JUNCACEAE

宮本　太

　多年生（まれに1年生），根茎が発達する草本。茎は直立または斜上し，円柱形まれに扁平。葉は針状で円柱形，ときに扁平で剣状またはイネ状の葉身をもち，葉基部は鞘状になる。葉身基部には葉耳があるか，または発達しない。茎基部の葉は葉身が退化消失または鱗片状になった鞘状葉。花序は円錐花序，散房花序，集散花序または頭状花序。頂生または側生のものは，最下の苞葉が偽茎状になる。花は雌雄同株，まれに単性で雌雄異株。花の基部に小苞があるものとないものがある。花被片は離生し，穎状，内片は3枚，外片は3枚あり，同質同形で，萼と花弁に分化しない。雄蕊は6本または3本，葯は頂生，内向する。雌蕊は1個。子房は上位で心皮が3枚，1室で側膜胎座（ときに胎座が隆起した隔壁上につき，3隔室という）または3室で中軸胎座。胚珠は倒生で，各心皮に1個または多数。花柱は1本，柱頭は3本で糸状。果実は蒴果で胞背裂開する。種子は3個または多数。小型でときに膜質の外種皮または種枕Caruncleがつく。世界に7属約440種があり，北半球の温帯から寒帯にイグサ属およびスズメノヤリ属が多く分布し，他の属は南半球の熱帯高山帯に分布する。

　蒴果の形態が種の同定には重要であるため，開花期の個体での同定は困難である。

イグサ科　茎は円柱形または扁平2稜形で，中実（中空でない）。葉は2列互生（1/2葉序）。葉鞘は円筒状で縁は離生するか，合着して完全な円筒形になる。葉舌はないが，葉耳のあるものがある。花は小型であるが小穂をつくらない。花序の分枝に前葉はない。花被片は6枚，2輪に並び，穎状で果時に残る。子房は3心皮，1〜3室，3〜多数胚珠。果実は蒴果で，胞背裂開し，種子は3個または多数。

イネ科　茎は多くは円柱形で中空，葉はふつう2列互生につき（1/2葉序），葉鞘は筒形であるが縁は重なり（まれに合着），葉舌が発達する。花序の分枝にふつう前葉はない。小花は外側に護穎，内側に内穎がある。花被片は2−3枚，鱗被に退化する。子房は1または3心皮，1室で1胚珠。果実は穎果（種皮と果皮が合着して種子のように見える）。

カヤツリグサ科　茎は多くは3稜形で，中実（中空でない）。葉は多くは3列に並び（1/3葉序），葉鞘は完全な筒形となり，葉舌がない。花序の分枝の基部に，ふつう膜質の前葉がある。小穂中の小花は外側に鱗片（苞）があるだけで，内側には鱗片はない（例外としてスゲ類では鱗片の内側にもう1枚の鱗片様の果胞がある）。花被片は多くは剛毛または刺針に退化する。子房は3−2心皮，1室で1胚珠。果実は痩果。

A．葉の縁に毛がなく，葉鞘は一側が開く。蒴果は1室，3隔室または3室で，種子は多数，種枕がない ……………【1】イグサ属 Juncus
A．葉の縁に毛があり，葉鞘は筒状になる。蒴果は1室で，種子が3個，種枕がある。……………………………【2】スズメノヤリ属 Luzula

【1】イグサ属　Juncus L.

　多年草まれに一年草で，茎および葉は無毛。葉身は円筒状で針形または剣状で扁平，ときに退化して鱗片状となり鞘状葉となる。葉鞘は合着せず，上端が明らかな葉耳になる。国内種の花は雌雄同株，花被片は鱗片状で内片は3枚，外片は3枚，雄蕊は6本または3本，子房は1室，3隔室または3室で，果実に多数の種子が生じる。種子は小型で，外種皮は密着するか，またはゆるく種子を包み，突出して膜質のおがくず状になる。世界の温帯から寒帯に分布し，約315種。

A．花に小苞がある。
　B．葉は葉身をもち，上下に扁平で細いイネ状葉になる。花序は頂生する。
　　C．1年草，蒴果は3室 ……………………………………………………………………… 1．ヒメコウガイゼキショウ
　　C．多年草，蒴果は3隔室(不完全な3室)。
　　　D．花被片は卵形で鈍頭，蒴果より短い。雄蕊は花被片の2/3，葯は花糸とやや同長 ……………………… 2．ドロイ
　　　D．花被片は披針形で鋭頭，蒴果と同長またはやや長い。雄蕊は花被片の1/2，葯は花糸の1/2 …………… 3．クサイ
　B．葉は葉身を欠き，茎の基部に鞘状葉のみをもつ。花序は最下の苞が茎と同じ形態になって立つため側生状に見える。
　　C．種子は外種皮がゆるく種子を包み，おがくず状。花序は少数花からなり，最下の苞は短く，花序と同長またはやや長い
　　　 ……… 4．ミヤマイ
　　C．種子はおがくず状でない。花序は多数花からなり，最下の苞は花序よりいちじるしく長い。
　　　D．蒴果は3室，雄蕊は3本 ……………………………………………………………………………… 5．イグサ
　　　D．蒴果は3隔室。雄蕊は3本または6本。
　　　　E．雄蕊は3本，蒴果は緑褐色 ……………………………………………………………………… 6．ホソイ
　　　　E．雄蕊は6本，蒴果は緑褐色または赤褐色か黒褐色。

旧版の執筆は佐竹義輔。

F．根茎は細く，節間は短い。蒴果は三角状卵形，緑褐色または褐色。葯は花糸の1/2-1/3 ········· 7．エゾホソイ
　　　F．根茎は太く，節間は長い。蒴果は長卵形または倒卵状長楕円形，赤褐色または黒褐色。葯は花糸と同長または少し長い。
　　　　G．茎はねじれる。蒴果は長卵形で，鋭頭，長さ4-5mm。葯は花糸よりいちじるしく長い ········· 8．イヌイ
　　　　G．茎はねじれない。蒴果は倒卵状長楕円形で，鈍頭，凸端，長さ6-7mm。葯は花糸と同長 ········· 9．ハマイ
A．花に小苞がない。
　B．葉身はイネ状葉で上下に扁平，隔膜がない。花被片に細点が密にある ········· 10．セキショウイ
　B．葉身は円筒状で針形，単管質，または剣状で左右に扁平，多管質。花被片に細点がない。
　　C．雄蕊は花被片より長く突出またはやや同長。花序の頭花は1個または少数からなる。葉身は円筒状で針形，単管質。
　　　D．根茎に匍匐枝がある。頭花は大型で2-3個つき，最下の苞は花序より長い。雄蕊は花被片よりやや短いか，同長
　　　　　········· 11．クロコウガイゼキショウ
　　　D．根茎に匍匐枝がない。頭花は小型で1(または2)個つき，最下の苞は花序より短い。雄蕊は花被片より長く突き出る。
　　　　E．花被片は卵状披針形，赤褐色，濃褐色または黒褐色で厚い。蒴果は3隔室。蒴果の裂片は厚い。植物体は剛直で直立する ········· 12．タカネイ
　　　　E．花被片は線形または狭披針形，青白色または緑白色で薄い。蒴果は1室。蒴果の裂片はごく薄い。植物体は軟弱で崖から垂れ下がる。
　　　　　F．花被片は線形，花糸は花被片より長い ········· 13．イトイ
　　　　　F．花被片は狭披針形，花糸は花被片よりやや短い ········· 14．エゾイトイ
　　C．雄蕊は花被片より短い。花序の頭花は少数または多数からなる。葉身は円筒状で針形，単管質，または剣状で左右に扁平，多管質。
　　　D．種子は外種皮がゆるく種子を包み，おがくず状になる。
　　　　E．雄蕊は6本，頭花は少数。蒴果はやや大型 ········· 15．ミヤマホソコウガイゼキショウ
　　　　E．雄蕊は3本，頭花は多数つく。蒴果は小型 ········· 16．ホソコウガイゼキショウ
　　　D．種子はおがくず状にはならない。
　　　　E．茎は円筒状で翼がない。葉は円筒状で針形，単管質。
　　　　　F．頭花は1個，花に明瞭な柄がある。花被片は黒褐色で，雄蕊は6本 ········· 17．エゾノミクリゼキショウ
　　　　　F．頭花は多数つく。花に柄がなく，花被片は緑色。
　　　　　　G．雄蕊は6本。蒴果は鈍頭で，凸端，花被片よりやや長い ········· 18．タチコウガイゼキショウ
　　　　　　G．雄蕊は3本。蒴果は鋭尖頭，花被片よりいちじるしく長い。
　　　　　　　H．頭花は2-3花からなる。蒴果は3稜状狭披針形で花被片の2倍長い ········· 19．アオコウガイゼキショウ
　　　　　　　H．頭花は3-6花からなる。蒴果は3稜状長楕円形で花被片の2倍には達しない ········· 20．ハリコウガイゼキショウ
　　　　E．茎は扁平で翼がある。葉は左右に扁平で多管質。
　　　　　F．根茎の節間が長い。花被片は暗褐色。蒴果は黒褐色，鈍頭で花被片と同長 ········· 21．ミクリゼキショウ
　　　　　F．根茎の節間はごく短い。花被片は緑色。蒴果は褐色，鋭尖頭で外花被片よりやや長いか，またはいちじるしく長い。
　　　　　　G．雄蕊は6本，茎にやや広い翼がある。 ········· 22．ハナビゼキショウ
　　　　　　G．雄蕊は3本，茎に狭い翼があるか，またはない。
　　　　　　　H．花被片は内外片ともほとんど同長。蒴果は3稜状披針形で花被片と同長か，やや長い
　　　　　　　　　········· 23．コウガイゼキショウ
　　　　　　　H．花被内片は外片より長い。蒴果は3稜状柱形で花被片の約2倍長い ········· 24．ヒロハノコウガイゼキショウ

1．ヒメコウガイゼキショウ　　PL.202
Juncus bufonius L.

　明るい裸地に生育する一年草で，茎は束生し，細い円筒状で斜上し，高さ5-30cm。葉の葉身は細く，上下に扁平，上面に溝があり，鞘部に葉耳がない。花は6-9月，凹集散花序をつくる。最下苞は葉状で花序よりはるかに短い。花は長さ5-6mm。花被片は緑白色，披針形で先がとがり，縁は白い膜質になり，外片は内片より長い。雄蕊は6本で，花被片の約1/2，葯は花糸の1/2-1/3。蒴果は長楕円形で褐色，内花被片より短く，3室。種子は倒卵状楕円形で長さ0.6mm。北海道〜九州，千島列島・サハリン・朝鮮半島・中国，そのほかほとんど全世界に分布する。湿った荒れ地などに生え，花序の形，花被片の長さ，蒴果の形，色，花被片との長さの割合などきわめて変異が大きく，種を細分化して分類することもあり，研究を要する。

2．ドロイ〔ミズイ〕　　PL.202
Juncus gracillimus (Buchenau) V. I. Krecz. et Gontsch.

　水辺や湿地に生育する多年草で，根茎は長くはい，節間は短い。全株やや粉白をおびる。茎は高さ60-70cm，円筒状，葉は線形でイネ状，鞘部は短く，葉耳は膜質で小型である。花は5-7月，花序は凹集散状で，大きいものは長さ15cmになる。花被片は卵形で背部は暗紫色，その両側は赤褐色，先が円く，長さ2-3mm。雄蕊は6本で，花被片の約2/3，葯は花糸と同長である。蒴果は褐色または赤褐色で楕円形〜倒卵形，やや光沢があり，花被片より長い。種子は倒卵状楕円形で長さ0.5mm内外。北海道〜九州，朝鮮半島・中国・サハリン・シベリア東部に分布する。

3．クサイ〔シラネイ〕　　PL.202
Juncus tenuis Willd.

　路傍に生育する多年草で，根茎は節間がごく短い。茎は高さ30-50cm，葉は下部に互生し，細く，上下に扁平のイネ状の葉身をもち，縁は上面に曲がり，鞘部の葉耳は長さ2-3mm，白灰色で膜質。花は6-9月。花序は凹集散状で，最下苞は葉状で花序より長い。花は花序の小枝に1個つく。花被片は披針形で先が鋭くとがり，内外片同長で約4mm内外，淡緑色で縁は白色膜質にな

る。雄蕊は6本で，花被片の約1/2，葯は花糸の約1/2。蒴果は緑褐色で卵状楕円形，花被片と同長またはやや短く光沢がある。種子は倒卵形で長さ0.5mm内外，粘液が多い。北海道～九州，中国・ヨーロッパ・南北アメリカ・オーストラリアに分布する。

国内でもっともふつうに見られるイグサ科植物である。人の生活域に広く生育し，山地の人の踏み跡にも見られるのはオオバコのように繁殖力が強いことを示している。花序の大きさ，蒴果の形や花被片との比率など変異が多い。葉の鞘部の葉耳が発達しないものをアメリクサイ J. dudleyi Wiegandと区別するが，他の形質では区別できない。ほかにも数種の帰化種が報告されているが，区別は困難であるため，研究を要する。

4. ミヤマイ〔タテヤマイ〕　PL.202
Juncus beringensis Buchenau

高山の湿地に生育する多年草。根茎ははい，節間はごく短い。茎は円筒状で高さ15－40cm，径1－2mm，葉は茎の基部のみにあり，葉身を欠く鞘状葉になる。花は7－9月。花序は仮側生で，2－5花つく。最下苞は円筒状で長さ2－4cm，花序と同長またはやや長い。花被片は黒褐色で光沢があり，披針形で先がとがり，内外片はほとんど同長で長さ約5mm。雄蕊は6本，花被片よりやや短く，葯は線形で長さ2－3mm，花糸はごく短い。蒴果は楕円形で赤褐色または黒褐色，光沢があり，花被片よりやや長く，3隔室である。種子は長楕円形，外種皮がゆるく種子を包み，おがくず状で長さ3mm内外になる。北海道・本州中部以北，千島列島・カムチャツカ・アリューシャン列島・ベーリング海峡地方に分布する。

5. イグサ〔イ，トウシンソウ〕　PL.203
Juncus decipiens (Buchenau) Nakai;
J. effusus L. var. *decipiens* Buchenau

山野の湿地に生育する多年草で，根茎の節間は短い。茎は円筒状で細い縦溝が多数あり，高さ20－100cm，下部の径は1－2mm。茎の基部に赤褐色で光沢のある葉身を欠く鞘状葉のみがある。花序は多数の花からなり，最下苞は長さ10－20cm。花は6－9月で，小さく，花被片は披針形で緑褐色，先がとがり長さ2mm内外。雄蕊は3（まれに6）本，花被片より少し短く，葯は花糸よりやや短い。蒴果は褐色で花被片と同長，鈍頭で，完全な3室である。種子は倒卵形で鉄さび色，長さ約0.5mm。北海道～琉球，朝鮮半島・中国・台湾・ウスリー・サハリンに分布する。

きわめて変異が多く，山地に生え全体がやせて細いものにヒメイ f. gracilis (Buchenau) Satake，花序が密に集合して球状になるものにタマイ f. glomeratus (Makino) Satakeなどの名がついている。

日本の住宅に必要な畳表の原料になるものはコヒゲ f. utilis Satakeという栽培品種である。また観賞用にするラセンイ f. spiralis Satakeは茎がらせん状に巻くものである。別名の〈灯心草〉は，この草の茎の髄を油に浸し，あかりをともしたことから由来する。

近年日本国内に広まっている帰化種コゴメイ J. poly-anthemus Buchenau（オーストラリア原産）は，スポンジ状の髄は断続状になるが，イグサは連続状になるので区別できる。

6. ホソイ　PL.203
Juncus setchuensis Buchenau

イグサに似ているが，茎に明瞭な縦溝があり，蒴果は緑褐色でやや丸みをおび，花被片より長く，3隔室である。本州～九州，朝鮮半島・中国に分布する。

7. エゾホソイ〔リシリイ，カラフトホソイ〕　PL.202
Juncus filiformis L.

北地の低地湿地，亜高山帯以上の湿地に生育する多年草で，茎は細く，高さは最下苞を含めて30－50cm。最下苞は10－20cm，ときには茎より長い。葉は茎の基部のみにあり，葉身を欠く鞘状葉になる。花は7－8月，花序は3－5花からなる。花被片は狭披針形で長さ3－5mm，鋭頭で，外片は内片より少し長い。雄蕊は6本で，花被片の約1/2，葯は長楕円形で花糸の約1/2。蒴果は緑褐色で卵形，内花被片とやや同長，3隔室である。種子は楕円形で長さ0.6－0.7mm。本州中部以北・北海道，千島列島・サハリン・カムチャツカ・北アメリカ・ヨーロッパに分布する。

8. イヌイ〔ヒライ，ネジイ〕　PL.203
Juncus fauriei H. Lév. et Vaniot;
J. yokoscensis (Franch. et Sav.) Satake

海岸の砂地や山地の湿地に生育する多年草。根茎は太く径2－4mm，広卵形の鱗片がある。茎は高さ20－40cm，扁平状で数回ねじれるのがふつうである。葉は茎の下部に鱗片状になり，基部のものは黒褐色を呈する。花は5－7月。花序は10－30花からなり，最下苞はときに花序より長い。花被片は長楕円状披針形で先が鋭くとがり，背部は緑褐色であるがその側部は黒褐色で光沢があり，内片はやや短い。雄蕊は6本で，花被片の約1/2。葯は長楕円形で長さ1.5mm内外，花糸はごく短い。蒴果は長卵形で先がとがり，黒褐色で光沢があり長さ4－5mm，花被片よりやや長い。種子は広楕円形で鉄さび色，長さ0.8mm内外。北海道・本州・九州，千島列島・サハリンに分布する。茎が圧扁しているのでヒライ，ねじれているのでネジイともいう。この性質は，このグループの他種には見られない。

9. ハマイ〔オオイヌイ〕　PL.203
Juncus haenkei E. Mey.

海岸の砂地に生育する多年草。イヌイと同所的に生育することがあるが，根茎も茎もより太く，茎は扁平でねじれることがなく，葯は花糸と同長で，蒴果は大きく長さ6－7mmになり，花被片よりはるかに長いので区別される。北海道，千島列島・サハリン・朝鮮半島・シベリア東部・カムチャツカ・アラスカに分布する。

10. セキショウイ　PL.203
Juncus prominens (Buchenau) Miyabe et Kudô

北地の低湿地に生育する多年草で，根茎の節間は長く，長い匍匐枝が出る。茎は高さ20－40cm，茎葉は上下に扁平でイネ状，茎より短く幅2－3mm，明らかな葉耳がない。花は7－8月。頭花は3－4個つき，3－5花か

らなり，最下苞は葉状で花序よりつねに短い。花に明瞭な柄がある。花被片は同長で，長さ4mm内外，背部は緑灰色であるが縁は黒褐色をおび，外片は披針形で先がとがり，内片は長楕円形で先がとがらず，ともに外面に粒状突起があってざらざらする。雄蕊は6本で，花被片の約1/2。葯は花糸と同長かやや長い。蒴果は3稜状楕円形で花被片よりやや長く，先が凹形になり褐色で少し光沢がある。種子は楕円形で長さ0.6mm内外，外種皮は両端にやや突出する。北海道・本州（東北地方），千島列島・カムチャツカ・北アメリカに分布する。茎葉の感じがセキショウに似ているのでこの和名がある。

11. クロコウガイゼキショウ
Juncus castaneus Sm. subsp. **triceps** (Rostk.) Novikov

高山の草地に生育する多年草。根茎は節間が短く，匍匐枝がある。茎は円筒状，高さ20-40cmで，基部の径は2mm内外。茎葉は3-4個，長さ10-13cm，扁平であるが縁は表面に曲がりやや樋状になり，多管質であるが隔壁は不明である。葉鞘に葉耳はない。頭花はふつう2-3個，まれに1個つき，半球形で，3-6花からなる。最下苞は花序よりも長い。花被片は披針形で先がとがり，濃赤褐色で長さ5-6mm。雄蕊は6本，花被片とやや同長で，葯は長楕円形で花糸の半長である。蒴果は3稜状長楕円形，黒褐色で強い光沢があり，花被片より約2倍長い。種子は外種皮がゆるく種子を包み，おがくず状で，長さ3-4mm。北海道（大雪山），千島列島・朝鮮半島・シベリア東部・北アメリカ・ヨーロッパに分布する。

12. タカネイ　　　　　　　　　　　　　PL.203
Juncus triglumis L.

高山の草地に生育する多年草。茎は高さ6-15cm，下部に3-4個の葉がつく。葉は針形，円筒状で長さ1-5cm，幅約1mm，茎よりもはなはだ短い。隔壁は明らかでなく，葉耳は大型である。花は7-8月。頭花は1個が頂生し，2-3花からなる。最下苞は花序よりも短い。花被片は卵状披針形，鈍頭でやや膜質，赤褐色，濃褐色または黒褐色，内外片は同長で長さ4mm内外。雄蕊は6本で，花被片とやや同長，葯は花糸よりもいちじるしく短い。蒴果は3稜状卵形で赤褐色，花被片より少し長い。種子は外種皮がゆるく種子を包み，おがくず状で長さ約2mm。北海道（大雪山）・本州（白馬岳），千島列島・サハリン・中国・朝鮮半島・カムチャツカ・シベリア・ヒマラヤ・ヨーロッパに分布する。

13. イトイ　　　　　　　　　　　　　PL.204
Juncus maximowiczii Buchenau

亜高山針葉樹林帯の湿った岩上に生育する多年草。根茎は節間が短い。全草淡緑色で軟弱，青白色の頭花をもち，他種から区別しやすい。茎は高さ5-15cm，茎葉は1個，糸状で，径0.5-1mm，上面に深い溝があり，茎の基部にある葉は数個あって，茎よりはるかに長い。白色小型の葉耳がある。花は6-7月。頭花は1個つき，1-4花からなる。最下苞は短い。花被片は線形で青白色，膜質でやや鈍頭，長さ3-4mm，乾けば淡褐色になる。雄蕊は6本で，花被片より長く突き出し，葯は長楕円形で花糸よりいちじるしく短い。蒴果は長さ約7mm，3稜状楕円形で花被片より長く，淡褐色で光沢がある。種子は外種皮がゆるく種子を包み，おがくず状で長さ2mm。本州中部，朝鮮半島・台湾・中国に分布する。

14. エゾイトイ
Juncus potaninii Buchenau

高山の岩上に生える。イトイに似るが，花被片は幅広く狭披針形，雄蕊は花被片より長く，種子は長さ約1mm。本州中部（八ヶ岳・塩見岳）・北海道，朝鮮半島・中国に分布する。日本産本種はイトイの小型のものと考えられ，今後の研究が必要である。

15. ミヤマホソコウガイゼキショウ
〔チシマホソコウガイゼキショウ〕
Juncus kamschatcensis (Buchenau) Kudô

高山の湿地に生育する多年草。茎は高さ10-20cm，上部の茎葉は2-3個，針形，円柱状で単管質，大型の葉耳がある。基部の茎葉は鞘状になる。花は7-9月。頭花はふつう2（まれに3-5）個つき，3-6花からなる。最下苞はふつう花序より短い。花被片は濃褐色，長楕円状披針形で，内外片とも同長で約3mm，内片はやや鈍頭，外片は鋭頭である。雄蕊は6本で，花被片の約2/3。葯は卵形で花糸より短い。蒴果は3稜状長楕円形で先は鈍く，長さ約5mm，黒褐色で光沢があり，花被片より長く，3隔室。種子は外種皮がゆるく種子を包み，おがくず状で長さ約2mm。北海道，本州中部以北，千島列島・カムチャツカに分布する。ホソコウガイゼキショウの変種または亜種として扱われることがある。

16. ホソコウガイゼキショウ　　　　　　PL.204
Juncus fauriensis Buchenau

ミヤマホソコウガイゼキショウに似ているが，高さ20-40cm，頭花は多数つき，2-3花からなり，花被片は披針形で同長，内片は鈍頭，外片は鋭頭で，蒴果より短く，雄蕊は3本，花被片よりもやや短く，葯は花糸とほぼ同長である。蒴果は長さ3-4mm，1室のものである。北海道・本州中部以北，千島列島・サハリン・カムチャツカに分布する。ホロムイコウガイゼキショウ J. tokubuchii Miyabe et Kudôは本種に含まれる。

17. エゾノミクリゼキショウ
〔クモマミクリゼキショウ〕　　　　　　　PL.204
Juncus mertensianus Bong.

高山の湿原に生育する多年草。茎の高さ10-25cm。根茎の節間は明らかである。茎葉は2-3個，円筒状単管質で長さ7-12cm，隔膜は完全だが乾いてもいちじるしく外に現れず，葉耳は卵形で淡褐色。頭花はふつう1個つき，半球形～球形で径10-13mm，小柄のある10-25花からなり，最下苞は頭花より長い。花被片は披針形で黒褐色または栗色，鋭頭で，長さ3-4mm，内片は外片よりやや短い。雄蕊は6本で，花被片の2/3。葯は長楕円形で花糸より短い。蒴果は3稜状楕円形で花被片とほとんど同長，1室である。種子は小さく，倒卵状楕円形で鉄さび色，長さ0.5mm内外。北海道（大雪山）・本州（焼石岳），アリューシャン列島・アラスカ・

カムチャツカ・北アメリカに分布する。

18. タチコウガイゼキショウ PL. 204
Juncus krameri Franch. et Sav.

湿地に生育する多年草。根茎の節間は短い。茎は直立し，高さ30－60cm，円筒状で径2mm内外になる。茎葉は2－3個，茎よりいちじるしく短く，円筒状で単管質，隔壁はごく明瞭。頭花は多数つき，茎の頂に凹集散状に集まる。最下苞は花序より長い。花は8－10月。頭花は3－10花からなる。花被片は長楕円状披針形で鋭頭，緑色で長さ3－4mm，内片は外片よりやや長い。雄蕊は3－6本で，花被片より短く，葯は卵形で花糸よりいちじるしく短い。蒴果は3稜状楕円形で褐色，先は鈍いが急に凸端になり，花被片より少し長い。種子は倒卵状楕円形で鉄さび色，長さ約0.5mm。北海道〜琉球，朝鮮半島・中国（東北）・千島列島に分布する。

19. アオコウガイゼキショウ
〔ホソバノコウガイゼキショウ〕 PL. 204
Juncus papillosus Franch. et Sav.

ハリコウガイゼキショウに似ているが，乾くと白色の小粒状突起が茎や葉に現れる性質があり（これは気孔のある部分である），頭花は2－3花からなり，内花被片は外片より長く，蒴果は狭披針形で先が長くとがり，花被片の2倍にもなるので区別できる。北海道〜九州，朝鮮半島・中国・シベリア東部に分布する。茎・葉が左右に扁平で単管質になるものがあるが，他の形態は本種と区別できない。研究を要する。

20. ハリコウガイゼキショウ PL. 205
Juncus wallichianus Laharpe

低地の湿地に生育する多年草。根茎はごく短い。茎は円筒状で斜上し（茎が地をはい，節から根を出す），高さ5－50cm。茎葉は2－3個，針形，円筒状単管質で隔壁は明瞭，茎より短く，葉耳は大型の白色である。花は8－9月。頭花は多数つき，凹集散花序状になり，枝は斜上または平開する。最下苞は花序よりはるかに短い。頭花は3－6花からなる。花被片は緑色で長さ3－4mm，披針形で先は長くとがり内外片ほとんど同長。雄蕊は3本で，外花被片の約1/2。葯は長楕円形で花糸よりずっと短い。蒴果は褐色で光沢があり，3稜状長楕円形で先はしだいにとがり，花被片よりやや長い。種子は鉄さび色，倒卵形で長さ0.6mm内外。北海道〜琉球，朝鮮半島・中国・台湾・ウスリー・サハリン・シベリア東部・ヒマラヤに分布する。

水辺に生えるときは，茎の下部が地をはい，節から根を下ろし，頭花に無性芽ができることが多く，これにコモチゼキショウと名が与えられたが，一種の生態型と思われる。

21. ミクリゼキショウ
〔クロミクリゼキショウ，オオミクリゼキショウ〕 PL. 205
Juncus ensifolius Wikstr.

高山の湿地，水辺に生育する多年草。根茎は横にはい，太さは1.5mm内外で，節間は長く10mm位ある。茎は高さ30－50cm，扁平で狭い翼がある。茎葉は数個つき，左右に扁平で剣状線形となり，幅4－6mm，多管質で隔壁は明瞭，茎とやや同長である。花は8－9月。頭花はふつう2個つき，球形で径8－10mm，多数の花からなり，短い柄がある。花被片は披針形で長さ3mm内外，先は鋭くとがり黒褐色で，外片は内片よりやや長い。雄蕊は3本で，外花被片の2/3。葯は線状長楕円形で花糸の約1/2。蒴果は3稜状楕円形，黒褐色で光沢があり，先は鈍いが凸端になり，花被片とほぼ同長。種子は鉄さび色，楕円形で長さ0.5mm前後ある。北海道・本州中部以北，千島列島・北アメリカに分布する。葉が剣状線形で，球形の頭花がつくのがミクリに似ているのでこの和名がある。

22. ハナビゼキショウ PL. 205
Juncus alatus Franch. et Sav.

山地の湿地に生育する多年草。根茎の節間は短い。茎は高さ20－40cm，扁平で広い翼がある。葉は剣状線形で左右に扁平，幅4－5mm，多管質で隔壁は明らかで，葉耳は小型である。花は5－7月。頭花は多数あり，半球形で4－7花からなる。最下苞は花序よりもいちじるしく短い。花に柄がなく，花被片は披針形で長さ3－4mm，内外片ともほとんど同長で先がとがる。雄蕊は6本で，花被片の約2/3。葯は長楕円形で花糸よりはるかに短い。蒴果は3稜状長卵形，褐色または赤褐色で強い光沢があり，花被よりつねに長い。種子は鉄さび色，卵状楕円形で長さ0.5－0.6mm。本州〜九州，朝鮮半島・中国に分布する。

23. コウガイゼキショウ PL. 205
Juncus prismatocarpus R. Br. subsp. **leschenaultii** (J. Gay ex Laharpe) Kirschner;
J. leschenaultii J. Gay ex Laharpe

低地の湿地に生育する多年草。根茎の節間はごく短い。茎は扁平で，ごく狭い翼があり高さ30－40cm。茎葉は3－4個，扁平でときに剣状線形になり，長さ10－17cm，多管質で，葉耳は小型である。花は6－7月。頭花は多数，凹集散花序になり，最下苞は花序よりも短い。頭花は4－7花からなる。花被片は線状披針形で先が長くとがり，内外片ともやや同長で長さ4－5mm，ときに内片が少し長い。雄蕊は3本で，外花被片の1/2－1/3。葯は花糸より短い。蒴果は褐色，3稜状披針形で鋭頭，花被片と同長または少し長い。種子は倒卵形で褐色または鉄さび色，長さ0.6mm内外ある。北海道〜琉球（沖縄本島・西表島），朝鮮半島・中国・インド・ヒマラヤ・シベリア東部・カムチャツカに分布する。

水辺に生えるものは，茎の下部が地をはい，節から根を下ろし，頭花に無性芽を生じることがあり，ヒロハノコモチゼキショウといわれたが，生態的な変異である。

24. ヒロハノコウガイゼキショウ PL. 205
Juncus diastrophanthus Buchenau

ハナビゼキショウやコウガイゼキショウに似ているが，雄蕊が3本であること，蒴果は3稜線状披針形で花被片の2倍くらい長いのが特徴である。北海道〜九州，朝鮮半島・中国に分布する。ミヤマゼキショウ J. yakeisidakensis Satake は本種の山地型のもので本種と区別できない。

【2】スズメノヤリ属　Luzula DC.

多年草。葉はイネ状の葉身をもち，先はとがるか，硬質化して鈍形になり，基部は筒状の鞘になる。葉耳はなく，葉縁に毛がある。花は小型で，小苞がある。花被片は鱗片状で披針形から卵形，緑色，褐色，黒褐色で，まれに黄色，白色または赤色になり，全縁または上部に微歯があるものや不規則に細裂するものがある。雄蕊は6本で，花被片よりつねに短く，葯は長楕円形または線形。子房は1室で，3個の倒生胚珠がある。果実は蒴果で胞背裂開する。種子は3個，卵形，倒卵形または円形で，種枕 caruncle が顕著に発達するものがある。種枕は珠孔部にあるものは小型であるが，基底部にあるものは大型である。胚は直立し，胚乳は粉質である。世界の温帯から亜寒帯に分布し，約115種。本属の種の特徴は花被片，雄蕊，蒴果の形態であるため，開花期の個体では正確な同定は困難である。また茎葉，走出枝なども種の区別に重要である。

A．葉の先端は硬質化して鈍形，花序の枝は斜上し，湾曲しない。種子に種枕が発達する。
　B．花は細い花柄に1個つき，種枕は大型で，種子と同長以上ある。
　　C．茎葉は狭三角形で基部の幅がもっとも広い。
　　　D．根生葉の幅が1cm以下。走出枝をもたない。花被は淡褐色 ……………………………… 1. ヌカボシソウ
　　　D．根生葉の幅が1cm以上。走出枝をもつ。花被は濃赤褐色 ……………………………… 1′. クロボシソウ
　　C．茎葉は円形で中部の幅がもっとも広く，頂部が急にとがる。
　　　D．蒴果は長さ3－3.5mm。種枕は長さ0.5－0.7mm ……………………………… 2. ミヤマヌカボシソウ
　　　D．蒴果は長さ3.5－4mm。種枕は長さ1.5－2mm ……………………………… 3. セイタカヌカボシソウ
　B．花は数個集まって頭状になる。種枕は小型で，大きくても種子の半長以下である。
　　C．頭花は大型でふつう1(まれに2－3)個。葯は花糸よりはるかに長い ……………… 4. スズメノヤリ
　　C．頭花は小型で多数。葯は花糸と同長，またはより短い。
　　　D．種子は倒卵形で，種枕は種子の1/2位である ……………………………… 5. ヤマスズメノヒエ
　　　D．種子は楕円形で，種枕はごく小さく，ときにほとんど発達しない。
　　　　E．小苞は全縁で，蒴果は花被片より長い。
　　　　　F．花被片も蒴果も黄褐色または緑褐色で，葯は花糸と同長 ………………… 6. オカスズメノヒエ
　　　　　F．花被片も蒴果も濃褐色または黒褐色で，葯は花糸の半長 ………………… 7. タカネスズメノヒエ
　　　　E．小苞の縁は細裂する。蒴果は花被片より短い ……………………………… 8. ミヤマスズメノヒエ
A．葉の先端は硬質化せず，鋭形または凸形状。花序の枝は細く，下方に湾曲する。種子に種枕が発達しない。
　B．葉は幅1－3mm，上部の表面に溝がある。小苞の縁に毛がある。花被片は全縁。蒴果は花被片と同長
　　　……………………………………………………………………………………………… 9. クモマスズメノヒエ
　B．葉は幅5－10mm，上部の表面に溝がない。小苞は全縁。花被片に微歯がある。蒴果は花被片よりはるかに長い
　　　…………………………………………………………………………………………………… 10. コゴメヌカボシ

1. ヌカボシソウ　　　　　　　　　　　　PL. 206
Luzula plumosa E. Mey. subsp. **plumosa**; *L. plumosa* E. Mey. var. *macrocarpa* (Buchenau) Ohwi, excl. typo

山野の草地に生育する多年草。花茎は高さ15－25cm。根出葉は線形で長さ15cm，幅3－5mm。茎葉は2－3個で，根出葉より短く，幅も狭い。花は4－5月，細い花柄に1個つき，小苞は卵形で花の約1/2，縁に毛がある。花被片は披針形で鋭くとがり淡褐色，縁は淡緑色で膜質になる。雄蕊は6本で，花被片よりやや短く，葯は線形で花糸と同長かやや長い。蒴果は円錐形で花被片より長く，長さ3－4mm，黄褐色で光沢がある。種子は広楕円形で長さ1.6mm内外，種子と同長の種枕がある。北海道～九州，中国・インド・ネパール・ブータンに分布する。蒴果の長さ，種子の形，種枕の大きさなど変異が大きい。

クロボシソウ subsp. **dilatata** Z. Kaplan は，山地の樹林下に生育する多年草。走出枝を出し群落を形成する。花被片は濃赤褐色，雄蕊の葯は線形で花糸より2倍位長く，蒴果は花被片とほぼ同長のものである。分布は本州・四国・九州。

2. ミヤマヌカボシソウ
Luzula jimboi Miyabe et Kudô subsp. **atrotepala** Z. Kaplan

亜高山帯の草地に生育する多年草。花茎は高さ15－25cm。根出葉は線形で長さ7－12cm，幅4－6mm，先がしだいに細くなる。茎葉は1－3個，長さ2－7cmで，舟形で下部が狭く中部で広くなり，先が急に鋭くとがるのが特徴である。花は6－8月，花被片は披針形で先がとがり，赤褐色で長さ2－2.5mm。蒴果は長さ3－3.5mm，花被片よりはるかに長く，先が嘴状にとがる。雄蕊は6本で，花被片の約2/3。葯は長楕円形で花糸より短い。蒴果は長さ2.4－3mm。種子は黒褐色で長さ1mm前後，種枕は長さ0.5－0.7mm。本州中部・北部に分布する。日本固有種。

3. セイタカヌカボシソウ　　　　　　　　PL. 206
Luzula jimboi Miyabe et Kudô subsp. **jimboi**; *Luzula elata* Satake

温帯の森林下に生育する多年草。ミヤマヌカボシソウとは短い走出枝をもつこと，蒴果が長さ3.5－4mmであること，種枕は長さ1.5－2mmであることで区別できる。北海道・本州中部以北，千島列島・サハリン・カムチャッカに分布する。

イグサ科

4. スズメノヤリ〔スズメノヒエ，シバイモ〕 PL. 206
  Luzula capitata (Miq. ex Franch. et Sav.) Kom.
 山野の草地に生育する多年草。花は4-5月，集まって1個の頭花をなすので他種とすぐ区別がつく。花茎は高さ10-20cm，根出葉にも茎葉にも長くて白い毛が多い。花被片は長楕円状披針形で背部は褐色，縁は白色膜質である。雄蕊は6本で，花被片の2/3。葯は線状長楕円形で長さ2mm内外，花糸はごく短い。蒴果は卵形で褐色または黒褐色，花被片と同長で約3mm。種子は倒卵形で長さ1mm内外，基部にその1/2位の種枕がある。北海道〜琉球，朝鮮半島・千島列島・サハリン・シベリア東部・カムチャツカに分布する。中国・台湾に近縁種があり，今後これらとの分類学的検討が必要である。

5. ヤマスズメノヒエ PL. 206
  Luzula multiflora (Ehrh.) Lejeune
 山地の草原に生育する多年草。花茎は高さ20-40cmになる。根出葉は多数あり，長さ6-15cm，幅2-5mm，茎葉は1-2個，長線形で，長さ5-10cm，幅2-4mm，先端は硬質鈍形になる。花は5-7月。花序は数個〜多数の小頭花からなる。小苞の先は不規則に細裂する。花被片は卵状披針形で先がとがり，背部は褐色，縁は白膜質で，長さ2.5-3mm。雄蕊は6本で，花被片より短く，葯は長楕円形で花糸とやや同長である。蒴果は黄褐色で花被片より少し長い。種子は円形または広倒卵形で長さ1.3mm内外，その1/2の種枕がある。北海道〜九州，朝鮮半島・中国・千島列島・サハリン・カムチャツカ・シベリア・北アメリカ・ヨーロッパ・アフリカ・オーストラリアに分布する。複数の頭状花序をもつスズメノヤリに似ているが，全体が細く，葯は花糸とやや同長であることで区別される。
 花被が卵状披針形，黄色になる蒴果と同長のものを**アサギスズメノヒエ** L. lutescens Kirschner et Miyam. という。本州・四国に分布する。日本固有種。

6. オカスズメノヒエ
  Luzula pallescens Sw.
 山地に草地に生育する多年草。花茎が高さ15-20cmになる。小型のヤマスズメノヒエに似ているが，より繊細で，葉も狭く，頭花も小さく，小苞は全縁である。花は5-7月。花被片は長さ2-2.5mm，黄褐色または緑褐色で，葯は花糸と同長。蒴果は花被片より長く，種枕はごく小さいが明瞭である。北海道〜九州，朝鮮半島・中国・千島列島・サハリン・カムチャツカ・シベリア・北ヨーロッパ・北アメリカに分布する。日本産本種は他地域と形態的に区別でき，分類学的検討が必要である。

7. タカネスズメノヒエ PL. 206
  Luzula oligantha Sam.
 高山帯の草地に生育する多年草。花被片も蒴果も濃褐色から黒褐色で，葯は花糸の1/2，種枕は非常に短い。ミヤマスズメノヒエに似るが蒴果が花被片より長いことで区別できる。花期は7-8月。北海道・本州中部および北部，朝鮮半島・中国・サハリン・千島列島・カムチャツカに分布する。

8. ミヤマスズメノヒエ PL. 206
  Luzula nipponica (Satake) Kirschner et Miyam.
 亜高山帯の草地に生育する多年草。タカネスズメノヒエに似ているが，小苞の縁は細裂し，蒴果は花被片より短いものである。花期は4-7月。本州中部・朝鮮半島に分布する。

9. クモマスズメノヒエ PL. 206
  Luzula arcuata (Wahlenb.) Sw. subsp. **unalaschkensis** (Buchenau) Hultén
 高山の砂礫地に生育する多年草。花茎は高さ15-25cm，根出葉は多数あって線形で，長さ5-10cm，幅2-3mm，先は鋭くとがる。茎葉は2-3個，根出葉より幅狭く，葉鞘の上端に白色の長毛が密生する。花は7-8月。花序の小枝は細く，つねに先は垂れ下がる。花は各節に1個つくか，または2-3個集まりやや頭状になるものがある。小苞は縁に毛があり，花の約1/2。花は蒴果とともに長さ2mm内外。花被片は披針形で鋭くとがり，基部は褐色または黒褐色，上部は淡褐色から白色になる。雄蕊は6本で，花被片の2/3。葯は卵形で花糸より短い。蒴果は花被片と同長で，褐色。種子は楕円形で長さ1.3mm，基部に糸状体がある。北海道（大雪山）・本州中部および北部，千島列島・サハリン・朝鮮半島北部・中国・シベリア・アリューシャン列島・カムチャツカ・アラスカ・北アメリカ・北ヨーロッパに分布する。

10. コゴメヌカボシ PL. 206
  Luzula piperi (Coville) M. E. Jones
 根出葉と茎葉は幅広く，イネ状の葉身をもつ。花被片の上部に微歯があり，小苞が全縁のものである。国内では北海道（大雪山）にのみに産し，千島列島・アリューシャン列島・カムチャツカ・アラスカ・北アメリカに分布する。

カヤツリグサ科　CYPERACEAE

勝山輝男・早坂英介

スゲ属、カヤツリグサ属、テンツキ属、ヒゲハリスゲ属の執筆は勝山輝男。科の総論と、前記の属以外の執筆は早坂英介。

　一年草または多年草。しばしば地下茎が発達する。茎は稜角があるか円柱形で，しばしば3稜形，まれに扁平で，中実で髄があるか，中空でときに横隔壁がある。葉はすべて根生するか，すべて茎生，あるいは両方で，ふつう3列，ときに2列につき，葉鞘と葉身からなるが，葉身が発達しない種も多い。葉鞘は閉じた筒状だが，葉身の反対側が裂けて開くこともある。葉身はふつう線形，ときに幅広い。葉舌はあるか，またはなく，ときに葉鞘舌（contraligule：葉鞘開口部の葉身の反対側にある葉舌状の膜質部分）がある。花序の構成単位はふつう小穂（spikelet）であるが，アンペラ属では偽小穂（pseudospikelet）という特殊な構造であり，ヒンジガヤツリ属では1個の前葉と2個の鱗片，1花のみをもつ短縮した小穂である。また，スゲ属とヒゲハリスゲ属の花序の構成単位は，小穂より上位の構造的階層にあるとみなして穂（spike）とよぶ。花序は1個の構成単位からなるか，2個から多数の構成単位が頭状，穂状，散房状，複散房状，円錐状などをなす。総苞片は1個から数個で，鱗片状，葉状，または稈状。小穂は小軸に鱗片が2列またはらせん状に配列した構造で，鱗片の腋に小型で無柄の1個の両性花または単性花がある（ときに小穂の基部または上部に花のない鱗片がある）。花被片はないか，数個から多数あり，刺針状，糸状，花弁状などで，しばしば果実の基部に宿存する。雄蕊は1－3個，離生し，ふつう早落性だが花糸が宿存することもあり，葯は2室で花糸に底着する。雌蕊は2－3心皮性，子房は1室，胚珠は1個，花柱は2－3岐または分岐せず，子房と連続するか関節し，早落性または基部が肥厚して果体上に宿存し，柱基とよばれる。果実は堅果（nut）あるいは小堅果（nutlet）で，鱗片の内側に裸出してつくか，スゲ属とヒゲハリスゲ属では果胞（perigynium）に包まれ，多くは倒卵形でかつレンズ形または3稜形，あるいは円柱形，球形などで，ときに毛や翼があり，基部に柄や基盤（hypogynium）をもつものもある。果実の表皮細胞の大きさ，形態，配列，細胞壁の形状は多様で，珪酸体をもつことが多い。そのため果実の表面は平滑であるか，横じわ，横方向の鋭い隆起線，縦の細かい筋，格子紋，乳頭突起，いぼ状突起，小孔などがあり，それらはしばしば種の同定に役立つ。種子は1個，種皮は果皮から離れ，胚乳は豊富で粉質または肉質。染色体数はx=5－ca.100。

　世界に広く分布し，約100属5000種がある。海岸から高山までさまざまな環境に生えるが，湿地を好むものが多い。イグサ科，イネ科との簡単な区別については，イグサ科の概論を参照のこと。

注意1. カヤツリグサ科やイネ科の植物は他の被子植物とは外見が大変ちがっていて，目立たないことや，花部や果実が小さくて各部分がわかりにくく，また見過ごされがちである。しかも日本にあるこの科の属や種類が多いため，個々の種類の各部分をよく知る必要があるので，正確にその名や状態をつかんでいなければならない。そのためにはまず5－10倍のルーペ，それから解剖用の2－3本の針を用意する。ルーペはいつも使うものを適当な位置に固定し，このルーペをのぞきながら，両手で針を自由に操作できるようにする。針はふつうの木綿針をやわらかい割り箸の頭に挿しこむことで簡単に作ることができる。

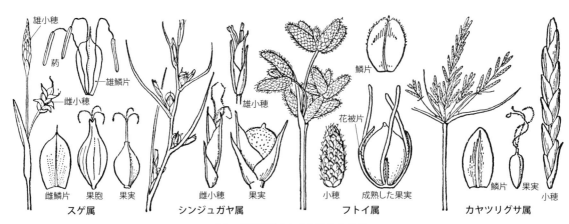

カヤツリグサ科のおもな属の各部分

旧版の執筆はすべて大井次三郎。

注意2. イネ科では葯の外出する直前のものが，観察にもっとも適しているが，カヤツリグサ科では各部分が脱落しない程度の，十分に熟した果時のものがよい。この稿では小穂の形，大きさ，果実や果胞の形質はすべて果時のものを指しており，葯の形や長さはときに参考にする程度のものが多い。また同じ標本で果実と同時に葯も見られることが多いので，観察する場合には花の時期のものはできるだけ避けたほうがよい。

注意3. スゲ属とヒゲハリスゲ属の果胞は，鱗片（苞）の腋から出た枝の第1の葉（前葉）が巻いて袋状になったもので，その形態は分類に重要である。またハリイ属などの果実の周囲にある刺針は花被片が変化したもので，多くはざらつくが，果時に宿存した花被片はときにワタスゲ属のように多数に分裂して，白色，糸状で平滑のこともあり，クロタマガヤツリ属のように小さいがやや厚く，柄があって，花弁状のこともある。またカヤツリグサ属，テンツキ属などのように花被片がないものもある。

A．子房(果実)は果胞（嚢状の前葉）に包まれ，果胞が穂の鱗片の内側につく。
　B．果胞は完全な袋状で，先端の開口部から花柱が出る ・・【4】スゲ属 Carex
　B．果胞は一方が基部まで開き，完全な袋状にはならない ・・・・・・・・・・・・・・・・・・・・・・・・・・・・・・【14】ヒゲハリスゲ属 Kobresia
A．子房(果実)は穂または小穂の鱗片の内側に裸出してつく。
　B．花序は1個の無柄の穂（小穂ではないが，外観では小穂のように見える）で，多数の鱗片（偽小穂の最下の鱗片）がらせん状につく。鱗片の内側には偽小穂（短縮した小穂状の構造で先端に1個の雌花がある有限花序）がある。偽小穂は1個の雌花，1個の雄蕊をもつ複数の雄花，12−15個ほどの線状披針形の鱗片（偽小穂中の下から2番目以上の鱗片）からなる。したがって，外観では穂の鱗片の内側に多数の細い鱗片をもつ花があるように見える。茎に横隔壁がある ・・・・・・・・・・・・・・【15】アンペラ属 Lepironia
　B．花序は1個から多数の小穂からなり，少数から多数の鱗片（小穂の鱗片）が2列またはらせん状につく。鱗片の内側には1個の単性花または両性花がある。茎に横隔壁がないか，またはある（クログワイ，イヌクログワイ）。
　　C．花は単性。
　　　D．花序は頭状で葉状の総苞片の腋につく。果実は2枚の鱗片に包まれて脱落する ・・・・・・・・・・・・・・・【7】カガシラ属 Diplacrum
　　　D．花序は円錐形。果実は鱗片をつけずに脱落する ・・・・・・・・・・・・・・・・・・・・・・・・・・・・・・・・・・【23】シンジュガヤ属 Scleria
　　C．花は両性，または大部分が両性。
　　　D．小穂は1個の前葉，2個の膜質の鱗片と1花からなる短縮した構造で，小軸は発達せず，小穂が50−150個集まって頭状の穂をつくる ・・・【16】ヒンジガヤツリ属 Lipocarpha
　　　D．小穂は上記のようではなく，小軸が伸びて鱗片をつける。
　　　　E．小穂の鱗片は少数でふつう不同長，小穂は1個から少数個の果実をつける。
　　　　　F．小穂の鱗片はらせん状につく。
　　　　　　G．小穂の鱗片は下部の数個が披針形で上部のものより大きく，上部の2−3個は鈍頭。花糸はしばしば伸長して果実の基部に残る。茎は中実 ・・【12】クロガヤ属 Gahnia
　　　　　　G．小穂の鱗片は下部の数個が上部のものより小さい。花糸は宿存しない。茎は中空 ・・・【5】ヒトモトススキ属 Cladium
　　　　　F．小穂の鱗片は明瞭または不明瞭な2列につく。
　　　　　　G．葉身は単面で円柱形または左右から扁平，2列につく ・・・・・・・・・・・・・・・・・・・【17】ネビキグサ属 Machaerina
　　　　　　G．葉身は表裏があり背腹から扁平。
　　　　　　　H．花柱は2岐または分岐せず，子房と関節し，基部は海綿状に肥厚して果体上に残る ・・・【18】ミカヅキグサ属 Rhynchospora
　　　　　　　H．花柱は(2−)3岐，子房と連続し，早落性 ・・・・・・・・・・・・・・・・・・・・・・・・・・・・・・・・・・【21】ノグサ属 Schoenus
　　　　E．小穂の鱗片はふつう多数でほぼ同形同大，小穂は多数の果実をつける。
　　　　　F．花柱は子房と関節する。
　　　　　　G．果期に花柱は脱落する。花被片はない ・・・・・・・・・・・・・・・・・・・・・・・・・・・・・・・・・・【10】テンツキ属 Fimbristylis
　　　　　　G．果期に花柱の基部は肥厚して宿存し，柱基となる。花被片はあるか，またはない。
　　　　　　　H．葉に葉身があり，葉鞘の口部に長毛がある。花序は1個または複数の小穂からなる。花被片はない ・・【3】ハタガヤ属 Bulbostylis
　　　　　　　H．葉に葉身がなく，葉鞘は無毛。花序は1個の小穂からなる。花被片はあるか，ときにない ・・・【8】ハリイ属 Eleocharis
　　　　　F．花柱は子房と連続し，関節はない。
　　　　　　G．小穂の鱗片は2列につく。花被片はない ・・・・・・・・・・・・・・・・・・・・・・・・・・・・・・・【6】カヤツリグサ属 Cyperus
　　　　　　G．小穂の鱗片はらせん状につく。花被片はあるか，またはない。
　　　　　　　H．花被片は3個または6個で，3個が柄のある花弁状，6個あるときは残りの3個が刺針状。茎と葉にふつう開出毛がある ・・【11】クロタマガヤツリ属 Fuirena
　　　　　　　H．花被片はないか，数個または多数で刺針状，糸状，または平たいひも状。茎と葉は無毛。
　　　　　　　　I．花被片は10−25個，白色または淡色で平滑な糸状で，果期には長く伸びて宿存する ・・・【9】ワタスゲ属 Eriophorum
　　　　　　　　I．花被片は0−10個，刺針状，ざらつきのある糸状（ヒメワタスゲでは6個の白色で平滑な糸状），または羽毛状の毛がある平たいひも状。
　　　　　　　　　J．小穂の鱗片は背軸面に細毛がある。茎は単生する。
　　　　　　　　　　K．茎は基部より上に節がない。葉舌がある。小穂の鱗片の先端は微突形。果実は長さ1.4−1.7mm ・・・【1】オオサンカクイ属 Actinoscirpus

Cyperaceae

  K．茎は基部より上に数節がある．葉舌がない．小穂の鱗片の先端に芒がある．果実は長さ3mm以上
                                       【2】ウキヤガラ属 Bolboschoenus
 J．小穂の鱗片は無毛（縁毛をもつことはある）．茎は単生または叢生する．
  K．根出葉と茎葉の両方に線形の葉身がある．総苞片は3個以上，葉状に開出する（タカネクロスゲでは短い
    鞘状）．果実の表皮細胞は等直径 ･･･【22】アブラガヤ属 Scirpus
  K．葉は葉鞘のみで葉身が発達しないか，根出葉と茎葉のどちらか一方に線形の葉身がある．総苞片はふつ
    う1個，鱗片状，葉状または稈状で，直立または開出する．果実の表皮細胞は等直径，楕円形，狭楕円形，
    または線形．
   L．花序は頂生，1個から数個の小穂からなり（日本産の種では1個），総苞片は1個で葉状または鱗片状，
     ふつう花序より短い．
    M．葉身は発達しないか，線形に長く伸びる（日本産の種では長く伸びる）．花被片はない．花柱は2－3
      岐（日本産の種では2岐） ･･【13】ヒャッコイ属 Isolepis
    M．葉身は発達しない．花被片は0－6個（日本産の種では6個）で刺針状または糸状．花柱は3岐
                                   【24】ヒメワタスゲ属 Trichophorum
   L．花序は偽側生，1個から多数の小穂からなり，総苞片は1個で稈状または葉状，ふつう花序より長く，
     茎に続いて直立する（果期にはしばしば基部で折れる）．
    M．果実は平滑，表皮細胞は等直径から狭楕円形．花序は2個から多数の小穂からなり，散房状または複
      散房状（ときにやや頭状になる）．地下茎は長く伸びて横走し，茎は単生するか少数が束になる
                                【20】フトイ属 Schoenoplectus
    M．果実は平滑または横じわがあり，表皮細胞は狭楕円形から線形で縦方向に長く，果実の表面に細い
      縦すじが並んで見える．花序は無柄の1個の小穂からなるか，2個から多数の小穂からなる無柄の頭
      状花序（コホタルイではときに短い柄がある）．地下茎が短く，茎は叢生するか，地下茎が長く伸び
      て横走し，茎は単生する（ヒメホタルイ）･･････････････････【19】ホソガタホタルイ属 Schoenoplectiella

【1】オオサンカクイ属　**Actinoscirpus** (Ohwi) R. W. Haines et Lye

次の1種からなる単型属である．

1. オオサンカクイ
　Actinoscirpus grossus (L. f.) Goetgh. et D. A. Simpson;
Scirpus grossus L. f.; *Schoenoplectus grossus* (L. f.) Palla

大型の抽水生多年草．地下茎は長く伸びて横走し，先端に小塊茎をつける．茎は単生し，鋭3稜形，長さ220cmまで伸び，幅6－13mm，基部より上には節がない．葉は3－5個で根生し，葉身は線形，扁平で長さ90cmまで伸び，幅0.7－1.5cm，平滑，葉舌がある．花序は頂生し，散房状，多数の小穂からなり，幅5－15cm，総花柄は長いもので18cm，総苞片は3個，線形，扁平な葉状で開出する．小穂は有柄，狭卵形から広卵形で円柱形，長さ3－13mm，幅2.5－4mm．小穂の鱗片はらせん状に配列し，狭卵形から卵形，長さ1.8－2.5mm，幅1.2－1.6mm，膜質で背軸面に細毛がある．花は両性．雄蕊は3個，葯は長さ1－1.5mm．花柱は3岐．花被片は3－6個で刺針，下向きまたは開出するまばらなとげがある．果実は広倒卵形，扁3稜形で長さ1.4－1.7mm，幅0.9－1.2mm，褐色，平滑．小笠原諸島，中国・台湾・南アジア～東南アジア・オーストラリアに分布する．

【2】ウキヤガラ属　**Bolboschoenus** (Asch.) Palla

淡水または汽水の湿地や浅水中に生える多年草．地下茎は長く伸びて横走し，稈の基部で球状に肥厚する．稈は単生し，3稜形，基部より上に数節がある．葉は茎生し，葉身は線形，葉舌はない．花序は頂生または偽側生で，散房状，頭状あるいは1個の小穂からなる．総苞片は1～数個，稈状または葉状，稈に続いて直立するか，開出する．小穂は有柄または無柄．小穂の鱗片は背軸面に細毛があり，先端は2裂してその間から芒が出る．花は両性，雄蕊は3個，花柱は2－3岐で子房と連続する．刺針状花被片は2－6本で下向きのとげがあり，宿存性または早落性．果実はレンズ形または3稜形，大型でふつう長さ3mm以上，光沢があり，先端は嘴状にとがり，表皮細胞は等直径，果皮は厚い．世界に約16種がある．

 A．花柱は3岐．果実はほぼ正3稜形，黒褐色に熟し，表皮細胞は表面からは見えにくい．花序は柄が伸びて散房状となる
                                            1. ウキヤガラ
 A．花柱は2岐．果実はレンズ形，褐色に熟し，多角形の表皮細胞が表面から識別できる．花序は頭状か，少し柄が伸びる
                                            2. コウキヤガラ

1. ウキヤガラ　　　　　　　　　　　　　　PL. 269
　Bolboschoenus fluviatilis (Torr.) Soják subsp. **yagara** (Ohwi) T. Koyama; *Scirpus yagara* Ohwi; *Scirpus fluviatilis* (Torr.) A. Gray var. *yagara* (Ohwi) T. Koyama

平地の池畔の浅水中や湿地の溝中などにしばしば群生する大型の多年草．地下茎は長く伸びて横走する．茎は3稜形で長さ100－150cm，数節があり，下方に葉がつき，基部は球状に肥厚して宿存する．葉は茎生し，

葉身は線形で幅5-10mm。花序は頂生し，散房状，7cmまで伸びる3-8個の枝をつけ，総苞片は2-4個，葉状で散開する。小穂は長楕円形，長さ10-20mm，幅6-8mm。小穂の鱗片は卵形，長さ6-7mm。花柱は3岐。刺針状花被片は6本，果実よりも短く，下向きにざらつき，宿存する。果実は菱形状倒卵形，ほぼ正3稜形で長さ3.5-4mm，基部はくさび形，黒褐色で光沢があり，7-10月に熟す。北海道～九州，アムール・千島列島・カムチャツカ半島・朝鮮半島・中国・台湾・ヨーロッパに分布する。和名は〈浮矢幹〉で，茎が太く，冬に枯れると，軽くて水に浮くためといわれる。

2. コウキヤガラ〔エゾウキヤガラ〕　　　PL. 269
Bolboschoenus koshevnikovii (Litv. ex Zinger) A. E. Kozhevn.; *Scirpus biconcavus* Ohwi

海岸近くの湿地などに生える多年草。地下茎は長く伸びて横走する。茎は長さ40-100cm，基部は少し肥厚する。葉は主として茎の下部につき，葉身は線形で幅2-5mm。花序は1-6個の無柄の小穂が頭状に集まるか，少し柄が伸びて，総苞片は1-3個，線形で扁平，散開するが最下のものはやや直立する。小穂は卵形，長さ8-15mm，幅6-8mm，光沢のある赤褐色。小穂の鱗片は膜質，長さ5-6mm，細毛があり，凹頭，中肋は細く先は突出し少し反曲する長さ1-2mmの芒となる。花柱は2岐。刺針状花被片は2-4本で脱落しやすい。果実は広倒卵形，レンズ形で長さ3-4mm，光沢のある褐色で両面が少しへこみ，7-10月に熟す。北海道～琉球，朝鮮半島・中国・サハリン・アムールに分布する。

【3】ハタガヤ属　Bulbostylis Kunth

地下茎のない一年草または多年草。茎は細く，叢生する。葉は主として根生し，葉身は糸状，葉鞘の口部には多くは長毛があり，葉舌はない。花序は頂生し，頭状またはふぞろいな散状に小穂をつけるか，1個の小穂からなり，総苞片は葉状。小穂はやや多数の鱗片をらせん状に配列する。花は両性，雄蕊は1-3個，花柱は3岐し，細く，基部は小球状体（柱基）にふくれて，しばらく果体の上端に残る。花被片はない。果実は倒卵形で3稜形。主として日当りのよい乾いた場所に生え，世界の熱帯～暖帯に約100種が分布する。

　A．小穂は汚れたさび色で，鱗片の先端が外に曲がって短い芒となる。果実は平滑 ………………………………… 1. ハタガヤ
　A．小穂は栗褐色，鱗片の先端はやや鋭頭だが，芒にはならない。果実は細点があって，はっきりしない波形をつくる
　　　……… 2. イトハナビテンツキ

1. ハタガヤ　　　PL. 262
Bulbostylis barbata (Rottb.) Kunth

平地の日当りのよい荒れ地または畑地に生える小型の一年草。密に叢生し，匍枝はない。茎は糸状で，多数つき，無毛，数個の縦条があり，長さ5-30cm。葉身は茎よりも細くて短く，糸状で幅約0.3mm，葉鞘はさび色をおび，口部に長い白毛がある。花序は頭状で，2-15個の無柄の小穂からなり，幅5-12mm，総苞片は葉状で細い。小穂は披針形，長さ3-8mm，幅約2mm，角ばる。小穂の鱗片は広卵形で長さ約2mm，先端は外に曲がった短い芒となる。花柱は3岐。果実は3稜形，淡色で長さ0.6-0.7mm，8-10月に熟す。本州～琉球，朝鮮半島・中国・台湾・インド・インドネシア・オーストラリア・北アメリカに分布する。和名は〈畑茅〉。

2. イトハナビテンツキ　　　PL. 262
Bulbostylis densa (Wall.) Hand.-Mazz. var. **densa**

平地の日当りのよい荒れ地または畑地に生える一年草。茎は糸状で長さ8-40cm。葉身は糸状で幅0.3mm，茎より短い。花序はやや多数の小穂を散房状につけ，長さ2-5cm，頂小穂には柄がないが，側小穂には柄がある。小穂は披針形で長さ4mm。小穂の鱗片は卵形で長さ1.7mm，栗褐色でやや鋭頭。花柱は3岐。果実は倒卵形，3稜形で長さ0.7mm，はっきりしない横波状のしわがあり，8-10月に熟す。北海道～九州，朝鮮半島・中国・台湾・インドに分布する。和名は〈糸花火点突〉。
　イトテンツキ（クロハタガヤ）var. **capitata** (Miq.) Ohwi（PL. 262）は，花序が頭状に短縮したもので，本州中部～琉球に生え，インドネシアに分布する。ときに基準変種との間に中間型がある。

【4】スゲ属　Carex L.

花は小さく，単性で，花被はない。雄花では鱗片の腋に1-3個の雄蕊がつく。雌花は鱗片の腋につき，1個の子房があって，袋状の果胞（前葉）に包まれ，花柱は1個，柱頭は2-3岐，果胞の口部から出る。多年草，ときに一年草。茎は上方に穂状または円錐状に小穂をつけ，小穂は有柄または無柄，苞があるかまたはない。葉はふつう線形だが，まれに披針形。カヤツリグサ科の中では最大の属で，全世界，特に寒冷地に多く，種数は約2000ある。

　小穂が穂状に集まった小花序をspikeという。スゲ属では真の小穂（spikelet）が退化して，鱗片状の小総苞の腋に1個の雄花または果胞に包まれた1個の雌花しかなく，本来の鱗片（小苞）は退化してないので，日本語では便宜的にspikeに対して〈小穂〉が使われる。

Cyperaceae

注意．この類は匍枝の有無，茎の基部の葉鞘の色とその葉身の有無，葉鞘前面が糸網に分解するか，苞に葉鞘があるかどうか，また果胞の形質が重要である．

A．小穂は茎頂に1個，雌雄同株の場合は小穂は雄雌性(先端が雄花部，基部が雌花部)．
  B．果実はレンズ形，柱頭は2岐 ·· カンチスゲ節(1, 2)
  B．果実は3稜形，柱頭は3岐．
    C．果胞は有毛 ·· ヒナスゲ節(3. ヒナスゲ)
    C．果胞は無毛．
      D．果胞の基部は明らかな柄となる．
        E．果胞は熟すと開出または反転 ·· キンスゲ節(4. キンスゲ)
        E．果胞は熟しても直立 ·· イトキンスゲ節(5. イトキンスゲ)
      D．果胞の基部に明らかな柄はない．
        E．果胞は熟しても直立．
          F．根茎は横走，果胞は無嘴 ··· カラフトイワスゲ節(6. カラフトイワスゲ)
          F．根茎は短く叢生，果胞は長嘴 ·· シラコスゲ節(7. シラコスゲ)
        E．果胞は熟すと開出または反転．
          F．小穂は2－4個の果胞をつけ，果胞は狭披針形で，熟すと強く反転 ············ タカネハリスゲ節(8. タカネハリスゲ)
          F．小穂は5個以上の果胞をつけ，果胞は卵形～長円形で，熟すと開出 ·· ハリスゲ節(9～18)
A．小穂は2個以上，茎につく．
  B．花序は穂状，小穂は無柄，ふつう柄の基部の前葉を欠く．
    C．果胞の縁は鋭稜または翼があり，長嘴．
      D．花序は単性 ·· コウボウムギ節(19, 20)
      D．花序は両性．
        E．小穂は雄雌性(先端に雄花部，基部に雌花部がある)，ときに最上部のものは雄性．
          F．根茎は横走．
            G．果胞の縁は鋭稜，基部は海綿質に肥厚 ·· クロカワズスゲ節(21. クロカワズスゲ)
            G．果胞の縁は狭翼，基部は海綿質に肥厚しない ·· ウスイロスゲ節(22～24)
          F．根茎は短く叢生．
            G．果胞の本体の縁は鈍い ·· クリイロスゲ節(25. クリイロスゲ)
            G．果胞の縁は鋭稜または狭翼状 ·· オオカワズスゲ節(26～31)
        E．小穂は雌雄性(先端に雌花部，基部に雄花部がある)，ときに最上部のものは雄性．
          F．小穂は頭状に多数が密集し，果胞は狭披針形で長柄がある ················· カヤツリスゲ節(32. カヤツリスゲ)
          F．小穂は穂状につき，果胞はほとんど柄がない．
            G．小穂基部の雄花部は目立ち，果胞基部は海綿質に肥厚する ······················ カワズスゲ節(33, 34)
            G．小穂の雄花部は目立たず，果胞基部は海綿質に肥厚しない．
              H．花序は小穂をまばらにつけ，苞は葉身が発達し，少なくとも最下のものは小穂よりも明らかに長い．
                I．柱頭は3岐．果実は3稜形 ··· マスクサ節(35. マスクサ)
                I．柱頭は2岐．果実はレンズ形 ··· ヤブスゲ節(36～39)
              H．花序は小穂を密集するか，数個がややまばらにつき，苞の葉身は発達せず，最下のものでも小穂と同長かそれより短い ·· ヤガミスゲ節(40, 41)
    C．果胞の縁は鈍稜，無嘴または短嘴．
      D．小穂は雄雌性 ·· ホソスゲ節(42. ホソスゲ)
      D．小穂は雌雄性 ·· ハクサンスゲ節(43～51)
  B．小穂は多少の柄があり，その基部に前葉がある．小穂は単性または両性．
    C．小穂は円錐状につき，前葉は果胞状．小穂は雄雌性．
      D．円錐花序は茎頂に1個 ·· アブラシバ節(52. アブラシバ)
      D．円錐花序は数個が頂生および腋生する ·· ハナビスゲ節(53. ハナビスゲ)
    C．小穂は総状につき，前葉は筒状．小穂は単性または両性．
      D．柱頭は2岐，果実はレンズ形．
        E．側小穂は雄雌性，秋咲き ··· ナキリスゲ節(54～64)
        E．側小穂は雌性，春咲き．
          F．苞は有鞘，柱頭は2岐ときに3岐のものが混じる ······················ ヌカスゲ節の一部(キノクニスゲ類)(106, 107)
          F．苞は無鞘．
            G．果胞の縁は嘴部を除いて平滑 ·· アゼスゲ節(65～89)
            G．少なくとも果胞の縁は有毛 ·· タヌキラン節(90～93)
      D．柱頭は3岐，果実は3稜形．
        E．果実の頂部に盤状，環状，嘴状の付属体がある．
          F．側小穂は1節に1－8個，雄雌性で雄花部は雌花部に比べていちじるしく長い．
            G．果実は稜上に凹入があり，基部の柄が膝が折れるように強く曲がり，上部の嘴は鶴首状に湾曲 ·· ヒエスゲ節の一部(98. サコスゲ)
            G．果実は稜上に凹入はなく，基部の柄は直立し，上部に鶴首状に湾曲した嘴はない ············ コカンスゲ節(94, 95)
          F．側小穂は1節に1個，ふつうは雌性，ときに上部に短い雄花部がつくことがあるが，雄花部は雌花部に比べていちじ

るしく短い。
　　　　G．果胞は長さ5－8mm，花柱基部は湾曲する嘴となるか，明らかな柄のある環状の付属体になり，果実基部の柄は膝が折れるように強く曲がる。果実の稜に凹入があることが多い ·· ヒエスゲ節(96, 97, 99～105)
　　　　G．果胞は長さ4mm以下，果実頂部の付属体は盤状，または環状で果実との間が少しくびれるか，あるいは直立する嘴となる。果実の面に横じわ状のへこみが入ることはあるが，稜の中央に深いへこみはない
　　　　　··· ヌカスゲ節(106～162)
　E．果実の頂部に付属体はない。
　　F．苞は有鞘。
　　　　G．頂小穂は雌雄性 ··· フサスゲ節(163, 164)
　　　　G．頂小穂または上方の2－3個の小穂は雄性，または頂小穂は雄雌性。
　　　　　H．頂小穂は雄性または雄雌性，側小穂はすべて雄雌性。
　　　　　　 I．果胞は長嘴 ··· ミヤマジュズスゲ節(165. ミヤマジュズスゲ)
　　　　　　 I．果胞は短嘴 ·· タガネソウ節(166～169)
　　　　　H．頂小穂または上方の2－3個の小穂は雄性，側小穂または下方の小穂は雌性。
　　　　　　 I．上方の2－3個の小穂は雄性 ··· リュウキュウスゲ節(170. リュウキュウスゲ)
　　　　　　 I．頂小穂のみが雄性。
　　　　　　　 J．果胞は有毛。
　　　　　　　　 K．基部の鞘は葉身がなく，葉は茎の中部につく ··· サツマスゲ節(171, 172)
　　　　　　　　 K．葉は茎の基部に集まる。
　　　　　　　　　 L．果胞は扁平ではない ··· ヒカゲスゲ節(173～180)
　　　　　　　　　 L．果胞はやや扁平 ··· イワカンスゲ節(181, 182, 184～187)
　　　　　　　 J．果胞は縁を除いて無毛。
　　　　　　　　 K．果胞は微細な乳頭状突起を密生。
　　　　　　　　　 L．叢生し匍枝は出さない ··· タチスゲ節(188, 189)
　　　　　　　　　 L．匍枝を伸ばし，まばらに生える ··· ヤチスゲ節の一部(228. ムセンスゲ, 229. イトナルコスゲ)
　　　　　　　　 K．果胞に乳頭状突起はない。
　　　　　　　　　 L．小穂は少なくとも下方のものは長い柄があって，垂れ下がる。
　　　　　　　　　　 M．葉は花茎よりいちじるしく低く，苞の葉身は小穂より短い。
　　　　　　　　　　　 N．果胞は扁平で細脈があり，長さ5－8mm ································ イワカンスゲ節の一部(183. イワカンスゲ)
　　　　　　　　　　　 N．果胞は扁平ではなく無脈，長さ3－4.5mm ································ タカネシバスゲ節(190, 191)
　　　　　　　　　　 M．葉は花茎と同長かより長く，苞の葉身は葉状で小穂より長い ············· タマツリスゲ節(192～203)
　　　　　　　　　 L．小穂の柄は短く直立または斜上。
　　　　　　　　　　 M．果胞は卵形でやや扁平，長さ約2.5mm，生時に隆起した太い脈が認められる
　　　　　　　　　　　·· タチスゲ節の一部(189. リュウキュウタチスゲ)
　　　　　　　　　　 M．果胞は扁平でなく，生時に隆起した脈はない。
　　　　　　　　　　　 N．果胞は乾くと黒く変色。
　　　　　　　　　　　　 O．果胞は熟して小穂軸に圧着，雌花の鱗片は果胞の1/2長以下 ·············· ジュズスゲ節(204, 205)
　　　　　　　　　　　　 O．果胞は熟して斜上し，雌花の鱗片は果胞と同長芒端
　　　　　　　　　　　　　·· ミヤマシラスゲ節の一部(238. ヤワラスゲなど)
　　　　　　　　　　　 N．果胞は乾いても緑色。
　　　　　　　　　　　　 O．果胞は長さ6－8mm，熟して直立し，長い花柱が宿存 ·············· ヤマジスゲ節(206. ヤマジスゲ)
　　　　　　　　　　　　 O．果胞は長さ10mm以上熟すと開出し，花柱は宿存しない ············· ミタケスゲ節(207. ミタケスゲ)
　　F．苞はふつう無鞘，まれに最下のものに限り短い鞘部がある。
　　　　G．頂小穂は雌雄性，側小穂は雌性。
　　　　　H．果胞にはまばらに刺状毛がある ··· タカネナルコ節(208. タカネナルコ)
　　　　　H．果胞は平滑または乳頭状突起を密生 ·· クロボスゲ節(209～215, 217, 219～221)
　　　　G．頂小穂または上方の2－3個の小穂は雄性，側小穂または下方の小穂は雌性。
　　　　　H．頂小穂のみが雄性。
　　　　　　 I．果胞は有毛。
　　　　　　　 J．小穂は長さ4cm以上，秋に開花 ·· ミヤマシラスゲ節の一部(241. アキカサスゲ)
　　　　　　　 J．小穂は長さ2cm以下，春から初夏に開花 ··· ヒメスゲ節(222～227)
　　　　　　 I．果胞は縁を除いて無毛。
　　　　　　　 J．果胞は微細な乳頭状突起を密生。
　　　　　　　　 K．小穂は長い柄があって，垂れ下がる ·· ヤチスゲ節(228～231)
　　　　　　　　 K．小穂は直立 ··· クロボスゲ節の一部(216. ヌマクロボスゲなど)
　　　　　　　 J．果胞は平滑。
　　　　　　　　 K．果胞は扁平 ··· クロボスゲ節の一部(218. ミヤマアシボソスゲなど)
　　　　　　　　 K．果胞は扁平ではない。
　　　　　　　　　 L．横走する地下茎または匍枝がある。
　　　　　　　　　　 M．果胞は乾いても緑色またはオリーブ色。
　　　　　　　　　　　 N．葉は肉質で幅1－1.5mm ·· オニナルコスゲ節の一部(249. ホロムイクグなど)
　　　　　　　　　　　 N．葉は平坦で幅3mm以上。

　　　　　　　O．果胞は長さ約10mm ··· オニナルコスゲ節の一部(251．オニスゲ)
　　　　　　　O．果胞は長さ3－4mm ··· ヒメシラスゲ節(232～236)
　　　　　　M．果胞は乾くと褐色に変わる ··· ミヤマシラスゲ節(237～240，242～245)
　　　　　L．叢生し，匍枝は出さない。
　　　　　　M．葉鞘は有毛 ··· ビロードスゲ節の一部(259．ハタベスゲ)
　　　　　　M．葉鞘は無毛。
　　　　　　　N．果胞は広倒卵形で長さ2.5－3mm，口部は2歯 ········· エゾサワスゲ節(246．エゾサワスゲ)
　　　　　　　N．果胞は披針形で長さ4－9mm，口部は2深裂 ············· クグスゲ節(247，248)
　　　H．上方の2－3個の小穂は雄性。
　　　　I．果胞は無毛。
　　　　　J．小穂は長い柄があって，垂れ下がる。果胞は無脈 ·········· フサスゲ節の一部(164．アイズスゲ)
　　　　　J．小穂は直立。果胞は多数脈。
　　　　　　K．果胞は厚膜質で光沢があり，ゆるく果実を包む ··········· オニナルコスゲ節(250～254)
　　　　　　K．果胞はコルク質 ·· シオクグ節(255～258)
　　　　I．果胞は有毛 ·· ビロードスゲ節(260～263)

カンチスゲ節　　Sect. **Physoglochin** Dumort

　　A．葉は幅1－1.5mm，果胞は熟して斜開 ·· 1．ヤリスゲ
　　A．葉は幅1mm以下，果胞は熟して開出 ··· 2．カンチスゲ

1．ヤリスゲ　　　　　　　　　　　　　　　PL.207
Carex kabanovii V. I. Krecz.

密に叢生し，横走する短い根茎がある。葉は幅1－1.5mm。雌雄異株。小穂は茎頂に1個，黄栗色，長さ15－25mmでやや光沢があり，果胞は鱗片より明らかに長く，熟すと斜開し，嘴は長い。6－8月に熟す。北海道大雪山の高山湿原にまれに生え，サハリンに分布する。

2．カンチスゲ　　　　　　　　　　　　　PL.207
Carex gynocrates Wormsk.

根茎は細くて短く，高層湿原のミズゴケの間に生え，茎は高さ10－20cm，かたくてなめらか。葉は厚く幅が0.5－0.8mmと細い。小穂は1個，雌雄異株または同株で，上方に雄花，下方に雌花ができ，長さ7－14mm，栗銅色でやや光沢がある。果胞は熟すと水平に開出し，鱗片とほぼ同長で長さ3mm，楕円形で厚いレンズ形，両縁は鋭く，革質で嘴は短く，柱頭は2岐。6－7月に熟す。北海道（東部）・岩手県（焼石岳），サハリン・千島列島からカムチャツカ半島・北アメリカ北部に分布する。

ヒナスゲ節　　Sect. **Grallatoriae** Kük.

3．ヒナスゲ　　　　　　　　　　　　　　PL.207
Carex grallatoria Maxim. var. **grallatoria**

本州～九州の山中の林内岩地にややまれに生える小さい多年草であり，茎は高さ5－20cmで，茎の基部の葉鞘は鱗片とともに血赤色をおび，葉舌は薄膜質でいちじるしい。雌雄異株，単性の小穂を1個つける。雌小穂はふつう3－6花つき，長さ約1cm。果胞には短毛があって，脈がない。雄小穂は濃赤色。雌雄同株で，小穂の上半が雄性，下半が雌性のものを**サナギスゲ**var. **heteroclita** (Franch.) Kük. ex Matsum. (**PL.207**)といい，本州（関東～近畿）・四国・九州，台湾に分布する。

キンスゲ節　　Sect. **Dornera** Heuff.

4．キンスゲ　　　　　　　　　　　　　　PL.207
Carex pyrenaica Wahlenb. var. **altior** Kük.

高山の少し乾いた草原にややまれに生える多年草。匍枝がなくて密な小株をつくる。有花茎は高さ10－40cm，直立して鈍3稜があり，やや平滑。葉は幅1－2mmで基部の鞘は淡褐色。小穂は1個，上方に短く雄花部があり，初め広披針形だが，果時には長楕円形になり，長さ1－2cm，密に花をつけ，光沢がある。雌鱗片は狭卵形で，栗褐色，脱落性である。果胞は膜質で，脈がなくて長さ4－5.5mm，やや扁平で広披針形，黄褐色，上部はしだいに中位の嘴となり，成熟すると基部から下方に反曲する。7－8月に熟す。本州中部以北・北海道に分布する。基準変種のvar. **pyrenaica**はヨーロッパに分布。和名は〈金菅〉で，その果胞の色に由来する。

イトキンスゲ節　　Sect. **Circinatae** Meinsh.

5．イトキンスゲ　　　　　　　　　　　　PL.207
Carex hakkodensis Franch.

キンスゲに似ているがやや大型。地下に丈夫な根茎があって抜きにくく，有花茎は鋭3稜形でざらつき，小穂は黄褐色で果期には先がうなだれる。果胞は長さ6－8mm，基部に長さ1.5－2mmの柄があり，熟しても反曲しない。ふつう小穂は上部に短く雄花部があるが，ときに雌雄異株となる。6－8月に熟す。本州中部以北・北海道の水気のある高山の斜面に生え，千島列島・カムチャツカ半島にも分布する。

カラフトイワスゲ節　Sect. **Rupestres**（Tuck.）Meinsh.

6. カラフトイワスゲ　　　　　　　　　　　PL. 207
Carex rupestris All.
　小さい多年草で，根茎は横にはう。茎はかたく，直立し，高さ10－15cm，稜は鋭く，上方がざらつく。葉は幅1.5－3mm，小穂は1個，長さ1－2cm，幅2－3mm，披針形で，上方に雄花部をつけ直立し，暗赤褐色をおびる。果胞は倒卵形で，長さ3－4mm，毛はなく，細脈があり，嘴は短い。柱頭は3岐。7－8月に熟す。北海道・本州（仙丈ヶ岳・雪倉岳）の高山帯に生え，国外ではサハリン・朝鮮半島北部からヨーロッパおよび北アメリカに広く分布する。

シラコスゲ節　Sect. **Rhizopodae** Ohwi

7. シラコスゲ　　　　　　　　　　　　PL. 208
Carex rhizopoda Maxim.
　丘陵地または山間の水湿地に生える多年草。短い根茎があって大きな株をつくり，全体がやわらかで，鮮緑色である。茎は高さ20－50cm，鋭3稜があってざらつく。葉は幅2－3(－5) mm。小穂は1個で頂生し，長さ1.5－4cm，狭長楕円形で，上部にある雄花部は短くて細く，下部には雌花部がある。雌鱗片は卵形，淡色で，緑色の中肋がある。果胞は鱗片の2倍の長さがあって，5－6mm，やや直立し，卵形で淡緑色，細脈があり，薄い膜質で，上方はしだいに直立する長い嘴となる。4－6月に熟す。北海道〜九州に分布する。和名は埼玉県白子（現和光市）で矢田部良吉により採集，命名されたため。

タカネハリスゲ節　Sect. **Leucoglochin** Dumort

8. タカネハリスゲ〔ミガエリスゲ〕　　　PL. 208
Carex pauciflora Lightf.
　小型で繊細な多年草で，根茎は細く伸びて，ミズゴケの間をはう。茎は高さ10－15cm。葉は溝があり，幅1mm。小穂はただ1個，数花があり，上方に雄花，下方に雌花をつけ，長さ6－8mm，初め倒披針形であるが，熟すと果胞は下方に反曲する。果胞は線状披針形で，長さ6－6.5mm，多数の細脈があり，淡緑色でややかたく，しだいに長い嘴となる。本州中部以北・北海道の高層湿原に生え，広く北半球に分布する。

ハリスゲ節　Sect. **Rarae** C. B. Clarke

A. 小穂直下の茎はざらつく。
　B. 果胞は熟してもふくらまず，果実をきつく包む。
　　C. 葉は幅1mm以下，果胞は2稜を除きほとんど無脈 ··· 9. コハリスゲ
　　C. 葉は幅1mm以上，果胞には多数の細脈がある ··· 10. ヒカゲハリスゲ
　B. 果胞は熟すとふくらみ，果実をゆるく包む。
　　C. 根茎は短く密に叢生，果胞は熟すと開出し，明瞭な3－5脈がある ··· 11. ニッコウハリスゲ
　　C. 根茎は伸張しまばらに叢生，果胞は熟しても斜上し，脈は不明瞭 ··· 12. ユキグニハリスゲ
A. 茎は平滑。
　B. 茎には鋭3稜があり，果胞は卵状披針形，長さ3.5－4mm ·· 13. エゾハリスゲ
　B. 茎には鈍3稜または鈍4稜があり，果胞は楕円形または卵形，長さ3.5mm以下。
　　C. 根茎は伸張しまばらに叢生，葉はやわらかい ·· 14. コウヤハリスゲ
　　C. 根茎は短く密に叢生，葉はかたい。
　　　D. 小穂は長さ3－10mm，幅3－5mm，雌鱗片は果胞より明らかに短く，果胞は長さ2－3.5mm。
　　　　E. 葉幅1－1.5mm，果胞5－15個，果胞背面は草質でやや太い数脈，先端は凹形 ·················· 15. ハリガネスゲ
　　　　E. 葉は幅0.4－0.8mm，果胞は3－7個，果胞背面は膜質部分が幅広く無脈，先端は短いが明らかな2歯がある
　　16. サトヤマハリスゲ
　　　D. 小穂は長さ10－20mm，幅約3mm，雌鱗片は果胞と同長，果胞は長さ1.5－2mm。
　　　　E. 基部の鞘は淡褐色，葉は幅1－1.5mm，果胞は楕円形〜卵形 ··· 17. マツバスゲ
　　　　E. 基部の鞘は暗褐色，葉は幅1.5－4mm，果胞は卵円形 ··· 18. シモツケハリスゲ

9. コハリスゲ　　　　　　　　　　　　PL. 208
Carex hakonensis Franch. et Sav.
　山地の水湿のある斜面に生え，小さな株をつくる多年草。有花茎は高さ10－20cmで，鈍3稜があって少しざらつく。葉は細く，幅1mmにもならない。小穂はただ1個が頂生し，苞がなく，卵形で長さ3－5mm，雄花部は上端にあってきわめて短く，その下につく雌花部も短い。雌鱗片は広卵形で，濃褐色をおびる。果胞は斜上し，広卵形で，扁3稜形，長さ約2mm，脈がなく，ふくらまないで，上端は急に短い嘴となる。5－8月に熟す。北海道〜九州，朝鮮半島に分布する。和名は〈小針菅〉で，小さくて細い全形にちなむ。

10. ヒカゲハリスゲ　　　　　　　　　　PL. 208
Carex onoei Franch. et Sav.
　コハリスゲによく似ているが，有花茎は高さ15－30cm，鋭3稜があって上方はざらつき，葉は幅1.5－3mm，果胞は細脈があり，長さ2.5－3mmであることで区別される。6－7月に熟す。本州・北海道の山地に

生え，朝鮮半島・中国（東北）・ウスリーに分布する．

11. ニッコウハリスゲ　　　　　　　　PL. 208
　　Carex fulta Franch.
　ヒカゲハリスゲに似て，茎は鋭3稜があって，稜上はいちじるしくざらつき，小穂は卵円形で，下方の鱗片1(－2)個は上部が短い芒となって突出する．果胞はいちじるしく開出し，長さ2－2.5mm，広卵形で少数の脈がある．5－7月に熟す．本州（中部以北）の山中林内の湿ったところにまれに生える．和名は日光にやや多く，そこで初めて知られたため，別名をヒメタマスゲ（姫珠菅）ともいう．

12. ユキグニハリスゲ　　　　　　　　PL. 208
　　Carex semihyalofructa Tak. Shimizu
　湿原に生え，ニッコウハリスゲに似るが，根茎は少し伸び，果胞は熟しても斜上し，脈が不明瞭．本州（中部以北）に分布．

13. エゾハリスゲ〔オオハリスゲ〕　　PL. 209
　　Carex uda Maxim.
　ヒカゲハリスゲによく似て茎には鋭3稜があるが，稜上も平滑，果胞はやや反曲し，卵状披針形で，長さ3.5－4mm，ふくらんだ3稜形で細脈があり，上方はしだいに狭まってやや長い嘴となる．6月に熟す．北海道・本州（中部以北）の湿地にまれに生え，朝鮮半島・中国（東北）・サハリン・ウスリー・アムールに分布する．

14. コウヤハリスゲ
　　Carex koyaensis J. Oda et Nagam. var. **koyaensis**
　ハリガネスゲに似るが，小穂が短く，夏から秋に地上性の匐枝を伸ばす．本州（近畿地方以西）に分布．日本固有．屋久島のものはいちじるしく小型で**コケハリガネスゲ**var. **yakushimensis** Katsuy. et J. Oda（PL. 209）という．

15. ハリガネスゲ　　　　　　　　　　PL. 209
　　Carex capillacea Boott var. **capillacea**
　山中の湿地にやや多く生える多年草．マツバスゲに

たいへんよく似ているが，小穂は長さ5－10mm，雄花部は3－5個の花をつけて短く，披針形．果胞は広卵形で，長さ2.5－3mm．4－6月に熟す．北海道ではまれで，本州・九州，東アジア～インド・オーストラリアに広く分布する．マツバスゲとの区別がやや困難な場合がある．**ミチノクハリスゲ**var. **sachalinensis** (F. Schmidt) Ohwiは，果胞が長さ3－3.5mmとやや大きい変種で，6－7月に熟し，北地に多くて本州中部以北・北海道，千島列島・サハリン・朝鮮半島・ウスリーに分布する．

16. サトヤマハリスゲ　　　　　　　　PL. 209
　　Carex ruralis J. Oda et Nagam.
　ハリガネスゲに似るが，全体に繊細で，小穂が短く，果胞はほとんど脈がなく，口部は明瞭な2歯となる．丘陵から低山地の湿地に生え，本州（中部地方～近畿地方）に分布．

17. マツバスゲ　　　　　　　　　　　PL. 209
　　Carex biwensis Franch.
　湿地にややふつうに生える多年草．茎は高さ10－40cm．鈍3稜があって平滑，葉は幅約1.5mm．小穂は1個で頂生し，長さ1－2cmで芒がなく，上部は雄性で線形，雌花部よりも長いかまたは少し短く，幅1mm，雌花部は長楕円形で幅3mm．雌鱗片は楕円形，はなはだ鈍頭で赤さび色．果胞は鱗片とやや同長で開出し，広卵形でふくれた3稜形，淡黄緑色をなして数個の縦脈があり，長さ1.5－2mm，上端は急に短い嘴となる．柱頭は3岐．4－6月に熟す．北海道～九州，朝鮮半島・中国・ウスリーに分布する．和名は，茎が細く，直立して数多いことから松葉に見立てたもの．

18. シモツケハリスゲ　　　　　　　　PL. 209
　　Carex noguchii J. Oda et Nagam.
　マツバスゲによく似ているが，花後に伸びる葉は幅広く，幅4mmに達する．本州（栃木県）に分布．

コウボウムギ節　Sect. Macrocephalae Kük.

A. 茎は鈍稜で平滑，葉は脈が不明瞭，雌鱗片の芒はいちじるしくざらつき，果胞は狭翼があり，熟して直立または斜上　　19. コウボウムギ

A. 茎は鋭稜でざらつく，葉は脈が明瞭，雌鱗片の芒は平滑，果胞はいちじるしい翼があり，熟すと反り返る　　　20. エゾノコウボウムギ

19. コウボウムギ　　　　　　　　　　PL. 210
　　Carex kobomugi Ohwi
　海岸の砂地に多い．根茎はやや太く，長く伸びる．有花茎は太く，高さ10－20cm，葉は革質で，縁は細かくざらつき，幅4－6mm．ふつう雌雄異株であるが，まれに小穂が両性で，下方に雌花部をつけるものもある．花序ははなはだ密に小穂をつけ，雌花序は卵形，雄花序は円柱形，長さ4－6cm，苞はふつう目立たない．雌小穂は卵形で長さ約15mm，淡黄緑色，果胞は長さ約1cm，背面は丸く，上方には長い嘴があって内曲し，縁にはふぞろいの歯牙がある．4－6月に熟す．北海道～琉球，朝鮮半島・台湾・中国（東北・北部）・ウスリー

に分布する．和名は〈弘法麦〉で，茎の基部の古い葉鞘の分解して残った繊維を筆として使ったといわれ，弘法大師の筆にちなむ．麦は穂の形による．

20. エゾノコウボウムギ　　　　　　　PL. 210
　　Carex macrocephala Willd. ex Spreng.
　海岸の砂地に生える．コウボウムギによく似ているが，葉鞘はいっそう濃褐色の繊維に強く分解し，有花茎は鋭3稜形で上方がざらつき，花序は濃赤栗褐色をおび，果胞は開出し，嘴は鋭くとがっているので，花序にさわると多少痛く感じられる．5－7月に熟す．北海道・本州（岩手県），東アジア北部・北アメリカ西海岸に分布する．

クロカワズスゲ節　Sect. **Foetidae**（Tuck.）Kük.

21. クロカワズスゲ　　　　　　　　　　PL. 210
　Carex arenicola F. Schmidt
　砂質の湿地，ときに海岸にも生える。根茎は長く地下をほふくする。茎は根茎上にまばらにつき，高さ10－30cm，かたくて直立する。葉は幅2－3mm，小穂は数個，各上部に雄花，下方に雌花をつけ，広卵形で長さ5－8mm，栗褐色，密に集まって長さ2cm内外の狭卵形の花序をつくり，苞は目立たない。果胞は開出し，卵形で長さ3－4mm，背面は丸く突出し，基部は肥厚して海綿質，上方はやや長い嘴となって縁がざらつき，口部は膜質。5－6月に熟する。北海道〜九州の平地に多く，朝鮮半島・サハリン・千島列島に分布する。和名は〈黒蛙菅〉で，カワズスゲに外観が似ていて，色が濃いためである。

ウスイロスゲ節　Sect. **Holarrhenae**（Döll）Pax.

A．無花茎は長く伸びて倒伏し，翌年に節から有花茎を出す ……………………………………………………………… 22. ツルスゲ
A．無花茎は直立．
　B．雌鱗片は淡黄褐色，果胞は短毛がある ………………………………………………………………………………… 23. ウスイロスゲ
　B．雌鱗片は栗褐色，果胞は無毛 ……………………………………………………………………………………………… 24. アサマスゲ

22. ツルスゲ　　　　　　　　　　　　PL. 210
　Carex pseudocuraica F. Schmidt
　無花茎はよく伸びて，のちに倒れ，節から新株を生じて，翌年，有花茎をつける。小穂はやや小さく，果胞は卵状楕円形で，扁平，両側は海綿質で翼状となり，縁はざらつく。北海道・本州（近畿地方以北）の湿原に生え，国外では朝鮮半島からシベリア東部に分布する。和名は〈蔓菅〉で，その習性に由来する。

23. ウスイロスゲ〔エゾカワズスゲ〕　PL. 210
　Carex pallida C. A. Mey.
　地下に長い根茎があり，茎はところどころに出て高さ30－60cm，葉は幅3－5mm，小穂は数個，茎の上部にまばらにつき，長楕円形で，長さ5－10mm，淡黄褐色をおび，苞はない。果胞は卵形で，扁平，縁に広い翼があってざらつき，長さ4－4.5mm，まばらに短い軟毛が生える。5－6月に熟す。北海道・本州北部の草地に生え，国外では東アジア北部に分布する。和名はその小穂の色に基づく。

24. アサマスゲ　　　　　　　　　　PL. 211
　Carex lithophila Turcz.
　ウスイロスゲによく似ているが，小穂はさび色または赤褐色をおび，果胞もよく似ているが，本種では短い軟毛がなくて無毛となる。有花茎は高さ20－40cm。5－6月に熟す。本州（岩手県・長野県・関東地方）の川岸の草地にややまれに生え，国外では朝鮮半島〜シベリア東部に分布する。和名は〈浅間菅〉で，浅間山付近で初めて採集されたため。

クリイロスゲ節　Sect. **Heleoglochin** Dumort.

25. クリイロスゲ　　　　　　　　　　PL. 211
　Carex diandra Schrank
　本州（中部以北）と北海道の山中，池畔などの湿地に生え，鱗片は栗褐色，果胞は斜開し，長さ3mm，卵形，濃栗色でかたくて厚く，光沢があり，縁は円く上方は少しざらつき，急にやや長い嘴となる。茎は高さ50－80cm。6－7月に熟す。北半球の温帯に広く分布する。和名はその果胞の色と形がやや栗に似ているのに由来する。

オオカワズスゲ節　Sect. **Vulpinae**（Kunth ex Heuff.）H. Christ

A．苞は花序より長い葉身があり，果胞の縁は上半部にのみ幅広い翼がある ……………………………………………… 26. ミコシガヤ
A．苞の葉身は花序より短いか目立たない。果胞の縁に翼はないか，縁全体に狭い翼がある．
　B．果胞の脈は褐色をおびる．
　　C．葉鞘の前面の膜質部分に横じわはない ……………………………………………………………………………… 27. ミノボロスゲ
　　C．葉鞘の前面の膜質部分に横じわがある ……………………………………………………………………………… 28. ヒメミコシガヤ
　B．果胞の脈は緑色，または脈は目立たない．
　　C．果胞は両面とも多数脈で，背面に数個の凸点がある …………………………………………………………… 29. キビノミノボロスゲ
　　C．果胞は無脈または少数脈で，背面は平滑．
　　　D．果胞は広披針形で長さ約5mm ……………………………………………………………………………………… 30. オオカワズスゲ
　　　D．果胞は卵形〜広卵形で長さ4mm以下 ……………………………………………………… 31. ナガバアメリカミコシガヤ(帰化)

26. ミコシガヤ　　　　　　　　　　PL. 211
　Carex neurocarpa Maxim.
　平地や河川の縁などの草地に生える多年草。全体にさび色の小斑点がある。匍枝がなく密に叢生し，有花茎は高さ30－60cm，鈍稜があって平滑。葉は幅2－3mm。小穂は多数集まって長さ3－6cmの狭卵形の密な花序をつくり，帯淡赤褐色で，おのおの上方に雄花，下方に雌花をつけて卵円形，柄はなく長さ4－8mm，

下方の2－3個の苞は長い葉状で開出する。雌鱗片は広卵形で膜質。果胞は鱗片よりも長く，長さ4mm，脈が多く，卵形で縁の中央より上に幅の広い翼がつく。5－6月に熟する。本州，東アジア北部に分布する。和名は花序の形を祭礼の神輿に見立てたもの。

27. ミノボロスゲ　　PL.211
Carex albata Boott ex Franch. et Sav. var. ***albata***; *C. nubigena* D. Don ex Tilloch et Taylor subsp. *albata* (Boott ex Franch. et Sav.) T. Koyama; *C. nubigena* D. Don ex Tilloch et Taylor var. *albata* (Boott ex Franch. et Sav.) Kük. ex Matsum.

山地の路傍や草原，または湿地に多い。根茎は短く，匐枝が出ずに株をつくる。茎は高さ20－60cm，やや鋭い3稜があって，上方はざらつく。葉は幅2－3mm，濃緑色，花序は長さ3－5cm，卵状円柱形，下方の苞はときにやや葉状となる。小穂は数多く，卵円形で長さ5－8mm，上方に雄花，下方に雌花をつけ，淡緑白色。果胞は三角状披針形で，長さ4－4.5mm，脈があり，縁の上方はざらつき，やや長い嘴となる。5－7月に熟する。北海道・本州・四国（稀）に分布する。和名はイネ科のミノボロに花序が似ているのに由来するという。

ツクシミノボロスゲ var. *franchetiana* (Ohwi) Akiyama; *C. nubigena* D. Don ex Tilloch et Taylor subsp. *albata* (Boott ex Franch. et Sav.) T. Koyama var. *franchetiana* Ohwi は，花序の直下の茎が平滑，果胞はやや小さく，長さ3.5－4mm。本州（中国地方）・四国（愛媛）・九州に分布する。ヒマラヤのC. nubigena D. Donの亜種や変種にされることがあるが，*C. nubigena* は苞葉は花序よりもいちじるしく長く，果胞も長さ3－4mmと小さく，日本のミノボロスゲやツクシミノボロスゲとはだいぶ異なるものである。

28. ヒメミコシガヤ　　PL.211
Carex laevissima Nakai

ミノボロスゲにやや似ているが，葉舌の前面が葉身の基部より高く，葉鞘の前面は膜質で，しわがある。有花茎は高さ15－40cm。小穂はやや赤褐色をおび，果胞は長さ3－3.5mm，狭卵形で，細脈があり，膜質で上縁はわずかにざらつき，上方はしだいに嘴となる。5月に熟す。本州（近畿・中国地方）にまれに生え，朝鮮半島・ウスリーに分布する。和名は〈姫神輿茅〉であるが，その苞は短くて，目立たない。

29. キビノミノボロスゲ　　PL.211
Carex paxii Kük.

ミノボロスゲにやや似ているが，果胞は卵状の円錐形で，やや厚く，多数の脈があり，長さ3.5－4mm，灰黄緑色をおびて光沢がなく，背面に数個の突起がつき，上縁は狭い翼があって，上半はざらつき，しだいに嘴となる。茎は高さ40－60cm。5月に熟する。中国地方にまれに生え，また朝鮮半島・中国にも分布する。和名の〈吉備〉はその産地にちなむ。

30. オオカワズスゲ　　PL.212
Carex stipata Muhl. ex Willd.

山中の湿地に生え，株をつくる緑色の多年草で，少しざらつく。茎には鋭3稜があって，稜上はざらつき，ややわらかくて，高さ30－60cm。葉は幅3－7mm，葉鞘は淡色で，上部前面は透明膜質で横じわがある。花序は長さ3－6cm，卵状円柱形，基部の苞は刺状で目立たない。小穂はやや相接してつき，卵円形で長さ6－10mm，上部に少数の雄花がある。雌鱗片は淡色。果胞は長さ5mmで開出し，脈があって，三角状広披針形，基部は海綿質で肥厚し，縁は翼がなくてざらつき，長い嘴がある。6－7月に熟する。本州中部以北・北海道，東アジア北部～北アメリカに分布する。

31. ナガバアメリカミコシガヤ
Carex vulpinoidea Michx.

北アメリカ原産の帰化植物。葉は花茎よりも高く，果胞は卵形で長さ約2mm。本州（埼玉県・神奈川県・愛知県・岡山県など）に帰化。**アメリカミコシガヤ**（マルミノヤガミスゲ）*C. annectens* (E. P. Bicknell) E. P. Bicknell; *C. brachyglossa* Mack.は，葉が有花茎よりも低く，果胞は広卵形で長さ約3mm。北アメリカ原産で本州（宮城県・栃木県・東京都・神奈川県・富山県など）に帰化。

カヤツリスゲ節　Sect. **Cyperoideae** G. Don

32. カヤツリスゲ　　PL.212
Carex bohemica Schreb.; *C. cyperoides* Murray

茎は数個集まって高さ15－30cm，葉は幅1.5－2.5mm位。小穂は多数ついて茎頂に密集して，長さ幅とも1.5－2cmの半球形の頭状花序となり，葉状の苞が2－3個つく。果胞は直立し，狭披針形，淡緑色，膜質で，長さ7－10mm，縁はざらつき，基部に細長い柄があり，上方は線形で，はなはだ長い嘴がある。果実は小さい。北海道・本州（山梨県富士五湖）にまれに生え，国外では朝鮮半島・中国東北部・シベリア・ヨーロッパに分布する。和名は草姿がカヤツリグサ属に似ていることによる。

カワズスゲ節　Sect. **Stellulatae** (Kunth) Christ

A．果胞は長さ3.5－5mm，背面には数本の明らかな脈があり，嘴の縁はほぼ平滑，熟すと反り返る……………33．ヤチカワズスゲ
A．果胞は長さ約3mm，背面はほとんど脈がなく，嘴の縁は強くざらつき，熟しても反り返らない……………34．キタノカワズスゲ

33. ヤチカワズスゲ
Carex omiana Franch. et Sav. var. *omiana*

湿原や湿地に生える多年草。匐枝はできない。有花茎は高さ30－50cm，葉は幅2mm位。花穂は3－5個の小穂をまばらに，またはやや接してつける。小穂は大半が雌花で，下部に少数の雄花をつけるが，頂小穂には

雄花がやや多い。小穂は栗褐色または少し緑色で，光沢があり，倒卵形で，長さ7－12mm，柄はなく，基部はくさび形となる。果胞は開出し，平凸形，長さ4－5mm，平滑で光沢があり，基部は幅が広く，海綿質で厚く，上方はしだいに長い嘴となり，初め緑色だが，熟すと栗褐色になる。5－7月に熟す。南千島・北海道～九州に分布する。国外では中国東北部に分布する。和名はカエルのすむような谷地（湿地）に生えるため。

カワズスゲvar. monticola Ohwi（PL.212）は，北海道・本州中部以北の山地に生える小型の変種で，茎は高さ10－30cm，果胞は長さ3.5－4mmにすぎない。

チャボカワズスゲvar. yakushimana Ohwiは，屋久島の高地に生えるもので，高さ10cm未満。

34. キタノカワズスゲ　　　PL.212
Carex echinata Murray; *C. stellulata* Gooden.

北海道・本州北部の高山の湿原にまれに生え，やや繊細で，茎は高さ20－50cm，果胞はいっそう扁平で，卵状三角形，長さ3mm位，縁の上部にはざらつきがある。6－7月に熟す。国外では東アジア北部からヨーロッパ・北アメリカに分布する。

マスクサ節　Sect. **Gibbae** Kük.

35. マスクサ　　　PL.213
Carex gibba Wahlenb.

平地の草原ややぶなどに生え，株をつくる。緑色，やや平滑の多年草。茎は高さ30－70cm，葉は幅2－4mm，小穂は5－8個，下方のものは互いに離れ，上方のものは相接してつき，長さ4－10cmの花序をつくり，おのおの上方に雌花，下部に短く雄花をつけ，長楕円形で，長さ5－10mm。苞は長い葉状で開出する。雌鱗片は倒卵形で淡色，膜質，上端は少しへこみ，中肋が緑色で突出する。果胞はやや円形で，背面から突出し，長さ3－3.5mm，脈はなく，縁に翼がある。柱頭は3岐。5－6月に熟す。本州～九州，朝鮮半島・中国に分布する。

ヤブスゲ節　Sect. **Remotae**（Asch.）C. B. Clarke

```
A. 苞の葉身は花序よりもいちじるしく高い。
   B. 果胞は卵状披針形で翼は狭い。
      C. 葉は幅2－4mm，小穂は8個以上，長さ8－15mm，果胞は長さ4－4.5mm ……………………36. ヤブスゲ
      C. 葉は幅1－2mm，小穂は3－7個，長さ4－6mm，果胞は長さ約3mm ……………………37. イトヒキスゲ
   B. 果胞は広卵形で幅広い翼がある ……………………38. タカネマスクサ
A. 苞の葉身は下方の1－2個のみが小穂よりも長い ……………………39. ホスゲ
```

36. ヤブスゲ　　　PL.213
Carex rochebrunii Franch. et Sav.

林内に生える多年草。根茎は短い。茎は高さ40－60cmで，鈍稜があって平滑，葉は幅2－4mm。小穂は8－10個，下方のものは離れてつき，いずれも雌性で，基部に短く雄花部があり，淡緑色，長楕円形で長さ8－15mm。果胞は狭卵形で長さ4－4.5mm，細い脈があり，両縁の幅の狭い翼上はざらつく。5月に熟し，本州・四国に生え，国外では東アジア～インドに分布する。和名は〈藪菅〉で，生育地に由来する。

37. イトヒキスゲ　　　PL.213
Carex remotiuscula Wahlenb.

ヤブスゲによく似ているが，繊細で，茎は高さ30－50cm，葉は幅1－2mm，小穂は4－7個つき，熟して卵円形で長さ4－6mm，淡緑色，果胞は長さ約3mm，披針状卵形で細脈があり，上方はしだいに嘴となる。6－7月に熟す。北海道・本州（長野県霧ヶ峰）の深山林中にまれに自生し，朝鮮半島・中国（東北）・ウスリー・サハリンにも分布する。

38. タカネマスクサ　　　PL.212
Carex planata Franch. et Sav. var. **planata**

花序は3～5個の小穂を上方にやや接近してつけ，小穂は卵形または卵円形で，長さ6－10mm。果胞は扁平で長さ4mm位，やや広い翼とともに広卵形，嘴は短い。5－6月に熟す。北海道～九州の山中林地に生える。和名は〈高嶺升草〉で，外形はややマスクサに似たところがあるが，高山には生えない。

ホザキマスクサvar. **angustealata** Akiyama（PL.212）は，小穂は4－7個が離れてつき，果胞の翼は狭い。愛知県以西の本州に分布し，河川の高水敷などに生える。

39. ホスゲ　　　PL.213
Carex senanensis Ohwi;
C. deweyana Schwein. subsp. *senanensis* (Ohwi) T. Koyama;
C. deweyana Schwein. var. *senanensis* (Ohwi) T. Koyama

本州（おもに日本海側）の湿った高山帯の草原に生え，小穂は7－9個，長楕円形で長さ約1cm，幅3－4mm，下方の1－2個のみに短い苞がつく。果胞は卵状披針形で，細脈があり，長さ約4mm，上方はしだいに長い嘴となる。6－7月に熟す。和名は〈穂菅〉で，上方の小穂がやや密について目立つのに由来する。北アメリカのC. deweyana Schwein.に近縁といわれる。

ヤガミスゲ節　Sect. **Ovales** (Kunth) Christ

A. 花序は長さ3－6cm, 熟すと果胞はやや開出する ·· 40. ヤガミスゲ
A. 花序は長さ1－4cm, 熟しても果胞は直立 ·· 41. アメリカヤガミスゲ(帰化)

40. ヤガミスゲ　　　　　　　　　　PL. 213
Carex maackii Maxim.
　北海道・本州・九州の川岸や平地の湿気のある草原に生える。花序のつかない茎はやや長く伸びて夏期に倒れる。葉鞘は前面に横じわがなく, 小穂は上方に雌花, 基部に短く雄花部がある。果胞は斜上して上方が開出し, 卵形で長さ3.5mm位, やや扁平なレンズ形で, 両縁に狭い翼があってやや海綿質となり, 上方はざらつき, 基部は肥厚しない。嘴は顕著。朝鮮半島・中国（東北）・アムールに分布する。

41. アメリカヤガミスゲ
Carex scoparia Schkuhr ex Willd.
　密に叢生する。小穂は3－7個, 雌雄性で下方のものはやや離れてつき, 果胞は長さ4－4.5mm, 幅1.5－1.8mm。北アメリカ原産で北海道に広く帰化し, 本州（山形県・千葉県・東京都・福井県・兵庫県など）・四国（香川県）・九州（福岡県）に記録がある。
　コツブアメリカヤガミスゲ C. bebbii (C. H. Bailey) Olney ex Fernaldは, 果胞が小さく, 長さ2.8－3.2mm。北海道（東部）に帰化。**クシロヤガミスゲ** C. crawfordii Fernaldは, 小穂が7－12個密集してつき, 果胞は長さ3－4mm, 幅0.8－1mm。北海道に帰化。**アサハタヤガミスゲ** C. longii Mack.は, 果胞が広卵形, 腹面に4－7脈があり, 痩果は五角状卵形で幅0.8－1mm。神奈川県と静岡県に帰化。

ホソスゲ節　Sect. **Dispermae** Ohwi

42. ホソスゲ
Carex disperma Dewey
　繊細で, 細長い匐枝がある。茎は高さ20－50cm, 細くてざらつく。葉は幅1－1.5mm。小穂は3－5個あって, まばらにつき, 長さ2－3mm, 少数の花をつけ, 苞はほとんどない。果胞は淡緑黄色で光沢があり, 卵形で厚いレンズ形, 長さ2.5－3mm, 縁は鈍く, 細い脈があり, やや革質で, 上方は急に短い嘴となる。果は密に果胞に包まれる。6－7月に熟す。北海道の林中の湿原にまれに生え, 国外では北半球の亜寒帯に分布する。和名は〈細菅〉でその形にちなむ。

ハクサンスゲ節　Sect. **Glareosae** G. Don

A. 雌花の鱗片は淡色。
　B. 小穂は茎の頂に接近して2－3(4)個がつく。
　　C. 葉は幅1－1.5mm, 有花茎は繊細, 果胞は長さ2.5－3mm ·· 43. イッポンスゲ
　　C. 葉は幅1.5－3mm, 有花茎は太く, 果胞は長さ3.5－4mm ·· 44. ヒロハイッポンスゲ
　B. 小穂はまばらに数個～やや多数がつく。
　　C. 果胞は無嘴 ·· 45. アカンスゲ
　　C. 果胞は短嘴。
　　　D. 有花茎は太く, 葉は灰緑色, 苞は葉身がない ·· 46. ハクサンスゲ
　　　D. 有花茎は細く, 葉は鮮緑色, 最下の苞は刺状の葉身がある ·· 47. ヒメカワズスゲ
A. 雌花の鱗片は褐色をおびる。
　B. 小穂は有花茎上部に密集 ·· 48. タカネヤガミスゲ
　B. 小穂はまばらにつく。
　　C. 塩湿地に生え, 匐枝を伸ばし群生し, 高さ15－40cm ·· 49. ノルゲスゲ
　　C. 淡水湿地に生え, 叢生し, 高さ40－70cm。
　　　D. 葉は幅2－3mm, 雌鱗片は鋭頭, 果胞は鱗片とほぼ同長で長さ約3mm ······················ 50. ホソバオゼヌマスゲ
　　　D. 葉は幅3－4mm, 雌鱗片は鈍頭, 果胞は鱗片より長く, 長さ3－3.5mm ····················· 51. ヒロハオゼヌマスゲ

43. イッポンスゲ〔シロハリスゲ〕　　　PL. 213
Carex tenuiflora Wahlenb.
　やや単生する細長い種類で, 有花茎は高さ20－60cm, 葉は細く, 幅1－1.5mm, 灰緑色。小穂は2－3個あって, 茎頂に近く密につき, 灰白色で, 長さ5－8mm。果胞は卵形, 灰緑色で長さ3－3.5mm, 多数の細い脈があり, 嘴はない。5－7月に熟す。北海道・本州（日光戦場ヶ原・霧ヶ峰）のミズゴケ湿原に生え, 北半球の湿原に広く分布する。和名は〈一本菅〉および〈白針菅〉で, 茎が株にならず, またハリスゲにやや似ていると考えられたためにつけられた。

44. ヒロハイッポンスゲ　　　　　　　PL. 214
Carex pseudololiacea F. Schmidt
　本州（山形県・福島県）・北海道のミズゴケ湿原に生え, サハリン・千島列島にも分布する種類で, 茎は高さ20－40cm, 葉は灰緑色, 幅1.5－3mm, 小穂は灰白色または少し淡汚黄色をおび, 果胞は長楕円形で長さ3.5－4mm, 多数の太い脈があり, 平凸形, 厚い膜質で, ほとんど嘴はない。6－7月に熟す。

45. **アカンスゲ** PL.214
　　Carex loliacea L.
　ヒロハイッポンスゲに似ているがやや小型で、葉は幅1-2mm、小穂はやや小さく、3-5個がやや離れてつく。果胞は卵状長楕円形、長さ2.5-3mm、細い脈があり、ほとんど嘴はない。北海道・本州（中部以北）の山地の高層湿原にまれに生え、国外では旧世界の北地に広く分布する。和名は阿寒の地名に基づく。

46. **ハクサンスゲ** PL.214
　　Carex canescens L.; *C. curta* Gooden.
　高山の湿った草地に生える。小さな株をつくり、匐枝は出ない。茎は高さ20-60cm、葉は灰緑色で幅1.5-4mm。小穂は4-7個が接近してつき、おのおの下方に少数の雄花を、上方に雌花をつけ、楕円形で長さ4-10mm、灰緑色または淡灰色。果胞は広倒卵形で、数条の脈があり長さ2-2.2mm、短い嘴があり、ときには上方の縁にわずかなざらつきがある。6-7月に熟す。本州中部以北・北海道、および北半球の北地や高山、および南アメリカとニューギニアに分布する。和名は加賀白山に知られたため。

47. **ヒメカワズスゲ** PL.214
　　Carex brunnescens (Pers.) Poir.
　ハクサンスゲに似ているが、全体にやや小さく高さ15-40cm、葉は草緑色で、幅1-2mm、有花茎は細く、最下の苞には短い葉身がある。6-7月に熟す。本州中部以北・北海道の高山の湿った草地に生え、東アジア北部・シベリア・北アメリカ・ヨーロッパに分布する。

48. **タカネヤガミスゲ** PL.214
　　Carex lachenalii Schkuhr
　北海道（大雪山）・本州（山形県・長野県・山梨県）の高山帯の乾いた草原にまれに生える。有花茎は高さ20-30cm、葉は濃緑色。小穂は長楕円形で、長さ5-10mmあって暗褐色。果胞は長さ3mmで淡栗褐色。8-9月に熟す。朝鮮半島・北千島から北半球の北地、高山にも分布する。

49. **ノルゲスゲ** PL.215
　　Carex mackenziei V. I. Krecz.
　ハクサンスゲにやや似ているが、匐枝を伸ばして群生し、有花茎は高さ20-40cm、淡赤褐色のやや大きい鱗片があり、果胞は広楕円形で、長さ3mm、灰色または灰褐色で細脈があり、ほぼ平滑。6-7月に熟す。北海道（釧路・根室付近）の海岸の湿地に生え、サハリンからヨーロッパ・シベリア・北アメリカ西部に分布する。和名はノルウェーに由来した旧名 *C. norvegica* Willd. にちなむ。

50. **ホソバオゼヌマスゲ** PL.215
　　Carex nemurensis Franch.
　高さ40-70cm、大きな株をつくり、葉は濃緑色で、幅2-3mm、縁はざらつく。小穂は長さ5-7mm、栗褐色でやや光沢があり、6-7月に熟す。本州中部以北・北海道の高層湿原に生え、国外ではサハリン・千島列島に生える。

51. **ヒロハオゼヌマスゲ** PL.215
　　Carex traiziscana F. Schmidt
　ホソバオゼヌマスゲに似ているが、葉は灰緑色で、幅3-4mm、やや平滑。小穂はやはり栗褐色で、北海道・本州（尾瀬ヶ原）などに生え、ホソバオゼヌマスゲよりも少ない。茎は高さ40-60cm、6-7月に熟す。国外ではサハリンに分布する。

アブラシバ節　Sect. **Japonicae** Kük.

52. **アブラシバ** PL.215
　　Carex satsumensis Franch. et Sav.
　山中の裸地に生える多年草。細長い匐枝がある。有花茎は高さ10-30cm、葉は幅2-5mm、鞘は淡褐色、糸網はない。花序は穂状円錐形で、長さ3-8cm、多数の無柄の小穂が水平に開出してつく。小穂は卵形、長さ5-12mm、上半に雄花、下半に雌花をつけ、ほとんど苞がなく、淡黄褐色で光沢がある。雌鱗片は披針状卵形。果胞は開出し、狭卵形で長さ2.5mm位、脈も毛もなく、帯褐色で、上方はやや急に長い嘴となる。4-7月に熟す。本州（福島県以南）～九州、台湾・フィリピン・ベトナムに分布する。和名は花序が油気のあるような感じのため。

ハナビスゲ節　Sect. **Indicae** Tuck. ex L. H. Bailey

53. **ハナビスゲ**〔ジュウモンジスゲ〕 PL.215
　　Carex cruciata Wahlenb.
　全体やや大きく、茎は高さ50-100cm、葉は扁平で幅6-12mm、基部はときに一部が少し赤血色をおびる。よく分枝する大型の円錐花序を数個、頂生および腋生し、枝と小枝は小刺毛があってざらつく。小穂は開出し、長さ5-8mmあって上部に雄花、下部に雌花をつけ、淡黄褐緑色で赤褐色をおびる。雌鱗片は広卵形、凸頭。果胞は長さ3.5-4mm、ふくれた卵形で縁がざらつき、上方はやや長い嘴となり、熟すとふくらみ、白色になる。長崎県・熊本県および屋久島・種子島の草原ややぶに生え、台湾・中国南部・東南アジア・インド・オーストラリアに分布する。和名は〈花火菅〉でその花序の形に由来する。

ナキリスゲ節　Sect. **Graciles** Tuck. ex Kük.

A. 頂小穂は雄性、基部の鞘は伸長し葉身がない ··· 54. オオナキリスゲ
A. 頂小穂は雄雌性、基部の鞘は伸長せず、葉身がある。

B．柱頭は長さ4－9mmで宿存する．
　C．小穂は各節に2－5個が束生，果胞は幅1.2－1.5mm，細脈が多数あり，伏毛がある．
　　D．果胞は長さ3－4mm，先端は凹形または2歯 ······················· 55．フサナキリスゲ
　　D．果胞は長さ4－5mm，先端は2深裂する ······················· 56．ムニンナキリスゲ
　C．小穂は各節に単生，果胞は幅1.5－2mm，太い脈があり，面はほとんど無毛 ······· 57．チチジマナキリスゲ
B．柱頭は長さ2－3.5mm，早落性．
　C．果胞は長さ3.5－4mm，幅1.5－1.7mm ······················· 58．キシュウナキリスゲ
　C．果胞は長さ2－4mm，幅1－1.3mm．
　　D．果胞は長さ3.5－4mm，先は急に細く長い嘴となる ················· 59．ジングウスゲ
　　D．果胞は長さ2－3.5mm，やや短い嘴となる．
　　　E．果胞は楕円形で長さ2－3mm，幅1－1.2mm，細脈があり，無毛または微毛．
　　　　F．果胞は完全に無毛，葉は平滑 ··························· 60．アマミナキリスゲ
　　　　F．果胞は少なくとも縁付近に毛があり，葉はざらつく．
　　　　　G．葉は幅1－2mm，小穂は各節に1－3個，果胞は長さ2－2.8mm，幅1mm ······ 61．オキナワヒメナキリ
　　　　　G．葉は幅2－4mm，小穂は各節に2－6個，果胞は長さ2.5－3mm，幅1－1.2mm ···· 62．コゴメスゲ
　　　E．果胞は広楕円形で長さ2.8－3.5mm，幅1.2－1.5mm，やや太い脈があり密毛．
　　　　F．匍枝は出さず密に叢生，茎は高さ30－80cm ··················· 63．ナキリスゲ
　　　　F．匍枝を出し，茎は高さ10－35cm ··························· 64．センダイスゲ

54．オオナキリスゲ　PL.215
Carex autumnalis Ohwi

本州（近畿以西）・四国・対馬にまれに生える．ナキリスゲに似ているが小穂は10個内外つき，頂小穂は雄性で線形，長さ1.5－2cm，側小穂は雌性でまばらに花をつけ，その上部に短い雄性部があって，長さ1－3cm，広線形．果胞の上方の縁近くにわずかにまばらな刺毛がある．秋に成熟する．

55．フサナキリスゲ　PL.216
Carex teinogyna Boott

小穂は多数あって，やや密につき，線形で，まばらに雌花をつけ，上部に雄花がつく．茎は高さ40－60cm．果胞は長さ3.5－4mm，楕円形で，特に縁に小刺毛があり，嘴はやや長い．柱頭は赤褐色，糸状で長さ6－8mmもあり，果胞よりも長い．8－10月に熟す．本州（近畿以西）～九州に生え，朝鮮半島南部・中国・東南アジア・インドに分布する．和名は密についた房状の小穂に基づく．

56．ムニンナキリスゲ　PL.216
Carex hattoriana Nakai ex Tuyama

小穂は雄雌性で1節に2－4個つけ，果胞は長さ約4mm，嘴は長く，口部は2中裂または深裂し，細脈が多数あり，有毛．柱頭は長く宿存する．小笠原諸島（父島・兄島・弟島・母島）に分布．小笠原固有．樹林内に生える．

57．チチジマナキリスゲ　PL.216
Carex chichijimensis Katsuy.

小穂は1節に1個ずつつき，果胞は大きく，長さ4－5m，幅1.5－2mmあり，脈が太くほとんど無毛．小笠原諸島（父島）に固有．風衝低木林に生える．

58．キシュウナキリスゲ　PL.216
Carex nachiana Ohwi

茎はときに高さ1m以上にもなる．小穂は1節に2－3個つき，雄雌性，果胞はややまばらにつき，長さ3.5－4mm，広卵形で，細脈が多数あり，縁にだけ小毛があってざらつき，嘴は少し長い．9－10月に熟す．本州～九州の暖地の林内にまれに生え，中国に分布する．和名，学名とも初め紀州那智に知られたため．

59．ジングウスゲ〔ヒメナキリスゲ〕　PL.216
Carex sacrosancta Honda

やや繊細で，茎は高さ20－40cm．小穂は4－6個，線状円柱形で長さ1－2.5cm，まばらに雌花をつけ，上方に短く雄花がつく．9－10月に熟し，果胞は長さ4mm位，楕円形で，脈上にまばらに小刺毛があり，嘴はやや長い．台湾にも知られている．本州（伊豆以西）～九州に分布．和名は伊勢神宮境内に知られたため．

60．アマミナキリスゲ　PL.216
Carex tabatae Katsuy.

コゴメスゲやオキナワヒメナキリに似るが，有花茎や葉は平滑で，果胞にはまったく毛がない．小穂は1節に1個つけることが多い．奄美大島に固有．渓流の岩上に生える．

61．オキナワヒメナキリ　PL.217
Carex tamakii T. Koyama; *C. sacrosancta* Honda var. *tamakii* (T. Koyama) T. Koyama

コゴメスゲに似るが，小穂は各節に1－3個，果胞は長さ2－2.8mm，幅約1mm，先は急に狭くなって中位の嘴になる．南西諸島（沖縄島・西表島）に分布し，渓流岩上に生える．

62．コゴメスゲ　PL.217
Carex brunnea Thunb.

ナキリスゲによく似ているが，沿海地に生え，小穂は1節に2－6個をつけ，少し細く，果胞は長さ2.5－2.7mm，鱗片よりもわずかに短く，脈は細く毛も少ない．高さ40－80cm．8－10月に熟す．本州（関東以西）～琉球，台湾・中国・東南アジアに生える．和名は果胞が小さいのを小米に見立てたもの．

63．ナキリスゲ　PL.217
Carex lenta D. Don

平地の疎林に多く生える多年草．根茎は短く密に叢生し，有花茎は細くて高さ40－60cm，基部の鞘は暗褐色．小穂はやや数が多くて，ときに十数個となり，苞の鞘内から1－3個ずつ出る．いずれも雄雌性で，上方には短く雄花がつき，短円柱形で，長さ5－20mm，幅3－

4mm。雌鱗片は卵形，膜質で，赤褐色をおびる。果胞は広楕円形でレンズ形，長さは3－3.5mm，脈と開出毛があり，上端は急に直立する短い嘴となる。8－10月に熟す。本州～九州，朝鮮半島・中国・インドに分布する。葉がざらざらしていて，菜も切れるとの意。

64．センダイスゲ　　　　　　　　　　　　　PL.217
　Carex sendaica Franch.;

C. lenta D. Don var. *sendaica* (Franch.) T. Koyama
ナキリスゲに似て，丈低く10－30cm，根茎は横にはう。小穂は3－4個。本州～九州の疎林地に生え，朝鮮半島・中国に分布する。和名は初め宮城県仙台で知られたため。

アゼスゲ節　　Sect. **Phacocystis** Dumort.

A．雌鱗片は黒紫色～赤紫色。
　B．果胞口部は2裂
　　C．果時赤褐色の柱頭が宿存し目立つ ……………………………………………………………… 65．サドスゲ
　　C．柱頭は落ちやすい。
　　　D．果胞の嘴は長くとがり，その縁はざらつき，口部は鋭く2裂 ………………………… 66．タニガワスゲ
　　　D．果胞の嘴は短くとがり，その縁は平滑，口部は小さく2裂 ………………………… 67．ヤマアゼスゲ
　B．果胞の口部は全縁。
　　C．果胞は平滑。
　　　D．基部の鞘は葉身があり，淡色または褐色をおびる。
　　　　E．基部の葉は縁が内曲。果胞は鱗片と同長かやや長く，きわめて短い嘴があり，細脈がある …… 68．アゼスゲ
　　　　E．基部の葉は縁が外曲。果胞は鱗片より明らかに長く，無嘴無脈 …………………… 69．ヌマアゼスゲ
　　　D．基部の鞘は葉身がなく，赤紫色をおびる。
　　　　E．根茎は少し横にはってまばらに叢生し，下方の雌小穂も直立する ……………… 70．タテヤマスゲ
　　　　E．密に叢生し，下方の雌小穂は長い柄があって下垂 …………………………………… 71．ナガエスゲ
　　C．果胞は細点または乳頭状突起を密生。
　　　D．小穂は柄が短く直立(花茎全体がうなだれることはある)。
　　　　E．果時に葉は花茎よりもいちじるしく高い。
　　　　　F．葉は幅2－3mm，上方の1－3個の小穂が雄性，果胞は鱗片より短く，乾くと細脈が明らか …… 72．ウシオスゲ
　　　　　F．葉は幅0.5－1.5mm，ふつう頂小穂1個が雄性，果胞は鱗片より長く，乾いても脈は不明 …… 73．ヒメウシオスゲ
　　　　E．果時に葉は花茎と同長か低い。
　　　　　F．頂小穂はふつう雌雄性 ………………………………………………………………… 74．ヒメアゼスゲ
　　　　　F．頂小穂は雄性。
　　　　　　G．根茎は斜上してゆるく叢生し，基部の鞘は褐色～濃褐色。
　　　　　　　H．基部の鞘は褐色，最下の苞の葉身は小穂よりも短い …………………… 75．オハグロスゲ
　　　　　　　H．基部の鞘は濃褐色，最下の苞の葉身は小穂より長い ……………………… 76．シュミットスゲ
　　　　　　G．密に叢生し，基部の鞘は赤紫色，最下の苞の葉身は小穂より短い ………… 77．カブスゲ
　　　D．少なくとも下方の小穂は長い柄があって下垂。
　　　　E．雌鱗片は果胞と同長か短く，基部の鞘は褐色 ……………………………………… 78．トマリスゲ
　　　　E．雌鱗片は果胞よりも長く，基部の鞘は赤紫色をおびる ……………………………… 79．ヤラメスゲ
A．雌鱗片は緑白色または淡褐色をおびる程度。
　B．果胞は乳頭状の突起がある。
　　C．頂小穂は雌雄性。
　　　D．雌鱗片は先が凹頭芒端，果胞は無脈 ………………………………………………… 80．アゼナルコ
　　　D．雌鱗片は鋭頭，果胞は4－5脈が顕著 ……………………………………………… 81．ツクシナルコ
　　C．頂小穂は雄性。
　　　D．雌小穂は幅3－4mm。果胞は長さ2.5－3.5mm ………………………………… 82．ヒメゴウソ
　　　D．雌小穂は幅5－7mm。果胞は長さ3.5－5mm …………………………………… 83．ゴウソ
　B．果胞には乳頭状の突起がなく平滑。
　　C．果胞は嘴が長く，ふくらまず果実をきつく包む。
　　　D．植物体はやわらかくやや平滑 ………………………………………………………… 84．カワラスゲ
　　　D．植物体はかたく，いちじるしくザラつく ……………………………………………… 85．オタルスゲ
　　C．果胞は嘴が短く，ふくらんで果実をゆるく包む。
　　　D．小穂は直立 ……………………………………………………………………………… 86．トダスゲ
　　　D．小穂は下垂または点頭。
　　　　E．基部の鞘は背面に稜がなく円く，糸網は生じない ………………………………… 87．アズマナルコ
　　　　E．基部の鞘は背面に稜があり，前面には糸網を生じる。
　　　　　F．花茎や葉はいちじるしくざらつき，葉の下面は粉白をおびず，基部の鞘は褐色 ……… 88．テキリスゲ
　　　　　F．花茎や葉はほぼ平滑，葉の下面は粉白をおび，基部の鞘は赤褐色 ……………… 89．ヤマテキリスゲ

65．サドスゲ　　　　　　　　　　　　　PL.217
　Carex sadoensis Franch.

山地の谷川のほとりに群生する多年草。根茎は長くはい，有花茎は高さ30－70cm。葉はやわらかく，幅

3－4mm。基部の鞘は葉身があり，淡黄褐色，膜質で腐りやすく，糸網はない。小穂は5－8個，直立してつき，頂生のものは雄性で栗赤褐色，側小穂は雌性で円柱形をなし，長さ3－5cm，無柄のものが多い。雌鱗片は栗赤褐色。果胞は鱗片より幅が広く，楕円形で長さ2－2.5mm，褐色で脈がなく，先は急にやや長い嘴となり，その上縁はときに1－2個の小刺毛があって少しざらつく。柱頭は2岐，細長く，赤褐色で果時にも残る。5－7月に熟す。北海道・本州中北部および伯耆大山，千島列島・サハリンに分布する。和名は学名と同様，産地にちなむ。

66. タニガワスゲ　　　　　PL. 217
Carex forficula Franch. et Sav.

山地の渓流の縁などに生える多年草。ヤマアゼスゲに近縁で，よく似ているが，匍枝はなくて株をつくり，基部の鞘は濃褐色，側小穂はよりまばらに花をつけ，円柱形で，長さ2－5cm。果胞は長さ3.5－4mmあって，急にやや長い嘴となり，嘴の縁に細かい少数のとげがつく。茎は高さ30－50cm。5－6月に熟す。北海道西南部～九州，朝鮮半島・中国（東北・北部）に分布する。和名は谷川のほとりなどによく生育するからである。

67. ヤマアゼスゲ　　　　　PL. 218
Carex heterolepis Bunge

谷間の水辺などに生える多年草。地下に太い匍枝がある。有花茎は高さ20－60cm，基部の鞘は一部葉身がなく，淡黄褐色でややかたく，少し糸網がある。葉は幅3－5mm。小穂は3－7個ついて直立し，頂生のものは雄性，側生のものは雌性で円柱形，長さ2－6cm，多くは柄がない。雌鱗片は長楕円形，暗紫褐色，果胞は長さ2.5－3mm，脈も毛もなく，平滑で，ときに黄色の腺点を散布し，上端は急に短い嘴となる。5－6月に熟す。北海道西南部・本州・四国・九州，朝鮮半島・中国に分布する。和名は〈山畦菅〉で，アゼスゲよりも山地に生えるため。

68. アゼスゲ　　　　　PL. 218
Carex thunbergii Steud. var. **thunbergii**

平地の川岸や田のあぜなど湿地に生える多年草。匍枝がある。有花茎は高さ20－80cm，基部の鞘は葉身があって枯れ，一部に帯紫褐色のところがある。葉はやわらかく，幅1.5－4mm，粉緑色，縁は乾くとわずかに内曲する。上方1－2個の小穂は雄性で，黄褐色または濃紫褐色。側生の2－3個のものは雌性で，円柱形，長さ2－5cm，ほとんど柄がない。雌鱗片は長楕円形で，狭い白色の縁がある。果胞は楕円形で，灰色の細粒点を密布し，脈があり，長さ3－3.5mm，上部は急に短い嘴に終わる。5－6月に熟す。北海道～九州，千島列島・サハリンに分布し，変異がたいへん多い。和名は田のあぜなどに多いのでその名がある。変種オオアゼスゲ（エゾアゼスゲ）var. **appendiculata** (Trautv. et C. A. Mey.) Ohwiは，本州の山地，北海道に生え，全体ややかたく，少し大型で匍枝がなく，谷地坊主をつくる。5－7月に熟し，東アジア北部に分布する。

69. ヌマアゼスゲ　　　　　PL. 218
Carex cinerascens Kük.

長い匍枝が出る。アゼスゲに似た種類だが，全体はよりかたく，基部の鞘は一部葉身がなく，暗褐色をおび，葉は幅2－3mmあって，少し縁が外曲する。果胞は長さ2－3mmで，脈がない。茎は高さ約60cm，5－6月に熟す。本州（関東・東北地方）の川岸の湿地に生え，朝鮮半島・中国に分布する。

70. タテヤマスゲ　　　　　PL. 218
Carex aphyllopus Kük. var. **aphyllopus**

本州中北部の日本海側の高山草原に群生して，匍枝が出る。茎は高さ30－100cm。基部の鞘は葉身がなく，美しい赤紫色で前面は糸網がある。葉は幅3－5mm，雄小穂は上方にあって1－3個，暗赤紫色。雌小穂は2－4個ついて，長さ2－5cm，下方の苞は葉状となる。果胞は長さ3mm，広卵形，ときに少数の脈があり，淡緑色で嘴は短い。6－7月に熟す。和名は初め富山県立山で知られたのに由来する。

ヒルゼンスゲ var. **impura** (Ohwi) T. Koyama; *C. impura* Ohwiは，タテヤマスゲによく似ているが，果胞が細長くてややふくらみ，長さ3.5mm位，帯褐色で，先端は少し外曲して，しだいにいちじるしい嘴となる。茎は高さ50－80cm。岡山県蒜山にまれに自生する。

71. ナガエスゲ　　　　　PL. 218
Carex otayae Ohwi

本州（秋田県から福井県までの日本海側）に分布。タテヤマスゲに似るが，根茎は短く密に叢生し，雌小穂は長い柄があって垂れ下がり，雌鱗片には長芒がある。

72. ウシオスゲ　　　　　PL. 219
Carex ramenskii Kom.

北海道（北部と東部）の塩性湿地にまれに生える。国外ではサハリン・カムチャツカ半島・アラスカに分布。ヒメウシオスゲに似るが，上方の1－3個の小穂が雄性で，果胞は鱗片より短く，乾くと細脈が明らかになる。

73. ヒメウシオスゲ　　　　　PL. 219
Carex subspathacea Wormsk.

北海道・本州（青森県）の海岸の湿地に群生し，サハリン・千島列島からヨーロッパ北部・北アメリカ北部に分布する小型の種類で，全体にやわらかく，やや長い匍枝がある。有花茎は高さ3－30cm，果期には葉よりも低い。基部の鞘には葉身があり，一部帯紫色となる。葉は幅1－2mm，縁はやや内曲する。頂小穂は雄性で線形。側小穂は1－3個あって，雌性，長楕円形で直立し，7－15花がつく。鱗片は暗褐紫色，果胞は卵形で，長さ3.5－4mm，やや厚い平凸形，厚い膜質で灰緑色をおび，脈はなく，嘴はごく短い。6－7月に熟す。和名は〈姫潮菅〉で，海岸に生えて小型であるため。

74. ヒメアゼスゲ　　　　　PL. 219
Carex eleusinoides Turcz. ex Kunth

匍枝がなく，丈が低く高さ10－30cm，やわらかく，基部の鞘は葉身がなくて褐紫色，葉は幅2mm。小穂は上方につき3－5個，頂小穂は雄性，または上部に雌花部をつける。側小穂は雌性で，長さ1－1.5cm，短い円

柱形，黒紫色で円頭の鱗片がある。果胞は長さ2.5mm，淡緑色，細粒を密生し，細脈がある。北海道の高山帯にまれに生え，北千島・朝鮮半島北部〜シベリア東部に分布する。

75. オハグロスゲ　　　　　　　　　　　　　PL.219
Carex bigelowii Torr. ex Schwein.

茎は高さ10－30cm，株となって匍枝がなく，小穂は4－5個，接続して上方につき，頂小穂は雄性で，長さ1－1.5cm，側小穂は雌性で長楕円形，長さ1－2cm。鱗片は幅が広く，黒褐色。果胞は脈がなく，密に細点がある。北海道（大雪山）の高山帯の湿った草原に生え，朝鮮半島北部・カムチャツカ半島・シベリア・ヨーロッパ北部・北アメリカにも分布する。和名は黒色の鱗片を御歯黒に見立てたもの。

76. シュミットスゲ　　　　　　　　　　　PL.218-219
Carex schmidtii Meinsh.

カブスゲによく似ているが，茎の基部の鞘は暗褐色，最下の苞は葉状になり，果胞はややふくらんで，果をゆるく包んでいる。有花茎は高さ50－70cm。北海道の湿原にまれに生え，サハリン・千島列島・カムチャツカ半島・朝鮮半島北部からシベリア東部に分布する。和名はこの植物を採集した《Flora Sachalinensis》の著者Friedrich Schmidt（1832－1908）にちなむ。

77. カブスゲ　　　　　　　　　　　　　　　PL.219
Carex cespitosa L.

北海道の高層湿原に生え，ユーラシアの亜寒帯に広く分布する種類で，大株をつくり，匍枝はない。茎は高さ40－70cmあって，やや細く直立し，基部の葉鞘は葉身がなくてかたく，濃血赤褐色で，糸網がある。葉は幅2－3mmあり，ざらつく。小穂は2－4個，上方に接近してつき，頂小穂は雄性で線形，黒紫褐色をおびる。側小穂は雌性，短い円柱形で，長さ1.5－3cm，幅4mm位，柄がなくて直立し，苞は短い。雌鱗片は長楕円形で黒紫褐色。果胞は長さ2－2.5mm，楕円形で細点を密生し，脈がなく，嘴はごく短い。6－7月に成熟し，和名は大きな株をつくるため。またクロオスゲ（黒雄菅）およびクロメスゲ（黒雌菅）の名もあるが，その小穂の色に由来する。

78. トマリスゲ〔クロスゲ，ホロムイスゲ〕　PL.220
Carex middendorffii F. Schmidt

ややかたい多年草で，高さ30－70cm。基部の葉鞘は淡黄褐色，糸網があり，雌鱗片は黒紫褐色，やや鈍頭に終わる。果胞は灰緑色でふくらまず，レンズ形で，脈と微細な粒状突起がある。6－7月に熟し，本州中北部・北海道の高層（ミズゴケ）湿原に生える。和名のトマリスゲ（泊菅）は泊（この地名はサハリン，南千島，北海道のいずれにもあり，どこか不明）から，ホロムイスゲ（幌向菅）は札幌付近の地名幌向から，クロスゲ（黒菅）はその小穂の鱗片の色からきている。国外では東アジア北部に分布する。

79. ヤラメスゲ　　　　　　　　　　　　　　PL.220
Carex lyngbyei Hornem.

主として海岸の湿地に生える。根茎は太い匍枝を生じ，基部の葉鞘は赤色または赤紫色で，やや稜がなく，のちに糸網に分裂する。有花茎は高さ30－100cm。上方1－3個の小穂は雄性。他の2－4個は雌性で，ときにその頂に雄性部がつき，円柱形で長さ2－6cm，褐紫色をおびた鱗片がある。果胞は楕円形をなし，長さ3－3.5mmで灰色，かたい膜質で光沢がなく，嘴は短く，脈ははっきりしない。北海道および青森県の海岸湿地，および本州中北部の日本海側の山中の湿原に生え，ときに大きな群落をつくる。サハリン・千島列島〜シベリア，および北アメリカに分布する。

80. アゼナルコ　　　　　　　　　　　　　　PL.220
Carex dimorpholepis Steud.

川岸や田のあぜなどの湿った草地に生える多年草。根茎は短く，匍枝がなく，ゆるい株をつくる。茎は高さ40－80cm，基部の葉鞘は葉身がなくてややかたく，暗褐色をおびた肉桂色，少し糸網がある。葉は幅4－10mm。小穂は4－6個，柄があって下垂し，円柱形で，長さ3－6cm，上方の2－4個は基部にやや細い雄性部がある。下方の苞は茎よりも長く，上半は折れ曲がって下向する。雌鱗片は凹頭で先端は芒になる。果胞は広卵形で脈がなく，密に微細な突起があって茶褐色となり，嘴は短い。5－6月に熟する。本州〜琉球，朝鮮半島・中国・台湾・インドネシアに分布する。小穂の下垂するのを鳴子に見立て，またよく田のあぜに生えるのでこの名がある。

81. ツクシナルコ　　　　　　　　　　　　　PL.220
Carex subcernua Ohwi

アゼナルコによく似ているが，果胞は両面におのおの4－5本の脈があり，またその鱗片は鋭頭で，微凸頭に終わり，凹頭にならず，短い芒もないので区別される。有花茎は高さ40－60cm。5－6月に熟する。本州（三重県）・四国（徳島県）・九州，中国の平地の湿地にまれに生える。

82. ヒメゴウソ〔アオゴウソ〕　　　　　　　PL.220
Carex phacota Spreng.

湿地に生える多年草。茎は株をつくり，高さ30－60cm。基部の葉鞘は葉身がなく，褐色，少し糸網がある。全体粉緑色で，葉は幅2－6mm。小穂は3－5個ついて，頂生の小穂は雄性，ほかは雌性で，頂部に短い雄花部をつけることもあり，円柱形で長さ2－6cm。雌鱗片はさび色，上端は凹頭で芒に終わる。果胞は長さ3mm位，脈がほとんどなく，楕円形で，細かい突起を密生して灰褐色または暗褐色，先端は短い嘴に終わる。5月に熟する。北海道〜琉球，朝鮮半島・中国・インド・インドネシアに分布する。雌小穂の柄が短く，鱗片の芒が短いものを**ヒメゴウソ** var. **gracilispica** Kük.，雌小穂の柄が長く，鱗片の芒が長いものを**ホナガヒメゴウソ** var. **phacota**（PL.220）という。

83. ゴウソ　　　　　　　　　　　　　　　　PL.221
Carex maximowiczii Miq. var. **maximowiczii**

平地の湿ったところに生える多年草。短い匍枝がある。有花茎は高さ40－70cm，基部の鞘は葉身がなく，肉桂色でやわらかくて，ほとんど糸網がない。葉は幅

4−6mm。頂小穂は雄性で，線形，赤さび色。側小穂は1−3個ついて，柄があり，雌性で，太い円柱形，長さ2−3.5cm，径1−1.5cm。雌鱗片は卵形で赤さび色，先は突出する。果胞は広卵形で，いちじるしくふくらみ，長さ4mm位，小突起を密生して灰緑色または灰褐色となり，上端は急に短い嘴になる。5−6月に熟す。南千島列島・北海道〜琉球，朝鮮半島・中国に分布する。和名は〈郷麻〉であろうといわれる。まれに果胞に小突起がなく平滑で，淡緑色のものがあり，**ホシナシゴウソ** var. **levisaccus** Ohwi（PL.221）という。

84. カワラスゲ〔タニスゲ〕　PL.221
Carex incisa Boott

草原や路傍などにふつうに生える多年草。短い根茎があって抜きにくい。有花茎は高さ20−50cm，やや細くて果時には倒れる。葉はやわらかで幅3−6mm，基部の鞘は葉身がなく，やわらかく，淡い肉桂色で，背面に稜がなく，糸網もできない。小穂は4−6個，やや同じ高さになり，点頭または下垂し，線状円柱形で，長さ2−7cm，淡緑色，ややまばらに花をつけ，頂小穂は雄性，または頂部に短い雌花部がある。雌鱗片は倒卵形で，凹頭凸端，淡色で中脈は緑色。果胞は卵形で膜質，脈がなく，長さ3mm，短い嘴がある。5−6月に熟す。北海道・本州に分布する。和名は〈河原菅〉，〈谷菅〉で，その生育地にちなむ。

85. オタルスゲ〔ヒメテキリスゲ〕　PL.221
Carex otaruensis Franch.

水湿地に生える多年草。テキリスゲにやや似ていて，明らかな糸網があるが，茎の基部の鞘は一部帯赤色，高さ30−60cm。果胞は2.5−3mm。5−6月に熟す。北海道西南部〜九州に分布する。北海道の小樽にちなんで学名と和名がつけられた。

86. トダスゲ〔アワスゲ〕　PL.221
Carex aequialta Kük.

茎の基部の葉鞘は暗褐色，小穂は茎の上方に集まって直立し，ほぼ同じ高さになる。果胞は卵円形でいちじるしくふくらみ，褐色をおびる。5−6月に成熟し，本州（関東地方・近畿地方）・九州北部の平地，川岸の草地に生え，朝鮮半島・中国（中部）に分布する。

87. アズマナルコ〔ミヤマナルコ〕　PL.221
Carex shimidzensis Franch.

山地の湿った斜面に生える多年草。ややカワラスゲC. incisaに似ているが大型で，茎は太く，高さ40−80cm，基部は肥厚する。基部の鞘は葉身がなく，肉桂色でやわらかく，背面に稜がなく，前面に糸網もない。葉もやわらかく，幅4−10mm。頂小穂は雄性，または上部に一部雌花をつける。側小穂は2−5個ついて点頭し，雌性で，円柱形，密に多数の花をつけ，帯黄淡緑色，雌鱗片は卵形で鋭頭。果胞は長さ2.5−3mm，平滑で毛も脈もなく，上端は短い嘴となる。5−6月に熟す。北海道・本州・四国・九州に分布する。

88. テキリスゲ　PL.222
Carex kiotensis Franch. et Sav.

山地の川岸などの湿った斜面に生える多年草。株をつくり，匍枝はない。有花茎は高さ30−70cmで，葉とともにざらつく。基部の葉鞘は葉身がなく，濃褐色で，糸網がある。小穂は5−7個ついて，長さ3−10cm，淡緑色，頂小穂は雄性で線形，他は雌性で長い円柱形，幅3−4mm，密に多数の花をつけて点頭し，柄はざらつく。果胞は楕円形で平滑，長さ2−2.5mm，急に短い嘴に終わる。5−6月に熟す。北海道〜九州に分布する。和名は茎や葉がいちじるしくざらついて，よく手などを傷めるため。

89. ヤマテキリスゲ　PL.222
Carex flabellata H. Lév. et Vaniot

テキリスゲに全体よく似ているが，全体が平滑で葉の裏面が粉白をおびる点がちがう。北海道・本州（日本海側）・四国（稀）・九州（稀）に生える。

タヌキラン節　Sect. **Podogynae** T. Holm.

```
A. 果胞は有柄 ......................................................................... 90. タヌキラン
A. 果胞は無柄。
   B. 果胞は嘴がきわめて短く，縁のみが有毛 ................................ 91. ヤマタヌキラン
   B. 果胞は嘴が長く，全体に有毛。
      C. 少なくとも下方の雌小穂は長い柄があって，垂れ下がる ........ 92. コタヌキラン
      C. 雌小穂は無柄 .............................................................. 93. シマタヌキラン
```

90. タヌキラン　PL.222
Carex podogyna Franch. et Sav.

山地の湿った斜面の岩地に生える多年草。根茎は短い。有花茎は太く，高さ30−100cm。基部の鞘は葉片がなく，やわらかくて，赤みをおびた肉桂色となり，糸網はない。葉はやわらかく，幅5−10mm。小穂は3−6個ついて，上の1−3個は雄性で，披針形。下方の2−4個は雌性で，長柄があって下垂し，広楕円形をなし，長さ2−4cm。雌鱗片は披針形，黒褐色で，先は短い芒に終わる。果胞は明らかな柄がつき，薄膜質で，狭披針形，鱗片よりも長くて12−15mm，脈がなく，特に縁には毛があって扁平，上方はしだいに細くなって長い嘴がある。柱頭は花後に落ちる。6−7月に熟す。北海道西南部・本州中部以北に分布する。和名はその花穂を狸の尾に見立てたもの。

オオタヌキラン C. **scitaeformis** Kük.は，タヌキランによく似ているが，雌小穂はやや細長く，長楕円状円柱形で，果胞は長さ約5mm，長楕円状披針形で幅広く，基部には短い柄があるだけなので区別がつく。本州中北部の日本海側の山地にまれに生える。タヌキランを

片親とする雑種の可能性が高い。

91. ヤマタヌキラン　　　　　　　　　　　PL. 222
Carex angustisquama Franch.

火山の湿った裸地に生える多年草。茎は高さ30-50cm, やや太く, 基部の鞘は葉身がなく, 紅褐色となる。葉は幅3-5mm, 小穂は4-6個, 頂小穂は雄性, または基部に雌花部がある。側小穂は雌性, または上端に短く雄花部があり, 長楕円形または卵形, 長さ1.5-2.5cm, 密に多数の花をつけ, 下部のものはやや長い柄があって点頭し, 下部の苞は葉状になる。雌鱗片は狭卵形で鋭頭, 黒紫褐色。果胞は柄がなく, 薄膜質で圧着し, 扁平で, 広卵形, 長さ4-5mm, 両縁に小さいとげがあり, 上端は急に短い嘴に終わる。柱頭は花後に落ちる。7-8月に熟す。本州（東北地方）に分布する。

92. コタヌキラン　　　　　　　　　　　　PL. 222
Carex doenitzii Boeckeler

山地の乾いた岩上, 草地などに生える多年草。特に火山地帯に多い。根茎は短く, 茎は高さ30-60cm, 基部の鞘には葉身がなく, 光沢があり, かたくて, 濃血赤色, 糸網がある。葉は幅3-5mm, 裏面はやや粉白色をおびる。小穂は2-3個ついて, 上の1-2個は雄性で太い線形, ほかは雌性で長楕円形, 長さ1.5-3cm, 雌鱗片は披針形で濃赤色, 上端はとがって, ときに芒となる。果胞は狭卵形, やや扁平で長さ4-7mm, 全面に小さなとげを散生し, 嘴は細く長くて, 上端が深く2裂し, 柱頭は果時にも残る。6-7月に熟す。北海道・本州（中北部・近畿地方南部）と屋久島に分布する。

93. シマタヌキラン　　　　　　　　　　　PL. 222
Carex okuboi Franch.

伊豆七島の山地に生える。コタヌキランに近縁で, 小穂は4-7個が密接してつき, 柄がほとんどなく, 太く, 長さ1.5-2cmになる。

コカンスゲ節　Sect. **Decorae** (Kük.) Ohwi

- A. 匍枝を伸ばし, 小穂は各節に1-3個 ………………………………………………… 94. コカンスゲ
- A. 根茎は密に叢生し, 小穂は各節に3-8個 ……………………………………………… 95. フサカンスゲ

94. コカンスゲ　　　　　　　　　　　　　PL. 223
Carex reinii Franch. et Sav.

有花茎は高さ30-60cm, 葉は多数出て縁は逆向きにはなはだざらつき, 引き抜こうとすると手が切れる。小穂は4-10個で, 頂小穂は雄雌性または雄性, 側小穂は上半に雄花を, 下半に雌花をつけ, ときに苞から1個以上出る。鱗片は汚褐色, 果胞は扁3稜形で背面は円くて稜がなく, 淡緑褐色, 両端はしだいに細くなる。4-5月に熟す。本州～九州の丘陵地の林中に生える。

95. フサカンスゲ　　　　　　　　　　　　PL. 223
Carex tokarensis T. Koyama

吐噶喇列島（黒島・中之島）に固有。高さ40-100cmになる多年草。根茎は密に叢生し, 小穂はすべて雄雌性で, 1節に3-8個をつける。果胞は長さ5-7mmで有毛。

ヒエスゲ節　Sect. **Rhomboidales** Kük.

- A. 有花茎はすべていちじるしく短く葉の基部に埋もれる ………………………………… 96. ホウザンスゲ
- A. 有花茎の多くは葉よりも高いか同高。
  - B. 雌小穂は多数の果胞をつけ, 円柱状で長さ2cm以上。
    - C. 密に叢生し, 葉はかたく, 基部の鞘は黒褐色で繊維に分解, 果胞はほとんど無毛。
      - D. 側小穂は1節に1個つけ, 果胞は長さ5-6mm ……………………………… 97. ヒゲスゲ
      - D. 側小穂は1節に2-4個つけ, 果胞は長さ4-5mm ………………………… 98. サコスゲ
    - C. 根茎はやや伸張してまばらに生え, 葉はやわらかく, 基部の鞘は白色または緑白色, 果胞は明らかに有毛。
      - D. 葉や鞘は有毛, 葉は幅3-5mm ……………………………………………… 99. オオムギスゲ
      - D. 葉や鞘は無毛, 葉は幅6-12mm ……………………………………………… 100. カゴシマスゲ
  - B. 雌小穂は数個の果胞をつけ, 長さ2cm以下。
    - C. 果胞は無毛。
      - D. 叢生し, やや高い有花茎と基部に埋もれる低い有花茎がある ……………… 101. リュウキュウヒエスゲ
      - D. 匍枝を伸ばし, いちじるしく低い有花茎はない …………………………… 102. サンインヒエスゲ
    - C. 果胞は有毛。
      - D. 果胞の脈は不明瞭で口部は2深裂, 果実上部の嘴は鶴首状に湾曲 ………… 103. ヒエスゲ
      - D. 果胞の脈は明瞭で口部は凹形または鋭2歯, 果実上部は柄のある環状の付属体。
        - E. 葉は幅8-12mm, 基部にいちじるしく低い有花茎をつける。果胞の嘴は短く口部は凹形 ……… 104. ヒロバスゲ
        - E. 葉は幅8mm以下, 基部に低い有花茎はつけない。果胞の嘴は長く口部は2歯 ……………… 105. アオバスゲ

96. ホウザンスゲ　　　　　　　　　　　　PL. 223
Carex hoozanensis Hayata

叢生し, 葉は幅5-12mm, 有花茎はすべて低く基部に埋もれる。果胞は長さ6-7mm, 多数の脈があって無毛。痩果は稜の中部にへこみがあり, 頂部は長さ1mm, 幅0.5mmの顕著な嘴となる。八重山諸島（石垣島）の樹林内に生え, 国外では台湾からインドシナに分布。

97. ヒゲスゲ〔イソスゲ〕　　　　　　　　PL. 223
Carex boottiana Hook. et Arn.;

C. wahuensis C. A. Mey. var. *robusta* Franch. et Sav.

海岸の岩上に生える多年草。匍枝がなく，大きな株をつくる。茎は高さ30－50cm。葉はかたくて光沢があり，深緑色で，幅5－10mm，縁が外曲する。鞘は栗褐色の縦条があり縦の繊維に分解する。頂小穂は雄性，太い円柱形で，長さ3－6cm，栗褐色。側小穂は2－4個，雌性で，短い円柱形，苞は鞘をつくり，葉状。雌鱗片は芒に終わる。果胞は長さ5－6mm，毛がなく，倒卵円形で，脈が多く，急に長い嘴になり，その縁はざらつき，口部には深い2歯がある。4－6月に熟す。本州（石川県・千葉県以西）～琉球・小笠原諸島，台湾・朝鮮半島に分布。ハワイ諸島に生える*C. wahuensis* C. A. Mey.に近縁である。和名は鱗片の芒をひげに見立てたもの。

98. サコスゲ PL.223
Carex sakonis T. Koyama

南西諸島（吐噶喇列島宝島・奄美大島～沖縄島）に分布。海岸岩場に生える。側小穂が雄雌性で1節に2－4個束生することからコカンスゲに近縁とされたが，植物体や果胞の性質はヒゲスゲに近い。

99. オオムギスゲ PL.223
Carex laticeps C. B. Clarke ex Franch.

葉は粉緑色で幅2－5mm，茎や花序とともに開出毛があり，果胞は長さ5－6mm，黄緑色で斜めにつく。本州（愛知県・瀬戸内海沿岸）・四国（小豆島）に生え，朝鮮半島・中国に分布する。和名は〈大麦菅〉で，その雌小穂の形に由来する。

100. カゴシマスゲ 〔セトウチスゲ〕 PL.224
Carex kagoshimensis Tak. Shimizu

オオムギスゲに似て，葉や有花茎などに毛がなく，葉は幅広く1cmに達する。果胞は有毛。本州（山口県）・九州（鹿児島県・宮崎県）に分布。

101. リュウキュウヒエスゲ PL.224
Carex collifera Ohwi

沖縄島に固有。樹林内に生える。叢生し，やや高い花茎と基部に埋もれる低い花茎があり，葉は幅1.5－4mm。果胞は長さ5－6mm，細脈が多数あり無毛。果実は稜の中部が浅くへこみ，基部は膝折れした短い柄があり，頂部は短い嘴となり，花柱基部につながる。

102. サンインヒエスゲ PL.224
Carex jubozanensis J. Oda et A. Tanaka

長い匍枝を伸ばし，きわめてまばらに生える。果胞は無毛。果実は倒卵形で稜にへこみはなく，基部の柄は膝折れし，頂部には屈曲する嘴がある。アカマツ林などの乾いた樹林内に生え，本州（福井県から鳥取県の日本海側）に分布する。

103. ヒエスゲ 〔マツマエスゲ〕 PL.224
Carex longirostrata C. A. Mey. var. **longirostrata**

北海道・本州中北部の山地草原に生える。葉は幅2－3mmあって，株立ちとなり，頂小穂は雄性，棍棒形で帯褐色をなし，側小穂は多くは1個ついて雌性で，卵円形，果胞は黄緑色で，はっきりしない脈がある。5－6月に成熟し，サハリン・千島列島・朝鮮半島からシベリア東部にも分布する。ときに匍枝があって株をつくらないものが本州中北部・九州，朝鮮半島・中国に分布し，**チュウゼンジスゲ** var. *tenuistachya* (Nakai) Yonek.; var. *pallida* (Kitag.) Ohwi という。

104. ヒロバスゲ PL.224
Carex insaniae Koidz.

アオバスゲに似るが，葉の幅は広く8－12mm，基部にいちじるしく低い有花茎をつける。雄小穂は狭い棍棒形となる。果胞は嘴が短く，長さ5－6mm，幅2.5－3mm。本州の日本海側・北海道・南千島列島に分布する。

105. アオバスゲ PL.224
Carex papillaticulmis Ohwi;
C. insaniae Koidz. var. *papillaticulmis* (Ohwi) Ohwi

山地の林中に生える多年草。全体にあまりざらつかず，深緑色。匍枝は短くて目立たず，まばらな株をつくる。有花茎は高さ20－40cmで，葉鞘は淡色，葉は扁平で幅4－10mm。頂小穂は雄性で長い柄があり，線形，長さ2－3cmでときに一部が黄緑色をおびる。側小穂は雌性で2－3個ついて長楕円形，長さ1－2cm，幅1cm，苞は短い葉状で，長い鞘がある。雌鱗片は卵形で，緑色の中肋があって凸端となる。果胞は倒卵形で緑色，短い毛と細脈があり，長さ7mm位，上端に直立する長い嘴がある。4－6月に熟す。本州（関東以西）～九州に分布する。和名は〈青葉菅〉でその葉色による。

アオヒエスゲ *C. subdita* Ohwi; *C. insaniae* Koidz. var. *subdita* (Ohwi) Ohwi （PL.224）は，本州の太平洋側，四国の低地山林中に生え，全体やや小さく，葉は浅緑色で幅が2－4mmである。

ヌカスゲ節 Sect. **Mitratae** Kük.

A. 柱頭は2岐で果実はレンズ形，ときに柱頭3岐で3稜形の果実のものが混じる。
  B. 雌鱗片は果胞の1/2－2/3長，果胞は長卵形，長さ3.5－4.5mm，幅2－2.5mm ────── 106. キノクニスゲ
  B. 雌鱗片は果胞よりわずかに短い，果胞は披針形または長卵形，長さ4.5－5.5mm，幅1－2mm。
    C. 葉は幅3－7mm，果胞は披針形で幅1－1.3mm，熟してもふくらまない ────── 107. セキモンスゲ
    C. 葉は幅6－18mm，果胞は長卵形で幅1.5－2mm，熟すとふくらむ ────── 108. ウミノサチスゲ
A. 柱頭は必ず3岐，果実は3稜形。
  B. 果実頂部には果体の1/2幅以上の円盤状または環状の付属体がある。
    C. 有花茎はいちじるしく短く，葉の基部に埋もれる。
      D. 葉は幅4－7mm，果胞は長さ3.5－4mm，果実頂部は果実の2/3幅の平盤状 ────── 109. オキナワスゲ
      D. 葉は幅1.5－3.5mm，果胞は長さ5.5－6.5mm，果実頂部は果実の1/2幅の円筒状の嘴 ────── 110. トックリスゲ
    C. 有花茎は葉よりも高いか同高。
      D. 果胞はひょうたん状にくびれ，嘴は長い。果実頂部の付属体は長さ0.5mmの円筒形。

　　　　E．果胞は長さ3－3.5mm，果実の稜の中部に凹入がある ……………………………………… 111．タイワンスゲ
　　　　E．果胞は長さ4.5－5.5mm，果実の稜に凹入はない ……………………………………… 112．ムニンヒョウタンスゲ
　　　D．果胞はわずかにひょうたん状になり，嘴は短い。果実頂部の付属体は平盤状または果実との間がくびれた環状。
　　　　E．雌鱗片の芒は短く1mm以下 ……………………………………………………………… 113．ゲンカイモエギスゲ
　　　　E．雌鱗片の芒は長く1－3mm …………………………………………………………………… 114．アキイトスゲ
　B．果実頂部の付属体は小盤状または環状で，果実との間が少しくびれるか，あるいは直立する嘴となる。果実の面に横じわ状
　　のへこみが入ることはあるが，稜の中央に深いへこみはない。
　　C．葉は幅3－15mm，明らかに常緑でかたい。
　　　D．前年の無花茎の中央には新しい無花茎をつけ，有花茎はすべて腋生する。
　　　　E．雌小穂は密に多数の果胞をつけ円柱形，果胞は無毛。
　　　　　F．密に叢生し匍枝は出さない，果胞は熟してもふくらまず，口部は鋭2歯または2裂 ……… 115．カンスゲ
　　　　　F．匍枝を伸ばし，熟すといちじるしくふくらみ，果胞の口部は凹形 …………………… 116．ハチジョウカンスゲ
　　　　E．雌小穂はややまばらに果胞をつけ，細柱形，果胞は有毛。
　　　　　F．基部の鞘は黒褐色，古くなると繊維に細裂する ………………………………………… 117．ダイセンスゲ
　　　　　F．基部の鞘は淡色，褐色，赤褐色で，ほとんど細裂しない。
　　　　　　G．葉はやわらかく平滑，基部の鞘は淡褐色〜赤褐色 ……………………………… 118．ミヤマカンスゲ
　　　　　　G．葉はかたくややざらつき，基部の鞘は淡褐色 …………………………………… 119．ナガボスゲ
　　　D．前年の無花茎の中央には有花茎をつける。
　　　　E．雌小穂は密に多数の果胞をつけ，円柱形。
　　　　　F．果胞は有毛。
　　　　　　G．雄小穂は淡緑色。果実は菱形。
　　　　　　　H．雄小穂の柄は長く，直下の雌小穂は離れてつく。雌鱗片の芒は長さ2－4mm ……… 120．ツシマスゲ
　　　　　　　H．雄小穂の柄は短く，直下の雌小穂は接続。雌鱗片の芒は長さ2mm以下。
　　　　　　　　I．雌小穂は1節に1－4個つけ，苞の葉身は小穂と同長またはやや短い。雌鱗片の芒の先は果胞と同高
　　　　　　　　　………………………………………………………………………………………… 121．タシロスゲ
　　　　　　　　I．雌小穂は1節に1個ずつつき，苞の葉身は花茎よりも高い。雌鱗片の芒の先は果胞よりも高い
　　　　　　　　　………………………………………………………………………………………… 122．ツクシスゲ
　　　　　　G．雄小穂は濃褐色または紫褐色。果実は楕円形。
　　　　　　　H．雌鱗片の芒は長さ0.5－1mm ……………………………………………………… 123．ヒメカンスゲ
　　　　　　　H．雌鱗片の芒は長さ1.5－3mm ……………………………………………………… 124．オオシマカンスゲ
　　　　　F．果胞は無毛。
　　　　　　G．密に叢生し，匍枝は伸ばさない，葉の下半部の縁は逆向きにざらつく。果胞の嘴の縁はざらつく
　　　　　　　……………………………………………………………………………………………… 125．ホソバカンスゲ
　　　　　　G．匍枝を伸ばす。葉の縁は上向きにざらつく。果胞の嘴の縁は平滑。
　　　　　　　H．葉は幅5－20mm。雌鱗片は果胞よりも長く，鋭尖頭または鋭頭短芒端。果胞は長さ2.5－3.5mm
　　　　　　　　………………………………………………………………………………………… 126．オクノカンスゲ
　　　　　　　H．葉は幅2－5mm。雌鱗片は果胞よりも短く，鋭頭。果胞は長さ4－4.5mm ……… 127．ハシナガカンスゲ
　　　　E．雌小穂はまばらに果胞をつけ細柱形。
　　　　　F．葉の縁は少なくとも基部近くは下向きにざらつく。
　　　　　　G．果胞は無毛，口部は2小歯 ……………………………………………………………… 128．スルガスゲ
　　　　　　G．果胞はまばらに有毛，口部は全縁または凹形 ……………………………………… 123．ヒメカンスゲ
　　　　　F．葉の縁は平滑または上向きに少しざらつく。
　　　　　　G．叢生し匍枝は出さない。
　　　　　　　H．基部の鞘や雄小穂は淡色，雄鱗片は強く軸を抱く，果胞は倒卵形で長さ2.5－3mm ……… 129．ナゴスゲ
　　　　　　　H．基部の鞘や雄小穂は赤褐色，雄鱗片は軸を抱かない，果胞は長楕円形で長さ3－4mm
　　　　　　　　………………………………………………………………………………………… 130．キンキミヤマカンスゲ
　　　　　　G．匍枝を伸ばす。
　　　　　　　H．匍枝は地下性で繊細，基部の鞘や雄鱗片は淡色，果胞は有毛 ……………… 131．ヤワラミヤマカンスゲ
　　　　　　　H．匍枝は地上性で太く，基部の鞘や雄鱗片は赤褐色をおび，果胞は無毛 ……… 132．ツルミヤマカンスゲ
　C．葉は幅5mm以下，やわらかく夏緑または半常緑。
　　D．雌小穂は上部のものはやや接近し，下方のものは離れ，ほぼ花茎全体につく。
　　　E．葉または鞘に毛がある。
　　　　F．葉は無毛，鞘にのみ毛がある。果胞は長嘴，無毛 …………………………………………… 133．ケヒエスゲ
　　　　F．葉や鞘に毛がある。果胞は短嘴，有毛 ………………………………………………………… 134．ケスゲ
　　　E．葉や鞘は無毛。
　　　　F．果胞には密に毛がある。基部の鞘は明らかに褐色または濃褐色に着色。
　　　　　G．基部の鞘は濃褐色または黒褐色。
　　　　　　H．雄小穂は褐色をおびる ……………………………………………………………… 135．ニシノホンモンジスゲ
　　　　　　H．雄小穂は淡色。
　　　　　　　I．果胞は長楕円形，長さ約4mm ……………………………………………………… 136．ヤマオイトスゲ
　　　　　　　I．果胞は広倒卵形で短嘴，長さ3－3.5mm ……………………………………… 137．シロホンモンジスゲ
　　　　　G．基部の鞘は褐色。匍枝を出す ………………………………………………………… 138．ホンモンジスゲ

F．果胞は無毛または短毛を疎生。果胞に毛がある場合には基部の鞘は淡色。
　G．匍枝がある。
　　H．葉は幅1.5mm以上。
　　　I．小穂の柄は短く，苞葉は小穂と同長またはより長い。
　　　　J．果胞は中嘴〜長嘴，長さ3mm以上，無毛。
　　　　　K．匍枝は地下性。葉は幅1.5−3mm，苞の葉身は細く，小穂よりも長い ················· 139．シロイトスゲ
　　　　　K．匍枝は地上性。葉は幅2.5−4mm，苞の葉身は幅広く，小穂と同長かやや短い ········· 140．ワタリスゲ
　　　　J．果胞は短嘴，長さ2.5−3mm，短毛がまばらに生える ····················· 141．アリマイトスゲ
　　　I．小穂の柄は長く，苞葉は小穂よりも明らかに短い ························ 142．コイトスゲ
　　H．葉は幅1mm以下。
　　　I．葉は幅0.3−1mm，内側のものは内巻きする。苞葉は長い ···················· 143．イトスゲ
　　　I．葉は内巻きすることなく，幅0.2−0.4mm。苞葉は短い ····················· 144．ハコネイトスゲ
　G．叢生し匍枝はない。
　　H．果胞はやや長嘴，長さ3−3.5mm，無毛 ···························· 145．ツルナシオオイトスゲ
　　H．果胞はいちじるしい短嘴，長さ約2mm，まばらに短毛がある ················· 146．ノスゲ
D．雌小穂は花茎の上部に集まり，ときに最下のものだけ離れて根際に生じるか，雄小穂のみが高く抽出し，雌小穂はすべて根際に生じる。
　E．雄小穂のみが高く抽出し，雌小穂はすべて根際に生じる ······················ 147．マメスゲ
　E．雌小穂は花茎の上部に集まり，ときに最下のものだけ離れて根際に生じる。
　　F．雌花の鱗片は緑色〜緑白色。
　　　G．雄小穂の鱗片は軸を強く抱くか，基部が合生して筒状。
　　　　H．雄小穂は幅約1mm，鱗片の基部は合成しない ························ 148．モエギスゲ
　　　　H．雄小穂は幅0.5−0.7mm，鱗片の基部は合成し筒状 ····················· 149．ヒメモエギスゲ
　　　G．雄小穂の鱗片は軸を抱かない。
　　　　H．果実の面に横じわ状のくびれがある。乾くと全体に暗緑色になる ·············· 150．クサスゲ
　　　　H．果実の面に横じわ状のくびれはない。乾いても黒変しない。
　　　　　I．果胞が熟すころ，花茎は低く葉に埋もれる ······················ 151．イセアオスゲ
　　　　　I．果胞が熟すころ，花茎は葉よりも高い。
　　　　　　J．果胞はほとんど無毛。
　　　　　　　K．基部の鞘は淡色。雌小穂はやや隔離し，花茎の中部にもつける ········ 152．ハガクレスゲ
　　　　　　　K．基部の鞘は褐色が目立つ。雌小穂は上部にかたまり，ときに最下のものは根際に生じる ······ 153．ヌカスゲ
　　　　　　J．果胞は明らかに有毛。
　　　　　　　K．果胞の脈は細く目立たず，数も少ない。
　　　　　　　　L．匍枝はない ···································· 154．アオスゲ
　　　　　　　　L．匍枝がある。
　　　　　　　　　M．下方の雌小穂は離れてつき，しばしば根際に雌小穂をつける。果胞は長さ2.5−3mmでやや太い脈が少数ある ······ 155．イソアオスゲ
　　　　　　　　　M．小穂はすべて花茎の頂にかたまる。果胞は長さ1.5−2mmで，細脈があるか無脈 ······ 156．ヒメアオスゲ
　　　　　　　K．果胞には太く隆起した脈が目立つ。
　　　　　　　　L．匍枝はない。果胞は嘴が長い ·························· 157．オオアオスゲ
　　　　　　　　L．匍枝がある。果胞は嘴が短い ·························· 158．ハマアオスゲ
　　F．雌花の鱗片は明らかな褐色部分があり，ない場合には株はきわめて疎生する。
　　　G．匍枝を伸ばし，株はきわめて疎生。
　　　　H．雌花の鱗片は緑白色。果胞は長さ2−2.5mm ························ 159．シバスゲ
　　　　H．雌花の鱗片は明らかな褐色部分がある。果胞は長さ約3mm ················ 160．チャシバスゲ
　　　G．株は密に叢生し，ときに匍枝を伸ばす。
　　　　H．果胞は脈が不明で微毛があり，口部は凹形。基部の鞘は黄褐色で繊維に分解しない ······ 161．ミヤケスゲ
　　　　H．果胞は脈が明瞭で，密に毛があり，口部は明瞭な2歯。基部の鞘は黒褐色で，いちじるしく繊維に分解
　　　 ······ 162．カミカワスゲ

106．キノクニスゲ〔キシュウスゲ〕　PL.225
Carex matsumurae Franch.

暖地の海岸に生える。匍枝がなく，大きな株をつくり，深緑色でほとんどざらつかない。有花茎は高さ30−40cm，葉は厚く光沢があり，幅8−12mm，基部の鞘は淡色で，褐色の条線がある。小穂は4−5個ついて，頂小穂は雄性で，長さ3−5cm，側小穂は雌性で，円柱形，長さ2.5−3.5cm，やや密に花をつける。苞は短い葉身があり，長い鞘がある。雌鱗片は卵形で淡緑色。果胞はレンズ形で倒卵形，長さ4−5mm，無毛で肋が多く，上端は急に短い嘴になる。3−5月に熟す。伊豆諸島（利島）・本州（富山県・静岡県以西）・四国・九州，朝鮮半島に分布する。和名は初め紀伊に知られたため。

107．セキモンスゲ　PL.225
Carex toyoshimae Tuyama

小笠原諸島（母島）に固有。湿性高木林内に生える。キノクニスゲに近縁である。前年葉の束の中心には無花茎がつき，葉腋から有花茎を伸ばす。果胞は披針形で

幅1−1.3mm，嘴が長く，口部は凹形から2裂するものまで変化が多い。柱頭は2岐するものが多いが，3岐するものが混じる。

108. ウミノサチスゲ　　　　　　　　PL.225
Carex augustini Tuyama

小笠原諸島に固有。南硫黄島と父島の湿性高木林内に生える。セキモンスゲに似るが，全体に大型，葉は幅6−18mm，果胞は卵形で幅1.5−2mm，熟すと少しふくらむ。柱頭は2岐するものが多いが，3岐するものが混じる。

109. オキナワスゲ〔ホウランスゲ〕　　PL.225
Carex breviscapa C. B. Clarke

叢生し，葉は幅4−7mm。有花茎はいちじるしく短く葉の基部に埋もれる。果胞は長卵形で浅くひょうたん状にくびれ，長さ3.5−4mm，細脈が多数あり無毛。痩果は菱状の3稜形，頂部は果体の2/3幅の平盤状。南西諸島（奄美以南）に分布。国外では台湾・東南アジア・スリランカ・オーストラリア北部に分布。

110. トックリスゲ　　　　　　　　　PL.225
Carex rhynchachaenium C. B. Clarke

叢生し，葉は幅1.5−3.5mm。有花茎は短く葉の基部に埋もれる。果胞は披針形でとっくり状に浅くくびれ，長さ5.5−6.5mm，細脈が多数あり，細毛がまばらにある。果実は披針状菱形で，長さ4−5mm，基部は長さ0.6−0.8mmの柄があり，上部は長さ約1mm，幅0.5−0.7mmの円柱状の嘴となる。沖縄島に分布。国外では台湾・フィリピン・ベトナムに分布。

111. タイワンスゲ〔オオミヤマカンスゲ〕 PL.226
Carex formosensis H. Lév. et Vaniot

匐枝はなく，大きな株をつくり，茎は高さ30−50cm，葉は幅2−6mm，鞘は少し繊維に分解する。小穂は3−7個が直立し，頂小穂は雄性で線形，淡緑色で長さ1−2cm，その鱗片は縁辺が合着して僧帽状となる。他の小穂は雌性で短い円柱形をなし，長さ1−4cm，その鱗片は長楕円形，淡緑色で，微凸端となる。果胞は直立し，卵状紡錘形で長さ3−3.5mm，脈が多く，まばらに短毛があり，鈍い3稜があって，稜上中央が少し凹入する。嘴は短い。4−5月に熟す。本州（栃木県・茨城県）・四国（愛媛県・高知県）・九州，朝鮮半島南部・台湾に分布する。

112. ムニンヒョウタンスゲ　　　　　PL.226
Carex yasuii Katsuy.

小笠原諸島（父島）に固有。トックリスゲや台湾に分布するヒロハヒョウタンスゲ C. gracilispica Hayata に似ているが，有花茎が葉と同高，雌鱗片は狭卵形で鋭尖頭または短芒端，果胞は長さ4.5−5.5mmで無毛，痩果は首部に向かってしだいに狭まり，基部の柄は長さ約1mm，上部は長さ0.5mm，幅0.7mmほどの円柱状になる。

113. ゲンカイモエギスゲ　　　　　　PL.225
Carex genkaiensis Ohwi

タイワンスゲやアキイトスゲに似ているが，雄小穂は短く，直下の雌小穂よりも低く，雌鱗片はほとんど凸端がなく，果胞はやや幅が広くて嘴がいっそう短く，痩果の稜上中央の凹入部は不明瞭で，頂部は径0.5mmの平盤状となる。本州（近畿，小豆島）・九州北部，朝鮮半島南部に分布する。

114. アキイトスゲ　　　　　　　　　PL.226
Carex kamagariensis K. Okamoto

ゲンカイモエギスゲに似るが，雄小穂は直下の雌小穂より高く，雌鱗片の芒は長く，長さ1−3mmある。草地や疎林内に生え，瀬戸内海の島（広島県・愛媛県）・佐賀県（加唐島・松島）・対馬，朝鮮半島南部に分布。

115. カンスゲ　　　　　　　　　　　PL.226
Carex morrowii Boott var. **morrowii**

山地の林内に生える多年草。根茎は短い。前年葉の束の中央から新しい無花茎を伸ばし，有花茎はすべて腋生し，高さ20−40cm。葉は濃緑色ではなはだかたく，上面には多数の等しい細脈があり，また光沢があってざらつき，幅5−10mm。基部の鞘は暗栗褐色。頂小穂は雄性，線形で長さ2−4cm。側小穂は3−5個，雌性で短い円柱形，密に果胞をつけ，下方の苞は長い鞘と短い葉身とがある。雌鱗片は卵形で褐色をおびる。果胞は開出し，広卵形で毛がなく，長さ3−3.5mm，淡黄緑色で脈があり，上方は急に中位の長さの嘴となり，口部はかたい。4−5月に熟す。本州（宮城県以南の主として太平洋側）・四国・九州に分布する。その葉が冬にも枯れず緑色であるので〈寒菅〉の名がある。**ヤクシマカンスゲ** var. **laxa** Ohwi は，屋久島の渓谷沿いの岩場や斜面に生え，基部の鞘が赤紫褐色，小穂はややまばらに果胞をつける。

116. ハチジョウカンスゲ　　　　　　PL.226
Carex hachijoensis Akiyama

伊豆八丈島・御蔵島の山地林中に生える。葉はあまりざらつかず，幅6−7mm。茎は高さ20−40cmで，3−4個の小穂をまばらにつけ，頂小穂は雄性，側小穂は雌性で，細い円柱形で直立し，長さ1.5−2cm，幅5mm位。果胞は緑色で卵形または広卵形，毛はなく，長さ3.5mm位，淡緑色で脈は太く，急に短い嘴となる。6月に熟す。

117. ダイセンスゲ　　　　　　　　　PL.227
Carex daisenensis Nakai

根茎は株となって匐枝がなく，濃褐色の繊維が多い。茎は高さ20−40cm，葉は幅4−6mm。頂小穂は雄性で長さ2−2.5cmあって，線形，側生の2−3個は雌性，広線形でまばらに花をつけ，淡緑色で光沢がない。果胞は長さ3.5−4.5mm，長楕円形で短い軟毛があり，やや短い嘴がある。4−6月に熟す。本州（福井県以西）・九州北部の日本海側の山地に分布。和名は初め伯耆大山のものが記載されたため。

118. ミヤマカンスゲ　　　　　　　　PL.227
Carex multifolia Ohwi var. **multifolia**

山地の林内にややふつうに生える。前年葉の束の中央には新しい無花茎がつき，有花茎は前年の葉腋より出て，高さ20−50cm。葉は1株に多数つき，幅3−8mm，やや厚いが，しなしなして少しざらつく。鞘は帯褐赤紫

色で光沢がある．小穂は3－5個が離れてつき，頂小穂は線形で雄性，長さ2－4cm，帯暗紫褐色．側生のものは雌性で広線形，長さ1.5－3cm，苞は長い鞘となる．雌鱗片は倒卵形で，黄褐色か紫褐色をおび，円頭で凸端．果胞はやや直立し，倒卵状長楕円形で長さ3－4mm，ふつう短い軟毛と脈があるが，まれに無毛のこともあり，上端は短い直立する嘴となる．4－7月に熟す．北海道～九州に分布し，変化が多い．

コミヤマカンスゲ var. toriiana T. Koyamaは，全体に小型で匐枝を伸ばす．本州（関東地方南部～近畿地方）に分布．

アオミヤマカンスゲ var. pallidisquama Ohwiは，叢生し，基部の鞘は褐色，雄鱗片や雌鱗片は緑白色．本州（近畿以西）～九州に分布．

119．ナガボスゲ PL. 227
Carex dolichostachya Hayata
前年の葉の中央には新しい無花茎をつけ，有花茎はすべて腋生する．基部の鞘，雄小穂，雌鱗片が淡色なので，全体にミヤマカンスゲの変種アオミヤマカンスゲに似るが，葉はかたい．南西諸島（徳之島以南），台湾に分布．南西諸島のものは台湾のものよりも全体に小型．徳之島のものは特に葉が細く，**トクノシマスゲ C. kimurae** Ohwiとして区別された．

120．ツシマスゲ PL. 227
Carex tsushimensis (Ohwi) Ohwi
雌小穂は互いに離れてつき，1個の苞から1個ずつ出て，その鱗片には太い芒がある．果胞の脈は太くて肋状を呈する．長崎県（対馬・西彼杵半島）・佐賀県（馬渡島）・鹿児島県（黒島）に分布．

121．タシロスゲ PL. 227
Carex sociata Boott
葉に光沢がなく，鞘はのちに繊維に分解する．有花茎の高さ20－50cm．頂小穂は雄性．側小穂は3－7個つくが，下方のものはしばしば2－3個が1個の苞から出る．側小穂は長柄があり，円柱形で長さ1.5－3cm，淡緑色で密に多数の雌花をつけ，基部には少数の雄花をつける．果胞は長さ2.5mm，菱形で，細脈があり，短い軟毛が生え，上端は急に短い嘴となる．早春に成熟し，九州（南部）～琉球の暖地に生え，台湾にも分布する．和名は植物採集家であった田代善太郎に由来．

122．ツクシスゲ PL. 227
Carex uber Ohwi
タシロスゲに似るが，雄小穂の柄は短く，直下の雌小穂に接続．雌小穂は1節に1個ずつつき，苞の葉身は花序よりも高い．雌鱗片には果胞よりも長い芒がある．果実は菱形で3稜があり，頂部は嘴状．四国（高知県）・九州に分布．

123．ヒメカンスゲ PL. 227
Carex conica Boott
丘陵地の斜面の林内などに多く生える多年草．ときに匐枝がある．茎は高さ20－50cm，葉は暗緑色で光沢はなく，幅2－4mm．頂小穂は雄性，暗褐色で，棍棒状をなし，長さ1.5－2.5cm．側生のものは2－4個あって，雌性で，短い円柱形，長さ1－2.5cm，苞は短い葉身があって，鞘は長く，基部はときに暗褐色をおびる．雌鱗片は倒卵形で先は急に凸端に終わり，暗褐紫色をおびる．果胞は楕円形で短い軟毛が生え，長さ2.5－3mm，脈上はときに赤褐色となり，上端は急に外向する短い嘴となる．4－6月に熟す．北海道～九州，朝鮮半島南部に分布する．

トカラカンスゲ C. atroviridis Ohwi var. **scabrocaudata** T. Koyamaは，吐噶喇列島のもので，全体に剛強で，果胞にはやや太い脈がある．ヤクシマスゲの変種として記載されたが，ヒメカンスゲに近縁．ヤクシマスゲは現在はミヤマカンスゲに含められる．

124．オオシマカンスゲ PL. 228
Carex oshimensis Nakai
ヒメカンスゲに似ているが全体に大型で，雌鱗片は芒に終わり，果胞には短くてあらい毛があって，嘴は直立する．4－5月に熟す．伊豆七島に特産する．和名は初め伊豆大島に知られたため．

125．ホソバカンスゲ PL. 228
Carex temnolepis Franch.; *C. morrowii* Boott var. *temnolepis* (Franch.) Ohwi ex Araki
カンスゲの変種にされていたが，前年の無花茎の束の中央には有花茎をつける点が異なる．密に叢生し，匐枝はない．葉は細く，幅3－6mm，下半部は逆向きにいちじるしくざらつく．雌鱗片は果胞よりも短く，鋭頭．果胞の嘴の縁はざらつく．本州（鳥海山，早池峰山，佐渡島，新潟県～兵庫県の日本海側）の山地に生える．

126．オクノカンスゲ PL. 228
Carex foliosissima F. Schmidt var. **foliosissima**
山地の林内に生える多年草．匐枝がある．茎は高さ15－40cm，葉はかたく，光沢があり，幅5－10(－20)mm，上面に2条の肋があって断面はややMの字形になる．鞘は暗褐色をおびる．頂小穂は雄性，側生の2－4個の小穂は雌性で，短い円柱形をなし，長さ2－3cm，苞には長い鞘がある．雌鱗片は卵形で，赤褐色をおび，果胞は開出して広倒卵形，淡黄緑色，長さ3mm位，毛がなく，上方は急にやや短い嘴となる．口部にはかたい2小歯がある．4－6月に熟す．北海道～九州，サハリンに分布する．和名は主として東北地方に多いからである．

ウスイロオクノカンスゲ var. **pallidivaginata** J. Oda et Nagam.は，北海道（渡島半島）・本州（山形県～富山県の日本海側）に分布し，基部の鞘が黒紫色に着色しない．

127．ハシナガカンスゲ PL. 228
Carex phaeodon T. Koyama
中部地方の富士川沿岸にまれに生える．長い匐枝を伸ばし，基部の鞘は赤褐色をおびる．果胞は長さ4－4.5mm，無毛，嘴は長く，熟すとやや外曲する．和名は〈端長寒菅〉で，カンスゲに似て，その嘴が長い意味であるが，カンスゲよりはオクノカンスゲに近縁と思われる．

128. スルガスゲ　　PL.228
Carex omurae T. Koyama

オクノカンスゲによく似ているが，匐枝はなく，果胞の上端の嘴は膜質で浅い歯のある口部に終わり，かたい歯にはならない点，またヒメカンスゲC. conicaとは雌小穂には少数しか花がつかず，果胞が無毛で長い嘴がある点で区別される。有花茎は高さ15－20cm。花期に葉は有花茎よりもいちじるしく低く，葉の下半部の縁は逆向きにいちじるしくざらつく。本州（静岡県・山梨県・長野県）の山地に生え，和名は〈駿河菅〉でその産地にちなむ。

129. ナゴスゲ　　PL.228
Carex cucullata (Kük.) Ohwi

ナガボスゲに似ているが，前年の無花茎の中央には有花茎をつけ，雄小穂はいちじるしく細く，雄鱗片は強く軸を抱き，果胞は倒卵形で短く，長さ2.5－3mm。南西諸島（沖縄島・石垣島）に分布。

130. キンキミヤマカンスゲ　　PL.229
〔ケナシミヤマカンスゲ〕
Carex multifolia Ohwi var. **glaberrima** Ohwi

叢生し，基部の鞘は赤褐色。葉はややわらかく，幅3－5mm。前年葉の束の中央には有花茎をつける。雄小穂は赤褐色。果胞は長楕円形で長さ3－4mm，無毛。本州（紀伊半島の南半部）に分布。学名上はミヤマカンスゲの変種であるが，種ランクの違いがある。

131. ヤワラミヤマカンスゲ　　PL.229
〔ウスバミヤマカンスゲ，ニシノミヤマカンスゲ〕
Carex multifolia Ohwi var. **imbecillis** Ohwi

地下生の匐枝を伸ばし，基部の鞘は淡色。前年葉の束の中央には有花茎をつける。雄鱗片や雌鱗片は淡緑色，果胞は有毛。九州（宮崎県・鹿児島県）に分布。学名上はミヤマカンスゲの変種であるが，種ランクの違いがある。

132. ツルミヤマカンスゲ　　PL.229
Carex sikokiana Franch. et Sav.;
C. multifolia Ohwi var. stolonifera Ohwi

地上性の太い匐枝を伸ばす。基部の鞘は赤褐色をおびる。葉は幅4－8mm。前年葉の束の中央には有花茎をつける。果胞は長さ3.5－4mmで無毛。本州（関東地方南部から近畿地方），四国，九州（北部）に分布。

133. ケヒエスゲ　　PL.229
Carex mayebarana Ohwi

葉は無毛，鞘にのみ毛がある。果胞はいちじるしく長い嘴があり，無毛。四国（高知県）・九州に分布。

134. ケスゲ　　PL.229
Carex duvaliana Franch. et Sav.

ホンモンジスゲやシロイトスゲとその変種によく似ているが，茎，葉，花序など，全体に開出する軟毛が生えることで容易に区別できる。茎は高さ30－50cm。4－6月に熟す。本州（関東以西）～九州，中国（安徽省）の山地林内に生える。

135. ニシノホンモンジスゲ　　PL.229
Carex stenostachys Franch. et Sav. var. **stenostachys**

林地に生える多年草。ホンモンジスゲに似ているが，匐枝がなくて大きな株をつくる。茎は高さ30－50cm，葉は幅2－3mm，基部の鞘は暗栗褐色でかたい。頂小穂は雄性，線形で長さ2－3cm，暗褐色。側生のものは2個位ついて，雌性，短い円柱形でやや密に花をつける。4－5月に熟す。本州（中部以西）に分布。和名はホンモンジスゲに似て関西に多いため。**ミチノクホンモンジスゲ**var. **cuneata** (Ohwi) Ohwi et T. Koyamaは，匐枝が出て，葉は幅2.5－4mm，ややわらかく，東北地方の山地に生える。

136. ヤマオオイトスゲ　　PL.230
Carex clivorum Ohwi

関東地方西部から東海地方の山地林中に生え，ホンモンジスゲC. pisiformisと同じく根出葉の葉鞘の基部は褐色ではあるが，匐枝がなくて大きな株になり，果胞はミヤマカンスゲC. multifoliaにも似ていて，長楕円形であるが，雄小穂は淡色で，葉も幅が狭く2－3mmであるにすぎない。茎は高さ20－40cm。4－5月に熟す。

137. シロホンモンジスゲ　　PL.230
Carex polyschoena H. Lév. et Vaniot

匐枝はなくて密に束生し，茎の基部の鞘は暗褐色が濃く，頂小穂は淡色，ほかは淡緑色。対馬，朝鮮半島・中国（東北・北部）に生える。和名はホンモンジスゲに似て小穂が淡色であるため。

138. ホンモンジスゲ　　PL.230
Carex pisiformis Boott

丘陵地の林内などにややふつうに生える多年草。匐枝は長い。有花茎は高さ30－40cm，葉は幅3mm位で，基部の葉鞘は褐色。頂小穂は雄性，線形で柄があり，長さ2.5－3cm。側生の小穂は2個内外，雌性で短い円柱形，やや密に花をつけて，長さ1.5－2cm，苞は長い鞘がある。雌鱗片は倒卵形，淡緑色で先は円い。果胞は倒卵楕円形で長さ3.5mm，脈と毛があり，上端の嘴はやや短い。4－5月に熟す。関東地方南西部と伊豆半島に分布する。和名は〈本門寺菅〉で，東京池上の本門寺に知られたため。

139. シロイトスゲ〔オオイトスゲ〕　　PL.230
Carex alterniflora Franch. var. **alterniflora**; C. sachalinensis F. Schmidt var. alterniflora (Franch.) Ohwi

匐枝を伸ばし，基部の葉鞘は雄小穂とともに淡色，苞は鞘があり，その葉身は小穂よりも長い。果胞はやや嘴が長く，長さ3－3.5mm，無毛。4－6月に熟す。本州の丘陵から低山地林中に生える。

チャイトスゲvar. **aureobrunnea** Ohwi; C. sachalinensis F. Schmidt var. aureobrunnea (Ohwi) Ohwi (PL.230)は，基部の葉鞘や雄小穂が褐色。本州（東海地方以西）・四国・九州の丘陵から低山地に分布。

キイトスゲvar. **fulva** Ohwi; C. sachalinensis F. Schmidt var. fulva (Ohwi) Ohwi (PL.230)は，基部の葉鞘や雄小穂が黄褐色。北海道・本州・九州の山地ブナ帯からシラビソ帯に分布。**ベニイトスゲ**var. **rubrovaginata** J. Oda et Nagam. (PL.230)は，基部の葉鞘や雄小穂が紅紫色。本州（近畿地方以西）・四国・

九州の丘陵から低山地に分布。**クジュウスゲ**var. **elongatula** Ohwi; *C. sachalinensis* F. Schmidt var. *elongatula* (Ohwi) Ohwi（PL.230）は，基部の葉鞘や雄小穂が淡褐色で，果胞の嘴がいちじるしく長く，果胞は長さ3.5−4.5mmになる。本州（近畿地方）・四国・九州の山地に分布。

140. ワタリスゲ　　　　　　　　　　PL.231
Carex conicoides Honda

地上性の太い匍枝を伸ばす。基部の鞘は淡褐色，葉は幅2−4mm。果胞は長さ3−4mm，まばらに細毛がある。四国・九州に分布。

141. アリマイトスゲ　　　　　　　　PL.231
Carex alterniflora Franch. var. **arimaensis** Ohwi; *C. sachalinensis* F. Schmidt var. *arimaensis* (Ohwi) Ohwi

地上性で繊細な匍枝を伸ばし，果胞は小さく長さ2.5−3mm，嘴は短くふつう有毛。本州（近畿地方・中国地方）・四国（愛媛県）に分布する。学名上はシロイトスゲの変種であるが，種ランクの違いがある。

142. コイトスゲ〔ゴンゲンスゲ〕　　　PL.231
Carex sachalinensis F. Schmidt var. **iwakiana** Ohwi

苞の葉身は，やや長い柄のあるその小穂よりも短く，果胞は長さ2.5−3mm，嘴は短くほとんど無毛。基部の鞘は淡褐色，葉は幅1.5−2mm，花期に前年の葉はほとんど残らない。本州（東北地方から東海地方）の林中に生える。基準変種**サハリンイトスゲ**var. **sachalinensis**（PL.231）は，北海道と早池峰山の林中に生え，基部の鞘は褐色，葉は幅2−3.5mm，花期に前年の葉が残る。**ミヤマアオスゲ**var. **longiuscula** Ohwi（PL.231）は，本州（東北地方，中部地方）の亜高山帯林中に生え，サハリンイトスゲに似て，果胞は長さ3.5−4mm，嘴が長い。

143. イトスゲ　　　　　　　　　　　PL.231
Carex fernaldiana H. Lév. et Vaniot

有花茎は高さ15−30cm，葉は細く，幅0.3−1mmにすぎない。苞の葉身は小穂よりも長い。果胞は長さ3−3.5mm，無毛。北海道～九州の山地林内に生え，朝鮮半島南部・台湾にも分布する。

144. ハコネイトスゲ　　　　　　　　PL.232
Carex hakonemontana Katsuy.

イトスゲよりもさらに繊細。葉は内巻きせず，幅0.2−0.4mm。雌小穂は1−2個，柄が長く，その苞の葉身は短くとげ状。果胞は熟すと白色になる。本州（神奈川県・静岡県・山梨県・宮城県）に分布。

145. ツルナシオオイトスゲ　　　　　PL.232
Carex tenuinervis Ohwi

シロイトスゲやチャイトスゲに似るが，匍枝は出さず，密に叢生する。基部の鞘は淡色から褐色。苞の葉身は雌小穂よりも長く，果胞は無毛。四国・九州に分布。

146. ノスゲ　　　　　　　　　　　　PL.232
Carex tashiroana Ohwi

匍枝はなく，密に叢生する。基部の鞘はあまり伸びず，褐色，古くなると繊維に分解する。果胞は小さく，長さ約2mm，嘴は短く，まばらに短毛がある。本州（岡山県・広島県・山口県）に分布。

147. マメスゲ　　　　　　　　　　　PL.232
Carex pudica Honda

葉が鮮緑色，大きな株をつくり，有花茎は丈低く，葉間にかくれる。雄小穂は頂生で，長い柄があり，長さ5mm位，鱗片は白色，緑色の脈があって，一部赤褐色をおびる。雌小穂は側生し，1−4個，みな根生状をなし，長楕円形で有柄，長さ5−10mm。果胞は卵状紡錘形，短い微毛が少し生え，脈が多く，淡緑色で嘴は短い。4−5月に熟す。本州の丘陵地に生える。

148. モエギスゲ　　　　　　　　　　PL.232
Carex tristachya Thunb.

山地の乾いた草地に多く生える。匍枝がなくて小さい株をつくり，古い葉鞘は褐色の縦の繊維にいちじるしく分解する。有花茎は高さ20−40cm，葉は幅3−5mm。小穂は3−5個ついて，頂小穂は雄性で線形，長さ1−3cm，その鱗片は淡白色で小さく，緑色の中肋がある。側小穂は雌性で，直立して頂小穂と相接近してつき，円柱形。苞は短くて，短い鞘をつくる。雌鱗片は淡黄褐色，広い円頭に終わる。果胞は卵状紡錘形で長さ3mm，やや3稜形で淡黄緑色，脈が多く，短い軟毛がある。嘴は短い。4−5月に熟す。本州（関東以西）～九州，朝鮮半島・中国に分布する。和名は〈萌黄菅〉で，その葉色に由来する。

149. ヒメモエギスゲ〔コップモエギスゲ〕　PL.232
Carex pocilliformis Boott; *C. tristachya* Thunb. var. *pocilliformis* (Boott) Kük.

モエギスゲに似るが，雄小穂は細く，幅0.5−0.7mm，雄鱗片の基部は合着し筒状。本州（関東地方以西）～琉球，朝鮮半島・台湾・中国・フィリピンに分布。

150. クサスゲ　　　　　　　　　　　PL.233
Carex rugata Ohwi

全体がやわらかくて，乾くと黒みをおびる。果胞は毛がなく，やや六角状楕円形で亀甲形をなし，中央面上にわずかに横じわがある。茎は高さ15−30cm。4−5月に熟す。北海道に少なく，本州・四国・九州，中国の林内に生える。

151. イセアオスゲ　　　　　　　　　PL.233
Carex karashidaniensis Aliyama

果胞が熟すころ，有花茎は低く葉に埋もれる。雄小穂はあまり発達しない。果胞は長さ3−3.5mm，細脈が目立ち有毛，嘴は長く，口部は2小歯。本州（関東南部・東海地方・紀伊半島）に分布。

152. ハガクレスゲ　　　　　　　　　PL.233
Carex jacens C. B. Clarke

北海道・本州中北部の深山針葉樹林帯の疎林地に生え，緑色，頂小穂は雄性，側小穂は雌性で4−6個つくが，そのうち下方の1−2個はつねに根生状となり，果胞は紡錘形長楕円形で3稜形をなし，無毛で，横じわはない。茎は高さ7−15cm。6−7月に熟す。

153. ヌカスゲ　　　　　　　　　　　PL.233
Carex mitrata Franch. var. **mitrata**

茎の基部の鞘は濃褐色で光沢があり，雄小穂は細い線

形で，雌小穂も細く，鱗片には芒がない。4－5月に成熟し，本州（福島県以南）～九州，朝鮮半島・中国に生える。雄小穂が短く，雌鱗片に長い芒があるものを**ノゲヌカスゲ** var. **aristata** Ohwi といい，本州（宮城県以南）～九州，朝鮮半島・中国・台湾に分布する。

154. アオスゲ　　　　　　　　　　　　　　　　PL. 233
Carex leucochlora Bunge

匐枝がなく，叢生する。茎は高さ5－40cm，葉は幅1－5mmで鞘は淡色～褐色。頂小穂は雄性で，淡緑色，短い柄があって，雌小穂よりも高くないこともある。側小穂は雌性で1－5個つき，球形から短い円柱形まであって長さ5－30mm。最下の苞は多くは短い鞘があって短い。雌鱗片は淡緑色，先端は短い芒となる。果胞は倒卵形で，長さ2.5－3mm。短い軟毛と脈があり，嘴は直立して短い。4－7月に熟す。北海道～琉球，極東ロシア・朝鮮半島・中国・台湾・インドに分布する。和名は〈青菅〉で，全体に緑色であるため。形態に変化が多く，細分すると次のようなものがある。

イトアオスゲ C. **puberula** Boott（PL. 233）は，小穂が上部にかたまり，苞の葉身は小穂よりも短く，雌鱗片の芒も短い。北方に偏って分布する。**ミセンアオスゲ** C. **horikawae** K. Okamoto; C. **leucochlora** Bunge var. **horikawae** (K. Okamoto) Katsuy.（PL. 234）は，雄小穂に柄があり，雌小穂はやや離れてつき，苞の葉身はとげ状。瀬戸内海沿岸や長野県に分布する。**メアオスゲ** C. **candolleana** H. Lév. et Vaniot（PL. 233）は，苞の葉身が小穂よりも長く，有花茎基部に離れた雌小穂をつけ，雌鱗片の芒が長い。**ニイタカスゲ** C. **aphanandra** Franch. et Sav.; C. **morrisonicola** Hayata（PL. 234）は，山地から亜高山帯に生え，有花茎基部に離れた雌小穂をつけ，雌鱗片の芒が短い。和名は台湾のC. morrisonicola Hayataにつけられたもの。

155. イソアオスゲ　　　　　　　　　　　　　PL. 234
Carex meridiana (Akiyama) Akiyama

果胞の性質はアオスゲに似るが，匐枝を伸ばす。本州（日本海側は山形県以南・太平洋側は千葉県以南）・四国・九州・屋久島・吐噶喇列島に分布する。

156. ヒメアオスゲ　　　　　　　　　　　　　PL. 234
Carex discoidea Boott

繊細な匐枝を伸ばす。小穂は有花茎の上部に密集してつき，苞の葉身は花序よりもいちじるしく長い。果胞は長さ1.5－2mm，細脈があり有毛。本州（近畿以西）・四国・九州・南西諸島に分布。

ヤクシマイトスゲ C. **perangusta** Ohwi は，屋久島や南西諸島の渓流に生え，全体にいちじるしく小型で，葉は幅0.5mm，果胞は長さ1.5mmでほとんど無脈。

157. オオアオスゲ　　　　　　　　　　　　　PL. 234
Carex lonchophora Ohwi

アオスゲに似るが，全体に大型で，基部の鞘は淡色，果胞は嘴が長く，隆起した脈が目立つ。本州（関東以西）・四国・九州に分布する。

158. ハマアオスゲ　　　　　　　　　　　　　PL. 234
Carex fibrillosa Franch. et Sav.

海岸の砂地や草原に生える。匐枝を生じ，全体に丈夫で，雌鱗片は果胞よりもやや早く落ちやすく，果胞の脈は太い。4－6月に熟す。本州～琉球にふつうで，朝鮮半島・中国・台湾にも分布する。

159. シバスゲ　　　　　　　　　　　　　　　PL. 234
Carex nervata Franch. et Sav.

丘陵地の芝生など丈の低い草原の日当りのよいところに生える。4－5月に成熟し，長い匐枝をつけ，有花茎は細く，高さ10－30cm，葉は幅2－3mm，やや短く，鞘は淡褐色の縦の繊維に分解する。小穂は淡黄褐色，頂小穂は雄性で長さ1－1.5cm，側小穂は雌性で1－2(－3)個つき，長楕円形で，長さ1cm内外，ごく短い柄があり，最下の苞はとげ状で，短い鞘がある。果胞は長さ2－2.5mm，短い軟毛があり，嘴ははなはだ短い。和名は芝生などによく生えるため。北海道・本州～九州に分布。国外では朝鮮半島・中国に分布する。

160. チャシバスゲ　　　　　　　　　　　　　PL. 235
Carex microtricha Franch.;
C. **caryophyllea** Latour. var. **microtricha** (Franch.) Kük.

シバスゲに似て，小穂は栗褐色または赤褐色で5－7月に成熟する。有花茎の高さは10－40cm。北海道・本州中北部の海岸および山地の草原に生え，千島列島・サハリン・朝鮮半島に分布する。

161. ミヤケスゲ　　　　　　　　　　　　　　PL. 235
Carex subumbellata Meinsh. var. **subumbellata**

ややゆるく叢生し，最下の小穂は根生状となり，果胞は熟すと基部が肥厚して白色の短い柄状となる。有花茎は高さ20－30cm。7－8月に熟して，北海道・本州（早池峰山）の高山草地に生え，サハリンに分布する。和名は植物学者三宅勉にちなむ。

クモマシバスゲ var. **verecunda** Ohwi は密に叢生し，根生状の小穂のない変種で，本州中北部の高山の草地に生える。

162. カミカワスゲ　　　　　　　　　　　　　PL. 235
Carex sabynensis Less. ex Kunth var. **sabynensis**

束生して匐枝がなく，葉鞘はいちじるしく繊維に分解し，葉は伸長し，幅2－3mm。側小穂は1－2個つき帯褐色，果胞には短くてあらい毛がある。茎は高さ20－50cm。5－7月に熟す。北海道・本州北部・九州（大分県）の陽地や疎林地に生えて，シベリア東部・サハリン・千島列島・朝鮮半島に分布する。和名は北海道の上川にちなむ。匐枝の出る変種を**ツルカミカワスゲ** var. **rostrata** (Maxim.) Ohwi（PL. 235）といい，本州～九州の山中の草地に生え，朝鮮半島・シベリア東部にも分布する。

フサスゲ節　Sect. **Hymenochlaenae** Drejer

A. 頂小穂は雌雄性 .... 163. フサスゲ

A. 上方の2-3個の小穂は雄性，下方の小穂は雌生 ·· 164. アイズスゲ

163. フサスゲ〔シラホスゲ〕 PL. 235
Carex metallica H. Lév.

大きな株をつくり高さ30-60cmで，上部が点頭する多年草。葉は幅3-6mm，小穂は5-10個が接続してつき，淡緑色で光沢がある。下方のものは雌性で円柱形をなし，長さ2-5cm，柄があり，上方のものは下部に雄花部があり，頂小穂はときに雄花のみとなる。果胞は斜上し，狭卵形で長さ7mm位，ふくらんで上方はざらつき，しだいにやや長い嘴となる。4-5月に熟す。本州（静岡県以西）～九州にまれに生え，中国南部・台湾・朝鮮半島に分布する。和名は〈房菅〉で，そのふさふさした花序に由来する。

164. アイズスゲ PL. 235
Carex hondoensis Ohwi

根茎は短くはい，褐色の繊維がいちじるしい。有花茎は高さ50-70cm，点頭し，葉はややわらかく，幅3-4mm，緑色。小穂は4-5個つき，上方の2-3個は雄性で黄褐色，狭披針形である。ほかは雌性で，長い柄があって下垂し，円柱形，淡黄褐色。苞は短い鞘があり，短い葉状である。果胞は3稜形で広楕円形をなし，長さ5mm位，淡黄緑色で膜質，光沢があり，嘴は長い。柱頭ははなはだ長くて果時にも残る。5-7月に熟す。本州中北部の山中の疎林地や草原に生え，中国（北部）・サハリンに類似種がある。和名は〈会津菅〉で，産地にちなむ。

ミヤマジュズスゲ節　Sect. **Mundae** Kük.

165. ミヤマジュズスゲ PL. 236
Carex dissitiflora Franch.

南千島・北海道～九州の山地林中に生える，鮮緑色でやわらかい多年草。小さい株をつくり，高さ40-80cm。葉は扁平で幅3-7mm，基部の鞘は淡色，のちに黒褐色の繊維に多少分解する。苞は葉状で，鞘があり，小穂は4-6個，各苞から1-2個ずつ出て，線形で，上部に短い雄花部があり，その下に雌花部がつき，淡緑色。果胞は直立して狭卵状紡錘形をなし，長さ9-11mm，膜質，淡緑色で，しだいに長い嘴となり細脈がある。

タガネソウ節　Sect. **Siderostictae** Franch. ex Ohwi

A. 葉は線形で幅2-3mm ·· 166. イワヤスゲ
A. 葉は線状披針形で幅1-3cm。
  B. 小穂は1節に2-3個つけ球形 ·· 167. ササノハスゲ
  B. 小穂はふつう1節に1個つけ線柱形。
    C. 小穂はすべて雄雌性，果胞は無毛 ·· 168. タガネソウ
    C. 頂小穂は雄性，果胞は有毛 ·· 169. ケタガネソウ

166. イワヤスゲ PL. 236
Carex tumidula Ohwi

愛媛県の山中にまれに生え，匍匐する根茎のある小型の種類で，有花茎は高さ15-20cm。葉はやわらかく，幅2-3mm，基部の鞘は膜質で，その一部はさび色をなす。小穂は7-9個が直立し，柄があってときに1節から2個出て，長さ1-1.5cm，雌花を1-3花つけ，その上部にややいちじるしい雄花部がある。果胞は卵形，膜質で帯緑色，長さ3mm，両端は急に狭まる。柱頭は3岐し，やや太い。4-5月に熟す。和名は上浮穴郡の岩屋山に由来する。

167. ササノハスゲ PL. 236
Carex pachygyna Franch. et Sav.

タガネソウによく似ているが，小穂は球形で，長さ4-6mmにすぎず，密に花をつけるが，雄花部ははなはだ短くてはっきりしない。柱頭は太くて短い。4-5月に成熟し，本州（近畿以西）・四国の山中林内に生える。和名はその葉形による。

168. タガネソウ PL. 236
Carex siderosticta Hance

山地の林内に生える多年草。匐枝がある。有花茎は高さ10-40cmになり，やわらかい。基部の鞘は淡色，葉舌は膜質で淡紅色をおびる。葉は匐枝のものがよく発達し，披針形で幅1-3cm，無毛またはまばらに毛がある。小穂は4-8個，短い円柱形で，長さ1-2cm，各小穂の上部に短く雄花を，下部にまばらに雌花をつける。苞は長い鞘があり，葉身は短い。鱗片は長楕円形で，緑色の中肋がある。果胞は楕円形で長さ3mm，毛がなく，淡緑色で膜質，嘴は短い。4-5月に熟す。北海道～九州，朝鮮半島・中国・ウスリーに分布する。和名はスゲとしては幅の広いその葉形を鍛冶屋の使うたがねに見立てたもの。

169. ケタガネソウ PL. 236
Carex ciliatomarginata Nakai

タガネソウによく似ているが，全体に少し小さく，茎や葉に密に長毛が生え，頂小穂は雄性で太く，果胞は毛がある。本州（中部以西）～九州，朝鮮半島・中国（東北）に生える。

リュウキュウスゲ節　Sect. **Alliiformes** Akiyama

170. リュウキュウスゲ　　　　PL. 237
　Carex alliiformis C. B. Clarke
　高さ20－40cm，茎は基部近くまで小穂をつけ，葉は深緑色で幅6－12mm，基部の葉鞘は暗血色をおびる。小穂は3－7個あってまばらにつき，上方の1－3個は雄性で線形，またはその上部に雌性部をつけて棍棒状となる。下方の小穂は雌性で狭長楕円形，密に多数の花をつけ，長さ1.5－2.5cm，苞は基部に長い鞘があり，鞘はときに紫赤色をおびる。果胞は膜質で光沢があり，長さ3.5－4mm。4－5月に熟し，九州南部・琉球の密な林中に生え，国外では台湾に分布。

サツマスゲ節　Sect. **Occlusae** C. B. Clarke

- A．小穂は密に果胞をつけ柱状，果胞は全体に密に有毛 ……………………………………… 171．サツマスゲ
- A．小穂はまばらに果胞をつけ線柱状，果胞は稜上に立った短毛を密生 ………………… 172．アカネスゲ

171. サツマスゲ　　　　PL. 237
　Carex ligulata Nees
　匍枝の出ない，高さ40－70cmのややまれな多年草で，林地に生える。茎の中部より上方に多数の葉を密生し，下方の葉には葉身がなく，基部の鞘は暗血紫色で，糸網がつかない。葉は幅4－8mm。小穂は5－7個，茎の上方について長い苞と柄があり，頂小穂は雄性で線形，ほかは雌性で円柱形，直立して長さ15－40mm，密に花をつける。雌花の鱗片は卵形。果胞は直立し，広倒卵形で長さ4－5mm，さび色であって，灰白色の密毛が生え，上方はやや急に少し長い嘴となる。本州（関東南部以南）・四国・九州にあり，朝鮮半島・中国・インドに分布する。

　テンジクスゲ C. **phyllocephala** T. Koyamaは，中国の揚子江沿岸地方の原産で，日本ではまれに栽培される。サツマスゲによく似ているが，小穂は茎の先端付近に集まる。和名は天竺（インド）から渡来したものと考えたためである。

172. アカネスゲ　　　　PL. 237
　Carex poculisquama Kük.
　中国の揚子江沿岸地方に生え，本州（関東・中国地方）・九州北部の石灰岩地帯にまれに自生する。サツマスゲにやや似ているが小型で，有花茎は高さ40－50cm，葉は幅3－5mm。雄小穂は細く，鱗片は縁が合着してコップ形となり，果胞は長さ4mm位，淡緑色で細脈があり，三角形で，特にその両側の稜上に開出する短毛があり，嘴は短い。5－6月に熟す。和名は細根が赤色であるため。

ヒカゲスゲ節　Sect. **Digitatae**（Fr.）Christ

- A．果胞は光沢があってまばらに短毛があり，嘴はやや長く，基部の小柄はほとんどない。苞の葉身は小穂より長い。
  - B．匍枝を伸ばし，基部にいちじるしく短い花茎はない ……………………………… 173．カタスゲ
  - B．叢生し匍枝はなく，基部にいちじるしく短い花茎をつける ……………………… 174．タイホクスゲ
- A．果胞は密に毛があり，嘴は短く基部に肥厚した小柄がある。苞の葉身は刺状で短い。
  - B．茎や葉に軟毛が密生 …………………………………………………………………… 175．アズマスゲ
  - B．茎や葉は無毛。
    - C．基部の鞘や鱗片は淡色～緑色 ……………………………………………………… 176．サヤマスゲ
    - C．基部の鞘や鱗片は褐色～赤褐色。
      - D．基部の鞘は赤褐色，雄小穂は直下の雌小穂よりも明らかに低い …………… 177．アカスゲ
      - D．基部の鞘は褐色，雄小穂は直下の雌小穂よりも高いか同高。
        - E．根茎は斜上してまばらに叢生，葉は幅2.5－3mm ……………………… 178．ビッチュウヒカゲスゲ
        - E．密に叢生，葉は幅2mm以下。
          - F．花茎は葉よりも高い …………………………………………………… 179．ヒカゲスゲ
          - F．花茎は葉よりもいちじるしく低い …………………………………… 180．ホソバヒカゲスゲ

173. カタスゲ　　　　PL. 237
　Carex macrandrolepis H. Lév.
　根茎は長く匍匐して，暗褐色の繊維がいちじるしくつく。有花茎は細く，高さ15－40cm，葉は鮮緑色で，幅2－3mm。小穂は3－4個がまばらにつき，頂小穂は雄性，線形で長さ1－3cm，ほかは雌性で長さ1cm位，長楕円形で数個の花をつける。果胞は淡緑色で斜上し，長さ5－6mm，少し光沢があって，鋭3稜があり，菱形で，微毛があって，脈はほとんどなく，嘴はやや短い。伊豆諸島・本州（東海地方以西）～九州に生え，朝鮮半島南部・台湾に分布する。和名は〈硬菅〉で，果胞がかたく見えるため。

174. タイホクスゲ　　　　PL. 237
　Carex taihokuensis Hayata
　叢生し匍枝はなく，基部にいちじるしく短い有花茎をつける。植物体の雰囲気はリュウキュウヒエスゲに似るが，果胞は光沢があってまばらに短毛があり，果実の稜の中央に凹入はなく，頂部に嘴もない。南西諸島（沖縄島・石垣島）に分布。国外では朝鮮半島・中国・台湾に分布する。

175. アズマスゲ　　　　　　　　　　　PL. 237
Carex lasiolepis Franch.

北海道〜九州の山地，特に岩石がちの疎林の斜面に生える。全体に明らかに開出する軟毛が生え，有花茎は高さ5−15cm。果胞は鋭3稜形で脈がなく，長さ4−4.5mmとなり，雌鱗片は広い円頭をなし，ときに凸端となる。

176. サヤマスゲ　　　　　　　　　　　PL. 238
Carex hashimotoi Ohwi

鮮緑色で，全体に赤みがなく，有花茎は高さ5−10cm。頂小穂は雄性，側小穂は2−3個あって，雄小穂に近い1個を除いては，みな根生状をなし，苞には緑色の鞘があって，その先端は短凸点となる。果胞は長さ4mm，淡緑色で，脈がある。4−5月に熟し，滋賀県〜長野県南部の山林中にまれに自生する。

177. アカスゲ　　　　　　　　　　　PL. 238
Carex quadriflora (Kük.) Ohwi

北海道（東部）の山地林中にまれに生え，朝鮮半島・中国（東北）・ウスリーに分布する小型の一種。叢生し，匐枝はない。有花茎は細く，高さ20−30cm。葉は扁平で幅2−4mm，濃緑色でざらつかず，基部の葉鞘は濃赤色。小穂は3−4個，頂小穂は雄性で，長さ7−10mm，線形で赤みをおびる。ほかは雌性でまばらに数花をつけ，曲がった柄があって点頭する。苞は葉身がなくて帯赤紫色の鞘だけとなる。果胞は長さ4.5−5mm，鋭3稜があって膜質，まばらに毛があり，脈がなく，楕円形で上方は短い嘴となり，基部には太く短い柄がある。和名は赤みがいちじるしいことに由来する。

178. ビッチュウヒカゲスゲ　　　　　　PL. 238
Carex bitchuensis T. Hoshino et H. Ikeda

ヒカゲスゲに似るが，根茎は長く斜上してまばらに叢生し，葉はやや幅広く，幅2.5−3mmある。本州（岡山県・三重県）の石灰岩上に生える。日本固有。

179. ヒカゲスゲ　　　　　　　　　　　PL. 238
Carex lanceolata Boott

疎林地の斜面などに多く生える多年草。匐枝がなく，大きくて密な株をつくる。有花茎は高さ10−40cm，鈍稜がある。葉は幅1.5−2mm，基部の葉鞘は赤褐色で，やや糸網状の繊維に分解する。頂小穂は雄性で，太い線形，側生の2−5個の小穂は雌性で，短い円柱形となり，長さ1−2cm。苞は上縁がやや透明な膜質の葉鞘となり，葉身はない。雌鱗片は卵形で，赤さび色，鋭尖頭で縁は透明膜質でやや小軸を抱く。果胞は長さ3mm，倒卵形で，脈が多く毛があり，基部は太い斜めの柄となり，上端は急に外向する短い嘴となる。4−6月に熟す。北海道〜九州，朝鮮半島・中国・ウスリーに分布する。和名は〈日陰菅〉であるが，むしろ日当りのよい岩地，草地などに多く生える。

180. ホソバヒカゲスゲ　　　　　　　　PL. 238
Carex humilis Leyss. var. **nana** (H. Lév. et Vaniot) Ohwi

ヒカゲスゲに似ているが，葉は細く幅0.5−1.5mm，有花茎は高さ3−6cmしかなくて，葉の間にかくれ，小穂間も平滑で，ヒカゲスゲのようにざらつくことはない。4−5月に熟す。南千島・北海道〜九州の山地の岩上または疎林地の斜面に生え，国外では朝鮮半島・中国（東北）・シベリア東部に生える。基準変種var. humilisはシベリア〜ヨーロッパに分布する。

イワカンスゲ節　　Sect. **Ferrugineae** (Tuck. ex Kük.) Ohwi

- A．果胞は縁を除いて無毛 ·· 181．イワスゲ
- A．果胞は全体に有毛
  - B．雄鱗片，雌鱗片ともに凹頭または切形で短芒端 ································· 182．ショウジョウスゲ
  - B．雄鱗片，雌鱗片は鋭頭，鋭尖頭，鋭頭芒端
    - C．雄小穂は黒褐色，雌鱗片は濃褐色で縁に透明部分はない ············ 183．イワカンスゲ
    - C．雄小穂は褐色〜淡褐色，雌鱗片は褐色〜黄褐色で縁に透明部分がある。
      - D．果実の基部は急に細くなって，長さ約2mmの顕著な柄となる。雄小穂は長さ4−8cm ·············· 184．タイワンカンスゲ
      - D．果実の基部はしだいに細くなり，長さ0.5−1.5mmの柄となる。
        - E．叢生し，ときに匐枝を伸ばす。雄小穂は長さ1−4cm。果胞の脈は不明瞭 ············ 185．コイワカンスゲ
        - E．密に叢生し，匐枝を伸ばさない。雄小穂は長さ4−15cm。果胞には多数の隆起する明らかな脈がある。
          - F．果胞は嘴が短く，長さ3.5−4.5mm。春に開花 ············ 186．コバケイスゲ
          - F．果胞は嘴が長く，長さ5−6mm。秋に開花 ············ 187．アキザキバケイスゲ

181. イワスゲ　　　　　　　　　　　PL. 238
Carex stenantha Franch. et Sav. var. **stenantha**

高山の岩礫地の草原に生える多年草。小さい株をつくり，斜上する匐枝が出る。茎は高さ15−40cm，細くて花時に点頭し，果時に倒れる。葉は幅2−3mm，基部の葉鞘は淡褐色であるが，一部に暗赤色の部分がある。頂小穂は雄性で線形をなし，長さ2−3cm，濃褐赤色。側生の小穂は2−4個ついて，雌性，線状円柱形で，長さ2−3cm，長い柄があって下垂し，まばらに花をつけ，濃褐色で光沢がある。果胞は直立し，披針形で長さ6−8mm，膜質，背面の稜ははっきりせず，上方はしだいに直立する長い嘴となる。7−8月に熟す。本州中北部に分布する。北海道，サハリン・千島列島のものは果胞が少し幅広く，**タイセツイワスゲ** var. **taisetsuensis** Akiyamaの名がある。和名は大雪山に知られたことに由来する。

182. ショウジョウスゲ　　　　　　　　PL. 239
Carex blepharicarpa Franch. var. **blepharicarpa**

山地や高山に生える多年草。ときに根茎があってやや大きな株をつくる。茎は高さ10−50cm，葉は幅2−

4mm，鞘はときに褐色の繊維に分解する。頂小穂は雄性，棍棒形で長さ1－3cm，黄褐色。側生のものは1－4個あって，雌性で長楕円形，長さ1－3cm，最下のものはときに離れてやや根生状となる。苞は有鞘，短い葉身がある。雌鱗片は赤褐色，果胞は長さ4－6mm，紡錘形で脈がなく，毛があり，先はふつう短い嘴に終わる。4－7月に熟す。北海道～九州に分布する。和名は〈猩々菅〉で，雌小穂が赤褐色のため。

ナガミショウジョウスゲ var. **stenocarpa** Ohwi は，本州中部の高山乾性草原に生えるもので，密に叢生し，雌雄の鱗片は黄褐色，果胞は嘴が長く，口部は鋭2歯となる。**ツクバスゲ** C. **hirtifructus** Kük.（PL.239）は，全体に繊細でときに匐枝を伸ばし，果胞は嘴が長く，口部は鋭2歯となる。本州（近畿以北の主に太平洋側）・九州に分布。

183．イワカンスゲ　　　　　　　　　PL.239
Carex makinoensis Franch.
コイワカンスゲによく似ているが，大型で，有花茎は高さ30－50cm，頂生の雄小穂は黒褐色で長さ4－10cmになり，雌鱗片は光沢のある黒褐色で縁に淡色部分はなく，微細な縁毛がある。果胞は狭長楕円形で長さ5－7mm，細脈があり有毛。4－5月に熟す。四国・九州の山地に生える。

184．タイワンカンスゲ　　　　　　　PL.239
Carex longistipes Hayata
コバケイスゲに似るが，果胞は長楕円形で，長さ5－7mm，基部は長い柄があり，先は長い嘴になる。果実の基部は長さ2－3mmの細長い柄がある。琉球（西表島）の渓流岩上に生え，台湾に分布する。

185．コイワカンスゲ　　　　　　　　PL.239
Carex chrysolepis Franch. et Sav.
ショウジョウスゲに似て茎は細いが，高さ15－30cm，3稜形でやや平滑。雄性の小穂は頂生し，長さ1.5－3cm。雌花の鱗片は赤栗色でなくて，褐黄金色をおび，果胞には短毛があり，長さ4－5mm。4－6月に熟す。四国・九州の山中に生える。果胞の長さが6－7mmにもなり，嘴の細長いものを**ミヤマイワスゲ** C. **odontostoma** Kük.（PL.240）といい，本州（近畿地方）～九州，台湾の山地に生える。

186．コバケイスゲ　　　　　　　　　PL.240
Carex tenuior T. Koyama et T. I. Chung
山地の岩場や岩混じりの斜面などに生える。根茎は密に叢生し，基部の鞘は黒褐色で古くなるといちじるしい繊維になる。頂小穂は雄性でいちじるしく長く，長さ4－10cm。雄鱗片や雌鱗片は褐色～暗褐色。果胞は長さ3.5－4.5mm，多数の脈があり，有毛，嘴は短く口部は鋭2歯。奄美諸島・沖縄諸島に分布。台湾のバケイスゲ C. **warburgiana** Kük. は，雄鱗片，雌鱗片ともに黒褐色で果胞は長さ5－6mmある。

187．アキザキバケイスゲ　　　　　　PL.240
Carex mochomuensis Katsuy.
秋に開花し，雄小穂はいちじるしく長く，長さ6－15cm，雌鱗片は淡褐色で，縁は広く薄膜質。果胞は長さ5－6mm，多数脈があり，有毛。屋久島に固有。

タチスゲ節　Sect. **Anomalae** J. Carey

- A．葉は緑白色で，果胞には乳頭状突起が密生　　　　　　　　　　　　　　　　　　　　　　188．タチスゲ
- A．葉は深緑色で，果胞は平滑　　　　　　　　　　　　　　　　　　　　　　　　　　　189．リュウキュウタチスゲ

188．タチスゲ　　　　　　　　　　　PL.240
Carex maculata Boott
本州～九州の水湿地に生える粉緑色の多年草で，根茎は短く密に叢生し，有花茎は高さ20－60cm。基部の葉鞘は淡色で膜質，葉舌はいちじるしく，膜質で，淡いさび色。小穂は3－4個あって，頂小穂は雄性で線形，側生のものは雌性で短い柄がつき，円柱形で，長さ1－4cm，幅4mm位，下方の苞は葉状で長い鞘がある。果胞はやや直立し，灰緑色または褐色をおび，扁3稜形で長さ2.5mm位，密に乳頭状突起がある。朝鮮半島南部・中国・インドに分布する。

189．リュウキュウタチスゲ　　　　　PL.240
Carex tetsuoi Ohwi;
C. *maculata* Boott var. *tetsuoi* (Ohwi) T. Koyama
沖縄島の樹林内の湿地に生える。タチスゲに似るが，葉は深緑色で果胞に乳頭状の突起がない。苞の葉身は有花茎よりもいちじるしく高くなる。

タカネシバスゲ節　Sect. **Chlorostachyae** Meinsh.

- A．雄小穂は柄があって，直下の雌小穂よりも高い。果胞の嘴の縁はざらつく　　　　　　　　190．オノエスゲ
- A．雄小穂は柄が短く，直下の雌小穂よりも低い。果胞の嘴の縁は平滑　　　　　　　　　　191．タカネシバスゲ

190．オノエスゲ　　　　　　　　　　PL.241
Carex tenuiformis H. Lév. et Vaniot
本州中北部・北海道の高山帯の草地にややまれに生える小型の植物で，有花茎は細く，高さ15－40cm。上端はやや点頭し，基部には匐枝は出ず，鞘は一部暗血色をおびる。葉は幅2.5－4mm。小穂はまばらに2－4個つき，頂小穂は雄性で長い柄があってほかの小穂より高く，棍棒状線形で長さ1－1.5cm。側小穂は雌性で，線状楕円形をなし，長さ1－2.5cm，長い柄がある。苞は短く，鞘が長い。果胞は長さ3－4.5mm，卵状紡錘形，膜質で褐緑色をおび，少し光沢があって，上方にはやや長い嘴がある。6－8月に熟す。国外では朝鮮半島・中国（東北）・シベリア東部・サハリン・千島列島に分布し，和名は〈尾上菅〉で，多くは高山の尾根に生えるため。

191. タカネシバスゲ　　　　　　　　PL. 241
Carex fuscidula V. I. Krecz. ex T. V. Egorova

オノエスゲによく似ているが、全体に小さく、高さ10-20cm。葉は幅1-1.5mm。上方の1-2個の側小穂は頂生の雄性小穂よりも柄が長くて下垂する。果胞は長さ3-3.5mm。7-8月に熟す。本州（白馬岳・早池峰山）・北海道（夕張岳）の高山帯の草地にまれに生え、国外では千島列島・サハリン・朝鮮半島北部・中国東北部に分布。

タマツリスゲ節　Sect. **Paniceae** G. Don

- A. 雄鱗片、雌鱗片、または茎の基部の鞘に赤褐色の部分がある。
  - B. 匍枝を伸ばし疎生する。
    - C. 基部の鞘や葉は有毛 ··· 192. サッポロスゲ
    - C. 基部の鞘や葉は無毛。
      - D. 葉は粉緑色で基部の鞘は赤紫色。雌小穂はいちじるしく長い柄があって垂れ下がる ······· 193. クジュウツリスゲ
      - D. 葉は鮮緑色で基部の鞘は淡褐色。上方の雌小穂は直立 ·············· 194. サヤスゲ
  - B. 叢生し匍枝は出さない。
    - C. 雄小穂は柄が短く、直下の雌小穂と接続。基部の鞘に赤褐色の部分は多い。
      - D. 葉はやや粉緑色で幅2-4mm ·· 195. タマツリスゲ
      - D. 葉は深緑色で幅5-7mm ··· 196. オクタマツリスゲ
    - C. 雄小穂は長い柄があって抽出。
      - D. 葉は粉緑色で前年の葉は枯れて残らない。基部の鞘の赤褐色の部分は少ない ····· 197. オオタマツリスゲ
      - D. 葉は深緑色で花期まで前年の葉が残る。基部の鞘は赤褐色の部分が多い ····· 198. ヒロハノオオタマツリスゲ
- A. 植物体はどこにも赤褐色の部分はない。
  - B. 少なくとも2番目以下の雌小穂の柄は長く垂れ下がる。
    - C. 雄小穂は柄が短く、直下の雌小穂と接続し、長さ4-7mm、雌鱗片は淡緑色 ········ 199. アリサンタマツリスゲ
    - C. 雄小穂は長い柄があって抽出し、長さ1.5-3cm、雌鱗片は黄褐色をおびる ········ 200. エゾツリスゲ
  - B. 花茎上部につく雌小穂は直立。
    - C. 葉は粉緑色。雌小穂は数個の果胞をつけ、長さ1-1.5cm ·············· 201. コジュズスゲ
    - C. 葉は鮮緑色。雌小穂は10-20個の果胞をつけ、長さ1.5-3cm。
      - D. 葉は幅5-10mm、花茎は高さ50-80cm ······························ 202. グレーンスゲ
      - D. 葉は幅2-5mm、花茎は高さ20-50cm ······························ 203. ナガボノコジュズスゲ

192. サッポロスゲ〔ハナマガリスゲ〕　　PL. 241
Carex pilosa Scop.

茎の基部の鞘は暗赤色、茎と葉、そのほか花部にも開出毛があり、雄小穂は雌鱗片とともに暗赤紫色をおびる。高さ30-60cm。6-7月に熟す。北海道・本州北部の林内に生え、サハリン・千島列島からシベリア・ヨーロッパに分布する。

193. クジュウツリスゲ　　　　　　　PL. 241
Carex kujuzana Ohwi

本州中北部・九州の山地の草原にまれに自生し、タマツリスゲC. filipesにやや似ていて、茎の基部の葉鞘は一部が濃赤紫色をおびるが、根茎は横にはい、葉身はやや遅れて伸びる。高さ50-60cm。果胞は広倒卵形で、長さ6mm。5月に熟す。朝鮮半島南部にも分布し、和名は九州久住山に知られたため。

194. サヤスゲ〔ケヤリスゲ〕　　　　　PL. 241
Carex vaginata Tausch

高層湿原に生える多年草。細長い匍枝が出て、有花茎は高さ20-50cm、ややややわらかく、深緑色で、毛はない。葉は扁平で幅2-5mm、基部の鞘は一部赤紫色をおびる。小穂は2-4個がまばらについて、頂小穂は長さ1-2cmあって雄性、濃紫褐色。ほかは雌性で短い円柱形となり、長い柄がある。苞は短く、長い鞘がある。6-7月に熟し、果胞は長さ4-5mm、卵形、膜質で無毛。和名は〈鞘菅〉で、その種名vaginataを訳したもの、また〈毛槍菅〉は雄小穂が高く伸びたのに由来すると思われる。北海道・岩手県（焼石岳）・長野県（霧ヶ峰）、周北極地方に広く分布する。

195. タマツリスゲ　　　　　　　　　PL. 242
Carex filipes Franch. et Sav. subsp. **filipes**

林内の草地に生えるやわらかい緑色の多年草。根茎は短い。茎は株をつくり、高さ30-50cm、鋭3稜形で、平滑、果時には倒れる。基部の鞘は一部が暗赤紫色。葉は幅2-4mm。頂小穂は雄性、淡色、線形で長さ1-1.5cm、短いかまたは長い柄がある。側小穂は2-3個ついて雌性、短円柱形で、はなはだまばらに数花をつけ、細い柄があって点頭する。苞は葉状で長い鞘があり、雌鱗片は卵形でとがり、一部赤色をおびる。果胞は卵形で長さ5-6mm、淡緑色、毛がなく、細い脈があって、上方は急に長い嘴となる。4-6月に熟す。本州・四国・九州に分布する。和名は〈珠釣菅〉で、果胞を珠に見立てたもの。

196. オクタマツリスゲ　　　　　　　PL. 241
Carex filipes Franch. et Sav. subsp. **kuzakaiensis** M. Kikuchi

基部の鞘は赤紫色をおび、雄小穂は柄が短い点はタマツリスゲに似るが、葉が深緑色で幅広く、花期に前年葉が残る点ではヒロハノオオタマツリスゲに似る。基部の鞘は赤紫色をおび、葉は幅5-7mm、雄小穂は柄が短く淡緑色。本州（東北地方と栃木県）に分布。

197. オオタマツリスゲ　　　　　　　PL. 242
Carex rouyana Franch.; *C. filipes* Franch. et Sav.

subsp. *rouyana* (Franch.) T. Koyama;
C. filipes Franch. et Sav. var. *rouyana* (Franch.) Kük.

タマツリスゲに似てやや大型で，葉は幅3－6mm。茎の基部の鞘は淡色，雄小穂は線形で長く，つねに長い柄がある。本州に生え，中国にも分布する。

198. ヒロハノオオタマツリスゲ　　PL.242
Carex arakiana (Ohwi) Ohwi;
C. rouyana Franch. var. *arakiana* Ohwi;
C. filipes Franch. et Sav. var. *arakiana* (Ohwi) Ohwi

オオタマツリスゲに似るが，葉は深緑色で前年葉が残り，基部の鞘は赤紫色が強い。本州（北陸～中国地方の日本海側）に分布。

199. アリサンタマツリスゲ　　PL.242
Carex arisanensis Hayata; *C. filipes* Franch. et Sav. subsp. *arisanensis* (Hayata) T. Koyama

密に叢生し，基部の鞘は淡色。雄小穂は柄が短く，長さ4－7mm。南西諸島（沖縄本島と石垣島），台湾に分布。

200. エゾツリスゲ　　PL.242
Carex papulosa Boott

北海道・本州中部以北・九州の湿地にまれに生え，葉は灰緑色をおび，基部の葉鞘はわら色。高さは30－50cm。小穂は2－3個あって，離れてつき，頂小穂は雄性で，黄褐色をおび，長い柄がある。側小穂は雌性，長楕円形で長い柄があって下垂し，黄褐色をおびる。果胞は紡錘卵形で灰褐色をおびて光沢がなく，細点があり，長さ5－6mm，しだいに長い嘴となる。朝鮮半島・ウスリーにも分布する。

201. コジュズスゲ　　PL.242
Carex macroglossa Franch. et Sav.; *C. parciflora* Boott var. *macroglossa* (Franch. et Sav.) Ohwi

平地の湿った草原，田のあぜなどに生える多年草。全体にやわらかく，粉緑色で，根茎は短くて，ゆるい株をつくる。有花茎は高さ15－30cm，平滑で，基部の鞘は淡色。葉は幅3－7mm，頂小穂は雄性で線形，淡緑色，長さ1－1.5cm，側小穂は3－4個ついて，雌性で長楕円形，長さ1－2cm。雌鱗片は卵形，淡緑色で先はとがる。果胞は斜開し，長卵形で長さ4－5mm，毛がなく，膜質で細脈があり，粉緑色，上方はしだいに長い嘴となる。4－5月に熟す。北海道～九州，朝鮮半島に分布する。和名はジュズスゲに似て小さいとの意味だが，あまり近縁ではない。また果胞の少し大型のものを特にムギスゲということがある。

202. グレーンスゲ　　PL.243
Carex parciflora Boott

本州（中部地方北部・東北地方）・北海道・南千島，サハリンなどに生え，コジュズスゲに似て，全体に大きく高さ50－70cm，緑色で，短い匐枝ができる。6－7月に熟す。和名はサハリンの植物を採集したPeter von Glehn（1836－76）にちなんだものである。

203. ナガボノコジュズスゲ　　PL.243
Carex vaniotii H. Lév.;
C. parciflora Boott var. *vaniotii* (H. Lév.) Ohwi

コジュズスゲに似ているが，本州の日本海側の高山の水湿のある草原に生え，有花茎は高さ20－30cm，雌小穂は細く，果胞はやや直立し，幅が狭いというちがいがあり，6－7月に成熟する。

ジュズスゲ節　　Sect. **Ischnostachyae** Ohwi

A. 雄鱗片は長さ3－3.5mm，平坦，雌鱗片は長さ1.5－2mm，果胞は熟しても直立 ········· 204. ジュズスゲ
A. 雄鱗片は長さ1.5－2mm，内巻き，雌鱗片は長さ約1mm，果胞は熟して開出 ········· 205. カツラガワスゲ

204. ジュズスゲ　　PL.243
Carex ischnostachya Steud. var. *ischnostachya*

平地や路傍，疎林地などに多い多年草。匐枝がなく，濃緑色で，大きな株をつくる。有花茎は直立し高さ30－60cm，基部の鞘は葉身がなく，暗赤色をおびる。葉は幅5－10mm，頂小穂は雄性，糸状で淡色，長さ2－3cm。側小穂は2－5個あって，雌性で長さ2－5cm，上方のものは雄小穂より高く，下方のものはやや離れてつき，長い柄がある。苞は長く，鞘がある。雌鱗片は広卵形で鈍頭，淡色，果胞の1/2－1/3長。果胞は直立し，狭卵形で長さ3.5－5mm，褐緑色，毛がなく，脈が多く，上方はしだいに長い嘴となる。4－6月に熟す。北海道～九州，朝鮮半島・中国に分布する。和名は〈数珠菅〉で，その雌小穂の形にちなんだもの。

オキナワジュズスゲ var. *fastigiata* T. Koyama（PL.243）は，基部の鞘が強く赤褐色に着色し，小穂は上方3－5個が接近してつく傾向があり，果胞が長さ3－3.5mmと小さい。本州（関東地方以南）・四国・九州・琉球に分布。

205. カツラガワスゲ　　PL.243
Carex subtumida (Kük.) Ohwi

ジュズスゲに似るが，果胞は熟すとやや開出し，雄鱗片は内巻きし，長さ1.5－2mmしかない。四国（愛媛県南部）の川岸に生え，中国に分布。

ヤマジスゲ節　　Sect. **Debiles** J. Carey

206. ヤマジスゲ　　PL.243
Carex bostrychostigma Maxim.

茎は高さ10－30cm，上方は点頭する。基部には黄褐色をおびる部分がある。小穂は5－10個ついて，頂小穂は雄性，他は雌性で，長さ2－4cm，広線形で黄さび色を呈する。果胞は圧着し，長さ7－8mm，披針形の3稜形で，淡緑色，薄膜質，毛も脈もなく，先はしだいに長い嘴となる。柱頭は細く，はなはだ長く，褐色で，果時にも残る。4－6月に熟す。本州（近畿以西）～九州の山地草原にややまれに生え，朝鮮半島・中国（東北）・

ウスリーに分布する。和名は〈山路菅〉で，その生育地による。

ミタケスゲ節　Sect. **Rostrales** Meinsh.

207. ミタケスゲ　　　　　　　　　　　　　　PL. 244
　Carex dolichocarpa C. A. Mey. ex V. I. Krecz.;
　C. michauxiana Boeckeler var. *asiatica* (Hultén) Ohwi
　湿原に生える多年草。茎は直立して株をつくり，高さ20－50cm，ほぼ平滑，中央付近まで1－3葉をつける。葉は幅3－5mm，葉鞘は淡色。頂小穂は雄性。側小穂は2－4個，雌性で，長い鞘のある長い苞の腋から出て，互いにやや離れ，緑色で長さ1－1.5cmあってやや半球形，直立する。果胞は平開し，狭披針形で脈が多く，長さ1－1.3cm，鱗片よりいちじるしく長く，上方はしだいに細くなって，直立する嘴となる。6－7月に熟する。北海道・本州中部以北・九州（大分県），千島列島・カムチャツカ半島に分布。和名のミタケは深山の意で，特定の地名ではない。

タカネナルコ節　Sect. **Fuliginosae**（Tuck. ex Kük.）Ohwi

208. タカネナルコ　　　　　　　　　　　　　PL. 244
　Carex siroumensis Koidz.
　匐枝がなく，大株をつくる多年草で，有花茎は細く，上方が点頭し高さ20－30cm。葉は幅1－2.5mm，基部の鞘は濃褐色で少し糸網がある。小穂は3－4個ついて，頂小穂は雌雄性。側小穂は雌性で棍棒状長楕円形，苞は鞘があり，とげ状の葉身がつく。鱗片は黒褐色。果胞は広披針形，膜質で扁3稜形，長さ5－6mm，ざらついて，細脈があり，しばしば濃褐色の斑がある。上方はしだいに嘴となる。7－8月に熟す。本州中部の高山の岩混じりの草地に生え，朝鮮半島北部・中国（東北）に分布する。

クロボスゲ節　Sect. **Racemosae** G. Don

A．頂小穂は雌雄性，側小穂は雌性。
　B．果胞は平滑または乳頭状突起を密生。
　　C．果胞は乳頭状突起を密生 ··· 209. タルマイスゲ
　　C．果胞は乳頭状突起がなく平滑。
　　　D．果胞はいちじるしく扁平。
　　　　E．雌鱗片は芒端，果胞は革質で有脈。海岸性 ································ 210. ネムロスゲ
　　　　E．雌鱗片は鋭頭または鋭尖頭，果胞は膜質でほとんど無脈。高山性。
　　　　　F．基部の鞘は赤紫色部分がある。側小穂は全部雌花 ················· 211. クロボスゲ
　　　　　F．基部の鞘は淡褐色。側小穂は基部に短く雄花部をつける ····· 212. キンチャクスゲ
　　　D．果胞はふくれるか，わずかに扁平。
　　　　E．花茎は直立し，果胞はいちじるしくふくれる ······················· 213. センジョウスゲ
　　　　E．花茎は果期に点頭し，果胞はいちじるしくふくれない。
　　　　　F．鱗片は淡褐色，果胞口部は鋭2歯 ······················ 214. マンシュウクロカワスゲ
　　　　　F．鱗片は黒紫色，果胞口部は全縁 ·· 215. ヒラギシスゲ
A．頂小穂は雄性，側小穂は雌性。
　B．果胞は微細な乳頭状突起を密生。
　　C．果胞は扁平，乳頭状突起が密生して灰緑色 ································· 216. ヌマクロボスゲ
　　C．果胞はふくれた3稜形，微細な半球形の突起が密生して褐色をおびる ········· 217. ラウススゲ
　B．果胞は平滑。
　　C．果胞の縁には刺毛がある ··· 218. ミヤマアシボソスゲ
　　C．果胞の縁は平滑。
　　　D．果胞は鱗片とほぼ同長。高山草原に生える ································ 219. ミヤマクロスゲ
　　　D．果胞は鱗片の2－3倍の長さがある。河岸や流水縁に生える。
　　　　E．基部の鞘は淡色。果胞は長さ4－5mm ································· 220. ナルコスゲ
　　　　E．基部の鞘は赤褐色。果胞は長さ約1cm ································· 221. アポイタヌキラン

209. タルマイスゲ　　　　　　　　　　　　　PL. 244
　Carex buxbaumii Wahlenb.
　北海道と本州中部以北の湿った平原などに生える種類で，長い匐枝をつけ，茎は高さ30－40cm。基部の鞘は葉身がなく，帯赤色でややかたく，糸網がある。葉は灰緑色，幅2－3mm。小穂は3－4個，頂小穂は雄性で，上部または中部に雌花がある。側小穂は雌性で，柄がなく直立し，長楕円形で長さ1－2.5cm，密に花をつけ，苞は短くて鞘はない。鱗片は暗紫褐色をおびる。果胞は楕円形で扁3稜形をなし，長さ3mm，密に細かい突起があって灰緑色，光沢がなく，数脈があって，厚い膜質，嘴は短い。6－7月に熟す。千島列島・シベリアからヨーロッパ・北アメリカ・アフリカ・オーストラリアに分布する。和名は〈樽前菅〉で，産地に由来する。

210. ネムロスゲ　　　　　　　　　　　　　　PL. 244
　Carex gmelinii Hook. et Arn.
　海岸砂地に生える。茎の基部の葉鞘には暗赤色の部分があり，雌鱗片の先は芒になり，果胞は黄褐色をおびる。茎は高さ30－70cm。6－7月に熟す。北海道・本州（青森県・岩手県）に分布，国外では東アジア北部・

アラスカ・北アメリカ北西部に分布する。和名は根室の海岸にも産するため。

211. クロボスゲ　　　　　　　　　　　PL. 244
Carex atrata L. var. **japonalpina** T. Koyama

茎の基部の鞘は一部暗赤色をおび，果胞は長さ3－3.5mm，脈がないので区別される。茎は高さ20－50cm。7－8月に熟す。本州中部の高山草原にまれに生え，朝鮮半島にも分布し，種としては北半球の高山に生育する。和名は〈黒穂菅〉で，小穂が黒褐色であることから。

212. キンチャクスゲ　　　　　　　　　PL. 245
Carex mertensii J. D. Prescott ex Bong. var. **urostachys** (Franch.) Kük.

基部の葉鞘はやわらかくて肉桂色をなし，小穂は5－8個あって点頭し，短い円柱形で，雌性，基部におのおの短く雄花部がある。果胞は広卵形で，扁平，薄膜質で淡色，果実は小さい。7月に熟す。北海道・本州中北部の高山に生え，千島列島にも生育し，基準変種 var. mertensii は北アメリカ西部に分布する。

213. センジョウスゲ　　　　　　　　　PL. 245
Carex lehmannii Drejer

高さ20－30cm，小穂は茎頂に3－4個がかたまってつき，頂小穂は雌雄性，側小穂は雌性で楕円形をなし，直立して長さ6－8mm，密に花をつける。雌鱗片は黒褐色。果胞は開出し，楕円形でふくれた3稜形をなし，黄色で長さ約2mm。7－8月に熟す。南アルプス仙丈ヶ岳の高所，林内にまれに生え，朝鮮半島北部からインドまで分布する。

214. マンシュウクロカワスゲ　　　　　PL. 245
Carex peiktusani Kom.

基部の鞘は暗赤褐色。有花茎は高さ40－50cm。頂小穂は雌雄性，側小穂は雌性。雌鱗片は淡紫色。果胞は長さ3－3.5mmで，ふくれた3稜形，淡緑色，膜質で細脈があり，嘴は短い。7－8月に熟す。南アルプスの石灰岩上に知られ，八ヶ岳にも記録がある。朝鮮半島・中国（東北）に分布する。

215. ヒラギシスゲ〔エゾアゼスゲ〕　　PL. 245
Carex augustinowiczii Meinsh. ex Korsh.

ナルコスゲに生態が似ているが，果胞は狭卵形で，短くて外曲しない嘴がある。本州中部以北・北海道の深山の谷川のほとりに生え，東アジア北部に分布する。和名は北海道石狩の平岸にちなむ。

216. ヌマクロボスゲ〔シラカワスゲ〕　PL. 245
Carex meyeriana Kunth

湿原に生え，大型の谷地坊主をつくる細くてかたい種類で，有花茎は高さ30－50cm。葉は灰緑色で幅1－1.5mm，基部の葉鞘は葉身がなくてかたく，栗褐色をなし，糸網を生じる。小穂は2－3個ついて，頂小穂は雄性，線形で長さ2－3cm，側小穂は雌性で柄がなく，長さ5－10mm，鱗片は暗紫褐色。果胞は楕円形で，扁3稜形をなし，長さ3－3.5mm，灰色で密に細突起があって光沢がなく，数脈があり，はなはだ短い嘴がつく。5－8月に成熟し，和名は〈沼黒穂菅〉で，その生育場所と小穂の色彩とに基づき，また〈白河菅〉は利根川中流から福島県白河付近にかけて生えるため。本州中北部・九州に分布。国外では朝鮮半島・中国（東北）・シベリア東部に分布する。

217. ラウススゲ　　　　　　　　　　　PL. 245
Carex stylosa C. A. Mey.

高層湿原に生える。根茎は短く匍枝はない。頂小穂は雄性，赤褐色で柄がある。側小穂は雌性，短い円柱形で直立。果胞は楕円形でふくれた3稜形，長さ1.5－2mm，全体に半球形の微細な突起が密生して褐色をおび，嘴は短く，口部は全縁，花柱基部が宿存して果胞口部から突き出る。北海道（東部），周北極地方に広く分布する。

218. ミヤマアシボソスゲ　　　　　　　PL. 246
Carex scita Maxim. var. **scita**

高山の中性草原などに生える多年草。短い根茎がある。有花茎は高さ20－70cm，平滑，基部の葉鞘は葉身がなく，赤紫色をおび，糸網がある。葉は幅3－5mm。小穂は3－6個ついて，頂小穂は雄性で，線状長楕円形。側生のものは雌性，細い柄があって下垂または点頭し，短い円柱形で長さ1－3cm，濃紫褐色，下方の苞は葉状である。雌鱗片は広披針形で，芒がある。果胞は扁3稜形で，膜質，まばらにざらつき，狭長楕円形，長さ4mm位，細脈があり，上端には横じわがあって嘴が急に凹入する。6－8月に熟す。中部地方の乗鞍岳以南の高山に分布する。地理的に変化が多い。

シロウマスゲ var. **brevisquama** (Koidz.) Ohwi (PL. 246) は本州中部の日本海側の高山草原に生え，果胞は横じわがなく，上端は凹入せず，果胞は長さ5－6mm。7－8月に熟す。**アシボソスゲ** var. **tenuiseta** (Franch.) Yonek. (PL. 246) は鳥海山のもので，果胞はいちじるしく嘴が長く，長さ7－9mmあり，鱗片の芒もいちじるしく長い。**ダイセンアシボソスゲ** var. **parvisquama** T. Koyama (PL. 246) は果胞が少し幅広く，幅1.7－2mmあり，鱗片は果胞と同長で先は芒にならない。鳥取大山の崩壊地周辺に生える。**リシリスゲ** var. **riishirensis** (Franch.) Kük. (PL. 246) は，北海道の高山に生え，茎は上部がざらつき，果胞の上端は凹入せず，長さ4－5mm。サハリンにも分布する。**シコタンスゲ** var. **scabrinervia** (Franch.) Kük. (PL. 246) は，北海道の海岸風衝草地に生え，全体に剛強で，果胞は広楕円形で幅3mmになる。サハリン・千島列島に分布する。

219. ミヤマクロスゲ　　　　　　　　　PL. 246
Carex flavocuspis Franch. et Sav.

高山帯の中性または乾性の草原に生える多年草。根茎は短く横にはう。茎は高さ10－50cm，3稜形で平滑，基部の鞘は暗褐色で，一部は葉身がない。葉は幅3－5mmで平滑。小穂は互いに接近して3－5個つき，黒褐色，頂小穂は雄性，側小穂は雌性で，長楕円形，長さ1.5－3cm，下方のものは長柄があって，ときに点頭し，最下の苞は葉状になる。雌鱗片は狭卵形で，先端はわずかに突出する。果胞は楕円形で扁平，長さ4－5mm，平滑で，細脈があり，上端は急に短い嘴となる。7－8月に熟す。本州中部以北・北海道，サハリン・千島列島・

カムチャツカ半島に分布する。

220. ナルコスゲ　　PL. 246
Carex curvicollis Franch. et Sav.

山地の渓流のほとりに生える鮮緑色でやわらかい多年草。短い根茎があって大きな株をつくる。茎は高さ20−40cm、葉は幅3mm位、基部の鞘は淡色だが、一部は葉身がなくて暗褐色となる。小穂は2−5個ついて、頂小穂は雄性、線形で暗褐色。側小穂は雌性で、短い円柱形となり、長さ1.5−4cm、一方に傾いてつく。雌鱗片は黒褐色で小さい。果胞は長さ4−5mm、披針形をなし、淡緑色で膜質、細脈があり、上方は外曲する長い嘴となる。柱頭は花後すぐに脱落する。5−6月に熟す。北海道西南部〜九州に分布する。和名は〈鳴子菅〉で、小穂が連なっているその草状を鳴子に見立てたもの。

221. アポイタヌキラン　　PL. 247
Carex apoiensis Akiyama

渓谷岩上に生える。雌鱗片は果胞の1/2−1/3長、黒紫色で長芒端。果胞は披針形で長さ7−8mm、花柱は長く、約1cmあり宿存。北海道（日高地方）に分布。

ヒメスゲ節　Sect. **Acrocystis** Dumort.

```
A. 苞は葉身がある ·················································· 222. トナカイスゲ
A. 苞は葉身が発達せず鱗片状。
  B. 果胞はいちじるしい脈がある ······························ 223. クロヒナスゲ
  B. 果胞はほとんど無脈。
    C. 雌鱗片は広楕円形で円頭、果胞は嘴がきわめて短く長さ1.5−2mm ··· 224. タカネヒメスゲ
    C. 雌鱗片は卵形で鋭頭、果胞は嘴があり、長さ2.5−3.5mm。
      D. 果胞はやや扁平で先はしだいに狭くなって嘴に移行する ·· 225. サワヒメスゲ
      D. 果胞は扁平ではなく、先は急に嘴となる。
        E. 雄小穂は雌小穂よりもいちじるしく長い ············ 226. ヌイオスゲ
        E. 雄小穂は雌小穂と同長 ····································· 227. ヒメスゲ
```

222. トナカイスゲ　　PL. 247
Carex globularis L.

根茎は横走し、ゆるく叢生する。基部の鞘は赤褐色。苞は無鞘、最下のものには長い葉身がある。雌鱗片は濃褐色、果胞よりも短い。果胞は長さ2.5−3mm、有毛、嘴は短く口部は全縁。北海道（東部）のアカエゾマツ林内の湿地に生え、北東アジア〜ヨーロッパ北部に分布する。

223. クロヒナスゲ　　PL. 247
Carex gifuensis Franch.

山中林内に生え、ヒカゲスゲにやや似ているが、茎や葉に毛状突起があってざらつき、葉舌は突出して薄い膜質で、長さ2−3mm、先は2裂し、最下の苞は膜質でほとんど鞘をつくらず、果胞には強い脈がある。根茎は伸長して分岐し、株はゆるく叢生する。有花茎は高さ20−30cm。4−6月に熟す。本州（栃木県・茨城県・岐阜県・三重県）・四国（愛媛県）・九州（鹿児島県）に分布。

224. タカネヒメスゲ　　PL. 247
Carex melanocarpa Cham. ex Trautv.

剛硬で、匐枝がなく、株をつくる。有花茎は直立し、高さ5−15cm、葉は短く、光沢があり、幅1.5−2.5mm、葉鞘には紅紫色の部分がある。小穂は2−3個が接近してつき、直立する。頂小穂は雄性で線形、長さ7−13mm、暗赤紫色をおびる。ほかは雌性で、長楕円形をなし、長さ4−8mm、ほとんど柄がなく、密に花をつけ、苞は耳状で短い。果胞は楕円形で長さ2mm位、脈がなく、上方にまばらに短毛があり、短い嘴がつく。7−8月に熟す。北海道（夕張岳）の高山帯の砂礫地の草原に生え、サハリン・シベリア東部に分布する。

225. サワヒメスゲ　　PL. 247
Carex mira Kük.

有花茎は高さ20−40cm、葉は多少毛状のざらつきがある。小穂は2−4個が接続してつく。頂小穂は雄性で長さ15−20mm、黒赤褐色で、広線形。ほかは雌性で、柄がなく、長楕円形、長さ5−10mm、苞は耳状で短い。鱗片には細かい縁毛がある。果胞は卵状紡錘形で、背面の丸い3稜形をなし、長さ3−3.5mm、まばらに圧毛があり、両端はしだいに狭まって、嘴は短い。4−5月に成熟し、本州（静岡県以西）・四国・九州（宮崎県）の川岸に生え、朝鮮半島に分布する。和名は〈沢姫菅〉で、ヒメスゲにやや似て、おもに渓畔に生えるため。

226. ヌイオスゲ　　PL. 248
Carex vanheurckii Müll. Arg.

高山帯中性草地に生える。ヒメスゲによく似ているが葉鞘は糸網をつくらず、少し縦の繊維に分解し、雄小穂は雌小穂よりもいちじるしく長く、果胞は上から見て円く、鈍3稜形にはならない。有花茎は高さ10−40cm。7−8月に熟す。北海道・本州中部以北、シベリア東部からサハリン・千島列島に分布する。和名はサハリンの地名にちなむ。

227. ヒメスゲ　　PL. 248
Carex oxyandra (Franch. et Sav.) Kudô

山地または高山の林地や草地に生える多年草。ときに匐枝が出る。有花茎は高さ10−30(−50)cm、細くて果時には倒れる。葉は鮮緑色、幅2−3mm、鞘は濃赤色をおび、少し糸網がある。頂小穂は雄性、ほかの2−5個は雌性で、ときに最下のものを除いて相接してつき、卵円形で、長さ5−7mm、雌鱗片は暗赤紫色、卵形で鋭頭。苞は鱗片状で短い。果胞は倒卵形で鈍3稜形、長さ2.5−3.5mm、短毛が生え、脈はない。5−7月に熟す。北海道〜九州、サハリン・千島列島・台湾に分布する。和名は〈姫菅〉で全体的に小型であるため。

ヤチスゲ節　Sect. **Limosae** (Tuck. ex Heuff.) Meinsh.

- A．小穂は柄が短く直立 ·· 228．ムセンスゲ
- A．小穂は長い柄があって垂れ下がる．
  - B．苞は有鞘 ·· 229．イトナルコスゲ
  - B．苞は無鞘．
    - C．雌小穂は1－2個，果胞は長さ3.5－4mm ··· 230．ヤチスゲ
    - C．雌小穂は2－3個，果胞は長さ2.5－3mm ··· 231．ダケスゲ

228．ムセンスゲ　　　　　　　　PL.248
Carex livida (Wahlenb.) Willd.

北海道（大雪山，猿払，羅臼湖）の湿原にまれに生える植物で，有花茎は直立し，高さ20－30cm，匐枝が出る．葉は粉緑色で幅2－3mm，基部の鞘は灰褐色．小穂は2－4個つき，頂小穂は雄性，赤褐色で長さ1－1.5cm，ほかは雌性で，短い円柱形，長さ1－2cm，濃褐緑色でややまばらに花をつけ，短い柄がある．苞は葉状で，短い鞘がある．果胞は直立し，卵形で3稜形をなし，長さ4mm，粉灰緑色で密に小点がつき，急に上部が狭まってほとんど嘴はない．7月に熟す．北半球の北部に生え，朝鮮半島北部・北千島にも分布する．和名は〈無線菅〉で，初め北千島のパラムシル島の無線局の近くで採集されたのに由来する．

229．イトナルコスゲ　　　　　　PL.248
Carex laxa Wahlenb.

本州中北部・北海道の湿原にまれに生える細い種類で，有花茎は高さ20－40cm，細い匐枝がある．葉は幅1.5－2.5mm，基部の鞘は淡色．小穂は2－3個がまばらにつき，頂小穂は雄性で長い柄があり，線形で黄褐色．ほかは雌性で長楕円形，長い柄があって下垂し，苞は短くて，長い鞘がある．果胞は灰緑色で卵形をなし，やや扁平な3稜形で，密に小点をつけ，急に狭まってはなはだ短い嘴となる．6－8月に熟す．朝鮮半島・中国（東北）・千島列島・シベリア・ヨーロッパ北部にも分布する．

230．ヤチスゲ　　　　　　　　　PL.248
Carex limosa L.

高層湿原などに生える．根茎は長くはう．有花茎は高さ20－40cmあって，基部の鞘は赤褐色．葉は粉緑色で，幅2mm位．頂小穂は雄性で，長さ2－2.5cm，線形をなして直立し，濃黄褐色，側生の1－2個は雌性で，卵形，長さ1.5－2cm，細くて長い柄があって下垂する．苞は刺状で小さい．雌鱗片は卵形で銅褐色をなし，多少光沢があってやや果胞をおおう．果胞は長さ3.5－4mm，灰青色で，脈があって，また密に細点もあり，楕円形，扁3稜形で，厚い洋紙質，上端は急に短くなって小さい嘴がつく．6－8月に熟す．本州（兵庫県氷ノ山以東）～北海道に生え，北半球の湿原に広く分布する．和名の〈谷地菅〉は生育地（湿原）を表す．

231．ダケスゲ　　　　　　　　　PL.248
Carex paupercula Michx.

ヤチスゲに酷似して，ときに区別が難しいこともあるが，果胞にははっきりしない条線があるだけで脈がなく，長さ2.5－3mm．その鱗片は果胞よりもずっと細く，長鋭尖頭をなしてとがり，落ちやすい．また雌小穂も少し数が多く2－3個つくので区別される．本州中北部の山地，高層湿原にまれに生え，6－7月に熟す．和名は〈岳菅〉で，日本では乗鞍岳の高所で初めて採集されたため．国外では北半球の北部一般に広く分布し，北千島にもある．

ヒメシラスゲ節　Sect. **Molliculae** Ohwi

- A．雄小穂は直下の雌小穂よりも短い．小穂は上部にかたまってつく ··········· 232．ヒメシラスゲ
- A．雄小穂は直下の雌小穂より長いか同長．小穂はやや離れてつく．
  - B．葉は幅5－10mm，雌小穂は長い円柱形で長さ3－6cm．
    - C．植物体は鮮緑色 ··· 233．ヒカゲシラスゲ
    - C．植物体全体が粉白をおびる ·· 234．シラスゲ
  - B．葉の幅は2－4mm，雌小穂は長楕円形～短円柱形で長さ2cm以下．
    - C．雌小穂には柄があり，果胞は嘴が長い．葉は下面が粉白 ·············· 235．ヒゴクサ
    - C．雌小穂には柄がなく，果胞はふくれ嘴は短い．葉は両面ともに緑色 ············ 236．エナシヒゴクサ

232．ヒメシラスゲ　　　　　　　PL.249
Carex mollicula Boott

深山の林内に生える多年草．匐枝がある．有花茎は高さ15－30cmで，鋭い3稜があってややわらかい．葉もやわらかく，幅4－8mm，緑色，葉鞘は淡色で，糸網はない．頂小穂は雄性，線形をなし，淡緑色で長さ1.5－3cm．側小穂は2－5個ついて雌性，雄小穂とほぼ同じ高さで，直立し，短い円柱形，下方の苞は葉状で斜開する．雌鱗片は狭卵形で長くとがり，淡緑色．果胞は開出し，狭卵形で，長さ3－4mm，淡緑色で，数条の脈がある．5－7月に熟す．南千島・北海道～九州，朝鮮半島・中国に分布する．

233．ヒカゲシラスゲ　　　　　　PL.249
Carex planiculmis Kom.

匐枝を伸ばしまばらに生える．基部の鞘は淡色．葉は鮮緑色で幅5－10mm．有花茎は高さ40－60cm，小穂はやや離れてつく．果胞は長さ3.5－4mm，嘴は長く，脈が明らかで無毛．本州中部以北・北海道の深山の針葉樹林中に生え，朝鮮半島・中国（東北）・ウスリー・サハリンに分布する．葉がやや幅狭く，葉の下面が粉白を

おび，ざらつきがいちじるしいものを**ザラツキシラスゲ**（**チチブシラスゲ**）C. albidibasis T. Koyama; C. planiculmis Kom. var. urasawae Ohwi といい，本州（栃木県・埼玉県・山梨県・長野県）に産する。

234. シラスゲ　　　　　　　　　　　　　PL. 249
Carex alopecuroides D. Don ex Tilloch et Taylor var. **chlorostachya** C. B. Clarke; *Carex doniana* Spreng.

平地，丘陵地の林内にややふつうに生える多年草。細長い匐枝がある。茎はやや太く，高さ50－70cm。葉は幅5－10mmで，裏面は粉白をおびる。小穂は4－6個つき，頂小穂は雄性で，長線形，側小穂は雌性で，円柱形をなし，長さ3－7cm，密に花をつけて点頭し，下方の苞は葉状である。雌鱗片は狭卵形で白色，中肋は緑色。果胞は平開し，狭卵形で長さ3mm，膜質で淡緑色，脈があり，平滑。4－6月に熟す。北海道〜琉球，朝鮮半島・中国・インドネシア・インドに分布する。和名は葉裏が白色をおびているため。**コカイスゲ** var. alopecuroides は葉や小穂の幅が狭いもの。

235. ヒゴクサ　　　　　　　　　　　　　PL. 249
Carex japonica Thunb.

丘陵地や平地の林内に多い多年草。細長い匐枝がある。有花茎は高さ20－40cm，ざらついて，ときに中部に1葉がある。葉は幅2.5－4mm，裏面は多少粉白をおび，茎の基部の葉鞘は淡色。頂小穂は雄性，線形で長さ1.5－3cm，淡緑色で柄がある。側小穂は1－3個，雌性で楕円形から狭長楕円形まであって長さ1－2cm，細い柄があって点頭する。雌鱗片は淡緑色で先がとがる。果胞は斜開し，淡緑色，卵形で，わずかにふくらみ，長さ3.5－4mm，上方は長い嘴になって直立し，柱頭は細くて長く，3岐，褐色で，果時にも残る。4－6月に熟す。北海道〜九州，朝鮮半島・中国に分布する。和名は由来が不明で，肥後草と書くこともあるが，細工物にする竹ひごにその茎を見立てたためか。

236. エナシヒゴクサ　　　　　　　　　PL. 249
Carex aphanolepis Franch. et Sav.

ヒゴクサによく似ているが，側生する小穂は柄がなく，長さ7－12mmで直立する。果胞は開出して，いちじるしくふくらみ，楕円形でやや厚く，多少海綿質で，生時には光沢があり，上端は急に短い嘴となる。4－6月に熟す。北海道〜九州，朝鮮半島・中国に分布し，ヒゴクサと同じようなところに生育する。和名はその小穂に柄のないため。

ミヤマシラスゲ節　　Sect. **Confertiflorae** Franch.

- A. 叢生し，苞の鞘は有鞘。
  - B. 果胞は嘴が短く，長さ約3mm ································· 237. アワボスゲ
  - B. 果胞は嘴が長く，長さ5－6mm。
    - C. 基部の鞘は紫褐色をおび，雌鱗片は芒を除いて長さ1.3－2.5mm ················ 238. ヤワラスゲ
    - C. 基部の鞘は淡褐色，雌鱗片は芒を除いて長さ3－5.7mm ···················· 239. ベンケイヤワラスゲ
- A. 横走する根茎があり，苞の鞘は無鞘。
  - B. 葉は下面が粉白。果胞は長さ約4mmで熟すといちじるしくふくらみ，隙間なく密集，雌鱗片は凹頭芒端 ································· 240. ミヤマシラスゲ
  - B. 葉は緑色。果胞は熟してふくらまず，密集することはない，雌鱗片は鋭頭または鋭頭芒端。
    - C. 果胞は長さ3－4mm。
      - D. 雌鱗片は緑色で長い芒がある，果胞は有毛，秋に開花 ················ 241. アキカサスゲ
      - D. 雌鱗片は紫褐色をおび鋭頭，果胞はふつう無毛，春〜初夏に開花。
        - E. 花柱は落ちやすい ································· 242. カサスゲ
        - E. 花柱は宿存 ································· 243. キンキカサスゲ
    - C. 果胞は長さ6mm以上。
      - D. 果胞は長さ10－12mm ································· 244. ウマスゲ
      - D. 果胞は長さ6－7mm ································· 245. ヤマクボスゲ

237. アワボスゲ　　　　　　　　　　　PL. 249
Carex nipposinica Ohwi

ヤワラスゲによく似ているが，丈が少し高く30－70cm，果時にはときに倒れ，果胞は広卵形，上端は急に短い嘴となり，長さ3mm位。和名は〈粟穂菅〉で，果胞がやや粟粒に似ているため，北海道〜九州，東アジアに分布する。オーストラリアのC. brownii Tuck. と同種とされることがあるが，C. brownii は外観は似ているが，植物体は灰緑色でかたく，果胞は乾いても変色しない。

238. ヤワラスゲ　　　　　　　　　　　PL. 250
Carex transversa Boott

平地または丘陵地の半日陰に生える多年草。大きな株をつくり，全体がやや平滑，濃緑色で茎は高さ30－50cm，中央にしばしば1葉がある。基部の葉鞘は暗血紫色で，葉身はない。葉は幅3－5mm。頂生の小穂は雄性で線形をなし，淡色。側生の小穂は2－3個ついて円柱形，長さ2－3cm，直立し，苞は葉状で，長い鞘がある。雌鱗片は広卵形で，中肋が芒として長く突出する。果胞は開出して卵形をなし，上方がしだいに狭くなって長い嘴となり，長さ5－6mm，無毛で脈があり，乾くと褐緑色となる。4－6月に熟す。本州〜九州，朝鮮半島・中国に生える。和名は全草がやわらかいためといわれる。

239. ベンケイヤワラスゲ　　　　　　　PL. 250
Carex benkei Tak. Shimizu

ヤワラスゲに似て，基部の鞘は淡色，雌鱗片は芒を除いて果胞と同長，果胞の嘴部は凹形。本州・四国・九

州・対馬に分布。

240. ミヤマシラスゲ　　　　　　　　　　　　PL. 250
Carex confertiflora Boott;
C. olivacea Boott var. *angustior* Kük.;
C. olivacea Boott subsp. *confertiflora* (Boott) T. Koyama

山地の水湿地に生える多年草。太くて長い匍枝がある。茎は高さ30－80cmでやや太く、中部にも1葉がある。基部の鞘は淡色。葉は幅8－15mmで、裏面はいちじるしく粉白色をおびる。頂小穂は雄性で線形、長さは3－7cmあって汚黄色。側小穂は雌性で2－5個あり、円柱形で長さ2.5－5cm、幅7－9mm、はなはだ密に、はなはだ多数の花（果胞）をつける。苞は葉状で、茎よりも長い。雌鱗片は淡色、鈍頭で短い芒に終わる。果胞は水平に開出し、広倒卵形、長さ4mm、膜質でふくらみ、細脈があって乾くと暗灰褐色になる。5－7月に熟す。北海道～九州に生える。和名はシラスゲに似て葉裏が白く、深山に生えると解されたため。

241. アキカサスゲ　　　　　　　　　　　　PL. 250
Carex nemostachys Steud.

山地の小川のほとりに生え、果胞の上方は急に外向する長い嘴となり、柱頭は果時に落ちる。7－9(－10)月に熟すので〈秋笠菅〉の名があり、本州（近畿以西）～琉球に生え、台湾・中国・インドに分布する。

242. カサスゲ　　　　　　　　　　　　PL. 250
Carex dispalata Boott

平地の湿地または浅水中に生える多年草。長い地下匍枝が出る。茎は高さ50－100cm、基部の鞘は暗赤紫色の部分があり、また糸網がつく。葉は幅4－8mm、頂小穂は雄性で、線形、汚暗紫色をおびる。側小穂は3－6個、円柱形で長さ3－10cm。果胞は斜開し、長さ3－4mm、上方は多少外に曲がってやや中位の嘴となり、乾くと汚暗褐色に変わり光沢がなくなる。柱頭は脱落する。4－7月に熟す。南千島・北海道～九州、朝鮮半島・中国・ウスリー・サハリンに分布する。和名の〈笠菅〉は、菅笠や蓑などを作るために栽培したのでこの名がある。

243. キンキカサスゲ　　　　　　　　　　　　PL. 251
Carex persistens Ohwi;
C. dispalata Boott var. *takeuchii* (Ohwi) Ohwi

カサスゲによく似ているが、山地の渓流のほとりに生え、茎の基部の葉鞘は小穂の鱗片とともに暗赤紫色の部分がなく、糸網もできない。茎は高さ30－70cm。果胞は無毛か、または粒状の突起毛、まれに開出する長い突起毛が生え、嘴は内曲し、乾くと淡黄褐色になる。柱頭は3岐し、細くて長く、濃褐色、果時にも残る。5－6月に熟す。本州（長野県南部・北陸・近畿・中国地方）に生える。和名の近畿は、初め京都の北山で発見されたため。

244. ウマスゲ　　　　　　　　　　　　PL. 251
Carex idzuroei Franch. et Sav.

雌小穂は長楕円形、やや離れてつき、下方のものには短い柄がある。果胞は狭卵形で脈が多く、長さ約10mm、乾くと光沢を失う。茎は高さ40－60cmで、5－6月に熟す。本州（関東以西）～九州の水湿地に生え、中国にも分布する。和名は草状が大型なところから、牧野富太郎によって命名された。

245. ヤマクボスゲ〔ヒメミクリスゲ〕　　　　PL. 251
Carex hymenodon Ohwi

ウマスゲによく似ているが、果胞は長さ約6mm、広卵形で、上端はやや急に短い嘴となる。栃木県と宮城県の一部の水湿地にまれに生える。和名は日光市山窪の地名にちなむ。

エゾサワスゲ節　　Sect. **Ceratocystis** Dumort.

246. エゾサワスゲ　　　　　　　　　　　　PL. 251
Carex viridula Michx.

北海道・本州中北部などの湿地にややまれに生え、東アジア北部・北アメリカに分布する、丈が10－30cmと低く、ややかたい多年草で、葉は幅1.5－2.5mm。基部の鞘は淡いわら色。小穂は3－4個が密について、頂生のものは雄性、側生のものは雌性で、楕円形となり、長さ5－8mm、下部の苞は葉状で、短い鞘がつく。果胞は平開し、長さ2.5－3mm、かたい膜質で黄緑色、広倒卵形で、脈がある。嘴は短く、口部にはかたい2歯がある。6－7月に熟す。

クグスゲ節　　Sect. **Pseudocypereae** Tuck. ex L. H. Bailey

A. 雌小穂は楕円形、長さ1.5－3cm、幅15－18mm。果胞は長さ7－9mm ································ 247. ジョウロウスゲ
A. 雌小穂は円柱形、長さ2－5cm、幅6－8mm。果胞は長さ4－5mm ································ 248. クグスゲ

247. ジョウロウスゲ　　　　　　　　　　　　PL. 251
Carex capricornis Meinsh. ex Maxim.

水湿地に生える多年草。茎は株をつくり、高さ40－70cm、葉はかたく、幅4－6mm。基部の葉鞘は葉身がなく、一部暗赤褐色をおびる。頂小穂は雄性で線形。側小穂は雌性で、3－5個あって互いに接近してつき、長楕円形で長さ1.5－3cm、幅15－18mm、はなはだ密に、はなはだ多数の果胞をつける。最下の苞は葉状、雌鱗片は狭長楕円形、淡色で、上端は細かい縁毛が生え、やや凹頭で長い芒がある。果胞は平開し、狭披針形で扁平、長さ7－9mm、脈があり、嘴は長く、口部は湾曲する細くてかたい裂片に2裂する。5－7月に熟す。北海道・本州（関東以北）、東アジアに分布する。和名は〈上﨟菅〉で、その容姿の高尚なのにちなむという。

248. クグスゲ　　　　　　　　　　　　PL. 251
Carex pseudocyperus L.

ジョウロウスゲ C. capricornis に似ているが、基部の葉鞘は淡色、側小穂は雌性で、円柱形をなし、長さ2－

5cm, 幅6－8mm, 柄があって点頭する。果胞は長さ4－5mm, 上方はしだいに細まって長い嘴となり, 口部は直立して針形の2裂片となる。北海道・本州（青森県・群馬県・長野県）の水湿地に生え, シベリア・ヨーロッパ・北アメリカに分布する。

オニナルコスゲ節　Sect. **Vesicariae**（Tuck. ex Heuff.）J. Carey

A. 葉は肉質で幅1－1.5mm。
　B. 果胞は長さ5－5.5mm ··· 249. ホロムイクグ
　B. 果胞は長さ2.5－3mm ·· 250. コヌマスゲ
A. 葉は平坦で幅3mm以上。
　B. 頂小穂のみが雄性 ·· 251. オニスゲ
　B. 上方の2－3個の小穂は雄性。
　　C. 果胞は熟しても斜開し, 長さ6－8mm ··· 252. オニナルコスゲ
　　C. 果胞は熟すとふくらんで開出し, 長さ3.5－6mm。
　　　D. 葉は鮮緑色で幅8－15mm, 果胞は長さ5－6mm ····························· 253. オオカサスゲ
　　　D. 葉は青緑色で幅4－8mm, 果胞は長さ3.5－4mm ····························· 254. カラフトカサスゲ

249. ホロムイクグ　　PL. 252
Carex tsuishikarensis Koidz.

本州中部以北・北海道の湿原にまれに生え, 千島列島に分布する。有花茎は高さ20－50cm, 葉は灰緑色で厚く, 幅1.5mm位, 基部の葉鞘は灰白色。雄小穂は1個で頂生する。雌小穂は1－2個あって, 卵円形または長楕円形で, 長さ1－1.5cm。鱗片は淡栗褐色, 果胞はやや開出し, 広卵形でややかたくて厚く, 長さ5－5.5mm, 灰褐色をなし, 上方はやや急に短い嘴となる。6－8月に熟す。和名は札幌付近の地名幌向に由来する。北アメリカ東部の C. oligosperma Michx. に近縁。

250. コヌマスゲ　　PL. 252
Carex rotundata Wahlenb.

匐枝を伸ばし, まばらに生える。葉は青緑色で肉質, 幅1－1.5mm。上方の1－3個の小穂は雄性, 下方の1－2個の小穂は雌性, 楕円形で長さ7－13mm, 幅4－5mm。果胞は長さ2.5－3mm, 光沢があり無毛, 嘴はいちじるしく短い。北海道（大雪山）の高層湿原に生え, 周北極地方に広く分布する。

251. オニスゲ〔ミクリスゲ〕　　PL. 252
Carex dickinsii Franch. et Sav.

平地の水湿地に生え, 長い地下匐枝がある。茎は高さ20－50cm, 基部に淡色の葉鞘がある。葉は扁平で, 幅4－8mm。頂小穂は雄性で長い柄があり, 淡いわら色。側小穂は2（1－3）個ついて, 雌性で楕円形, 互いに接近してつき, 柄がない。果胞は開出して, いちじるしくふくらみ, 長さ1cm位, 光沢があり, 上端は直立する長い嘴に終わる。5－6月に熟す。北海道～九州, 朝鮮半島に分布する。和名の〈鬼菅〉は果胞が大型であるため, また〈実栗菅〉はその小穂がミクリに似ているためといわれる。

252. オニナルコスゲ　　PL. 252
Carex vesicaria L.

湿地に生え, 地下匐枝のあるややかたい多年草。有花茎は高さ30－100cm, 基部の鞘は血紫色をおび, 少し糸網がある。葉は幅3－6mm。上方の2－3個の小穂は雄性で, 線形, 下方の2－3個は雌性で短い円柱形をなし, 長さ3－7cm。雌鱗片は狭卵形でとがる。果胞は長さ6－8mm, 上方はやや急に中位の嘴となる。6－7月に熟す。北海道・本州・九州, 北半球の温帯一般に分布し, 北地に多い。和名はナルコスゲより大型でかたいことによる。

253. オオカサスゲ　　PL. 252
Carex rhynchophysa C. A. Mey.

山野の湿地に生え, 太い地下匐枝をつける肥厚した大型の草本。茎は高さ1m内外, 基部の葉鞘は一部暗赤血色をおびる。上方の3－7個の小穂は雄性で, 線形をなし, 下方の2－5個の小穂は雌性で, 長円柱形, 葉状の苞がある。雌鱗片は披針形で, 栗色をおび, 上方は透明質となる。果胞は開出して密につき, ふくらんで長さ5－6mm, 上方は急にやや長い嘴となる。6－8月に熟す。本州中部以北・北海道に見られ, 東アジア・シベリアに分布する。

254. カラフトカサスゲ　　PL. 252
Carex rostrata Stokes var. **rostrata**

北海道の湿原に生え, 朝鮮半島北部からヨーロッパ北部に分布する。茎は高さ40－60cm, 鈍い3稜があり, 基部は葉鞘に囲まれて太くなり, 一部少し赤紫色をおびる。葉は厚くて縁がゆるく内曲し, 雌小穂はほぼ無柄で, 長さ2－3cm, 幅5mm位になる。果胞は長さ3.5－4mmで, 光沢があり有脈で無毛, 上方は急に短い嘴となる。**ヌマスゲ** var. **borealis**（Hartm.）Kük. は葉が細く, 果胞は長さ約3mm。岩手県（八幡平）に記録があるが, 最近は見つからない。

シオクグ節　Sect. **Paludosae** G. Don

A. 根茎は短くゆるく叢生する。果胞は長さ4－5mm ·································· 255. ワンドスゲ
A. 根茎は長く横にはい, まばらに生える。果胞は長さ6－8mm。

B．葉は幅5−10mm，雌小穂は2−4個で長さ3−5cm ……………………………………………………………… 256．オオクグ
　　B．葉は幅4mm以下，雌小穂は1−2個で長さ1−3cm．
　　　C．雌小穂は互いに離れ，果胞の嘴は急に太く短い嘴となる …………………………………………………… 257．シオクグ
　　　C．雌小穂はかたまってつき，果胞の嘴は徐々に狭まる ……………………………………………………… 258．コウボウシバ

255．ワンドスゲ　　　　　　　　　　　PL. 253
Carex argyi H. Lév. et Vaniot

河川下流や河口の水辺に生える。根茎は短くゆるく叢生し，基部の鞘は赤褐色をおび，いちじるしく糸網を生じる。葉は有花茎よりも高くなり，幅4−6mm。上方の2−4個の小穂は雄性，下方の小穂は雌性。雌鱗片は果胞と同長で，淡緑色で芒端。果胞は長さ4−5mm，コルク質で少数の脈があり，嘴は長く口部は鋭2歯。本州（大阪府淀川と熊本県），国外では中国に分布。

256．オオクグ　　　　　　　　　　　PL. 253
Carex rugulosa Kük.

シオクグやコウボウシバに果胞の性質などがよく似ている。しかし茎は高さ40−70cmあって太く，基部の葉鞘は葉身がなくて濃褐色の部分があり，少し糸網がつく。葉は幅5−8mm。上方の小穂3−5個は雄性で，濃褐色をおびる。下方の2−4個は雌性で円柱形をなし，長さ3−5cm，最下の苞はときに鞘ができる。果胞は長楕円形で，長さ6−7mm，嘴は太く短い。5−7月に熟す。海水の出入りする河口に生え，北海道・本州・四国・九州にまれに見られ，朝鮮半島・中国（東北）・ウスリーに分布する。

257．シオクグ　　　　　　　　　　　PL. 253
Carex scabrifolia Steud.

海岸の塩水の出入りする泥地に生える多年草。長い地下匐枝がある。有花茎は高さ30−50cm，やや細いが丈夫で，基部の鞘は葉身がなくて，暗赤紫色の部分があり，糸網がある。上方の2−4個の小穂は雄性で，ときに一部血赤色をおびる。下方の1−2個は雌性で，長楕円形をなし，長さ1−2cm，雌花の鱗片はさび色で先はとがる。果胞は長楕円形で毛がなく，木質で長さ6−8mm。4−7月に熟す。北海道〜琉球，朝鮮半島・中国・台湾・ウスリーに分布する。和名は〈塩クグ〉で，海岸に生えることによる。

258．コウボウシバ　　　　　　　　　　PL. 253
Carex pumila Thunb.

根茎は長い匐枝をつける。有花茎は高さ10−20cmで，なめらか，基部の葉鞘は葉身がなく，暗紫褐色で少し糸網がある。葉は幅2−4mm，上方の（1−）2−3個の小穂は雄性で線形，長さ2−3cmあって，汚血赤色。下方の2−3個の小穂は雌性で，長楕円形〜円柱形，長さ1.5−2cm，短い柄があってほぼ直立し，雌鱗片は一部血赤色をおびる。果胞は長さ6−8mmで木質。4−7月に熟す。北海道〜琉球の海岸砂地に多く見られ，東アジア・オーストラリア・南アメリカ（チリ）に分布する。和名の〈弘法芝〉は，コウボウムギに相対する名である。

ビロードスゲ節　　Sect. **Carex**

　A．根茎は短く叢生，頂小穂のみが雄性，果胞は無毛 ……………………………………………………………… 259．ハタベスゲ
　A．横走する根茎があり，上方の2−3個の小穂は雄性。
　　B．葉や鞘は有毛 …………………………………………………………………………………………………… 260．アカンカサスゲ
　　B．葉や鞘は無毛。
　　　C．葉は幅1.5−3mm，果胞は短嘴，木質化する ……………………………………………………………… 261．ムジナスゲ
　　　C．葉は幅3−6mm，果胞は長嘴，木質化しない。
　　　　D．雌小穂は互いに離れ，果胞の嘴は急に狭くなる ……………………………………………………… 262．ビロードスゲ
　　　　D．雌小穂はかたまってつき，果胞の嘴は徐々に狭まる ………………………………………………… 263．スナジスゲ

259．ハタベスゲ　　　　　　　　　　　PL. 253
Carex latisquamea Kom.

北海道・本州中北部・九州の山地の草原に生え，朝鮮半島・中国（東北）・ウスリーに分布する高さ40−75cmの中型の多年草で，茎と葉と葉鞘とに開出毛があり，基部の葉鞘は葉身がなくて淡褐色。頂小穂は雄性，他の2−3個は雌性で長さ1−2cm，長楕円形で，下部のものは柄がつき，その苞は短い鞘がある。果胞は斜開してかたい膜質，卵形で長さ5−6mm，脈があって毛がなく，上方はしだいに中位の嘴となる。6−7月に熟す。和名の〈端辺〉は阿蘇付近の地名による。

260．アカンカサスゲ　　　　　　　　　PL. 253
Carex sordida Van Heurck et Müll. Arg.;
C. drymophila Turcz. var. *abbreviata* (Kük.) Ohwi

高さ60−80cmのやや大型の多年草で，葉は葉鞘，特に鞘口に毛があり，基部の葉鞘は葉身がなく，暗赤紫褐色で，糸網がある。葉は幅4−6mm，上方2−3個の小穂は雄性で線形，他の3−4個は雌性で円柱形，長さは2−5cm，下方の苞には鞘がある。果胞は長さ4−5mm，斜開し，やや膜質で広卵円錐形でふくらみ，脈と毛があり，上方はやや急にやや長い嘴となる。7月に熟す。北海道東部の草地に生え，サハリン・朝鮮半島・ウスリーに分布。

261．ムジナスゲ　　　　　　　　　　　PL. 253
Carex lasiocarpa Ehrh. var. *occultans* (Franch.) Kük.

高層湿原や沼畔に生える多年草で，高さ70−100cm。やや細く，基部の鞘は葉身はなく，かたくて濃病紫色をおび，糸網がある。葉は溝があり，幅2−3mm，ややかたくて濃緑色。上方の1−4個の小穂は雄性。下方の1−2個の小穂は雌性で長さ2−4cm，苞は鞘ができない。果胞は革質，卵形で長さ4−5mm，多くは褐色の斜めの毛があり，嘴はやや短い。6−8月に熟し，北海

道と本州（中部・関東以北）に見られ，サハリン・千島列島・朝鮮半島・シベリア東部に分布する。なお基準変種 var. lasiocarpa はヨーロッパ・北アメリカに分布する。和名は果胞に褐色毛があるのをムジナに見立てたもの。

262. ビロードスゲ　　　　　　　　　　　PL. 254
Carex miyabei Franch.;
C. fedia Nees var. *miyabei* (Franch.) T. Koyama

川岸の水湿のある砂地に生える。茎は高さ30－60cm。茎，葉，葉鞘に毛がない。基部の葉鞘は葉身がなくて，赤紫色をおびた部分があり，かたくて光沢があり，前面に糸網がある。葉は幅3－5mm。小穂は上方の2－4個が雄性で線形。下方の2－3個の小穂は雌性で，短い円柱形となって，長さ2－4cm，柄があり，その苞には鞘がない。果胞は光沢がなく，灰色の硬毛が生え，長さ3－4mm，直立する中位の嘴がある。5－6月に熟す。北海道・本州・九州，朝鮮半島に見られる。和名はその果胞にビロード状の毛があるためといわれる。

263. スナジスゲ　　　　　　　　　　　PL. 254
Carex glabrescens (Kük.) Ohwi

河川の高水敷に生え，全体にビロードスゲに似るが，果胞はやや大きく，その先は徐々に狭まり，あらい毛が生えるが，ビロードスゲのように密生はしない。本州（関東・中部以北）・北海道（南部），朝鮮半島・中国（東北部）に分布。

【5】ヒトモトススキ属　Cladium P. Br.

かたくてざらざらした多年草で，叢生するか，横走する地下茎をもつ。茎は円柱形または3稜形。葉は茎生し，葉身は線形で扁平，葉舌はない。花序はよく分枝し，散房状またはやや頭状，総苞片は3－4個，葉状で散開する。小穂は多数つき，数個の鱗片がらせん状に並び，多くは2花をもつ。花は両性で，雄蕊は2－3個，花柱は3岐，子房と連続し，基部は円錐形に肥厚し，無毛，果時にも残る。花被片はない。果実は3稜形で外果皮は海綿状。世界の熱帯～暖帯に3－4種が分布する。

1. ヒトモトススキ〔シシキリガヤ〕　　　PL. 256
Cladium jamaicense Crantz subsp. **chinense** (Nees) T. Koyama; *C. chinense* Nees

おもに海岸近くに生える大型の多年草。地下茎は横走する。茎はかたく，鈍3稜形，長さ100－200cm，多数の葉をつけ，平滑，中空，ときに節から芽生する。葉身は線形で幅5－15mm，かたくて厚く，中肋と縁に鋸歯状のあらいざらつきがある。分花序は散房状で，数個，幅4－8cm，多数の小穂がつく。小穂は長楕円形，褐色で長さ3mm。小穂の鱗片は狭卵形で長さ3mm。花柱は3岐。果実は広卵形で長さ2.5mm，黄褐色，8－10月に熟す。本州（関東地方・能登半島以西）～琉球，朝鮮半島南部・中国・インド・マレーシア・オーストラリアに分布し，基準亜種は南北アメリカ・西インド諸島に分布する。和名は〈一本薄〉で，1株から多数の葉が出るためであるといい，また〈猪切茅〉は，葉のざらつきが強く小刺があって，イノシシも切れるとの意味である。

【6】カヤツリグサ属　Cyperus L.

花は両性で，花被片（刺針）はない。雄蕊は1－3個，花柱は子房と連続して基部は太くならず，花後に脱落する。柱頭は2－3個，果実はレンズ形，または3稜形。一年草または多年草。有花茎は直立し，基部にはふつう線形の葉がある。花序は少数あるいは多数の花穂（穂状小花序）からなり，基部には多くは葉状の苞がある。小穂は無柄で，ふつうは2列に並んだ鱗片からなり，鱗片の腋に花がつく。主として熱帯に生じ，温帯まで分布し，およそ700種がある。

注意1. この類では果実が3稜形（柱頭が3岐）であるか，レンズ形（柱頭が2岐）であるかが重要なので，つねにルーペを使って確かめることが必要である。

注意2. 穂状小花序上で，小穂が1か所につく（穂状小花序は中軸がきわめて短い）か，羽状について中軸があるかを知ることも重要であるので，よく確かめること。

A. 柱頭は2個，果実はレンズ形でその稜が軸に向く。
 B. 小穂はただ1花（1果）をつけ，茎の上端に密に集まって頭状の花序をつくる。小穂基部に関節があり，小穂は熟すと基部から脱落する。
  C. 一年草 ·· 1. タチヒメクグ
  C. 多年草。
   D. 根茎は短く木質でかたく叢生する ·· 2. タイトウクグ
   D. 横走する根茎があり，その節から有花茎を単生する。
    E. 小穂は緑色 ·· 3. ヒメクグ
    E. 小穂は白色 ·· 4. オオヒメクグ
 B. 小穂は多数の花をつけ，熟すと鱗片や果実が落ち，小穂の軸が残る。
  C. 果実は熟すと横じわが見える ·· 5. タチガヤツリ
  C. 果実は熟しても平滑または細点が見える。

D．鱗片は長さ2−5mm，竜骨は上方が内側に曲がる．果実は長さ1.3−1.5mm．
　　　　E．小穂は赤紫色，鱗片は長さ2−2.5mm ··· 6．カワラスガナ
　　　　E．小穂は淡黄褐色，鱗片は長さ3.5−5mm ··· 7．ムギガラガヤツリ
　　　D．鱗片は長さ1.5−2mm，竜骨は直立する．果実は長さ0.8−1mm．
　　　　E．多年草で，やや肥厚し，根茎は短い．小穂は一部赤血色をおび，花穂の中軸にやや斜上または平行する
　　　　　 ··· 8．イガガヤツリ
　　　　E．一年草で，やや細く，根茎はない．小穂は褐色，花穂の中軸に対して開出する ············· 9．アゼガヤツリ
A．柱頭は3個で果実は3稜形，または柱頭は2個で，果実はレンズ形でその面が軸に向く．
　B．小穂基部に関節があり，小穂は熟すと基部から脱落する．
　　C．小穂基部と各小花の間に関節があり，熟すと小穂はばらばらになる ······························· 10．キンガヤツリ
　　C．小穂基部にのみ関節があり，熟すと小穂ごと落ちる．
　　　D．花序は頭状，果実はコルク質に肥厚した軸に包まれる ·· 11．コウシュンスゲ
　　　D．花序は散形に枝を出す．
　　　　E．花序は複生，小穂は卵状楕円形〜披針形，幅2−2.5mm，6−12花をつける ············ 12．オニクグ
　　　　E．花序は単純，小穂は線状披針形，幅1mm以下，1−3花をつける．
　　　　　F．小穂は花穂の中軸に対して開出してつく ··· 13．イヌクグ
　　　　　F．小穂は花穂の中軸に斜上してつく ··· 14．シマクグ
　B．小穂は基部に関節がなく，熟すと鱗片と果実が落下し，小穂の軸(小軸)が残る．
　　C．有花茎基部の葉は鞘のみで葉身がない．
　　　D．根茎は短く，叢生する ··· 15．シュロガヤツリ
　　　D．横走する根茎がある ··· 16．シチトウイ
　　C．有花茎基部の葉は葉身がある．
　　　D．小穂は多数が頭状に密集してつく．
　　　　E．小穂は黒紫色 ·· 17．タマガヤツリ
　　　　E．小穂は淡緑色．
　　　　　F．多年草で根茎があり，果実は3稜形で柱頭は3個 ·· 18．メリケンガヤツリ
　　　　　F．一年草，果実はふつうレンズ形でその面が軸に向き，柱頭は2個(まれに果実が3稜形で柱頭3個のことがある)．
　　　　　　G．果実は倒卵形，縁はやや鈍い ··· 19．アオガヤツリ
　　　　　　G．果実は長楕円形または披針形，縁は鋭形または狭翼がある．
　　　　　　　H．鱗片の先に小刺があり，果実の稜には翼はない ··· 20．ヒメアオガヤツリ
　　　　　　　H．鱗片の先に小刺がなく，果実の稜には狭翼がある ····································· 21．シロガヤツリ
　　　D．小穂は軸に多数が穂状または数個が掌状につく．
　　　　E．穂状小花序の中軸は発達せず，小穂は数個が掌状につく．
　　　　　F．鱗片は淡緑色．
　　　　　　G．鱗片は長さ2mm以下 ·· 22．ヒナガヤツリ
　　　　　　G．鱗片は長さ3−3.5mm ·· 23．クグガヤツリ
　　　　　F．鱗片は血赤色をおび，先鈍頭または切形．
　　　　　　G．匐枝があり，鱗片は長さ1.5−2mm，雄蕊は3個 ·· 24．コアゼガヤツリ
　　　　　　G．叢生し，匐枝は出ない．
　　　　　　　H．鱗片は長さ1−1.2mm，先端はとがり，雄蕊は1個 ··································· 25．ツルナシコアゼガヤツリ
　　　　　　　H．鱗片は長さ0.6−1mm，先端は切形に近く，先は少し反曲し，雄蕊は0−2個 ··· 26．ヒメガヤツリ
　　　　E．穂状小花序の中軸は長く，小穂は多数が穂状につく．
　　　　　F．一年草または短命な多年草で，顕著な根茎はない(ヌマガヤツリとカンエンガヤツリを除き，多くは小型で，やや
　　　　　　わらかい)．
　　　　　　G．果実は鱗片の1/2長，茎はやや太く，高さ1mに達する大型の植物．
　　　　　　　H．小穂は穂状小花序に多数が斜上してつき，中軸が見えず，鱗片は狭長楕円形で先端は突出せず，果実は長楕円
　　　　　　　　形 ·· 27．ヌマガヤツリ
　　　　　　　H．小穂は穂状小花序に多数が開出してつき，中軸が見え，鱗片は先端が突出し，果実は卵形
　　　　　　　　 ·· 28．カンエンガヤツリ
　　　　　　G．果実は鱗片の2/3長〜同長，茎はやや細く，高さ20−50cmの中型の植物．
　　　　　　　H．穂状小花序の中軸(小穂のつく軸)には剛毛状の小刺があり，鱗片は血紫褐色で，全縁．全草をもむとレモン様
　　　　　　　　の香りがする ··· 29．ウシクグ
　　　　　　　H．穂状小花序の中軸は無毛，鱗片は淡黄緑色または赤褐色で，先端は多少凸端に終わる．中性の草地や畑地に生え，
　　　　　　　　香気はない．
　　　　　　　　I．鱗片は赤褐色，先端はややいちじるしく外曲する突起に終わる ············· 30．チャガヤツリ
　　　　　　　　I．鱗片は黄緑色，先端は短く，直立する突起に終わる．
　　　　　　　　　J．穂状小花序の中軸および小穂の小軸は翼があり，鱗片は明らかに凸端に終わる ····· 31．カヤツリグサ
　　　　　　　　　J．穂状小花序の中軸および小穂の小軸にはほとんど翼がなく，鱗片の先端はわずかに凸端に終わる
　　　　　　　　　　 ·· 32．コゴメガヤツリ
　　　　　F．多年草で明らかな根茎があるか，または基部に翌年の新芽をつける．
　　　　　　G．根茎は短くて匐枝が出ず株立ちになる．
　　　　　　　H．穂状小花序は小穂が密集して円柱状，小穂は密に鱗片をつけて小穂の中軸は見えない．

　　　　I． 小穂は扁平，長さ4-6mm，幅約1.5mm ··· 33. ツクシオオガヤツリ
　　　　I． 小穂はやや円く，長さ6-20mm，幅1-1.5mm ··· 34. オオホウキガヤツリ
　　　H． 穂状小花序は広卵形または広楕円形，小穂はまばらに鱗片をつけて小穂の中軸が見える．
　　　　I． 小穂は開出し，鱗片をはなはだまばらにつけ，長さ15-30mm，幅約1mm ············· 35. ホウキガヤツリ
　　　　I． 小穂は斜上し，鱗片をやや密につけ，長さ10-20mm，幅2-2.5mm ····················· 36. ヒメホウキガヤツリ
　　G． 横走する根茎があり，匐枝の先に塊茎をつける．
　　　H． 穂状小花序の中軸(小穂のつく軸)に剛毛状の小刺がある．
　　　　I． 小穂は黄褐色，のちにわら色， ·· 37. ショクヨウガヤツリ
　　　　I． 小穂は濃褐色または赤褐色．
　　　　　J． 柱頭は2個，果実はレンズ形で面が軸に向く ··· 38. ミズガヤツリ
　　　　　J． 柱頭は3個，果実は3稜形 ·· 39. オニガヤツリ
　　　H． 穂状小花序の中軸は無毛．
　　　　I． 小穂は長さ1.5-3cm，鱗片は長さ3-3.5mm ·· 40. ハマスゲ
　　　　I． 小穂は長さ0.7-1.5cm，鱗片は長さ約2.5mm ·· 41. スナハマスゲ

1. タチヒメクグ〔マメクグ〕　　　　　　　　　PL. 265
Cyperus kamtschaticus (Meinsh.) Yonek.;
Kyllinga kamtschatica Meinsh.

湖沼や河川などの減水裸地に生える一年草．小穂の竜骨に小刺がある点でアイダクグに似るが，一年草で株は叢生する．北海道・本州（関東地方以北），カムチャツカ半島に分布．

2. タイトウクグ
Cyperus sesquiflorus (Torr.) Mattf. et Kük. subsp. **cylindricus** (Nees) T. Koyama; *Kyllinga sesquiflora* Torr. subsp. *cylindricus* (Nees) T. Koyama

琉球（西表島），台湾・中国・東南アジア・インド・アフリカに分布．

3. ヒメクグ　　　　　　　　　　　　　　　　　PL. 265
Cyperus brevifolius (Rottb.) Hassk. var. **leiolepis** (Franch. et Sav.) T. Koyama; *Kyllinga brevifolia* Rottb. var. *leiolepis* (Franch. et Sav.) H. Hara

平地の路傍や畑地などに多い多年草．根茎は横にはい，長く伸びて，やや相接して茎を立てる．茎は直立し，高さ10-25(-30) cm．葉はやわらかく，扁平，やや平滑で，幅2-4mm．花穂（頭状花序）は無柄で1個，まれに2-3個ついて，球形をなし，長さ5-12mm，密に多数の小穂をつける．苞は3個位つき，葉状で長い．小穂は長さ3.5mm位，長楕円形でレンズ形をなし，1花をつけ，成熟すると基部から脱落する．鱗片は膜質，淡緑色で細脈があり，やや鈍頭．鱗片の竜骨は平滑で先端は反曲しない．7-10月に熟す．北海道～琉球，朝鮮半島・中国に分布する．

アイダクグ（タイワンヒメクグ）var. **brevifolius** はやや丈高く繊細で，小穂の縁（鱗片の竜骨部）には数個の小刺針状の鋸歯があり，先端は少し外曲する凸点に終わる．本州～琉球の暖地に生え，中国・台湾・インド・インドネシアに分布する．

4. オオヒメクグ〔シロヒメクグ〕　　　　　　　PL. 265
Cyperus kyllingia Endl.; *Kyllinga nemoralis* (J. R. et G. Forst.) Dandy ex Hutch. et Dalziel

ヒメクグに似て，小穂は白色で鱗片の竜骨には翼がある．小笠原諸島・南西諸島，台湾・中国南部・インド・マレーシア・ミクロネシア・アフリカに分布．

5. タチガヤツリ〔ヒトリガヤツリ〕
Cyperus diaphanus Schrad. ex Roem. et Schult.; *Pycreus diaphanus* (Schrad. ex Roem. et Schult.) S. S. Hooper et T. Koyama

まれに青森県・栃木県の湿地に知られ，朝鮮半島・中国（東北）・アムール，さらにインドネシアから中央アジアまで分布する．カワラスガナによく似たもので，外形だけでは区別しがたいが，果実の表面の細胞が縦長の楕円となって規則正しく並び，その両端に当たる部分がはっきりしているため，表面が平滑ではなく，細かい横の波状の線ができる点で区別される．

6. カワラスガナ　　　　　　　　　　　　　　　PL. 265
Cyperus sanguinolentus Vahl;
Pycreus sanguinolentus (Vahl) Nees

湿地にふつうに生え，根茎はない．茎は小さい株をつくり，斜上または基部は倒れて，高さ10-40cm，葉は幅1-3mm，花序は少数の短い枝を分けるか，ときに頭状に密集する．苞は2-3個あって，葉状．小穂は穂状小花序の中軸に開出してつき，扁平で，長さ1-2cm，幅2.5-3.5mm，血赤色をおびる．鱗片は広卵形で，鈍頭に終わり，全縁で，長さ2-2.5mmある．果実は広倒卵形でレンズ形，長さは鱗片の1/2-2/5位，平滑，暗褐色．7-10月に熟す．北海道～琉球，東アジア・インド・インドネシア・オーストラリア・アフリカに分布する．和名は〈川原菅菜〉で，川原に生えてスゲなどに外見が似ているためといわれる．

7. ムギガラガヤツリ
Cyperus unioloides R. Br.;
Pycreus unioloides (R. Br.) Urb.

湿地に生える多年草で高さ30-50cm．花序は頭状または1-2個の短い枝を出し，1-3個の葉状の苞がある．穂状小花序は5-10個の小穂を掌状につける．小穂は狭長楕円形で扁平，長さ8-15mm，幅約5mm．鱗片は長さ3.5-5mm，淡褐色～褐色．果実は楕円形でレンズ状，長さ約1.5mm．柱頭は2岐．本州（千葉県・和歌山県）・四国（愛媛県・高知県）・九州，台湾・オーストラリアに分布．

8. イガガヤツリ　　　　　　　　　　　　　　　PL. 265
Cyperus polystachyos Rottb.;
Pycreus polystachyos (Rottb.) P. Beauv.

主として海岸に生える多年草。根茎は短く，茎はかたくて小さな株をつくり，直立して鈍稜があり，高さ10−50cm。葉は幅1−3mm，深緑色。花序は単純で1回分枝するか，頭状に小穂を密集し，苞は葉状。小穂はやや直立して線形，扁平で長さ1−2.5cm，幅1.5mm，ふつう一部は血赤色をおびる。鱗片はやや直立して長さ1.5−2mm，狭卵形，やや鈍頭，果実は鱗片の半分で，狭倒卵形，上端はやや切形となる。8−10月に熟す。本州〜琉球，朝鮮半島・中国・台湾・インド・インドネシア・オーストラリア・アフリカに分布する。和名はその花穂（花序）を栗のいがに見立てたもの。

9. アゼガヤツリ　　　　　　　　　　　　　　PL. 265
Cyperus flavidus Retz.; *C. globosus* All.; *Pycreus flavidus* (Retz.) T. Koyama; *P. globosus* (All.) Rchb.

低地の水湿の多い場所に生え，特に田のあぜなどに多い一年草。根茎がなく，茎は細く，鈍稜があって，高さ10−50cm，葉は幅1−2mm。花序には，花序より長い苞が2−3個つき，枝は少数あって長さ8cmに達する。小穂は線形，長さ1−2.5cm，幅2−2.5mm，扁平，褐色で光沢がある。鱗片は狭卵形，鈍頭，長さ1.5−2mm。果実は長さが鱗片の半分よりも短く，暗褐色で倒卵形。8−10月に熟す。本州〜琉球，朝鮮半島・中国・台湾・インドネシア・インド・アフリカに分布する。和名は生育場所に由来する。

10. キンガヤツリ〔ムツオレガヤツリ〕　　　　PL. 266
Cyperus odoratus L.; *Torulinium ferax* (Rich.) Ham.

花序は大型で，小穂は長さ1−1.5cm，6−16花をつけ，黄金色をおびる。果実は倒卵形で長さ1.2−1.5mm。千葉県（まれ）・琉球に自生し，関東以西にまれに帰化。台湾・インドネシア・インドから広く熱帯一般に分布する。**ホソミキンガヤツリ** *C.* **engelmannii** Steud. (PL. 266) は，北アメリカ原産の帰化植物で，関東地方以西に広く分布し，果実は長楕円形で長さ1.5−1.8mmある。

11. コウシュンスゲ　　　　　　　　　　　　PL. 266
Cyperus pedunculatus (R. Br.) J. Kern; *Mariscus pedunculatus* (R. Br.) T. Koyama; *Remirea maritima* Aubl.

海岸砂浜に生える多年草。横走する根茎がある。花序は頭状。小穂は基部に関節があり，5鱗片をつけ，下から4番目の鱗片が結実する。果実はコルク質に肥厚した小穂の軸に包まれ，その先端には退化した5番目の鱗片がある。石垣島の海岸にまれに生じ，世界の熱帯に広く分布する。

12. オニクグ　　　　　　　　　　　　　　　PL. 266
Cyperus javanicus Houtt.; *Mariscus albescens* Gaudich.

根茎は短く，叢生し，高さ40−80cm。葉はかたく，隔膜が目立ち，ざらつき，やや灰色がかった緑色。散形花序は複生し，長さ幅ともに7−15cm，花序よりも長い苞がある。小穂は長さ5−12mm，幅2−2.5mm，6−12花をつける。鱗片は長さ2.5−3mm，7−9脈がある。果実は倒卵形で3稜があり，長さ約1.5mm，黒く熟す。柱頭は3岐。琉球（沖縄諸島以南）・小笠原，台湾・中国・東南アジア・インド・太平洋諸島・アフリカに分布。

13. イヌクグ〔クグ〕　　　　　　　　　　　PL. 266
Cyperus cyperoides (L.) Kuntze; *Mariscus cyperoides* (L.) Urb.

主として海岸の近くに生える多年草。根茎は短く，茎は高さ30−60(−80) cm，基部はやや肥厚する。葉は幅3−6mm。花序は単純で，十数個までのやや短い枝を出すか，やや頭状に密集し，苞は4−5個あって，葉状。穂状小花序は長さ3−4cm，幅6−10mmの円柱形をなす。小穂は多数で開出してつき，線状披針形，鋭尖頭，幅0.5−0.7mm，淡緑色，1−2花をつける。鱗片は長さ3mm位。果実は狭長楕円形で，長さ1.8−2mm，幅約0.5mm。8−10月に熟す。本州（関東地方以西）〜琉球，朝鮮半島南部・中国・インドネシア・インド・アフリカに分布する。

14. シマクグ〔タイワンクグ〕
Cyperus cyperinus (Vahl) J. V. Suringar; *Mariscus cyperinus* Vahl

イヌクグ*C. cyperoides*によく似ているが，穂状小花序は短い円柱形から長倒卵形，基部に向かって狭くなり，少なくとも基部近くの小穂は斜上してつく。小穂は熟すと灰褐色をおびる。果実はイヌクグよりも一まわり大きく，長さ2−2.5mm，幅0.6−0.7mm。琉球・小笠原，台湾・中国・東南アジア・インド・ミクロネシア・ポリネシアに分布。

15. シュロガヤツリ　　　　　　　　　　　　PL. 266
Cyperus alternifolius L.

日本の温室でよく栽培される1種で，英名はUmbrella-plant。茎の基部の鞘には葉身がないが，苞は葉状で数が多く，花序の枝は数個ついて，短く，長さは2−5cm位。小穂は長楕円形で，いちじるしく扁平となり，枝頂に数個つく。アフリカ原産で，本州・四国・九州・南西諸島に帰化。

カミガヤツリ（パピルス）*C.* **papyrus** L. (PL. 266) は，大型の多年草で，株をつくり，高さ1.5−2m，葉は葉鞘のみに退化し，茎は鈍3稜があって濃緑色。茎頂に径40cmにも達する大型の花序を生じ，苞は短く，枝は長くてやや垂れ下がり，線形で淡色の小穂をつける。温室内の水鉢などによく栽培される。南ヨーロッパ・シリア・アフリカなどの原産で，古代エジプトで紙（パピルス）の製造に使われたので有名である。

16. シチトウイ　　　　　　　　　　　　　　PL. 266
Cyperus malaccensis Lam. subsp. **monophyllus** (Vahl) T. Koyama; *C. monophyllus* Vahl

根茎は太くて長くはい，茎は高さ1−1.5mあって3稜形をなす。葉は茎の基部に2−3個ついて，葉鞘が長くて長さ30cmにもなり，葉身は短いかまたは発達しない。花序はやや大型で，2−3回分枝し，苞は2−4個，多くは花序よりも短い。小穂は線形で，ほとんど扁平にならず，長さ1−3cm，幅1−1.5mm，淡いさび色でまばらに花をつける。鱗片は長楕円形で長さ2−2.5mm，ほとんど扁平で，竜骨がなく，やや円頭，直立し，成熟すると上半が内曲して，小軸から落ちやすい。果実は鱗片より少し短く，扁3稜形で，線状長楕円形。8−10

月に熟す．本州（関東以西）〜琉球で栽培され，また暖地に野生し，中国（南部），台湾に分布する．和名のシチトウ（七島）は吐噶喇列島のことで，畳表などに用いるために栽培される．
オオシチトウ subsp. **malaccensis** は，苞が花序よりも長いので区別され，メソポタミアからインド・インドネシア・オーストラリアに分布する．

17. タマガヤツリ　　　　　　　　　　PL.266
Cyperus difformis L.
水田その他の湿地に多い，やわらかい一年草．茎は高さ15−40cm，葉は幅2−5mm．花序は幅7cmにもなり，ときに密に小穂をつけて頭状をなすが，ふつう不同長の枝を数本出し，長いもので5cmほどになる．最下の苞は花序よりいちじるしく長い．小穂は密な球状の穂状小花序をつくり，線形で長さ3−10mm，幅1mm位，暗紫褐色をおびる．鱗片は倒卵円形，長さ0.5mm位，全縁で上端が少しへこみ，竜骨は緑色．果実は鱗片とほぼ同長で，倒卵形をなす．8−10月に熟す．北海道〜琉球，ほとんど全世界の暖地に分布する．

18. メリケンガヤツリ
Cyperus eragrostis Lam.
川岸や池畔などの湿地に生えるやや大型の多年草．高さ30−100cm．花序は5−10個の枝を出し，葉状の長い苞があり，枝先に5−20個の小穂を頭状に密集してつける．小穂は10−40個の鱗片をつけ，長さ5−20mm，幅約3mm．鱗片は淡緑色で長さ約2mm．果実は倒卵形で3稜があり，長さ約1mm．柱頭は3岐．熱帯アメリカ原産の外来植物で，本州〜琉球に帰化．

19. アオガヤツリ　　　　　　　　　　PL.267
Cyperus nipponicus Franch. et Sav. var. **nipponicus**
ややわらかな一年草．茎は高さ5−25cm，葉は幅1−2.5mm．花序は頭状で球形，小穂を多数密生し，幅1−2.5cm，ときに1−5個の長さ5cmにもなる枝があり，苞は葉状となる．小穂は長さ3−7mm，幅1.5−2mm，少し扁平で，淡緑色，披針形から狭卵形，鱗片は密に2列につき，卵形，薄膜質，長さ1.7−2mm，鋭頭で数脈がある．果実は長さが鱗片の半分以下，楕円形で断面は三日月形をなし，縁が鈍い．8−10月に熟す．本州〜九州，朝鮮半島・中国に分布する．和名はその花序が緑色であることによる．
オオシロガヤツリ var. **spiralis** Ohwi は，小穂が扁平にならず，少し稜角があり，鱗片はらせん状につく変種で，本州と四国とに知られ，中国に分布する．**ニイガタガヤツリ** C. **niigatensis** Ohwi は，小型で鱗片の先が鈍く，果実が痩せたものにつけられたもので，新潟県で採集された．

20. ヒメアオガヤツリ　　　　　　　　PL.267
Cyperus extremiorientalis Ohwi
ため池などの減水裸地に生える小型の一年草．シロガヤツリに似るが，鱗片の先は短い芒になり，中肋の先に小刺がある．果実の縁は鋭形ではあるが，翼状にならない．本州〜九州に分布する．

21. シロガヤツリ　　　　　　　　　　PL.267
Cyperus pacificus (Ohwi) Ohwi
平地の湿地に生える，アオガヤツリによく似たやわらかい一年草．花序は頭状で球形，長さ幅とも5−10mmあって密に多数の小穂をつける．苞は数個あって葉状，長さ5−10cm．小穂は長さ3−5mm，幅1.5mm位，やや扁平で，2列ではあるが，ところどころらせん状に鱗片をつける．鱗片は広披針形，薄膜質で，長さ1.5mm，3−5個の細脈があり，ほとんど竜骨がない．果実は鱗片の約半分の長さがあり，狭長楕円形，縁は鋭形で，狭い翼となる．8−10月に熟す．北海道・本州，朝鮮半島に分布する．**コシロガヤツリ** C. **michelianus** (L.) Link は，シロガヤツリに似たもので，小穂の鱗片がらせん状に並ぶ．本州（青森県），ユーラシア・北アフリカに広く分布．

22. ヒナガヤツリ　　　　　　　　　　PL.267
Cyperus flaccidus R. Br.
平地の川岸の草地などに生える，やわらかくて緑色の一年草．茎は高さ5−25cm，葉は多くは短い葉身のある薄い葉鞘となる．花序は少し分枝して，まばらに小穂をつけ，苞は1個あって茎に続き，茎と同長または少し長くて直立し，枝は3−5個，ときに10cmにもなる．小穂は掌状に2−6個，花序の枝先につき，いちじるしく扁平で，淡緑色，長さ5−12mm，幅2mm．鱗片は小軸にやや開出してつき，広卵形で，芒を除いて長さ1mm位．竜骨はいちじるしくて，やや翼状をなし，上端は外曲する短い芒となる．果実は広倒卵形で，淡黄色になる．8−10月に熟す．本州〜九州，朝鮮半島・中国・オーストラリアに分布する．

23. クグガヤツリ　　　　　　　　　　PL.267
Cyperus compressus L.
路傍や荒れ地などに生える一年草．茎は高さ10−40cm，葉は幅1−3mm．花序は単純で長さ10cmにもなり，ときに頭状に小穂を密集し，苞は2−3個あって，花序よりも長く，枝は0−5本出て，長さ5cmになる．小穂は線形で，長さ1−2.5cm，幅2.5−3mm，扁平で黄色をおびる．鱗片は広卵形で，やや鈍頭，長さ3−3.5mm，緑色の中肋（竜骨）は太くて不明の数脈があり，上端は長さ0.7mm位の少し外曲する突起となる．果実は鱗片の長さの1/3位で，広倒卵形，光沢がある．8−10月に熟す．本州〜琉球，中国（中南部・台湾）から世界の熱帯に分布する．

24. コアゼガヤツリ　　　　　　　　　PL.267
Cyperus haspan L. var. **tuberiferus** T. Koyama
湿地や水田などに生える．ときに細長い根茎が伸びる．茎はやわらかく，長さ20−60cm．葉は短く，幅2−6mm．花序は幅15cmになり，枝は多数出る．小穂は花序の枝先に4−5個つき，扁平，線形で，長さ5−15mm，幅1.5−2mm，血紅色をおびる．鱗片は狭長楕円形，長さ1.5−2mm，鈍頭で，上端はへこみ，竜骨は緑色で，直立する突起となり，鱗片の上縁よりも少し長くとび出る．果実は鱗片の1/3の長さで，白色．8−11月に熟す．本州〜琉球，および全世界の暖地に分布する．

25. ツルナシコアゼガヤツリ　　PL. 267
Cyperus haspan L. var. **microhaspan** Makino

コアゼガヤツリに似ているが，根茎は伸びず，叢生し，鱗片は小さく，長さ1−1.2mm. 本州（関東以西）・四国・九州・南西諸島，台湾・マレーシアに分布する．ヒメガヤツリ（ミズハナビ）とされているものは本種のことが多い．

26. ヒメガヤツリ〔ミズハナビ〕
Cyperus tenuispica Steud.

ツルナシコアゼガヤツリにたいへんよく似て，ときには区別が難しいことがあるが，小穂は成熟するとやや黄褐色の部分があって，小軸が一部現れ，鱗片は小さく，長さ0.6−1mm，鈍頭で，先は少し反り返り，葯の上端には小刺がないので区別される．8−11月に熟す．本州〜琉球，旧世界の暖地に分布する．

27. ヌマガヤツリ　　PL. 267
Cyperus glomeratus L.

湿地に生える丈の高い一年草．茎は肥厚し，高さ20−80cm，葉は幅3−7mm．花序は単純または1回分枝し，長さ3−10cm．苞は3−4個あって，花序よりも長く，穂状小花序ははなはだ多数の小穂を密生する．小穂は中軸に斜上またはやや平行し，線形で長さ5−10mm，幅1.5mm，さび褐色．鱗片は狭長楕円形で，やや鈍頭，竜骨は鋭い．果実は鱗片の長さの半分位，狭長楕円形．9−10月に熟す．本州，朝鮮半島・中国・アムール・インド・ヨーロッパに分布する．和名はその生育場所に由来する．

28. カンエンガヤツリ　　PL. 268
Cyperus exaltatus Retz. var. **iwasakii** (Makino) T. Koyama

湿地にまれに生えて群落をつくる．根茎は太くて短い．茎は太く，高さ80−120cm，葉は幅8−15mm．花序は大型で長さ幅とも10−30cm，苞は4−5個ついて，花序よりも長く，葉状，枝は長さ20cmになる．穂状小花序は長さ幅とも1−1.5cm．小穂は密について開出し，長さ5−10mm，扁平で黄褐色をおび，鱗片は卵形で長さ1.7−2mm，竜骨は緑色で，先端が突出してわずかに外曲する．果実は長さが鱗片の半分で，楕円形．9−10月に熟す．本州，朝鮮半島・中国に分布する．和名は江戸末期の本草学者・岩崎灌園にちなむ．また朝鮮半島では〈莞草（ワングル）〉の名で栽培し，その茎を編んで敷物などに利用する．基準変種var. exaltatusはインドからインドネシア・オーストラリアに分布する．

29. ウシクグ　　PL. 268
Cyperus orthostachyus Franch. et Sav.

湿地に多く，田のあぜなどによく見かける一年草．茎は高さ20−70cm，葉は幅2−8mm．花序はやや大型で長さ5−20cm，5−7個の不同長の枝がある．小穂は線形，やや扁平で，長さ5−10mm，幅1.5mm，濃血赤紫褐色．鱗片は広楕円形で，長さ約1.2mm，円くて全縁である．果実は鱗片よりわずかに短く，倒卵形．8−10月に熟す．北海道〜九州，朝鮮半島・中国・シベリア東部に分布する．全草をもむとレモン様の芳香がある．

30. チャガヤツリ　　PL. 268
Cyperus amuricus Maxim.

カヤツリグサによく似た一年草であるが，小穂は長さ7−12mm，幅1.5−2mmでやや幅広く，開出して，赤褐色をおびる．鱗片は広倒卵形で，長さ1.5mm，円頭で，緑色の中肋は突出して，やや外曲する明白な突起になる．8−10月に熟す．本州〜琉球の畑地や中性の荒れ地などカヤツリグサやコゴメガヤツリC. iriaが生えるようなところに生えるが，それらほど多くはない．国外では朝鮮半島・中国・台湾・アムール・ウスリーに分布する．和名はその小穂の色にちなむ．

31. カヤツリグサ〔キガヤツリ〕　　PL. 268
Cyperus microiria Steud.

畑地や中性の荒れ地などに多い．コゴメガヤツリC. iriaによく似ているが，穂状小花序の中軸や，小穂の小軸は翼があり，小穂は長さ7−12mm，幅1.5mm位，開出し，帯黄色または帯黄褐色，鱗片は長さ1.5mm位，円頭で緑色の中肋はコゴメガヤツリより長く突出し，明らかな突起となる．8−10月に熟す．本州〜九州，朝鮮半島・中国に分布する．和名は〈蚊帳吊草〉で，三角形の茎をそれぞれ異なった面について裂くと，真ん中あたりで四角形ができるが，これを蚊帳を吊った形に見立てたため．

32. コゴメガヤツリ　　PL. 268
Cyperus iria L.

畑地や中性の荒れ地にふつうに生える一年草．茎は高さ20−60cm，葉は幅2−6mm．花序は長さ15cmになり，枝は3−5個あって不同長．苞は2−3個ついて，葉状．小穂は多数で斜開して密につき，線形で，長さ5−10mm，幅1.5mm，帯黄色．鱗片は広倒卵形で，長さ1−1.5mm，緑色の中肋は上端のへこみを越えてわずかに突出する．果実は鱗片よりわずかに短く倒卵形．8−10月に熟す．本州〜琉球，朝鮮半島・中国・台湾・インド・マレーシア・オーストラリア・アフリカに分布する．和名は〈小米蚊帳吊〉で，その鱗片が小さいため．

33. ツクシオオガヤツリ　　PL. 268
Cyperus ohwii Kük.

福岡県の池畔の湿地に生える．千葉県にもある．根茎は太くて短い．茎は太く，高さ1−1.5m，基部は肥厚する．葉は幅1−1.5cm．花序は大型で，よく分枝し，長さ幅とも10−20cm．苞は3−5個あり，葉状で花序よりも長い．穂状小花序は円柱形で密に多数の小穂を斜開してつけ，小穂は長さ4−6mm，淡黄色で，少し扁平である．鱗片は楕円形，長さ約2mm，鋭頭，果実は長さが鱗片より少し短く，狭卵形，9−10月に熟す．インド・インドネシアにも分布する．

34. オオホウキガヤツリ
Cyperus digitatus Roxb.

琉球（沖縄島・宮古島・石垣島・西表島・与那国島），台湾・中国・インド・世界の熱帯に広く分布．

35. ホウキガヤツリ　　　　　　　　　　　PL. 268
Cyperus distans L. f.

大型の多年草。散形花序は大きく，長さ幅ともに10－30cm。穂状小花序は広卵形で，小穂をまばらに開出してつける。小穂はきわめてまばらに鱗片をつけ，長さ1.5－3cm，幅約1mm。鱗片は赤褐色で，長さ1.8－2mm。果実は鱗片と同長またはわずかに短く，長楕円形で3稜があり，長さ約1.5mm，花柱は果実と同長か短く，柱頭は3岐。四国（高知県）・九州（種子島）・琉球，台湾・世界の熱帯に広く分布する。

36. ヒメホウキガヤツリ
Cyperus nutans Vahl var. **subprolixus** (Kük.) T. Koyama

大型の多年草。散形花序は大きく，長さ15－30cm，幅10－15cm，枝は狭い角度で斜上し，葉状の苞がある。穂状小花序は多数の小穂を斜上してつけ，小穂は長さ1－2cm，幅2－2.5mm。鱗片は光沢のない赤褐色で，長さ2－2.5mm，側面には3脈が見える。果実は長楕円形で3稜があり，鱗片より少し短く，長さ約1.5mm，花柱は果実と同長または少し短く，柱頭は3岐。琉球（宮古島・石垣島・西表島），台湾・中国・東南アジア・インド・オーストラリア・アフリカに分布。

37. ショクヨウガヤツリ〔キハマスゲ〕
Cyperus esculentus L.

路傍や畑地に生える多年草。横走する地下茎を伸ばし，その先に塊茎をつける。散形花序は4－7個の枝を伸ばし，葉状の苞がある。穂状小花序は多数の小穂をつけ，中軸にはまばらに刺毛がある。小穂は線形で黄褐色，のちにわら色，長さ1－4cm，幅1.5－2mm。鱗片は長さ約2mm，先は鈍く，側面には数脈が見える。果実は倒卵形で3稜があり，長さ1－1.5mm，花柱は短く，柱頭は3岐。ヨーロッパ，アジア，アメリカに広く分布し，本州に帰化。

38. ミズガヤツリ　　　　　　　　　　　PL. 268
Cyperus serotinus Rottb.

湿地に生える多年草。秋の終わりに根茎の先が肥厚して越冬芽となる。茎は高さ50－100cm，3稜形で，やや太く平滑。葉は幅5－8mm，花序は複生し，苞は3－4個，葉状で長く，枝は数個出て伸長して平滑，穂状小花序は長さ幅とも2－4cm。小穂は長さ1－2cm，幅2－2.5mm，ややふくれたレンズ形で，濃血色をおびる。鱗片は広卵形，長さ2－2.5mm，鈍頭で，竜骨は円く，縁は内曲する。果実は長さ1.5mm，ほぼ円形で，帯褐色。8－10月に熟す。北海道～琉球，朝鮮半島・中国・台湾・インド・ヨーロッパに分布する。

39. オニガヤツリ　　　　　　　　　　　PL. 269
Cyperus pilosus Vahl

湿地に生える多年草。ミズガヤツリに外見がよく似ていて，間違えられることも多いが，茎の上方は稜上がざらつき，果実は3稜があって広楕円形，面はわずかに凹入する。穂状小花序の中軸にはやはり剛毛状の小刺がある。鱗片は幅が狭く，柱頭は3岐，7－10月に熟す。本州（中部地方以西）～琉球，中国・台湾・インドに分布する。和名は〈鬼蚊帳吊〉で，全体やや大きいため。

40. ハマスゲ　　　　　　　　　　　PL. 269
Cyperus rotundus L. var. **rotundus**

日当りのよい砂質地に生える多年草。細長い匍枝を生じ，茎の基部は球茎状に肥大し，褐色の繊維でおおわれる。茎は高さ20－40cmで，やや細い。葉は幅2－6mm。花序は幅10cmになり1回分枝し，まれに単純。小穂は線形で，長さ1.5－3cm，幅1.5－2mmあって，中軸に斜開し，光沢があって，少なくとも一部は血紅色をおび，ややまばらに20－40花をつける。鱗片は狭卵形，斜上し，長さ3－3.5mm，やや鈍頭。果実は長さが鱗片の半分よりも短く，長楕円形で扁3稜形。7－10月に熟す。本州～琉球，および世界の熱帯～亜熱帯に広く分布する。海岸に多いので〈浜菅〉の名がある。

根茎の肥大部は〈香附子（こうぶし）〉とよばれて薬用とされ，通経，鎮痙の効があるといわれる。1％の精油分があって，主成分はシペレン，シペロール，ピネンなどが知られている。**トサノハマスゲ** var. **yoshinagae** Ohwi は，小穂がいちじるしく短く，長さ5－10mm，幅約2mm。四国（高知県）にのみ産する。

41. スナハマスゲ　　　　　　　　　　　PL. 269
Cyperus stoloniferus Retz.

根茎は横走し，先に塊茎をつける。有花茎は高さ10－30cm。葉は茎と同長か長く，幅2－4mm，平滑。散形花序は単純，枝は短く，花序よりも長い苞が1－3個ある。小穂は赤褐色で，長さ7－15mm，幅2－2.5mm。鱗片は広卵形で先は鈍く，長さ約2.5mm，7－9脈がある。果実は長楕円形でやや扁平，長さ1.7－1.8mm，幅約1mm，黒褐色で光沢がある。柱頭は3個。琉球（奄美以南），世界の熱帯・亜熱帯に広く分布。

【7】カガシラ属　Diplacrum R. Br.

小型の一年草または多年草。茎には節がある。葉は茎の基部および茎上につき，線形の葉身があり，葉舌はない。花序は頭状，葉状の総苞片の腋につく。小穂は単性，雌小穂には3－4個の鱗片があり，先端に雌花をつけ，雄小穂はふつう雌小穂より下にある。小穂の鱗片は2列に並ぶ。雄蕊は1個，花柱は3岐。花被片はない。果実は球状で白色，骨質の果皮があり，2枚の鱗片に包まれ，鱗片とともに脱落する。熱帯を中心に6－8種がある。

1. カガシラ〔ヒメシンジュガヤ〕　　　　　PL. 254
Diplacrum caricinum R. Br.;
Scleria caricina (R. Br.) Benth.

湿地にややまれに生える小型の一年草。茎は3稜形で長さ5－20cm，節があり，やや多数の葉（総苞片）をつけ，ときに基部は少し分枝する。葉には線形で長さ1－5cm，幅2－5mmの葉身がある。分花序は短い柄があって腋生し，長さ幅とも3－5mm，淡緑色，密に

小穂をつける。雌小穂の鱗片は長楕円形で，5－8脈があり，上端に3個の歯牙がある。花柱は3岐。果実は長さ0.7－1mm，球形で白色，不規則な縦稜があり，上部には微毛があり，2枚の鱗片に包まれて鱗片とともに脱落し，7－10月に熟す。本州（千葉県以西）～琉球，中国南部・台湾・東南アジア・インド・スリランカ・オーストラリアに分布する。

【8】ハリイ属　Eleocharis R. Br.

湿地や浅水中に生える一年草または多年草。地下茎は発達しないか，長く伸びて横走し，ときに先端に塊茎をつける。茎は叢生するか，単生あるいは少数が束になり，円柱形または稜角があるか，扁平で，分枝せず，基部より上には節がなく，ときに横隔壁がある。葉は2個で根生し，葉鞘のみに退化し，葉舌はない。花序は頂生する1個の小穂からなり，総苞片は1－2個で鱗片状，小穂の基部にあって目立たない。小穂は卵形，長楕円形，あるいは円柱形で，ときに基部から芽生する。小穂の鱗片はらせん状につくか，まれにほぼ2列につく。花は両性，雄蕊は1－3個，花柱は2－3岐し，基部は太くなって果体と関節し，海綿状に肥厚して果体の上に宿存し，柱基となる。果実は多くは倒卵形で，レンズ形，3稜形またはやや円柱形，表面は平滑か格子模様，いぼ状突起，小孔，横じわ，縦溝などがある。花被片は0－10個で刺針状，小刺があってざらつくか羽毛状，または平滑。世界に約250種があり，アメリカ大陸に多い。

```
A．小穂は円柱形で，茎よりもほとんど太くない。小穂の鱗片は草質で淡緑色。
  B．茎は幅3－4mm，中空で横隔壁がある。小穂は長さ20－40mm。花柱は2岐 ········································ 1．クログワイ
  B．茎は幅2－3mm，横隔壁はない。小穂は長さ10－25mm。花柱は3岐 ············································· 2．トクサイ
A．小穂は卵形から円柱形まであるが，明らかに茎よりも太い。小穂の鱗片は膜質。
  B．柱頭は2個。果実はレンズ形。
    C．叢生する一年草で匐枝はない。小穂は卵状球形から卵状楕円形で長さ3－7mm。小穂の鱗片は長さ1.8－2mm。果実は黒
      色 ································································································································· 3．タマハリイ
    C．多年草で長い匐枝がある。小穂は卵形から披針形で長さ7－30mm。小穂の鱗片は長さ3.5－5mm。果実は黄褐色。
      D．茎は幅1－1.5mm。小穂は暗紫褐色，最下の鱗片のみ花がない。果実は長さ1－1.5mm，柱基は大型で海綿質，果体と
        ほとんど同じ幅となる ··················································································································· 4．ヒメハリイ
      D．茎は幅2－5mm。小穂は鉄さび色，下方の2個の鱗片に花がない。果実は長さ1.5－2mm，柱基は小型で，海綿質では
        なく，果体よりいちじるしく小さい ································································································ 5．オオヌマハリイ
  B．柱頭は3個。果実は3稜形。
    C．糸状の細い匐枝があり，マット状に生育する。刺針状花被片は3－4本 ············································· 6．マツバイ
    C．匐枝はないか，鱗片におおわれた短い匐枝がある。刺針状花被片は6本。
      D．多年草。茎は長さ20－55cm，幅0.6－2mm。小穂は長さ8－25mm。果実は長さ1.5－2.2mm。刺針状花被片には開出
        または少し反曲する白色の羽毛状裂片がある ·············································································· 7．シカクイ
      D．一年草。茎は長さ4－20cm，幅0.2－1mm。小穂は長さ3－8mm。果実は長さ0.7－1.2mm。刺針状花被片は下向きに
        ざらつく。
        E．小穂の鱗片は長さ1－1.5mm，らせん状につく。果実は平滑 ························································ 8．ハリイ
        E．小穂の鱗片は長さ2－3mm，やや2列につく。果実には縦に並んだ小孔がある ································ 9．カヤツリマツバイ
```

1．クログワイ　　　　　　　　　　　　PL. 262
Eleocharis kuroguwai Ohwi

池溝中に生える多年草。叢生し，長い匐枝があり，秋の終わりに先端に小塊茎ができる。茎は円柱形で長さ40－90cm，幅3－4mm，灰緑色，中空で横隔壁があり，乾くと外からは節があるように見える。葉鞘は長さ5－20cm，赤褐色。小穂は円柱形で長さ20－40mm，幅3－5mm。小穂の鱗片は狭長楕円形で長さ6－8mm，やや厚く，光沢がなく，鈍頭。柱頭は2個。刺針状花被片は5－7本，果実より長く，下向きにざらつく。果実は倒卵形で長さ1.8－2mm，橙黄色，柱基は圧扁の三角形で基部は盤状，7－10月に熟す。本州（関東・北陸以西）～九州，朝鮮半島に分布する。黒褐色の小塊茎をクワイに見立ててこの名がある。

長い匐枝の先に径7－20mmの塊茎がつき，食用として中国などで栽培されている**イヌクログワイ** E. dulcis (Burm. f.) Trin. ex Hensch.（PL. 262）は，小穂の鱗片が広楕円形で白緑色となり，上端は円状切形，果実の上端の形にも記載しがたいちがいがある。日本でもまれに栽培されるが，西日本には多少野生している。中国・台湾・インド・東南アジア・オーストラリア・太平洋諸島・アフリカに分布する。

ミスミイ E. acutangula (Roxb.) Schult.; *E. fistulosa* Link ex Roem. et Schult.（PL. 263）は，クログワイに少し似るが，茎は鋭3稜形で長さ40－80cm，幅2.5－4mm，わずかに細くて，中実で横隔壁がなく，平滑。小穂は円柱形で長さ20－40mm，幅3－4mm。柱頭は3個。果実は倒卵形，扁3稜形で長さ1.5－2mm，幅1.4mm，黄褐色，表皮細胞が横長の楕円に規則正しく並んでいるので縦の条線がつく。本州～九州・琉球の湿地にまれに生え，中国・台湾・インド・東南アジア・オーストラリア・アフリカ・熱帯アメリカに分布する。和名は〈三隅藺〉で，茎に3稜があることに由来する。

シロミノハリイ E. margaritacea (Hultén) Miyabe et Kudô（PL. 263）は，本州（岩手山麓柳沢）・北海道の湿原にまれに生えるやや細い多年草で，匐枝はなく，茎は

長さ25－50cm，溝があって，数本が小さい株をつくる。葉鞘はわら色，小穂は狭卵形または広披針形で長さ7－12mm，幅3－4mm，茎よりも明らかに太く，やや稜角があり，濃黄褐色で光沢があり，小穂の鱗片は長さ5－6mm。柱頭は3個。刺針状花被片は6本で果実より長く，下向きにざらつく。果実は倒卵形，鈍3稜形で長さ3mm，白色，6－7月に熟す。国外では千島列島・カムチャツカ半島に分布する。

2. トクサイ　　　　PL. 263
Eleocharis ochrostachys Steud.

叢生する多年草で，長い匍枝を出す。茎は円柱形または少し稜角があり，長さ40－80cm，幅2－3mm。最上の葉鞘は長さ6－10cm，基部はしばしば赤褐色をおびる。小穂は円柱形で長さ10－25mm，幅3－4mm，やや角ばる。小穂の鱗片は卵状楕円形で長さ4－5mm，幅2－2.2mm，鈍頭。雄蕊は3個。柱頭は3個。刺針状花被片は6－7本で果体の倍長，下向きにざらつく。果実は広倒卵形，扁3稜形で長さ1.5－2mm，幅1.3－1.6mm，黄褐色で光沢があり，表皮細胞は狭長楕円形で横方向に伸び，それらが縦方向に並んで果実表面に縦すじをなし，柱基は三角錐形。南西諸島，中国・台湾・インド・スリランカ・マダガスカル・インドシナ・マレーシア・太平洋諸島・オーストラリアに分布する。

3. タマハリイ　　　　PL. 263
Eleocharis geniculata (L.) Roem. et Schult.;
E. caribaea (Rottb.) S. F. Blake

叢生する一年草で匍枝はない。茎は円柱形で長さ7－45cm，幅0.2－1mm，平滑。最上の葉鞘は長さ3cmまで伸び，淡緑色で基部は赤紫色をおびる。小穂は卵状球形から卵状楕円形，長さ3－7mm，幅3－4mm，鈍頭。小穂の鱗片は卵形から広楕円形，長さ1.8－2mm，淡褐色で主脈は緑色，鈍頭。雄蕊は2－3個。柱頭は2個。刺針状花被片は4－8本，果実より少し長く，下向きにざらつく。果実は倒卵形，レンズ形で長さ0.9－1.1mm，幅0.7－0.8mm，黒色で平滑，光沢があり，柱基は圧扁の円錐形で幅は果体の1/3。琉球諸島にあり，世界の熱帯～亜熱帯に広く分布する。

4. ヒメハリイ　　　　PL. 263
Eleocharis kamtschatica (C. A. Mey.) Kom.

海岸近くの湿地に生える多年草。やや叢生し，長い匍枝がある。茎は円柱形でやや細く長さ15－50cm，幅1－1.5mm，深緑色。葉鞘は一部赤色をおびる。小穂は卵形から披針形，長さ7－20mm，幅3－5mm，鋭頭。小穂の鱗片は卵状楕円形で長さ3.5－5mm，暗紫褐色。柱頭は2個。刺針状花被片は4－5本，細く下向きにざらつく。果実は広倒卵形で長さ1－1.5mm，黄褐色，やや平滑で光沢があり，柱基は大型，7－10月に熟す。北海道～九州，朝鮮半島・中国・ウスリー・サハリン・千島列島・カムチャツカ半島・北アメリカ北部に分布する。ときに花被片がないものがあり，クロハリイ f. **reducta** (Ohwi) Ohwi（PL. 263）という。

5. オオヌマハリイ〔ヌマハリイ〕　　　　PL. 264
Eleocharis mamillata (H. Lindb.) H. Lindb. var. **cyclocarpa** Kitag.

山地の浅い池沼に生える多年草。長い匍枝がある。茎は円柱形で長さ30－70cm，幅2－5mm，平滑，やわらかくつぶれやすい。葉鞘は赤褐色。小穂は披針形または卵形で長さ10－30mm，幅3－6mm，やや鈍頭，鉄さび色をおびる。小穂の鱗片は長楕円状披針形で長さ5mm，鈍頭。柱頭は2個。刺針状花被片は5－6本で果実の倍長，下向きにざらつく。果実は広倒卵形，長さ1.5－2mm，黄褐色，柱基は小さく圧扁の三角錐状，7－10月に熟す。北海道・本州・九州，朝鮮半島・ウスリー・中国（東北）に分布する。基準変種は北半球の北部に広く分布する。

クロヌマハリイ E. **palustris** (L.) Roem. et Schult. var. **major** Sonder; *E. intersita* Zinserl.は，本州北部・北海道の山中の池沼の浅水中に生え，刺針状花被片は少なくて4本位，茎はややかたく，長さ30－60cm。東アジア北部・シベリア東部に分布する。

コブヌマハリイ E. **parvinux** Ohwi (PL. 264) は，宮城県および関東地方の平地の沼や川岸の湿地に生え，前記2種に似るが，刺針状花被片は4本でややかたく，直立し，果実の2－3倍長，下向きにざらつく。柱頭は2個。果実は倒卵形で長さ1－1.2mm，黄褐色。茎は長さ30－60cm，幅1－2mm。和名は〈小粒沼針藺〉で，果実が前記2種に比べて小さいため。

スジヌマハリイ E. **equisetiformis** (Meinsh.) B. Fedtsch.; *E. valleculosa* Ohwiは，茎に明らかな縦の数条があり，長さ30－60cm，幅1.5－2mmで比較的小さい。柱頭は2個。刺針状花被片は4本またはない。果実は広倒卵形で，長さ1－1.3mm。本州・九州の比較的砂がちの湿地に生え，朝鮮半島・中国から中央アジアに分布する。

6. マツバイ　　　　PL. 263
Eleocharis acicularis (L.) Roem. et Schult. var. **longiseta** Svenson;
E. yokoscensis (Franch. et Sav.) Tang et F. T. Wang

水田，池のほとり，川岸などの水湿地に生える一年草で，糸状の細い匍枝がある。茎は叢生し，糸状で長さ3－10cm，幅0.2－0.3mm，濃緑色。葉鞘は膜質で赤みをおびる。小穂は狭卵形で長さ2－4mm。小穂の鱗片は数個で卵状楕円形，長さ1.5－2mm，一部が血赤色をおびる。柱頭は3個。刺針状花被片は3－4本で果実より長い。果実は狭倒卵形，鈍3稜形で長さ0.8－1mm，隆起する格子紋があり，柱基は圧扁の三角錐形で，6－10月に熟す。北海道～琉球，シベリア東部・朝鮮半島・中国・台湾・インドシナに分布する。和名はその茎を松葉に見立てたもの。花被片がないか，1－3個あって果実より短い基準変種チシママツバイ var. **acicularis** は，日本にもまれに自生し，北半球の暖帯～温帯に広く分布する。

クロミノハリイ E. **atropurpurea** (Retz.) J. Presl et C. Presl は，ハリイやマツバイに似るが，小穂は卵形で赤紫色をおび，長さ3－5mm，幅2－2.5mm。柱頭は2個。果実は倒卵状三角形，レンズ形で長さ0.4－0.6mm，黒色で光沢があり，柱基は小さく，7－10月に熟す。茎は

長さ5－15cm，幅0.1－0.3mm，溝がある。本州～九州の水田などの湿地にまれに生え，中国・台湾・インド・ヨーロッパ・アフリカ・北アメリカなどに分布する。和名は〈黒実の針藺〉で，果実の色にちなむ。

　　チャボイ **E. parvula** (Roem. et Schult.) Link ex Bluff et al. は，マツバイなどに似るが，海水の出入する塩田などに生え，茎は長さ3－7cm，やや太くてやわらかく，秋に匐枝の先に小塊茎を生じて越冬する。小穂は卵形または長楕円形，やや扁平で長さ2－3mm，淡緑色，少数花をつける。果実は倒卵形で長さ1mm，淡いわら色で平滑。本州～九州にまれにあり，ヨーロッパ・シベリア・北アフリカ・北アメリカ・南アメリカに分布する。

7. シカクイ　　　　　　　　　　　　　　PL. 264
Eleocharis wichurae Boeckeler

叢生する多年草で，山地から平地にいたる湿地にややふつう。ときに鱗片のある匐枝をつける。茎は長さ20－55cm，幅0.6－2mm，(3－)4(－6)稜があり，灰緑色。小穂は広披針形で長さ8－25mm，幅4.5－6mm，鋭頭，やや密に多数の鱗片をつけ，さび色をおびる。小穂の鱗片は長楕円形で長さ4－6mm，鈍頭。花柱は3岐。刺針状花被片は6本，少し幅の広い白色の羽毛状裂片があり，開出または少し反曲し，やわらかい。果実は倒卵形，扁3稜形で長さ1.5－2.2mm，黄色，柱基は扁3稜形で大型，果体とほぼ同長，7－10月に熟す。北海道～琉球，南千島・ウスリー・朝鮮半島・中国に分布する。和名は茎がふつう四角であるため。

　　マシカクイ **E. tetraquetra** Nees (PL. 264) は，白褐色の鱗片におおわれた匐枝をつけ，茎はやや鋭い4(－5)稜があり，長さ30－90cm，幅1－2.5mm。小穂は卵状楕円形で長さ8－20mm，幅3－5mm。小穂の鱗片は卵形または楕円形で長さ3－4mm，やや革質で，密に並び，鈍頭。柱頭は3個。刺針状花被片は6本，羽毛状ではなく，やや長い小刺針が密生して下向きにざらつく。果実は広倒卵形，扁3稜形で長さ1.5－2mm，黄色，柱基は三角形で果体の半長または少し長く，6－9月に熟す。本州（中国地方）～琉球，中国・台湾・インド・スリランカ・東南アジア・オーストラリアに分布する。和名は〈真四角藺〉で，茎が4稜形のためである。

8. ハリイ　　　　　　　　　　　　　　　PL. 264
Eleocharis congesta D. Don var. **japonica** (Miq.) T. Koyama

湿地や水田跡地などにふつうな一年草で，匐枝はない。茎は叢生し，長さ6－20cm，幅0.2－1mm，鮮緑色。小穂は披針形または狭卵形で長さ3－8mm，幅1.5－2.5mm，ときに基部から芽生する。小穂の鱗片は卵状楕円形で長さ1－1.5mm，鈍頭，一部に血さび色の部分がある。柱頭は3個。刺針状花被片は6本で果実より少し長いことが多く，下向きにざらつく。果実は倒卵形，鈍3稜形で長さ0.7－1.2mm，黄緑色，6－10月に熟す。北海道～琉球，朝鮮半島・中国・台湾・インド・インドネシア・マレーシアに分布する。和名は〈針藺〉で，その茎を針に見立てたもの。

　　エゾハリイ **E. maximowiczii** Zinserl.; *E. congesta* D. Don var. *thermalis* (Hultén) T. Koyama は，小穂がやや細長く，血褐色をおび，果実はオリーブ色で長さ1－1.2mm。刺針状花被片は6本で果実と同長か少し長く，下向きにざらつく。北海道～九州にあり，やや少なく，アムール・カムチャツカ半島・朝鮮半島・中国にも分布する。

　　セイタカハリイ **E. attenuata** (Franch. et Sav.) Palla (PL. 265) は，やや丈高く，茎は長さ25－55cm，小穂は卵形から広卵形で長さ7－12mm。小穂の鱗片は広卵形で長さ2.5mm，鈍頭。柱頭は3個。刺針状花被片は6本で果実より少し長く，下向きにざらつくか，ときに平滑。果実は倒卵形で長さ1－1.2mm，柱基は太くてほぼ果体の幅になり，7－10月に熟す。本州～琉球の湿地に生え，朝鮮半島・中国・ニューギニアに分布する。

　　マルホハリイ **E. ovata** (Roth) Roem. et Schult.; *E. soloniensis* (Dubois) H. Hara (PL. 264) は，叢生し茎は細く，長さ6－30cm。小穂は広卵形で長さ4－8mm，幅4－5mm，鈍頭。小穂の鱗片は卵形で長さ2－2.5mm，鈍頭。柱頭は2個。刺針状花被片は6本で果実の1.5－2倍長。果実は倒卵形，レンズ形で長さ1mm，黄褐色で，柱基は扁平で小さく，7－10月に熟す。本州中部以北・北海道の山地に生え，ヨーロッパ・シベリア・中国（東北）・インド・北アメリカに分布する。

9. カヤツリマツバイ
Eleocharis retroflexa (Poir.) Urb. subsp. **chaetaria** (Roem. et Schult.) T. Koyama;
E. chaetaria Roem. et Schult.

叢生する一年草。茎は稜角があり，長さ4－20cm，幅0.2－0.3mm，しばしば外曲する。最上の葉鞘はゆるく茎を包み，長さ0.3－0.5cm，淡褐色から赤褐色。小穂は広卵形，長さ3－5mm，幅1.7－2.5mm。小穂の鱗片は3－8個，卵形から卵状楕円形，ほぼ2列に並び，長さ2－3mm。雄蕊は2個。柱頭は3個。刺針状花被片は6本，果実と同長か少し長く，下向きにざらつく。果実は広倒卵形，3稜形で長さ0.7－1.2mm，幅0.6－0.7mm，表面は淡黄色で縦に並んだ小孔があり，柱基は圧扁の円錐形。琉球諸島（石垣島）にあり，中国・インド・スリランカ・東南アジア・アフリカ・オーストラリアに分布する。

【9】ワタスゲ属　Eriophorum L.

地下茎のある多年草で匐枝を生じるか，大きな株をつくる。茎は3稜形または円柱形で節がある。根出葉は細長く，茎葉はときに葉鞘のみに退化し，葉舌がある。花序は1個または数個の小穂からなり，総苞片は1個または数個で鱗片状または葉状。小穂の鱗片は多数でらせん状に並び，最下の1個には花がない。花は両性，雄蕊は1－3個，花柱は細く，3岐し，子房に連続して基部はふくれない。花被片は10－25本で果時には平滑で細く，扁平な糸状となって宿存し，

ふつう白色（まれに淡赤褐色）で，鱗片から長く突き出すため目立つ。果実は3稜形，ときに上縁がざらつく。北半球の亜寒帯〜温帯に18−25種があり，ふつう湿地に生える。

- A．小穂は数個。長い匍枝がある。茎葉には葉身がある ·········· 1．サギスゲ
- A．小穂は1個で頂生する。匍枝はない。茎葉にはほとんど葉身がなく，葉鞘のみに退化し，葉鞘は上半がふくれ膜質で，黒色をおびる ·········· 2．ワタスゲ

1．サギスゲ　　　　　　　　　　　PL.269
Eriophorum gracile W. D. J. Koch

湿地に生える多年草。地下茎は長い匍枝がある。茎は株をつくらず，細くてややわらかく，鈍3稜形，長さ20−60cm。根出葉はときに茎よりも長く伸び，茎葉は1−2個，刺針状で短く，基部は鞘となる。花序は単純，小穂は2−5個ついて，花時には長楕円形，長さ5−10mmで，柄には短毛がある。小穂の鱗片は鈍頭，膜質で淡灰黒色，細い脈がある。柱頭は3個。花被片は糸状で多数あり，果時には長さ2cmほどに伸びて，小穂は倒卵形のかたまりとなる。果実は狭長楕円形，3稜形で長さ3−3.5mm，6−8月に熟する。北海道・本州，ユーラシア・朝鮮半島・北アメリカに広く分布する。和名は〈鷺菅〉で，果時の白い小穂をサギに見立てたものである。

2．ワタスゲ〔スズメノケヤリ〕　　　PL.269
Eriophorum vaginatum L.

ミズゴケ湿原に群生するややかたい多年草。密な大株をつくり，匍枝はない。茎は長さ20−60cm，細くてかたく，数節がある。葉は根生および茎生し，根出葉は細くてかたく，幅1−1.5mm，扁3稜形で縁が少しざらつき，茎葉は1−3個あって，上部がふくれた葉鞘のみに退化し，上半は黒色をおびて膜質。小穂は1個が頂生し，花時には狭卵形で長さ10−20mm。小穂の鱗片は広披針形，長さ5−7mm，鋭頭，灰黒色で1脈がある。柱頭は3個。花被片は糸状で，花後に2−2.5cmに伸び，球形の白色のかたまりをつくる。果実は倒卵形，3稜形で長さ2−2.5mm，平滑，6−8月に熟す。北海道・本州中部以北，朝鮮半島・ユーラシア・北アメリカに広く分布する。和名は〈綿菅〉および〈雀の毛槍〉で，いずれもその果時の小穂をたとえたもの。

エゾワタスゲ E. scheuchzeri Hoppe var. **tenuifolium** Ohwi は，北海道（大雪山）の高山帯の湿原に生え，地下茎は長くはい，茎はやや低く，長さ10−30cm，株をつくらない。小穂は1個で頂生する。基準変種はやや大型で，ヨーロッパ・シベリア・北アメリカに分布する。

【10】テンツキ属　Fimbristylis Vahl

花は両性で，らせん状または2列に並んだ鱗片の腋に単生し，花被片（刺針）はない。雄蕊は1−3個，花柱の基部は少しふくれ，熟すと果体から脱落する。柱頭は2−3個，果は倒卵形，レンズ形または3稜形で，ときに表面に格子紋がある。一年草または多年草。茎は多くは節がなく，葉は根生するか，または鞘のみに退化する。小穂は多くはふぞろいな散房花序，まれに頭状花序をなし，ときにただ1個を単生する。苞は多くは葉状。約200種，世界の熱帯〜暖帯に生える。

- A．小穂は扁平，鱗片は2列に並ぶ。
  - B．小穂は茎頂に1個，鱗片は淡緑色 ·········· 1．ヤリテンツキ
  - B．小穂は複数，鱗片は暗褐色。
    - C．高さ4−12cm，鱗片は長さ約3mm，花柱は長さ約2mm ·········· 2．トモエテンツキ
    - C．高さ20−40cm，鱗片は長さ4−5mm，花柱は長さ4−5mm ·········· 3．オノエテンツキ
- A．小穂は横断面が円く，鱗片はらせん状に並ぶ。
  - B．花柱は細く，縁毛がなく，柱頭は2または3岐。
    - C．果実は長楕円形または狭長楕円形。
      - D．果実にはこぶ状突起があり，花柱は早落性で柱頭は2岐 ·········· 4．アオテンツキ
      - D．果実にはこぶ状突起はなく，花柱は宿存し柱頭は2または3岐 ·········· 5．ハタケテンツキ
    - C．果実は倒卵形。
      - D．鱗片は凹頭，短芒端。
        - E．鱗片は長さ3mm，果実は黒色で平滑，長さ約1mm ·········· 6．イッスンテンツキ
        - E．鱗片は長さ2m，果実はクリーム色でこぶ状の突起があり，長さ約0.7mm ·········· 7．チャイロテンツキ
      - D．鱗片は凹頭芒端ではない。
        - E．小穂は茎頂に1個 ·········· 8．イシガキイトテンツキ
    - F．小穂は複数。
      - F．有花茎基部には葉身のない鞘が1−3個ある。
        - G．小穂は1−5個 ·········· 9．ハナシテンツキ
        - G．小穂は多数。
          - H．葉は左右に扁平，柱頭は3岐，果実には3稜がある ·········· 10．ヒデリコ
          - H．葉は腹背に扁平，柱頭は2岐，果実はレンズ形 ·········· 11．クロテンツキ
      - F．有花茎基部の鞘は葉身が発達。

G．柱頭は2岐，果実はレンズ形，熟すと黒褐色。
　　　　H．全体にビロード状の毛がある ·· 12．ビロードテンツキ
　　　　H．全体に無毛 ··· 13．シオカゼテンツキ
　　　G．柱頭は3岐，果実には3稜があり，熟すと黄白色。
　　　　H．一年草で，葉は軟弱，小穂は長さ3－6mm，鱗片は長さ1.5－2mm ····························· 14．ヒメヒラテンツキ
　　　　H．多年草で，葉は草質，小穂は長さ5mm以上，鱗片は長さ2.5mm以上。
　　　　　I．小穂は長さ5－8mm，鱗片は長さ2.5－3mm，果実は長さ約1mm ···························· 15．ノテンツキ
　　　　　I．小穂は長さ7－15mm，鱗片は長さ5－6mm，果実は長さ約1.2mm ························ 16．ノハラテンツキ
　B．花柱は扁平で，縁毛があり柱頭は2岐。
　　C．葉は有花茎の基部の鞘に退化，小穂は茎頂に1個で傾いてつく ··· 17．ウナズキテンツキ
　　C．葉身のある葉がある。
　　　D．中型の一年草または多年草。小穂は幅2－7mm，鱗片の中肋は竜骨にならないので，小穂は円く稜はない。
　　　　E．果は平滑で，格子紋がなく，熟してやや濃い褐色となる。
　　　　　F．小穂は1個，鱗片は多数の細脈があって無毛，果実の基部に明らかな柄がある，葉や鞘は有毛または無毛。
　　　　　　G．小穂は長さ8－25mm，幅4－7mm，鱗片はかたく光沢がある ····························· 18．ヤマイ
　　　　　　G．小穂は長さ7－15mm，幅約3mm，鱗片は薄く光沢がない ·································· 19．イソテンツキ
　　　　　F．小穂は1－5個つき，鱗片は1脈があって，背面に微細な毛が生え，果実には明らかな柄はない
　　　 20．イソヤマテンツキ
　　　　E．果実は明らかな格子紋があり，熟して黄褐色。
　　　　　F．全体に無毛，葉鞘の上端にも毛はない，小穂は長さ10－20mm，雄蕊は3岐 ············· 21．ナガボテンツキ
　　　　　F．少なくとも葉鞘の上端には毛がある，小穂は長さ5－8mm，雄蕊は2岐 ···················· 22．テンツキ
　　　D．小型の一年草，小穂は幅1－1.5mm，鱗片の中肋は太く竜骨状なので，小穂には稜角がある。
　　　　E．花柱基部に下向きの毛はない。
　　　　　F．果実の表面には格子紋がある ··· 23．オオアゼテンツキ
　　　　　F．果実の表面は平滑 ··· 24．コアゼテンツキ
　　　　E．花柱基部に下向きの毛がある。
　　　　　F．鱗片の先は長い芒があり反曲し，花柱基のみに下向きの長毛があり，花柱は上端近くのみが有毛 ······ 25．アゼテンツキ
　　　　　F．鱗片の先は短い芒があるが反曲しない，花柱基には全体に下向きの長毛があり，花柱は全体にまばらに毛がある
　　　 26．メアゼテンツキ

1．ヤリテンツキ　　　　　　　　　　PL. 259
Fimbristylis ovata (Burm. f.) J. Kern;
F. monostachya (L.) Hassk.

　本州（千葉県・神奈川県・和歌山県）・九州・琉球などの海に近い地方に生える小型の多年草で，茎は高さ15－40cm，葉は茎よりも短い。小穂は1（－2）個つき，卵形，やや扁平で光沢があり，長さ8－15mm，幅4－6mm，苞は短い。鱗片はふつう左右2列に並び，淡いわら色で，鈍い竜骨があり，革質。果実は長さ2.5－3mm，淡白色で広倒卵形，秋に熟し，朝鮮半島南部・中国・台湾・インド・インドネシア・アフリカ・オーストラリアに分布する。和名は単生する小穂を槍に見立てたもの。

2．トモエテンツキ
Fimbristylis fimbristyloides (F. Muell.) Druce

　小型の一年草。叢生し，高さ4－12cm。散形花序に多数の小穂をつける。小穂は扁平で先がとがり，長さ4－5mm，幅1－2mm，2列に鱗片が並ぶ。果実は広倒卵形で3稜があり，長さ0.8mm。柱頭は3岐。琉球（沖縄島・石垣島・西表島），朝鮮半島（南部）・ミャンマー・マレーシア・オーストラリア北部に分布する。

3．オノエテンツキ
Fimbristylis fusca (Nees) C. B. Clarke

　小穂の鱗片が左右2列につく点ではヤリテンツキに似ているが，小穂はやや数が多く，柄があって，ほぼ散状に並び，披針形で，長さ7－10mm，幅2－2.5mm，扁平，ややとがり，光沢がなく，濃褐色となる。基部に長さ5cmになる苞がある。鱗片は数個，やや不同長で，中位の大きさのものは長さ4－5mm，鋭く内折し，微毛がある。果実は広倒卵形で白色，長さ1mm位。9－10月に熟す。四国・九州，中国・インド・インドネシアに分布する。

4．アオテンツキ　　　　　　　　　　PL. 259
Fimbristylis dipsacea C. B. Clarke;
F. verrucifera (Maxim.) Makino

　ややハタケテンツキ F. stauntonii に近い。茎は長さ5－15cm。小穂は淡緑色で卵形，密に鱗片をつけて長さ3－6mm。鱗片は長さ1mm，上端は芒に終わり，果実が柄があって，長さ0.3mm，縁に数個の円形の付属体がつき，花柱は短くて花後には脱落する。本州～九州の平地の湿地に生え，朝鮮半島・アムール・中国・インド・インドネシア・熱帯アフリカに広く分布する。和名は〈青点突〉で，その小穂の色に由来する。

5．ハタケテンツキ　　　　　　　　　PL. 259
Fimbristylis stauntonii Debeaux et Franch.
var. **stauntonii**

　畑など平地にまれに生える。根茎はなく，小さな株をつくる。茎は細く，高さ7－40cm，葉は無毛，幅2－2.5mm，鞘の口部外側に短い毛がある。花序は2－3回分枝して長さ5－10cmとなり，小穂は狭卵形，長さ3－5mm，幅2－2.5mm，汚れたわら褐色をおび，鱗片は広披針形で長さ1.5－2mm。果実は長さ0.7mmになり，表面の細胞は横長楕円形，花柱は2－3岐し，柱頭とともに長さ1.5－2mm，果時にも残る。8－10月に熟す。本州（関東地方）・九州北部，朝鮮半島・中国に分布する。

Cyperaceae

トネツンキ var. tonensis (Makino) Ohwi （PL.259）は，本州（近畿以北）にまれに生え，小穂の各部は少し大きく，花柱は柱頭とともに長さ2.5－3mmになる．

6. イッスンテンツキ　　　　　　　　　　PL.259
Fimbristylis kadzusana Ohwi

根茎のない高さ5－15cmの植物で，葉はやや短く，幅1mm位．花序は1－3個の小穂をつけ，苞は短い．小穂は長楕円形，光沢がなく，褐色，鱗片は薄膜質で，少し縁毛があり，凹頭で，やや太い緑色の中肋が短く突出する．果実はレンズ形で長さほぼ1mm，広倒卵形，黒褐色で，柱頭は2岐．9－10月に熟す．本州（千葉県・東海地方）の海岸近くにまれに産する．

7. チャイロテンツキ
Fimbristylis leptoclada Benth. var. **takamineana** (Ohwi) T. Koyama

一年草．叢生し，高さ20－30cm．散形花序に5－10個の小穂をつけ，苞の葉身は花序より短い．小穂は長楕円形で長さ4－6mm．鱗片は縁毛があり，凹頭短芒端．果実は広倒卵形，長さ約0.7mm，花柱は細く，柱頭は2岐．琉球（石垣島）に分布．固有変種．基準変種 var. leptoclada は中国南部・インドシナ・マレーシア・スリランカに分布する．

8. イシガキイトテンツキ
Fimbristylis pauciflora R. Br.

密に叢生し，基部には葉身のない鞘がある．小穂は茎頂に1個，長さ3－6mm，幅約1mm．果実は倒卵形または楕円形，3稜があり，黄褐色，長さ0.8－0.9mm．柱頭は3岐．琉球（石垣島），インドシナ・マレーシア・ミクロネシア・オーストラリアに分布．

9. ハナシテンツキ　　　　　　　　　　PL.259
Fimbristylis umbellaris (Lam.) Vahl

湿地や湿った草地に生える多年草．叢生し，高さ20－40cm，葉身は発達せず，基部の鞘に退化．小穂は1－5個，球形で長さ3－5mm，10－20鱗片をつける．果実は倒卵形で長さ約0.8mm，黄白色，表面に小さなこぶ状の突起がある．花柱は細く，柱頭は3岐．琉球（石垣島・西表島・与那国島），台湾・中国・東南アジア・インド・ミクロネシアに分布．

10. ヒデリコ　　　　　　　　　　PL.259
Fimbristylis littoralis Gaudich.; *F. miliacea* (L.) Vahl

平地の川岸などの湿地に生える無毛の一年草または多年草．根茎はない．茎は扁4稜形で高さ10－60cm，平滑．葉は左右から扁平で狭線形，幅約2mm，左右2列に並ぶ．花序は数回分枝して多数の小穂がつき，苞は短い．小穂は卵円形で，長さ2.5－4mm，赤褐色．果実は倒卵形，白色で光沢があり，長さ0.6mm．7－10月に熟す．本州〜琉球，朝鮮半島・中国・台湾・インド・インドネシア・オーストラリア・北アメリカ西海岸に分布する．和名は〈日照子〉で，日照りを恐れずに繁茂するからとの説がある．

11. クロテンツキ　　　　　　　　　　PL.260
Fimbristylis diphylloides Makino

テンツキに似ているが，全体にやや小さく，高さ10－50cmで毛がなく，小穂は短く，卵形で，やや暗褐色をおび，花柱は細くて上方に縁毛がなく，果実は長さ0.7mm，倒卵形で，格子紋はある．8－10月に熟す．本州〜琉球，朝鮮半島・中国に分布する．

12. ビロードテンツキ　　　　　　　　　　PL.260
Fimbristylis sericea (Poir.) R. Br.

海岸の砂地に生える．根茎は太く短くて，少し分枝し，枯れた葉鞘で厚くおおわれる．茎は高さ10－30cm，ややかたい．葉はかたく，多数つき，幅1.5－2mm，茎よりも少し短く，絹状の圧毛が密に生える．花序はわずかの枝を生じ，3－10個の小穂をやや頭状につけ，小穂は狭卵形，長さ6－10mm，幅4mm，灰褐色，鋭頭でやや角ばる．果実は広倒卵形でレンズ形，長さ1.5mm，暗褐色で，やや平滑．8－10月に熟す．本州（茨城県・富山県以西）〜琉球，中国・台湾・インド・インドネシア・オーストラリアに分布する．和名のビロードは，葉などに絹毛があることによる．

13. シオカゼテンツキ　　　　　　　　　　PL.260
Fimbristylis cymosa (Lam.) R. Br.

茎や葉の状態はビロードテンツキ F. sericea に似ているが，葉に毛がなく，小穂は細くて長さ3－5mm，幅2mm位，さび褐色をおび，果実は長さ約1mm，多くはレンズ形となる．茎は高さ15－40cm．8－10月に熟す．本州（関東以西）〜琉球の海岸に生え，中国・台湾・インド・インドネシア・オーストラリアに分布する．

14. ヒメヒラテンツキ
〔クサテンツキ，ヒメテンツキ〕　　　　　PL.260
Fimbristylis autumnalis (L.) Roem. et Schult.

平地の湿地に生える．根茎がなくて株をつくる小型の一年草で，全体やわらかく，毛がない．葉は幅2mm位．花序は2－3回分枝し，2－3個の苞は線形．小穂は披針形で，鋭頭，稜角があり，長さ3－6mm，幅1.5mm位で赤褐色．鱗片は長さ1.5－2mm，竜骨があり，先はとがる．果実は3稜形で白色，長さ0.7mm位．7－10月に熟す．北海道〜琉球，朝鮮半島・中国・北アメリカに分布する．

15. ノテンツキ〔ヒラテンツキ〕　　　　　PL.259
Fimbristylis complanata (Retz.) Link

平地または山地の湿地に生える多年草．根茎は短い．茎は高さ20－80cm，扁平で平滑．葉は幅1.5－3mm．花序は2－3回分枝し，苞は2－4個あって花序より短い．小穂は多数ついて広披針形で鋭頭，角ばっていて長さ5－8mm，幅1.5－2mm．鱗片は長さ2.5－3mm，赤褐色，鋭くとがり，葯は長さ1.5mmほど．果実は長さほぼ1mmで，白色．7－10月に熟す．本州〜琉球，朝鮮半島・中国・台湾・インド・インドネシアに分布する．

16. ノハラテンツキ　　　　　　　　　　PL.260
Fimbristylis pierotii Miq.

産地にちなんで〈ブゼンテンツキ（豊前点突）〉ともいう．ノテンツキに似ているが，根茎はよく発達し，横にはい，三角形の鱗片でおおわれ，長さ5cmになる．小穂は広披針形で長さ7－15mm，幅3－4mm，栗褐色で，鱗片がややかたくて大きく，長さ5－6mm，葯

は長くて，長さ2.5mm位になる。果実は長さ1.2mm位，白色。本州西部〜九州の山中草地にややまれに生え，朝鮮半島・中国・フィリピン・インドに分布する。

17. ウナズキテンツキ
Fimbristylis nutans (Retz.) Vahl

湿地に生える多年草。葉は基部の鞘に退化。小穂は茎頂に1個を傾いてつけ，長さ6－10mm。果実は広倒卵形，長さ1.2－1.5mm，表面には顕著な横じわがある。花柱は扁平で縁毛があり，柱頭は2岐。琉球（石垣島・西表島），台湾・中国・東南アジア・ニューギニア・オーストラリアに分布。

18. ヤマイ　　　　　　　　　　　　　　　PL.260
Fimbristylis subbispicata Nees et Meyen

山地の湿地に生える。根茎はほとんどなく，茎は直立して高さ10－60cm。葉はややかたく，幅0.7－1mm，毛はない。苞は短いが，多くは小穂と同長か少し長い。小穂は1（－3）個ついて，長楕円形または卵形で，長さ8－25mm，幅4－7mm，稜角がなく，やや光沢があって，黄褐色。鱗片は楕円形で，やや大きく，多数の細かい脈があり，毛はない。果実は倒卵形，濃褐色に熟し，平滑，短い柄を除き長さ1－1.2mm。7－10月に熟す。北海道〜琉球，朝鮮半島・中国・台湾・インドに分布す。和名は〈山藺〉で，藺にも似た細い葉と，山地に生える生態に由来している。

19. イソテンツキ〔スギゴケテンツキ〕　　PL.260
Fimbristylis pacifica Ohwi

ヤマイに似ているが，全体に繊細。苞は小穂と同長または短い。小穂は小さく，長さ7－15mm，幅3mm位，淡黄褐色で鱗片は薄い。果実は長さ約1mm。8－9月に熟す。和名は〈磯点突〉で，海岸またはその近くの湿地に生えて，伊豆七島・四国・九州・琉球に分布する。

20. イソヤマテンツキ　　　　　　　　　　PL.261
Fimbristylis sieboldii Miq. ex Franch. et Sav. var. **sieboldii**; *F. ferruginea* (L.) Vahl var. *sieboldii* (Miq.) Ohwi

海岸付近に生える。全体にかたく，根茎は短い。茎は相接して生じ，高さ15－40cmあって直立し，基部はやや肥厚して少数の短い葉をつける。葉は下方のものは鞘のみに退化し，上方のものはしだいに長くなるが，それでも茎よりも明らかに短く，無毛で，幅1－1.5mm。花序は枝分かれせず，1－5個の小穂をつける。小穂は狭卵形または狭長楕円形で稜がなく，長さ7－13mm，幅3mm，光沢がなく，濃褐色で，鱗片は1脈があって微細毛がある。果実はレンズ形で，濃褐色，やや平滑で，長さ1－1.2mm。8－10月に熟す。本州（千葉県・石川県以西）〜琉球に分布する。**シマテンツキ** var. **anpinensis** (Hayata) T. Koyamaは，葉身がいちじるしく短く，基部の鞘に退化。

21. ナガボテンツキ　　　　　　　　　　　PL.261
Fimbristylis longispica Steud. var. **longispica**

本州〜九州の主として海岸地方に生え，テンツキに似ているが，全体無毛，茎は直立してややかたく，高さ40－60cm，小穂は黄褐色で，ほとんど栗褐色をおびず，狭長楕円形で，長さ10－20mm，果実の格子紋は小さくてやや正方形となる。8－10月に熟す。朝鮮半島・中国にも分布する。和名はテンツキよりもやや小穂が長いため。**ムニンテンツキ** var. **boninensis** (Hayata) Ohwi（PL.261）は，小笠原諸島の固有変種で，小穂を密集してつける。**ハハジマテンツキ** var. **hahajimensis** (Tuyama) Ohwiは，小笠原諸島（母島）の岩場や岩礫地に生え，全体に繊細。

22. テンツキ（広義）
Fimbristylis dichotoma (L.) Vahl

平地から山地に生える。変異の多い植物で，根茎は短いかまたはない。高さ15－50cm，葉は幅1.5－5mmで，ときに有毛，葉鞘は多くは毛がある。花序は2－3回分枝し，小穂はやや多数ついて，それぞれ柄の先に単生し，狭卵形で長さ5－8mm，幅2.5－3mm，稜角がなく，赤栗褐色をおび，光沢がある。鱗片は卵形で，長さ2－3mm，毛はなく，はなはだ鈍頭で短凸端に終わる。果実は長さ0.8－1.2mm，広倒卵形でレンズ形，隆起する横長楕円形の格子紋がある。7－10月に熟す。北海道〜琉球，朝鮮半島・中国・台湾・インド・インドネシア・オーストラリア・アフリカに広く分布する。変化が多いが，植物体のどこかに開出毛があることが多い。和名は〈点突〉であるといわれる。国内にあるものを細分すると次のようなものがある。

テンツキ var. **tentsuki** T. Koyama（PL.261）は水田のあぜに生える一年草で，全体にやわらかく毛がある。**クグテンツキ** var. **diphylla** (Retz.) T. Koyama; var. *floribunda* (Miq.) T. Koyamaは，暖地の水湿地に生えるやや大型の多年草で，葉鞘前面の膜質部分を除いてほとんど無毛，小穂は柄の先に1〜数個がかたまってつく。**アカンテンツキ**（オホーツクテンツキ）var. **ochotensis** (Meinsh.) Honda（PL.261）は，北海道の地熱地に生える小型のもので，高さ10cm未満。**ツクシテンツキ** subsp. **podocarpa** (Nees) T. Koyamaは，火山や温泉の周辺に生える多年草で，全体に有毛なことが多く，小穂は柄の先に単生し長さ8－15mm，果実は長さ1.2－1.3mm。九州，台湾・中国・東南アジア・インド・オーストラリア・アフリカの熱帯・亜熱帯に分布する。

23. オオアゼテンツキ　　　　　　　　　　PL.261
Fimbristylis bisumbellata (Forssk.) Bubani

湿地に生える一年草。植物体全体に毛がある。複散形花序に多数の小穂をつけ，小穂は長さ3－5mm，幅約1.5mm。果実は倒卵形でレンズ形，表面には格子紋があり，長さ約0.7mm，幅約0.4mm。柱頭は2岐。本州（関東地方）・琉球，地中海〜アジア・オーストラリアの熱帯から亜熱帯に広く分布。

24. コアゼテンツキ
Fimbristylis aestivalis (Retz.) Vahl

小型の一年草。植物体全体に毛がある。茎は高さ5－15cm。小穂は長さ3－7mm，鱗片は凸頭で，外曲しない。果実は倒卵形で長さ約0.6mm，花柱の基部には長毛がない。柱頭は2岐。雄蕊は1本。本州にややまれに生え，中国・台湾・アムール・インド・インドネシアに分布する。

Cyperaceae

25. アゼテンツキ
Fimbristylis squarrosa Vahl

平地の畑や田のあぜなどに多い。植物体に毛のある一年草で，茎は細く，高さ10−20cm。葉はやわらかくて糸状をなし，幅0.5mm内外。花序は1−3回分枝して長さ3−5cm，小穂はやや多数つき，広披針形で長さ4−10mm，幅1.5mm，さび色をおびる。鱗片には外曲する長い芒がある。果実は淡褐色，レンズ形で，倒卵形をなし，平滑で長さ0.7mm，花柱の基部の下端に果体の上半にかかる長毛がある。8−10月に熟す。北海道・本州，朝鮮半島・中国・台湾・インド・アフリカ・南ヨーロッパに分布する。

26. メアゼテンツキ　　　　PL. 262
Fimbristylis velata R. Br.

植物体に毛のある一年草。アゼテンツキに似るが，鱗片の芒は短くて直立し，花柱の基部全体から果体の上半にかかる長毛がある。本州〜九州の平地の田のあぜ，畑などに多く，朝鮮半島・台湾・中国（東北）・ウスリー・インドネシア・オーストラリアにも分布する。和名は〈雌畦点突〉で，芒が短くてやさしい感じから。

【11】クロタマガヤツリ属　Fuirena Rottb.

一年草または地下茎のある多年草で，多くは全体に開出毛がある。茎には稜角があり，節がある。葉は茎生し，葉身は細毛があるか無毛で，3−5脈があり，葉鞘は筒状，葉舌は茎を取り巻いて筒状となる。花序は頂生および腋生，短い柄があり，総苞片は葉状。小穂の鱗片は多数で，らせん状につき，ふつうは毛がある。花は両性，雄蕊は1−3個，花柱は3岐，子房と連続してほとんどふくらまず，花後に脱落する。花被片は3個，柄があり，果実の稜角部に位置し，ときにさらに3個の刺針と互生する。果実は3稜形，平滑または格子紋がある。世界の熱帯〜暖帯に約60種があり，アフリカに多い。

- A. 叢生する一年草。茎は3稜形で開出毛があり，長さ10−50cm。花被片は6個で，3個が花弁状，残りの3個は刺針状 ……… 1. クロタマガヤツリ
- A. 地下茎のある多年草。茎は単生し，5稜があって無毛，長さ50−100cm。花被片は3個で花弁状 ……… 2. ヒロハノクロタマガヤツリ

1. クロタマガヤツリ　　　　PL. 269
Fuirena ciliaris (L.) Roxb.

湿地に生える開出軟毛のある一年草で，叢生し，地下茎はない。茎は3稜形，長さ10−50cm，開出毛があり，2−4個の節がある。葉は数個，葉身は扁平で，長さ7−15cm，幅3−7mm，縁に開出毛がある。分花序は1−3個，3−10個の密についた小穂からなり，総苞片は葉状で分花序より長い。小穂は長楕円形，長さ4−7mm，幅3mmで，黒灰緑色。小穂の鱗片は長毛があり，長さ1.6−1.8mm，薄膜質で，中肋は長さ1mm位の外曲する芒となる。柱頭は3個。花被片は6個，そのうち3個は小花弁状で四角形をなし，短い柄があって，頂部は凸端，果実とほぼ同長で，残りの3個は短い刺針，小花弁状の花被片と互生する。果実は倒卵状円形，鋭3稜形で長さ0.7−1mm，淡褐色で平滑。8−10月に熟す。本州（関東・中国地方）〜琉球，朝鮮半島南部・中国・台湾・インド・東南アジアに分布する。和名は〈黒珠蚊帳吊〉で，小穂が黒いことに由来する。

2. ヒロハノクロタマガヤツリ　　　　PL. 269
Fuirena umbellata Rottb.

地下茎のある大型の多年草。茎は単生し，5稜があって長さ50−100cm，無毛，数節がある。葉は茎生し5−7個，葉身は披針形または線状披針形で，長さ10−20cm，幅5−25mm，鋭頭，基部に縁毛がある。花序は3−12個の分花序からなり，総苞片は葉状で分花序より長い。小穂は卵形または卵状楕円形，長さ4−10mm，幅2.5−3mm，鋭頭，灰緑色から濃緑褐色。小穂の鱗片は倒卵形または卵状楕円形，長さ2−2.5mm，細毛があり，中肋は長さ0.8−1mmの外曲する芒となる。柱頭は3個。花被片は3個，花弁状で膜質，倒卵形または長楕円形，果実より少し長く，基部は切形で短い柄がある。果実は倒卵形，3稜形で長さ0.8−1.2mm，光沢があり，平滑か不明瞭なしわがある。南西諸島にあり，中国・台湾および世界の熱帯・亜熱帯に広く分布する。

【12】クロガヤ属　Gahnia J. R. Forst. et G. Forst.

大型で硬質の多年草。地下茎は短く，木質。茎は節があり，しばしば長くかたい。葉は根生および茎生し，葉身は線形で，円柱形または扁平，内巻きし，先端は長くとがり，葉舌はない。花序は円錐形，数個から多数の分花序からなり，総苞片は葉状。小穂は単生または束生し，数個の鱗片がらせん状に配列し，1−2花がある。小穂の鱗片は下部の数個が披針形，鋭頭で花がなく，上部の2−3個は下部のものより小さく，鈍頭で，果時には厚みを増して果実を包む。花は2個あるときは上のものが両性，下のものは雄性。雄蕊は2−6個，花糸はしばしば伸長して果実の基部に残る。花柱は3−5岐，子房に連続する。花被片はない。果実は倒卵形または楕円形で，3稜形，4稜形または円柱形で光沢がある。小笠原諸島・南西諸島，中国・台湾・東南アジア・太平洋諸島・オーストラリア・ニュージーランド・ニューカレドニアに約40種があり，オーストラリアに多い。

A. 葯は長さ3-4mm。果実は長さ3.5-4.5mm ･･･ 1. クロガヤ
A. 葯は長さ1.5mm。果実は長さ5-5.5mm ･･ 2. ムニンクロガヤ

1. クロガヤ　　　　PL. 256
Gahnia tristis Nees

密に叢生する大型の多年草。地下茎は短く，木質。茎は3稜形からやや円筒形，中空で長さ50-150cm，数節があり，平滑。葉は多数で根生および茎生し，葉身は線形，内巻きし，かたい革質，長さ40-60cm，幅3-12mm，縁はざらつき，葉舌はない。花序は円錐形で長さ15-50cm，幅3-7cm，分花序は10-20個で卵形または楕円形，長さ1.5-5cm，総苞片は数個で葉状，最下のものは30cmまで伸び，縁はざらつく。小穂は紡錘形で，長さ7-10mm，6-8個の鱗片と1-2花がある。小穂の鱗片は下部の4-6個は卵状披針形で花がなく，鋭尖頭，長さ10-12mm，上部の2-3個は広卵形，小型で鈍頭，最上部の1-2個に花がある。雄蕊は2-4個，葯は長さ3-4mm，花糸は宿存性で伸長し2cmになる。柱頭は3個。花被片はない。果実は倒卵形，鈍3稜形で長さ3.5-4.5mm，幅1.7-2mm，暗褐色から黒色で光沢があり，平滑。琉球，中国南部・台湾・東南アジアに分布する。

2. ムニンクロガヤ　　　　PL. 256
Gahnia aspera (R. Br.) Spreng.; *G. boninsimae* Maxim.

大型の多年草。茎は円柱形で，長さ60-100cm，平滑。葉は大部分根生し，葉身は線形，幅5-10mm，縁はざらつき，葉舌はない。花序は円錐形で長さ15-30cm，多数の分花序からなり，総苞片は葉状，縁はざらつく。小穂は濃黒褐色，長さ10mm，約10個の鱗片と1花がある。小穂の鱗片は長さ5-6mm，まばらに毛がある。雄蕊は4-5個，葯は長さ1.5mm。柱頭は3-4個。花被片はない。果実は広倒卵形，鈍稜があり長さ5-5.5mm，暗赤褐色，平滑で光沢がある。小笠原諸島，太平洋諸島・オーストラリアに分布する。

【13】ビャッコイ属　Isolepis R. Br.

湿地または流水中に生える無毛の一年草または多年草で，叢生するか茎（根茎）が分枝してマット状に広がる。茎は円柱形，基部より上に節はないか，数節がある。葉は根生または茎生し，葉鞘は筒状，葉身は線形に伸びるか短い突起状，葉舌はない。花序は頂生または偽側生，頭状または1個の小穂からなり，総苞片は1個で葉状，小穂より短いか長く伸び，直立するか基部で折れる。小穂は1〜数個，ときに芽生し，鱗片はらせん状につく。花は両性，雄蕊は1-3個，花柱は2-3岐。花被片はない。果実はレンズ形または3稜形，表面には網目模様，縦稜または乳頭突起があるか，平滑。南半球の温帯〜熱帯を中心に約70種があり，アフリカとオーストラリアに多い。

1. ビャッコイ　　　　PL. 271
Isolepis crassiuscula Hook. f.; *Scirpus crassiusculus* (Hook. f.) Benth.; *S. pseudofluitans* Makino

湿地または浅い流水中に生える淡緑色のやわらかい多年草。花序のつかない茎は流水中では伸長分枝し，湿地では短くて分枝し，ともに葉をつける。花序のある茎は基部のほかは葉がなく，長さ5-15cm。葉身は線形でやや円柱形，長さ5-10cm，幅1-2mm，平滑。花序は頂生する1個の小穂からなり，総苞片は発達しない。小穂は長楕円形で長さ5-8mm。小穂の鱗片は長さ3-4.5mm，鈍頭。雄蕊は3個。花柱は2岐。花被片はない。果実は狭倒卵形，レンズ形で長さ1.5-1.7mm，幅0.8mm，灰褐色で光沢がある。福島県白河市表郷金山の湧水地に生え，インドネシア・ニューギニア・オーストラリア・ニュージーランドに分布する。和名は〈白虎藺〉で，白虎隊にちなんだものと推察される。

【14】ヒゲハリスゲ属　Kobresia Willd.

花は単性，小型で花被がない。雄花は3個の雄蕊からなり，それをおおう1個の苞（鱗片）がある。雌花は1個の雌蕊からなり，それを包む主軸側にある側枝の前葉（果胞）と，外側の苞（鱗片）があり，さらに側枝が伸びて，小枝または花を生じるものもある。果胞はスゲ属のようには袋状にならず，縁が離れているか，または一部分だけが合着する。多年草で，葉は細く，小穂は頂生のものは雄性，側生のものは雌性だが，上部に雄花をつけることもある。ヨーロッパ・アジア・北アメリカに30種近くあって，主として高山に生え，特に中央アジアの高地に多い。属名はドイツの植物採集家Paul de Cobres（1747-1823）にちなんだもので，Cobresiaと書かれることもある。

1. ヒゲハリスゲ　　　　PL. 254
Kobresia myosuroides (Vill.) Fiori; *K. bellardii* (All.) Degl.

乾いた高山草原にまれに生える。匍枝がなくて密な小株をつくる。茎は細くて直立し，1株にやや多数つき，鈍稜があって高さ10-25cm。基部の鞘は幅が広くて光沢があり，やや全縁で暗栗褐色。葉は糸状で直立し，溝があり，茎とほぼ同長。穂状花序は線形で長さ1.5-3cm，ややまばらに小型で無柄の小穂をつけ，頂小穂は雄性，数花をつけ，側小穂は上方に雄花，下方に雌花

とただ2花のみをつける。鱗片は広卵形で、栗色、薄膜質で光沢があり、鈍頭。果胞は長さ4mm、卵形で、縁は離れていて合着せず、果実は長さ3mm。7-8月に熟す。北海道・本州中部、千島列島・朝鮮半島から北半球の高山一般に分布する。

【15】アンペラ属　Lepironia Rich. ex Pers.

次の1種からなる単型属である。

1. アンペラ
Lepironia articulata (Retz.) Domin

地下茎のある大型の多年草。茎は列生し、円柱形、横隔壁があり、長さ10-120cm、幅2-7mm、かたく、平滑。葉は葉鞘のみである。花序は偽側生で1個の無柄の穂（小穂ではない）からなり、総苞片は1個、稈状で直立し、円筒形、長さ2-6cm。穂は楕円形から長楕円形、円柱形で長さ10-35mm、幅3-7mm、多数の偽小穂（短縮した小穂状の構造で先端に1個の雌花がある有限花序）がらせん状に配列する。偽小穂の最下の鱗片は広卵形、長さ3-7mm、幅3-6mm、鈍頭、他の鱗片は15個までつき、そのうちの下部の2個は線状披針形で長さ4-6mm。柱頭は2個。果実は卵形または倒卵形から広倒卵形、両凸レンズ形、長さ3-4mm、幅2-2.8mm、褐色、平滑か不明瞭な縦稜があり、上部に短毛がある。西表島、マダガスカル・インド・スリランカ・中国・台湾・東南アジア・オーストラリア・太平洋諸島に分布する。

【16】ヒンジガヤツリ属　Lipocarpha R. Br.

叢生する一年草または多年草。茎は直立し、基部だけに葉がある。葉は根生し、葉身は線形、葉鞘は筒状、葉舌はない。花序は頂生または偽側生で、1-10個の無柄の穂（1花をもつ小穂が50-150個集まったもの）が頭状に集まり、総苞片は1-4個、葉状で直立または散開する。小穂には1個の前葉、2個の鱗片と1花がある。花は両性、雄蕊は1-3個、花柱は2-3岐、子房と連続し、基部はほとんどふくらまずに脱落する。花被片はない。果実は倒卵形から狭長楕円形、3稜形または円柱形。世界の熱帯・亜熱帯を中心に約35種があり、熱帯アフリカに多い。

A. 花序は1-3個の穂からなり、幅5-10mm、穂は長さ3-5mm。小穂の前葉は先端が芒となって反り返る。葉は幅1-2mm
　　　　　　　　　　　　　　　　　　　　　　　　　　　　　　　　　　　　　　　1. ヒンジガヤツリ
A. 花序は3-10個の穂からなり、幅10-20mm、穂は長さ5-8mm。小穂の前葉は鋭頭で先端は反り返らない。葉は幅2-4mm
　　　　　　　　　　　　　　　　　　　　　　　　　　　　　　　　　　　　　　　2. オオヒンジガヤツリ

1. ヒンジガヤツリ　　　　　PL. 255
Lipocarpha microcephala (R. Br.) Kunth

平地に生え、叢生する小型で無毛の一年草。茎は3稜形、平滑で長さ5-40cm、幅0.5-1mm。葉は根生し、葉身は線形、幅1-2mm、茎より短く、ときにやや糸状になる。花序は頂生し、頭状で幅5-10mm、1-3個の無柄の穂からなり、総苞片は2-3個で葉状、花序より長く、線形で開出する。穂は卵円形で鈍頭、長さ3-5mm、幅3mm、多数の小穂からなる。小穂の前葉は広披針形、長さ1-1.5mm、淡緑色で膜質、先端は0.5-0.8mmの芒となって反り返る。小穂の鱗片は線状披針形、長さ1-1.3mm、膜質。雄蕊は1-2個。柱頭は2-3個。果実は披針形、長さ0.8-1mm、淡黄色、8-10月に熟す。本州～九州・沖縄島、朝鮮半島・中国・台湾・東南アジア・インド・オーストラリアに分布する。和名の〈品字（ひんじ）〉は花序の形に由来する。

2. オオヒンジガヤツリ　　　　PL. 255
Lipocarpha chinensis (Osbeck) J. Kern;
L. senegalensis (Lam.) Dandy

叢生する一年草または短命の多年草。茎は鈍3稜形で長さ10-70cm、幅1-2mm。葉は数個で根生し、葉身は線形、長さ40cmまで伸び、幅2-4mm、茎より短い。花序は頂生し、頭状で幅10-20mm、3-10個の無柄の穂からなり、総苞片は2-4個で葉状、花序より長く、散開する。穂は卵形から卵状楕円形で鈍頭、長さ5-8mm、幅4-5mm、多数の小穂からなる。小穂の前葉は倒卵形かへら形、長さ1.5-2.7mm、鋭頭。小穂の鱗片は披針形、長さ1.2-2mm、膜質。雄蕊は1(-2)個。柱頭は3個。果実は長楕円形、3稜形で長さ1-1.2mm、幅0.3-0.5mm、黄褐色。南西諸島、アジア・アフリカの熱帯・亜熱帯に広く分布する。

【17】ネビキグサ属　Machaerina Vahl

中型～大型の多年草。地下茎は短いか、長く伸びて横走する。茎は直立し、円柱形、鈍3稜形、または葉とともに扁平になる。葉は2列につき、葉身は線形で単面、円柱形または左右から扁平、あるいは葉鞘のみに退化し、縁は平滑、葉舌はない。分花序は円錐形、総苞片は葉身があり、分花序より低い。小穂はときに束状に集まり、扁平で、数花をつける。小穂の鱗片は数個あって2列に並び、しばしば縁毛がある。花は両性で鱗片の腋に単生し、小穂の下部のものが

大きくて果実を生じ，上部のものはときに雄花となる。雄蕊は3個。花柱は3岐，子房と連続し，基部が円錐形に肥厚して果時にも残る。花被片はないか，糸状で上向きにざらつく3－6本の剛毛となる。果実は倒卵形，楕円形または球形で，ときに柄と3翼があるが，基盤はない。東南アジア・太平洋諸島・オーストラリア・ニュージーランド・熱帯アメリカなどに約50種があり，北半球には少ない。

  A．葉身は円柱形。小穂の鱗片に縁毛がある。果実に残る花柱基部は扁平 ······················· 1．ネビキグサ
  A．葉身は左右から扁平。小穂の鱗片に縁毛がない。果実に残る花柱基部は円錐形 ··············· 2．ヒラアンペライ

1．ネビキグサ〔アンペライ〕　　PL. 256
Machaerina rubiginosa (Sol. ex G. Forst.) T. Koyama;
Cladium nipponense Ohwi;
Machaerina nipponensis (Ohwi) Ohwi et T. Koyama

湿地に生える多年草。地下茎は鱗片におおわれた長い匍枝となる。茎は円柱形で長さ30－100cm，幅2－3mm，平滑。葉は大部分根生し，葉身は円柱形，幅2－8mm，茎より短く，平滑，粉白緑色で光沢がない。分花序は3－5個つき，おのおの5－8個の小穂からなり，長さ1－1.5cm，総苞片は鞘状でときに短い葉身がある。小穂は卵状楕円形，長さ5－6mmで赤褐色，6－7花がある。小穂の鱗片は卵状楕円形，縁毛があり，鋭頭。雄蕊は3個。柱頭は3個。果実は長楕円形，鈍3稜形で長さ3mm，光沢があり，上端に密毛のある扁平な花柱基部が残り，8－10月に熟す。本州（東海地方以西）～琉球・小笠原諸島，インド・スリランカ・インドネシア・オーストラリアに分布する。和名の〈根引草〉は，その株が抜きやすいためと推察される。

2．ヒラアンペライ　　PL. 256
Machaerina glomerata (Gaudich.) T. Koyama; *M. sucinonux* T. Koyama; *M. boninsimae* (Nakai) T. Koyama

地下茎のある多年草。茎は直立し，かたく，扁平で長さ50－90cm，3－4節がある。葉身は剣状で長さ20－50cm，幅4－15mm，左右から扁平，漸鋭尖頭，葉舌はない。分花序は3－4個つき，おのおの3－5個の小穂からなり，長さ1cm。小穂は卵状楕円形，暗赤褐色，長さ3－5mm，幅1.5－2mm，3－4個の鱗片と1花がある。小穂の鱗片は広卵形，長さ5－6mm，縁毛はない。雄蕊は3個。柱頭は3個。果実は楕円形，鈍3稜形で長さ2－3mm，幅1.5mm，光沢があり，上端に円錐形の花柱基部が残る。小笠原諸島，東南アジアに分布する。

【18】ミカヅキグサ属　Rhynchospora Vahl

一年草または多年草。地下茎は短いか，長く伸びて横走する。茎は3稜形，叢生または単生し，分枝せず，少数の葉がある。葉は根生または茎生し，葉身は披針形から線形，葉鞘は筒状，葉舌はあるか，またはない。花序は頂生および上方の葉腋（総苞片の腋）に生じる分花序からなるか，円錐形，頭状，散形または散房状となり，総苞片は1－6個で葉状，散開するか，最下のものが直立する。小穂は披針形から卵形，円柱形または多少扁平で，褐色または淡色。小穂の鱗片は5－9個，2列またはらせん状につき，下部の2－3個はほかより小さく花がない。雄蕊は2－3個。花柱は細く子房と関節し，上方が2岐するか，ときに分岐せず，基部は海綿状に肥厚し，嘴となって果体上に残る。花被片は0－6個またはそれ以上あり，刺針状で上向きまたは下向きにざらつくか，平滑または毛があって羽毛状となる。果実は倒卵形，レンズ形で平滑か格子紋または横じわ，乳頭突起，毛などがある。世界に約350種があり，熱帯～温帯に広く分布し，南北アメリカに多い。

  A．花序または分花序は無柄，頭状で半球形から球形。
    B．頭状花序は2－8個。茎は単生し，地下茎は横走する。葉身は幅5－10mm。刺針状花被片は平滑 ·········· 1．ミクリガヤ
    B．頭状花序は1個で頂生する。茎は叢生し，地下茎は発達しない。葉身は幅1.5－4mm。刺針状花被片は上向きにざらつく。
      C．果実は倒卵形で長さ1.3－1.8mm。刺針状花被片は果実の半長。葉身は幅1.5－3mm ·········· 2．イガクサ
      C．果実は狭倒卵形で長さ2－2.5mm。刺針状花被片は果実より長い。葉身は幅2－4mm ·········· 3．シマイガクサ
  A．花序または分花序は有柄，散房状。
    B．小穂の鱗片は白色または淡褐色で光沢がある。刺針状花被片は8－15本で，基部に上向きの細毛がある ······ 4．ミカヅキグサ
    B．小穂の鱗片は濃褐色。刺針状花被片は6本で，基部に細毛はない。
      C．葉身は幅8－20mm。頂生の分花序は複散房状で幅10－15cmになる。果実は長さ2.5－3.5mm ······ 5．ヤエヤマアブラスゲ
      C．葉身は幅0.3－3.5mm。分花序は散房状で小さい。果実は長さ1.5－2.2mm。
        D．小穂は長さ7－9mm。葉身は線形で幅2－3.5mm ·········· 6．イヌノハナヒゲ
        D．小穂は長さ4－6mm。葉身は糸状で幅0.3－1.5mm。
          E．茎は長さ30－100cm。分花序は3－6個。果実は狭倒形 ·········· 7．コイヌノハナヒゲ
          E．茎は長さ10－40cm。分花序は1－3個。果実は広倒卵形 ·········· 8．イトイヌノハナヒゲ

1．ミクリガヤ
Rhynchospora malasica C. B. Clarke;
R. nipponica Makino

湿地に生える多年草。地下茎は長く伸びて横走する。茎は単生し，3稜形で長さ40－100cm，やや太く，平滑，中部に多数の葉がつき，花序のつかない茎もやや伸びる。

葉は茎生し，葉身は広線形で長さ40cm，幅5−10mm，やわらかく平滑。花序は2−8個の分花序からなり，分花序は頭状，球形で径10−15mm，無柄，総苞片は葉状で反曲する。小穂は卵状披針形で長さ6−7mm，淡赤わら色，1花がある。小穂の鱗片は5−7個で卵状楕円形，鋭頭。柱頭は2個。刺針状花被片は6本，果実の2倍長，平滑。果実は倒卵形，長さ2−2.5mm，平滑，嘴は線形。本州（東海・近畿南部・中国）・九州・琉球，朝鮮半島・台湾・マレー半島・インドネシアに分布する。和名は〈実栗茅〉で，その頭状花序をミクリのそれに見立てたもの。

2. イガクサ　　　　　　　　　　　　　　　　　PL. 256
Rhynchospora rubra (Lour.) Makino

日当りのよい低湿地に生える一年草または短命な多年草で，叢生し，地下茎は発達しない。茎は長さ20−70cm，幅1−2mm，鈍3稜形で平滑。葉は根生し，葉身は線形で幅1.5−3mm。花序は1個で頂生し，頭状，球形または半球形で幅10−17mm，多数の淡黄褐色の小穂からなり，総苞片は5−10個で葉状，開出する。小穂は卵状披針形，やや扁平で長さ6−8mm。小穂の鱗片は6−8個つき，卵形から披針形，長さ6−6.5mm，鋭頭。花柱は分岐しない。刺針状花被片は3−6本，果実の半長で，上向きにざらつく。果実は倒卵形で長さ1.3−1.8mm，平滑，上縁に短い毛があり，嘴は小さい円錐形で帽子状，8−10月に熟す。本州（千葉県以西）〜琉球，朝鮮半島・中国・台湾・インド・スリランカ・東南アジア・オーストラリア・太平洋諸島に分布する。和名は〈毬草〉で，その頭状花序の小穂がとがっているのを栗のいがに見立てたもの。

3. シマイガクサ　　　　　　　　　　　　　　　PL. 256
Rhynchospora boninensis Nakai ex Tuyama;
R. parva (Nees) Steud. var. *boninensis* (Nakai ex Tuyama) T. Koyama

多年草で，叢生し，地下茎は発達しない。茎は3稜形で長さ20−60cm，平滑。葉は根生し，葉身は線形でかたく，長さ15−20cm，幅2−4mm。花序は1個で頂生し，頭状，球形で幅10−15mm，多数の淡黄褐色の小穂からなり，総苞片は5−8個で葉状，開出する。小穂は披針形で長さ6−7mm。小穂の鱗片は5−6個つき，卵状披針形，鋭頭。雄蕊は3個。花柱は分岐しない。刺針状花被片は6本，果実より長く，上向きにざらつく。果実は狭倒卵形で長さ2−2.5mm，平滑，上縁に短い毛があり，嘴は円錐形。小笠原諸島に分布する。

4. ミカヅキグサ　　　　　　　　　　　　　　　PL. 257
Rhynchospora alba (L.) Vahl

高層湿原に生える多年草。叢生し，地下茎は発達しない。茎は長さ10−75cm，幅0.3−0.5mm，鈍3稜形から円柱形。葉は茎生し，葉身は糸状で内巻きし，幅0.5−2mm。分花序は1−4個，散房状で小さく，1−6個の小穂からなり，長さ1−1.5cm，茎にまばらにつき，総苞片は葉状。小穂は披針形で淡白色，長さ3.5−8mm，鋭頭。小穂の鱗片は4−5個あり，卵状披針形，長さ3−3.5mm，膜質，鋭尖頭。雄蕊は2−3個。柱頭は2個。刺針状花被片は8−15本で果実より長く，下向きにざらつき，基部には上向きの細毛がある。果実は倒卵形で長さ1.8−3mm，平滑，嘴は狭三角錐形で長さ0.5−1.2mm，7−10月に熟す。北海道・本州（関西以西には少ない）・九州（まれ），朝鮮半島・台湾・ユーラシア・北アメリカに広く分布する。和名は〈三日月草〉で，小穂を三日月に見立てたものと推察される。

5. ヤエヤマアブラスゲ〔ヤエヤマアブラガヤ〕　PL. 257
Rhynchospora corymbosa (L.) Britton

地下茎のある多年草で叢生する。茎は鋭3稜形で長さ80−130cm，幅3−10mm。葉は根生し，2−3個が茎生し，葉身は広線形，長さ20−70cm，幅8−20mm，平滑。花序は複散房状で長さ20−40cm，2−5個の分花序からなり，頂生の分花序は幅10−15cm，総苞片は葉状で長さ10−30cm。小穂は2−10個が集まり，披針形でやや円柱形，長さ6−10mm。小穂の鱗片は5−6個で卵形から披針状楕円形，長さ2.5−6mm，赤褐色，鋭頭。雄蕊は3個。花柱は2岐または分岐しない。刺針状花被片は6本，上向きにざらつき，果実と同長。果実は三角状倒卵形，長さ2.5−3.5mm，幅2mm，細かい横じわがあり，嘴は細長い円錐形で長さ4−5mm。琉球諸島，中国・台湾・インド・スリランカ・東南アジア・オーストラリア・南アメリカ・アフリカに分布する。

6. イヌノハナヒゲ　　　　　　　　　　　　　　PL. 257
Rhynchospora japonica Makino var. *japonica*

湿地に生える多年草で，叢生し，匍枝はない。茎はやや細く，長さ30−100cm。葉は根生し，少数が茎生し，葉身は線形で幅2−3.5mm。花序は3−6個の分花序からなり，分花序は散房状で直立し，総苞片は葉状。小穂は広披針形で長さ7−9mm，濃褐色で，光沢がない。小穂の鱗片は4−6個で卵形，長さ5−6mm，鋭頭。柱頭は2個。刺針状花被片は6本，長さ4−5.5mmで果実の2−3倍長，上向きにざらつく。果実は広倒卵形，長さ2−2.2mm，はっきりしない横じわがあり，嘴は狭三角形，扁平で果体より少し短く，7−10月に熟す。本州中部〜琉球，朝鮮半島・中国・台湾・インド・インドネシアに分布する。和名は〈犬の鼻ひげ〉で，全草の細いところを見立てたもの。

小笠原諸島に生える変種ムニンイヌノハナヒゲ **R. japonica** Makino var. **curvoaristata** Tuyama（PL. 257）は，果実の横じわが目立ち，小穂の鱗片の先端は短い芒となって反曲する。

トラノハナヒゲ **R. brownii** Roem. et Schult.（PL. 257）は，イヌノハナヒゲと相違して分花序は2−3個，柄が多少湾曲し，小穂は長さ3−5mm，果実の嘴は果体の半長，刺針状花被片は果実より少し短く，上向きにざらつく。本州（愛知県以西）〜琉球，中国・台湾・インド・スリランカ・東南アジア・アフリカに分布する。

オオイヌノハナヒゲ **R. fauriei** Franch.（PL. 257）は，北海道，本州，九州・朝鮮半島に分布し，少し北方を好み，イヌノハナヒゲによく似ているが，刺針状花被片は果実の3−4倍長で，ほぼ平滑または少し下向きにざらつく。

7. コイヌノハナヒゲ　　　　　　　　　　　　PL.258
Rhynchospora fujiiana Makino; *R. yasudana* Makino var. *leviseta* (C. B. Clarke ex H. Lév.) T. Koyama

　平地または丘陵地の湿地に生える多年草で，まばらに叢生し地下茎は発達しない。茎は細く，長さ30－100cm。葉は根生し，少数が茎生し，葉身は糸状で長さ20－30cm，幅0.8－1.5mm。花序は3－6個の分花序がまばらにつき，分花序は散房状で，密に少数の小穂をつけ，長さ1cm，総苞片は葉状。小穂は披針形で長さ5－6mm，濃赤褐色で光沢がない。小穂の鱗片は卵形で長さ4－5mm。柱頭は2個。刺針状花被片は6本，多くは果実より少し長く，下向きまたは上向きにざらつくか，平滑。果実は狭倒卵形で長さ2mm，嘴は円錐形で短く，8－10月に熟す。北海道～九州，朝鮮半島に分布する。

8. イトイヌノハナヒゲ　　　　　　　　　　PL.258
Rhynchospora faberi C. B. Clarke

　平地または丘陵地の湿地に生える多年草で，叢生する。茎は長さ10－40cm，幅0.5mm。葉身は糸状で幅0.3－1mm。花序は散房状で，分花序は1－3個で小さく，2－5個の小穂からなり，総苞片は葉状。小穂は狭卵形で長さ4－5mm，褐色，1花がある。小穂の鱗片は卵形で長さ2.5－3.5mm。鋭頭。柱頭は2個。刺針状花被片は6本で果実より少し長く，下向きまたは上向きにざらつくか平滑で，ときに果実より短い。果実は広倒卵形で長さ1.5－2mm，嘴はやや長い円錐形，7－10月に熟す。北海道～九州，朝鮮半島・中国・ウスリーに分布する。

　ミヤマイヌノハナヒゲ *R. yasudana* Makino（PL.258）は，北海道西南部・本州（兵庫県氷ノ山以東）の高層湿原などに生え，丈が低くて，茎は長さ15－30cm。小穂は披針形で長さ5－6mm。柱頭は2個。刺針状花被片は6本で下向きにざらつき，果実より少し長い。果実は狭長楕円形で，長さ2－2.5mm，嘴は細い円錐形。

【19】ホソガタホタルイ属　Schoenoplectiella Lye

　湿地や水辺に生える無毛の一年草または多年草で，湿った地面や浅水中に生育し，ときに沈水する。地下茎は発達しないか，木質で短いか，長くはい，ときに先端に小塊茎をつける。茎は叢生または単生し，円柱形または稜角があり，平滑，基部より上には節がないか，基部近くに1（－3）節がある。葉は根生するか，1（－3）個が茎の基部近くにつき，葉鞘は筒状，葉身は葉鞘先端の短い突起となるか，多少伸びる。花序は頂生するが，しばしば総苞片が直立するため側生状に見え，1個の小穂からなるか，2個～多数の小穂が頭状に集まり，無柄または短い柄があり，ときに芽生し，総苞片はふつう1個で稈状，花序より長く，ときに横隔壁がある。小穂は無柄または有柄。小穂の鱗片はらせん状につき，みな同形同大で，すべての鱗片の腋に花がつき，無毛でときに縁毛があり，先端は全縁。花は両性，雄蕊は2－3個，花柱は2－3岐で子房と連続する。花被片は0－10個で刺針状，平滑またはざらつく。果実は3稜形またはレンズ形，平滑または横じわ，あるいは横方向に鋭い隆起線が並び，先端は嘴状にとがり，表皮細胞は狭楕円形から線形で，縦方向に長い。ときに茎の基部の葉鞘の腋に1個の雌性花がつき，その花柱は長く伸びて葉鞘の口部から出，小穂にできる果実よりも大型の果実をつける。世界に50種があり，ホソガタホタルイ節 sect. Schoenoplectiellaとカンガレイ節 sect. Actaeogeton (Rchb.) Hayasakaに二分される。前者はアフリカとマダガスカルで，後者は東アジアで特に多様化している。

　A．茎は太く，3稜形で幅3－10mm。総苞片は3稜形 ··· 1．カンガレイ
　A．茎は細く，円柱形で幅0.5－2.5mm。総苞片は円柱形。
　　B．細く柔らかい匍枝があり，茎は単生する。小穂はふつう1個で狭披針形。柱頭は2個 ················ 2．ヒメホタルイ
　　B．地下茎は発達しないか，木質で短く，茎は叢生する。小穂は1－4個で卵状楕円形から広卵形。柱頭は3個。
　　　C．一年草で地下茎は発達しない。小穂の鱗片は長さ4－5mm。薬は長さ1.2－1.8mm。果実は幅1.5－2.2mm，はっきりした横じわがある ··· 3．ホタルイ
　　　C．多年草で短い木質の地下茎がある。小穂の鱗片は長さ3－3.5mm，膜質。薬は長さ0.8－1mm。果実は幅1.2－1.3mm，平滑またはわずかに横じわがある ··· 4．ミヤマホタルイ

1. カンガレイ　　　　　　　　　　　　　　PL.272
Schoenoplectiella triangulata (Roxb.) J. D. Jung et H. K. Choi; *Scirpus triangulatus* Roxb.; *Schoenoplectus triangulatus* (Roxb.) Soják

　池沼，川岸の湿地に生える多年草。叢生し，地下茎は木質で短い。茎は鋭3稜形で，稜角は鋭く，面はへこみ，長さ35－138cm，幅3－10mm，基部より上には節がない。葉は根生し，葉鞘は筒状で長さ8－30cm，葉身はない。花序は偽側生，無柄，2－25個の小穂が頭状に集まり，幅2－5cm，まれに芽生することがあり，総苞片はふつう1個で稈状，直立するか果期に基部で折れ，長さ1－12cm。小穂は無柄，卵状楕円形から披針形で長さ12－32mm，幅4－6mm，鋭頭。小穂の鱗片は卵形で長さ4.2－5.5mm，わら色かしばしば辺縁部が赤褐色をおびる。雄蕊は3個，薬は長さ1.6－3mm。柱頭は3個。刺針状花被片は6本，果実と同長から2倍長，下向きにざらつく。果実は広倒卵形で，扁3稜形または平凸レンズ形，長さ2－2.8mm，幅1.3－2mm，平滑またははっきりしない横じわがあり，黒褐色で光沢がある。北海道～琉球，朝鮮半島・中国・台湾・ロシア極東地方・インド・東南アジア・オーストラリアに分布する。

　タタラカンガレイ *S. mucronata* (L.) J. D. Jung et H. K.

Choi（PL.272）は，カンガレイに似るが，茎は3稜形でやや細く，幅2－4.5mm，稜角はとがらずに幅狭く平坦になる。葯は長さ0.7－1mm。刺針状花被片は6本で，果実より少し短いか少し長い。果実には明らかな横じわがある。本州・九州の池沼や水田などにややまれに生え，ユーラシアに広く分布し，北アメリカに帰化している。

2. ヒメホタルイ　　　PL.272
Schoenoplectiella lineolata (Franch. et Sav.) J. D. Jung et H. K. Choi; *Scirpus lineolatus* Franch. et Sav.; *Schoenoplectus lineolatus* (Franch. et Sav.) T. Koyama

池畔などの浅水中に生える小型の多年草。地下茎は長く伸びて横走し，やわらかく，秋には先端に小さな紡錘形の越冬芽ができる。茎は単生し，円柱形で長さ6－30cm，幅0.7－1.5mm，やわらかく，基部より上には節がない。葉は根生し，葉鞘は筒状で膜質，長さ1.5－5cm，葉身はない。花序は偽側生，無柄，1（－2）個の小穂からなり，総苞片はふつう1個で稈状，直立し，長さ2－6cm。小穂は無柄，狭披針形でやや直立し，長さ8－11mm，幅2－3mm，鋭頭。小穂の鱗片は狭卵形から披針形で長さ3－5mm，膜質，ややとがる。雄蕊は3個，葯は長さ2－2.6mm。柱頭は2個。刺針状花被片は0－5本，長さは短く痕跡的なものから果実の2倍長まで幅があり，下向きにざらつくか，ときにほとんど平滑。果実は倒卵形から狭倒卵形，平たいレンズ形で長さ1.8－2.2mm，幅0.9－1.3mm，平滑，黒褐色で光沢がある。北海道～琉球，ロシア極東地方・朝鮮半島・中国・台湾に分布する。

3. ホタルイ　　　PL.272
Schoenoplectiella hotarui (Ohwi) J. D. Jung et H. K. Choi; *Scirpus hotarui* Ohwi; *Schoenoplectus hotarui* (Ohwi) Holub

山地や平地の湿地や池沼畔などに生える一年草。叢生し，地下茎は発達しない。茎は円柱形で長さ19－73cm，幅0.5－2mm，基部より上には節がない。葉は根生し，葉鞘は筒状で長さ3－11cm，葉身は突起状か，ときに長さ15mmまで伸びる。花序は偽側生，無柄，1－4個の小穂が頭状に集まり幅は2cmまでになり，まれに芽生することがあり，総苞片はふつう1個で稈状，直立し，長さ4－15cm。小穂は無柄，卵形から広卵形で長さ6－15mm，幅4－6mm。小穂の鱗片は卵形で長さ4－5mm，縁は膜質でわら色，鈍頭からやや鋭頭。雄蕊は3個，葯は長さ1.2－1.8mm。花柱はふつう3岐。刺針状花被片は6本，果実より少し短いか少し長く，下向きにざらつく。果実は広倒卵形から倒洋ナシ形，扁3稜形で長さ1.8－3mm，幅1.5－2.2mm，はっきりした横じわがあり，黒褐色でやや光沢がある。北海道～琉球，朝鮮半島・中国・ロシア極東地方に分布する。

シカクホタルイ（サンカクホタルイ）S. ×trapezoidea (Koidz.) J. D. Jung et H. K. Choi; *Scirpus trapezoideus* Koidz.はホタルイとカンガレイとの雑種と推察され，茎には3－4稜がある。

タイワンヤマイ S. wallichii (Nees) Lye（PL.272）は，ホタルイに似るが，小穂は狭披針形で鋭頭，柱頭は2個，果実は平たいレンズ形で長さ2－2.5mm，幅1.5－2mm，少し横じわがあり，刺針状花被片は4（－5）本。花序は1－6個の小穂が縦に並んでつき，放射状にはつかない。総苞片は茎に比して長く，5－19cmになり，しばしば茎の半長まで伸びる。本州～九州の水田などにややまれに生え，朝鮮半島・中国・台湾・東南アジア・インドに分布する。

4. ミヤマホタルイ　　　PL.272
Schoenoplectiella hondoensis (Ohwi) Hayasaka; *Scirpus hondoensis* Ohwi; *Schoenoplectus hondoensis* (Ohwi) Soják

高山の池沼の浅水中に生える多年草。叢生し，地下茎は木質で短い。茎は円柱形で長さ12－62cm，幅0.8－2.5mm，基部より上には節がない。葉は根生し，葉鞘は筒状で長さ3－18cm，葉身は長さ1－3mmの突起状。花序は偽側生，無柄，1－5個の小穂が頭状に集まり，幅は1.5cmまでになり，ときに芽生し，総苞片はふつう1個で稈状，直立し，長さ2.5－9cm。小穂は無柄，卵形から卵状楕円形で長さ5－10mm。小穂の鱗片は卵形で長さ3－3.5mm，膜質，鈍頭。雄蕊は3個，葯は長さ0.8－1mm。柱頭は3個。刺針状花被片は6本，果実と同長から1.5倍長，下向きにざらつく。果実は倒卵形，扁3稜形で長さ1.7－2mm，幅1.2－1.3mm，平滑またはわずかに横じわがあり，暗褐色～黒褐色で光沢がある。日本固有で，本州中北部に分布する。

コホタルイ S. komarovii (Roshev.) J. D. Jung et H. K. Choi（PL.272）は，ミヤマホタルイやホタルイに似るが，柱頭は2個，果実は平たいレンズ形で長さ1.2－1.7mm，幅0.8－1.1mm，刺針状花被片は4－5本で，果実の1.5－2倍長。一年草で茎は長さ13－67cm，幅1－2mm。よく育った個体ではしばしば花序に長さ1－5mmの柄が出て，総苞片は茎に比して長く，5－28cmになる。本州中北部・北海道にあるがやや少なく，朝鮮半島・中国・ウスリーに分布する。

【20】フトイ属　Schoenoplectus (Rchb.) Palla

湿地や水辺に生える無毛の多年草で，湿った地面や浅水中に生育し，ときに沈水する。地下茎は木質で短くはうか，長い匍枝を出し，ときに先端に小塊茎をつける。茎は単生するか少数が束になり，円柱形または稜角があり，平滑，基部より上には節がない。葉は根生し，葉鞘は筒状で，しばしば裂けて開き，葉身は葉鞘先端の短い突起となるか，長く伸びて扁平または3稜形になる。花序は頂生するが，しばしば総苞片が直立するため側生状に見え，2個～多数の小穂からなり，散房状，複散房状，またはときにやや頭状になり，総苞片はふつう1個で稈状またはやや葉状，花序より長いか，短い。小穂は無柄または有柄。小穂の鱗片はらせん状につき，みな同形同大で，すべての鱗片の腋に花がつき，

表面は無毛でときに縁毛があり，平滑か，ときに主脈に沿って上向きにざらつき，先端は全縁または凹形から2裂，しばしば短い芒がある。花は両性，雄蕊は2－3個，花柱は2－3岐で子房と連続する。花被片は（1－）3－6(－7)個，刺針状でざらつくか，平たいひも状で羽毛状の毛がある。果実は3稜形またはレンズ形，平滑，先端は嘴状にとがり，表皮細胞は等直径または狭楕円形で縦方向に長い。世界に27種がある。

- A．花被片は平たいひも状で，上向きの毛が密に生えて羽毛状となる。小穂の鱗片は膜質で，縁は全縁か先端付近に細かい縁毛がある ·· 1. イヌフトイ
- A．花被片は刺針状で下向きにざらつく。小穂の鱗片は上半分に縁毛がある。
  - B．茎は3稜形。花序の柄は分枝しない。根は茎の基部から出て，地下茎の茎と茎の間の部分からは出ない。果実は黄褐色から褐色 ·· 2. サンカクイ
  - B．茎は円柱形。花序の柄はしばしば分枝する。根は地下茎の全体から密に出る。果実は暗灰褐色 ············· 3. フトイ

1. イヌフトイ PL. 271
Schoenoplectus subulatus (Vahl) Lye;
Scirpus subulatus Vahl

大型の多年草。地下茎は長く伸びて横走する。茎は単生するかしばしば2－3本が束になり，全体が円柱形かときどき先端付近が鈍3稜形となり，長さ60－220cm，幅3－7mm，平滑，基部より上には節がない。葉は根生し，葉鞘は基部では筒状または裂けて開き，上部はしだいに狭まり，長さ20－40cm，葉身は線形で長さ1.5－8cm，ときに長くやわらかい沈水葉が出ることもあり，葉舌は全縁，円頭。花序は偽側生，複散房状で7－50個の小穂からなり，柄は6－13個で8cmまで伸び，0－1回分枝し，総苞片は1個で直立し，円柱形または鈍3稜形で長さ2.5－12cm，花序より短いか，または長い。小穂は卵状楕円形から披針形で長さ9－20mm。小穂の鱗片は卵形から狭卵形で長さ3.2－4.2mm，膜質，平滑，辺縁部はわら色でしばしば中央部分は赤褐色をおび，光沢があり，縁は全縁か先端付近に細かい縁毛があり，先端は少し切れ込むかやや凹頭で，長さ0.3－0.7mmの芒がある。雄蕊は3個，葯は長さ1.8－2.2mm。柱頭は2個。花被片は4個，平たいひも状，果実と同長か少し長く，橙褐色をおびた上向きの毛が密に生えて羽毛状となる。果実は狭倒卵形から広倒卵形，レンズ形で長さ1.9－2.7mm，幅1.2－1.6mm，平滑，暗褐色から黒褐色で光沢がある。琉球諸島にあり，中国・インド・スリランカ・マレーシア・アフリカ・オーストラリア・太平洋諸島に分布する。

2. サンカクイ〔テガヌマイ〕 PL. 271
Schoenoplectus triqueter (L.) Palla; *Scirpus triqueter* L.

池や川岸などの湿地に生える多年草。地下茎は長く伸びて横走し，赤褐色をおびる。根は茎の基部から出て，地下茎の茎と茎の間の部分からは出ない。茎は単生し，3稜形で長さ30－116cm，幅2－10mm，平滑，基部より上には節がない。葉は根生し，葉鞘は筒状で最上のものは長さ6－24cm，葉身は1－2個，線形，扁平で長さ0.5－17cm，葉舌は全縁，円頭。花序は偽側生，1－30個の小穂からなり，散房状かときにやや頭状で，柄は0－8本で5.5cmまで伸び，分枝せず，先端に1～数個の小穂をつけ，総苞片は1個で桿状，3稜形，直立し，長さ1.5－8cm。小穂は卵形から卵状長楕円形，長さ7－20mm，幅4－6mm。小穂の鱗片は卵形で長さ3.5－4.2mm，淡褐色かまれに濃赤褐色，上半分に縁毛があり，凹頭で長さ0.3mmの芒がある。雄蕊は3個，葯は長さ1.5－2.3mm。柱頭は2個。刺針状花被片は4本，果実の半長から同長，下向きにざらつく。果実は倒卵形，レンズ形で長さ2.5－3mm，幅1.5－2mm，平滑，黄褐色から褐色，光沢がある。北海道～琉球，ユーラシア・朝鮮半島・台湾・マレーシアに広く分布する。

シズイ S. nipponicus (Makino) Soják (PL. 271) は全体にやわらかい多年草で，地下茎は長く伸びて横走し，先端に小塊茎をつける。茎は単生し，3稜形で長さ20－70cm，幅1－3mm。葉は根生し，葉鞘はしばしば裂けて茎から離れ，葉身は数個あり，3稜形で長い。花序はまばらな複散房状で3－20個の小穂からなり，柄は1－3個で4cmまで伸び，0－2回分枝し，総苞片は3稜形で直立し，長さ10－27cm。小穂は狭卵状楕円形で長さ10－22mm。小穂の鱗片は卵状楕円形で長さ4.5－6.5mm，膜質，全縁。雄蕊は2個，葯は長さ1.2－3mm。柱頭は2個。刺針状花被片は4本，果実の1.5－2倍長，下向きまたは開出するざらつきがあり，基部は平滑で幅広くなる。果実は倒卵形，レンズ形で長さ2.3－2.8mm，幅1.5－1.6mm，平滑，濃褐色，光沢がないか，少しある。北海道～九州の池沼，水田などの浅水中に生えるが，やや少ない。朝鮮半島・中国・ロシア極東地方に分布する。

3. フトイ PL. 271
Schoenoplectus tabernaemontani (C. C. Gmel.) Palla;
Scirpus tabernaemontani C. C. Gmel.

平地や山地の池沼などの浅水中に生える大型の多年草でしばしば群生する。地下茎は横走し，太くかたい。根は地下茎の全体から密に出る。茎は単生するか2－3本が束になり，円柱形で長さ53－257cm，幅2－10mm，平滑，基部より上には節がない。葉は根生し，葉鞘は基部では筒状または断面がC字形で，上部はしだいに狭まり，長さ9－60cm，葉身は葉鞘先端の突起となるか，線形で25cmまで伸び，葉舌は全縁，円頭。花序は偽側生，複散房状で2個から150個以上の小穂からなり，柄は0－20個で15cmまで伸び，0－2回分枝し，総苞片は1個で直立し，円柱形または扁平で長さ1－9cm，通常花序より短い。小穂は卵形から卵状楕円形で長さ5－18mm。小穂の鱗片は卵形から狭卵形で長さ2.5－4mm，わら色から濃赤褐色，しばしば上向きの細かいとげがあってざらつき，上半分に縁毛があり，凹頭で長さ0.2－1mmの芒がある。雄蕊は3個，葯は長さ

1.5−2.3mm。柱頭はふつう2個。刺針状花被片は5−6本，果実より少し短いか少し長く，下向きにざらつく。果実は倒卵形から狭倒卵形，レンズ形で長さ1.7−2.8mm，幅1.1−1.6mm，平滑，暗灰褐色でやや光沢がある。ときに生花用に栽培され，茎に横斑や縦斑のある型もある。北海道〜琉球，ユーラシア・サハリン・千島列島・朝鮮半島・台湾・東南アジア・オーストラリア・太平洋諸島・南北アメリカ・アフリカに広く分布する。

オオフトイ S. lacustris (L.) Palla; *Scirpus lacustris* L.はフトイに似るが，花柱はふつう3岐，果実は大きく，扁3稜形で長さ2.8−3.8mm，幅1.5−2mm。花序は小穂が少なく13−60個程度，小穂の鱗片は長さ3.2−4.6mmでしばしば暗紫褐色で平滑。茎は長さ96−305cmでフトイよりかたい。フトイと同じ場所に生えることもあるが，オオフトイのほうが花期が早い。本州にあり，ユーラシア・アフリカ北部に広く分布する。

【21】ノグサ属　Schoenus L.

一年草または多年草。地下茎はときに横走する。茎は直立するか下部が斜上し，分枝しない。葉は根生または茎生し，線形の葉身があるか葉鞘のみとなり，葉舌はない。花序は分花序をつくって円錐形，頭状，または1個の小穂のみからなり，総苞片は葉状または鱗片状。小穂は披針形で扁平，少数の鱗片と花をつけ，小軸は太い。小穂の鱗片は少数で2列に並び，脱落しやすく，下部のいくつかは短くて花がない。花は両性。雄蕊はふつう3個。花柱は（2−）3岐，早落性で子房と連続する。花被片は0−6個で刺針状，平滑またはざらつく。果実は楕円形または倒卵形，3稜形またはやや円柱形，なかば小穂の軸に陥没する。100種以上が主として東南アジアからオーストラリアに分布する。

```
A．小穂は長さ20−25mm。果実は長さ3−3.5mm ································································· 1. イヘヤヒゲクサ
A．小穂は長さ4−14mm。果実は長さ1−1.3mm。
    B．地下茎は節間が伸びて横走する。葉は葉鞘のみで，葉身は発達しない ····················· 2. ジョウイ
    B．地下茎はないか，短い。葉には線形の葉身がある。
        C．高さ10−40cmの一年草。葉身は幅0.5−1mm。小穂は長さ4−8mm。刺針状花被片は果実の倍長 ······ 3. ノグサ
        C．高さ60−150cmの多年草。葉身は幅2−7mm。小穂は長さ7−14mm。刺針状花被片は果実の半長から同長
                                                                                           ································· 4. オオヒゲクサ
```

1. イヘヤヒゲクサ　　PL. 258
Schoenus calostachyus (R. Br.) Poir.

叢生する多年草。地下茎は短く木質。茎はやや円柱形，長さ30−80cm，幅1−2mm，かたく平滑。葉はおもに根生し，2列につき，茎葉も1−3個あり，葉身は線形で長さ30cmまで伸び，幅1.5−2mm，鋭頭，かたく縁はざらつき，葉舌はない。花序は円錐形，長さ20−50cm，2−5節があり，各節に1−3個の有柄の小穂がつき，総苞片は数個で葉状。小穂は披針形または長楕円状披針形，長さ20−25mm，幅3−5mm，9−14個の鱗片と3−5個の花があり，下部の4−9個の鱗片は短く，花がない。小穂の鱗片は披針形，長さ10−20mm，幅3−4mm，鋭頭。雄蕊は3個。柱頭は3個。花被片は4−6個で果実より短く，上向きにざらつく。果実は卵形から広卵形，3稜形で長さ3−3.5mm，幅1.5mm，黒褐色で不規則な横じわがある。南西諸島，中国南部・東南アジア・オーストラリア・ミクロネシアに分布する。

2. ジョウイ　　PL. 258
Schoenus brevifolius R. Br.; *S. hattorianus* Nakai

多年草。地下茎は長く匍匐し，幅5−7mm，赤褐色で革質の鱗片におおわれる。茎は円柱形で長さ100−150cm，幅1.2−1.5mm，平滑，基部より上には節がない。葉は数個あって根生し，上部の葉鞘は長さ3−5cmで血赤褐色，鋭頭，葉身は発達しない。花序は円錐形で長さ10−15cm，3−5節があり，各節に3−7個の分花序がつき，分花序の枝はざらつき，1−3個の小穂をつけ，総苞片は長さ3−4mmの鞘と芒状の短い葉身がある。小穂は有柄，やや扁平で長さ8−10mm，6−12個の鱗片があり，下部の2−3個の鱗片は短く，花がない。小穂の鱗片は広披針形，長さ3−7mm。雄蕊は3個。柱頭は2−3個。花被片はない。果実は倒卵形，3稜形，長さ1mm，不明瞭なしわとこぶ状突起がある。小笠原諸島，オーストラリア・ニュージーランドに分布する。

3. ノグサ〔ヒゲクサ〕　　PL. 258
Schoenus apogon Roem. et Schult.

平地の日当りにややまれに生える無毛の一年草。叢生し，地下茎はない。茎は長さ10−40cm，幅0.5−1mm，平滑。葉は根生し，茎葉も1−2個あり，根出葉は線形で幅0.5−1mm，鞘は一部血赤色をおびる。花序は散状または頭状，2−5個の分花序からなり，長さ0.8−1.5cm，10個以下の小穂をつけ，総苞片は葉状。小穂は披針形，扁平で長さ4−8mm，ときに一部血赤色をおび，5−6個の鱗片と1−2個の花があり，下部の2−3個の鱗片は短く，花がない。小穂の鱗片は披針形で長さ3−4.5mm，鈍頭，無毛。雄蕊は3個。柱頭は3個。花被片は6個，刺針状で果実の倍長，上向きにざらつき，脱落しやすい。果実は倒卵状円形，鈍3稜形で長さ1−1.3mm，白色，細かい網紋があり，6−8月に熟す。本州〜琉球，台湾・マレーシア・オーストラリア・ニュージーランドに分布する。和名は〈野草〉で，雑草の意であり，また〈鬚草〉はその草状から名づけられた。

イヌノグサ Carpha aristata Kük.は，日本産として報告されているが，まだわれわれには未知の植物である。

4. オオヒゲクサ　　　　　　　　　　　　PL.258
Schoenus falcatus R. Br.

叢生する無毛の多年草。地下茎は短く木質。茎は扁円柱形で鈍稜があり，長さ60－150cm，幅2－5mm，かたく平滑。葉は多数あって主に根生し，茎葉も2－4個あり，葉身は線形，長さ30－90cm，幅2－7mm，無毛，縁はかたくざらつき，葉舌はない。花序は細い円錐形で長さ20－40cm，4－10節があり，各節に2－4個の分花序がつき，総苞片は数個で葉状。小穂は多数で短い柄があり，長楕円状披針形，しばしば鎌形に曲がり，やや扁平で長さ7－14mm，幅2.5mm，7－10個の鱗片と3－8個の花があり，下部の2－5個の鱗片は短く，花がない。小穂の鱗片は卵状披針形で長さ5－7mm，幅1mm，鋭頭，無毛。雄蕊は3個。柱頭は3個。花被片は1－4個で果実の半長から同長，上向きにざらつく。果実は倒卵形または広楕円形，3稜形で長さ1－1.3mm，幅0.8－1mm，表面には小孔があって網目模様をなし，先端には微毛がある。南西諸島，中国南部・台湾・インドシナ・オーストラリア・ソロモン諸島に分布する。

【22】アブラガヤ属　　**Scirpus** L.

平地や山地の水辺や湿った場所に生える多年草。地下茎は短いか，長く匍匐する。茎は叢生または単生し，しばしば鈍3稜形で，基部より上に1～数節がある。葉は根生および茎生し，茎葉には筒状の葉鞘があり，葉身は線形で長く伸び，葉舌がある。花序は散房状（タカネクロスゲ）から複散房状，1個が頂生するか，茎の上部の葉腋に1～数個の分花序をつけ，4－18個（タカネクロスゲ）あるいは50－500個の小穂からなり，総苞片はふつう3個以上がよく発達し，短い鞘状（タカネクロスゲ）あるいは葉状で長く伸びる。小穂は披針形，卵形から球形，柄の先に単生するか，2～数個が束になるか，数個～20個が球状に集まる。小穂の鱗片はらせん状に配列し，みな同形同大で，すべての鱗片の腋に花がつき，無毛，淡褐色，赤褐色あるいは黒みをおびる。花は両性，雄蕊は1－3個，花柱は2－3岐で子房と連続する。花被片は刺針状で0－6本，まっすぐまたは屈曲し，平滑またはざらつく。果実は倒卵形で3稜形またはレンズ形，淡褐色，平滑，先端は嘴状にとがり，表皮細胞は等直径で乳頭突起（珪酸体）があり，果皮は薄い。北半球の温帯を中心に約35種があり，北アメリカに多い。

- A．花序は4－18個の小穂からなり，総苞片は鞘状で長さ0.6－2cm。茎は長さ15－40cm，茎葉の葉身は長さ3－8cm。小穂は長さ7－13mm ··· 1. タカネクロスゲ
- A．花序は数十個以上の小穂からなり，総苞片は葉状で線形，長く伸びる。茎は長さ70－150cm，茎葉の葉身は長い。小穂は長さ8mm以下。
  - B．小穂は柄の先に10－20個が球状に集まる ··· 2. マツカサススキ
  - B．小穂は柄の先に単生するか2－3個が束になってつく。
    - C．小穂の鱗片は長さ1.5mm，灰黒色。刺針状花被片は下向きにざらつく ··· 3. クロアブラガヤ
    - C．小穂の鱗片は長さ2－2.5mm，赤褐色。刺針状花被片は上向きにざらつく ··· 4. アブラガヤ

1. タカネクロスゲ〔ミヤマワタスゲ〕　　PL.270
Scirpus maximowiczii C. B. Clarke;
Eriophorum japonicum Maxim.

高山の湿った草地に生える多年草。地下茎は短く，匍枝はない。茎は長さ15－40cm，1－3節がある。葉は根生し，2－3個が茎生し，茎葉の葉鞘は長さ3－4cmでややゆるく茎を包み，上方は帯黒色，葉身は線形，扁平でやや短く長さ3－8cm，幅3－6mm。花序は1個で頂生し，散房状から複散房状，4－18個の小穂からなり，やや一方に傾き，長さ3－5cm，柄は数本でざらつき，5cmまで伸び，総苞片は短い鞘状で帯黒色，長さ0.6－2cm。小穂は長楕円形で長さ7－13mm，幅3－4mm，灰黒色。小穂の鱗片は長楕円形で長さ3.5－4.5mm，膜質，鈍頭。柱頭は3個。刺針状花被片は6本，糸状で屈曲し，果実の3倍長，上向きにまばらにざらつく。果実は倒卵形，扁3稜形で長さ1.3－1.5mm，7－8月に熟す。北海道・本州中部以北，サハリン・千島列島・シベリア東部～ロシア極東地方・中国東北部・朝鮮半島に分布する。和名は〈高嶺黒菅〉，〈深山綿菅〉で，実際，花時にはサギスゲなどに少し似ているが，綿毛は伸びない。

2. マツカサススキ　　　　　　　　　　PL.270
Scirpus mitsukurianus Makino

平地の湿地に生える多年草。茎は鈍3稜形で長さ100－150cm，太くてかたく，5－7節がある。葉は根生および茎生し，茎葉の葉鞘は筒状で密に茎を包み，長さ3－10cm，葉身は線形，扁平で幅4－8mm。花序は複散房状で，2－3個の分花序からなり，頂生の分花序は大きく，長さ5－10cm，それぞれの分花序は柄の先に10－20個の小穂からなる径1－1.5cmの球状花序をつけ，総苞片は3－5個で葉状，花序より長い。小穂は無柄，楕円形で，長さ4－6mm，褐黒灰色をおびる。小穂の鱗片は狭卵形で長さ3mm，幅0.7mm，淡褐色。柱頭は3個。刺針状花被片は5－6本，糸状で屈曲し，長さ5mm，果実より長く，上方は上向きにまばらにざらつく。果実は狭倒卵形，扁三稜形で長さ1mm，淡褐色，8－10月に熟す。日本固有で，本州～九州に分布する。和名はその球状花序を松かさに見立てたもの，学名は動物学者の箕作佳吉に献じたもの。

コマツカサススキ S. **fuirenoides** Maxim. （PL.270）はマツカサススキに似るが，全体がやや細い。葉身は線形で幅3－4mm。側生の分花序は1－2個の球状花序か

Cyperaceae

らなり，頂生の分花序は散房状で，枝は3-6個で先に球状花序をつけ，球状花序は10-20個の小穂からなる。小穂の鱗片は卵状三角形で長さ3-4mm，幅1-1.2mm。日本固有で，本州～九州の湿地に生える。

ヒメマツカサススキ S. karuisawensis Makinoはコマツカサススキに似るが，側生の分花序は5-10個の球状花序からなり，頂生の分花序は複散房状で，多数の球状花序からなり，球状花序は約5個の小穂からなる。葉身は線形で幅4-8mm。小穂の鱗片は長さ3mm，幅1-1.3mm，淡褐色。本州（山梨県・長野県）にまれにあり，中国・朝鮮半島に分布する。

3. **クロアブラガヤ**〔ヤマアブラガヤ〕 PL. 270
   Scirpus sylvaticus L. var. maximowiczii Regel;
   S. orientalis Ohwi

川岸や池畔の湿地に生える多年草。地下茎は短い。茎は鈍3稜形で長さ80-120cm，6-8節があり，上端は鋭稜があってざらつき，花序のない茎は伸びない。葉は根生および数個が茎生し，茎葉の葉鞘は茎をゆるく包み，長さ5-10cm，淡緑色，葉身は線形で扁平，長さ20-40cm，幅5-10mm。花序は複散房状で1個が頂生し，大型で数回分枝し，末端の柄はざらつき，総苞片は2-3個で葉状，線形で花序より長い。小穂は狭卵形で長さ4-7mm，灰黒色，柄の先に単生するか，2-3個が束になる。小穂の鱗片は広卵形で長さ1.5mm，灰黒色。柱頭は3個。刺針状花被片は5-6本，果実より少し長く，下向きにざらつく。果実は倒卵形，3稜形で長さ1mm，淡色，7-8月に熟す。北海道・本州中部以北，シベリア東部～ロシア極東地方・サハリン・モンゴル・中国・朝鮮半島に分布する。和名は花序の黒いアブラガヤの意である。ヨーロッパからシベリアに分布する基準変種は，小穂が3-10個の束になってつき，刺針状花被片はクロアブラガヤより長い。

ツルアブラガヤ S. radicans Schkuhr（PL. 270）はクロアブラガヤに似るが，茎はまばらに叢生し，花序をつけない茎が伸びて倒れ，その節と先端に新苗を生じる。花序の枝は平滑，刺針状花被片は糸状で屈曲し，果実の3-4倍の長さとなり，上端近くに開出する小刺針がまばらに生える。北海道・本州北部に生え，ヨーロッパ・シベリア・モンゴル・ロシア極東地方・サハリン・中国東北部・朝鮮半島に分布する。

4. **アブラガヤ**〔アイバソウ〕 PL. 270
   Scirpus wichurae Boeckeler

平地や山地の湿地に生える多年草。叢生し，地下茎は短い。茎は鈍3稜形で長さ70-150cm，かたく，5-8節がある。葉は根生し，数個が茎生し，茎葉の葉鞘は筒状で密に茎を包み，葉身は線形で扁平，幅5-15mm。花序は複散房状で分花序は1-4個，頂生の分花序は大型で数回分枝し，柄はざらつき，多数の小穂からなり，総苞片は葉状で線形。小穂は柄の先に単生するか2-3個が束になってつき，長楕円形から楕円形で長さ4-8mm，幅2.5-4mm，赤褐色。小穂の鱗片は卵状楕円形で長さ2-2.5mm，幅1mm。柱頭は3個。刺針状花被片は6本，糸状で屈曲し，果実より長く，上方にまばらに上向きのざらつきがある。果実は倒卵状楕円形，扁3稜形で長さ0.8-1.3mm，淡色，8-10月に熟す。北海道～九州にあり，千島列島・中国に分布する。和名は〈油茅〉で，花序が油色をおび，また油の臭気があるという。

オオアブラガヤ S. ternatanus Reinw. ex Miq.（PL. 270）は大型の多年草で，つる状の地上匐枝が2mまで伸び，その節と先端から芽生し，茎葉の葉鞘はややゆるく茎を包み，下半部は栗褐色をおびる。花序は複散房状で数回分枝し，枝はやや太くて平滑。小穂は無柄，卵形で長さ4-8mm，幅2.5-3.5mm，赤褐色，3-10個ずつが枝頂に球状に集まる。小穂の鱗片は卵状三角形で長さ1.2-2.5mm，膜質，脈ははっきりしない。柱頭は2個。刺針状花被片は0-3本，果実より少し長く，上向きにまばらにざらつく。果実は倒卵形，レンズ形で長さ0.7-1mm，淡色。九州南部，琉球諸島，小笠原諸島の海岸近くの湿地や湿った林内に生え，中国・台湾・東南アジア・インド・ネパールに分布する。

ツクシアブラガヤ S. rosthornii Diels var. **kiushuensis** (Ohwi) Ohwi（PL. 270）はオオアブラガヤに似るがやや小さく，九州南部の内陸に生え，茎葉の葉鞘は淡緑色で，褐色をおびず，花序の枝と小枝は上半がざらつく。小穂は楕円形で長さ3-4mm，幅1.5mm，緑褐色，2-6個ずつ球状に集まる。小穂の鱗片はほぼ円形で長さ1-1.2mm，背面に緑色の幅広い帯がある。柱頭は2個。花被片はない。果実はレンズ形で長さ0.5-0.7mm。基準変種は中国・ネパールに分布する。

イワキアブラガヤ S. hattorianus Makinoは，北アメリカ東部に分布する多年草で，1920-30年代に福島県（猪苗代湖周辺の狭い範囲）で採集されたが，現在，国内の生育地は失われてしまった。一時的に帰化していたものと推察される。クロアブラガヤに似るが，小穂はすべて無柄，卵形から広卵形で長さ2-3.5mm，花序の柄の先に4-55個が球状に集まり，灰黒色をおびる。柱頭は3個。刺針状花被片は（4-）5-6本で果実より短いか同長，下向きにざらつく。果実は楕円形，扁3稜形で長さ0.7-1.1mm，淡褐色。最近フランスでも見つかっている。

【23】シンジュガヤ属　Scleria P. J. Bergius

一年草または多年草。地下茎はしばしば木質化する。茎は単生または叢生し，3稜形，直立するか匍匐性またはつる状。葉は根生または茎生し，葉鞘は筒状でしばしば3翼があり，葉身は線形，葉舌はないが，葉鞘開口部の葉身の反対側に葉舌状の膜質部分である葉鞘舌（contraligule）がある。花序は円錐形で頂生の分花序と0～数個の腋生の分花序からなるか，ときに単一の穂状となり，総苞片は葉状。小穂は多数または少数で，単性または両性，鱗片は少数で2列

またはらせん状に配列し，花は単性，雄花には1－3個の雄蕊があり，雌花には3心皮の雌蕊があり，花柱は上方が3裂し，下方は子房に続いていて脱落する。花被片はない。果実は球形または鈍3稜形，表面は平滑か格子紋があって無毛または細毛があり，果皮は骨質，基部には全縁または3裂する基盤（hypogynium）があり，熟すとふつう基盤とともに脱落する。世界の熱帯～亜熱帯を中心に約260種がある。

 A．一年草で地下茎は発達しない。分花序は互いに離れて茎の上部から中部までつく。
  B．葉鞘には幅広い3翼がある。分花序は3－8個。果実は球形から楕円形で長さ2－2.3mm，幅1.7－2mm
   ・・・1．コシンジュガヤ
  B．葉鞘の翼は狭い。分花序は2－4個。果実は球形で長さ，幅とも1.8－2mm・・・・・・・・・・・・・・・・・・・・・・・・・・・2．ホソバシンジュガヤ
 A．多年草で地下茎は木質化する。分花序は茎の上部に集まる。
  B．茎は直立し，長さ30－120cm。葉鞘には幅広い3翼がある。分花序は1－3個。果実は白色で格子紋がなく，基盤は3深裂する・・・3．シンジュガヤ
  B．茎は直立またはややつる状で長さ100－400cm。葉鞘には翼があるか，またはない。分花序は5－8個。果実は暗灰色から褐色で格子紋があり，基盤は杯状で果実の半分から全体を包む・・・4．クロミノシンジュガヤ

1．コシンジュガヤ　　　　　　　　　　　PL. 254
 Scleria parvula Steud.
 湿地に生える一年草で叢生する。茎は3稜形で長さ25－90cm，幅3－5mm，3翼がある。葉は茎生し，葉身は線形で長さ10－35cm，幅2－6mm，葉鞘はゆるく茎を包み，幅広い3翼があり，葉鞘舌は丸みのある切形で縁毛がある。花序は円錐形で長さ10－20cm，2－4節があり，分花序は3－8個でまばらに小穂をつけ，長さ1－4cm，総苞片は葉状。小穂は単性，雌小穂は長さ4－5mm，雄小穂は長さ4－5mm。小穂の鱗片は卵形で長さ3.5mm，鋭頭。雄蕊は3個。果実は球形から楕円形，長さ2－2.3mm，幅1.7－2mm，白色で細かい格子紋があり，全体に光沢があり，無毛またはときに少し細毛があり，7－10月に熟す。果実の基盤は3深裂し，裂片は卵状三角形で，上方は急にとがる。本州～九州，朝鮮半島・中国・東南アジア・インド・スリランカ・アフリカに分布する。

 ミカワシンジュガヤ S. **mikawana** Makinoは叢生する一年草で，高さ30－90cm，葉は茎生し，葉身は線形で長さ10－40cm，幅2－5mm，葉鞘には翼がなく，密に茎を包む。分花序は2－3個で長さ2－4cm。果実は球形，径1.8－2.5mm，灰色で格子紋があり，光沢がない。果実の基盤の裂片は狭卵状楕円形で鋭頭。本州（茨城県以西）・九州の湿地にややまれに生え，インド・スリランカ・タイ・ニューギニア・アフリカに分布する。

 ケシンジュガヤ S. **rugosa** R. Br.（PL. 255）は叢生する一年草で，高さ10－35cm，やわらかく，白色開出毛があるか，または無毛。葉身は線形で長さ5－15cm，幅2－4mm，葉鞘には翼がない。花序は円錐形で長さ9－20cm，2－3節があり，分花序は2－5個で柄は湾曲する。果実は球形で径1.2－2mm，灰白色で不完全な格子紋と光沢があり，無毛。果実の基盤は3浅裂し，裂片は三角形で鈍頭。本州（栃木県以西）～琉球の湿地にややまれに生え，朝鮮半島・中国・台湾・東南アジア・インド・スリランカ・オーストラリア・ニューカレドニアに分布する。茎と葉が無毛のものを**マネキシンジュガヤ** var. **onoei** (Franch. et Sav.) Yonek.といい，本州（栃木県以西）～南西諸島・朝鮮半島に分布する。

2．ホソバシンジュガヤ　　　　　　　　　PL. 254
 Scleria biflora Roxb.; *S. ferruginea* Ohwi
 ゆるく叢生する一年草。茎は3稜形で長さ25－60cm，幅1－2mm，平滑。葉は茎生し，葉身は線形でやわらかく長さ4－23cm，幅3－5mm，葉鞘には狭い翼があり，葉鞘舌はまるくへこみ，縁毛がある。花序は円錐形で長さ20cmまで，2－4節があり，分花序は2－4個で長さ2－4cm，総苞片は葉状で花序より長い。小穂は単性，雌小穂は広倒卵形で長さ4－4.5mm，雄小穂は披針形で長さ2－4mm。小穂の鱗片は卵形で長さ3－4mm，鋭頭。雄蕊は2－3個。果実は球形で径1.8－2mm，白色で格子紋があり，光沢があり，まばらに細毛がある。果実の基盤は3深裂し，裂片は卵状披針形，鋭頭で果実の1/3から同長。南西諸島，朝鮮半島・中国・台湾・インド・スリランカ・東南アジアに分布する。

3．シンジュガヤ　　　　　　　　　　　　PL. 255
 Scleria levis Retz.
 草原に生える多年草で全体にややかたい。地下茎は横走し，木質。茎は直立し，長さ30－120cm，幅1－3mm，鋭3稜形で下向きにざらつく。葉は茎生し，葉身は線形で長さ20－40cm，幅5－15mm，葉鞘には幅広い3翼があり，ざらつき，葉鞘舌は円く，ややへこみ，縁毛がある。花序は円錐形で長さ5－15cm，分花序は1－3個つき，総苞片は葉状で花序より長い。小穂は単性，雌小穂は倒卵形で長さ4－6mm，無柄，雄小穂は披針形で長さ3－4mm，有柄。小穂の鱗片は数個で2列に並び，卵形，暗赤色をおびた部分がある。雄蕊は3個。果実は球形で径1.7－3mm，白色，光沢があり，やや平滑で，格子紋がなく，細かい毛がまばらに生え，7－10月に熟す。果実の基盤は3深裂し，裂片は卵状三角形で鋭頭。本州（伊豆七島・和歌山県）～琉球，中国・台湾・東南アジア・インド・スリランカ・ミクロネシア・オーストラリア・ニューカレドニアに分布する。和名は〈真珠茅〉で，果実が丸くて真珠にやや感じが似ているのでいう。

 オオシンジュガヤ S. **terrestris** (L.) Fassett（PL. 255）は，ややシンジュガヤに似るが，少し大型で，茎は直立またはつる状で長さ60－200cm，葉鞘には翼があるものもないものもあり，分花序は3－5個つき，果実に格

子紋があり，果実の基盤は円いか，またははなはだ不明に3浅裂する。屋久島，琉球・中国・台湾・インド・スリランカ・東南アジア・オーストラリアに分布する。

4. クロミノシンジュガヤ　　　PL.255
Scleria sumatrensis Retz.

多年草。地下茎は木質で短くはう。茎は3稜形でざらつき，直立またはややつる状，長さ100−400cm，幅6−8mm。葉は茎生し，葉身は線形，長さ20−40cm，幅7−15mm，葉鞘には翼があるか，またはなく，葉鞘舌は円くへこんで密に縁毛がある。花序は円錐形で長さ15−30cm，2−4節があり，5−8個の分花序をつけ，総苞片は葉状。小穂は単性，雌小穂は広卵形で長さ3.5−4mm，雄小穂は披針形で長さ3.5−4mm。小穂の鱗片は広卵形，長さ3.5−4mm，鋭頭。雄蕊は3個。果実は球形で径2−3mm，暗灰色から褐色，格子紋があり，まばらに細毛があり，光沢がある。果実の基盤は杯状で，果実の半分〜全体を包み，裂片は鈍頭で縁は歯状に切れ込む。大東諸島，中国南部・台湾・インド・スリランカ・東南アジア・オーストラリアに分布する。

【24】ヒメワタスゲ属　Trichophorum Pers.

叢生する多年草。地下茎は短いか，長く伸びて横走する。茎は細く，3稜形または円柱形。葉は根生するか，茎の下部につき，葉鞘のみとなるか，長さ数mm程度の短い線形の葉身があり，葉舌がある。花序は頂生し，1−5個の小穂からなり，総苞片は1個で鱗片状。小穂は少数の鱗片がらせん状に配列する。花は両性，雄蕊は3個，花柱は3岐，基部は子房と連続する。花被片は0−6個で刺針状または絹糸状，しばしば花後に伸長する。果実は3稜形またはレンズ形。北半球の温帯〜亜寒帯を中心に約10種がある。

1. ミネハリイ　　　PL.271
Trichophorum cespitosum (L.) Hartm.;
Scirpus cespitosus L.

高山帯の湿った斜面または湿地に生える多年草。地下茎は短く，古い鞘に被われる。茎は密に叢生し，円柱形，長さ5−45cm，幅0.5−0.8mm，葉をつけず，平滑で，基部は光沢のある淡黄色の短い革質の少数の葉鞘に包まれる。花序は頂生する1個の小穂からなり，総苞片は鱗片状。小穂は花時には披針形，果時にはふくらみ，長さ3−5mm，少数の鱗片と少数の花とがあり，黄褐色。小穂の鱗片は披針形で長さ3−5mm。柱頭は3個。花被片は6個で刺針状，長さは果実の1.5倍位あって，やや平滑。果実は広倒卵形，扁3稜形，長さ1.4−1.7mm，灰褐色，平滑，7−8月に熟す。北海道・本州中部以北，サハリン・千島列島から北半球の亜寒帯および高山に広く分布する。和名は〈峰針藺〉で，ハリイにやや似て高山性のため。

ヒメワタスゲ T. alpinum (L.) Pers.; *Scirpus hudsonianus* (Michx.) Fernald（PL.271）は，ミネハリイに似るがやや大きく，地下茎は短くはい，茎は鋭3稜があってざらつき，基部の葉鞘は膜質。小穂は長さ5−7mm，花被片は6個で糸状，果時には長く伸びて綿毛状となり，長さ2cmになり，白色で，小穂から長く突き出す。本州（八甲田山）・北海道の山地の湿原に生え，朝鮮半島・千島列島から北半球の北部全般に広く分布する。和名は〈姫綿菅〉で，ワタスゲに似て小さいため。

1. ソテツ　雌花　東京都薬用植物園　83.5.11〔木原〕

2. ソテツ　種子と大胞子葉
千葉県館山市　98.3.3〔木原〕

3. ソテツ　Cycas revoluta　奄美大島　06.3.24〔木原〕→p.23

4. ソテツ　前年の雌花と今年の葉
東京都薬用植物園　97.4.3〔福田〕

5. ソテツ　雄花
沖縄県恩納村　12.5.29〔木原〕

6. ソテツ　雄花拡大
千葉市（植栽）　81.8.12〔福田〕

CYCADACEAE　ソテツ科　PL.1

1. **イチョウ** Ginkgo biloba var. biloba
精子発見のイチョウ 小石川植物園 10.9.2 〔邑田仁〕→p.24

2. **イチョウ** 種子（中にぎんなんがある）
小石川植物園 97.9.27 〔木原〕

3. **イチョウ** 雄花
新宿御苑 91.4.19
〔木原〕

4. **イチョウ** 雌花
東京都奥多摩町
82.5.6 〔木原〕

5. **イチョウ** 気根
小石川植物園 97.4.29 〔木原〕

6. **イチョウ**
雌花の受粉滴
千葉市（植栽）
76.4.26
〔福田〕

7. **イチョウ**
若い種子の断面
千葉市（植栽）
90.8.25 〔福田〕

イチョウ科　GINKGOACEAE

1. クロマツ　Pinus thunbergii　伊豆半島　87.5.20　〔木原〕→p.30

2. クロマツ　青森県八戸市　92.5.23　〔木原〕

5. クロマツ　樹皮
小石川植物園　14.3.19　〔茂木〕

3. クロマツ　雄花
青森県八戸市　92.5.3　〔木原〕

4. クロマツ　雌花
静岡県伊東市　11.4.26　〔木原〕

6. クロマツ　球果
千葉県館山市
96.3.9　〔木原〕

PINACEAE　マツ科　PL.3

1. アカマツ　Pinus densiflora　日光　15.10.15　〔邑田仁〕→p.31

2. アカマツ　雄花　新宿御苑　76.4.27　〔木原〕

3. アカマツ　雌花
新宿御苑　97.4.27　〔木原〕

4. アカマツ　雌花縦断面
練馬区（植栽）　85.5.12　〔福田〕

5. アカマツ　若い球果
甲府市　97.7.28　〔木原〕

6. アカマツ　球果
山梨県笛吹市　97.2.13　〔木原〕

7. アカマツ　樹皮　富士山麓　96.3.4　〔木原〕

マツ科　PINACEAE

1. リュウキュウマツ　雌花
小笠原諸島父島
86.4.9 〔木原〕

2. リュウキュウマツ　球果
沖縄県国頭村　86.5.18 〔木原〕

4. ハイマツ　雄花
白馬岳　84.7.26 〔木原〕

5. ハイマツ　雌花
秋田駒ヶ岳　81.7.13 〔木原〕

6. ハイマツ　球果
アポイ岳　89.7.1 〔木原〕

7. ハイマツ　種子
白馬岳　96.9.19 〔茂木〕

3. リュウキュウマツ　Pinus luchuensis　西表島　08.10.10 〔木原〕→p.31

8. ハイマツ　Pinus pumila　白馬三国境　84.9.30 〔木原〕→p.31

PINACEAE　マツ科　PL.5

1. チョウセンゴヨウ　Pinus koraiensis
八ヶ岳麦草峠　96.5.19　〔木原〕→p.31

2. チョウセンゴヨウ　若枝
八ヶ岳麦草峠　95.5.31　〔木原〕

3. チョウセンゴヨウ　樹皮
八ヶ岳麦草峠　96.5.19　〔木原〕

4. チョウセンゴヨウ　球果
八ヶ岳麦草峠　99.10.22　〔木原〕

5. ヤクタネゴヨウ　球果
鹿児島市仙巌園　85.3.24　〔木原〕

6. ヤクタネゴヨウ
Pinus amamiana
鹿児島市仙巌園
95.12.4　〔茂木〕
→p.31

1. ゴヨウマツ　若い球果
長野県軽井沢町(植栽)　93.8.1〔福田〕

2. ゴヨウマツ　球果
福島県南会津町　87.10.8〔木原〕

3. ゴヨウマツ　Pinus parviflora var. parviflora
岐阜県清津峡　79.11.12〔木原〕→p.32

4. キタゴヨウ　Pinus parviflora var. pentaphylla
北海道アポイ岳　89.7.1〔木原〕→p.32

5. キタゴヨウ　雄花
福島県吾妻山　01.7.10〔木原〕

6. キタゴヨウ　雌花
北海道アポイ岳　89.7.1〔木原〕

7. キタゴヨウ　球果
アポイ岳　89.7.1〔木原〕

8. キタゴヨウ
アポイ岳　89.7.1〔木原〕

PINACEAE　マツ科　PL.7

2. エゾマツ　雄花
北海道東川町　05.6.6〔木原〕

3. エゾマツ　球果
北海道上川町　96.6.16〔木原〕

4. エゾマツ　葉裏
北海道白金温泉　87.5.26〔木原〕

6. トウヒ　葉裏
八ヶ岳麦草峠　95.5.31〔木原〕

1. エゾマツ　Picea jezoensis var. jezoensis
阿寒湖　82.5.25〔木原〕→p.28

5. エゾマツ　樹皮
東川町　05.6.6〔木原〕

7. トウヒ　樹皮
上高地　84.5.22〔木原〕

8. トウヒ　雄花
奈良県上北山村　01.5.28〔茂木〕

9. トウヒ　雌花
長野県佐久穂町　95.7.25〔茂木〕

10. トウヒ　Picea jezoensis var. hondoensis
尾瀬　08.6.14〔木原〕→p.28

PL.8　マツ科　PINACEAE

1. アカエゾマツ　雄花
日高山脈　79.7.16　〔梅沢〕

2. アカエゾマツ　雌花
糠平岳　79.7.16　〔梅沢〕

4. アカエゾマツ　Picea glehnii　樹形
大雪山旭平　87.5.23　〔木原〕→p.29

3. アカエゾマツ
球果　北海道阿寒湖
96.6.16　〔木原〕

5. アカエゾマツ　葉裏
北海道白金温泉　87.5.26　〔木原〕

6. アカエゾマツ　樹皮
大雪山旭平　87.5.23　〔木原〕

7. ドイツトウヒ　Picea abies
北大植物園　12.6.18　〔邑田仁〕→p.28

PINACEAE　マツ科　PL.9

PL.10 | マツ科 PINACEAE

1. ヒメバラモミ　Picea maximowiczii var. maximowiczii　樹形　長野県梓山　84.6.11　〔木原〕→p.29

2. ヒメバラモミ　雄花
八ヶ岳西岳　84.6.11　〔木原〕

3. ヒメバラモミ　雌花
八ヶ岳西岳　84.6.11　〔木原〕

4. ヒメバラモミ　球果
八ヶ岳西岳　84.6.11　〔木原〕

5. ヒメバラモミ　若い球果
八ヶ岳西岳　87.8.26　〔木原〕

6. ヒメバラモミ　若枝裏
八ヶ岳西岳　87.8.26　〔木原〕

7. アズサバラモミ　Picea maximowiczii var. senanensis
球果　長野県梓山　87.10.1　〔木原〕→p.29

1. ハリモミ　樹皮
富士山　84.11.1　〔木原〕

2. ハリモミ　球果
京都植物園　01.12.7　〔木原〕

3. ハリモミ
富士山　84.11.1　〔木原〕

4. ハリモミ　Picea torano　山中湖　84.11.1　〔木原〕→p.29

5. イラモミ　Picea alcoquiana　樹形
富士山　84.10.30　〔木原〕→p.29

6. イラモミ　雄花
富士山　02.6.1　〔木原〕

7. イラモミ　雌花
富士山　02.6.1　〔木原〕

8. イラモミ　球果
美ヶ原　04.8.20　〔木原〕

9. イラモミ　葉裏
富士山　84.10.30　〔木原〕

10. イラモミ　樹皮
富士山　84.10.30　〔木原〕

PINACEAE　マツ科　PL.11

1. ヤツガタケトウヒ　Picea koyamae　八ヶ岳西岳　84.6.11　〔木原〕→p.30

2. ヤツガタケトウヒ　雄花
八ヶ岳西岳　84.6.11　〔木原〕

3. ヤツガタケトウヒ　若い球果
八ヶ岳西岳　87.8.26　〔木原〕

4. ヤツガタケトウヒ
枝　八ヶ岳西岳
84.6.11　〔木原〕

5. ヤツガタケトウヒ
八ヶ岳西岳
84.6.11　〔木原〕

PL.12　マツ科　PINACEAE

1. ウラジロモミ　Abies homolepis　石鎚山　91.5.20　〔木原〕→p.26

2. ウラジロモミ　雄花　徳島県剣山　84.6.4　〔木原〕

3. ウラジロモミ　雌花　徳島県剣山　84.6.4　〔木原〕

4. ウラジロモミ　球果
西条市西之川　87.7.26　〔中澤〕

5. ウラジロモミ　葉裏
長野県伊那市　88.11.4　〔木原〕

6. ウラジロモミ　樹皮　長野県戸隠　97.4.22　〔木原〕

1. トドマツ　Abies sachalinensis var. sachalinensis　阿寒湖　96.6.16　〔木原〕→p.26

2. トドマツ　雄花　北海道東川町　05.6.7　〔木原〕

3. トドマツ　雌花　北海道東川町　05.6.7　〔木原〕

4. トドマツ　樹皮
大雪山　87.5.23　〔木原〕

5. トドマツ　葉裏
北海道白金温泉　96.5.26　〔木原〕

6. トドマツ　球果
北海道岩見沢市　98.7.6　〔茂木〕

PL.14 ｜ マツ科 PINACEAE

1. モミ　雄花　静岡県富士宮市　95.5.17　〔木原〕

2. モミ　若木の枝
山梨県富士吉田市　95.5.17　〔木原〕

3. モミ　Abies firma　東京都奥多摩　91.7.9　〔木原〕→p.26

4. モミ　樹皮
山梨県富士吉田市　95.5.17　〔木原〕

5. モミ　球果
和歌山県田辺市　07.10.11　〔木原〕

PINACEAE　マツ科　PL.15

2. シラビソ　雄花　八ヶ岳　02.5.31　〔木原〕

1. シラビソ　Abies veitchii var. veitchii　富士山御庭　02.6.1　〔木原〕→p.27

3. シラビソ　球果　男体山　01.8.30　〔木原〕

4. シコクシラベ　雄花
徳島県剣山　84.6.5　〔木原〕

5. シコクシラベ　雌花
徳島県剣山　84.6.5　〔木原〕

6. シコクシラベ　Abies veitchii var. reflexa
徳島県剣山　84.6.5　〔木原〕→p.27

マツ科　PINACEAE

1. オオシラビソ　Abies mariesii　八幡平　95.6.22　〔木原〕→p.27

2. オオシラビソ　長野県栂池　93.10.5　〔木原〕

3. オオシラビソ　雄花　長野県栂池高原　84.7.12　〔木原〕

4. オオシラビソ　雌花　長野県栂池　84.7.12　〔木原〕

5. オオシラビソ　球果
早池峰山　90.8.25　〔木原〕

6. シラビソ（右）と
オオシラビソ（左）の枝の上面
八ヶ岳麦草峠　95.5.31　〔木原〕

PINACEAE　マツ科　PL.17

1. ツガ　Tsuga sieboldii　東京都奥多摩　02.11.13　〔木原〕→p.33
2. ツガ　雄花　高知県横倉山　05.4.29　〔木原〕
3. ツガ　雌花　高知県横倉山　05.4.29　〔木原〕
4. ツガ　球果　富士山　84.10.30　〔木原〕
5. コメツガ　雄花　富士山　02.6.1　〔木原〕
6. コメツガ　球果　白馬岳　83.8.26　〔木原〕
7. コメツガ　葉裏　日光植物園　15.10.21　〔澤上〕
8. ツガ　葉裏　奥多摩　84.9.11　〔木原〕
9. コメツガ　Tsuga diversifolia　尾瀬　83.5.19　〔木原〕→p.33

PL.18　マツ科　PINACEAE

1. カラマツ　雄花
上高地　84.5.22　〔木原〕

2. カラマツ　雌花
北海道アポイ岳　85.5.23　〔木原〕

4. カラマツ　若い球果
長野県三方ヶ峰　95.8.7　〔福田〕

3. カラマツ　樹皮
白馬岳　83.8.26　〔木原〕

5. カラマツ　Larix kaempferi　紅葉
尾瀬　80.10.17　〔木原〕→p.27

6. カラマツ　球果
富士山　88.9.18　〔木原〕

7. グイマツ　球果
色丹島色丹松原　10.8.25　〔高橋〕

8. グイマツ　Larix gmelinii
色丹島色丹松原　10.8.25　〔高橋〕→p.27

1. トガサワラ　Pseudotsuga japonica
奈良県川上村　10.12.6　〔木原〕→p.32

2. トガサワラ　雄花
高知県馬路村　95.4.19　〔中澤〕

3. トガサワラ　樹皮
高知県安芸市　93.3.25　〔中澤〕

4. トガサワラ　球果
和歌山県高野町　10.12.5　〔木原〕

5. ナギ　Nageia nagi　樹冠
高知県安芸市　12.9.1　〔中澤〕→p.34

6. ナギ　雄花
多摩森林科学園　87.6.9　〔木原〕

7. ナギ　雌花
高知県南国市　90.5.23　〔中澤〕

8. ナギ　樹皮
高知県南国市　12.7.29　〔中澤〕

9. ナギ　種子
京都御所　15.11.4　〔木原〕

マツ科　PINACEAE／マキ科　PODOCARPACEAE

1. イヌマキ 雄花 徳島県城山 84.6.6 〔木原〕

2. イヌマキ 球果 静岡県小笠山 74.10.11 〔木原〕

3. イヌマキ Podocarpus macrophyllus 伊豆大島 00.2.5 〔木原〕→p.34

4. メタセコイア Metasequoia glyptostroboides 小石川植物園 15.10.19 〔邑田仁〕→p.39

5. コウヨウザン Cunninghamia lanceolata 小石川植物園 15.1.19 〔邑田仁〕→p.38

6. タイワンスギ Taiwania cryptomerioides 台湾嘉義市 07.12.8 〔大橋〕→p.38

PODOCARPACEAE マキ科／(CUPRESSACEAE ヒノキ科)　PL.21

1. コウヤマキ　Sciadopitys verticillata
宮崎県尾鈴山　85.3.28　〔木原〕→p.36

2. コウヤマキ　樹皮
和歌山高野山　07.11.15　〔茂木〕

3. コウヤマキ　雄花
神代植物公園　84.4.27　〔木原〕

4. コウヤマキ　雌花
横浜市(植栽)　89.3.23　〔茂木〕

5. コウヤマキ　球果
神代植物公園　84.4.27　〔木原〕

6. コウヤマキ　球果　和歌山県高野山　10.12.5　〔木原〕

PL.22　コウヤマキ科　SCIADOPITYACEAE

1. **スギ** 雄花 新宿御苑 95.2.23 〔木原〕

2. **スギ** 雌花
神奈川県丹沢 00.3.17 〔木原〕

3. **スギ** Cryptomeria japonica var. japonica 屋久島 09.8.27 〔木原〕→p.38

4. **スギ** 球果
東京都八王子市 82.3.16 〔木原〕

5. **スギ** 樹皮
神代植物公園 91.2.7 〔木原〕

6. **スギ** 花粉の飛散
山梨県笹子峠 95.2.17 〔木原〕

CUPRESSACEAE ヒノキ科 | PL.23

2. イブキ　雄花
静岡県下田市　94.4.1　〔木原〕

3. イブキ　雌花
静岡県下田市　94.4.1　〔木原〕

4. イブキ　球果
静岡県下田市　94.4.1　〔木原〕

1. イブキ　*Juniperus chinensis* var. *chinensis*
静岡県下田市　94.4.1　〔木原〕→p.39

5. ミヤマビャクシン　雄花
早池峰山　88.6.23　〔木原〕

6. ミヤマビャクシン　雌花
早池峰山　88.6.23　〔木原〕

7. ミヤマビャクシン　球果
早池峰山　88.6.23　〔木原〕

8. ミヤマビャクシン
Juniperus chinensis var. *sargentii*
早池峰山　88.6.23
〔木原〕→p.39

PL.24　ヒノキ科　CUPRESSACEAE

1. ネズミサシ　雄花
滋賀県竜王町　84.6.7　〔木原〕

2. ネズミサシ　雌花と球果
滋賀県竜王町　84.6.7　〔木原〕

3. ネズミサシ　Juniperus rigida
東京都奥多摩町　84.5.5　〔木原〕→p.40

4. ハイネズ　雄花
静岡県伊豆　94.4.1　〔木原〕

5. ハイネズ　雌花
千葉県銚子市　75.5.4　〔福田〕

7. ハイネズ　球果
千葉県市原市　93.5.29　〔木原〕

6. ハイネズ　Juniperus conferta　静岡県爪木崎　88.11.12　〔木原〕→p.40

CUPRESSACEAE　ヒノキ科　｜　PL.25

1. ミヤマネズ Juniperus communis var. nipponica
早池峰山　88.6.23　〔木原〕→p.40

2. ミヤマネズ　雄花
秋田駒ヶ岳　88.6.28　〔木原〕

3. ミヤマネズ　雌花と球果
早池峰山　88.6.23　〔木原〕

4. ミヤマネズ　球果
早池峰山　88.6.23　〔木原〕

5. ホンドミヤマネズ　球果
長野県八方尾根　10.10.1　〔木原〕

6. ホンドミヤマネズ Juniperus communis var. hondoensis
雄花　群馬県至仏山　86.7.25　〔木原〕→p.40

7. リシリビャクシン Juniperus communis var. montana
球果　北海道礼文島　87.7.1　〔木原〕→p.40

PL.26　ヒノキ科　CUPRESSACEAE

1. シマムロ　雄花
父島　13.2.9　〔木原〕

2. シマムロ　雌花
父島　13.2.9　〔木原〕

3. シマムロ　球果
父島　13.2.9　〔木原〕

4. シマムロ　Juniperus taxifolia var. taxifolia
小笠原諸島父島　86.4.11　〔木原〕→p.40

5. オキナワハイネズ
Juniperus taxifolia var. lutchuensis
伊豆大島　00.2.4　〔木原〕→p.40

6. オキナワハイネズ　花
沖縄県本部町　87.3.23　〔木原〕

7. オキナワハイネズ　球果
伊豆大島　00.2.4　〔木原〕

CUPRESSACEAE　ヒノキ科　PL.27

1. ヒノキ　Chamaecyparis obtusa　愛媛県久万高原町　03.7.7　〔木原〕→p.37

2. ヒノキ　雄花
高知県仁淀川町　87.4.3　〔中澤〕

3. ヒノキ　雌花
高知県仁淀川町　87.4.3　〔中澤〕

4. ヒノキ　樹皮
東京都昭和記念公園　11.6.7　〔木原〕

5. アスナロ(左)とヒノキ(右)の葉
徳島県那賀町　11.3.31　〔中澤〕

6. ヒノキ　球果
神代植物公園　02.11.29　〔木原〕

PL.28　ヒノキ科　CUPRESSACEAE

1. サワラ　球果
東京都昭和記念公園
11.6.7 〔木原〕

2. サワラ　雄花
神代植物公園　82.3.19 〔木原〕

3. サワラ　裂開後の球果
神代植物公園　83.4.2 〔木原〕

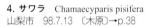

4. サワラ　Chamaecyparis pisifera
山梨市　98.7.13 〔木原〕→p.38

5. ヒムロ　Chamaecyparis pisifera 'Squarrosa'
小石川植物園　02.9.18 〔木原〕→p.38

6. ヒヨクヒバ　Chamaecyparis pisifera 'Filifera'
神代植物公園　99.10.19 〔木原〕→p.38

CUPRESSACEAE　ヒノキ科　PL.29

1. クロベ　Thuja standishii　新潟県蓮華温泉　83.8.27　〔木原〕→p.41

2. クロベ　球果　白馬岳　83.8.26　〔木原〕

3. クロベ　葉裏
尾瀬沼　87.7.17　〔木原〕

4. コノテガシワ　Platycladus orientalis
球果　新宿御苑　79.9.7　〔木原〕→p.41

5. コノテガシワ　雄花
小石川植物園　09.2.22　〔木原〕

6. コノテガシワ　球果
東京都薬用植物園　09.6.15　〔木原〕

PL.30　ヒノキ科　CUPRESSACEAE

2. アスナロ　球果
栃木県日光市　84.10.23　〔木原〕

1. アスナロ
Thujopsis dolabrata var. dolabrata
樹形　徳島県那賀町
87.5.4　〔中澤〕→p.41

3. アスナロ　葉裏
日光植物園　84.7.3　〔木原〕

4. ヒノキアスナロ　葉裏
石川県珠洲市　14.5.1　〔木原〕

5. ヒノキアスナロ　球果
珠洲市　14.5.1　〔木原〕

6. ヒノキアスナロ　葉
珠洲市　14.5.1　〔木原〕

7. ヒノキアスナロ　Thujopsis dolabrata var. hondae
石川県珠洲市　14.5.1　〔木原〕→p.41

CUPRESSACEAE ヒノキ科　｜ PL.31

1. イチイ　Taxus cuspidata　長野県上高地　84.5.22　〔木原〕→p.43

2. イチイ　雄花
長野県大町市　91.5.6　〔木原〕

3. イチイ　仮種皮に包まれた種子
大町市　84.10.10　〔木原〕

4. キャラボク　花
鳥取県大山　08.6.4　〔木原〕

5. キャラボク　仮種皮に包まれた種子
早池峰山　90.8.24　〔木原〕

6. キャラボク　Taxus cuspidata 'Nana'
鳥取県大山　08.6.4　〔木原〕→p.43

PL.32　｜　イチイ科　TAXACEAE

2. カヤ 雄花
小石川植物園　83.4.28　〔木原〕

3. カヤ 雌花
神代植物公園　83.4.29　〔木原〕

4. カヤ 仮種皮に包まれた種子
神代植物公園　91.9.20　〔木原〕

5. カヤ(右)とイヌガヤ(左)の葉の比較
神奈川県相模湖　91.4.15　〔木原〕

1. カヤ Torreya nucifera var. nucifera
宮城県山元町　05.6.18　〔大橋〕→p.43

6. カヤ 種子
神代植物公園
91.9.20　〔木原〕

8. チャボガヤ 雄花
上山市　04.4.29　〔木原〕

9. チャボガヤ 雌花
上山市　04.4.29　〔木原〕

7. チャボガヤ Torreya nucifera var. radicans
山形県上山市　04.4.29　〔木原〕→p.44

1. イヌガヤ Cephalotaxus harringtonia var. harringtonia
東京都奥多摩町　07.4.17　〔茂木〕→p.42

2. イヌガヤ　雄花
千葉県南房総市　83.3.23　〔木原〕

3. イヌガヤ　雌花
南房総市　83.3.23　〔木原〕

4. イヌガヤ　種子
三国峠　75.10.11　〔木原〕

5. イヌガヤ　種子の縦断面
日光植物園　89.8.27　〔福田〕

6. ハイイヌガヤ Cephalotaxus harringtonia var. nana　岐阜県新穂高温泉　80.9.22　〔木原〕→p.42

7. ハイイヌガヤ　種子
尾瀬　91.10.16　〔木原〕

8. ハイイヌガヤ　雄花
長野県白馬村　88.5.14
〔木原〕

9. チョウセンマキ
Cephalotaxus harringtonia 'Fastigiata'
神代植物公園　09.3.5
〔木原〕→p.42

PL.34　｜　イチイ科　TAXACEAE

2. ジュンサイ　雌性期の花
大阪市　11.6.15　〔志賀〕

3. ジュンサイ　雄性期の花
大阪市　11.6.15　〔志賀〕

4. ジュンサイ
群馬県尾瀬　91.7.8　〔木原〕

1. ジュンサイ　Brasenia schreberi
兵庫県たつの市　94.6.29　〔木原〕→p.45

5. フサジュンサイ　Cabomba caroliniana
北海道南幌町　02.8.14　〔梅沢〕→p.45

6. シモツケコウホネ　Nuphar submersa
栃木県日光市　06.9.24　〔志賀〕→p.47

7. シモツケコウホネ
日光市　08.9.17　〔志賀〕

CABOMBACEAE　ジュンサイ科／NYMPHAEACEAE　スイレン科　PL.35

1. ヒメコウホネ　Nuphar subintegerrima
愛知県みよし市　10.9.15　〔志賀〕→p.47

2. コウホネ　Nuphar japonica
神奈川県箱根湿性花園　91.7.11　〔木原〕→p.47

3. サイコクヒメコウホネ　Nuphar saikokuensis
兵庫県小野市　15.6.14　〔志賀〕→p.47

4. オグラコウホネ　Nuphar oguraensis var. oguraensis
宮崎県高鍋町　93.10.1　〔木原〕→p.47

2. オゼコウホネ
尾瀬　87.7.18　〔木原〕

3. ネムロコウホネ　Nuphar pumila var. pumila
北海道稚内市　87.6.30　〔木原〕→p.47

1. オゼコウホネ
Nuphar pumila var. ozeensis
山形県月山　86.8.18
〔木原〕→p.47

5. オニバス　花
新潟県福島潟　15.9.19
〔志賀〕

6. ヒツジグサ　Nymphaea tetragona
var. tetragona
群馬県尾瀬　86.8.19　〔木原〕→p.48

4. オニバス　Euryale ferox
新潟県福島潟　98.8.22　〔木原〕→p.46

NYMPHAEACEAE　スイレン科　PL.37

1. シキミ　Illicium anisatum　神代植物公園　82.3.19　〔木原〕→p.49

2. シキミ　小石川植物園　84.4.10　〔木原〕

4. ヤエヤマシキミ　Illicium tashiroi　西表島　09.2.10　〔木原〕→p.50

3. シキミ
小石川植物園　91.9.25　〔木原〕

5. ヤエヤマシキミ　西表島　09.2.10　〔木原〕

2. サネカズラ　雄花
小石川植物園　13.9.30 〔邑田仁〕

3. サネカズラ　雌花
小石川植物園　13.9.30 〔邑田仁〕

4. サネカズラ　果実
静岡県下田市　81.11.10 〔木原〕

9. マツブサ　雌花
山梨県韮崎市　89.7.16 〔茂木〕

10. マツブサ　雄花
山梨県富士河口湖町　87.7.8 〔茂木〕

1. サネカズラ
Kadsura japonica
東京都薬用植物園　89.7.14
〔木原〕→p.50

6. チョウセンゴミシ　果実
長野県高ボッチ高原　83.10.1 〔木原〕

5. チョウセンゴミシ　Schisandra chinensis
長野県高ボッチ高原　01.6.10 〔木原〕→p.50

7. チョウセンゴミシ　雄花
長野県松本市　04.5.24 〔木原〕

8. マツブサ　Schisandra repanda
山梨県御座石鉱泉　87.10.11 〔木原〕→p.50

SCHISANDRACEAE　マツブサ科　PL.39

2. センリョウ
東京都杉並区　91.6.20　〔木原〕

3. センリョウ　果実
東京都杉並区　94.1.28　〔木原〕

4. センリョウ　花
石垣島　09.1.15
〔邑田仁〕

1. センリョウ　Sarcandra glabra　果実
屋久島　94.12.2　〔木原〕→p.53

5. フタリシズカ　花
新潟県二王子岳　95.6.2　〔いがり〕

6. フタリシズカ
Chloranthus serratus
山形県西村山郡
01.6.26
〔木原〕→p.52

PL.40　センリョウ科　CHLORANTHACEAE

1. キビヒトリシズカ　Chloranthus fortunei
岡山県新見市　85.5.3　〔山田〕→p.52

3. ヒトリシズカ　Chloranthus quadrifolius
新潟県佐渡島　94.4.23　〔木原〕→p.53

2. キビヒトリシズカ
岡山県新見市　85.5.3　〔山田〕

4. ヤエドクダミ　Houttuynia cordata f. plena
東京都薬用植物園　02.7.13
〔木原〕→p.54

5. ドクダミ　Houttuynia cordata
東京都町田市　01.6.8　〔木原〕→p.54

6. ハンゲショウ　Saururus chinensis
茨城県取手市　95.7.7　〔木原〕→p.54

CHLORANTHACEAE　センリョウ科／SAURURACEAE　ドクダミ科　PL.41

1. サダソウ
Peperomia japonica
沖縄県国頭村　86.5.18　〔木原〕→p.55

2. シマゴショウ
Peperomia boninsimensis
小笠原諸島母島　13.6.19　〔木原〕→p.55

3. オキナワスナゴショウ
Peperomia okinawensis
沖縄県国頭村　12.5.27　〔木原〕→p.55

4. フウトウカズラ　Piper kadsura
千葉県館山市　91.2.4　〔木原〕→p.56

5. フウトウカズラ
神奈川県神武寺　87.5.17　〔木原〕

6. タイヨウフウトウカズラ
小笠原諸島母島　13.6.19　〔木原〕

7. タイヨウフウトウカズラ　Piper postelsianum
小笠原諸島母島　86.12.15　〔木原〕→p.56

コショウ科　PIPERACEAE

1. コウシュンウマノスズクサ
Aristolochia zollingeriana
宮古島　14.6.19　〔木原〕→p.57

3. オオバウマノスズクサ
Aristolochia kaempferi
静岡県富士市　05.5.29　〔東馬加奈〕→p.59

4. オオバウマノスズクサ
果実　小石川植物園　04.8.7
〔東馬加奈〕

8. ウマノスズクサ　果実
福岡県宗像市　05.11.12
〔福原〕

2. コウシュンウマノスズクサ
果実　宮古島　14.11.12
〔木原〕

5. オオバウマノスズクサ　花（雌性期）
宮崎県都農町　02.5.10　〔東馬加奈〕

7. ウマノスズクサ　Aristolochia debilis
甲府市　83.6.23　〔木原〕→p.58

9. ウマノスズクサ　花（雌性期）
小石川植物園　15.9.1　〔東馬哲雄〕

10. マルバウマノスズクサ
Aristolochia contorta
長野県中川村　06.8.3　〔山田〕→p.58

6. オオバウマノスズクサ　花
熊本県玉名市　05.5.22　〔東馬加奈〕

ARISTOLOCHIACEAE　ウマノスズクサ科　| PL.43

3. リュウキュウ
ウマノスズクサ
Aristolochia liukiuensis
沖縄県国頭郡　12.2.14
〔木原〕→p.59

1. タンザワウマノスズクサ
Aristolochia tanzawana
山梨県道志村　10.6.6　〔東馬加奈〕→p.58

4. リュウキュウ
ウマノスズクサ
沖縄県名護市
98.2.11
〔邑田仁〕

2. タンザワウマノスズクサ　果実
静岡市　10.7.5　〔東馬哲雄〕

7. オナガサイシン　Asarum caudigerum
沖縄県嘉津宇岳　14.3.13　〔木原〕→p.61

6. アリマウマノスズクサ
Aristolochia shimadae
西表島　09.2.11
〔木原〕→p.58

5. アリマウマノスズクサ
神戸市　03.6.27　〔東馬加奈〕

8. フタバアオイ
Asarum caulescens
東京都奥多摩
84.5.5　〔木原〕→p.61

ウマノスズクサ科　ARISTOLOCHIACEAE

1. ウスバサイシン　Asarum sieboldii
長野県大町市　81.5.9　〔木原〕→p.62

2. オクエゾサイシン　Asarum heterotropoides
北海道清水町　01.6.3　〔梅沢〕→p.62

3. クロフネサイシン　Asarum dimidiatum
徳島県剣山　84.6.5　〔木原〕→p.62

4. オナガカンアオイ　Asarum minamitanianum
宮崎県　85.3.27　〔木原〕→p.62

5. トウゴクサイシン　Asarum tohokuense
仙台市　09.4.24　〔山田〕→p.62

6. トウゴクサイシン
仙台市　09.4.24
〔山田〕

ARISTOLOCHIACEAE　ウマノスズクサ科　PL.45

1. トサノアオイ Asarum costatum
高知県安芸市　11.5.13 〔木原〕→p.63

2. オモロカンアオイ Asarum dissitum
石垣島　03.1.19 〔山田〕→p.63

3. オモロカンアオイ
石垣島　03.1.19 〔山田〕

4. ヤエヤマカンアオイ Asarum yaeyamense
西表島　09.2.21 〔山田〕→p.64

5. サンヨウアオイ Asarum hexalobum var. hexalobum
熊本県小岱山　14.4.19 〔菅原〕→p.63

6. フクエジマカンアオイ Asarum mitoanum
長崎県五島市　95.2.10 〔菅原〕→p.64

PL.46　ウマノスズクサ科　ARISTOLOCHIACEAE

1. ミヤコアオイ　　Asarum asperum var. asperum
大分県由布市　10.5.7〔邑田仁〕→p.64

2. カギガタアオイ　　Asarum curvistigma
静岡市竜爪山　86.10.12〔山田〕→p.64

3. カギガタアオイ
静岡市竜爪山　86.10.12〔山田〕

4. ツチグリカンアオイ
Asarum asperum var. geaster
徳島県海陽町　99.4.23〔木原〕→p.64

5. アマギカンアオイ
Asarum muramatsui
静岡県伊東市　06.4.26〔山田〕→p.64

6. タマノカンアオイ
Asarum tamaense
東京都高尾山　97.5.10〔木原〕→p.64

ARISTOLOCHIACEAE　ウマノスズクサ科　PL.47

1. グスクカンアオイ　Asarum gusk
奄美大島　06.2.25　〔山田〕→p.65

2. オオバカンアオイ　Asarum lutchuense
奄美大島　10.3.4　〔菅原〕→p.65

3. エクボサイシン　Asarum gelasinum
西表島　11.3.23　〔菅原〕→p.66

4. ハツシマカンアオイ　Asarum hatsushimae
徳之島　93.3.21　〔山田〕→p.65

5. クワイバカンアオイ
Asarum kumageanum var. kumageanum
屋久島　94.11.12　〔山田〕→p.65

6. ムラクモアオイ
Asarum kumageanum var. satakeana
種子島　04.11.1　〔木原〕→p.65

1. ナゼカンアオイ　　Asarum nazeanum
奄美大島　10.3.4　〔菅原〕→p.65

2. カケロマカンアオイ　　Asarum trinacriforme
加計呂麻島　08.3.6　〔菅原〕→p.66

3. アサトカンアオイ　　Asarum tabatanum
奄美大島　11.3.2　〔菅原〕→p.66

4. フジノカンアオイ　　Asarum fudsinoi
奄美大島　08.2.8　〔菅原〕→p.66

5. モノドラカンアオイ　　Asarum monodoriflorum
西表島　12.5.11　〔阿部〕→p.66

6. タイリンアオイ　　Asarum asaroides
熊本県阿蘇市　00.4.27　〔山田〕→p.67

2. ヒナカンアオイ
Asarum okinawense
沖縄県名護市　13.4.6　〔木原〕→p.66

3. ウンゼンカンアオイ
Asarum unzen
福岡県朝倉市　86.5.12　〔山田〕→p.67

1. ミヤビカンアオイ　Asarum celsum
奄美大島湯湾岳　06.3.23　〔木原〕→p.66

5. クロヒメカンアオイ
Asarum yoshikawae
新潟県上越市　12.5.7　〔五百川〕→p.68

7. マルミカンアオイ
Asarum subglobosum
宮崎県木城町　96.4.13　〔木原〕→p.67

4. ツクシアオイ　Asarum kiusianum
多良岳　94.5.8　〔山田〕→p.67

6. ランヨウアオイ　Asarum blumei
相模原市城山　09.4.9　〔菅原〕→p.67

PL.50　ウマノスズクサ科　ARISTOLOCHIACEAE

3. カンアオイ
Asarum nipponicum var. nipponicum
埼玉県東松山市　92.11.17　〔木原〕→p.68

1. オトメアオイ
Asarum savatieri subsp. savatieri
静岡県長九郎山　00.5.24　〔木原〕→p.68

2. コシノカンアオイ
Asarum megacalyx
新潟県弥彦山　84.4.17　〔木原〕→p.68

4. ナンカイアオイ
Asarum nipponicum var. nankaiense
徳島県海陽町　97.6.2　〔木原〕→p.68

5. アツミカンアオイ
Asarum rigescens var. rigescens
和歌山県太地町　93.1.16　〔山田〕→p.69

6. アツミカンアオイ
和歌山県太地町　93.1.16　〔山田〕

3. アラカワカンアオイ
Asarum ikegamii var. fujimakii
新潟県関川村　90.5.15　〔鷲尾〕→p.69

1. ユキグニカンアオイ　Asarum ikegamii var. ikegamii
新潟県阿賀野市　14.3.31　〔鷲尾〕→p.69

2. ユキグニカンアオイ
新潟県魚沼市　99.5.11　〔山田〕

4. コトウカンアオイ　Asarum majale
三重県藤原岳　01.5.25　〔菅原〕→p.69

5. スエヒロアオイ　Asarum dilatatum
三重県野登山　01.10.12　〔菅原〕→p.69

6. ヒメカンアオイ　Asarum fauriei var. takaoi
三重県伊賀市　04.3.17　〔菅原〕→p.70

7. ミチノクサイシン　Asarum fauriei var. fauriei
青森県外ヶ浜町　90.5.1　〔菅原〕→p.70

1. ホオノキ　横浜市　01.5.9　〔茂木〕

2. ホオノキ　Magnolia obovata　新宿御苑　96.5.24　〔木原〕→p.72

4. ホオノキ　開葉
長野県軽井沢町　00.5.17　〔茂木〕

5. ユリノキ　Liriodendron tulipifera
新宿御苑　96.5.24　〔木原〕→p.71

3. ホオノキ　果実
東京都府中市　71.9.11　〔木原〕

MAGNOLIACEAE　モクレン科　PL.53

1. オオヤマレンゲ Magnolia sieboldii subsp. japonica
谷川岳　88.7.13　〔木原〕→p.72

2. オオヤマレンゲ　谷川岳　88.7.13　〔木原〕

3. オオヤマレンゲ　果実
八ヶ岳薬用植物園　12.9.14　〔木原〕

4. オオバオオヤマレンゲ Magnolia sieboldii subsp. sieboldii
北大植物園　96.6.19　〔木原〕→p.72

5. オオバオオヤマレンゲ
北大植物園　96.6.19　〔木原〕

PL.54　モクレン科　MAGNOLIACEAE

2. シデコブシ
愛知県田原市
05.3.31 〔木原〕

3. コブシモドキ　葉
徳島県那賀町　99.4.23 〔木原〕

4. コブシモドキ
Magnolia pseudokobus
摂南大学　14.4.15 〔邑田仁〕→p.73

1. シデコブシ　*Magnolia stellata*
愛知県田原市　05.3.31 〔木原〕→p.72

5. シモクレン　*Magnolia liliiflora*
千葉県南房総市　13.3.29 〔邑田仁〕→p.73

6. ハクモクレン　*Magnolia denudata*
新宿御苑　08.3.18 〔木原〕→p.72

1. コブシ Magnolia kobus var. kobus
福島県下郷町　81.4.27　〔木原〕→p.73

2. コブシ
新宿御苑　07.4.6　〔木原〕

3. コブシ　種子
千葉大学　89.10.27　〔福田〕

4. コブシ　花芽
新宿御苑　07.2.7　〔木原〕

5. コブシ　果実
宮崎県都築市　94.8.22　〔茂木〕

6. タムシバ
長野県白馬村　93.5.12
〔木原〕

7. タムシバ　果実
福島県下郷町　81.10.5　〔木原〕

8. タムシバ Magnolia salicifolia
長野県大町市　93.5.12　〔木原〕→p.73

PL.56　モクレン科　MAGNOLIACEAE

1. タイワンオガタマ Magnolia compressa var. formosana
西表島　12.2.9　〔木原〕→p.73

2. オガタマノキ Magnolia compressa var. compressa
神代植物公園　08.3.11　〔木原〕→p.73

3. オガタマノキ
果実　徳島県牟岐町
11.11.17　〔木原〕

4. タイサンボク
果実　新宿御苑
97.11.12　〔茂木〕

5. タイサンボク Magnolia grandiflora
新宿御苑　83.6.3　〔木原〕→p.74

MAGNOLIACEAE　モクレン科　| PL.57

2. クロボウモドキ　樹皮
西表島　13.4.8　〔木原〕

3. イランイランノキ
Cananga odorata
サイパン　97.2.28　〔木原〕→p.75

1. クロボウモドキ
Monoon liukiuense
西表島　13.4.8
〔木原〕→p.75

4. ハスノハギリ　果実
小笠原諸島　86.4.8　〔木原〕

5. ハスノハギリ　花
西表島　07.6.25　〔木原〕

6. ハスノハギリ
Hernandia nymphaeifolia
西表島　86.5.23
〔木原〕→p.76

PL.58　バンレイシ科　ANNONACEAE／ハスノハギリ科　HERNANDIACEAE

1. テングノハナ　Illigera luzonensis
西表島（植栽）　13.4.11　〔木原〕→p.76

2. テングノハナ　花
西表島（植栽）　13.4.11　〔木原〕

3. イトスナヅル　Cassytha pergracilis
伊是名島　14.9.12　〔阿部〕→p.79

4. スナヅル
小笠原諸島南島　13.2.8　〔木原〕

5. スナヅル　花と果実
小笠原諸島南島　13.2.8　〔木原〕

6. スナヅル　Cassytha filiformis var. filiformis
沖縄県与那国島　11.10.19　〔木原〕→p.79

7. ケスナヅル　Cassytha filiformis var. duripraticola
沖縄県伊是名島　14.9.12　〔阿部〕→p.79

HERNANDIACEAE　ハスノハギリ科／LAURACEAE　クスノキ科　｜　PL.59

1. クスノキ　Cinnamomum camphora　小石川植物園　98.2.18　〔木原〕→p.80

3. クスノキ　静岡県伊東市　11.4.26　〔木原〕

4. クスノキ　果実　東京都杉並区　83.11.17　〔木原〕

2. クスノキ　新宿御苑　11.5.20　〔木原〕

PL.60　クスノキ科　LAURACEAE

1. コヤブニッケイ
Cinnamomum pseudopedunculatum
小笠原諸島母島　86.12.14　〔木原〕→p.80

2. コヤブニッケイ
小笠原諸島父島　13.6.11　〔木原〕

3. ヤブニッケイ　Cinnamomum yabunikkei
静岡県爪木崎　91.6.27　〔木原〕→p.80

6. ニッケイ　Cinnamomum sieboldii
種子島薬用植物園　01.5.29　〔木原〕→p.80

4. ヤブニッケイ　花
宮古島　14.4.1　〔阿部〕

5. ヤブニッケイ　果実
静岡県爪木崎　76.11.16　〔木原〕

2. マルバニッケイ
種子島
03.6.4 〔木原〕

1. マルバニッケイ Cinnamomum daphnoides
屋久島 94.11.28 〔木原〕→p.81

3. シバニッケイ Cinnamomum doederleinii var. doederleinii
西表島 86.5.23 〔木原〕→p.81

4. コブガシ Machilus kobu 花
小笠原諸島父島 13.2.6 〔木原〕→p.86

5. コブガシ こぶの部位
父島 13.2.6 〔木原〕

6. コブガシ 若葉
父島 13.6.22 〔木原〕

1. タブノキ　花　静岡県伊東市　11.4.26　〔木原〕→p.86

2. タブノキ　果実　東京都昭和記念公園　12.6.13　〔木原〕

3. タブノキ　Machilus thunbergii　三重県紀北町　13.9.30　〔茂木〕

5. タブガシ　父島　13.4.24　〔木原〕

4. タブガシ　Machilus pseudokobu
小笠原諸島父島　13.4.23　〔木原〕→p.86

1. アオガシ Machilus japonica
高知県工石山　91.5.24　〔木原〕→p.87

2. アオガシ　果実
宮崎県尾鈴山　93.9.27　〔木原〕

3. アオガシ
沖縄県　87.3.22　〔木原〕

4. オガサワラアオグス　Machilus boninensis
小笠原諸島父島　86.4.13　〔木原〕→p.86

5. カナクギノキ　Lindera erythrocarpa　紅葉
屋久島　94.12.2　〔木原〕→p.82

6. カナクギノキ　樹皮
熊本県阿蘇市　15.4.14　〔茂木〕

7. オガサワラアオグス　若い果実
小笠原諸島母島　13.6.17　〔木原〕

PL.64　クスノキ科　LAURACEAE

1. カナクギノキ　雄花
愛知県新城市　83.4.21　〔木原〕

2. カナクギノキ　雌花
愛知県五井山　83.4.24　〔木原〕

6. クロモジ　Lindera umbellata var. umbellata
埼玉県嵐山町　98.4.11　〔木原〕→p.83

3. カナクギノキ　果実
鹿児島県霧島市　82.11.5　〔木原〕

4. オオバクロモジ　雄花
新潟県長岡市　92.5.1　〔木原〕

7. クロモジ
神代植物公園　08.4.4　〔木原〕

5. オオバクロモジ　Lindera umbellata var. membranacea
果実　長野県大町市　84.10.2　〔木原〕→p.83

8. ケクロモジ　Lindera sericea var. sericea
大分県由布市　93.9.29　〔木原〕→p.83

9. ケクロモジ　葉裏
宮崎県えびの市　97.6.23　〔茂木〕

2. アブラチャン　雌花
神奈川県山北町　89.4.6　〔茂木〕

3. アブラチャン　雄花
陣馬山　83.4.5　〔木原〕

4. アブラチャン　若い果実
高尾山　11.8.1　〔木原〕

5. シロモジ
愛知県新城市　84.5.30　〔木原〕

1. アブラチャン　Lindera praecox
東京都高尾山　97.3.31　〔木原〕→p.83

6. シロモジ　雄株
愛知県新城市
83.4.20　〔木原〕

7. シロモジ　Lindera triloba
紅葉　栃木県日光市
03.10.30　〔木原〕→p.84

クスノキ科　LAURACEAE

1. ダンコウバイ　雄花　陣馬山　83.4.5　〔木原〕

2. ダンコウバイ　東京都高尾山　83.5.2　〔木原〕

4. ヤマコウバシ　Lindera glauca
埼玉県東松山市　97.2.18　〔木原〕→p.84

5. ヤマコウバシ　樹皮
東京都昭和記念公園　13.12.24　〔木原〕

6. ヤマコウバシ　果実
神代植物公園　00.10.6　〔木原〕

3. ダンコウバイ　Lindera obtusiloba
紅葉　長野県大町市　01.11.2　〔木原〕→p.84

LAURACEAE クスノキ科 | PL.67

1. テンダイウヤク　Lindera aggregata
東京都高尾山　89.4.22　〔木原〕→p.84

2. テンダイウヤク　果実　東京都薬用植物園　97.10.24　〔木原〕

3. オキナワコウバシ　Lindera communis var. okinawensis
沖縄島　10.5.8　〔阿部〕→p.84

4. ゲッケイジュ　Laurus nobilis　小石川植物園　84.5.4　〔木原〕→p.81

5. ゲッケイジュ　雄株　小石川植物園　84.5.4　〔木原〕

6. ゲッケイジュ　雌株　新宿御苑　01.4.8　〔木原〕

PL.68　クスノキ科　LAURACEAE

1. シロダモ Neolitsea sericea var. sericea 新芽
11.4.26 静岡県爪木崎 〔木原〕→p.87

2. シロダモ 雌花
東京都小石川植物園 10.11.5 〔木原〕

3. シロダモ 果実
静岡県下田市 92.11.12 〔木原〕

4. ダイトウシロダモ Neolitsea sericea var. argentea 雄花
北大東島 14.12.21 〔阿部〕→p.87

5. オガサワラシロダモ
Neolitsea boninensis
小笠原諸島父島 86.4.8
〔木原〕→p.87

6. オガサワラシロダモ
小笠原諸島 86.12.17
〔木原〕

7. キンショクダモ Neolitsea sericea var. aurata 果実
小笠原諸島父島 13.6.11 〔木原〕→p.87

LAURACEAE クスノキ科 | PL.69

1. バリバリノキ　*Actinodaphne acuminata*
宮崎市　02.4.24　〔茂木〕→p.78

2. バリバリノキ　雄花
宮崎市　95.8.5　〔茂木〕

3. バリバリノキ　雌花
屋久島　95.8.11　〔茂木〕

4. バリバリノキ
宮崎県尾鈴山　85.3.28　〔木原〕

5. イヌガシ
東京都高尾山　83.3.22　〔木原〕

6. イヌガシ　*Neolitsea aciculata*　果実　霧島山　82.11.5　〔木原〕→p.88

7. ハマビワ　*Litsea japonica*
果実　長崎県壱岐市　09.6.15　〔茂木〕→p.85

8. ハマビワ　雄花
鹿児島県野間半島　94.11.24　〔木原〕

9. ハマビワ　雌花
小石川植物園　11.10.3　〔邑田仁〕

PL.70　クスノキ科　LAURACEAE

1. アオモジ 雌花
鹿児島県姶良市　85.3.26　〔木原〕

2. アオモジ
高尾山　84.10.26　〔木原〕

3. アオモジ　雄花
鹿児島県姶良市　85.3.26　〔木原〕

4. アオモジ　Litsea cubeba　雄
鹿児島県姶良市　85.3.26　〔木原〕→p.85

5. カゴノキ　雄花
東京都高尾山　07.9.17　〔木原〕

6. カゴノキ　果実
高尾山　07.9.17　〔木原〕

7. カゴノキ　Litsea coreana
東京都高尾山　07.9.17
〔木原〕→p.85

8. カゴノキ　樹皮
小石川植物園　10.3.18　〔木原〕

LAURACEAE　クスノキ科　｜　PL.71

3. セキショウ　Acorus gramineus
東京都あきる野市（植栽）　79.4.9　〔木原〕→p.89

1. ショウブ　Acorus calamus
東京都町田市　09.4.3　〔木原〕→p.89

2. ショウブ
摂南大学　14.5.4　〔邑田仁〕

4. セキショウ　花序
摂南大学　10.4.29　〔邑田仁〕

5. アオウキクサ　Lemna aoukikusa subsp. aoukikusa
筑波実験植物園　16.8.31　〔田中法生〕→p.107

6. ミジンコウキクサ　花をつけた個体
茨城県かすみがうら市　13.8.03　〔田中法生〕

7. ミジンコウキクサ　Wolffia globosa
相模原市　03.12.2　〔山田〕→p.111

PL.72　ショウブ科　ACORACEAE／サトイモ科　ARACEAE

1. コウキクサ(左)　Lemna minor
相模原市　04.4.6
〔山田〕→p.108

2. ヒメウキクサ　Landoltia punctata
東京都町田市　95.8.25
〔木原〕→p.107

3. ヒンジモ　Lemna trisulca
北海道江別市　00.5.26
〔梅沢〕→p.108

6. ウキクサ　周囲はヒメウキクサ
東京都町田市　95.8.25　〔木原〕

4. ヒンジモ
日光植物園　15.10.17　〔邑田仁〕

5. ウキクサ　Spirodela polyrhiza
長野県大町市　98.7.16　〔木原〕→p.110

7. ウキクサ　北海道美唄市　04.2.20　〔梅沢〕

ARACEAE　サトイモ科　PL.73

2. クワズイモ
果実　石垣島米原
07.6.23〔木原〕

1. クワズイモ　Alocasia odora
屋久島　01.5.30〔木原〕→p.92

3. ヤマコンニャク　Amorphophallus kiusianus
果実　摂南大学　05.8.1〔邑田仁〕→p.92

4. ヤマコンニャク　花序
小石川植物園　81.6.5〔邑田仁〕

5. シマクワズイモ　Alocasia cucullata
小石川植物園　15.9.3
〔邑田仁〕→p.92

6. コンニャク　花序　岐阜県
揖斐川町　14.5.13〔水野〕

7. コンニャク　芋
岐阜県揖斐川町　14.5.26〔水野〕

8. コンニャク　Amorphophallus konjac
群馬県沼田市　01.7.28〔木原〕→p.93

PL.74　サトイモ科　ARACEAE

1. オキナワテンナンショウ Arisaema heterocephalum subsp. okinawaense 花
沖縄島　06.1.18　〔阿部〕→p.96

2. シマテンナンショウ Arisaema negishii
神奈川県平塚市　09.3.1　〔山田〕→p.96

3. アマミテンナンショウ
Arisaema heterocephalum subsp. heterocephalum
奄美大島　06.3.24　〔木原〕→p.96

4. オオアマミテンナンショウ
Arisaema heterocephalum subsp. majus
徳之島　82.1.20　〔邑田仁〕→p.96

5. ナンゴクウラシマソウ
Arisaema thunbergii subsp. thunbergii
熊本県阿蘇市　94.5.9　〔木原〕→p.97

6. ウラシマソウ
Arisaema thunbergii subsp. urashima
小石川植物園　97.3.29　〔木原〕→p.97

7. マイヅルテンナンショウ
Arisaema heterophyllum
茨城県常総市　95.5.30　〔木原〕→p.96

ARACEAE　サトイモ科　PL.75

1. ヒメウラシマソウ　Arisaema kiushianum
阿蘇市　94.5.8　〔木原〕→p.97

3. ムサシアブミ　Arisaema ringens
高知県香南市　80.4.10　〔木原〕→p.97

2. ヒメウラシマソウ
左：雄花序、右：雌花序
大分県杵築市　10.5.07　〔邑田仁〕

4. ミツバテンナンショウ　Arisaema ternatipartitum
徳島県剣山　84.6.5　〔木原〕→p.97

1. ヒロハテンナンショウ
Arisaema ovale
新潟県長岡市　96.5.17　〔木原〕→p.97

2. シコクヒロハテンナンショウ
Arisaema longipedunculatum
愛媛県石鎚山　98.6.14　〔山田〕→p.98

3. イナヒロハテンナンショウ
Arisaema inaense
長野県安曇野市　92.6.13　〔邑田仁〕→p.97

4. イシヅチテンナンショウ
Arisaema ishizuchiense
徳島県剣山　84.6.4　〔木原〕→p.98

5. オオミネテンナンショウ
Arisaema nikoense subsp. australe
静岡県安倍峠　15.5.16　〔東馬哲雄〕→p.98

6. ユモトマムシグサ
Arisaema nikoense subsp. nikoense
長野県三伏峠　00.6.8　〔木原〕→p.98

7. ナギヒロハテンナンショウ
Arisaema nagiense
鳥取県那岐山　08.5.4　〔大野〕→p.98

8. ハリノキテンナンショウ
Arisaema nikoense subsp. alpicola
石川県白山　08.6.28　〔笹村〕→p.99

ARACEAE　サトイモ科　PL.77

1. オドリコテンナンショウ
Arisaema aprile
静岡県天城峠　04.4.24　〔東馬哲雄〕→p.99

2. タカハシテンナンショウ
Arisaema nambae
岡山県吉備中央町　06.4.21　〔池田〕→p.99

3. ナガバマムシグサ
Arisaema undulatifolium subsp. undulatifolium
静岡県天城峠　07.4.11　〔柿嶋〕→p.99

4. ミミガタテンナンショウ　Arisaema limbatum
東京都高尾山　97.4.10　〔木原〕→p.99

5. ミミガタテンナンショウ　雄花
神奈川県相模湖　91.4.5　〔木原〕

6. ミミガタテンナンショウ　雌花
相模湖　91.4.5　〔木原〕

7. ハリママムシグサ
Arisaema minus
摂南大学　02.4.4
〔邑田裕子〕→p.99

PL.78　サトイモ科　ARACEAE

1. ヒガンマムシグサ
Arisaema aequinoctiale
丹沢　02.5.28　〔木原〕→p.100

2. ヒトヨシテンナンショウ
Arisaema mayebarae
鹿児島県霧島市　94.5.15　〔木原〕→p.100

3. マムシグサ
Arisaema japonicum
大分県由布市　10.5.7　〔邑田仁〕→p.100

4. マムシグサ　果実
屋久島　10.11.12　〔邑田仁〕

5. オガタテンナンショウ
Arisaema ogatae
宮崎県白鳥山　97.5.16　〔山田〕→p.100

6. カラフトヒロハテンナンショウ
Arisaema sachalinense
北海道礼文島　12.6.13　〔梅沢〕→p.101

1. アオテンナンショウ　Arisaema tosaense
徳島県海陽町　97.6.3　〔木原〕→p.101

2. トクノシマテンナンショウ
Arisaema kawashimae
徳之島　80.2.15　〔邑田仁〕→p.101

3. アマギテンナンショウ
Arisaema kuratae
天城山　83.4.27　〔邑田仁〕→p.101

4. キシダマムシグサ　Arisaema kishidae
愛知県本宮山　82.5.15　〔木原〕→p.101

5. ホロテンナンショウ
Arisaema cucullatum
大台ヶ原　08.6.7
〔山田〕→p.101

6. ツクシマムシグサ
Arisaema maximowiczii
大分県九重町　96.6.1　〔山田〕→p.102

7. エヒメテンナンショウ
Arisaema ehimense
松山市　09.4.24　〔東馬哲雄〕→p.102

1. タシロテンナンショウ
Arisaema tashiroi
鹿児島県霧島市　94.5.15　〔木原〕→p.102

2. ユキモチソウ
Arisaema sikokianum
高知市　80.4.12　〔木原〕→p.102

3. ヒトツバテンナンショウ
Arisaema monophyllum
東京都あきる野市　79.4.22　〔木原〕→p.103

5. キリシマテンナンショウ
Arisaema sazensoo
鹿児島県霧島市　94.5.15　〔木原〕→p.102

6. シコクテンナンショウ
Arisaema iyoanum subsp. nakaianum
愛媛県面河渓　77.5.5　〔邑田仁〕→p.103

4. オモゴウテンナンショウ
Arisaema iyoanum subsp. iyoanum
愛媛県面河渓　90.5.3　〔山田〕→p.103

7. ヒュウガヒロハテンナンショウ
Arisaema minamitanii
小石川植物園　84.5.10　〔邑田仁〕→p.103

1. ヤマグチテンナンショウ
Arisaema suwoense
摂南大学　15.4.18　〔邑田仁〕→p.103

2. セッピコテンナンショウ
Arisaema seppikoense
兵庫県　98.5.10　〔大野〕→p.102

3. ウンゼンマムシグサ
Arisaema unzenense
長崎県雲仙岳　09.5.11　〔東馬哲雄〕→p.105

4. ウメガシマテンナンショウ
Arisaema maekawae
山梨県身延町　06.4.18　〔邑田仁〕→p.104

5. ホソバテンナンショウ
Arisaema angustatum
東京都奥多摩町　97.5.13　〔木原〕→p.104

7. スルガテンナンショウ
Arisaema yamatense subsp. sugimotoi
静岡県富士宮市　99.4.20
〔木原〕→p.104

6. ムロウテンナンショウ
Arisaema yamatense subsp. yamatense
奈良県大峰山地　08.6.2
〔木原〕→p.104

8. ヤマジノテンナンショウ
Arisaema solenochlamys
福島県安達太良山　14.6.28　〔東馬哲雄〕→p.105

PL.82　サトイモ科　ARACEAE

2. ヤマザトマムシグサ
Arisaema galeiforme
山梨県甲州市　08.6.15　〔柿嶋〕→p.105

1. ヤマトテンナンショウ
Arisaema longilaminum
群馬県嬬恋村　94.7.2　〔木原〕→p.105

3. コウライテンナンショウ
Arisaema peninsulae
北海道東川町　05.6.7　〔木原〕→p.105

5. オオマムシグサ　Arisaema takedae
長野県軽井沢　90.6.3　〔邑田仁〕→p.106

4. カントウマムシグサ　Arisaema serratum
山梨県韮崎市　91.5.5　〔木原〕→p.106

6. カラスビシャク　Pinellia ternata
神代植物公園　97.5.23　〔木原〕→p.108

7. オオハンゲ　Pinellia tripartita
宮崎県尾鈴山　93.9.27　〔木原〕→p.109

1. リュウキュウハンゲ
Typhonium blumei
沖縄県国頭村　12.5.27
〔木原〕→p.110

2. ユズノハカズラ
Pothos chinensis
北大東島　10.12.12　〔阿部〕→p.109

3. ハブカズラ　Epipremnum pinnatum　与那国島　11.10.21　〔木原〕→p.106

4. サキシマハブカズラ　Rhaphidophora korthalsii
西表島　13.2.19　〔阿部〕→p.109

5. サキシマハブカズラ
仏炎苞が脱落した花序
西表島　15.2.17　〔阿部〕

6. ヒメハブカズラ
Rhaphidophora liukiuensis
石垣島　12.1.6　〔阿部〕→p.109

1. ミズバショウ　Lysichiton camtschatcensis
長野県山ノ内町アワラ湿原
11.5.23　〔木原〕→p.108

2. ミズバショウ
長野市　84.5.20
〔木原〕

3. ミズバショウ
日光植物園　99.4.5
〔邑田仁〕

4. ミズバショウ
白馬岳蓮華温泉　79.7.25
〔木原〕

7. ナベクラザゼンソウ　若い花序
長野県野沢温泉村　02.6.23　〔山田〕

5. ザゼンソウ　Symplocarpus renifolius
新潟県佐渡市　11.5.10　〔木原〕→p.110

6. ナベクラザゼンソウ　Symplocarpus nabekuraensis
長野県野沢温泉村　02.6.23　〔山田〕→p.110

ARACEAE　サトイモ科　PL.85

2. ヒメザゼンソウ　花序
尾瀬　92.7.23　〔木原〕

4. ヒメカイウ　Calla palustris
群馬県武尊山　92.7.16　〔木原〕→p.106

3. ヒメザゼンソウ
若い果実
妙高笹ヶ峰　15.10.24
〔五百川〕

1. ヒメザゼンソウ　Symplocarpus nipponicus
尾瀬　92.7.23　〔木原〕→p.110

6. アポイゼキショウ　Tofieldia coccinea var. kondoi
北海道アポイ岳　89.7.1　〔木原〕→p.112

8. ヒメイワショウブ　Tofieldia okuboi
白馬岳　96.7.26　〔木原〕→p.113

5. チシマゼキショウ
Tofieldia coccinea var. coccinea
北海道夕張岳　87.8.1
〔木原〕→p.112

7. アポイゼキショウ
北海道アポイ岳
89.7.1　〔木原〕

1. ハナゼキショウ Tofieldia nuda
三重県亀山市　03.7.10　〔田村〕→p.113

2. ハナゼキショウ　大阪市大植物園　98.6.4　〔田村〕

5. ヤシュウハナゼキショウ　Tofieldia furusei
宇都宮市　97.7.30　〔山田〕→p.113

3. イワショウブ　Triantha japonica
尾瀬ヶ原　12.8.21　〔木原〕→p.113

4. イワショウブ
尾瀬ヶ原　12.8.20
〔木原〕

6. ヤシュウハナゼキショウ
宇都宮市　97.7.30　〔山田〕

TOFIELDIACEAE　チシマゼキショウ科　｜　PL.87

1. ウリカワ Sagittaria pygmaea
埼玉県川越市　82.9.19 〔木原〕→p.116

2. アギナシ Sagittaria aginashi
新潟県五泉市　06.9.6 〔久原〕→p.117

5. オモダカ　雄花
福島県会津　96.8.10
〔邑田仁〕

6. オモダカ　雌花
福島県会津　96.8.10
〔邑田仁〕

3. アギナシ　側裂片の葉端
茨城県水戸市　14.10.13
〔田中法生〕

4. アギナシ　塊茎
新潟県五泉市　06.10.15
〔久原〕

7. オモダカ Sagittaria trifolia
山形県真室川町　92.9.2 〔木原〕→p.117

8. クワイ Sagittaria trifolia 'Caerulea'
さいたま市　97.9.8 〔木原〕→p.117

9. サジオモダカ Alisma plantago-aquatica var. orientale
千葉県八千代市　01.7.6 〔木原〕→p.115

1. マルバオモダカ　Caldesia parnassiifolia
青森県五所川原市　94.8.20　〔山田〕→p.116

2. マルバオモダカ
五所川原市　94.8.20　〔山田〕

3. サジオモダカ
千葉県八千代市　01.7.6　〔木原〕
→p.115

4. トウゴクヘラオモダカ
栃木県芳賀郡　14.9.6　〔槐〕

5. トウゴクヘラオモダカ　Alisma rariflorum
茨城県笠間市　14.10.18　〔田中法生〕→p.116

6. ヘラオモダカ　Alisma canaliculatum var. canaliculatum
神代植物公園　98.7.11　〔木原〕→p.115

7. アズミノヘラオモダカ　Alisma canaliculatum var. azuminoense
長野県安曇市　02.8.26　〔千葉悟志〕→p.116

ALISMATACEAE　オモダカ科　| PL.89

1. ウミショウブ　Enhalus acoroides
西表島　08.7.3　〔木原〕→p.120

2. ウミショウブ　雌花(中央)と雄花
西表島　95.8.11　〔田中法生〕

4. ウミヒルモ　雄花
筑波実験植物園　14.6.30　〔田中法生〕

5. ウミヒルモ　Halophila ovalis
沖縄県浦添市　14.6.26　〔田中法生〕→p.121

3. ウミショウブ　雄花　西表島　10.9.8　〔木原〕

6. リュウキュウスガモ　Thalassia hemprichii
西表島　15.7.15　〔田中法生〕→p.124

7. リュウキュウスガモ　雌花
筑波実験植物園　09.9.18
〔田中法生〕

8. リュウキュウスガモ　果実
西表島　00.2.7　〔田中法生〕

9. トチカガミ　Hydrocharis dubia
諏訪湖　83.9.19　〔木原〕→p.121

PL.90　トチカガミ科　HYDROCHARITACEAE

1. コウガイモ Vallisneria denseserrulata
水戸市谷田町　99.9.26　〔田中法生〕→p.124

3. セキショウモ Vallisneria natans var. natans
筑波実験植物園　15.10.9　〔小出〕→p.124

2. コウガイモ　越冬芽
筑波実験植物園　00.10
〔田中法生〕

4. セキショウモ　雌花(中央)と
雄花　筑波実験植物園　98.9.10
〔田中法生〕

5. セキショウモ　雄花
のつぼみが入った苞鞘
神奈川県箱根町　95.9.1
〔田中法生〕

6. スブタ・マルミスブタ　種子
右：スブタ、左：マルミスブタ　Blyxa aubertii
日向市　04.11.02　〔南谷〕→p.119

7. ミカワスブタ Blyxa leiosperma
筑波実験植物園　15.9.20　〔田中法生〕→p.119

8. スブタ Blyxa echinosperma
筑波実験植物園　15.10.28　〔田中法生〕→p.119

9. ミズオオバコ Ottelia alismoides
群馬県館林市　80.9.12　〔木原〕→p.123

1. ヤナギスブタ　Blyxa japonica
別府市神楽女湖　93.9.30　〔木原〕→p.119

2. オオカナダモ　Egeria densa
東京都杉並区　96.6.28　〔木原〕→p.119

3. セトヤナギスブタ　Blyxa alternifolia
富山県射水市　14.10.9　〔田中法生〕→p.119

4. コカナダモ　Elodea nuttallii
静岡県三島市　89.9.23　〔山田〕→p.120

5. イバラモ　Najas marina
福島県南湖産　14.9.21　〔木村〕→p.122

6. ムサシモ　Najas ancistrocarpa
宮城県大崎市　06.8.31　〔葛西〕→p.122

7. ホッスモ　Najas graminea
宮崎県日向市産　04.9.17
〔南谷〕→p.122

8. イトトリゲモ　Najas gracillima
筑波実験植物園　15.9.20　〔田中法生〕→p.123

9. オオトリゲモ　Najas oguraensis
千葉県山武市　95.8.23　〔木原〕→p.123

PL.92　トチカガミ科　HYDROCHARITACEAE

1. クロモ　Hydrilla verticillata
神奈川県箱根町　95.9.1　〔田中法生〕→p.121

2. ヒロハトリゲモ　Najas chinensis
佐賀県伊万里市　08.9.25　〔田中法生〕→p.123

3. イトイバラモ　Najas yezoensis
福島県秋元湖産　09.9.23　〔黒沢〕→p.123

4. ホロムイソウ　果実
尾瀬　91.7.7　〔木原〕

5. ホロムイソウ　Scheuchzeria palustris
尾瀬　86.7.4　〔木原〕→p.126

7. ホソバノシバナ　果実
北海道根室市　12.8.10　〔山田〕

6. ホソバノシバナ　Triglochin palustris
北海道苫小牧市　98.7.22　〔梅沢〕→p.127

8. ホソバノシバナ
盛岡市　93.7.4　〔山田〕

9. シバナ　Triglochin asiatica
徳島県美波町　95.10.19　〔木原〕→p.127

1. コアマモ Zostera japonica　中央は花茎
北海道根室市　98.10.4　〔梅沢〕→p.129

2. スゲアマモ Zostera caespitosa
岩手県山田湾　95.5.19　〔大森〕→p.129

3. アマモ Zostera marina
千葉県富津市　12.4.6　〔田中法生〕→p.129

4. アマモ　花序
茨城県ひたちなか市　15.4.15
〔田中法生〕

5. タチアマモ Zostera caulescens
岩手県船越湾　04.8.2
〔山田勝雅〕→p.129

6. スガモ Phyllospadix iwatensis
茨城県ひたちなか市　15.4.22　〔田中法生〕→p.128

7. オオアマモ Zostera asiatica
北海道厚岸湾　92.7.17　〔大森〕→p.129

8. エビアマモ Phyllospadix japonicus
神奈川県鎌倉市　05.3.29　〔山田〕→p.128

9. エビアマモ　雌花序
千葉県南房総市　04.6.20　〔邑田仁〕

1. イトクズモ　Zannichellia palustris
岡山市　05.8.19　〔田中法生〕→p.134

2. ヒロハノエビモ　花序
北海道津別町　04.7.3　〔梅沢〕

3. ヒロハノエビモ　Potamogeton perfoliatus
北海道津別町　04.7.3　〔梅沢〕→p.131

4. オヒルムシロ　Potamogeton natans
宮崎県延岡市　94.6.25　〔木原〕→p.131

5. オヒルムシロ　花序
新潟県阿賀野市　04.5.26　〔久原〕

6. ガシャモク
Potamogeton lucens
千葉県我孫子市　98.8.27　〔田中法生〕→p.132

7. ヒルムシロ　Potamogeton distinctus
栃木県芳賀郡　15.7.29　〔槐〕→p.132

8. ホソバミズヒキモ　花序
西表島　12.6.17　〔山田〕

9. ホソバミズヒキモ　Potamogeton octandrus
大分県神楽女湖　93.9.30　〔木原〕→p.133

POTAMOGETONACEAE　ヒルムシロ科　PL.95

1. ホソバヒルムシロ　Potamogeton alpinus
長野県佐久市　13.7.31　〔松井〕→p.132

2. エビモ　Potamogeton crispus
新潟市　06.5.21　〔久原〕→p.133

3. エビモ　越夏芽
筑波実験植物園　13.7.8
〔田中法生〕

4. センニンモ
北海道津別町
04.7.31　〔梅沢〕

6. フトヒルムシロ　Potamogeton fryeri
尾瀬沼　85.8.12　〔木原〕→p.132

5. センニンモ　Potamogeton maackianus
北海道月形町　03.9.9　〔梅沢〕→p.133

7. ツツイトモ　Potamogeton pusillus
福島県相馬市　15.8.11　〔伊藤〕→p.133

8. リュウノヒゲモ　Stuckenia pectinata
島根県中海　05.8.21　〔田中法生〕→p.134

9. ヤナギモ　Potamogeton oxyphyllus
熊本県阿蘇　94.5.8　〔木原〕→p.133

10. カワツルモ　Ruppia maritima
福島県松川浦　15.8.11　〔伊藤〕→p.135

11. ネジリカワツルモ　Ruppia megacarpa
新潟県佐渡市　10.7.5　〔猪股〕→p.135

PL.96　ヒルムシロ科　POTAMOGETONACEAE／カワツルモ科　RUPPIACEAE／ベニアマモ科　CYMODOCEACEAE

1. ボウアマモ　Syringodium isoetifolium
西表島　13.7.8　〔田中法生〕→p.138

2. ベニアマモ　Cymodocea rotundata
西表島　02.3.30　〔田中法生〕→p.137

6. オゼソウ
北海道幌延町　96.6.12　〔木原〕

3. リュウキュウアマモ　Cymodocea serrulata
西表島　02.3.30　〔田中法生〕→p.137

8. ソクシンラン　Aletris spicata
宮崎県えびの高原　94.5.13　〔木原〕→p.141

7. オゼソウ　Japonolirion osense
群馬県至仏山　84.7.4　〔木原〕→p.139

4. ウミジグサ　Halodule uninervis
西表島　13.7.8　〔田中法生〕→p.138

9. サクライソウ　Petrosavia sakuraii
長野県木曽郡　06.8.5　〔山田〕→p.140

10. サクライソウ
長野県木曽郡　06.8.5　〔山田〕

5. マツバウミジグサ　Halodule pinifolia
西表島　02.3.30　〔田中法生〕→p.138

CYMODOCEACEAE　ベニアマモ科／PETROSAVIACEAE　サクライソウ科／NARTHECIACEAE　キンコウカ科　| PL.97

1. ネバリノギラン　Aletris foliata
白馬岳丸山付近　97.8.2　〔木原〕→p.142

3. ノギラン　Metanarthecium luteoviride var. luteoviride
長野県大町市　92.7.26　〔木原〕→p.142

2. ネバリノギラン
白馬岳　01.8.11　〔木原〕

4. ノギラン
神津島　07.6.30　〔布施〕

5. キンコウカ　Narthecium asiaticum
白馬岳　97.8.3　〔木原〕→p.142

6. ヤクシマノギラン　Metanarthecium luteoviride var. nutans
屋久島　09.8.25　〔木原〕→p.142

1. ホシザキシャクジョウ
Saionia shinzatoi
沖縄県国頭郡　08.10.8　〔木原〕→p.143

2. タヌキノショクダイ
Thismia abei
徳島県那賀町　94.7.11　〔木原〕→p.144

3. ヒナノシャクジョウ
Burmannia championii
那賀町　94.8.9　〔木原〕→p.146

4. シロシャクジョウ
Burmannia cryptopetala
沖縄県国頭村　07.10.27　〔木原〕→p.147

6. キリシマシャクジョウ
Burmannia nepalensis
神津島　90.9.23　〔山田〕→p.147

8. ルリシャクジョウ
Burmannia itoana
沖縄県国頭村　08.10.8　〔木原〕→p.147

5. シロシャクジョウ
花（拡大）
沖縄島　07.6.28　〔阿部〕

7. キリシマシャクジョウ
神津島　90.9.23
〔山田〕

9. ルリシャクジョウ
沖縄島　07.10.7
〔阿部〕

THISMIACEAE　タヌキノショクダイ科／BURMANNIACEAE　ヒナノシャクジョウ科　PL.99

1. ニガカシュウ　Dioscorea bulbifera　雄
静岡市　12.9.21　〔山田〕→p.148

2. ニガカシュウ　雄花（拡大）
静岡市　12.9.21　〔山田〕

3. ヤマノイモ　Dioscorea japonica　雄株
東京都高尾山　09.8.14　〔木原〕→p.149

5. キールンヤマノイモ　Dioscorea pseudojaponica
沖縄県恩納村　14.6.20　〔木原〕→p.149

6. ルゾンヤマノイモ　Dioscorea luzonensis
南大東島　11.6.29　〔木原〕→p.149

4. ヤマノイモ　むかご
高知市　80.11.16　〔木原〕

7. ナガイモ
Dioscorea polystachya
東京都薬用植物園
89.7.14
〔木原〕→p.149

8. ソメモノイモ
Dioscorea cirrhosa
果実
西表島　15.5.18
〔阿部〕→p.149

PL.100　ヤマノイモ科　DIOSCOREACEAE

1. アケビドコロ　Dioscorea pentaphylla
沖縄島　11.11.21　〔阿部〕→p.149

3. タチドコロ　Dioscorea gracillima　雄花
愛知県新城市　82.5.15　〔木原〕→p.149

2. アケビドコロ　雌花序
沖縄島　15.11.7　〔阿部〕

5. イズドコロ　Dioscorea izuensis
静岡県伊東市　98.7.20　〔木原〕→p.149

6. オニドコロ　Dioscorea tokoro　雄花
東京都町田市　95.8.17　〔木原〕→p.150

4. タチドコロ　雌花
新城市　82.5.15　〔木原〕

7. オニドコロ　雌花
神奈川県川崎市　95.8.17　〔木原〕

8. ウチワドコロ　Dioscorea nipponica
長野県大町市　10.8.7　〔木原〕→p.150

9. ヒメドコロ　Dioscorea tenuipes
静岡県伊東市　94.7.18　〔木原〕→p.150

DIOSCOREACEAE　ヤマノイモ科　PL.101

1. カエデドコロ　Dioscorea quinquelobata
小石川植物園　02.9.18　〔木原〕→p.150

2. キクバドコロ　Dioscorea septemloba var. septemloba
大阪府　06.6.1　〔山田〕→p.150

3. タカクマソウ　Sciaphila tenella
沖縄県大宜味村　13.8.3　〔木原〕→p.151

4. イシガキソウ　Sciaphila multiflora
花　石垣島　10.6.27　〔阿部〕→p.151

5. スズフリホンゴウソウ　Sciaphila ramosa
小笠原諸島父島　13.6.24　〔木原〕→p.152

6. ウエマツソウ
小笠原諸島母島
13.6.18　〔木原〕

7. ウエマツソウ　Sciaphila secundiflora
徳島県美波町　96.8.4　〔木原〕→p.152

PL.102　ヤマノイモ科　DIOSCOREACEAE／ホンゴウソウ科　TRIURIDACEAE

1. ホンゴウソウ　Sciaphila nana
徳島県那賀町　94.8.9　〔木原〕→p.152

2. ヤクシマソウ　Sciaphila yakushimensis
鹿児島県　15.10.8　〔末次〕→p.152

3. ヤクシマソウ　雄花
鹿児島県　15.10.17　〔末次〕

4. ビャクブ　Stemona japonica
小石川植物園　90.9.13　〔木原〕→p.154

5. ヒメナベワリ　Croomia japonica
熊本県阿蘇　94.5.8　〔木原〕→p.153

6. ナベワリ　Croomia heterosepala
高知県室戸岬　80.4.16　〔木原〕→p.153

7. コバナナベワリ　Croomia saitoana
宮崎県日向市　08.4.19　〔齋藤〕→p.153

8. ヒュウガナベワリ　Croomia hyugaensis
宮崎県鰐塚山　11.4.16　〔齋藤〕→p.154

9. シコクナベワリ　Croomia kinoshitae
徳島県黒滝山　10.7.7　〔木下〕→p.153

TRIURIDACEAE　ホンゴウソウ科／STEMONACEAE　ビャクブ科　|　PL.103

1. アダン　Pandanus odoratissimus　雄株（中央）と雌株（雄株の左）　奄美大島　13.9.6　〔宮本旬子〕→p.156

2. アダン　雄花
西表島　07.6.26　〔木原〕

3. アダン　雌花
西表島　07.6.30　〔木原〕

5. ホソミアダン　Pandanus daitoensis
北大東島　08.6.28　〔宮本旬子〕→p.156

4. アダン　果実
沖縄島　86.5.18　〔木原〕

7. タコノキ　雄花
小笠原諸島父島　13.6.21　〔木原〕

6. タコノキ　Pandanus boninensis
父島　13.2.7　〔木原〕→p.156

PL.104　タコノキ科　PANDANACEAE

1. ツルアダン　Freycinetia formosana
西表島　86.5.22　〔木原〕→p.155

2. タコヅル　Freycinetia formosana var. boninensis
果実　小笠原諸島母島　13.8.25　〔木原〕→p.155

3. タコヅル　雌花
小笠原諸島母島
13.6.18　〔木原〕

4. ヒメツルアダン　Freycinetia williamsii
西表島　12.2.9　〔木原〕→p.156

5. ヒメツルアダン
西表島　12.2.9
〔木原〕

PANDANACEAE　タコノキ科　｜　PL.105

1. シライトソウ
Chionographis japonica var. japonica
栃木県日光市　92.6.5　〔木原〕→p.158

2. アズマシライトソウ
Chionographis japonica var. hisauchiana
埼玉県飯能市　95.5.28　〔木原〕→p.159

3. チャボシライトソウ
Chionographis koidzumiana
宮崎県大崩山　94.6.26　〔木原〕→p.159

4. ショウジョウバカマ
Heloniopsis orientalis var. orientalis
石川県医王山　02.4.6　〔木原〕→p.159

5. ツクシショウジョウバカマ
Heloniopsis orientalis var. breviscapa
福岡県英彦山　96.4.18　〔木原〕→p.159

6. オオシロショウジョウバカマ
Heloniopsis leucantha
沖縄県国頭村　09.2.8　〔木原〕→p.159

シュロソウ科　MELANTHIACEAE

1. コショウジョウバカマ
Heloniopsis kawanoi
西表島　08.11.14　〔木原〕→p.159

2. リシリソウ
Anticlea sibirica
北海道礼文島　83.7.25　〔梅沢〕→p.158

3. コバイケイソウ
Veratrum stamineum var. stamineum
白馬岳　84.7.26　〔木原〕→p.161

4. ミカワバイケイソウ
Veratrum stamineum var. micranthum
愛知県新城市　84.5.30　〔木原〕→p.161

5. バイケイソウ
Veratrum album subsp. oxysepalum
北海道津別町　92.7.3　〔木原〕→p.161

6. ミヤマバイケイソウ
Veratrum alpestre
赤石岳　89.8.11　〔木原〕→p.162

1. アオヤギソウ　Veratrum maackii var. parviflorum
尾瀬　85.7.22 〔木原〕→p.162

2. タカネアオヤギソウ　Veratrum maackii var. parviflorum f. alpinum
白馬岳　83.7.29 〔木原〕→p.162

3. ムラサキタカネアオヤギソウ
Veratrum maackii var. japonicum f. atropurpureum
乗鞍岳　97.7.31 〔木原〕→p.162

4. ホソバシュロソウ
Veratrum maackii var. maackioides
石立山　96.8.5 〔木原〕→p.162

1. エンレイソウ　Trillium apetalon
新潟県糸魚川市　91.4.12〔木原〕→p.160

2. エンレイソウ
糸魚川市　07.5.5〔木原〕

3. エンレイソウ　果実
新潟県妙高山　84.8.8〔木原〕

4. コジマエンレイソウ　Trillium smallii
北海道増毛町　00.5.17〔梅沢〕→p.161

5. ミヤマエンレイソウ
Trillium tschonoskii
長野県大町市　79.5.6〔木原〕→p.161

6. オオバナノエンレイソウ　Trillium camschatcense
北海道弟子屈町　82.5.25〔木原〕→p.161

7. ヒダカエンレイソウ　Trillium ×miyabeanum
北海道千歳市　97.5.25〔梅沢〕→p.161

MELANTHIACEAE　シュロソウ科　| PL.109

2. ツクバネソウ　果実
雨飾山　11.10.11　〔木原〕

1. ツクバネソウ　Paris tetraphylla
白馬岳　82.7.28　〔木原〕→p.160

3. キヌガサソウ
白馬岳　99.7.6　〔木原〕

5. クルマバツクバネソウ　Paris verticillata
長野県上高地　04.5.22　〔木原〕→p.160

4. キヌガサソウ　Kinugasa japonica　長野県白馬尻　11.7.8　〔木原〕→p.159

6. ホウチャクソウ
Disporum sessile var. sessile
長野県親海湿原　10.6.5　〔木原〕→p.163

7. ナンゴクホウチャクソウ
Disporum sessile var. micranthum
奄美大島　06.3.24　〔木原〕→p.164

8. ヒメホウチャクソウ
Disporum sessile var. minus
和歌山県高野山　10.5.29　〔木原〕→p.164

PL.110　シュロソウ科　MELANTHIACEAE／イヌサフラン科　COLCHICACEAE

1. キバナチゴユリ　Disporum lutescens
熊本県阿蘇　94.5.8　〔木原〕→p.164

2. チゴユリ　Disporum smilacinum
長野県八方尾根　00.6.3　〔木原〕→p.164

3. オオチゴユリ　Disporum viridescens
北海道平取町　97.6.13　〔梅沢〕→p.164

6. シオデ　果実
長野県飯綱町　06.11.1　〔木原〕

4. カラスキバサンキライ
Heterosmilax japonica　果実
与那国島　12.3.6　〔木原〕→p.165

5. シオデ
Smilax riparia　雌株
長野県戸隠　95.7.26　〔木原〕→p.166

7. シオデ　雄花
長野県大町市　13.7.19　〔木原〕

1. タチシオデ　Smilax nipponica　雄株
大分県由布市　10.5.7　〔邑田仁〕→p.166

2. サルトリイバラ　Smilax china　果実
八ヶ岳薬用植物園　12.10.30　〔木原〕→p.166

4. サルトリイバラ　雄花
東京都稲城市　84.5.3　〔木原〕

3. サルトリイバラ　雄株
愛知県葦毛湿原　83.4.25　〔木原〕

5. サルトリイバラ　雌花
稲城市　84.5.3　〔木原〕

6. マルバサンキライ　Smilax stans　雌株
東京都奥多摩町　97.6.8　〔山田〕→p.166

7. マルバサンキライ　雌花
東京都奥多摩町　97.6.8　〔山田〕

サルトリイバラ科　SMILACACEAE

1. サルマメ　Smilax trinervula　雄株
山梨県韮崎市　98.4.16　〔木原〕→p.166

2. サルマメ　雌花
大阪府枚方市　87.4.25
〔邑田裕子〕

3. サルマメ　果実
八ヶ岳　84.6.11　〔木原〕

4. ヤマカシュウ　Smilax sieboldii　雄株
山梨県茅ヶ岳　83.6.15　〔木原〕→p.166

5. ハマサルトリイバラ　Smilax sebeana　雌花
沖縄県宮古島市　14.3.12　〔木原〕→p.167

6. ヒメカカラ　Smilax biflora　果実
屋久島　95.11.25　〔茂木〕→p.166

7. サツマサンキライ　雄花
沖縄県名護市　10.1.29　〔邑田仁〕

8. サツマサンキライ　Smilax bracteata　果実
屋久島　94.11.28　〔木原〕→p.167

2. ツバメオモト
果実　山梨県北岳
88.8.30　〔木原〕

1. ツバメオモト　Clintonia udensis　尾瀬　82.6.17　〔木原〕→p.169

3. オオバタケシマラン
Streptopus amplexifolius
var. papillatus
白馬岳　79.5.25
〔木原〕→p.175

4. オオバタケシマラン　果実
山梨県北岳　76.9.29　〔木原〕

5. タケシマラン　Streptopus streptopoides var. japonicus f. japonicus
長野県美ヶ原　93.5.28　〔木原〕→p.175

6. タケシマラン　果実
山梨県北岳　88.8.30　〔木原〕

PL.114　ユリ科　LILIACEAE

1. クロミノタケシマラン
Streptopus streptopoides var. japonicus f. atrocarpus
山梨県北岳　01.8.3　〔木原〕→p.175

2. ヒメタケシマラン
Streptopus streptopoides var. streptopoides
尾瀬　83.5.19　〔木原〕→p.175

4. タイワンホトトギス
Tricyrtis formosana
西表島　08.11.15　〔木原〕→p.176

3. ヒメタケシマラン　果実
北海道天塩岳　05.8.27
〔田村〕

5. ホトトギス　Tricyrtis hirta var. hirta
千葉県長柄町　97.10.6　〔木原〕→p.175

6. ヤマホトトギス　Tricyrtis macropoda
多摩川河原　79.9.12　〔木原〕→p.176

1. ヤマジノホトトギス
Tricyrtis affinis
東京都奥多摩町　84.9.11　〔木原〕→p.176

2. セトウチホトトギス
Tricyrtis setouchiensis
香川県小豆島　94.10.5　〔山田〕→p.176

3. タマガワホトトギス
Tricyrtis latifolia var. latifolia
長野県梅池高原　97.7.30　〔木原〕→p.176

4. キバナノツキヌキホトトギス　Tricyrtis perfoliata
宮崎県尾鈴山　93.9.27　〔木原〕→p.176

5. キバナノホトトギス　Tricyrtis flava subsp. flava
宮城県加江田渓谷　93.10.1　〔木原〕→p.176

1. チャボホトトギス Tricyrtis nana
高知県四万十市　11.8.31　〔木原〕→p.177

2. キイジョウロウホトトギス Tricyrtis macranthopsis
三重県紀宝町　93.10.17　〔木原〕→p.177

3. ジョウロウホトトギス Tricyrtis macrantha
高知県　93.10.12　〔木原〕→p.177

4. ジョウロウホトトギス
高知県津野町　93.10.5　〔木原〕

5. サガミジョウロウホトトギス Tricyrtis ishiiana
var. ishiiana　神奈川県丹沢　82.9.14　〔木原〕→p.177

1. ウバユリ　Cardiocrinum cordatum var. cordatum
東京都高尾山　83.8.7　〔木原〕→p.168

2. オオウバユリ　Cardiocrinum cordatum var. glehnii
新潟県上越市　10.8.8　〔木原〕→p.169

3. クルマユリ　Lilium medeoloides var. medeoloides
白馬岳　80.7.24　〔木原〕→p.172

4. ヒメユリ　Lilium concolor
大分県由布市　94.6.24　〔木原〕→p.172

PL.118　ユリ科　LILIACEAE

1. スカシユリ　Lilium maculatum var. maculatum
静岡県爪木崎　91.6.27　〔木原〕→p.172

2. ミヤマスカシユリ　Lilium maculatum var. bukosanense
茨城県　97.7.7　〔木原〕→p.172

3. エゾスカシユリ　Lilium pensylvanicum
北海道サロベツ原野　89.6.28　〔木原〕→p.172

4. ヤマユリ　Lilium auratum var. auratum
東京都薬用植物園　97.7.14　〔木原〕→p.173

1. カノコユリ Lilium speciosum
徳島県美波町　96.8.4　〔木原〕→p.173

2. オニユリ Lilium lancifolium
早池峰山　96.8.16　〔木原〕→p.173

4. コオニユリ
Lilium leichtlinii f. pseudotigrinum
長野県白馬村　97.8.4　〔木原〕→p.173

5. ノヒメユリ
Lilium callosum var. callosum
熊本県西原村　93.8.23　〔木原〕→p.173

3. オニユリ むかご
東京都薬用植物園　91.8.14　〔木原〕

PL.120 ｜ ユリ科　LILIACEAE

1. ササユリ　Lilium japonicum var. japonicum
長野県大町市　03.6.27　〔木原〕→p.173

2. ジンリョウユリ　Lilium japonicum var. abeanum
徳島県那賀町　97.6.1　〔木原〕→p.174

3. ヒメサユリ　Lilium rubellum
福島県昭和村　93.6.28　〔木原〕→p.174

4. ウケユリ　Lilium alexandrae
奄美大島　09.6.21　〔山田〕→p.174

5. テッポウユリ　Lilium longiflorum
西表島　09.3.27　〔木原〕→p.174

LILIACEAE　ユリ科　PL.121

1. カタクリ　Erythronium japonicum　新潟県弥彦山　89.4.5　〔木原〕→p.169

2. クロユリ
Fritillaria camschatcensis var. camschatcensis
木曽駒ヶ岳　89.8.7　〔木原〕→p.170

3. バイモ
Fritillaria thunbergii
小石川植物園　97.3.29　〔木原〕→p.170

4. バイモ
小石川植物園　03.3.26　〔木原〕

5. バイモ　鱗茎
小石川植物園　15.5.10　〔邑田仁〕

PL.122　ユリ科　LILIACEAE

1. ホソバナコバイモ　Fritillaria amabilis
熊本県阿蘇市　96.4.16　〔木原〕→p.170

2. トサコバイモ　Fritillaria shikokiana
高知県梶ヶ森　80.4.15　〔木原〕→p.170

3. カイコバイモ　Fritillaria kaiensis
東京都八王子市　76.3.21　〔木原〕→p.170

4. ミノコバイモ　Fritillaria japonica
藤原岳　98.3.31　〔木原〕→p.170

5. コシノコバイモ　Fritillaria koidzumiana
静岡県高草山　80.4.4　〔木原〕→p.170

LILIACEAE　ユリ科　PL.123

1. アマナ　Tulipa edulis
茨城県常総市　95.4.11　〔木原〕→p.177

2. ヒロハノアマナ　Tulipa latifolia
小石川植物園　13.3.18　〔邑田仁〕→p.177

3. キバナノアマナ　Gagea nakaiana
新潟県燕市　08.3.22　〔木原〕→p.171

4. ヒメアマナ　Gagea japonica
茨城県常総市　95.4.11　〔木原〕→p.171

5. エゾヒメアマナ　Gagea vaginata
北海道礼文島　03.5.24　〔梅沢〕→p.171

6. チシマアマナ
Lloydia serotina
長野県八方尾根
92.7.27
〔木原〕→p.174

7. ホソバノアマナ
Lloydia triflora
埼玉県川越市　83.4.30
〔木原〕→p.174

PL.124　ユリ科　LILIACEAE

1. ヤクシマラン　Apostasia nipponica
屋久島　93.7.8　〔山田〕→p.183

2. コアツモリソウ　Cypripedium debile
山梨県鳴沢村　96.6.25　〔木原〕→p.193

3. コアツモリソウ
山梨県鳴沢村　96.6.25　〔木原〕

4. クマガイソウ
東京都高尾山　79.4.27　〔木原〕

5. クマガイソウ
Cypripedium japonicum var. japonicum
千葉県山武市　82.5.1　〔木原〕→p.194

6. キバナノアツモリソウ
Cypripedium yatabeanum
山梨県櫛形山　97.6.26　〔木原〕→p.194

7. チョウセンキバナアツモリソウ
Cypripedium guttatum
秋田県毛無山　81.6.20　〔木原〕→p.194

ORCHIDACEAE　ラン科　PL.125

2. ホテイアツモリソウ
Cypripedium macranthos var. hotei-atsumorianum
山梨県北岳　97.7.21　〔木原〕→p.194

1. レブンアツモリソウ
Cypripedium macranthos var. rebunense
北海道礼文島　94.6.15　〔木原〕→p.194

3. ドウトウアツモリソウ　Cypripedium shanxiense
北海道釧路市　96.6.15　〔梅沢〕→p.194

4. トキソウ　Pogonia japonica
尾瀬　92.7.16　〔木原〕→p.225

5. ヤマトキソウ　Pogonia minor
茨城県日立市　96.6.23　〔木原〕→p.225

2. クロムヨウラン
東京都八王子市　93.8.22　〔山田〕

3. アワムヨウラン
徳島県海陽町　94.7.12　〔木原〕

4. アワムヨウラン　Lecanorchis trachycaula
徳島県海陽町　94.7.12　〔木原〕→p.210

1. クロムヨウラン　Lecanorchis nigricans
東京都八王子市　93.8.22　〔山田〕→p.210

6. ウスキムヨウラン
沖縄島　08.5.21　〔阿部〕

5. オキナワムヨウラン　Lecanorchis triloba
西表島　15.5.16　〔阿部〕→p.210

7. ウスキムヨウラン　Lecanorchis kiusiana
徳島県牟岐町　97.6.1　〔木原〕→p.210

1. ムヨウラン　Lecanorchis japonica var. japonica
東京都高尾山　94.6.7　〔木原〕→p.210

2. キイムヨウラン
Lecanorchis japonica var. kiiensis
岐阜県　08.6.1　〔山田〕→p.210

3. ホクリクムヨウラン
Lecanorchis japonica var. hokurikuensis
富山県朝日町　99.6.15　〔山田〕→p.210

4. キイムヨウラン
岐阜県　08.6.1　〔山田〕

5. ムヨウラン
東京都高尾山　12.6.14　〔木原〕

7. タカツルラン　果実
沖縄県国頭村　15.1.20
〔木原〕

8. ツチアケビ
高尾山　94.6.30　〔木原〕

9. ツチアケビ　Cyrtosia septentrionalis　果実
栃木県那須高原　15.10.25　〔木原〕→p.194

6. タカツルラン　Erythrorchis altissima
沖縄県国頭村　12.5.26　〔木原〕→p.200

PL.128　ラン科　ORCHIDACEAE

1. イイヌマムカゴ　Platanthera iinumae
北海道北斗市　11.8.9　〔梅沢〕→p.221

2. イイヌマムカゴ
北海道福島町　06.8.5　〔梅沢〕

3. ツレサギソウ
北海道函館市　05.7.2　〔梅沢〕

4. ツレサギソウ　Platanthera japonica
北海道函館市　05.7.2　〔梅沢〕→p.221

5. トンボソウ　Platanthera ussuriensis
北海道厚沢部町　03.8.5　〔梅沢〕→p.221

6. トンボソウ
北海道苫小牧市　94.7.18　〔梅沢〕

7. ヒロハトンボソウ
北海道伊達市　05.7.8　〔梅沢〕

8. ヒロハトンボソウ　Platanthera fuscescens
北海道伊達市　05.7.8　〔梅沢〕→p.221

1. タカネトンボ　Platanthera chorisiana
白山　88.8.19　〔木原〕→p.222

2. タカネトンボ
白山　88.8.19　〔木原〕

3. シロウマチドリ
白馬岳　88.8.6　〔木原〕

4. シロウマチドリ　Platanthera convallariifolia
白馬岳　82.7.29　〔木原〕→p.222

5. ミズチドリ　Platanthera hologlottis
山梨県大菩薩峠　88.7.25　〔木原〕→p.222

6. ミズチドリ
尾瀬ヶ原　14.7.17　〔木原〕

7. ニイタカチドリ
Platanthera brevicalcarata
屋久島　96.6.26　〔山田〕→p.222

8. エゾチドリ　Platanthera metabifolia
北海道野付半島　87.7.6　〔木原〕→p.222

PL.130　ラン科 ORCHIDACEAE

1. ハチジョウツレサギ　Platanthera okuboi
三宅島　81.5.9　〔山田〕→p.222

2. ハチジョウツレサギ
三宅島　81.5.9　〔山田〕

3. シマツレサギソウ
Platanthera boninensis　花
小笠原諸島父島　13.2.12
〔木原〕→p.222

4. オオバノトンボソウ　Platanthera minor var. minor
東京都町田市　95.7.10　〔木原〕→p.223

6. ジンバイソウ
北海道苫小牧市　97.8.23
〔梅沢〕

5. ジンバイソウ　Platanthera florentii
北海道苫小牧市　00.8.18　〔梅沢〕→p.223

7. イリオモテトンボソウ
Platanthera stenoglossa subsp. iriomotensis
西表島　13.4.9　〔木原〕→p.223

2. オオヤマサギソウ
北海道アポイ岳　00.8.11　〔木原〕

1. オオヤマサギソウ　Platanthera sachalinensis
北海道アポイ岳　00.8.11　〔木原〕→p.223

3. ミヤマチドリ
白馬岳　88.8.6　〔木原〕

4. ミヤマチドリ　Platanthera takedae subsp. takedae
白馬岳　96.7.25　〔木原〕→p.223

6. ガッサンチドリ
白山　88.7.19　〔木原〕

5. ガッサンチドリ
Platanthera takedae subsp. uzenensis
白山　88.7.19　〔木原〕→p.223

7. タカネサギソウ
早池峰山　88.8.15　〔木原〕

8. タカネサギソウ　Platanthera mandarinorum subsp. maximowicziana var. maximowicziana
岩手県早池峰山　88.8.15　〔木原〕→p.223

PL.132　ラン科　ORCHIDACEAE

1. ヤマサギソウ
Platanthera mandarinorum
subsp. mandarinorum var. oreades
北海道アポイ岳　96.7.10　〔木原〕→p.224

3. ハシナガヤマサギソウ
Platanthera mandarinorum
subsp. mandarinorum var. mandarinorum
宮崎県えびの高原　94.5.15　〔木原〕→p.224

4. ヤクシマチドリ　Platanthera amabilis
屋久島　93.7.8　〔山田〕→p.224

2. ヤマサギソウ
北海道アポイ岳　96.7.10
〔木原〕

5. ホソバノキソチドリ
山梨県大菩薩峠　88.7.25
〔木原〕

7. コバノトンボソウ
Platanthera nipponica
var. nipponica
尾瀬　87.7.18　〔木原〕→p.224

9. ミスズラン
八ヶ岳　03.7.5　〔山田〕

10. ジョウロウラン
石垣島　12.8.11　〔阿部〕

6. ホソバノキソチドリ
Platanthera tipuloides
北海道大雪山　96.8.24　〔木原〕→p.224

8. ミスズラン
Androcorys pusillus
八ヶ岳　03.7.5　〔山田〕→p.183

11. ジョウロウラン
Disperis neilgherrensis
石垣島　12.8.11　〔阿部〕→p.197

ORCHIDACEAE　ラン科 | PL.133

1. ムカゴソウ　Herminium lanceum
熊本県阿蘇　93.8.22　〔木原〕→p.208

2. クシロチドリ　Herminium monorchis
北海道松前町　91.7.28　〔梅沢〕→p.208

3. クシロチドリ
北海道松前町　91.7.28　〔梅沢〕

4. ニョホウチドリ　Ponerorchis joo-iokiana
山梨県大菩薩峠　88.7.25　〔木原〕→p.225

5. ハクサンチドリ　Dactylorhiza aristata
秋田駒ヶ岳　81.7.13　〔木原〕→p.195

6. ハクサンチドリ
山梨県北岳　97.7.19　〔木原〕

7. ヒナチドリ　Ponerorchis chidori
北海道新ひだか町　93.8.13　〔梅沢〕→p.226

8. ウチョウラン
Ponerorchis graminifolia
　var. graminifolia
石立山　96.8.5
〔木原〕→p.225

PL.134　ラン科　ORCHIDACEAE

1. アオチドリ　Dactylorhiza viridis
南アルプス広河原　80.6.2　〔木原〕→p.195

2. アオチドリ
山梨県北岳　97.7.19　〔木原〕

3. ノビネチドリ
早池峰山　88.6.22　〔木原〕

4. ノビネチドリ　Neolindleya camtschatica
福島県西会津町　80.5.26　〔木原〕→p.214

5. ウズラバハクサンチドリ
Dactylorhiza aristata f. punctata
山梨県月山　81.7.18　〔木原〕→p.195

6. カモメラン
Galearis cyclochila
八ヶ岳　79.6.13　〔木原〕→p.201

7. オノエラン
Galearis fauriei
朝日連峰　82.7.3　〔木原〕→p.201

ORCHIDACEAE　ラン科　PL.135

1. テガタチドリ　Gymnadenia conopsea
白馬岳　90.7.22　〔木原〕→p.205

2. テガタチドリ　根
山梨県大菩薩峠　88.7.25　〔木原〕

3. オキナワチドリ　Amitostigma lepidum
屋久島　85.3.22　〔木原〕→p.182

4. イワチドリ　Amitostigma keiskei
和歌山県古座川町　07.5.10　〔木原〕→p.182

5. コアニチドリ　Amitostigma kinoshitae
尾瀬ヶ原　14.7.17　〔木原〕→p.182

6. ヒナラン　Amitostigma gracile
徳島県海陽町　97.6.3　〔木原〕→p.182

8. ミヤマモジズリ
南アルプス戸台ヶ原　88.9.14　〔木原〕

7. ミヤマモジズリ　Neottianthe cucullata
東京都奥多摩町　84.9.11　〔木原〕→p.216

9. フジチドリ
北海道新ひだか町　11.7.20　〔梅沢〕

10. フジチドリ　Neottianthe fujisanensis
北海道新ひだか町　11.7.20　〔梅沢〕→p.216

PL.136　ラン科　ORCHIDACEAE

1. サギソウ　Pecteilis radiata
茨城県高萩市　96.8.16　〔木原〕→p.218

3. イヨトンボ　Habenaria iyoensis
徳島県海陽町　02.9.9　〔山田〕→p.206

5. ダイサギソウ　Habenaria dentata
沖縄県名護市　08.10.8　〔木原〕→p.206

2. サギソウ
高萩市　96.8.16　〔木原〕

4. イヨトンボ
千葉県市原市　82.9.15　〔山田〕

6. ダイサギソウ
名護市　08.10.8　〔木原〕

7. ミズトンボ　Habenaria sagittifera
熊本県阿蘇市　93.9.28　〔木原〕→p.206

8. オオミズトンボ　Habenaria linearifolia var. linearifolia　山武市　95.8.23　〔木原〕→p.206

9. シラン　Bletilla striata
愛知県新城市　82.5.13　〔木原〕→p.184

1. サワラン　Eleorchis japonica var. japonica
尾瀬　85.7.16　〔木原〕→p.197

2. ムカゴサイシン　Nervilia nipponica
神奈川県平塚市　08.5.18　〔山田〕→p.216

4. トラキチラン　Epipogium aphyllum
南アルプス広河原　86.9.18　〔木原〕→p.199

3. ムカゴサイシン　葉
高知県高岡郡　90.10.10　〔山田〕

5. トラキチラン
八ヶ岳美濃戸　97.9.4　〔木原〕

6. タシロラン
沖縄島　08.6.1　〔阿部〕

8. イリオモテムヨウラン
西表島　14.6.4　〔阿部〕

10. アオキラン　Epipogium japonicum
南アルプス広河原　86.9.18　〔木原〕→p.199

7. タシロラン　Epipogium roseum
沖縄島　08.6.1　〔阿部〕→p.199

9. イリオモテムヨウラン
Stereosandra javanica
西表島　14.6.3　〔阿部〕→p.227

PL.138　ラン科　ORCHIDACEAE

2. オニノヤガラ
尾瀬　91.7.18　〔木原〕

1. オニノヤガラ　*Gastrodia elata* var. *elata*
尾瀬　80.7.13　〔木原〕→p.202

3. ナヨテンマ　*Gastrodia gracilis*
千葉県山武郡　06.6.24　〔山田〕→p.202

4. ナヨテンマ
千葉県山武郡　06.6.24　〔山田〕

5. ハルザキヤツシロラン　*Gastrodia nipponica*　果実
高知県安芸市　95.6.11　〔山田〕→p.203

6. ハルザキヤツシロラン
和歌山県田辺市　90.4.29　〔山田〕

7. コンジキヤガラ　*Gastrodia stapfii*
石垣島　10.6.3　〔阿部〕→p.203

8. アキザキヤツシロラン　*Gastrodia confusa*
神奈川県鎌倉市　95.10.6　〔木原〕→p.203

9. クロヤツシロラン　*Gastrodia pubilabiata*
神奈川県逗子市　11.9.28　〔木原〕→p.203

10. ナンゴクヤツシロラン　*Gastrodia shimizuana*
沖縄島　11.3.5　〔阿部〕→p.203

1. ヒメヤツシロラン　Didymoplexis micradenia
石垣島　12.6.8　〔山田〕→p.197

2. タネガシマムヨウラン
屋久島　93.9.25　〔山田〕

3. タネガシマムヨウラン　Aphyllorchis montana
屋久島　93.9.25　〔山田〕→p.183

5. キンラン
山梨県韮崎市　91.5.5　〔木原〕

4. キンラン　Cephalanthera falcata
東京都薬用植物園　05.5.2　〔木原〕→p.189

6. ユウシュンラン　Cephalanthera subaphylla
北海道厚沢部町　97.5.30　〔梅沢〕→p.189

7. ササバギンラン　Cephalanthera longibracteata
北海道東川町　96.6.15　〔木原〕→p.189

8. ギンラン　Cephalanthera erecta
長野県大町市　95.6.16　〔木原〕→p.189

ラン科　ORCHIDACEAE

2. カキラン
尾瀬ヶ原　14.7.17　〔木原〕

1. カキラン　Epipactis thunbergii
白馬岳　82.7.18　〔木原〕→p.198

3. アオスズラン　Epipactis helleborine
長野県原村　95.8.3　〔木原〕→p.198

5. アオフタバラン
東京都御岳山　97.8.18　〔木原〕

4. アオフタバラン　Neottia makinoana
東京都御岳山　97.8.18　〔木原〕→p.215

7. タカネフタバラン　Neottia puberula
山梨県北岳　88.8.29　〔木原〕→p.215

6. タカネフタバラン
山梨県北岳　88.8.9　〔木原〕

9. ミヤマフタバラン
富士山　80.7.29　〔木原〕

8. ヒメフタバラン　Neottia japonica
沖縄県国頭村　09.2.8　〔木原〕→p.215

10. ミヤマフタバラン　Neottia nipponica
富士山　80.7.29　〔木原〕→p.215

ORCHIDACEAE　ラン科 | PL.141

1. コフタバラン　Neottia cordata
白馬岳　82.7.29　〔木原〕→p.215

3. サカネラン　Neottia papilligera
札幌市　09.6.15　〔梅沢〕→p.215

5. バイケイラン　Corymborkis veratrifolia
西表島　10.9.8　〔木原〕→p.190

2. コフタバラン
富士山　80.7.5
〔木原〕

4. サカネラン
札幌市　06.6.15　〔梅沢〕

6. ヒメムヨウラン　Neottia acuminata
利尻島　96.6.19　〔梅沢〕→p.216

7. ヒメムヨウラン
利尻島　96.6.19　〔梅沢〕

8. ヤクシマネッタイラン
高知県室戸市　95.7.16　〔山田〕

9. ヤクシマネッタイラン　Tropidia nipponica var. nipponica
沖縄県大宜味村　08.6.14　〔山田〕→p.229

ラン科　ORCHIDACEAE

1. ツリシュスラン　Goodyera pendula
北海道浦河町　12.8.8　〔梅沢〕→p.204

2. キンギンソウ　Goodyera procera
西表島　09.3.27　〔木原〕→p.204

3. ヤブミョウガラン
沖縄県大宜味村　13.4.7　〔木原〕

5. ナンバンキンギンソウ
沖縄県大宜味村　13.8.2　〔木原〕

7. ヒゲナガキンギンソウ
石垣島　12.4.8　〔阿部〕

4. ヤブミョウガラン　Goodyera fumata
沖縄県大宜味村　13.4.7　〔木原〕→p.204

6. ナンバンキンギンソウ　Goodyera clavata
沖縄県大宜味村　13.8.2　〔木原〕→p.204

8. ヒゲナガキンギンソウ　Goodyera rubicunda
石垣島　12.4.8　〔阿部〕→p.204

3. カゴメラン　Goodyera hachijoensis var. matsumurana
沖縄島　07.11.3　〔阿部〕→p.204

1. ムニンシュスラン　Goodyera hachijoensis var. boninensis
小笠原諸島母島　13.2.10　〔木原〕→p.204

4. アケボノシュスラン　Goodyera foliosa var. laevis
早池峰山　90.8.26　〔木原〕→p.204

2. ムニンシュスラン　果実
小笠原諸島母島　13.2.10　〔木原〕

5. ベニシュスラン　Goodyera biflora
高尾山　94.7.21　〔木原〕→p.204

PL.144　ラン科　ORCHIDACEAE

2. ツユクサシュスラン
沖縄島　15.1.10　〔阿部〕

1. ツユクサシュスラン　Goodyera foliosa var. foliosa
沖縄島　15.1.10　〔阿部〕→p.205

3. シマシュスラン
沖縄島　04.10.1　〔山田〕

4. シマシュスラン　Goodyera viridiflora
八重山列島　04.10.1　〔山田〕→p.205

6. ヒメミヤマウズラ
山梨県櫛形山　87.9.6　〔木原〕

5. ヒメミヤマウズラ　Goodyera repens
山梨県櫛形山　87.9.6　〔木原〕→p.205

7. ヒメミヤマウズラ
山梨県甲州市　99.8.24　〔木原〕

8. ミヤマウズラ　Goodyera schlechtendaliana
高知県香美市　11.8.31　〔木原〕→p.205

1. シュスラン　Goodyera velutina
伊豆諸島神津島　90.9.23　〔山田〕→p.205

2. シュスラン
神津島　90.9.23　〔山田〕

3. リュウキュウカイロラン
国頭村　12.3.12　〔木原〕

6. ナンバンカゴメラン　Macodes petola
西表島　13.7.10
〔阿部〕→p.213

5. リュウキュウカイロラン　Cheirostylis liukiuensis
沖縄県国頭村　12.3.12
〔木原〕→p.190

4. リュウキュウカイロラン　葉
国頭村　12.3.12　〔木原〕

7. アリサンムヨウラン
Cheirostylis takeoi
国頭村　13.4.5　〔木原〕→p.190

1. ヤクシマヒメアリドオシラン　Kuhlhasseltia yakushimensis
屋久島　09.8.27　〔木原〕→p.209

2. ハクウンラン　Kuhlhasseltia nakaiana
箱根芦ノ湖　95.8.21　〔木原〕→p.209

3. ハクウンラン
箱根芦ノ湖　95.8.21　〔木原〕

4. ヤクシマアカシュスラン
沖縄島　07.10.13　〔阿部〕

6. オオカゲロウラン
石垣島　13.4.28　〔阿部〕

5. ヤクシマアカシュスラン
Hetaeria yakusimensis
屋久島　95.9.14　〔山田〕→p.208

7. オオカゲロウラン　Hetaeria oblongifolia
石垣島　13.4.28　〔阿部〕→p.208

8. ヒメノヤガラ　Hetaeria shikokiana
神奈川県大磯町　97.7.12　〔木原〕→p.208

1. ミソボシラン　Vrydagzynea nuda
石垣島　13.2.20　〔阿部〕→p.230

2. アリドオシラン　Myrmechis japonica
白馬岳　83.8.26　〔木原〕→p.214

3. イナバラン　Odontochilus tashiroi
沖縄島　08.6.21　〔阿部〕→p.217

4. ハツシマラン
福知山　04.7.24　〔山田〕

6. キヌラン
石垣島　98.3.21　〔山田〕

8. チクシキヌラン
沖縄島　08.3.1　〔阿部〕

5. ハツシマラン　Odontochilus hatusimanus
北九州市福智山　04.7.24　〔山田〕→p.217

7. キヌラン　Zeuxine strateumatica
石垣島　98.3.21　〔山田〕→p.231

9. チクシキヌラン　Zeuxine strateumatica f. rupicola
沖縄島　08.3.1　〔阿部〕→p.231

1. カゲロウラン　Zeuxine agyokuana
東京都高尾山　95.10.5　〔木原〕→p.231

3. イシガキキヌラン　Zeuxine sakagutii
沖縄県国頭村　13.4.7　〔木原〕→p.231

5. ヤンバルキヌラン　Zeuxine tenuifolia
沖縄県与那覇岳　14.3.14　〔木原〕→p.231

2. カゲロウラン
高尾山　95.10.5　〔木原〕

4. イシガキキヌラン
国頭村　13.4.7　〔木原〕

6. ヤンバルキヌラン
沖縄島　08.3.1　〔阿部〕

7. アオジクキヌラン
沖縄県東村　13.4.6　〔木原〕

10. オオキヌラン
石垣島　12.4.8　〔阿部〕

8. アオジクキヌラン　Zeuxine affinis
沖縄県東村　13.4.6　〔木原〕→p.231

9. オオキヌラン　Zeuxine nervosa
石垣島　12.4.8　〔阿部〕→p.231

ORCHIDACEAE　ラン科　PL.149

1. ジャコウキヌラン　Zeuxine odorata
石垣島　09.4.19　〔阿部〕→p.231

3. ネジバナ　Spiranthes sinensis var. amoena
東京都杉並区　01.6.15　〔木原〕→p.227

5. ナンゴクネジバナ
Spiranthes sinensis var. sinensis
与那国島　12.3.6　〔木原〕→p.227

2. ジャコウキヌラン
石垣島　09.4.19
〔阿部〕

4. ネジバナ
東京都世田谷区
84.7.1　〔木原〕

6. ニラバラン　Microtis unifolia
和歌山県田辺市　07.5.31　〔木原〕→p.213

7. ニラバラン
与那国島　12.3.6　〔木原〕

8. コオロギラン
高知県香美市　11.8.31　〔木原〕

9. コオロギラン　Stigmatodactylus sikokianus
高知県香美市　11.8.31　〔木原〕→p.227

1. ホテイラン　Calypso bulbosa var. speciosa
八ヶ岳　79.6.13　〔木原〕→p.188

2. ヒメホテイラン　Calypso bulbosa var. bulbosa
北海道北斗市　94.5.23　〔梅沢〕→p.188

3. ショウキラン　Yoania japonica
長野県上高地　84.6.22　〔木原〕→p.230

4. キバナノショウキラン
東京都高尾山　94.6.30
〔木原〕

6. ハコネラン
Ephippianthus sawadanus
富士山　06.7.14　〔山田〕

5. キバナノショウキラン
Yoania amagiensis　高尾山
94.6.30　〔木原〕→p.230

7. ハコネラン
埼玉県秩父市　06.6.29
〔山田〕→p.198

8. コイチヨウラン
Ephippianthus schmidtii
富士山　80.7.29　〔木原〕→p.197

9. イチヨウラン
Dactylostalix ringens
八ヶ岳　83.5.25　〔木原〕→p.195

ORCHIDACEAE　ラン科　PL.151

1. ナリヤラン　Arundina graminifolia
西表島　07.9.5　〔木原〕→p.184

2. ホザキイチヨウラン
白山　88.7.19　〔木原〕

3. ホザキイチヨウラン　Malaxis monophyllos
山梨県北岳　97.7.19　〔木原〕→p.213

4. ヤチラン　Hammarbya paludosa
尾瀬沼　80.8.8　〔木原〕→p.207

5. イリオモテヒメラン
西表島　07.9.1　〔木原〕

6. イリオモテヒメラン　Crepidium bancanoides
西表島　07.9.1　〔木原〕→p.191

7. ハハジマホザキラン　Crepidium hahajimense
小笠原諸島母島　13.8.25　〔木原〕→p.191

8. ハハジマホザキラン
小笠原諸島母島
13.8.25　〔木原〕

9. カンダヒメラン
Crepidium kandae
西表島　13.7.28
〔木原〕→p.191

10. シマホザキラン
Crepidium boninense
父島　13.8.27　〔木原〕→p.191

PL.152　ラン科　ORCHIDACEAE

1. チケイラン　Liparis bootanensis
奄美大島　91.1.14　〔山田〕→p.211

3. コクラン　Liparis nervosa
種子島　03.6.4　〔木原〕→p.211

5. ジガバチソウ　Liparis krameri　緑花
長野県白馬村　96.7.23　〔木原〕→p.211

2. チケイラン
沖縄島　09.1.10　〔阿部〕

4. コクラン
種子島　03.6.4　〔木原〕

6. クモキリソウ
東京都高尾山　94.6.18　〔木原〕

8. ユウコクラン
大宜味村　13.4.5　〔木原〕

9. ユウコクラン　Liparis formosana
沖縄県大宜味村　13.4.5　〔木原〕→p.211

7. クモキリソウ　Liparis kumokiri
東京都高尾山　94.6.18　〔木原〕→p.211

ORCHIDACEAE　ラン科　PL.153

1. フガクスズムシソウ *Liparis fujisanensis*
尾瀬　85.6.14　〔木原〕→p.212

2. ギボウシラン *Liparis auriculata*
北海道福島町　03.8.6　〔梅沢〕→p.212

3. セイタカスズムシソウ *Liparis japonica*
秋田県男鹿半島　81.6.20　〔木原〕→p.212

4. スズムシソウ *Liparis makinoana*
東京都高尾山　06.5.24　〔木原〕→p.212

5. ササバラン *Liparis odorata*
奄美大島　92.7.4　〔山田〕→p.212

6. ヨウラクラン
千葉県山武郡　97.5.16　〔木原〕

7. ヨウラクラン *Oberonia japonica*
千葉県山武郡　97.5.16　〔木原〕→p.217

PL.154　ラン科　ORCHIDACEAE

1. タイワンショウキラン　Acanthephippium sylhetense
沖縄県本部町　12.6.17　〔木原〕→p.181

2. エンレイショウキラン
西表島　13.7.28　〔木原〕

3. エンレイショウキラン　Acanthephippium pictum
西表島　13.7.28　〔木原〕→p.182

4. ヒメトケンラン　Tainia laxiflora
沖縄県国頭村　12.3.12　〔木原〕→p.228

5. レンギョウエビネ
沖縄県国頭村　12.3.12　〔木原〕

6. レンギョウエビネ　Calanthe lyroglossa
沖縄県国頭村　12.3.12　〔木原〕→p.186

7. タイワンエビネ　Calanthe speciosa
西表島　08.11.13　〔木原〕→p.186

8. サクラジマエビネ
Calanthe mannii
鹿児島県甑島(植栽)　81.5.3
〔山田〕→p.186

9. キソエビネ　Calanthe alpina
山梨県韮崎市　81.6.27　〔山田〕→p.186

ORCHIDACEAE　ラン科　| PL.155

1. キンセイラン　Calanthe nipponica
徳島県那賀町（植栽）　97.6.1　〔木原〕→p.186

2. キエビネ　Calanthe citrina
東京都稲城市（植栽）　84.5.3　〔木原〕→p.186

3. エビネ　Calanthe discolor
愛知県新城市　82.5.13　〔木原〕→p.187

5. アマミエビネ　Calanthe amamiana
奄美大島　06.3.22　〔木原〕→p.187

4. エビネ　花
東京都稲城市　84.5.3　〔木原〕

7. ダルマエビネ
鹿児島県磯間岳　94.6.25　〔山田〕

6. キリシマエビネ　Calanthe aristulifera
和歌山県古座川町　07.5.12　〔木原〕→p.187

8. ダルマエビネ　Calanthe alismifolia
鹿児島県肝属郡　94.6.26　〔山田〕→p.187

2. ホシツルラン
小笠原諸島母島　13.8.25　〔木原〕

1. ホシツルラン　Calanthe hoshii
小笠原諸島母島　13.8.25　〔木原〕→p.187

3. ツルラン　Calanthe triplicata
沖縄県東村安和岳　13.8.2　〔木原〕→p.187

5. オナガエビネ　Calanthe masuca
西表島　07.9.4　〔木原〕→p.188

4. ツルラン　沖縄県東村安和岳
13.8.2　〔木原〕→p.187

6. アサヒエビネ　Calanthe hattorii
小笠原諸島父島　13.8.27　〔木原〕→p.188

7. アサヒエビネ　果実
父島　13.2.12　〔木原〕

8. ナツエビネ　Calanthe puberula var. puberula
京都府　10.7.26　〔山田〕→p.188

1. サルメンエビネ　Calanthe tricarinata
佐渡島金剛山　11.5.9　〔木原〕→p.188

2. サルメンエビネ
東京都稲城市（植栽）　84.5.3　〔木原〕

3. ガンゼキラン　Phaius flavus
鹿児島県野間岳　94.5.29　〔山田〕→p.220

5. トクサラン
石垣島　09.1.13　〔邑田仁〕

4. トクサラン　Cephalantheropsis obcordata
沖縄県大宜味村　11.1.7　〔木原〕→p.190

6. カクチョウラン　Phaius tankervilleae
沖縄県国頭村　13.4.6　〔木原〕→p.220

7. コウトウシラン　Spathoglottis plicata
西表島　13.4.10　〔木原〕→p.226

8. ヒメカクラン　Phaius mishmensis
石垣島　14.1.4　〔阿部〕→p.220

1. ヒトツボクロ　Tipularia japonica var. japonica
東京都高尾山　94.6.7　〔木原〕→p.229

3. サイハイラン　Cremastra variabilis
高尾山　94.6.7　〔木原〕→p.191

4. トケンラン　Cremastra unguiculata
北海道江別市　98.6.14　〔梅沢〕→p.191

2. ヒトツボクロ
日光市寂光の滝　12.7.4　〔邑田仁〕

5. コハクラン
八ヶ岳　83.6.26　〔山田〕

7. コケイラン
大分県由布市　10.5.7　〔邑田仁〕

9. イモネヤガラ　球茎
沖縄島　07.6.9　〔阿部〕

11. トサカメオトラン
Geodorum densiflorum
石垣島　12.7.9
〔阿部〕→p.203

6. コハクラン
Oreorchis indica
八ヶ岳　83.6.26　〔山田〕→p.218

8. コケイラン
Oreorchis patens
十和田湖　00.6.13　〔木原〕→p.218

10. イモネヤガラ
Eulophia zollingeri
沖縄島　07.6.9　〔阿部〕→p.200

ORCHIDACEAE　ラン科　｜　PL.159

1. エダウチヤガラ　Eulophia graminea
沖縄県東村　09.5.16　〔木原〕→p.200

2. タカサゴヤガラ　Eulophia taiwanensis
沖縄県東村　09.5.16　〔木原〕→p.200

3. シュンラン　Cymbidium goeringii
東京都町田市　10.3.31　〔木原〕→p.192

4. カンラン　Cymbidium kanran
徳島県　99.12.10　〔木原〕→p.192

5. ホウサイ　Cymbidium sinense
奄美大島(植栽)　95.3.22　〔山田〕
→p.192

6. ナギラン　Cymbidium nagifolium
静岡県掛川市　11.7.16　〔山田〕→p.193

7. ヘツカラン　Cymbidium dayanum
鹿児島県指宿市　13.11.1　〔山田〕→p.193

8. オオナギラン
沖縄島　14.1.15　〔阿部〕

9. オオナギラン　Cymbidium lancifolium
沖縄県名護市　06.2.4　〔山田〕→p.193

PL.160　ラン科 ORCHIDACEAE

1. オサラン　Eria japonica
奄美大島　09.6.21　〔山田〕→p.199

2. オサラン
奄美大島　06.6.21　〔山田〕

3. オオオサラン　Eria scabrilinguis
沖縄県名護市　08.10.7　〔木原〕→p.199

4. マヤラン　Cymbidium macrorhizon
武蔵野市　94.7.6　〔木原〕→p.193

5. リュウキュウセッコク　Eria ovata
西表島　10.7.2　〔木原〕→p.200

6. セッコク　Dendrobium moniliforme
東京都高尾山　98.5.22　〔木原〕→p.196

7. オキナワセッコク　Dendrobium okinawense
沖縄県国頭村　11.1.8　〔木原〕→p.196

ORCHIDACEAE　ラン科　| PL.161

1. キバナノセッコク　Dendrobium catenatum
高知県東洋町　94.7.13　〔木原〕→p.196

2. マメヅタラン　Bulbophyllum drymoglossum
徳島県海陽町　97.6.2　〔木原〕→p.184

3. ムギラン　Bulbophyllum inconspicuum
徳島県海陽町　97.6.3　〔木原〕→p.185

4. ミヤマムギラン　Bulbophyllum japonicum
屋久島　81.7.4　〔山田〕→p.185

5. シコウラン　Bulbophyllum macraei
西表島　07.9.4　〔木原〕→p.185

6. クモラン　Taeniophyllum glandulosum
徳島県海陽町　94.7.12　〔木原〕→p.228

8. オガサワラシコウラン
摂南大学　15.5.3　〔邑田仁〕

7. オガサワラシコウラン
Bulbophyllum boninense
小笠原諸島母島　13.6.18
〔木原〕→p.185

ラン科　ORCHIDACEAE

1. ボウラン　Luisia teres
沖縄県国頭村　12.5.28　〔木原〕→p.212

3. ムニンボウラン　Luisia occidentalis
小笠原諸島父島　13.6.9　〔木原〕→p.212

2. ボウラン
徳島県牟岐町　97.6.2　〔木原〕

4. ムニンボウラン
摂南大学　15.5.3　〔邑田仁〕

5. カシノキラン
石垣島　95.7.13　〔山田〕

7. モミラン
奥多摩町　97.4.15　〔木原〕

9. フウラン　Vanda falcata
東京都杉並区(植栽)　13.7.5　〔木原〕→p.229

6. カシノキラン　Gastrochilus japonicus
沖縄島　09.7.21　〔阿部〕→p.201

8. モミラン　Gastrochilus toramanus
東京都奥多摩町　97.4.15　〔木原〕→p.202

ORCHIDACEAE　ラン科　| PL.163

1. マツラン　Gastrochilus matsuran
山梨県甲府市　96.6.25　〔木原〕→p.202

2. ナゴラン　Sedirea japonica
種子島(植栽)　03.6.5　〔木原〕→p.226

4. ムカデラン
静岡県袋井市　09.7.26　〔山田〕

3. ムカデラン　Pelatantheria scolopendrifolia　静岡県袋井市　09.7.26　〔山田〕→p.219

5. ニュウメンラン
西表島(植栽)　09.3.26　〔木原〕

7. カヤラン　Thrixspermum japonicum
東京都高尾山　96.5.16　〔木原〕→p.228

8. ハガクレナガミラン　Thrixspermum fantasticum
西表島　07.9.1　〔阿部〕→p.228

6. ニュウメンラン　Staurochilus luchuensis
石垣島　09.4.18　〔阿部〕→p.227

PL.164 ｜ ラン科 ORCHIDACEAE

1. キンバイザサ　Curculigo orchioides
徳島県美波町　96.8.4　〔木原〕→p.232

2. コキンバイザサ　Hypoxis aurea
与那国島　12.3.7　〔木原〕→p.232

3. シャガ　Iris japonica
神奈川県小田原市（植栽）　01.5.10　〔木原〕→p.234

6. ヒオウギ　果実
東京都薬用植物園　98.10.2
〔木原〕

5. ヒオウギ　Iris domestica
東京都薬用植物園　02.7.13　〔木原〕→p.234

4. ヒメヒオウギズイセン　Crocosmia ×crocosmiiflora
長野県大町市　10.8.8　〔木原〕→p.233

HYPOXIDACEAE　キンバイザサ科／IRIDACEAE　アヤメ科　PL.165

1. ヒメシャガ　Iris gracilipes
和歌山県高野山　10.5.29　〔木原〕→p.234

2. イチハツ　Iris tectorum
東京都薬用植物園　83.5.11　〔木原〕→p.234

3. エヒメアヤメ　Iris rossii
熊本県阿蘇　94.5.10　〔木原〕→p.234

4. ノハナショウブ　Iris ensata var. spontanea
青森県中泊町　92.7.4　〔木原〕→p.235

1. カキツバタ　Iris laevigata
尾瀬　85.7.7　〔木原〕→p.235

2. アヤメ　Iris sanguinea var. sanguinea
長野県大町市　09.6.20　〔木原〕→p.235

3. ヒオウギアヤメ　Iris setosa var. setosa
北海道稚内市　87.6.30　〔木原〕→p.235

4. キショウブ　Iris pseudacorus
長野県大町市　98.6.11　〔木原〕→p.235

5. トバタアヤメ
Iris sanguinea var. tobataensis
高知県立牧野植物園　06.6.22
〔田中伸幸〕→p.235

IRIDACEAE　アヤメ科　PL.167

1. ニワゼキショウ　Sisyrinchium rosulatum
熊本県山鹿市　94.5.12　〔木原〕→p.236

2. ヒトフサニワゼキショウ　Sisyrinchium mucronatum
北海道津別町　96.7.22　〔梅沢〕→p.236

3. キキョウラン　Dianella ensifolia
西表島　07.9.5　〔木原〕→p.237

4. キキョウラン
種子島　03.6.5　〔木原〕

5. キキョウラン　果実
沖縄県恩納村　14.6.20　〔木原〕

6. ユウスゲ
Hemerocallis citrina var. vespertina
長野県霧ヶ峰　95.7.27　〔木原〕→p.238

1. エゾキスゲ　Hemerocallis lilioasphodelus var. yezoensis
北海道斜里町　79.7.5　〔木原〕→p.238

2. ゼンテイカ　Hemerocallis dumortieri var. esculenta
尾瀬　05.7.15　〔木原〕→p.238

3. ノカンゾウ　Hemerocallis fulva var. disticha
群馬県沼田市　91.7.17　〔木原〕→p.238

4. ハマカンゾウ　Hemerocallis fulva var. littorea
伊豆諸島式根島　84.9.1　〔木原〕→p.239

5. ヤブカンゾウ　Hemerocallis fulva var. kwanso
神奈川県箱根町　91.7.11　〔木原〕→p.239

1. ステゴビル Allium inutile
東京都あきる野市　95.9.25　〔木原〕→p.241

2. ギョウジャニンニク
Allium victorialis subsp. platyphyllum
尾瀬　05.7.15　〔木原〕→p.241

3. ヒメニラ　Allium monanthum
長野県諏訪大社　97.4.21　〔木原〕→p.241

4. ニラ　Allium tuberosum
東京都薬用植物園　91.8.14　〔木原〕→p.241

5. イトラッキョウ　Allium virgunculae var. virgunculae
長崎県平戸島　95.11.1　〔木原〕→p.241

6. キイイトラッキョウ　Allium kiiense
和歌山県古座川町　10.11.10　〔木原〕→p.241

2. ノビル
甲府市　83.6.9　〔木原〕

1. アサツキ　Allium schoenoprasum var. foliosum
青森県中泊町　92.7.5　〔木原〕→p.242

3. ノビル
Allium macrostemon
屋久島　01.6.1
〔木原〕→p.242

5. ミヤマラッキョウ
北海道夕張岳　87.8.1　〔木原〕

4. ミヤマラッキョウ　Allium splendens
北海道夕張岳　87.8.1　〔木原〕→p.241

6. ヒメエゾネギ
北海道アポイ岳　01.7.21　〔木原〕

7. ヒメエゾネギ　Allium schoenoprasum var. yezomonticola
北海道アポイ岳　01.7.21　〔木原〕→p.242

AMARYLLIDACEAE　ヒガンバナ科　PL.171

3. シロウマアサツキ
白馬岳　87.8.19　〔木原〕

1. シブツアサツキ
Allium schoenoprasum var. shibutuense
群馬県至仏山　01.7.29　〔木原〕→p.242

2. シロウマアサツキ　Allium schoenoprasum var. orientale
白馬岳　86.9.5　〔木原〕→p.242

7. ヤマラッキョウ
長野県霧ヶ峰　83.9.1　〔木原〕

4. イズアサツキ
Allium schoenoprasum var. idzuense
静岡県爪木崎　91.6.27　〔木原〕→p.242

5. ラッキョウ　Allium chinense
福島県下郷町　80.10.14　〔木原〕→p.242

6. ヤマラッキョウ　Allium thunbergii
宮崎県加江田渓谷　82.11.1
〔木原〕→p.242

PL.172　ヒガンバナ科　AMARYLLIDACEAE

2. タマムラサキ
和歌山県東牟婁郡　02.11.30　〔山田〕

1. タマムラサキ　Allium pseudojaponicum
和歌山県東牟婁郡　02.11.30　〔山田〕→p.242

3. ナンゴクヤマラッキョウ　Allium austrokyushuense
鹿児島市　03.10.28　〔山田〕→p.242

4. ハマオモト
Crinum asiaticum var. japonicum
宮崎県堀切峠　94.6.27　〔木原〕→p.243

5. ショウキズイセン　Lycoris traubii
与那国島　11.10.19　〔木原〕→p.243

6. シロバナマンジュシャゲ　Lycoris ×albiflora
小石川植物園　95.9.29　〔木原〕→p.244

1. ヒガンバナ　Lycoris radiata
埼玉県東松山市　02.10.1　〔木原〕→p.244

2. キツネノカミソリ　Lycoris sanguinea var. sanguinea
東京都高尾山　91.8.15　〔木原〕→p.244

3. ナツズイセン　Lycoris ×squamigera
山梨県北杜市　06.8.3　〔木原〕→p.244

4. スイセン　Narcissus tazetta var. chinensis
福井県越前岬　90.1.12　〔木原〕→p.244

PL.174　ヒガンバナ科　AMARYLLIDACEAE

1. アオノリュウゼツラン　Agave americana
小笠原諸島東島　94.8.2　〔木原〕→p.247

2. アオノリュウゼツラン
大阪市大植物園　03.7.25　〔田村〕

4. オランダキジカクシ　埼玉県東松山市（植栽）　04.9.28　〔木原〕

6. オランダキジカクシ　長野県大町市（植栽）　97.10.19　〔木原〕

7. キジカクシ　種子
山口県萩市　82.11.8　〔木原〕

3. タマボウキ　Asparagus oligoclonos
熊本県阿蘇　94.5.9　〔木原〕→p.247

5. オランダキジカクシ　Asparagus officinalis
東京都薬用植物園　95.5.28　〔木原〕→p.247

8. キジカクシ　Asparagus schoberioides
八ヶ岳富士見　84.6.12　〔木原〕→p.247

ASPARAGACEAE　クサスギカズラ科　| PL.175

1. クサスギカズラ Asparagus cochinchinensis
与那国島　11.10.21　〔木原〕→p.248

2. クサスギカズラ 果実
与那国島　11.10.21　〔木原〕

3. ハマタマボウキ Asparagus kiusianus
福岡市　94.5.25　〔山田〕→p.248

4. ハマタマボウキ 雌花
福岡市　94.5.25　〔山田〕

5. ヤブラン 種子
神代植物公園　83.11.4　〔木原〕

PL.176　クサスギカズラ科　ASPARAGACEAE

1. ジャノヒゲ　Ophiopogon japonicus var. japonicus
和歌山県高野山　83.8.7　〔木原〕→p.255

3. ヒメヤブラン　Liriope minor　新宿御苑　97.6.19　〔木原〕→p.253

2. ジャノヒゲ　種子
熊本県南阿蘇村　96.4.16　〔木原〕

4. ヒメヤブラン　種子
東京都高尾山　94.10.31　〔木原〕

5. ヤブラン　Liriope muscari　東京都高尾山　95.8.30　〔木原〕→p.254

6. コヤブラン　Liriope spicata　石垣島　12.9.3　〔山田〕→p.254

ASPARAGACEAE　クサスギカズラ科　PL.177

1. ノシラン　Ophiopogon jaburan
高知市（植栽）　96.8.6　〔木原〕→p.256

2. ノシラン　種子
沖縄県名護市　12.3.13　〔木原〕

3. ヨナグニノシラン　Ophiopogon reversus
与那国島　11.10.17　〔木原〕→p.256

4. オオバジャノヒゲ　Ophiopogon planiscapus
和歌山県高野山　83.7.4　〔木原〕→p.256

5. タマノカンザシ　Hosta plantaginea var. japonica
東京都高尾山（植栽）　84.9.5　〔木原〕→p.250

6. イワギボウシ　Hosta longipes var. longipes
群馬県妙義山　09.9.8　〔木原〕→p.250

1. ウラジロギボウシ　Hosta hypoleuca
愛知県新城市　91.8.15　〔山田〕→p.251

2. オオバギボウシ　Hosta sieboldiana var. sieboldiana
新潟県柏崎市　91.6.9　〔木原〕→p.251

3. キヨスミギボウシ　Hosta kiyosumiensis
静岡県富士宮市　03.7.22　〔山田〕→p.251

4. ヒュウガギボウシ　Hosta kikutii var. kikutii
宮崎市　98.8.19　〔山田〕→p.251

5. ウナズキギボウシ　Hosta kikutii var. tosana
和歌山県古座川町　10.9.3　〔木原〕→p.252

1. コバギボウシ　Hosta sieboldii
長野県八子ヶ峰　92.8.20　〔木原〕→p.252

2. カンザシギボウシ　Hosta capitata
高知県吾川郡　93.6.27　〔山田〕→p.253

3. ウバタケギボウシ　Hosta pulchella
熊本県阿蘇　98.7.7　〔山田〕→p.252

4. ケイビラン　Comospermum yedoense　雌株とされている株
高知県いの町　15.8.1　〔布施〕→p.249

5. ケイビラン　雄花とされている花
大阪市大植物園　98.7.14　〔田村〕

PL.180　クサスギカズラ科　ASPARAGACEAE

2. ツルボ　果実
小石川植物園　10.12.18
〔邑田仁〕

1. ツルボ　Barnardia japonica
神代植物公園　79.9.9　〔木原〕→p.248

3. マイヅルソウ　果実
尾瀬　77.10.13　〔木原〕

4. マイヅルソウ　Maianthemum dilatatum
尾瀬　86.7.3　〔木原〕→p.254

7. ユキザサ
十和田湖　00.6.13　〔木原〕

5. ヒメマイヅルソウ
Maianthemum bifolium
八ヶ岳立場川　95.6.15　〔木原〕→p.254

6. ユキザサ　Maianthemum japonicum
長野県白馬村　00.6.3　〔木原〕→p.255

1. ハルナユキザサ　Maianthemum robustum
栃木県日光市　79.5.29　〔木原〕→p.255

2. ヤマトユキザサ　Maianthemum viridiflorum
八ヶ岳　80.6.23　〔木原〕→p.255

3. ヒロハユキザサ　Maianthemum yesoense
山梨県北岳　80.6.20　〔木原〕→p.255

4. ウスギワニグチソウ　Polygonatum cryptanthum
長崎県対馬　97.5.20　〔山田〕→p.257

5. ミドリヨウラク　Polygonatum inflatum
熊本県阿蘇　94.5.9　〔木原〕→p.257

6. ミドリヨウラク
京都大学植物園　84.6.15　〔田村〕

PL.182　クサスギカズラ科　ASPARAGACEAE

1. ワニグチソウ Polygonatum involucratum
群馬県片品村　85.6.15　〔木原〕→p.257

2. コウライワニグチソウ Polygonatum ×desoulavyi
北海道平取町　97.6.13　〔梅沢〕→p.258

3. ミヤマナルコユリ
Polygonatum lasianthum var. lasianthum
東京都町田市　82.5.8　〔木原〕→p.258

4. ヒメイズイ Polygonatum humile
岩手県安家洞　82.5.30　〔木原〕→p.258

5. ヒメイズイ
北海道中標津町　13.8.1　〔邑田仁〕

ASPARAGACEAE　クサスギカズラ科 | PL.183

1. アマドコロ
Polygonatum odoratum var. pluriflorum
佐渡島　84.5.17　〔木原〕→p.258

2. オオアマドコロ
Polygonatum odoratum var. maximowiczii
北海道東川町　96.6.15　〔木原〕→p.258

3. オオナルコユリ
Polygonatum macranthum
北海道厚沢部町　97.6.29　〔梅沢〕→p.259

4. ナルコユリ　Polygonatum falcatum var. falcatum
東京都高尾山　92.6.10　〔木原〕→p.259

5. マルバオウセイ　Polygonatum falcatum var. trichosanthum
小石川植物園　10.5.3　〔邑田仁〕→p.259

PL.184　クサスギカズラ科　ASPARAGACEAE

2. ハラン 花断面
小石川植物園　12.3.30　〔邑田仁〕

3. ハラン 大阪市大植物園　08.4.19　〔田村〕

1. ハラン Aspidistra elatior
神代植物公園　79.3.9　〔木原〕→p.248

6. ドイツスズラン
東京都薬用植物園　76.10.4
〔木原〕

4. スズラン Convallaria majalis var. manshurica
岩手県岩泉町　82.5.30　〔木原〕→p.249

5. ドイツスズラン Convallaria majalis var. majalis
東京都杉並区(植栽)　96.5.6　〔木原〕→p.249

ASPARAGACEAE　クサスギカズラ科　｜　PL.185

1. **チトセラン** Sansevieria nilotica
小笠原諸島父島　13.2.7〔木原〕→p.260

2. **チトセラン**
父島　13.2.7
〔木原〕

4. **オモト**　花
東京都杉並区（植栽）
94.5.27〔木原〕

3. **キチジョウソウ** Reineckea carnea
東京都高尾山　78.10.31〔木原〕→p.259

5. **オモト** Rohdea japonica var. japonica　果実
東京都高尾山　91.3.29〔木原〕→p.260

PL.186　クサスギカズラ科　ASPARAGACEAE

1. ビロウ　Livistona chinensis var. subglobosa
宮崎県都井岬　94.5.14 〔木原〕→p.262

2. オガサワラビロウ　Livistona chinensis var. boninensis
小笠原諸島父島　86.4.9 〔木原〕→p.262

5. シュロ　Trachycarpus fortunei
千葉県山武市（植栽）　98.4.21 〔木原〕→p.264

6. トウジュロ　Trachycarpus wagnerianus
小石川植物園　95.9.29 〔木原〕→p.264

3. オガサワラビロウ
父島　13.4.23 〔木原〕

4. オガサワラビロウ　花
父島　86.4.12 〔木原〕

ARECACEAE　ヤシ科　PL.187

1. クロツグ　Arenga engleri
西表島　87.3.19　〔木原〕→p.261

2. クロツグ　花
沖縄県国頭村　12.5.27　〔木原〕

3. クロツグ　果実
小笠原諸島父島　13.4.25　〔木原〕

4. ニッパヤシ　Nypa fruticans
西表島　07.9.1　〔木原〕→p.263

5. ニッパヤシ　花
西表島　07.9.1　〔木原〕

6. ニッパヤシ　果実
西表島　07.9.1　〔木原〕

1. ノヤシ　Clinostigma savoryanum　小笠原諸島父島　86.12.17〔木原〕→p.262

2. ノヤシ　花　小笠原諸島父島　13.8.27〔木原〕

3. ノヤシ　果実　父島　13.2.9〔木原〕

4. ヤエヤマヤシ
Satakentia liukiuensis
西表島　09.2.11〔木原〕→p.263

ARECACEAE　ヤシ科　PL.189

3. ヤブミョウガ　花と果実
新宿御苑　08.9.4　〔木原〕

1. コヤブミョウガ　Pollia miranda
沖縄県本部町　12.6.17　〔木原〕→p.267

2. ヤブミョウガ　Pollia japonica
和歌山県高野山　94.7.21　〔木原〕→p.267

6. アオイカズラ　果実
高梁市　00.10.2　〔木原〕

4. ヤンバルミョウガ　Amischotolype hispida
西表島　08.11.14　〔木原〕→p.265

5. アオイカズラ　Streptolirion lineare
岡山県高梁市　00.10.2　〔木原〕→p.268

PL.190　｜　ツユクサ科　COMMELINACEAE

1. ツユクサ　Commelina communis var. communis　埼玉県川越市　82.9.19　〔木原〕→p.266

2. ツユクサ
埼玉県秩父市　89.9.21　〔木原〕

3. シマツユクサ　Commelina diffusa
与那国島　12.3.7　〔木原〕→p.266

4. オオボウシバナ　Commelina communis var. hortensis
東京都薬用植物園　03.8.19　〔木原〕→p.266

5. マルバツユクサ　Commelina benghalensis
高知市　03.9.27　〔木原〕→p.266

COMMELINACEAE　ツユクサ科　PL.191

1. ホウライツユクサ　Commelina auriculata
西表島　12.11.25　〔山田〕→p.266

2. ナンバンツユクサ　Commelina paludosa
沖縄島　12.11.25　〔阿部〕→p.266

3. イボクサ　Murdannia keisak
山形県真室川町　92.9.2　〔木原〕→p.267

4. シマイボクサ　Murdannia loriformis
種子島　04.11.2　〔木原〕→p.267

5. タヌキアヤメ　Philydrum lanuginosum
西表島　07.8.31　〔木原〕→p.269

6. タヌキアヤメ
西表島　07.8.31　〔木原〕

ツユクサ科　COMMELINACEAE／タヌキアヤメ科　PHILYDRACEAE

1. ミズアオイ　Monochoria korsakowii
千葉県成田市　97.10.10　〔木原〕→p.270

2. コナギ　Monochoria vaginalis
長野県大町市　87.8.18　〔木原〕→p.271

3. ホテイアオイ　Eichhornia crassipes
奄美大島　09.9.17　〔小出〕→p.270

4. リュウキュウバショウ
Musa balbisiana var. liukiuensis
西表島　86.11.18　〔木原〕→p.272

5. ダンドク　Canna indica var. indica
西表島　15.9.12　〔田中伸幸〕→p.273

6. キバナダンドク　Canna indica var. flava
西表島　14.10.29　〔田中伸幸〕→p.273

1. ミョウガ　Zingiber mioga
東京都杉並区（植栽）　81.10.4　〔木原〕→p.275

2. ショウガ　Zingiber officinale
摂南大学　03.8.23　〔邑田仁〕→p.275

3. ハナミョウガ
Alpinia japonica
高知県四万十市
94.5.17　〔木原〕→p.274

4. ハナミョウガ
　果実　静岡県伊東市
　00.1.6　〔木原〕

5. イリオモテクマタケラン
Alpinia flabellata
西表島　07.6.26
〔木原〕→p.274

6. イリオモテクマタケラン
　西表島　08.10.12　〔木原〕

PL.194　ショウガ科　ZINGIBERACEAE

1. アオノクマタケラン Alpinia intermedia
沖縄県伊湯岳　14.6.21　〔木原〕→p.275

2. アオノクマタケラン　果実
屋久島　94.11.28　〔木原〕

5. ゲットウ　果実
沖縄島（植栽）　07.10.30　〔木原〕

6. クマタケラン
沖縄県国頭村　12.5.26　〔木原〕

3. チクリンカ Alpinia nigra
小石川植物園　93.8.20　〔邑田仁〕→p.275

7. クマタケラン Alpinia ×formosana
屋久島　01.6.2　〔木原〕→p.275

4. ゲットウ Alpinia zerumbet
屋久島（植栽）　01.6.2　〔木原〕→p.275

ZINGIBERACEAE　ショウガ科　PL.195

2. ウキミクリ　Sparganium gramineum
北海道神仙沼　12.8.8　〔田中法生〕→p.277

1. ホソバウキミクリ　Sparganium angustifolium
ニセコ山系　98.8.9　〔梅沢〕→p.277

3. チシマミクリ　Sparganium hyperboreum
大雪山　84.8.10　〔梅沢〕→p.278

4. エゾミクリ　Sparganium emersum
長野県白馬村　94.7.28　〔山田〕→p.278

5. タマミクリ　Sparganium glomeratum
北海道岩内町　94.8.28　〔梅沢〕→p.278

6. ヤマトミクリ　Sparganium fallax
千葉県八千代市　01.6.23　〔木原〕→p.278

PL.196　ガマ科　TYPHACEAE

1. ウキミクリ　北海道神仙沼　12.8.8　〔田中法生〕

2. ミクリ　Sparganium erectum
神奈川県箱根町　91.6.26　〔木原〕→p.278

3. ナガエミクリ　Sparganium japonicum
箱根仙石原　11.8.29　〔勝山〕→p.278

4. ナガエミクリ　果実
徳島県海陽町　95.10.19　〔木原〕

5. ガマ　結実期
長野県大町市　97.11.3　〔木原〕

6. ガマ　Typha latifolia　千葉県山武市　95.8.23　〔木原〕→p.279

TYPHACEAE　ガマ科　| PL.197

1. ヒメガマ　Typha domingensis
摂南大学　15.7.11　〔邑田仁〕→p.279

2. コガマ　Typha orientalis
東京都八王子市　95.7.31　〔木原〕→p.279

3. モウコガマ　Typha laxmannii
北海道むかわ町　04.6.24
〔梅沢〕→p.279

4. オオシラタマホシクサ
東京農業大学植物園
15.10.8　〔宮本太〕

6. コイヌノヒゲ　Eriocaulon decemflorum
愛知県新城市　15.10.2　〔宮本太〕→p.281

5. オオシラタマホシクサ　Eriocaulon sexangulare
西表島　07.6.27　〔木原〕→p.282

PL.198　ガマ科　TYPHACEAE／ホシクサ科　ERIOCAULACEAE

1. ホシクサ　Eriocaulon cinereum
神奈川県厚木市　15.10.8　〔宮本太〕→p.282

2. ホシクサ　厚木市　15.10.8　〔宮本太〕

3. ヒュウガホシクサ　Eriocaulon echinulatum
東京農業大学植物園　15.10.30　〔宮本太〕→p.282

4. スイシャホシクサ　Eriocaulon truncatum
沖縄県恩納村　05.9.23　〔宮本太〕→p.282

6. クロホシクサ　Eriocaulon parvum
宮崎市　15.9.20　〔宮本太〕→p.282

7. ゴマシオホシクサ
宮崎市　15.9.20　〔宮本太〕

8. ゴマシオホシクサ　Eriocaulon nepalense
宮崎市　15.9.20　〔宮本太〕→p.282

5. スイシャホシクサ
東京農業大学植物園　15.10.8　〔宮本太〕

9. コシガヤホシクサ
東京農業大学植物園　15.10.8　〔宮本太〕

10. コシガヤホシクサ　Eriocaulon heleocharioides
東京農業大学植物園　15.10.8　〔宮本太〕→p.283

ERIOCAULACEAE　ホシクサ科　| PL.199

2. イヌノヒゲ Eriocaulon miquelianum var. miquelianum
愛知県新城市　15.10.2　〔宮本太〕→p.284

1. シラタマホシクサ Eriocaulon nudicuspe
愛知県豊橋市　09.9.11　〔宮本太〕→p.283

4. オオホシクサ Eriocaulon buergerianum
宮崎県　95.10.3　〔山田〕→p.283

5. エゾイヌノヒゲ Eriocaulon perplexum
北海道様似町　09.9.20　〔宮本太〕→p.283

3. イヌノヒゲ　新城市
15.10.2　〔宮本太〕

6. ハライヌノヒゲ Eriocaulon miquelianum var. ozense
群馬県尾瀬ヶ原　06.10.5　〔宮本太〕→p.284

7. エゾホシクサ Eriocaulon miquelianum var. monococcon
北海道苫小牧市　07.9.20　〔宮本太〕→p.284

8. エゾホシクサ
苫小牧市　07.9.20　〔宮本太〕

PL.200　ホシクサ科　ERIOCAULACEAE

1. ミカワイヌノヒゲ Eriocaulon mikawanum
愛知県新城市　09.9.12　〔宮本太〕→p.284

2. アズマホシクサ Eriocaulon takae
山形県鶴岡市　00.9.10　〔宮本太〕→p.284

3. ニッポンイヌノヒゲ
Eriocaulon taquetii var. taquetii
北海道苫小牧市　07.9.20
〔宮本太〕→p.285

5. クロイヌノヒゲ Eriocaulon atrum
前橋市　07.9.30　〔宮本太〕→p.284

6. クシロホシクサ
Eriocaulon sachalinense var. kusiroense
北海道釧路市　09.9.22　〔宮本太〕→p.285

4. ニッポンイヌノヒゲ
愛知県新城市　15.10.2　〔宮本太〕

7. ツクシクロイヌノヒゲ Eriocaulon kiusianum
宮崎県新富町　09.10.6　〔宮本太〕→p.285

8. ヒロハノイヌノヒゲ Eriocaulon alpestre
宮崎市　08.10.22　〔宮本太〕→p.285

9. ヤマトホシクサ Eriocaulon japonicum
兵庫県小野市　06.10.17　〔宮本太〕→p.285

1. ヒメコウガイゼキショウ　Juncus bufonius
宮崎市大淀川　94.5.22　〔南谷〕→p.288

2. エゾホソイ　Juncus filiformis　草津白根山　10.7.19　〔小出〕→p.289

4. ドロイ　Juncus gracillimus
佐賀県唐津市　99.9.8　〔南谷〕→p.288

3. エゾホソイ　岩手県奥州市
07.8.24　〔宮本太〕

6. クサイ　千葉県梅ヶ瀬渓谷
10.6.26　〔小出〕

5. クサイ　Juncus tenuis
横浜市　91.6.10　〔勝山〕→p.288

7. ミヤマイ
木曽駒ヶ岳　12.8.21　〔勝山〕

8. ミヤマイ　Juncus beringensis
立山　12.9.8　〔小出〕→p.289

1. ハマイ　Juncus haenkei
北海道大樹町　03.7.14　〔宮本太〕→p.289

2. イグサ　Juncus decipiens
東京都町田市　01.5.21　〔木原〕→p.289

3. ホソイ　Juncus setchuensis
神奈川県弓張の滝　96.5.29　〔勝山〕→p.289

4. イヌイ　Juncus fauriei
千葉県成東・東金食虫植物群落
07.5.20　〔小出〕→p.289

5. セキショウイ　Juncus prominens
北海道浜中町　76.8.18　〔梅沢〕→p.289

6. セキショウイ
北海道根室市
87.7.29　〔梅沢〕

7. タカネイ　Juncus triglumis
大雪山　01.7.17　〔木原〕→p.290

1. イトイ　Juncus maximowiczii
甲武信岳　07.8.2　〔勝山〕→p.290

2. イトイ
山梨県瑞牆山　10.8.1　〔小出〕

4. ホソコウガイゼキショウ
岩手県奥州市　07.8.24　〔宮本太〕

3. ホソコウガイゼキショウ　Juncus fauriensis
群馬県至仏山　12.7.28　〔小出〕→p.290

5. タチコウガイゼキショウ　Juncus krameri
北海道苫小牧市　07.9.20　〔宮本太〕→p.291

6. タチコウガイゼキショウ
北海道苫小牧市　07.9.20
〔宮本太〕

7. アオコウガイゼキショウ　Juncus papillosus
青森県東通村　07.9.10　〔宮本太〕→p.291

8. アオコウガイゼキショウ
東通村　07.9.10　〔宮本太〕

9. エゾノミクリゼキショウ　Juncus mertensianus
大雪山　05.7.13　〔小野〕→p.290

PL.204　イグサ科　JUNCACEAE

1. ハリコウガイゼキショウ Juncus wallichianus
青森件東通村　07.9.10　〔宮本太〕→p.291

2. ハリコウガイゼキショウ
東通村　07.9.10　〔宮本太〕

3. コウガイゼキショウ
Juncus prismatocarpus subsp. leschenaultii
宮崎県日南市　94.5.14　〔木原〕→p.291

4. コウガイゼキショウ
神奈川県鶴見川　91.6.10　〔勝山〕

5. ミクリゼキショウ Juncus ensifolius
福島県吾妻山　91.7.7　〔勝山〕→p.291

7. ヒロハノコウガイゼキショウ
東通村　07.9.10　〔宮本太〕

6. ヒロハノコウガイゼキショウ
Juncus diastrophanthus
東通村　07.9.10　〔宮本太〕→p.291

8. ハナビゼキショウ
鶴見川　91.6.10　〔勝山〕

9. ハナビゼキショウ Juncus alatus
鶴見川　91.6.10　〔勝山〕→p.291

1. ヌカボシソウ　Luzula plumosa subsp. plumosa
千葉県梅ヶ瀬渓谷　09.5.16　〔小出〕→p.292

2. ヤマスズメノヒエ　Luzula multiflora
長野県軽井沢町　09.5.29　〔宮本太〕→p.293

3. ヤマスズメノヒエ
長野県軽井沢町　09.5.29　〔宮本太〕

4. セイタカヌカボシソウ
Luzula jimboi subsp. jimboi
大雪山　05.7.13　〔小野〕→p.292

5. クモマスズメノヒエ
Luzula arcuata subsp. unalaschkensis
白馬岳　88.8.7　〔木原〕→p.293

6. タカネスズメノヒエ　Luzula oligantha
白馬岳　88.8.5　〔木原〕→p.293

7. スズメノヤリ　Luzula capitata
宮崎県総合博物館庭園　94.4.14　〔南谷〕→p.293

8. ミヤマスズメノヒエ　Luzula nipponica
大雪山　94.7.23　〔梅沢〕→p.293

9. コゴメヌカボシ　Luzula piperi
大雪山　05.7.13　〔小野〕→p.293

PL.206　｜　イグサ科　JUNCACEAE

1. カンチスゲ Carex gynocrates
岩手県焼石岳　88.7.6　〔木原〕→p.300

2. ヤリスゲ Carex kabanovii　雌花
北海道大雪山　85.8.14　〔梅沢〕→p.300

3. ヒナスゲ Carex grallatoria var. grallatoria
安倍峠　97.6.1　〔勝山〕→p.300

5. キンスゲ
白馬岳　88.8.6　〔木原〕

4. キンスゲ
Carex pyrenaica var. altior
長野県栂池　88.9.2　〔木原〕→p.300

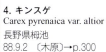

6. サナギスゲ Carex grallatoria var. heteroclita
静岡県天城山　13.6.6　〔勝山〕→p.300

8. イトキンスゲ
木曽駒ヶ岳　12.8.21　〔勝山〕

7. イトキンスゲ
Carex hakkodensis
長野県栂池　88.9.2
〔木原〕→p.300

9. カラフトイワスゲ Carex rupestris
北海道芦別岳　82.7.10　〔梅沢〕→p.301

CYPERACEAE　カヤツリグサ科　PL.207

1. タカネハリスゲ　Carex pauciflora
北海道大雪山　06.7.13　〔梅沢〕→p.301

2. シラコスゲ
北海道日高町　10.6.15　〔梅沢〕

3. シラコスゲ　Carex rhizopoda
北海道日高町　10.6.15　〔梅沢〕→p.301

4. ヒカゲハリスゲ　Carex onoei
北海道日高町　10.6.15　〔梅沢〕→p.301

5. ヒカゲハリスゲ
栃木県日光市　09.6.1　〔勝山〕

6. コハリスゲ
北海道目国内岳　07.7.2　〔勝山〕

7. コハリスゲ　Carex hakonensis
北海道目国内岳　07.7.2　〔勝山〕→p.301

8. ニッコウハリスゲ　Carex fulta
栃木県那須塩原市　12.7.8　〔勝山〕→p.302

9. ニッコウハリスゲ
栃木県那須塩原市　12.7.8　〔勝山〕

10. ユキグニハリスゲ
山形県月山　12.7.30　〔勝山〕

11. ユキグニハリスゲ　Carex semihyalofructa
長野県梅池　04.7.20　〔勝山〕→p.302

PL.208　カヤツリグサ科　CYPERACEAE

1. ハリガネスゲ　Carex capillacea var. capillacea
愛知県新城市　08.5.17　〔勝山〕→p.302

2. ハリガネスゲ
愛知県新城市　08.5.17　〔勝山〕

3. エゾハリスゲ　Carex uda
北海道浦幌町　87.6.25　〔梅沢〕→p.302

4. エゾハリスゲ
北海道新冠町　05.6.5　〔梅沢〕

5. コケハリガネスゲ　Carex koyaensis var. yakushimensis
屋久島　09.6.16　〔勝山〕→p.302

6. マツバスゲ
東京都町田市　13.5.10　〔勝山〕

7. マツバスゲ　Carex biwensis
横浜市　91.4.21　〔勝山〕→p.302

9. サトヤマハリスゲ
愛知県新城市　08.5.17　〔勝山〕

8. サトヤマハリスゲ
Carex ruralis
愛知県新城市　08.5.17
〔勝山〕→p.302

10. シモツケハリスゲ　Carex noguchii
栃木県那須塩原市　15.6.16　〔勝山〕→p.302

CYPERACEAE　カヤツリグサ科　PL.209

1. コウボウムギ Carex kobomugi
新潟県佐渡島　84.5.18　〔木原〕→p.302

2. コウボウムギ　雌株
愛知県渥美半島　82.5.17　〔木原〕

3. エゾノコウボウムギ Carex macrocephala
北海道根室市　98.6.25　〔梅沢〕→p.302

4. クロカワズスゲ
北海道えりも町　87.6.24　〔梅沢〕

5. クロカワズスゲ Carex arenicola
札幌市　83.7.24　〔梅沢〕→p.303

6. ツルスゲ Carex pseudocuraica
北海道浜中町　88.6.22　〔梅沢〕→p.303

7. ツルスゲ
北海道猿払原野　06.6.21　〔勝山〕

8. ウスイロスゲ
北海道大雪山　08.8.6　〔勝山〕

9. ウスイロスゲ Carex pallida
北海道根室市　86.5.27　〔梅沢〕→p.303

PL.210 ｜ カヤツリグサ科　CYPERACEAE

2. クリイロスゲ
涛沸湖　06.6.23　〔勝山〕

1. クリイロスゲ　Carex diandra
北海道涛沸湖　06.6.23　〔勝山〕→p.303

4. アサマスゲ
稲敷市　04.5.30　〔勝山〕

3. アサマスゲ　Carex lithophila
茨城県稲敷市　04.5.30　〔勝山〕→p.303

6. ヒメミコシガヤ
岡山市　93.5.21　〔勝山〕

5. ミコシガヤ　Carex neurocarpa
茨城県常総市　95.5.30　〔木原〕→p.303

7. ヒメミコシガヤ　Carex laevissima
岡山市　93.5.21　〔勝山〕→p.304

9. キビノミノボロスゲ
岡山市　93.5.21　〔勝山〕

8. キビノミノボロスゲ　Carex paxii
岡山市　93.5.21　〔勝山〕→p.304

10. ミノボロスゲ
白馬岳　88.8.5　〔木原〕

11. ミノボロスゲ　Carex albata var. albata
長野県梅池　88.9.2　〔木原〕→p.304

CYPERACEAE　カヤツリグサ科　PL.211

1. カヤツリスゲ　Carex bohemica
北海道釧路市　98.7.17　〔梅沢〕→p.304

2. オオカワズスゲ
札幌市　94.6.26　〔梅沢〕

3. オオカワズスゲ　Carex stipata
札幌市　94.6.26　〔梅沢〕→p.304

4. カワズスゲ　Carex omiana var. monticola
北海道大雪山　85.8.15　〔梅沢〕→p.305

5. カワズスゲ
大雪山　85.8.15　〔梅沢〕

6. キタノカワズスゲ　Carex echinata
北海道羅臼湖　91.7.24　〔勝山〕→p.305

7. キタノカワズスゲ
北海道勇払原野　04.5.25　〔勝山〕

8. タカネマスクサ　Carex planata var. planata
北海道栗山町　02.7.8　〔梅沢〕→p.305

9. タカネマスクサ
北海道栗山町　02.7.8　〔梅沢〕

10. ホザキマスクサ　Carex planata var. angustealata
岐阜県海津市　09.5.25　〔勝山〕→p.305

PL.212　カヤツリグサ科　CYPERACEAE

2. マスクサ
小田原市　12.5.20　〔勝山〕

3. イトヒキスゲ　Carex remotiuscula
北海道釧路市　00.7.1　〔梅沢〕→p.305

1. マスクサ　Carex gibba
神奈川県小田原市　12.5.20　〔勝山〕→p.305

4. イトヒキスゲ
釧路市　98.7.17　〔梅沢〕

6. ヤブスゲ
さいたま市　91.5.20　〔勝山〕

7. ホスゲ　Carex senanensis
岐阜県御岳胡桃島　00.7.25　〔勝山〕→p.305

5. ヤブスゲ　Carex rochebrunii
神奈川県箱根町　15.5.5　〔勝山〕→p.305

8. ホスゲ
長野県栂池　04.7.21　〔勝山〕

9. ヤガミスゲ　Carex maackii
さいたま市　13.5.1　〔勝山〕→p.306

10. ヤガミスゲ
さいたま市　13.5.1　〔勝山〕

11. イッポンスゲ　Carex tenuiflora
北海道釧路市　86.7.17　〔梅沢〕→p.306

CYPERACEAE　カヤツリグサ科　PL.213

1. ヒロハイッポンスゲ
北海道富良野市　88.7.10
〔梅沢〕

2. ヒロハイッポンスゲ　Carex pseudololiacea
北海道利尻島　95.6.11　〔梅沢〕→p.306

3. アカンスゲ　Carex loliacea
北海道足寄町　98.6.18　〔梅沢〕→p.307

4. アカンスゲ
北海道足寄町　98.6.18　〔梅沢〕

6. ハクサンスゲ　Carex canescens
北海道大雪山　86.8.8　〔梅沢〕→p.307

7. ヒメカワズスゲ　Carex brunnescens
北海道夕張岳　80.7.13　〔梅沢〕→p.307

5. ハクサンスゲ
釧路市　86.7.17　〔梅沢〕

8. ヒメカワズスゲ
夕張岳　86.8.3　〔梅沢〕

9. タカネヤガミスゲ　Carex lachenalii
大雪山　81.7.27　〔梅沢〕→p.307

10. タカネヤガミスゲ
北海道大雪山　08.8.4　〔勝山〕

PL.214　カヤツリグサ科　CYPERACEAE

1. ノルゲスゲ　Carex mackenziei
北海道厚岸湖　02.6.24　〔勝山〕→p.307

2. ノルゲスゲ
北海道厚岸湖　02.6.24　〔勝山〕

3. ホソバオゼヌマスゲ　Carex nemurensis
長野県霧ヶ峰　12.7.17　〔勝山〕→p.307

4. ホソバオゼヌマスゲ
利尻島　95.6.11　〔梅沢〕

5. ヒロハオゼヌマスゲ　Carex traiziscana
北海道滝上町　94.7.10　〔梅沢〕→p.307

6. ヒロハオゼヌマスゲ
北海道猿払原野　06.6.21　〔勝山〕

7. アブラシバ　Carex satsumensis
山梨県甲州市　98.6.2　〔木原〕→p.307

8. ハナビスゲ　Carex cruciata
長崎市　02.11.12　〔勝山〕→p.307

9. オオナキリスゲ
福井県黒河林道　02.9.21
〔勝山〕

10. オオナキリスゲ　Carex autumnalis
福井県黒河林道　02.9.21　〔勝山〕→p.308

CYPERACEAE　カヤツリグサ科　PL.215

2. ムニンナキリスゲ
父島　03.12.4　〔勝山〕

1. フサナキリスゲ　Carex teinogyna
鹿児島県日置市　91.11.24　〔勝山〕→p.308

3. ムニンナキリスゲ　Carex hattoriana
小笠原諸島父島　03.12.4　〔勝山〕→p.308

5. チチジマナキリスゲ
父島産　07.1.8　〔勝山〕

4. チチジマナキリスゲ　Carex chichijimensis
小笠原諸島父島産　07.1.8　〔勝山〕→p.308

6. キシュウナキリスゲ
尾鷲市　02.10.13　〔勝山〕

7. キシュウナキリスゲ　Carex nachiana
三重県尾鷲市　02.10.13　〔勝山〕→p.308

9. ジングウスゲ
浜松市　07.9.14　〔勝山〕

8. ジングウスゲ　Carex sacrosancta
和歌山県田辺市　02.10.13　〔勝山〕→p.308

10. アマミナキリスゲ
奄美大島産　08.11.5　〔勝山〕

11. アマミナキリスゲ　Carex tabatae
奄美大島　09.10.19　〔勝山〕→p.308

1. オキナワヒメナキリ　Carex tamakii
西表島産　08.11.5　〔勝山〕→p.308

2. オキナワヒメナキリ
西表島産　08.11.5　〔勝山〕

3. コゴメスゲ
三浦市　91.9.29　〔勝山〕

4. コゴメスゲ　Carex brunnea
神奈川県三浦市　04.10.15　〔勝山〕→p.308

5. ナキリスゲ　Carex lenta
神奈川県湯河原町　15.9.14　〔勝山〕→p.308

6. ナキリスゲ
神奈川県湯河原町　08.10.27
〔勝山〕

7. センダイスゲ　Carex sendaica
神奈川県三浦市　04.10.15　〔勝山〕→p.309

8. サドスゲ　Carex sadoensis
北海道占冠村　93.6.22　〔梅沢〕→p.309

9. サドスゲ
夕張岳　86.8.3　〔梅沢〕

10. タニガワスゲ
日高町　10.6.15　〔梅沢〕

11. タニガワスゲ　Carex forficula
北海道日高町　10.6.15　〔梅沢〕→p.310

CYPERACEAE　カヤツリグサ科　PL.217

1. ヤマアゼスゲ Carex heterolepis
神奈川県仙石原　92.5.19　〔勝山〕→p.310

2. ヤマアゼスゲ
仙石原　92.5.19　〔勝山〕

3. アゼスゲ　Carex thunbergii var. thunbergii
東京都町田市　01.4.17　〔木原〕→p.310

4. アゼスゲ　北海道むかわ町
00.6.18　〔梅沢〕

5. タテヤマスゲ　Carex aphyllopus var. aphyllopus
北アルプス朝日岳　03.7.28　〔勝山〕→p.310

6. タテヤマスゲ
北アルプス朝日岳　03.7.28
〔勝山〕

7. ヌマアゼスゲ
稲敷市　93.5.3　〔勝山〕

8. ヌマアゼスゲ
Carex cinerascens
茨城県稲敷市　93.5.3
〔勝山〕→p.310

9. ナガエスゲ　Carex otayae
白馬岳　88.8.6　〔木原〕→p.310

10. ナガエスゲ
白馬岳　88.8.6　〔木原〕

11. シュミットスゲ
北海道大雪山　85.8.8　〔梅沢〕

PL.218　カヤツリグサ科　CYPERACEAE

2. ウシオスゲ
根室市 98.6.25 〔梅沢〕

1. ウシオスゲ　Carex ramenskii
北海道根室市　98.6.25 〔梅沢〕→p.310

3. ヒメウシオスゲ　Carex subspathacea
北海道浜中町　92.6.18 〔梅沢〕→p.310

4. ヒメウシオスゲ
浜中町 92.6.18 〔梅沢〕

6. ヒメアゼスゲ
大雪山 82.8.11 〔梅沢〕

5. ヒメアゼスゲ　Carex eleusinoides
北海道大雪山　84.7.11 〔梅沢〕→p.310

7. オハグロスゲ　Carex bigelowii
大雪山　04.7.23 〔梅沢〕→p.311

8. オハグロスゲ
大雪山 04.7.23 〔梅沢〕

9. シュミットスゲ　Carex schmidtii
大雪山　03.8.14 〔梅沢〕→p.311

10. カブスゲ
北海道標津町　06.6.25 〔勝山〕

11. カブスゲ　Carex cespitosa
北海道弟子屈町　88.5.26 〔梅沢〕→p.311

CYPERACEAE　カヤツリグサ科 | PL.219

1. ヤラメスゲ　Carex lyngbyei
北海道利尻島　95.6.11　〔梅沢〕→p.311

2. ヤラメスゲ
大雪山　08.8.5　〔勝山〕

3. トマリスゲ　Carex middendorffii
北海道大雪山　04.7.21　〔梅沢〕→p.311

4. トマリスゲ
北海道羅臼湖　91.7.24　〔勝山〕

5. アゼナルコ　Carex dimorpholepis
静岡市　12.6.4　〔勝山〕→p.311

6. アゼナルコ
静岡市　12.6.4　〔勝山〕

7. ツクシナルコ
Carex subcernua
宮崎県えびの高原
94.5.15　〔木原〕
→p.311

9. ヒメゴウソ　Carex phacota var. gracilispica
神奈川県箱根町　06.6.5　〔勝山〕→p.311

10. ヒメゴウソ　神奈川県箱根町
06.6.5　〔勝山〕

8. ツクシナルコ　三重県紀北町
05.5.16　〔勝山〕

11. ホナガヒメゴウソ
Carex phacota var. phacota
岡崎市　05.5.29
〔勝山〕→p.311

PL.220　カヤツリグサ科　CYPERACEAE

2. ゴウソ
愛知県岡崎市　05.5.29
〔勝山〕

3. ホシナシゴウソ
Carex maximowiczii var. levisaccus
アポイ岳　87.6.24　〔梅沢〕→p.312

4. オタルスゲ
岡山県蒜山高原　91.6.1
〔勝山〕

1. ゴウソ　Carex maximowiczii var. maximowiczii
東京都町田市　13.5.7　〔勝山〕→p.311

5. オタルスゲ
Carex otaruensis
山梨市　15.6.29
〔勝山〕→p.312

6. カワラスゲ　Carex incisa
北海道浜中町　88.6.25　〔梅沢〕→p.312

7. カワラスゲ
浜中町　88.6.25　〔梅沢〕

10. アズマナルコ
Carex shimidzensis
札幌市　09.6.15
〔梅沢〕→p.312

8. トダスゲ　Carex aequialta
さいたま市　91.5.20　〔勝山〕→p.312

9. トダスゲ
さいたま市　91.5.20　〔勝山〕

11. アズマナルコ
北海道赤井川村
90.7.24　〔梅沢〕

CYPERACEAE　カヤツリグサ科　PL.221

1. テキリスゲ Carex kiotensis
神奈川県小田原市　14.5.18　〔勝山〕→p.312

2. ヤマテキリスゲ
岩手県須川温泉　05.7.3　〔勝山〕

3. ヤマテキリスゲ Carex flabellata
岩手県須川温泉　05.7.3　〔勝山〕→p.312

4. タヌキラン Carex podogyna
山形県月山　12.7.31　〔勝山〕→p.312

5. タヌキラン
山形県月山　12.7.31　〔勝山〕

6. コタヌキラン Carex doenitzii
白馬岳　88.8.6　〔木原〕→p.313

7. コタヌキラン
白馬岳　88.8.6　〔木原〕

8. ヤマタヌキラン Carex angustisquama
岩手県須川温泉　05.7.3　〔勝山〕→p.313

9. ヤマタヌキラン
岩手県須川温泉　05.7.3　〔勝山〕

10. シマタヌキラン Carex okuboi
伊豆諸島八丈島　08.4.28　〔勝山〕→p.313

カヤツリグサ科　CYPERACEAE

2. コカンスゲ
金剛山　05.5.15　〔勝山〕

1. コカンスゲ　Carex reinii
金剛山　05.5.15　〔勝山〕→p.313

4. フサカンスゲ
鹿児島県黒島　04.4.24　〔勝山〕

3. フサカンスゲ　Carex tokarensis
鹿児島県黒島　04.4.25　〔勝山〕→p.313

6. ヒゲスゲ　神奈川県真鶴岬
03.3.3　〔勝山〕

5. ヒゲスゲ　Carex boottiana
沖縄県南大東島　11.12.11　〔木原〕→p.313

7. ホウザンスゲ　Carex hoozanensis　小穂
石垣島　14.3.22　〔阿部〕→p.313

9. サコスゲ　鹿児島県徳之島
04.4.11　〔勝山〕

8. サコスゲ　Carex sakonis
鹿児島県奄美大島　93.3.30　〔勝山〕→p.314

10. オオムギスゲ
岡山市　92.4.20　〔勝山〕

11. オオムギスゲ　Carex laticeps
岡山市　92.4.20　〔勝山〕→p.314

2. リュウキュウヒエスゲ
沖縄県西銘岳　08.4.6 〔勝山〕

1. リュウキュウヒエスゲ　Carex collifera
沖縄島　14.4.5 〔阿部〕→p.314

4. サンインヒエスゲ　Carex jubozanensis
福井県野坂岳　04.6.12 〔勝山〕→p.314

3. カゴシマスゲ
Carex kagoshimensis
鹿児島県奄美大島　03.4.8
〔勝山〕→p.314

5. サンインヒエスゲ
福井県野坂岳　04.6.12 〔勝山〕

6. ヒエスゲ　Carex longirostrata var. longirostrata
札幌市　08.5.4 〔梅沢〕→p.314

7. ヒエスゲ
札幌市　08.5.4 〔梅沢〕

8. ヒロバスゲ
Carex insaniae
北海道函館市
88.5.22 〔梅沢〕
→p.314

9. ヒロバスゲ
函館市　88.5.22
〔梅沢〕

10. アオバスゲ　Carex papillaticulmis
安倍峠　04.5.20 〔勝山〕→p.314

11. アオバスゲ
安倍峠　04.5.20 〔勝山〕

12. アオヒエスゲ　Carex subdita
高知市　05.4.28 〔勝山〕→p.314

PL.224 ｜ カヤツリグサ科　CYPERACEAE

2. キノクニスゲ
鹿児島県黒島　04.4.25　〔勝山〕

1. キノクニスゲ　Carex matsumurae
伊豆諸島利島　09.5.11　〔勝山〕→p.316

3. セキモンスゲ　Carex toyoshimae
小笠原諸島母島　05.4.15　〔勝山〕→p.316

4. セキモンスゲ
母島産　08.3.3　〔勝山〕

6. ウミノサチスゲ
南硫黄島産　08.3.26　〔勝山〕

5. ウミノサチスゲ　Carex augustini
南硫黄島産　08.3.26　〔勝山〕→p.317

8. オキナワスゲ
沖縄県国頭村　06.11.1　〔勝山〕

7. オキナワスゲ
Carex breviscapa
沖縄島　14.12.10
〔阿部〕→p.317

9. トックリスゲ　Carex rhynchachaenium
沖縄県国頭村　06.10.30　〔勝山〕→p.317

10. トックリスゲ
台湾　06.5.5　〔勝山〕

11. ゲンカイモエギスゲ
Carex genkaiensis
香川県小豆島　04.5.11
〔勝山〕→p.317

1. タイワンスゲ　Carex formosensis
宮崎県延岡市　12.5.3　〔勝山〕→p.317

2. タイワンスゲ
宮崎県延岡市　12.5.3　〔勝山〕

3. ムニンヒョウタンスゲ　Carex yasuii
小笠原諸島父島　05.4.17　〔勝山〕→p.317

5. アキイトスゲ　Carex kamagariensis
愛媛県岩城島　02.5.14　〔勝山〕→p.317

4. ムニンヒョウタンスゲ
小笠原諸島父島産　12.4.18　〔勝山〕

6. アキイトスゲ
長崎県対馬　07.5.3　〔勝山〕

7. カンスゲ　Carex morrowii var. morrowii
神奈川県湯河原町　12.5.13　〔勝山〕→p.317

9. ハチジョウカンスゲ　Carex hachijoensis
伊豆諸島八丈島　08.4.28　〔勝山〕→p.317

10. ハチジョウカンスゲ
伊豆諸島八丈島　08.4.28　〔勝山〕

8. カンスゲ
湯河原町　12.5.13　〔勝山〕

PL.226　カヤツリグサ科　CYPERACEAE

2. ダイセンスゲ
真庭市　04.5.9　〔勝山〕

1. ダイセンスゲ　Carex daisenensis
岡山県真庭市　04.5.9　〔勝山〕→p.317

4. ミヤマカンスゲ
箱根仙石原　03.5.24　〔勝山〕

3. ミヤマカンスゲ　Carex multifolia var. multifolia
神奈川県湯河原町　12.5.13　〔勝山〕→p.317

5. ナガボスゲ　Carex dolichostachya
石垣島　96.3.29　〔勝山〕→p.318

6. ツシマスゲ
対馬　03.5.2　〔勝山〕

7. ツシマスゲ　Carex tsushimensis
長崎県対馬　03.4.30　〔勝山〕→p.318

10. ヒメカンスゲ　Carex conica
神奈川県丹沢　91.4.29　〔勝山〕→p.318

8. タシロスゲ　Carex sociata
西表島　08.2.24　〔勝山〕→p.318

9. ツクシスゲ　Carex uber
鹿児島県指宿市　03.4.8　〔勝山〕→p.318

CYPERACEAE　カヤツリグサ科 | PL.227

2. ホソバカンスゲ
富山県縄ヶ池　13.6.9　〔勝山〕

3. ホソバカンスゲ　Carex temnolepis
愛知県段戸裏谷　08.5.17　〔勝山〕→p.318

1. オオシマカンスゲ　Carex oshimensis
伊豆大島　02.4.1　〔勝山〕→p.318

5. オクノカンスゲ
札幌市　89.5.26　〔梅沢〕

6. スルガスゲ　Carex omurae
安倍峠　07.5.27　〔勝山〕→p.319

4. オクノカンスゲ　Carex foliosissima var. foliosissima
兵庫県宍粟市　93.5.22　〔勝山〕→p.318

7. スルガスゲ
安倍峠　07.5.27　〔勝山〕

8. ハシナガカンスゲ　Carex phaeodon
山梨県南部町　91.5.3　〔勝山〕→p.318

9. ナゴスゲ
石垣島産　07.5.21　〔勝山〕

10. ナゴスゲ　Carex cucullata
石垣島産　07.5.21　〔勝山〕→p.319

PL.228　カヤツリグサ科　CYPERACEAE

1. キンキミヤマカンスゲ　Carex multifolia var. glaberrima
三重県尾鷲市　05.5.16　〔勝山〕→p.319

2. キンキミヤマカンスゲ
三重県尾鷲市　05.5.16　〔勝山〕

3. ヤワラミヤマカンスゲ　Carex multifolia var. imbecillis
宮崎県青井岳　98.5.7　〔勝山〕→p.319

4. ツルミヤマカンスゲ　Carex sikokiana
神奈川県湯河原町　07.5.21　〔勝山〕→p.319

5. ケヒエスゲ
市房山　07.6.18　〔勝山〕

6. ケヒエスゲ　Carex mayebarana
市房山　07.6.18　〔勝山〕→p.319

7. ケスゲ　Carex duvaliana
東京都町田市　13.5.7　〔勝山〕→p.319

8. ケスゲ
東京都町田市　13.5.7　〔勝山〕

9. ニシノホンモンジスゲ
妙高高原　03.5.11　〔勝山〕

10. ニシノホンモンジスゲ
Carex stenostachys var. stenostachys
新潟県妙高高原　03.5.11　〔勝山〕→p.319

1. ヤマオオイトスゲ　Carex clivorum
神奈川県津久井湖　04.4.10　〔勝山〕→p.319

2. シロホンモンジスゲ
長崎県対馬　07.5.2　〔勝山〕

3. シロホンモンジスゲ　Carex polyschoena
長崎県対馬　07.5.2　〔勝山〕→p.319

5. ホンモンジスゲ
神奈川県湯河原町　03.4.28
〔勝山〕

4. ホンモンジスゲ　Carex pisiformis
横浜市　89.4.22　〔勝山〕→p.319

6. シロイトスゲ
群馬県安中市　04.6.6　〔勝山〕

7. シロイトスゲ　Carex alterniflora var. alterniflora
神奈川県西丹沢　04.5.26　〔勝山〕→p.319

8. キイトスゲ　Carex alterniflora var. fulva
市房山　07.6.18　〔勝山〕→p.319

9. クジュウスゲ
Carex alterniflora var. elongatula
高知県天狗高原　07.6.11
〔勝山〕→p.320

10. チャイトスゲ
Carex alterniflora var. aureobrunnea
愛媛県久万高原町　92.4.18
〔勝山〕→p.319

11. ベニイトスゲ
Carex alterniflora var. rubrovaginata
金剛山　05.5.15　〔勝山〕→p.319

PL.230　カヤツリグサ科　CYPERACEAE

1. ワタリスゲ　Carex conicoides
高知県津野町　07.5.16　〔勝山〕→p.320

2. ワタリスゲ
高知県津野町　07.5.16　〔勝山〕

3. アリマイトスゲ　Carex alterniflora var. arimaensis
岡山県井原市　04.5.10　〔勝山〕→p.320

4. アリマイトスゲ
井原市　04.5.10　〔勝山〕

5. コイトスゲ　Carex sachalinensis var. iwakiana
箱根仙石原　91.6.16　〔勝山〕→p.320

6. コイトスゲ
箱根仙石原　03.5.24　〔勝山〕

7. サハリンイトスゲ
Carex sachalinensis var. sachalinensis
北海道清里町　06.6.24　〔勝山〕→p.320

8. ミヤマアオスゲ　Carex sachalinensis var. longiuscula
八ヶ岳　92.7.27　〔勝山〕→p.320

9. ミヤマアオスゲ
長野県麦草峠　04.7.28　〔勝山〕

10. イトスゲ
筑波山　06.5.14　〔勝山〕

11. イトスゲ　Carex fernaldiana
茨城県筑波山　06.5.14　〔勝山〕→p.320

CYPERACEAE　カヤツリグサ科　｜　PL.231

1. ハコネイトスゲ Carex hakonemontana
神奈川県箱根町　12.5.23　〔勝山〕→p.320

2. ハコネイトスゲ
箱根町　06.6.5　〔勝山〕

3. ツルナシオオイトスゲ Carex tenuinervis
高知県天狗高原　07.6.10　〔勝山〕→p.320

4. ツルナシオオイトスゲ
高知県天狗高原　07.6.10　〔勝山〕

5. ノスゲ Carex tashiroana
広島市　13.5.25　〔勝山〕→p.320

6. ノスゲ
広島市　13.5.25　〔勝山〕

7. マメスゲ Carex pudica
愛知県設楽町　09.5.27　〔勝山〕→p.320

8. モエギスゲ Carex tristachya
千葉県成田市　01.5.12　〔木原〕→p.320

9. モエギスゲ
茨城県加波山　09.5.10　〔勝山〕

10. ヒメモエギスゲ　岡山県
吉備中央町　91.6.4　〔勝山〕

11. ヒメモエギスゲ Carex pocilliformis
松山市　92.4.18　〔勝山〕→p.320

カヤツリグサ科　CYPERACEAE

1. イセアオスゲ Carex karashidaniensis
三重県海山町 05.5.16 〔勝山〕→p.320

3. クサスゲ
箱根仙石原 92.5.19 〔勝山〕

2. イセアオスゲ
三重県海山町 05.5.16 〔勝山〕

4. クサスゲ Carex rugata
愛媛県久万高原町 92.5.8 〔勝山〕→p.320

7. ハガクレスゲ
北海道目国内岳 07.7.2 〔勝山〕

5. ヌカスゲ Carex mitrata var. mitrata
横浜市 90.3.21 〔勝山〕→p.320

6. ヌカスゲ
神奈川県丹沢 91.4.20 〔勝山〕

8. ハガクレスゲ Carex jacens
白馬岳 88.8.5 〔木原〕→p.320

9. アオスゲ Carex leucochlora
札幌市 93.6.15 〔梅沢〕→p.321

10. アオスゲ
札幌市 93.6.15 〔梅沢〕

11. イトアオスゲ
Carex puberula
岡山県真庭市 04.5.8
〔勝山〕→p.321

12. メアオスゲ
Carex candolleana
長崎県対馬 03.5.1
〔勝山〕→p.321

CYPERACEAE カヤツリグサ科 | PL.233

2. ニイタカスゲ　Carex aphanandra
群馬県嬬恋村　04.6.7
〔勝山〕→p.321

1. ミセンアオスゲ　Carex horikawae
愛媛県古岩屋　07.5.15　〔勝山〕→p.321

3. イソアオスゲ　Carex meridiana
神奈川県真鶴半島　95.5.4　〔勝山〕→p.321

5. オオアオスゲ　Carex lonchophora
横浜市　90.4.23　〔勝山〕→p.321

6. オオアオスゲ
愛知県犬山市　04.5.6　〔勝山〕

4. ヒメアオスゲ　Carex discoidea　小穂
沖縄島　13.6.27　〔阿部〕→p.321

7. ハマアオスゲ　Carex fibrillosa
神奈川県茅ヶ崎市　89.5.2　〔勝山〕→p.321

8. シバスゲ
静岡県十国峠　06.5.21　〔勝山〕

9. シバスゲ　Carex nervata
静岡県十国峠　06.5.21　〔勝山〕→p.321

PL.234　カヤツリグサ科　CYPERACEAE

2. ミヤケスゲ
北海道夕張岳　86.7.9
〔梅沢〕

3. チャシバスゲ　Carex microtricha
北海道浜中町　02.6.26
〔勝山〕→p.321

1. ミヤケスゲ　Carex subumbellata var. subumbellata
知床半島　87.7.9　〔梅沢〕→p.321

5. カミカワスゲ
北海道むかわ町　88.5.31
〔梅沢〕

4. ツルカミカワスゲ　Carex sabynensis var. rostrata
長野県野辺山高原　04.6.20　〔勝山〕→p.321

6. カミカワスゲ　Carex sabynensis var. sabynensis
北海道伊達市　98.5.14　〔梅沢〕→p.321

8. アイズスゲ
富山県縄ヶ池　13.6.9　〔勝山〕

7. アイズスゲ　Carex hondoensis
富山県縄ヶ池　13.6.9　〔勝山〕→p.322

9. フサスゲ
高知市　07.5.12　〔勝山〕

10. フサスゲ　Carex metallica
三重県紀北町　05.5.16　〔勝山〕→p.322

2. ミヤマジュズスゲ
富山県縄ヶ池　13.6.9　〔勝山〕

1. ミヤマジュズスゲ　Carex dissitiflora
富山県縄ヶ池　13.6.9　〔勝山〕→p.322

3. イワヤスゲ　Carex tumidula
愛媛県岩屋寺　02.5.27　〔勝山〕→p.322

4. イワヤスゲ
愛媛県岩屋寺　02.5.27　〔勝山〕

5. ササノハスゲ　Carex pachygyna
広島市　13.5.24　〔勝山〕→p.322

6. ササノハスゲ
高知県天狗高原　07.6.10　〔勝山〕

7. タガネソウ　Carex siderosticta
北海道千歳市　02.5.10　〔梅沢〕→p.322

10. ケタガネソウ
稲叢山　07.6.9　〔勝山〕

8. タガネソウ
金剛山　05.5.15　〔勝山〕

9. ケタガネソウ　Carex ciliatomarginata
高知県稲叢山　07.6.9　〔勝山〕→p.322

PL.236　カヤツリグサ科　CYPERACEAE

1. リュウキュウスゲ　Carex alliiformis
奄美大島　93.3.30　〔勝山〕→p.323

2. サツマスゲ
長崎県対馬　05.6.13　〔勝山〕

3. サツマスゲ　Carex ligulata
岡山県新見市　91.6.3　〔勝山〕→p.323

4. アカネスゲ　Carex poculisquama
山口県秋吉台　04.5.28　〔勝山〕→p.323

5. アカネスゲ
秋吉台　04.5.28　〔勝山〕

6. カタスゲ　Carex macrandrolepis
鹿児島県甑島　14.4.30　〔勝山〕→p.323

8. タイホクスゲ　Carex taihokuensis
石垣島　14.3.22　〔阿部〕→p.323

7. カタスゲ
鹿児島県甑島　14.4.30　〔勝山〕

9. アズマスゲ
北海道平取町　88.5.19　〔梅沢〕

10. アズマスゲ　Carex lasiolepis
北海道様似町　94.5.10　〔梅沢〕→p.324

CYPERACEAE　カヤツリグサ科　PL.237

1. サヤマスゲ　Carex hashimotoi
岐阜県恵那市　03.5.17　〔勝山〕→p.324

2. サヤマスゲ
恵那市　03.5.17　〔勝山〕

4. アカスゲ
上士幌町　93.6.22　〔梅沢〕

3. アカスゲ　Carex quadriflora
北海道上士幌町　93.6.22　〔梅沢〕→p.324

5. ビッチュウヒカゲスゲ　Carex bitchuensis
岡山県高梁市　04.5.10　〔勝山〕→p.324

6. ビッチュウヒカゲスゲ
高梁市　04.5.10　〔勝山〕

7. ヒカゲスゲ　Carex lanceolata
横浜市　91.4.2　〔勝山〕→p.324

8. ヒカゲスゲ
群馬県八風平　04.6.6　〔勝山〕

9. ホソバヒカゲスゲ　Carex humilis var. nana
北海道アポイ岳　89.5.21　〔梅沢〕→p.324

10. ホソバヒカゲスゲ　北海道
むかわ町　88.5.31　〔梅沢〕

11. イワスゲ　Carex stenantha var. stenantha
白馬岳　88.8.6　〔木原〕→p.324

カヤツリグサ科　CYPERACEAE

1. ショウジョウスゲ　Carex blepharicarpa
var. blepharicarpa　白馬岳　88.8.6　〔木原〕→p.324

2. ショウジョウスゲ
新潟県妙高高原　03.5.4　〔勝山〕

3. ツクバスゲ　Carex hirtifructus
茨城県筑波山　06.5.14　〔勝山〕→p.325

5. イワカンスゲ
香美市　05.3.15　〔勝山〕

4. イワカンスゲ
Carex makinoensis
高知県香美市　05.3.15
〔勝山〕→p.325

6. タイワンカンスゲ　Carex longistipes
西表島　14.6.30　〔阿部〕→p.325

9. コイワカンスゲ
熊本県阿蘇山　07.6.21
〔勝山〕

7. タイワンカンスゲ
西表島産　08.11.3
〔勝山〕

8. コイワカンスゲ　Carex chrysolepis
熊本県阿蘇山　07.6.21　〔勝山〕→p.325

CYPERACEAE　カヤツリグサ科　PL.239

1. ミヤマイワスゲ　Carex odontostoma　長崎県対馬　03.5.2　〔勝山〕→p.325

2. ミヤマイワスゲ　対馬　03.5.2　〔勝山〕

4. コバケイスゲ
国頭村　04.4.5　〔勝山〕

3. コバケイスゲ　Carex tenuior
沖縄県国頭村　04.4.7　〔勝山〕→p.325

5. アキザキバケイスゲ　Carex mochomuensis
屋久島　03.11.18　〔勝山〕→p.325

6. アキザキバケイスゲ
屋久島　03.11.18　〔勝山〕

7. タチスゲ　Carex maculata
静岡県袋井市　92.5.12　〔勝山〕→p.325

8. タチスゲ
愛知県岡崎市　05.5.29　〔勝山〕

9. リュウキュウタチスゲ　Carex tetsuoi
沖縄島　14.4.5　〔阿部〕→p.325

PL.240　カヤツリグサ科　CYPERACEAE

2. オノエスゲ
荒川岳　07.8.15　〔勝山〕

1. オノエスゲ　Carex tenuiformis
白馬岳　88.8.6　〔木原〕→p.325

3. タカネシバスゲ　Carex fuscidula
北海道夕張岳　86.7.9　〔梅沢〕→p.326

4. タカネシバスゲ
夕張岳　86.7.9　〔梅沢〕

6. サッポロスゲ
札幌市　97.5.23　〔梅沢〕

5. サッポロスゲ　Carex pilosa
札幌市　11.5.28　〔梅沢〕→p.326

7. クジュウツリスゲ　Carex kujuzana
長野県軽井沢町　12.5.30　〔勝山〕→p.326

8. クジュウツリスゲ
長野県野辺山高原　04.6.20
〔勝山〕

9. サヤスゲ　Carex vaginata
北海道大雪山　86.8.9　〔梅沢〕→p.326

10. サヤスゲ
大雪山　86.8.9　〔梅沢〕

11. オクタマツリスゲ　Carex filipes subsp. kuzakaiensis
岩手県宮古市　00.6.15　〔勝山〕→p.326

CYPERACEAE　カヤツリグサ科　PL.241

1. タマツリスゲ　Carex filipes subsp. filipes
長野県軽井沢町　12.5.30　〔勝山〕→p.326

2. タマツリスゲ
長野県軽井沢町　12.5.30　〔勝山〕

3. オオタマツリスゲ　Carex rouyana
東京都高尾山　97.4.10　〔木原〕→p.326

4. ヒロハノオオタマツリスゲ　Carex arakiana
鳥取県若桜町　93.5.22　〔勝山〕→p.327

5. アリサンタマツリスゲ　小穂
石垣島　13.4.27　〔阿部〕

6. アリサンタマツリスゲ　Carex arisanensis
石垣島　13.4.27　〔阿部〕→p.327

7. エゾツリスゲ
苫小牧市　11.6.16　〔梅沢〕

8. エゾツリスゲ　Carex papulosa
北海道苫小牧市　11.6.16　〔梅沢〕→p.327

9. コジュズスゲ
町田市　13.5.7　〔勝山〕

10. コジュズスゲ　Carex macroglossa
東京都町田市　13.5.7　〔勝山〕→p.327

カヤツリグサ科　CYPERACEAE

2. グレーンスゲ
北海道恵山　02.6.7　〔梅沢〕

3. ナガボノコジュズスゲ　Carex vaniotii
山形県月山　12.7.30　〔勝山〕→p.327

1. グレーンスゲ　Carex parciflora
北海道雨竜町　09.7.21　〔梅沢〕→p.327

5. ジュズスゲ
栃木県塩原　12.7.8　〔勝山〕

6. オキナワジュズスゲ
Carex ischnostachya var. fastigiata　小穂
沖縄島　14.4.5　〔阿部〕→p.327

4. ジュズスゲ　Carex ischnostachya var. ischnostachya
北海道函館市　05.7.15　〔梅沢〕→p.327

7. オキナワジュズスゲ
沖縄島　14.4.5　〔阿部〕

8. カツラガワスゲ　Carex subtumida
愛媛県西予市　07.5.14　〔勝山〕→p.327

9. カツラガワスゲ
愛媛県西予市　07.5.14　〔勝山〕

10. ヤマジスゲ　Carex bostrychostigma
岡山県蒜山高原　91.6.2　〔勝山〕→p.327

CYPERACEAE　カヤツリグサ科 | PL.243

1. ミタケスゲ Carex dolichocarpa
大分県由布市　94.6.24　〔木原〕→p.328

2. ミタケスゲ
尾瀬　84.7.5　〔木原〕

3. タカネナルコ Carex siroumensis
白馬岳　88.8.7　〔木原〕→p.328

4. タカネナルコ
白馬岳　88.8.7　〔木原〕

5. タルマイスゲ Carex buxbaumii
長野県野辺山高原　92.6.15　〔勝山〕→p.328

6. タルマイスゲ
野辺山高原　92.6.15　〔勝山〕

7. クロボスゲ Carex atrata var. japonalpina
北岳　12.8.28　〔勝山〕→p.329

8. クロボスゲ
仙丈ヶ岳　06.8.15　〔勝山〕

9. ネムロスゲ Carex gmelinii　北海道知床峠
11.7.11　〔勝山〕→p.328

10. ネムロスゲ
北海道浜頓別町　06.6.22　〔勝山〕

PL.244　カヤツリグサ科　CYPERACEAE

1. キンチャクスゲ　Carex mertensii var. urostachys
白馬岳　88.8.5　〔木原〕→p.329

2. キンチャクスゲ
白馬岳　88.8.6　〔木原〕

3. センジョウスゲ　Carex lehmannii
仙丈ヶ岳　92.8.3　〔勝山〕→p.329

4. マンシュウクロカワスゲ　Carex peiktusani
静岡県中ノ尾根山　06.7.24　〔勝山〕→p.329

5. マンシュウクロカワスゲ
中ノ尾根山　06.7.24　〔勝山〕

6. ヒラギシスゲ　Carex augustinowiczii
札幌市　10.6.5　〔梅沢〕→p.329

7. ヌマクロボスゲ　Carex meyeriana
岩手県春子谷地　00.6.19　〔勝山〕→p.329

8. ヌマクロボスゲ
春子谷地　00.6.19　〔勝山〕

9. ラウススゲ
知床　87.7.9　〔梅沢〕

10. ラウススゲ　Carex stylosa
北海道知床　87.7.9　〔梅沢〕→p.329

CYPERACEAE　カヤツリグサ科　PL.245

1. ミヤマアシボソスゲ　Carex scita var. scita
北岳　01.8.6　〔木原〕→p.329

2. ミヤマアシボソスゲ
八ヶ岳　10.7.27　〔勝山〕

3. シロウマスゲ
Carex scita var. brevisquama
槍ヶ岳　11.9.28　〔勝山〕→p.329

4. ダイセンアシボソスゲ　Carex scita var. parvisquama
鳥取県大山　12.7.21　〔勝山〕→p.329

5. リシリスゲ
Carex scita var. riishirensis
大雪山　08.8.6　〔勝山〕→p.329

6. シコタンスゲ　Carex scita var. scabrinervia
北海道浜中町　02.6.26　〔勝山〕→p.329

7. アシボソスゲ
Carex scita var. tenuiseta
鳥海山　10.8.18　〔勝山〕→p.329

8. ミヤマクロスゲ　Carex flavocuspis
御嶽山　81.7.13　〔木原〕→p.329

9. ミヤマクロスゲ
北海道大雪山　08.8.4　〔勝山〕

10. ナルコスゲ　Carex curvicollis
東京都奥多摩　82.5.6　〔木原〕→p.330

1. アポイタヌキラン　Carex apoiensis
北海道浦河町　02.6.30　〔梅沢〕→p.330

2. アポイタヌキラン
北海道様似町　87.6.5　〔梅沢〕

4. トナカイスゲ
厚岸町　02.6.24　〔勝山〕

3. トナカイスゲ　Carex globularis
北海道厚岸町　14.6.22　〔梅沢〕→p.330

5. クロヒナスゲ　Carex gifuensis
宇都宮市　06.5.13　〔勝山〕→p.330

6. タカネヒメスゲ
夕張岳　86.7.9　〔梅沢〕

7. タカネヒメスゲ　Carex melanocarpa
北海道夕張岳　86.7.9　〔梅沢〕→p.330

8. サワヒメスゲ　Carex mira
三重県松阪市　05.5.15
〔勝山〕→p.330

9. サワヒメスゲ
岐阜県産　93.5.1　〔勝山〕

CYPERACEAE　カヤツリグサ科　｜　PL.247

1. ヌイオスゲ　Carex vanheurckii
八ヶ岳　10.7.28　〔勝山〕→p.330

2. ヌイオスゲ
八ヶ岳　10.7.28　〔勝山〕

3. ヒメスゲ　Carex oxyandra
白馬岳　88.8.7　〔木原〕→p.330

4. ヒメスゲ
白馬岳　88.8.7　〔木原〕

6. ムセンスゲ
大雪山　07.7.31　〔梅沢〕

5. ムセンスゲ　Carex livida
北海道大雪山　07.7.31　〔梅沢〕→p.331

7. イトナルコスゲ　Carex laxa
北海道霧多布湿原　96.7.23　〔勝山〕→p.331

8. イトナルコスゲ
根室市　93.6.28　〔勝山〕

10. ダケスゲ
美深町　96.7.18　〔梅沢〕

9. ヤチスゲ　Carex limosa
尾瀬　80.7.12　〔木原〕→p.331

11. ダケスゲ　Carex paupercula
北海道美深町　96.7.18　〔梅沢〕→p.331

カヤツリグサ科　CYPERACEAE

1. ヒメシラスゲ　Carex mollicula
北海道砥石山　96.6.12　〔梅沢〕→p.331

2. ヒカゲシラスゲ
長野県川上村　05.6.26　〔勝山〕

3. ヒカゲシラスゲ　Carex planiculmis
安房峠　13.6.17　〔勝山〕→p.331

4. シラスゲ
薩摩川内市　14.4.27　〔勝山〕

5. シラスゲ　Carex alopecuroides var. chlorostachya
鹿児島県薩摩川内市　14.4.27　〔勝山〕→p.332

6. ヒゴクサ
神奈川県小田原市　12.5.20　〔勝山〕

7. ヒゴクサ　Carex japonica
山梨県櫛形山　04.5.29　〔木原〕→p.332

8. エナシヒゴクサ
新冠町　98.6.12　〔梅沢〕

9. エナシヒゴクサ　Carex aphanolepis
北海道新冠町　98.6.12　〔梅沢〕→p.332

10. アワボスゲ
上ノ国町　04.7.4　〔梅沢〕

11. アワボスゲ　Carex nipposinica
北海道上ノ国町　04.7.4　〔梅沢〕→p.332

1. ヤワラスゲ Carex transversa
東京都町田市　13.5.7　〔勝山〕→p.332

2. ヤワラスゲ
町田市　13.5.7　〔勝山〕

3. ベンケイヤワラスゲ Carex benkei
鹿児島県薩摩川内市　14.4.27　〔勝山〕→p.332

4. ベンケイヤワラスゲ
長崎県対馬　07.5.3　〔勝山〕

5. ミヤマシラスゲ Carex confertiflora
札幌市　09.6.15　〔梅沢〕→p.333

6. ミヤマシラスゲ
札幌市　09.6.15　〔梅沢〕

7. カサスゲ Carex dispalata
北海道根室市　87.5.27　〔梅沢〕→p.333

9. アキカサスゲ Carex nemostachys
奄美大島　07.11.26　〔勝山〕→p.333

10. アキカサスゲ
奄美大島　07.11.26　〔勝山〕

8. カサスゲ
北海道浦幌町　87.5.25　〔梅沢〕

PL.250　カヤツリグサ科　CYPERACEAE

1. キンキカサスゲ　Carex persistens
広島市　13.5.25　〔勝山〕→p.333

2. キンキカサスゲ
広島市　13.5.25　〔勝山〕

3. ウマスゲ　Carex idzuroei
さいたま市　13.5.18　〔勝山〕→p.333

4. ウマスゲ
さいたま市　13.5.18　〔勝山〕

5. ヤマクボスゲ　Carex hymenodon
宇都宮市　06.6.4　〔勝山〕→p.333

6. エゾサワスゲ
北海道苫小牧市　98.6.12　〔梅沢〕

7. エゾサワスゲ　Carex viridula
北海道根室市　11.7.29　〔梅沢〕→p.333

8. ジョウロウスゲ　Carex capricornis
北海道網走市　05.8.10　〔山田〕→p.333

9. クグスゲ
北佐久郡　06.5.23　〔山田〕

10. クグスゲ　Carex pseudocyperus
長野県北佐久郡　06.5.23　〔山田〕→p.333

CYPERACEAE　カヤツリグサ科　| PL.251

1. ホロムイクグ　Carex tsuishikarensis
北海道苫小牧市　98.6.16　〔梅沢〕→p.334

2. ホロムイクグ
苫小牧市　98.6.12　〔梅沢〕

3. オニスゲ　Carex dickinsii
東京都町田市　98.6.17　〔木原〕→p.334

4. コヌマスゲ　Carex rotundata
北海道大雪山　94.7.23　〔梅沢〕→p.334

5. コヌマスゲ
大雪山　94.7.23　〔梅沢〕

6. オニナルコスゲ
札幌市　96.6.25　〔梅沢〕

7. オニナルコスゲ　Carex vesicaria
釧路市　87.6.25　〔梅沢〕→p.334

8. オオカサスゲ　Carex rhynchophysa
尾瀬　86.7.3　〔木原〕→p.334

9. オオカサスゲ
白馬岳　88.8.5　〔木原〕

10. カラフトカサスゲ
雨竜沼　87.8.8　〔梅沢〕

11. カラフトカサスゲ　Carex rostrata var. rostrata
北海道雨竜沼　00.8.21　〔梅沢〕→p.334

2. ワンドスゲ
大阪市旭区　04.5.8〔勝山〕

3. ハタベスゲ
北海道釧路町　98.6.18〔梅沢〕

1. ワンドスゲ　Carex argyi
大阪市旭区　04.5.8〔勝山〕→p.335

4. オオクグ　Carex rugulosa
茨城県稲敷市　93.5.3〔勝山〕→p.335

5. シオクグ　Carex scabrifolia
鹿児島上甑島　14.4.28〔勝山〕→p.335

6. ハタベスゲ　Carex latisquamea
北海道釧路町　98.6.18〔梅沢〕→p.335

7. コウボウシバ　Carex pumila
青森県種差海岸　82.5.30〔木原〕→p.335

9. アカンカサスゲ
根室市　10.7.28〔梅沢〕

10. ムジナスゲ
苫小牧市　98.6.12〔梅沢〕

11. ムジナスゲ
Carex lasiocarpa
var. occultans
北海道苫小牧市
98.6.12
〔梅沢〕→p.335

8. アカンカサスゲ
Carex sordida
北海道根室市
10.7.28〔梅沢〕→p.335

CYPERACEAE　カヤツリグサ科　PL.253

2. ビロードスゲ
幌加内町　88.8.2　〔梅沢〕

1. ビロードスゲ　Carex miyabei
北海道幌加内町　88.8.2　〔梅沢〕→p.336

3. スナジスゲ　Carex glabrescens
宇都宮市　06.5.13　〔勝山〕→p.336

4. スナジスゲ
宇都宮市　06.6.4　〔勝山〕

6. ヒゲハリスゲ　果実
北岳　01.8.5　〔木原〕

5. ヒゲハリスゲ　Kobresia myosuroides
山梨県北岳　01.8.5　〔木原〕→p.351

7. カガシラ　Diplacrum caricinum
沖縄島　14.9.7　〔阿部〕→p.342

8. カガシラ
沖縄島　14.10.1　〔阿部〕

9. コシンジュガヤ　Scleria parvula
静岡県南伊豆町　11.10.11　〔勝山〕→p.361

10. コシンジュガヤ
南伊豆町　10.10.26　〔勝山〕

11. ホソバシンジュガヤ　Scleria biflora
伊是名島　14.9.13　〔阿部〕→p.361

PL.254　カヤツリグサ科　CYPERACEAE

1. ケシンジュガヤ　Scleria rugosa
伊是名島　14.9.13　〔阿部〕→p.361

2. ケシンジュガヤ　小穂
愛知県葦毛湿原　02.9.8　〔勝山〕

3. シンジュガヤ　Scleria levis
静岡県南伊豆町　11.10.11　〔勝山〕→p.361

4. シンジュガヤ
南伊豆町　11.10.11　〔勝山〕

5. オオシンジュガヤ　Scleria terrestris
石垣島　92.11.20　〔勝山〕→p.361

6. オオシンジュガヤ
石垣島　92.11.20　〔勝山〕

7. クロミノシンジュガヤ　Scleria sumatrensis
南大東島　11.12.11　〔木原〕→p.362

8. クロミノシンジュガヤ
南大東島　11.1.25　〔勝山〕

9. ヒンジガヤツリ　Lipocarpha microcephala
箱根仙石原　91.9.2　〔勝山〕→p.352

10. オオヒンジガヤツリ　小穂
沖縄島　09.6.27　〔阿部〕

11. オオヒンジガヤツリ　Lipocarpha chinensis
沖縄島　09.6.27　〔阿部〕→p.352

CYPERACEAE　カヤツリグサ科　| PL.255

1. クロガヤ Gahnia tristis
石垣島　92.11.21　〔勝山〕→p.351

2. ムニンクロガヤ
父島　13.2.6　〔木原〕

3. ムニンクロガヤ Gahnia aspera
小笠原諸島父島　13.2.6　〔木原〕→p.351

4. ヒトモトススキ
静岡県沼津市　13.8.30　〔勝山〕

5. ヒトモトススキ Cladium jamaicense subsp. chinense
南大東島大池　11.6.29　〔木原〕→p.336

6. ヒラアンペライ
父島　05.4.10　〔勝山〕

8. ネビキグサ Machaerina rubiginosa
静岡県磐田市　90.7.7　〔勝山〕→p.353

7. ヒラアンペライ Machaerina glomerata
小笠原諸島父島　05.4.10　〔勝山〕→p.353

9. イガクサ　小穂
沖縄島　14.9.7　〔阿部〕

11. シマイガクサ
Rhynchospora boninensis
父島　13.6.11　〔木原〕→p.354

10. イガクサ Rhynchospora rubra　小穂
沖縄島　14.9.7　〔阿部〕→p.354

PL.256　カヤツリグサ科　CYPERACEAE

1. ヤエヤマアブラスゲ　Rhynchospora corymbosa
北大東島　14.12.21　〔阿部〕→p.354

2. ヤエヤマアブラスゲ
西表島　13.10.30　〔勝山〕

3. ミカヅキグサ
Rhynchospora alba
尾瀬　01.7.30
〔木原〕→p.354

4. ムニンイヌノハナヒゲ
Rhynchospora japonica
var. curvoaristata
小笠原諸島父島　13.6.11
〔木原〕→p.354

5. ムニンイヌノハナヒゲ
父島　05.4.10　〔勝山〕

6. イヌノハナヒゲ
静岡県南伊豆町
11.10.11　〔勝山〕

7. イヌノハナヒゲ
Rhynchospora japonica
var. japonica
沖縄県伊是名島　14.9.14
〔阿部〕→p.354

8. トラノハナヒゲ
Rhynchospora brownii
沖縄島　13.6.27
〔阿部〕→p.354

9. トラノハナヒゲ
静岡県南伊豆町
11.10.11　〔勝山〕

10. オオイヌノハナヒゲ
北海道新篠津村
96.7.30　〔梅沢〕

11. オオイヌノハナヒゲ
Rhynchospora fauriei
北海道新篠津村
96.7.30　〔梅沢〕→p.354

CYPERACEAE　カヤツリグサ科　PL.257

1. イトイヌノハナヒゲ　Rhynchospora faberi
北海道新篠津村　75.9.4　〔梅沢〕→p.355

2. コイヌノハナヒゲ　Rhynchospora fujiiana
北海道新篠津村　75.9.4　〔梅沢〕→p.355

3. コイヌノハナヒゲ
静岡県南伊豆町　11.10.11　〔勝山〕

4. ミヤマイヌノハナヒゲ　Rhynchospora yasudana
北海道雨竜沼　86.8.18　〔梅沢〕→p.355

5. イヘヤヒゲクサ　Schoenus calostachyus
沖縄県伊是名島　14.9.12　〔阿部〕→p.358

6. イヘヤヒゲクサ
伊是名島　14.9.12　〔阿部〕

7. ジョウイ　Schoenus brevifolius
小笠原諸島父島　05.4.10　〔勝山〕→p.358

8. ノグサ　Schoenus apogon
岡山県瀬戸内市　11.5.21　〔勝山〕→p.358

9. オオヒゲクサ　Schoenus falcatus
伊是名島　14.9.13　〔阿部〕→p.359

3. イッスンテンツキ　Fimbristylis kadzusana
愛知県豊橋市産　91.9.15　〔勝山〕→p.348

1. アオテンツキ　Fimbristylis dipsacea
神奈川県三浦半島　00.9.4　〔勝山〕→p.347

2. ハナシテンツキ　Fimbristylis umbellaris
西表島　14.6.29　〔阿部〕→p.348

4. ヤリテンツキ　Fimbristylis ovata
神奈川県三浦半島　91.9.29
〔勝山〕→p.347

5. トネテンツキ　Fimbristylis stauntonii var. tonensis
千葉県産　91.9.15　〔勝山〕→p.348

6. ハタケテンツキ　Fimbristylis stauntonii var. stauntonii
渡良瀬遊水地　06.9.15　〔山田〕→p.347

7. ハタケテンツキ
渡良瀬遊水地　06.9.15　〔山田〕

8. ノテンツキ　Fimbristylis complanata
愛知県豊橋市　91.9.1　〔勝山〕→p.348

9. ヒデリコ　Fimbristylis littoralis
小浜島　14.11.30　〔阿部〕→p.348

10. ヒデリコ
伊勢原市　07.10.4　〔山田〕

CYPERACEAE　カヤツリグサ科　| PL.259

2. ビロードテンツキ
大磯町　07.8.12〔山田〕

1. ビロードテンツキ
Fimbristylis sericea
神奈川県大磯町　07.8.12
〔山田〕→p.348

3. シオカゼテンツキ　*Fimbristylis cymosa*
南大東島　11.12.11〔木原〕→p.348

5. ヒメヒラテンツキ
小田原市　13.9.24
〔勝山〕

7. クロテンツキ
小田原市　13.9.26
〔勝山〕

4. ヒメヒラテンツキ
Fimbristylis autumnalis
神奈川県小田原市
13.9.24〔勝山〕→p.348

6. クロテンツキ
Fimbristylis diphylloides
相模原市　89.8.28
〔勝山〕→p.348

9. ヤマイ
えりも町　02.8.30
〔梅沢〕

11. イソテンツキ　*Fimbristylis pacifica*
八丈島　02.10.25〔勝山〕→p.349

8. ヤマイ　*Fimbristylis subbispicata*
北海道えりも町　02.8.30
〔梅沢〕→p.349

10. ノハラテンツキ
Fimbristylis pierotii　宮崎県串間市
94.5.14〔木原〕→p.348

カヤツリグサ科　CYPERACEAE

2. イソヤマテンツキ　神奈川県真鶴岬　13.8.30　〔勝山〕

3. ナガボテンツキ　Fimbristylis longispica var. longispica
神奈川県三浦半島　91.8.26　〔勝山〕→p.349

1. イソヤマテンツキ　Fimbristylis sieboldii var. sieboldii
熊本県玉名市　99.8.19　〔山田〕→p.349

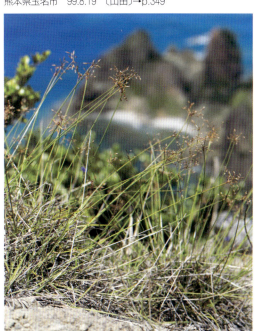

5. ムニンテンツキ　父島　13.2.6　〔木原〕

6. テンツキ　Fimbristylis dichotoma var. tentsuki
川崎市　89.8.21　〔勝山〕→p.349

4. ムニンテンツキ　Fimbristylis longispica var. boninensis
小笠原諸島父島　13.6.21　〔木原〕→p.349

7. テンツキ　静岡県沼津市　13.8.30　〔勝山〕

8. アカンテンツキ　Fimbristylis dichotoma var. ochotensis
北海道大雪高原温泉　08.8.3　〔勝山〕→p.349

9. アカンテンツキ　北海道釧路市　97.9.5　〔梅沢〕

10. オオアゼテンツキ　Fimbristylis bisumbellata
神奈川県藤沢市　06.10.10　〔勝山〕→p.349

CYPERACEAE　カヤツリグサ科 | PL.261

1. メアゼテンツキ　Fimbristylis velata
神奈川県藤沢市　13.10.12　〔勝山〕→p.350

2. メアゼテンツキ
藤沢市　13.10.12　〔勝山〕

5. ハタガヤ　Bulbostylis barbata
福井県越前町　15.10.5　〔早坂〕→p.297

6. クログワイ　Eleocharis kuroguwai
千葉県八千代市　01.6.23　〔木原〕→p.343

3. メアゼテンツキ　果実
藤沢市　13.10.12　〔勝山〕

4. ハタガヤ　静岡県御前崎市
11.10.29　〔勝山〕

7. イトテンツキ　Bulbostylis densa var. capitata
静岡県南伊豆町　11.10.11　〔勝山〕→p.297

8. イトハナビテンツキ　Bulbostylis densa var. densa
箱根仙石原　91.9.2　〔勝山〕→p.297

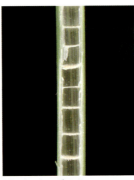

9. クログワイ
神奈川県小田原市　11.10.17
〔勝山〕

10. イヌクログワイ
南大東島　11.1.25
〔勝山〕

11. イヌクログワイ
沖縄県うるま市　92.11.25
〔勝山〕

12. イヌクログワイ　Eleocharis dulcis
北大東島　11.1.26　〔勝山〕→p.343

3. トクサイ
西表島　92.11.23　〔勝山〕

4. トクサイ
西表島　92.11.23　〔勝山〕

1. ミスミイ　Eleocharis acutangula
西表島　10.9.10　〔木原〕→p.343

2. トクサイ　Eleocharis ochrostachys
西表島　92.11.23　〔勝山〕→p.344

6. タマハリイ　小穂
久米島　14.6.7　〔阿部〕

5. タマハリイ
Eleocharis geniculata
久米島　14.6.7
〔阿部〕→p.344

7. シロミノハリイ　Eleocharis margaritacea
岩手県春子谷地　00.6.19　〔勝山〕→p.343

9. クロハリイ
Eleocharis kamtschatica f. reducta
宮城県石巻市　93.5.30
〔勝山〕→p.344

8. ヒメハリイ
Eleocharis kamtschatica
下北半島　82.5.29
〔木原〕→p.344

10. マツバイ　Eleocharis acicularis var. longiseta
宮崎市　96.4.13　〔木原〕→p.344

CYPERACEAE　カヤツリグサ科 | PL.263

1. オオヌマハリイ　Eleocharis mamillata var. cyclocarpa
長野県白馬村　04.6.12　〔木原〕→p.344

2. オオヌマハリイ
長野県小谷村　13.8.19
〔勝山〕

3. シカクイ
Eleocharis wichurae
大分県由布市
93.9.29　〔木原〕→p.345

4. シカクイ
静岡県南伊豆町
11.10.11　〔勝山〕

6. マシカクイ
和歌山県串本町　02.10.14
〔勝山〕

5. マシカクイ　Eleocharis tetraquetra
和歌山県串本町　02.10.14　〔勝山〕→p.345

8. ハリイ
北海道厚真町　98.9.15
〔梅沢〕

7. コツブヌマハリイ
Eleocharis parvinux
静岡市　12.6.4
〔勝山〕→p.344

10. マルホハリイ　Eleocharis ovata
北海道江別市　98.9.9　〔梅沢〕→p.345

11. マルホハリイ
江別市　98.9.9　〔梅沢〕

9. ハリイ　Eleocharis congesta var. japonica
北海道厚真町　98.9.15　〔梅沢〕→p.345

PL.264　カヤツリグサ科　CYPERACEAE

2. セイタカハリイ
千葉県成田市　91.5.18　〔勝山〕

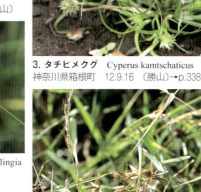

3. タチヒメクグ　Cyperus kamtschaticus
神奈川県箱根町　12.9.16　〔勝山〕→p.338

1. セイタカハリイ　Eleocharis attenuata
三重県紀北町　93.6.12　〔勝山〕→p.345

4. オオヒメクグ　Cyperus kyllingia
西表島　13.10.29
〔勝山〕→p.338

6. カワラスガナ
千葉県　91.10.5　〔勝山〕

7. カワラスガナ　Cyperus sanguinolentus
種子島　04.11.2　〔木原〕→p.338

5. ヒメクグ　Cyperus brevifolius var. leiolepis
群馬県館林市　91.9.22　〔木原〕→p.338

9. イガガヤツリ　小穂
沖縄島　09.4.30　〔阿部〕

8. イガガヤツリ　Cyperus polystachyos
多摩川河口　89.9.2　〔勝山〕→p.338

10. アゼガヤツリ
横浜市緑区　91.9.24　〔勝山〕

11. アゼガヤツリ　Cyperus flavidus
横浜市　90.9.10　〔勝山〕→p.339

CYPERACEAE　カヤツリグサ科　| PL.265

1. キンガヤツリ　Cyperus odoratus
石垣島　92.11.22　〔勝山〕→p.339

2. ホソミキンガヤツリ　Cyperus engelmannii
東京都江東区　02.9.11　〔木原〕→p.339

3. コウシュンスゲ　Cyperus pedunculatus
石垣島　92.11.22　〔勝山〕→p.339

4. オニクグ　Cyperus javanicus
西表島　96.3.27　〔勝山〕→p.339

5. イヌクグ　Cyperus cyperoides
果実　小田原市　97.10.9　〔木原〕→p.339

6. シュロガヤツリ　Cyperus alternifolius
小笠原諸島父島　13.2.7　〔木原〕→p.339

7. カミガヤツリ　Cyperus papyrus
ボゴール植物園　95.1.13　〔木原〕→p.339

8. シチトウイ　Cyperus malaccensis subsp. monophyllus
徳島県海陽町　03.10.4　〔勝山〕→p.339

9. タマガヤツリ　Cyperus difformis
渡良瀬遊水地　06.9.17　〔勝山〕→p.340

1. アオガヤツリ
Cyperus nipponicus var. nipponicus
神奈川県箱根町　12.9.16　〔勝山〕→p.340

2. ヒメアオガヤツリ
神奈川県三浦半島　00.9.4　〔勝山〕

3. ヒメアオガヤツリ　Cyperus extremiorientalis
神奈川県三浦半島　00.9.4　〔勝山〕→p.340

4. シロガヤツリ　Cyperus pacificus
渡良瀬遊水地　06.9.17　〔勝山〕→p.340

5. ヒナガヤツリ　Cyperus flaccidus
神奈川県小田原市　11.10.17　〔勝山〕→p.340

6. クグガヤツリ　Cyperus compressus
小田原市　11.10.17　〔勝山〕→p.340

7. コアゼガヤツリ　Cyperus haspan var. tuberiferus
藤沢市　06.10.3　〔山田〕→p.340

8. ツルナシコアゼガヤツリ　Cyperus haspan var. microhaspan
西表島　02.8.14　〔山田〕→p.341

9. ヌマガヤツリ　Cyperus glomeratus
釧路市阿寒　97.8.8　〔梅沢〕→p.341

1. カンエンガヤツリ
Cyperus exaltatus var. iwasakii
栃木県渡良瀬遊水地　06.9.17　〔勝山〕→p.341

2. ウシクグ　Cyperus orthostachyus
東京都あきる野市　94.10.24　〔木原〕→p.341

3. チャガヤツリ　Cyperus amuricus
新宿御苑　94.7.23　〔木原〕→p.341

4. カヤツリグサ　Cyperus microiria
神代植物公園　97.8.16　〔木原〕→p.341

5. コゴメガヤツリ　Cyperus iria
川崎市　97.9.25　〔木原〕→p.341

6. ツクシオオガヤツリ　Cyperus ohwii
千葉県匝瑳市　92.10.5　〔勝山〕→p.341

7. ホウキガヤツリ　Cyperus distans
沖縄島　14.6.22　〔阿部〕→p.342

8. ミズガヤツリ　Cyperus serotinus
札幌市　95.8.30　〔梅沢〕→p.342

9. ミズガヤツリ
北海道旭川市　98.9.10　〔梅沢〕

PL.268　カヤツリグサ科　CYPERACEAE

1. オニガヤツリ　Cyperus pilosus
佐賀県三養基郡　97.9.30　〔山田〕→p.342

2. ハマスゲ　Cyperus rotundus var. rotundus
東京都薬用植物園　99.7.12　〔木原〕→p.342

3. スナハマスゲ　Cyperus stoloniferus
西表島　92.11.23　〔勝山〕→p.342

4. クロタマガヤツリ　Fuirena ciliaris
西表島　13.10.29　〔阿部〕→p.350

5. ヒロハノクロタマガヤツリ　Fuirena umbellata
北大東島　14.12.21　〔阿部〕→p.350

6. サギスゲ　Eriophorum gracile
長野県大町市　83.6.10　〔木原〕→p.346

7. ワタスゲ　Eriophorum vaginatum
群馬県尾瀬ヶ原　84.7.5　〔木原〕→p.346

8. ウキヤガラ　Bolboschoenus fluviatilis subsp. yagara
東京都薬用植物園　95.5.28　〔木原〕→p.296

9. コウキヤガラ　Bolboschoenus koshevnikovii
網走市　09.8.7　〔梅沢〕→p.297

CYPERACEAE　カヤツリグサ科　PL.269

2. マツカサススキ　Scirpus mitsukurianus　福井県
越前町　10.9.17　〔早坂〕→p.359

1. タカネクロスゲ　Scirpus maximowiczii
大雪山　01.7.17　〔木原〕→p.359

3. コマツカサススキ　Scirpus fuirenoides
大分県由布市　93.9.29　〔木原〕→p.359

5. ツルアブラガヤ
北海道幌延町　02.7.10　〔梅沢〕

4. ツルアブラガヤ　Scirpus radicans
長野県木崎湖　13.8.19　〔勝山〕→p.360

6. アブラガヤ
福井総合植物園　10.9.17　〔早坂〕

8. クロアブラガヤ　Scirpus sylvaticus var. maximowiczii
青森県つがる市　00.6.16　〔木原〕→p.360

7. アブラガヤ　Scirpus wichurae
長野県大町市　83.8.8　〔木原〕→p.360

9. オオアブラガヤ　Scirpus ternatanus
種子島　03.6.4　〔木原〕→p.360

10. ツクシアブラガヤ　Scirpus rosthornii var. kiushuensis
宮崎県国富町　94.5.13　〔木原〕→p.360

PL.270　カヤツリグサ科　CYPERACEAE

1. ビャッコイ　Isolepis crassiuscula　湿地型
福島県白河市　97.10.18　〔早坂〕→p.351

2. ミネハリイ　Trichophorum cespitosum
岩手県焼石岳　88.7.6　〔木原〕→p.362

3. ヒメワタスゲ　Trichophorum alpinum
北海道苫小牧市　96.7.8　〔木原〕→p.362

5. サンカクイ
横浜市　11.8.13　〔勝山〕

6. サンカクイ
Schoenoplectus triqueter
横浜市　11.8.13
〔勝山〕→p.357

4. イヌフトイ　Schoenoplectus subulatus
西表島相良川　10.9.12　〔木原〕→p.357

8. フトイ
青森県つがる市　00.6.16　〔木原〕

7. フトイ
Schoenoplectus tabernaemontani
尾瀬沼　85.7.25
〔木原〕→p.357

9. シズイ　Schoenoplectus nipponicus
北海道苫小牧市　98.8.22　〔梅沢〕→p.357

1. カンガレイ
Schoenoplectiella triangulata
新潟県瓢湖　98.8.22　〔木原〕→p.355

2. タタラカンガレイ
Schoenoplectiella mucronata
宮城県岩沼市　99.8.31　〔早坂〕→p.355

3. ホタルイ　Schoenoplectiella hotarui
宮城県伊豆沼　97.8.15　〔早坂〕→p.356

4. ヒメホタルイ　Schoenoplectiella lineolata
山梨県河口湖　02.8.23　〔勝山〕→p.356

5. ヒメホタルイ
河口湖　02.8.23　〔勝山〕

6. タイワンヤマイ　Schoenoplectiella wallichii
宮崎県延岡市　93.9.30　〔木原〕→p.356

7. ミヤマホタルイ　Schoenoplectiella hondoensis
長野県栂池　88.9.2　〔木原〕→p.356

8. ミヤマホタルイ
栂池　88.9.2　〔木原〕

9. コホタルイ
盛岡市　00.10.10　〔早坂〕

10. コホタルイ
Schoenoplectiella komarovii
盛岡市　00.10.10
〔早坂〕→p.356

PL.272　カヤツリグサ科　CYPERACEAE

学名索引

和名索引

学名索引

A

Abies ... 25
  firma ... 26, PL.15
  homolepis ... 26, PL.13
  mariesii ... 27, PL.17
  sachalinensis ... 26
    var. mayriana ... 26
    var. sachalinensis ... 26, PL.14
  sikokiana ... 27
  veitchii ... 27
    var. reflexa ... 27, PL.16
    var. sikokiana ... 27
    var. veitchii ... 27, PL.16
Acanthephippium ... 181
  pictum ... 182, PL.155
  striatum ... 182
  sylhetense ... 181, PL.155
  yamamotoi ... 181
Acoraceae ... 89
Acorus ... 89
  asiaticus ... 89
  calamus ... 89, PL.72
    var. angustatus ... 89
  gramineus ... 89, PL.72
    var. japonicus ... 89
    var. pusillus ... 89
  nikkoensis ... 89
  pusillus ... 89
  spurius ... 89
Acrocystis ... 330
Actinodaphne ... 78
  acuminata ... 78, PL.70
  lancifolia ... 85
  longifolia ... 78
Actinoscirpus ... 296
  grossus ... 296
Aerides ...
  japonica ... 226
Agavaceae ... 246
Agave ... 247
  americana ... 247, PL.175
  sisalana ... 247
Alectorurus ... 249
  yedoensis ... 249
Aletris ... 141
  foliata ... 142, PL.98
  makiyataroi ... 141
  scopulorum ... 141
  spicata ... 141, PL.97
Alisma ... 115
  canaliculatum ... 115
    var. azuminoense ... 116, PL.89
    var. canaliculatum ... 115, PL.89
    var. harimense ... 116
  plantago-aquatica ... 115
    var. orientale ... 115, PL.88
    var. plantago-aquatica ... 115
  rariflorum ... 116, PL.89
Alismataceae ... 115
Alliiformes ... 323
Allium ... 240
  amamianum ... 242
  austrokyushuense ... 242, PL.173
  cepa ... 240
  chinense ... 240, 242, PL.172
  fistulosum ... 240
  grayi ... 242
  inutile ... 241, PL.170
  kiiense ... 241, PL.170
  litorale ... 242
  macrostemon ... 242, PL.171
  monanthum ... 241, PL.170
  porrum ... 240
  pseudojaponicum ... 242, PL.173
  sativum ... 240
  schoenoprasum ... 242
    var. foliosum ... 242, PL.171
    var. idzuense ... 242, PL.171
    var. orientale ... 242, PL.172
    var. schoenoprasum ... 242
    var. shibutuense ... 242, PL.172
    var. yezomonticola ... 242, PL.171
  splendens ... 241, PL.171
  thunbergii ... 242, PL.172
  togashii ... 241
  tuberosum ... 241, PL.170
  victorialis ... 241
    subsp. platyphyllum ... 241, PL.170
  virgunculae ... 241
    var. koshikiense ... 241
    var. virgunculae ... 241, PL.170
    var. yakushimense ... 241
  ×wakegi ... 240
Alocasia ... 92
  atropurpurea ... 92
  cucullata ... 92, PL.74
  odora ... 92, PL.74
  ×okinawensis ... 92
Alpinia ... 274
  bilamellata ... 275
  boninensis ... 275
  boninsimensis ... 275
  flabellata ... 274, PL.194
  ×formosana ... 275, PL.195
  intermedia ... 275, PL.195
  japonica ... 274, PL.194
    f. xanthocarpa ... 274
    var. kiushiana ... 274
  ×kiushiana ... 274
  nigra ... 275, PL.195
  speciosa ... 275
  zerumbet ... 275, PL.195
Amana ... 177
  edulis ... 177
  latifolia ... 177
Amaryllidaceae ... 240
Amborellaceae ... 45
Amentotaxaceae ... 42
Amischotolype ... 265
  hispida ... 265, PL.190
Amitostigma ... 182
  fujisanense ... 216
  gracile ... 182, PL.136
  keiskei ... 182, PL.136
  kinoshitae ... 182, PL.136
  lepidum ... 182, PL.136
Amorphophallus ... 92
  hirtus ... 92
    var. kiusianus ... 92
  kiusianus ... 92, PL.74
  konjac ... 93, PL.74
Androcorys ... 183
  japonensis ... 183
  pusillus ... 183, PL.133
Andruris ...
  japonica ... 152
Annona ...
  muricata ... 75
  squamosa ... 75
Annonaceae ... 75
Anoectochilus ... 183
  formosanus ... 183
  inabae ... 217
  koshunensis ... 183
Anomalae ... 325
Anthericum ...
  yedoensis ... 249
Anticlea ... 158
  sibirica ... 158, PL.107
Aphyllorchis ... 183
  montana ... 183, PL.140
  tanegashimensis ... 183
Apostasia ... 183
  nipponica ... 183, PL.125
  wallichii ... 183
Araceae ... 91
Arachnis ... 184
  labrosa ... 184
Arecaceae ... 261
Arenga ... 261
  engleri ... 261, PL.188
  pinnata ... 262
  ryukyuensis ... 261
  tremula ... 261, 262
    var. engleri ... 261
Arisaema ... 93
  abei ... 104
  aequinoctiale ... 100, PL.79
  akiense ... 103
    var. nakaianum ... 103
  amplissimum ... 100
  amurense ... 97, 101
    var. inaense ... 97
    var. sachalinense ... 101
  angustatum ... 104, 105, PL.82
    var. peninsulae ... 105
  angustifoliatum ... 102
  aprile ... 99, PL.78
  bockii ... 103
  cucullatum ... 101, PL.80
  ehimense ... 102, PL.80
  galeiforme ... 105, PL.83
  hatizyoense ... 100
  heterocephalum ... 96
    subsp. heterocephalum ... 96, PL.75
    subsp. majus ... 96, PL.75
    subsp. okinawense ... 96, PL.75
  heterophyllum ... 96, PL.75
  inaense ... 97, PL.77
  ishizuchiense ... 98, PL.77
  iyoanum ... 103
    var. nakaianum ... 103
    subsp. iyoanum ... 103, PL.81
    subsp. nakaianum ... 103, PL.81
  izuense ... 103
  japonicum ... 100, PL.79

Arisaema ~ Bolboschoenus

kawashimae	101, PL. 80
kishidae	99, 101, PL. 80
var. minus	99
kiushianum	97, PL. 76
kuratae	101, PL. 80
limbatum	99, PL. 78
longilaminum	105, PL. 83
longipedunculatum	98, PL. 77
var. yakumontanum	98
maekawae	104, PL. 82
maximowiczii	102, PL. 80
mayebarae	100, PL. 79
minamitanii	103, PL. 81
minus	99, PL. 78
monophyllum	103, PL. 81
f. akitense	103
f. atrolinguum	103
nagiense	98, PL. 77
nakaianum	103
nambae	99, PL. 78
nanum	102, 103
negishii	96, PL. 75
nikoense	98, 99
f. kubotae	98
f. variegatum	99
subsp. alpicola	99, PL. 77
subsp. australe	98, PL. 77
subsp. brevicollum	98
subsp. nikoense	98, PL. 77
ogatae	100, PL. 79
ovale	97, PL. 77
var. inaense	97
var. sadoense	97
peninsulae	105, PL. 83
planilaminum	104
pseudoangustatum	104
var. amagiense	104
var. pseudoangustatum	104
var. suzukaense	104
ringens	97, PL. 76
robustum	98
var. shikokumontanum	98
sachalinense	101, PL. 79
sazensoo	102, 103, PL. 81
f. viride	103
seppikoense	102, PL. 82
serratum	100, 102, 103, 106, PL. 83
var. maximowiczii	102
var. mayebarae	100
var. suwoense	103
subsp. amplissimum	100
sikokianum	102, PL. 81
simense	102
sinanoense	105
solenochlamys	105, PL. 82
stenophyllum	100
suwoense	103, PL. 82
takedae	106, PL. 83
tashiroi	102, PL. 81
ternatipartitum	97, PL. 76
thunbergii	97
subsp. thunbergii	97, PL. 75
subsp. urashima	97, PL. 75
tosaense	101, PL. 80
undulatifolium	99
subsp. nambae	99
subsp. undulatifolium	99, PL. 78
subsp. uwajimense	99
unzenense	105, PL. 82
urashima	97
yamatense	104
subsp. sugimotoi	104, PL. 82
subsp. yamatense	104, PL. 82
yosinagae	100
yosiokae	102
Aristolochia	57
contorta	58, PL. 43
debilis	58, PL. 43
kaempferi	58, 59, PL. 43
var. longifolia	59
var. pallescens	59
var. tanzawana	58
var. trilobata	58
kankauensis	57
liukiuensis	59, PL. 44
onoei	58
shimadae	58, PL. 44
tanzawana	58, PL. 44
zollingeriana	57, PL. 43
Aristolochiaceae	57
Arundina	184
graminifolia	184, PL. 152
Asarum	59
asaroides	67, PL. 49
asperum	64
var. asperum	64, PL. 47
var. geaster	64, PL. 47
blumei	67, PL. 50
caudigerum	61, PL. 44
caulescens	61, PL. 44
celsum	66, PL. 50
costatum	63, PL. 46
crassum	63
curvistigma	64, PL. 47
dilatatum	69, PL. 52
dimidiatum	62, PL. 45
dissitum	63, PL. 46
fauriei	70
var. fauriei	70, PL. 52
var. nakaianum	70
var. stoloniferum	70
var. takaoi	70, PL. 52
fudsinoi	66, PL. 49
gelasinum	66, PL. 48
gusk	65, PL. 48
hatsushimae	65, PL. 48
heterotropoides	62, PL. 45
hexalobum	63
var. controversum	64
var. hexalobum	63, PL. 46
var. perfectum	64
ikegamii	69
var. fujimakii	69, PL. 52
var. ikegamii	69, PL. 52
kinoshitae	69
kiusianum	67, PL. 50
kooyanum	68, 69
var. rigescens	69
kumageanum	65
var. kumageanum	65, PL. 48
var. satakeana	65, PL. 48
kurosawae	69
leptophyllum	61
leucosepalum	65
lutchuense	65, PL. 48
majale	69, PL. 52
maruyamae	62
megacalyx	68, PL. 51
mikuniense	62
minamitanianum	62, PL. 45
misandrum	62
mitoanum	64, PL. 46
monodoriflorum	66, PL. 49
muramatsui	64, PL. 47
nakaianum	70
nankaiense	68
nazeanum	65, PL. 49
nipponicum	68
var. nankaiense	68, PL. 51
var. nipponicum	68, PL. 51
okinawense	66, PL. 50
pellucidum	65
rigescens	69
var. brachypodion	69
var. rigescens	69, PL. 51
sakawanum	63
var. sakawanum	63
var. stellatum	63
satsumense	67
savatieri	68
var. iseanum	68
var. pseudosavatieri	68
subsp. pseudosavatieri	68
subsp. savatieri	68, PL. 51
senkakuinsulare	63
sieboldii	62, PL. 45
simile	66
subglobosum	67, PL. 50
tabatanum	66, PL. 49
tamaense	64, PL. 47
tohokuense	62, PL. 45
tokarense	67
trigynum	67
trinacriforme	66, PL. 49
unzen	67, PL. 50
yaeyamense	64, PL. 46
yakusimense	66
yoshikawae	68, PL. 50
Asiasarum	
dimidiatum	62
heterotropoides	62
sieboldii	62
Asimina	
triloba	75
Asparagaceae	246
Asparagus	247
cochinchinensis	248, PL. 176
var. cochinchinensis	248
var. lucidus	248
var. pygmaeus	248
kiusianus	248, PL. 176
officinalis	247, PL. 175
oligoclonos	247, PL. 175
schoberioides	247, PL. 175
Aspidistra	248
elatior	248, PL. 185
Austrobaileyales	49

B

Baiera	24
Barnardia	248
japonica	248, PL. 181
numidica	248
Beaucarnea	246
Beilschmiedia	79
erythrophloia	79
Belamcanda	
chinensis	234
Bletilla	184
formosana	184
striata	184, PL. 137
f. gebina	184
Blyxa	118
alternifolia	119, PL. 92
aubertii	119, PL. 91
echinosperma	119, PL. 91
japonica	119, PL. 92
leiosperma	119, PL. 91
Bolboschoenus	296
fluviatilis	296
subsp. yagara	296, PL. 269

koshevnikovii 297, PL.269
Brachycyrtis 177
　macrantha 177
　macranthopsis 177
Brasenia 45
　schreberi 45, PL.35
Buergeria
　stellata 72
Bulbinella 249
Bulbophyllum 184
　affine 185
　boninense 185, PL.162
　drymoglossum 184, PL.162
　　f. atrosanguiflorum 185
　inconspicuum 185, PL.162
　japonicum 185, PL.162
　　f. lutescens 185
　macraei 185, PL.162
　uraiense 185
Bulbostylis 297
　barbata 297, PL.262
　densa 297
　　var. capitata 297, PL.262
　　var. densa 297, PL.262
Burmannia 146
　championii 146, PL.99
　coelestis 146
　cryptopetala 147, PL.99
　itoana 147, PL.99
　japonica 146
　liukiuensis 147
　nepalensis 147, PL.99
Burmanniaceae 146

C

Cabomba 45
　caroliniana 45, PL.35
Cabombaceae 45
Calanthe 185
　alismifolia 187, PL.156
　　× C. triplicata 187
　alpina 186, PL.155
　　var. schlechteri 186
　amamiana 187, PL.156
　aristulifera 187, PL.156
　　× C. citrina 187
　　× C. citrina × C. discolor 187
　　× C. discolor 187
　　× C. izuinsularis 187
　bungoana 186
　citrina 186, PL.156
　densiflora 186
　discolor 187, PL.156
　　f. trilabellata 187
　　f. viridialba 187
　×dominyi 188
　fauriei 187
　furcata 187
　gracilis 190
　　var. venusta 190
　hattorii 188, PL.157
　hoshii 187, PL.157
　izuinsularis 187
　japonica 187
　longicalcarata 188
　lyroglossa 186, PL.155
　mannii 186, PL.155
　masuca 188, PL.157
　　f. albiflora 188
　nipponica 186, PL.156
　oblanceolata 186
　puberula 188
　　var. okushirensis 188

　　var. puberula 188, PL.157
　reflexa 188
　sieboldii 186
　speciosa 186, PL.155
　×striata 186
　tricarinata 188, PL.158
　triplicata 187, PL.157
Caldesia 116
　parnassiifolia 116, PL.89
Calla 106
　palustris 106, PL.86
Caloscordum
　inutile 241
Calypso 188
　bulbosa 188
　　var. bulbosa 188, PL.151
　　var. speciosa 188, PL.151
Campylandra 259
Cananga
　odorata 75, PL.58
Canna 273
　indica 273
　　var. flava 273, PL.193
　　var. indica 273, PL.193
　　var. warszewiczii 273
Cannaceae 273
Cardiocrinum 168
　cordatum 168
　　var. cordatum 168, PL.118
　　var. glehnii 169, PL.118
Carex (Sect.) 335
Carex 297
　aequialta 312, PL.221
　albata 304
　　var. albata 304, PL.211
　　var. franchetiana 304
　albidibasis 332
　alliiformis 323, PL.237
　alopecuroides 332
　　var. alopecuroides 332
　　var. chlorostachya 332, PL.249
　alterniflora 319, 320
　　var. alterniflora 319, PL.230
　　var. arimaensis 320, PL.231
　　var. aureobrunnea 319, PL.230
　　var. elongatula 320, PL.230
　　var. fulva 319, PL.230
　　var. rubrovaginata 319, PL.230
　angustisquama 313, PL.222
　annectens 304
　aphanandra 321, PL.234
　aphanolepis 332, PL.249
　aphyllopus 310
　　var. aphyllopus 310, PL.218
　　var. impura 310
　apoiensis 330, PL.247
　arakiana 327, PL.242
　arenicola 303, PL.210
　argyi 335, PL.253
　arisanensis 327, PL.242
　atrata 329
　　var. japonalpina 329, PL.244
　atroviridis 318
　　var. scabrocaudata 318
　augustini 317, PL.225
　augustinowiczii 329, PL.245
　autumnalis 308, PL.215
　bebbii 306
　benkei 332, PL.250
　bigelowii 311, PL.219
　bitchuensis 324, PL.238
　biwensis 302, PL.209
　blepharicarpa 324
　　var. blepharicarpa 324, PL.239

　　var. stenocarpa 325
　bohemica 304, PL.212
　boottiana 313, PL.223
　bostrychostigma 327, PL.243
　brachyglossa 304
　breviscapa 317, PL.225
　brownii 332
　brunnea 308, PL.217
　brunnescens 307, PL.214
　buxbaumii 328, PL.244
　candolleana 321, PL.233
　canescens 307, PL.214
　capillacea 302
　　var. capillacea 302, PL.209
　　var. sachalinensis 302
　capricornis 333, PL.251
　caryophyllea 321
　　var. microtricha 321
　cespitosa 311, PL.219
　chichijimensis 308, PL.216
　chrysolepis 325, PL.239
　ciliatomarginata 322, PL.236
　cinerascens 310, PL.218
　clivorum 319, PL.230
　collifera 314, PL.224
　confertiflora 333, PL.250
　conica 318, PL.227
　conicoides 320, PL.231
　crawfordii 306
　cruciata 307, PL.215
　cucullata 319, PL.228
　curta 307
　curvicollis 330, PL.246
　cyperoides 304
　daisenensis 317, PL.227
　deweyana 305
　　var. senanensis 305
　　subsp. senanensis 305
　diandra 303, PL.211
　dickinsii 334, PL.252
　dimorpholepis 311, PL.220
　discoidea 321, PL.234
　dispalata 333, PL.250
　　var. takeuchii 333
　disperma 306
　dissitiflora 322, PL.236
　doenitzii 313, PL.222
　dolichocarpa 328, PL.244
　dolichostachya 318, PL.227
　doniana 332
　drymophila 335
　　var. abbreviata 335
　duvaliana 319, PL.229
　echinata 305, PL.212
　eleusinoides 310, PL.219
　fedia 336
　　var. miyabei 336
　fernaldiana 320, PL.231
　fibrillosa 321, PL.234
　filipes 326, 327
　　var. arakiana 327
　　var. rouyana 326
　　subsp. arisanensis 327
　　subsp. filipes 326, PL.242
　　subsp. kuzakaiensis 326, PL.241
　　subsp. rouyana 326
　flabellata 312, PL.222
　flavocuspis 329, PL.246
　foliosissima 318
　　var. foliosissima 318, PL.228
　　var. pallidivaginata 318
　forficula 310, PL.217
　formosensis 317, PL.226
　fulta 302, PL.208

Carex

fuscidula 326, PL.241	var. tenuistachya 314	pallida 303, PL.210
genkaiensis 317, PL.225	longistipes 325, PL.239	papillaticulmis 314, PL.224
gibba 305, PL.213	lyngbyei 311, PL.220	papulosa 327, PL.242
gifuensis 330, PL.247	maackii 306, PL.213	parciflora 327, PL.243
glabrescens 336, PL.254	mackenziei 307, PL.215	var. macroglossa 327
globularis 330, PL.247	macrandrolepis 323, PL.237	var. vaniotii 327
gmelinii 328, PL.244	macrocephala 302, PL.210	pauciflora 301, PL.208
gracilispica 317	macroglossa 327, PL.242	paupercula 331, PL.248
grallatoria 300	maculata 325, PL.240	paxii 304, PL.211
var. grallatoria 300, PL.207	var. tetsuoi 325	peiktusani 329, PL.245
var. heteroclita 300, PL.207	makinoensis 325, PL.239	perangusta 321
gynocrates 300, PL.207	matsumurae 316, PL.225	persistens 333, PL.251
hachijoensis 317, PL.226	maximowiczii 311	phacota 311
hakkodensis 300, PL.207	var. levisaccus 312, PL.221	var. gracilispica 311, PL.220
hakonemontana 320, PL.232	var. maximowiczii 311, PL.221	var. phacota 311, PL.220
hakonensis 301, PL.208	mayebarana 319, PL.229	phaeodon 318, PL.228
hashimotoi 324, PL.238	melanocarpa 330, PL.247	phyllocephala 323
hattoriana 308, PL.216	meridiana 321, PL.234	pilosa 326, PL.241
heterolepis 310, PL.218	mertensii 329	pisiformis 319, PL.230
hirtifructus 325, PL.239	var. urostachys 329, PL.245	planata 305
hondoensis 322, PL.235	metallica 322, PL.235	var. angustealata 305, PL.212
hoozanensis 313, PL.223	meyeriana 329, PL.245	var. planata 305, PL.212
horikawae 321, PL.234	michauxiana 328	planiculmis 331, 332, PL.249
humilis 324	var. asiatica 328	var. urasawae 332
var. nana 324, PL.238	microtricha 321, PL.235	pocilliformis 320, PL.232
hymenodon 333, PL.251	middendorffii 311, PL.220	poculisquama 323, PL.237
idzuroei 333, PL.251	mira 330, PL.247	podogyna 312, PL.222
impura 310	mitrata 320	polyschoena 319, PL.230
incisa 312, PL.221	var. aristata 321	pseudocuraica 303, PL.210
insaniae 314, PL.224	var. mitrata 320, PL.233	pseudocyperus 333, PL.251
var. papillaticulmis 314	miyabei 336, PL.254	pseudololiacea 306, PL.214
var. subdita 314	mochomuensis 325, PL.240	puberula 321, PL.233
ischnostachya 327	mollicula 331, PL.249	pudica 320, PL.232
var. fastigiata 327, PL.243	morrisonicola 321	pumila 335, PL.253
var. ischnostachya 327, PL.243	morrowii 317, 318	pyrenaica 300
jacens 320, PL.233	var. laxa 317	var. altior 300, PL.207
japonica 332, PL.249	var. morrowii 317, PL.226	quadriflora 324, PL.238
jubozanensis 314, PL.224	var. temnolepis 318	ramenskii 310, PL.219
kabanovii 300, PL.207	multifolia 317, 319	reinii 313, PL.223
kagoshimensis 314, PL.224	var. glaberrima 319, PL.229	remotiuscula 305, PL.213
kamagariensis 317, PL.226	var. imbecillis 319, PL.229	rhizopoda 301, PL.208
karashidaniensis 320, PL.233	var. multifolia 317, PL.227	rhynchachaenium 317, PL.225
kimurae 318	var. pallidisquama 318	rhynchophysa 334, PL.252
kiotensis 312, PL.222	var. stolonifera 319	rochebrunii 305, PL.213
kobomugi 302, PL.210	var. toriiana 318	rostrata 334
koyaensis 302	nachiana 308, PL.216	var. borealis 334
var. koyaensis 302	nemostachys 333, PL.250	var. rostrata 334, PL.252
var. yakushimensis 302, PL.209	nemurensis 307, PL.215	rotundata 334, PL.252
kujuzana 326, PL.241	nervata 321, PL.234	rouyana 326, 327, PL.242
lachenalii 307, PL.214	neurocarpa 303, PL.211	var. arakiana 327
laevissima 304, PL.211	nipposinica 332, PL.249	rugata 320, PL.233
lanceolata 324, PL.238	noguchii 302, PL.209	rugulosa 335, PL.253
lasiocarpa 335	norvegica 307	rupestris 301, PL.207
var. lasiocarpa 336	nubigena 304	ruralis 302, PL.209
var. occultans 335, PL.253	var. albata 304	sabynensis 321
lasiolepis 324, PL.237	var. franchetiana 304	var. rostrata 321, PL.235
laticeps 314, PL.223	subsp. albata 304	var. sabynensis 321, PL.235
latisquamea 335, PL.253	odontostoma 325, PL.240	sachalinensis 319, 320
laxa 331, PL.248	okuboi 313, PL.222	var. alterniflora 319
lehmannii 329, PL.245	oligosperma 334	var. arimaensis 320
lenta 308, 309, PL.217	olivacea 333	var. aureobrunnea 319
var. sendaica 309	var. angustior 333	var. elongatula 320
leucochlora 321, PL.233	subsp. confertiflora 333	var. fulva 319
var. horikawae 321	omiana 304	var. iwakiana 320, PL.231
ligulata 323, PL.237	var. monticola 305, PL.212	var. longiuscula 320, PL.231
limosa 331, PL.248	var. omiana 304	var. sachalinensis 320, PL.231
lithophila 303, PL.211	var. yakushimana 305	sacrosancta 308, PL.216
livida 331, PL.248	omurae 319, PL.228	var. tamakii 308
loliacea 307, PL.214	onoei 301, PL.208	sadoensis 309, PL.217
lonchophora 321, PL.234	oshimensis 318, PL.228	sakonis 314, PL.223
longii 306	otaruensis 312, PL.221	satsumensis 307, PL.215
longirostrata 314	otayae 310, PL.218	scabrifolia 335, PL.253
var. longirostrata 314, PL.224	oxyandra 330, PL.248	schmidtii 311, PL.219
var. pallida 314	pachygyna 322, PL.236	scita 329

var. brevisquama 329, PL. 246	glabella 79	reticulatum 80
var. parvisquama 329, PL. 246	pergracilis 79, PL. 59	sieboldii 80, PL. 61
var. riishirensis 329, PL. 246	pubescens 79	×takushii 81
var. scabrinervia 329, PL. 246	Catasetum 178	yabunikkei 80, PL. 61
var. scita 329, PL. 246	Cedrus	Circinatae 300
var. tenuiseta 329, PL. 246	deodara 25	Cirrhopetalum
scitaeformis 312	Cephalanthera 189	japonicum 185
scoparia 306	erecta 189, PL. 140	Cladium 336
semihyalofructa 302, PL. 208	falcata 189, PL. 140	chinense 336
senanensis 305, PL. 213	f. albescens 189	jamaicense 336
sendaica 309, PL. 217	longibracteata 189, PL. 140	subsp. chinense 336, PL. 256
shimidzensis 312, PL. 221	f. lurida 189	nipponense 353
siderosticta 322, PL. 236	longifolia 189	Clinostigma 262
sikokiana 319, PL. 229	subaphylla 189, PL. 140	savoryanum 262, PL. 189
siroumensis 328, PL. 244	Cephalantheropsis 189	Clintonia 169
sociata 318, PL. 227	obcordata 190, PL. 158	udensis 169, PL. 114
sordida 335, PL. 253	Cephalotaxaceae 42	Cobresia 351
stellulata 305	Cephalotaxus 42	Coeloglossum
stenantha 324	harringtonia 42	viride 195
var. stenantha 324, PL. 238	'Fastigiata' 42, PL. 34	var. bracteatum 195
var. taisetsuensis 324	f. fastigiata 42	Colchicaceae 163
stenostachys 319	var. harringtonia 42, PL. 34	Colchicum 163
var. cuneata 319	var. nana 42, PL. 34	Colocasia 92
var. stenostachys 319, PL. 229	Ceratocystis 333	esculenta 92
stipata 304, PL. 212	Chamaecyparis 37	Commelina 265
stylosa 329, PL. 245	obtusa 37, 38, PL. 28	auriculata 266, PL. 192
subcernua 311, PL. 220	'Ericoides' 38	benghalensis 266, PL. 191
subdita 314, PL. 224	'Filicoides' 38	communis 266
subspathacea 310, PL. 219	'Kamakurahiba' 38	var. communis 266, PL. 191
subtumida 327, PL. 243	'Pendula' 38	var. hortensis 266, PL. 191
subumbellata 321	pisifera 38, PL. 29	var. ludens 266
var. subumbellata 321, PL. 235	'Filifera' 38, PL. 29	diffusa 266, PL. 191
var. verecunda 321	'Plumosa' 38	paludosa 266, PL. 192
tabatae 308, PL. 216	'Squarrosa' 38, PL. 29	Commelinaceae 265
taihokuensis 323, PL. 237	Chamaerops	Comospermum 249
tamakii 308, PL. 217	fortunei 264	yedoense 249, PL. 180
tashiroana 320, PL. 232	Cheirostylis 190	Confertiflorae 332
teinogyna 308, PL. 216	liukiuensis 190, PL. 146	Convallaria 249
temnolepis 318, PL. 228	okabeana 190	keiskei 249
tenuiflora 306, PL. 213	takeoi 190, PL. 146	majalis 249
tenuiformis 325, PL. 241	Chionographis 158	var. majalis 249, PL. 185
tenuinervis 320, PL. 232	hisauchiana 159	var. manshurica 249, PL. 185
tenuior 325, PL. 240	subsp. minoensis 159	Corymborkis 190
tetsuoi 325, PL. 240	japonica 158	subdensa 190
thunbergii 310	var. hisauchiana 159, PL. 106	veratrifolia 190, PL. 142
var. appendiculata 310	var. japonica 158, PL. 106	Corypha
var. thunbergii 310, PL. 218	var. kurokamiana 159	japonica 262
tokarensis 313, PL. 223	var. minoensis 159	Cremastra 190
toyoshimae 316, PL. 225	koidzumiana 159, PL. 106	aphylla 191
traiziscana 307, PL. 215	var. kurokamiana 159	unguiculata 191, PL. 159
transversa 332, PL. 250	Chloranthaceae 52	variabilis 191, PL. 159
tristachya 320, PL. 232	Chloranthus 52	Crepidium 191
var. pocilliformis 320	fortunei 52, PL. 41	bancanoides 191, PL. 152
tsuishikarensis 334, PL. 252	glaber 53	boninense 191, PL. 152
tsushimensis 318, PL. 227	japonicus 53	hahajimense 191, PL. 152
tumidula 322, PL. 236	quadrifolius 53, PL. 41	kandae 191, PL. 152
uber 318, PL. 227	serratus 52, PL. 40	ophrydis 191
uda 302, PL. 209	spicatus 52	purpureum 191
vaginata 326, PL. 241	Chlorostachyae 325	Crinum 242
vanheurckii 330, PL. 248	Chondradenia	asiaticum 243
vaniotii 327, PL. 243	fauriei 201	var. japonicum 243, PL. 173
vesicaria 334, PL. 252	Chrysoglossella	var. sinicum 243
viridula 333, PL. 251	japonica 207	gigas 243
vulpinoidea 304	Cinnamomum 79	Crocosmia 233
wahuensis 313, 314	camphora 80, PL. 60	×crocosmiiflora 233, PL. 165
var. robusta 313	daphnoides 81, PL. 62	Crocus 233
warburgiana 325	doederleinii 81	Croomia 153
yasuii 317, PL. 226	var. doederleinii 81, PL. 62	heterosepala 153, PL. 103
Carpha	var. pseudodaphnoides 81	hyugaensis 154, PL. 103
aristata 358	×durifruticeticola 80	japonica 153, PL. 103
Cassytha 79	insularimontanum 80	kinoshitae 153, PL. 103
filiformis 79	japonicum 80	saitoana 153, PL. 103
var. duripraticola 79, PL. 59	okinawense 80	Cryptocarya 81
var. filiformis 79, PL. 59	pseudopedunculatum 80, PL. 61	chinensis 81

Cryptomeria	38
japonica	38
f. radicans	38
var. japonica	38, PL. 23
var. radicans	38
var. sinensis	38
Cryptostylis	191
arachnites	191
taiwaniana	191
Cunninghamia	
lanceolata	38, PL. 21
Cunninghamioideae	38
Cupressaceae	37
Curculigo	232
orchioides	232, PL. 165
Cycadaceae	23
Cycas	23
revoluta	23, PL. 1
Cycnoches	178
Cymbidium	191
aspidistrifolium	193
dayanum	193, PL. 160
var. austrojaponicum	193
ensifolium	192
goeringii	192, PL. 160
f. angustatum	192
javanicum	193
var. aspidistrifolium	193
kanran	192, PL. 160
koran	192
lancifolium	193, PL. 160
macrorhizon	193, PL. 161
nagifolium	193, PL. 160
nipponicum	193
×nishiuchianum	192
×nomachianum	192
sinense	192, PL. 160
Cymodocea	137
rotundata	137, PL. 97
serrulata	137, PL. 97
Cymodoceaceae	137
Cyperaceae	294
Cyperoideae	304
Cyperus	336
alternifolius	339, PL. 266
amuricus	341, PL. 268
brevifolius	338
var. brevifolius	338
var. leiolepis	338, PL. 265
compressus	340, PL. 267
cyperinus	339
cyperoides	339, PL. 266
diaphanus	338
difformis	340, PL. 266
digitatus	341
distans	342, PL. 268
engelmannii	339, PL. 266
eragrostis	340
esculentus	342
exaltatus	341
var. exaltatus	341
var. iwasakii	341, PL. 268
extremiorientalis	340, PL. 267
flaccidus	340, PL. 267
flavidus	339, PL. 265
globosus	339
glomeratus	341, PL. 267
haspan	340, 341
var. microhaspan	341, PL. 267
var. tuberiferus	340, PL. 267
iria	341, PL. 268
javanicus	339, PL. 266
kamtschaticus	338, PL. 265
kyllingia	338, PL. 265
malaccensis	339
subsp. malaccensis	340
subsp. monophyllus	339, PL. 266
michelianus	340
microiria	341, PL. 268
monophyllus	339
niigatensis	340
nipponicus	340
var. nipponicus	340, PL. 267
var. spiralis	340
nutans	342
var. subprolixus	342
odoratus	339, PL. 266
ohwii	341, PL. 268
orthostachyus	341, PL. 268
pacificus	340, PL. 267
papyrus	339, PL. 266
pedunculatus	339, PL. 266
pilosus	342, PL. 269
polystachyos	338, PL. 265
rotundus	342
var. rotundus	342, PL. 269
var. yoshinagae	342
sanguinolentus	338, PL. 265
serotinus	342, PL. 268
sesquiflorus	338
subsp. cylindricus	338
stoloniferus	342, PL. 269
tenuispica	341
unioloides	338
Cyphokentia	
savoryana	262
Cypripedium	193
debile	193, PL. 125
guttatum	194, PL. 125
var. yatabeanum	194
japonicum	194
f. urasawae	194
var. glabrum	194
var. japonicum	194, PL. 125
macranthos	194
var. hotei-atsumorianum	194, PL. 126
var. macranthos	194
var. rebunense	194, PL. 126
var. speciosum	194
shanxiense	194, PL. 126
yatabeanum	194, PL. 125
Cyrtosia	194
septentrionalis	194, PL. 128

D

Dactylorchis	
aristata	195
Dactylorhiza	195
aristata	195, PL. 134
f. albiflora	195
f. punctata	195, PL. 135
viridis	195, PL. 135
Dactylostalix	195
ringens	195, PL. 151
f. punctata	195
Debiles	327
Decorae	313
Dendrobium	196
catenatum	196, PL. 162
moniliforme	196, PL. 161
okinawense	196, PL. 161
tosaense	196
Dianella	237
ensifolia	237, PL. 168
Didymoplexiella	196
siamensis	196
Didymoplexis	196
brevipes	197
micradenia	197, PL. 140
Didymosperma	
engleri	261
Digitatae	323
Dioscorea	148
alata	149
asclepiadea	149
batatas	149
bulbifera	148, PL. 100
f. domestica	149
cirrhosa	149, PL. 100
gracillima	149, PL. 101
izuensis	149, PL. 101
japonica	149, PL. 100
luzonensis	149, PL. 100
nipponica	150, PL. 101
pentaphylla	149, PL. 101
polystachya	149, PL. 100
pseudojaponica	149, PL. 100
quinqueloba	150
quinquelobata	150, PL. 102
septemloba	150
var. septemloba	150, PL. 102
var. sititoana	150
tabatae	149
tenuipes	150, PL. 101
tokoro	150, PL. 101
Dioscoreaceae	148
Diplacrum	342
caricinum	342, PL. 254
Diploprora	197
championii	197
Disperis	197
neilgherrensis	197, PL. 133
Dispermae	306
Disporum	163
×hishiyamanum	164
lutescens	164, PL. 111
sessile	163
var. micranthum	164, PL. 110
var. minus	164, PL. 110
var. sessile	163, PL. 110
smilacinum	164, PL. 111
viridescens	164, PL. 111
Dornera	300
Draceana	246

E

Egeria	119
densa	119, PL. 92
Eichhornia	270
crassipes	270, PL. 193
Eleocharis	343
acicularis	344
var. acicularis	344
var. longiseta	344, PL. 263
acutangula	343, PL. 263
atropurpurea	344
attenuata	345, PL. 265
caribaea	344
chaetaria	345
congesta	345
var. japonica	345, PL. 264
var. thermalis	345
dulcis	343, PL. 262
equisetiformis	344
fistulosa	343
geniculata	344, PL. 263
intersita	344
kamtschatica	344, PL. 263
f. reducta	344, PL. 263
kuroguwai	343, PL. 262

mamillata ⋯ 344	mikawanum ⋯ 284, PL. 201	var. ochotensis ⋯ 349, PL. 261
var. cyclocarpa ⋯ 344, PL. 264	subsp. azumianum ⋯ 284	var. tentsuki ⋯ 349, PL. 261
margaritacea ⋯ 343, PL. 263	miquelianum ⋯ 284, 285	subsp. podocarpa ⋯ 349
maximowiczii ⋯ 345	var. lutchuense ⋯ 285	diphylloides ⋯ 348, PL. 260
ochrostachys ⋯ 344, PL. 263	var. miquelianum ⋯ 284, PL. 200	dipsacea ⋯ 347, PL. 259
ovata ⋯ 345, PL. 264	var. monococcon ⋯ 284, PL. 200	ferruginea ⋯ 349
palustris ⋯ 344	var. ozense ⋯ 284, PL. 200	var. sieboldii ⋯ 349
var. major ⋯ 344	miyagianum ⋯ 282	fimbristyloides ⋯ 347
parvinux ⋯ 344, PL. 264	monococcon ⋯ 284	fusca ⋯ 347
parvula ⋯ 345	nakasimanum ⋯ 285	kadzusana ⋯ 348, PL. 259
retroflexa ⋯ 345	nanellum ⋯ 284	leptoclada ⋯ 348
subsp. chaetaria ⋯ 345	nasuense ⋯ 285	var. leptoclada ⋯ 348
soloniensis ⋯ 345	nepalense ⋯ 282, PL. 199	var. takamineana ⋯ 348
tetraquetra ⋯ 345, PL. 264	nosoriense ⋯ 285	littoralis ⋯ 348, PL. 259
valleculosa ⋯ 344	nudicuspe ⋯ 283, PL. 200	longispica ⋯ 349
wichurae ⋯ 345, PL. 264	omuranum ⋯ 285	var. boninensis ⋯ 349, PL. 261
yokoscensis ⋯ 344	pallescens ⋯ 285	var. hahajimensis ⋯ 349
Eleorchis ⋯ 197	parvum ⋯ 282, PL. 199	var. longispica ⋯ 349, PL. 261
japonica ⋯ 197	perplexum ⋯ 283, PL. 200	miliacea ⋯ 348
var. conformis ⋯ 197	robustius ⋯ 285	monostachya ⋯ 347
var. japonica ⋯ 197, PL. 138	sachalinense ⋯ 284, 285	nutans ⋯ 349
Elodea ⋯ 120	var. kusiroense ⋯ 285, PL. 201	ovata ⋯ 347, PL. 259
nuttallii ⋯ 120, PL. 92	var. sachalinense ⋯ 284	pacifica ⋯ 349, PL. 260
Enhalus ⋯ 120	satakeanum ⋯ 285	pauciflora ⋯ 348
acoroides ⋯ 120, PL. 90	sekimotoi ⋯ 285	pierotii ⋯ 348, PL. 260
Ensete ⋯ 272	senile ⋯ 282	sericea ⋯ 348, PL. 260
Ephedraceae ⋯ 23	setaceum ⋯ 283	sieboldii ⋯ 349
Ephippianthus ⋯ 197	seticuspe ⋯ 282	var. anpinensis ⋯ 349
sawadanus ⋯ 198, PL. 151	sexangulare ⋯ 282, PL. 198	var. sieboldii ⋯ 349, PL. 261
schmidtii ⋯ 197, PL. 151	sieboldianum ⋯ 282	squarrosa ⋯ 350
f. violaceus ⋯ 198	sikokianum ⋯ 284	stauntonii ⋯ 347
Epipactis ⋯ 198	suishaense ⋯ 282	var. stauntonii ⋯ 347, PL. 259
helleborine ⋯ 198, PL. 141	takae ⋯ 284, PL. 201	var. tonensis ⋯ 348, PL. 259
papillosa ⋯ 198	taquetii ⋯ 285	subbispicata ⋯ 349, PL. 260
thunbergii ⋯ 198, PL. 141	var. taquetii ⋯ 285, PL. 201	umbellaris ⋯ 348, PL. 259
f. flava ⋯ 198	var. zyotanii ⋯ 285	velata ⋯ 350, PL. 262
f. subconformis ⋯ 198	truncatum ⋯ 282, PL. 199	verrucifera ⋯ 347
Epipogium ⋯ 198	tutidae ⋯ 284	Foetidae ⋯ 303
aphyllum ⋯ 199, PL. 138	zyotanii ⋯ 285	Forrestia
japonicum ⋯ 199, PL. 138	Eriophorum ⋯ 345	chinensis ⋯ 265
rolfei ⋯ 199	gracile ⋯ 346, PL. 269	Freesia ⋯ 233
roseum ⋯ 199, PL. 138	japonicum ⋯ 359	Freycinetia ⋯ 155
Epipremnum ⋯ 106	scheuchzeri ⋯ 346	boninensis ⋯ 155
pinnatum ⋯ 106, PL. 84	var. tenuifolium ⋯ 346	formosana ⋯ 155, PL. 105
Eria ⋯ 199	vaginatum ⋯ 346, PL. 269	var. boninensis ⋯ 155, PL. 105
corneri ⋯ 199	Erythrodes ⋯ 200	williamsii ⋯ 156, PL. 105
japonica ⋯ 199, PL. 161	chinensis ⋯ 200	Fritillaria ⋯ 169
ovata ⋯ 200, PL. 161	Erythronium ⋯ 169	amabilis ⋯ 170, PL. 123
var. retroflexa ⋯ 200	japonicum ⋯ 169, PL. 122	ayakoana ⋯ 170
reptans ⋯ 199	Erythrorchis ⋯ 200	camschatcensis ⋯ 170
scabrilinguis ⋯ 199, PL. 161	altissima ⋯ 200, PL. 128	var. camschatcensis ⋯ 170, PL. 122
Eriocaulaceae ⋯ 280	Eulophia ⋯ 200	var. keisukei ⋯ 170
Eriocaulon ⋯ 280	graminea ⋯ 200, PL. 160	japonica ⋯ 170, PL. 123
alpestre ⋯ 285, PL. 201	gusukumai ⋯ 200	var. koidzumiana ⋯ 170
amanoanum ⋯ 282	ochobiensis ⋯ 200	kaiensis ⋯ 170, PL. 123
atroides ⋯ 284	taiwanensis ⋯ 200, PL. 160	koidzumiana ⋯ 170, PL. 123
atrum ⋯ 284, PL. 201	toyoshimae ⋯ 200	muraiana ⋯ 170
buergerianum ⋯ 283, PL. 200	zollingeri ⋯ 200, PL. 159	shikokiana ⋯ 170, PL. 123
cauliferum ⋯ 283	f. viride ⋯ 200	thunbergii ⋯ 170, PL. 122
cinereum ⋯ 282, PL. 199	Euryale ⋯ 46	×tokushimensis ⋯ 170
decemflorum ⋯ 281, PL. 198	ferox ⋯ 46, PL. 37	verticillata ⋯ 170
var. decemflorum ⋯ 282		var. thunbergii ⋯ 170
var. nipponicum ⋯ 282	**F**	Fuirena ⋯ 350
dimorphoelytrum ⋯ 284		ciliaris ⋯ 350, PL. 269
echinulatum ⋯ 282, PL. 199	Ferrugineae ⋯ 324	umbellata ⋯ 350, PL. 269
glaberrimum ⋯ 284	Fimbristylis ⋯ 346	Fuliginosae ⋯ 328
hananoegoense ⋯ 284	aestivalis ⋯ 349	
heleocharioides ⋯ 283, PL. 199	autumnalis ⋯ 348, PL. 260	**G**
hondoense ⋯ 285	bisumbellata ⋯ 349, PL. 261	
japonicum ⋯ 285, PL. 201	complanata ⋯ 348, PL. 259	Gagea ⋯ 171
kiusianum ⋯ 285, PL. 201	cymosa ⋯ 348, PL. 260	japonica ⋯ 171, PL. 124
kusiroense ⋯ 285	dichotoma ⋯ 349	lutea ⋯ 171
lutchuense ⋯ 285	var. diphylla ⋯ 349	nakaiana ⋯ 171, PL. 124
matsumurae ⋯ 284	var. floribunda ⋯ 349	vaginata ⋯ 171, PL. 124

Gahnia 350
　aspera 351, PL.256
　boninsimae 351
　tristis 351, PL.256
Galearis 201
　cyclochila 201, PL.135
　fauriei 201, PL.135
Galeola
　altissima 200
Galeorchis
　cyclochila 201
Gastrochilus 201
　ciliaris 201
　japonicus 201, PL.163
　matsuran 202, PL.164
　　f. epunctatus 202
　toramanus 202, PL.163
Gastrodia 202
　boninensis 203
　confusa 203, PL.139
　elata 202
　　f. viridis 202
　　var. elata 202, PL.139
　　var. pallens 202
　gracilis 202, PL.139
　nipponica 203, PL.139
　pubilabiata 203, PL.139
　shimizuana 203, PL.139
　stapfii 203, PL.139
Geodorum 203
　densiflorum 203, PL.159
Gibbae 305
Ginkgo 24
　biloba 24
　　'Laciniata' 24
　　'Pendula' 24
　　'Variegata' 24
　　var. biloba 24, PL.2
　　var. epiphylla 24
　　var. variegata 24
Ginkgoaceae 24
Ginkgoites 24
Gladiolus 233
Glareosae 306
Glaziocharis
　abei 144
Gloriosa 163
Gnetaceae 23
Goodyera 203
　augustini 205
　biflora 204, PL.144
　clavata 204, PL.143
　foliosa 204
　　var. foliosa 205, PL.145
　　var. laevis 204, PL.144
　　var. maximowicziana 204
　fumata 204, PL.143
　hachijoensis 204
　　f. izuohsimensis 204
　　var. boninensis 204, PL.144
　　var. hachijoensis 204
　　var. matsumurana 204, PL.144
　macrantha 204
　maximowicziana 204
　ogatae 205
　pendula 204, PL.143
　　f. brachyphylla 204
　procera 204, PL.143
　repens 204, PL.143
　rubicunda 204, PL.143
　schlechtendaliana 205, PL.145
　　f. similis 205
　sonoharae 205
　velutina 205, PL.146

viridiflora 205, PL.145
Graciles 307
Grallatoriae 300
Gulubia 263
　liukiuensis 263
Gymnadenia 205
　camtschatica 214
　conopsea 205, PL.136
　cucullata 216
　fujisanensis 216

H

Habenaria 206
　crassilabia 206
　dentata 206, PL.137
　flagellifera 219
　formosana 219
　iyoensis 206, PL.137
　linearifolia 206
　　var. brachycentra 207
　　var. linearifolia 206, PL.137
　longitentaculata 206
　radiata 218
　sagittifera 206, PL.137
　stenopetala 206
　yezoensis 207
Haemodoraceae 141
Halodule 138
　pinifolia 138, PL.97
　uninervis 138, PL.97
Halophila 120
　ovalis 121, PL.90
Hammarbya 207
　paludosa 207, PL.152
Hancockia 207
　japonica 207
　uniflora 207
Haraella 207
　retrocalla 207
Heleoglochin 303
Helonias 139
　breviscapa 159
　　var. flavida 159
　kawanoi 159
　leucantha 159
Heloniopsis 159
　kawanoi 159, PL.107
　leucantha 159, PL.106
　orientalis 159
　　var. breviscapa 159, PL.106
　　var. flavida 159
　　var. orientalis 159, PL.106
Hemerocallidaceae 237
Hemerocallis 237
　aurantiaca 238
　citrina 238
　　var. vespertina 238, PL.168
　dumortieri 238
　　var. dumortieri 238
　　var. esculenta 238, PL.169
　　var. exaltata 238
　exaltata 238
　exilis 239
　flava 238
　　var. yezoensis 238
　fulva 238
　　var. disticha 238, PL.169
　　var. fulva 239
　　var. kwanso 239, PL.169
　　var. littorea 239, PL.169
　　var. longituba 238
　lilioasphodelus 238
　　var. yezoensis 238, PL.169

littorea 239
longituba 238
major 238
middendorffii 238
　var. esculenta 238
thunbergii 238
vespertina 238
yezoensis 238
Herminium 208
　angustifolium 208
　　var. longicrure 208
　lanceum 208, PL.134
　　var. longicrure 208
　monorchis 208, PL.134
Hernandia 76
　nymphaeifolia 76, PL.58
Hernandiaceae 76
Hetaeria 208
　agyokuana 231
　cristata 208
　oblongifolia 208, PL.147
　shikokiana 208, PL.147
　yakusimensis 208, PL.147
Heterosmilax 165
　japonica 165, PL.111
Heterotropa
　asaroides 67
　aspera 64
　blumei 67
　costata 63
　curvistigma 64
　fauriei 70
　fudsinoi 66
　gelasina 66
　hexaloba 63
　　var. hexaloba 63
　ikegamii 69
　kinoshitae 69
　kiusiana 67
　kumageana 65
　kurosawae 69
　lutchuensis 65
　minamitaniana 62
　muramatsui 64
　　var. shimodana 64
　　var. tamaensis 64
　nipponica 68
　okinawensis 66
　pseudosavatieri 68
　sakawana 63
　satsumensis 67
　savatieri 68
　senkakuinsularis 63
　stellata 63
　takaoi 70
　tamaensis 64
　trigyna 67
　unzen 67
　yaeyamensis 64
　yakusimensis 66
　yoshikawai 68
Hirsutiarum 110
Holarrhenae 303
Hosta 250
　albomarginata 252
　×alismifolia 252
　capitata 253, PL.180
　clavata 252
　densa 251
　hypoleuca 251, PL.179
　kikutii 251
　　var. caput-avis 252
　　var. densinervia 252
　　var. kikutii 251, PL.179

var. scabrinervia ⋯⋯⋯⋯⋯⋯ 252	gracilipes ⋯⋯⋯⋯⋯⋯⋯ 234, PL.166	var. chinensis ⋯⋯⋯⋯⋯⋯ 39, PL.24
var. tosana ⋯⋯⋯⋯⋯ 252, PL.179	×hollandica ⋯⋯⋯⋯⋯⋯⋯⋯⋯ 233	var. procumbens ⋯⋯⋯⋯⋯⋯⋯ 39
kiyosumiensis ⋯⋯⋯⋯⋯ 251, PL.179	iyoana ⋯⋯⋯⋯⋯⋯⋯⋯⋯⋯⋯⋯ 235	var. sargentii ⋯⋯⋯⋯⋯ 39, PL.24
longipes ⋯⋯⋯⋯⋯⋯⋯⋯⋯⋯⋯ 250	japonica ⋯⋯⋯⋯⋯⋯⋯ 234, PL.165	communis ⋯⋯⋯⋯⋯⋯⋯⋯⋯⋯⋯ 40
var. aequinoctiiantha ⋯⋯⋯⋯ 251	laevigata ⋯⋯⋯⋯⋯⋯⋯ 235, PL.167	var. communis ⋯⋯⋯⋯⋯⋯⋯⋯ 40
var. caduca ⋯⋯⋯⋯⋯⋯⋯⋯⋯ 251	pseudacorus ⋯⋯⋯⋯⋯ 235, PL.167	var. hondoensis ⋯⋯⋯⋯ 40, PL.26
var. gracillima ⋯⋯⋯⋯⋯⋯⋯ 251	rossii ⋯⋯⋯⋯⋯⋯⋯ 234, 235, PL.166	var. montana ⋯⋯⋯⋯⋯ 40, PL.26
var. latifolia ⋯⋯⋯⋯⋯⋯⋯⋯ 251	sanguinea ⋯⋯⋯⋯⋯⋯⋯⋯⋯⋯ 235	var. nipponica ⋯⋯⋯⋯⋯ 40, PL.26
var. longipes ⋯⋯⋯⋯ 250, PL.178	f. albiflora ⋯⋯⋯⋯⋯⋯⋯⋯⋯ 235	var. saxatilis ⋯⋯⋯⋯⋯⋯⋯⋯ 40
longissima ⋯⋯⋯⋯⋯⋯⋯⋯⋯⋯ 252	f. stellata ⋯⋯⋯⋯⋯⋯⋯⋯⋯ 235	conferta ⋯⋯⋯⋯⋯⋯⋯⋯ 40, PL.25
montana ⋯⋯⋯⋯⋯⋯⋯⋯⋯⋯⋯ 251	var. sanguinea ⋯⋯⋯⋯ 235, PL.167	×pseudorigida ⋯⋯⋯⋯⋯⋯⋯⋯ 40
nakaiana ⋯⋯⋯⋯⋯⋯⋯⋯⋯⋯⋯ 253	var. tobataensis ⋯⋯⋯ 235, PL.167	rigida ⋯⋯⋯⋯⋯⋯⋯⋯⋯ 40, PL.25
pachyscapa ⋯⋯⋯⋯⋯⋯⋯⋯⋯ 251	var. violacea ⋯⋯⋯⋯⋯⋯⋯⋯ 235	taxifolia ⋯⋯⋯⋯⋯⋯⋯⋯⋯⋯⋯ 40
plantaginea ⋯⋯⋯⋯⋯⋯⋯⋯⋯ 250	setosa ⋯⋯⋯⋯⋯⋯⋯⋯⋯⋯⋯⋯ 235	var. lutchuensis ⋯⋯⋯⋯ 40, PL.27
var. japonica ⋯⋯⋯⋯ 250, PL.178	var. hondoensis ⋯⋯⋯⋯⋯⋯ 235	var. taxifolia ⋯⋯⋯⋯⋯ 40, PL.27
var. plantaginea ⋯⋯⋯⋯⋯⋯ 250	var. nasuensis ⋯⋯⋯⋯⋯⋯⋯ 235	
pulchella ⋯⋯⋯⋯⋯⋯⋯ 252, PL.180	var. setosa ⋯⋯⋯⋯⋯⋯ 235, PL.167	# K
pycnophylla ⋯⋯⋯⋯⋯⋯⋯⋯⋯ 251	tectorum ⋯⋯⋯⋯⋯⋯⋯ 234, PL.166	
rectifolia ⋯⋯⋯⋯⋯⋯⋯⋯⋯⋯ 252	f. alba ⋯⋯⋯⋯⋯⋯⋯⋯⋯⋯⋯ 234	Kadsura ⋯⋯⋯⋯⋯⋯⋯⋯⋯⋯⋯⋯ 50
rohdeifolia ⋯⋯⋯⋯⋯⋯⋯⋯⋯ 252	Ischnostachyae ⋯⋯⋯⋯⋯⋯⋯⋯ 327	chinensis ⋯⋯⋯⋯⋯⋯⋯⋯⋯⋯ 50
rupifraga ⋯⋯⋯⋯⋯⋯⋯⋯⋯⋯ 251	Isolepis ⋯⋯⋯⋯⋯⋯⋯⋯⋯⋯⋯⋯ 351	japonica ⋯⋯⋯⋯⋯⋯⋯⋯ 50, PL.39
shikokiana ⋯⋯⋯⋯⋯⋯⋯⋯⋯ 253	crassiuscula ⋯⋯⋯⋯⋯ 351, PL.271	Karkenia ⋯⋯⋯⋯⋯⋯⋯⋯⋯⋯⋯ 24
sieboldiana ⋯⋯⋯⋯⋯⋯⋯⋯⋯ 251		Kinugasa ⋯⋯⋯⋯⋯⋯⋯⋯⋯⋯⋯ 159
var. condensata ⋯⋯⋯⋯⋯⋯ 251	# J	japonica ⋯⋯⋯⋯⋯⋯⋯ 159, PL.110
var. glabra ⋯⋯⋯⋯⋯⋯⋯⋯ 251		Kitigorchis
var. nigrescens ⋯⋯⋯⋯⋯⋯ 251	Japonasarum	itoana ⋯⋯⋯⋯⋯⋯⋯⋯⋯⋯⋯ 218
var. sieboldiana ⋯⋯⋯ 251, PL.179	caulescens ⋯⋯⋯⋯⋯⋯⋯⋯⋯ 61	Kobresia ⋯⋯⋯⋯⋯⋯⋯⋯⋯⋯⋯ 351
sieboldii ⋯⋯⋯⋯⋯⋯⋯ 252, PL.180	Japonicae ⋯⋯⋯⋯⋯⋯⋯⋯⋯⋯ 307	bellardii ⋯⋯⋯⋯⋯⋯⋯⋯⋯⋯ 351
var. intermedia ⋯⋯⋯⋯⋯⋯ 252	Japonolirion ⋯⋯⋯⋯⋯⋯⋯⋯⋯ 139	myosuroides ⋯⋯⋯⋯⋯ 351, PL.254
var. rectifolia ⋯⋯⋯⋯⋯⋯⋯ 252	osense ⋯⋯⋯⋯⋯⋯⋯⋯ 139, PL.97	Kuhlhasseltia ⋯⋯⋯⋯⋯⋯⋯⋯⋯ 209
×tardiva ⋯⋯⋯⋯⋯⋯⋯⋯⋯⋯ 252	saitoi ⋯⋯⋯⋯⋯⋯⋯⋯⋯⋯⋯ 139	fissa ⋯⋯⋯⋯⋯⋯⋯⋯⋯⋯⋯⋯ 209
tsushimensis ⋯⋯⋯⋯⋯⋯⋯⋯ 252	Juncaceae ⋯⋯⋯⋯⋯⋯⋯⋯⋯⋯ 287	nakaiana ⋯⋯⋯⋯⋯⋯⋯ 209, PL.147
var. tibae ⋯⋯⋯⋯⋯⋯⋯⋯⋯ 253	Juncaginaceae ⋯⋯⋯⋯⋯⋯⋯⋯ 127	yakushimensis ⋯⋯⋯⋯ 209, PL.147
var. tsushimensis ⋯⋯⋯⋯⋯ 252	Juncus ⋯⋯⋯⋯⋯⋯⋯⋯⋯⋯⋯⋯ 287	Kyllinga
undulata ⋯⋯⋯⋯⋯⋯⋯⋯⋯⋯ 252	alatus ⋯⋯⋯⋯⋯⋯⋯⋯ 291, PL.205	brevifolia ⋯⋯⋯⋯⋯⋯⋯⋯⋯ 338
var. erromena ⋯⋯⋯⋯⋯⋯⋯ 252	beringensis ⋯⋯⋯⋯⋯⋯ 289, PL.202	var. leiolepis ⋯⋯⋯⋯⋯⋯⋯ 338
var. undulata ⋯⋯⋯⋯⋯⋯⋯ 252	bufonius ⋯⋯⋯⋯⋯⋯ 288, PL.202	kamtschatica ⋯⋯⋯⋯⋯⋯⋯⋯ 338
Houpoea	castaneus ⋯⋯⋯⋯⋯⋯⋯⋯⋯⋯ 290	nemoralis ⋯⋯⋯⋯⋯⋯⋯⋯⋯ 338
obovata ⋯⋯⋯⋯⋯⋯⋯⋯⋯⋯⋯ 72	subsp. triceps ⋯⋯⋯⋯⋯⋯⋯ 290	sesquiflora ⋯⋯⋯⋯⋯⋯⋯⋯⋯ 338
Houttuynia ⋯⋯⋯⋯⋯⋯⋯⋯⋯⋯ 54	decipiens ⋯⋯⋯⋯⋯⋯ 289, PL.203	subsp. cylindricus ⋯⋯⋯⋯⋯ 338
cordata ⋯⋯⋯⋯⋯⋯⋯⋯ 54, PL.41	f. glomeratus ⋯⋯⋯⋯⋯⋯⋯ 289	
f. plena ⋯⋯⋯⋯⋯⋯⋯ 54, PL.41	f. gracilis ⋯⋯⋯⋯⋯⋯⋯⋯⋯ 289	# L
f. viridis ⋯⋯⋯⋯⋯⋯⋯⋯⋯ 54	f. spiralis ⋯⋯⋯⋯⋯⋯⋯⋯⋯ 289	
Hyacinthus ⋯⋯⋯⋯⋯⋯⋯⋯⋯ 246	f. utilis ⋯⋯⋯⋯⋯⋯⋯⋯⋯⋯ 289	Landoltia ⋯⋯⋯⋯⋯⋯⋯⋯⋯⋯ 107
Hydatellaceae ⋯⋯⋯⋯⋯⋯⋯⋯⋯ 45	diastrophanthus ⋯⋯⋯ 291, PL.205	punctata ⋯⋯⋯⋯⋯⋯⋯ 107, PL.73
Hydrilla ⋯⋯⋯⋯⋯⋯⋯⋯⋯⋯⋯ 121	dudleyi ⋯⋯⋯⋯⋯⋯⋯⋯⋯⋯ 289	Larix ⋯⋯⋯⋯⋯⋯⋯⋯⋯⋯⋯⋯⋯ 27
verticillata ⋯⋯⋯⋯⋯⋯ 121, PL.93	effusus ⋯⋯⋯⋯⋯⋯⋯⋯⋯⋯ 289	gmelinii ⋯⋯⋯⋯⋯⋯⋯⋯ 27, PL.19
Hydrocharis ⋯⋯⋯⋯⋯⋯⋯⋯⋯ 121	var. decipiens ⋯⋯⋯⋯⋯⋯⋯ 289	var. japonica ⋯⋯⋯⋯⋯⋯⋯ 27
dubia ⋯⋯⋯⋯⋯⋯⋯⋯⋯ 121, PL.90	ensifolius ⋯⋯⋯⋯⋯⋯ 291, PL.205	kaempferi ⋯⋯⋯⋯⋯⋯⋯ 27, PL.19
Hydrocharitaceae ⋯⋯⋯⋯⋯⋯⋯ 118	fauriei ⋯⋯⋯⋯⋯⋯⋯ 289, PL.203	Lauraceae ⋯⋯⋯⋯⋯⋯⋯⋯⋯⋯ 78
Hymenochlaenae ⋯⋯⋯⋯⋯⋯⋯ 321	fauriensis ⋯⋯⋯⋯⋯⋯ 290, PL.204	Laurus ⋯⋯⋯⋯⋯⋯⋯⋯⋯⋯⋯ 81
Hypoxidaceae ⋯⋯⋯⋯⋯⋯⋯⋯ 232	filiformis ⋯⋯⋯⋯⋯⋯ 289, PL.202	nobilis ⋯⋯⋯⋯⋯⋯⋯⋯ 81, PL.68
Hypoxis ⋯⋯⋯⋯⋯⋯⋯⋯⋯⋯⋯ 232	gracillimus ⋯⋯⋯⋯⋯ 288, PL.202	Lecanorchis ⋯⋯⋯⋯⋯⋯⋯⋯⋯ 209
aurea ⋯⋯⋯⋯⋯⋯⋯⋯ 232, PL.165	haenkei ⋯⋯⋯⋯⋯⋯⋯ 289, PL.203	flavicans ⋯⋯⋯⋯⋯⋯⋯⋯⋯ 210
	kamschatcensis ⋯⋯⋯⋯⋯⋯⋯ 290	japonica ⋯⋯⋯⋯⋯⋯⋯⋯⋯⋯ 210
# I	krameri ⋯⋯⋯⋯⋯⋯⋯ 291, PL.204	var. hokurikuensis ⋯⋯ 210, PL.128
	leschenaultii ⋯⋯⋯⋯⋯⋯⋯⋯ 291	var. japonica ⋯⋯⋯⋯ 210, PL.128
Illiciaceae ⋯⋯⋯⋯⋯⋯⋯⋯⋯⋯ 49	maximowiczii ⋯⋯⋯⋯ 290, PL.204	var. kiiensis ⋯⋯⋯⋯⋯ 210, PL.128
Illicium ⋯⋯⋯⋯⋯⋯⋯⋯⋯⋯⋯ 49	mertensianus ⋯⋯⋯⋯ 290, PL.204	var. tubiformis ⋯⋯⋯⋯⋯⋯ 210
anisatum ⋯⋯⋯⋯⋯ 49, 50, PL.38	papillosus ⋯⋯⋯⋯⋯⋯ 291, PL.204	kiusiana ⋯⋯⋯⋯⋯⋯⋯ 210, PL.127
f. roseum ⋯⋯⋯⋯⋯⋯⋯⋯⋯ 49	polyanthemus ⋯⋯⋯⋯⋯⋯⋯ 289	nigricans ⋯⋯⋯⋯⋯⋯⋯ 210, PL.127
var. masa-ogatae ⋯⋯⋯⋯⋯ 49	potaninii ⋯⋯⋯⋯⋯⋯⋯⋯⋯⋯ 290	suginoana ⋯⋯⋯⋯⋯⋯⋯⋯⋯ 210
var. tashiroi ⋯⋯⋯⋯⋯⋯⋯⋯ 50	prismatocarpus ⋯⋯⋯⋯⋯⋯⋯ 291	trachycaula ⋯⋯⋯⋯⋯ 210, PL.127
religiosum ⋯⋯⋯⋯⋯⋯⋯⋯⋯ 49	subsp. leschenaultii ⋯ 291, PL.205	triloba ⋯⋯⋯⋯⋯⋯⋯ 210, PL.127
tashiroi ⋯⋯⋯⋯⋯⋯⋯ 50, PL.38	prominens ⋯⋯⋯⋯⋯⋯ 289, PL.203	virella ⋯⋯⋯⋯⋯⋯⋯⋯⋯⋯ 210
Illigera ⋯⋯⋯⋯⋯⋯⋯⋯⋯⋯⋯ 76	setchucnsis ⋯⋯⋯⋯⋯⋯ 289, PL.203	Lemna ⋯⋯⋯⋯⋯⋯⋯⋯⋯⋯⋯ 107
luzonensis ⋯⋯⋯⋯⋯⋯ 76, PL.59	tenuis ⋯⋯⋯⋯⋯⋯⋯ 288, PL.202	aequinoctialis ⋯⋯⋯⋯⋯⋯⋯ 107
Indicae ⋯⋯⋯⋯⋯⋯⋯⋯⋯⋯⋯ 307	tokubuchii ⋯⋯⋯⋯⋯⋯⋯⋯⋯ 290	aoukikusa ⋯⋯⋯⋯⋯⋯⋯⋯⋯ 107
Iridaceae ⋯⋯⋯⋯⋯⋯⋯⋯⋯⋯ 233	triglumis ⋯⋯⋯⋯⋯⋯ 290, PL.203	subsp. aoukikusa ⋯⋯⋯ 107, PL.72
Iris ⋯⋯⋯⋯⋯⋯⋯⋯⋯⋯⋯⋯⋯ 233	wallichianus ⋯⋯⋯⋯⋯ 291, PL.205	subsp. hokurikuensis ⋯⋯⋯ 107
domestica ⋯⋯⋯⋯⋯⋯ 234, PL.165	yakeisidakensis ⋯⋯⋯⋯⋯⋯ 291	gibba ⋯⋯⋯⋯⋯⋯⋯⋯⋯⋯⋯ 108
ensata ⋯⋯⋯⋯⋯⋯⋯⋯⋯⋯ 235	yokoscensis ⋯⋯⋯⋯⋯⋯⋯⋯ 289	japonica ⋯⋯⋯⋯⋯⋯⋯⋯⋯⋯ 107
var. spontanea ⋯⋯⋯ 235, PL.166	Juniperus ⋯⋯⋯⋯⋯⋯⋯⋯⋯⋯ 39	minima ⋯⋯⋯⋯⋯⋯⋯⋯⋯⋯ 107
germanica ⋯⋯⋯⋯⋯⋯⋯⋯ 233	chinensis ⋯⋯⋯⋯⋯⋯⋯⋯⋯ 39	minor ⋯⋯⋯⋯⋯⋯⋯⋯ 108, PL.73

minuta	107	
paucicostata	107	
perpusilla	107	
trisulca	108, PL.73	
turionifera	108	
valdiviana	107	
Lepironia	352	
articulata	352	
Leucoglochin	301	
Liliaceae	168	
Lilium	171	
alexandrae	174, PL.121	
auratum	173	
var. auratum	173, PL.119	
var. platyphyllum	173	
callosum	173	
var. callosum	173, PL.120	
var. flaviflorum	173	
concolor	172, PL.118	
var. partheneion	172	
cordatum	168	
glehnii	169	
hansonii	172	
japonicum	173	
var. abeanum	174, PL.121	
var. japonicum	173, PL.121	
lancifolium	173, PL.120	
var. flaviflorum	173	
var. lancifolium	173	
leichtlinii	173	
f. leichtlinii	173	
f. pseudotigrinum	173, PL.120	
var. maximowiczii	173	
longiflorum	174, PL.121	
var. scabrum	174	
maculatum	172	
var. bukosanense	172, PL.119	
var. maculatum	172, PL.119	
var. monticola	172	
subsp. dauricum	172	
medeoloides	172	
var. medeoloides	172, PL.118	
var. sadoinsulare	172	
nobilissimum	174	
pensylvanicum	172, PL.119	
rubellum	174, PL.121	
speciosum	173, PL.120	
var. clivorum	173	
var. speciosum	173	
tigrinum	173	
Limosae	331	
Lindera	82	
aggregata	84, PL.68	
citriodora	85	
communis	84	
var. okinawensis	84, PL.68	
erythrocarpa	82, PL.64	
glauca	84, PL.67	
lancea	83	
obtusiloba	84, PL.67	
praecox	83, PL.66	
var. praecox	83	
var. pubescens	83	
sericea	83	
var. glabrata	83	
var. sericea	83, PL.65	
strychnifolia	84	
subsericea	83	
triloba	84, PL.66	
umbellata	83	
var. lancea	83	
var. membranacea	83, PL.65	
var. umbellata	83, PL.65	
Liparis	210	
auriculata	212, PL.154	
bootanensis	211, PL.153	
elliptica	211	
formosana	211, PL.153	
fujisanensis	212, PL.154	
japonica	212, PL.154	
koreojaponica	212	
krameri	211, PL.153	
f. viridis	211	
kumokiri	211, PL.153	
makinoana	212, PL.154	
nervosa	211, PL.153	
nikkoensis	211	
odorata	212, PL.154	
plicata	211	
purpureovittata	212	
sootenzanensis	211	
truncata	211	
uchiyamae	211	
Lipocarpha	352	
chinensis	352, PL.255	
microcephala	352, PL.255	
senegalensis	352	
Liriodendron	71	
chinense	71	
tulipifera	71, PL.53	
Liriope	253	
minor	253, PL.177	
muscari	254, PL.177	
platyphylla	254	
spicata	254, PL.177	
tawadae	254	
Listera	214	
cordata	215	
var. japonica	215	
japonica	215	
makinoana	215	
nipponica	215	
puberula	215	
yatabei	215	
Litsea	85	
acuminata	78	
citriodora	85	
coreana	85, PL.71	
cubeba	85, PL.71	
japonica	85, PL.70	
zuccarinii	85	
Livistona	262	
chinensis	262	
var. boninensis	262, PL.187	
var. subglobosa	262, PL.187	
subglobosa	262	
Lloydia	174	
serotina	174, PL.124	
triflora	174, PL.124	
Lophiola	141	
Luisia	212	
occidentalis	212, PL.163	
teres	212, PL.163	
Luzula	292	
arcuata	293	
subsp. unalaschkensis	293, PL.206	
capitata	293, PL.206	
elata	292	
jimboi	292	
subsp. atrotepala	292	
subsp. jimboi	292, PL.206	
lutescens	293	
multiflora	293, PL.206	
nipponica	293, PL.206	
oligantha	293, PL.206	
pallescens	293	
piperi	293, PL.206	
plumosa	292	
var. macrocarpa	292	
subsp. dilatata	292	
subsp. plumosa	292, PL.206	
Lycoris	243	
×albiflora	244, PL.173	
radiata	244, PL.174	
sanguinea	244	
var. kiushiana	244	
var. koreana	244	
var. sanguinea	244, PL.174	
×squamigera	244, PL.174	
traubii	243, PL.173	
Lysichiton	108	
camtschatcensis	108, PL.85	

M

Machaerina	352
boninsimae	353
glomerata	353, PL.256
nipponensis	353
rubiginosa	353, PL.256
sucinonux	353
Machilus	86
boninensis	86, PL.64
japonica	87, PL.64
kobu	86, PL.62
pseudokobu	86, PL.63
thunbergii	86, PL.63
Macodes	213
petola	213, PL.146
Macrocephalae	302
Magnolia	71
compressa	73
var. compressa	73, PL.57
var. formosana	73, PL.57
denudata	72, PL.55
formosana	73
grandiflora	74, PL.57
heptapeta	72
hypoleuca	72
×kewensis	73
kobus	73
var. borealis	73
var. kobus	73, PL.56
liliiflora	73, PL.55
obovata	72, PL.53
parviflora	72
praecocissima	73
var. borealis	73
pseudokobus	73, PL.55
quinquepeta	73
salicifolia	73, PL.56
sieboldii	72
subsp. japonica	72, PL.54
subsp. sieboldii	72, PL.54
stellata	72, PL.55
Magnoliaceae	71
Maianthemum	254
bifolium	254, PL.181
dilatatum	254, PL.181
japonicum	255, PL.181
robustum	255, PL.182
viridiflorum	255, PL.182
yesoense	255, PL.182
Malaxis	213
monophyllos	213, PL.152
Mariscus	
albescens	339
cyperinus	339
cyperoides	339
pedunculatus	339
Medullosaceae	23
Melanthiaceae	158

Metanarthecium 142	aurata 87	hatusimanus 217, PL.148
luteoviride 142	boninensis 87, PL.69	inabae 217
var. luteoviride 142, PL.98	sericea 87	nanlingensis 217
var. nutans 142, PL.98	var. argentea 87, PL.69	poilanei 217
Metasequoia	var. aurata 87, PL.69	tashiroi 217, PL.148
glyptostroboides 39, PL.21	var. sericea 87, PL.69	Ophiopogon 255
Michelia	stenophylla 87	jaburan 256, PL.178
compressa 73	Neottia 214	japonicus 255
var. formosana 73	acuminata 216, PL.142	var. caespitosus 256
formosana 73	asiatica 216	var. japonicus 255, PL.177
Microstylis	cordata 215, PL.142	var. umbrosus 256
monophyllos 213	furusei 216	kradungensis 255
Microtis 213	inagakii 216	ohwii 256
formosana 213	japonica 215, PL.141	planiscapus 256, PL.178
unifolia 213, PL.150	f. albostriata 215	reversus 256, PL.178
Mitratae 314	f. longifolia 215	siamensis 255
Miyoshia 139	f. viridescens 215	tonkinensis 255
sakuraii 140	kiusiana 215	Orchidaceae 178
Molliculae 331	makinoana 215, PL.141	Orchis
Monochoria 270	nidus-avis 215	aristata 195
korsakowii 270, PL.193	var. mandshurica 215	chidori 226
vaginalis 271, PL.193	nipponica 215, PL.141	fauriei 201
Monoon 75	f. albovariegata 215	graminifolia 225
liukiuense 75, PL.58	f. viridis 215	joo-iokiana 225
Monstera	papilligera 215, PL.142	Oreorchis 218
deliciosa 91	puberula 215, PL.141	coreana 218
Mundae 322	Neottianthe 216	indica 218, PL.159
Murdannia 267	cucullata 216, PL.136	patens 218, PL.159
angustifolia 267	fujisanensis 216, PL.136	Ornithogalum 246
keisak 267, PL.192	Nervilia 216	Ottelia 123
loriformis 267, PL.192	aragoana 216	alismoides 123, PL.91
Musa 272	futago 217	Ovales 306
balbisiana 272	nipponica 216, PL.138	Oxygyne
var. liukiuensis 272, PL.193	Nietneria 141	hyodoi 144
basjoo 272	Nomocharis 168	shinzatoi 143
liukiuensis 272	Notholirion 168	triandra 143
×sapientum 272	Nothoscordum	yamashitae 144
var. liukiuensis 272	inutile 241	Oyama
textilis 272	Nuphar 46	sieboldii 72
Musaceae 272	×fluminalis 47	
Myrmechis 213	×hokkaiensis 47	**P**
japonica 214, PL.148	japonica 47, PL.36	
tsukusiana 214	f. rubrotincta 47	Paepalanthus
	oguraensis 47	kanaii 280
N	var. akiensis 47	Palmae 261
	var. oguraensis 47, PL.36	Paludosae 334
Nageia 34	pumila 47	Pandanaceae 155
nagi 34, PL.20	f. rubro-ovaria 48	Pandanus 156
Najas 122	var. ozeensis 47, 48, PL.37	boninensis 156, PL.104
ancistrocarpa 122, PL.92	var. pumila 47, PL.37	daitoensis 156, PL.104
chinensis 123, PL.93	×saijoensis 47	odoratissimus 156, PL.104
gracillima 123, PL.92	saikokuensis 47, PL.36	f. laevis 156
graminea 122, PL.92	shimadae 47	tectorius 156
japonica 123	subintegerrima 47, PL.36	Paniceae 326
marina 122, PL.92	submersa 47, PL.35	Paris 160
minor 123	Nymphaea 48	japonica 159
oguraensis 123, PL.92	alba 48	tetraphylla 160, PL.110
tenuicaulis 122	odorata 48	f. penduliflora 160
yezoensis 123, PL.93	rubra 48	var. penduliflora 160
Narcissus 244	tetragona 48	verticillata 160, PL.110
jonquilla 245	var. erythrostigmatica 48	Pecteilis 218
×odorus 245	var. tetragona 48, PL.37	radiata 218, PL.137
poeticus 245	Nymphaeaceae 46	Pedatyphonium 110
pseudonarcissus 245	Nypa 263	Pelatantheria 219
tazetta 244	fruticans 263, PL.188	scolopendrifolia 219, PL.164
var. chinensis 244, PL.174		Peperomia 55
var. tazetta 245	**O**	boninsimensis 55, PL.42
Nartheciaceae 141		japonica 55, PL.42
Narthecium 142	Oberonia 217	okinawensis 55, PL.42
asiaticum 142, PL.98	arisanensis 217	pellucida 55
Neolindleya 214	japonica 217, PL.154	Peristylus 219
camtschatica 214, PL.135	f. rubriflora 217	calcaratus 219
Neolitsea 87	Occlusae 323	flagellifer 219
aciculata 88, PL.70	Odontochilus 217	formosanus 219

intrudens ⋯⋯ 219	convallariifolia ⋯⋯ 222, PL. 130	cryptanthum ⋯⋯ 257, PL. 182
Petrosavia ⋯⋯ 139	florentii ⋯⋯ 223, PL. 131	×desoulavyi ⋯⋯ 258, PL. 183
sakuraii ⋯⋯ 140, PL. 97	fuscescens ⋯⋯ 221, PL. 129	×domonense ⋯⋯ 258
Petrosaviaceae ⋯⋯ 139	hologlottis ⋯⋯ 222, PL. 130	falcatum ⋯⋯ 259
Phacocystis ⋯⋯ 309	hondoensis ⋯⋯ 223	var. falcatum ⋯⋯ 259, PL. 184
Phaius ⋯⋯ 220	iinumae ⋯⋯ 221, PL. 129	var. hyugaense ⋯⋯ 259
flavus ⋯⋯ 220, PL. 158	japonica ⋯⋯ 221, PL. 129	var. trichosanthum ⋯⋯ 259, PL. 184
f. punctatus ⋯⋯ 220	mandarinorum ⋯⋯ 223, 224	humile ⋯⋯ 258, PL. 183
minor ⋯⋯ 220	var. amamiana ⋯⋯ 224	inflatum ⋯⋯ 257, PL. 182
mishmensis ⋯⋯ 220, PL. 158	var. brachycentron ⋯⋯ 224	involucratum ⋯⋯ 257, PL. 183
tankervilleae ⋯⋯ 220, PL. 158	var. cornu-bovis ⋯⋯ 223	lasianthum ⋯⋯ 258
Philydraceae ⋯⋯ 269	var. hachijoensis ⋯⋯ 224	var. coreanum ⋯⋯ 258
Philydrum ⋯⋯ 269	var. macrocentron ⋯⋯ 224	var. lasianthum ⋯⋯ 258, PL. 183
lanuginosum ⋯⋯ 269, PL. 192	var. mandarinorum ⋯⋯ 224, PL. 133	macranthum ⋯⋯ 259, PL. 184
Phyllospadix ⋯⋯ 128	var. maximowicziana ⋯⋯ 223, PL. 132	miserum ⋯⋯ 258
iwatensis ⋯⋯ 128, PL. 94	var. oreades ⋯⋯ 224, PL. 133	odoratum ⋯⋯ 258
japonicus ⋯⋯ 128, PL. 94	subsp. hachijoensis ⋯⋯ 224	var. maximowiczii ⋯⋯ 258, PL. 184
Physoglochin ⋯⋯ 300	subsp. mandarinorum ⋯⋯ 224	var. pluriflorum ⋯⋯ 258, PL. 184
Picea ⋯⋯ 28	subsp. maximowicziana ⋯⋯ 223	var. thunbergii ⋯⋯ 258
abies ⋯⋯ 28, PL. 9	maximowicziana ⋯⋯ 223	×tamaense ⋯⋯ 258
alcoquiana ⋯⋯ 29, PL. 11	metabifolia ⋯⋯ 222, PL. 130	Ponerorchis ⋯⋯ 225
bicolor ⋯⋯ 29, 30	minor ⋯⋯ 223	chidori ⋯⋯ 226, PL. 134
var. acicularis ⋯⋯ 30	var. mikurensis ⋯⋯ 223	graminifolia ⋯⋯ 225
glehnii ⋯⋯ 29, PL. 9	var. minor ⋯⋯ 223, PL. 131	var. graminifolia ⋯⋯ 225, PL. 134
jezoensis ⋯⋯ 28	nipponica ⋯⋯ 224	var. kurokamiana ⋯⋯ 226
var. hondoensis ⋯⋯ 28, PL. 8	var. linearifolia ⋯⋯ 224	var. micropunctata ⋯⋯ 226
var. jezoensis ⋯⋯ 28, PL. 8	var. nipponica ⋯⋯ 224, PL. 133	var. suzukiana ⋯⋯ 226
koyamae ⋯⋯ 30, PL. 12	×okubo-hachijoensis ⋯⋯ 222	joo-iokiana ⋯⋯ 225, PL. 134
var. acicularis ⋯⋯ 30	okuboi ⋯⋯ 222, PL. 131	Pontederiaceae ⋯⋯ 270
maximowiczii ⋯⋯ 29	ophrydioides ⋯⋯ 223, 224	Potamogeton ⋯⋯ 130
var. maximowiczii ⋯⋯ 29, PL. 10	var. monophylla ⋯⋯ 224	alpinus ⋯⋯ 132, PL. 96
var. senanensis ⋯⋯ 29, PL. 10	var. ophrydioides ⋯⋯ 224	×anguillanus ⋯⋯ 131
polita ⋯⋯ 29	var. takedae ⋯⋯ 223	berchtoldii ⋯⋯ 133
shirasawae ⋯⋯ 30	var. uzenensis ⋯⋯ 223	compressus ⋯⋯ 133
torano ⋯⋯ 29, PL. 11	×ophryotipuloides ⋯⋯ 224	crispus ⋯⋯ 133, PL. 96
Pinaceae ⋯⋯ 25	sachalinensis ⋯⋯ 223, PL. 132	cristatus ⋯⋯ 132
Pinellia ⋯⋯ 108	sonoharae ⋯⋯ 221	dentatus ⋯⋯ 132
ternata ⋯⋯ 108, PL. 83	stenoglossa ⋯⋯ 223	distinctus ⋯⋯ 132, PL. 95
f. angustata ⋯⋯ 109	subsp. hottae ⋯⋯ 223	fryeri ⋯⋯ 132, PL. 96
f. atropurpurea ⋯⋯ 109	subsp. iriomotensis ⋯⋯ 223, PL. 131	gramineus ⋯⋯ 132
f. subcuspidata ⋯⋯ 109	takedae ⋯⋯ 223	×inbaensis ⋯⋯ 132
tripartita ⋯⋯ 109, PL. 83	subsp. takedae ⋯⋯ 223, PL. 132	×kyushuensis ⋯⋯ 133
Pinus ⋯⋯ 30	subsp. uzenensis ⋯⋯ 223, PL. 132	lucens ⋯⋯ 132, PL. 95
amamiana ⋯⋯ 31, PL. 6	tipuloides ⋯⋯ 224, PL. 133	maackianus ⋯⋯ 133, PL. 96
armandii ⋯⋯ 31, 32	ussuriensis ⋯⋯ 221, PL. 129	malaianus ⋯⋯ 132
var. amamiana ⋯⋯ 31	uzenensis ⋯⋯ 223	natans ⋯⋯ 131, PL. 95
var. mastersiana ⋯⋯ 32	Platycladus ⋯⋯ 41	×nitens ⋯⋯ 131
densiflora ⋯⋯ 31, PL. 4	orientalis ⋯⋯ 41, PL. 30	obtusifolius ⋯⋯ 133
'Umbraculifera' ⋯⋯ 31	Podocarpaceae ⋯⋯ 34	octandrus ⋯⋯ 133, PL. 95
var. umbraculifera ⋯⋯ 31	Podocarpus ⋯⋯ 34	×orientalis ⋯⋯ 133
×densithunbergii ⋯⋯ 31	fasciculus ⋯⋯ 35	oxyphyllus ⋯⋯ 133, PL. 96
×hakkodensis ⋯⋯ 32	macrophyllus ⋯⋯ 34, 35, PL. 21	perfoliatus ⋯⋯ 131, PL. 95
koraiensis ⋯⋯ 31, PL. 6	'Maki' ⋯⋯ 35	praelongus ⋯⋯ 131
luchuensis ⋯⋯ 31, PL. 5	f. spontaneous ⋯⋯ 35	pusillus ⋯⋯ 133, PL. 96
parviflora ⋯⋯ 32	var. maki ⋯⋯ 35	wrightii ⋯⋯ 132
var. parviflora ⋯⋯ 32, PL. 7	nagi ⋯⋯ 34	×yamagataensis ⋯⋯ 132
var. pentaphylla ⋯⋯ 32, PL. 7	nakaii ⋯⋯ 35	Potamogetonaceae ⋯⋯ 130
pumila ⋯⋯ 31, PL. 5	Podogynae ⋯⋯ 312	Pothos ⋯⋯ 109
thunbergii ⋯⋯ 30, PL. 3	Pogonia ⋯⋯ 224	chinensis ⋯⋯ 109, PL. 84
Piper ⋯⋯ 55	japonica ⋯⋯ 225, PL. 126	Pristiglottis ⋯⋯
hancei ⋯⋯ 56	f. lineariperiantha ⋯⋯ 225	yakushimensis ⋯⋯ 209
kadsura ⋯⋯ 56, PL. 42	f. pallescens ⋯⋯ 225	Prosartes ⋯⋯ 163
longum ⋯⋯ 56	minor ⋯⋯ 225, PL. 126	Protolirion ⋯⋯ 139, 140
nigrum ⋯⋯ 56	f. pallescens ⋯⋯ 225	miyoshia-sakuraii ⋯⋯ 140
postelsianum ⋯⋯ 56, PL. 42	Pollia ⋯⋯ 267	sakuraii ⋯⋯ 140
retrofractum ⋯⋯ 56	japonica ⋯⋯ 267, PL. 190	Pseudocypereae ⋯⋯ 333
Piperaceae ⋯⋯ 55	var. minor ⋯⋯ 267	Pseudotsuga ⋯⋯ 32
Pistia ⋯⋯	miranda ⋯⋯ 267, PL. 190	japonica ⋯⋯ 32, PL. 20
stratiotes ⋯⋯ 91	secundiflora ⋯⋯ 268	Pycreus ⋯⋯
Platanthera ⋯⋯ 220	Polyalthia ⋯⋯	diaphanus ⋯⋯ 338
amabilis ⋯⋯ 224, PL. 133	liukiuensis ⋯⋯ 75	flavidus ⋯⋯ 339
boninensis ⋯⋯ 222, PL. 131	Polygonatum ⋯⋯ 256	globosus ⋯⋯ 339
brevicalcarata ⋯⋯ 222, PL. 130	amabile ⋯⋯ 258	polystachyos ⋯⋯ 338
chorisiana ⋯⋯ 222, PL. 130	×azegamii ⋯⋯ 258	sanguinolentus ⋯⋯ 338

unioloides ... 338	glabra ... 53, PL.40	grossus ... 296
	Sarcanthus	hattorianus ... 360
R	scolopendrifolius ... 219	hondoensis ... 356
	Sarcochilus	hotarui ... 356
Racemosae ... 328	japonicus ... 228	hudsonianus ... 362
Rarae ... 301	Saribus	karuisawensis ... 360
Reineckea ... 259	subglobosa ... 262	lacustris ... 358
carnea ... 259, PL.186	Satakentia ... 263	lineolatus ... 356
Remirea	liukiuensis ... 263, PL.189	maximowiczii ... 359, PL.270
maritima ... 339	Sauromatum ... 110	mitsukurianus ... 359, PL.270
Remotae ... 305	Saururaceae ... 54	orientalis ... 360
Rhaphidophora ... 109	Saururus ... 54	pseudofluitans ... 351
korthalsii ... 109, PL.84	chinensis ... 54, PL.41	radicans ... 360, PL.270
liukiuensis ... 109, PL.84	Scheuchzeria ... 126	rosthornii ... 360
pinnata ... 106	palustris ... 126, PL.93	var. kiushuensis ... 360, PL.270
Rhapis ... 263	Scheuchzeriaceae ... 126	subulatus ... 357
excelsa ... 264	Schisandra ... 50	sylvaticus ... 360
humilis ... 263	chinensis ... 50, PL.39	var. maximowiczii ... 360, PL.270
Rhizopodae ... 301	discolor ... 51	tabernaemontani ... 357
Rhomboidales ... 313	nigra ... 50	ternatanus ... 360, PL.270
Rhynchospora ... 353	repanda ... 50, 51, PL.39	trapezoideus ... 356
alba ... 354, PL.257	f. discolor ... 51	triangulatus ... 355
boninensis ... 354, PL.256	var. hypoleuca ... 51	triqueter ... 357
brownii ... 354, PL.257	Schisandraceae ... 49	wichurae ... 360, PL.270
corymbosa ... 354, PL.257	Schoenoplectiella ... 355	yagara ... 296
faberi ... 355, PL.258	hondoensis ... 356, PL.272	Scleria ... 360
fauriei ... 354, PL.257	hotarui ... 356, PL.272	biflora ... 361, PL.254
fujiiana ... 355, PL.258	komarovii ... 356, PL.272	caricina ... 342
japonica ... 354	lineolata ... 356, PL.272	ferruginea ... 361
var. curvoaristata ... 354, PL.257	mucronata ... 355, PL.272	levis ... 361, PL.255
var. japonica ... 354, PL.257	×trapezoidea ... 356	mikawana ... 361
malasica ... 353	triangulata ... 355, PL.272	parvula ... 361, PL.254
nipponica ... 353	wallichii ... 356, PL.272	rugosa ... 361, PL.255
parva ... 354	Schoenoplectus ... 356	var. onoei ... 361
var. boninensis ... 354	grossus ... 296	sumatrensis ... 362, PL.255
rubra ... 354, PL.256	hondoensis ... 356	terrestris ... 361, PL.255
yasudana ... 355, PL.258	hotarui ... 356	Scoliopus ... 168
var. leviseta ... 355	lacustris ... 358	Sedirea ... 226
Rohdea ... 259	lineolatus ... 356	japonica ... 226, PL.164
japonica ... 260	nipponicus ... 357, PL.271	Sequoioideae ... 39
var. japonica ... 260, PL.186	subulatus ... 357, PL.271	Siderostictae ... 322
var. latifolia ... 260	tabernaemontani ... 357, PL.271	Sisyrinchium ... 236
Rostrales ... 328	triangulatus ... 355	angustifolium ... 236
Rupestres ... 301	triqueter ... 357, PL.271	atlanticum ... 236
Ruppia ... 135	Schoenus ... 358	exile ... 236
maritima ... 135, PL.96	apogon ... 358, PL.258	mucronatum ... 236, PL.168
megacarpa ... 135, PL.96	brevifolius ... 358, PL.258	rosulatum ... 236, PL.168
occidentalis ... 135	calostachyus ... 358, PL.258	Smilacaceae ... 165
rostellata ... 136	falcatus ... 359, PL.258	Smilacina
Ruppiaceae ... 135	hattorianus ... 358	hondoensis ... 255
Ruscus ... 246	Sciadopityaceae ... 36	japonica ... 255
	Sciadopitys ... 36	var. robusta ... 255
S	verticillata ... 36, PL.22	yesoensis ... 255
	Sciaphila ... 151	Smilax ... 165
Saccolabium	boninensis ... 152	amamiana ... 166
ciliare ... 201	japonica ... 152	biflora ... 166, PL.113
japonicum ... 201	multiflora ... 151, PL.102	var. trinervula ... 166
matsuran ... 202	nana ... 152, PL.103	bracteata ... 167, PL.113
toramanum ... 202	okabeana ... 152	var. verruculosa ... 167
Sagittaria ... 116	ramosa ... 152, PL.102	china ... 166, PL.112
aginashi ... 117, PL.88	secundiflora ... 152, PL.102	nervomarginata ... 166
natans ... 117	takakumensis ... 151	nipponica ... 166, PL.112
pygmaea ... 116, PL.88	tenella ... 151, PL.102	riparia ... 166, PL.111
trifolia ... 117, PL.88	tosaensis ... 152	var. ussuriensis ... 166
'Caerulea' ... 117, PL.88	yakushimensis ... 152, PL.103	sebeana ... 167, PL.113
var. edulis ... 117	Scilla ... 248	sieboldii ... 166, PL.113
Saionia ... 143	scilloides ... 248	stans ... 166, PL.112
hyodoi ... 144	Scirpus ... 359	trinervula ... 166, PL.113
shinzatoi ... 143, PL.99	biconcavus ... 297	vaginata ... 166
yamashitae ... 144	cespitosus ... 362	var. stans ... 166
Sandersonia ... 163	crassiusculus ... 351	Sparganium ... 277
Sansevieria ... 260	fluviatilis ... 296	angustifolium ... 277, PL.196
nilotica ... 260, PL.186	var. yagara ... 296	emersum ... 278, PL.196
Sarcandra ... 53	fuirenoides ... 359, PL.270	erectum ... 278, PL.197

var. macrocarpum 278	'Nana' 43, PL.32	var. ishiiana 177, PL.117
fallax 278, PL.196	var. borealis 43	var. surugensis 177
glomeratum 278, PL.196	var. nana 43	latifolia 176
gramineum 277, PL.196	macrophylla 35	var. latifolia 176, PL.116
hyperboreum 278, PL.196	Thalassia 124	var. makinoana 176
japonicum 278, PL.197	hemprichii 124, PL.90	macrantha 177, PL.117
stenophyllum 278	Thismia 144	macranthopsis 177, PL.117
stoloniferum 278	abei 144, PL.99	macropoda 176, PL.115
subglobosum 278	tuberculata 145	nana 177, PL.117
Spathoglottis 226	Thismiaceae 143	ohsumiensis 177
plicata 226, PL.158	Thrixspermum 228	perfoliata 176, PL.116
Sphaerostemma	fantasticum 228, PL.164	setouchiensis 176, PL.116
japonica 50	japonicum 228, PL.164	Triglochin 127
Spiranthes 226	pygmaeum 228	asiatica 127, PL.93
sinensis 227	Thuja 40	maritima 127
f. albescens 227	orientalis 41	var. asiatica 127
f. autumnus 227	standishii 41, PL.30	palustris 127, PL.93
f. gracilis 227	Thujopsis 41	Trillium 160
f. viridiflora 227	dolabrata 41	amabile 161
var. amoena 227, PL.150	var. dolabrata 41, PL.31	apetalon 160, PL.109
var. sinensis 227, PL.150	var. hondae 41, PL.31	camschatcense 161, PL.109
Spirodela 109	Tipularia 228	×hagae 161
oligorrhiza 107	japonica 229	kamtschaticum 161
polyrhiza 110, PL.73	var. harae 229	×miyabeanum 161, PL.109
punctata 107	var. japonica 229, PL.159	smallii 160, 161, PL.109
Staurochilus 227	Tofieldia 112	tschonoskii 161, PL.109
luchuensis 227, PL.164	coccinea 112	f. violaceum 161
Stellulatae 304	var. akkana 113	×yezoense 161
Stemona 154	var. coccinea 112, PL.86	Triuridaceae 151
japonica 154, PL.103	var. dibotrya 113	Triuridales 151
Stemonaceae 153	var. geibiensis 113	Trochostigma
Stereosandra	var. gracilis 113	repanda 50
javanica 227, PL.138	var. kiusiana 113	Tropidia 229
Stigmatodactylus 227	var. kondoi 112, PL.86	nipponica 229
sikokianus 227, PL.150	furusei 113, PL.87	var. hachijoensis 229
Streptolirion 268	japonica 113	var. nipponica 229, PL.142
lineare 268, PL.190	nuda 113, PL.87	somae 229
Streptopus 174	okuboi 113, PL.86	Tsuga 32
amplexifolius 175	yoshiiana 113	diversifolia 33, PL.18
var. americanus 175	var. hyugaensis 113	japonica 32
var. amplexifolius 175	var. yoshiiana 113	sieboldii 33, PL.18
var. papillatus 175, PL.114	Tofieldiaceae 112	Tulipa 177
streptopoides 175	Torreya 43	edulis 177, PL.124
f. atrocarpus 175, PL.115	nucifera 43	latifolia 177, PL.124
f. japonicus 175, PL.114	f. igaensis 43	Tulotis
var. japonicus 175	f. macrosperma 43	asiatica 221
var. streptopoides 175, PL.115	f. nucifera 43	fuscescens 221
subsp. japonicus 175	f. nuda 43	iinumae 221
Stuckenia 133	f. sphaerica 44	ussuriensis 221
pectinata 134, PL.96	var. nucifera 43, PL.33	Typha 278
Symplocarpus 110	var. radicans 44, PL.33	angustata 279
foetidus 110	Torulinium	angustifolia 279
var. latissimus 110	ferax 339	domingensis 279, PL.198
nabekuraensis 110, PL.85	Trachycarpus 263	latifolia 279, PL.197
nipponicus 110, PL.86	fortunei 264, PL.187	laxmannii 279, PL.198
renifolius 110, PL.85	wagnerianus 264, PL.187	orientalis 279, PL.198
Syngonium	Triantha 113	Typhaceae 277
podophyllum 91	japonica 113, PL.87	Typhonium 110
Syringodium 138	Trichophorum 362	blumei 110, PL.84
isoetifolium 138, PL.97	alpinum 362, PL.271	divaricatum 110
	cespitosum 362, PL.271	
T	Tricyrtis 175	**U**
	affinis 176, PL.116	
Taeniophyllum 227	chiugokuensis 176	Uvaria
aphyllum 228	flava 176	japonica 50
glandulosum 228, PL.162	subsp. flava 176, PL.116	Uvularia 163
Tainia 228	subsp. ohsumiensis 177	
laxiflora 228, PL.155	formosana 176, PL.115	**V**
Taiwania	hirta 175	
cryptomerioides 38, PL.21	f. albescens 176	Vallisneria 124
Taiwanioideae 38	var. albescens 176	asiatica 124
Taxaceae 42	var. hirta 175, PL.115	denseserrulata 124, PL.91
Taxus 43	var. masamunei 176	natans 124, 125
cuspidata 43, PL.32	ishiiana 177	var. biwaensis 124

var. higoensis ---- 125
var. natans ---- 124, PL.91
Vanda ---- 229
　falcata ---- 229, PL.163
　lamellata ---- 229
Veratrum ---- 161
　album ---- 161
　　subsp. oxysepalum ---- 161, PL.107
　alpestre ---- 162, PL.107
　maackii ---- 162
　　f. alpinum ---- 162, PL.108
　　f. atropurpureum ---- 162, PL.108
　　var. japonicum ---- 162
　　var. maackii ---- 162
　　var. maackioides ---- 162, PL.108
　　var. parviflorum ---- 162, PL.108
　nipponicum ---- 162
　stamineum ---- 161
　　var. lasiophyllum ---- 161
　　var. micranthum ---- 161, PL.107
　　var. stamineum ---- 161, PL.107
Vesicariae ---- 334
Vexillabium
　fissum ---- 209
　nakaianum ---- 209
　yakushimense ---- 209
Victoria ---- 46
Vrydagzynea ---- 230

nuda ---- 230, PL.148
Vulpinae ---- 303

W

Wolffia ---- 111
　globosa ---- 111, PL.72

X

Xanthorrhoea ---- 237
Xanthorrhoeaceae ---- 237

Y

Yimaia ---- 24
Yoania ---- 230
　amagiensis ---- 230, PL.151
　flava ---- 230
　japonica ---- 230, PL.151
Yucca ---- 246
Yulania
　denudata ---- 72
　kobus ---- 73
　liliiflora ---- 73
　stellata ---- 72

Z

Zannichellia ---- 134
　palustris ---- 134, PL.95
Zeuxine ---- 230
　affinis ---- 231, PL.149
　agyokuana ---- 231, PL.149
　boninensis ---- 231
　nervosa ---- 231, PL.149
　odorata ---- 231, PL.150
　sakagutii ---- 231, PL.149
　strateumatica ---- 231, PL.148
　　f. rupicola ---- 231, PL.148
　tenuifolia ---- 231, PL.149
Zigadenus
　sibiricus ---- 158
Zingiber ---- 275
　mioga ---- 275, PL.194
　officinale ---- 275, PL.194
Zingiberaceae ---- 274
Zostera ---- 128
　asiatica ---- 129, PL.94
　caespitosa ---- 129, PL.94
　caulescens ---- 129, PL.94
　japonica ---- 129, PL.94
　marina ---- 129, PL.94
Zosteraceae ---- 128

和名索引

ア

アイグロマツ 31
アイズスゲ 322, PL.235
アイダクグ 338
アイノコイトモ 133
アイノコクワズイモ 92
アイノコセンニンモ 133
アイバソウ 360
アウストロバイレヤ目 49
アオイカズラ属 268
アオイカズラ 268, PL.190
アオイボクロ 216
アオウキクサ属 107
アオウキクサ 107, PL.72
アオカゴノキ 78
アオガシ 87, PL.64
アオガヤツリ 340, PL.267
アオキラン 199, PL.138
アオコウガイゼキショウ 291, PL.204
アオゴウソ 311
アオジガバチソウ 211
アオジクキヌラン 231, PL.149
アオスゲ 321, PL.233
アオスズラン 198, PL.141
アオチゴユリ 164
アオチドリ 195, PL.135
アオテンツキ 347, PL.259
アオテンナンショウ 101, PL.80
アオテンマ 202
アオトドマツ 26
アオノクマタケラン 275, PL.195
アオノリュウゼツラン 247, PL.175
アオバスゲ 314, PL.224
アオバナ 266
アオヒエスゲ 314, PL.224
アオフタバラン 215, PL.141
アオミヤマカンスゲ 318
アオモジ 85, PL.71
アオモジズリ 227
アオモリトドマツ 27
アオヤギソウ 162, PL.108
アカエゾマツ 29, PL.9
アカクロマツ 31
アカスゲ 324, PL.238
アカトドマツ 26
アカネスゲ 323, PL.237
アカハダクスノキ属 79
アカハダクスノキ 79
アカバナスイレン 48
アカマツ 31, PL.4
アカンカサスゲ 335, PL.253
アカンスゲ 307, PL.214
アカンテンツキ 349, PL.261
アキイトスゲ 317, PL.226
アキカサスゲ 333, PL.250
アキザキナギラン 193
アキザキバケイスゲ 325, PL.240
アキザキヤツシロラン 203, PL.139

アキタテンナンショウ 103
アギナシ 117, PL.88
アキネジバナ 227
アケビドコロ 149, PL.101
アケボノシュスラン 204, PL.144
アケボノスギ 39
アコウネッタイラン 229
アサギスズメノヒエ 293
アサツキ 242, PL.171
アサトカンアオイ 66, PL.49
アサハタヤガミスゲ 306
アサヒエビネ 188, PL.157
アサマキスゲ 238
アサマスゲ 303, PL.211
アシウスギ 38
アシウテンナンショウ 97
アシボソスゲ 329, PL.246
アズサバラモミ 29, PL.10
アスナロ属 41
アスナロ 41, PL.28, 31
アスヒ 41
アズマシライトソウ 159, PL.106
アズマスゲ 324, PL.237
アズマナルコ 312, PL.221
アズマホシクサ 284, PL.201
アズミイヌノヒゲ 284
アズミノヘラオモダカ 116, PL.89
アゼガヤツリ 339, PL.265
アゼスゲ節 309
アゼスゲ 310, PL.218
アゼテンツキ 350
アゼナルコ 311, PL.220
アソサイシン 62
アダン 156, PL.104
アッカゼキショウ 113
アツミカンアオイ 69, PL.51
アツモリソウ属 193
アツモリソウ 194
アブラガヤ属 359
アブラガヤ 360, PL.270
アブラシバ節 307
アブラシバ 307, PL.215
アブラチャン 83, PL.66
アブラヤシ 261
アポイゼキショウ 112, PL.86
アポイタヌキラン 330, PL.247
アマギカンアオイ 64, PL.47
アマギギボウシ 251
アマギテンナンショウ 101, PL.80
アマギミヤママムシグサ 104
アマギユキモチソウ 102
アマドコロ属 256
アマドコロ 258, PL.184
アマナ属 177
アマナ 177, PL.124
アマナラン 184
アマノホシクサ 282
アマミエビネ 187, PL.156
アマミカヤラン 228

アマミテンナンショウ 96, PL.75
アマミトンボ 224
アマミナキリスゲ 308, PL.216
アマミヒメカラカラ 166
アマモ科 128
アマモ属 128
アマモ 129, PL.94
アミガサユリ 170
アムールテンナンショウ 101
アメリカクサイ 289
アメリカミコシガヤ 304
アメリカヤガミスゲ 306
アヤメ科 233
アヤメ属 233
アヤメ 235, PL.167
アラガタサンキライ 167
アラカワカンアオイ 69, PL.52
アララギ 43
アリサンタマツリスゲ 327, PL.242
アリサンムヨウラン 190, PL.146
アリサンヨウラクラン 217
アリスガワゼキショウ 90
アリドオシラン属 213
アリドオシラン 214, PL.148
アリマイトスゲ 320, PL.231
アリマウマノスズクサ 58, PL.44
アワギボウシ 252
アワコバイモ 170
アワスゲ 312
アワチドリ 226
アワボスゲ 332, PL.249
アワムヨウラン 210, PL.127
アンペラ属 352
アンペラ 352
アンペライ 353
アンボレラ科 45

イ

イ 289
イイヌマムカゴ 221, PL.129
イオウクマタケラン 275
イガガヤツリ 338, PL.265
イガクサ 354, PL.256
イグサ科 287
イグサ属 287
イグサ 289, PL.203
イシガキイトテンツキ 348
イシガキキヌラン 231, PL.149
イシガキソウ 151, PL.102
イシヅチテンナンショウ 98, PL.77
イズアサツキ 242, PL.172
イズイワギボウシ 251
イズテンナンショウ 103
イズドコロ 149, PL.101
イズノシマホシクサ 285
イズモコバイモ 170
イズモサイシン 62
イセアオスゲ 320, PL.233
イセイモ 149

イセノカンアオイ　68	イボトリグサ　267	ウミジグサ属　138
イソアオスゲ　321, PL.234	イモネヤガラ属　200	ウミジグサ　138, PL.97
イソスゲ　313	イモネヤガラ　200, PL.159	ウミショウブ属　120
イソテンツキ　349, PL.260	イモラン　200	ウミショウブ　120, PL.90
イソマカキラン　198	イヤギボウシ　253	ウミノサチスゲ　317, PL.225
イソヤマテンツキ　349, PL.261	イヨトンボ　206, PL.137	ウミヒルモ属　120
イチイ科　42	イラモミ　29, 30, PL.11	ウミヒルモ　121, PL.90
イチイ属　35, 43	イランイランノキ　75, PL.58	ウメガシマテンナンショウ　104, PL.82
イチイ　43, PL.32	イリオモテクマタケラン　274, PL.194	ウラゲコバイケイ　161
イチネンイモ　149	イリオモテトンボソウ　223, PL.131	ウラシマソウ　97, PL.75
イチハツ　234, PL.166	イリオモテヒメラン　191, PL.152	ウラジロギボウシ　251, PL.179
イチョウ科　24	イリオモテムヨウラン属　227	ウラジロマキ科　42
イチョウ属　24	イリオモテムヨウラン　227, PL.138	ウラジロマツブサ　51
イチョウ　24, PL.2	イワカンスゲ節　324	ウラジロモミ　26, PL.13
イチョウイモ　149	イワカンスゲ　325, PL.239	ウラスギ　38
イチョウラン属　195	イワキアブラガヤ　360	ウリカワ　116, PL.88
イチョウラン　195, PL.151	イワギボウシ　250, PL.178	ウリュウコウホネ　48
イッスンテンツキ　348, PL.259	イワショウブ属　113	ウワジマテンナンショウ　99
イッポンスゲ　306, PL.213	イワショウブ　113, PL.87	ウンゼンカンアオイ　67, PL.50
イトアオスゲ　321, PL.233	イワスゲ　324, PL.238	ウンゼンマムシグサ　105, PL.82
イトイ　290, PL.204	イワゼキショウ　113	
イトイヌノハナヒゲ　355, PL.258	イワタカンアオイ　69	**エ**
イトイヌノヒゲ　281, 282	イワダレネズ　39	エイザンユリ　173
イトイバラモ　123, PL.93	イワチドリ　182, PL.136	エクボサイシン　66, PL.48
イトキンスゲ節　300	イワトユリ　172	エゾアゼスゲ　310, 329
イトキンスゲ　300, PL.207	イワヤスゲ　322, PL.236	エゾイトイ　290
イトクズモ属　134	イワユリ　172	エゾイヌノヒゲ　283, PL.200
イトクズモ　134, PL.95	インドナガコショウ　56	エゾウキヤガラ　297
イトザキトキソウ　225	インバモ　132	エゾカワズスゲ　303
イトスゲ　320, PL.231		エゾキスゲ　238, PL.169
イトスナヅル　79, PL.59	**ウ**	エゾギンラン　189
イトテンツキ　297, PL.262	ウウラリア属　163	エゾクロユリ　170
イトトリゲモ　123, PL.92	ウエマツソウ属　151	エゾコウホネ　47
イトナルコスゲ　331, PL.248	ウエマツソウ　152, PL.102	エゾサカネラン　215
イトバショウ　272	ウキクサ属　109	エゾサワスゲ節　333
イトハナビテンツキ　297, PL.262	ウキクサ　110, PL.73	エゾサワスゲ　333, PL.251
イトヒキサギソウ　206	ウキミクリ　277, PL.196, 197	エゾスカシユリ　172, PL.119
イトヒキスゲ　305, PL.213	ウキヤガラ属　296	エゾゼンテイカ　238
イトモ　133	ウキヤガラ　296, PL.269	エゾチドリ　222, PL.130
イトラッキョウ　241, PL.170	ウケユリ　174, PL.121	エゾツリスゲ　327, PL.242
イナバラン属　217	ウコンカンゾウ　238	エゾネギ　242
イナバラン　217, PL.148	ウシオスゲ　310, PL.219	エゾノコウボウムギ　302, PL.210
イナヒロハテンナンショウ　97, PL.77	ウシクグ　341, PL.268	エゾノヒツジグサ　48
イヌイ　289, PL.203	ウスイロオクノカンスゲ　318	エゾヒルムシロ　132
イヌイトモ　133	ウスイロスゲ節　303	エゾミクリゼキショウ　290, PL.204
イヌガシ　88, PL.70	ウスイロスゲ　303, PL.210	エゾバイケイソウ　162
イヌガヤ科　42	ウスキムヨウラン　210, PL.127	エゾハリイ　345
イヌガヤ属　42	ウスギワニグチソウ　257, PL.182	エゾハリスゲ　302, PL.209
イヌガヤ　42, PL.33, 34	ウスゲクロモジ　83	エゾヒメアマナ　171, PL.124
イヌクグ　339, PL.266	ウスバサイシン　62, PL.45	エゾベニヒツジグサ　48
イヌグス　86	ウスバナゴショウ　55	エゾホシクサ　284, PL.200
イヌクログワイ　343, PL.262	ウスバミヤマカンスゲ　319	エゾホソイ　289, PL.202
イヌサフラン科　163	ウスベニシキミ　49	エゾマツ　28, PL.8
イヌサフラン属　163	ウズラバハクサンチドリ　195, PL.135	エゾミクリ　278, PL.196
イヌノグサ　358	ウチョウラン属　225	エゾヤナギモ　133
イヌノハナヒゲ　354, PL.257	ウチョウラン　225, PL.134	エゾワタスゲ　346
イヌノヒゲ　284, PL.200	ウチワドコロ　150, PL.101	エダウチゼキショウ　113
イヌノヒゲモドキ　285	ウナズキギボウシ　252, PL.179	エダウチヤガラ　200, PL.160
イヌフトイ　357, PL.271	ウナズキツクバネソウ　160	エナシヒゴクサ　332, PL.249
イヌマキ　34, PL.21	ウナズキテンツキ　349	エビアマモ　128, PL.94
イバラモ属　122	ウバタケギボウシ　252, PL.180	エビネ属　185
イバラモ　122, PL.92	ウバユリ属　168	エビネ　187, PL.156
イブキ　39, PL.24	ウバユリ　168, PL.118	エヒメアヤメ　234, PL.166
イブキビャクシン　39	ウマスゲ　333, PL.251	エヒメテンナンショウ　102, PL.80
イヘヤヒゲクサ　358, PL.258	ウマノスズクサ科　57	エビモ　133, PL.96
イボウキクサ　108	ウマノスズクサ属　57	エンシュウムヨウラン　210
イボクサ属　267	ウマノスズクサ　58, PL.43	エンセテ属　272
イボクサ　267, PL.192		

エンレイショウキラン属 181	オオバナノエンレイソウ 161, PL.109	オニカンゾウ 239
エンレイショウキラン 182, PL.155	オオバノトンボソウ 223, PL.131	オニクグ 339, PL.266
エンレイソウ属 160	オオハマオモト 243	オニスゲ 334, PL.252
エンレイソウ 160, PL.109	オオバユキザサ 255	オニドコロ 150, PL.101
	オオハリスゲ 302	オニナルコスゲ節 334
オ	オオハンゲ 109, PL.83	オニナルコスゲ 334, PL.252
	オオヒゲクサ 359, PL.258	オニノヤガラ属 202
オウゴンオニユリ 173	オオヒメクグ 338, PL.265	オニノヤガラ 202, PL.139
オオアオスゲ 321, PL.234	オオヒンジガヤツリ 352, PL.255	オニバス属 46
オオアゼスゲ 310	オオフガクスズムシ 212	オニバス 46, PL.37
オオアゼテンツキ 349, PL.261	オオフトイ 358	オニヤブラン 254
オオアブラガヤ 360, PL.270	オオホウキガヤツリ 341	オニユリ 173, PL.120
オオアマドコロ 258, PL.184	オオボウシバナ 266, PL.191	オノエスゲ 325, PL.241
オオアマナ属 246	オオホシクサ 283, PL.200	オノエテンツキ 347
オオアマミテンナンショウ 96, PL.75	オオマムシグサ 106, PL.83	オノエラン 201, PL.135
オオアマモ 129, PL.94	オオミクリ 278	オハグロスゲ 311, PL.219
オオイトスゲ 319	オオミクリゼキショウ 291	オハツキイチョウ 24
オオイヌ 289	オオミズトンボ 206, PL.137	オハツキギボウシ 252
オオイヌノハナヒゲ 354, PL.257	オオミネテンナンショウ 98, PL.77	オヒガンギボウシ 251
オオウバユリ 169, PL.118	オオミヤマカンスゲ 317	オヒルムシロ 131, PL.95
オオオサラン 199, PL.161	オオムギスゲ 314, PL.223	オホーツクテンツキ 349
オオオニバス属 46	オオムラホシクサ 285	オマツ 30
オオカゲロウラン 208, PL.147	オオヤマサギソウ 223, PL.132	オモゴウテンナンショウ 103, PL.81
オオカサスゲ 334, PL.252	オオヤマレンゲ 72, PL.54	オモダカ科 115
オオカナダモ属 119	オガサワラアオグス 86, PL.64	オモダカ属 116
オオカナダモ 119, PL.92	オガサワラシコウラン 185, PL.162	オモダカ 117, PL.88
オオカワズスゲ節 303	オガサワラシロダモ 87, PL.69	オモテスギ 38
オオカワズスゲ 304, PL.212	オガサワラハマユウ 243	オモト属 259
オオキソチドリ 224	オガサワラビロウ 262, PL.187	オモト 260, PL.186
オオキツネノカミソリ 244	オガサワラヤブニッケイ 80	オモトギボウシ 252
オオキヌラン 231, PL.149	オカスズメノヒエ 293	オモロカンアオイ 63, PL.46
オオギミラン 217	オガタテンナンショウ 100, PL.79	オランダキジカクシ 247, PL.175
オオキリシマエビネ 187	オガタマノキ 73, PL.57	オンコ 43
オオクグ 335, PL.253	オキアガリネズ 40	
オオササエビモ 131	オキナワイモネヤガラ 200	**カ**
オオサンカクイ属 296	オキナワコウバシ 84, PL.68	
オオサンカクイ 296	オキナワシキミ 49	カイコバイモ 170, PL.123
オオシチトウ 340	オキナワジュズスゲ 327, PL.243	カイサカネラン 216
オオシマカンスゲ 318, PL.228	オキナワスゲ 317, PL.225	カイロラン属 190
オオシマシュスラン 204	オキナワスナゴショウ 55, PL.42	カエデドコロ 150, PL.102
オオシマハイネズ 40	オキナワセッコク 196, PL.161	カガシラ属 342
オオシラタマホシクサ 282, PL.198	オキナワチドリ 182, PL.136	カガシラ 342, PL.254
オオシラビソ 27, PL.17	オキナワテンナンショウ 96, PL.75	カギガタアオイ 64, PL.47
オオシロガヤツリ 340	オキナワハイネズ 40, PL.27	カキツバタ 235, PL.167
オオシロショウジョウバカマ 159, PL.106	オキナワヒメナキリ 308, PL.217	カキラン属 198
オオシンジュガヤ 361, PL.255	オキナワヒメラン属 191	カキラン 198, PL.141
オオスズムシラン属 191	オキナワヒメラン 191	カクチョウラン 220, PL.158
オオスズムシラン 191	オキナワホシクサ 285	カゲロウラン 231, PL.149
オオタヌキラン 312	オキナワムヨウラン 210, PL.127	カケロマカンアオイ 66, PL.49
オオタマツリスゲ 326, PL.242	オクエゾサイシン 62, PL.45	カゴシマスゲ 314, PL.224
オオダルマエビネ 187	オクシリエビネ 188	カゴノキ 85, PL.71
オオチゴユリ 164, PL.111	オクタマツリスゲ 326, PL.241	カゴメラン 204, PL.144
オオツルボ属 248	オクトネホシクサ 280	カサスゲ 333, PL.250
オオトリゲモ 123, PL.92	オクノカンスゲ 318, PL.228	カシノキラン属 201
オオナギラン 193, PL.160	オグラコウホネ 47, PL.36	カシノキラン 201, PL.163
オオナキリスゲ 308, PL.215	オサラン属 199	ガシャモク 132, PL.95
オオナルコユリ 259, PL.184	オサラン 199, PL.161	カシュウイモ 149
オオヌマハリイ 344, PL.264	オゼコウホネ 47, PL.37	カセキイチョウ属 24
オオバウマノスズクサ 59, PL.43	オゼソウ属 139	カタクリ属 169
オオバオオヤマレンゲ 72, PL.54	オゼソウ 139, PL.97	カタクリ 169, PL.122
オオバカンアオイ 65, PL.48	オゼノサワトンボ 207	カタシログサ 54
オオバギボウシ 251, PL.179	オタルスゲ 312, PL.221	カタスゲ 323, PL.237
オオハクウンラン 209	オトメアオイ 68, PL.51	カタセツム属 178
オオバクロモジ 83, PL.65	オドリコテンナンショウ 99, PL.78	ガッサンチドリ 223, PL.132
オオバジャノヒゲ 256, PL.178	オナガエビネ 188, PL.157	カツラガワスゲ 327, PL.243
オオバタケシマラン 175, PL.114	オナガカンアオイ 62, PL.45	カナクギノキ 82, PL.64, 65
オオバツユクサ 266	オナガサイシン 61, PL.44	カノコユリ 173, PL.120
オオバナオオヤマサギソウ 223	オニガヤツリ 342, PL.269	カブスゲ 311, PL.219

カブダチジャノヒゲ	256	
ガマ科	277	
ガマ属	278	
ガマ	279, PL.197	
カマクラヒバ	38	
カマヤマショウブ	235	
カミガヤツリ	339, PL.266	
カミカワスゲ	321, PL.235	
カミコウチテンナンショウ	98	
カモアオイ	61	
カモメラン属	201	
カモメラン	201, PL.135	
カヤ属	43	
カヤ	43, PL.33	
カヤツリグサ科	294	
カヤツリグサ属	336	
カヤツリグサ	341, PL.268	
カヤツリスゲ節	304	
カヤツリスゲ	304, PL.212	
カヤツリマツバイ	345	
カヤラン属	228	
カヤラン	228, PL.164	
カラスキバサンキライ属	165	
カラスキバサンキライ	165, PL.111	
カラスビシャク	108, PL.83	
カラフトイワスゲ節	301	
カラフトイワスゲ	301, PL.207	
カラフトカサスゲ	334, PL.252	
カラフトグワイ	117	
カラフトヒロハテンナンショウ	101, PL.79	
カラフトホシクサ	284	
カラフトホソイ	289	
カラマツ属	27	
カラマツ	27, PL.19	
ガリメギイヌノヒゲ	284	
カルイザワテンナンショウ	105	
カルケニア属	24	
カワズスゲ節	304	
カワズスゲ	305, PL.212	
カワツルモ科	135	
カワツルモ属	135	
カワツルモ	135, PL.96	
カワラスガナ	338, PL.265	
カワラスゲ	312, PL.221	
カンアオイ属	59	
カンアオイ	68, PL.51	
カンエンガヤツリ	341, PL.268	
カンカケイニラ	241	
カンガレイ	355, PL.272	
カンザシギボウシ	253, PL.180	
カンスゲ	317, PL.226	
ガンゼキラン属	220	
ガンゼキラン	220, PL.158	
カンダヒメラン	191, PL.152	
カンチスゲ節	300	
カンチスゲ	300, PL.207	
カントウカンアオイ	68	
カントウマムシグサ	106, PL.83	
カンナ科	273	
カンナ属	273	
カンノンチク	264	
カンラン	192, PL.160	
カンランズイセン	245	

キ

キイイトラッキョウ	241, PL.170	
キイジョウロウホトトギス	177, PL.117	

キイトスゲ	319, PL.230	
キイムヨウラン	210, PL.128	
キエビネ	186, PL.156	
キガヤツリ	341	
キキョウラン属	237	
キキョウラン	237, PL.168	
キクノケス属	178	
キクバドコロ	150, PL.102	
キジカクシ科	246	
キジカクシ	247, PL.175	
キシダマムシグサ	101, PL.80	
キシュウスゲ	316	
キシュウナキリスゲ	308, PL.216	
キショウブ	235, PL.167	
キズイセン	245	
キスゲ	238	
キスジノシラン	256	
キソエビネ	186, PL.155	
キソチドリモドキ	224	
キタグニコウキクサ	108	
キタコブシ	73	
キタゴヨウ	32, PL.7	
キタノカワズスゲ	305, PL.212	
キタマムシグサ	105	
キチジョウソウ属	259	
キチジョウソウ	259, PL.186	
キツネノカミソリ	244, PL.174	
キヌガサソウ属	159	
キヌガサソウ	159, PL.110	
キヌタエビネ	187	
キヌラン属	230	
キヌラン	231, PL.148	
キノエササラン	211	
キノクニスゲ	316, PL.225	
キバナカキラン	198	
キバナクマガイソウ	194	
キバナコクラン	211	
キバナシュスラン属	183	
キバナシュスラン	183	
キバナスゲユリ	173	
キバナダンドク	273, PL.193	
キバナチゴユリ	164, PL.111	
キバナニワゼキショウ	236	
キバナノアツモリソウ	194, PL.125	
キバナノアマナ属	171	
キバナノアマナ	171, PL.124	
キバナノコオニユリ	173	
キバナノショウキラン	230, PL.151	
キバナノセッコク	196, PL.162	
キバナノツキヌキホトトギス	176, PL.116	
キバナノヒメユリ	173	
キバナノホトトギス	176, PL.116	
キバナミヤマギラン	185	
キハマスゲ	342	
キヒオウギ	234	
キビノミノボロスゲ	304, PL.211	
キビヒトリシズカ	52, PL.41	
キヒラトユリ	173	
ギボウシ属	250	
ギボウシラン	212, PL.154	
キミカゲソウ	249	
キミノッチアケビ	194	
キミノハナミョウガ	274	
キャラボク	43, PL.32	
ギョウジャニンニク	241, PL.170	
キヨスミギボウシ	251, PL.179	
キリガミネアサヒラン	197	
キリガミネヒオウギアヤメ	235	

キリシマエビネ	187, PL.156	
キリシマシャクジョウ	147, PL.99	
キリシマタヌキノショクダイ	145	
キリシマテンナンショウ	102, PL.81	
キールンヤマノイモ	149, PL.100	
キレハイチョウ	24	
キンガヤツリ	339, PL.266	
キンキカサスゲ	333, PL.251	
キンキミヤマカンスゲ	319, PL.229	
キンギンソウ	204, PL.143	
キンコウカ科	141	
キンコウカ属	142	
キンコウカ	142, PL.98	
キンショクダモ	87, PL.69	
キンスゲ節	300	
キンスゲ	300, PL.207	
キンセイラン	186, PL.156	
キンチャクアオイ	64	
キンチャクスゲ	329, PL.245	
キンバイザサ科	232	
キンバイザサ属	232	
キンバイザサ	232, PL.165	
キンラン属	189	
キンラン	189, PL.140	
ギンラン	189, PL.140	

ク

グイマツ	27, PL.19	
クグ	339	
クグガヤツリ	340, PL.267	
クグスゲ節	333	
クグスゲ	333, PL.251	
クグテンツキ	349	
クゲヌマラン	189	
クサイ	288, PL.202	
クサスギカズラ科	246	
クサスギカズラ属	247	
クサスギカズラ	248, PL.176	
クサスゲ	320, PL.233	
クサテンツキ	348	
クサマキ	34	
クジャクヒバ	38	
クジュウスゲ	320, PL.230	
クジュウツリスゲ	326, PL.241	
クシロチドリ	208, PL.134	
クシロホシクサ	285, PL.201	
クシロヤガミスゲ	306	
グスクカンアオイ	65, PL.48	
クスクスヌウラクラン	217	
クスクスラン	185	
クスノキ科	78	
クスノキ属	79	
クスノキ	80, PL.60	
クチベニズイセン	245	
クニガミシュスラン	205	
クニガミトンボソウ	221	
グネツム科	23	
クボタテンナンショウ	98	
クマガイソウ	194, PL.125	
クマタケラン	275, PL.195	
クモイジガバチ	211	
クモキリソウ属	210	
クモキリソウ	211, PL.153	
クモマシバスゲ	321	
クモマスズメノヒエ	293, PL.206	
クモマミクリゼキショウ	290	
クモラン属	227	

クモラン 228, PL.162	ケシバニッケイ 81	コキンバイザサ属 232
グラジオラス属 233	ケシンジュガヤ 361, PL.255	コキンバイザサ 232, PL.165
クリイロスゲ節 303	ケスゲ 319, PL.229	コクラン 211, PL.153
クリイロスゲ 303, PL.211	ケスナヅル 79, PL.59	コケイラン属 218
クルマアヤメ 235	ケタガネソウ 322, PL.236	コケイラン 218, PL.159
クルマバツクバネソウ 160, PL.110	ゲッケイジュ属 81	コケイランモドキ 218
クルマユリ 172, PL.118	ゲッケイジュ 81, PL.68	コケヌマイヌノヒゲ 285
グレーンスゲ 327, PL.243	ゲットウ 275, PL.195	コケハリガネスゲ 302, PL.209
クロアブラガヤ 360, PL.270	ケナシサダソウ 55	コゴメイ 289
クロイヌノヒゲ 284, PL.201	ケナシミヤマカンスゲ 319	コゴメガヤツリ 341, PL.268
クロイヌノヒゲモドキ 284	ケヒエスゲ 319, PL.229	コゴメキノエラン 211
クロオスゲ 311	ケヤリギボウシ 251	コゴメスゲ 308, PL.217
クロカミシライトソウ 159	ケヤリスゲ 326	コゴメヌカボシ 293, PL.206
クロカミラン 226	ゲンカイモエギスゲ 317, PL.225	ココヤシ 261
クロガヤ属 350		コシガヤホシクサ 283, PL.199
クロガヤ 351, PL.256	**コ**	コシキイトラッキョウ 241
クロカワズスゲ節 303		コシジバイケイソウ 162
クロカワズスゲ 303, PL.210	コアゼガヤツリ 340, PL.267	コシノカンアオイ 68, PL.51
クログボウシ 251	コアゼテンツキ 349	コシノコバイモ 170, PL.123
クログワイ 343, PL.262	コアツモリソウ 193, PL.125	コジマエンレイソウ 161, PL.109
クロコウガイゼキショウ 290	コアニチドリ 182, PL.136	コジュズスゲ 327, PL.242
クロスゲ 311	コアマモ 129, PL.94	コショウ科 55
クロタマガヤツリ属 350	コイチョウラン属 197	コショウ属 55
クロタマガヤツリ 350, PL.269	コイチョウラン 197, PL.151	コショウ 56
クロツグ属 261	コイトスゲ 320, PL.231	コショウジョウバカマ 159, PL.107
クロツグ 261, PL.188	コイヌノハナヒゲ 355, PL.258	コシロガヤツリ 340
クロテンツキ 348, PL.260	コイヌノヒゲ 281, 282, PL.198	コシンジュガヤ 361, PL.254
クロヌマハリイ 344	コイワカンスゲ 325, PL.239	コタヌキラン 313, PL.222
クロハシテンナンショウ 103	コウガイゼキショウ 291, PL.205	コツブアメリカヤガミスゲ 306
クロハタガヤ 297	コウガイモ 124, PL.91	コツブガヤ 43
クロハリイ 344, PL.263	コウキクサ 108, PL.73	コツブヌマハリイ 344, PL.264
クロヒナスゲ 330, PL.247	コウキヤガラ 297, PL.269	コップモエギスゲ 320
クロヒメカンアオイ 68, PL.50	コウシュンウマノスズクサ 57, PL.43	コトウカンアオイ 69, PL.52
クロフネサイシン 62, PL.45	コウシュンシュスラン 183	コナギ 271, PL.193
クロベ属 40	コウシュンスゲ 339, PL.266	コヌマスゲ 334, PL.252
クロベ 41, PL.30	ゴウソ 311, PL.221	コノテガシワ属 41
クロボウモドキ属 75	コウチニッケイ 81	コノテガシワ 41, PL.30
クロボウモドキ 75, PL.58	コウトウシラン属 226	コバイケイソウ 161, PL.107
クロボシクサ 282, PL.199	コウトウシラン 226, PL.158	コバイモ 170
クロボシソウ 292	コウトウヒスイラン 229	コバギボウシ 252, PL.180
クロボスゲ節 328	コウボウシバ 335, PL.253	コハクラン 218, PL.159
クロボスゲ 329, PL.244	コウボウムギ節 302	コバケイスゲ 325, PL.240
クロマツ 30, PL.3	コウボウムギ 302, PL.210	コバナナベワリ 153, PL.103
クロミクリゼキショウ 291	コウホネ属 46	コバノトンボソウ 224, PL.133
クロミノシンジュガヤ 362, PL.255	コウホネ 47, PL.36	コバノヒルムシロ 132
クロミノタケシマラン 175, PL.115	コウヤカンアオイ 68	コハリスゲ 301, PL.208
クロミノハリイ 344	コウヤハリスゲ 302	コヒゲ 289
クロムヨウラン 210, PL.127	コウヤマキ科 36	コヒメユリ 172
クロメスゲ 311	コウヤマキ属 36	コブガシ 86, PL.62
クロモ属 121	コウヤマキ 36, PL.22	コブシ 73, PL.56
クロモ 121, PL.93	コウヨウザン亜科 38	コブシモドキ 73, PL.55
クロモジ属 82	コウヨウザン 38, PL.21	コフタバラン 215, PL.142
クロモジ 83, PL.65	コウライゼキショウ 90	コホタルイ 356, PL.272
クロヤツシロラン 203, PL.139	コウライテンナンショウ 104, 105, PL.83	ゴマシオホシクサ 282, PL.199
クロユリ 170, PL.122	コウライマムシグサ 104	コマツカサススキ 359, PL.270
グロリオーサ属 163	コウライワニグチソウ 258, PL.183	コミノクロツグ 261
クワイ 117, PL.88	コオニユリ 173, PL.120	コミヤマカンスゲ 318
クワイバカンアオイ 65, PL.48	コオロギラン属 227	コメツガ 33, PL.18
クワズイモ属 92	コオロギラン 227, PL.150	コモチゼキショウ 291
クワズイモ 92, PL.74	コカイスゲ 332	コヤブニッケイ 80, PL.61
	コカゲラン属 196	コヤブミョウガ 267, PL.190
ケ	コカゲラン 196	コヤブラン 254, PL.177
	コカナダモ属 120	ゴヨウマツ 32, PL.7
ケアブラチャン 83	コカナダモ 120, PL.92	コラン 192
ゲイビゼキショウ 113	コガマ 279, PL.198	コワニグチソウ 258
ケイビラン属 249	コカンスゲ節 313	ゴンゲンスゲ 320
ケイビラン 249, PL.180	コカンスゲ 313, PL.223	コンジキヤガラ 203, PL.139
ケクロモジ 83, PL.65	コギボウシ 252	コンニャク属 92

サ

サイコクイワギボウシ	251
サイコクヒメコウホネ	47, PL.36
サイザル	247
サイジョウコウホネ	47
サイシン	62
サイハイラン属	190
サイハイラン	191, PL.159
ザオウゴヨウ	32
サカネラン属	214
サカネラン	215, PL.142
サガミジョウロウホトトギス	177, PL.117
サガミトリゲモ	123
サガミラン	193
サガミランモドキ	193
サガリラン属	197
サガリラン	197
サカワサイシン	63
サキシマスケロクラン	210
サキシマハブカズラ	109, PL.84
サギスゲ	346, PL.269
サギソウ属	218
サギソウ	218, PL.137
サクユリ	173
サクライソウ科	139
サクライソウ属	139
サクライソウ	140, PL.97
サクラジマエビネ	186, PL.155
サコスゲ	314, PL.223
ササエビモ	131
ササノハスゲ	322, PL.236
ササバギンラン	189, PL.140
ササバサンキライ	166
ササバモ	132
ササバラン	212, PL.154
ササユリ	173, PL.121
サジオモダカ属	115
サジオモダカ	115, PL.88, 89
ザゼンソウ属	110
ザゼンソウ	110, PL.85
サダソウ属	55
サダソウ	55, PL.42
サッポロスゲ	326, PL.241
サツマ	187
サツマアオイ	67
サツマオモト	260
サツマサンキライ	167, PL.113
サツマスゲ節	323
サツマスゲ	323, PL.237
サツマチドリ	226
サツマホトトギス	176
サツマユリ	174
サトイモ科	91
サトイモ属	92
サトイモ	92
サトウヤシ	262
サドクルマユリ	172
サドシオデ	166
サドスゲ	309, PL.217
サトヤマハリスゲ	302, PL.209
サナギスゲ	300, PL.207
サネカズラ属	50
サネカズラ	50, PL.39
サハリンイトスゲ	320, PL.231
サフラン属	233
サヤスゲ	326, PL.241
サヤマスゲ	324, PL.238
ザラツキギボウシ	252
ザラツキシオデ	166
ザラツキシラスゲ	332
ザルゾコミョウガ	268
サルトリイバラ科	165
サルトリイバラ属	165
サルトリイバラ	166, PL.112
サルマメ	166, PL.113
サルメンエビネ	188, PL.158
サワヒメスゲ	330, PL.247
サワラ	38, PL.29
サワラトガ	32
サワラン属	197
サワラン	197, PL.138
サンインヒエスゲ	314, PL.224
サンカクイ	357, PL.271
サンカクホタルイ	356
サンキライ	165
サンコカンアオイ	67
サンダイガサ	249
サンダーソニア属	163
サンヨウアオイ	63, PL.46

シ

シオカゼテンツキ	348, PL.260
シオクグ節	334
シオクグ	335, PL.253
シオデ属	165
シオデ	166, PL.111
シオニラ	138
シカクイ	345, PL.264
シカクホタルイ	356
ジガバチソウ	211, PL.153
シカハンゲ	109
シキミ科	49
シキミ属	49
シキミ	49, PL.38
シコウラン	185, PL.162
シコクギボウシ	253
シコクシラベ	27, PL.16
シコクテンナンショウ	103, PL.81
シコクナベワリ	153, PL.103
シコクヒロハテンナンショウ	98, PL.77
シコタンスゲ	329, PL.246
シコタンマツ	27
シシキカンアオイ	64
シシキリガヤ	336
シズイ	357, PL.271
シダレイチョウ	24
シチトウイ	339, PL.266
シデコブシ	72, PL.55
シテンクモキリ	212
シナカンゾウ	239
シナクスモドキ属	81
シナクスモドキ	81
シナノショウキラン	230
シナユリノキ	71
ンノブヒバ	38
シバイモ	293
シバコブシ	73
シバスゲ	321, PL.234
シバナ科	127
シバナ属	127
シバナ	127, PL.93
シバニッケイ	81, PL.62
シバヤブニッケイ	81
シブツアサツキ	242, PL.172
シマイガクサ	354, PL.256
シマイボクサ	267, PL.192
シマウキクサ	107
シマウチワドコロ	150
シマカノコユリ	173
シマクグ	339
シマクマタケラン	275
シマクワズイモ	92, PL.74
シマゴショウ	55, PL.42
シマシュスラン	205, PL.145
シマショウジョウバカマ	159
シマタヌキラン	313, PL.222
シマツユクサ	266, PL.191
シマツレサギソウ	222, PL.131
シマテンツキ	349
シマテンナンショウ	96, PL.75
シマホザキラン	191, PL.152
シママムシソウ	102
シマムロ	40, PL.27
シモクレン	73, PL.55
シモダカンアオイ	64
シモツケコウホネ	47, PL.35
シモツケハリスゲ	302, PL.209
シャガ	234, PL.165
シャカトウ	75
ジャコウキヌラン	231, PL.150
ジャコウチドリ	222
ジャノヒゲ属	255
ジャノヒゲ	255, PL.177
ジャーマン・アイリス	233
ジュウモンジスゲ	307
ジュズスゲ節	327
ジュズスゲ	327, PL.243
シュスラン属	203
シュスラン	205, PL.146
シュミットスゲ	311, PL.218, 219
シュロ属	263
シュロ	264, PL.187
ジュロウカンアオイ	69
シュロガヤツリ	339, PL.266
シュロソウ科	158
シュロソウ属	161
シュロソウ	162
シュロチク属	263
シュロチク	263
ジュンサイ科	45
ジュンサイ属	45
ジュンサイ	45, PL.35
シュンラン属	191
シュンラン	192, PL.160
ジョイ	358, PL.258
ショウガ科	274
ショウガ属	275
ショウガ	275, PL.194
ショウキズイセン	243, PL.173
ショウキラン属	230
ショウキラン	230, PL.151
ショウジョウスゲ	324, PL.239
ショウジョウバカマ属	139, 159
ショウジョウバカマ	159, PL.106
ショウブ科	89
ショウブ属	89
ショウブ	89, PL.72
ジョウロウスゲ	333, PL.251
ジョウロウホトトギス属	177
ジョウロウホトトギス	177, PL.117

ジョウロウラン属	197	
ジョウロウラン	197, PL.133	
ショクヨウガヤツリ	342	
シライトソウ属	158	
シライトソウ	158, PL.106	
シラオイエンレイソウ	161	
シラカワスゲ	329	
シラコスゲ節	301	
シラスゲ	301, PL.208	
シラスゲ	332, PL.249	
シラタマホシクサ	283, PL.200	
シラネイ	288	
シラビソ	27, PL.16, 17	
シラベ	27	
シラホスゲ	322	
シラン属	184	
シラン	184, PL.137	
シロアヤメ	235	
シロイトスゲ	319, PL.230	
シロイヌノヒゲ	284	
シロウマアサツキ	242, PL.172	
シロウマスゲ	329, PL.246	
シロウマチドリ	222, PL.130	
シロエゾホシクサ	285	
シロカキツバタ	235	
シロガヤツリ	340, PL.267	
シロシャクジョウ	147, PL.99	
シロスジノシラン	256	
シロダモ属	87	
シロダモ	87, PL.69	
シロテンマ	202	
シロバナイチハツ	234	
シロバナエンレイソウ	161	
シロバナオナガエビネ	188	
シロバナキンラン	189	
シロバナショウジョウバカマ	159	
シロバナシラン	184	
シロバナトキソウ	225	
シロバナハクサンチドリ	195	
シロバナマンジュシャゲ	244, PL.173	
シロバナモジズリ	227	
シロバナヤマトキソウ	225	
シロハリスゲ	306	
シロヒメクグ	338	
シロホトトギス	176	
シロホンモンジスゲ	319, PL.230	
シロミノハリイ	343, PL.263	
シロモジ	84, PL.66	
ジングウスゲ	308, PL.216	
シンジュガヤ属	360	
シンジュガヤ	361, PL.255	
ジンバイソウ	223, PL.131	
ジンヤクラン属	184	
ジンヤクラン	184	
ジンリョウユリ	174, PL.121	

ス

スイシャホシクサ	282, PL.199	
スイショウ	187	
スイセン属	244	
スイセン	244, PL.174	
スイリュウヒバ	38	
スイレン科	46	
スイレン属	48	
スエヒロアオイ	69, PL.52	
スカシユリ	172, PL.119	
スガモ属	128	

スガモ	128, PL.94	
スギ属	38	
スギ	38, PL.23	
スギゴケテンツキ	349	
スゲ属	297	
スゲアマモ	129, PL.94	
スゲユリ	173	
スジギボウシ	252	
スジヌマハリイ	344	
スズカカンアオイ	69	
スズカムシグサ	104	
ススキノキ科	237	
ススキノキ属	237	
スズフリホンゴウソウ	152, PL.102	
スズムシソウ	212, PL.154	
スズメノケヤリ	346	
スズメノヒエ	293	
スズメノヤリ属	292	
スズメノヤリ	293, PL.206	
スズラン属	249	
スズラン	249, PL.185	
ズソウカンアオイ	68	
ステゴビル	241, PL.170	
スナジスゲ	336, PL.254	
スナヅル属	79	
スナヅル	79, PL.59	
スナハマスゲ	342, PL.269	
スブタ属	118	
スブタ	119, PL.91	
スルガジョウロウホトトギス	177	
スルガスゲ	319, PL.228	
スルガテンナンショウ	104, PL.82	
スルガラン	192	

セ

セイタカスズムシソウ	212, PL.154	
セイタカヌカボシソウ	292, PL.206	
セイタカハリイ	345, PL.265	
セイヨウスイレン	48	
セイヨウネズ	40	
セキショウ	89, PL.72	
セキショウイ	289, PL.203	
セキショウモ属	124	
セキショウモ	124, PL.91	
セキモンスゲ	316, PL.225	
セコイア亜科	39	
セコイア属	39	
セッコク属	196	
セッコク	196, PL.161	
セッピコテンナンショウ	102, PL.82	
セトウチギボウシ	251	
セトウチスゲ	314	
セトウチホトトギス	176, PL.116	
セトヤナギスブタ	119, PL.92	
セボリーヤシ	262	
センカクアオイ	63	
センカクキヌラン	231	
センジョウスゲ	329, PL.245	
センダイスゲ	309, PL.217	
ゼンテイカ	238, PL.169	
センニンモ	133, PL.96	
センリョウ科	52	
センリョウ属	53	
センリョウ	53, PL.40	

ソ

ソクシンラン属	141	
ソクシンラン	141, PL.97	
ソテツ科	23	
ソテツ属	23	
ソテツ	23, PL.1	
ソナレ	39	
ソノウサイシン	70	
ソノエビネ	186	
ソノハラトンボ	221	
ソハヤキトンボソウ	223	
ソメモノイモ	149, PL.100	

タ

ダイサギソウ	206, PL.137	
タイサンボク	74, PL.57	
ダイジョ	149	
ダイスギ	38	
タイセツイワスゲ	324	
ダイセンアシボソスゲ	329, PL.246	
ダイセンキャラボク	43	
ダイセンスゲ	317, PL.227	
タイトウクグ	338	
ダイトウシロダモ	87, PL.69	
タイホクスゲ	323, PL.237	
タイヨウフウトウカズラ	56, PL.42	
タイリンアオイ	67, PL.49	
タイワンアオイラン	182	
タイワンエビネ	186, PL.155	
タイワンオガタマ	73, PL.57	
タイワンカンスゲ	325, PL.239	
タイワンクグ	339	
タイワンコウホネ	47	
タイワンショウキラン	181, PL.155	
タイワンスギ亜科	38	
タイワンスギ	38, PL.21	
タイワンスゲ	317, PL.226	
タイワンハマオモト	243	
タイワンヒメクグ	338	
タイワンホトトギス	176, PL.115	
タイワンヤブニッケイ	80	
タイワンヤマイ	356, PL.272	
タカオオスズムシラン	191	
タカオワニグチソウ	258	
タカクマソウ	151, PL.102	
タカクマホトトギス	177	
タカサゴサギソウ	219	
タカサゴヤガラ	200, PL.160	
タカツルラン属	200	
タカツルラン	200, PL.128	
タカネ	186	
タカネアオチドリ	195	
タカネアオヤギソウ	162, PL.108	
タカネイ	290, PL.203	
タカネクロスゲ	359, PL.270	
タカネゴヨウ	32	
タカネサギソウ	223, PL.132	
タカネシバスゲ節	325	
タカネシバスゲ	326, PL.241	
タカネスズメノヒエ	293, PL.206	
タガネソウ節	322	
タガネソウ	322, PL.236	
タカネトンボ	222, PL.130	
タカネナルコ節	328	
タカネナルコ	328, PL.244	

タカネハリスゲ節 301	タムシバ 73, PL.56	ツクシカンアオイ 67
タカネハリスゲ 301, PL.208	タメトモユリ 174	ツクシクロイヌノヒゲ 285, PL.201
タカネヒメスゲ 330, PL.247	タモトユリ 174	ツクシサカネラン 215
タカネフタバラン 215, PL.141	タルマイスゲ 328, PL.244	ツクシショウジョウバカマ 159, PL.106
タカネマスクサ 305, PL.212	ダルマエビネ 187, PL.156	ツクシスゲ 318, PL.227
タカネミクリ 278	ダルマヒオウギ 234	ツクシタチドコロ 149
タカネヤガミスゲ 307, PL.214	ダンコウバイ 84, PL.67	ツクシテンツキ 349
タガネラン 186	タンザワウマノスズクサ 58, PL.44	ツクシナルコ 311, PL.220
タカノホシクサ 283	タンザワサカネラン 216	ツクシハナミョウガ 274
タカハシテンナンショウ 99, PL.78	ダンドク 273, PL.193	ツクシヒトツバテンナンショウ 102
タキユリ 173		ツクシムシグサ 102, PL.80
タギョウショウ 31	**チ**	ツクシミノボロスゲ 304
タケシマユリ 172		ツクネイモ 149
タケシマラン属 174	チクシキヌラン 231, PL.148	ツクバスゲ 325, PL.239
タケシマラン 175, PL.114	チクセツラン 190	ツクバネソウ属 160
ダケスゲ 331, PL.248	チクリンカ 275, PL.195	ツクバネソウ 160, PL.110
ダケモミ 26	チケイラン 211, PL.153	ツシマギボウシ 252
タコヅル 155, PL.105	チゴユリ属 163	ツシマスゲ 318, PL.227
タコノキ科 155	チゴユリ 164, PL.111	ツシマラン 217
タコノキ属 156	チシマアオチドリ 195	ツチアケビ属 194
タコノキ 156, PL.104	チシマアマナ属 174	ツチアケビ 194, PL.128
タシロスゲ 318, PL.227	チシマアマナ 174, PL.124	ツチグリカンアオイ 64, PL.47
タシロテンナンショウ 102, PL.81	チシマキャラボク 43	ツツイトモ 133, PL.96
タシロラン 199, PL.138	チシマゼキショウ科 112	ツツナガユリ 174
タタラカンガレイ 355, PL.272	チシマゼキショウ属 112	ツバメオモト属 169
タチアマモ 129, PL.94	チシマゼキショウ 112, PL.86	ツバメオモト 169, PL.114
タチガヤツリ 338	チシマホソコウガイゼキショウ 290	ツユクサ科 265
タチギボシ 252	チシママツバイ 344	ツユクサ属 265
タチコウガイゼキショウ 291, PL.204	チシマミクリ 278, PL.196	ツユクサ 266, PL.191
タチシオデ 166, PL.112	チチジマナキリスゲ 308, PL.216	ツユクサシュスラン 205, PL.145
タチスゲ節 325	チチブシラスゲ 332	ツリシュスラン 204, PL.143
タチスゲ 325, PL.240	チトセラン属 260	ツルアダン属 155
タチテンモンドウ 248	チトセラン 260, PL.186	ツルアダン 155, PL.105
タチドコロ 149, PL.101	チャイトスゲ 319, PL.230	ツルアブラガヤ 360, PL.270
タチヒメクグ 338, PL.265	チャイロテンツキ 348	ツルカミカワスゲ 321, PL.235
ダッチ・アイリス 233	チャガヤツリ 341, PL.268	ツルギテンナンショウ 104
タテヤマイ 289	チャシバスゲ 321, PL.235	ツルスゲ 303, PL.210
タテヤマスゲ 310, PL.218	チャボイ 345	ツルタテシアオイ 70
タニガワスゲ 310, PL.217	チャボガヤ 44, PL.33	ツルナシオオイトスゲ 320, PL.232
タニスゲ 312	チャボカワズスゲ 305	ツルナシコアゼガヤツリ 341, PL.267
タニムラカンアオイ 65	チャボシライトソウ 159, PL.106	ツルボ属 248
タヌキアヤメ科 269	チャボゼキショウ 113	ツルボ 248, PL.181
タヌキアヤメ属 269	チャボチドリ 226	ツルミヤマカンスゲ 319, PL.229
タヌキアヤメ 269, PL.192	チャボヒバ 38	ツルラン 187, PL.157
タヌキノショクダイ科 143	チャボホトトギス 177, PL.117	ツレサギソウ属 220
タヌキノショクダイ属 144	チャラン属 52	ツレサギソウ 221, PL.129
タヌキノショクダイ 144, PL.99	チャラン 52	
タヌキラン節 312	チュウゴクホトトギス 176	**テ**
タヌキラン 312, PL.222	チュウゼンジスゲ 314	
タネガシマムヨウラン属 183	チューリップ属 177	テガタチドリ属 205
タネガシマムヨウラン 183, PL.140	チューリップ・ツリー 71	テガタチドリ 205, PL.136
タブガシ 86, PL.63	チョウセンキバナアツモリソウ 194, PL.125	テガヌマイ 357
タブノキ属 86	チョウセンゴミシ 50, PL.39	テキリスゲ 312, PL.222
タブノキ 86, PL.63	チョウセンゴヨウ 31, PL.6	テシオソウ 139
タマイ 289	チョウセンナルコユリ 258	テツオサギソウ 206
タマガヤツリ 340, PL.266	チョウセンマキ 42, PL.34	テッポウユリ 174, PL.121
タマガワホトトギス 176, PL.116	チョウセンマツ 31	テリハカゲロウラン 208
タマザキエビネ 186	チリウキクサ 107	テリハコブガシ 86
タマツリスゲ節 326		テンガイユリ 173
タマツリスゲ 326, PL.242	**ツ**	テングノハナ属 76
タマナルコユリ 258		テングノハナ 76, PL.59
タマネギ 240	ツガ属 32	テンジクスゲ 323
タマノカンアオイ 64, PL.47	ツガ 33, PL.18	テンダイウヤク 84, PL.68
タマノカンザシ 250, PL.178	ツクシアオイ 67, PL.50	テンツキ属 346
タマハリイ 344, PL.263	ツクシアブラガヤ 360, PL.270	テンツキ 349, PL.261
タマブキ 247, PL.175	ツクシアリドオシラン 214	テンナンショウ属 93
タマミクリ 278, PL.196	ツクシオオガヤツリ 341, PL.268	
タマムラサキ 242, PL.173		

ト

ドイツスズラン	249, PL.185
ドイツトウヒ	28, PL.9
トウカンゾウ	238
トウギボウシ	251
トウゴクサイシン	62, PL.45
トウゴクヘラオモダカ	116, PL.89
トウジュロ	264, PL.187
トウシンソウ	289
ドウトウアツモリソウ	194, PL.126
トウヒ属	28
トウヒ	28, PL.8
ドウモンワニグチソウ	258
トガ	33
トガサワラ属	32
トガサワラ	32, PL.20
トカチエンレイソウ	161
トカラカンアオイ	67
トカラカンスゲ	318
トガリバマキ	35
トキソウ属	224
トキソウ	225, PL.126
トキヒサソウ	152
トクサイ	344, PL.263
トクサラン属	189
トクサラン	190, PL.158
トクシマコバイモ	170
トクダマ	251
ドクダミ科	54
ドクダミ属	54
ドクダミ	54, PL.41
トクノシマカンアオイ	66
トクノシマスゲ	318
トクノシマテンナンショウ	101, PL.80
トゲナシアダン	156
トゲナシカカラ	167
トゲバンレイシ	75
トケンラン	191, PL.159
トコロ	150
トサカメオトラン属	203
トサカメオトラン	203, PL.159
トサコバイモ	170, PL.123
トサノアオイ	63, PL.46
トサノギボウシ	252
トサノハマスゲ	342
トダスゲ	312, PL.221
トチカガミ科	118
トチカガミ属	121
トチカガミ	121, PL.90
トックリスゲ	317, PL.225
トックリラン属	246
トドマツ	26, PL.14
トナカイスゲ	330, PL.247
トネテンツキ	348, PL.259
トバタアヤメ	235, PL.167
トビシマカンゾウ	238
トマリスゲ	311, PL.220
トモエテンツキ	347
トラキチラン属	198
トラキチラン	199, PL.138
トラノハナヒゲ	354, PL.257
トリガミネカンアオイ	65
トリゲモ	123
ドロイ	288, PL.202
トンボソウ	221, PL.129

ナ

ナガイモ	149, PL.100
ナガエスゲ	310, PL.218
ナガエチャボゼキショウ	113
ナガエミクリ	278, PL.197
ナガサキギボウシ	253
ナガバアメリカミコシガヤ	304
ナガバイボクサ	267
ナガバエビモ	131
ナガバカワツルモ	135
ナガバサギソウ	206
ナガハシマムシソウ	102
ナガバジャノヒゲ	256
ナガバシュロソウ	162
ナガバトンボソウ	224
ナガバヒメフタバラン	215
ナガバマムシグサ	99, PL.78
ナガバミズギボウシ	252
ナガボスゲ	318, PL.227
ナガボテンツキ	349, PL.261
ナガボノコジュズスゲ	327, PL.243
ナガミショウジョウスゲ	325
ナガレコウホネ	47
ナギ属	34
ナギ	34, PL.20
ナギイカダ属	246
ナギノハヒメカンラン	192
ナギヒロハテンナンショウ	98, PL.77
ナギラン	193, PL.160
ナキリスゲ節	307
ナキリスゲ	308, PL.217
ナゴスゲ	319, PL.228
ナゴラン属	226
ナゴラン	226, PL.164
ナスノクロイヌノヒゲ	285
ナスノヒオウギアヤメ	235
ナゼカンアオイ	65, PL.49
ナツエビネ	188, PL.157
ナツズイセン	244, PL.174
ナツメヤシ	261
ナベクラザゼンソウ	110, PL.85
ナベワリ属	153
ナベワリ	153, PL.103
ナミウチマムシグサ	99
ナメルギボウシ	251
ナヨテンマ	202, PL.139
ナリヤラン属	184
ナリヤラン	184, PL.152
ナルコスゲ	330, PL.246
ナルコユリ	259, PL.184
ナンカイアオイ	68, PL.51
ナンカイギボウシ	252
ナンカイシュスラン	205
ナンゴクアオイ	63
ナンゴクアオウキクサ	107
ナンゴクウラシマソウ	97, PL.75
ナンゴクカワツルモ	136
ナンゴクサスガキカズラ	248
ナンゴクネジバナ	227, PL.150
ナンゴクホウチャクソウ	164, PL.110
ナンゴクヤツシロラン	203, PL.139
ナンゴクヤマラッキョウ	242, PL.173
ナンバンカゴメラン属	213
ナンバンカゴメラン	213, PL.146
ナンバンカンゾウ	238
ナンバンキンギンソウ	204, PL.143
ナンバンツユクサ	266, PL.192

ニ

ニイガタガヤツリ	340
ニイジマトンボ	206
ニイタカスゲ	321, PL.234
ニイタカチドリ	222, PL.130
ニオイエビネ	187
ニオイスイレン	48
ニオイラン属	207
ニオイラン	207
ニガクシュウ	148, PL.100
ニシダケササバギンラン	189
ニシノホンモンジスゲ	319, PL.229
ニシノミヤマカンスゲ	319
ニッケイ	80, PL.61
ニッコウキスゲ	238
ニッコウハリスゲ	302, PL.208
ニッコウモミ	26
ニッパヤシ属	263
ニッパヤシ	263, PL.188
ニッポンイヌノヒゲ	285, PL.201
ニュウメンラン属	227
ニュウメンラン	227, PL.164
ニョホウチドリ	225, PL.134
ニラ	241, PL.170
ニラバラン属	213
ニラバラン	213, PL.150
ニワゼキショウ属	236
ニワゼキショウ	236, PL.168
ニンニク	240

ヌ

ヌイオスゲ	330, PL.248
ヌカスゲ節	314
ヌカスゲ	320, PL.233
ヌカボシソウ	292, PL.206
ヌマアゼスゲ	310, PL.218
ヌマガヤツリ	341, PL.267
ヌマクロボスゲ	329, PL.245
ヌマスゲ	334
ヌマハリイ	344

ネ

ネギ属	240
ネギ	240
ネジイ	289
ネジバナ属	226
ネジバナ	227, PL.150
ネジリカワツルモ	135, PL.96
ネジレモ	124
ネズ	40
ネズコ属	40
ネズコ	41
ネズミサシ	39
ネズミサシ	40, PL.25
ネッタイラン属	229
ネバリノギラン	142, PL.98
ネビキグサ属	352
ネビキグサ	353, PL.256
ネムロコウホネ	47, PL.37
ネムロスゲ	328, PL.244
ネムロホシクサ	284

ノ

ノカンゾウ	238,	PL.169
ノギラン属		142
ノギラン	142,	PL.98
ノグサ属		358
ノグサ	358,	PL.258
ノゲヌカスゲ		321
ノシラン	256,	PL.178
ノスゲ	320,	PL.232
ノソリホシクサ		285
ノテンツキ	348,	PL.259
ノハナショウブ	235,	PL.166
ノハラテンツキ	348,	PL.260
ノビネチドリ属		214
ノビネチドリ	214,	PL.135
ノヒメユリ	173,	PL.120
ノビル	242,	PL.171
ノヤシ属		262
ノヤシ	262,	PL.189
ノルゲスゲ	307,	PL.215

ハ

ハイイヌガヤ	42,	PL.34
バイエラ属		24
バイケイソウ	161,	PL.107
バイケイラン属		190
バイケイラン	190,	PL.142
ハイコブシ		73
ハイネズ	40,	PL.25
ハイビャクシン		39
ハイマツ	31,	PL.5
バイモ属		169
バイモ	170,	PL.122
ハウチワテンナンショウ		100
ハエモドルム科		141
ハガクレスゲ	320,	PL.233
ハガクレナガミラン	228,	PL.164
ハクウンラン属		209
ハクウンラン	209,	PL.147
ハクサンスゲ節		306
ハクサンスゲ	307,	PL.214
ハクサンチドリ属		195
ハクサンチドリ	195,	PL.134
ハクツル		187
ハクモクレン	72,	PL.55
バケイスゲ		325
ハコネイトスゲ	320,	PL.232
ハコネハナゼキショウ		113
ハコネラン	198,	PL.151
ハゴロモホトトギス		176
ハゴロモモ属		45
ハゴロモモ		45
ハシナガカンスゲ	318,	PL.228
ハシナガヤマサギソウ	224,	PL.133
バショウ科		272
バショウ属		272
バショウ		272
ハスノハギリ科		76
ハスノハギリ属		76
ハスノハギリ	76,	PL.58
ハダカヤ		43
ハダカツユクサ		266
ハタガヤ属		297
ハタガヤ	297,	PL.262
ハタケテンツキ	347,	PL.259
ハタベスゲ	335,	PL.253
ハチジョウアイノコチドリ		222
ハチジョウカンスゲ	317,	PL.226
ハチジョウギボウシ		251
ハチジョウシュスラン		204
ハチジョウチドリ		224
ハチジョウツレサギ	222,	PL.131
ハチジョウテンナンショウ		100
ハチジョウネッタイラン		229
ハッコウダゴヨウ		32
ハツシマカンアオイ	65,	PL.48
ハツシマラン	217,	PL.148
ハナイボクサ		267
ハナシテンツキ	348,	PL.259
ハナゼキショウ	113,	PL.87
ハナビスゲ節		307
ハナビスゲ	307,	PL.215
ハナビゼキショウ	291,	PL.205
ハナマガリスゲ		326
ハナミョウガ属		274
ハナミョウガ	274,	PL.194
ハハジマテンツキ		349
ハハジマホザキラン	191,	PL.152
パピルス		339
ハブカズラ属		106
ハブカズラ	106,	PL.84
ハマアオスゲ	321,	PL.234
ハマイ	289,	PL.203
ハマオモト属		242
ハマオモト	243,	PL.173
ハマカキラン		198
ハマカンゾウ	239,	PL.169
ハマグス		80
ハマサルトリイバラ	167,	PL.113
ハマスゲ	342,	PL.269
ハマタマボウキ	248,	PL.176
ハマハイネズ		40
ハマビワ属		85
ハマビワ	85,	PL.70
ハマユウ		243
ハライヌノヒゲ	284,	PL.200
バラモミ		29
ハラン属		248
ハラン	248,	PL.185
バランギボウシ		252
ハリイ属		343
ハリイ	345,	PL.264
ハリガネスゲ	302,	PL.209
ハリコウガイゼキショウ	291,	PL.205
ハリスゲ節		301
ハリノキテンナンショウ	99,	PL.77
バリバリノキ属		78
バリバリノキ	78,	PL.70
ハリママムシグサ	99,	PL.78
ハリモミ	29,	PL.11
ハルカンラン		192
ハルザキヤツシロラン	203,	PL.139
ハルナユキザサ	255,	PL.182
ハンゲ属		108
ハンゲ		108
ハンゲショウ属		54
ハンゲショウ	54,	PL.41
ハンテンボク		71
バンレイシ科		75
バンレイシ		75

ヒ

ヒアシンス属		246
ヒエスゲ節		313
ヒエスゲ	314,	PL.224
ヒオウギ	234,	PL.165
ヒオウギアヤメ	235,	PL.167
ヒオウギズイセン属		233
ヒカゲシラスゲ	331,	PL.249
ヒカゲスゲ節		323
ヒカゲスゲ	324,	PL.238
ヒカゲハリスゲ	301,	PL.208
ヒガンバナ科		240
ヒガンバナ属		243
ヒガンバナ	244,	PL.174
ヒガンマムシグサ	100,	PL.79
ヒゲクサ		358
ヒゲスゲ	313,	PL.223
ヒゲナガキンギンソウ	204,	PL.143
ヒゲナガトンボ		219
ヒゲハリスゲ属		351
ヒゲハリスゲ	351,	PL.254
ヒゴ		187
ヒゴクサ	332,	PL.249
ヒスイラン属		229
ヒゼン		187
ヒダカエンレイソウ	161,	PL.109
ヒタチクマガイソウ		194
ヒダテラ科		45
ヒダリマキガヤ		43
ヒツジグサ	48,	PL.37
ビッチュウヒカゲスゲ	324,	PL.238
ヒデ		40
ヒデリコ	348,	PL.259
ヒトツバキソチドリ		224
ヒトツバテンナンショウ	103,	PL.81
ヒトツボクロ属		228
ヒトツボクロ	229,	PL.159
ヒトツボクロモドキ		229
ヒトフサニワゼキショウ	236,	PL.168
ヒトモトススキ属		336
ヒトモトススキ	336,	PL.256
ヒトヨシテンナンショウ	100,	PL.79
ヒトリガヤツリ		338
ヒトリシズカ	53,	PL.41
ヒナウキクサ		107
ヒナガヤツリ	340,	PL.267
ヒナカンアオイ	66,	PL.50
ヒナスゲ節		300
ヒナスゲ	300,	PL.207
ヒナチドリ	226,	PL.134
ヒナノシャクジョウ科		146
ヒナノシャクジョウ属		146
ヒナノシャクジョウ	146,	PL.99
ヒナノボンボリ属		143
ヒナノボンボリ		144
ヒナラン属		182
ヒナラン	182,	PL.136
ビナンカズラ		50
ヒノキ科		37
ヒノキ属		37
ヒノキ	37,	PL.28
ヒノキアスナロ	41,	PL.31
ヒバ		41
ヒハツ		56
ヒハツモドキ		56
ヒマラヤスギ		25

ヒムロ ... 38, PL.29	ヒメホウキガヤツリ ... 342	**フ**
ヒメアオガヤツリ ... 340, PL.267	ヒメホウチャクソウ ... 164, PL.110	
ヒメアオスゲ ... 321, PL.234	ヒメホタルイ ... 356, PL.272	フイリイチョウ ... 24
ヒメアゼスゲ ... 310, PL.219	ヒメホテイラン ... 188, PL.151	フイリヒメフタバラン ... 215
ヒメアマナ ... 171, PL.124	ヒメマイヅルソウ ... 254, PL.181	フイリミヤマフタバラン ... 215
ヒメイ ... 289	ヒメマツカサススキ ... 360	フウトウカズラ ... 56, PL.42
ヒメイズイ ... 258, PL.183	ヒメマツハダ ... 30	フウラン ... 229, PL.163
ヒメイバラモ ... 122	ヒメミクリ ... 278	フガクスズムシソウ ... 212, PL.154
ヒメイワギボウシ ... 251	ヒメミクリスゲ ... 333	フクエジマカンアオイ ... 64, PL.46
ヒメイワショウブ ... 113, PL.86	ヒメミコシガヤ ... 304, PL.211	フクリンギボウシ ... 252
ヒメウキクサ属 ... 107	ヒメミズトンボ ... 207	フサカンスゲ ... 313, PL.223
ヒメウキクサ ... 107, PL.73	ヒメミヤマウズラ ... 205, PL.145	フサザキズイセン ... 245
ヒメウシオスゲ ... 310, PL.219	ヒメムヨウラン ... 216, PL.142	フサジュンサイ ... 45, PL.35
ヒメウズラヒトハラン ... 195	ヒメモエギスゲ ... 320, PL.232	フサスゲ節 ... 321
ヒメウラシマソウ ... 97, PL.76	ヒメヤツシロラン属 ... 196	フサスゲ ... 322, PL.235
ヒメエゾネギ ... 242, PL.171	ヒメヤツシロラン ... 197, PL.140	フサナキリスゲ ... 308, PL.216
ヒメオヒルムシロ ... 132	ヒメヤブラン ... 253, PL.177	フジチドリ ... 216, PL.136
ヒメカイウ属 ... 106	ヒメユリ ... 172, PL.118	フジナシオサラン ... 200
ヒメカイウ ... 106, PL.86	ヒメワタスゲ属 ... 362	フジノカンアオイ ... 66, PL.49
ヒメカカラ ... 166, PL.113	ヒメワタスゲ ... 362, PL.271	フジマツ ... 27
ヒメカクラン ... 220, PL.158	ビャクシン ... 39	フタバアオイ ... 61, PL.44
ヒメガマ ... 279, PL.198	ビャクブ科 ... 153	フタバラン属 ... 214
ヒメガヤツリ ... 341	ビャクブ属 ... 154	フタリシズカ ... 52, PL.40
ヒメカワズスゲ ... 307, PL.214	ビャクブ ... 154, PL.103	フトイ属 ... 356
ヒメカンアオイ ... 70, PL.52	ビャッコイ属 ... 351	フトイ ... 357, PL.271
ヒメカンスゲ ... 318, PL.227	ビャッコイ ... 351, PL.271	フトヒルムシロ ... 132, PL.96
ヒメカンゾウ ... 238	ヒュウガギボウシ ... 251, PL.179	フナシミヤマウズラ ... 205
ヒメクグ ... 338, PL.265	ヒュウガトンボ ... 219	フリージア属 ... 233
ヒメクリソラン属 ... 207	ヒュウガナベワリ ... 154, PL.103	
ヒメクリソラン ... 207	ヒュウガナルコユリ ... 259	**ヘ**
ヒメクロモジ ... 83	ヒュウガハナゼキショウ ... 113	
ヒメコウガイゼキショウ ... 288, PL.202	ヒュウガヒロハテンナンショウ ... 103, PL.81	ヘダマ ... 42
ヒメゴウソ ... 311, PL.220	ヒュウガホシクサ ... 282, PL.199	ヘツカラン ... 193, PL.160
ヒメコウホネ ... 47, PL.36	ヒヨクヒバ ... 38, PL.29	ベニアマモ科 ... 137
ヒメコブシ ... 72	ヒラアンペライ ... 353, PL.256	ベニアマモ属 ... 137
ヒメコマツ ... 32	ヒライ ... 289	ベニアマモ ... 137, PL.97
ヒメザゼンソウ ... 110, PL.86	ヒラギシスゲ ... 329, PL.245	ベニイトスゲ ... 319, PL.230
ヒメサユリ ... 174, PL.121	ヒラテンツキ ... 348	ベニオグラコウホネ ... 47
ヒメシャガ ... 234, PL.166	ヒラモ ... 125	ベニカヤラン ... 202
ヒメシラスゲ節 ... 331	ヒルゼンスゲ ... 310	ベニカンゾウ ... 238
ヒメシラスゲ ... 331, PL.249	ヒルムシロ科 ... 130	ベニコウホネ ... 47
ヒメシラヒゲラン ... 217	ヒルムシロ属 ... 130	ベニシュスラン ... 204, PL.144
ヒメシンジュガヤ ... 342	ヒルムシロ ... 132, PL.95	ベニバナヨウラクラン ... 217
ヒメスゲ節 ... 330	ビロウ属 ... 262	ベニヒオウギ ... 234
ヒメスゲ ... 330, PL.248	ビロウ ... 262, PL.187	ベニマメヅタラン ... 185
ヒメスズムシソウ ... 211	ビロードスゲ節 ... 335	ヘボガヤ ... 42
ヒメソクシンラン ... 141	ビロードスゲ ... 336, PL.254	ヘラオモダカ ... 115, PL.89
ヒメタケシマラン ... 175, PL.115	ビロードテンツキ ... 348, PL.260	ベンケイギボウシ ... 251
ヒメツルアダン ... 156, PL.105	ヒロハイッポンスゲ ... 306, PL.214	ベンケイヤワラスゲ ... 332, PL.250
ヒメテキリスゲ ... 312	ヒロハオゼヌマスゲ ... 307, PL.215	ヘンゴダマ ... 96
ヒメテンツキ ... 348	ヒロハスゲ ... 314, PL.224	
ヒメテンナンショウ ... 102, 103	ヒロハツリシュスラン ... 204	**ホ**
ヒメトケンラン属 ... 228	ヒロハテンナンショウ ... 97, PL.77	
ヒメトケンラン ... 228, PL.155	ヒロハトリゲモ ... 123, PL.93	ボウアマモ属 ... 138
ヒメドコロ ... 150, PL.101	ヒロハトンボソウ ... 221, PL.129	ボウアマモ ... 138, PL.97
ヒメナキリスゲ ... 308	ヒロハノアマナ ... 177, PL.124	ホウオウヒバ ... 38
ヒメナベワリ ... 153, PL.103	ヒロハノイヌノヒゲ ... 285, PL.201	ホウキガヤツリ ... 342, PL.268
ヒメナルコユリ ... 258	ヒロハノエビモ ... 131, PL.95	ホウサイ ... 192, PL.160
ヒメニラ ... 241, PL.170	ヒロハノオオタマツリスゲ ... 327, PL.242	ホウザンスゲ ... 313, PL.223
ヒメノヤガラ属 ... 208	ヒロハノクロタマガヤツリ ... 350, PL.269	ボウシバナ ... 266
ヒメノヤガラ ... 208, PL.147	ヒロハノコウガイゼキショウ ... 291, PL.205	ホウチャクソウ ... 163, PL.110
ヒメハブカズラ属 ... 109	ヒロハノコモチゼキショウ ... 291	ホウチャクチゴユリ ... 164
ヒメハブカズラ ... 109, PL.84	ヒロハヒョウタンスゲ ... 317	ボウバアマモ ... 138
ヒメバラモミ ... 29, PL.10	ヒロハヤブニッケイ ... 80	ホウライジュリ ... 173
ヒメハリイ ... 344, PL.263	ヒロハユキザサ ... 255, PL.182	ホウライシダ ... 91
ヒメヒオウギズイセン ... 233, PL.165	ヒンジガヤツリ属 ... 352	ホウライツユクサ ... 266, PL.192
ヒメヒラテンツキ ... 348, PL.260	ヒンジガヤツリ ... 352, PL.255	ボウラン属 ... 212
ヒメフタバラン ... 215, PL.141	ヒンジモ ... 108, PL.73	

ボウラン	212, PL.163
ホウランスゲ	317
ホオノキ	72, PL.53
ホクリクアオウキクサ	107
ホクリクムヨウラン	210, PL.128
ホザキイチヨウラン属	213
ホザキイチヨウラン	213, PL.152
ホザキヒメラン	191
ホザキマスクサ	305, PL.212
ホシクサ科	280
ホシクサ属	280
ホシクサ	282, PL.199
ホシケイラン	220
ホシザキカンアオイ	63
ホシザキシャクジョウ属	143
ホシザキシャクジョウ	143, PL.99
ホシツルラン	187, PL.157
ホシナシゴウソ	312, PL.221
ホシナシベニカヤラン	202
ホスゲ	305, PL.213
ホソイ	289, PL.203
ホソガタホタルイ属	355
ホソコウガイゼキショウ	290, PL.204
ホソスゲ節	306
ホソスゲ	306
ホソバウキミクリ	277, PL.196
ホソバウマノスズクサ	58
ホソバオゼヌマスゲ	307, PL.215
ホソバカンスゲ	318, PL.228
ホソバシオデ	166
ホソバシュロソウ	162, PL.108
ホソバシュンラン	192
ホソバシンジュガヤ	361, PL.254
ホソバタブ	87
ホソバツユクサ	266
ホソバテンナンショウ	104, PL.82
ホソバナコバイモ	170, PL.123
ホソバノアマナ	174, PL.124
ホソバノキソチドリ	224, PL.133
ホソバノコウガイゼキショウ	291
ホソバノシバナ	127, PL.93
ホソバノヒカゲスゲ	324, PL.238
ホソバヒルムシロ	132, PL.96
ホソバヘラオモダカ	116
ホソバミズヒキモ	133, PL.95
ホソフデラン属	200
ホソフデラン	200
ホソミアダン	156, PL.104
ホソミキンガヤツリ	339, PL.266
ホタルイ	356, PL.272
ボタンウキクサ	91
ホッカイコウホネ	47
ホッスモ	122, PL.92
ホテイアオイ属	270
ホテイアオイ	270, PL.193
ホテイアツモリソウ	194, PL.126
ホテイラン属	188
ホテイラン	188, PL.151
ポトス	91
ホトトギス属	175
ホトトギス	175, PL.115
ホナガヒメゴウソ	311, PL.220
ポポー	75
ホロテンナンショウ	101, PL.80
ホロムイクグ	334, PL.252
ホロムイコウガイゼキショウ	290
ホロムイスゲ	311
ホロムイソウ科	126
ホロムイソウ属	126
ホロムイソウ	126, PL.93
ホンカンゾウ	239
ホンゴウソウ目	151
ホンゴウソウ科	151
ホンゴウソウ属	151
ホンゴウソウ	152, PL.103
ホンドミヤマネズ	40, PL.26
ホンマキ	36
ホンモンジスゲ	319, PL.230

マ

マイサギソウ	224
マイヅルソウ属	254
マイヅルソウ	254, PL.181
マイヅルテンナンショウ	96, PL.75
マオウ科	23
マガクチヤシ属	262
マキ科	34
マキ属	34
マシカクイ	345, PL.264
マスクサ節	305
マスクサ	305, PL.213
マツ科	25
マツ属	30
マツカササスキ	359, PL.270
マツゲカヤラン	201
マツバイ	344, PL.263
マツバウミジグサ	138, PL.97
マツバスゲ	302, PL.209
マツハダ	29
マツブサ科	49
マツブサ属	50
マツブサ	50, PL.39
マツマエスゲ	314
マツムライヌノヒゲ	284
マツラニッケイ	88
マツラン	202, PL.164
マニラアサ	272
マネキシンジュガヤ	361
マムシグサ	100, PL.79
マメクグ	338
マメスゲ	320, PL.232
マメヅタラン属	184
マメヅタラン	184, PL.162
マヤラン	193, PL.161
マルバウマノスズクサ	58, PL.43
マルバオウセイ	259, PL.184
マルバオモダカ属	116
マルバオモダカ	116, PL.89
マルバサンキライ	166, PL.112
マルバタマノカンザシ	250
マルバツユクサ	266, PL.191
マルバニッケイ	81, PL.62
マルホハリイ	345, PL.264
マルミガヤ	44
マルミカンアオイ	67, PL.50
マルミスブタ	119, PL.91
マルミノカンアオイ	67
マルミノヤガミスゲ	304
マンシュウキスゲ	238
マンシュウクロカワスゲ	329, PL.245
マンシュウヤマサギソウ	223

ミ

ミガエリスゲ	301
ミカヅキグサ属	353
ミカヅキグサ	354, PL.257
ミカワイヌノヒゲ	284, PL.201
ミカワシンジュガヤ	361
ミカワスブタ	119, PL.91
ミカワバイケイソウ	161, PL.107
ミクニサイシン	62
ミクニテンナンショウ	104
ミクラトンボソウ	223
ミクリ属	277
ミクリ	278, PL.197
ミクリガヤ	353
ミクリスゲ	334
ミクリゼキショウ	291, PL.205
ミコシガヤ	303, PL.211
ミジンコウキクサ属	111
ミジンコウキクサ	111, PL.72
ミズアオイ科	270
ミズアオイ属	270
ミズアオイ	270, PL.193
ミズイ	288
ミズオオバコ属	123
ミズオオバコ	123, PL.91
ミズガヤツリ	342, PL.268
ミズギボウシ	252
ミスズラン属	183
ミスズラン	183, PL.133
ミズチドリ	222, PL.130
ミズトンボ属	206
ミズトンボ	206, PL.137
ミズバショウ属	108
ミズバショウ	108, PL.85
ミズハナビ	341
ミスミイ	343, PL.263
ミセンアオスゲ	321, PL.234
ミゾボシラン属	230
ミゾボシラン	230, PL.148
ミタケスゲ節	328
ミタケスゲ	328, PL.244
ミチノクサイシン	70, PL.52
ミチノクチドリ	224
ミチノクハリスゲ	302
ミチノクヒメユリ	172
ミチノクホンモンジスゲ	319
ミツバテンナンショウ	97, PL.76
ミドリイモネヤガラ	200
ミドリシャクジョウ	146
ミドリテンナンショウ	103
ミドリドクダミ	54
ミドリヒメフタバラン	215
ミドリミヤマフタバラン	215
ミドリムヨウラン	210
ミドリヨウラク	257, PL.182
ミネハリイ	362, PL.271
ミノコバイモ	170, PL.123
ミノシライトソウ	159
ミノボロスゲ	304, PL.211
ミミガタテンナンショウ	99, PL.78
ミヤケスゲ	321, PL.235
ミヤコアオイ	64, PL.47
ミヤビカンアオイ	66, PL.50
ミヤマアオイ	70
ミヤマアオスゲ	320, PL.231
ミヤマアシボソスゲ	329, PL.246
ミヤマイ	289, PL.202
ミヤマイヌノハナヒゲ	355, PL.258
ミヤマイワスゲ	325, PL.240
ミヤマウズラ	205, PL.145

ミヤマエンレイソウ 161, PL.109	ムラサキタカネアオヤギソウ 162, PL.108	ヤチカワズスゲ 304
ミヤマカンスゲ 317, PL.227	ムラサキダンドク 273	ヤチスゲ節 331
ミヤマクロスゲ 329, PL.246	ムラサキハンゲ 109	ヤチスゲ 331, PL.248
ミヤマクロモジ 83	ムロ 40	ヤチラン属 207
ミヤマクロユリ 170	ムロウテンナンショウ 104, PL.82	ヤチラン 207, PL.152
ミヤマジュズスゲ節 322	ムロウマムシグサ 101	ヤツガタケトウヒ 30, PL.12
ミヤマジュズスゲ 322, PL.236	ムロウユキモチソウ 102	ヤナギスブタ 119, PL.92
ミヤマシラスゲ節 332		ヤナギモ 133, PL.96
ミヤマシラスゲ 333, PL.250	**メ**	ヤブエビネ 187
ミヤマスカシユリ 172, PL.119		ヤブカンゾウ 239, PL.169
ミヤマスズメノヒエ 293, PL.206	メアオスゲ 321, PL.233	ヤブスゲ節 305
ミヤマゼキショウ 113, 291	メアゼテンツキ 350, PL.262	ヤブスゲ 305, PL.213
ミヤマチドリ 223, PL.132	メタセコイア 39, PL.21	ヤブニッケイ 80, PL.61
ミヤマナルコ 312	メデュロサ科 23	ヤブミョウガ属 267
ミヤマナルコユリ 258, PL.183	メマツ 31	ヤブミョウガ 267, PL.190
ミヤマヌカボシソウ 292	メリケンガヤツリ 340	ヤブミョウガラン 204, PL.143
ミヤマネズ 40, PL.26		ヤブラン属 253
ミヤマバイケイソウ 162, PL.107	**モ**	ヤブラン 254, PL.176, 177
ミヤマヒナホシクサ 284		ヤマアゼスゲ 310, PL.218
ミヤマビャクシン 39, PL.24	モイワラン 191	ヤマアブラガヤ 360
ミヤマフタバラン 215, PL.141	モウコガマ 279, PL.198	ヤマアマドコロ 258
ミヤマホソコウガイゼキショウ 290	モエギスゲ 320, PL.232	ヤマイ 349, PL.260
ミヤマホタルイ 356, PL.272	モクレン科 71	ヤマオイトスゲ 319, PL.230
ミヤママムシグサ 104	モクレン属 71	ヤマカシュウ 166, PL.113
ミヤマムギラン 185, PL.162	モクレン 73	ヤマグチテンナンショウ 103, PL.82
ミヤマモジズリ属 216	モノドラカンアオイ 66, PL.49	ヤマクボスゲ 333, PL.251
ミヤマモジズリ 216, PL.136	モミ属 25	ヤマコウバシ 84, PL.67
ミヤマラッキョウ 241, PL.171	モミ 26, PL.15	ヤマコンニャク 92, PL.74
ミヤマワタスゲ 359	モミジドコロ 150	ヤマサギソウ 224, PL.133
ミョウガ 275, PL.194	モミラン 202, PL.163	ヤマザトマムシグサ 105, PL.83
		ヤマジスゲ節 327
ム	**ヤ**	ヤマジスゲ 327, PL.243
		ヤマジテンナンショウ 105, PL.82
ムカゴサイシン属 216	ヤエドクダミ 54, PL.41	ヤマジノホトトギス 176, PL.116
ムカゴサイシン 216, PL.138	ヤエヤマアブラガヤ 354	ヤマスカシユリ 172
ムカゴサイシンモドキ 217	ヤエヤマアブラスゲ 354, PL.257	ヤマスズメノヒエ 293, PL.206
ムカゴソウ属 208	ヤエヤマカンアオイ 64, PL.46	ヤマタヌキラン 313, PL.222
ムカゴソウ 208, PL.134	ヤエヤマキンギンソウ 204	ヤマテキリスゲ 312, PL.222
ムカゴトンボ属 219	ヤエヤマクワズイモ 92	ヤマトイモ 149
ムカゴトンボ 219	ヤエヤマシキミ 50, PL.38	ヤマトキソウ 225, PL.126
ムカデラン属 219	ヤエヤマスケロクラン 210	ヤマトテンナンショウ 105, PL.83
ムカデラン 219, PL.164	ヤエヤマヒトツボクロ 216	ヤマトホシクサ 285, PL.201
ムギガラガヤツリ 338	ヤエヤマヤシ属 263	ヤマトミクリ 278, PL.196
ムギスゲ 327	ヤエヤマヤシ 263, PL.189	ヤマトユキザサ 255, PL.182
ムギラン 185, PL.162	ヤガミスゲ節 306	ヤマナルコユリ 259
ムサシアブミ 97, PL.76	ヤガミスゲ 306, PL.213	ヤマノイモ科 148
ムサシノワスレグサ 239	ヤクシマアオイ 66	ヤマノイモ属 148
ムサシモ 122, PL.92	ヤクシマアカシュスラン 208, PL.147	ヤマノイモ 149, PL.100
ムジナスゲ 335, PL.253	ヤクシマイトラッキョウ 241	ヤマハンゲ 109
ムジナノカミソリ 244	ヤクシマカンスゲ 317	ヤマホトトギス 176, PL.115
ムセンスゲ 331, PL.248	ヤクシマスゲ 318	ヤマユリ 173, PL.119
ムツオレガヤツリ 339	ヤクシマソウ 152, PL.103	ヤマラッキョウ 242, PL.172
ムニンイヌグス 86	ヤクシマチドリ 224, PL.133	ヤラメスゲ 311, PL.220
ムニンイヌノハナヒゲ 354, PL.257	ヤクシマチャボゼキショウ 113	ヤリスゲ 300, PL.207
ムニンキヌラン 231	ヤクシマネジバナ 227	ヤリテンツキ 347, PL.259
ムニンクロガヤ 351, PL.256	ヤクシマネッタイラン 229, PL.142	ヤワラスゲ 332, PL.250
ムニンシュスラン 204, PL.144	ヤクシマノギラン 142, PL.98	ヤワラミヤマカンスゲ 319, PL.229
ムニンテンツキ 349, PL.261	ヤクシマヒメアリドオシラン 209, PL.147	ヤンバルキヌラン 231, PL.149
ムニンナキリスゲ 308, PL.216	ヤクシマヒロハテンナンショウ 98	ヤンバルミョウガ属 265
ムニンヒョウタンスゲ 317, PL.226	ヤクシマホシクサ 284	ヤンバルミョウガ 265, PL.190
ムニンボウラン 212, PL.163	ヤクシマラン属 183	ヤンバルヤブミョウガ 265
ムニンヤツシロラン 203	ヤクシマラン 183, PL.125	
ムヨウラン属 209	ヤクスギ 38	**ユ**
ムヨウラン 210, PL.128	ヤクタネゴヨウ 31, PL.6	
ムラクモアオイ 65, PL.48	ヤクノヒナホシ 144	ユイマイア属 24
ムラサキエンレイソウ 161	ヤシ科 261	ユウコクラン 211, PL.153
ムラサキコイチヨウラン 198	ヤシュウハナゼキショウ 113, PL.87	ユウシュンラン 189, PL.140
ムラサキコウキクサ 107		ユウスゲ 238, PL.168

ユウヅルエビネ 188	ラン科 178	リュウノヒゲ 255
ユキイヌノヒゲ 284	ランヨウアオイ 67, PL.50	リュウノヒゲモ属 133
ユキグニカンアオイ 69, PL.52		リュウノヒゲモ 134, PL.96
ユキグニハリスゲ 302, PL.208	**リ**	リョウリユリ 173
ユキザサ 255, PL.181	リーキ 240	
ユキモチアオテンナンショウ 102	リキュウソウ 154	**ル**
ユキモチソウ 102, PL.81	リシリイ 289	ルゾンヤマノイモ 149, PL.100
ユズノハカズラ属 109	リシリスゲ 329, PL.246	ルリシャクジョウ 147, PL.99
ユズノハカズラ 109, PL.84	リシリソウ属 158	ルリニワゼキショウ 236
ユッカ属 246	リシリソウ 158, PL.107	
ユモトマムシグサ 98, PL.77	リシリビャクシン 40, PL.26	**レ**
ユリ科 168	リュウキュウアマモ 137, PL.97	レブンアツモリソウ 194, PL.126
ユリ属 171	リュウキュウイヌマキ 35	レンギョウエビネ 186, PL.155
ユリノキ属 71	リュウキュウウマノスズクサ 59, PL.44	
ユリノキ 71, PL.53	リュウキュウエビネ 188	**ロ**
ユワンオニドコロ 149	リュウキュウカイロラン 190, PL.146	ローレル 81
	リュウキュウサギソウ 206	
ヨ	リュウキュウシュロチク 264	**ワ**
ヨウラクラン属 217	リュウキュウスガモ属 124	ワケギ 240
ヨウラクラン 217, PL.154	リュウキュウスガモ 124, PL.90	ワジュロ 264
ヨシナガマムシグサ 100	リュウキュウスゲ節 323	ワスレグサ科 237
ヨシノユリ 173	リュウキュウスゲ 323, PL.237	ワスレグサ属 237
ヨシヒサラン 190	リュウキュウセッコク 200, PL.161	ワスレグサ 238
ヨナグニノシラン 256, PL.178	リュウキュウタチスゲ 325, PL.240	ワタスゲ属 345
	リュウキュウバショウ 272, PL.193	ワタスゲ 346, PL.269
ラ	リュウキュウハンゲ属 110	ワタリスゲ 320, PL.231
ラウススゲ 329, PL.245	リュウキュウハンゲ 110, PL.84	ワニグチソウ 257, PL.183
ラカンマキ 35	リュウキュウヒエスゲ 314, PL.224	ワンドスゲ 335, PL.253
ラクヨウショウ 27	リュウキュウマツ 31, PL.5	
ラセンイ 289	リュウキュウユリ 174	
ラッキョウ 240, 242, PL.172	リュウケツジュ属 246	
ラッパズイセン 245	リュウゼツラン科 246	
	リュウゼツラン属 247	

改訂新版 日本の野生植物 1
ソテツ科〜カヤツリグサ科

2015年12月17日　改訂新版第1刷発行
2021年 5 月 8 日　改訂新版第3刷発行

編　者　　大橋広好　門田裕一　木原　浩
　　　　　邑田　仁　米倉浩司

発行者　　下中美都
発行所　　株式会社平凡社
　　　　　〒101-0051　東京都千代田区神田神保町3-29
　　　　　電話　03(3230)6583（編集）
　　　　　　　　03(3230)6573（営業）
　　　　　振替　00180-0-29639
　　　　　ホームページ　https://www.heibonsha.co.jp/

製 版 印 刷　株式会社東京印書館
多色刷用紙　王子製紙株式会社
本 文 用 紙　北越紀州製紙株式会社
表紙クロース　ダイニック株式会社
製　　　本　大口製本印刷株式会社
製　　　函　永井紙器印刷株式会社

Ⓒ　株式会社 平凡社　2015 Printed in Japan
ISBN 978-4-582-53531-0　NDC分類番号470.38
四六倍判(19.2×26.2cm)　総ページ666

落丁・乱丁本はお取り替えいたしますので、
小社読者サービス係までお送りください（送料小社負担）。